FLORE

FRANÇAISE.

FLORE FRANÇAISE,

OU

DESCRIPTIONS SUCCINCTES

DE TOUTES LES PLANTES

QUI CROISSENT NATURELLEMENT

EN FRANCE,

Disposées selon une nouvelle Méthode d'Analyse,
et précédées par un Exposé des Principes élémen-
taires de la Botanique;

TROISIÈME ÉDITION;

Par MM. DE LAMARCK et DECANDOLLE.

TOME TROISIÈME.

A PARIS,

Chez H. AGASSE, rue des Poitevins, N°. 6.

DE L'IMPRIMERIE DE STOUPE, AN XIII (1805).

DESCRIPTION

SUCCINCTE

DES PLANTES

QUI CROISSENT NATURELLEMENT EN FRANCE.

II. MONOCOTYLÉDONES PHANÉROGAMES

A étamines hypogynes.

DOUZIÈME FAMILLE.

GRAMINÉES.　　*GRAMINEÆ.*

Graminetæ. Juss. — *Gramina.* Linn. — *Gramina legitima.* All.

Les graminées ou gramens sont des herbes dont la tige, nommée *chaume*, est cylindrique, ordinairement creuse, toujours marquée d'espace en espace de nœuds solides ; chaque nœud émet une feuille dont la base entoure la tige par une gaîne fendue longitudinalement, et dont le limbe est étalé, entier, marqué de veines parallèles et longitudinales : les fleurs sont disposées en épi ou en panicule, presque toujours hermaphrodites, quelquefois unisexuelles ou stériles par avortement, toujours composées d'écailles un peu foliacées, disposées sur un ou plusieurs rangs ; l'écaille extérieure, qui a reçu le nom spécial de *glume* ou de *calice*, et qui joue le rôle de spathe, est ordinairement divisée profondément en deux valves opposées, et renferme une ou plusieurs fleurs dont l'assemblage se nomme *épillet* ; l'écaille intérieure ou l'enveloppe immédiate des organes sexuels, qui a reçu les noms de *balle*, de *calice* ou de *corolle*, et qui remplit l'emploi d'un vrai calice, est souvent bivalve et assez semblable à la glume : les étamines sont le plus souvent au nombre de trois, et ont des anthères oblongues, fourches aux deux extrémités ; l'ovaire est unique, libre, souvent

Tome III.

A

entouré à sa base de deux petites écailles analogues à une corolle , et surmonté d'un stile simple presque toujours fendu en deux stigmates plumeux. Le fruit est un coriopse nu ou recouvert par la balle : l'embryon est petit, attaché à la base d'un périsperme farineux , plus gros que lui. Entre ces deux organes se trouve une plaque charnue, regardée par Gœrtner comme un vitellus, et par Jussieu comme un cotylédon qui ne se développe point à l'époque de la germination.

Quelques graminées , savoir le froment , le seigle et l'orge , naissent avec trois radicules , tandis que toutes les plantes connues n'en ont qu'une. Le nombre des nœuds du chaume est presque constant dans chaque espèce. Les racines des graminées sont toujours fibreuses ou rampantes , et si quelques-unes paroissent bulbeuses , cette apparence est due au renflement des nœuds inférieurs. Le périsperme farineux des graminées , fournit à l'homme la plupart des farines qui font la base de sa subsistance ; leur tige et leurs feuilles servent, comme fourrages , à la nourriture des animaux domestiques ; le suc des tiges, surtout dans leur jeunesse , est un mucilage ordinairement sucré , comme on le voit dans le maïs et la canne à sucre. L'épiderme et les nœuds des gramens , contiennent beaucoup de terre siliceuse.

Fleurs en panicule plus ou moins serrée ou en épis digités ; épillets à une seule fleur.

CLIII. FLOUVE.   *ANTHOXANTHUM.*

Anthoxanthum. Linn. — *Avenæ sp.* Hall.

Car. La glume est à deux valves , à une fleur ; la balle est à deux valves oblongues , aiguës , munies d'une petite arête sur le dos , et renferme deux étamines.

Obs. Les fleurs sont disposées en panicule resserrée en épi.

1475. **Flouve odorante.** *Anthoxanthum odoratum.*

Anthoxanthum odoratum. Linn. spec. 40. Lam. III. n. 351. t. 23. Kœl. Gram. 68. Fl. dan. t. 666. Scheuchz. Gram. p. 88. 89.

Sa tige est haute de 2-5 décim. , simple et garnie de deux ou trois articulations ; elle se termine par un épi lâche , long de 5-4 centim. , légèrement jaunâtre et composé de fleurs oblongues , pointues , chargées de barbes courtes , et médiocrement

pédonculées; ses feuilles sont un peu velues et assez courtes. On
trouve cette plante dans les prés. ♃. Sa racine est odorante.

CLIV. CRYPSIS.   *CRYPSIS.*

Crypsis. Ait. Lam. — *Antitragus.* Gœrtn. — *Phlei, Anthoxan-
thi et Schœni sp.* Linn.

CAR. La glume est uniflore, à deux valves un peu inégales;
la balle a deux valves inégales, lancéolées, sans arète, plus
longue que la glume; les étamines sont au nombre de deux ou
trois.

OBS. Les fleurs sont en panicule resserrée en forme d'épi;
cet épi est embrassé à sa base par la gaîne de la feuille supérieure.

1474. Crypsis choin.   *Crypsis schœnoides.*

Crypsis schœnoides. Lam. Ill n. 855. t. 42. f. 1.—*Phleum schœnoides.* Linn. spec. 88. Cav. Ic. t. 52. V.—*Phleum supinum.*
Lam. Fl. fr. 2. p. 563.

Ses tiges sont longues de 5 centim., couchées, feuillées,
garnies d'articulations assez fréquentes et rougeâtres, glabres et
plus ou moins rameuses; ses feuilles sont longues de 10—15
centim., larges de 4 millim., et d'une couleur un peu glauque;
leur gaîne est lâche et striée; les épis naissent au sommet de
la tige et des rameaux, et dans les aisselles des feuilles supérieures; ils sont ovales-obtus, un peu denses et longs de 2 cent.
au plus. Je n'ai pu appercevoir que deux étamines dans chaque
fleur; les balles sont pointues, blanches sur leur dos, et vertes
en leurs bords. ☉. On trouve cette plante dans les lieux humides en Languedoc.

1475. Crypsis piquante.   *Crypsis aculeata.*

Crypsis aculeata. Lam. Ill. n. 856. t. 42. f. 2. — *Anthoxanthum
aculeatum.* Linn. Supl. 89. — *Schœnus aculeatus.* Linn. spec.
63. — *Phleum aculeatum.* Lam. Dict. 2. p. 506. — *Phleum
schœnoides.* Jacq. Austr. app. t. 7. Cav. Ic. t. 52.

Ses tiges sont hautes de 2 décim., plus ou moins droites,
articulées, feuillées et rameuses; ses feuilles sont d'un verd
glauque ou blanchâtre, communément assez courtes et très-
aiguës; elles ont leur gaîne lâche, glabre et striée : les épis
sont arrondis, très-courts et enveloppés chacun par deux feuilles
courtes, roides, aiguës à leur sommet, presque piquantes, et
qui ressemblent à des épines : les fleurs sont d'ailleurs en tout

semblables à celles de l'espèce précédente. ☉. On trouve cette plante dans les lieux maritimes et sablonneux de la Provence et du Languedoc.

CLV. VULPIN.   *ALOPECURUS.*

Alopecurus. Desf. — *Alopecuri sp.* Linn.

Car. La glume est à deux valves dépourvues d'arête ; la balle a l'une de ses valves munie d'une arête à sa base extérieure.

Obs. Les fleurs sont en panicule resserrée en forme d'épi ovale ou cylindrique.

1476. Vulpin des prés.   *Alopecurus pratensis.*

Alopecurus pratensis. Linn. spec. 88. Lam. Ill. n. 861. t. 42.
Schreb. Gram. t. 19. f. 1. Kœl. Gram. p. 31. — Lob. Ic. t.
8. f. 2.

Sa racine est fibreuse ; sa tige droite, longue de 4–8 décim., garnie de feuilles un peu rudes sur les bords ; les fleurs sont disposées en une grappe serrée, cylindrique, semblable à un épi, molle, blanchâtre et velue ; les glumes sont velues, surtout sur le dos ; la balle est glabre, un peu plus courte que la glume ; elle porte une arête deux fois plus longue qu'elle, et qui part de sa base extérieure. Cette espèce est commune dans les prés, fleurit à la fin du printemps. ♃.

1477. Vulpin des champs.   *Alopecurus agrestis.*

Alopecurus agrestis. Linn. spec. 89. Schreb. Gram. t. 19. f. 2.
Lam. Ill. n. 864. — *Alopecurus myosuroides.* Huds. Angl. 23.
— Lob. Ic. t. 9. f. 2.

On distingue facilement cette espèce à sa racine fibreuse, à sa tige droite et élancée, à sa panicule en forme d'épi grèle et alongé, et sur-tout à ses glumes absolument glabres ; sa panicule devient quelquefois violette ; sa tige est très-rarement coudée à sa base ; l'arête de la balle est deux fois plus longue et part de sa base externe. Cette plante croît dans les prés, les champs, les vignes ; elle fleurit au commencement de l'été. ☉ selon Leers et Lamarck, ♃ selon Linné.

1478. Vulpin genouillé.   *Alopecurus geniculatus.*

Alopecurus geniculatus. Linn. spec. 89. Lam. Ill. n. 866. Kœl.
Gram. 37. Fl. dan. t. 564 et 861. — Lob. Ic. t. 13. f. 1.

α. *Aristâ glumis longiore.*
β. *Aristâ glumis æquali.*
γ. *Aristâ ferè nullâ.*

Sa racine est fibreuse, quelquefois rampante, quelquefois un peu bulbeuse ; sa tige est couchée et ordinairement coudée à sa base, ascendante vers le sommet ; les gaînes de ses feuilles sont un peu comprimées ; la panicule est en forme d'épi cylindrique , serré , verdâtre ; les glumes sont un peu velues vers le sommet ; la balle donne naissance vers sa base externe à une arète plus longue qu'elle dans la variété α., de la même longueur qu'elle dans la variété β , et à peine perceptible dans la variété γ ; les anthères sont d'abord blanches , ensuite jaunes. Cette espèce croît dans les marais tourbeux ; on la trouve aussi dans les mares et les fossés où elle flotte quelquefois à la surface de l'eau ; elle fleurit à l'entrée de l'été. ♃.

1479. Vulpin bulbeux. *Alopecurus bulbosus.*

Alopecurus bulbosus. Linn. spec. 1665. Gou. Hort. 37. Lam. Fl. fr. 3. p. 558. — Barr. Icon. t. 699. f. 1 et 630. f. 1. 2.

Sa racine est bulbeuse ; sa tige est grèle , haute de 3 décim. , et garnie de deux ou trois articulations ; ses feuilles sont étroites , glabres et pointues ; celles de la tige ont à peine 6 centim. de longueur : l'épi est terminal , long de 3 centim. , cylindrique, velu et garni de barbes. Il a été trouvé dans les prés du Beaujolois (Latourr.) aux environs de Montpellier (Gouan), d'Abbeville par le C. Boucher, et dans les prés salés aux environs de Dieuze.

CLVI. POLYPOGON. *POLYPOGON.*

Polypogon. Desf. — *Alopecuri sp.* Linn. — *Agrostis sp.* Lam. — *Phlei sp.* Scheb.

Car. La glume est à deux valves munies d'arètes ; la balle , qui est plus petite que la glume , a deux valves , dont l'une est surmontée d'une arète.

Obs. Les fleurs sont en panicule resserrée en forme d'épi.

1480. Polypogon de Montpellier. *Polypogon Monspeliense.*

Polypogon Monspeliense. Desf. Atl. 1. p. 67. — *Phleum Monspeliense.* Koel. Gram. 57. — *Alopecurus paniceus.* Lam. Fl. fr. 3. p. 560. — *Agrostis alopecuroides.* Lam. Ill. n. 812. — *Agrostis panicea.* Ait. Kew. 1. p. 94. — *Phleum crinitum.* Schreb. Gram. t. 20. f. 3.

α. *Alopecurus Monspeliensis.* Linn. spec. 90. — Barr. Ic. t. 115. f. 2.

β. *Alopecurus paniceus.* Linn. spec. 90. — Barr. Ic. t. 115. f. 1.

Sa tige est haute de 3 décim. , feuillée , glabre et un peu coudée à ses articulations , dont la couleur est brune ; ses feuilles

sont larges de 5-5 millim., et celles du sommet ont l'entrée de
leur gaîne garnie d'une membrane blanche : l'épi est terminal,
long de 5-7 centim., verdâtre, lâche, mollet, très-garni de
barbes soyeuses, et composé de rameaux courts, chargés de
beaucoup de fleurs ramassées comme par paquets : les balles
n'ont chacune que deux écailles, et une membrane blanche extrêmement petite qui enveloppe l'ovaire : chaque écaille porte
sur son dos, à peu de distance de son sommet, une barbe
blanche, longue de 8 millim. Cette plante croît dans les lieux
incultes, humides des provinces maritimes. La variété α est plus
commune sur les côtes de la Méditerranée; la variété β sur
celles de l'Océan. ⊙.

CLVII. PHLÉOLE.   *PHLEUM.*

Phleum. Wild. Kœl. — *Phlei sp.* Linn.

Car. La glume est à deux valves tronquées au sommet, et
dont la nervure se prolonge un peu en pointe; la balle est à deux
valves plus petites que la glume.

Obs. Les fleurs sont disposées en panicule resserrée en épi
ovale ou cylindrique; la glume, lorsqu'elle est fermée, paroît
tronquée et surmontée de deux pointes.

1481. Phléole des prés.   *Phleum pratense.*

Phleum pratense. Linn. spec. 87. Lam. Dict. 2. p. 505. Schreb.
Gram. t. 14. Kœl. Gram. 48. — Moris. s. 8. t. 4. f. 1.

Sa racine est fibreuse; sa tige est haute d'un mètre et plus, très-
droite, articulée et feuillée; elle se termine par un épi cylindrique, un peu grêle, serré, et long de 1 déc. au moins : les balles
sont fort petites, nombreuses, blanches sur leur dos, vertes sur
les côtés, ciliées et terminées par deux dents acérées, longues
de 1-2 millim. Cette plante est commune dans les prés. ♉. Les
agriculteurs la connoissent sous le nom de *thymothy-grass*
des anglais : c'est un excellent fourrage.

1482. Phléole noueuse.   *Phleum nodosum.*

Phleum nodosum. Linn. spec. 88. Lam. Dict. 2. p. 505. Fl. dan.
t. 380. Kœl. Gram. 50. — Moris. s. 8. t. 4. f. 3.
β. *Minus.* Bauh. Prod. p. 3. f. 1.

Sa racine est bulbeuse; sa tige est longue de 5-4 centim.,
couchée dans sa partie inférieure, glabre, feuillée et coudée
à ses articulations; ses feuilles sont larges de 5 millim., et
rudes en leur bord; son épi est cylindrique, assez rude, et long
de 4-8 centim.; les glumes sont très-petites, serrées, blanchâtres

ou un peu purpurines, et très-distinctement ciliées. La variété β est beaucoup plus petite; son épi est presque ovale, et n'a pas 2 centim. de longueur : les fleurs de sa base sont imparfaites et comme avortées. On trouve cette plante sur le bord des chemins et des fossés humides. ♈

1483. Phléole rude.   *Phleum asperum.*

Phleum asperum. Vill. Dauph. 2. p. 61. t. 2. f. 4. Kœl. Gram. 54. Lam. Ill. n. 854. — *Phalaris aspera.* Lam. Dict. 1. p. 93. *Phleum viride.* All. Ped. n. 2133. — *Phleum paniculatum.* Huds. Angl. 26.

Une racine fibreuse pousse une tige simple ou quelquefois rameuse, longue de 2-5 décim., garnie de feuilles glabres, terminée par une panicule verte, en forme d'épi serré et cylindrique; les glumes ont la forme d'une spatule qui seroit courbée en carène; elles sont fermes, très-rudes, tronquées au sommet et prolongées en une pointe roide et courte : les deux valves des balles sont très-petites, un peu pubescentes à une forte loupe. Elle se trouve dans les champs, aux environs de Grenoble (Vill.); de Mayence (Kœl.); de Moncalieri (All.); en Provence.

1484. Phléole des Alpes.   *Phleum Alpinum.*

Phleum Alpinum. Linn. spec. 88. Fl. dan. t. 213. Lam. Dict. 2. p. 505. Vill. Dauph. 2. p. 62. t. 2. f. 5.—Scheuchz. Gram. 64. Prod. t. 3. f. 1.

Cette espèce se reconnoît sans difficulté à sa panicule serrée en forme d'épi ovale ou à-peu-près cylindrique, d'une couleur ordinairement violette, et hérissée de poils; les valves des glumes sont en forme de carène, tronquées au sommet, ciliées sur le dos et prolongées au sommet en arètes aiguës. On la trouve en été dans les hautes et les basses Alpes du Dauphiné, du Piémont, de la Savoie; dans les Pyrénées; aux environs de Paris (Dalib.); au Mont-d'Or (Delarb.). ♈

1485. Phléole de Gérard.   *Phleum Gerardi.*

Phleum Gerardi. All. Ped. n. 2135. Jacq. Ic. var. 2. t. 301. — *Phleum capitatum.* Scop. Carn. 2. n. 79. — *Alopecurus Gerardi.* Vill. Dauph. 2. p. 66. t. 2. f. 6. — *Alopecurus capitatus.* Lam. Ill. n. 867. — Ger. Gallopr. p. 78 n. 4.

Cette graminée a beaucoup de rapports avec la phléole des Alpes, mais elle est ordinairement plus petite; sa racine est épaisse, presque tubéreuse; les gaînes des feuilles amples et renflées; les fleurs disposées en une tête arrondie ; les valves des glumes sont en forme de carène, un peu tronquées au sommet, munies de trois nervures toutes garnies de poils en dehors, et dont celle du milieu se prolonge en arète; les valves de la balle sont au nombre de deux , l'une très-grande et l'autre très-petite. Elle croît dans les hautes Alpes de la Provence, du Dauphiné, du Piémont, dans les Pyrénées. ♉.

CLVIII. PHALARIS.   *PHALARIS.*

Phalaris. Wild. Kœl. — *Phlei et Phalaris sp.* Linn.

Car. La glume est à deux valves égales entre elles , courbées en carène, souvent prolongées en aile sur le dos ; la balle est à deux valves inégales , concaves , pointues , plus petites que la glume.

Obs. Les fleurs sont en panicule resserrée et semblable à un épi ovale ou cylindrique : les espèces de la première division de ce genre, ont le port des phléoles, mais leur glume n'est pas tronquée au sommet.

§. Ier. *Fausses phalaris ; glumes non prolongées en aile, mais ciliées sur le dos.*

1486. Phalaris des sables.   *Phalaris arenaria.*

Phleum arenarium. Linn. spec. 88. — *Phalaris arenaria.* Kœl. Gram. 42. Wild. spec. 1. p. 328.—*Crypsis arenaria.* Lam. Ill. n. 857.—Pluk. t. 33. f. 8.

Une racine fibreuse pousse plusieurs tiges hautes de 4-20 centim. , qui talent ordinairement par la base et qui sont quelquefois rameuses dans le milieu de leur longueur ; les gaînes des feuilles sont renflées , et la panicule est quelquefois à moitié engagée dans la gaîne supérieure ; cette panicule a la forme d'un épi ovale-cylindrique , d'un verd pâle ou jaunâtre : les valves des glumes sont lancéolées , acérées , en forme de carène , garnies de cils roides sur le dos ; les balles sont très-petites. ☉. Cette espèce croît dans les dunes, les sables maritimes du nord et du midi de la France : on la retrouve à Mayence (Kœl.); à Lyon (Latourr.).

1487. Phalaris pubescente. *Phalaris pubescens.*

Phalaris pubescens. Lam. Dict. 1. p. 92. — *Aira pubescens* Vahl. Symb. 3. p. 9.—Ger. Gallopr. 77. n. 4. t. 1. —*Alopecurus littoreus.* All. Ped. n. 2151.

β. *Holcus arenarius*. All. Auct. t. 46. ex. Bell. Act. Tur. 5. p. 252.

Cette graminée est facile à reconnoître à ses feuilles planes, molles, pubescentes sur toute leur surface, et munies d'une languette de poils à l'entrée de leur gaîne ; la tige est glabre, droite, rameuse ; la panicule est resserrée en épi oblong ou cylindrique, serré, pubescent, mélangé de verd et de blanc ; les glumes sont ciliées, et renferment une à deux ou trois fleurs ; les arêtes sont droites, très-courtes, partent un peu au-dessous du sommet de la valve externe des balles, et semblent le prolongement de leur nervure. Elle croît dans les lieux sablonneux et humides, en Provence (Gér.) ; à Nice au bord du Var (All.) ; à Beaucaire. ☉.

1488. Phalaris phléole.   *Phalaris phleoides.*

Phalaris phleoides. Linn. spec. 80. Fl. dan. t. 531. Lam. Dict. 1. p. 92. — *Phleum phalaroides.* Kœl. Gram. 52. — Moris. s. 8. t. 4. f. 2.

Sa tige est droite, haute de 7–10 décim., feuillée, glabre et d'un verd souvent un peu rougeâtre ; ses feuilles ont 4 millim. de largeur ; les supérieures sont courtes, et ont une gaîne fort longue : les fleurs forment un épi grèle, long de 10–12 cent., et assez semblable à celui de la phléole des prés ; mais ses épillets sont portées sur des pédoncules lâches et rameux, que l'on apperçoit aisément en glissant l'épi entre les doigts, de haut en bas ; les glumes sont blanchâtres, lancéolées, acérées, munies sur leur dos de quelques cils roides ; les deux valves de la balle sont blanchâtres, glabres, tronquées. On trouve cette plante dans les prés et sur le bord des bois. ♃.

1489. Phalaris des Alpes.   *Phalaris Alpina.*

Phleum Michelii. All. Ped. n. 2138. — *Phleum hirsutum.* Sut. Fl. helv. 1. p. 34. — *Pleum phalaroideum.* Vill. Dauph. 2. p. 60. — *Phalaris Alpina.* Wild. Berl. Schr. B. 3. p. 414. ex Hop. Herb. viv. — Hall. Helv. n. 1532. — Scheuchz. Gram. 65.

Sa tige est droite, haute de 3–4 décim. ; ses feuilles glabres et peu nombreuses, atteignent 6–7 millim. de largeur ; leur membrane est grande, entière ; la panicule est serrée, cylindrique, à-peu-près comme un épi ; les deux valves des glumes sont en carène, lancéolées, acérées, nullement tronquées au sommet, d'un verd tirant sur le violet, et garnies sur leur dos de cils

très-longs qui donnent à la panicule un aspect velu. Elle croît
dans les montagnes du Piémont (All.); du Dauphiné (Vill.),
et dans le Jura au Creux du Vent (Hall.).

§. II. *Vraies phalaris ; glumes courbées en carène,
non ciliées mais prolongées en aile sur le dos.*

1490. Phalaris des Canaries. *Phalaris Canariensis.*

> *Phalaris Canariensis.* Linn. spec. 79. Lam. Fl. fr. 2. p. 565.
> Kœl. Gram. 40. — Scheuchz. Gram. 52. — Moris. s. 8. t. 3.
> f. 1.
> β. *Glumis ciliatis.* Ger. Gallopr. 77.

Ses tiges sont hautes de 6 décim., articulées, feuillées et
communément assez droites; ses feuilles sont larges de 6-8
millim., molles, quelquefois un peu pubescentes, et ont leur
gaîne assez longue et garnie à son entrée d'une petite membrane
blanche; la gaîne de la feuille supérieure est un peu ventrue ou
enflée; l'épi est terminal, ovale ou cylindrique, épais et panaché de vert et de blanc : les balles sont glabres, et portées sur
de courts pédoncules; celles de la variété β sont légèrement velues. On trouve cette plante dans les lieux maritimes de la Provence et du Languedoc. ☉. On la connoît sous le nom de *graine
de Canarie;* sa graine est tantôt blanche, tantôt grise, tantôt
noire.

1491. Phalaris à vessies. *Phalaris utriculata.*

> *Phalaris utriculata.* Linn. spec. 80. Lam. Fl. fr. 2. p. 566. Kœl.
> Gram. 44. — Scheuchz. Gram. 55.

Ses tiges sont articulées, feuillées et hautes de 5 décim.;
ses feuilles sont larges de 5 millim., et remarquables par leur
gaîne lâche, glabre et striée; la gaîne de la feuille supérieure
est très-enflée, ventrue, et ressemble à une vessie ou une espèce
de spathe qui enveloppe l'épi dans sa jeunesse; cet épi est ovale,
long de 2-5 centim., épais, garni de barbes qui naissent de la
balle interne de chaque fleur, et panaché de verd et de blanc,
ou quelquefois un peu rougeâtre. On trouve cette plante dans
les prés humides, en Languedoc; aux environs de Lyon, et
en Bourgogne. ☉.

1492. Phalaris paradoxale. *Phalaris paradoxa.*

> *Phalaris paradoxa.* Linn. F. Dec. t. 18. Schreb. Gram. t. 12.
> Kœl. Gram. 43. — *Phalaris præmorsa.* Lam. Fl. fr. 2. p. 566.
> — Pluk. t. 33. f. 5.

Cette espèce a beaucoup de rapport avec la précédente, mais

elle s'élève un peu plus; ses feuilles sont plus longues et plus larges, et son épi, qui naît aussi dans la gaine oblongue et ventrue de la feuille supérieure, a au moins 6 centim. de longueur; il est rétréci et comme rongé dans sa partie inférieure, et son sommet est élargi, plus épais, panaché de verd et de blanc, et couvert de fleurs fertiles : les valves de la glume sont très-aiguës, et leur pointe ressemble souvent à une petite barbe. On trouve cette plante en Provence. ☉.

1493. Phalaris cylindrique. *Phalaris cylindrica.*

Phalaris bulbosa. Bell. Act. Tur. 5. p. 213.

Sa racine est fibreuse et pousse sept à huit tiges droites, glabres, hautes de 5 décim., garnies de feuilles, sur-tout dans la partie inférieure; la gaine est couronnée par une membrane entière, lancéolée, pointue; les fleurs forment une panicule si serrée qu'elle ressemble à un épi cylindrique, long de 5–6 centimètres; les fleurs paroissent embriquées; la glume est blanchâtre, avec quelques raies verdâtres, divisée en deux valves opposées, courbées en carène, entières sur le dos; la balle est très-petite, à deux valves obtuses. Cette plante a été trouvée à Toulon, par M. Flugges; près Savillano (Bell.) : elle diffère absolument de l'espèce à laquelle Cavanilles et Wildenow ont donné le nom de *Phalaris bulbosa*, et qui le mérite en effet. Notre plante ne mérite point ce nom, et si c'est elle que Linné a décrite (Amœn. 4. p. 264.), il faut exclure toute sa synonymie, qui se rapporte à l'espèce de Cavanilles.

CLIX. LÉERSIE. *LEERSIA.*

Leersia. Schreb. — *Asperella.* Lam. — *Homalocenchrus.* Hall. *Phalaridis sp.* Linn.

Car. La glume est à deux valves fermées, en forme de carène; la balle manque.

Obs. Les fleurs sont en panicule lâche.

1494. Léersie à fleurs de riz. *Leersia oryzoides.*

Leersia oryzoides. Wild. spec. 1. p. 325. — *Asperella oryzoides.* Lam. Ill. n. 858. — *Phalaris oryzoides.* Linn. spec. 81. Schreb. Gram. t. 22. — *Homalocenchrus oryzoides.* Poll. Pal. n. 56.

Sa tige s'élève jusqu'à 5 et 6 décim., et se fait distinguer à ses nœuds garnis de poils; ses feuilles sont garnies sur leur gaine et sur le bord de leur limbe, de petites aspérités rudes et piquantes; ces feuilles sont larges, planes, et la dernière enveloppe la base de la panicule dans sa jeunesse; les fleurs sont disposées en une panicule lâche, plus ou moins étalée; les pédicelles sont flexueux, un peu rudes; les glumes sont blanchâtres, coriacées, hérissées sur le dos de cils très-rudes. Cette plante croît dans les prés humides, les bois marécageux et le bord des fossés. Elle a été trouvée en Normandie; aux environs de Paris; près Lauteren (Poll.); dans les montagnes du Beaujolois (Latour.).

CLX. TRAGUS.   *TRAGUS.*

Tragus. Hall. Desf. — *Lappago*. Schreb. — *Cenchri sp.* Linn.

Car. La glume est uniflore, a une seule valve ovale-convexe, aiguë, roide, munie en dehors d'aspérités crochues; la balle est à deux valves inégales.

Obs. Les fleurs sont disposées en panicule semblable à un épi alongé; ce genre diffère des racles (*Cenchrus* Linn.) par l'absence des involucres.

1495. Tragus en grappe.   *Tragus racemosus.*

Tragus racemosus. Desf. Atl. 2. p. 386. Kœl. Gram. 379. — *Cenchrus racemosus.* Linn. spec. 1487. Schreb. Gram. t. 4. — *Cenchrus linearis.* Lam. Fl. fr. 3. p. 631. — Barr. t. 718.

Ses tiges sont hautes de 2 décim., feuillées, un peu coudées à leurs articulations inférieures, et quelquefois rameuses à leur base; ses feuilles sont larges de 2-3 millim., vertes, glabres en leur superficie et ciliées en leurs bords; l'épi est grèle, linéaire, lâche, long de 5-7 centim. et rougeâtre dans sa maturité; ses épillets sont un peu écartés les uns des autres, portés sur de très-courts pédoncules. On trouve cette plante dans les lieux sablonneux. ☉.

CLXI. PANIC.   *PANICUM.*

Panicum. Juss. Lam. Kœl. — *Panici sp.* Linn.

Car. A la base de la glume se trouve une troisième valve placée en dehors du côté plane de la fleur; la glume est à deux valves; la balle est à deux valves et persiste autour de la graine sous la forme d'une enveloppe crustacée.

Obs. Les fleurs sont en panicule tantôt serrée, tantôt lâche, souvent munies à leur base d'un involucre à une ou plusieurs barbes; les valves des glumes sont quelquefois terminées par des barbes.

1496. Panic verticillé. *Panicum verticillatum.*

Panicum verticillatum. Linn. spec. 82. Lam. Ill. n. 871. t. 43.
f. 1. Kœl. Gram. 8. — *Panicum asperum.* Lam. Fl. fr. 2. p.
577. — Moris. s. 8. t. 4. f. 11.

Ses tiges sont plus ou moins droites, articulées, feuillées et
s'élèvent jusqu'à 4-5 décim. ; ses feuilles sont larges de 6-7
millim. , un peu velues à l'entrée de leur gaîne , et garnies
d'une nervure blanche ; son épi est long de 5-8 centim. , cylindrique, verdâtre et remarquable par les filets très-accrochans
dont il est garni ; cet épi est composé de petit rameaux ou paquets de fleurs , qui sont souvent un peu écartés et distincts ,
mais ce caractère s'observe aussi dans l'espèce suivante. On trouve
cette plante dans les champs. ☉.

1497. Panic verd. *Panicum viride.*

Panicum viride. Linn. spec. 83. Lam. Dict. 4. p. 737. Kœl.
Gram. 10. — *Panicum lævigatum*, α. Lam. Fl. fr. 2. p. 578. —
Moris. s. 8. t. 4. f. 10.
β. *Panicum reclinatum.* Vill. Dauph. 2. p. 64.

Cette espèce a beaucoup de rapport avec la précédente ; ses
tiges sont assez droites , articulées, feuillées , et s'élèvent de
2-5 décim. ; ses feuilles sont larges de 5-10 millim. , et un peu
velues à l'entrée de leur gaîne ; son épi est cylindrique , long
de 5-6 centim. , verdâtre et point accrochant ; il est composé
de paquets de fleurs plus ou moins serrés ou distincts, selon le
degré de la floraison : pendant la maturation des fruits , les
filets sétacés acquièrent de la roideur , mais ils ne s'acrochent
point à ce qui les touche. On trouve cette plante sur le bord
des champs. ☉.

1498. Panic glauque. *Panicum glaucum.*

Panicum glaucum. Linn. spec. 83. Kœl. Gram. 13. Lam. Dict.
4. p. 736. — *Panicum lævigatum* , β. Lam. Fl. fr. 2. p. 578.
Lob. Ic. t. 13. f. 2.

Cette espèce, qu'on a souvent confondue avec la précédente,
s'en distingue facilement à la teinte un peu glauque de ses
feuilles, à la couleur d'un jaune roux des soies qui entourent ses
fleurs, aux stries transversales dont sa graine est marquée. Elle
croît sur les bords des champs et des chemins , aux environs de
Grenoble. ☉.

1499. Panic d'Italie.   *Panicum Italicum.*

Panicum Italicum. Linn. spec. 83. Lam. Dict. 4. p. 738.
α. *Panicum Italicum.* Willd. spec. 1. p. 336.—Lob. Ic. t. 42. f. 1.
β. *Panicum Germanicum.* Willd. spec. 1. p. 336.

Ses tiges s'élèvent jusqu'à un mètre de hauteur, et portent des feuilles assez larges, velues à l'entrée et sur les bords de leur gaîne; les fleurs sont disposées en un épi serré cylindrique, dont l'axe est couvert de poils laineux, et dont les ramifications sont courtes et sensibles à la base seulement; les fleurs sont entourées de barbes très-courtes dans la variété β, beaucoup plus longues qu'elles dans la variété α, tantôt violettes, tantôt blanchâtres. Cette espèce, originaire de l'Inde, est cultivée dans le midi de la France, sous les noms de *panic* ou *millet des oiseaux*; ses graines servent à nourrir les volailles, et on en tire une farine qui sert même à la nourriture de l'homme. ☉.

1500. Panic ondulé.   *Panicum undulatifolium.*

Panicum undulatifolium. Lam. Dict. 4. p. 743. Ard. spec. 2.
p. 14. t. 4. — *Panicum Burmanni.* Balb. Misc. Bot. p. 8. —
Panicum hirtellum. All. Fl. ped. n. 2180.

Sa tige est couchée et rampante à sa base, puis elle se redresse et acquiert 2 et 3 décim. de longueur; les feuilles sont un peu écartées, ovales-lancéolées, ondulées, et leur gaîne est hérissée de poils blancs qui sortent d'un tubercule; les épis sont courts, alternes, nombreux, couverts d'une laine blanchâtre et soyeuse; les valves des glumes et des balles se prolongent en barbes longues, roides, jaunâtres ou violettes. Cette espèce est fréquente en Piémont, dans les lieux ombragés et montueux (All.); à Morette dans la forêt nommée la *Via di Saluzzo* (Balbi). Elle diffère du vrai panic de Burman, parce que les gaînes des feuilles sont hérissées de poils tuberculeux, tandis que dans l'espèce indienne les gaînes sont lisses et simplement ciliées sur les bords de leur fissure. Ces deux espèces diffèrent du *panicum hirtellum* de Linné, par la laine soyeuse qui couvre leurs glumes.

1501. Panic pied de coq.   *Panicum crus-galli.*

Panicum crus-galli. Linn. spec. 83. Kœl. Gram. 17. Lam. Dict.
4. p. 741. — Moris. s. 8. t. 4. f. 15.
β. *Panicum crus-corvi.* Vill. Dauph. 2. p. 65. Delarb. Auv.
p. 146.

Ses tiges sont longues de 5-6 décim., articulées, feuillées, et couchées dans leur partie inférieure; ses feuilles sont glabres,

planes et larges de 6-10 millim.; les fleurs sont disposées en une
espèce de panicule composée d'épis alternes, verdâtres, rudes
au toucher, et dont les inférieures sont plus longs et plus écartés entre eux que les autres; les balles sont un peu hérissées
d'aspérités, et communément chargées de longues barbes. On
trouve cette plante dans les champs et les lieux cultivés. ⊙.

1502. Panic millet.   *Panicum miliaceum.*

Panicum miliaceum. Linn. spec. 86. Lam. Dict. 4. p. 740. Kœl.
Gram. 21. — Lob. Ic. t. 39. f. 1.
α. *Semine albo.*
β. *Semine luteo.*
γ. *Semine nigrescente.*
δ. *Glumis purpurascentibus.*

On reconnoît sans peine cette plante à sa panicule grande,
lâche, pendante à son sommet; aux poils qui hérissent la gaîne
de ses feuilles, et qui en couronnent l'orifice; à ses glumes
marquées de nervures saillantes et terminées en pointe; sa
graine est blanche, jaune ou noirâtre dans diverses variétés.
Elle est originaire de l'Inde; on la cultive sous le nom de *millet*;
sa graine sert à nourrir la volaille, et dans quelques pays est un
aliment pour l'homme. ⊙.

1503. Panic capillaire.   *Panicum capillare.*

Panicum capillare. Linn. Syst. Veg. 106. Balbi. Misc. Bot. p. 8.

Cette espèce est très-facile à reconnoître aux longs poils blancs
qui hérissent les gaines de ses feuilles, et à sa panicule étalée,
divisée en un nombre considérable de rameaux capillaires chargés de fleurs écartées, petites et dépourvues de poils à leur base.
Les échantillons de cette plante, que j'ai sous les yeux, n'ont
point été récoltés en France, et je l'indique d'après l'autorité
de Balbi, qui dit l'avoir trouvée aux environs de Nice. On la
croyoit jusqu'ici originaire d'Amérique.

CLXII. PASPALE.   *PASPALUM.*

Paspalum. Lam. — *Paspalum et Panici sp.* Linn. — *Fibichia
et Digitaria.* Kœl. — *Cynodon.* Rich. — *Dactylon.* Vill. —
Digitaria. Hall. *Syntherisma.* Walt.

CAR. Les paspales diffèrent des panics par l'absence de la
troisième valve de la glume; ils ont, comme eux, une balle
à deux valves qui persiste autour de la graine, sous la forme

d'une enveloppe crustacée, et une glume à deux valves membraneuses.

Obs. Leurs fleurs sont sessiles ou presque sessiles, disposées
d'un même côté de l'axe qui les porte ; les épis sont linéaires,
ordinairement disposés comme les doigts de la main ; quelquefois
les valves de la glume sont inégales, et alors la plus petite des
deux ressemble à la troisième valve des panics.

1504. Paspale sanguin. *Paspalum sanguinale.*

Paspalum sanguinale. Lam. Ill. n. 938. — *Panicum sanguinale.*
Linn. sp. 84. — *Digitaria sanguinalis.* Kœl. Gram. 23. —
Dactylon sanguinale. Vill. Dauph. 2. p. 59. — Scheuchz.
Gram. t. 2. f. 2.

Une racine fibreuse pousse une ou plusieurs tiges couchées à
leur base, puis redressées, un peu comprimées, hautes de 2-6
décim. ; les feuilles ont la gaîne ordinairement hérissée de poils
tuberculeux à leur base, et couronnée par une membrane obtuse et fendue ; le limbe est plane, mol, pubescent ; les épis
sont linéaires, longs de 7-8 centim., disposés quatre à six ensemble ; les fleurs sont disposées deux à deux, l'une presque
sessile, l'autre un peu pédicellée ; la glume a deux valves très-
inégales entre elles, souvent purpurines, quelquefois glabres,
quelquefois pubescentes. Cette espèce est commune dans les
jardins, les champs, les vignes, etc. ⊙.

1505. Paspale douteux. *Paspalum ambiguum.*

Paspalum dactylon. Lam. Ill. n. 937. excl. syn. — *Digitaria filiformis.* Kœl. Gram. 26?

Cette plante n'est peut-être qu'une variété de la précédente,
avec laquelle la plupart des auteurs l'ont réunie ; elle est plus
petite et plus glabre ; ses épis sont moins nombreux et plus étalés ; les deux valves des glumes sont pubescentes et sensiblement
égales. Elle se trouve dans les mêmes lieux que le paspale san-
guin. ⊙.

1506. Paspale pied de poule. *Paspalum dactylon.*

Fibichia umbellata. Kœl. Gram. 309. — *Panicum dactylon.*
Linn. spec. 85. — *Cynodon dactylon.* Rich. Cat. p. 14. — *Di-
gitaria dactylon.* All. n. 2170. — *Dactylon officinale.* Vill.
Dauph. 2. p. 69. — *Paspalum umbellatum.* Lam. Ill. n. 939.
— Moris. s. 8. t. 3. f. 4.

β. *Foliis subtus hispidulis.*

Cette espèce est remarquable en ce que sa tige rampe sous
terre

terre ou à la surface du sol, et émet de ses nœuds des racines perpendiculaires et fibreuses; les rameaux sont nombreux, redressés, garnis de feuilles disposées sur deux rangs plus ou moins réguliers, et munies à l'entrée de leur gaîne de longs cils soyeux; le limbe est plane ou roulé en dessus, ordinairement glabre, hérissé en dessous dans la variété β; les épis naissent quatre ou cinq ensemble au sommet des rameaux; ils sont linéaires, presque droits, ordinairement rougeâtres : leurs fleurs sont sessiles, ovales, un peu pointues; leur glume a deux valves inégales, étroites, pointues; la plus grande est étalée en dehors comme une bractée. Ce gramen est commun dans toute la France, dans les champs et les lieux sablonneux : on le connoît sous le nom de *chiendent*, et on emploie sa racine en médecine comme celle du froment rampant. ♃.

CLXIII. AGROSTIS.   *AGROSTIS.*

Agrostis. Lam. — *Agrostis et Milium.* Linn. — *Avenæ et Poæ sp.* Hall.

Car. La glume est à deux valves, et ne renferme qu'une fleur; la balle est à deux valves glabres, tantôt plus petites, tantôt plus grandes que la glume; quelquefois l'une d'elles porte une arête sur son dos.

Obs. Les fleurs des agrostis sont en panicule lâche ou quelquefois serrée; ces fleurs sont toujours assez petites. La première section renferme les espèces dont la balle porte une arête sur son dos: cette section diffère des avoines, parce que les épillets sont uniflores; et des stipes, parce que l'arête ne part pas du sommet de la balle, et ne persiste pas après la floraison. La seconde section renferme les agrostis sans barbes; celles-ci sont analogues aux paturins, et n'en diffèrent que par leurs épillets uniflores.

§. Ier. *Agrostis fausses-avoines ; l'une des valves de la balle porte sur son dos une barbe ou arète saillante.*

1507. Agrostis paradoxale.   *Agrostis paradoxa.*

Agrostis paradoxa. Linn. spec. 62. — *Milium paradoxum.* Schreb. Gram. t. 28. f. 2. — *Agrostis melanosperma.* Lam. Ill. n. 808. — *Milium nigrum.* Lam. Fl. fr. 2. p. 568. — Pluk. t. 32. f. 2.

Ses tiges sont hautes de 8–10 décim., droites, glabres,

feuillées et articulées ; elles se terminent supérieurement par
une panicule très-lâche, dont les rameaux sont fort longs, et
disposés deux ou trois ensemble comme par étages : les balles
sont oblongues, un peu pointues, lisses, vertes à leur base,
blanchâtres et presque transparentes vers leur sommet, et chargées chacune d'une barbe longue d'un centim., qui naît d'une
des valves intérieures ; les semences sont ovales, noires et luisantes. On trouve cette plante en Provence (Gér.) ; à Montpellier (Sauv.) ; à Orange et Montélimart (Vill.) ; à Nice
(All.). ♃

1508. Agrostis ventrue.   *Agrostis lendigera.*

Milium lendigerum. Linn. spec. 91. Koel. Gram. 65. Schreb.
Gram. t. 23. f. 3. — *Agrostis australis.* Linn. Mant. 30. —
Agrostis ventricosa. Gouan. Hort. p. 39. t. 1. f. 2.—*Agrostis
panicea.* Lam. Ill. n. 811. — Pluk. t. 33. f. 6.

Sa tige est haute de 2-3 décim., articulée, feuillée et ordinairement rameuse dans sa partie inférieure ; ses feuilles sont
longues de 6-10 centim., et à peine larges de 3 millim. ; ses
fleurs sont petites, d'un verd jaunâtre, et disposées au sommet
de la tige et des rameaux en une panicule resserrée en épi
pyramidal, longue de 4-5 centim., et large de 9-12 millim. à
sa base ; les valves des glumes sont longues et étroites ; à leur
base on remarque un petit renflement formé par la graine. Elle
croît dans les champs, aux environs de Montpellier (Gouan) ;
de Grenoble, de Seissin, d'Aubesagne (Vill.) ; de Nice (All.) ;
de Paris (Vent.).

1509. Agrostis jouet des vents. *Agrostis spica-venti.*

Agrostis spica-venti. Linn. spec. 91. Leers. Herb. t. 4. f. 1. Koel.
Gram. 80. — Lam. Dict. 1. p. 56. Lob. Ic. t. 3. f. 1. —
Scheuchz. Gram. 144. t. 3. f. 10.

Ses tiges sont articulées, feuillées, presque entièrement
droites, et s'élèvent jusqu'à 8-10 décim. ; ses feuilles sont larges
de 6-8 millim., un peu rudes en leurs bords, et ont leur gaine
striée ; les fleurs sont très-petites, verdâtres ou rougeâtres,
extrêmement nombreuses, et disposées en panicule ample,
quelquefois longue d'un pied, et composée de rameaux foibles
presque capillaires et très-divisés ; la glume est glabre, lisse, et
l'une des valves de la balle est chargée d'une barbe capillaire
et fort longue. On trouve cette plante sur le bord des champs et
parmi les blés. ☉

1510. **Agrostis interrompu.** *Agrostis interrupta.*

Agrostis interrupta. Linn. spec. 92. Lam. Dict. 1. p. 57. Kœl.
Gram. 82. — Vaill. Par. t. 17. f. 4.

Ses tiges sont hautes de 5-7 décim., grèles, articulées,
feuillées, et plus ou moins droites; ses feuilles sont glabres, un
peu rudes en leurs bords, et à peine larges de 2 millim.;
ses fleurs sont très-petites, et disposées en une panicule resserrée, étroite, interrompue ou entrecoupée, et longue de
6-8 centim.; ses barbes sont droites, longues, terminales. On
trouve cette plante dans les champs sablonneux, aux environs
de Paris; de Valence et de Pont-en-Royans (Vill.); de Pézenas
(Gouan); de Clermont (Delarb.).

1511. **Agrostis faux-millet.** *Agrostis miliacea.*

Agrostis miliacea. Linn. spec. 91. Kœl. Gram. 79. Lam. Dict. 1.
p. 57. Gouan. Ill. p. 3. — *Agrostis montis aurei.* — Delarb.
Auv. p. 8.

Ses tiges sont articulées, feuillées, et hautes de 3-6 décim.;
ses feuilles sont assez longues, larges de 3-6 millim., glabres
et striées; ses fleurs sont petites, très-nombreuses, un peu rougeâtres, garnies de barbes droites, courtes, et disposées en une
panicule un peu resserrée, et longue de 1-2 décim.; les pédoncules sont presque capillaires, très-divisés et disposés en verticilles incomplets. On trouve cette plante en Languedoc, dans
les lieux sablonneux. ♃.

1512. **Agrostis rouge.** *Agrostis rubra.*

Agrostis rubra. Linn. spec. 92. excl. syn. Pluk. Lam. Dict. 1.
p. 57. Kœl. Gram. 78. — Scheuchz. Gram. 148. t. 3. f. 11. C.

Sa racine est fibreuse; ses tiges droites, lisses, hautes de 3-6
décim.; ses feuilles rudes sur les bords, munies à l'entrée de
leur gaîne d'une membrane déchirée; sa panicule, qui est resserrée avant la floraison, étalée à l'époque de l'épanouissement,
se resserre et devient rouge après la floraison; les pédicelles sont
disposés en verticilles incomplets et placés alternativement; les
valves des glumes sont inégales, pointues; celles des balles sont
plus courtes, et l'une d'elles porte une barbe grèle, alongée,
recourbée, souvent tordue. Elle croît dans les prés, au bord
des routes, aux environs de Paris; de Montpellier (Gouan); de
Grenoble (Vill.); de Clermont (Delarb.); d'Abbeville (Bouch.);
en Piémont (All.), etc. ☉.

1513. Agrostis des chiens.   *Agrostis canina.*

Agrostis canina. Linn. spec. 92. Lam. Dict. 1. p. 57. Hoffm.
Germ. 3. t. 6. — *Agrostis geniculata.* Lam. Fl. fr. 3. p. 572.
— Scheuchz. Gram. 141. t. 3. f. 9.

Sa tige est rameuse, couchée ou ascendante, genouillée,
chargée de feuilles étroites, un peu roulées en dessus, rudes sur
le limbe, lisses sur la gaîne, excepté sur celle du haut de la
tige ; la panicule est oblongue, resserrée avant et après la floraison; les glumes sont presque toujours violettes ; la valve extérieure est hérissée sur l'angle dorsal : les balles sont blanches ;
leur valve externe a trois dents à son sommet, et porte sur son
dos une arête blanche, genouillée, deux fois plus longue que
la fleur. Elle est commune dans les prairies humides. ♃.

1514. Agrostis filiforme.   *Agrostis filiformis.*

Agrostis filiformis. Vill. Dauph. 2. p. 78. Schl. Cat. 55.

Sa racine est fibreuse, blanchâtre ; ses feuilles presque toutes
radicales, linéaires, fines, lisses, longues de 8-12 centim. ; sa
tige est grêle, droite, haute de 2-5 décim. ; la panicule est
peu fournie, droite, mince, composée de pédicelles grêles,
serrés contre la tige, ordinairement géminés; les glumes sont
lisses, violettes, acérées, un peu inégales; les balles sont un
peu plus courtes; l'une de leurs valves émet de sa base une
barbe droite, un peu plus longue que la fleur. Cette espèce
croît dans les chemins, près Briançon (Vill.), et a été trouvée
aux environs du Léman par M. Schleicher.

1515. Agrostis des Alpes.   *Agrostis Alpina.*

Agrostis Alpina. Leyss. Hal. n. 67. Lam. Dict. 1. p. 58. All.
Ped. n. 2160. Kœl. Gram. 34. — *Agrostis festucoides.* Vill.
Dauph. 2. p. 76. — Scheuchz. Gram. 140. Prod. t. 4. f. 1. —
Hall. Helv. n. 1477.

Sa racine est fibreuse, blanchâtre ; ses feuilles presque toutes
radicales, linéaires, courbées en gouttière, longues de 7-9
centim. ; ses tiges sont droites, munies de deux nœuds vers
leur base, hautes de 1-2 décimètres ; les fleurs sont disposées en panicule serrée avant la fécondation, étalée après cette
époque; les glumes sont un peu luisantes, très-légèrement
hérissées, oblongues, aiguës, colorées en violet à leur base, et
jaunes au sommet; les valves des balles sont blanchâtres, tronquées, plus courtes que les précédentes; l'une d'elles porte sur

son dos une barbe genouillée, plus longue que la fleur. Cette plante croît dans les prairies sèches des Alpes, des montagnes d'Auvergne. ☉.

1516. Agrostis des rochers.   *Agrostis rupestris.*

Agrostis rupestris. All. Ped. n. 2161. Wild. spec. 1. p. 368.—
Agrostis setacea. Vill. Dauph. 2. p. 76.—Hall. Helv. n. 1478.
— Scheuchz. Gram. 141.

Cette espèce, qu'on a souvent confondue avec la précédente, et qui n'en est peut-être en effet qu'une variété, paroît en différer par ses feuilles plus étroites et vraiment capillaires; par sa panicule étalée dès sa naissance; par ses glumes calicinales plus ouvertes et moins vivement colorées; par ses barbes deux fois plus longues que la fleur. Elle croît dans les prairies sèches des Alpes. ☉.

1517. Agrostis douteuse.   *Agrostis dubia.*

Agrostis dubia. Leers. Herb. t. 4. f. 4. — *Agrostis compressa.*
Wild. spec. 1. p. 368.

Sa tige est ascendante, oblique, glabre, longue de 2-4 décim., garnie de feuilles glabres, étroites, peu nombreuses; sa panicule est oblongue, peu serrée, d'un blanc verdâtre, les valves des glumes sont égales entre elles, et l'extérieure est âpre sur le dos, vers le sommet; la balle est blanche, assez petite; l'une de ses valves porte vers son extrémité une petite arête, qui ne dépasse jamais la longueur de la glume, et qui tombe souvent à la fin de la floraison. Elle croît dans les bois et les côteaux arides, près Paris (Thuil.).

§. II. *Agrostis faux-paturins; balle sans barbe.*

1518. Agrostis étalée.   *Agrostis effusa.*

Agrostis effusa. Lam. Ill. n. 815. — *Milium effusum.* Linn. spec.
90. Kœl. Gram. 66. —Moris. s. 8. t. 5. f. 10.

Sa tige est grêle, droite, haute de 6-10 décim., garnie de quelques feuilles larges de 7-10 millim.; les fleurs sont disposées en une panicule très-lâche et peu fournie; les pédoncules sont longs, étalés, et disposés en verticilles incomplets; les glumes sont beaucoup plus grandes que les balles. On trouve cette plante dans les bois. ♃.

1519. Agrostis naine.   *Agrostis pumila.*

Agrostis pumila. Linn. Mant. 31. Lam. Dict. 1. p. 60. Poll. Pal.
n. 75.

Elle ne s'élève jamais au-delà d'un décim. de hauteur; ses
tiges sont droites, glabres, ordinairement nombreuses; ses
feuilles sont étroites, pointues, herbacées, un peu roulées
en dessus; sa panicule est étalée à sa maturité, composée de
pédicelles divergens, nullement flexueux, très-légèrement hérissés d'aspérités; les glumes sont ovales-pointues, souvent
violettes, légèrement hérissées sur le dos; la graine est sphérique, assez grosse, et porte souvent les stigmates persistans. Cette espèce se trouve dans les bois, les collines un peu
humides. ♃.

1520. Agrostis vulgaire.   *Agrostis vulgaris.*

Agrostis vulgaris. Hoffm. Germ. 3. p. 36. — *Agrostis capilla-*
ris. Fl. dan. t. 163. Lam. Fl. fr. 3. p. 573. Kœl. Gram. 89. non
Linn. — *Agrostis hispida.* Wild. spec. 1. p. 370. — *Agrostis*
varians. Thuil. Fl. par. II. 1. p. 35.
β. *Agrostis divaricata.* Hoffm. Germ. 3. p. 37. — *Agrostis vio-*
lacea. Thuil. Fl. par. II. 1. p. 35.

Sa racine est fibreuse, un peu rampante; sa tige, d'abord
un peu couchée, droite à l'époque de la floraison, longue de
4-7 décim.; les feuilles sont planes, en petit nombre, un peu
rudes sur les bords; la panicule est étalée, finement ramifiée,
un peu resserrée avant et après la floraison, ordinairement violette ou brunâtre; les pédicelles et les glumes vues à la loupe,
sont hérissées de très-petits poils; leurs valves sont pointues,
égales entre elles : les balles sont pâles, glabres, plus petites;
quelquefois l'une des deux valves des glumes est dépourvue de
poils. Elle est commune dans les prés, les bois, les champs. ♃.

1521. Agrostis blanche.   *Agrostis alba.*

Agrostis alba. Linn. spec. 93. Lam. Dict. 1. p. 60. Hoffm. Germ.
3. p. 36.

Cette espèce ressemble beaucoup à la précédente, et n'en est
peut-être qu'une variété : on la distingue à sa panicule moins
étalée et de couleur blanchâtre; à ses glumes qui ne portent
pas de poils sur toute leur surface, mais seulement quelquefois le long du dos. Elle se trouve dans les lieux humides. ♃.

1522. Agrostis traçante. *Agrostis stolonifera.*

Agrostis stolonifera. Linn. spec. 93? Lam. Fl. fr. 3. p. 573.
Kœl. Gram. 97. — *Agrostis tenella.* Hoffm. Germ. 3. p. 36.
β. *Agrostis coarctata.* Hoffm. Germ. 3. p. 37.
γ. *Agrostis verticillata.* Thuil. Fl. par. II. 1. p. 36.

Cette plante varie beaucoup pour son port, sa grandeur ;
mais on peut toujours la reconnoître aux caractères suivans :
ses tiges sont couchées et rameuses à leur base, et poussent des
racines de leurs nœuds inférieurs ; ses feuilles sont planes et
herbacées ; les rameaux de sa panicule sont étalés à l'époque
de la floraison, et nullement serrés contre l'axe ; les valves de
ses glumes sont un peu rudes sur le dos, et les balles atteignent
presque la longueur des glumes. Elle est commune dans les
champs, les bois, le bord des fossés humides, etc. ♃. La variété β se distingue à sa panicule resserrée en forme d'épi,
presque toujours blanchâtre, et dont les pédicelles sont appliqués contre l'axe. La variété γ est très-grande ; sa panicule est
longue, resserrée en forme d'épi, et divisée d'espace en espace
en verticilles irréguliers.

1523. Agrostis piquante. *Agrostis pungens.*

Agrostis pungens. Schreb. Gram. 2. p. 46. t. 27. f. 3. Lam. Dict.
1. p. 59. Cav. Ic. t. 111. — *Agrostis arenaria.* Gouan. Ill.
p. 3 ?

Sa tige est rameuse, ferme, couchée à sa base, redressée
vers le sommet, et pousse de ses nœuds inférieurs des radicules
filiformes ; les feuilles sont alternes, disposées sur deux rangs,
d'un verd glauque ; les gaînes sont larges, et les inférieures,
qui sont dépourvues de limbe, ressemblent à des écailles ; leur
orifice est bordé d'une touffe de poils : le limbe est divergent,
roide, piquant, roulé en dessus, un peu dentelé sur les bords ;
les fleurs sont en panicule serrée, ovale, obtuse, blanchâtre ;
les valves des glumes sont ovoïdes, lisses, concaves, presque
égales entre elles ; après la floraison, le pédicelle se renfle et prend
la forme d'une petite toupie. Cette espèce croît dans les sables
maritimes, près de Narbonne. ♃.

1524. Agrostis maritime. *Agrostis maritima.*

Agrostis maritima. Lam. Dict. 1. p. 61. Ill. n. 819.

Cette espèce ressemble beaucoup à la précédente, et a probablement été confondue avec elle par divers auteurs : elle en

diffère par sa tige droite, grèle, élancée; par ses feuilles plus longues, plus écartées, qui ne sont pas disposées sur deux rangs réguliers, et dont la gaine n'est pas couronnée de poils; par ses fleurs disposées en panicule plus serrée et plus étroite, et sur-tout parce que les valves de ses glumes sont courbées en carène, et hérissées sur le dos d'aspérités visibles à la loupe. Elle a été trouvée dans les sables maritimes voisins de Narbonne, par M. Pourret. ♃.

CLXIV. CALAMAGROSTIS. *CALAMAGROSTIS.*

Calamagrostis. Roth. Kœl. — *Agrostidis, Arundinis, Phalaridis sp.* Linn. — *Arundinis sp.* Hall. — *Calamagrostis et Typhoides.* Mœnch.

Cᴀʀ. Ce genre diffère des agrostis, parce que la balle est couverte, soit à sa base, soit sur toute sa surface, de poils longs et soyeux; il se distingue des roseaux par ses épillets uniflores.

Oʙs. Les fleurs sont en panicule serrée ou étalée; le port de ces plantes est souvent semblable à celui des roseaux; quelques espèces ont la balle dépourvue d'arête; la plupart portent une arête dorsale.

1525. Calamagrostis *Calamagrostis arenaria.*
des sables.

Calamagrostis arenaria. Roth. Germ. 1. p. 34. 2. p. 93. Kœl. Gram. 100. — *Arundo arenaria.* Linn. spec. 121. Lam. Fl. fr. 3. p. 615. — Scheuchz. Gram. 138. t. 3. f. 8.

Ses racines sont longues, rampantes, articulées, abondamment pourvues de fibres; ses feuilles radicales sont nombreuses, droites, d'un verd glauque, roulées en dessus, dures, piquantes au sommet, au moins aussi longues que la tige; celle-ci est droite, longue de 3-5 décim., terminée par une panicule jaunâtre, cylindrique, resserrée en forme d'épi, et de 10—15 centimètres de longueur : les valves des glumes sont égales; les balles sont dépourvues d'arête au sommet, et laineuses à la base. ♃. Cette plante croît dans les sables maritimes des côtes de la Méditerranée et de la Belgique : les Belges la nomment *helm.* Ses racines, longues et traçantes, contribuent à fixer le sable mobile des dunes; on la cultive, pour cet effet, dans quelques parties de la Hollande.

1526. Calamagrostis argentée. *Calamagrostis argentea.*

Calamagrostis arundo. Kœl. Gram. 102. non Roth. — *Agrostis calamagrostis.* Linn. spec. 92. — *Agrostis argentea.* Lam. Fl. fr. 3. p. 570. — *Arundo Halleri.* Wild. Prod. n. 187.

Ses tiges sont hautes de 8–10 décim. , articulées , feuillées , et souvent rameuses à leur base ; ses feuilles sont assez longues , larges de 6-8 millim. , et un peu rudes en leurs bords ; les fleurs sont disposées en une panicule terminale , un peu resserrée , dense , et longue de 1-2 décimètres; leur glume est ovale-pointue , verte à sa base , blanche , luisante , et argentée en ses bords et à son sommet; ses balles sont entièrement couvertes de soies brillantes , et du sommet de l'une des valves part une arête longue et ordinairement droite; les feuilles se roulent en dessus par la dessication , et alors elles ressemblent à celles de l'avoine toujours-verte. On trouve cette plante dans les Alpes de Provence , du Piémont , du Léman , aux environs de Nantua , de Montpellier , etc. ♃.

1527. Calamagrostis roseau. *Calamagrostis arundinacea.*

Calamagrostis arundinacea. Roth. Germ. 1. p. 33. Kœl. Gram. 108. — *Agrostis arundinacea.* Linn. spec. 91. Lam. Ill. n. 801. — *Arundo agrostis.* Scop. Carn. n. 126.

β. *Agrostis pseudo-arundinacea.* Schleich. Cent. exs. n. 8.

Sa racine fibreuse pousse une tige droite , haute de 6-8 décimètres , garnie de feuilles planes , pointues , un peu rudes sur les bords , larges de 5-9 millim. ; la panicule est lancéolée , verdâtre , pointue ; les valves des glumes sont oblongues , pointues , égales entre elles ; les balles sont plus petites , fendues au sommet ; l'une de leurs valves est munie de poils soyeux dans sa moitié inférieure ; l'autre ne porte de poils soyeux qu'à sa base , et émet un peu au-dessus une arête assez longue , genouillée et courbée dans le milieu. Cette espèce croît dans les lieux humides et ombragés , en Provence , aux environs du Mont-Tonnerre (Kœl.); au Cantal et au Mont-d'Or (Del.); en Dauphiné (Vill.); près Lyon (Latour.) , etc. ♃. La variété β ne me paroît différer de la précédente , que parce qu'elle est d'un tiers plus petite dans toutes ses parties.

1528. Calamagrostis colorée.   *Calamagrostis colorata.*

Calamagrostis colorata. Sibth. oxon. 37. — *Arundo colorata.*
Wild. spec. 457.—*Phalaris arundinacea.* Linn. spec. 80.Lam.
Fl. fr. 3. p. 566. Fl. dan. t. 259.

β. *Gramen paniculatum folio variegato.* C. B. Pin. 3.

Sa tige s'élève jusqu'à la hauteur d'un mètre et au-delà; elle
est ferme, droite, garnie de feuilles longues, planes, rudes sur
les bords et à la surface inférieure; la panicule est d'abord resserrée, puis étalée, composée de pédoncules rameux, ordinairement géminés; les glumes sont bigarrées de blanc, de verd et
de violet, étroites, acérées, courbées en carène; les balles sont
plus courtes, glabres, munies à leur base d'une petite houppe
de poils. La variété β est remarquable par ses feuilles marquées
de lignes blanches, longitudinales. Cette plante croît dans les
lieux humides. ♃.

1529. Calamagrostis lancéolée.   *Calamagrostis lanceolata.*

Calamagrostis lanceolata. Roth. Fl. Germ. 1. p. 34. Kœl. Gram.
103. — *Arundo calamagrostis.* Linn. spec. 121. — *Arundo*
calamagrostis, α. Lam. Fl. fr. 3. p. 614.

β. *Arundo epigeios.* Linn. sp. 120. — *Arundo calamagrostis,*
β. Lam. Fl. fr. 3. p. 614.

Ses tiges sont hautes d'un mètre et plus, articulées, feuillées et très-souvent simples; elles sont rameuses selon Haller
et Linné, mais je ne leur ai point encore observé ce caractère:
ses feuilles sont assez longues, larges de 6-9 millimètres,
glabres des deux côtés, sèches, arides, et rudes lorsqu'on les
glisse entre les doigts; la panicule est longue de 2-3 décim.,
fort étroite, presque en épi, et composée de rameaux multiflores, resserrés contre son axe; les fleurs ont leurs glumes très-
aiguës, panachées de verd, et d'un violet noirâtre dans leur
jeunesse, deviennent ensuite blanchâtres ou jaunâtres, et paroissent alors plumeuses par la quantité de poils soyeux dont
elles sont garnies. La variété β est moins grande, et ses feuilles
sont un peu velues en leur surface supérieure. On trouve cette
plante dans les prés couverts et les bois. ♄.

CLXV. STIPE. *STIPA.*

Stipa. Linn. — *Stipa et Agrostidis sp.* Kœl.

Car. La glume est à deux valves acérées; la balle est à deux valves, dont l'extérieure porte au sommet une arête extrêmement longue, articulée à sa base.

Obs. Les fleurs sont en panicule.

1530. Stipe empennée. *Stipa pennata.*

Stipa pennata. Linn. spec. 115. Lam. Ill. n. 783. t. 41. f. 1. All. Ped. n. 2172. excl. syn. Lam. — Scheuchz. Gram. p. 153. t. 3. f. 13. b.

Ses feuilles radicales sont droites, fasciculées, glabres, très-étroites, roulées en leurs bords, jonciformes, et longues de 2-3 décim.; ses tiges sont hautes de 5 décim., droites, grêles, feuillées, et terminées par une panicule étroite et pauciflore, qui naît de la gaîne de la feuille supérieure; chaque fleur est chargée d'une barbe longue d'environ 3 décim., plumeuse dans la plus grande partie de sa longueur, nue et tordue en spirale dans sa partie inférieure. On trouve cette plante dans les lieux sers, montagneux et pierreux, ♃.

1531. Stipe jonc. *Stipa juncea.*

Stipa juncea. Linn. spec. 116. — *Stipa juncea,* α. Lam. Fl. fr. 3. p. 575. — Scheuchz. Gram. 151.

Ses tiges sont hautes de 8-10 décim., feuillées, et garnies de deux ou trois articulations; ses feuilles sont étroites, assez longues, roulées en leurs bords, presque cylindriques, jonciformes, et d'un verd un peu glauque; en les dépliant, on les apperçoit sensiblement velues dans leur intérieur: les fleurs forment une panicule médiocrement éparse, et longue presque de 3 décim.; elles sont chargées chacune d'une barbe capillaire, longue de 12-15 cent., d'abord droite, mais qui se courbe et se tortille ensuite en tout sens: les valves de chaque glume sont longues, très-aiguës, verdâtres sur leur dos, blanches et luisantes en leurs bords. Cette plante croît dans les lieux pierreux des provinces méridionales. ♃.

1532. Stipe chevelue. *Stipa capillata.*

Stipa capillata. Linn. spec. 116. — *Stipa juncea,* β. Lam. Fl. fr. 3. p. 575.

Cette espèce n'est très-probablement qu'une variété de la précédente; elle s'en distingue à ses feuilles plus larges, plus velues en dessus et moins sensiblement roulées ; à ses glumes, qui, à leur maturité, prennent une teinte roussâtre. Elle croît dans les bois sablonneux, à Fontainebleau ; à Mayence (Kœl.), etc. ♃.

1533. Stipe à courte arête.   *Stipa aristella.*

Stipa aristella. Linn. Syst. 3. p. 229. Gou. III. p. 4. All. Auct. p. 39. t. 2. f. 4. — *Agrostis stipata.* Kœl. Gram. 77.

Ses tiges sont droites, hautes de 3-6 décim. ; les feuilles radicales sont courbées en gouttière ; celles de la tige presque planes, toutes d'un verd grisâtre, glabres, étroites, fermes, et munies sur le bord de leur gaîne de cils visibles à la loupe : la panicule est droite, serrée, un peu rameuse, grêle et non engaînée par la feuille supérieure ; les pédicelles portent une à trois fleurs ; les glumes sont égales à la longueur des balles ; la valve externe de celle-ci est pubescente, et se termine par une arête nue, ovoïde, deux fois plus longue que la fleur. Cette plante croît dans les lieux chauds et pierreux, près Montpellier (Gouan) ; dans les environs de Nice et de Villefranche (Allioni).

CLXVI. LAGURIER.   *LAGURUS.*

Lagurus. Lam. Kœl. Wild. — *Laguri sp.* Linn.

Car. La glume se divise en deux valves, terminées l'une et l'autre par une pointe acérée et garnie de poils ; la balle est coriace, divisée en deux valves, dont l'extérieure porte trois arêtes, savoir ; deux terminales droites, et une dorsale genouillée.

Obs. Les fleurs sont en panicule serrée en forme d'épi.

1534. Lagurier ovale.   *Lagurus ovatus.*

Lagurus ovatus. Linn. spec. 119. Schreb. Gram. t. 19. f. 3. Lam. Ill. n. 774. t. 41.

Sa tige est haute de 2 décimètres, grêle et garnie d'une ou deux feuilles larges de 4-8 millim., et dont la gaîne est pubescente et blanchâtre ; elle porte à son sommet un épi ovale ou oblong, très-velu, blanchâtre, quelquefois d'une couleur roussâtre, et chargé de barbes très-saillantes. On trouve cette plante dans les champs des provinces méridionales. ☉. Elle porte le nom vulgaire de *queue de lapin.*

CLXVII. CANNE-A-SUCRE.   *SACCHARUM.*

Saccharum. Schreb. Wild. — *Sacchari sp.* Lam. — *Sacchari et Laguri sp.* Linn. — *Saccharophorum.* Neck.

Car. La glume est à deux valves, revêtues en dehors de poils longs et soyeux ; la balle est à deux valves glabres.

Obs. Les fleurs sont en panicule, plus ou moins serrées : ce genre diffère des calamagrostis et des roseaux, parce que la houppe de poils est placée à l'extérieur de la glume et non sur la balle.

1535. Canne-à-sucre   *Saccharum cylindricum.*
cylindrique.

Saccharum cylindricum. Lam. Dict. 1. p. 588. Illust. t. 40. f. 2. *Lagurus cylindricus.* Linn. spec. 120. — *Calamagrostis lagurus.* Kœl. Gram. 112. — Barr. Ic. t. 11.

Sa racine est rampante ; ses feuilles radicales, longues, droites, fermes, rudes sur les bords, un peu glauques, munies d'une nervure longitudinale saillante ; les tiges ont 7-10 décim. de longueur, et portent quelques feuilles courtes et souvent munies de barbes à l'origine de leur gaîne ; les fleurs sont portées sur de très-courts pédicelles, et disposées en panicule serrée, cylindrique, argentée, semblable à un épi ; les glumes sont couvertes de longs poils blancs ; les balles sont glabres, membraneuses. Cette espèce croît dans les sables maritimes de la Provence, des environs de Nice. ♉.

1536. Canne-à-sucre de   *Saccharum Ravennæ.*
Ravenne.

Saccharum Ravennæ. Murr. Syst. 88. Lam. Fl. fr. 3. p. 576. — *Andropogon Ravennæ.* Linn. spec. 1481. — Moris. s. 8. t. 8. f. 32.

Ses tiges sont hautes d'un mètre et plus, fermes, articulées, feuillées et souvent rougeâtres vers leur sommet ; ses feuilles sont longues de près d'un mètre, larges d'un centimètre, garnies d'une nervure blanche, striées, rudes en leurs bords, et plus ou moins velues à l'entrée de leur gaîne ; ses fleurs sont disposées en une panicule rameuse, longue de 2 décim., un peu dense, luisante, et soyeuse ou plumeuse ; les pédicelles portent çà et là des poils soyeux, outre ceux qui couvrent les glumes. Cette plante croît au bord des ruisseaux, en Provence, à Cette.

** *Fleurs en panicule ; épillets à plusieurs fleurs.*

CLXVIII. LAMARCKIE.   *LAMARCKIA.*

Lamarckia. Mœnch. Kœl. — *Cynosuri sp.* Linn.

Car. Les épillets sont de deux sortes : les uns stériles, pendans, le plus souvent ternés, toujours dépourvus de barbes et jouant le rôle de bractées ; les autres fertiles, géminés, à deux ou trois fleurs, dont deux seulement hermaphrodites ; la glume est à deux valves linéaires ; la balle a deux valves, dont l'extérieure se prolonge en une longue arête.

Obs. Les fleurs sont en panicule resserrée en forme d'épi. Ce genre ne ressemble aux cynosures ni par le port ni par les caractères.

1537. Lamarckie dorée.   *Lamarckia aurea.*

Lamarckia aurea. Mœnch. Meth. 201. Kœl. Gram. 376. — *Cynosurus aureus.* Linn. sp. 107. Lam. Fl. fr. 3. p. 618. Desf. Atl. 1. p. 84. — Barr. Ic. t. 4.

Ses tiges sont articulées, feuillées et hautes de 1-2 décim. ; ses feuilles sont glabres, larges de 5-7 millim., et garnies d'une membrane blanche à l'entrée de leur gaîne ; l'épi est une espèce de panicule étroite, longue de 6-9 centim., unilatérale, et composée d'épillets menus, nombreux, la plupart pendans, luisans, d'un jaune pâle, les uns fertiles et les autres stériles. On trouve cette plante en Provence, près les îles d'Hières (Ger.); sur les rochers, près Barcelonette (Tourn.); aux environs de Nice (All.). ☉.

CLXIX. MÉLIQUE.   *MELICA.*

Melica. Mœnch. Kœl. — *Melicæ sp.* Linn.

Car. La glume est à deux valves scarieuses, souvent colorées, et renferme une ou deux fleurs hermaphrodites, outre le rudiment d'une troisième fleur, qui est porté sur un pédicelle ; les balles sont à deux valves ventrues, glabres ou hérissées de poils.

Obs. Les fleurs sont en panicule ou en grappe.

§. 1er. *Balles glabres.*

1538. Mélique uniflore.   *Melica uniflora.*

Melica uniflora. Retz. Obs. 1. p. 10. Kœl Gram. 139. — *Melica Lobelii.* Vill. Dauph. 2. p. 89. t. 3. — *Melica nutans.* Lam. Ill. n. 957. t. 44. Poll. Pal. n. 84. Gou. Hort. 42.

Sa racine est traçante ; sa tige droite, grêle, longue de 2-3 décim.; ses feuilles ont une gaîne presque quadrangulaire, qui se termine d'un côté par un appendice membraneux, aigu, presque triangulaire, opposé à la feuille; et de l'autre, par un limbe plane, alongé, étalé : la panicule est lâche, peu fournie de fleurs; celles-ci sont portées sur des pédicelles filiformes, droits ou un peu penchés; leurs glumes sont grandes, rougeâtres, et renferment une seule fleur hermaphrodite, outre le rudiment de fleur stérile qui se trouve dans toutes les méliques. Cette plante vient dans les bois; on la trouve dans toute la France. ♃.

1539. Mélique de montagne. *Melica montana.*

Melica montana. Huds. Angl. 37. Lam. Ill. n. 953. — *Melica nutans.* Linn. spec. 98. excl. Dal. et tertio C. B. syn. Kœl. Gram. 141. Fl. dan. t. 962.

Cette espèce est moins commune que la précédente, et ne se trouve que dans les lieux montagneux; elle s'en distingue, parce que la gaîne de ses feuilles ne se termine point par un appendice opposé au limbe, que sa panicule est presque toujours simple, que ses fleurs sont le plus souvent disposées du même côté et un peu penchées, et qu'enfin chaque balle renferme deux fleurs hermaphrodites et un rudiment avorté. ♃.

1540. Mélique rameuse. *Melica ramosa.*

Melica ramosa. Vill. Dauph. 2. p. 91. — *Melica pyramidalis.* Lam. Fl. fr. 3. p. 585. Dict. 4. p. 72. — *Melica aspera.* Desf. Fl. atl. 1. p. 71. — Barr. t. 95. f. 1. — *Melica minuta.* All. n. 2252. Linn. Mant. 32 ?

Sa tige est grêle, droite, rameuse à sa base, haute de 2-4 décim., garnie de quatre à cinq feuilles droites, roides, glauques, roulées en dessus, et un peu rudes sur les bords; ses fleurs forment une panicule lâche, peu garnie, et à-peu-près disposées en pyramide; les rameaux s'écartent de l'axe à angle droit; les glumes sont composées de deux valves assez grandes, lisses, un peu pointues, blanchâtres sur les bords, et souvent rougeâtres vers le dos; les balles sont glabres. Cette plante croît sur les rochers, dans les lieux exposés au soleil, en Dauphiné; aux environs de Narbonne. ♃.

§. II. *Balles garnies de poils.*

1541. Mélique ciliée. *Melica ciliata.*

Melica ciliata. Linn. spec. 97. Lam. Dict. 1. p. 69. — Scheuchz.
Gram. 174. t. 3. f. 16.
β. *Paniculâ magis ramosâ.*

Ses tiges sont hautes de 5 décim. , droites , menues , et
garnies de quelques feuilles très-étroites , glabres , et un peu
roulées en leurs bords ; ses fleurs sont disposées en une panicule longue de 12 - 15 centim. , étroite et tout-à-fait resserrée
en épi ; les glumes ont leurs valves pointues , lisses , luisantes , et d'un blanc pâle presque jaunâtre ; la valve extérieure de chaque fleur fertile est garnie vers les bords de poils
blancs , soyeux , d'abord appliqués et peu visibles , puis étalés
au moment de la maturité des graines. La variété β a la panicule plus rameuse. On trouve cette plante sur les côteaux secs
et pierreux des provinces méridionales ; on la trouve encore à
Lyon ; dans la Bresse et le Bugey ; en Alsace ; près Mayence ;
Lautern , etc.

1542. Mélique de Bauhin. *Melica Bauhini.*

Melica Bauhini. All. Auct. p. 43. — *Melica pyramidalis.* Desf.
Fl. atl. 1. p. 72. — Bauh. Theat. p. 157.

Cette espèce est intermédiaire entre la mélique ciliée et la
mélique rameuse ; elle a le feuillage et le port de celle - ci ,
joint aux fleurs de la première : on la distingue de la mélique
ciliée , parce que sa fleur est chargée de poils moins nombreux ,
que sa panicule est peu fournie , dirigée d'un seul côté , et que
les pédoncules inférieurs divergent de l'axe à angle droit ; elle
diffère de la mélique rameuse , parce que sa fleur fertile a
la balle hérissée de poils soyeux. Elle croît aux environs de Nice ,
sur les rochers arides.

CLXX. DANTHONIE. *DANTHONIA.*

Avenæ et Festucæ sp. Linn.

CAR. La glume est très-grande , à deux valves concaves ; elle
renferme plusieurs balles , dont la valve externe est échancrée
au sommet , et émet du fond de l'échancrure une arête , tantôt
longue et tortillée , tantôt à demi-avortée.

OBS. Ce genre est dédié à Étienne Danthoine , botaniste
marseillois , auquel on doit une excellente monographie , encore
inédite , des graminées de Provence ; il diffère des méliques par

le

le nombre des fleurs et la présence d'une arête, et des avoines
par la position de l'arête, l'échancrure de la valve externe des
balles, et la grandeur des glumes. On doit, outre les espèces
décrites plus bas, rapporter à ce genre, 1°. *avena spicata* L.
ou *avena glumosa* Michaux; 2°. *avena calicina* Lam. non
Vill. — La figure de Monti, qui appartient à la danthonie de
Provence, et qu'on avoit rapportée à la danthonie inclinée,
prouve combien est juste le rapprochement des espèces de ce
genre, senti déjà par Linné, Danthoine et Villars.

1543. Danthonie inclinée. *Danthonia decumbens*.

Festuca decumbens. Linn. sp. 110. excl. syn. Monti. Lam. Dict.
2. p. 463. — *Bromus decumbens*. Kœl. Gram. 242. — *Poa decumbens*. Scop. Carn. 1. p. 69. — *Melica decumbens*. Web.
Spic. p. 3. — Pluk. t. 34. f. 1.

Ses tiges sont hautes de 2-3 décim., garnies de deux ou trois
articulations, feuillées, et en général assez droites, excepté
pendant la maturation des semences où elles sont souvent inclinées; les feuilles sont un peu velues, et larges de 2-3 millim.;
la panicule est resserrée presque en épi, et composée d'un petit
nombre d'épillets, courts, ovales, durs, lisses et d'un verd blanchâtre, quelquefois un peu violet; ces épillets ne contiennent
que trois ou quatre fleurs : les valves externes des balles ont au
sommet une échancrure d'où part un rudiment d'arête. On trouve
cette plante dans les lieux secs. ♃.

1544. Danthonie de Provence. *Danthonia Provincialis*.

Avena calycina. Vill. Dauph. 2. p. 148. t. 2. f. 9. non Lam. —
Monti. Prodr. t. 2. f. 1. — *Avena spicata*, β. Wild. sp. 1.
p. 453.

Sa tige est grêle, un peu coudée à la base, puis redressée,
et haute de 2-3 décim.; les feuilles sont étroites, peu nombreuses; les inférieures sont filiformes, les supérieures planes et
un peu plus larges; toutes sont glabres, à l'exception de quelques
longs poils qui bordent l'entrée de leur gaîne : la panicule est
droite, simple, composée de quatre épillets solitaires et pédicellés; la glume est grande, lisse, d'un verd un peu violet, et
semble une spathe à deux feuilles concaves et acérées; elle renferme cinq à six balles plus courtes que la glume, et serrées
sur deux rangs : chacune d'elles a deux valves; l'intérieure membraneuse, obtuse, glabre; l'extérieure coriace, concave, velue

Tome III.   C

à la base et sur les bords, profondément échancrée au sommet
en deux cornes pointues et divergentes; du fond de l'échancrure
part une arête rousse, tortillée a sa base, et longue de 12-15
millim. ♃. Cette espèce est originaire de Provence, près Cisteron, où elle a été recueillie par Danthoine; on la trouve à
Corrie, près Gap (Vill.).

CLXXI. AVOINE.   *AVENA.*

Avena, Kœl. — *Avena et Holci sp.* Linn.

CAR. La glume est bivalve, et renferme deux ou plusieurs
fleurs, le plus souvent toutes hermaphrodites, ou dont quelques-
unes sont mâles par avortement; la balle est à deux valves
pointues, dont l'extérieure porte sur son dos une arête genouillée.

OBS. Les fleurs sont en panicule lâche ou serrée; l'arête
manque dans quelques variétés.

§. Ier. *Espèces hermaphrodites et dont les valves*
externes des balles sont entières au sommet.

1545. Avoine cultivée.   *Avena sativa.*

Avena sativa. Linn. spec. 118. Lam. Dict. 1. p. 331. — *Avena*
disperma. Mill. Dict. n. 1.
α. *Nigra.* J. Pauh. Hist. 2. p. 432.
β. *Alba.* Lob. Ic. t. 31. f. 2.

Ses tiges sont droites, feuillées, et hautes de 8-10 décim.;
ses feuilles sont larges de 12-15 millim., glabres, et un peu
rudes lorsqu'on les glisse entre les doigts; la panicule est très-
lâche, quelquefois unilatérale, et longue de 2 décim.; ses
épillets sont inclinés ou pendans sur leur pédoncule, et ont
leur glume composée de deux valves lisses, striées, verdâtres,
blanches en leurs bords, pointues, et plus longues que les
fleurs; les valves des balles sont chargées de barbes fort
longues, roussâtres à leur base, et qu'elles perdent souvent
par la culture; les semences sont alongées, lisses, et noires ou
blanches, selon les variétés. Cette plante est cultivée dans les
champs, ☉; ses graines servent à la nourriture des chevaux et
même en plusieurs pays à celle de l'homme.

1546. Avoine nue.   *Avena nuda.*

Avena nuda. Linn. spec. 118. Lam. Dict. 1. p. 331. Moris.
S. t. 7. f. 4. — Lob. Ic. t. 32. f. 1.

Cette espèce diffère de la précédente, parce qu'elle est com-

munément plus petite ; que ses glumes sont un peu plus courtes
que les fleurs qu'elles renferment ; que ses barbes sont droites
ou divergentes , mais non tortillées ; et qu'enfin les balles divergent et se détachent spontanément de la graine à la maturité. On la cultive comme la précédente , et on la préfère en
certains pays pour la confection du gruau. ☉.

1547. Avoine follette.   *Avena fatua.*

Avena fatua. Linn. spec. 118. Schreb. Gram. t. 15. Lam. Dict.
1 p. 331. — Scheuchz. Gram. p. 239. t. 5. f. 1.
β. *Avena sterilis.* Linn. spec. 118. — Pet. Gaz. t. 38. f. 7.

Ses tiges sont hautes de 8-12 décimètres , articulées , et garnies
de quelques feuilles assez longues , larges de 6-7 millim. ou
quelquefois plus , et ordinairement glabres ; la panicule est très-
lâche ; ses épillets sont grands , assez semblables à ceux de
l'avoine cultivée , et contiennent deux ou trois fleurs garnies
de barbes fort longues ; les balles sont remarquables par des
poils roux très-abondans , qui couvrent toute leur moitié inférieure. La variété β est plus grande dans toutes ses parties , et
ses épillets contiennent jusqu'à cinq fleurs. On trouve cette plante
dans les champs ; sa variété croît en Languedoc. ☉. On la connoit sous les noms de *folle avoine* , d'*averon* , d'*avron* , de *ci-
vada conguoüla* , ec.

1548. Avoine toujours-verte. *Avena sempervirens.*

Avena sempervirens. Vill. Prosp. 17. flor. 2. p. 140. t. 5. All.
Auct p. 45. — *Avena striata.* Lam. Dict. 1. p. 332.

Cette plante forme une touffe serrée , tenace , et haute de
5-8 décim. ; ses feuilles radicales sont longues , fermes , d'un
verd glauque , striées et roulées en dessus, glabres excepté à
l'entrée de leur gaine où elles portent quelques poils ; entre les
tiges et près du collet de la racine se trouvent des écailles foliacées , ciliées sur les bords : la panicule ressemble à celle de
l'avoine élevée ; mais les glumes sont plus luisantes , et renferment trois fleurs, dont deux fertiles , munies d'arêtes, et une
stérile et sans arête ; à la base externe de chaque fleur se trouve
une touffe de poils blancs. Elle croît dans les montagnes des
Pyrénées , du Dauphiné et du Piémont , et se plaît sur les pentes
exposées au soleil. ♃.

1549. Avoine pubescente.   *Avena pubescens.*

Avena pubescens. Linn. spec. 1665. Lam. Dict. 1. p. 333. —
Avena pilosa, *var.* Scop. Carn. 1. p. 86. — Scheuchz. Gram.
226. t. 4. f. 20.

Sa tige est haute de 6-8 décim. ; ses feuilles sont velues,
particulièrement les inférieures, et ont à-peu-près 6-8 millim.
de largeur ; la panicule est un peu resserrée, et longue de 10-12
centim. ; ses épillets sont tous assez droits, longs de 15-18 mill.
lisses, luisans, rougeâtres ou violets à leur base, et d'une couleur argentée à leur sommet ; les pédoncules propres de chaque
balle florale sont très-velus. On trouve cette plante dans les prés
montagneux. ♃.

1550. Avoine à deux rangs. *Avena distichophylla.*

Avena distichophylla. Vill. Dauph. 2. p. 144. t. 4. Wild. spec. 1.
p. 452. — *Avena disticha.* Lam. Dict. 1. p. 333. — Hall. Helv.
n. 1489.

Sa tige est à sa base couchée et comme traçante à la surface
du sol, puis se divise en plusieurs branches redressées, hautes
de 1-2 déc., garnies vers le bas de feuilles glabres, alternes, et
disposées régulièrement sur deux rangs opposés et dont le limbe
est étalé, étroit, pointu, courbé en gouttière ; la panicule est
oblongue, droite, peu serrée, brillante, mélangée de violet et
de blanc ; les glumes contiennent deux ou trois fleurs velues à
la base, munies sur leur dos d'une arète droite, longue de
7-8 millim. Cette espèce croît dans les Alpes de la Savoie, du
Dauphiné, du Piémont, de Provence. ♃.

1451. Avoine bigarrée.   *Avena versicolor.*

Avena versicolor. Vill. Dauph. 2. p. 142. t. 4. Wild. spec. 1.
p. 452. Lam. Dict. 1. p. 333. — *Avena Scheuchzeri.* All. Fl.
ped. n. 2259. — *Avena Alpina.* Latour. Chl. Lugd. 5. —
Scheuchz. It. 6. p. 475. t. 19. Agr. Prod. t. 3.

Sa tige est à-peu-près droite, haute de 2-3 décim., garnie
de quelques feuilles planes ou pliées longitudinalement, mais
non roulées sur leurs bords ; la panicule est oblongue, droite,
composée de huit à dix épillets ovales, comprimés, aussi longs
que leurs pédicelles, bigarrés de brun, de violet, de jaune et
de blanc ; les glumes sont un peu inégales et contiennent cinq
à six fleurs ; dans les supérieures, l'arète part près du sommet,
et dans les inférieures près de la base : elle a 15-20 millim. de
longueur. Elle se trouve dans les Alpes près du Mont-Blanc,

entre Braman et le Barricade (All.); près Grenoble (Vill.); dans les montagnes du Forêt (Latourr.); et a été cueillie au Mont-d'Or par M. Lamarck.

1552. Avoine améthyste. *Avena amethystina.*

Cette espèce s'élève à 1 ou 2 décim.; sa tige est droite, simple, garnie dans toute sa longueur de feuilles courtes, redressées, étroites, planes ou pliées en long, dont les supérieures sont glabres et les inférieures velues sur leur gaîne et à leur face inférieure; la panicule est droite, peu garnie, et sort de la gaîne supérieure; les pédicelles ne portent qu'une fleur; les glumes sont grandes, oblongues, pointues, un peu inégales, d'un beau violet à la base, argentées au sommet; elles renferment deux fleurs munies de soies à leur base, tachées de violet vers le haut : dans chaque épillet on compte trois arêtes longues, droites, purpurines, dont une sur la balle inférieure et deux sur la supérieure, caractère singulier qui seul distingue cette espèce. Elle a été trouvée dans les Alpes de Provence, par M. Clarion.

1553. Avoine en alène. *Avena setacea.*

Avena setacea. Vill. Dauph. 2. p. 144. t. 5. Bell. Act. Tur. 5. p. 218. — *Avena subulata.* Lam. Illustr. n. 1113. — *Avena aurata.* All. Ped. n. 2259. — Hall. Helv. n. 1488.

Cette espèce pousse une touffe de feuilles aussi longues que la tige, roides, fines, roulées sur leurs bords, droites, d'un verd pâle, glabres sur toute leur surface, excepté sur leur gaîne qui est souvent couverte d'un duvet fin et serré; la panicule est droite, peu fournie; les pédicelles sont serrés et ne portent qu'une ou deux fleurs; les glumes sont jaunâtres ou un peu violettes, ou quelquefois d'un jaune doré très-vif; elles renferment deux ou trois balles munies d'arêtes noirâtres à leur base. Elle croit dans les Alpes; dans le Champsaur, à Die et aux Baux (Vill.); à Braman et à Bardonache (All.). ⳇ

1554. Avoine canche. *Avena airoides.*

Aira subspicata. Linn. spec. 95. Fl. dan. t. 228. Lam. Dict. 7. p. 599. — *Avena airoides.* Kœl. Gram. 298. — Scheuchz. Gram. 221. Prod. t. 6. f. 2.

Cette espèce ne s'élève pas au-delà d'un décim.; sa tige est simple, droite, chargée vers le haut de poils cotonneux; ses feuilles sont planes, glabres; sa panicule est resserrée en épi

ovale-oblong , obtus , un peu luisant, bigarré de jaune et de
violet; les glumes renferment deux ou trois fleurs presque
glabres ; la valve externe de chacune d'elles porte sur son dos ,
vers les deux tiers de sa longueur, une arète divergente et qui
dépasse la longueur des fleurs. Elle croit dans les Alpes , au
mont Saint-Bernard ; au Mont-Cénis , au Groscaval , à Ceresole
(All.), et a été trouvée dans les Pyrénées vers les sommets du
Pic du midi , par M. Ramond. ♃.

1555. Avoine des prés.   *Avena pratensis.*

Avena pratensis. Lam. Dict. 1. p. 333. —Hall. Helv. n. 1499.
α. *Avena pratensis.* Linn. spec. 119. Kœl. Gram. 279. — *Avena
pratensis , var. α.* Lam. Dict. 1. p. 333. —Moris. s. 8. t. 7. f. 1.
— Schenchz. Gram. 228. t. 4. f. 21. 22.
β. *Avena bromoides.* Gou. Hort. 52. Linn. spec. 1665.

Sa tige un peu courbée à la base , droite , roide , haute de
3-5 décim., garnie vers le bas de feuilles étroites, pliées en
long ou roulées sur leurs bords , glabres, un peu rudes sur les
bords ; la panicule est droite , resserrée en forme d'épi ; les pédoncules sont ordinairement solitaires et ne portent qu'un seul
épillet droit, alongé , panaché de blanc et de violet pâle , brillant et composé d'environ cinq fleurs ; ces fleurs sont velues à
leur base ; leur valve externe est fendue au sommet et porte une
longue arète sur son dos. Cette espèce habite dans les prés , les
champs , le bord des bois , et n'est point aussi commune que son
nom semble l'indiquer. ♃. La variété β, qui se trouve à Montpellier , ne diffère de la précédente que par ses épillets à sept ou
huit fleurs , et souvent géminés le long de l'axe.

1556. Avoine fragile.   *Avena fragilis.*

Avena fragilis. Linn. spec. 119. Schreb. Gram. t. 24. f. 3. Kœl.
Gram. 295. — Schenchz. Gram. 32. t. 1. f. 7. G.
β. *Glumis pubescentibus.* Schenchz. Gram. 33.

Cette espèce est facile à reconnoître parce que ses fleurs sont
disposées en véritable épi et non en panicule; ses tiges sont rameuses à leur base, feuillées, coudées à leurs articulations inférieures , et s'élèvent depuis 2 jusqu'à 5 décim. ; ses feuilles
sont molles , vertes , velues , et larges de 5 millim. ; les épillets
sont sessiles , alternes , verdâtres et disposés en un épi long de
12-15 cent.; ils sont composés de quatre à six fleurs un peu
écartées les unes des autres, et situées alternativement sur l'axe
de l'épillet. On trouve cette plante en Provence , en Languedoc ,
en Dauphiné. ☉.

§. II. *Espèces hermaphrodites et ayant les valves externes des balles terminées par deux barbes outre l'arète dorsale.*

1557. Avoine de Lœfling. *Avena Lœflingiana.*

Avena Lœflingiana. Linn. spec. 118. Cav. Ic. t. 45. f. 1. Balb. Misc. p. 12.

Cette plante est facile à reconnoître à sa tige rameuse par la base, à ses feuilles légèrement pubescentes, à sa panicule bigarrée de verd et de blanc, resserrée, un peu luisante; ses glumes sont inégales, étroites, très-acérées, et renferment deux fleurs; la valve externe des balles est lisse, terminée par une longue pointe qui se divise au sommet en deux barbes, et chargée sur le dos d'une arète blanche saillante, droite ou génouillée. Les échantillons que je décris sont originaires d'Espagne, et j'indique cette plante d'après l'autorité de Balbi, qui dit qu'elle croît dans la vallée d'Aost entre Joavansan et Aymaville, entre Cinzano et Moncucco, près Suze.

1558. Avoine grèle. *Avena tenuis.*

Avena tenuis. Mœnch. Meth. 195. Wild. sp. 1. p. 448. — *Avena dubia*. Leers. Herb. n. 89. t. 9. f. 3. — *Avena fertilis*. All. Auct. p. 45. — *Ventenata avenacea*. Kœl. Gram. 274. — *Holcus biaristatus*. Wigg. Prim. 776. — *Avena triaristata*. Vill. Dauph. 2. p. 148. t. 4.

Cette espèce est mince, grèle, haute de 1-3 décim.; sa tige est droite ou ascendante, marquée de trois à quatre nœuds purpurins; les feuilles radicales sont planes, celles de la tige pliées en long; sa panicule est plus ou moins fournie, composée de pédicelles solitaires, géminés ou verticillés, d'abord droits puis étalés au moment de la floraison, chargés de un à trois épillets de moitié plus petits que dans l'avoine rude; les glumes sont longues, pointues, un peu inégales, marquées sur le dos de sept stries fines et profondes; elles renferment deux à quatre fleurs, toutes fertiles et chargées d'arètes: la valve externe des balles est lisse et se termine par deux barbes acérées outre l'arète dorsale qui d'ordinaire est courbée dans le milieu. ☉. Cette plante croît dans les champs arides en Dauphiné, près Poet, Laragne et Mison (Vill.); en Piémont près Montreal (All.). C'est d'après des échantillons envoyés par Villars et par Allioni, que je rapporte leurs synonymes à cette espèce.

C 4

1559. Avoine rude.   *Avena strigosa.*

Avena strigosa. Schreb. Spic. 52. Wild. sp. 1. p. 446. Kœl.
Gram. 285. — *Avena nervosa.* Lam. Illustr. n. 1115.

Sa tige est droite, haute de 3-5 décim., garnie de feuilles
planes, glabres, à l'exception de quelques poils à l'entrée de
leur gaîne ; la panicule est oblongue, lâche, peu garnie, disposée d'un seul côté avec peu de régularité ; les pédicelles ne portent qu'un à deux épillets ; les glumes sont verdâtres, longues,
pointues, marquées sur le dos de cinq à sept nervures longitudinales ; elles renferment deux fleurs : la valve externe de
celles-ci est très-grande, un peu coriace, lisse à sa base, rude
et striée vers le haut, terminée par deux pointes droites semblables à de petites barbes, et chargée sur le dos d'une arête
tortillée longue de 15-18 millim. Elle croît dans les champs
de la France méridionale. ☉.

1560. Avoine jaunâtre.   *Avena flavescens.*

Avena flavescens. Linn. spec. 118. Lam. Dict. 1. p. 333. Schreb.
Gram. t. 9. — Moris s. 8. t. 7. f. 42.

Ses tiges sont grêles, hautes de 2-5 décim., garnies de
feuilles qui ont environ 5 millim. de largeur, et dont les inférieures sont pubescentes ; la panicule est oblongue, d'un jaune
plus ou moins vif, un peu brillante, composée d'épillets nombreux deux fois plus petits que dans l'avoine pubescente ; les
glumes sont très-inégales et renferment de deux à cinq fleurs
portées sur un axe velu, et toutes munies sur le dos d'une arête
longue de 7-9 millim. ; les valves externes des balles ont le sommet divisé en deux pointes très-acérées. On trouve cette plante
sur les collines et dans les prés secs. ♃.

1561. Avoine argentée.   *Avena sesquitertia.*

Avena sesquitertia. Linn. Mant. 34. Kœl. Gram. 284. — Hall.
Helv. n. 1497. var. γ.

Cette plante ne me paroît différer de l'avoine jaunâtre, que
parce que sa panicule est plus serrée, et qu'au lieu d'être jaune
elle est d'un blanc argenté, souvent bigarrée de violet foncé.
Elle a été trouvée par M. Schleicher, dans les montagnes voisines du Léman.

§. III. *Espèces polygames.*

1562. Avoine élevée.   *Avena elatior.*

Avena elatior. Linn. sp. 117. Lam. Dict. 1. p. 331. — *Holcus
    avenaceus.* Scop. Carn. 2. p. 277. — Fl. dan. t. 165. — Moris.
    s. 8. t. 7. f. 34.
β. *Radice nodosâ.* — *Avena precatoria.* Thuil. Fl. par. II. 1.
    p. 58. — Moris. s. 8. t. 7. f. 38.
γ. *Aristis omnibus abortivis.*

Ses racines sont fibreuses, rampantes, et poussent des tiges
hautes de 1 mètre et au-delà, garnies de feuilles glabres,
striées, et larges de 8-10 millimètres; la panicule est longue
de 2-3 décim., assez lâche, mais fort étroite et pointue; les
épillets sont composés de deux fleurs, dont une fertile est chargée d'une barbe courte, et l'autre imparfaite ou stérile, en
porte communément une fort longue; la glume est lisse,
presque luisante, et verdâtre ou quelquefois un peu violette.
La variété β a sa racine composée de plusieurs tubercules arrondis, blanchâtres, et situés les uns sur les autres; ses
feuilles sont un peu velues, et ses épillets n'ont souvent qu'une
seule barbe. On trouve cette plante dans les prés et sur le bord
des champs et des bois. ♃. Cette graminée, connue des cultivateurs sous le nom de *fromental*, sert à faire des prairies ar-
tificielles estimées à cause de leur longue durée.

1563. Avoine laineuse.   *Avena lanata.*

Holcus lanatus. Linn. spec. 1485. Lam. Fl. fr. 3. p. 635. —
    Avena lanata. Kœl. Gram. 303. — Scheuchz. Gram. 234. t.
    4. f. 24.

Ses tiges sont droites, articulées, feuillées, et s'élèvent de
5-10 décim.; ses feuilles sont larges de 6-8 millim., molles,
velues, et particulièrement remarquables par le duvet cotonneux dont leur gaine est chargée; la panicule est longue de
1-2 décim., resserrée dans sa jeunesse, et d'une couleur blanche
plus ou moins mêlée de violet; les glumes sont velues, laineuses, plus courtes que celles de l'espèce suivante, moins
aiguës, et les barbes des fleurs sont crochues et à peine apparentes. On trouve cette plante dans les prés. ♃.

1564. Avoine molle.   *Avena mollis.*

Holcus mollis. Linn. spec. 1485. — *Avena mollis.* Kœl. Gram.
    301. — *Aira mollis.* Schreb. Spic. 51. — Scheuchz. Gram.
    235. t. 4. f. 25.

Ses tiges sont longues de 5 décim., plus ou moins droites

et coudées à leurs articulations inférieures ; elles ont un paquet
de poils à chacune de leurs articulations : les feuilles sont larges
de 6 millim., et leur gaine paroît glabre à la vue simple ; la
panicule est un peu resserrée en épi, et devient, à mesure que
la fructification se développe, d'un blanc sale presque roussâtre, et mélangé de violet ; les glumes sont très-aiguës,
légèrement ciliées sur leur dos et en leurs bords, et presque
lisses en leur superficie. On trouve cette plante dans les lieux
secs ; elle n'est peut-être qu'une variété de la précédente. ℔.

1565. Avoine odorante.   *Avena odorata*.

Holcus odoratus. Linn. spec. 1485. Lam. Fl. fr. 3. p. 636 —
Avena odorata. Kœl. Gram. 299. Hoffm. Germ. 3. p. 58. —
Savastana hirta. Schranck. Bav. 1. p. 337.

α. *Aristata*. — Linn. Fl. suec. n. 918. — Scheuchz. Gram.
206. t. 4. f. 26.

β. *Mutica*. — Hierochloe. Gmel. Sib. 1. p. 101.

Cette plante est intermédiaire entre les méliques et les avoines,
et varie tellement par son port et ses caractères, que peut-être
on doit regarder ses variétés comme des espèces, et l'espèce
elle-même comme un genre ; sa tige est simple, haute de 1-4 décimètres, garnie à sa base de quelques feuilles planes ; la gaine
supérieure est très-longue et ne porte qu'un rudiment de foliole ;
la panicule est quelquefois unilatérale, composée de pédicelles
géminés qui portent une ou ordinairement plusieurs fleurs ; les
glumes sont luisantes, concaves, béantes, jaunes ou violettes ;
elles renferment trois fleurs dont les balles sont hérissées ; les
deux latérales sont mâles, à trois étamines, et dans la variété
α portent sur leur dos une arête saillante ; celle du milieu est
sans arête, quelquefois femelle, le plus souvent hermaprodite,
à deux ou trois étamines. La variété α croît dans les prairies
des montagnes d'Auvergne, des Alpes, de Montpellier ; la
variété β se trouve dans les fossés humides de la Belgique. ♃

CLXXII. CANCHE.   *A I R A*.

Aira. Mœnch. Kœl. — *Airæ sp*. Linn.

Car. La glume est à deux valves, à deux fleurs hermaphrodites ; la balle est à deux valves, dont l'extérieure porte une
arête genouillée, et qui part de la base.

Obs. Les fleurs sont en panicule, presque toujours luisantes.
Ce genre diffère des avoines par l'arête, qui part de la base et
non du dos de la balle.

1566. Canche en gazon. *Aira cœspitosa.*

Aira cœspitosa. Linn. spec. 96. Kœl. Gram. 125. — Scheuchz.
Gram. 244. t. 2. f. 2. 3.

β. *Aira parviflora.* Thuil. Fl. par. II. 1. p. 38. — *Aira altissima.*
Lam. Fl. fr. 3. p. 581.

Cette espèce s'élève presque à un mètre de hauteur ; sa tige
est droite, ferme, rude lorsqu'on la passe entre les doigts de
haut en bas ; ses feuilles sont longues, planes, lisses en dessous,
striées et rudes à la face supérieure ; la gaine de la feuille se
termine par une membrane fendue en deux lanières pointues ;
la panicule est grande, étalée, composée de pédicelles demi-
verticillés et un peu rudes ; les glumes sont mélangées de violet
et de jaune, longues de 6 millimètres, assez semblables à celles
de la canche flexueuse ; elles renferment deux fleurs, dont les
balles sont dentelées au sommet et portent à leur base une arête
qui ne dépasse pas la longueur de la fleur : la balle inférieure est
glabre, la supérieure est velue à sa base. Cette espèce croît dans
les prés et les bois, à Mayence (Kœl.); à Lyon et dans le Bugey
(Latour.); dans les Pyrénées ; aux environs de Paris, etc.
La variété β a les fleurs plus pâles, de moitié plus petites, et la
tige plus lisse. ♃.

1567. Canche flexueuse. *Aira flexuosa.*

Aira flexuosa. Lam. Dict. 1. p. 599. — *Aira montana.* Lam. Fl.
fr. 3. p. 582. Hoffm. Germ. 3. p. 38.

α. *Pedicellis rectis.* — *Aira montana.* Linn. spec. 96? —
Scheuchz. Prod. t. 6. f. 1.

β. *Pedicellis flexuosis.* — *Aira flexuosa.* Linn. spec. 96. —
Scheuchz. Prod. t. 4. f. 4.

γ. *Aira discolor.* Thuil. Fl. par. II. 1. p. 39.

Sa tige est grêle, un peu foible, souvent rougeâtre, peu
garnie de feuilles, et s'élève de 2-6 décim. ; ses feuilles sont
glabres, jonciformes, très-menues et presque capillaires ; ses
fleurs forment une panicule bien étalée, peu garnie, et dont les
rameaux et sur-tout les pédoncules sont tortueux ; sur-tout dans
la variété β ; les glumes sont luisantes, d'une couleur argentée,
et souvent d'un rouge brun à leur base ; elles renferment deux
fleurs munies à leur base d'une touffe de poils blancs, et qui
portent une arête coudée deux fois plus longue qu'elles. On
trouve cette plante dans les lieux montagneux et sur le bord des
bois. ♃.

44 F A M I L L E

1568. Canche cariophyllée.   *Aira cariophyllea.*

Aira cariophyllea. Linn. sp. 97. Fl. dan. t. 382. Lam. Ill. n. 951.
t. 44. — Moris. s. 8. t. 5. f. 11.
β. *Aira divaricata.* Pourr. Acad. Toul. 3. p. 307.

Cette espèce est beaucoup plus petite que la précédente ; ses
feuilles radicales sont menues, courtes et ramassées en gazon ;
ses tiges sont très-grêles, chargées de deux ou trois feuilles,
et hautes de 1-2 décim. ; elles soutiennent à leur sommet une
panicule lâche, très-étalée et peu garnie : les glumes sont fort
petites, verdâtres, blanches et luisantes à leur extrémité, et
quelquefois un peu rougeâtres à leur base. La variété β, qui
croît aux environs de Narbonne, a la panicule très-ouverte,
et les arêtes de la longueur des glumes. On trouve cette plante
dans les lieux secs et sur le bord des bois. ⊙.

1569. Canche blanchâtre.   *Aira canescens.*

Aira canescens. Linn. sp. 97. Lam. Ill. n. 949. Poll. Pal. n. 80.
— Moris s. 8. t. 3. f. 10.

Ses tiges sont hautes de deux décim., menues, articulées,
feuillées, nombreuses et disposées en gazon ; ses feuilles sont
sétacées, jonciformes, glabres, un peu dures et d'un verd blanchâtre ; celle du sommet de chaque tige a une gaîne ample,
rougeâtre en ses bords, et embrasse la base de la panicule dans
sa jeunesse ; cette panicule est longue de 4-5 centimètres, resserrée en épi, composée de glumes pointues, et d'une couleur
argentée, mélangée de rose ou de violet : les barbes sont fort
courtes et un peu épaissies en forme de massue à leur sommet.
On trouve cette plante dans les lieux sablonneux. ⊙.

1570. Canche précoce.   *Aira præcox.*

Aira præcox. Linn. sp. 97. Lam. Ill. n. 950. Fl. dan. t. 383. —
Ray. Ang. t. 22. f. 2. — *Aira canescens,* β. Vill. Dauph. 2.
p. 85.

Cette espèce a beaucoup de rapport avec la précédente, mais
elle est beaucoup plus petite ; ses tiges sont menues, feuillées,
articulées et hautes de 6-15 centim. ; ses feuilles sont glabres,
vertes, courtes et sétacées ; sa panicule est longue à peine de
5 centim., tout-à-fait resserrée en épi, pauciflore et d'un verd
blanchâtre, mélangé de pourpre ; ses barbes sont pointues et
non en forme de massue à leur sommet, et la gaîne de la
feuille supérieure est assez éloignée de la panicule. On trouve
cette plante dans les lieux sablonneux et humides. ⊙.

CLXXIII. ROSEAU.   *ARUNDO.*

Arundo. Roth. Kœl. — *Arundinis sp.* Linn.

Car. La glume est à deux valves et renferme plusieurs fleurs, la balle est bivalve, revêtue de poils à l'extérieur.

Obs. Les fleurs sont en panicule.

1571. Roseau commun.   *Arundo phragmites.*

Arundo phragmites. Linn. spec. 120. Lam. Illustr. n. 1083. t. 46. Kœl. Gram. 276. — *Arundo vulgaris.* Lam. Fl. fr. 3. p. 615. — Lob. Ic. t. 51. f. 1.

Ses racines sont longues, rampantes, et poussent des tiges droites, feuillées et hautes de 1-2 mètres; les jeunes tiges sont terminées par une feuille non développée et roulée en une espèce de cône très-pointu; les feuilles sont longues, larges de 3 centim., glabres, coupantes et comme denticulées en leurs bords; la panicule est grande, longue de 2-3 décim., lâche, très-garnie et d'un pourpre noirâtre ou foncé; ses rameaux sont foibles et souvent penchés; les glumes sont très-aiguës, et les poils qui environnent les fleurs sont longs et soyeux : les individus que j'ai dans mon herbier ont toutes les epillets a trois fleurs. Cette plante est commune sur le bord des étangs et dans les fossés aquatiques. ♃.

1572. Roseau cultivé.   *Arundo donax.*

Arundo donax. Linn. spec. 120. Lam. Illustr. n. 1084. — *Arundo sativa.* Lam. Fl. fr. 3. p. 616. — Scheuchz. Gram. 159. t. 3. f. 14. a. b. c. —Lob. Ic. t. 51. f. 2.
β. *Arundo versicolor.* Mill. Dict. n. 3. — Moris. s. 8. t. 8. f. 9.

Ses tiges sont hautes de 2-3 mètres, dures, ligneuses, assez grosses, creuses et garnies de feuilles et d'articulations nombreuses et peu distantes entre elles; ses feuilles sont larges de de 6 centim., assez longues, un peu rudes en leurs bords, glabres et lisses en leur superficie, d'un verd un peu glauque et quelquefois panachées; ses fleurs forment une panicule grande, un peu dense, purpurine et fort belle. On trouve cette plante en Provence, ♃; on la cultive dans les jardins.

CLXXIV. FÉTUQUE.   *FESTUCA.*

Festuca. Linn.

Car. Les fétuques diffèrent des bromes parce que la valve externe de leur balle est acérée et munie d'une arête qui part du sommet. Elles se distinguent des paturins parce que leurs

balles sont très-acérées et presque toujours terminées par une
arète.

§. 1er. *Fausses fétuques ; balles aiguës dépourvues d'arète* (1).

1573. Fétuque bleue.   *Festuca cœrulea.*

> *Melica cœrulea.* Linn. Mant. 324. Lam. Dict. 4. p. 75. — *Aira
> cœrulea.* Linn. spec. 95. — *Molinia cœrulea.* Mœnch. Meth.
> 183. — Moris. s. 8. t. 5. f. 22.
>
> β. *Aira atrovirens.* Thuil. Fl. paris. II. 1. p. 37. — Scheuchz.
> Gram. 207. t. 4. f. 11. 12.

Ses tiges sont hautes d'un mètre et plus, grèles, cylindriques, garnies de quelques feuilles longues et étroites, et
n'ont qu'une seule articulation placée fort près de la racine ; elles
se terminent par une panicule longue de 2-3 décim., et communément resserrée et fort étroite : les glumes sont très-petites,
cylindriques, pointues, droites, assez nombreuses, et panachées
de verd et de bleu, ou d'un violet noirâtre. On trouve cette
plante dans les bois taillis et dans les prés couverts ; ♃ ; elle
fleurit à la fin de l'été.

1574. Fétuque tardive.   *Festuca serotina.*

> *Festica serotina.* Linn. spec. 111. — *Agrostis serotina.* Linn.
> Mant. 30. — Seg. Ver. 3. p. 146. t. 3. f. 2.

Une racine presque ligneuse émet quelques tiges droites,
hautes de 2-3 décim., presque entièrement couvertes par les
gaines ; les feuilles sont courbées en gouttière, un peu rougeâtres, glabres, étalées, un peu piquantes, et d'autant plus
courtes comparativement qu'elles sont plus près de la panicule ;
celle-ci est peu garnie : les pédicelles sont d'abord dressés, puis
divergent à angle droit à l'époque de la floraison ; les épillets
sont appliqués contre l'axe ou le rameau qui les porte, composés de trois à cinq fleurs ; la glume est à deux valves courtes,
inégales, acérées ; les valves sont très-longues, pointues, ponctuées pendant la floraison, d'un violet noir à la maturité ; les
fleurs suintent, pendant leur épanouissement, des gouttelettes
visqueuses et acides, selon l'observation de Danthoine. Cette
plante croît dans les lieux secs et chauds, en Piémont (All.) ;
et en Provence, près Manosque, dans les rochers nommés la
Roucheto. ♃.

___

(1) Les espèces de cette section doivent elles être réunies, les unes aux
paturins, les autres aux bromes ?

1575. Fétuque maritime.   *Festuca maritima.*

Triticum maritimum. Linn. spec. 128. — Scheuchz. Gram. 274.
t. 6. f. 5. — *Festuca lanceolata.* Forsk. Æg. 22. — *Festuca*
Ger. Gallopr. p. 94. n. 4.

La tige est rameuse à la base, longue de 2 décim., glabre,
munie de trois nœuds purpurins ; les feuilles sont étroites,
glauques, souvent rougeâtres sur leurs gaines qui couvrent la
plus grande partie de la tige ; l'épi est rameux, et ressemble
à une panicule dont les rameaux seroient divergens et anguleux ;
chaque épillet est porté sur un pédicelle court et épais ; il est
d'abord appliqué contre l'axe, et s'en écarte ensuite ; ces épillets
sont glauques, comprimés, lancéolés, pointus, composés de
six à huit fleurs disposées sur deux rangs : les valves, soit de
la glume, soit des balles, sont pointues et dépourvues de cils.
Cette espèce croît sur les bords de la Méditerranée.

1576. Fétuque dorée.   *Festuca spadicea.*

Festuca spadicea. Linn. Mant. 732. Smith. Soc. Linn. 1. p. 113.
t. 10. — *Festuca aurea.* Lam. Fl. fr. 3. p. 598. — *Festuca*
fusca. Vill. Dauph. 2. p. 98? — *Poa Gerardi.* All. Ped.
n. 2201. — *Poa spadicea.* Kœl. Gram. 202. — *Poa triflora.*
Mœnch. Meth. 187. — *Anthoxanthum paniculatum.* Linn. sp.
40. — *Poa* Ger. Gall. 91. t. 2. f. 1.
β. *Spiculis uni aut bifloris.*

Sa tige est haute de 5 décim., cylindrique, feuillée, et
garnie de deux ou trois articulations ; ses feuilles sont larges de
4-5 millim., fort longues, très-glabres, et point rudes en leurs
bords ; leur gaine est un peu lâche et striée ; la panicule est
longue de 9 centim., peu ouverte, souvent penchée d'un côté,
et d'un jaune rougeâtre ou d'une couleur rousse remarquable ;
ses épillets sont composés de quatre fleurs, dont les balles sont
rousses, longues de 6 millimètres, très-pointues et glabres ; la
glume de chaque épillet est formée par deux valves un peu
inégales, pointues, lisses, luisantes et blanchâtres en leurs bords ;
les feuilles radicales sont plus étroites, plus dures, et roulées
sur elles-mêmes. La variété β a des épillets à une ou deux fleurs :
on en compte de deux à cinq dans ceux de la variété α. Elle
croît dans les prés des montagnes, en Provence ; en Piémont
(All.); en Auvergne ; en Dauphiné (Vill.); au Mont-Serane
(Gou.); dans les Pyrénées, etc. Elle est connue en Languedoc
sous le nom de *segeras,* et dans les Alpes, sous celui de *cou-*
telles. ℔.

1577. Fétuque des bois. *Festuca sylvatica.*

Festuca sylvatica. Vill. Dauph. 2. p. 105. t. 2. f. 8. — *Festuca calamaria.* Sm. Fl. brit. 1. p. 121 ?

Ses tiges naissent deux à trois ensemble, et sont munies à leur base d'écailles, qui leur donnent quelque ressemblance avec celles des roseaux ; elles s'élèvent à 5-6 décim., et sont droites, lisses et glabres : les feuilles sont planes, assez larges, lisses sur leurs gaînes, rudes sur leurs bords ; la panicule est oblongue, verdâtre ou rougeâtre, composée de pédoncules droits, ordinairement géminés et assez rameux ; les glumes ont deux valves étroites et pointues, et renferment trois à cinq fleurs ; la valve externe des balles est oblongue, convexe, pubescente lorsqu'on la voit à la loupe, très-aiguë, mais sans arête ; l'intérieure est plane (1). Cette espèce est très-remarquable par la petitesse de ses épillets. Elle a été trouvée en Dauphiné, dans les bois aux environs de Grenoble et sur le sommet de Challemont, par M. Villars, qui en a communiqué des échantillons à M. Desfontaines. ♃

1578. Fétuque fausse-ivraie. *Festuca loliacea.*

Festuca loliacea. Curt. Lond. 6. n. 66. Wild. sp. 1. p. 426. — *Poa loliacea.* Kœl. Gram. 207. — *Festuca elongata.* Ehrh. Gram. 93. — *Festuca phœnix.* Thuil. Fl. par. II. 1. p. 52. — *Festuca fluitans*, β. Huds. Angl. 2. p. 46.

Cette espèce a des rapports avec la fétuque élevée et la fétuque flottante ; elle diffère de l'une et de l'autre par sa panicule simple, droite, composée de douze à treize épillets presque sessiles, solitaires, alternes, disposés sur deux rangs opposés à-peu-près comme dans les ivraies ; ces épillets contiennent de sept à onze fleurs : les valves de la glume sont striées en long ; celles des balles sont lisses, membraneuses sur les bords, un peu pointues, mais dépourvues d'arête. Elle croît dans les prés humides, au bord de la Somme ; à Gentilly et Saint-Gratien, près Paris, etc. ♃ ; fleurit à l'entrée de l'été.

1579. Fétuque élevée. *Festuca elatior.*

α. *Festuca elatior.* Linn. spec. 111. — *Bromus elatior.* Kœl. Gram. 214. — *Festuca loliacea.* Lam. Dict. p. 462. — Moris. s. 8. t. 2. f. 15.

β. *Festuca elatior.* Lam. Dict. 2. p. 462.

Ses tiges sont hautes de 8-12 décim., feuillées et cylindriques ;

---

(1) Ces deux derniers caractères s'écartent de la description de Smith.

ses feuilles sont glabres, un peu rudes lorsqu'on les glisse entre les doigts, et larges de 6-8 millim.; la panicule est ample, très-lâche et souvent tournée d'un seul côté; ses épillets sont médiocres, d'un verd mêlé de rouge ou de violet, et composés de sept à neuf fleurs, dont les valves sont blanches et scarieuses en leurs bords. La variété β ne diffère de la précédente que par sa stature plus grande, plus ferme, ses feuilles plus larges et plus striées. On trouve cette plante dans les lieux incultes et les pâturages montagneux. ♃.

1580. Fétuque roseau.   *Festuca arundinacea.*

Festuca arundinacea. Schreb. Spic. 57. Vill. Dauph. 2. p. 106. — *Bromus arundinaceus.* Kœl. Gram. 217. — *Bromus littoreus.* Wild. sp. 1. p. 433. — Scheuchz. Gram. t. 5. f. 18. — Hall. Helv. n. 1511.

Cette espèce ressemble beaucoup à la fétuque élevée, mais elle est plus grande, elle a les feuilles plus larges, plus striées et semblables à celles des roseaux; les rameaux de la panicule sont plus rudes et naissent à des intervalles plus éloignés, et les épillets ne contiennent que quatre à six fleurs, au lieu de sept à neuf qu'on trouve dans la fétuque élevée; en outre, les balles sont constamment terminées par une petite arête, qui, vue à une forte loupe, part un peu au-dessous du sommet. Ce caractère devroit ranger cette plante parmi les bromes; mais son port et l'absence de cils sur le dos des valves internes de la balle, m'engagent à la laisser parmi les fétuques. Elle croît au bord des ruisseaux et des rivières, auprès des Alpes, du Jura, etc. ♃.

1581. Fétuque sans arête.   *Festuca inermis.*

Bromus inermis. Linn. Syst. 100. Schreb. Gram. t. 13. Lam. Ill. n. 1061. — *Festuca pœnoides.* Thuil. Fl. par. II. 1. p. 51. — *Festuca speciosa.* Schreb. Spic. 59.

Cette espèce est intermédiaire entre les fétuques, les bromes et les paturins; mais comme elle a constamment les balles pointues et la valve interne dépourvue de cils, elle doit, ce me semble, être rangée dans le premier de ces genres: sa racine est rampante; sa tige glabre, haute de 8-10 décim., munie de quatre à cinq nœuds purpurins ou olivâtres; ses feuilles sont larges, glabres, un peu striées; sa panicule est d'abord droite, puis étalée; les épillets sont droits, linéaires, comprimés, composés de dix à quinze fleurs un peu écartées, le plus souvent dépourvues, quelquefois munies d'une courte arête dorsale ou

terminale ; les glumes ont deux valves petites et striées. ♃. Elle
croît dans les prés et au bord des ruisseaux.

§. II. *Vraies fétuques ; balles terminées par une
arête plus courte qu'elles ; valves de la glume
presque égales.*

1582. Fétuque des brebis.   *Festuca ovina.*

> *Festuca ovina*. Linn. spec. 108. Leers. Herb. t. 8. f. 3. Lam.
> Dict. 2. p. 458.
> β. *Mutica.* — *Festuca capillata*, α. Lam. Fl. fr. 3. p. 597.
> γ. *Purpurascens.*
> δ. *Vivipara.*

Cette espèce naît toujours en touffes serrées ; ses racines sont
noirâtres, très-longues et très-chevelues ; les feuilles, soit radicales, soit supérieures, sont très-fines, roulées sur elles-mêmes
en forme de petits tubes cylindriques, striées, hérissées en dehors
de petites aspérités qui les rendent rudes au toucher ; elles
s'élèvent rarement au-delà de 7-8 centim. de longueur : les tiges
sont grêles, droites, longues de 2 décim., souvent tétragones ; la
panicule est grêle, droite, serrée, presque dirigée d'un seul côté ;
les fleurs sont petites, verdâtres ou violettes, glabres ou quelquefois un peu rudes vers le sommet des balles ; celles-ci sont le
plus souvent dépourvues d'arête. Cette plante est commune
dans les prés tourbeux et découverts : elle fournit un excellent
pâturage pour les moutons. ♃ .

1583. Fétuque rougeâtre.   *Festuca rubra.*

> *Festuca rubra*. Linn. spec. 109. Poll. Pal. n. 103. Kœl. Gram.
> 252. Lam. Dict. 2. p. 458.

Cette espèce se distingue de la plupart des fétuques à ses
feuilles, dont les inférieures sont étroites, roulées sur leurs
bords, et les supérieures plus larges, presque planes, velues en
dessus et glabres en dessous ; la panicule est un peu lâche, le
plus souvent rougeâtre ; les pédicelles sont rudes ; les épillets
renferment cinq à six fleurs absolument glabres, et qui se
terminent en arêtes droites. Elle croît dans les lieux secs et
stériles. ♃.

1584. Fétuque dure.   *Festuca duriuscula.*

> *Festuca duriuscula*. Linn. spec. 108. Poll. Pal. n. 102. Lam.
> Dict. 2. p. 459.

On peut reconnoître cette espèce, 1°. à ses feuilles, qui sont assez courtes, étroites, roulées ou pliées en long, toujours pubescentes dans la concavité de la face supérieure, et absolument glabres et lisses à l'extérieur; 2°. à sa panicule droite, serrée, souvent rougeâtre, et dont les balles sont constamment lisses : elle ne s'élève guère au-delà de 2 décim., et vient rarement en touffes aussi serrées que la fétuque des brebis. On la trouve dans les prés secs. ♃.

1585. Fétuque cendrée. *Festuca cinerea.*

Festuca cinerea. Vill. Dauph. 2. p. 98.
β. *Festuca dumetorum.* Lam. Illustr. n. 1033.

La fétuque cendrée a les feuilles d'un glauque cendré comme la fétuque glauque, roides, roulées en dessus dans le sens de leur longueur, pubescentes dans la cavité formée par cet enroulement, glabres et lisses à l'extérieur comme la fétuque dure; mais elle se distingue de l'une et de l'autre, parce que les balles de ses fleurs sont entièrement couvertes d'un duvet velouté qui manque entièrement dans la fétuque dure, et qui ne se trouve qu'au sommet des balles dans la fétuque glauque : elle paroît différer enfin de la vraie fétuque des buissons, parce que sa panicule n'est pas resserrée en forme d'épi. La variété β se distingue, parce qu'elle s'élève jusqu'à 5-6 décim., et que ses épillets sont plus grands que dans la variété α. On trouve cette plante dans les prés secs, en Dauphiné, en Auvergne, dans le Jura, aux environs d'Ostende. ♃.

1586. Fétuque glauque. *Festuca glauca.*

Festuca glauca. Lam. Dict. 2. p. 459.
β. *Festuca longifolia.* Thuil. Fl. par. II. 1. p. 50.

Dès le premier coup-d'œil on reconnoît cette espèce à la teinte glauque de son feuillage et de sa panicule; ses feuilles sont linéaires, roulées sur elles-mêmes dans le sens de leur longueur, pubescentes dans la cavité qui se forme à leur face supérieure, glabres et lisses en dehors, de moitié au moins plus courtes que la tige dans la variété α ; presque aussi longues qu'elles dans la variété β ; la panicule est courte, peu serrée, oblongue; les épillets renferment deux à cinq fleurs oblongues, dont la balle est velue vers le sommet et se termine en arète. Elle croit dans les lieux secs et sablonneux, aux environs de Paris. ♃.

1587. Fétuque hétérophylle. *Festuca heterophylla.*

Festuca heterophylla. Lam. Fl. fr. 3. p. 600. Dict. 2. p. 458.
Jacq. Coll. 2. p. 93. — *Festuca nemorum.* Hoffm. Germ. 3.
p. 51. — *Festuca nemorosa.* Latour. Chl. 3. — Hall. Helv.
n. 1438.

Cette espèce est facile à reconnoître à ses feuilles, dont les
radicales sont sétacées, roulées sur leurs bords, et celles de la
tige planes, et trois ou quatre fois plus larges : toutes sont
glabres, lâches, assez longues, un peu rudes ; la panicule est
alongée, lâche, presque toute dirigée d'un seul côté ; les épillets
sont lancéolés, glabres, composés de cinq à six fleurs munies
d'arêtes droites, de 7-8 mill. de longueur. ℔. Elle croît dans les
bois et les lieux couverts, aux environs de Paris ; d'Etampes,
(Guett.) ; de Lyon (Latour.) ; en Dauphiné (Vill.).

1588. Fétuque naine. *Festuca pumila.*

Festuca pumila. Vill. Dauph. 2. p. 102. Wild. sp. 1. p. 420. Sut.
Helv. 1. p. 57. — *Festuca varia.* Jacq. Coll. 2. p. 94. — Hall.
Helv. n. 1439.

Cette graminée est entièrement glabre, et ne s'élève pas au-
delà de 1-2 décim. ; ses feuilles sont droites, fines, sétacées,
un peu glauques, et plus courtes que la tige ; sa panicule est
droite, serrée, peu fournie ; les épillets sont droits, bigarrés
de verd et de violet, oblongs, presque cylindriques, composés
de quatre fleurs ; les valves de la glume et des balles sont inégales, et les extérieures se prolongent en arête courte et droite.
Elle vient sur les rochers des plus hautes montagnes, en Dauphiné, près Gap, et au Chamsaur (Vill.) ; aux environs du
Mont-Blanc, au Mont-Cénis (Bell.). ♃

1589. Fétuque eskia. *Festuca eskia.*

Festuca eskia. Ramond. Pyren. Inéd.

Une racine longue, dure et rampante pousse des touffes
serrées de feuilles d'abord glauques, sur-tout en dessus, puis
jaunâtres et persistantes, fermes, lisses, pointues, piquantes,
droites et courbées en carène dans leur jeunesse, ensuite courbées, divergentes et roulées sur leurs bords ; la hampe est
cylindrique, beaucoup plus longue que les feuilles, munie de
trois à cinq nœuds ; la panicule est luisante, bigarrée de verd, de
jaune et de violet, étroite, un peu penchée, à rameaux solitaires ou géminés, triangulaires ; les épillets sont comprimés,

composés de six à dix fleurs un peu écartées, et placées sur un
axe pubescent; la valve externe des glumes se termine par une
arête courte et droite; l'intérieure est membraneuse, fourchue
au sommet. Cette plante est originaire des Pyrénées; elle occupe
les pentes sèches des hautes montagnes, où elle forme des tapis
épais et glissans. Les habitans du pays la nomment *eskia*. Cette
espèce a été découverte par M. Ramond; elle est très-voisine
de la précédente, dont elle diffère seulement par sa grandeur,
le nombre des fleurs de chaque épillet, et la brièveté des barbes
de la glume. ♉.

1590. Fétuque de Suisse.   *Festuca Rhœtica.*

Festuca Rhœtica. Sut. Fl. helv. 1. p. 56. —*Festuca pilosa.* Hall.
Fil. ex Schleich. Cent. 2. n. 10.

Cette plante ressemble beaucoup à la fétuque naine, mais
elle s'élève jusqu'à 3 décim.; sa panicule est plus longue, plus
fournie, plus foible, et inclinée ou dirigée d'un seul côté; ses
épillets contiennent souvent cinq fleurs; l'axe qui les porte est
revêtu de poils soyeux : les balles sont plus écartées et plus
divergentes, et leur valve externe offre à son sommet une petite
échancrure d'où part une arête droite, longue de 2-3 millim.
Elle croît dans les Alpes voisines du Valais. ♃.

1591. Fétuque de Haller.   *Festuca Halleri.*

Festuca Halleri. All. Ped. n. 2245. Vill. Dauph. 2. p. 103. —
Hall. Helv. n. 1441.

Ses feuilles radicales sont grêles, sétacées, un peu glauques,
souvent entièrement cachées dans le gazon; sa tige est nue,
mince, haute de 8-10 centim.; elle porte une panicule verte
ou violette, serrée, composée de 6-10 épillets portés sur de
courts pédicelles, redressés, et souvent dirigés d'un seul côté :
les glumes sont étroites, acérées, persistantes; les balles sont
au nombre de quatre à cinq, portées sur un axe glabre; la
valve externe est hérissée de poils très-courts, et se termine
par une arête droite, rude, aussi longue qu'elle. Elle croît dans
les Alpes, au Mont-Saxonet près Genève; à Chaillot-le-Vieil,
Embrun et Briançon (Vill.); au mont Saint-Bernard (Sut.). ♃.

1592. Fétuque velue.   *Festuca hirsuta.*

Aira hirsuta. Schleich. Cat. p. 55.

Cette espèce ressemble par son port à un vulpin ou un phléole;
sa tige est droite, haute de 2-3 décim., glabre, munie de deux

à trois nœuds purpurins, garnie de feuilles étroites, glabres, un peu roides, dont la supérieure a la gaîne très-longue ; la panicule est d'un violet verdâtre, resserrée en forme d'épi, longue de 3-4 centim., un peu interrompue à la base, toute hérissée de poils blanchâtres ; la glume est à deux valves inégales, l'une pointue, l'autre très-acérée et presque terminée en arète ; elle renferme deux fleurs et le rudiment d'une troisième : la valve externe des balles se prolonge au sommet en une longue arète droite, ferme, brune et un peu rude. Cette espèce a été trouvée dans le Valais, par M. Schleicher. ♃

1593. Fétuque phléole. *Festuca phleoides.*

Festuca phleoides. Vill. Dauph. 2. p. 95. t. 2. f. 7. Desf. Atl. 1. p. 90. t. 23. — *Poa phleoides.* Lam. Illustr. n. 976. — *Alopecurus ciliatus.* All. Ped. n. 2150 ? — Scheuchz. Gram. 246. t. 5. f. 5.

Sa racine pousse plusieurs tiges droites, hautes de 2-3 décimètres, garnies dans le bas de feuilles molles et pubescentes ; les fleurs sont disposées en une panicule serrée, cylindrique, semblable à un épi, et analogue à celle des vulpins ou des phléoles ; cette panicule a un aspect jaunâtre, un peu luisant, et est hérissée par les barbes des balles, ce qui la fait distinguer dès le premier coup-d'œil de la phalaris pubescente : les glumes sont à deux valves acérées, courbées en carène, et renferment trois à cinq fleurs ; les balles sont à deux valves ; l'extérieure est ciliée sur le dos, un peu échancrée au sommet, et terminée par une arète droite qui part de l'échancrure ; l'intérieure est sans cils ni arète. Cette plante croît en Provence ; en Piémont ; en Dauphiné ; aux environs de Montpellier ; de Beaucaire, etc. ☉.

§. III. *Fétuques Queues-de-rat* (1) ; *balles terminées par une arète au moins aussi longue qu'elles ; valves de la glume très-inégales.*

1594. Fétuque queue-de-rat. *Festuca myurus.*

Festuca myurus. Linn. spec. 109. excl. Syn. Scheuchz ? Lam. Dict. 2. p. 461. Poll. Pal. n. 104. — Barr. Ic. t. 99. f. 1 et 2. — Scheuchz. Gram. 293. t. 6. f. 11. et non 12.

Cette espèce s'élève jusqu'à 3-4 décim., et se distingue à sa tige simple, glabre, marquée de trois nœuds purpurins ; à ses

---

(1) Cette section doit-elle former un genre distinct ?

feuilles grêles, roulées en dessus lorsqu'elles sont sèches ; à sa
panicule longue, étroite, un peu courbée, qui occupe les deux
tiers de la tige, et dont les épillets sont presque tous dirigés
du côté où la tête se penche ; la glume est à deux valves inégales, dont la plus petite a 2 millim. de longueur ; les balles,
qui sont au nombre de quatre à six, sont terminées par de
longues arêtes droites, et ont la surface couverte de petites
aspérités visibles à la loupe. Elle croît sur les murs et les lieux
pierreux ou sablonneux. ☉.

1595. Fétuque ciliée.　　*Festuca ciliata.*

Festuca ciliata. Danth. Gramin. Ined. — *Festuca myurus.* Gou.
H. Monsp. 49. an Linn ? — Scheuchz. Gram. 294. t. 6. f. 12.

Cette espèce ressemble beaucoup à la fétuque queue-de-rat,
mais sa tige est souvent rameuse à sa base ; sa panicule est
plus courte, plus simple, et ne s'incline pas de côté ; ses balles
sont garnies de longs cils blancs, qui se dirigent du côté intérieur de l'épillet, et qui lui donnent un aspect barbu ou cilié.
Elle se trouve sur les rochers, près Montpellier, et dans les
îles sablonneuses de la Durance. ☉. Elle fleurit à la fin du
printemps.

1596. Fétuque brome.　　*Festuca bromoides.*

Festuca bromoides. Linn. spec. 110. Lam. Illustr. n. 1026. t. 46.
f. 4. — *Bromus dertonensis.* All. Ped. n. 2225. — Scheuchz.
Gram. 290. t. 6. f. 10. — Pluk. t. 33. f. 10.
β. *Festuca sciuroides.* Roth. Germ. I. p. 46. II. p. 130. —
Scheuchz. Gram. 291.

Cette plante ressemble beaucoup à la fétuque queue-de-rat
et à la fétuque ciliée ; mais elle s'en distingue à ses balles à
peine rudes vers le sommet, lisses à la base, et dépourvues de
cils ; à sa tige droite, nue dans toute la partie supérieure ; à
ses feuilles, qui, au lieu de membrane, portent une tache brune
à l'entrée de leur gaîne ; à sa panicule droite, dont les pédicelles sont presque toujours solitaires. La variété α forme des
gazons de 8-10 centim. de hauteur ; la variété β s'élève jusqu'à
3 décim. ; mais d'ailleurs je ne vois aucune différence entre
elles. Elle croît dans les champs et les prés sablonneux. ☉.

1597. Fétuque univalve.　　*Festuca uniglumis.*

Festuca uniglumis. Ait. Kew. 1. p. 108. Wild. sp. 1. p. 403. —
Lolium bromoides. Huds. Angl. 55. — Ray. Syn. t. 16. f. 2.

Cette fétuque ressemble, par son port et la longueur de ses

arêtes, aux trois espèces précédentes ; mais on l'en distingue non seulement à sa panicule plus garnie, plus serrée et plus droite, à ses barbes plus roides et souvent violettes, à ses feuilles un peu plus larges, mais sur-tout à ses pédicelles dilatés et comprimés comme dans la fétuque fausse-stipe, et à sa glume, dont l'une des deux valves est si petite, qu'elle paroît manquer entièrement, tandis que l'autre a jusqu'à 12-15 millim. de longueur. Elle croît dans les lieux sablonneux, en Provence ? ⊙.

CLXXV. PATURIN.　　　*P O A.*

Poa. Kœl. — *Poa et Airœ sp.* Linn.

Car. Les paturins diffèrent des fétuques par leurs balles, toujours dépourvues d'arète et le plus souvent obtuses ; des brizes, parce que les valves de leur glume et de leurs balles sont moins concaves et nullement en forme de cœur : le nombre de leurs fleurs va de 2-20 ; ces fleurs sont en général assez petites, disposées en panicule ordinairement lâche, quelquefois très-serrée.

1598. Paturin à longs épillets.　　*Poa megastachya.*

Poa megastachya. Kœl. Gram. 181. — *Poa multiflora.* Forsk. Egypt. 21. — *Briza eragrostis.* Linn. spec. 103. — *Poa eragrostis.* Cav. Ic. t. 92. — *Briza oblonga.* Mœnch. Meth. 185. — Moris. s. 8. t. 6. f. 53. — Scheuchz. Gram. 194. t. 4. f. 4.

Ses tiges sont grèles, articulées, feuillées, plus ou moins droites, et longues de 2 décim. ; ses feuilles sont larges de 2-3 millim., et garnies de quelques poils à l'entrée de leur gaîne ; la panicule est oblongue, composée de rameaux alternes, dont les inférieurs sont les plus grands, et qui soutiennent des épillets lancéolés, et d'un brun violet ou olivâtre ; ces épillets renferment vingt fleurs disposées sur deux rangs : les balles sont profondément courbées en carène, mais non concaves et arrondies sur le dos comme dans les brizes ; de chaque côté de la valve inférieure on remarque une nervure saillante. On trouve cette plante dans les lieux sablonneux et sur bord des champs. ⊙.

1599. Paturin amourette.　　*Poa eragrostis.*

Poa eragrostis. Linn. sp. 100. Schreb. Gram. 2. p. 81. t. 38. Kœl. Gram. 179. Lam. Fl. fr. 3. p. 595. — Scheuchz. Gram. 192. t. 4. f. 2 et 13.

Ses tiges sont hautes de 2-3 décim., un peu foibles, feuillées.

et garnies de deux ou trois articulations ; ses feuilles n'ont que
2-5 millim. de largeur ; la panicule est fort belle, longue de
10-15 centim., composée de rameaux filiformes, très-divisés,
lâches, et qui soutiennent des épillets étroits et de couleur
brune ou d'un violet noirâtre ; ces épillets sont composés de
sept à dix fleurs ; l'entrée de la gaîne des feuilles est souvent
hérissée de poils. On trouve cette plante dans les lieux incultes
et les décombres ; aux environs de Paris (Kœl.)? d'Orléans
(Dubois); de Huningue et du lac Léman (Hall.); en Auvergne
et dans les provinces méridionales. ☉.

1600. **Paturin flottant.** *Poa fluitans.*

> *Festuca fluitans.* Linn. spec. 111. Lam. Dict. 2. p. 462. Schreb.
> Gram. t. 3. — *Poa fluitans.* Kœl. Gram. 204. — Moris. s. 8.
> t. 3. f. 16.

Ses tiges sont longues de 3-10 décim., plus ou moins droites,
feuillées, et garnies de trois ou quatre articulations ; ses feuilles
sont glabres, molles, un peu rudes en leurs bords et en leurs
nervures, et larges de 6-8 millim. ; la panicule est fort longue,
resserrée presque en épi, et composée d'épillets alongés, grêles,
cylindriques, lisses, d'un verd blanchâtre, et portés sur des
pédoncules d'abord fort courts, mais qui s'alongent ensuite et
se ramifient sensiblement : les fleurs du sommet des épillets
tombent de bonne heure. Sa graine, cuite dans le lait ou réduite en gruau, sert d'aliment dans quelques provinces d'Allemagne et de Pologne. On la connoît sous les noms d'*herbe à
la manne*, *manne de Prusse.* ♃. On trouve cette plante sur le
bord des ruisseaux et dans les fossés aquatiques.

1601. **Paturin maritime.** *Poa maritima.*

> *Poa maritima.* Huds. Angl. 42. Wild. spec. 1. p. 396. — *Poa
> arenaria.* Retz. Prod. n. 120. Lam. Illustr. n. 988.
> β. *Culmo recto.*
> γ. *Foliis convoluto-teretibus.*

Une racine vivace donne naissance à une ou plusieurs tiges
courbées à la base, puis redressées et ascendantes, droites dans
la variété β, hautes de 3-5 décim. ; les feuilles naissent du bas
de la plante ; elles sont presque planes dans la variété α, roulées
en forme de cylindre dans la variété γ, absolument glabres,
lisses, munies à l'entrée de leur gaîne d'une membrane entière ;
la panicule est tantôt serrée, tantôt étalée ; les pédicelles sont
disposés deux à trois ensemble en verticilles incomplets ; les
épillets sont composés de cinq à douze fleurs vertes ou colorées

en violet pâle, un peu écartées, oblongues, obtuses, et qui ont au moins 5 millim. de longueur. Cette espèce croit dans les sables, sur les bords de l'Océan et de la Méditerranée. La variété γ croît aux environs de la Rochelle, où elle est connue sous le nom de *misotte*, et où elle forme des prairies naturelles; elle m'a été communiquée par M. Bonpland.

1602. Paturin écarté.   *Poa distans.*

Poa distans. Linn. Mant. 32. — *Poa salina.* Poll. Pal. n. 92.

Cette espèce ressemble beaucoup au paturin maritime, et en est regardée comme une simple variété par Hoffman et Kœler; elle me paroît en différer, parce que la membrane qui couronne la gaine est de moitié plus courte; que les épillets ne renferment que quatre à six fleurs; que les balles sont plus écartées, beaucoup plus obtuses, et de moitié plus courtes que dans l'espèce précédente: on observe ces proportions différentes dans des échantillons de même grandeur. Elle croît dans les prairies humides, et ordinairement près des salines: elle a été trouvée près du canal de Saint-Valery, par M. Boucher; près Worms, Creutznach et Durckheim (Poll.).

1603. Paturin aquatique.   *Poa aquatica.*

Poa aquatica. Linn. spec. 98. Lam. Illustr. n. 987. Leers. Herb. t. 5. f. 5. — *Poa altissima.* Mœnch. Meth. 185. — Scheuchz. Gram. 191. t. 4. f. 1.

Sa tige est haute d'un mètre et plus, cylindrique, articulée, feuillée et assez épaisse; ses feuilles sont larges de 1-2 centim., glabres, lisses, striées et marquées d'une tache brune à l'origine de leur gaine; la panicule est terminale, très-ample, longue de 2-3 décim., et garnie de beaucoup d'épillets alongés, composés de six à huit fleurs, et d'une couleur pâle ou d'un rouge brun mêlé de verd. On trouve cette plante sur le bord des étangs et dans les fossés aquatiques. ♃.

1604. Paturin à trois nervures.   *Poa trinervata.*

Poa sylvatica. Poll. Pal. n. 87. Kœl. Gram. 171. non Vill. — *Poa trinervata.* Ehrh. Beit. 6. p. 131. Wild. spec. 1. p. 389.

Sa racine pousse plusieurs tiges droites, hautes de 8-10 décimètres, munies de quatre nœuds purpurins; les feuilles sont larges, planes, d'un verd glauque, un peu rudes en dessous, garnies à l'entrée de leur gaine d'une membrane découpée; la panicule est d'abord serrée, puis très-divergente; les pédoncules sont géminés, rameux au sommet; les épillets sont com-

posés de quatre à six fleurs longues de 5 millim., très-aiguës,
un peu rudes; les glumes sont inégales, étroites, pointues; les
balles ont la valve interne marquée de deux nervures, et l'externe de trois, dont les deux latérales sont peu visibles. Elle
croît dans les forêts et les buissons, près Mayence, entre Fran-
kenstein et Hochspeier, Neustadt et Steinbach (Poll.); aux
environs du lac Léman. ♃.

1605. Paturin rougeâtre.   *Poa rubens.*

Poa rubens. Wild. spec. 1. p. 389. — *Poa sylvatica.* Vill. Dauph.
2. p. 128. t. 3. non Poll.

Cette espèce est très-voisine du *poa sudetica*, par son port,
sa tige et ses gaînes comprimées, et la structure générale de sa
panicule; mais elle en diffère par ses épillets à quatre ou cinq
fleurs, et parce que la valve extérieure de la balle est marquée
de cinq nervures proéminentes: la panicule devient d'un rouge
violet à la fin de la floraison; elle est plus étalée que celle du
poa sudetica, et plus serrée que celle du paturin à trois nervures: lorsqu'on examine les feuilles à une forte loupe, on
observe sur leur limbe de petits points blancs, qui paroissent être
les pores corticaux. Elle se trouve dans les bois du Dauphiné,
des Alpes, du Jura, des Vosges. ♃.

1606. Paturin annuel.   *Poa annua.*

Poa annua. Linn. spec. 99. Lam. Illustr. n. 969. t. 45. f. 3. —
Scheuchz. Gram. 189. t. 3. f. 17.
β. *Poa humilis.* Ehrh. Gram. 115. Hoffm. Germ. 3. p. 45.

Ses tiges sont hautes de 1–2 décim., comprimées, feuillées,
un peu coudées à leurs articulations, et rarement tout-à-fait
droites; ses feuilles sont glabres, et larges de 4 millim.; les
radicales sont nombreuses et disposées en gazon: les rameaux
de la panicule sont ouverts à angles droits, et communément
géminés; les épillets sont verdâtres ou rougeâtres, et composés
de trois ou quatre fleurs. La variété β se distingue à ses feuilles
et à ses tiges un peu plus roides, à sa panicule moins ouverte,
à ses épillets plus longs et plus colorés. Seroit-ce une espèce
distincte? Cette plante est commune par-tout, sur le bord des
chemins, des champs, dans les lieux cultivés et incultes. ☉.

1607. Paturin rude.   *Poa scabra.*

Poa trivialis. Linn. spec. 99? Curt. Lond. 2. n. 15. — *Poa scabra.* Ehrh. Gram. 72. Kœl. Gram. 387. — *Poa dubia.* Leers.

Herb. n. 69. t. 6. f. 5. — *Poa pratensis, var. β.* Lam. Illustr. n. 967.

Sa tige est droite, cylindrique, haute de 5-9 décim., rude au toucher au-dessous de la panicule; les feuilles sont planes, ont la gaîne rude en dehors, et couronnée d'une membrane pointue, longue de 5-7 millim.; la panicule est étalée, d'un verd foncé tirant sur le pourpre; les épillets ont trois fleurs pubescentes à leur base; la valve externe porte trois nervures, une dorsale, et une sur chaque côté. Cette plante est commune dans les prés. ♃.

1608. Paturin des marais. *Poa palustris.*

Poa palustris. Linn. spec. 98? Hoffm. Germ. 3. p. 43. — *Poa trivialis.* Leers. Herb. t. 6. f. 2.

Cette espèce est très-voisine du paturin rude; elle en diffère par ses gaînes nullement âpres au toucher, ses feuilles plus étroites, sa tige absolument lisse sous la panicule, ses épillets glabres, et ses balles dont la valve externe porte cinq nervures saillantes, savoir, une dorsale, et deux de chaque côté. Elle croît dans les prés humides. ♃.

1609. Paturin des prés. *Poa pratensis.*

Poa pratensis. Linn. spec. 99. — *Poa trivialis.* Leys. Hal. n. 89. — *Poa serotina.* Ehrh. Gram. 82.

Cette espèce ressemble beaucoup aux deux précédentes, et ne s'en distingue qu'à ses feuilles glabres et lisses, ainsi que la tige, et à la membrane qui couronne ses gaînes, laquelle est courte, obtuse et comme tronquée. Elle croît dans les prés montagneux. ♃.

1610. Paturin à feuille étroite. *Poa angustifolia.*

Poa angustifolia. Linn. spec. 99. — *Poa glabra.* Ehrh. Gram. 62.

β. *Poa strigosa.* Hoffm. Germ. 3. p. 44.

γ. *Poa cinerea.* Vill. Dauph. 2. p. 126. — *Poa variegata.* Lam. Illustr. n. 972.

Cette espèce ressemble par sa floraison à plusieurs des précédentes; mais on la distingue sans peine à ses feuilles lisses, étroites, un peu roides, et toujours roulées en dessus de manière à paroître presque cylindriques; les feuilles ont en général une teinte d'un glauque grisâtre, mais leur longueur varie beaucoup dans les diverses variétés; la panicule est aussi plus ou moins étalée, plus ou moins garnie. Ces différences ne me semblent pas suffisantes pour autoriser la division des variétés que j'ai citées. Elle croît dans les prés et les champs. ♃.

1611. Paturin des bois. *Poa nemoralis.*

Poa nemoralis. Linn. spec. 102. Lam. Illustr. n. 982. — Scheuchz.
Agr. Prod. t. 2. f. 2.

β. *Fibrarum fasciculo ad nodos donata.* Scheuchz. Gram. p.
165. — Bocc. Mus. 2. p. 70. t. 59. — Gou. Hort. p. 44. — Leers.
Herb. p. 29.

γ. *Vivipara.*

Ses tiges sont hautes de 3-10 décim. , très-grèles , foibles ,
penchées et garnies de quelques feuilles glabres , et à peine
larges de 3 millimètres ; les fleurs forment une panicule très-
lâche , peu étalée , longue de 1-2 centim. , et composée de rameaux capillaires , trois à cinq ensemble par étage ; les épillets
sont très-petits et d'un verd blanchâtre : les nœuds de cette
plante sont souvent hérissés d'une touffe ovale de petites fibrilles
semblables à des radicules , et qui sortent de l'intérieur de la
plante. Cette maladie a été attribuée , par les uns , à une exsuda-
tion de sucs ; par d'autres et avec plus de vraisemblance , au
travail de quelque insecte ; Gouan a trouvé des larves mortes
dans l'intérieur de cette petite touffe spongieuse. ♃.

1612. Paturin comprimé. *Poa compressa.*

Poa compressa. Linn. spec. 101. Lam. Illustr. n. 989. Leers.
Herb. t. 5. f. 4. — Vaill. Bot. t 18. f. 5.

Ses tiges sont longues de 3 décimètres , feuillées , applaties ,
coudées à leurs articulations et à demi-couchées ; ses feuilles
sont glabres et larges de 2-3 millim. ; sa panicule est un peu
étroite , plus ou moins resserrée , unilatérale et longue de 6-10
centim. ; elle a une roideur sensible , mais moindre que celle
du paturin roide : les épillets sont pointus , verdâtres , et ont
leurs valves rougeâtres à leur sommet , ce qui leur donne un
aspect très-agréable. On trouve cette plante sur les murs et
dans les lieux sablonneux. ♃.

1613. Paturin bulbeux. *Poa bulbosa.*

Poa bulbosa. Linn. spec. 102. Lam. Illustr n. 970. — Vaill. Bot.
t. 17. f. 8.

β. *Vivipara.* — Moris. s. 8. t. 3. f. 14.

Ses feuilles radicales sont ramassées par faisceaux , dont la
base est épaisse , serrée , et ressemble à une bulbe ; elles sont
glabres , et n'ont pas plus de 3 millim. de largeur : les tiges
sont cylindriques , feuillées , et hautes de 3 décimètres ; leurs
articulations sont d'un rouge noirâtre : la gaine des feuilles est

garnie à son entrée d'une petite membrane blanche ; les épillets sont verdâtres, et composés de trois ou quatre fleurs, dont les valves s'alongent communément en manière de feuilles, ce qui fait paroître la panicule feuillée, chevelue et comme frisée. On trouve cette plante dans les pâturages montueux et sur le bord des chemins. ♃.

1614. Paturin des Alpes.   *Poa Alpina.*

Poa Alpina. Linn. spec. 99. Lam. Illustr. n. 971. — Scheuchz. Gram. 186. Prodr. t. 3. f. 4.

β. *Vivipara.* — Scheuchz. Gram. 212. t. 4. f. 14.

Sa tige est grèle, feuillée, et s'élève rarement au-delà de 5 décim. ; ses feuilles sont glabres, molles, larges de 4-5 mill., et couvrent presque entièrement la tige par leurs gaines ; la panicule est dense, ramassée et composée de rameaux géminés, qui soutiennent chacun quelques épillets assez grands et agréablement panachés de verd, de jaune et de violet, et composés de quatre à six fleurs pubescentes sur le dos et à leur base ; les glumes et les pédicelles sont lisses. ♃. Cette plante croît dans les Alpes de Provence, de Dauphiné, de Savoie et de Piémont ; dans le Jura ; aux environs de Paris (Dalib.) ; au Puy-de-Dôme, au Mont-d'Or et au Cantal (Delarb.) ; dans les Hautes-Pyrénées.

1615. Paturin élégant.   *Poa elegans.*

Poa laxa. Wild. sp. 1. p. 386. non Lam. — *Poa elegans.* Schleich. Cat. p. 38. — *Poa.* Hall. Helv. n. 1457. — Scheuchz. Prod. t. 4. f. 2. Itin. t. 6. f. 16.

Cette espèce est très-voisine du paturin des Alpes ; mais sa souche est grèle, nullement bulbeuse ; ses feuilles sont très-étroites, glauques et distiques ; sa panicule foible, un peu inclinée et peu garnie ; ses pédicelles ne portent que deux à trois épillets, qui ne sont eux-mêmes composés que de trois fleurs ; les glumes sont acérées, et les balles pubescentes à la base et sur le dos. Il a été trouvé dans les Alpes voisines de la Suisse, par M. Schleicher ; dans les Hautes-Pyrénées, par M. Ramond. ♃.

1616. Paturin de Molineri.   *Poa Molinerii.*

Poa Molinerii. Balbi Add. p. 85. Misc. p. 12. t. 5. f. 1.

Cette plante est voisine du paturin des Alpes par son port, et du paturin à longs épillets par sa floraison ; ses tiges sont droites, lisses, hautes de 2-5 décim., garnies de feuilles glabres, lisses, étroites ; la panicule est serrée, d'un verd tirant souvent sur le violet ; les pédicelles sont rudes, disposés cinq à six ensemble en demi-verticille ; les épillets sont comprimés, lancéolés, composés de sept à neuf fleurs ; les glumes sont courbées en carène, et rudes sur le dos ; les balles sont semblables aux glumes, pubescentes à la base, dépourvues de nervures latérales. Cette plante croît dans les Alpes du Piémont et du Valais. ♄.

1617. Paturin à deux rangées. *Poa disticha.*

Poa disticha. Jacq. Ic. rar. 1. t. 19. Misc. 2. p. 74. — *Poa seslerioides.* All. Ped. n. 2208. t. 91. f. 1. non. Lam. Michaux. — *Cynosurus distichus.* Hoffm. Germ. 2. p. 49.

Cette espèce est intermédiaire entre les paturins, dont elle se rapproche par le nombre des fleurs, les fromens, dont elle est voisine par ses épillets presque sessiles, et les sesleries, dont elle a le port et presque toute l'organisation : sa racine pousse une touffe de feuilles filiformes, droites, glabres, longues de 8-9 centim. ; la tige est grêle, striée, un peu plus haute que les feuilles, et porte un épi ovale, serré, comprimé, mélangé de blanc, de jaunâtre et de bleu, composé de 8 à 10 épillets presque sessiles, disposés sur deux rangs ; chacun d'eux renferme quatre à cinq fleurs : les glumes sont concaves, aiguës ; la valve externe des balles est très-grande, semblable aux glumes, acérée ou plutôt terminée par trois dents, dont celle du milieu est aiguë ; la valve interne est très-petite. Cette espèce croît dans les prairies des montagnes élevées ; dans les Alpes du Piémont ; dans les Pyrénées. ♃.

1618. Paturin des rivages. *Poa littoralis.*

Poa littoralis. Gou. Fl. monsp. 470. Vahl. Symb. 2. p. 19. Lam. Illustr. n. 998. t. 45. f. 5.

Cette espèce a le port de plusieurs dactyles, et les caractères des fromens et des paturins ; sa racine pousse plusieurs tiges, longues de 2-3 décim., couchées sur la terre, mais non rampantes ; les feuilles sont glabres même sur leur gaine, d'un verd glauque, disposées sur deux rangs opposés ; leur limbe est court, étalé, pointu, courbé en gouttière ; la panicule est serrée, ovale, disposée d'un seul côté, et doit plutôt être considérée comme un épi que comme une panicule ; les épillets sont presque sessiles ; à-peu-près cylindriques, composés de 8 à 10 fleurs serrées ; les glumes sont concaves et non en carène. Elle croît dans les sables

maritimes , près Montpellier (Gou.) ; en Provence (Ger.). ♃.
Wildenow a confondu cette plante avec le *dactylis repens* de
Desfontaines , qui en diffère par la tige rampante , les gaines
velues et les glumes en carène.

1619. Paturin millet. *Poa miliacea.*

Aira miliacea. Vill. Dauph. 2. p. 81?

Une racine fibreuse émet trois à quatre tiges à-peu-près
droites , grêles , hautes de 2-3 décim. , garnies jusqu'aux deux
tiers de leur longueur par trois à quatre feuilles glabres , dont
la gaîne est striée , et le limbe étroit , pointu , un peu roulé en
dessus sur ses bords ; la panicule est étroite , peu serrée , d'un
blanc jaunâtre légèrement violet , longue de 4-5 centim. ; les
pédicelles sont droits , géminés ou ternés , chargés d'un à trois
épillets ; les glumes sont à deux valves oblongues , presque
égales , pointues , plus courtes que les fleurs ; celles-ci sont au
nombre de deux , et le pédicelle se prolonge un peu au-dessus
de la seconde , ce qui semble indiquer que dans un terrein fa-
vorable le nombre de fleurs pourroit augmenter : la valve externe des balles est courbée en carène , pubescente sur le dos
et sur le bord ; la valve interne est très-étroite : l'une et l'autre
sont pointues , mais sans arète. Cette espèce m'a été communiquée sous le nom de *festuca airoides* , par M. Ramond ,
qui l'a trouvée dans les Pyrénées ; mais elle diffère beaucoup
de la plante décrite sous ce nom par M. Lamarck.

1620. Paturin canche. *Poa airoides.*

Aira aquatica. Linn. spec. 95. Lam. Dict. 1. p. 599. — *Poa
airoides.* Kœl. Gram. 194. — Vaill. Par. t. 17. f. 7.

β. *Purpurascens.*

Sa racine est rampante , articulée , et garnie de beaucoup de
fibres ; ses tiges sont hautes de 3-4 décimètres ; ses feuilles sont
glabres , larges de 3 millimètres , et ont une petite membrane blanche à l'entrée de leur gaîne ; ses fleurs sont petites ,
disposées en une panicule lâche , oblongue , et dont les rameaux
sont verticillés ; elles sont d'une couleur verdâtre , souvent mélangée de violet : la glume est fort courte , et ne contient que
deux fleurs dont une est plus petite ou moins saillante que l'autre ,
et dont les balles sont relevées de côtes longitudinales. On trouve
cette plante dans les fossés aquatiques. ♃. La variété β est plus
petite , et a la panicule purpurine.

1621.

1621. Paturin en crête. *Poa cristata.*

Poa cristata. Murr. Syst. 99. Lam. Fl. fr. 3. p. 589. non Illustr.
— *Aira cristata.* Linn. spec. 94. — *Festuca splendens.* Pour.
Act. Toul. 3. p. 319. — *Poa nitida.* Lam. Illustr. n. 977. —
Moris. s. 8. t. 4. f. 7.

β. *Poa pectinata.* Lam. Illustr. n. 974. t. 45. f. 4.

γ. *Aira valesiana.* All. Auct. p. 40.

Sa tige est haute de 4-6 décim., droite, grêle, garnie de
quelques feuilles étroites, et un peu nue vers son sommet; ses
feuilles sont glabres ou légèrement velues en leurs bords : les fleurs
sont disposées en un épi terminal, long de 7 centim., un peu
interrompu à sa base, luisant, et panaché de verd et de blanc
ou quelquefois d'un aspect jaunâtre; les épillets sont composés
de deux ou trois fleurs, dont les valves sont très-aiguës; la
glume est chargée de poils très-courts, ainsi que les pédoncules et l'axe de l'épi. La variété β a la panicule plus rameuse
et plus divisée; la variété γ est plus petite, a les feuilles plus
étroites, et les épillets à deux fleurs. On trouve cette plante
sur les collines sèches. ♃.

1622. Paturin divergent. *Poa divaricata.*

Poa divaricata. Gou. Illustr. 4. t. 2. f. 1. Lam. Illustr. n. 981.
Desf. Atl. 1. p. 75. non Vill.

Sa tige est grêle, droite, haute de 1-2 décim., garnie de
feuilles glabres, filiformes; la panicule est composée de rameaux
géminés ou ternés, capillaires, d'abord serrés, puis très-divergens, et divisés au sommet en deux ou trois pédicelles courts,
divergens, et plus épais vers l'extrémité; les épillets sont écartés, petits, verdâtres, composés de quatre fleurs pointues, fort
petites, écartées entre elles; la glume est à deux valves membraneuses, inégales. Cette élégante graminée a été découverte
par M. Gouan, aux environs de Montpellier.

1623. Paturin roide. *Poa rigida.*

Poa rigida. Linn. spec. 101. Lam. Fl. fr. 3. p. 593. Kœl. Gram.
183. — Scheuchz. Gram. 271. t. 6. f. 2. 3.

Ses tiges sont fermes, droites ou genouillées, hautes de 1-2
décim., garnies de feuilles glabres et étroites; la panicule est
roide, disposée d'un seul côté, longue de 5-6 centim., composée de pédoncules alternes, courts, rudes, simples ou bifurqués; les épillets renferment de six à douze fleurs oblongues,
un peu écartées, et membraneuses au sommet; toute la plante

prend quelquefois une teinte violette. On la trouve dans les lieux secs, arides et sablonneux. ☉.

1624. Paturin dur.　　　　*Poa dura.*

Cynosurus durus. Linn. spec. 105. Poll. Pal. n. 100. t. 1. f. 1. Lam. Fl. fr. 3. p. 619. — *Poa dura.* Scop. Carn. 1. p. 70. — *Festuca dura.* Vill. Dauph. 2. p. 94. — *Eleusine dura.* Lam. Illustr. n. 1127. — Barr. Ic. t. 50.

Ses tiges sont nombreuses, en gazon, plus ou moins droites, articulées, feuillées, et hautes de 10-15 cent.; ses feuilles sont glabres, plus longues que leur gaîne, et larges de 4 millim.; l'épi est droit, comprimé, ovale-spatulé, unilatéral, panaché de verd et de blanc, et d'une roideur très-remarquable; ses épillets sont glabres, à 3-5 fleurs, redressés, serrés, et comme embriqués d'un côté de l'épi; les glumes sont inégales et plus courtes que les balles. On trouve cette plante dans les lieux arides ou pierreux, aux environs de Mayence (Kœl.); de Gap et de Grenoble (Vill.); dans le Valais, près du Léman (Hall.).

CLXXVI. BRIZE.　　　　*BRIZA.*

Briza. Kœl. — *Brizæ sp.* Linn. Lam.

Car. Les brizes se distinguent des paturins, parce que les valves de leur balle sont très-ventrues et à-peu-près en forme de cœur.

Obs. La panicule est très-divergente et les épillets toujours pendans.

1625. Brize à gros épillets.　　　　*Briza maxima.*

Briza maxima. Linn. spec. 103. Lam. Illustr. n. 1013. t. 45. f. 2. Jacq. obs. t. 60.

β. *Spiculis quinquefloris.* — *Briza monspessulana.* Gou. Hort. 45. C. B. Prodr. p. 5. ic.

γ. *Glumis pubescentibus.*

δ. *Glumis rubescentibus.* — *Briza rubra.* Lam. Illustr. n. 1014.

Sa tige est grêle, cylindrique, feuillée, et s'élève rarement au-delà de 3 décim.; elle est garnie de deux ou trois feuilles planes, larges de 3-4 millim., et glabres ou quelquefois un peu velues sur leur gaîne; les épillets sont au nombre de deux à sept, fort grands, lisses, panachés de verd et de blanc, composés de cinq à quinze fleurs, souvent penchés ou pendans, et soutenus par des pédoncules presque toujours simples. La variété β diffère de la précedente par la petitesse de toutes ses parties et par ses épillets qui ne contiennent que cinq fleurs; la variété γ a

les balles pubescentes; la variété ♂ a les glumes rougeâtres sur-
tout vers le bord. On trouve cette plante en Provence et en
Languedoc. ☉.

1626. Brize vulgaire.   *Briza media.*

Briza media. Linn. spec. 103. Lam. Illustr. n. 1012. t. 45. f. 1.
— *Briza tremula*, var. *α.* Lam. Fl. fr. 3. p. 587. Kœl.
Gram. 149.

Sa tige est haute de 3 décim., grêle, souvent rougeâtre dans
sa partie supérieure et garnie de quelques feuilles glabres et
larges de 4-5 millim.; la panicule est nue, lâche, très-ouverte
et composée de rameaux géminés, dont les ramifications sont
ondulées, capillaires et laissent facilement trembler les épillets
qu'elles soutiennent: ces épillets sont ovales-arrondis ou un peu
triangulaires, d'un verd mêlé de blanc, souvent de couleur
violette à leur base, et composés de cinq à sept fleurs. On trouve
fréquemment cette plante dans les prés secs, les pelouses et les
collines. ☉. Elle est connue sous les noms d'*amourette*, de *gramen tremblant*, de *pain d'oiseau*, etc.

1627. Brize verdâtre.   *Briza virens.*

Briza virens. Lam. Illustr. n. 1011. Linn. spec. 103.?
β. *Briza minor.* Linn. spec. 102.

Cette plante, qui n'est peut-être qu'une simple variété de la
brize vulgaire, en diffère par ses feuilles plus larges, et dont
la dernière enveloppe la base de la panicule, par ses fleurs plus
petites, plus serrées, mélangées de blanc et de verd, et nullement rougeâtres ou violettes. On la trouve dans les bois du
midi de la France. ☉.

CLXXVII. BROME.   *BROMUS.*

Bromus. Linn. Juss.

Car. La glume est à deux valves égales, et renferme plusieurs fleurs; la balle est à deux valves; l'extérieure est grande,
concave, et porte une arète qui part un peu au-dessous du
sommet ou dans le milieu d'une petite échancrure; l'intérieure
est petite, plissée de manière à être concave en dehors, et
munie de deux rangées de cils.

1628. Brome seigle.   *Bromus secalinus.*

Bromus secalinus. Linn. spec. 112. Lam. Illustr. n. 1036. t. 46.
f. 3. Kœl. Gram. 213. excl. syn. J. B. — Scheuchz. Gram. 251.
t. 5. f. 10.

β. Aristis subabortivis.

Sa tige est simple, droite, haute d'un mètre environ, glabre, munie de quatre à six nœuds olivâtres, glabres, et le plus souvent renflés; les feuilles ont la gaîne glabre et striée, et le limbe plane, chargé en dessus de quelques poils épars; la panicule est étalée, un peu penchée, peu garnie; les pédicelles naissent trois ou quatre ensemble, disposés en verticilles in-complets, et chargés chacun d'un épillet glabre, ovale-oblong, comprimé, composé de six à huit fleurs un peu écartées, pres-que cylindriques, et disposées sur deux rangs; la valve externe est lisse, et porte une arête à-peu-près droite, qui manque dans la variété *β*. Elle croît dans les champs. ☉.

1629. Brome épais. *Bromus grossus.*

Bromus grossus. Desf. Ined. — *Bromus secalinus*, *α*. Lam. Dict.
1. p. 466. — *Gramen gros Montbelgard.* J. B. Hist. 2. p. 438.
Magn. Bot. 121.

Cette plante s'élève à 6-8 décim.; elle a, comme le brome seigle, une tige glabre, simple, munie de nœuds glabres, olivâtres et renflés; des gaînes glabres; des épillets dont les fleurs sont cylindriques et distinctes; mais on l'en distingue au limbe de ses feuilles, dépourvu de poils, et sur-tout à ses pé-dicelles, à ses glumes, et à ses balles couvertes de petits poils blanchâtres, extrêmement courts et serrés. Elle se trouve dans les lieux stériles, au bord des chemins, près Paris; Montbel-liard (J. B.); Montpellier (Magn.), etc. ☉.

1630. Brome mollet. *Bromus mollis.*

Bromus mollis. Linn. spec. 112. Schreb. Gram. t. 6. f. 1. Kœl.
Gram. 233. Lam. Illustr. n. 1055. t. 46. f. 1. — Scheuchz.
Gram. 254. t. 5. f. 12.
β. Nanus. Weig. Obs. t. 1. f. 9.

Cette espèce ressemble beaucoup au brome seigle, avec le-quel quelques auteurs l'ont réuni; mais il en diffère par sa stature de moitié au moins plus petite; par le duvet mou et un peu blanchâtre qui couvre ses gaînes, ses feuilles, et qu'on retrouve sur ses épillets et jusque sur les nœuds de la tige; par sa panicule plus droite, moins étalée, et composée de pédi-celles beaucoup plus courts; par ses fleurs moins écartées, etc. Elle se trouve dans les prés secs, le long des chemins et des murs. ☉.

1631. Brome multiflore. *Bromus multiflorus.*

Bromus multiflorus. Weig. Obs. t. 1. f. 1. Roth. Germ. I. 47. II.
134. Kœl. Gram. 232. — *Bromus secalinus.* Leers. Herb. t. 11.
f. 2. — Scheuchz. Gram. 250. t. 5. f. 9.

Cette espèce a quelque rapport avec le brome seigle et le
brome mollet ; il se distingue à sa tige glabre, munie de deux
à trois nœuds pubescens et purpurins ; à ses feuilles, dont le
limbe est glabre, et la gaine couverte d'un duvet blanc, court
et serré ; à sa panicule moins étalée que dans le brome seigle ;
à ses épillets lancéolés, plus longs, plus serrés, plus étroits,
composés de huit à douze fleurs ; à ses balles pubescentes sur
toute leur surface, blanches et scarieuses sur leurs bords ; enfin
à ses arètes plus divergentes que dans les espèces voisines. Elle
croît dans les champs et les collines. ⊙.

1632. Brome rude. *Bromus squarrosus.*

Bromus squarrosus. Linn. spec. 112. Lam. Dict. 1. p. 466. Kœl.
Gram. 222. — Scheuchz. Gram. 251. t. 5. f. 11.

β. *Nanus.*

Le gramen a une tige droite, grèle, haute de 3-4 décim. ;
la gaine de ses feuilles est très-velue ; le limbe est pubescent ;
la panicule est un peu penchée, composée de pédicelles solitaires, géminés ou ternés, grèles, un peu renflés au sommet,
et chargés d'un seul épillet ; celui-ci est large, comprimé,
oblong, obtus, composé de sept à dix-huit fleurs rapprochées
sur deux rangs : la valve externe des balles est très-grande,
courbée en nacelle, lisse et glabre à l'extérieur, chargée d'une
arète égale à sa longueur, et qui diverge d'autant plus que la
maturité avance davantage. On trouve cette plante sur le bord
des champs, sur-tout dans le midi de la France. La variété β,
qui est originaire du Haut-Valais, n'a pas plus d'un décim. de
hauteur.

1633. Brome droit. *Bromus erectus.*

Bromus erectus. Huds. Angl. 49. Sm. Trans. Linn. 4. p. 287.
Kœl. Gram. 240. — *Bromus angustifolius.* Schranck. Bav. 1.
p. 366. — *Bromus agrestis.* All. Ped. n. 2224. — *Bromus pe-
rennis.* Vill. Dauph. 2. p. 122. — *Bromus pratensis.* Lam.
Dict. 1. p. 468. — *Bromus arvensis.* Lam. Fl. fr. 3. p. 607. —
Vaill. Bot. t. 18. f. 2.

Cette espèce, quoiqu'elle ait été confondue avec d'autres par
divers auteurs, se distingue facilement à ses feuilles, dont les

radicales sont linéaires, larges d'un millim. seulement, tandis que les supérieures sont quatre ou cinq fois plus larges ; sa tige est droite ; ses gaines glabres ou le plus souvent un peu hérissées ; les feuilles portent quelques poils épars ; la panicule est roide, serrée ; les épillets alongés, composés de six à dix fleurs bigarrées de verd et de pourpre, un peu rudes, et surmontées d'arêtes droites. Elle croît dans les prés, les champs, les montagnes. ♉.

1634. Brome des champs.   *Bromus arvensis.*

Bromus arvensis. Linn. spec. 113. Kœl. Gram. 220. Fl. dan. t. 293. non Lam. — Scheuchz. Gram. 262. t. 5. f. 15.

Cette plante est glabre dans toutes ses parties, à l'exception de la face supérieure des feuilles, qui est hérissée de poils plus ou moins nombreux ; sa tige est haute de 8-15 décim., munie de cinq à six nœuds purpurins ; les feuilles ont les gaines striées, le limbe rude et la membrane découpée ; la panicule est droite, un peu dirigée d'un seul côté, composée de pédicelles très-rudes ; les épillets sont ovales-lancéolés, peu comprimés, verdâtres, composés de cinq à sept fleurs, longs de 2-3 centim., en y comprenant les arêtes, qui font le tiers de la longueur ; la valve externe des balles est obtuse, échancrée au sommet. Elle croît dans les prés et les champs. ☉.

1635. Brome des prés.   *Bromus pratensis.*

Bromus pratensis. Ehrh. Gram. 116. Kœl. Gram. 239. Hoffm. Germ. 3. p. 53. — *Bromus arvensis.* Lam. Illustr. n. 1064.

Cette espèce a du rapport, d'un côté, avec le brome seigle, de l'autre, avec le brome droit ; ses gaines, et sur-tout les inférieures, sont couvertes d'un léger duvet grisâtre, court et serré ; la feuille est hérissée de poils ; la panicule est droite, étalée, composée de pédicelles un peu rudes, simples ou rameux ; les épillets sont glabres, ovales-lancéolés, comprimés, formés de cinq à huit fleurs pointues, surmontées d'arêtes égales à leur propre longueur ; le bord des glumes est un peu scarieux ; la panicule est d'un verd tirant sur le violet ; les valves externes des balles ont le sommet entier. Elle croît dans les prés et les champs. ♃.

1636. Brome rude.　　*Bromus asper.*

Bromus asper. Linn. supl. 111. — *Bromus ramosus.* Murr. Syst.
p. 100. — *Bromus nemoralis.* Huds. Angl. 51. — *Bromus mon-*
tanus. Poll. Pal. n. 116. — *Bromus dumetorum.* Lam. Fl. fr.
3. p. 605. — *Bromus nemorosus.* Vill. Dauph. 2. p. 117. —
Bromus hirsutus. Curt. Lond. Ic.

Cette espèce se reconnoît à ses gaînes inférieures, hérissées
de poils dirigés en en-bas ; sa tige est haute de 1-2 mètres ; ses
feuilles sont longues, velues, molles, larges de 1-2 centim. ;
sa panicule est très-lâche, composée de rameaux fort longs,
solitaires ou géminés, foibles, et qui laissent pendre les épillets ;
ces épillets sont grèles, un peu velus, d'un verd souvent mélangé de violet, et formés par neuf ou dix fleurs chargées de
barbes moins longues que leur balle. Cette plante est commune
dans les lieux couverts et les bois, et ne croît point dans les
champs. ♃.

1637. Brome élancé.　　*Bromus giganteus.*

Bromus giganteus. Linn. spec. 114. Schreb. Gram. t. 11. Lam.
Dict. 1. p. 467. — *Bromus strigosus.* Lam. Ill. n. 1009. —
Festuca gigantea. Vill. Dauph. 2. p. 110. — Vaill. Bot. t. 18.
f. 3.
β. *Vaginis pubescentibus.* — *Bromus giganteus.* Vill. Dauph. 2.
p. 118. — *Bromus racemosus.* Lam. Fl. fr. 3. p. 604.
γ. *Vaginis hispidulis.* — *Bromus giganteus.* Kœl. Gram. 212.

Malgré le nom spécifique que porte cette plante, elle ne
s'élève jamais au-delà d'un mètre ; on la reconnoît à sa tige
lisse, à ses feuilles larges et striées, à sa panicule droite, et
sur-tout à la petitesse de ses épillets, qui ne renferment que
quatre fleurs, et qui portent de longues arètes presque terminales. La variété α est toute glabre ; la variété β a les gaînes
et quelquefois les feuilles pubescentes ; la variété γ porte sur ses
gaînes des poils roides, comme le brome rude. Elle se trouve
dans les bois et les prés couverts. ♃.

1638. Brome stérile.　　*Bromus sterilis.*

Bromus sterilis. Linn. spec. 113. Lam. Dict. 1. p. 467. n. 7. var. α.
— *Bromus distachus.* Mœnch. Meth. 192. — *Bromus grandiflo-*
rus. Weig. Obs. p. 9. — Scheuchz. Gram. 258. t. 5. f. 14.

Ses tiges sont hautes de 5-7 décim., feuillées et garnies de
deux ou trois articulations ; ses feuilles sont larges de 4-6 millim.,
velues et un peu rudes lorsqu'on les glisse entre les doigts ; la

panicule est fort lâche , composée de rameaux assez longs ,
menus , foibles , et qui laissent souvent pendre les épillets ; plusieurs de ces rameaux sont simples : les épillets sont composés
de cinq à sept fleurs , dont les valves sont verdâtres , blanches
et scarieuses en leurs bords , et les barbes droites , roides et
fort longues. Cette plante est commune le long des haies , sur
les murs et dans les lieux incultes. ☉.

1639. Brome des toits.　　　*Bromus tectorum.*

Bromus tectorum. Linn. spec. 114. Leers. Herb. t. 10. f. 2. —
　　Bromus sterilis , β. Lam. Dict. 1. p. 467. — Pluk. t. 299. f. 2.
　　β. *Glaber.*

Cette espèce , que plusieurs auteurs ont confondue avec le
brome stérile , en diffère par sa tige plus courte et plus grêle ;
par ses feuilles ordinairement hérissées de poils mous ; par sa
panicule penchée d'un côté et moins garnie ; par ses épillets
linéaires , pubescens , qui ne renferment que cinq fleurs , et qui
ne dépassent pas 3 centim. de longueur en y comprenant les
arêtes. Elle croît dans les lieux stériles , sur les toits de chaume et
de terre. ☉. La variété β a les feuilles glabres.

1640. Brome de Madrid.　*Bromus Madritensis.*

Bromus Madritensis. Linn. spec. 114. — *Bromus incrassatus.*
　　Lam. Dict. 1. 468. — *Bromus muralis.* Huds. Angl. 50. —
　　Barr. t. 76. f. 1. — Scheuchz. Gram. 260.

Cette plante s'élève jusqu'à 3 et 4 décim. , et ressemble au
brome rougissant par son port , au brome stérile par la grandeur de ses fleurs , et à la fétuque univalve par ses pédicelles
dilatés ; ses feuilles et ses gaînes sont glabres ou légèrement
hérissées , striées , munies d'une membrane très-découpée à
l'entrée de la gaîne ; la tige est légèrement pubescente au sommet ;
la panicule est droite , serrée , longue de 8-9 centim. ; les pédicelles sont géminés , pubescens , dilatés vers le sommet ; les
épillets sont linéaires , comprimés , un peu luisans ; la glume
a deux valves inégales , très-acérées , scarieuses sur les bords ;
les balles , qui sont au nombre de cinq à sept , ont la valve
externe scarieuse sur les bords , hérissée , à l'époque de la floraison , de petits poils visibles à la loupe , rude à l'époque de la maturité , fendue au sommet , et surmontée d'une arête droite ,
très-rude , et qui atteint la longueur de 3 centim. : je n'y ai vu
que deux étamines. Cette plante croît dans les champs des provinces méridionales ; près Manosque ; Montpellier ? ☉. Je ne

pense pas que le *bromus rigidus* de Roth diffère de cette espèce.

1641. Brome rougissant. *Bromus rubens.*

Bromus rubens. Linn. spec. 114. Cav. Ic. 1. t. 45. f. 2. Desf. Atl. 1. p. 94. Lam. Dict. 1. p. 468.

Sa tige est lisse, glabre, haute de 2-5 décim., garnie de feuilles glabres, étroites, et dont les inférieures ont la gaîne hérissée de poils mous ; la panicule est droite, ovale, serrée, réunie en faisceau, composée d'épillets presque sessiles, droits, comprimés, alongés, et qui renferment chacun 7-9 fleurs, dont les valves sont velues ou pubescentes, avec les bords scarieux ; les arètes sont droites, longues de 15-18 millim. ; la plante entière, et sur-tout la panicule, devient rougeâtre à la fin de sa vie. Elle croît dans les champs, en Provence, près Manosque, Cisteron. ☉.

CLXXVIII. DACTYLE. *DACTYLIS.*

Dactylis. Mich. — *Dactylis sp.* Linn. — *Bromi sp.* Hall.

Car. La glume est à deux valves inegales, aiguës, courbées en carène ; elle renferme plusieurs (3-5) fleurs ; la balle est à deux valves courbées en carène ; l'une d'elles porte à son sommet une arète très-courte.

Obs. Les fleurs sont en panicule courte, serrée, et dirigée d'un seul côté. Ce genre diffère à peine des bromes.

1642. Dactyle pelotonné. *Dactylis glomerata.*

Dactylis glomerata. Linn. spec. 105. Lam. Illustr. n. 963. t. 44. — *Bromus glomeratus.* Kœl. Gram. 244. — Scheuchz. 299. t. 6. f. 15.

Sa tige est droite, articulée, feuillée, et haute d'un mètre ; ses feuilles sont larges d'un centim., et paroissent rudes lorsqu'on les glisse de haut en bas entre les doigts ; la panicule est composée de quelques rameaux lâches, chargés d'épillets assez petits, nombreux, comprimés, serrés, ramassés par pelotons, et tournés la plupart du même côté. Cette plante est commune dans les prés, et le long des chemins et des haies. ♃.

*** *Fleurs en épi et souvent même un peu enfoncées dans
les concavités de l'axe.*

CLXXIX. TRACHYNOTE. *TRACHYNOTIA.*

Trachynotia. Michaux. — *Dactylis sp.* Linn.

Car. La glume est uniflore, à deux valves en carène, linéaires,
dont l'extérieure se termine en arête courte et aiguë; la balle
est semblable à la glume.

Obs. Les fleurs sont sessiles, disposées d'un seul côté le long
d'un axe ou réceptacle linéaire. Ce genre diffère des dactyles
par sa glume uniflore et par son port.

1643. Trachynote roide. *Trachynotia stricta.*

Dactylis stricta. Ait. Kew. 1. p. 104. — *Dactylis cynosuroides.*
Loefl. It. 115. Huds. Angl. 43. non Linn.

Ses tiges sont droites, fermes, hautes de 5-7 décim., garnies
de feuilles roides, droites, pointues, presque piquantes, glabres,
roulées en dessus, un peu étranglées à l'orifice de leur gaîne;
le sommet de la tige porte deux épis roides, droits, pointus,
longs de 7-10 centim., garnis d'un côté seulement de fleurs un
peu écartées, alongées, appliquées contre l'axe. Cette espèce
a été trouvée aux environs de la Rochelle, par M. Girod-
Bonpland; elle croit sur la plage que la mer couvre à chaque
marée; ses racines y forment des petites îles qui résistent aux
flots. ♃.

CLXXX. ÉCHINAIRE. *ECHINARIA.*

Echinaria. Desf. — *Cenchri sp.* Linn.

Car. La glume est à deux valves membraneuses, et renferme deux à trois fleurs, les unes mâles, les autres hermaphrodites; la balle est à deux valves; l'extérieure se divise en
quatre à cinq lanières roides et piquantes; l'intérieure en deux
à trois plus petites.

Obs. Les fleurs sont réunies en une tête arrondie. Ce genre
diffère du *cenchrus* par l'absence de tout involucre, etc.

1644. Échinaire en tête. *Echinaria capitata.*

Echinaria capitata. Desf. Atl. 2. p. 385. — *Cenchrus capitatus.*
Linn. spec. 1488. Lam. Fl. fr. 3. p. 631.—*Panicastrella capitata.* Mœnch. Meth. 206. — Moris. s. 8. t. 5. f. 1.

Ses tiges sont menues, feuillées dans leur partie inférieure,
et hautes de 1-2 décim.; ses feuilles sont glabres, larges de
2-3 millim., et naissent de la base des tiges et de la racine;

elles forment un gazon assez garni : l'épi est verdâtre , hérissé ,
court, ovale-arrondi , et n'a pas 2 centim. dans son plus grand
diamètre. On trouve cette plante dans les lieux arides des provinces méridionales. ☉.

CLXXXI. CYNOSURE.   *CYNOSURUS.*

Cynosurus. Mœnch.—*Cynosuri sp.* Linn. Juss.

Car. A la base de chaque épillet est une bractée foliacée et
découpée ; la glume est à deux valves , et renferme plusieurs
(2-5) fleurs, dont la balle est à deux valves entières.

Obs. Les fleurs sont en tête ou en épi.

1645. Cynosure à crête.   *Cynosurus cristatus.*

Cynosurus crystatus. Linn. spec. 105. Lam. Illustr. n. 1092. t.
47. f. 1. Schreb. Gram. t. 8. f. 1. Kœl. Gram. 371. — Moris. s.
8. t. 4. f. 6. — *Phleum cristatum.* Scop. Carn. 1. p. 57.

Sa tige est grèle , presque nue , et haute de 5-6 décim. ; ses
feuilles sont glabres, assez courtes, et larges de 5 millim.,
l'épi est long de 5-9 centim. , étroit , unilatéral ou presque
distique , et garni dans toute sa longueur d'épillets cachés sous
des bractées courtes, pinnatifides , et en forme de crête ou de
peigne ; les épillets sont un peu comprimés, et composés de trois
à cinq fleurs. On trouve cette plante sur le bord des chemins et
dans les prés secs. ♃.

1646. Cynosure hérissé.   *Cynosurus echinatus.*

Cynosurus echinatus. Linn. spec. 105. Lam. Ill. n. 1093. t. 47.
f. 2. — Moris. s. 8. t. 4. f. 13.

Ses tiges sont articulées , feuillées et hautes de 5-7 décim. ;
ses feuilles sont glabres, larges de 6-8 millim. , et ont leur gaîne
un peu lâche , particulièrement la supérieure ; l'épi est dense ,
court , unilatéral, rameux et hérissé de barbes un peu roides ,
longues et souvent rougeâtres ; les bractées sont ailées , et leurs
pinnules se terminent en longues barbes. On trouve cette plante
dans les lieux incultes, et sur le bord des champs des provinces
méridionales. ♀.

CLXXXII. SESLÉRIE.   *SESLERIA.*

Sesleria. Scop. Ard. Juss. — *Cynosuri sp.* Linn. Kœl.

Car. La glume, qui est dépourvue de bractée à sa base , se
divise en deux valves acérées , et renferme deux fleurs, dont
la valve extérieure se divise en trois pointes à son sommet, et
l'intérieure en deux.

Obs. Les fleurs sont en tête ou en épi ; à la base de l'épi on trouve une bractée entière et scarieuse.

1647. Seslérie bleuâtre. *Sesleria cœrulea.*

Sesleria cœrulea. Ard. Sp. 2. p. 18. t. 6. f. 3. 4. 5. Lam. Illustr. n. 1095. t. 47. f. 1. — *Cynosurus cœruleus.* Linn. spec. 106. β ? *Cynosurus cylindricus.* Balbi. Add. Fl. ped. 86. Obs. 12.

Sa tige est grèle, haute de 1-2 décim., garnie dans le bas de feuilles dont la gaîne est longue et le limbe très-court ; les feuilles radicales sont alongées, planes, larges de 4-5 millim., et un peu rudes sur les bords ; l'épi est oblong, bleuâtre ou quelquefois blanchâtre, comprimé, formé de quinze à vingt épillets, tantôt réunis, tantôt distincts ; chaque épillet porte deux ou trois fleurs. Cette plante diffère du paturin distique par ses feuilles deux fois plus larges, son épi plus long et moins comprimé, et sur-tout par les caractères génériques. Elle croit dans les prés des montagnes et sur les rochers, dans les Alpes, le Jura, les Pyrénées, les Monts-d'Or, les montagnes du Bugey, etc. ⅂.

1648. Seslérie à petite tête. *Sesleria microcephala.*

Cynosurus microcephalus. Hoffm. Germ. 3. p. 49. — *Cynosurus sphærocephalus.* Jacq. Misc. 2. p. 71. Ic. Rar. t. 20. non Haenk. Hop. — *Cynosurus ovatus.* Hop. Plant. exs. — *Sesleria sphærocephala.* Ard. spec. p. 20. t. 7.

Sa tige est grèle, haute de 1-2 décim., garnie dans le bas de quelques feuilles à longue gaîne ; les feuilles radicales sont glabres, linéaires ; la gaîne des feuilles se termine par une membrane lobée, opposée au limbe, comme dans la mélique uniflore ; les fleurs sont disposées en tête ovoïde, bleuâtre, serrée ; les épillets sont composés de trois fleurs, dont les glumes sont pubescentes, et terminées par des barbes roides et assez longues ; l'extérieure en a cinq, et l'intérieure deux. Cette plante croit parmi les rochers, au Mont-Cenis, près du lieu nommé *Ronche* (Bell.) ; dans les Alpes du Dauphiné (Vill.)? ⅂.

1649. Seslérie à tête blanche. *Sesleria leucocephala.*

Cynosurus sphærocephalus. Hop. Plant. exs. Hoffm. Germ. 3. p. 49. non Jacq. Ard.

Cette espèce, qui a été long-temps confondue avec la précédente, en diffère par sa tête sphérique, ordinairement plus grosse, toujours blanchâtre ; parce que ses glumes sont presque entières, l'extérieure offre seulement trois petites dents. Elle

croit dans les Alpes de Suisse et d'Allemagne, et n'a pas encore
été trouvée en France : je ne l'indique ici que pour aider la dé-
termination de l'espèce précédente.

CLXXXIII. CHAMAGROSTIS.   *CHAMAGROSTIS.*

Chamagrostis. Wibel. — *Micragrostis.* Danth. Ined. — *Nardi
sp.* Guett.— *Agrostidis sp.* Linn.

Car. La glume est uniflore, à deux valves oblongues, obtuses,
tronquées et égales entre elles ; la balle est membraneuse, pubescente, très-petite, et entoure les organes sexuels sous la forme
d'un godet irrégulièrement déchiré au sommet; l'ovaire porte
deux stigmates.

Obs. Les fleurs sont disposées en épi, et toutes dirigées d'un
seul côté. Ce genre diffère des agrostis par ses fleurs en épi et
par la forme de sa balle ; il se rapproche du nard, comme
Guettard l'avoit déjà senti.

1650. Chamagrostis exiguë. *Chamagrostis minima.*

Agrostis minima. Linn. spec. 93. Lam. Dict. 1. p. 60. Kœl. Gram.
94. — *Chamagrostis minima.* Wib. Wet. 126. — Moris. s. 8.
t. 1. f. 1. — Scheuchz. Gram. 90. t. 1. f. 7. I

Cette espèce est fort petite ; ses tiges sont hautes de 5-6
centim., nombreuses, droites, lisses, capillaires, feuillées à
leur base, et terminées chacune par un épi linéaire, rougeâtre,
et long de 1-2 centim.; les fleurs sont presque sessiles, disposées alternativement, serrées contre l'axe de l'épi, et souvent
tournées d'un seul côté ; les feuilles sont courtes, à peine larges
de 2 millim., naissent de la racine ou de la base des tiges,
et forment un petit gazon serré et fort joli. On trouve cette
plante dans les terreins sablonneux. ⚥. Elle fleurit de très-
bonne heure.

CLXXXIV. NARD.   *NARDUS.*

Nardus. Linn.

Car. La glume est à deux valves acérées, et renferme une
fleur dépourvue de balle et dont le stigmate est solitaire.

Obs. Les fleurs sont en épi, disposées d'un seul côté.

1651. Nard serré.   *Nardus stricta.*

Nardus stricta. Linn. spec. 77. Lam. Illustr. n. 755. t. 59. Kœl.
Gram. 312. — Scheuchz. Gram. 90. t. 2. f. 10.

Ses tiges sont très-menues et hautes de 2 décim. au plus ; elles
sont terminées par un épi droit, long de 6 centim., d'un verd

souvent un peu violet, et composé de fleurs toutes disposées d'un
seul côté : les balles sont sessiles, étroites, pointues et chargées
de barbes courtes ; les feuilles sont capillaires. On trouve cette
plante dans les lieux secs, montagneux et stériles. Elle est
commune dans les Vosges. ℔.

1652. Nard barbu.   *Nardus aristata.*

Nardus aristata. Linn. Syst. 145. Lam. Illustr. n. 756. Vill.
Dauph. 2. p. 58. t. 2.— *Nardus incurva.* Gouan. Hort. 33. —
Barr. Ic. t. 117. f. 1. — Scheuchz. Gram. {1. t. 1. f. 7. k.

Cette espèce diffère de la précédente, parce que ses fleurs
sont moins nombreuses, plus petites, plus écartées, et que son
épi, au lieu d'être droit comme celui du nard serré, est ou
fléchi en zig-zag, ou arqué à son sommet : on l'a souvent confondue avec la rottbolle courbée ; mais on peut facilement la
distinguer aux arètes qui surmontent ses fleurs, et qui manquent
dans la rottbolle. Cette plante croît dans les lieux secs et sablonneux des provinces méridionales, à Sisteron, Miron et
Laragne (Vill.); aux environs de Montpellier (Gouan); de
Nice et de Turin (All.).

CLXXXV. ROTTBOLLE.   *ROTTBOLLA.*

Rottbolla, *Rottbollia*, *Rottbœllia.* Linn.

Car. La glume est tantôt à une valve et à une fleur hermaphrodite, tantôt à deux valves et à deux fleurs, dont une
mâle ; la balle est à deux valves inégales, plus petites que la
glume.

Obs. Les fleurs sont en épi et enfoncées dans les concavités
de l'axe. Ce genre diffère du nard, parce qu'il a deux stigmates
et point de barbes.

1653. Rottbolle courbée.   *Rottbolla incurvata.*

Rottbolla incurvata. Linn. suppl. 114. Cav. Ic. t. 213. — *Ægi-*
lops incurvata. Linn. spec. 1490.
β. *Spicis erectis.* — Barr. t. 6. — Lam. Ill. t. 48. f. 2.

Sa racine pousse plusieurs tiges longues de 2 décimètres,
couchées dans leur partie inférieure, rameuses vers leur base,
feuillées et articulées ; ses feuilles sont planes et un peu étroites ;
les radicales sont assez longues, et disposées en un gazon bien
garni ; celles des tiges ont rarement plus de 6 centim. de longueur : les épis sont linéaires, articulés, d'un verd blanchâtre,
peu courbés, et ne sont pas plus épais que les tiges ; les fleurs
sont alternes, et serrées contre l'axe de leur épi. La variété β a

les épis droits. On trouve la rottbolle courbée dans les champs des provinces méridionales, et sur-tout aux bords de la Méditerranée, à Narbonne, Montpellier (Gou.); Nice et Oneille (All.); Sisteron, Mizonet Laragne (Vill.); aux environs du Havre, etc.

CLXXXVI. ÉGILOPE. *ÆGILOPS.*

Ægilops. Linn.

CAR. La glume est à deux valves coriaces, dont l'extérieure se divise au sommet en trois à cinq barbes roides; elle renferme trois fleurs, dont celle du milieu est mâle : les balles sont à deux valves, dont l'extérieure se divise au sommet en trois ou quatre barbes.

OBS. Les fleurs sont en épi, et à demi-enfoncées dans les concavités de l'axe.

1654. Égilope ovoïde. *Ægilops ovata.*

Ægilops ovata. Linn. spec. 1489. Lam. Illustr. t. 839. f. 1. — *Phleum ægilops*. Scop. Carn. 2. n. 78. — Scheuchz. Gram. p. 11. t. 1. f. 2.

Ses tiges sont articulées, feuillées, et hautes de 2 décim.; ses feuilles sont larges de 4 millim., un peu velues en leur superficie, et ciliées en leurs bords; l'épi est court, d'une forme à-peu-près ovale, et hérissé de barbes fort longues; les glumes des épillets sont striées, un peu velues sur leur dos et toutes chargées de trois barbes. On trouve cette plante sur le bord des chemins, dans les provinces méridionales. ♂.

1655. Égilope alongé. *Ægilops triuncialis.*

Ægilops triuncialis. Linn. spec. 1489. Lam. Illustr. t. 839. f. 3. Schreb. Gram. t. 10. f. 1. — *Ægilops elongata*. Lam. Fl. fr. 3. p. 632. — Vaill. Bot. t. 17. f. 1.

Ses feuilles radicales sont nombreuses, assez longues, larges de 5-6 millim., molles, ciliées et disposées en gazon; ses tiges sont longues de 2 décim., articulées, feuillées et couchées dans leur partie inférieure; l'épi est long de 9-10 centim., moins épais et moins serré que celui de l'espèce précédente; les épillets supérieurs ont des barbes très-longues, et sont souvent stériles; les balles inférieures n'ont que deux barbes. On trouve cette plante dans les environs de Paris; de Sorrèze; de Nice (All.); de Beaucaire, de Nions et Buix (Vill.); de Montpellier (Gouan), etc. ♃.

CLXXXVII. FROMENT.   *TRITICUM.*

Triticum et Bromi sp. Linn.

Car. Les épillets sont solitaires sur chaque dent de l'axe, et opposés à cet axe ; la glume est à deux valves, et renferme plusieurs fleurs dont la balle est bivalve.

§. 1er. *Espèces à épi serré et embriqué.*

1656. Froment cultivé.   *Triticum sativum.*

Triticum sativum. Lam. Dict. 2. p. 554. Kœl. Gram. 336. — *Triticum cereale.* Schr. Bav. 1. p. 387. — *Triticum vulgare.* Vill. Dauph. 2. p. 153. — *Triticum æstivum et Triticum hybernum.* Linn. spec. 126.

Le froment est tellement connu, que je n'en donnerai aucune description ; je présenterai seulement le tableau des différentes races cultivées en France et observées par M. Tessier.

    * *Races à épis glabres et dépourvus de barbes.*

α. *Froment d'automne à épis blancs.* Ses balles sont blanches, ses grains dorés, sa tige creuse.

β. *Froment d'automne à épis dorés.* Balles rousses, grains jaunes, tige creuse. Cultivé en Picardie.

γ. *Froment à grains de riz.* Paille, barbes et grains blanchâtres ; tige creuse, grains courts. On le sème en automne. Cultivé dans le nord de la France.

δ. *Froment touzelle.* Diffère du précédent par ses grains longs et transparens. Cultivé dans le midi de la France.

ε. *Froment trémois sans barbes.* Ne diffère de la variété β que parce qu'on le sème au printemps, et qu'il devient conséquemment moins gros.

ζ. *Froment de Phalsbourg.* Ne diffère du précédent que par sa tige grêle. On le cultive à Phalsbourg, mêlé avec le suivant.

η. *Froment d'Alsace.* Epi court, roux, quadrilatéral ; tige creuse, grains petits. On le sème au printemps. Cultivé en Alsace.

    ** *Races à épis glabres, munis de barbes.*

ι. *Froment à barbes caduques.* Epi roux ou quelquefois blanchâtre, perdant ses barbes vers l'époque de la moisson ; grains assez gros, tige presque pleine, balles quelquefois glauques. Cultivé en Anjou. Semé en automne.

κ. *Blé de Providence.* Epi blanc, gros, presque carré ;

barbes

barbes blanches, quelquefois caduques; tige pleine, grains gros et jaunâtres. Se sème en automne.

λ. *Froment à barbes divergentes.* Epi blanc, large; barbes blanches, divergentes; tige creuse, épi quelquefois velu : on le trouve aussi à barbes rousses. Il se sème en automne, et quelquefois au printemps.

μ. *Froment à barbes serrées.* Epi rougeâtre; balles et barbes rouges, rapprochées et serrées; épi plus court que celui de la race ι, quelquefois couvert de poussière glauque; grains gros, ternes.

ν. *Froment à grains ronds.* Epi blanc, compact; barbes noires, un peu caduques; tige demi-creuse; grains blancs, bombés, arrondis. Cultivé près d'Avignon.

ξ. *Froment d'Italie.* Epi blanc, étroit; barbes noires; grains ternes; tige grèle, pleine. Cultivé près d'Avignon.

ο. *Froment de Sicile.* Diffère du précédent par sa tige creuse.

*** *Races à épis velus, dépourvus de barbes.*

π. *Froment grisâtre.* Epi velouté; grains dorés, velus à un bout; tige creuse. Se cultive dans le pays d'Auge.

**** *Races à épis velus, garnis de barbes.*

ρ. *Froment gris de souris.* Epi étroit, velu, d'un gris bleuâtre; grains gros et bombés; tige pleine; barbes noires, grises ou cendrées. Cultivé en Anjou.

σ. *Pétanielle roux*, ou *froment renflé*, ou *gros blé.* Epi roux, velu, court, presque carré; barbes rousses; grains gros, ternes, bombés; tige pleine. On le cultive en Gascogne. C'est le *triticum turgidum* Linn.

τ. *Pétanielle blanc.* Diffère du précédent par son épi et ses barbes blanches; balles entassées; épi court; grains cornés. Cultivé près d'Avignon, de Grenoble. On le nomme *moutin blanc*, *blé d'abondance*, ou quelquefois, mais à tort, *blé de miracle.* C'est le *triticum turgidum* Vill.

φ. *Froment de Barbarie.* Epi barbu, gris, épais; grains cornés, un peu alongés; tige pleine; barbes fort longues. Rapporté de Barbarie par Desfontaines, et décrit par ce naturaliste sous le nom de *triticum durum.*

On ignore la patrie du froment, et on soupçonne qu'il est originaire de l'Asie. On le sème, soit en automne, soit au

Tome III. F

printemps; et dans ce dernier cas, on le désigne par les noms de *froment marsais* ou de *blé trémois*. Cette différence dans la culture ne provient nullement d'une différence d'espèce. ☉.

1657. Froment à épi rameux. *Triticum compositum.*

Triticum compositum. Linn. F. supl. 115. Lam. Dict. 2. p. 559. — Moris. s. 8. t. 1. f. 7. — Lob. Icon. t. 26. f. 2.

Cette espèce n'est peut-être encore qu'une simple variété de la précédente; elle s'en distingue, parce que son épi est rameux à sa base; que ses tiges sont plus grosses et toujours pleines de moëlle; que ses glumes renferment trois fleurs serrées, velues à leur base, et munies de longues barbes. On la croit originaire d'Egypte ou de Barbarie; elle est quelquefois cultivée en Picardie. ☉.

1658. Froment épeautre.   *Triticum spelta.*

Triticum spelta. Linn. spec. 127. Lam. Dict. 2. p. 559. — *Triticum sativum*, var. 5. Kœl. Gram. 342. — Moris. s. 8. t. 6. f. 1.

L'*épautre* ou la *grande épautre*, diffère des deux espèces précédentes, parce que ses balles restent adhérentes autour de la graine mûre; que ses glumes sont cartilagineuses, tronquées, un peu pointues, et que de quatre fleurs qu'elles renferment, il n'y en a que deux, tout au plus trois, qui soient fertiles. ☉. Elle est originaire de Perse. On la cultive dans la partie de la France voisine de la Suisse, et on en distingue plusieurs variétés que je vais énumérer d'après Tessier et Lamarck.

α. *Epeautre barbue, à épi blanc.* Epi blanc; barbes blanches; balles écartées.

β. *Epeautre barbue, à épi rouge.* Epi et barbes rouges; balles écartées.

γ. *Epeautre sans barbes, à épi blanc.* Epi blanc, sans barbes; balles écartées.

δ. *Epeautre sans barbes, à épi rouge.* Epi rouge, sans barbes; balles écartées.

ε. *Epeautre serrée.* Epi étroit, blanc, plat; barbes blanches; balles serrées.

Toutes ces variétés ont la tige creuse et les grains alongés. On les sème au printemps. ☉ ou ♂.

1659. Froment locular. *Triticum monococcum.*

Triticum monococcum. Linn. spec. 127. Lam. Dict. 2. p. 560. Kœl. Gram. 343. — Moris. s. 8. t. 6. f. 2. — Lob. Icon. t. 31. f. 1.

Cette espèce, connue sous les noms de *froment locular*, de *froment monocoque*, *froment uniloculaire*, *petite épeautre*, ou même sous le nom impropre d'*épeautre*, est cultivé dans le midi de la France, et ses graines, qui sont assez petites, servent à faire de la bierre ou du gruau plutôt que du pain. On la distingue à son épi comprimé, disposé sur deux rangs, muni de barbes; à ses glumes, dont les valves se terminent par trois dents, et qui renferment trois fleurs, dont une seule fertile. Tessier en compte deux variétés.

α. *Locular lisse.* Epi et barbes blanches; balles lisses.

β. *Locular pubescent.* Epi et barbes rouges, balles pubescentes.

On ignore sa patrie. On le sème en automne : il se plaît dans les lieux montueux et arides. ☉.

§. II. *Epi composé d'épillets distincts et non embriqués.*

1660. Froment des baies. *Triticum sepium.*

Triticum sepium. Lam. Dict. 2. p. 563. — *Triticum caninum.* Schreb. Spic. 51. — *Elymus caninus.* Linn. spec. 124. — Moris. s. 8. t. 1. f. 2. — *Festuca nutans.* Mœnch. Meth. 191.

Sa racine est composée de fibres nombreuses assez longues, mais point articulées ni rampantes; elle pousse des tiges droites, articulées, feuillées, et hautes de 8–15 décim.; ses feuilles sont longues, larges de 6–8 millim., glabres, et un peu rudes lorsqu'on les glisse entre les doigts de haut en bas : l'épi est long de 1–2 décim., un peu penché et composé d'épillets assez rapprochés les uns des autres, mais tous alternes et point géminés; ces épillets contiennent cinq fleurs, chargées chacune d'une barbe longue de 15 millim. On trouve cette plante dans les haies, les buissons et les lieux un peu couverts. ♃.

1661. Froment rampant. *Triticum repens.*

Triticum repens. Linn. spec. 128. Lam. Dict. 2. p. 562. Schreb. Gram. t. 26.

α. *Muticum.*

β. *Aristatum.* — Vaill. Par. t. 17. f. 2.

γ. *Hirsutifolium.* — Hall. Helv. n. 1427.

Ses racines sont longues, cylindriques, grêles, articulées,

blanches et très-rampantes ; elles poussent des tiges droites ,
feuillées , et hautes de 6-10 décim. ; ses feuilles sont longues ,
larges de 6-8 millim. , molles , vertes , et velues en leur surface
supérieure ; l'épi est long de 10-15 cent. ; ses épillets sont assez
petits , et composés de quatre ou cinq fleurs , dont les valves
sont aiguës , mais communément dépourvues de barbes. Cette
plante , connue sous le nom de *chiendent* , croît le long des haies ,
et dans les jardins qu'elle infeste souvent , au point qu'il est très-
difficile de la détruire. ♃. Sa racine est apéritive , diurétique
et rafraîchissante.

1662. Froment à feuilles　　　*Triticum junceum.*
　　　　de jonc.

　　　Triticum junceum. Linn. spec. 128. Lam. Dict. 2. p. 562. —
　　　　Festuca juncea. Mœnch. Meth. 190. — Moris. s. 8. t. 1. f. 5.
　　α. *Glabrum.*
　　β. *Pubescens.*
　　γ. *Planifolium.*

Cette espèce diffère de la précédente par ses feuilles plus
dures , presque toujours roulées sur leurs bords en dessus ; par
la teinte glauque de la plante entière , et sur-tout parce que les
valves de la glume sont tronquées et obtuses au sommet au lieu
d'être pointues. Elle croît dans les lieux sablonneux , près Paris
(Vaill.) ; Mayence (Kœl.) , etc. , et sur-tout près des bords de
la mer. ♃.

1663. Froment penné.　　　*Triticum pinnatum.*

　　　Bromus pinnatus. Linn. spec. 115. non Lam. nec Œd. — *Fes-*
　　　tuca pinnata. Kœl. Gram. 264. excl. syn. Lam. — *Triticum*
　　　pinnatum. Mœnch. Hass. n. 102. — Scheuchz. Gram. p. 35.
　　　t. 1. f. 7. — *Triticum.* Hall. Helv. n. 1431.

Sa tige est simple , droite , glabre , munie de trois ou quatre
nœuds pubescens , munie de feuilles planes , glauques , un peu
rudes , glabres ou pubescentes en dessus ; les épillets sont au
nombre de huit à dix , disposés sur deux rangs opposés , portés
sur des pédicelles très-courts et anguleux , roides , droits ou un
peu courbés , pubescens sur toute leur surface ; les balles sont
serrées , striées , et terminées par une arète droite de moitié
au moins plus courte qu'elles , et qui manque quelquefois. Elle
croît dans les bois , les rochers , les décombres. ♃.

1664. Froment grêle.　　　*Triticum gracile.*

　　　Bromus gracilis. Leys. Hal. n. 116. — *Festuca gracilis.* Kœl
　　　Gram. 267. — *Bromus pinnatus.* Lam. Illustr. n. 1081. —

Bromus corniculatus. Lam. Fl. fr. 3. p. 608. — Scheuchz.
Gram. p. 36.

Cette espèce diffère du froment penné et du froment des
bois, parce qu'elle a les épillets absolument glabres; elle ressemble d'ailleurs absolument à la première de ces plantes, dont
elle est, ce me semble, une simple variété. Elle croît dans les
bois montagneux, aux environs de Paris, etc. ♃.

1665. Froment des bois.   *Triticum sylvaticum.*

Triticum sylvaticum. Mœnch. Hass. n. 103. — *Triticum tereti-
florum.* Wib. Wet. 104. — *Festuca sylvatica.* Kœl. Gram.
268. — *Bromus sylvaticus.* Poll. Pal. n. 118. Lam. Fl. fr. 3.
p. 609. — *Bromus pinnatus.* Fl. dan. t. 164. — *Bromus gracilis.*
Sut. Fl. helv. 1. p. 64. — Scheuchz. Gram. p. 38.

Sa tige est haute de 6-10 décim., grêle, un peu foible, et
garnie de quelques feuilles molles, velues, d'un verd grisâtre,
assez longues, et larges de 6-8 millim.; les épillets sont alternes,
sessiles, velus, verdâtres, grêles, toujours droits, et à peine
longs de 5 centim.; ils n'ont presque toujours que huit ou
neuf fleurs, et sont garnis de barbes longues de 10-15 mill.
Cette plante est commune dans les bois. ♃.

1666. Froment cilié.   *Triticum ciliatum.*

Bromus distachyos. Linn. sp. 115. — *Bromus ciliatus.* Lam. Fl.
fr. 3. p. 609. — *Bromus platystachyos.* Lam. Illustr. n. 1079.
Festuca ciliata. Gou. Hort. p. 48 et 547. — *Festuca diandra.*
Mœnch. Meth. 191. — *Festuca distachya et pseudistachya.*
Kœl. Gram. 269 et 270. — Ger. Gallopr. t. 3. f. 1.

Sa tige s'élève de 1-5 décim.; elle est feuillée, quelquefois
rameuse à sa base, et un peu coudée à ses articulations, qui
sont pubescentes; ses feuilles sont larges de 5-5 millim., hérissées çà et là de poils roides, et ciliées en leurs bords; les
épillets sont grands, comprimés, distiques, roides, durs, d'un
verd blanchâtre, garnis de barbes fort longues, et au nombre
de deux à cinq. J'en ai dans mon herbier plusieurs individus
qui sont dans ce dernier cas. La valve extérieure de chaque
baile est garnie sur son dos, de deux rangées de cils très-remarquables. Cette plante croît dans les provinces méridionales,
sur le bord des champs et des chemins. ☉.

1667. Froment à feuilles   *Triticum phœnicoides.*
de dattier.

Festuca phœnicoides. Linn. Mant. 33. Lam. Illustr. n. 1042. —
Bromus ramosus. Linn. Mant. 34. non Syst. — *Bromus Plake-*

netii. All. Ped. n. 2233. — Ger. Gallopr. t. 2. f. 2. — Pluk. t. 33. f. 1.

Sa tige se divise dès le collet de la racine en plusieurs jets simples, droits, lisses, cylindriques, chargés de feuilles d'un verd glauque, étroites, roulées sur leurs bords de manière à paroître cylindriques et piquantes; les épillets sont quelquefois solitaires au sommet de la tige, quelquefois plus nombreux, sessiles, disposés sur deux rangs opposés comme dans le froment grêle; la valve interne des balles porte sur son dos deux rangs de cils très-courts; l'extérieure est obtuse, terminée par une arête assez courte. ♃. Cette espèce croît dans les lieux sablonneux ou pierreux des bords de la Méditerranée; on la retrouve en Dauphiné, au pont Saint-Esprit.

1668. Froment faux-paturin. *Triticum poa.*

Triticum tenellum. Linn. spec. 127? — *Triticum biunciale.* Vill. Dauph. 2. p. 167? — Pluk. t. 32. f. 7.

Cette plante s'élève à un décim. de hauteur, et se fait souvent remarquer par sa teinte violette; ses tiges sont grêles, simples, marquées de deux nœuds purpurins; les feuilles sont petites, étroites, et la supérieure ne s'élève pas au-delà du milieu de la tige; l'épi est droit, composé de cinq à six épillets presque sessiles, écartés, droits, ovales-obtus, alternes ou irrégulièrement disposés autour de l'axe, composés de quatre à six fleurs oblongues, obtuses. ☉. Cette espèce a été trouvée aux environs du Mans, par M. Desportes.

1669. Froment fausse-rottbolle. *Triticum rottbolla.*

Triticum unilaterale. Vill. Dauph. 2. p. 165. — *Triticum loliaceum.* Smith. Fl. Brit. 1. p. 159. — Scheuchz. Gram. 272. t. 6. f. 4.

Une racine fibreuse et jaunâtre émet plusieurs tiges simples ou rameuses à la base, et dont la hauteur atteint à peine 8-10 centim.; cette tige est entièrement couverte par les gaînes des feuilles, qui sont glabres et un peu lâches; le limbe de la feuille est alongé, courbé en dessus, pointu, plus ou moins étalé; l'épi est simple, droit, pâle, long de 3-4 centim., composé de huit à dix épillets sessiles, alternes, serrés, oblongs, obtus, tous disposés d'un même côté; l'axe de l'épi est flexueux comme dans plusieurs rottbolles: chaque épillet renferme cinq à six fleurs oblongues, dépourvues d'arêtes, disposées sur deux rangs. ☉. Cette plante croît dans les sables maritimes, sur les bords de la Méditerranée ; j'en ai souvent trouvé des échantillons dans la mousse de Corse du commerce.

1670. Froment fausse-fétuque. *Triticum festuca.*

Triticum unilaterale. Lam. Dict. 2. p. 561. — *Triticum maritimum.* Vill. Dauph. 2. p. 166. excl. syn ?

Cette espèce s'élève jusqu'à 2 et 4 décim. de hauteur; sa tige est droite, marquée de trois nœuds purpurins, garnie de feuilles peu nombreuses, étroites, planes, ou un peu courbées en dessus; l'épi est très-long, un peu rameux à sa base, composé d'épillets lancéolés, écartés, droits, sessiles sur l'axe ou sur les rameaux, et presque tous dirigés du même côté; les valves des glumes sont striées, pointues; celles des balles sont lisses, pointues : chaque épillet renferme cinq à sept fleurs. ☉. Cette plante se trouve aux environs du Mans, etc.; elle mérite autant d'être placée parmi les fromens que le froment à épi rameux.

1671. Froment faux-nard. *Triticum nardus.*

Triticum tenellum. Lam. Dict. 561. — *Triticum hispanicum,* Willd. sp. 1. p. 470? — *Triticum maritimum.* Linn. spec. 110?

Cette espèce se distingue facilement de toutes les précédentes par ses fleurs disposées d'un seul côté, très-acérées, et souvent terminées par des arêtes droites qui lui donnent beaucoup de ressemblance avec le nard; sa tige est grêle, longue de 2 décim. au plus, marquée de deux ou trois nœuds purpurins, garnie de feuilles linéaires, alongées, gazonantes, qui atteignent jusqu'à la base de l'épi; celui-ci est long de 8-9 centim., droit, grêle, composé de quinze à vingt épillets sessiles, oblongs, très-aigus, verdâtres, et disposés alternativement : les balles sont souvent pubescentes. ☉. Elle se trouve dans le midi de la France, aux environs de Paris, etc.

CLXXXVIII. SEIGLE. *SECALE.*

Secale. Linn. Juss. Lam.

Car. Les épillets sont solitaires sur chaque dent de l'axe, et diffèrent de ceux des fromens en ce qu'ils ne renferment que deux fleurs, qui portent une arête au sommet de la valve externe de leur balle; on trouve quelquefois le rudiment stérile d'une troisième fleur.

1672. Seigle cultivé.   *Secale cereale.*

Secale cereale. Linn. spec. 124. Lam. Illustr. n. 1158. t. 49.
Kœl. Gram. 367.
β. *Vernum.* C. B. Pin. p. 23.
γ. *Compositum.* Kœl. Gram. 368.

Ses tiges sont articulées, garnies de feuilles assez étroites,
et s'élèvent jusqu'à environ deux mètres; elles portent à leur
sommet un épi un peu grêle, long de 12-18 centim., et chargé
de barbes assez longues; les épillets sont biflores, et ont leurs
valves garnies de cils rudes; ils sont accompagnés chacun de
deux paillettes calicinales sétacées, dont la longueur ne surpasse
pas celles des fleurs. La variété β est plus petite en toutes ses
parties; la variété γ a l'épi rameux. On cultive cette plante
dans les champs, ⊙ : sa farine fait un pain nourrissant, mais
un peu lourd; elle est émolliente, résolutive et détersive.

1673. Seigle velu.   *Secale villosum.*

Secale villosum. Linn. spec. 124. Gou. Hort. 56. — *Hordeum
ciliatum.* Lam. Dict. 4. p. 604. excl. syn.

Sa tige est droite, ferme, glabre, haute de 5-6 décimètres,
munie de trois à quatre nœuds glabres et d'un brun rouge; les
feuilles ont la gaîne un peu renflée, lisse, glabre, striée, et
le limbe hérissé de poils épars; l'épi est oblong, épais, un peu
comprimé, assez semblable à un épi d'orge, mais les épillets
sont solitaires sur chaque dent de l'axe; la glume est à deux
valves très-coriaces sur le dos, membraneuses sur les bords,
tronquées au sommet, prolongées en une arète rude de deux
à trois centim. de longueur, marquées sur le dos de deux nervures chargées de poils blancs; cette glume renferme deux fleurs
fertiles, et le rudiment d'une troisième placé entre elles : la
valve externe des balles se prolonge en une longue arète, et
porte sur son dos quelques poils blancs dans la partie qui n'est
pas cachée par la glume. ⊙. Cette plante croît à Montpellier;
aux Matèles, et à l'entrée du bois de Valène, près de Rouquet;
elle est commune aux bains de Lamalou, près Béziers (Gou.);
en Dauphiné, près Lyon (Latour.).

CLXXXIX. YVRAIE.   *LOLIUM.*

Lolium. Linn. Juss. Lam.

CAR. La glume est à deux valves parallèles à l'axe de l'épi;
l'extérieure assez grande, opposée à l'axe; l'intérieure petite,

souvent avortée , et appliquée contre l'axe : cette glume renferme plusieurs fleurs dont la balle est bivalve.

Obs. Les fleurs sont disposées en épi applati, et solitaires sur chaque dent de l'axe. Ce genre diffère des fromens , parce que les épillets sont parallèles et non opposés à l'axe.

1674. Yvraie vivace. *Lolium perenne.*

Lolium perenne. Linn. spec. 122. Lam. Illustr. n. 1135. t. 48. f. 1. Kœl. Gram. 361.

β. *Spicis compositis.* — *Lolium compositum.* Thuil. Fl. par. II. 1. p. 62.

γ. *Spicis viviparis.* — Kœl. Gram. p. 362. var. 3.

δ. *Spicis latis bifariis.* — Scheuchz. Prod. t. 2. f. 1.

Sa tige est droite , haute de 5–5 décim. , lisse au toucher, simple ou rameuse, garnie de feuilles glabres et larges de 4–5 millim. ; l'épi est très-alongé , comprimé ; les épillets sont glabres , comprimés , dépourvus de barbes , disposés alternativement sur deux côtés opposés de l'axe qui les porte , et ordinairement assez écartés entre eux. La variété β a l'épi rameux ; la variété γ a les épillets vivipares ; la variété δ se distingue à ses épillets étalés et rapprochés du sommet. Cette plante , connue des agriculteurs sous le nom de *ray-grass* , est commune le long des chemins, sur les pelouses et dans les lieux incultes : c'est un fourrage un peu dur , mais très-nourrissant, sur-tout dans la jeunesse de la plante. ♃.

1675. Yvraie menue. *Lolium tenue.*

Lolium tenue. Linn. spec. 122. Kœl. Gram. 362.

Cette plante n'est probablement qu'une variété de l'yvraie vivace ; on la distingue à sa stature plus grèle, à sa tige filiforme , à ses feuilles plus étroites, à son épi plus grèle, à ses épillets composés de trois à quatre fleurs seulement, au lieu de huit à douze qu'on trouve dans l'espèce précédente. Elle croît dans les pelouses et au bord des chemins , près Paris ; Moulins; Abbeville ; Clermont (Delarb.); Mayence (Kœler); Lyon (Latour.), etc. ♃.

1676. Yvraie enivrante. *Lolium temulentum.*

Lolium temulentum. Linn. spec. 122. Lam. Illustr. n. 1137. t. 48. f. 2. Bull. Herb. t. 107. Kœl. Gram. 363. — *Lolium annuum.* Lam. Fl. fr. 3. p. 620.

β. *Valvulis muticis.*

γ. *Glumâ calycinâ internâ multo minore. — Cræpalia temulenta.* Schrank. Bav. 1. p. 382.

Ses tiges sont articulées, rudes au toucher, feuillées, et s'élèvent jusqu'à un mètre et plus; ses feuilles sont glabres, assez longues, et larges de 6–8 millim.; l'épi est droit, un peu roide. long de 2 décim., et composé d'épillets courts et pauciflores: ces épillets étoient garnis de barbes dans tous les individus que j'ai observés. On trouve cette plante dans les champs parmi les blés, ⊙; ses semences sont un peu âcres et enivrent.

1677. Yvraie multiflore.　　*Lolium multiflorum.*

Lolium multiflorum. Lam. Fl. fr. 3. p. 621. Kœl. Gram. 366. — *Lolium remotum.* Hoffm. Germ. 3. p. 63. — *Lolium arvense.* With. Brit. 2. p. 168. — Vaill. Par. t. 17. f. 2?

Cette espèce diffère de l'yvraie enivrante par sa tige presque lisse au toucher, et de l'yvraie vivace par ses fleurs munies de barbes vers le sommet des épillets; elle se distingue de l'une et de l'autre par le nombre de ses fleurs, qui, dans chaque épillet, va de vingt à vingt-cinq. Seroit-elle une variété de l'une ou de l'autre? La figure de Vaillant présente des épillets munis de barbes trop longues et trop nombreuses. Elle croit sur le bord des prés et des champs. Cette plante a été trouvée aux environs de Péronne, par M. Lamarck.

C X C. ÉLYME.　　*E L Y M U S.*

Elymus. Linn. — *Elymus et Cuviera.* Kœl.

Car. Les épillets sont géminés ou ternés sur chaque dent de l'axe; leurs glumes sont à deux valves, quelquefois étalées de manière à ressembler à un involucre composé de quatre à six feuilles; chaque glume renferme deux à quatre fleurs, dont les supérieures sont quelquefois mâles, et dont la balle est bivalve.

1678. Élyme des sables.　　*Elymus arenarius.*

Elymus arenarius. Linn. spec. 122. Lam. Dict. 2. p. 352. Kœl. Gram. 330. — Gmel. Sib. 1. t. 25.

Cette plante est d'une belle couleur glauque ou blanchâtre dans toutes ses parties; sa racine est rampante, et pousse beaucoup de feuilles longues de 3–6 décim., larges d'un centim., quelquefois roulées en leurs bords, et blanches en leur surface supérieure; ses tiges sont droites, articulées, feuillées, et ne surpassent que médiocrement la hauteur des feuilles radicales;

elles se terminent par un bel épi blanchâtre, pubescent ou
cotonneux, non garni de barbes, et long de 9-10 centimètres;
les glumes sont latérales, et composées de deux valves plus
longues que les fleurs qu'elles accompagnent. On trouve cette
plante dans les lieux sablonneux et maritimes des provinces
méridionales, dans les dunes de la Belgique, sur les côtes de la
Manche et de la Méditerranée. ♃.

1679. Élyme d'Europe.   *Elymus Europœus.*

Elymus Europœus. Linn. Mant. 35. — *Hordeum Europœum.*
All. Ped. n. 2276. — *Cuviera Europœa.* Kœl. Gram. 328. —
Hordeum sylvaticum. Thuil. Fl. par. II. 1. p. 65. — *Hordeum
cylindricum.* Mur. Prod. 43. — *Hordeum montanum.* Schrank.
Bav. 1. p. 386. — Scheuchz. Prod. t. 1. f. 1.

Sa tige est droite, haute de 4-6 décim., garnie de feuilles
glabres ou légèrement pubescentes; son épi est droit, cylindrique, comprimé, serré, assez semblable à celui de l'orge
faux-seigle; les fleurs sont disposées trois à trois comme dans
les orges, mais chaque glume contient ordinairement deux et
quelquefois trois fleurs; dans quelques individus elle est uniflore, et alors elle paroît réellement une espèce d'orge : l'épi
du milieu est sessile, les deux latéraux sont portés sur de très-
courts pédicelles : les valves de la glume sont alongées, rudes
et semblables à des barbes; la balle se termine par une barbe
très-longue dans les fleurs latérales, très-courte dans celle du
milieu. Elle croît dans les prés et au bord des routes. ♃. (1).

CXCI. ORGE.   *HORDEUM.*

Hordeum. Linn. — *Hordei sp.* Mœnch.

Car. Les épillets sont ternés sur chaque dent de l'axe; les
deux latéraux sont souvent mâles et pédicellés, et celui du
milieu sessile et hermaphrodite : les glumes sont à deux valves,
qui, par leur réunion, jouent le rôle d'involucre à six feuilles;
chaque glume renferme une seule balle à deux valves.

---

(1) Lorsqu'on compare cette espèce aux graminées de France seulement,
elle semble plus voisine du genre orge, mais elle se rapproche absolument
de l'*elymus caput-medusæ*, de l'*elymus striatus* et sur-tout de l'*elymus
virginicus* : le nombre des fleurs de chaque glume et la disposition des
glumes me paroissent des caractères trop inconstans pour autoriser la formation d'un genre particulier, comme le propose Kœler.

§. Ier. *Espèces cultivées.*

1680. Orge commune.   *Hordeum vulgare.*

Hordeum vulgare. Linn. spec. 125. Lam. Dict. 4. p. 602. Blakw.
t. 423. — *Hordeum polystichum.* Hall. Act. Gœtt. 6. t. 2.
β. *Hordeum cœleste.* Vib. Cer. t. 1. — *Hordeum gymnocritum.*
J. Bauh. Hist. 2. p. 430.

L'orge commune a toutes ses fleurs hermaphrodites, et munies
de barbes longues et droites; ces fleurs sont réellement disposées
sur six rangs, mais deux rangées sont plus proéminentes que
les autres : l'épi est ordinairement long de 9-12 centim. Dans
la variété β les balles de la corolle s'écartent d'elles-mêmes à
la maturité, et la graine reste nue. La première variété porte
le nom spécial d'*orge*, et quelquefois, quoique improprement,
ceux d'*escourgeon* et d'*épeautre ;* la seconde se nomme *orge
céleste.* ⊙. Cette plante, originaire de Russie et peut-être aussi
de Sicile, est cultivée dans toute la France, et particulièrement
dans les montagnes où elle réussit mieux que les autres céréales,
à cause de la promptitude de sa végétation. On sème l'orge en
automne, et plus ordinairement au printemps : elle aime les terreins gras et fertiles. Le grain d'orge est résolutif, émollient;
on l'emploie en tisanne dans les maladies de poitrine. L'orge
est l'une des graines céréales qui contient le plus de matière
nutritive, sur-tout quand on le prépare sous forme de soupe
plutôt que sous celle de pain.

1681. Orge à six rangs.   *Hordeum hexastichum.*

Hordeum hexastichum. Linn. spec. 125. Lam. Dict. 4. p. 603.
Kœl. Gram. 319. Vib. Cer. t. 2.—*Hordeum vulgare,* β. Lam.
Fl. fr. 3. p. 623.

Elle diffère de la précédente, dont elle n'est probablement
qu'une variété, par son épi plus court, plus épais, et a six rangées
égales; sa balle ne se sépare point d'elle-même à la maturité.
On ignore la patrie de cette plante céréale : elle est cultivée et
souvent mêlée avec la précédente. On la connoît sous les noms
d'*escourgeon*, d'*orge anguleuse*, *orge à six rangs*, *orge carrée*, *orge d'hiver.* On la sème ordinairement en automne. ⊙.

1682. Orge à deux rangs.   *Hordeum distichum.*

Hordeum distichum. Linn. spec. 125. Lam. Dict. 4. p. 603. Vib.
Cer. t. 3. Kœl. Gram. 320. — *Hordeum æstivum, var.* Hall.
Act. Gœtt. 6. t. 3.

β. Hordeum nudum. Wild. spec. 1. p. 473.
γ. Hordeum imberbe.

Cette espèce d'orge a l'épi alongé, comprimé; sur les trois fleurs accolées ensemble à chaque dent de l'axe, celle du milieu est seule hermaphrodite et munie de barbes; les deux latérales sont mâles et sans barbes : les graines sont embriquées et étalées. On connoit cette orge sous les noms de *pamelle*, de *paoumoule*, d'*orge distique*, d'*orge à deux rangs*. La variété β, qui se distingue à ce que ses balles s'écartent d'elles-mêmes à la maturité, a reçu les noms d'*orge nue*, d'*orge du Pérou*, d'*orge d'Espagne*, d'*orge à café*; la variété γ diffère des deux précédentes par l'absence des barbes sur toutes les fleurs. Cette espèce est originaire de Tartarie; on la cultive aussi généralement que l'orge commune, sur-tout dans les pays de plaines. On la sème ordinairement au printemps, et on la récolte en été. ⊙.

1683. Orge pyramidale. *Hordeum zeocriton.*

Hordeum zeocriton. Linn. spec. 125. Lam. Dict. 4. p. 603. Vib. [illegible] — *Hordeum distichum*, β. Lam. Fl. fr. 3. p. 624.

Elle se rapproche de l'orge à deux rangs par la disposition de ses fleurs, la compression et l'avortement des fleurs latérales de chaque grouppe; mais elle semble en différer réellement par ses épis plus courts et plus larges sur-tout à la base qu'au sommet, par ses graines plus étalées : ses balles ne s'ouvrent point à la maturité. On ignore son pays natal. On la cultive comme la précédente, mais plus rarement : elle est connue sous les noms d'*orge pyramidale*, *orge de Russie*, *riz rustique*, *riz d'Allemagne*. ⊙.

§. II. *Espèces sauvages.*

1684. Orge queue-de-souris. *Hordeum murinum.*

Hordeum murinum. Linn. spec. 126. Lam. Dict. 4. p. 604. Kœl. Gram. 322. Fl. dan. t. 629. — Moris. s. 8. t. 6. f. 4.

Ses tiges sont articulées, feuillées, et hautes de 5 décim.; ses feuilles sont molles, velues, et larges de 6–8 millim.; l'épi est dense, long de 6 centim., et garni de barbes fort longues; les deux fleurs latérales de chaque grouppe sont mâles, pourvues de longues barbes; celle du milieu est hermaphrodite, barbue, et porte à sa base deux valves de l'involucre, qui sont ciliées sur les bords. On trouve cette plante sur les murs et le long des chemins. ☉.

1685. Orge faux-seigle.   *Hordeum secalium.*

Hordeum secalinum. Schreb. Spic. 148. Lam. Fl. fr. 3. p. 603. Kœl. Gram. 324. — *Hordeum pratense.* Huds. Angl. 56. — *Hordeum murinum ,* β. Linn. spec. 126. — *Hordeum nodosum.* Linn. spec. 126. ex Sm. Fl. Angl. 1. p. 156. — Vaill. Par. t. 17. f. 6.

Ses tiges sont grèles , ordinairement droites , longues de 1-4 décim. , garnies de feuilles , velues dans le bas de la plante et glabres vers le haut ; les fleurs sont disposées en épi alongé , grèle , un peu comprimé ; dans chaque grouppe les fleurs latérales sont mâles et munies d'arètes , dont la longueur ne dépasse pas 2-5 centim. : les involucres ou glumes externes sont divisées en lanières fines , rudes , accrochantes , mais nullement ciliées sur les bords. Cette espèce croit dans les lieux incultes et les près secs. ☉.

1686. Orge maritime.   *Hordeum maritimum.*

Hordeum maritimum. Vahl. Symb. 2. p. 25. Wild. sp. 1. p. 475. — *Hordeum marinum.* Huds. Angl. 57. — *Hordeum geniculatum.* All. Ped. n. 2274. t. 91. f. 3.

Cette espèce ressemble beaucoup à l'orge queue-de-souris et à l'orge faux-seigle ; mais elle est ordinairement de moitié plus petite , souvent demi-couchée à sa base , et vivace au lieu d'être annuelle : elle diffère encore de la première , parce que ses involucres ne sont nullement ciliés ; de la seconde , parce que les lanières latérales de l'involucre sont élargies à leur base au lieu d'être linéaires ; de l'une et l'autre , parce que les fleurs latérales sont pubescentes. ♃. Elle se trouve sur les bords de la mer , aux environs de Nice (All.) ; de Montpellier ; en Provence ; sur les digues de la Somme (Bouch.).

**** *Fleurs mâles et femelles placées dans des épillets distincts.*

CXCII. BARBON.   *ANDROPOGON.*

Andropogon. Linn. — *Phœnix et Andropogon.* Hall.

Can. Les épillets sont de deux sortes , et ordinairement accouplés ; l'un est mâle , pédicellé , sans arète ; l'autre sessile , hermaphrodite , muni d'une arète qui part du sommet de la balle , hérissé de poils sur la face externe de la glume.

Obs. Les fleurs forment plusieurs épis , ordinairement disposés comme les doigts de la main.

1687. Barbon grillon.　　　*Andropogon grillus.*

Andropogon gryllus. Linn. spec. 1480. Kœl. Gram. 116. — *Andropogon paniculatum.* Lam. Fl. fr. 3. p. 633. Illustr. t. 840.
f. 1. — Scheuchz. Gram. p. 267. t. 6. f. 1. — *Phœnix.* Hall.
n. 1412.

Sa tige s'élève à 7-8 décim. , et porte des feuilles étroites ,
très-légèrement velues ; la panicule est lâche , alongée , composée de pédicelles verticillés , très-grêles , qui portent 5-6
fleurs ; celles-ci sont disposées trois à trois , et à la base de
chaque paquet se trouve une manchette de poils jaunâtres : les
glumes sont rougeâtres , alongées ; la fleur du milieu est sessile ,
hermaphrodite , chargée de deux barbes longues et inégales ; les
deux latérales sont mâles , pédicellées , dépourvues de barbes. ♃.
Elle croît dans les lieux secs , à Gramont et Montferrier , près
Montpellier ; à Montélimar ? (Vill.) ; en Piémont (All.) ; près
la Rochelle à la forêt de Benin ; dans les montagnes d'Auvergne (Delarb.).

1688. Barbon pied-de-　*Andropogon ischœmum.*
poule.

Andropogon ischœmum. Linn. spec. 1483. Jacq. Austr. t. 384.
Lam. Dict. 1. p. 376. — *Andropogon villosum* , *α.* Lam. Fl.
fr. 3. p. 634. Gat. Mont. 171.

Sa racine est rampante ; ses tiges droites , à plusieurs nœuds
purpurins ; ses feuilles , et sur-tout les inférieures , portent des
poils blancs , épars et assez longs , sur-tout à l'entrée de la
gaîne ; la panicule est composée de six à dix épis redressés ,
à-peu-près disposés comme les doigts de la main ; les fleurs
sont rapprochées , disposées deux à deux , purpurines , munies à leur base de longs poils blancs ; l'une d'elles est sessile ,
hermaphrodite , barbue ; l'autre est pédicellée , mâle , sans
barbe : l'axe est fortement comprimé. ♃. Il croît dans les lieux
secs , près Paris , Étampes , Bruxelles , Anvers , Mayence ,
Sorrèze , Grenoble , Turin , Montpellier , Montauban , Clermont , Lyon , etc.

1689. Barbon de Pro- *Andropogon Provinciale.*
vence.

> *Andropogon provinciale.* Lam. Dict. 1. p. 376. — Ger. Gallop.
> p. 107. n. 4. t. 4. — Tourn. Inst. 521. n. 1. — *Andropogon*
> *villosum*, β. Lam. Fl. fr. 3. p. 634.
> β. *Glumis glabris.* — *Andropogon Provinciale.* Retz. Obs. 3.
> p. 43.

Sa tige est droite, haute d'un mètre, garnie de feuilles
alongées, rudes sur les bords et les nervures, larges de 7-8
millim.; l'entrée de la gaîne offre une petite membrane garnie
de quelques poils; de la feuille supérieure sortent quatre à cinq
épis rapprochés et redressés; les fleurs sont disposées deux à
deux, et ont à leur base une touffe de poils blancs; l'une est
sessile, hermaphrodite, terminée par une barbe droite; l'autre
est pédicellée, mâle et sans barbe : les glumes sont pâles,
glabres ou velues. Cette plante croît en Provence, près Sainte-
Victoire, et au bois de Garduele, près Rians (Gar.). ♉.

1690. Barbon double-épi. *Andropogon distachyon.*

> *Andropogon distachyon.* Linn. spec. 1481. Ger. Gallopr. p. 106.
> n. 1. t. 3. f. 2. — *Andropogon distachyum*, α. Lam. Fl. fr. 3.
> p. 633. Kœl. Gram. 118.

Sa tige est droite, simple, haute de 6-9 décim., garnie de
feuilles longues, étroites, planes, glabres ou légèrement pubescentes, rudes sur les bords; l'entrée de la gaîne est garnie
de poils; du sommet de la tige naissent deux épis droits, blanchâtres, longs de 7-8 centim., comprimés, un peu semblables
à ceux du vulpin des champs : l'axe est comprimé, velu; les
fleurs sont rapprochées, géminées; l'une sessile, hermaphrodite, barbue; l'autre pédicellée, mâle, munie d'une très-
petite barbe : les glumes sont glabres. ♉. Cette espèce croît aux
lieux secs et pierreux, dans les champs de Cabasse (Gér.); aux
environs de Nice (All.); au Mont-d'Or (Delarb.).

1691. Barbon hérissé. *Andropogon hirtum.*

> *Andropogon hirtum.* Linn. spec. 1482. excl. syn. Scheuchz.
> Lam. Dict. 1. p. 375. — *Andropogon bicorne.* Forsk. Ægypt.
> p. 173. — *Andropogon distachion*, β. Lam. Fl. fr. 3. p. 633.
> Kœl. Gram. 118. — Pluk. t. 92. f. 1.

Cette espèce, qu'on a souvent confondue avec la précédente,
est certainement une plante distincte; sa tige émet, sur-tout
vers le haut, plusieurs rameaux filiformes; ses feuilles sont
étroites,

étroites, glauques, presque toujours dépourvues de poils, même à l'entrée de leur gaine, qui porte une membrane; les épis sont de moitié plus courts, et ont des fleurs écarté s et en petit nombre; les glumes sont abondamment chargées de poils blancs. ♃. Elle croit dans les lieux stériles et pierreux des bords de la Méditerranée; près Oneille et Nice (All.); en Provence (Ger.); près Montpellier; Narbonne.

1692. Barbon d'Allioni. *Andropogon Allionii.*

Andropogon contortum. All.Ped. n. 2277. t.91. f. 4. excl. syn. (1). Desf. Atl. 2. p. 377.

Sa tige est droite, haute de 7-8 décim., munie de trois à quatre nœuds, d'où partent quelquefois des branches latérales; les feuilles sont longues, droites, pliées sur leur nervure longitudinale, un peu rudes, d'un verd presque glauque, glabres ou munies de quelques poils longs et épars vers leur base; l'entrée de la gaine est garnie d'une touffe de poils très-courts; la tige et chaque branche se termine par un épi solitaire, comprimé, long de 4-5 centimètres; les fleurs sont munies à leur base d'une touffe de poils roux, sessiles, disposées deux à deux, de manière que toutes les femelles sont d'un côté, et tous les mâles de l'autre; les glumes des mâles sont vertes, foliacées, glabres, obtuses; celles des femelles sont coriaces, brunes, couvertes de petits poils roux, terminées par une longue arète velue, sur-tout à sa base; ces arètes se tortillent les unes avec les autres de manière à former souvent un seul faisceau. Cette espèce croit sur les collines et les rochers, au-dessus du lac d'Ivrée et de la vallée de Suze (All.).

CXCIII. HOUQUE. *HOLCUS.*

Holcus. Schreb. — *Blumenbachia.* Kœl. — *Holci sp.* Linn.

Car. Les épillets sont de deux sortes; les uns mâles, membraneux et sans arète; les autres hermaphrodites, coriaces, munis le plus souvent d'une arète qui part du réceptacle.

Obs. Les fleurs sont en panicule; les espèces à arète dorsale

---

(1) Linné dit que son *andropogon contortum* est originaire de l'Inde; or la plante indienne diffère de notre espèce européenne, par ses fleurs moins exactement disposées sur deux rangs, par ses arètes moins velues, par les glumes de ses fleurs mâles hérissées vers le sommet de poils tuberculeux : c'est à l'espèce indienne qu'il faut rapporter les synonymes de Plukenet, Scheuchzer et Morison.

que Linné avoit réunies à ce genre, sont de vraies avoines :
les houques diffèrent des avoines par leur arète insérée sur le
réceptacle, et parce que les fleurs mâles ne sont jamais dans
les mêmes glumes que les fleurs femelles.

1693. Houque d'Alep.   *Holcus Halepensis.*

Holcus halepensis. Linn. spec. 1485. Lam. Dict. 3. p. 141. —
    Blumenbachia halepensis. Kœl. Gram. 29. —Pluk. t. 32. f. 1.

β. *Glumis villosis.*

γ. *Aristis abortivis.*

Cette plante, originaire de l'Orient, est cultivée dans les environs de Montpellier, de Sorrèze, de Perpignan, de Toulon,
de Lyon ; sa tige, qui est de l'épaisseur du doigt, s'élève jusqu'à 1 et 2 mètres, et porte de larges feuilles lisses sur leur
surface et coupantes sur leurs bords ; la panicule est lâche, rameuse, ordinairement purpurine, longue de 1-2 décim. ; les
fleurs hermaphrodites portent le plus souvent une arète tortillée et coudée, insérée au fond des glumes et non sur le dos
des balles. ♃.

C X C I V. M A Ï S.   *M A Y S.*

Zea. Linn. — *Mays.* Tourn. Gœrtn.

Car. La plante est monoïque ; ses fleurs mâles sont disposées
en panicule terminale, et leurs glumes renferment deux fleurs ;
ses fleurs femelles sont disposées en épis axillaires, cachées
sous de grandes gaînes foliacées : leurs glumes sont uniflores ;
le style est filiforme, extrêmement long ; les graines sont arrondies, lisses, et crustacées à la surface, nues, disposées en épi
serré, cylindrique, rangées par séries longitudinales et comme
incrustées dans l'axe de l'épi.

Obs. Le nom de *zea*, connu bien avant la découverte du
maïs, étoit employé par les anciens auteurs pour désigner
l'épeautre.

1694. Maïs cultivé.   *Mays zea.*

Zea mays. Linn. spec. 1133. Lam. Dict. 3. p. 68. Kœl. Gram.
    382. —*Mays zea.* Gœrtn. Fruct. 1. p. 6. t. 1. — Moris. s. 8. t.
    13. f. 1. 2. — Fuchs. Hist. 473. Ic.

α. *Granis aureis.*

β. *Granis purpureis.*

γ. *Granis variegatis.*

δ. *Granis albicantibus.*

ε. *Spicâ fœmineâ ramosâ.*

ζ. *Spiculis paniculæ masculæ quibusdam hermaphroditis.*

Cette graminée est cultivée dans toutes les provinces méri-

dionales jusqu'aux environs de Paris , et particulièrement dans
le Piémont , la Bourgogne , etc. ; elle aime les terreins gras et
légers , et craint la sécheresse et les expositions trop froides. On
sème le maïs au printemps ; on coupe la sommité de la tige
après la floraison , afin de forcer les sucs à se jeter sur les
graines : on récolte celles-ci à l'entrée de l'automne ; leur farine est très – saine et très – nourrissante , peu propre à faire
du pain , mais excellente sous la forme de soupe , de bouillie , ou
de gâteau. On la connoit en Piémont sous les noms de *polenta*
ou *poulinte* ; la plante elle-même porte ceux de *maïs*, *gaude*,
blé d'Espagne, *blé de Turquie*, *blé de Guinée*, *blé d'Inde*,
gros millet des Indes, etc. Malgré ces dénominations , il est
certain qu'elle est originaire de l'Amérique méridionale , et
qu'elle y étoit cultivée lorsque les Européens ont découvert ce
pays. L'*uredo des bleds*, n°. 615, attaque quelquefois les grains
de maïs , les convertit en une poussière noire , et distend leur
enveloppe au point de changer leur forme et de leur faire atteindre la grosseur d'une noisette et au-delà. ⊙.

TREIZIÈME FAMILLE.

CYPERACÉES.   *CYPERACEÆ.*

Cyperoideæ. Juss. — *Gramina spuria*. All. — *Calamariarum
gen*. Linn.

LES cyperacées ou cyperoïdes sont des herbes à tige cylindrique ou triangulaire , presque toujours dépourvue de nœuds ;
leurs feuilles sont sessiles ou engainantes à leur base ; la gaine
en est toujours entière , et le limbe est assez semblable à celui
des feuilles de graminées ; les fleurs sont disposées en épis hermaphrodites ou unisexuels ; chaque fleur est placée à l'aisselle
d'une écaille , paillette ou glume , qui fait la fonction de calice ;
quelquefois les paillettes inférieures sont vides par avortement :
les étamines sont au nombre de trois , et leurs filets persistent
souvent jusqu'à la maturité ; l'ovaire est supérieur , simple , surmonté d'un style qui se divise en deux ou trois stigmates ; le
fruit est un cariopse membraneux , corné ou crustacé , quelquefois entouré de soies à sa base , rempli d'une graine dont
la structure et la germination est semblable à celle des graminées.

G 2

Ces plantes croissent dans les lieux humides, et ressemblent
aux graminées par le port ; par le nombre de leurs étamines et
leur fruit monosperme, elles sont intermédiaires entre les typhacées et les graminées ; s'approchent des premières par la séparation des organes sexuels, par la présence des poils autour de
l'ovaire, etc. ; et des secondes, par la germination et la structure
du fruit : elles diffèrent des typhacées par la présence des écailles
calicinales et par la germination ; des graminées, par leurs fleurs
à une seule glume, par leurs feuilles dont la gaîne n'est nullement
fendue en long, par leurs tiges dépourvues de véritables nœuds, etc.

CXCV. CAREX.　　　*CAREX.*

Carex. Gœrtn. Lam. Good. Schk. — *Caricis sp.* Linn.

CAR. Les fleurs sont monoïques ou quelquefois dioïques, disposées en épis unisexuels ou androgyns ; la fleur femelle offre
un ovaire surmonté d'un style à deux ou trois stigmates, et
enveloppé d'un nectaire ou urcéole, qui grandit après la floraison et forme une espèce de capsule monosperme, percée au
sommet ; la graine est triangulaire, portée sur un court pédicelle ; le style persiste et sort par l'orifice de la capsule.

OBS. Toutes les espèces de carex (laiches ou carets) sont vivaces ;
leurs feuilles sont dures, et le plus souvent rudes sur les bords ;
leur tige est cylindrique ou triangulaire ; leurs épis sont sessiles ou
pédonculés ; la capsule est toujours triangulaire quand il y a trois
stigmates. Les caractères les plus importans pour les distinguer,
sont la position respective des fleurs mâles et femelles, le
nombre des stigmates, les poils qui recouvrent ou ne recouvrent
pas la capsule, la proportion de la gaîne des feuilles florales
avec les pédicelles, le nombre des épis de chaque sexe, etc.

§. Ier. *Epi unique simple ; deux stigmates.*

1695. Carex dioïque.　　　*Carex dioica.*

Carex dioica. Linn. spec. 1379. Good. Trans. Linn. 2. p. 139.
excl. syn. schenchz. Schk. Car. Trad. n. 1. A. t. A. n. 4. —
Carex lœvis. Hop. Bot. Tasch. 1800. p. 243. — Mich. gen. t.
32. f. 1.

Sa racine est rampante, vivace ; ses feuilles droites, glabres,
fines, presque triangulaires, courbées en canal, et à-peu-près
égales à la tige ; celle-ci est glabre, triangulaire, haute de 2 décimètres ; l'épi mâle est droit, cylindrique ; l'épi femelle, qui
est porté sur une tige distincte, est un peu plus court et plus
ovale : les capsules sont étalées, nullement recourbées, ovoïdes,

pointues, triangulaires vers le sommet, et dentelées sur les angles. Elle croît dans les prés tourbeux ; fleurit à la fin du printemps. ♃.

1696. Carex de Davall. *Carex Davalliana.*

Carex davalliana. Smith. Trans. Linn. 5. p. 266. Schk. Car.
Trad. n. 1. B. t. A. Q. W. n. 2. — *Carex recurvirostra.* Hall.
F. ex Schleich. exs. n. 92. — *Carex dioica.* Sut. Fl. Helv.
2. p. 239. — *Carex scabra.* Hop. Bot. Tasch. 1800. p. 242.
— Scheuchz. Gram. 497. t. 11. f. 10.

Cette espèce est exactement intermédiaire entre la précédente et la suivante ; elle est dioïque comme le carex dioïque, et ses capsules se recourbent en en-bas à leur maturité, comme dans le carex puce : elle diffère encore de la première par sa racine fibreuse, et parce que ses feuilles et sa tige sont rudes lorsqu'on les glisse entre les mains du sommet à la base : on la distingue de la seconde à ses capsules plus courtes et dentelées sur les angles, vers le sommet : on trouve quelquefois des épis qui portent des fleurs mâles et femelles entremêlées. Ce carex, qu'on a long-temps confondu avec le carex dioïque, croît dans les prés marécageux des pays de montagnes ; dans le Jura, près du Doubs ; dans les Alpes, près du Léman ; dans les Pyrénées : il fleurit au printemps. ♃.

1697. Carex puce. *Carex pulicaris.*

Carex pulicaris. Linn. spec. 1380. Lam. Dict. 3. p. 378. Leers.
Herb. t. 14. f. 1. Schk. Car. Trad. n. 3 t. A. n. 3. — *Carex*
psyllophora. Linn. suppl. 413. — Mich. Gen. t. 33. f. 1.

Une racine fibreuse et vivace donne naissance à des feuilles roides, fines, glabres, droites, courbées en gouttière, et plus courtes que la tige ; celle-ci est grêle, cylindrique, haute de 1–3 décim., et porte à son sommet un épi simple, cylindrique, composé, au sommet de fleurs mâles serrées, et à la base de fleurs femelles écartées ; les écailles sont brunes, ovales ; les capsules, après la floraison, se déjettent en bas ; elles sont oblongues, triangulaires, parfaitement glabres et unies. Il croît dans les prés marécageux et les tourbières ; fleurit à la fin du printemps. ♀.

§. II. *Épi unique simple ; trois stigmates.*

1698. Carex de Ramond. *Carex Ramondiana.*

Carex pulicarioides. Ram. Pyren. Ined.

Cette espèce ressemble tellement au carex puce, qu'on seroit tenté de la prendre pour une simple variété ; mais M. Ramond fait observer que sa tige est constamment plus courte, tandis que ses feuilles sont au contraire plus larges de moitié ; que toute sa consistance est plus ferme ; que ses capsules sont un peu plus petites, et qu'enfin son style se divise en trois stigmates au lieu de deux. Elle a été trouvée dans les Pyrénées, au Pic du midi, et à Néouvielle. ♃.

1699. Carex de Desfontaines. *Carex Fontanesiana.*

Carex acutissima. Desf. Monogr. Inéd.

Cette espèce ressemble par son port au carex puce, au carex dioïque et au carex de Davall ; mais elle diffère de toutes trois, parce que ses capsules ne se recourbent pas en bas à leur maturité, et que ses pistils portent trois stigmates : sa tige est droite, triangulaire, haute de 6-20 centimètres ; les feuilles sont radicales, un peu courbées en carène, linéaires et un peu roides ; l'épi est brun, ovale-oblong, mâle à son sommet, femelle dans presque toute sa longueur ; les capsules sont alongées, pointues aux deux bouts, droites, ou à peine étalées à leur matutité. Elle croît dans les Hautes-Pyrénées, au Pic du midi ; à Néouvielle, et au lac des Espessières, près Gavarni. Je lui ai donné le nom du naturaliste qui le premier l'a distinguée des espèces voisines et qui a bien voulu me la communiquer, ainsi qu'un grand nombre d'autres espèces rares et difficiles.

1700. Carex à quatre fleurs. *Carex pauciflora.*

Carex pauciflora. Lightf. Scot. 2. p. 543. t. 6. f. 2. Schk. Trad. n. 4. t. A. n. 4. — *Carex leucoglochin.* Linn. F. suppl. p. 413. Roth. Fl. germ. 2. p. 2. p. 425. — *Carex patula.* Huds. Fl. Angl. 402.

Sa tige est simple, grêle, ferme, presque triangulaire, haute de 5-9 centim., garnie à sa base de trois à quatre feuilles engaînantes, roides, linéaires, pointues, courbées en gouttière ; l'épi est terminal, solitaire, blanchâtre, composé de quatre à cinq fleurs, dont les deux ou trois inférieures sont femelles, tandis que les deux supérieures sont mâles ; les capsules, à leur maturité, sont étalées ou pendantes, oblongues, lisses, pointues ; les graines sont triangulaires ; le style porte ordinairement trois ou quelquefois deux stigmates. Cette espèce croit dans les prés marécageux du Jura et du pied des Alpes, ♃ ; elle fleurit à l'entrée de l'été.

1701. Carex de Bellardi.   *Carex Bellardi.*

Carex Bellardi. All. Ped. n. 2293. t. 92. f. 2. — *Carex myosu-*
roïdes. Vill. Dauph. 2. p. 194. t. 6. — *Carex dioica.* Lam.
Dict. 3. p. 378. excl. syn. — *Carex hermaphrodita.* Gmel.
Syst. p. 139.

De sa racine, qui est fibreuse et brunâtre, naissent plusieurs
hampes grèles, cylindriques, striées, hautes de 10-15 centim.,
entourées de feuilles fines, capillaires, roulées sur elles-mêmes
en dessus, qui atteignent presque la longueur de la hampe;
celle-ci est terminée par un épi grèle, cylindrique, souvent
interrompu dans le bas : on l'a regardé comme hermaphrodite,
mais les fleurs mâles et femelles y sont simplement plus rapprochées qu'à l'ordinaire; on y trouve des glumes arrondies,
brunes, avec le bord blanc; à leur aisselle se trouvent deux
fleurs distinctes, munies chacune d'une glume particulière; la
glume intérieure renferme trois étamines; l'extérieure contient
le pistil qui se change en une capsule triangulaire, terminée
par une pointe. Cette espèce croît dans les Alpes, parmi les
rochers; elle fleurit en été. ♃.

§. III. *Plusieurs épis androgyns mâles au sommet;*
deux stigmates.

1702. Carex des sables.   *Carex arenaria.*

Carex arenaria. Linn. spec. 1381. Lam. Dict. 3. p. 381. Schk.
Trad. n. 8. t. B. et Dd. n. 6. non Leers. Vill. Sui. — *Carex re-*
pens. Bell. Act. Tur. 5. p. 248. — *Carex spadiceus.* Gilib.
Lith. p. 346. — Mich. Gen. p. 67. n. 2. t. 33. f. 3 et 4.

Sa racine est longue, cylindrique, garnie de filamens verticillés, qui sont les débris des anciennes gaînes; elle rampe vers
la surface d sable mobile, et émet des radicules menues et
fibreuses; la tige est souvent courbée, triangulaire, un peu
rude, longue de 1-3 décim.; les feuilles qui naissent de la
base sont longues, étroites, pointues, un peu rudes sur les
bords; au sommet de la tige se trouvent sept ou huit épillets,
munis chacun d'une bractée aiguë, réunis en un seul épi oblong
et pointu; la capsule est ovale, acérée, comprimée, fourchue
au sommet, munie de deux ailes membraneuses vers l'extrémité. Cette espèce croît dans les dunes et dans les sables maritimes de la Belgique, de la Picardie et du Languedoc; au bord
des ruisseaux, en Piémont (Bell.): ses longues racines contribuent
à fixer le sol des dunes. On les a recommandées en médecine

pour remplacer la salsepareille : on les connoît dans le com—
merce sous le nom de *salsepareille d'Allemagne.* ♃.

1703. Carex à deux rangées.   *Carex disticha.*

Carex disticha. Huds. Angl. 403. — *Carex spicata.* Poll. Pall.
n. 875. Lam. Dict. 3. p. 381. non Schk. — *Carex intermedia.*
Good. Tr. Linn. 2. p. 154. Schk. Trad. n. 9. t. B. n. 7. —*Carex
arenaria.* Leers. Fl. herb. t. 14. f. 2. Vill. Dauph. 2. p. 198. —
Carex multiformis. Thuil. Fl. par. II. 1. p. 479. — *Carex
leporina* , γ. Gort. Fl. Belg. 247. — Hall. Helv. n. 1362.

Sa racine est longue , cylindrique , épaisse , nue , rampe assez
profondément sous la terre , et pousse des radicules épaisses et
presque simples ; sa tige est droite , triangulaire , rude sur les
angles , haute de 3-4 décim. , garnie à sa base de feuilles
étroites , un peu rudes sur les bords ; l'épi général est terminal ,
brunâtre , composé de huit à vingt épillets ovoïdes , embriqués ;
les inférieurs sont femelles ; ceux du milieu sont mâles , et le
supérieur femelle , ce qui donne à l'épi une forme obtuse ;
d'ailleurs sa longueur et sa forme varient beaucoup : les bractées
sont ovales , et ne dégénèrent pas en feuilles ; la capsule n'est
pas bordée d'ailes membraneuses à son sommet. Cette espèce
croît dans les marais ; elle fleurit au commencement de l'été. ♃.

1704. Carex faux-choin.   *Carex schœnoides.*

Carex schœnoides. Host. Gram. p. 35. t. 45. ex Hoffm. Germ.
4. p. 193.

Cette espèce a beaucoup de rapports avec le carex à deux rangées et le carex jaunâtre ; sa tige est droite , triangulaire , rude
sur les angles , nue dans la partie supérieure , haute de 3-4 décimètres à l'époque de la maturité ; ses feuilles sont rudes sur
les angles , plus courtes que la tige , et ont une teinte glauque
remarquable ; les épillets sont courts , serrés de manière à former un épi ovoïde terminal ; les capsules sont ovales à la base ,
alongées , pointues et fendues au sommet , planes en dessus ,
convexes en dessous , marquées sur l'une et l'autre surface de
sept à huit nervures longitudinales et proéminentes. Elle a une
racine rampante et croît dans les collines herbeuses , selon Host.
Je la décris d'après des échantillons récoltés par l'Héritier , con-
fondus dans son herbier avec le carex jaunâtre , et dont j'ignore
le lieu natal. ♂.

1705. Carex jaunâtre.   *Carex vulpina.*

Carex vulpina. Linn. spec. 1382. Good. Tr. Linn. 2. p. 161.
Schk. Car. Trad. n. 10. t. C. n. 10. — *Carex vulpina*, *var. α.*
Lam. Dict. 3. p. 382. — *Carex spicata.* Thuil. Fl. Par. II. 1.
p. 480. excl. syn. — Mich. t. 33. f. 13. 14.

Sa racine est fibreuse ; ses feuilles alongées, rudes sur les
bords et sur le dos, larges de 5-8 millim. ; sa tige est droite,
ferme, triangulaire, rude sur les angles, dans le haut ; elle
s'élève un peu moins que les feuilles, savoir à 3-4 décim., et
porte un épi alongé, plus ou moins serré, composé de plusieurs
épillets distincts, ovales, mâles à leur sommet seulement ; à la
base de chacun d'eux se trouve une bractée fort élargie dans
le bas, et qui dégénère subitement en une foliole rude et capillaire : les capsules sont oblongues, fendues en deux, pointues
à leur sommet, planes en dessus, convexes en dessous, divergentes à leur maturité. Elle est commune dans les marais et
au bord de fossés. ♃. Fleurit à la fin du printemps.

1706. Carex divisé.   *Carex divisa.*

Carex divisa. Huds. Angl. p. 405. Good. Tr. Linn. 2. p. 157.
t. 19. f. 2. Schk. Car. Trad. n. 11. t. B. n. 61. non Fl. dan. —
Carex hybrida. Lam. Dict. 3. p. 382. — *Carex schœnoides.*
Thuil. Fl. Par. II. 1. p. 480. — *Carex marginata.* Gort. Fl.
belg. 247.

Sa racine est épaisse, rampante ; sa tige grêle, foible, triangulaire, un peu rude sur les angles, longue de 3-5 décim., nue
dans le haut, garnie à sa base de feuilles linéaires, grêles,
droites, un peu redressées, acérées, et souvent plus longues
que la tige ; l'épi est muni à sa base d'une feuille acérée, ordinairement très-longue ; il est brun, et composé de cinq ou
six épillets ovales, serrés, presque tous femelles, à l'exception
du supérieur qui est mâle : le style se divise en deux stigmates
très-longs ; la capsule est ovale-aiguë, très-exactement appliquée contre l'axe, bordée d'une membrane vers le sommet.
Cette espèce croit dans les marais voisins de la mer à Abbeville ; dans les bas prés à Ozouère, près Paris : elle fleurit à
la fin du printemps. ♄.

1707. Carex écarté.   *Carex divulsa.*

Carex divulsa. Good. Tr. Linn. 2. p. 160. Schk. Car. Trad. n.
12. t. Dd. n. 89. — *Carex canescens.* Huds. Angl. 405. —
Carex canescens, *var. α.* Lam. Dict. 3. p. 383. — Mich. t.
33. f. 10.

Une racine fibreuse donne naissance à des feuilles alongées,

étroites, rudes sur les bords ; la tige est grêle, foible, triangulaire, un peu rude vers le haut, plus courte que les feuilles,
du moins à l'époque de la floraison ; l'épi est alongé, composé
de cinq à sept épillets écartés les uns des autres, sur-tout les
inférieurs, ovales, sessiles, androgyns ; les écailles sont blanchâtres, avec la nervure longitudinale verte et prolongée en
pointe ; les capsules sont courtes, ovales-aiguës, planes d'un
côté, convexes de l'autre, d'abord droites, puis divergentes,
fendues au sommet en deux pointes, d'où sortent deux stigmates. Il croît dans les bois humides, et fleurit à l'entrée de
l'été. ♃.

1708. Carex rude. — *Carex muricata.*

Carex muricata. Linn. spec. 1382. Good. Tr. Linn. 2. p. 158.
Schk. Car. Trad. n. 13. t. F. n. 22. excl. fig. Dd. — *Carex
spicata.* Huds. Fl. Angl. 405.

Cette espèce ressemble beaucoup au carex écarté, et n'en
diffère que par le rapprochement de ses épillets inférieurs, la
plus grande divergence de ses capsules, et par ses tiges plus
roides et presque toujours plus longues que les feuilles. Elle
croît aux mêmes lieux et fleurit à la même époque. Est-ce une
simple variété ? ♃.

1709. Carex verdâtre. — *Carex virens.*

Carex virens. Lam. Dict. 3. p. 384. — *Carex muricata,* var.
Schk. Car. Trad. n. 13. t. Dd. n. 22.

Ce carex ressemble au carex écarté et au carex rude ; mais
il me paroît différer de l'un et de l'autre, ainsi que le pense
Lamarck, parce que la bractée de l'épillet inférieur se prolonge
en une véritable feuille, qui dépasse de beaucoup la longueur de
la tige. Seroit-ce, selon l'opinion de Schkur, une simple variété ?
Elle croît dans les mêmes lieux, et fleurit à la même époque. ♄.

1710. Carex fétide. — *Carex fœtida.*

Carex fœtida. All. Ped. n. 2297. Lam. Dict. 3. p. 379. excl.
syn. Lightf. Schk. Car. Trad. n. 16. t. Hh. n. 96. — Vill.
Danph. 2. p. 195. — Hall. Helv. n. 1355. — Scheuchz. Agr.
Prod. p. 18 t. 4. Gram. p. 495. It. Alp. p. 478. t. 18.
β. *Carex lobata.* Vill. Danp. 2. p. 197. Lam. Dict. 3. p. 379.
excl. syn.

Sa racine est assez grosse, rampante ; ses feuilles planes,
larges de 5-6 millim., un peu rudes sur les bords ; sa tige est
droite, égale à la longueur des feuilles, haute de 8-10 centim.,

terminée par une tête brune , ovoïde , amincie au sommet ,
composée de 7-8 épillets très-serrés , femelles à la base et mâles
au sommet ; les inférieurs ont à leur base une bractée ovale ,
brune , traversée par une nervure qui se prolonge en arète aiguë
et ne dépasse pas l'épillet ; le pistil ne porte que deux stigmates. Cette espèce croît dans les lieux humides des Alpes ;
elle fleurit en été. ♃. On a dit que sa racine a une mauvaise
odeur , ce qui tenoit probablement au terrein dans lequel on
l'a recueillie pour la première fois. La variété β est plus grande
dans toutes ses parties.

1711. Carex à longue racine. *Carex chordorhiza.*

Carex chordorhiza. Ehrh. Phyt. n. 77. Linn. F. suppl. p. 414.
Gmel. Syst. 139. Schk. Car. Trad. n. 17. t. G et Ii. n. 31.

Cette espèce est remarquable en ce que la partie inférieure
de sa tige est couchée dans le limon , devient brune , émet çà
et là des radicules , et semble une longue racine rampante ,
cylindrique comme une petite corde ; la partie supérieure de
la tige est droite , triangulaire , nue vers le sommet , munie
vers le bas de feuilles engaînantes , planes , linéaires , pointues ,
un peu rudes sur les bords ; les épis sont réunis au sommet ,
de manière que la plante semble porter un seul épi oblong-
pointu , quelquefois lobé ; on en compte ordinairement trois ,
qui sont mâles au sommet et femelles vers la base : les écailles
sont d'un roux brillant , ainsi que les bractées ; les deux épis
inférieurs sont appliqués sur celui du sommet. Cette plante m'a
été communiquée par M. Chaillet , qui l'a trouvée dans les
fossés tourbeux des montagnes du Jura. ♃.

1712. Carex à feuilles de jonc. *Carex juncifolia.*

Carex incurva. Lightf. Fl. Scot. 2. p. 544. t. 24. f. 1. Good. Tr.
Linn. 2. p. 152. Fl. dan. t. 432. Schk. Car. Trad. n. 19. t. Hh.
f. 95. — *Carex juncifolia.* All. Fl. Ped. n. 2296. t. 92. f. 4.
non Schk.

Sa racine me paroît rampante ; ses tiges sont tantôt droites ,
tantôt inclinées , tantôt courbées , lisses , presque cylindriques ,
longues de 6-8 centim. ; les feuilles sont glabres , unies , roulées
en dessus , et un peu plus longues que la tige ; celle-ci se termine
par un épi arrondi , composé de quelques épillets si courts et
si serrés , qu'il paroit simple : les écailles sont brunes , traversées par une nervure qui se prolonge un peu en pointe ; la
capsule est assez grosse , lisse , plane en dessus , convexe en

dessous, acérée, munie de deux stigmates. Cette espèce croît dans les Alpes. ♃. Je n'ai pas admis le nom de Lightfoot, quoique plus ancien, afin d'éviter la confusion des noms d'*in-curva* et de *curvula*; le *carex juncifolia* de Schkuhr est le *carex glomerata* de Host.

1713. Carex à trois lobes.   *Carex tripartita.*

Carex tripartita. All. Ped. n. 2298. t. 93. f. 5. Sut. Fl. helv. 2. p. 241. — *Carex lobata.* Schk. Car. Trad. n. 20. t. D. f. 18. non Vill. — Hall. Helv. n. 1356. — Scheuchz. Gram. p. 493. t. 11. f. 8.

Sa tige est grêle, ferme, triangulaire, striée, nue dans toute sa longueur, munie à sa base de quelques feuilles engaînantes, linéaires, striées, courbées en carène, rudes sur les bords, longues de 5-15 centim.; au sommet de la tige se trouve trois épis courts, pointus, brunâtres, dont le supérieur est droit, et les deux inférieurs opposés et divergens; à la base de l'un d'eux est une foliole aiguë et linéaire, qui dépasse plus ou moins la longueur de l'épi. Cette plante croît dans les Alpes du Pié-mont et de la Provence. ♃.

1714. Carex paradoxal.   *Carex paradoxa.*

Carex paradoxa. Wild. Mem. p. 32. t. 1. f. 1. Schk. Car. Trad. n. 23. t. E. f. 21. — *Carex canescens.* Host. Gram. p. 43. t. 57. — *Carex paniculata.* Ehrh. Gram. n. 69. ex Hoffm. Germ. 4. p. 196.

Sa racine est longue, fibreuse; ses feuilles étroites, alongées, un peu roides, courbées en gouttière, rudes sur les bords; la tige est triangulaire, grêle, haute de 5-5 décim., un peu rude sur les angles, terminée par sept à huit épillets mâles à leur sommet, femelles à leur base, ovales-oblongs, sessiles, dis-tincts, et disposés à-peu-près comme dans le carex en panicule; les écailles sont rousses, même sur leurs bords; les capsules sont planes en dessus, ventrues en dessous, surmontées d'un col étroit, bordé de deux angles rudes et comme dentelés. Cette espèce croît dans la vase, autour des ruisseaux. ♄.

1715. Carex en panicule.   *Carex paniculata.*

Carex paniculata. Linn. spec. 1383. Schk. Car. Trad. n. 24. t. D. f. 26. Lam. Dict. 3. p. 384. — Mich. Gen. t. 33. f. 7. — Scheuchz. Prod. t. 8. f. 2. Gram. p. 499.

β. *Minor.* — *Carex paniculata,* β. Lam. Dict. 3. p. 384. Good. Tr. Linn. 2. p. 166.

Sa racine est fibreuse; ses feuilles longues, courbées en

carène, rudes sur les bords et sur le dos, disposées en touffes ; ses tiges triangulaires, rudes sur les angles, sont droites et un peu moins hautes que les feuilles ; elles portent une trentaine de petits épis, disposés en panicule rameuse : les bractées et les glumes sont d'un roux brun, avec les bords d'un blanc argenté ; les capsules sont ovales, acérées, un peu dentelées sur les bords ; les fleurs mâles sont placées vers le sommet de l'épi. La variété β diffère de la précédente par sa panicule moins rameuse et plus grêle. et par ses fleurs mâles, qui n'ont quelquefois que deux étamines. Goodenough l'a cultivée dans un sol fertile, et a vu ses épis devenir branchus comme dans la variété α. Cette espèce est commune dans les lieux humides : fleurit à la fin du printemps. ♃.

§. IV. *Plusieurs épis androgyns mâles à leur sommet ; trois stigmates.*

1716. Carex courbé. *Carex curvula.*

Carex curvula. All. n. 2295. t. 92. f. 3. Schk. Car. Trad. n. 25. t. D. Hh. f. 17. Vill. Dauph. 2. p. 197. — Hall. Helv. n. 1355.

Cette espèce forme de petits gazons composés de feuilles dures, linéaires, courbées en gouttière, presque cylindriques, rudes sur les bords ; du milieu de ces feuilles sort une tige qui les dépasse peu, et s'élève à 2 décim. au plus ; cette tige est ferme, souvent courbée, terminée par cinq ou six épillets si rapprochés qu'ils semblent ne former qu'un seul épi ; chacun d'eux est muni à sa base d'une bractée concave, membraneuse, brune, terminée par une pointe aiguë, qui, dans la bractée inférieure, dégénère en feuille : chaque épillet est composé de quatre fleurs, dont les deux inférieures femelles, et les deux supérieures mâles. Cette espèce croit dans les pâturages des Hautes-Alpes du Dauphiné, du Mont-Blanc, du Piémont et de la Provence. ♃.

§. V. *Plusieurs épis androgyns femelles au sommet ; deux stigmates.*

1717. Carex faux-souchet. *Carex cyperoides.*

Carex cyperoides. Linn. suppl. 413. Schk. Car. Trad. n. 28. t. A. f. 3. — *Carex Bohemica.* Schreb. Gram. t. 28. f. 3. — Mich. Gen. p. 70. t. 33. f. 19.

Le port de cette plante ressemble à celui de quelques souchets et de quelques choins ; la racine, qui est fibreuse, pousse plusieurs tiges droites, lisses, triangulaires, hautes de 2-3 décimètres, garnies de feuilles alongées, planes, un peu rudes sur les bords ; la gaine de ces feuilles se fend obliquement au sommet, et la fente est bordée d'une membrane qui se prolonge quelquefois comme dans les graminées ; les épillets sont réunis en une tête serrée, large, obtuse, arrondie et verdâtre, les trois ou quatre bractées inférieures se prolongent en feuilles qui forment une espèce d'involucre ; les écailles et les capsules sont très-alongées et acérées. Cette espèce fleurit en été ou en automne ; elle croît au bord des fleuves et dans les étangs nouvellement desséchés : il est rare de la trouver deux ans de suite à la même place. M. Desfontaines m'en a communiqué des échantillons récoltés à Sésanne en Brie.

1718. Carex ovale.   *Carex ovalis.*

Carex ovalis. Good. Tr. Linn. 2. p. 148. Schk. Car. Trad. n. 29. t. B. f. 8. — *Carex leporina.* Huds. Fl. angl. 404. Lam. Dict. 3. p. 382. Leers. Fl. herb. t. 14. f. 6. non Linn. — *Carex nuda.* Lam. Fl. fr. 2. p. 172. — Scheuchz. Gram. p. 456. t. 10. f. 15. — Hall. Helv. n. 1361.

Cette espèce a beaucoup de rapport avec le carex à deux rangées ; mais on l'en distingue sans peine à sa racine fibreuse et nullement rampante ; cette racine pousse une touffe de feuilles linéaires, pointues, un peu rudes sur les bords et sur le dos ; les tiges sont droites, triangulaires, longues de 1-3 décim. ; l'épi est d'un roux mélangé de verd, ovale ou oblong, entier ou lobé, composé de cinq ou six épillets ovales, obtus, munis à leur base d'une bractée acérée au sommet ; les fleurs mâles sont en petit nombre au bas de l'épi, qui est presque en entier composé de fleurs femelles. Cette plante est commune dans les marais et les prés humides : fleurit à la fin du printemps. ♃.

1719. Carex de Schreber.   *Carex Schreberi.*

Carex Schreberi. Wild. Mem. p. 22. Schk. Car. Trad. n. 30. t. B. f. 9. — *Carex præcox.* Schreb. Spic. p. 63. — *Carex tenella.* Thuil. Fl. par. II. 1. p. 429. — *Carex curvula.* Lam. Dict. 3. p. 380. excl. syn. — Seg. Ver. 1. p. 124. n. 3. t. 1. f. 2.
β. *Carex brizoides.* Lam. Dict. 3. p. 382. excl. syn.

Cette espèce ressemble au carex ovale et au carex brize, mais diffère de l'un et de l'autre par sa longue racine traçante, qui émet des fibrilles nombreuses à chaque articulation ; ses tiges sont droites ou souvent courbées, grèles, hautes de 1-2 décim., garnies à leur base de feuilles très-étroites ; l'épi est composé de cinq à six épillets d'un roux châtain, d'abord cylindriques et pointus aux deux extrémités, puis ovoïdes à la maturité, mâles dans leur moitié inférieure, femelles au sommet ; les bractées sont rousses, lancéolées, acérées, un peu plus courtes que les épillets ; la capsule est ovoïde, un peu dentelée sur le bord, mais nullement bordée de membrane. Cette espèce croit dans les lieux sablonneux, au bord des haies et des bois. La variété β est un peu plus grande dans toutes ses dimensions. ♄.

1720. Carex brize. *Carex brizoides.*

Carex brizoides. Linn. spec. 1381. Schk. Car. t. C. U. n. 12. — — Hall. Hist. n. 1358. — Scheuchz. App. 2. p. 40.

Cette espèce ressemble beaucoup à la précédente, avec laquelle on l'a souvent confondue ; elle en diffère par sa racine qui est fibreuse et non rampante ; par sa tige plus grèle, et dont la longueur atteint 4-6 décim. ; par ses épillets blanchâtres, même à leur maturité, et le plus souvent courbés en manière de corne. Elle m'a été communiquée par M. Ramond, qui l'a trouvée dans les bois et les haies des Basses-Pyrénées. ♃.

1721. Carex court. *Carex curta.*

Carex curta. Good. Tr. Linn. 2. p. 145. Schk. Car. Tr. n. 33. t. C. f. 13. — *Carex Richardi.* Thuil. Fl. Par. II. 1. p. 482. — *Carex elongata.* Leers. p. 200. t. 14. f. 7. non Linn. — *Carex canescens.* Lightf. Scot. 2. p. 550. non Linn. — *Carex brizoides.* Huds. Angl. p. 406. non Linn. — *Carex cinerea.* With. Brit. p. 1033. — *Carex canescens*, β. Lam. Dict. 3. p. 383. — *Carex tenella.* Hoffm. Germ. 1. p. 318. — Lœs. Pruss. t. 32.

Ses feuilles sont étroites, pointues, d'un vert pâle, rudes sur les bords et sur le dos ; la tige est un peu plus longue que les feuilles, droite, triangulaire, un peu rude, et porte cinq à sept épis distincts, sessiles, courts, ovales, munis à leur base d'une bractée membraneuse et blanchâtre ; les écailles sont ovales, pâles, plus courtes que la capsule ; celle-ci est ovale, aiguë, plane d'un côté, convexe de l'autre, entière au sommet et sur les bords. On trouve cette plante dans les marais et les fossés : elle fleurit à la fin du printemps. ♄.

1722. Carex étoilé.　　*Carex stellulata.*

Carex stellulata. Good. Trans. Linn. 2. p. 144. — *Carex muri-
cata.* Leers. Herb. t. 14. f. 8. Fl. dan. t. 284. — *Carex stellata.*
Schk. Car. Trad. n. 34. t. C. f. 14. — *Carex echinata.* Roth.
Fl. germ. 1. p. 395. — *Carex vulpina,* β. Lam. Dict. 3. p. 383.
— *Carex Leersii.* Wild. Prod. p. 28. — Scheuchz. Gram. 485.
t. 11. f. 3.

Sa racine est fibreuse, et pousse quatre à cinq tiges triangulaires, longues de 10-12 centim., garnies à leur base de
feuilles droites, rudes sur les bords, étroites, pointues, et qui
dépassent la tige au moment de la floraison; les épis sont au
nombre de trois ou quatre, distincts, androgyns, sessiles,
ovales, munis à leur base d'une bractée qui, quelquefois dans
l'épi inférieur, dégénère en feuille; les capsules sont ovales,
acérées, nullement fendues au sommet, planes d'un côté,
convexes de l'autre, jaunâtres et divergentes en étoile. Elle
croît dans les marais des bois et des montagnes, et fleurit à la
fin du printemps. ♃.

1723. Carex espacé.　　*Carex remota.*

Carex remota. Linn. spec. 1383. Lam. Dict. 3. p. 384. Fl. dan.
t. 370. Schk. Car. Trad. n. 35. t. E. f. 23. — *Carex axillaris.*
Schrank. Bav. 275. — Mich. Gen. t. 33. f. 15. 16.

Sa tige est grèle, triangulaire, munie de feuilles très-étroites
et très-longues, les unes presque radicales, les autres placées
à la base des épis et jouant le rôle de bractées; ces épis sont
écartés, pâles, sessiles, androgyns, ovales, courts, et au
nombre de huit à dix; les capsules sont ovales, aiguës, entières au sommet, dentelées sur les bords vers l'extrémité.
Elle croît dans les bois humides, et fleurit à la fin du printemps. ♀.

1724. Carex alongé.　　*Carex elongata.*

Carex elongata. Linn. spec. 1383. Schk. Car. trad. n. 39. t. E.
f. 25. excl. syn. Leers. — *Carex multiculmis.* Hoffm. Germ. 1.
p. 328. — *Carex divergens.* Thuil. Fl. Par. II. 1. p. 481. —
Scheuchz. Gram. 487. t. 11. f. 4.

Cette plante forme des gazons assez touffus; ses feuilles sont
droites, larges de 4-5 millim., longues de 3-4 décim.; les
tiges, qui les dépassent peu en hauteur, sont droites, triangulaires, rudes sur les angles; elles portent six à douze épillets
oblongs, sessiles, un peu écartés, d'un roux pâle, et munis

de

de bractées ovales, aiguës, et semblables aux écailles; les capsules sont pâles, divergentes, deux fois plus longues que les
glumes, ovales, amincies au sommet, très-légèrement dentelées
vers l'extrémité. Elle croît au bord des fossés et des ruisseaux,
et fleurit à la fin du printemps. ♃.

§. VI. *Plusieurs épis androgyns femelles au sommet; trois stigmates.*

1725. Carex en deuil.   *Carex atrata.*

Carex atrata. Linn. spec. 1386. Good. Tr. Linn. 2. p. 189. Schk.
Car. Trad. n. 44. t. X. f. 77. Lam. Dict. 3. p. 380. — Hall.
Helv. n. 1369. —Scheuchz. Gram. p. 481. t. 11. f. 1. 2.

Sa tige est droite, triangulaire, lisse sur les angles, haute
de 1-4 décim., nue dans la partie supérieure, garnie dans le
bas de feuilles graminées, pointues, glabres, longues de 2 décimètres, rudes sur les bords vers le sommet; les épis sont au
nombre de quatre, placés vers le sommet, portés sur des pédicelles, et munis de bractées d'autant plus courtes qu'elles
approchent plus du haut de la plante; les épis sont mâles à leur
base, femelles à leur sommet, quelquefois les inférieurs sont femelles; les glumes sont noires; les capsules ovales, comprimées,
brunes à leur maturité; les épis sont droits pendant la floraison,
et penchés à la maturité. Ce carex croît dans les prairies découvertes des Alpes du Piémont, du Dauphiné, du Mont-blanc.
♃. Les fleurs mâles n'ont quelquefois que deux étamines, et les
femelles que deux stigmates.

1726. Carex noir.   *Carex nigra.*

Carex nigra. All. Ped. n. 2310. Sut. Helv. 2. p. 255. — *Carex
atrata*, *var.* Vill. Dauph. 2. p. 216. Schk. Car. Trad. n. 44.

Cette plante ressemble beaucoup au carex en deuil, dont
elle est probablement une variété; elle est communément plus
petite; ses feuilles sont plus étroites, et le plus souvent courbées en carène à leur sommet; les épis, au nombre de trois ou
quatre, sont sessiles, ramassés en tête au sommet de la tige,
munis de deux feuilles florales, l'une placée immédiatement à
la base du dernier épi, l'autre à 1 ou 2 centim. au-dessous; les
épis sont courts, obtus, noirs ou d'un brun foncé, mâles à la
base, femelles au sommet; les inférieurs sont quelquefois
entièrement femelles : les capsules sont noirâtres, arrondies,
comprimées. ♃. Cette espèce croît dans les Hautes-Alpes du

Piémont, du Mont-Blanc et du Dauphiné; dans les Pyrénées, au sommet du Pic du midi.

§. VII. *Plusieurs épis unisexuels ; deux stigmates.*

1727. Carex à pointe.   *Carex mucronata.*

Carex mucronata. All. Ped. n. 2318. Schk. Car. Trad. n. 46 t. K. f. 44. — *Carex bracteata.* Sut. Helv. 2. p. 250. — *Carex juncifolia.* Gmel. Syst. p. 142. — Hall. Helv. n. 1374.

Sa racine est fibreuse ; ses feuilles fines, droites, courbées en gouttière, lisses, plus courtes que la tige ; celle-ci est droite, grêle, haute de 1-2 décim.; elle porte deux ou trois épis ; le supérieur est mâle, alongé, pointu ; les inférieurs sont femelles, plus courts, rapprochés, munis à leur base d'une foliole étroite, plus longue qu'eux : les écailles sont aiguës, d'un brun roux, avec le bord blanchâtre, et une raie verte sur le dos ; la capsule est ovale-oblongue, effilée au sommet, un peu dentelée sur le bord. ♃. Il croît dans les pâturages des Hautes-Alpes de Bardonache (All.); sur les hautes sommités du Jura (Hall.).

1728. Carex en gazon.   *Carex cœspitosa.*

Carex cœspitosa. Linn. sp. 1388. Good. Tr. Linn. 2. p. 197. t. 21. f. 8. Schk. Car. Trad. n. 48. t. Aa. Bb. n. 85.

Cette espèce est l'une de celles qui offrent le plus de variétés dans son port, sa grandeur et la disposition de ses épis ; sa tige est tantôt droite, tantôt courbée, et sa longueur varie de 1-4 décim. ; le nombre de ses épis varie depuis deux jusqu'à cinq ; on en compte un ou deux absolument mâles, un, deux, trois ou quatre absolument femelles ; quelquefois les épis femelles sont mâles au sommet : au milieu de ces variations on reconnoît cette espèce à ce qu'elle a constamment deux stigmates ; à sa racine rampante ; à ses épis presque sessiles, placés à l'aisselles des feuilles, lesquelles sont dépourvues de gaîne et munies latéralement de deux petits appendices brunâtres ; à ses feuilles droites, molles, et dont la gaîne ne se déchire jamais en forme de réseau ; à ses épis obtus, cylindriques, ordinairement bigarrés de verd et de noir. Cette espèce croît dans les marais tourbeux ou vaseux, et fleurit à la fin du printemps. ♃.

1729. Carex roide.   *Carex stricta.*

Carex stricta. Good. Tr. Linn. 2. p. 196. t. 21. f. 9. Schk. Car. Trad. n. 49. t. V. f. 73. — *Carex verna,* 2. Lam. Dict. 3. p. 395. — *Carex elata.* All. Ped. n. 2314. — *Carex cœspitosa.*

Huds. Angl. 412. — *Carex melanochloros*. Thuil. Fl. par.
II. 1. p. 488. — Hall. Helv. n. 1400.

On reconnoît facilement cette espèce à ce que la gaîne de
ses feuilles se déchire très-souvent, de manière à former autour de la tige un réseau filamenteux ; cette tige est droite,
roide, à trois angles rudes ; ses feuilles sont glauques, droites,
rudes sur les bords et sur le dos ; les épis sont au nombre de
trois à cinq, savoir, un ou deux mâles, deux ou trois femelles ;
ils sont droits, cylindriques, alongés, pointus, composés
d'écailles noirâtres, avec la nervure longitudinale verte ; les
épis femelles sont sessiles dans le haut, pédicellés dans le bas
de la plante, placés à l'aisselle de feuilles sans gaînes ; les capsules
sont comprimées, ovoïdes, pointues, entières ; elles dépassent
les glumes, et donnent à l'épi un aspect panaché de verd et de
brun. ♃. Il croît dans les marais des Alpes ; du Jura ; des environs
d'Abbeville (Bouch.); de Paris (Thuil.); de Narbonne, etc.

1730. Carex grêle.   *Carex gracilis*.

Carex gracilis. Curt. Fl. Lond. 4. t. 62. — *Carex acuta*. Good.
Tr. Linn. 2. p. 203. Schk. Car. Trad. t. Ee. Ff. f. 92. —*Carex
acuta nigra*. Linn. spec. 1388. — *Carex virens*. Thuil. Fl.
Par. II. 1. p. 489.

Cette espèce ressemble par ses caractères au carex roide,
par son port au carex des marais, et même au carex étalé ;
elle diffère de ces deux derniers, parce qu'elle n'a que deux
stigmates ; et de la première, parce que la gaîne de ses feuilles
ne se déchire point en réseau, que ses épis femelles sont plus
longs, plus mous, penchés à l'époque de la floraison, et redressés à la maturité : la longueur et la foiblesse des épis femelles, la hauteur de sa tige et la couleur d'un verd gai de ses
feuilles, la distinguent encore du carex en gazon. Cette espèce
croît au bord des marais : elle fleurit au printemps. ♃.

§. VIII. *Plusieurs épis unisexuels ; trois stigmates ; capsule velue ou pubescente sur ses faces.*

1731. Carex précoce.   *Carex præcox*.

Carex præcox. Jacq. Fl. austr. t. 446. Lam. Dict. 3. p. 386. Schk.
Car. Trad. n. 56. t. F. f. 27. — *Carex verna*. Vill. Dauph. 2.
p. 204. — *Carex montana*. Lightf. Scot. 551. — *Carex cariophyllea*. Latourr. Chlor. 27. — Hall. Helv. n. 1381. — *Carex
filiformis*. Leers. Herb. p. 204. t. 16. f. 5.
β. *Spicis inferioribus androgynis.*

γ. *Spicis mediis geminatis.*
δ. *Spicâ inferâ radicali.*

Sa racine est rampante ; ses feuilles menues, rudes sur les
bords et sur le dos , plus courtes que la tige ; celle-ci est triangulaire , presque lisse, droite, haute de 5–30 centim. : les épis
sont au nombre de trois ou quatre ; le supérieur est mâle, droit,
oblong , un peu dilaté au sommet, d'un brun roux ; les inférieurs sont femelles, ovoïdes, rapprochés du sommet, portés
sur un pédicelle caché entièrement dans la gaîne de la bractée.
Dans la variété β , ces épis portent quelques fleurs mâles à leur
sommet; dans la variété γ , les deux supérieures naissent de la
même gaîne , et dans la variété δ , l'inférieur est porté sur un
long pédicelle radical. Les glumes sont brunes , avec la nervure
verte ; les capsules sont ovales, presque triangulaires, entières
au sommet, pubescentes, noirâtres à leur maturité. Ce carex
croît dans les prés, les bruyères, les montagnes; dans le Jura,
les Alpes , le Mont-d'Or : il fleurit à l'entrée du printemps. ♃.

1732. Carex cotonneux. *Carex tomentosa.*

Carex tomentosa. Linn. Mant. 123. Lam. Dict. 3. p. 387. Schk.
Car. Trad. n. 57. t. F. f. 28. — *Carex filiformis.* Thuil. Fl.
par. II. 1. p. 485. excl. syn. — *Carex sphærocarpa.* Ehrh.
Gram. n. 89.

Sa racine est rampante ; ses tiges sont droites , grêles , triangulaires , lisses , hautes de 1–3 décim. ; les feuilles sont étroites,
beaucoup plus courtes que la tige ; les épis sont au nombre de
deux et quelquefois trois ; le supérieur est mâle, droit, pointu,
grêle , composé d'écailles rousses, avec la nervure longitudinale
verte ; l'inférieur est femelle, sessile à l'aisselle d'une feuille
sans gaîne , ovale, assez court: les capsules sont globuleuses,
cotonneuses , et de la longueur des écailles. ♃. Cette espèce croît
dans les prairies humides et les buissons , et fleurit au printemps : elle se trouve dans les Alpes; aux environs de Paris ; à
Montreuil (Lamarck) , etc.

1733. Carex de montagne. *Carex montana.*

Carex montana. Linn. spec. 1315. Schk. Car. Trad. n. 58. t. F.
f. 29. Lam. Dict. 3. p. 386. — *Carex conglobata.* All. Ped.
n. 2314. — Hall. Helv. n. 1372. — Scheuchz. Gram. 419. t. 10.
f. 8 et 9.

Cette espèce est intermédiaire entre le carex des bruyères

et le carex à pilules ; elle se distingue de l'une et de l'autre à
ses capsules oblongues , blanchâtres , cotonneuses , amincies aux
deux extrémités , et deux fois plus longues que les glumes ;
son épi mâle est oblong , pointu , d'un roux brun , composé de
glumes obtuses et à peine scarieuses sur les bords. Elle a été
trouvée dans les Alpes , au Mont-Assiette (All.); dans le Jura ,
près Neuchâtel , par M. Chaillet. ♃.

1734. Carex à pilules.　　*Carex pilulifera.*

Carex pilulifera. Linn. spec. 1385. Lam. Dict. 3. p. 386. Good.
Tr. Linn. 2. p. 191. Schk: Car. Trad. n. 64. t. I. f. 39. — *Carex
montana.* Linn. Fl. suec. n. 843.

Cette espèce , qu'on a souvent confondue avec les deux précédentes , me paroît en différer , parce que sa capsule est
garnie de poils très-courts , très-serrés , et qu'on a peine à distinguer ; elle diffère en outre du carex cotonneux , parce que
sa capsule est plutôt ovoïde que sphérique ; et du carex de montagne , parce que ses capsules ne dépassent pas la longueur des
écailles. Elle se trouve dans les forêts sèches et les pâturages des
montagnes. ♃.

1735. Carex des bruyères.　　*Carex ericetorum.*

Carex ericetorum. Poll. Pal. n. 886. Lam. Dict. 3. p. 387. —
Carex approximata. All. Ped. n. 2313. — *Carex globularis.*
Sut. Helv. 2. p. 249. Vill. Dauph. 2. p. 211 ? — *Carex ciliata.*
Schk. Car. Trad. n. 66. t. J. f. 42. — Hall. Helv. n. 1371. —
Scheuchz. Gram. 421. t. 10. f. 10.

Sa racine est un peu rampante , et pousse des fibres très-
longues ; ses feuilles sont larges , courtes , pointues , un peu
rudes sur les bords et sur le dos ; la tige est droite , longue de
8-10 centim. , unie , nue , presque cylindrique ; elle porte trois
épis , rapprochés vers le sommet , sessiles , et bigarrés de brun
et de blanc , parce que les glumes sont brunes , avec le bord blanc
scarieux , et presque cilié ; l'épi supérieur est mâle , oblong , droit ,
obtus ; les deux inférieurs sont femelles , ovoïdes , presque globuleux , munis d'une bractée semblable aux glumes : les capsules
sont ovoïdes , cotonneuses. Cette espèce croît sur les collines ,
dans les prairies sèches , parmi les bruyères , près Lauteren
(Poll.); Briançon (Vill.)? Au Mont-Cenis (All.).

1736. Carex bas.　　*Carex humilis.*

Carex humilis. Leyss. Hall. n. 952.— *Carex prostrata.* All. Ped.
n. 2312. — *Carex argentea.* Vill. Dauph. p. 206. excl. syn. —

Carex scariosa. Lam. Dict. 3. p. 388. excl. syn. — *Carex clandestina.* Good. Tr. Linn. 2. p. 167. Schk. Car. Trad. n. 67. t. K. f. 43. — Hall. Helv. n. 1370. — Scheuchz. Gram. p. 407. t. 10. f. 1.

Sa racine présente des fibres noirâtres, qui sortent d'une souche épaisse et un peu rampante; ses feuilles sont linéaires, très-longues, couchées irrégulièrement; les tiges sont trois ou quatre fois plus courtes que les feuilles, droites, presque cylindriques, et portent trois ou quatre épis, dont les inférieurs sont femelles, écartés, petits, à peine visibles à l'époque de la floraison, et le supérieur est mâle, cylindrique; ces épis ont à leur base une bractée blanche, scarieuse, avec la nervure longitudinale brune; les écailles de l'épi mâle offrent la même bigarrure: les capsules sont pubescentes, ovoïdes, blanchâtres, triangulaires, à trois stigmates. Cette espèce croît sur les collines et les prairies sèches des montagnes; dans le Jura, les Alpes, les Pyrénées, aux bois de Boulogne, de Fontainebleau. ♃.

1737. Carex à épi radical. *Carex gynobasis.*

Carex gynobasis. Vill. Dauph. 2. p. 206. excl. syn. — *Carex alpestris.* All. Ped. n. 2329. — *Carex rhizantha.* Gmel. Syst. p. 144. — *Carex diversiflora.* Host. Gram. p. 53. t. 70. — Hall. Helv. n. 1385. — *Carex Halleriana.* Ass. Arr. t. 9. f. 2.

β. *Spicis fœmineis tribus, duabus sessilibus.*

γ *Spicis fœmineis tribus, duabus pedunculatis.*

Ses fibres radicales sont noirâtres, et naissent d'une souche épaisse et hérissée; les feuilles sont linéaires, fermes, courbées en gouttière, un peu rudes à leur sommet; la tige est grêle, ferme, striée, longue de 5-10 centim.; les épis sont au nombre de trois; le supérieur est mâle, cylindrique; des deux épis femelles, l'un est sessile et placé immédiatement à la base de l'épi mâle; l'autre est porté sur un long pédicule qui part de la base de la tige: les glumes sont brunes, avec le bord blanc, et le sommet obtus; les capsules sont blanchâtres, oblongues, très-légèrement pubescentes. Cette espèce croît dans les lieux secs des montagnes, dans le Jura, les Alpes du Mont-Blanc, du Dauphiné, du Piémont, de la Provence; près Narbonne, Agen, etc. On trouve quelquefois deux épis femelles sessiles à la base de l'épi mâle, outre l'épi radical, et quelquefois deux épis radicaux et pédicellés, outre l'épi femelle sessile.

1738. Carex pied-d'oiseau. *Carex pedata.*

Carex pedata. Linn. spec. 1384. Lam. Dict. 3. p. 389. Schk. Car. Trad. n. 62. t. H. f. 37. — Mich. t. 32. f. 14.

Sa racine est brune, dure, fibreuse; elle pousse plusieurs tiges grêles, comprimées, hautes d'un décim., nues, excepté à leur base, où elles offrent une gaîne roussâtre, qui se termine par un rudiment de feuilles: les feuilles radicales sont planes, étroites, presque toujours plus courtes que la tige; au sommet de celle-ci naissent trois ou quatre épis grêles et disposés comme les doigts du pied d'un oiseau; le supérieur est mâle, droit, aigu, plus court que les autres; il naît de la même gaîne que l'épi femelle supérieur, et est composé d'écailles rousses qui ont le bord blanc; les épis femelles sortent de deux gaînes roussâtres, qui atteignent la longueur des pédicelles: les capsules sont oblongues, triangulaires, amincies à leur base, légèrement pubescentes, terminées par un orifice court et entier. Cette plante naît dans les Alpes, les Pyrénées, le Jura, les montagnes d'Auvergne, etc.: fleurit au printemps. ♃.

1739. Carex digité. *Carex digitata.*

Carex digitata. Linn. spec. 1384. Lam. Dict. 3. p. 388. Good. Tr. Linn. 2. p. 166. Schk. Car. Trad. n. 63. t. H. f. 38. — Mich. t. 32. f. 9.

Cette plante n'est peut-être qu'une variété de la précédente; elle atteint une grandeur triple ou quadruple; ses feuilles sont plus larges; ses épis sont plus longs, un peu plus écartés; les pédicelles des épis femelles sont deux fois plus longs que les gaînes dont ils sortent; les capsules sont plus écartées. Cette espèce est plus commune que le carex pied-d'oiseau: on la trouve dans les bois des montagnes et des collines. ♃.

1740. Carex filiforme. *Carex filiformis.*

Carex filiformis. Linn. spec. 1385. Good. Tr. Linn. p. 172. t. 20. f. 5. Schk. Car. Trad. n. 68. t. K. f. 45. — *Carex splendida.* Wild. Prod. p. 33. t. 1. f. 3. — *Carex lasiocarpa.* Ehrh. Gram. 19. — *Carex tomentosa.* Lightf. Scot. 553.

Ses feuilles sont glabres, filiformes, dures, roulées, un peu rudes sur les bords, longues de 2-3 décim.; la tige est grêle, triangulaire, un peu rude, haute de 3-4 décim.; on trouve au sommet un ou deux épis mâles, cylindriques, composés d'écailles roussâtres, alongées et aiguës: les épis femelles sont cylindriques, un peu écartés, au nombre de deux, placés à l'aisselle d'une feuille très-longue ; les écailles sont ovales, aiguës, brunes, avec une nervure verte ; la capsule est brunâtre, fort velue, un peu brillante, ovale-alongée, aiguë, a deux pointes divergentes ; la graine est lisse, triangulaire. Il a été trouvé dans les Alpes, par M. Schleicher ; à Saint-Léger, près Paris, par M. Desfontaines.

1741. Carex redressé.   *Carex erecta.*

Carex Alpina. Hop. Herb. Viv. non aliorum.

Ce carex ressemble beaucoup au carex panaché et à quelques espèces voisines ; mais il s'en distingue certainement par les caractères suivans : sa capsule est alongée, triangulaire, brune, hérissée de poils courts et rares, non seulement sur les angles, mais sur toute la surface, prolongée en un bec pointu, obliquement tronqué ; les épis sont droits, grèles, le supérieur, qui est le plus gros, est obtus, et composé d'écailles brunes, obtuses, avec le bord blanc. Cette espèce croît dans les Alpes et le Jura.

1742. Carex brun.   *Carex spadicea.*

Carex spadicea. Schk. Car. Trad. n. 75. t. L. f. 47. a. b. excl. syn.

Cette plante est tellement semblable au carex panaché et au carex redressé, que sans l'inspection des capsules il est presque impossible de la reconnoître ; ces capsules sont alongées, acérées, à trois angles obtus, couvertes de poils courts et rares sur toute leur surface ; l'épi mâle est droit, pointu, composé d'écailles aiguës ; les épis femelles, au moins les inférieurs, sont portés sur de longs pédicelles, et sont étalés ou pendans. Ce carex croît dans les Alpes. ♃.

1743. Carex glauque.   *Carex glauca.*

Carex glauca. Scop. Carn. n. 1157. — *Carex flacca.* Schreb. Spic. App. p. 150. Schk. Car. Trad. n. 98. t. O. P. f. 57. a. b. *Carex recurva.* Huds. Angl. 413. Fl. dan. 1051. Good. Tr. Linn. 2. p. 184. — *Carex aspera.* Wild. Prodr. p. 32. t. 1. f. 2. — *Carex verna*, γ. Lam. Dict. 3. p. 395. — *Carex limosa*, β. Leers. Herb. t. 15. f. 2.

β. *Capsulis glabriusculis.* Schk. Car. Trad. t. Zz. f. 113.

Cette espèce est l'une de celles qui présentent le plus de variations ; sa racine est rousse, rampante ; ses feuilles sont glauques, droites, un peu courbées en gouttière, très-âpres sur les bords, de grandeur variable ; la tige est haute de 2-4 décim., ordinairement arquée ou courbée vers le milieu ; le nombre des

épis , soit mâles , soit femelles , varie d'un à quatre ; les écailles
des épis mâles sont oblongues, obtuses ; celles des épis femelles
sont aiguës : la capsule est ovoïde , triangulaire , atténuée à la
base , un peu renflée , légèrement cotonneuse sur toute sa surface ,
presque entièrement glabre dans la variété β , obtuse et entière
au sommet. Elle est assez commune dans les prés humides et
au bord des sources. ♃. Fleurit à la fin du printemps.

1744. Carex hérissé.   *Carex hirta.*

> *Carex hirta.* Linn. spec. 1389. Lam. Dict. 3. p. 396. Leers. Fl.
> herb. t. 16. f. 3. Schk. Car. Trad. n. 105. t. Uu. f. 108. —
> Moris. *s.* 8. t. 12. f. 10.

Ce carex se reconnoît facilement aux poils qui couvrent ses
feuilles , les glumes de ses épis mâles , les gaînes de ses feuilles
florales et ses capsules ; sa racine est longue , rampante ; sa
tige droite , haute de 5-6 décim. , à trois angles rudes ; ses
épis sont au nombre de cinq , dont deux mâles et trois femelles ;
ceux-ci sont écartés les uns des autres , oblongs , droits , pédicellés : les capsules sont ovales , aiguës , hérissées , fendues au
sommet , un peu plus longues que les glumes. Il est commun
dans les lieux humides. ♃.

§. IX. *Plusieurs épis unisexuels ; trois stigmates ; capsule glabre ou ciliée sur les angles seulement.*

1745. Carex jaune.   *Carex flava.*

> *Carex flava.* Linn. spec. 1384. Lam. Dict. 3. p. 385. Schk. Car.
> Trad. n. 60. t. H. f. 36. Good. Tr. Linn. 2. p. 173.
> β. *Carex œderi.* Ehrh. Gram. n. 79. Schk. Car. Trad. n. 55. t.
> F. f. 26. non Retz.

Cette espèce se distingue facilement, lorsqu'elle est en fruit,
à la couleur jaune de ses capsules ; sa racine est fibreuse ; ses
feuilles roides , d'un verd jaunâtre , à-peu-près de la longueur
des tiges ; la hauteur de celles-ci varie de 5-25 centim. ; les
épis sont ordinairement au nombre de quatre ; l'un mâle , grêle ,
roussâtre , droit , placé au sommet de la tige ; les autres femelles ,
tantôt sessiles , tantôt portés sur un pédicelle de 1-2 centim. ,
ovales ou sphériques , placés à l'aisselle de feuilles étroites ,
alongées , quelquefois munies , quelquefois dépourvues de gaînes :
les capsules sont ventrues , globuleuses ou ovoïdes , surmontées
par un bec acéré , droit , fendu au sommet. La variété β est plus
petite dans toutes ses parties ; a les épis femelles plus courts ,

plus arrondis , plus rapprochés du sommet : à l'exemple de
Schkuhr et de Goodenough , je la regarde comme une simple
variété ; au reste , le *carex œderi* de Retzius est fort différent
de cette espèce. Elle croît au bord des marais et dans les bois
humides. ℔.

1746. Carex ferme.   *Carex firma.*

Carex firma. Host. Austr. 509. Schk. Car. Trad. n. 69. t. O. Y.
f. 54. — *Carex refracta.* Roth. Tent. II. p. 451. — *Carex rigida.* Schr. Bav. 290. — Hall. Helv. n. 1388? *et inde Carex
strigosa.* All. Ped. n. 2331? — *Carex spadicea.* Gmel.
Syst. 144?

Cette espèce se reconnoît au premier coup-d'œil à ses feuilles
radicales roides, deux ou trois fois plus courtes que la tige ,
planes , glabres , pointues , longues de 5-6 centim. , larges de
4-5 millim. ; la tige est nue , droite , grêle , et porte trois épis ;
le supérieur est mâle , oblong , roussâtre , tantôt droit , tantôt
déjeté de côté ; à sa base se trouve un épi femelle , sessile ,
assez court , et qui sort d'une gaine roussâtre ; un peu plus bas
naît un second épi femelle, qui est pédicellé , placé à l'aisselle
d'une feuille filiforme , dont la gaine embrasse la moitié du
pédicelle : la capsule est oblongue , triangulaire , comprimée ,
glabre , quelquefois ciliée sur ses angles , prolongée en un col
coupé obliquement. Cette espèce a été trouvée dans les Alpes ,
au-dessus du Valais , près le glacier de Panez-Rossaz , par
M. Schleicher ; au Mont-Rose et au Mont-Sylvio (All.)?

1747. Carex des Alpes.   *Carex Alpestris.*

Carex Alpestris. Lam. Dict. 3. p. 389. — *Carex Alpina.* Sut.
Fl. helv. 2. p. 253? — *Carex obesa.* All. Ped. n. 2330? —
Carex verna. Schk. Car. Trad. n. 74. t. L. f. 46. — Hall.
Helv. n. 1387 ?

Cette espèce ressemble au carex roide ; elle a de même des
feuilles radicales , droites , fermes , rudes sur les bords et sur
le dos, deux ou trois fois plus courtes que la tige , mais dont
la largeur ne dépasse pas 5 millim. : la tige est nue , grêle , et
porte trois ou quatre épis ; le supérieur est mâle , droit , pointu ,
composé d'écailles rousses ou brunes , avec le bord et le sommet
blanc ; les épis femelles sont au nombre de deux ou trois ; le
supérieur est sessile à la base de l'épi mâle , et sort d'une bractée brune ; l'inférieur est pédicellé , et sort d'une gaine courte
qui se prolonge en feuille filiforme , aiguë , égale à la longueur

de la tige : les capsules sont ovoïdes, triangulaires, glabres,
striées, surmontées d'un bec court, tronqué obliquement. ♃.
Cette espèce est commune dans les pelouses sèches et découvertes
des Alpes voisines du Valais (Lam.); dans la vallée de Bardonache (All.)?

1748. Carex à courts épis.   *Carex brachystachys.*

Carex brachystachys. Schranck. Bav. 294. Schk. Car. Trad. n.
83. t. P. f. 58. Hop. Herb. Viv.

Cette espèce ressemble beaucoup par son port au carex panaché, au carex ferrugineux et au carex des Alpes ; mais elle se
distingue sans peine à ses feuilles très-étroites, alongées, capillaires, roulées en dessus de manière à paroître cylindriques ;
ses épis sont grèles, longs de 2 centim. ; les capsules sont alongées, atténuées en pointe aux deux extrémités, glabres même
sur leurs angles, qui sont lisses et entiers. ♄. Cette plante croît
dans les Alpes.

1749. Carex poilu.   *Carex pilosa.*

Carex pilosa. All. Ped. n. 2323. Scop. Carn. n. 1162. Sut. Fl.
Holm. II. p. 289. — Hall. Helv. n. 1779.

Cette espèce ressemble beaucoup à la précédente et à la suivante, mais elle s'en distingue facilement aux cils nombreux
qui se trouvent sur le bord des feuilles et sur leur nervure
longitudinale ; sa racine est traçante ; ses feuilles planes, graminées, droites, souvent plus longues que la tige ; celle-ci est
grèle, triangulaire, garnie de quelques poils ; l'épi mâle est
roux, terminal ; les épis femelles sont au nombre de deux à
quatre, assez écartés, portés sur des pédicelles grèles, pubescens, de la longueur des feuilles florales ; les capsules sont
ovoïdes, glabres, prolongées en un bec alongé, bifurqué. ♄.
Cette espèce croît dans les bois des collines qui entourent Turin
(All.): elle m'a été communiquée par M. Roemers.

1750. Carex ferrugineux.   *Carex ferruginea.*

α. *Carex ferruginea.* Schk. Car. Trad. n. 77. t. M. f. 48. —
Carex variegata. Lam. Dict. 3. p. 389. — *Carex frigida.* Vill.
Dauph. 2. p. 215 ?

β. *Carex ferruginea.* Host. Austr. 509. — *Carex capillaris.*
Lam. Dict. 3. p. 390. — Scheuchz. Gram. t. 10. f. 6.

γ ? *Carex nana.* Lam. Dict. 3. p. 389.

Cette espèce est commune dans les Alpes, le Jura et les
Pyrénées, et y subit un grand nombre de variations, au milieu

desquelles il seroit impossible de reconnoître le tipe original
de l'espèce, si l'on ne donnoit pas une attention spéciale à la
structure des capsules; elles sont triangulaires, un peu comprimées avant leur maturité complette, verdâtres, glabres sur
leurs faces, hérissées de poils courts et roides sur leurs angles,
terminées par un bec acéré, ordinairement fendu au sommet:
les feuilles radicales sont planes, rudes sur leurs bords, de
longueur et de largeur variables; la tige est grèle, droite,
presque lisse dans le bas; elle porte trois ou quatre épis grèles,
bruns, roux ou ferrugineux, droits ou étalés, les uns presque
sessiles, d'autres pédonculés; l'épi mâle est oblong, pointu,
terminal; les femelles sont linéaires, un peu écartés, et sortent
de gaînes qui entourent la moitié de leur pédicelle, et se prolongent en feuilles florales. La variété β est plus grèle et plus
lâche; la variété γ est très-petite: n'ayant pas vu ses capsules,
je ne puis assurer qu'elle appartienne à cette espèce. ♃.

1751. Carex des frimats.   *Carex frigida.*

Carex frigida. All. Ped. n. 2334. Hop. Herb. Viv. — *Carex*
spadicea. Schleich. Car. exsic. n. 7.

Sa tige est droite, haute de 3-4 décim., un peu rude dans
le haut seulement, garnie de feuilles planes, rudes sur les bords
et sur le dos, longues d'un décim. environ, et larges de 4
millim.; elle porte quatre épis; le supérieur est mâle, ordinairement droit, d'un brun roux, grèle, obtus; les inférieurs
sont femelles, portés sur des pédicelles très-longs dans l'épi
inférieur, très-courts dans le supérieur; ces épis sont lâches,
étalés ou pendans, roux à l'époque de la floraison, noirs à celle
de la maturité: les capsules sont noires, d'ailleurs semblables
à celles du carex ferrugineux. Cette espèce diffère du carex
brun, soit par la couleur noire que ses épis acquièrent, soit
parce que ses capsules sont glabres sur leurs faces. Elle croît
aux lieux humides des montagnes, dans les hautes Alpes du
Piémont (All.) et du Valais; dans les hautes vallées des Pyrénées. ♃.

1752. Carex blanc.   *Carex alba.*

Carex alba. Scop. Carn. 1148. All. Ped. n. 2322. Hoffm. Fl.
Germ. 4. p. 228. Schk. Car. Trad. n. 81. t. O. I. 55. — *Carex*
argentea. Gmel. Syst. p. 143. — Hall. Helv. n. 1377. —
Schcuchz. Gram. p. 410. t. 10. f. 3. 4. 5. —Pluk. t. 91. f. 2.

Une racine rampante pousse plusieurs tiges grèles, droites,

presque nues, hautes de 2 décim., entourées de feuilles filiformes, courbées en gouttière, presque cylindriques, plus
courtes que la tige ; les épis sont au nombre de trois ou quatre,
tous grêles, cylindriques, composés d'écailles blanches et argentées ; l'épi supérieur est mâle, sessile, sans bractée ; les deux
ou trois inférieurs sont femelles, pendans à leur maturité, pédicellés, et sortent de gaînes blanches et scarieuses sur les
bords : les stigmates sont très-longs ; les capsules sont oblongues,
triangulaires, pâles, striées, pointues des deux côtés. ℔. Cette
espèce croît dans les bois des montagnes du Jura et des Alpes,
au Mont-Salève, etc.

1753. Carex capillaire. *Carex capillaris.*

Carex capillaris. Linn. spec. 1386. Fl. dan. t. 168. Scop. Carn.
n. 1152. t. 59. Schk. Car. Trad. n. 82. t. O. f. 56. — Hall.
Helv. n. 1394. — Seg. Ver. 3. p. 83. t. 3. f. 1.

Une racine fibreuse pousse des feuilles grêles, plus courtes
que la tige ; celle-ci est grêle, droite, triangulaire, unie, longue
de 4-8 centim. ; les épis sont au nombre de trois ou quatre ;
l'épi mâle est terminal, blanchâtre, droit, grêle et cylindrique ;
les deux ou trois autres sont femelles, portés sur des pédicelles
grêles et alongés, pendans à leur maturité, composés de quatre
à huit fleurs ; l'inférieur naît à l'aisselle d'une feuille ; les deux
supérieurs sortent d'une gaîne serrée, qui quelquefois dégénère
en feuilles : les capsules sont oblongues, triangulaires, glabres,
brunes, un peu luisantes, marquées d'une côte saillante sur
deux de leurs faces ; la graine remplit exactement la capsule.
Cette espèce croît sur les Hautes-Alpes du Valais, du Piémont
(All.) ; aux environs de Briançon, sur le col de l'Echauda
(Vill.) ; dans les Hautes-Pyrénées sous le glacier du Taillon,
près du Marboré, et à l'Estibe de Luz, près le Brada (Ram.).

1754. Carex élevé. *Carex maxima.*

Carex maxima. Scop. Carn. 2. n. 1166. Lam. Dict. 3. p. 394.
Carex pendula. Huds. Angl. 411. Schk. Car. Trad. n. 85. t. Q.
f. 60. — *Carex agastachys.* Ehrh. Phyt. n. 19. — Hall. Helv.
n. 1396.—Barr. Ic. t. 45. — Scheuchz. Gram. 445.

Cette espèce, la plus grande de ce genre, s'élève jusqu'à
1-2 mètres de hauteur ; sa tige est ferme, triangulaire, garnie
dans toute sa longueur de larges feuilles un peu glauques, rudes
sur les bords et sur le dos, plus courtes que la tige ; les épis
sont au nombre de cinq ou six, droits au moment de la florai-

son, pendans à la maturité, cylindriques, longs de 10-15 cent.;
le supérieur est roussâtre, mâle, quelquefois muni à la base d'un
petit nombre de fleurs femelles; les inférieurs sont femelles, portés
sur des pédicelles grèles, d'autant plus longs qu'on approche
du bas de la plante, cachés à moitié dans la gaîne de la feuille
florale : les capsules sont ovoïdes, triangulaires, aiguës, entières, glabres, très-nombreuses. Elle croît dans les bois humides : fleurit à la fin du printemps. ♃.

1755. Carex fauve. *Carex fulva.*

Carex fulva. Good. Tr. Linn. 2. p. 177. Schk. Car. Trad. n. 86.
t. T. f. 67. — *Carex distans.* Fl. dan. t. 1049. — Hall. Hist.
n. 1382. β. Nomencl. 1383.

Cette espèce est intermédiaire entre le carex espacé, le carex
filiforme et le carex jaune; elle diffère de la première, parce
que ses épis sont moins écartés, et que la gaîne de ses feuilles
ne se prolonge pas en languette comme dans les graminées;
de la seconde, parce que ses capsules sont glabres; de la
troisième, parce que les glumes ni les capsules n'ont une teinte
jaune, que les épis femelles sont oblongs, et que l'inférieur est
porté sur un pédicelle à moitié caché dans la gaîne : la racine
est rampante; la tige est droite, roide, âpre au sommet seulement; elle porte trois ou quatre épis, dont un mâle, grèle,
d'un brun roux, panaché de blanc, et deux ou trois femelles;
l'épi femelle supérieur est quelquefois mâle au sommet. Cette
espèce croit dans les prés humides; elle a été trouvée près
Paris par M. Lamarck; aux environs du lac Léman par
M. Schleicher; près le Mans par M. Desportes.

1756. Carex distant. *Carex distans.*

Carex distans. Linn. spec. 1387. Lam. Dict. 3. p. 391. Schk.
Car. Trad. n. 87. t. Yy. f. 68. —Hall. Helv. n. 1382. —Moris.
s. 8. t. 12. f. 18.

Sa racine est fibreuse; ses feuilles glabres, un peu rudes sur
les bords, ont une gaîne qui se prolonge au sommet en membrane scarieuse, comme dans certaines graminées; la tige est
droite, glabre, haute de 5-6 décim.; elle porte quatre épis
très-écartés, cylindriques, obtus, droits, longs de 3-4 cent.;
le supérieur est mâle; les autres femelles, portés sur des pédicelles deux fois plus longs que la gaîne dans l'épi inférieur,
de la même longueur qu'elle dans le supérieur : les feuilles florales dépassent leurs épis, mais sont plus courts que la tige;

les capsules sont ovoïdes, anguleuses, pointues, entières. Cette espèce croît dans les marais, les prés humides et saumâtres. ♓.

1757. Carex bourbeux. *Carex limosa.*

Carex limosa. Linn. spec. 1386. Lam. Dict. 3. p. 390. Fl. dan.
t. 646. Schk. Car. Trad. n. 89. t. X. f. 78. — Scheuchz. Gram.
443. t. 10. f. 13.

Sa racine est rampante, un peu roussâtre; ses feuilles ont une teinte glauque; elles sont droites, menues, un peu rudes, plus courtes que la tige; celle-ci est triangulaire, à angles rudes vers le sommet : l'épi mâle est terminal, grêle, cylindrique, pointu, droit, composé d'écailles rousses et aiguës; les épis femelles sont au nombre d'un ou ordinairement deux; ils sont portés sur des pédicelles grêles, placés à l'aisselle de feuilles florales qui ne sont pas sensiblement engaînantes; ces épis sont ovales, pendans à leur maturité : les capsules sont ovales, presque triangulaires, comprimées, entières au sommet, grisâtres et marquées de quelques nervures. Elle croît dans les marais tourbeux : fleurit à la fin du printemps. ♓.

1758. Carex pâle. *Carex pallescens.*

Carex pallescens. Linn. spec. 1386. Leers. Fl. herb. t. 15. f. 4.
Lam. Dict. 3. p. 391. Schk. Car. Trad. n. 92. t. Kk. f. 99.
— Hall. Helv. n. 1393. — Mich. Gen. t. 33. f. 13.

Une racine fibreuse émet une tige droite, haute de 5 décim., à trois angles, garnis vers le haut de dentelures blanches et molles, qui dégénèrent en petits poils; les feuilles sont étroites, légèrement pubescentes, plus courtes de moitié que la tige; celle-ci porte quatre épis rapprochés, dont le supérieur mâle, cylindrique, grêle, droit, brunâtre, et les trois inférieurs femelles, ovoïdes, obtus, pédicellés, et pendans à la maturité; la feuille florale de l'épi inférieur dépasse la tige : les capsules sont pâles, à peine plus longues que les glumes, ovales-oblongues, obtuses, et nullement prolongées en col; la graine est triangulaire. Cette espèce croît dans les prés humides, et fleurit à la fin du printemps. ♃.

1759. Carex panic. *Carex panicea.*

Carex panicea. Linn. spec. 1387. Lam. Dict. 3. p. 394. Leers.
Fl. herb. t. 15. f. 5. Schk. Car. Trad. n. 93. t. Ll. f. 100. —
Hall. Helv. n. 1405. — Mich. Gen. t. 34. f. 11.

Sa racine est rampante; sa tige droite, grêle, triangulaire, lisse, longue de 2-5 décim., garnie de feuilles glauques plus courtes qu'elles ; les épis sont au nombre de trois à cinq, savoir, un ou deux mâles placés au sommet, et deux à trois femelles ; les mâles sont cylindriques, grèles, composés d'écailles brunes, avec le bord et le dos blanchâtres ; les femelles sont droits, écartés, oblongs, portés sur des pédicelles grèles, dont l'inférieur est à moitié caché dans la gaîne de la feuille florale : les fleurs sont un peu écartées les unes des autres ; les capsules sont pâles, ovoïdes, un peu enflées, obtuses et entières au sommet. Cette espèce est commune dans les marais, et fleurit au printemps. ℔.

1760. Carex étalé.   *Carex patula.*

> *Carex patula.* Scop. Carn. n. 1160. t. 59. Lam. Dict. 3. p. 390.
> — *Carex sylvatica.* Huds. Angl. 411. Schk. Car. Trad. n. 94.
> t. Ll. f. 101. Fl. dan. t. 404. — Moris. s. 8. t. 12. f. 9. — Hall.
> Helv. n. 1395. — Scheuchz. Gram. 418.

Sa tige est droite, grèle, triangulaire, glabre, haute de 7-8 décim. ; ses feuilles sont un peu molles, et rudes sur les bords vers leur sommet ; les épis sont au nombre de cinq à sept, grèles, cylindriques, alongés, écartés, droits pendant la floraison, étalés à leur maturité ; on en trouve un ou deux entièrement mâles au sommet ; les autres sont femelles, portés sur des pédicelles longs, grèles, dont le quart inférieur est caché dans la gaîne de la feuille florale : les capsules sont écartées, peu nombreuses, ovoïdes, terminées en un bec pointu, fendu au sommet. Cette espèce croît dans les bois ; fleurit à la fin du printemps. ℔. Quelquefois l'épi inférieur se ramifie à sa base.

1761. Carex à feuilles de   *Carex pseudocyperus.*
souchet.

> *Carex pseudocyperus.* Linn. spec. 1387. Schk. Car. Trad. n. 95.
> t. Mm. f. 102. Lam. Dict. 3. p. 393. — Hall. Helv. n. 1397. —
> Lob. Ic. t. 76. f. 2. — Moris. s. 8. t. 12. f. 5.

Cette espèce, l'une des plus grandes de ce genre, s'élève jusqu'à 5 et 6 décim. ; ses feuilles sont larges, courbées en canal, rudes sur le dos et sur les bords, deux fois plus longues que la tige ; celle-ci est droite, a trois angles rudes et aigus ; elle porte cinq épis pédicellés, alongés, cylindriques, qui sortent chacun de l'aisselle d'une feuille florale ; les quatre inférieurs sont femelles et pendans, le cinquième est mâle, redressé : les capsules sont oblongues, striées, fourchues et pointues au sommet, toutes
dirigées

dirigées vers la base de l'épi. Ce carex croît dans les bois humides et au bord des fossés : fleurit à la fin du printemps. ♃.

1762. Carex épi-d'orge.   *Carex hordeistichos.*

Carex hordeistichos. Vill. Dauph. 2. p. 221. t. 6. Gmel. Syst.
p. 145. — *Carex hordeiformis.* Thuil. Fl. par. II. 1. p. 490.

Sa racine est un faisceau de fibres simples, cylindriques, un peu rougeâtres ; il en sort cinq ou six tiges épaisses, longues de 7-8 centim. au plus, et entièrement cachées par les feuilles radicales et florales, qui sont fermes, longues de 1-2 décim., striées, pointues, rudes sur les bords ; les épis sont au nombre de quatre ou cinq ; les deux supérieurs sont mâles, grêles, pointus, d'un roux pâle, munis d'une bractée membraneuse à sa base, acérée au sommet ; les inférieurs sont femelles, épais, oblongs, portés sur un pédicelle court, entièrement caché dans la gaîne de la feuille florale ; l'épi inférieur est quelquefois à moitié caché sous terre : les capsules sont grosses, d'un jaune pâle, oblongues, aiguës, concaves d'un côté, convexes de l'autre, rudes sur les angles, fourchues au sommet, d'où sortent trois stigmates ; la graîne est noire, ovale-oblongue. Cette espèce a été trouvée à Bondy par M. Thuilier ; à Saint-Julien et à Buissard (Vill.) : elle croît dans les marais ; fleurit à la fin du printemps. ♄.

1763. Carex en vessie.   *Carex vesicaria.*

Carex vesicaria. Good. Tr. Linn. 2. p. 205. Schk. Car. Trad.
n. 103. t. Ss. f. 106. — *Carex vesicaria,* α. Linn. spec. 1388.
Lam. Dict. 3. p. 395. — *Carex vesicaria,* β. Poll. Pal. n. 895.
— *Carex inflata.* Huds. Angl. 412. Fl. dan. 647. — Hall. Helv.
n. 1401.

Sa racine est rampante ; sa tige droite, haute de 6-7 décim. ; triangulaire, rude vers le sommet ; ses feuilles sont d'un verd pâle et dépassent la tige ; la gaîne des feuilles radicales se déchire quelquefois de manière à former un réseau filamenteux autour de la tige ; les épis sont au nombre de 3-6, savoir : deux à trois mâles placés vers le sommet, grêles, droits et cylindriques ; et un à trois femelles oblongs, un peu étalés, pédicellés et placés à l'aisselle de feuilles dépourvues de gaîne ; les capsules sont un peu étalées, glabres, jaunâtres, nerveuses, ovales-oblongues, acérées, fendues au sommet en deux pointes peu divergentes. Il croît dans les marais, et fleurit à la fin du printemps. ♃.

Tome III.   I

1764. Carex ampoulé. *Carex ampullacea.*

Carex ampullacea. Good. Tr. Linn. 2. p. 207. Schk. Car. Trad.
n. 104. t. Tt. f. 107. — *Carex rostrata.* With. Brit. p. 1059.
— *Carex vesicaria.* Huds. Angl. 413. Vill. Dauph. 2. p. 220.
— *Carex vesicaria,* β. Linn. spec. 1389. Lam. Dict. 3. p. 395.
Carex vesicaria, α. Poll. Pall. n. 895. — *Carex torfacea.*
Gmel. Syst. p. 145. — *Carex inflata.* Sut. Fl. helv. 2. p. 265.
— *Carex longifolia.* Thuil. Fl. par. II. 1. p. 490. — *Carex
bifurca.* Schranck. Bav. p. 304. — *Carex obtusangula.* Ehrh.
Gram. 50. — Hall. Helv. n. 1409.

Cette espèce, que plusieurs auteurs ont confondue avec la
précédente, en a été, à juste titre, distinguée par Haller; elle
en diffère par la teinte glauque de son feuillage, parce que l'épi
mâle supérieur est souvent courbé, tandis qu'au contraire les
épis femelles sont parfaitement droits et plus alongés que dans
le carex en vessie; ses capsules sont enflées, globuleuses, disposées sur huit rangs serrés et assez réguliers, terminées par
un bec qui se divise au sommet en deux dents divergentes. Elle
croît dans les marais; fleurit à la fin du printemps. ⅂.

1765. Carex des marais. *Carex paludosa.*

Carex paludosa. Good. Tr. Linn. 2. p. 202. Schk. Car. Trad.
n. 101. t. Oo. Vv. f. 103. — *Carex palustris.* Sut. Fl. helv. 2. p.
261. — *Carex acuta.* Curt. Fl. lond. 4. t. 61. — *Carex acutiformis.*
Ehrh. Gram. 30. — *Carex rigens.* Thuil. Fl. paris. II. 1. p. 488.

Sa racine, qui est rampante, pousse des tiges droites, fermes,
hautes de 3-13 décim., à trois angles rudes et tranchans; les
feuilles sont presque de la hauteur de la tige, larges de 1-2
centim., courbées en carène, rudes sur les bords; leur gaine
se déchire quelquefois comme celle du carex roide, de manière
à former un réseau filamenteux autour de la tige; les épis mâles
sont d'un roux brun, droits, pointus, au nombre de deux à
trois, et composés d'écailles oblongues et obtuses, du moins
dans le bas de l'épi; les épis femelles, qui sont au nombre de
deux à trois, sont oblongs, cylindriques, droits, un peu roides,
composés d'écailles acérés; les capsules sont ovales-oblongues,
striées, terminées par un bec court, légèrement fendu au sommet. Il croît dans les marais, les fossés, les ruisseaux, etc. ♃.
Fleurit au printemps.

1766. Carex des rives. *Carex riparia.*

Carex riparia. Curt. Fl. lond. 4. t. 60. Good. Tr. Linn. 2. p. 200.
Schk. Car. Trad. n. 102. t. Qq. Rr. f. 105. — *Carex crassa.*

Ehrh. Beytr. 4. p. 43. — *Carex rufa*. Lam. Dict. 3. p. 394. —
Carex acuta. All. Ped. 2347. — *Carex striata*. Gil. Lith. 550.
— Mich. t. 32. f. 6. 7.

Cette espèce diffère de la précédente par ses épis femelles
plus courts et plus épais ; par ses épis mâles composés d'écailles
très-acérées ; par ses capsules, dont l'orifice est un bec alongé et se
divise au sommet en deux pointes divergentes. Elle se trouve
dans les mêmes lieux, et ressemble à un roseau par son feuillage et son port avant la floraison. ♉

CXCV. LINAIGRETTE. *ERIOPHORUM.*

Eriophorum. Linn. Juss. — *Linagrostis*. Tourn.

Car. Les fleurs sont hermaphrodites, disposées en épis embriqués ; le cariopse est membraneux, muni à sa base de plusieurs soies, qui, à la maturité, dépassent de beaucoup les
écailles.

§. Ier. *Épis nombreux et pédicellés.*

1767. Linaigrette à plu- *Eriophorum polysta-*
sieurs épis. *chion.*

Eriophorum polystachion. Linn. spec. ,0. Wild. spec. 1. p. 312.
Lam. Dict. 3. p. 526. — *Eriophorum latifolium.* Hop. Bot.
Tasch. 1800. p. 109. — *Linagrostis paniculata*, α. Lam. Fl.
fr. 3. p. 555. — Vaill. Bot. t. 16. f. 1.

Cette plante, nommée vulgairement *lin des marais*, est
extrêmement commune dans les marais, et se distingue de loin,
lorsqu'elle est en fruit, à ses aigrettes pendantes, blanches et
argentées ; sa tige est cylindrique, droite, haute de 4-6 déc.,
garnie de feuilles engaînantes à leur base, planes dans leur
limbe, triangulaires au sommet ; les épis sortent sept ou huit
ensemble d'une spathe à deux valves lancéolées, droites, noirâtres, inégales ; ils sont portés sur des pédicelles grêles, foibles,
et la plupart simples ; mais ordinairement deux ou trois de ces
pédicelles se divisent à leur sommet, et portent eux-mêmes
trois ou quatre épis qui sortent d'une spathe particulière : les
écailles florales sont noirâtres, longues de 6-8 mill. au plus. ♃

1768. Linaigrette à *Eriophorum angusti-*
feuille étroite. *folium.*

Eriophorum angustifolium. Reich. Mœnofr. n. 34. Wild. spec.
1. p. 313. Hop. Bot. Tasch. 1800. p. 107.

Cette espèce ressemble beaucoup à la précédente ; mais elle
en diffère par ses feuilles un peu plus étroites, pliées en carène

dans toute leur longueur ; par ses épis portés sur des pédicelles toujours simples , plus longs et plus redressés ; par ses écailles scarieuses , d'un gris blanchâtre , bordées de blanc , et longues de 10-15 millim. ; enfin par ses aigrettes un peu plus longues. On la trouve de même dans les prés marécageux. Je l'ai reçue de Sorrèze ; il est probable qu'on la trouvera dans toute la France quand on pensera à la distinguer de la linaigrette à plusieurs épis. ♃.

1769. Linaigrette grêle. *Eriophorum gracile.*

Eriophorum gracile. Roth. Cat. Bot. 2. p. 259. — *Eriophorum angustifolium.* Schl. Cat. p. 56. — *Eriophorum triquetum.* Hop. Bot. Tasch. 1800. p. 106. — *Linagrostis paniculata,* β. Lam Fl. fr. 3. p. 555. — Vaill. Bot. t. 16. f. 2. — Scheuchz. Gram. 308. n. 2.

Cette espèce , que Vaillant avoit déjà séparée de la linaigrette à plusieurs épis , diffère des deux précédentes par sa tige menue et presque triangulaire ; par ses feuilles courtes , grêles et à trois faces ; par ses épis peu nombreux , toujours droits au moment de la floraison , et de moitié plus petits que ceux des deux précédentes à l'époque de la maturité ; par ses graines linéaires et d'un gris pâle , et par son aigrette deux fois plus courte. Elle croît dans les prés humides. ♃.

§. II. *Épis solitaires et sessiles.*

1770. Linaigrette engaînée. *Eriophorum vaginatum.*

Eriophorum vaginatum. Linn. spec. 76. Hoffm. Germ. 3. p. 26. Lam. Dict. 3. p. 526. Fl. dan. t. 236. — *Linagrostis vaginata.* Lam. Fl. fr. 3. p. 555. — Scheuchz. Agrost. p. 302. t. 7. f. 1. 2. 3.

Sa racine est une touffe de fibres simples et non traçantes ; ses tiges , qui naissent cinq ou six ensemble et s'élèvent jusqu'à 4 décim. , sont droites , fermes , garnies de feuilles engaînantes jusqu'aux trois quarts de leur longueur ; le limbe des feuilles est étroit , pointu , triangulaire ; l'épi est ovale au moment de la floraison , solitaire , terminal , dépourvu de spathe , composé d'écailles grisâtres , scarieuses , un peu luisantes , réfléchies à la maturité des graines ; celles-ci sont entourées de soies assez longues. Cette espèce croît dans les marais tourbeux : elle fleurit à la fin du printemps. ♃.

1771. Linaigrette en tête. *Eriophorum capitatum.*

Eriophorum capitatum. Hoffm. Germ. 3. p. 26. — *Eriophorum Scheuchzeri.* Hopp. Bot. Tasch. 1800. p. 104. — *Eriophorum*

Alpinum, Vill. Dauph. 2. p. 184. excl. syn. — *Eriophorum vaginatum*, β. Sut. Helv. 1. p. 28. — Scheuchz. Prodr. t. 7. Agr. p. 304.

Cette espèce, qu'on a long-temps confondue avec la linaigrette engaînée, en diffère par sa racine traçante ; par sa tige cylindrique, haute de 8–10 centim. seulement ; par ses feuilles courbées en gouttière ; par son épi globuleux à l'époque de la fleuraison, muni à sa base d'une spathe brune, ovale, persistante ; enfin par la brièveté des soies qui entourent ses graines. Elle fleurit en été : on la trouve assez fréquemment dans les marais tourbeux des Alpes, au pied du Saint-Bernard, aux environs du Buet ; au bourg d'Oysans, au mont de Laus, et au Lauteret (Vill.); dans les Pyrénées. ♃.

1772. Linaigrette des Alpes. *Eriophorum Alpinum.*

Eriophorum Alpinum. Linn. spec. 77. Lam. Dict. 3. p. 526. Fl. dan. t. 620. Hoffm. Germ. 3. p. 27. — Scheuchz. Prodr. t. 8. f. 1. Agr. p. 303. t. 7. f. 4.

Ses tiges sont grèles, fermes, triangulaires, nues dans toute leur partie supérieure, longues de 5–15 cent. ; les feuilles sont peu nombreuses, très-courtes, linéaires, pointues, triangulaires ; les fleurs sont réunies en un petit épi solitaire, terminal, ovale-cylindrique, d'un roux jaunâtre, muni à sa base d'une spathe aiguë, droite, foliacée, très-étroite, aussi longue au moins que l'épi ; les poils des graines sont peu nombreux, plus longs que l'épi. Cette linaigrette se trouve dans le Jura et dans les Alpes voisines du Léman. ♅.

CXCVI. SCIRPE.   *SCIRPUS.*

Scirpus. Linn. Gœrtn. — *Scirpi et Marisci sp.* Hall.

Car. Les fleurs sont hermaphrodites, disposées en épis ; les écailles sont embriquées, un peu concaves, toutes fertiles ; le cariopse est corné, nu ou muni à sa base de poils plus courts que les écailles.

§. 1er. *Fruit muni de poils à sa base.*

1773. Scirpe des marais.   *Scirpus palustris.*

α. *Scirpus palustris.* Linn. spec. 70. Fl. dan. t. 273.

β. *Scirpus reptans.* Thuil. Fl. par. II. 1. p. 22. — Lob. Ic. t. 86. f. 1. — Scheuchz. Gram. 361. t. 7. f. 17.

γ. *Scirpus intermedius.* Thuil. Fl. par. II. 1. p. 21.

δ. *Spicis radicantibus in folia abeuntibus.*

Sa racine est rampante, brune, souvent garnie de stipules

brunâtres à la naissance des tiges ; celles-ci naissent d'ordinaire
en touffe ; elles sont cylindriques, munies à leur base d'une
gaîne tronquée ; à leur sommet naît un épi oblong, pointu,
droit, presque toujours solitaire, dont les écailles sont ovales,
pointues, blanchâtres sur les bords et sur la nervure longitudinale, marquées de deux bandes brunes longitudinales : les
fleurs sont au nombre de 10-30, et ont toujours trois étamines ;
le fruit est ovoïde, un peu comprimé, nullement luisant, entouré de quelques poils à sa base. La variété *α* s'élève jusqu'à
6 et 8 décim., et croît dans les marais ; la variété *β* rampe
davantage, ne s'élève guère au-delà de 2 décim., et croît près
des eaux un peu courantes ; la variété *γ* est très-petite, compacte, dure, et croît dans les fossés desséchés : elle peut se
confondre par le port avec le scirpe des tourbières et le scirpe
des champs ; mais elle en diffère, parce que son fruit n'est point
triangulaire. Ces trois variétés se trouvent aux environs de Paris
et probablement dans toute la France. La variété *δ* a les épis
qui poussent des feuilles en dessus et des racines à la base ; elle
a été trouvée par M. Ramond dans les Pyrénées. ♄.

1774. Scirpe ovoïde.　　　　*Scirpus ovatus.*

Scirpus ovatus. Roth. Cat. 1. p. 5.—*Scirpus capitatus.* Schreb.
Spic. p. 60. — *Scirpus compressus.* Mœnch. Meth. p. 349. —
Scirpus annuus. Thuil. Fl. par. II. 1. p. 22. — Moris. s. 8.
t. 10. f. 34.

Une racine fibreuse et roussâtre pousse une touffe de tiges
simples, droites, grêles, comprimées, nues, longues de 1-3
décim., munies à leur base d'une gaîne serrée et tronquée, et
terminée par un épi solitaire, ovoïde, droit, obtus, d'un brun
roux, dépourvu de spathe distincte ; les écailles sont brunes,
avec le bord blanc ; les fleurs n'ont le plus souvent que deux
étamines et deux stigmates ; la graine est petite, ovoïde, comprimée, luisante, munie de cinq à six soies à sa base. Cette
espèce croît dans les lieux humides : elle a été trouvée aux
environs du Léman par M. Schleicher ; en Tourraine par
M. Aubert du Petit-Thouars ; à Meudon par M. Thuilier ;
à l'étang de Marcoussy par Vaillant, qui le premier l'a distinguée du scirpe des marais, sous le nom de *scirpus equiseti
capitulo rotundiori.* ☉ Thuil. ; ♃ Wild.

1775. Scirpe en gazon. *Scirpus cœspitosus.*

Scirpus cœspitosus. Roth. Cat. 1. p. 7. Poll. Pall. 1. p. 39. —
Scheuchz. Gram. p. 363. t. 7. f. 18. — Pluk. t. 40. f. 6.

Ses racines sont fibreuses, blanchâtres ; ses tiges sont droites,
grêles, fermes, longues de 5-10 centim. , cylindriques, striées,
nues dans toute leur partie supérieure , munies à leur base
d'écailles embrassantes, d'un roux pâle , et d'une gaîne serrée
qui se prolonge en une petite feuille droite , aiguë et en forme
d'alène ; les épis sont terminaux, solitaires , d'un roux fauve ,
ovales-oblongs , munis à leur base d'une spathe à deux feuilles
inégales, dont la plus grande se prolonge en une petite pointe
verte et presque foliacée ; ces épis renferment un petit nombre
de fleurs ; leurs glumes sont jaunâtres , oblongues, pointues : les
anthères jaunes ; les graines comprimées , munies de quelques
poils assez longs. ♃. Cette espèce croît dans les lieux humides des
bois et des montagnes ; dans les tourbières du Jura , des Pyrénées ; dans les Alpes du Mont-Blanc , du Dauphiné (Vill.) ;
de la Provence (Ger.) ; du Piémont (All.) ; près Dax (Thor.) ;
à Varangeville (Bouch.).

1776. Scirpe des tourbières. *Scirpus bœothryon.*

Scirpus bœothryon. Roth. Cat. 1. p. 8. — *Scirpus cœspitosus.*
Thuil. Fl. par. II. 1. p. 22. — Scheuchz. Gram. 366. t. 7. f. 21.
β. *Scirpus cœspitosus.* Lam. Ill. n. 654.

Cette espèce a la tige grêle , cylindrique , droite , striée ,
nue , munie à sa base d'une gaîne tronquée , dépourvue d'é-
cailles interposées entre les racines , haute de 8-12 centim. ,
terminée par un épi oblong, solitaire , un peu pointu, souvent
bifurqué à l'époque de sa maturité ; les valves de la spathe sont
inégales, courtes, ovales, membraneuses ; les fruits sont courts,
triangulaires , sessiles , munis à leur base de quelques poils
bruns. Elle croît dans les marais tourbeux , à Saint-Léger près
Paris , etc. La variété β, que M. Lamarck a recueillie au
Mont-d'Or , diffère de la précédente en ce que l'une des valves
de la spathe se prolonge en une pointe verte, foliacée , et deux
fois plus longue que l'épi ; mais ayant remarqué sur le même
pied d'autres épis où ce prolongement n'a point lieu, je ne puis
le considérer que comme un simple accident. ♃.

1777. Scirpe des champs.　　*Scirpus campestris.*

Scirpus campestris. Roth. Cat. 1. p. 5. — Schenchz. Gram. 364.
t. 7. f. 19.

Cette espèce ressemble beaucoup au scirpe des tourbières ,
mais elle en diffère par sa tige , qui ne s'élève pas au-delà de
5 centim. ; parce que ses deux valves de la spathe sont opposées ,
oblongues , courbées en carène , et presque égales à la longueur
de l'épi ; parce que cet épi ne contient que trois à quatre fleurs ,
et qu'enfin ses fruits sont oblongs , triangulaires , portés sur un
très-court pédicelle , au bas duquel les poils sont insérés. Cette
espèce croît dans les champs humides : elle a été trouvée en
Provence par M. Clarion ; dans le Jura par M. Chaillet.

1778. Scirpe des lacs.　　*Scirpus lacustris.*

Scirpus lacustris. Linn. spec. 72. Lam. Illustr. n. 685. Poll. Pal.
n. 46. — Lob. Ic. t. 85. f. 2. — Moris. s. 8. t. 10. f. 1.

Sa tige est haute de 1-2 mètres , nue , cylindrique , lisse ,
assez grosse , molle , pleine de moëlle blanche , et garnie à sa
base de gaînes remarquables ; ses épillets sont roussâtres , ovales
ou un peu coniques , la plupart pédonculés , et tournés souvent
du même côté ; les pédoncules sont inégaux ; les plus courts ne
portent ordinairement qu'un seul épillet , et les autres en portent
deux ou trois : les écailles sont brunes , scarieuses , un peu
échancrées au sommet , traversées par une nervure qui se prolonge en pointe au sommet ; la graine est brune , plane en dedans , convexe , garnie de cinq à six soies noirâtres. Cette plante
est commune dans les lacs et les étangs. ♃

1779. Scirpe triangulaire.　　*Scirpus triqueter.*

Scirpus triqueter. Linn. Mant. 29. Wild. spec. 1. p. 302.
α. *Scirpus triqueter*. Roth. Germ. 2. p. 59. — *Scirpus mucronatus*. Poll. Pal. n. 48. — Pluk. t. 40. f. 2.
β. *Scirpus mucronatus*. Roth. Germ. 2. p. 60. — Moris. s. 8.
t. 10. f. 20.

Sa racine est rampante , noirâtre ; ses tiges droites , simples ,
nues , fermes , triangulaires , à faces planes et à angles non
prolongés en aile ; les feuilles naissent en petit nombre vers le
bas de la tige ; elles sont engaînantes à leur base , étroites ,
étalées , roides , courbées en gouttière : les fleurs naissent au
sommet de la tige , munies d'une spathe foliacée ; celle-ci se prolonge en une pointe roide , triangulaire , qui semble la continuation de la tige et fait paroître les fleurs latérales ; les épis sont

solitaires ou nombreux , tous sessiles dans la variété β , la plupart
pédonculés dans la variété α ; la graine est ovoïde , comprimée ,
munie de quelques soies à sa base. ♃. Cette espèce croît dans les
lieux humides , aux environs du Léman , dans les marais tourbeux du Jura ; près Mayence et Openheim (Poll.); aux bords
du Pô et de la Doire (All.) ; en Provence (Ger.).

1780. Scirpe pointu.   *Scirpus mucronatus.*

Scirpus mucronatus. Linn. spec. 73. Wild. spec. 1. p. 303.—
Scirpus glomeratus. Scop. Carn. n. 63. — Scheuchz. Gram.
404. t. 9. f. 14.

Cette espèce diffère de la précédente , parce que sa racine
est fibreuse , peu ou point traçante ; que les trois angles de sa
tige se prolongent en aile , ce qui rend les trois faces concaves ;
que ses épis sont constamment sessiles , et que la pointe qui les
surmonte est souvent recourbée à la fin de la fleuraison. Elle
habite les lieux humides , près Huningue (Hall.) ; Nice et Oneille
(All.); Crémieu (Vill.) ; Lyon et en Bresse (Latour.) ; Montpellier (Gouan); Dax (Thor.); dans les Pyrénées , près de
Tarbes ♄.

1781. Scirpe faux-carex.   *Scirpus caricis.*

Scirpus caricis. Retz. Prod. ed. 2. n. 64. Wild. spec. 1. p. 292.—
Schœnus compressus. Linn. spec. 65. Poll. Pal. n. 38. t. 1. f. 3.
Lam. Dict. 1. p. 741. — *Carex uliginosa.* Linn. spec. 1381.
Lam. Dict. 3. p. 381. — Scheuch. Gram. 490. t. 11. f. 6.

Une racine rampante émet plusieurs tiges droites , hautes de
2 décim. , triangulaires , garnies dans le bas de quatre à cinq
feuilles au moins aussi longues que la tige , planes , striées ,
linéaires , pointues , glabres , engaînantes à leur base ; l'épi est
terminal , comprimé , alongé , composé de dix à douze épillets
alternes , disposés sur deux rangs , munis chacun à sa base d'une
bractée , qui , dans l'épillet inférieur , dégénère en feuille , et a
reçu le nom de spathe d'une seule pièce ; les glumes sont luisantes ,
d'un roux brun , avec le bord blanchâtre ; la graine est entourée
de quatre à cinq poils bruns, très-longs. ♄. Cette plante croît dans
les prairies humides , à l'étang de Saint-Gratien près Paris ;
à Abbeville (Bouch.); en Dauphiné (Vill.); à Dax (Thor.);
en Provence (Ger.), etc.

1782. Scirpe maritime.   *Scirpus maritimus.*

Scirpus maritimus. Linn. spec. 74. — *Scirpus cyperoides.* Lam.
Fl. fr. 3. p. 553. — *Scirpus macrostachyos.* Lam. Illustr.

n. 692. —Scheuchz. Gram. p. 398. et 400. t. 9. f. 7-10.—Lob.
Ic. t. 20. f. 1.

Cette plante a entièrement le port des souchets ; sa tige est
haute de 5-9 décim. , triangulaire , et feuillée dans sa partie
inférieure ; ses feuilles sont longues, planes, et ont une côte
saillante sur leur dos ; ses épillets sont assez gros , ovales-co-
niques , d'un brun roussâtre , barbus à leur extrémité , et disposés par paquets de trois à sept, au sommet de chaque pédoncule ; ils sont embriqués d'écailles sèches, obtuses, ou comme
tronquées , mais terminées par trois dents, dont celle du milieu
s'alonge en une barbe tortue , et longue de 2-3 millim. : les
pédoncules varient dans leur longueur depuis 6 millim. jusqu'à 6
centim. , et se réunissent en une ombelle garnie à sa base de
trois ou quatre feuilles , dont une est quelquefois longue d'environ 2 décim. ; la graine est grosse, blanchâtre , lisse , rhomboïdale , plane du côté intérieur, convexe et presque anguleuse
du côté extérieur, munie à sa base de trois soies assez longues.
Cette plante est commune par-tout , sur le bord des eaux et
dans les marais. ♃.

1783. Scirpe des bois.   *Scirpus sylvaticus.*

Scirpus sylvaticus. Linn. spec. 75. Fl. dan. t. 307. Lam. Illustr.
n. 694. t. 38. f. 2. — *Scirpus gramineus.* Neck. Gallob. p. 27.
— Hall. Helv. n. 1340.

Sa tige est haute de 5 décim. , triangulaire, feuillée, et
terminée supérieurement par une panicule ombelliforme et très-
rameuse ; les épillets sont ovales , très-nombreux , extrêmement
petits , d'un verd sale ou roussâtre , et ramassés deux à cinq
ensemble au sommet des divisions des pédoncules ; les feuilles
sont planes , larges de 6-9 millim. , et rudes en leurs bords
lorsqu'on les glisse entre les doigts de haut en bas ; l'ombelle
en a deux ou trois à sa base , disposées en manière de collerette ; la graine est triangulaire , munie de soies à sa base. On
trouve cette plante dans les bois et les lieux humides et couverts. ♀.

§. II. *Fruit dépourvu de poils à sa base.*

1784. Scirpe épingle.   *Scirpus acicularis.*

Scirpus acicularis. Linn. spec. 71. Lam. Illustr. n. 673. —Pluk.
t. 40. f. 7.—Moris. s. 8. t. 10. f. 37.

Ses tiges sont très-grêles , filiformes , simples , hautes de 6-8
centim. , nues dans presque toute leur longueur , munies à leur

base de gaines serrées et tronquées ; il n'y a pas de feuilles, à
moins qu'on ne donne ce nom aux tiges qui ne portent pas d'épis ;
ceux-ci sont terminaux, solitaires, oblongs, verdâtres ou panachés de brun, et composés d'un petit nombre de fleurs : la
graine est dépourvue de soies à sa base. Cette plante forme
des gazons très-fins sur le bord des étangs et dans les lieux
humides. ♃.

1785. Scirpe flottant.   *Scirpus fluitans.*

> *Scirpus fluitans.* Linn. spec. 71. Lam. Illustr. n. 655.—Scheuchz.
> Gram. p. 365. t. 7. f. 20. — Moris. s. 8. t. 10. f. 31. — Pluk.
> t. 35. f. 1.
> β. *Brevicaulis.* — *Scirpus stolonifer.* Roth. Ust. ann. 4. p. 36 ?

Ses tiges sont grèles, flasques, longues, et entre-croisées
lorsque la plante flotte sur l'eau, plus courtes et plus ramassées
lorsqu'elle croît sur la terre ; elles émettent des racines de toutes
les articulations inférieures et vers le haut des feuilles demi-
engainantes à leur base, et dont le limbe est divergent, plane,
linéaire, pointu ; de l'aisselle des feuilles partent des pédicelles
nus, un peu divergens, qui portent un épi ovale, court, solitaire, terminal, blanchâtre, muni à sa base d'une spathe à
deux valves peu prolongées ; la graine est blanchâtre, presque
triangulaire, dépourvue de soies. ♃. Cette espèce croît dans les
mares ou sur la boue qui les entoure : on la trouve à Saint-
Léger, à Fontainebleau ; à Villers-sur-Authie (Bouch.) ; près
Brières-le-Château (Guett.) ; à Montpellier (Gou.) ; en Provence (Ger.).

1786. Scirpe en forme de crin.   *Scirpus setaceus.*

> *Scirpus setaceus.* Linn. spec. 73. Fl. dan. t. 311. Hoffm. Germ.
> 3. t. 2. Lam. Ill. n. 662. — *Scirpus setaceus,* α. Lam. Fl. fr. 3.
> p. 551. — Moris. s. 8. t. 10. f. 23.

Les tiges sont hautes de 5-6 centim., grèles et fines comme
des soies, pointues, un peu striées, munies à leur base d'une
gaine qui se prolonge en une petite feuille aiguë et en alène ;
il n'y a point d'autres feuilles, et les feuilles radicales décrites
par quelques auteurs sont des tiges stériles : les épis naissent
deux ou trois ensemble, sessiles au sommet de la tige, munis
d'une spathe à une feuille longue d'un centim. au plus, droite,
aiguë, qui semble la continuation de la tige et fait paroître les
épis latéraux ; les écailles sont brunes, avec la nervure du milieu verte ; la graine est nue, plane d'un côté, convexe de

l'autre, striée en long. Cette plante croît au bord des étangs et dans les pays maritimes. ♓.

1787. Scirpe couché. *Scirpus supinus.*

Scirpus supinus. Linn. spec. 73. Lam. Ill. n. 1661. Dalib. Par. p. 16. — *Scirpus setaceus*, β. Lam. Fl. fr. 3. p. 551.

Cette espèce, qu'on a quelquefois réunie à la précédente, en diffère, parce qu'elle est deux fois plus grande dans toutes ses parties; que la spathe florale se prolonge en une feuille longue de 7 centim., en sorte que les épis semblent placés au milieu de la tige; et enfin que ses graines sont triangulaires et striées en travers. Elle croît aux environs de Paris, au bord des mares de Chally et de Montfort-l'Amaury (Thuil.); dans la Bresse (Latour.). ♃.

1788. Scirpe jonc. *Scirpus holoschœnus.*

Scirpus holoschœnus. Linn. spec. 72. Lam. Illustr. n. 675. Fl. dan. t. 454. — Scheuchz. Gram. p. 371. t. 8. f. 2–5. — Moris. s. 8. t. 10. f. 17. — Pluk. t. 40. f. 4.

Ses tiges sont hautes de 5–9 décim., fermes, cylindriques, lisses, semblables à celles des joncs, munies à leur base de gaînes larges, striées sur le dos, scarieuses, souvent déchirées, et réunies sur les bords par des filamens transversaux; ces gaînes se prolongent soit en une pointe roide, soit en une longue feuille linéaire, repliée en dessus, et presque cylindrique au premier coup d'œil : les épis sont réunis en plusieurs têtes globuleuses, toutes pédonculées, à l'exception d'une seule, qui est constamment sessile; ces têtes de fleurs sortent d'une spathe à deux feuilles inégales, roides, pointues, l'une droite, l'autre réfléchie : les écailles sont courbées en carène, brunâtres, un peu dentelées; la graine est nue, triangulaire. Cette espèce croît dans les prés humides, en Provence, près Martègue (Scheuch.); près Montelimart et le Pont de la Drome (Vill.); Montpellier et Castelnau (Gou.); Montauban (Gater.); Dax (Thor.); à Saint-Sulpy, près le lac Léman (Schleich.).

1789. Scirpe de Rome. *Scirpus Romanus.*

Scirpus romanus. Linn. spec. 73. Jacq. Austr. 5. p. 23. t. 448.— Barr. t. 255. f. 3. — Pluk. t. 40. f. 5.

Cette espèce ne diffère de la précédente que parce que ses fleurs sont presque toujours réunies en une seule tête globuleuse et sessile; mais comme il arrive souvent qu'on en trouve une seconde portée sur un court pédicelle, comme le nombre des têtes de fleurs du scirpe jonc est très-variable, et que ces deux prétendues espèces ont été jusqu'ici trouvées dans les mêmes lieux, je penche fortement à croire qu'elles ne sont que de simples variétés, et j'engage les observateurs à les étudier de nouveau dans leur lieu natal.

1790. Scirpe de Micheli. *Scirpus Michelianus.*

Scirpus Michelianus. Linn. spec. 76. Desf. Atl. 1. p. 51. Gouan. Ill. p. 3. — Till. Pis. t. 21. f. 5.

La tige de cette plante est triangulaire, et sa longueur varie depuis 1 centim. jusqu'à 2 décim. ; de la base partent une ou deux feuilles lisses, courbées en carène, larges de 2 millim. ; les épillets sont réunis au sommet en une tête arrondie, simple ou composée, entourée à sa base d'une spathe à cinq ou six feuilles étalées et très-longues ; les écailles sont oblongues, acérées, concaves, un peu étalées vers le sommet ; la graine est nue, triangulaire, blanchâtre. Cette plante croît dans les prés marécageux, sur les sables humides au bord des lacs et des rivières tranquilles : elle a été trouvée en Piémont (All.), à Pérauls, près Montpellier (Gou.) ; près Dax (Thor.) ; près Montauban (Gater.) ; en Bretagne, près Saint-Malo, par M. du Petit-Thouars ; aux environs d'Orléans.

1791. Scirpe annuel. *Scirpus annuus.*

Scirpus annuus. Allion. Ped. n. 2371. t. 88. f. 5. Desf. Atl. 1. p. 51. — *Scirpus bisumbellatus.* Forsk. Æg. p. 15. n. 46. — *Scirpus dichotomus.* Linn. spec. 74. non Lam. — Pluk. t. 119. f. 3.

La tige est nue, grèle, triangulaire, longue de 8-12 cent. ; les feuilles sont presque radicales, linéaires, pointues, planes, très-légèrement pubescentes ; les épis sortent d'une spathe à quatre ou six feuilles linéaires et inégales ; on en trouve le plus souvent un sessile entre deux pédicelles, qui portent chacun trois ou quatre épis ; souvent aussi chaque pédicelle porte à son sommet une spathe, d'où naissent un épi sessile et trois à quatre pédicellés ; ces épis sont oblongs, cylindriques : les glumes sont d'un roux brun, avec une nervure longitudinale verte, qui se prolonge en pointe un peu divergente ; le fruit est blanchâtre, nu, strié en long, plane d'un côté, convexe de l'autre. Il croit autour des lacs et dans les lieux humides en Piémont. ⊙.

C X C V I I. C H O I N. *S C H Œ N U S.*

Schœnus. Linn. — *Mariscus.* Gœrtn. — *Scirpi et Marisci sp.* Hall.

CAR. Les choins diffèrent des scirpes, parce que les écailles inférieures de chaque épi sont stériles.

OBS. Ce caractère, qui n'est fondé que sur l'avortement des fleurs inférieures, paroît de trop peu d'importance pour distinguer ces deux genres; peut-être doit-on les réunir en un seul, ou plutôt admettre l'opinion de Haller, c'est-à-dire, rejeter parmi les scirpes toutes les espèces dont le fruit est muni de poils, et considérer comme choins celles qui en sont dépourvues : alors le genre scirpe seroit exactement intermédiaire entre la linaigrette et le choin. Il faut faire attention à ne pas confondre les poils qui entourent la base de l'ovaire avec les débris des filets des étamines.

§. Ier. *Fruit muni de soies à sa base.*

1792. Choin noirâtre.   *Schœnus nigricans.*

Schœnus nigricans. Linn. spec. 64. Lam. Illustr. n. 626. t. 38. f. 1. — *Cyperus.* Hall. Helv. n. 1347. — Scheuchz. Agr. 349. t. 7. f. 13. 14. 15. — Magn. Monsp. p. 144. Ic.

Sa tige est haute de 2–4 décim., grêle, nue et cylindrique; ses feuilles sont radicales, nombreuses, disposées en faisceau très-garni, longues, étroites, presque cylindriques, un peu roides et aiguës; ses fleurs forment une tête brune ou noirâtre, sur-tout avant leur développement, et composée de quelques épillets serrés et fasciculés; les folioles de la collerette sont élargies et noirâtres à leur base; l'une des deux est fort courte, et l'autre est terminée par une pointe en alène, longue de 2–3 centim. : les glumes sont disposées sur deux rangs, le long d'un axe flexueux; les fruits sont des cariopses oblongs, triangulaires, blancs et cornés comme ceux du gremil, munis à leur base de trois soies très-courtes, alternes, avec les filets des étamines. On trouve cette plante dans les prés inondés pendant l'hiver et desséchés pendant l'été. ♃

1793. Choin ferrugineux. *Schœnus ferrugineus.*

Schœnus ferrugineus. Linn. spec. 64. Lam. Dict. 1. p. 739. — Moris. s. 8. t. 12. f. 40.

Cette espèce ressemble beaucoup au choin noirâtre : on la distingue à ce qu'elle est communément de moitié plus petite;

que la tête des fleurs est plus grêle, et divisée en deux épis assez distincts ; que les feuilles de la spathe sont presque égales, et ne dépassent point les épis ; qu'enfin la graine est plus arrondie et un peu roussâtre. Cette espèce croît dans les tourbières des montagnes : elle a été trouvée dans le Jura par M. Chaillet, et dans les Alpes provençales par M. Clarion. ♃.

1794. Choin blanc. *Schœnus albus.*

Schœnus albus. Linn. spec. 65. Fl. dan. t. 320. Lam. Dict. 1. p. 741. — *Scirpus.* Hall. Helv. n. 1341. — Scheuchz. Agr. p. 503. t. 11. f. 11.

Sa tige est haute de 2 décim., très-grêle, presque filiforme, feuillée et un peu triangulaire ; elle est chargée d'un à trois bouquets de fleurs, dont un est terminal, et les deux autres axillaires et écartés entre eux ; ces bouquets sont composés d'épillets cylindriques, pointus, disposés en faisceau lâche, d'une couleur blanche dans leur jeunesse, et qui devient roussâtre lorsqu'ils vieillissent : les semences sont garnies à leur base de plusieurs filets blancs qui les environnent. On trouve cette plante dans les lieux humides et fangeux. ♃.

1795. Choin brun. *Schœnus fuscus.*

Schœnus fuscus. Linn. spec. 1664. Poll. Pall. n. 40. Lam. Dict. 1. p. 739. — Moris. s. 8. t. 11. f. 40.

Cette espèce ressemble beaucoup au choin blanc, mais elle ne s'élève pas au-delà de 10-15 centim. ; sa panicule est rousse ou brunâtre, et non pas blanche ; ses feuilles sont de moitié plus étroites et courbées en gouttière. Elle fleurit au commencement de l'été, un mois avant le choin blanc. On la trouve dans les prairies humides, dans les départemens de la rive gauche du Rhin, près Manheim (Poll.); près Dax (Thor.); à Saint-Léger près Paris. ♃.

§. II. *Fruit dépourvu de poils à sa base.*

1796. Choin marisque. *Schœnus mariscus.*

Schœnus mariscus. Linn. spec. 62. Lam. Illustr. n. 639. t. 38. f. 3. — Lob. Ic. t. 76. f. 1. — Moris. s. 8. t. 11. f. 24. — Scheuchz. Agr. p. 375. t. 8. f. 7-11.

Sa tige est haute de 1-2 mètres, feuillée et cylindrique ; ses feuilles sont longues, triangulaires, pointues, larges de 4-8 millim., et garnies de dents aiguës en leurs bords et sur le dos ; ses fleurs forment une panicule rameuse, alongée, et composée de beaucoup d'épillets courts, ramassés et roussâtres ;

chacun de ces épillets porte à sa base deux glumes stériles qui jouent le rôle d'involucre : on y trouve deux ou trois fleurs ; un seul fruit parvient d'ordinaire à maturité; c'est un cariopse nu , lisse , à trois angles obtus. Cette plante est commune sur le bord des étangs , des lacs et des rivières stagnantes. ♃.

1797. Choin à longues   *Schœnus mucronatus.*
       pointes.

Schœnus mucronatus. Linn. spec. 63. Lam. Dict. 1. p. 739. — *Schœnus maritimus.* Lam. Fl. fr. 3. p. 543. — Lob. Ic. t. 87. f. 1. — Scheuchz. Agr. p. 367. t. 8. f. 1. — Moris. s. 8. t. 9. f. 6.

Sa tige est haute de 3 décim. , nue , lisse et cylindrique ; ses feuilles sont radicales , nombreuses , disposées en faisceau , souvent plus longues que la tige , demi-cylindriques , canaliculées et un peu rudes en leurs bords; les épillets sont ramassés en un faisceau terminal , glomérulé , roussâtre , luisant , et entouré à sa base d'une spathe à quatre ou six feuilles inégales , étalées , longues , roides et pointues; le style se divise en trois stigmates très-longs; le fruit est un cariopse nu , à trois faces , dont une plus large que les deux autres , de couleur brune. On trouve cette plante dans les lieux maritimes des provinces méridionales. ♃.

CXCVIII. SOUCHET.   *CYPERUS.*

Cyperus. Tourn. Linn. Juss. Lam.

Car. Les souchets ont des fleurs hermaphrodites , disposées en épis comprimés; les écailles sont courbées en carène , disposées sur deux rangs opposés; le cariopse est dépourvu de poils à sa base.

1798. Souchet en forme   *Cyperus junciformis.*
       de jonc.

Cyperus junciformis. Cav. Ic. n. 223. t. 204. f. 1. Desf. Atl. 1. p. 42. t. 7. f. 1. — *Cyperus distachyos.* All. Auct. 48. t. 2. f. 5.

Sa tige est droite , simple , presque cylindrique , haute de 3 - 4 décimètres , munie vers le bas d'une seule feuille en forme d'alène , engainante à sa base , et assez courte; au sommet de la tige naissent les épis qui sont sessiles , réunis 2-6 ensemble , linéaires , bruns , longs de 10-15 millim. , entourés à leur base d'une spathe à deux feuilles , dont l'une très-courte à peine visible , et l'autre, droite, ferme , pointue ,
dépasse

dépasse beaucoup la longueur des épis , et semble la prolon-
gation de la tige. Cette espèce croît dans les lieux humides ;
Elle a été trouvée par M. Allioni , entre Nice et le fleuve du Var. ♃.

1799. Souchet brun. *Cyperus fuscus.*

Cyperus fuscus. Linn. spec. 69. Œd. Fl. dan. t. 179. — Moris.
s. 8. t. 11. f. 38 — J. Bauh. Hist. 2. p. 471. Ic.

Cette plante ressemble beaucoup à la suivante ; ses tiges
sont nombreuses , triangulaires , presque nues , et hautes de
1-2 décim. ; ses feuilles sont aussi longues que la tige , et n'ont
pas plus de 3 millimètres de largeur ; celles qui forment la
collerette sont au nombre de trois , dont deux sont fort longues : les épillets sont noirâtres , petits , étroits , et presque
linéaires. On trouve cette espèce dans les lieux humides et
aquatiques. ♃.

1800. Souchet jaunâtre. *Cyperus flavescens.*

Cyperus flavescens. Linn. sp. 68. Lam. Illustr. n. 709. t. 38.
f. 1. — Moris. s. 8. t. 11. f 37.

Sa racine pousse des tiges nombreuses , disposées en gazon ,
triangulaires , nues ou feuillées seulement à leur base , et hautes
de 6-15 centim. ; elles portent chacune à leur sommet une
panicule ou une ombelle composée de quelques pédoncules
inégaux , qui soutiennent chacun cinq à dix épillets sessiles ,
ramassés , lancéolés et jaunâtres : les feuilles sont assez longues , étroites et pointues. On trouve cette plante dans les prés
humides. ♃.

1801. Souchet long. *Cyperus longus.*

Cyperus longus. Linn. spec. 67. Jacq. Icon. rar. 2. t. 297. —
Scheuchz. Gram. t. 8. f. 12. — Lob. Ic. t. 75. f. 2. — Moris.
s. 8. t. 11. f. 13.

Sa tige est nue , triangulaire , et haute de 3-8 décim. ou
quelquefois davantage ; ses feuilles sont assez longues , carénées , striées , pointues et radicales : les pédoncules communs
sont au nombre de cinq à dix , très-inégaux , et disposés en
ombelle , les intérieurs sont fort courts , et les autres ont 10-15
centim. de longueur , les épillets sont extrêmement petits ,
linéaires , pointus et roussâtres ; la collerette a trois de ses
feuilles fort longues , les autres sont petites et moins remarquables. On trouve cette plante dans les marais ; sa racine
est alongée , et a une odeur agréable : elle est diurétique ,
emménagogue , stomachique et détersive. ♃.

Tome III.

K

1802. Souchet comestible. *Cyperus esculentus.*

Cyperus esculentus. Linn. spec. 67. — Moris. s. 8. t. 11. f. 10.
— Lob. Ic. t. 78. f. 1. 2.

Sa racine est composée de fibres menues, à l'extrémité desquelles sont attachés plusieurs tubercules arrondis ou oblongs, d'une couleur brune en dehors, et d'une substance blanche, tendre et comme farineuse ; ses tiges sont hautes de 2 décim., nues, dures et triangulaires : ses feuilles sont radicales, presque aussi longues que les tiges, étroites, pointues, un peu rudes en leurs bords, carénées et d'un verd glauque. Ses fleurs forment une panicule ou une ombelle dense et peu éparse ; les épillets sont d'un brun roussâtre, longs de 6-10 millim., sessiles et ramassés sur les pédoncules communs, dont la longueur surpasse rarement 5 centimètres. On trouve cette plante en Provence, dans les lieux humides, ♃ ; les tubercules de sa racine ont un goût assez agréable, et passent pour adoucissans et diurétiques. Les Espagnols les emploient pour faire de l'orgeat. (Bull. Philom. n°. 24, p. 186).

1803. Souchet rond. *Cyperus rotundus.*

Cyperus rotundus. Linn. spec. 67. —Scheuchz. Gram. 391. t. 9.
f. 3. — Camer. Epit. p. 10. Ic.

Cette espèce ressemble absolument au souchet comestible par la tige, les feuilles et les fleurs ; mais sa racine pousse des fibres épaisses, brunes, traçantes, qui renflent çà et là en tubercules ovales, et d'une saveur amère et résineuse, tandis que la racine du souchet comestible est fibreuse, que ses tubercules naissent à l'extrémité des fibres, et sont d'une saveur sucrée : elle croît aux environs de Montpellier. ♃.

1804. Souchet de Monti. *Cyperus Monti.*

Cyperus Monti. Linn. suppl. 102. Wild. spec. 1. p. 286. —
Cyperus serotinus. Rottb. Gram. 31. — Monti. Gram. 12. t. 1.
f. 2. — Scheuchz. Gram. 380.

Sa tige est nue, droite, triangulaire, haute de 3-4 décim. ; les feuilles sont longues, radicales, courbées en carène, presque lisses sur les bords : les épis sont alternes sur des pédicelles souvent rameux, munis à leur base d'une gaine cylindrique, brune et tronquée, disposés en ombelle plus ou moins garnie au sommet de la tige, et entourés d'une spathe à plusieurs longues feuilles : les épis sont oblongs, comprimés, d'un brun

rougeâtre ; leurs fleurs sont assez distinctes ; les glumes sont
légèrement scarieuses sur le bord. Cette espèce est commune
en Piémont, le long des lacs, des fleuves et des fossés (All.):
elle a été retrouvée sur les bords de l'Adour, près Dax, par
M. Thore. ♃.

QUATORZIÈME FAMILLE.

TYPHACÉES.   *TYPHACEÆ.*

Typhæ. Juss. — *Typhoïdeæ.* Vent. — *Calamariarum gen.*
Linn.

HERBES aquatiques dont la tige, dépourvue de nœuds, droite
ou flexueuse, porte des feuilles alternes, un peu engaînantes,
très-longues et presque en forme de glaives ; les fleurs sont
monoïques, réunies en chatons serrés, globuleux ou cylindriques, et d'un seul sexe ; les fleurs mâles ont un calice à
trois feuilles et trois étamines hypogynes ; les femelles ont un
calice à trois feuilles, un ovaire supérieur, simple, surmonté
d'un style et de deux stigmates ; le fruit est un cariopse ou
un drupe monosperme ; l'embryon est droit dans le centre
d'un périsperme charnu ou farineux, et la radicule est inférieure ; dans la germination le lobe de la graine persiste au
sommet de la première feuille comme dans les joncs. Les
têtes de fleurs sont souvent munies d'une spathe membraneuse à leur base ; les têtes mâles se trouvent toujours au-
dessus des femelles.

CXCIX. MASSETTE.   *TYPHA.*

Typha. Tourn. Linn. Juss. Lam.

CAR. Les fleurs sont disposées en deux chatons cylindriques,
placés immédiatement l'un au-dessus de l'autre au sommet de
la tige ; les fleurs mâles ont trois anthères noirâtres et pendantes, adhérentes à un seul filament trifurqué ; le calice des
fleurs femelles est remplacé par une houppe de poils ; l'ovaire
est pédicellé, et se change en un cariopse qui ressemble à une
graine nue.

1805. Massette à large feuille.   *Typha latifolia.*

Typha latifolia. Linn. spec. 1377. Lam. Dict. 3. p. 722. Illustr. t. 748. f. 1. Fl. dan. t. 645. Gœrtn. fruct. 1. p. 8. t. 2. — Lob. Ic. t. 81. f. 1.

Les feuilles de cette plante sont droites, extrêmement longues, lisses, larges de 5 centimètres et en forme de glaive; elles naissent de la racine et de la base de la tige qu'elles embrassent par leur gaîne; la tige est une hampe haute de 2 mètres, cylindrique, nue, moëlleuse, et terminée par un épi sans séparation sensible, les fleurs femelles étant très-rapprochées des fleurs mâles. On observe souvent deux spathes caduques, l'une placée à la base de l'épi mâle, et l'autre à la base de l'épi femelle. ♃. Les racines, confites dans le vinaigre, se mangent en salade; les feuilles servent à faire des nattes; le duvet des fleurs femelles donne une ouate grossière propre à faire des coussins; on le mêle avec la poix pour calfater les bateaux. M. Lebreton en a fait du feutre; il est même parvenu à filer cette matière, et à en faire du tricot. Cette plante croît dans les lieux aquatiques et sur le bord des étangs : elle porte les noms de *roseau des étangs*, *masse d'eau*, *massette d'eau.*

1806. Massette à feuille étroite. *Typha angustifolia.*

Typha angustifolia, var. α. Linn. spec. 1377. Lam. Dict. 3. p. 723. Illustr. t. 748. f. 2. Fl. dan. t. 815. — *Typha media.* Schleich. Cat. p. 59.

Cette espèce ressemble beaucoup par le port à la précédente, et par la floraison à la suivante : sa tige est droite, haute de 6-9 décim.; les feuilles partent de la racine, et dépassent ordinairement la longueur de la tige; elles sont longues, étroites, planes dans presque toute leur longueur, pointues et d'un verd décidé. Les fleurs forment deux épis cylindriques, assez grêles, placés l'un au-dessus de l'autre, séparés par un intervalle de 2-4 centim., et dépourvus de spathe à leur base. ♃. Elle croît au bord des fleuves, des lacs et des canaux : on trouve quelquefois la tige bifurquée au sommet, et portant deux épis femelles distincts, surmontés d'un épi mâle.

1807. Massette naine.   *Typha minima.*

Typha minima. Hoppe. Herb. Viv. Hoffm. Fl. Germ. 4. p. 251. — *Typha angustifolia*, var. β. Linn. spec. 1378. Lam. Dict. 3. p. 723. — *Typha minor.* Smith. Fl. brit. 3. p. 961. — Lob. Ic. f. 81. t. 2. opt.

Cette espèce ne ressemble à la précédente que par l'inter-

ruption qui se trouve entre les épis mâles et les épis femelles ;
elle en diffère d'ailleurs par sa stature qui ne dépasse pas trois
décim., par sa racine traçante, par ses feuilles glauques, courbées en gouttière et plus courtes que la tige, par ses épis
femelles ovoïdes plutôt que cylindriques, et par ses épis
mâles munis à leur base d'une spathe oblongue et pointue.
Cette plante croît dans les lieux humides et sablonneux, en
Alsace ; en Dauphiné ; près Lyon (Latour.) ; aux environs
de Genève (Smith.). ♃

CC. RUBANIER. *SPARGANIUM.*

Sparganium. Tourn. Linn. Juss. Lam.

Car. Les chatons des fleurs, soit mâles, soit femelles, sont
globuleux, compacts, distincts, au nombre de 4-20, sessiles
le long de la tige ou des rameaux : les fleurs mâles ont trois
étamines distinctes ; les fleurs femelles ont un calice à trois
(six selon Gœrtner) folioles : l'ovaire est sessile et se change
en un drupe monosperme en forme de toupie.

1808. Rubanier rameux. *Sparganium ramosum.*

Sparganium ramosum. C. Bauh. Pin. 15. Roth. Fl. germ. 3.
p. 468.—*Sparganium erectum,* var. α. Linn. spec. 1378. Lam.
Fl. fr. 3. p. 167.—Lob. Ic. t. 80. f. 1.

Sa tige est ferme, un peu flexueuse, haute de 6-8 décim.,
cylindrique, branchue dans la partie supérieure ; ses feuilles
naissent soit de la racine, soit éparses sur la tige ; elles sont
longues, pointues, fermes, courbées sur elles-mêmes de manière à paroître triangulaires ; les fleurs forment une panicule
composée de plusieurs branches partant de l'aisselle des feuilles
supérieures, qui jouent le rôle de bractées. Cette plante est
commune au bord des fleuves, des étangs, etc. ♃

1809. Rubanier simple. *Sparganium simplex.*

Sparganium simplex. Roth. Germ. 3. p. 469. Curt. Fl. lond. 5. t. 6.
—*Sparganium erectum,* var. β. Linn. spec. 1378. Lam. Fl. fr. 3.
p. 167. — *Sparganium non ramosum.* C. B. Pin. 15. — Lob.
ic. t. 80. f. 2.

Cette espèce a le port de la précédente ; mais elle en diffère,
parce que ses feuilles sont plus étroites, plus redressées et
triangulaires seulement à leur base, et sur-tout que ses têtes
de fleurs sont disposées le long d'un axe unique, simple ; la
tête femelle inférieure est portée sur un court pédicelle ; toutes
les autres sont sessiles : on la trouve de même au bord des
eaux. ♃

1810. Rubanier flottant.   *Sparganium natans.*

Sparganium natans. Linn. spec. 1378. Lam. Fl. fr. 3. p. 168. —
Hall. Helv. n. 1304.—*Sparganium minimum.* Ray. Syn. p. 417.

Sa tige est longue de trois décim. au moins, très-grèle,
n'ayant pas deux millim. d'épaisseur, et presque toujours
simple; elle est garnie dans toute sa longueur, de distance en
distance, de feuilles longues de 12-15 centim., larges à peine
de 6 millimètres, lisses, planes ou légèrement concaves d'un
côté, engaînées à leur base et obtuses à leur sommet. Les
fleurs forment de petites têtes sphériques, dont la grosseur
ne surpasse point celle d'un pois médiocre. Il n'y a jamais
qu'une seule tête de fleurs mâles, et les fleurs femelles en forment deux ou trois, dont l'inférieure est souvent pédonculée. ♃.
Cette espèce se trouve dans les lacs, les fossés, les marais du
Nord de la France, près Péronne, entre Flamicourt et le
parc de Menilbruntel; à la forêt de Bondy, près du Raincy
(Thuil.); à Pende et Petit-port (Bouch.); au Mont-Cenis
(All.); à Premol et dans l'Oysans (Vill.); aux lacs de Néouvielle, et ailleurs dans les Pyrénées (Ram.).

QUINZIÈME FAMILLE.

AROÏDES.   *AROIDEÆ.*

Aroideæ. Vent. — *Aroidearum gen.* Juss. Lam. — *Piperitarum
gen.* Linn.

LES aroïdes se distinguent principalement à la disposition
de leurs fleurs, qui sont sessiles, et en grand nombre sur un
spadix ou chaton simple, terminal, quelquefois nu, le plus
souvent entouré d'une spathe colorée; les fleurs sont très-rarement munies de périgone, et n'offrent le plus souvent que
des pistils et des étamines insérés sur le spadix, tantôt entremêlés, tantôt séparés; les ovaires sont terminés ou par un style
aigu ou par un stigmate, et se changent en baies arrondies,
à une ou plusieurs loges, à une ou plusieurs graines; ces
graines ont l'embryon droit dans le centre d'un périsperme
charnu ou farineux, et leur radicule est inférieure.

Plusieurs aroïdes exotiques ont une vraie tige garnie de
feuilles alternes, engaînantes par leurs pétioles; dans celles

de nos climats, la tige est réduite à un tubercule charnu,
placé au collet, et qu'on regarde le plus souvent comme une
racine. C'est de ce tubercule que partent les feuilles qui paroissent ainsi radicales. La germination de ces plantes est mal
connue : elles diffèrent des typhacées, des cypéracées et des
graminées, parce que leur fruit est une baie : la structure de
leur fleur semble se rapprocher des aristoloches.

CCI. GOUET.   *ARUM.*

Arum. Linn. — *Arum, Arisarum et Dracunculus.* Tourn.

Car. Les fleurs sont sessiles à la partie inférieure d'un chaton nu à son sommet, et enveloppées d'une spathe ventrue ;
les anthères sont sessiles, disposées sur plusieurs rangs vers
le milieu du chaton , et voisines de deux ou trois rangées
de glandes aiguës qui sont des étamines avortées : les ovaires
sont placés à la base du chaton, et surmontés d'un stigmate
barbu; les baies sont globuleuses , à une loge , ordinairement monospermes.

Obs. Lamarck a remarqué que le chaton de quelques gouets,
tels que le gouet d'Italie et le gouet commun , acquiert , à
une certaine époque de la floraison, une chaleur considérable :
Senebier a vu cette chaleur s'élever à 21,8 degrés , l'air ambiant
étant à 14,9 degrés ; il a vu qu'elle commence d'ordinaire entre
trois et quatre heures de l'après-midi , que son maximum a lieu
entre six et huit du soir, et qu'elle cesse entre dix et onze. Le
chaton noircit pendant ce phénomène ; et Senebier conclut de-là
que cette chaleur est due à la combinaison de l'oxigène de l'air avec
la matière charbonneuse de la plante.

1811. Gouet serpentaire.   *Arum dracunculus.*

Arum dracunculus. Linn. spec. 1367. Lam. Dict. 3. p. 7. Illustr.
t. 740. f. 2. Bull. Herb. t. 73. — *Dracunculus.* Tourn. t. 70.
— Moris. 3. s. 13. t. 5. f. 46. —Lob. Ic. t. 600. f. 1.

Sa tige est haute de 7-10 décim. , épaisse, imparfaitement
cylindrique , lisse , tachée et comme marbrée; ses feuilles sont
pétiolées, lisses , vertes , souvent tachées de blanc , et composées de cinq ou six lobes lancéolés, disposés en manière
de digitations , sur la bifurcation de leur pétiole : la spathe
est fort grande , verdâtre en-dehors et d'un pourpre noirâtre en-dedans : le chaton est pointu et rougeâtre à son sommet. Cette plante croit dans les lieux ombrageux et incultes des
provinces méridionales. ♃.

1812. Gouet commun.   *Arum vulgare.*

> *Arum vulgare.* Lam. Fl. fr. 3. p. 537. Dict. 3. p. 8. Bull. Herb.
> t. 25.
> α. *Immaculatum.* — *Arum maculatum*, var. α. Linn. spec. 1370.
> Fl. dan. t. 105. — Tab. Ic. 746.
> β. *Maculatum.* — *Arum maculatum*, var. β. Linn. spec. 1370.
> — Lob. Ic. 597.

Sa racine est tubéreuse, charnue, garnie de fibres, et pousse
une tige nue, cylindrique, haute de 2 déc. , et terminée par le
chaton qui porte les fleurs ; ses feuilles sont radicales, pétiolées, sagittées , très-lisses et souvent tachées de brun : la spathe
est fort grande, pointue et colorée en-dedans. Le chaton est
blanchâtre , et son sommet représente une massue qui se colore , se flétrit, et tombe avant la maturation du fruit ; les
baies , en mûrissant, acquièrent une couleur rouge éclatante.
On trouve cette plante dans les bois , les haies et les lieux couverts , ♃ ; elle fleurit au printemps ; sa racine a une saveur âcre
et brûlante.

1813. Gouet d'Italie.   *Arum Italicum.*

> *Arum Italicum.* Mill. Dict. n. 2. Lam. Dict. 3. p. 9. — *Arum
> maculatum*, var. β. All. Pedem. 2. p. 228. — Sabb. Hort.
> Rom. 2. t. 75.

Cette espèce, qu'on a long-temps confondue avec le gouet
commun , s'en distingue en ce qu'elle acquiert une grandeur
deux fois plus considérable dans toutes ses parties ; que ses
feuilles sont marbrées de veines blanches ; que leurs oreillettes
sont grandes , pointues , divergentes , à angle droit de la nervure principale , et sont elles-mêmes munies d'une nervure
très-sensible ; que ses chatons sont jaunâtres et même à leur
maturité , et qu'enfin elle fleurit quinze jours avant l'autre. ♃.
Cette plante croît dans le Piémont (All.) ; en Provence (Garid. ,
Ger.) ; à Montpellier (Gouan) ; à Sorrèze ; dans les Hautes
et sur-tout dans les Basses-Pyrénées.

1814. Gouet à capuchon.   *Arum arisarum.*

> *Arum arisarum.* Linn. spec. 1370. Lam. Dict. 3. p. 9. — *Arum
> incurvatum.* Lam. Fl. fr. 3. p. 538. — *Arisarum.* Tourn. Inst.
> t. 70. — Lob. Ic. t. 598.

Sa racine est ronde , charnue, assez petite, et pousse une ou
deux tiges grêles , hautes de 6-8 centim. ; ses feuilles sont
radicales, pétiolées , cordiformes , à angles postérieurs arrondis , lisses et un peu épaisses : le chaton des fleurs est in-

cliné et environné par une spathe entière et tubulée à sa base, ouvert d'un côté dans sa moitié supérieure, et terminé par une languette courbée en manière de coqueluchon. On trouve cette plante dans les lieux pierreux et couverts, en Provence (Gér.); à Montpellier (Gouan); à Nice et Oneille (All.). Elle fleurit au printemps. ♃

1815. **Gouet à feuille étroite.** *Arum tenuifolium.*

Arum tenuifolium. Linn. spec. 1370. Lam. Dict. 3. p. 10. — Clus. Hist. 2. p. 74. — Lob. Ic. t. 599. f. 1. 2.

Le collet de la racine est tubéreux et émet en dessous des radicules simples et menues, en dessus des feuilles au nombre de quatre à six, linéaires, lancéolées, étroites, rétrécies à la base en un pétiole embrassant, pointues, un peu concaves, glabres, d'un verd foncé, traversées par une nervure longitudinale, épaisse et striée en dessous. Je n'ai point vu les fleurs. Selon l'Ecluse, la spathe est un peu recourbée, le spadix est long, grèle, pointu et incliné. ♃. Cette plante croît aux environs de Montpellier (Sauv. Linn.).

CCII. **CALLA.** *CALLA.*

Calla. Linn. Juss. Lam. — *Ari sp.* Tourn.

Car. Les calla diffèrent des gouets, parce que leur chaton est couvert dans toute sa longueur d'étamines et d'ovaires entremêlés, et que ses baies sont à plusieurs loges et à plusieurs graines.

1816. **Calla des marais.** *Calla palustris.*

Calla palustris. Linn. spec. 1373. Lam. Dict. 3. p. 562. Illustr. t. 739. f. 1. Fl. dan. t. 422. — Lob. Ic. t. 600. f. 2. — Barr. Ic. t. 574.

Sa racine est une souche couchée, rampante, d'une grosseur médiocre, longue de 2 décim., et qui produit, à différens intervalles, les feuilles et les hampes qui portent les fleurs; ses feuilles sont pétiolées, cordiformes et terminées par une pointe courte : les hampes sont longues de 1-5 décim., cylindriques, et soutiennent à leur sommet un chaton court et fleuri dans toute sa longueur. Les étamines sont blanches et semées entre les ovaires, sans nombre déterminé; la spathe est ovale, plane, terminée par une petite pointe, verdâtre en dehors et de couleur blanche en-dedans. ♃. On trouve cette plante dans les marais et les fossés d'eau à-peu-près stagnante; en Alsace, près Bitche; en Hollande, près Utrecht et Gouda; probablement en Belgique.

CCIII. ZOSTÈRE.   *ZOSTERA.*

Phucagrostis. Caul. — *Zosteræ sp.* Linn. — *Ruppiæ sp.* Mœrh.

CAR. Les fleurs sont monoïques ou dioïques, dépourvues de périgone propre, cachées dans la gaîne des feuilles qui fait l'office de spathe.

OBS. Les zostères habitent le fond des mers, et y fructifient sans s'élever à la surface comme les autres plantes aquatiques. Les deux espèces de ce genre sont très-voisines par le port, et très-différentes par les caractères de la fructification, décrits par Mœhring et Caulini, et que je rapporterai ci-dessous d'après ces deux auteurs.

1817. Zostère marine.   *Zostera marina.*

Zostera marina. Linn. sp. 1374. Lam. Illustr. t. 737. — *Zostera maritima.* Gœrtn. Fruct. 1. p. 76. t. 19. — *Alga marina.* Lam. Fl. fr. 3. p. 539. — *Phucagrostis minor.* Caul. Ann. Ust. 10. p. 44. — Mœhr. Trans. Phil. 1741. p. 217.

Sa tige est une souche cylindrique, glabre, sarmenteuse, noueuse d'espace en espace : de chaque nœud partent des radicules descendantes, filiformes, simples, et des rameaux courts, redressés, garnis de feuilles graminées, linéaires, obtuses, entières, engaînantes à leur base, et d'un verd presque brun dans le bas de la feuille ; elle s'évase sous la forme d'une spathe ouverte latéralement, et renferme un spadix linéaire qui porte sur une de ses faces des anthères presque sessiles, placées à la partie supérieure, et des ovaires presque sessiles, placés dans le bas ; chacun de ces ovaires se change en une capsule qui renferme une graine elliptique, dépourvue d'albumen, munie d'un vitellus blanc, un peu charnu, et d'un embryon filiforme courbé en forme de crochet. Cette plante croît au fond de l'Océan et de la Méditerranée, et est souvent jetée par les flots sur les côtes : je l'ai trouvée en abondance, mais dépourvue de fleurs, en Hollande à l'entrée du Zuyderzée où elle est employée, sous le nom de *wier* à fabriquer des digues. ♃ ?

1818. Zostère de la   *Zostera Mediterranea.*
Méditerranée.

Phucagrostis major. Caul. Diss. Neap. Ic. Ann. Ust. 10. p. 42. t. 3. — Dalech. Hist. 1373. f. 1 ?

Cette espèce est 3 ou 4 fois plus grande que la précédente ; sa tige est une souche perpendiculaire, cylindrique, glabre, sarmenteuse, genouillée d'espace en espace : de chaque nœud

partent en-dessous des radicules filiformes, flexueuses, branchues; et en-dessus, des rameaux courts, redressés, garnis
de feuilles linéaires, obtuses, engaînantes à leur base, et
d'un verd presque brun. Les fleurs sont dioïques, et naissent à l'extrémité des rameaux cachés dans la gaîne des
feuilles, qui jouent le rôle de spathes; les fleurs mâles ont une
étamine dont le filament grêle et saillant porte quatre anthères
(une à quatre loges) alongées qui s'ouvrent longitudinalement;
les femelles ont des ovaires géminés, presque sessiles, un peu
comprimés, surmontés d'un style filiforme et d'un stigmate
à deux lobes en alène, plus longs que le style : à ces ovaires
succèdent des graines nues (capsules monospermes), comprimées, convexes d'un côté, et dépourvues de bec saillant.
Cette plante croit au fond de la Méditerranée, et peut-être
aussi dans l'Océan. ♃ ?

III. MONOCOTYLÉDONES PHANÉROGAMES

A étamines périgynes.

SEIZIÈME FAMILLE.

JONCÉES.   *JUNCEÆ.*

Junci. Mirb. —*Juncorum gen.* Juss. —*Juncoidearum gen.* Vent.
Lam. — *Tripetaloidarum gen.* Linn. — *Liliacearum gen.*
Tourn. Adans.

LES joncées forment un groupe intermédiaire entre les
cypéracées et les liliacées; elles se rapprochent des premières par
leur port, et sur-tout parce que leur enveloppe florale (périgone) a la consistance écailleuse ou glumacée; mais elles en
diffèrent par la structure des fleurs et des fruits, qui est analogue à celle des liliacées.

Leurs racines sont ordinairement fibreuses, leurs feuilles engaînantes, souvent radicales, quelquefois cylindriques, quelquefois analogues à celles des graminées; leur tige, qui est simple
et herbacée, porte de petites fleurs disposées en épi, en panicule ou en corymbe, et accompagnées de bractées sèches; ces
fleurs sont le plus souvent hermaphrodites et composées d'un
périgone à six divisions profondes, semblables à des glumes;
les étamines sont presque toujours au nombre de six, placées
devant les divisions du périgone; l'ovaire est libre et porte un
stile divisé en trois stigmates; le fruit est une capsule à trois

valves qui s'écartent par le sommet à la maturité ; ces valves portent souvent une cloison longitudinale sur leur face interne, et alors la capsule est à trois loges ; quelquefois cette cloison manque, et alors la capsule est à une loge ; dans le premier cas, les graines sont nombreuses et adhérentes au côté interne de la cloison ; dans le deuxième, on ne trouve qu'une seule graine adhérente au bas de chaque valve : ces graines ont l'embryon placé à la base d'un périsperme charnu.

CCIV. CAULINIE. *CAULINIA.*

Zostera. Caul. — *Zosteræ sp.* Linn. — *Algæ sp.* Tourn.

Car. Chaque fleur est composée, 1°. de six anthères cylindriques, sessiles, droites, insérées sur le réceptacle, s'ouvrant par une fente longitudinale et émettant un pollen abondant et cotonneux ; 2°. de trois écailles concaves, épaisses, pointues, qui embrassent l'ovaire et persistent jusqu'à la maturité ; 3°. d'un ovaire cylindrique dépassant à peine les écailles, surmonté d'un stile court et d'un stigmate hérissé ; 4°. le péricarpe est ovoïde, pulpeux et tombe à la maturité ; à la place de graine on trouve une gemme nue, ovale-oblongue, convexe d'un côté, sillonnée de l'autre (caract. tiré de Caulini).

Obs. D'après le témoignage de Caulini, je sépare cette plante de la zostère marine, dont elle diffère entièrement ; le savant napolitain a conservé le nom de zostère à ce genre, qu'il dit appartenir à la famille des *calamariæ* Linn., et il a donné à la zostère marine le nom de *phucagrostis*, employé par Théophraste ; mais le nom de zostère ne peut être ôté à la zostère marine, puisque elle seule l'avoit d'abord porté et avoit fourni le caractère générique. J'ai donc cru nécessaire de donner un nouveau nom à ce genre ; et celui du naturaliste auquel nous en devons la connoissance, se présentoit naturellement à l'esprit : au reste, sa place dans l'ordre naturel me paroit encore indécise.

1819. Caulinie de l'Océan. *Caulinia Oceanica.*

Zostera Oceanica. Linn. Mant. 123. Caul. Diss. Neap. 1792. Ic. Ann. Ust. 6. p. 66. t. 4. — Lob. Ic. t. 248. f. 2. — Tourn. Inst. t. 337.

La base de cette plante est une souche épaisse, noueuse, recouverte d'écailles rousses, lacérées et caduques ; les feuilles partent cinq à six ensemble, et sont munies à leur base d'une espèce de gaîne rousse sur laquelle elles sont articulées, et qui, en se déchirant ensuite, produit les écailles qui garnissent la souche; les feuilles sont droites, un peu fermes, linéaires, obtuses, d'un verd foncé, larges de 9-10 millim.; du milieu des feuilles, d'après Caulini, s'élève une hampe droite, longue de 8-10 centim., qui porte à son sommet trois ou quatre épis, dont chacun renferme ordinairement trois fleurs; chaque épi est muni d'une double spathe; l'extérieure est à deux valves, dont l'une très-alongée porte à sa base deux appendices embrassantes, et l'autre tronquée, membraneuse, ne dépasse pas ses appendices latéraux; l'intérieure est à deux valves presque égales et munies de même d'appendices embrassantes. Cette plante croît au fond de la Méditerranée et de l'Océan, et fleurit sans s'élever à la surface. ♃.

CCV. ACORE. *ACORUS.*

Acorus. Tourn. Linn. Juss. Lam.— *Calamus.* Mich.

Car. Les fleurs sont très-serrées le long d'un épi cylindrique placé sur le côté de la tige; leur enveloppe est à six pièces glumacées et renferme six étamines (placées devant les glumes, Juss.), (alternes avec elles, Sm.), et un ovaire oblong auquel succède une capsule en pyramide renversée, à trois angles, à trois loges.

Obs. Les étamines sont-elles insérées au bas des glumes? Les loges de la capsule renferment-elles une ou plusieurs graines (1)? Ce genre seroit-il mieux placé parmi les aroïdes? La disposition de ses fleurs me paroît avoir plus d'analogie avec les joncs qu'avec les gouets; il s'éloigne encore de ces derniers par la présence d'une enveloppe glumacée qui n'existe pas dans la plupart des aroïdes, ou qui, lorsqu'elle y existe, a ses divisions alternes et non opposées avec les étamines. Le fruit des aroïdes est une baie à une loge, celui de l'acore est une capsule à trois loges, comme dans les joncs. Ces raisons m'engagent à placer ce genre dans la famille des joncées, comme B. de Jussieu et Adanson l'avoient fait.

1820. Acore odorant.   *Acorus calamus.*

Acorus calamus. var. β. Linn. spec. 462. Lam. Dict. 1. p. 34. Illustr. t. 252. — *Acorus odoratus.* Lam. Fl. fr. 3. p. 299. — Blakw. t. 466. — Moris. 3. s. 8. t. 13. f. 4.

Ses feuilles sont droites, longues, et s'engaînent par le côté

(1 La figure de Micheli semble indiquer que les loges ne renferment qu'une seule graine (t. 51.).

comme celles des iris; ses fleurs naissent sur un chaton un peu
incliné d'un côté, et moins élevé que les feuilles; elles sont
composées d'un périgone à six pièces courtes et persistantes,
six étamines un peu plus longues que le périgone, et d'un ovaire
qui se change en une capsule obtuse, sillonnée et à trois loges
monospermes. On trouve cette plante dans les fossés et sur le
bord des eaux en Belgique; en Alsace (Stolz.); près Huningue;
au pont de Beauvoisin (Vill.); en Bresse (Latour.); en Piémont
(All.) : elle fleurit à l'entrée de l'été. ♃. Ses feuilles froissées
entre les mains, exhalent une odeur agréable; sa racine est
stomachique, carminative, hystérique et diurétique.

C C V I. L U Z U L E.   *L U Z U L A.*

Juncoides. Mich. Scheuchz. Adans — *Junci sp.* Linn.

CAR. Le périgone est à six divisions profondes, à-peu-près
égales et de consistance écailleuse; la capsule est à une loge, à
3 valves dépourvues de cloison, à trois graines attachées au
fond de la capsule par un ligament.

OBS. Ce genre est très-voisin, par son fruit, de l'ériocaulon,
dont il ne se distingue que par ses fleurs hermaphrodites; il diffère
évidemment du jonc par sa capsule à une loge et à trois graines
insérées au fond du fruit; il comprend toutes les espèces de
joncs à feuilles planes, et le plus souvent hérissées de soies
éparses. Les anciens botanistes, et J. Bauhin en particulier,
les désignoient sous le nom de *gramen luzulæ.* D'où j'ai tiré
le nom générique de *luzula* afin d'éviter la terminaison en
oïdes maintenant proscrite pour les noms de genre. La différence de la luzule et du jonc est très-bien exprimée par
Micheli, Nov. Gen. t. 51.

1821. Luzule blanc-de-neige.   *Luzula nivea.*

Juncus niveus. Linn. spec. 468. Lam. Dict. 3. p. 272. —
Scheuchz. Gram. 320. t. 7. f. 7.—Moris. s. 8. t. 9. f. 39.

Cette espèce se reconnoît sans peine à la belle couleur
blanche de ses fleurs et des écailles qui les entourent; sa
tige est droite, haute de 5-4 décim., garnie de feuilles
planes, pointues, munies de quelques soies éparses : les fleurs
forment un corymbe composé, dont les pédicelles portent chacun un faisceau de cinq fleurs environ : ces fleurs sont longues
de 5-6 millim., pointues; les divisions intérieures du périgone
sont deux fois plus longues que les extérieures. ♃. Elle croît
dans les Alpes; les montagnes d'Auvergne; dans la forêt d'Orléans (Dub.)?; les environs de Lyon (Latour)?

1822. Luzule blanchâtre.   *Luzula albida.*

Juncus albidus. Hoffm. Germ. 3. p. 168. — *Juncus luzuloides.*
Lam. Dict. 3. p. 272. — *Juncus niveus.* Leers. Herb. t. 13. f. 6.
— *Juncus angustifolius.* Wulf. Jacq. Coll. 3. p. 56. — *Juncus nemorosus.* Poll. Pal. n. 352. — *Juncus leucophobus.*
Ehrh. Beyt. 6. p. 141. —*Juncus pilosus,* *. Linn. sp. 468.

Cette espèce ressemble à la précédente par la couleur blanche de ses fleurs et par son port; mais elle en diffère parce que ses fleurs sont deux fois plus courtes et d'un blanc moins éclatant, que sa panicule est plus rameuse et plus courte que les feuilles, que chaque pédicelle ne porte que 2-3 fleurs, et sur-tout que les divisions du périgone sont plus pointues et à-peu-près égales entre elles. Elle croît dans les bois des collines et des montagnes peu élevées. ⚥. Elle a été trouvée en Lorraine près de la Sarre; aux environs du lac Léman; en Dauphiné, etc.

1823. Luzule jaune.   *Luzula lutea.*

Juncus luteus. All. Ped. n. 2085. Vill. Delph. 2. p. 235. t. 6.
Lam. Dict. 3. p. 272. — *Juncus campestris,* *. Linn. spec.
469.

Cette luzule est très-facile à reconnoître à ses fleurs qui sont d'un beau jaune jonquille ainsi que les écailles qui les entourent; elle ne s'élève guère au-delà de deux décim.; ses feuilles sont absolument glabres; ses fleurs forment un corymbe composé, serré; les pédicelles portent plusieurs fleurs; les divisions du périgone sont presque obtuses, égales entre elles, un peu luisantes, longues de 2-5 millim. Elle croît dans les prairies des Hautes-Alpes, du Dauphiné, de Provence, du Piémont, de la Savoie; dans les Hautes-Pyrénées, à la vallée d'Aigue-Cluse près Barège (Ram.) ⚥.

1824. Luzule marron.   *Luzula spadicea.*

Juncus spadiceus. All. Ped. n. 2083. Vill. Dauph. 2. p. 236. t. 6.
— *Juncus pilosus,* β. Linn. spec. 468. —*Juncus montanus,* γ.
Lam. Dict. 3. p. 273. —Scheuchz. Agr. Prod. t. 6. f. 3.

Elle s'élève jusqu'à trois décim.; sa tige est simple, grêle, garnie de feuilles planes, alongées, pointues, larges de 4-5 millim., glabres, à l'exception de quelques poils qui se trouvent à l'entrée de leur gaîne; les fleurs forment un corymbe décomposé, dont les pédoncules sont alongés, divergens, et portent chacun à leur sommet quatre fleurs munies d'un très-court pédicelle ; les bractées et les périgones sont d'un brun roux , bai ou marron ; les fleurs sont petites ; les divisions de leur périgone sont aiguës et un peu plus courtes que la capsule. Elle croît dans les prairies humides des Alpes, du Dauphiné , du Piémont et de Savoie; dans les montagnes d'Auvergne. ♃.

1825. Luzule printannière.   *Luzula vernalis.*

Juncus vernalis. Ehrh. Beit. 6. p. 137. — *Juncus pilosus.* Leers. Herb. t. 13. f. 10. — *Juncus luzulinus.* Vill. Dauph. 2. p. 235. — *Juncus nemorosus.* Lam. Dict. 3. p. 272. — *Juncus pilosus ,* α. Linn. spec. 468.

Sa racine pousse 2–3 tiges hautes de 3–4 décim. , grêles , presque nues dans leur partie supérieure, munies à leur base de feuilles planes, pointues, droites, larges de 7–8 millim., garnies sur les bords et à l'entrée de leur gaîne de longs poils blancs; les fleurs forment un corymbe lâche, simple, dont les pédicelles sont grêles, alongés , divergens , un peu penchés, et ne portent le plus souvent qu'une seule fleur : cette fleur est d'un brun un peu nuancé de blanc , et plus grande que dans la plupart des luzules; les divisions du périgone sont pointues , égales entre elles; la capsule est verdâtre, arrondie , assez grosse. Cette plante se trouve dans les bois et fleurit au printemps. ♃.

1826. Luzule à large feuille.   *Luzula maxima.*

Juncus maximus. Retz. Prod. ed. 2. n. 434. Wild. sp. 2. p. 217. — *Juncus latifolius.* Wulf. Jacq. Coll. 3. p. 59. — *Juncus montanus.* Lam. Dict. 3. p. 273. — *Juncus pilosus.* Vill. Dauph. 2. p. 234. — *Juncus sylvaticus.* Curt. Lond. 5. n. 59. *Juncus pilosus ,* δ. Linn. spec. 468.

Cette espèce, la plus grande de ce genre, s'élève jusqu'à 5–6 décim.; ses feuilles sont grandes , fermes, larges de 6–7 millim., hérissées çà et là de poils soyeux; les supérieures sont très-petites ; les fleurs forment un corymbe décomposé, dont les bractées, les écailles et les fleurs sont d'un brun rougeâtre mélangé de blanc : les pédicelles sont alongés , divergens , chargés vers le sommet de trois fleurs sessiles ; celles-ci ont 5 millim. de longueur; les divisions de leur périgone sont très-acérées, égales entre elles et aussi longues que la capsule. ♃. Elle se trouve dans les bois des montagnes ; à Thoiry, dans le Jura ; dans les Alpes ; les Monts-d'Or , etc.

1827. **Luzule des champs.** *Luzula campestris.*

Juncus campestris. Linn. spec. 468. Lam. Dict. 3. p. 273. Leers.
   Herb. t. 13. f. 5.
β. *Juncus congestus.* Thuil. Fl. par. II. 1. p. 179.
γ. *Juncus intermedius.* Thuil. Fl. par. II. 1. p. 178.
δ. *Juncus sudeticus.* Wild. spec. 2. p. 221.

Cette espèce varie beaucoup quant à son port; on la distingue
des autres luzules en ce qu'elle porte plusieurs épis ovoïdes,
sessiles ou pédonculés, lâches ou serrés, droits ou un peu pendans, qui sont disposés en corymbe ou en ombelle incomplette;
l'épi du milieu est toujours sessile, les écailles, les fleurs et les
capsules sont d'un brun diversement nuancé. La variété α ne
s'élève guère au-delà de 1 décim., et porte des feuilles presque
radicales très-velues; sa capsule est petite, plus courte que le
périgone, et ses graines sont rousses, ovoïdes : la variété β
s'élève jusqu'à 3 décim.; elle a ses épis réunis en une tête serrée
et ovoïde; ses feuilles portent des poils épars; sa capsule est
presque double de la précédente, et renferme des graines brunes,
anguleuses d'un côté : la variété γ a ses épis disposés en une
vraie ombelle, portés sur des pédicelles droits et alongés, ses
fleurs ressemblent d'ailleurs à la précédente : la variété δ tient
le milieu entre les deux précédentes, par la disposition de ses
fleurs, mais elle a les feuilles absolument glabres. La première
naît dans les lieux secs et arides; la seconde dans les bois; la
troisième dans les marais, et la quatrième dans les montagnes :
les trois dernières variétés, qui ont la capsule plus grosse,
doivent peut-être former une espèce distincte ? ♃.

1828. **Luzule en épi.** *Luzula spicata.*

Juncus spicatus. Linn. Fl. lapp. 125. t. 10. f. 4. Lam. Dict. 3.
   p. 274. Fl. dan. t. 270.

Sa racine, qui est épaisse et fibreuse, pousse une à trois
tiges grêles, hautes de 1-2 décimètres; les feuilles sont très-
étroites, un peu courbées en gouttières, glabres, munies d'une
houppe de longs poils blancs à leur insertion sur la tige; les
fleurs sont disposées en une grappe terminale, cylindrique, serrée, penchée ou pendante, composée de 5-6 petits épis sessiles,
séparés par des bractées hérissées de poils; les divisions du périgone sont brunes, lancéolées, acérées, égales entre elles; la
capsule est d'un brun noir. Elle croît dans les prairies des Hautes-
Alpes; dans les montagnes du Forêt (Latour.). ♃.

Tome III.   L

1829. Luzule en grappe.   *Luzula pediformis.*

Juncus pediformis. Vill. Dauph. 2. p. 238. t. 6. — Mich. Gen.
p. 42. n. 7. — Ger. Gallopr. p. 141. n. 12.

Cette luzule semble n'être qu'une variété de la précédente ;
elle s'en distingue cependant d'une manière assez constante à
ses dimensions trois fois plus grandes, à ses feuilles plus larges,
à ses fleurs disposées en grappe terminale plus longue et plus
lobée à la base, à ses bractées qui dépassent de beaucoup les épillets placés à leur aisselle, à ses fleurs deux fois plus grandes bigarrées de brun et de blanc, à ses capsules pointues et non obtuses.
Elle a été trouvée dans les montagnes du Dauphiné près Briançon, au Mont-Genèvre, à Chaillot-le-Vieil, et dans le Champsaur par M. Villars ; au Mont-Cénis (All.) ; au pic d'Ereslids
dans les Pyrénées par M. Ramond ; en Provence par M. Gérard.

CCVII. JONC.   *JUNCUS.*

Juncus. Mich. Adans. — *Junci sp.* Linn. Juss. Lam.

Car. Le périgone est à six divisions égales, profondes, et
qui ont la consistance d'écailles ; la capsule est à trois loges, à
trois valves qui portent des cloisons longitudinales sur leur face
interne ; les graines sont nombreuses, attachées au côté interne
des cloisons.

Obs. Ce genre comprend des plantes qui ont toutes des
feuilles glabres, cylindriques ou en carène, placées au collet de
la racine ou sur la tige elle-même ; quelques espèces n'ont que
trois étamines, et semblent par-là se rapprocher du xyris, mais
leurs trois étamines sont placées devant les divisions externes
du périgone, tandis que dans les xyris elles sont à la base des
divisions internes. Peut-être ces joncs triandres doivent-ils former un genre distinct? Leur fruit offre aussi quelques différences, comme on peut le voir dans les articles 1845 et 1846.

§. Ier. *Tiges nues ; feuilles radicales.*

1830. Jonc maritime.   *Juncus maritimus.*

Juncus maritimus. Lam. Dict. 3. p. 264. — *Juncus acutus.* α. Linn.
spec. 463. — Moris. s. 8. t. 10. f. 14. — Scheuchz. Gram. 340.

Sa racine pousse quelques feuilles dures, cylindriques, engaînantes à la base et pointues au sommet ; les tiges sont droites,
nues, hautes de 3-5 décim. ; elles portent une panicule lâche,
rameuse, qui sort d'une spathe à deux valves, dont l'une est

très-petite et l'autre se prolongeant sous la forme d'une feuille cylindrique, semble la continuation de la tige et empêche la panicule de paroître terminale comme elle l'est réellement ; les capsules sont petites, pointues, et ne dépassent pas la longueur du périgone. Cette espèce croît dans les marais aux bords de la mer, soit sur les côtes de la Méditerranée, à Mortagne (Scheuch.), Narbonne, Montpellier, etc., soit celles de l'Océan près Dax (Thor.); Bayonne ; Saint-Valery (Bouch.), etc. ♃.

1831. Jonc aigu.   *Juncus acutus.*

Juncus acutus. Lam. Dict. 3. p. 264. — *Juncus acutus*, β. Linn. spec. 463. Wild. sp. 2. p. 204. — Moris. s. 8. t. 10. f. 15. — Scheuchz. Gram. 338. — C. B. Prodr. p. 21. Ic.

A l'exemple de Lamarck, et de tous les anciens botanistes, je distingue cette espèce du jonc maritime, avec lequel Linné l'a réunie ; elle lui ressemble par sa grandeur, sa tige nue, ses feuilles radicales cylindriques et piquantes ; mais sa panicule est serrée, peu rameuse, en forme de tête, et munie à sa base d'une spathe dont les valves presque égales entre elles, dépassent à peine les fleurs ; en outre les capsules sont tres-grosses et deux fois plus longues que le périgone. Les anciens botanistes les avoient comparés au fruit du sorgho. Ce jonc croît sur les bords de la mer, dans le midi de la France ; aux environs de Martègue, de Montpellier, etc. : il fructifie en automne. ♃.

1832. Jonc aggloméré.   *Juncus conglomeratus.*

Juncus conglomeratus. Linn. spec. 464. Lam. Dict. 3. p. 264. Illustr. t. 230. f. 1. — Cam. Epic. 780. Ic.

Sa tige est haute de 5 décim., nue, lisse et cylindrique ; ses feuilles sont radicales, cylindriques, aiguës et un peu foibles ; ses fleurs sont d'un brun roussâtre et disposées en un peloton serré, sessile et latéral ; les capsules sont courtes et obtuses. On trouve cette plante dans les marais. ♃.

1833. Jonc épars.   *Juncus effusus.*

Juncus effusus. Linn. spec. 464. Lam. Dict. 3. p. 265. Fl. dan. t. 1096. — Lob. Ic. t. 83. f. 1.
β. *Subglomeratus.* — Lob. Ic. t. 84. f. 2.

Ses tiges sont droites, lisses, striées, cylindriques, nues et hautes de 7 décim. ; elles se terminent par une pointe droite et très-aiguë ; les feuilles sont radicales, cylindriques, pointues, droites et resserrées contre les tiges ; les fleurs forment une panicule ordinairement très-lâche , et qui paroit latérale à cause du prolongement de la bractée ; quelquefois cette panicule est aussi resserrée que dans le jonc aggloméré : alors on distingue notre espèce à ses fleurs blanchâtres plus aiguës , et à ce que la tige offre un petit étranglement circulaire au-dessous de la panicule ; les capsules sont obtuses. Elle est commune dans les marais et le bord des chemins humides ; on en fait des cordages , des liens , etc. ♃.

1834. Jonc courbé.   *Juncus inflexus.*

Juncus inflexus. Linn. spec. 246 ? Lam. Dict. 3. p. 265. — *Juncus glaucus.* Wild. sp. 2. p. 206.

Cette plante a beaucoup de rapport avec la précédente , et n'en est qu'une variété , selon Haller ; ses tiges sont cylindriques , nues , striées et se prolongent au-dessus des fleurs en manière de feuilles très-foibles et arquées ; les feuilles sont radicales , cylindriques et pointues ; les fleurs sont disposées en une panicule lâche et latérale. On trouve cette plante dans les lieux humides des provinces méridionales. ♃.

1835. Jonc filiforme.   *Juncus filiformis.*

Juncus filiformis. Linn. spec. 465. Lam. Dict. 3. p. 265. Leers. Herb. t. 13. f. 4. — Pluk. t. 40. f. 8.

Sa tige est grèle , filiforme , haute de 2 décim. , nue , garnie de quelques écailles à sa base ; les feuilles sont radicales , molles , filiformes ; la panicule est sessile , blanchâtre , composée de quatre à cinq fleurs , et semble sortir du milieu de la tige , parce que la valve de la spathe se prolonge au-dessus de la tige en pointe molle , grèle et semblable aux feuilles ; la capsule est obtuse , souvent rougeâtre. Il croît dans les marais tourbeux des pays de montagnes. ♃.

1836. Jonc des Landes.   *Juncus ericetorum.*

Juncus ericetorum. Poll. Pal. n. 350. — *Juncus gracilis.* Roth. Fl. germ. I. 155. II. 402. — *Juncus capitatus.* Wild. sp. 2. p. 209. — *Juncus mutabilis.* Cav. Ic. 3. t. 296. f. 2. excl. syn.

Cette plante pousse plusieurs tiges grèles , nues , simples , hautes de 6-8 centim. , entourées à leur base de quelques feuilles courtes , filiformes , courbées en gouttière et terminées par une ou deux têtes de fleurs arrondies , comme hérissées et munies de trois à quatre folioles filiformes alongées ; les divisions du périgone sont lancéolées, très-acérées et plus longues que la capsule; celle-ci est ovoïde, d'un brun rouge. Elle croît dans les terres inondées pendant l'hiver; elle a été trouvée dans les Landes près Dax, par M. Thore; aux environs du Mans, par M. Desportes; près Montpellier, par M. Degland; à Abbeville (Bouch.). ☉.

1857. Jonc à trois pointes. *Juncus trifidus.*

Juncus trifidus. Linn. spec. 465. Lam. Dict. 3. p. 271. Fl. dan. t. 107.

β. *Juncus monanthos.* Jacq. Vind. Obs. t. 4. f. 1.

Sa tige est haute de 1-2 décimètres, menue, cylindrique, garnie près de sa racine de plusieurs écailles engaînantes, roussâtre et chargée vers son sommet de deux ou trois feuilles sétacées, aiguës, lisses, et qui font paroître son extrémité trifide; ses fleurs sont terminales, brunes, luisantes, quelquefois solitaires et rarement au nombre de trois. On trouve cette plante sur les montagnes de la Provence, du Dauphiné, du Piémont, de la Savoie, dans les Pyrénées, etc. Elle croît dans les fentes des rochers et les lieux pierreux. Je l'ai trouvée en abondance sur les bords de la mer de glace près du Mont-Blanc. On trouve dans Villars (vol. 2. p. 251 et 242.) deux excellentes descriptions de cette plante; la première est à la véritable place qui lui convient, puisque sa capsule est polysperme; la seconde offre l'analyse de sa fleur. ♃.

1858. Jonc rude. *Juncus squarrosus.*

Juncus squarrosus. Linn. spec. 465. Lam. Dict. 2. p. 267. Fl. dan. t. 430. — *Juncus Sprengelii.* Wild. Prod. n. 394. t. 4. f. 8. — Lob. Ic. t. 18. f. 1.

Cette plante a une rigidité très-remarquable; sa tige est nue, et ne s'élève que jusqu'à 3 décimètres; ses feuilles sont radicales, vertes, sétacées, un peu carénées et aiguës; ses fleurs forment une panicule terminale non feuillée, et ses fruits sont luisans, roussâtres, ovoïdes et obtus. On trouve cette plante dans les lieux humides et marécageux. ♃.

1859. Jonc septentrional. *Juncus arcticus.*

Juncus arcticus. Wild. sp. 2. p. 206.—*Juncus Jacquini.* Fl. dan. t. 1095. — *Juncus acuminatus.* Balb. Add. Fl. ped. p. 87. — *Juncus pauciflorus.* Mœnch. ex Schleich. Cat. 57.

Cette plante ressemble, par sa grandeur et par la couleur de ses fleurs, au jonc de Jacquin, et par la position des fleurs, au jonc aggloméré; sa tige est droite, ferme, haute de 1-2 décim., garnie vers sa racine de quelques écailles striées en long, nue dans le reste de sa longueur; les fleurs sont peu nombreuses, d'un brun noirâtre; elles forment une petite touffe presque sessile, qui paroît latérale parce que la spathe se prolonge au-dessus en une pointe roide, droite, aiguë, qu'on prend au premier coup-d'œil pour une continuation de la tige. Ce jonc a été trouvé par M. Schleicher, dans les Alpes voisines du Léman; dans celles du Piémont (Balbi); au Mont-Cénis. ♃

§. II. *Tiges garnies de feuilles dépourvues de nœuds transversaux.*

1840. Jonc de Jacquin.   *Juncus Jacquini.*

Juncus Jacquini. Linn. Mant. 63. — *Juncus atratus.* Lam. Dict. 3. p. 271. — *Juncus biglumis.* Jacq. Vind. t. 4. f. 2. Austr. 3. t. 221. — Scheuchz. Gram. 323. t. 7. f. 9.

Ce jonc ressemble au choin noirâtre; sa racine pousse plusieurs tiges hautes de 8-12 centim., munies de quelques écailles à leur base, et portant une à deux feuilles cylindriques, pointues, fistuleuses; au sommet de la tige est un faisceau de huit à dix fleurs entourées d'écailles noires, luisantes, embriquées; le périgone a ses divisions pointues, plus alongées que les écailles, mais de la même couleur; les trois stigmates sont très-longs et très-saillans; les filamens des étamines sont deux fois plus courts que les anthères. Il croît dans les Alpes du Dauphiné, du Piémont, et des environs du lac Léman. ♃

1841. Jonc à trois bractées.   *Juncus triglumis.*

Juncus triglumis. Linn. spec. 467. Fl. lapp. t. 10. f. 5. Lam. Dict. 3. p. 267. Fl. dan. t. 132.

Cette espèce ressemble par son port au carex en tête, ou au carex à feuilles de jonc; sa tige est droite, simple, haute de 8-9 centim., garnie dans le bas de 3-4 feuilles cylindriques, courtes, pointues, fistuleuses et engaînantes à leur base; elle est nue dans le reste de sa longueur, et porte à son sommet une tête de 2-3 fleurs brunes, entourées de trois bractées scarieuses, brunes ou rousses, plus courtes que les capsules : celles-ci sont un peu renflées, ovoïdes, oblongues; les étamines ont les anthères petites et les filamens presque aussi longs que le périgone; lequel est

plus court que la capsule. Cette plante croît dans les Hautes-
Alpes de la Savoie, du Dauphiné, du Piémont. ♃

1842. Jonc bulbeux.   *Juncus bulbosus.*

Juncus bulbosus. Linn. spec. 466. Lam. Dict. 3. p. 269. Fl.
dan. t. 431. — *Juncus compressus.* Jacq. Vind. 235. — Moris.
s. 8. t. 9. f. 11.

Sa racine est épaisse , s'alonge horizontalement , produit
beaucoup de fibres chevelues , et pousse plusieurs tiges hautes
de 2 décim. ou quelquefois davantage , fort grèles et comprimées sur-tout à la base; ses feuilles sont linéaires , très-
étroites , canaliculées et pointues : les fleurs forment une panicule peu étalée et terminale. Les divisions du périgone sont
courtes et les capsules sont brunes , arrondies et luisantes. Cette
plante est commune dans les marais et les prés humides ; je
l'ai trouvée dans les marais salés des environs de Dieuze et
Moyenvic. ♃

1843. Jonc inondé.   *Juncus tenageya.*

Juncus tenageya. Linn. F. suppl. 208. Fl. dan. t. 1160. —
Juncus Vaillantii. Thuil. Fl. par. II. 1. p. 177. — Vaill. Bot.
t. 20. f. 1.

Ce jonc ne s'élève guère au-delà de deux décim. , et quelquefois n'en atteint pas un; sa tige est grèle, rameuse, paniculée , garnie de feuilles étroites , sétacées , droites et glabres. Les fleurs sont solitaires et sessiles , placées le long
des rameaux de la panicule et à leur bifurcation : les divisions du périgone sont ovales - oblongues , roussâtres , un
peu pointues ; la capsule ne les dépasse pas à sa maturité ;
elle est globuleuse , brune , luisante, à trois loges , à trois
valves , et renferme ur grand nombre de petites graines jaunes.
Il croit dans les lieux où l'eau a séjourné pendant l'hiver aux
environs de Paris , du Mans, de Grenoble; fleurit en été. ⊙

1844. Jonc des crapauds.   *Juncus bufonius.*

Juncus bufonius. Linn. spec. 466. Lam. Dict. 3. p. 269. Gœrtn.
Fruct. 1. p. 53. t. 15. f. 5. — Lob. Ic. t. 18. f. 2.
β. *Repens.* Scheuchz. Gram. 329.

Ses tiges sont menues, filiformes, bifurquées, plus ou
moins droites, et hautes de 1-2 décim. ; ses feuilles sont
linéaires, sétacées et anguleuses; ses fleurs sont solitaires ,
quelquefois géminées , et disposées aux extrémités et dans

les bifurcations des tiges. On remarque à leur base une ou
deux écailles fort petites , transparentes et blanchâtres ; les divisions du périgone sont plus longs que la capsule. La variété β est
extrêmement grèle dans toutes ses parties ; ses fleurs sont toutes
solitaires , blanchâtres , et la plupart ont leurs divisions terminés par une barbe ou pointe sétacée particulière. On trouve
cette plante dans les lieux humides , les prés marécageux ,
sur le bord des chemins , etc. ☉.

1845. Jonc pygmée.   *Juncus pygmœus.*

Juncus pygmœus. Thuil. Fl. par. II. 1. p. 178. — *Juncus mutabilis* , α. Lam. Dict. 3. p. 270.

La grandeur de cette plante varie de 3-15 centim. ; une racine fibreuse pousse plusieurs tiges droites , grèles , qui émettent
à leur sommet 3-5 pédicelles droits et inégaux , ces pédicelles
sortent d'une spathe à 2-3 feuilles inégales , linéaires , courbées en carène , et portent chacun un paquet de 4-6 fleurs
entourées de petites écailles scarieuses et plus courtes qu'elles ;
les divisions du périgone sont pointues , étroites , et longues
de 3-4 millim. ; la capsule est triangulaire ; étroite , pointue , un peu plus courte que le périgone , à une loge , à trois
valves munies en-dedans d'un rudiment de cloison auquel les
graines adhèrent. Je n'ai jamais vu que trois étamines dans
cette plante : elle croît dans les marais un peu tourbeux ;
à Saint-Hubert et à Fontainebleau , près Paris; à Grammont ,
près Montpellier. ☉.

1846. Jonc humble.   *Juncus supinus.*

Juncus supinus. Roth. Germ. I. 156. II. 409. Fl. dan. t. 1099.
excl. syn. — *Juncus subverticillatus* , β. Wild. spec. 2. p. 212.
— *Juncus mutabilis* , γ. Lam. Dict. 3. p. 270. — *Juncus seti-
folius*. Ehrh. Gram. n. 86.

Une racine épaisse et composée de longues fibres blanches ,
pousse plusieurs tiges bifurquées , hautes d'un décim. , garnies de feuilles filiformes , courbées en gouttière , droites et
pointues : les fleurs sont disposées à la base et à l'extrémité
des rameaux supérieurs en paquets arrondis , munis à leur
base de trois ou quatre feuilles sétacées qui forment un involucre : les divisions du périgone sont plus courtes que la
capsule ; celle-ci est triangulaire, obtuse, à une loge , à trois
valves qui portent, chacune sur leur face interne , le rudiment d'une cloison longitudinale , à laquelle adhèrent des

graines rousses, petites et nombreuses : il croît dans les marais à demi-desséchés. ♃.

§. III. *Tiges garnies de feuilles noueuses d'espace en espace.*

1847. Jonc flottant. *Juncus fluitans.*

Juncus fluitans. Lam. Dict. 3. p. 270. — *Juncus uliginosus.* Roth. Fl. germ. I. 155. II. 405. — *Juncus subverticillatus.* Hoffm. Germ. 3. p. 166. — Scheuchz. Gram. 330. t. 7. f. 10.

Cette plante a le port du scirpe flottant, et ressemble par ses feuilles au jonc articulé, et par ses fleurs au jonc humble ; sa tige est grèle, foible, rampante ou flottante, selon le lieu où la plante a cru ; ses feuilles sont longues, filiformes, grèles, un peu noueuses lorsqu'on les presse entre les doigts : les fleurs forment une panicule éparse, mal garnie, composée de paquets de 3-4 fleurs serrées, nues ou entourées de petites folioles sétacées : la capsule dépasse les divisions du périgone, qui sont oblongues et un peu obtuses. Elle croît dans les fossés et les marais très-aqueux, à Saint-Léger, etc. ; fleurit en été. ♃.

1848. Jonc articulé. *Juncus articulatus.*

Juncus articulatus. Linn. spec. 465. Fl. dan. t. 1097. — *Juncus articulatus*, *a.* Lam. Dict. 3. p. 268. Wild. spec. 2. p. 211.— *Juncus aquaticus.* All. Ped. n. 2089. — *Juncus obtusiflorus.* Ehrh. Gram. 76.

Sa tige est droite, cylindrique, et s'élève de 5 décimètres ; elle est garnie de deux ou trois feuilles un peu comprimées, sensiblement articulées, pointues et peu ouvertes : les fleurs sont terminales et disposées en panicule lâche, formée par deux ou trois ombelles ; elles sont solitaires ou ramassées deux à quatre ensemble sur chaque pédoncule, par petits faisceaux. Les divisions du périgone et les capsules elles-mêmes sont obtuses et égales entre elles. Cette plante croît dans les marais, les fossés humides et le bord des eaux. ♃.

1849. Jonc des bois. *Juncus sylvaticus.*

Juncus sylvaticus. Vill. Dauph. 2. p. 232. Wild. spec. 2. p. 211. — *Juncus articulatus*, *β.* Lam. Dict. 2. p. 268. — *Juncus acutiflorus.* Ehrh. Gram. 66. — Moris. s. 8. t. 9. f. 1.

Ce jonc ressemble au précédent, soit par son port, soit sur-tout par ses feuilles marquées d'espace en espace de nœuds solides; mais il en diffère par sa tige droite et non ascendante, par sa panicule plus rameuse, par ses feuilles nullement comprimées, et sur-tout par les divisions de son périgone qui sont très-acérées et dont les trois intérieures sont les plus longues. Il croît dans les bois humides. ♃.

1850. Jonc des Alpes.   *Juncus Alpinus.*

Juncus Alpinus. Vill. Dauph. 2. p. 233. — *Juncus articulatus,* β. Wild. spec. 2. p. 211. — Hall. Helv. n. 1321. — Scheuchz. Gram. 333.

Cette espèce a des rapports avec le jonc articulé; mais elle ne s'élève pas au-delà de deux décim. au plus : les nœuds de ses feuilles sont plus écartés et moins sensibles. Les fleurs sont en petit nombre, disposées en ombelle simple; leurs périgones et leurs bractées sont noirs et luisans : les divisions du périgone sont égales entre elles, presque pointues; la capsule très-obtuse. Elle croît dans les Alpes du Dauphiné, de la Savoie, dans les Pyrénées, etc. ♃.

CCVIII. APHYLLANTHE.   *APHYLLANTHES.*

Aphyllanthes. Tourn. Linn. Juss. Lam.

Car. Ce genre diffère du jonc, parce que les six lanières du périgone sont rapprochées en tube à la base, et ont le limbe étalé.

1851. Aphyllanthe de   *Aphyllanthes Mons-*
Montpellier.   *peliensis.*

Aphyllanthes Monspeliensis. Linn. spec. 422. Lam. Illustr. t. 252. Dict. 4. p. 499.

Cette plante a l'aspect d'un petit jonc, ou mieux encore celui de l'œillet prolifère; ses tiges sont des hampes nues, grêles et hautes de 2 décim. : elles sont chargées à leur extrémité d'une ou deux fleurs sessiles, blanches ou bleuâtres, et environnées à leur base par des écailles luisantes, scarieuses et un peu roussâtres. ♃. On trouve cette plante dans les lieux pierreux des provinces méridionales. aux environs de Montpellier; de Sorrèze? en Provence; près Montélimart et Grenoble (Vill.), etc. Elle est connue sous les noms de *bragalou des Languedociens, Non-feuillée,* etc.

CCIX. ABAMA.   *ABAMA.*

Abama. Adans. — *Narthecium.* Mœrb. Hop. non. Juss. Vill. — *Antherici sp.* Linn.

Car. Le périgone est persistant, à six divisions égales et

profondes; les filets des étamines sont couverts de laine et persistans : l'ovaire est pyramidal, surmonté d'un style court ;
le fruit est une capsule à trois loges, à trois valves qui portent
chacune une cloison ; les graines sont nombreuses, attachées au
fond de la capsule, ovales-oblongues, recouvertes d'une membrane qui se prolonge à l'une et l'autre extrémité en un appendice filiforme trois fois plus long que la graine ; l'embryon est
droit, placé à la base d'un périsperme corné dans l'axe même de
la graine.

Obs. Ce genre a les étamines barbues comme les anthérics, la
fleur blanche comme les phalangères, et les feuilles en glaive
comme la tofieldie ; il diffère des anthérics par son ovaire pyramidal, son embryon droit, son périgone et ses étamines persistantes ;
des phalangères par ses étamines velues et persistantes, son ovaire
pyramidal ; des tofieldies par ses étamines velues, par l'absence d'un petit involucre, et par les cloisons que portent les
valves de la capsule : il se distingue de tous ces genres, par les
appendices de ses graines. Le nom d'*abama* donné à ce genre
par Adanson, doit être préféré à celui de *narthecium*, 1°. parce
que le *narthecium* des auteurs modernes n'est point celui de
Théophraste, lequel est un ombellifère ; 2°. parce que ce nom
a été appliqué tantôt à ce genre, tantôt à celui de la tofieldie,
souvent à l'un et l'autre à la fois.

1852. Abama des marais.   *Abama ossifraga.*

Narthecium ossifragum. Lam. Fl. fr. 3. p. 645. Smith. Fl. brit.
1. p. 368.—*Narthecium anthericoides.* Hop. Pl. rar. cent. 2.
Anthericum ossifragum. Linn. spec. 446. excl. syn. Gmel.
Lam. Dict. 1. p. 199.—Lob. Ic. t. 92. f. 1.—Mœrh. Eph. nov.
cur. nat. 1742. p. 389. t. 5.

Sa tige est grêle, presque nue ou garnie de quelques feuilles
fort courtes, et s'élève à la hauteur de 5 décim. ou environ ;
ses feuilles radicales sont droites, nombreuses, assez longues,
étroites, pointues, d'un verd foncé, et s'engaînent par le côté
comme celles des iris ; ses fleurs sont d'un verd jaunâtre, presque
sessiles, et disposées en épi terminal ; les filamens de leurs étamines sont velus. Cette plante croit dans les lieux humides ; elle
a été observée dans les environs de Lille par M. Lestiboudois ;
près Dax et Saint-Geours (Thore); à la forêt de Champse-
gret près Caën (Rouss.).

DIX-SEPTIÈME FAMILLE.

ASPARAGÉES.   *ASPARAGEÆ.*

Asparagi. Juss. — *Asparagoideæ et Smilaceæ.* Vent. — *Sarmentacearum gen.* Linn.

LA famille des asparagées se distingue de toutes les autres monocotylédones, par son fruit pulpeux ; elle renferme des plantes disparates au premier coup-d'œil, mais dont le rapprochement paroît très-naturel lorsqu'on examine tous les intermédiaires. Leur racine n'est jamais bulbeuse, et offre ordinairement un axe cylindrique vertical ou horizontal, d'où partent en tous sens les fibres radicales ; la tige est herbacée ou ligneuse, souvent grimpante ; les feuilles sont alternes, opposées ou verticillées, rarement engaînantes, souvent sessiles, quelquefois rétrécies en pétioles, munies de nervures longitudinales ou ramifiées ; les fleurs naissent chacune à l'aisselle d'une spathe particulière souvent très-petite ; les feuilles sont souvent de même placées à l'aisselle d'une petite stipule : les fleurs sont hermaphrodites ou dioïques ; leur périgone est simple, libre ou adhérent, à six divisions (quelquefois quatre ou huit) plus ou moins profondes, tantôt colorées, tantôt herbacées ; les étamines sont en nombre égal aux divisions du périgone, et attachées à la base ou vers le milieu de ces divisions ; l'ovaire porte un style à trois stigmates ou trois styles ; le fruit est une baie sphérique à trois loges ; chaque loge ne renferme qu'une à trois graines ; l'embryon est placé à la base d'un périsperme corné.

** Fleurs hermaphrodites ; ovaire libre.*

CCX. ASPERGE.   *ASPARAGUS.*

Asparagus. Tourn. Linn. Juss. Lam.

CAR. Le périgone est libre, profondément divisé en six lanières ; les trois loges de la baie renferment chacune deux graines.

CAR. Quelques espèces sont dioïques par avortement ; les tiges sont herbacées ou demi-ligneuses, rameuses, garnies de feuilles sétacées disposées par faisceau ; à la base de chaque faisceau est une stipule membraneuse qui quelquefois dégénère en épine.

1853. Asperge officinale. *Asparagus officinalis.*

Asparagus officinalis, *var. α et γ.* Linn. spec. 448. — *Asparagus officinalis.* Lam. Dict. 1. p. 294

α. *Maritimus.* — Clus. Hist. 2. p. 179. Ic.

β. *Sativus.* — Blakw. t. 332.

Sa tige est droite, cylindrique, verte, très-rameuse, paniculée dans sa partie supérieure, et s'élève jusqu'à un mètre; ses feuilles sont linéaires, sétacées, molles et disposées deux à cinq ensemble par faisceaux assez nombreux; à la base de chaque faisceau, on trouve une stipule membraneuse extrêmement petite : les fleurs sont d'un verd jaunâtre, pédonculées, et disposées à l'origine des rameaux; elles sont le plus souvent dioïques, et portées sur un pédicelle articulé dans le milieu; il leur succède des baies d'un rouge vif à leur maturité. La variété α qui croît dans les sables maritimes en Belgique, et dans le midi de la France, paroît l'espèce sauvage qui, améliorée par la culture, a produit la variété β : celle-ci est cultivée dans tous les jardins. On mange les jeunes pousses de l'asperge, et on multiplie cette plante potagère par la division des racines. ♃.

1854. Asperge à feuilles menues. *Asparagus tenuifolius.*

Asparagus tenuifolius. Lam. Dict. 1. p. 294. — *Asparagus officinalis*, *var. β.* Linn. spec. 448.

Cette plante diffère de l'asperge officinale, parce qu'elle ne s'élève pas au-delà de 5-6 décim.; que ses feuilles sont disposées par paquets quinze à vingt ensemble, et placées non seulement sur les rameaux, mais sur la tige; que les fleurs sont presque toujours solitaires et hermaphrodites; que l'articulation du pédicelle est placée immédiatement sous la fleur, et que les baies sont d'un rouge plus pâle. Elle croît dans les prés couverts et montagneux, près des marais et des rivières dans le midi de la France. ♃.

1855. Asperge à feuilles aiguës. *Asparagus acutifolius.*

Asparagus acutifolius. Linn. spec. 449. Lam. Dict. 1. p. 296. — *Asparagus corruda.* Scop. Carn. n. 417. — Clus. Hist. 2. p. 178. f. 1.

Sa tige est haute de 4-8 décim., blanchâtre, striée, très-rameuse et presque en buisson; ses feuilles sont longues de 3 millim. tout au plus, roides, aiguës, un peu piquantes, vertes, nombreuses et ramassées par faisceaux très-rapprochés les uns des autres, et disposées sur les rameaux; les fleurs sont solitaires, d'un blanc jaunâtre, et portées sur des pédoncules à peine plus longs que les feuilles. ♄. On trouve cette espèce dans les lieux stériles et pierreux des provinces méridionales; elle y porte les noms d'*asperge sauvage*, *espargou saouvage*, *roumecounil*, *corruda*.

CCXI. STREPTOPE. *STREPTOPUS.*

Streptopus. Michaux. — *Uvularia.* Hall. — *Uvulariæ sp.* Linn.

CAR. Le périgone est divisé profondément en six lanières munies à la base interne d'une cavité nectarifère; les anthères sont plus longues que les filamens; le fruit est une baie lisse à enveloppe mince.

OBS. Ce genre, confondu par Linné avec l'uvulaire, mais dont les anciens botanistes connoissoient bien l'organisation, n'appartient pas même à la famille des liliacées, dont l'uvulaire fait partie; il en diffère par son fruit qui est une baie, par ses stigmates très-courts, et par ses graines dont la cicatricule est dépourvue d'arille; toutes les espèces ont le pédicelle courbé ou tortillé dans le milieu.

1856. **Streptope embrassant.** *Streptopus amplexifolius.*

Uvularia amplexifolia. Linn. spec. 436. — *Streptopus distortus.* Michaux. Fl. bor. am. 1. p. 200. — *Uvularia amplexicaulis.* Delarb. Fl. auv. 213. — Barr. t. 719 et 720.

Sa tige est haute de 5 décim., rameuse, feuillée et cylindrique; ses feuilles sont alternes, embrassantes, pointues, lisses et nerveuses; ses fleurs sont petites, pendantes, solitaires et attachées à des pédoncules courbés dans leur milieu, et qui naissent à la base des feuilles; leur périgone est campanulé, et composé de six divisions lancéolées, distinguées chacune par une petite fossette à leur base intérieure : les étamines sont très-courtes; le fruit est une baie qui devient rougeâtre en mûrissant. ♃. On trouve cette plante dans les Alpes; les Pyrénées; le Jura; au Mont-d'Or (Lemonn.), etc.; dans les montagnes du Forêt (Latour.). On la connoit vulgairement sous les noms de *sceau de Salomon rameux*, *laurier alexandrin des Alpes*, noms qui indiquent sa place dans l'ordre naturel.

CCXII. PARISETTE.   *PARIS.*

Paris. Linn. Juss. Lam. — *Herba Paris.* Tourn.

CAR. Le périgone est étalé, à huit divisions profondes, dont quatre extérieures plus larges jouent le rôle de calice, et quatre intérieures plus étroites celui de corolle; les étamines sont au nombre de huit, et ont les anthères placées dans la partie moyenne du filet; l'ovaire a quatre stigmates, et la baie quatre loges qui renferment chacune six à huit graines.

OBS. Le nombre des parties varie par l'addition d'un cinquième ou la soustraction d'un quart.

1857. Parisette à quatre feuilles. *Paris quadrifolia.*

Paris quadrifolia. Linn. spec. 527. Lam. Illustr. t. 319. Bull. Herb. t. 119. — *Herba Paris.* Tourn. t. 117.
β. *Paris trifolia.* Rouss. Calv. 67.

Sa tige est haute de 1-2 décim., droite, très-simple et chargée vers son sommet de quatre à cinq feuilles ovales très-entières, glabres et disposées en verticilles; la fleur naît au-dessus des feuilles; soutenue par un pédoncule droit et long de 2 cent.; elle est d'une couleur verdâtre : à cette fleur succède une baie tétragone, arrondie, noirâtre. On trouve cette plante dans les bois, et on la désigne vulgairement sous le nom de *raisin de renard;* son fruit passe pour vénéneux, et sa racine pour émétique.

CCXIII. MUGUET.   *CONVALLARIA.*

Convallaria. Roth. — *Polygonatum.* Hall. — *Convallariæ sp.* Linn. — *Lilium - convallium et Polygonatum.* Tourn. Mœnch.

CAR. Le périgone est globuleux ou cylindrique, échancré à son orifice en six lobes peu prononcés; la baie est globuleuse, tachetée avant sa maturité, à trois loges monospermes.

§. Ier. *Fleurs cylindriques.* (*Polygonatum,* Tourn.).

1858. Muguet verticillé. *Convallaria verticillata.*

Convallaria verticillata. Linn. spec. 451. Fl. dan. t. 86. Lam. Dict. 4. p. 368. — Clus. Hist. 1. p. 277. f. 1.

Sa tige est droite, ordinairement simple, creuse, feuillée, et s'élève jusqu'à 5 décim.; ses feuilles sont étroites, lancéolées, linéaires, pointues, lisses, à peine nerveuses, et disposées quatre à quatre à chaque articulation; elles sont toutes plus longues que les entre-nœuds; les pédoncules portent une

à trois fleurs petites, pendantes et blanches ou un peu verdâtres. Cette plante croît dans les lieux couverts des provinces
méridionales. ♃.

1859. Muguet anguleux. *Convallaria polygonatum.*

Convallaria polygonatum. Linn. spec. 451. Lam. Dict. 4. p. 368.
Fl. dan. t. 377.—*Convallaria angulosa.* Lam. Fl. fr. 3. p. 268.
— *Polygonatum anceps.* Mœnch. Meth. 637.

Sa tige est haute de 3-4 décim., simple, anguleuse, dure,
nn peu courbée et feuillée dans toute sa moitié supérieure; ses
feuilles sont ovales-lancéolées, glabres, légèrement nerveuses
et demi-embrassantes.; les fleurs sont blanches, pendantes et
la plupart solitaires; sa baie est d'un bleu foncé. On trouve
cette plante dans les bois ♃; sa racine passe pour vulnéraire,
astringente et anti-herniaire. Elle est connue sous le nom de
sceau de Salomon : on la trouve quelquefois à fleur double,
ainsi que les espèces suivantes.

1860. Muguet à large feuille. *Convallaria latifolia.*

Convallaria latifolia. Jacq. Austr. t. 232. Hoffm. Germ. 3.
p. 162. — *Convallaria multiflora.* Bull. Herb. t. 309.

Cette espèce est intermédiaire entre la précédente et la suivante, et n'est peut-être qu'une variété de l'une ou de l'autre;
elle s'approche du muguet anguleux par ses baies bleues et sa
tige anguleuse, et du muguet multiflore, par ses pédoncules
à plusieurs fleurs; elle diffère de l'une et de l'autre par la
largeur de ses feuilles, et de chacune d'elles par les caractères
qui la rapprochent de l'autre. Elle croît dans les pays de montagnes et a été trouvée par M. Schleicher aux environs du lac
Léman; en Chamsegret près Caen (Rouss.).

1861. Muguet multiflore. *Convallaria multiflora.*

Convallaria multiflora. Linn. spec. 452. Lam. Dict. 4. p. 369.
— Clus. Hist. 1. p. 275. f. 2.

Sa tige est haute de 7 décim., simple, courbée et cylindrique, ou n'ayant qu'une ou deux côtes très-obtuses et peu
saillantes; ses feuilles sont larges, ovales-elliptiques, ou un
peu lancéolées, nerveuses, et souvent redressées ou réfléchies en
dessus; ses pédoncules portent chacun deux à six fleurs pendantes et blanchâtres; sa baie est rouge. On trouve cette plante
dans les lieux couverts, les bois, ♃. On la connoît sous le nom
de *grand sceau de Salomon :* M. Ramond en a trouvé dans les
Pyrénées, des individus qui s'élevoient à la hauteur d'un homme.

§. II.

§. II. *Fleurs en cloche.* (*Lilium - convallium.*
Tourn.)

1862. Muguet de mai.   *Convallaria majalis.*

Convallaria majalis. Linn. spec. 451. Abbot. Fl. bedf. p. 76.
t. 2 Lam. Dict. 4. p. 367. Illustr. t. 248.—Cam. Ep. 618. Ic.
β. *Flore maculâ rubrâ notato.* Hall. Helv. n. 1241. β.

Sa hampe est haute de 1–2 décim., très-grèle, nue et un peu
courbée sous le poids des fleurs; ses feuilles sont radicales,
ovales-lancéolées, lisses et ordinairement au nombre de deux;
ses fleurs sont blanches, courtes, campanulées ou en grelot, un
peu pendantes et disposées en une espèce de grappe terminale
ou en épi lâche et unilatéral; elles ont une odeur agréable. La
variété β a la fleur tachée de rouge et se conserve par la culture.
On trouve cette plante dans les bois, les haies. ♃. On en cultive
une variété à fleur double.

CCXIV. MAYANTHÈME.   *MAYANTHEMUM.*

Unifolium. Hall. — *Mayanthemum.* Roth. — *Smilacina.* Desf.
— *Convallariæ sp.* Linn. — *Smilacis sp.* Tourn. — *Polygo .
natum et Mayanthemum.* Mœnch.

Car. Le périgone est divisé presque jusqu'à la base en quatre
ou six lanières étalées : la baie est souvent tachetée avant sa
maturité, divisée en deux ou trois loges monospermes.

Obs. Ce genre est intermédiaire entre le muguet et le smilax; il diffère du premier par ses périgones divisées jusqu'à la
base, et du second par ses fleurs hermaphrodites. Il faut y rapporter, outre l'espèce décrite ci-après, 1°. *convallaria racemosa*, L., 2°. *convallaria stellata*, L.; 3°. *convallaria trifolia*, L.; 4°. *convallaria stellulata*, Michaux; 5°. *convallaria bifolia* de Michaux, espèce du Canada qui diffère de notre
mayanthème à deux feuilles par ses feuilles oblongues et glabres
en dessous.

1863. Mayanthème à   *Mayanthemum bifolium.*
deux feuilles.

Convallaria bifolia. Linn. spec. 452. Fl. dan. t. 291. — *Convallaria quadrifida.* Lam. Fl. fr. 3. p. 269. — *Mayanthemum
convallaria.* Roth. Germ. I. p. 70. II. p. 196. — *Mayanthemum cordifolium.* Mœnch. Meth. 638. — Hall. Helv. n. 1240.

Sa racine présente un axe qui émet d'espace en espace des
fibres verticillées, et qui pousse à l'entrée du printemps une
seule feuille rétrécie à sa base en un pétiole assez long; peu

Tome III.   M

après la tige se développe, s'élève à 8-10 centim., et porte deux feuilles alternes, un peu pubescentes en dessous, en forme de cœur, rétrécies à leur base en un court pétiole ; les fleurs sont petites, blanches, à quatre divisions roulées en dehors, et forment un épi lâche au sommet de la tige : on y compte quatre étamines et un style à deux stigmates ; la baie est rousse, tachetée. Cette plante croît dans les bois montagneux. ♃

** *Fleurs dioïques ; ovaire libre.*

CCXV. SMILAX. *SMILAX.*

Smilax. Linn. Juss. Lam. — *Smilacis sp.* Tourn.

Le périgone est en cloche ouverte, à six divisions ; les fleurs mâles ont six étamines distinctes ; les femelles un ovaire, trois styles, trois stigmates et une baie globuleuse à trois loges.

Obs. Les smilax ont la tige à demi-ligneuse, souvent hérissée de piquans ; le pétiole de leurs feuilles émet à sa base deux vrilles tortillées ; les fleurs sont disposées en corymbe sur un pédoncule axillaire.

1864. Smilax piquant. *Smilax aspera.*

Smilax aspera. Linn. spec. 1458. Lam. Fl. fr. 2. p. 217. Dub. Arb. ed. nov. 1. p. 234. t. 53.

α. *Rutilo fructu.* Clus. Hist. 1. p. 112. f. 2.

β. *Nigro fructu.* Clus. Hist. 1. p. 113. f. 1.

γ. *Angustifolia.* Pluk. t. 110. f. 3.

Ses tiges sont menues, anguleuses, dures, fléchies en zig-zag et garnies d'épines éparses ; ses feuilles sont alternes, cordiformes, pointues, lisses, nerveuses, vertes, mais marquetées de taches blanchâtres, et garnies en leur bord, ainsi qu'en leur nervure postérieure, d'épines assez nombreuses ; à la base des pétioles qui sont fort courts, on trouve de petites vrilles, par le moyen desquelles la plante s'attache aux plantes voisines qui la soutiennent : les fleurs sont disposées en grappes terminales ; leur périgone est petit, en étoile, et à six divisions étroites et ouvertes : les individus femelles portent des baies sphériques à trois loges. On trouve cette plante dans les provinces méridionales, aux environs de Nice (All.) ; en Provence (Ger. Gar.) ; près Orange et Montelimart (Vill.) ; près Montpellier (Gou.), etc. ♃. Pline dit qu'elle est originaire de l'ancienne Cilicie ; on l'emploie souvent à la place de la salsepareille, qui est du même genre. Elle porte les noms de *salse-*

*pareille d'Europe, liseron épineux, liset piquant, gros gramé,
gramon de montagne.*

1865. Smilax de Barbarie. *Smilax mauritanica.*

Smilax mauritanica. Poir. Itin. 2. p. 363. Desf. Atl. 2. p. 267.
— *Smilax excelsa.* Duh. Arb. ed. nov. 1. t. 54. excl. syn.

Cette espèce se distingue de la précédente, parce qu'au lieu
de former un petit buisson, elle s'élève et grimpe sur les arbres;
ses branches sont anguleuses et dépourvues de piquans dans mes
échantillons; ses feuilles sont en forme de cœur, à sept ou neuf
nervures, longues de 6-10 centim., sur une largeur presque
égale, entières ou munies de quelques dentelures épineuses
sur les bords, tantôt aiguës, tantôt obtuses, tantôt terminées
par une pointe particulière : les fleurs ne diffèrent pas sensiblement de celle du smilax rude; les baies sont rouges (Desf.). ♄.
Cette plante est originaire des isles d'Hyères et de l'isle de
Corse, et m'a été communiquée par M. Broussonet; elle ressemble complettement aux échantillons rapportés de Barbarie
par M. Desfontaines, lesquels sont souvent dépourvus d'épines
comme les nôtres. Cette espèce diffère du *smilax excelsa* de
Linné, qui est conservé dans l'herbier de Tournefort : celui-ci
à la tige très-épineuse et les feuilles ovales et non échancrées
en cœur à la base.

CCXVI. FRAGON.   *RUSCUS.*

Ruscus. Tourn. Linn. Juss. Lam. Gœrtn.

CAR. Le perigone est à six divisions ordinairement étalées;
les filamens des étamines sont réunis en un tube ou godet qui
porte les anthères dans les fleurs mâles, et qui est nu dans les
fleurs femelles; celles-ci ont un ovaire, un stile, un stigmate;
la baie est globuleuse, à trois loges qui renferment chacune
deux graines.

OBS. Les fragons ont la tige ligneuse, les feuilles dures et
nerveuses; dans la plupart les fleurs naissent en grouppes sur
la feuille. Cette feuille seroit-elle un pédicelle dilaté, et devroit-
on regarder comme la vraie feuille l'écaille à l'aisselle de laquelle elle est placée? ou bien plutôt le vrai pédicelle de la
fleur n'est-il point greffé naturellement avec la feuille jusqu'à
la naissance des fleurs? Ce dernier soupçon semble autorisé,
soit parce que le même phénomène se retrouve dans quelques
iridées, soit parce que dans certains fragons la feuille porte

une nervure qui est très-sensible jusqu'à l'origine des fleurs, et qui disparoît au-delà.

1866. Fragon piquant. *Ruscus aculeatus.*

Ruscus aculeatus. Linn. spec. 1474. Bull. Herb. t. 243. Lam. Illustr. t. 835. Duh. Arb. 2. t. 57.— Lob. Ic. t. 637. f. 2.

Ses tiges sont hautes de 6-10 décim., cylindriques, verdâtres, et produisent des rameaux nombreux; elles sont très-flexibles et se rompent difficilement : ses feuilles sont sessiles, ovales, pointues, lisses, dures et piquantes; ses fleurs sont solitaires, portées chacune sur un court pédoncule qui naît du milieu des feuilles; les fruits sont des baies sphériques qui contiennent deux à trois semences, et qui deviennent rouges en mûrissant. On le trouve dans les bois. ♄. Sa racine est très-apéritive, diurétique et emménagogue; il porte les noms de *houx-frelon*, *petit houx*, etc. Il se plaît à l'ombre et on le place volontiers dans les bosquets pour cacher la nudité de la terre. On mange les jeunes pousses du fragon comme celles des asperges.

1867. Fragon à languette. *Ruscus hypoglossum.*

Ruscus hypoglossum. Linn. spec. 1474. Lam. Dict. 2. p. 526.— Lob. Ic. t. 638. f. 1.

Cette espèce est peu rameuse et ne s'élève guère au-delà de 5-4 décim.; sa tige est verte, pliante; ses feuilles sont oblongues, amincies et pointues aux deux extrémités, fermes, nerveuses, un peu lisses et naissent à l'aisselle d'une petite bractée scarieuse; les paquets de fleurs naissent au milieu de la feuille à la face supérieure ou inférieure; à la base de chaque paquet est une foliole alongée, pointue, qui lui sert comme de tégument; les fleurs sont dioïques, pédicellées, verdâtres, avec le godet violet. Elle croît dans les lieux arides et pierreux des environs de Nice (All.). Elle ne paroît pas différer du *ruscus hypophyllum*, L., qui est le vrai *laurier alexandrin*. Ce nom est souvent aussi donné à notre espèce.

*** *Fleurs dioïques ; ovaire adhérent.*

CCXVII. TAMME.   *T A M U S.*

Tamus. Diosc. Linn. Lam. — *Tamnus.* Tourn. Juss.

Car. Le périgone est en forme de cloche, ouvert dans les fleurs mâles, adhérent avec l'ovaire et étranglé au-dessus dans les fleurs femelles; celles-ci ont un stile, trois stigmates, une baie à trois loges.

Obs. La racine est tubéreuse, la tige grimpante ; le pétiole porte à sa base deux glandes élevées qui semblent confirmer le rapprochement de ce genre avec les smilax , plutôt qu'avec les cucurbitacées dont il a le port.

1868. Tamme commun.   *Tamus communis.*

Tamus communis. Linn. spec. 1458. Lam. Illustr. t. 817. Ger. Gallopr. 136.

Ses tiges sont foibles , glabres , longues d'un à deux mètres , et s'entortillent autour des plantes voisines qui peuvent les soutenir ; ses feuilles sont cordiformes, glabres, pointues et nerveuses ; elles sont molles et portées sur des pétioles assez longs : les individus mâles portent de petites fleurs d'un blanc jaunâtre , et disposées en grappes lâches et axillaires ; les individus femelles portent des baies rouges , ovales , à trois loges qui contiennent chacune deux à trois graines. Cette plante croît dans les haies et les bois. Elle est connue sous les noms de *taminier*, *sceau de la Vierge*, *sceau Notre-Dame* , etc. ♃.

DIX-HUITIÈME FAMILLE.

ALISMACÉES.   *ALISMACEÆ.*

Fluviales et Alismoideæ. Vent. Lam. — *Butomi et Fluviales.* Mirb. — *Tripetaloidearum gen.* Linn. — *Nayadum et Juncorum gen.* Juss. — *Liliacearum et Arorum gen.* Adans.

Les alismacées diffèrent de toutes les monocotylédones , par leurs graines sans périsperme et leurs ovaires nombreux : ce dernier caractère leur donne une ressemblance grossière avec les renonculacées ; leur port et leur structure ont de l'analogie avec les joncées et les colchicacées. Toutes les espèces de cette famille sont herbacées et vivent dans les eaux douces ou les lieux humides.

Leurs racines ne sont jamais bulbeuses ; leurs feuilles sont souvent radicales, sessiles ou rétrécies en pétiole , toujours engainantes à leur base ; les fleurs sont munies de spathe , hermaphrodites ou quelquefois monoïques , presque toujours terminales , disposées en épi, en ombelle ou en verticilles ; le périgone est libre, à quatre ou six divisions tantôt pétaloïdes, tantôt herbacées ; le plus souvent les trois intérieures sont pétaloïdes, et les extérieures herbacées : le nombre des étamines varie de un à vingt-cinq; les ovaires sont au nombre de quatre, six, neuf ou davantage; chacun d'eux porte un stile et un stigmate, et se change en une capsule à une loge, à une à trois graines; quelquefois cette capsule ne s'ouvre point d'elle-même et quelquefois elle se fend du côté interne; les graines sont attachées au bord de la suture et renferment un embryon courbé, dépourvu de périsperme : dans quelques genres qui peut-être n'appartiennent pas à cette famille, l'embryon adhère par sa base à un vitellus.

C'est d'après le conseil de **M.** de Jussieu, que j'ai réuni les fluviales avec les vraies alismacées; elles ne diffèrent en effet que par le nombre des étamines, lequel même est variable parmi les vraies alismacées.

* *Une à quatre étamines, périgone herbacé.* (*Fluviales.*
Vent.)

CCXVIII. ZANICHELLE.　　　*ZANICHELLIA.*

Zanichellia. Mich. Linn. Juss. Lam. Gærtn.

Car. Les fleurs sont solitaires, monoïques; les mâles ont une étamine nue, les femelles ont un calice en cloche qui renferme deux à six ovaires; ceux-ci se changent en autant de capsules monospermes, sessiles, comprimées, bossues et crénelées du côté externe.

Obs. Le port des zanichelles ressemble à celui des potamots à feuilles linéaires; leurs fleurs mâles sont situées à la base extérieure du calice des fleurs femelles.

1869. Zanichelle des marais. *Zanichellia palustris.*

Zanichellia palustris. Linn. spec. 1375. Fl. dan. t. 67. Gærtn. Fruct. 1. p. 77. t. 19. f. 6. Lam. Illustr. t. 741. — Mich. Gen., t. 34. f. 1. 2.

Les tiges de cette plante sont toujours enfoncées dans l'eau et tournées du côté où son cours les entraîne; elles sont foibles, très-menues, articulées et extrêmement rameuses; les feuilles sont linéaires, alternes inférieurement et opposées, ou même par faisceaux vers le sommet des rameaux; les capsules, au nombre de quatre à six, sont longues de 2-3 millim., un peu courbées ou bossues d'un côté, chargées d'une petite pointe à leur extrémité, et disposées dans les aisselles ou aux articulations de la plante; à la base des feuilles on trouve une petite gaine membraneuse qui les recouvre en cet endroit, mais leur gaine propre est presque nulle , et n'est sensible que dans les feuilles inférieures. Cette plante est commune dans les fossés aquatiques et dans les ruisseaux. ☉.

CCXIX. RUPPIE. *RUPPIA.*

Ruppia. Linn. Juss. Lam. Gœrtn. — *Bucca ferrea.* Mich. — *Corallinæ sp.* Tourn.

CAR. Les fleurs sont hermaphrodites , disposées sur deux rangs le long d'un spadix solitaire ; le périgone, qui est caduc , à deux valves, renferme quatre étamines et quatre ovaires qui se changent en capsules ou noix monospermes, ovoïdes , portées sur de longs pédicelles.

1870. Ruppie maritime. *Ruppia maritima.*

Ruppia maritima. Linn. spec. 184. Fl. dan. t. 364. Gœrtn. Fruct. 2. p. 23. t. 84. f. 6. Lam. Ill. n. 1745. t. 90. — Mich. Gen. t. 35.

Sa tige est grêle, herbacée et très-rameuse ; ses feuilles sont assez longues , étroites , linéaires, aiguës et alternes : les chatons naissent dans les aisselles des feuilles ; ils portent des fleurs nues, composées chacune de quatre anthères sessiles , et de quatre ovaires qui se changent en capsules soutenues par des pédoncules longs et filiformes. Cette plante croît dans les étangs et sur les bords de la mer. ☉.

CCXX. POTAMOT. *POTAMOGETON.*

Potamogeton. Tourn. Linn. Juss. Lam. Gœrtn.

CAR. Les fleurs sont hermaphrodites , portées sur des épis souvent munis de deux spathes à leur base ; le calice est à quatre divisions , et renferme quatre étamines et quatre ovaires qui se changent en noix monospermes et sessiles.

OBS. Les *potamots* ou *épis d'eau* sont des herbes aquatiques qui naissent au fond des étangs et des rivières, et s'élèvent à la surface pour fleurir. Les épis sont terminaux ou axillaires ; à l'aisselle des feuilles, on trouve souvent des stipules engaînantes.

1871. Potamot nageant. *Potamogeton natans.*

Potamogeton natans. Linn. spec. 182. Lam. Illustr. n. 1736. t. 89. Fl. dan. t. 1025.

Ses tiges sont longues, articulées , rameuses, cylindriques ; de chaque nœud partent des stipules engaînantes, pointues , longues de 3-5 centim. , et des feuilles alternes portées sur un pétiole d'autant plus long, qu'elles sont plus éloignées de la surface de l'eau; le limbe de ces feuilles est entier, flottant, traversé par une nervure longitudinale, marqué de plusieurs nervures parallèles au bord, ovale-oblong dans les feuilles inférieures, un peu arrondi en cœur à la base dans les supérieures; la surface supérieure est luisante, et, vue au microscope, présente des pores corticaux. L'épi des fleurs est cylindrique, serré, pédonculé, long de 3-4 centim. La variété α flotte sur les eaux tranquilles.

1872. Potamot flottant.   *Potamogeton fluitans.*

Potamogeton fluitans. Roth. Germ. I. 72. II. 202. Wild. spec.
1. p. 713.— *Potamogeton variifolium.* Thore. Chlor. Land.
p. 47.

La tige porte deux sortes de feuilles; les inférieures, qui naissent dans l'eau, sont linéaires, alongées, semblables à celles du potamot à dents de peigne; les supérieures, qui flottent à la surface, sont portées sur de longs pétioles linéaires, et leur limbe est lancéolé, pointu, aminci à la base, plus étroit et moins luisant que dans le potamot nageant; l'épi de fleurs est terminal, beaucoup plus court que dans l'espèce précédente. Cette espèce a été trouvée par M. Thore, dans les ruisseaux de Castex et d'Auvignac, dans les Landes; et par M. Ramond, dans les Pyrénées, aux environs de Tarbes.

1873. Potamot inter-   *Potamogeton hete-*
      médiaire.   *rophyllum.*

Potamogeton heterophyllum. Schreb. Spic. p. 21. Wild. spec.
1. p. 713. — *Potamogeton hybridum.* Gmel. Syst. p. 289.

Sa tige est grèle, articulée, rameuse; ses feuilles inférieures sont sessiles, membraneuses, oblongues, aiguës, presque linéaires, submergées et semblables à celles du potamot gramen; les supérieures sont flottantes, pétiolées, coriaces, ovales, aiguës, luisantes en-dessus, larges de deux centim., et semblables à celles du potamot nageant : les stipules sont plus courtes que dans cette espèce; l'épi de fleurs est aussi plus court, mais d'ailleurs semblable. Cette plante croît dans les eaux stagnantes : elle a été trouvée par M. Thuilier, aux environs de Paris.

1874. Potamot gramen. *Potamogeton gramineum.*

Potamogeton gramineum. Linn. spec. 184. Fl. dan. t. 222. —
Potamogeton gramineum, var. α. Lam. Fl. fr. 3. p. 211. —
Ray. Angl. t. 4. f. 3.

Sa tige est rameuse, grèle, cylindrique, foible, articulée,

garnie de feuilles alternes, linéaires-lancéolées, pointues aux
deux extrémités, munies d'une nervure longitudinale visible,
longues de 2-3 centim. au plus, larges de 2-3 millim. Les stipules sont linéaires, de moitié plus courtes que la feuille, et
embrassent exactement la tige ; le pédoncule des épis est épais,
cylindrique; l'épi est assez court, non interrompu. Cette espèce croît dans les eaux stagnantes : elle diffère, par sa tige
cylindrique et la briéveté de ses feuilles du potamot comprimé, par l'absence des feuilles flottantes du potamot intermédiaire, et par le peu de largeur de ses feuilles du potamot
luisant. ♃.

1875. Potamot luisant.   *Potamogeton lucens.*

Potamogeton lucens. Linn. spec. 183. Fl. dan. t. 195. Lam. Fl.
fr. 3. p. 208. — J. Bauh. Hist. 3. p. 769. Ic.

Ses tiges sont longues, articulées, feuillées et rameuses ; elles
sont garnies de stipules aussi longues que les entre-nœuds. Les
feuilles sont alternes, fort grandes, ovales-lancéolées, luisantes,
transparentes, nerveuses, veinées et communément terminées
par une pointe particulière un peu prolongée : l'épi de fleurs est
pédonculé, cylindrique, et long de six centim. ou quelquefois
davantage. On trouve cette plante dans les lacs, les rivières
dont le fond est argilleux ; elle fleurit au commencement de
l'été. ♃.

1876. Potamot em-   *Potamogeton perfoliatum.*
brassant.

Potamogeton perfoliatum. Linn. spec. 182. Fl. dan. t. 196. Lam.
Fl. fr. 3. p. 210. — J. Bauh. Hist. 3. p. 778. Ic.

Sa tige est grèle, feuillée et rameuse; ses feuilles sont ovales
en cœur, embrassantes, lisses, luisantes, nerveuses, d'un gros
vert, et à peine aussi longues que les entre-nœuds. Les épis
sont axillaires, composés de dix à quinze fleurs, et portés
sur des pédoncules plus longs que les feuilles. Lorsque la tige
est bifurquée vers le sommet, les pédoncules ne partent pas de la
bifurcation des branches, mais de l'aisselle des feuilles supérieures:
il croît dans les étangs, les lacs, les fleuves; fleurit en été. ♃.

1877. Potamot serré.   *Potamogeton densum.*

Potamogeton densum. Linn. spec. 182. Lam. Illustr. n. 1738.—
Potamogeton pauciflorum, var. *a.* Lam. Fl. fr. 3. p. 209. —
J. Bauh. Hist. 3. p. 777. Ic.

Sa tige est grèle, articulée, fourchue à son extrémité,

garnie sur-tout vers le sommet, de feuilles opposées, nombreuses, disposées sur deux rangs, ovales-lancéolées, pointues,
un peu ondulées, lisses, luisantes, d'un verd foncé; les pédoncules partent du milieu de la bifurcation des branches,
et portent un épi court, arrondi, composé de quatre à six
fleurs. Cette espèce croît dans les ruisseaux et les rivières. ♃.

1878. Potamot crépu. *Potamogeton crispum.*

Potamogeton crispum. Linn. spec. 183. Wild. spec. 1. p. 714.
— *Potamogeton serratum*, var. β. Lam. Fl. fr. 3. p. 210. —
Lob. Icon. t. 286. f. 2.

Ses tiges sont longues, menues, légèrement rameuses; ses
feuilles sont lancéolées, oblongues, longues de 4-5 centim.,
larges de 8-10 millim., traversées par une forte nervure longitudinale, un peu luisantes et transparentes, ondulées et dentelées sur les bords; celles du bas de la tige sont écartées, alternes;
celles du haut très-rapprochées et presque opposées; les stipules
sont courtes, membraneuses, déchirées et comme ciliées à leur
sommet; les pédoncules partent de l'aisselle des feuilles ou des rameaux, et portent des épis courts, serrés, arrondis, composés de
cinq à sept fleurs. Cette espèce croît dans les fossés, les ruisseaux. ♃.

1879. Potamot à feuilles opposées. *Potamogeton opposi-tifolium.*

Potamogeton serratum. Linn. spec. 183. Wild. spec. 1. p. 715.
— *Potamogeton serratum*, var. α. Lam. Fl. fr. 3. p. 210.

Cette espèce, qu'on a souvent confondue avec la précédente,
en diffère parce que toutes ses feuilles, et même les inférieures,
sont opposées, plus transparentes, d'un verd plus clair, entières sur les bords, serrées vers le sommet des branches et
disposées sur deux rangs comme dans le potamot serré; les
stipules sont très-petites et non ciliées au sommet. Cette espèce
croît dans les ruisseaux aux environs de Sorrèze, de Paris
(Dalib.); de Dax (Thore). J'ai changé le nom spécifique de
Linné, parce qu'il emporte une idée fausse, et a probablement
causé la confusion qui existe dans les auteurs entre cette espèce
et la précédente.

1880. Potamot com-primé. *Potamogeton compressum.*

Potamogeton compressum. Linn. spec. 183. Fl. dan. t. 203. Poll.
Pal. n. 175. — Loes. Pruss. t. 66.

Ses tiges sont menues, comprimées, feuillées et rameuses,

ses feuilles sont longues de 5-8 centim., larges de 3-4 millim.,
linéaires, planes, entières, luisantes, demi-transparentes, terminées par une petite pointe presque obtuse; les pédicelles
sont courts et épais; les épis sont courts, arrondis, composés
de quatre à six fleurs. Il croît dans les fossés d'eau stagnante,
fleurit en été. ♃.

1881. Potamot à dents *Potamogeton pectinatum.*
de peigne.

> *Potamogeton pectinatum.* Linn. spec. 183. Dalib. Par. 55. Lam.
> Illustr. n. 1742. — *Potamogeton marinum.* Poll. Pal. n. 176.
> — Vaill. Bot. t. 32. f. 5.

Ses tiges sont grèles, filiformes, très-longues, rameuses,
articulées, blanchâtres; les articulations ont jusqu'à 12 centim.
de longueur; les feuilles sont alternes (excepté au nœud supérieur
où elles sont opposées), linéaires, engaînantes dans leur partie
inférieure, longues de 6-10 centim., larges de 2 millim.; la
gaîne se prolonge au sommet en une petite membrane, comme
dans les graminées; l'épi est pédonculé, grèle, alongé, souvent interrompu. Cette plante est commune dans la Seine près
Paris; on la trouve dans les fossés, les marais, etc. Diffère-
t-elle du *potamogeton setaceum* de Linné? ♃.

1882. Potamot marin. *Potamogeton marinum.*

> *Potamogeton marinum.* Linn. spec. 184. — Pluk. t. 216. f. 5.

Cette espèce diffère de la précédente parce que sa tige est
plus ferme, un peu rougeâtre, et a ses articulations beaucoup
plus courtes; que la gaîne de ses feuilles est blanche et scarieuse sur les bords; que les feuilles elles-mêmes sont plus
opaques et plus lisses; qu'enfin, l'épi est plus fortement interrompu. Cette plante croît dans les eaux saumâtres sur les bords
de la mer. Les échantillons que j'ai sous les yeux ont été trouvés sur la côte d'Angleterre. J'indique cette espèce dans la Flore
française, parce que la plupart des auteurs assure l'avoir trouvée sur les côtes de France.

1883. Potamot fluet. *Potamogeton pusillum.*

> *Potamogeton pusillum.* Linn. spec. 184. Poll. Pal. n. 177. —
> *Potamogeton gramineum,* β. Lam. Fl. fr. 3. p. 211. — Vaill.
> Bot. t. 32. f. 4.

Ce potamot se distingue, dès le premier coup-d'œil, à l'extrême
ténuité de ses tiges et de ses feuilles; la tige est cylindrique,

foible, rameuse; les feuilles sont linéaires, alternes ou opposées, longues de 2 centim., larges d'un millim., étalées dès
leur origine et dépourvues de gaîne embrassante; les stipules
sont très-fugitives, embrassantes, plus larges que les feuilles
et aussi longues qu'elles; l'épi est cylindrique, alongé et souvent interrompu dans sa vieillesse en deux ou trois places.
Cette plante croit dans les marais. ☉.

** *Six à vingt-cinq étamines; périgone coloré. (Alismoides.* Vent.).

CCXXI. FLUTEAU.   *ALISMA.*

Alisma. Linn. Lam. Gœrtn. — *Alisma et Damasonium.* Juss.
— *Ranunculi sp.* Tourn.

Car. Le périgone est à six divisions, trois extérieures persistantes et calicinales, trois intérieures colorées et pétaloïdes;
les ovaires sont au nombre de six à vingt-cinq, et se changent
en capsules distinctes ordinairement monospermes, caduques,
et qui ne s'ouvrent point naturellement.

Obs. Les fleurs sont blanches, disposées en ombelle ou en
panicule à rameaux verticillés; quelques espèces ont le port des
renoncules à feuille entière.

Section Ire. *Six capsules.* (*Damasonium.* Juss.).

1884. Fluteau étoilé.   *Alisma damasonium.*

Alisma damasonium. Linn. spec. 486. — *Alisma stellata.* Lam.
Dict. 2. p. 514. — Lob. Ic. t. 301. f. 1.

Ses tiges sont hautes de 1-2 décim., simples, lisses, nues,
et soutiennent à leur sommet un ou deux verticilles de fleurs,
dont le terminal imite une ombelle; les feuilles sont radicales,
nombreuses, pétiolées, ovales-oblongues, lisses et très-glabres;
les fleurs sont assez petites, de couleur blanche, et portées
sur des pédoncules verticillés ou en ombelle : à la base de ces
pédoncules, on observe une collerette composée de trois écailles
membraneuses et pointues : les capsules sont applaties, terminées en pointe et disposées en étoile. On trouve cette plante
sur le bord des étangs. ♃.

Section II. *Plus de six capsules.* (*Alisma.* Juss.)

1885. Fluteau plantain-d'eau.   *Alisma plantago.*

Alisma plantago. Linn. spec. 486. Lam. Illustr. t. 272. Fl. dan.
t. 561. — *Alisma plantago aquatica.* Gœrt. Fruct. 2. p. 22.
t. 84. f. 4.

β. *Angustifolia.* Lob. Ic. t. 300. f. 1. Barr. Ic. t. 1157.—*Alisma lanceolatum.* Hoffm. Germ. 3. p. 175. — *Alisma angustifolium.* Hop. Bot. tasch. 1797. p. 13.

Sa tige est droite, nue, haute de 5-8 décim., et soutient à son sommet plusieurs verticilles composés et formant une panicule étalée et fort grande; ses feuilles sont radicales, droites, pétiolées, ovales-oblongues, pointues, glabres et nerveuses; les fleurs sont petites, très-nombreuses, pédonculées et de couleur blanche ou rougeâtre. Le fruit est composé de quinze à vingt capsules comprimées, obtuses, triangulaires, disposées en cercle. La variété β est moins grande, sa panicule de fleurs est moins composée, et ses feuilles sont plus étroites. On trouve cette plante dans les fossés aquatiques, les mares, et sur le bord des étangs. ♃.

1886. Fluteau parnassie. *Alisma parnassifolia.*

Alisma parnassifolia. Linn. Mant. 371. Lam. Dict. 2. p. 515. — *Alisma parnassifolium.* Hoffm. Germ. 3. p. 175. — Till. Pis. t. 46. f. 1.

Cette espèce diffère du plantain-d'eau par ses feuilles plus larges, échancrées en cœur à leur base, dont le pétiole est comme articulé, et dont le limbe porte cinq nervures longitudinales réunies par des nervures transversales proéminentes; ses capsules portent à leur côté interne un petit prolongement en forme d'arète. Elle croît dans les marais près Vivrone et Verolengo en Piémont (All.).; en Bresse et en Dauphiné (Latour.)? dans le Jura, etc. ♃.

1887. Fluteau nageant. *Alisma natans.*

Alisma natans. Linn. spec. 487. Lam. Dict. 2. p. 515. — Vaill. Act. Acad. 1719. t. 4. f. 9.

Ses tiges sont foibles, couchées, rampantes; ses feuilles sont ovales ou oblongues, obtuses, portées sur de longs pétioles; les fleurs naissent solitaires ou en ombelle peu garnie; elles sont petites, blanches; leurs capsules sont oblongues, striées en long, d'abord droites, puis divergentes, caduques, au nombre de huit à douze. Cette plante croit au bord des mares à Fontainebleau, à Saint-Léger, etc. ♃.

1888. Fluteau renoncule. *Alisma ranunculoides.*

Alisma ranunculoides. Linn. spec. 487. Lam. Dict. 2. p. 514. — Lob. Ic. t. 301. f. 2.

La grandeur et son port varient beaucoup, mais on le reconnoit toujours à ses capsules un peu pointues, très-nombreuses et disposées en tête sphérique et hérissée : ordinairement ses tiges sont hautes de 8-12 centim. , droites ou quelquefois légèrement inclinées, et se terminent par un ou deux verticilles ombelliformes qui ne sont jamais composés; ses feuilles sont radicales, étroites, pointues et portées sur de longs pétioles : les pédoncules propres de chaque fleur ont près de 2-3 centim. de longueur. On trouve cette plante dans les lieux aquatiques. ♃.

CCXXII. SAGITTAIRE.　　*SAGITTARIA.*

Sagittaria. Linn. Juss. Lam. Gœrtn. — *Sagitta.* Tourn. Hall.

Car. Le périgone est comme dans les fluteaux ; les fleurs sont monoïques, les mâles ont environ vingt-quatre étamines, les femelles ont des ovaires nombreux placés sur un réceptacle globuleux ; les capsules sont comprimées, bordées, monospermes.

1889. Sagittaire en flèche. *Sagittaria sagittifolia.*

Sagittaria sagittifolia. Linn. spec. 1410. Lam. Dict. 2. p. 503. Illustr. t. 776. — *Sagittaria aquatica.* Lam. Fl. fr. 2. p. 197. β. *Minor.*

La tige de cette plante est droite, nue, et s'élève de 1-2 décimètres au-dessus de la surface de l'eau ; ses fleurs sont pédonculées et verticillées trois à trois par étage ; les fleurs femelles occupent des verticilles placés plus bas que ceux des fleurs mâles, et leurs pédoncules sont fort courts : à la base de chaque verticille, on trouve une collerette composée de trois écailles ovales et membraneuses : la corolle des fleurs est composée de trois pétales blancs et arrondis, et d'un calice de trois pièces ; les fleurs mâles ont une vingtaine d'étamines ; les feuilles sont pétiolées, glabres, nerveuses, et en fer de flèche ; elles sont larges et un peu obtuses dans la première variété, mais celles de la seconde β sont plus étroites et pointues. On trouve cette plante dans les étangs, les fossés et sur le bord des rivières. ♃.

CCXXIII. BUTOME.　　*BUTOMUS.*

Butomus. Tourn. Linn. Juss. Lam. Gœrtn.

Car. Le périgone renferme neuf étamines, dont trois placées sur un rang intérieur et six ovaires qui se changent en un pareil nombre de capsules polyspermes.

1890. Butome en ombelle. *Butomus umbellatus.*

Butomus umbellatus. Linn. spec. 532. Lam. Illustr. t. 324. Fl.
dan. t. 604. — *Butomus floridus.* Gœrtn. Fruct. 1. p. 74. t.
19. f. 3.

Ses tiges sont droites, nues, cylindriques, et hautes d'un
mètre; elles se terminent par une ombelle de quinze à vingt
fleurs, garnie à sa base d'une collerette de trois pièces membraneuses et pointues. Les fleurs sont portées sur des pédoncules
longs de neuf centim. ou environ; elles sont composées de six
divisions oblongues et rougeâtres, de neuf étamines moins
longues que le périgone, et de six ovaires pointus: les feuilles
sont radicales, longues, étroites, pointues, droites et un peu
triangulaires vers leur base. On trouve cette plante sur le bord
des eaux. ♃ : elle est connue sous le nom de *jonc fleuri.*

CCXXIV. SCHEUCHZÈRE. *SCHEUCHZERIA.*

Scheuchzeria. Linn. Juss. Lam.

Car. Le périgone est à six divisions égales : les six étamines
portent de longues anthères; les ovaires sont au nombre de
trois, quatre, cinq ou six, et se changent en capsules comprimées, renflées, à deux valves, à une ou deux graines.

1891. Scheuchzère des *Scheuchzeria palustris.*
marais.

Scheuchzeria palustris. Linn. spec. 482. Lam. Illustr. t. 268.
— Scheuchz. Gram. 336.

Sa racine est rampante, et pousse plusieurs tiges simples,
feuillées, hautes de 1-2 décim., et garnies à leur base de quelques écailles engainantes et blanchâtres; ses feuilles sont alternes,
très-étroites, aiguës, engainantes et pliées en gouttière; ses fleurs
sont solitaires sur chaque pédoncule, et disposées cinq ou six
ensemble en une espèce de grappe terminale. Cette plante croît
dans les marais tourbeux des Alpes et du Jura. ♃.

CCXXV. TROSCART. *TRIGLOCHIN.*

Triglochin. Linn. Juss. Lam. Gœrtn. — *Juncago.* Tourn.

Car. Le périgone est à six divisions presque égales, dont les
trois intérieures sont pétaloïdes; les six étamines sont très-
courtes; les ovaires sont soudés au nombre de trois ou six, dépourvus de stiles, et se changent en fruits à trois ou six coques
droites, monospermes.

1892. **Troscart des marais.** *Triglochin palustre.*

> *Triglochin palustre.* Linn. spec. 482. Lam. Illustr. t. 270. f. 1.
> — Lob. Ic. t. 17. f. 1.
>
> β. *Triglochin bulbosum.* Rouss. Calv 70. non Linn. — Barr. Ic.
> t. 271.

Sa tige est une hampe grèle, cylindrique, droite, et qui s'é-
lève jusqu'à 5 décimètres; ses feuilles sont longues, linéaires,
un peu charnues, et naissent toutes de la racine. Les fleurs sont
presque sessiles, un peu rougeâtres, et forment un épi grèle,
fort long et peu garni. Les capsules sont droites, linéaires, sillonnées, plus longues que leur pédoncule propre et à trois loges.
La variété β, qui a été trouvée sur les bords de la mer, à Toulon, par M. Noisette, et qui est indiquée comme indigène
d'Oystraham en Normandie (Rouss.), a la racine bulbeuse;
mais elle diffère, par son fruit, du troscart bulbeux, lequel est
originaire du cap de Bonne-Espérance. On trouve cette plante
dans les marais et les prés humides. ♂♀

1893. **Troscart maritime.** *Triglochin maritimum.*

> *Triglochin maritimum.* Linn. spec. 482. Lam. Illustr. t. 270.
> f. 2. — Lob. Ic. t. 16. f. 2.

Cette espèce diffère de la précédente par ses feuilles plus
longues en raison de la tige, par son épi de fleurs beaucoup
plus court, et sur-tout par ses capsules presque rondes, divisées en un plus grand nombre de loges. Elle croît dans les lieux
maritimes des provinces méridionales. Je l'ai trouvée dans les
prairies salées, entre Dieuze et Moyenvic, en Lorraine. ♃.

DIX-NEUVIÈME FAMILLE.

COLCHICACÉES.   *COLCHICACEÆ.*

> *Merenderæ.* Mirb. — *Juncorum gen.* Juss. Vent. Lam. —
> *Liliacearum gen.* Adans. — *Spathacearum gen.* Linn.

Les colchicacées sont très-voisines, soit par leur port, soit par
leurs caractères des alismacées dont elles diffèrent par la présence
d'un périsperme et par leur ovaire simple; et des liliacées dont
on les distingue, parce que les valves de leur fruit ne portent
pas de cloisons longitudinales sur le milieu de leur face interne:
ce fruit est une capsule à trois valves, dont les bords se replient
vers l'intérieur, et forment autant de loges qui s'ouvrent vers

le

le sommet du côté intérieur ; les graines sont nombreuses , attachées sur deux séries au bord rentrant des valves. L'embryon est environné d'un périsperme charnu ; le périgone est
simple , libre , pétaloïde , à six divisions profondes : l'ovaire est
simple , surmonté de trois styles ou d'un style à trois stigmates :
les étamines sont au nombre de six , attachées à la base ou au
milieu des divisions du périgone.

CCXXVI. TOFIELDIE.   *TOFIELDIA.*

Tofieldia. Huds. Sm. — *Narthecium.* Juss. Lam. Vill. non Mœrh.
Hop. — *Heritiera.* Schrank. non Bosc. Retz. — *Anthericum.*
Hall. non Juss. — *Antherici sp.* Linn. — *Scheuchzeriœ sp.*
Scop. — *Heloniadis sp.* Wild. Hop.

Car. Le périgone est à six divisions égales , et entouré à sa
base d'un petit involucre à trois lobes. Les étamines sont glabres ; le fruit est une capsule à trois ou six loges polyspermes ,
uniloculaires , séparées dans leur partie supérieure.

Obs. Le nombre des parties est variable.

1894. Tofieldie des marais.   *Tofieldia palustris.*

Tofieldia palustris. Huds. Angl. 157. — *Narthecium calyculatum.* Lam. Illustr. t. 268. — *Narthecium iridifolium.* Vill.
Dauph. 2. p. 225. — *Anthericum calyculatum.* Linn. spec.
447. — *Anthericum pseudo-asphodelus.* Jacq. Vind. 233. —
Scheuchzeria pseudo-asphodelus. Scop. Carn. n. 445. — *Heritiera anthericoides.* Schrank. Bav. n. 580. — *Helonias borealis.* Wild. sp. 2. p. 274. — *Helonias anthericoides.* Hop.
Pl. Rar. Cent. 2.

Sa tige est haute de 1-2 décim. , simple et feuillée dans sa
partie inférieure ; ses feuilles sont étroites , pointues , et s'engaînent par le côté comme celles des iris : les radicales sont
nombreuses , planes , un peu dures , et disposées en gazon. Les
fleurs sont petites , verdâtres , portées sur de très-courts pédoncules , et ramassées en épi terminal un peu interrompu ;
elles sont composées d'un périgone à six divisions herbacées , de
six étamines , et d'un seul ovaire chargé de trois styles courts ,
mais très-distincts. Un peu au-dessous de la fleur , le pédoncule
est chargé de trois petites dents qui paroissent former un petit
calice. On trouve cette plante dans les lieux humides des montagnes des Alpes , du Jura et des Pyrénées. ♃.

CCXXVII. VÉRATRE.   *VERATRUM.*

Veratrum. Tourn. Linn. Juss. Lam. Gœrtn.

CAR. Le périgone a six divisions égales, colorées; il renferme six étamines; trois ovaires distincts qui manquent dans plusieurs fleurs; ces ovaires portent des styles courts, et se changent en capsules oblongues, à deux valves, à plusieurs graines membraneuses.

1895. Vératre blanc.   *Veratrum album.*

Veratrum album. Linn. spec. 1479. Lam. Illustr. t. 843. Gœrtn. Fruct. 1. p. 71. t. 18. f. 4. Bull. Herb. t. 155.

Sa tige est haute d'un mètre, droite, simple et cylindrique; elle se termine par une panicule de fleurs d'un blanc verdâtre, et dont les corolles sont droites ou médiocrement ouvertes : ses feuilles sont fort grandes, ovales-lancéolées, et remarquables par des nervures nombreuses et parallèles. On trouve cette plante dans les pâturages des montagnes de la Provence, du Piémont, du Dauphiné, de la Savoie, du Jura, etc. Elle porte les noms de *varaire*, *vrairo*, *varaso*, et sur-tout celui d'*hellebore blanc*, sous lequel elle étoit fort connue des anciens médecins. On s'en est servi avec succès pour guérir les maniaques; sa racine est émétique et cause quelquefois des convulsions. ♃.

1896. Vératre noir.   *Veratrum nigrum.*

Veratrum nigrum. Linn. spec. 1479. Lam. Fl. fr. 3. p. 301. Bull. Herb. t. 149. —Moris. s. 12. t. 4. f. 1.

Cette espèce a beaucoup de rapport avec la précédente, mais on l'en distingue aisément par la couleur noirâtre de ses fleurs, par leurs périgones très-ouverts et par ses pédoncules pubescens. Elle croît dans les pâturages des montagnes de l'Alsace (Mapp.); de la Bourgogne (Dur.). ♃.

CCXXVIII. COLCHIQUE.   *COLCHICUM.*

Colchicum. Tourn. Linn. Juss. Lam. Gœrtn.

CAR. Le périgone est grand, muni d'un long tube partant de la bulbe et d'un limbe campanulé, à six divisions profondes et pétaloïdes; les six étamines naissent du sommet du tube, et portent des anthères oblongues et vacillantes; l'ovaire porte trois styles très-longs, à stigmates crochus, et se change en une capsule à trois lobes renflés, droits, réunis dans leur partie inférieure, et qui renferment un grand nombre de graines.

1897. Colchique d'automne. *Colchicum autumnale.*

> *Colchicum autumnale.* Linn. spec. 485. Lam. Illustr. t. 267.
> Bull. Herb. t. 19.
> β. *Flore pleno.* C. B. Pin. 67.
> γ. *Vernum.* C. B. Pin. 67.

Cette plante, connue sous les noms de *safran bâtard*, de *tue-chien*, de *fraidolina*, de *veilleuse*, *veillote*, etc., est commune dans tous les prés humides ; sa bulbe, qui est profondément enterrée, pousse en automne une ou plusieurs fleurs d'un lilas pâle, qui s'élèvent à un décim. au-dessus de terre, et se divisent vers le haut en six lobes oblongs ; au printemps suivant, on voit sortir de la même bulbe quelques feuilles grandes, planes, d'un beau verd, larges de 4-5 centim. : entre ces feuilles se trouve le fruit qui est une capsule sessile, longue de 6-10 centim., à trois coques soudées dans la partie inférieure, pointues et distinctes au sommet. La bulbe est très-amère, sur-tout au printemps, et passe même pour vénéneuse ; on l'a cependant employée avec quelque succès comme diurétique dans l'hydropisie. La variété β a la fleur double ; la variété γ a des feuilles plus étroites, qui poussent au printemps avec la fleur ou peu après elle. ♃.

1898. Colchique des Alpes. *Colchicum Alpinum.*

> *Colchicum montanum.* All. Ped. n. 434. t. 74. f. 2. excl. syn.

Cette plante diffère beaucoup du colchique d'automne par ses feuilles, et du colchique de montagne par ses fleurs : elle fleurit en été, et pousse ses feuilles à la fin de sa fleuraison ou peu de temps après ; sa bulbe est petite et ne pousse qu'une seule fleur qui, pour la couleur et la forme, ressemble au colchique d'automne, mais qui est plus petite dans toutes ses parties ; les lobes du limbe sont oblongs, obtus, et les trois extérieurs sont un peu plus longs que les intérieurs. Les feuilles sont linéaires et n'atteignent pas un centim. de largeur ; la capsule est longue de deux centim. à trois coques soudées dans leur partie inférieure, libres et très-pointues au sommet : elle croît dans les prés humides des Alpes ; je l'ai cueillie entre Chamouny et le col du Bon-Homme. Elle se trouve à Modane, Sospello et Fenestrelle (All.), au Grand Saint-Bernard (Neck.) ♃.

1899. Colchique de montagne. *Colchicum montanum.*

> *Colchicum montanum.* Linn. spec. 485. Desf. Atl. 1. p. 322. —
> Hall. Hist. 1256? —Clus. Hist. 1. p. 200. f. 2. et p. 201. f. 1.

La plante entière, avec la racine, n'a pas un décimètre de

hauteur; elle pousse en même temps des feuilles linéaires ou lancéolées, étroites, pointues, étalées, et une à quatre fleurs un
peu plus longues que les feuilles; ces fleurs sont de couleur rose;
leur tube est très-grèle, et leur limbe est divisé en six segmens
linéaires larges de trois mill. seulement sur deux cent. au moins de
longueur. Les échantillons que je décris sont originaires de
Barbarie et de Syrie; la même plante, au témoignage des auteurs, se retrouve dans le midi de la France; dans les Alpes
(Hall.)? dans les Pyrénées (Clus.)? en Corse? etc.

CCXXIX. MÉRENDÈRE.   *MERENDERA.*

Merendera. Ramond.

CAR. Le périgone est divisé jusqu'à la base en six lanières
rétrécies en onglets alongés qui portent à leur sommet des étamines dont l'anthère est droite et en fer de flèche; l'ovaire
porte trois styles alongés, droits au sommet, et se change en
une capsule à trois lobes droits, non renflés, semblable à celle
des colchiques.

Obs. Cette plante a le périgone des bulbocodes, l'ovaire et
le fruit des colchiques, et les anthères des safrans.

1900. Mérendère bul-   *Merendera bulbocodium.*
    bocode.

Merendera bulbocodium. Ram. Bull. Philom. n. 47. t. 12. f. 2.
    Liliac. 1. n. 25. t. 25. — *Bulbocodium vernum.* Desf. Atl. 1.
    p. 284. excl. syn. —Clus. Hist. 1. p. 201. f. 2.

Cette plante ressemble aux colchiques et au bulbocode; sa
hauteur totale, en y comprenant la racine, ne va pas au-delà
d'un décim.; sa bulbe, qui est ovoïde, émet à la fin de l'été
une fleur solitaire d'un lilas tirant sur le pourpre, à six segmens oblongs, égaux, peu ouverts; à cette fleur succèdent des
feuilles linéaires, concaves, étalées; le pédoncule, qui étoit
imperceptible pendant la fleuraison, s'alonge jusqu'à atteindre
un décim, à l'époque de la maturité du fruit qui a lieu au printemps. Elle croît dans les pelouses des Hautes-Pyrénées. ♃.

CCXXX. BULBOCODE.   *BULBOCODIUM.*

Bulbocodium. Linn. Juss. Lam.

CAR. Le périgone est divisé jusqu'à la base en six lanières
distinctes, alongées, rétrécies dans leur partie inférieure en
un long onglet qui se courbe légèrement au sommet; les étamines naissent du sommet de l'onglet dans la partie à demi-

roulée ; l'ovaire porte un style simple , alongé , divisé en trois stigmates.

1901. **Bulbocode prin-** *Bulbocodium vernum.*
tannier.

Bulbocodium vernum. Linn. spec. 422. Vill. Dauph. 2. p. 245.
t. 2. Lam. Dict. 1. p. 512. Illustr. t. 230.

Cette plante a le port du colchique des Alpes , du colchique de montagne , de la mérendère et des safrans ; sa bulbe émet à-la-fois quelques feuilles lancéolées , concaves , un peu étalées , et 2-3 fleurs blanches avant leur épanouissement , puis lilas ou purpurines , un peu ouvertes , composées de six lanières égales , très-alongées , qui portent les étamines au sommet de leur onglet , et dont le limbe coloré se prolonge deux fois plus que les étamines. ♃. Elle croît dans les Alpes du Dauphiné ; de la Provence ; dans la vallée de Queyras , et aux environs de Nice (Bell.).

CCXXXI. ÉRYTHRONE. *ERYTHRONIUM.*

Erythronium. Linn. Juss. Lam. — *Dens canis.* Tourn.

Car. Le périgone est en cloche très-ouverte , à six divisions profondes , semblables à des pétales dont les trois intérieures ont deux callosités à leur base interne ; l'ovaire porte un style alongé , divisé en trois stigmates ; la capsule est globuleuse , rétrécie à sa base ; les graines sont arrondies.

1902. **Érythrone dent-** *Erythronium dens-canis.*
de-chien.

Erythronium dens-canis. Linn. spec. 437. Lam. Illustr. t. 244.
f. 1. — *Erythronium maculatum.* Lam. Fl. fr. 3. p. 286.

Sa tige est une hampe uniflore, haute de 1-2 décim. , garnie dans sa partie inférieure d'une couple de feuilles ovales-lancéolées , très-ouvertes , mouchetées et panachées de verd et d'un rouge obscur. Sa fleur est terminale , pendante , composée de six segmens lancéolés , pointus et à demi-réfléchis en dessus ; de six étamines insérées aux onglets des pétales , et d'un ovaire dont le style est plus long que les étamines , et terminé par trois stigmates. On trouve cette plante dans les lieux couverts des montagnes ; près Montpellier , à l'Hort de Diou ; près Genève , au bois de la Batie ; aux environs de Turin (All.) ; à Die et Crest (Vill.) ; dans les montagnes du Bugey (Latour.) ♃.

VINGTIÈME FAMILLE.

LILIACÉES.   *LILIACEÆ.*

Lilia , Asphodeli , Bromeliæ et Narcissi. Juss. Lam. — *Lilia-*
ceæ et Narcissoideæ. Vent. — *Coronariæ et Spathaceæ.* Linn.
— *Liliacearum gen.* Tourn. Adans.

L ε s liliacées que Linné nommoit les patriciens du règne
végétal , se font en général distinguer par l'élégance de leurs
formes et la beauté de leurs couleurs; presque toutes sont des
herbes à feuilles entières , engaînantes , et munies de nervures
parallèles : leurs tiges sont tantôt alongées , cylindriques , chargées de feuilles , et munies à leur base de racines fibreuses ,
tantôt réduites à un plateau orbiculaire , souterrein , qui émet
en-dessous des radicules , et qui est recouvert en-dessus par
les gaines avortées d'un grand nombre de feuilles. Cet assemblage porte le nom de *bulbe* ou d'*oignon* , et a été mal-à-propos confondu avec les racines , parce qu'il est souvent caché
sous terre. Dans certaines liliacées , le plateau de la bulbe devient tubéreux ou cylindrique , et nous découvre la véritable
nature des bulbes. Dans les liliacées bulbeuses , les feuilles et
les pédoncules sont radicaux , c'est-à-dire naissent de la tige
cachée sous terre. Les fleurs des liliacées sont quelquefois nues ,
quelquefois munies chacune d'une bractée , quelquefois réunies
avant leur épanouissement dans une spathe commune.

Le périgone des liliacées , qui a été regardé par les uns
comme un calice , par d'autres comme une corolle , est vraiment formé par la greffe naturelle de ces deux organes , de sorte
que sa face externe offre l'anatomie d'un calice , et l'interne
celle d'une corolle; il est libre ou adhérent , souvent persistant, pétaloïde , à six divisions plus ou moins profondes ; les
étamines sont au nombre de six, placées à la base ou sur le
milieu du périgone devant chaque division : l'ovaire est simple , libre ou adhérent; le style est simple ou quelquefois nul ;
le stigmate est entier ou à trois divisions ; le fruit est une capsule à trois valves qui portent sur le milieu de leur face interne
des cloisons longitudinales d'où résultent trois loges formées chacune par la moitié de deux valves contigues : les graines sont

attachées à l'angle interne des cloisons, et disposées d'ordinaire sur deux séries parallèles dans chaque loge ; l'embryon est droit ou courbé, placé dans un périsperme charnu ou cartilagineux.

Les cloisons que portent les valves de la capsule, distinguent les Liliacées des quatre familles précédentes ; le nombre des étamines les distinguent des Iridées.

PREMIER ORDRE.
Liliacées (Juss.).

Ovaire libre ; graines planes ; trois stigmates.

CCXXXII. TULIPE.   *TULIPA.*

Tulipa. Tourn. Linn. Juss. Lam. Gœrtn.

Car. Le périgone est en forme de cloche, à six divisions si profondes et si distinctes, qu'elles semblent des pétales, dépourvues de glandes nectarifères à leur base. Le stigmate est épais, sessile sur l'ovaire ; la capsule est oblongue, à trois angles ; les graines sont planes.

1903. Tulipe sauvage.   *Tulipa silvestris.*

Tulipa silvestris. Linn. spec. 438. Lam. Fl. fr. 3. p. 222. Fl. dan. t. 375.

Sa tige est haute de 5 décim., cylindrique, et garnie de deux ou trois feuilles étroites et légèrement pliées en gouttière ; elle se termine par une fleur jaune dont les pétales sont lancéolés, très-pointus, et les étamines un peu velues à leur base. Cette fleur est penchée avant son épanouissement, ce qui distingue cette espèce de la tulipe des jardins, dont la fleur est en tout temps très-droite. M. Desportes en a observé des individus à 8 étamines et à huit divisions. ♃. On trouve cette plante dans les prés montagneux de la Provence ; du Languedoc ; du Dauphiné ; aux environs de Genève ; de Sorrèze ; d'Orléans (Dub.); d'Ouge (Dur.); du Mans (Desp.); de Colmar (Nestl.); de Paris.

1904. Tulipe odorante.   *Tulipa suaveolens.*

Tulipa suaveolens. Roth. Cat. 1. p. 45. Liliac. t. 111. — *Tulipa pumilio.* Lob. ic. t. 127. — C. B. Pin. p. 63. n. III.

Elle diffère de toutes les espèces par sa stature qui ne s'élève guère au-delà d'un décim. ; par sa fleur odorante, droite, entièrement glabre ; parce que sa tige et la face supérieure de ses feuilles sont garnies de petits poils courts et serrés. Elle est cultivée dans les jardins, sous le nom de *duc de Tole* ; elle fleurit à la fin de l'hiver ; elle est originaire du midi de l'Europe. ♃.

1905. Tulipe de Gessner.   *Tulipa Gessneriana.*

Tulipa Gessneriana. Linn. spec. 438. Lam. Illustr. t. 244.

Elle est glabre dans toutes ses parties ; sa tige porte une fleur solitaire, droite, inodore, terminale, dont les pétales sont obtus ; cette plante est cultivée dans les jardins d'ornement, à cause de la beauté et de la variété de ses couleurs : elle est originaire de l'Orient, d'où elle a été apportée en Europe en 1559 Bellardi assure qu'elle croît naturellement dans les montagnes de la Savoie près Moriena, et aux environs de Nice. Peut-être a-t-il parlé, sous ce nom, de l'espèce suivante ? ♃.

1906. Tulipe œil-de-soleil.   *Tulipa oculus-solis.*

Tulipa oculus-solis. St.-Am. Rec. Soc. d'agr. d'Agen. 1. p. 75.
— *Tulipa agenensis.* Liliac. 1. n. 60*. — Garid. Aix. p. 475.

Cette belle plante s'élève à la hauteur de 2-3 décim. ; elle est glabre dans toutes ses parties ; sa tige porte trois feuilles oblongues, pointues, foibles, et qui dépassent la longueur de la plante : au sommet de celle-ci est une fleur solitaire dont le diamètre est d'environ un décim. ; cette fleur offre six segmens dont trois extérieurs, un peu plus longs et très-pointus, trois intérieurs un peu obtus au sommet, tous d'un beau rouge avec une longue tache d'un bleu noir, bordée de jaune, placée à leur base ; les filets des étamines sont droits, glabres, en forme d'alène, d'un bleu noirâtre, et portent des anthères droites, quadrilatérales, deux fois plus longues que le filet, et qui dépassent un peu le pistil. Elle diffère de la tulipe odorante et de la tulipe sauvage, parce qu'elle ne porte de poils ni sur sa tige ni sur sa fleur ; de la tulipe de Gessner, par ses pétales pointus ; de la tulipe de l'Ecluse (Lil. t. 37.), par sa fleur beaucoup plus grande, par son onglet qui est au moins aussi long que les anthères, et par la disposition de ses couleurs. Elle a été découverte par M. Saint-Amans, dans les champs cultivés, aux environs d'Agen ; et par M. Clarion, au Brusquet en Provence. ♃.

CCXXXIII. FRITILLAIRE.   *FRITILLARIA.*

Fritillaria. Linn. Lam. — *Fritillaria et Imperialis.* Juss. —
Fritillaria et Ptilium. Linn. Hort. Cliff.

CAR. Le périgone est en forme de cloche, à six divisions profondes, munies près de leur base d'une fossette nectarifère, ovale dans les vraies fritillaires, arrondie dans l'impériale.

1907. Fritillaire pintade. *Fritillaria meleagris.*

Fritillaria meleagris. Linn. spec. 436. Lam. Illustr. t. 245. f. 1.

β. *Alba.*

γ. *Lutea.*

δ. *Atropurpurea.*

Sa tige est droite , menue , très-simple , et haute de 1-2 décim. ; ses feuilles sont au nombre de trois ou quatre , écartées , longues , étroites et pointues ; sa fleur est terminale , fort belle , et ressemble un peu à une tulipe renversée; elle varie dans sa couleur , mais elle est communément panachée ou tachée par petits carreaux en forme de damier. On trouve cette plante dans les pâturages humides et dans les montagnes. On la nomme vulgairement le *damier* , la *fritillaire panachée ;* les paysans des bords du Doubs la nomment *tulipe du Goudeba* , du nom d'un village près duquel elle se trouve. Elle a été découverte au seizième siècle , aux environs d'Orléans par Noël Caperon , et nommée de-là *narcissus caperonius* par Camerarius. ♃.

1908. Fritillaire des Pyrénées. *Fritillaria Pyrenaica.*

Fritillaria Pyrenaica. Linn. spec. 436. Lam. Fl. fr. 3. p. 285.

Cette plante ne me paroît qu'une simple variété de la précédente ; on l'en distingue parce que ses feuilles inférieures sont opposées , et que la tige porte 2-5 fleurs. On la trouve dans les montagnes de la Provence , du Dauphiné , et dans les Pyrénées. ♃.

1909. Fritillaire impériale. *Fritillaria imperialis.*

Fritillaria imperialis. Linn. spec. 435. Lam. Dict. 2. p. 548. Illustr. t. 245. f. 2. — *Corona imperialis.* Tourn. Inst. t. 497 et 498.

Cette belle plante , qui est originaire du Levant , est cultivée comme fleur d'ornement dans tous les jardins : sa tige est nue dans le milieu , et porte à son sommet une houppe de feuilles au-dessous de laquelle naît une rangée de grandes fleurs orangées , pendantes : au fond de ces fleurs sont six gouttelettes sphériques d'une liqueur limpide , produite par les nectaires. La capsule a six angles saillans ; elle porte le nom de *couronne impériale.* ♃.

C C X X X I V. L Y S.　　　*L I L I U M.*

Lilium. Tourn. Linn. Juss. Lam.

Car. Le périgone est en cloche, à six divisions profondes et distinctes, droites ou roulées en-dehors, munies en-dessus d'un sillon longitudinal plus marqué vers la base, et dont les bords sont dentelés ou redressés en crête.

1910. Lys blanc.　　　*Lilium candidum.*

Lilium candidum. Linn. spec. 433. Lam. Dict. 3. p. 534. Blakw. Herb. t. 11.

La tige est haute d'un mètre, droite, cylindrique et très-simple ; ses feuilles sont entières, éparses, oblongues, ondulées, pointues, et d'autant plus courtes et plus étroites, qu'elles sont plus voisines du sommet de la tige ; les fleurs sont terminales, pédonculées, fort belles et d'une odeur exquise. Cette plante est cultivée dans tous les jardins dont elle fait l'ornement. Elle passe pour originaire de l'Orient, mais elle se trouve aussi en Suisse, sur le mont Schlossberg, près la Neuville (Hall.) : je l'ai moi-même trouvée dans le Jura , près le comté de Neuchâtel, dans des lieux assez éloignés de toute habitation. ♃.

1911. Lys bulbifère.　　　*Lilium bulbiferum.*

Lilium bulbiferum. Linn. spec. 433. Lam. Dict. 3. p. 535. Jacq. Austr. t. 226.

β. *Lilium humile.* Mill. Dict. n. 4.

Sa tige est haute de 5-7 décim. , droite, très-simple, feuillée et terminée par une ou plusieurs fleurs ; ses feuilles sont éparses , assez petites , étroites, pointues, et chargées de lignes ou de nervures très-fines en leur surface inférieure ; on trouve dans leurs aisselles supérieures de petites bulbes blanchâtres et sessiles ; les fleurs sont grandes , campanulées , droites , d'un pourpre jaunâtre ou couleur de safran , parsemées intérieurement de petites taches noires et pubescentes en leur rainure. Cette plante croît en Alsace et en Provence, dans les lieux montagneux et humides. Elle a été trouvée dans les Pyrénées , par M. Ramond. ♃.

1912. Lys ponpon.　　　*Lilium pomponium.*

Lilium pomponium. Linn. spec. 434. Liliac. 1. n. 7. t. 7.—*Lilium rubrum.* Lam. Fl. fr. 3. p. 283.

Sa tige est haute de 5 décim. , droite, simple et abondamment garnie de feuilles dans toute sa longueur ; ses feuilles sont

éparses, nombreuses, étroites, pointues, et vont en diminuant
de grandeur vers le sommet de la tige, de sorte que les supérieures sont très-petites; les fleurs sont terminales, pendantes,
fort belles, d'un rouge vif, nullement tachées, et rarement
au-delà de quatre; leurs segmens sont roulés en dehors à-peu-
près comme dans le martagon. On trouve cette plante en Provence. ♃.

1913. Lys des Pyrénées. *Lilium Pyrenaicum.*

> *Lilium Pyrenaicum.* Gou. Obs. 25. — *Lilium flavum.* Lam.
> Fl. fr. 3. p. 283. — *Lilium pomponium*, β. Lam. Dict. 3.
> p. 536.

Cette espèce a beaucoup de rapport avec la précédente; sa
tige est haute de 3-7 décim., simple et garnie de feuilles
éparses, nombreuses et très-rapprochées les unes des autres;
elles sont étroites, lancéolées, nerveuses en-dessous, et vont
en diminuant de grandeur vers le sommet de la tige : les fleurs
sont terminales, à peine au-delà de trois, et quelquefois solitaires ; leur corolle est jaune, d'une couleur pâle en dehors,
et parsemée en dedans de points rouges ou noirâtres. Cette
plante croît dans les Pyrénées au Mont – Laurenti et dans les
Alpes. ♃.

1914. Lys martagon. *Lilium martagon.*

> *Lilium martagon.* Linn. spec. 435. Lam. Dict. 3. p. 537. Jacq.
> Austr. t. 351.
> β. *Flore albicante.*
> γ. *Pubescens.*

Sa tige est droite, simple, quelquefois tachée, et s'élève
jusqu'à 8-10 décim.; ses feuilles sont ovales-lancéolées, pointues, nerveuses en dessous, et disposées par verticilles dont les
supérieurs sont souvent imparfaits; les fleurs sont rougeâtres
ou blanchâtres, communément velues en dehors, sur-tout avant
leur épanouissement, pendantes et parsemées de taches purpurines ou noirâtres; leurs segmens sont réfléchis en dessus.
Cette plante croît en Provence ; en Alsace ; en Bourgogne ; sur
le Mont-d'Or en Auvergne ; dans le Jura ; au Mont-Salève près
Genève, etc. ♃.

FAMILLE
SECOND ORDRE.

Asphodèles (Juss.).

Ovaire libre ; graines arrondies ou anguleuses ; un stigmate.

CCXXXV. ASPHODÈLE. *ASPHODELUS.*

Asphodelus. Tourn. Linn. — *Asphodelus et Asphodeloides.* Mœnch.

Car. Les filamens des étamines élargis à leur base et courbés en forme de voute, recouvrent l'ovaire.

Obs. Dans la germination des asphodèles , le lobe de la graine reste pendant au sommet de la première feuille , lequel est courbé et aminci.

1915. Asphodèle jaune. *Asphodelus luteus.*

Asphodelus luteus. Linn. spec. 443. Jacq. Hort. Vind. t. 77.

Cette plante , originaire de Sicile , est maintenant cultivée comme fleur d'ornement dans un grand nombre de jardins ; elle se distingue à sa tige feuillée , à ses feuilles triangulaires et striées , à son épi long et simple , à ses fleurs jaunes , etc. ♂.

1916. Asphodèle fistuleux. *Asphodelus fistulosus.*

Asphodelus fistulosus. Linn. spec. 444. Lam. Dict. 1. p. 301. Cav. Ic. 3. t. 201. — *Asphodeloides ramosa.* Mœnch. Meth. 634.

Sa tige est haute de 6-7 décim., grèle , nue, cylindrique et un peu rameuse dans sa partie supérieure; ses feuilles sont radicales , nombreuses , menues , presque filiformes , d'un verd foncé , et fistuleuses ; ses fleurs sont plus petites que celles de l'espèce suivante; leur corolle est composée de six pièces distinctes; les écailles des étamines sont velues , et le stigmate est à trois lobes courts; la capsule est un peu charnue , et chaque loge renferme quatre à six graines. On trouve cette plante dans les provinces méridionales. ♃.

1917. Asphodèle rameux. *Asphodelus ramosus.*

Asphodelus ramosus. Wild. spec. 2. p. 133. — *Asphodelus ramosus ,* α. Linn. spec. 444. Lam. Dict. 1. p. 300. — Clus. Hist. 1. p. 196. f. 2.

Sa tige est haute d'un mètre, cylindrique, nue et plus ou moins rameuse dans sa partie supérieure; ses feuilles sont radicales , fort longues, nombreuses et ensiformes ; ses fleurs sont grandes, ouvertes en étoile, et portées sur de courts pédoncules; elles sont blanches, et leurs segmens sont chargés d'une ligne rougeâtre sur leur dos. On trouve cette plante dans les montagnes de la Provence. ♃.

1918. Asphodèle blanc.　*Asphodelus albus.*

Asphodelus albus. Wild. spec. 2. p. 133. — *Asphodelus ramosus,* β. Linn. spec. 445. Lam. Dict. 1. p. 300. — Clus. Hist. 1. p. 197. f. 2.

Il diffère du précédent par sa hampe simple et non ramifiée, par ses fleurs plus petites et plus serrées, et par ses pédicelles qui ne dépassent point la longueur des bractées : on le trouve aux environs de Narbonne; de Sorrèze ; dans les Pyrénées; les montagnes de Seyne et d'Auzet en Provence.

CCXXXVI. HÉMÉROCALLE.　*HEMEROCALLIS.*

Hemerocallis. Linn. Hall. — *Lilio-asphodelus et Liliastrum.* Tourn.

Car. Le périgone est grand, persistant, en entonnoir à sa base, en forme de cloche et à six divisions peu profondes à sa partie supérieure ; les étamines sont déjetées de côté.

Obs. Les racines sont composées d'un faisceau de fibres simples, épaisses et cylindriques.

1919. Hémérocalle fauve.　*Hemerocallis fulva.*

Hemerocallis fulva. Linn. spec. 462. Lam. Dict. 3. p. 103. Liliac. 1. n. 16. t. 16. — *Hemerocallis crocea.* Lam. Fl. fr. 3. p. 267. — Lob. Ic. t. 93. f. 1.

Sa tige est haute d'un mètre, nue, presque cylindrique, lisse et un peu rameuse à son sommet ; ses feuilles sont radicales, fort longues, ensiformes, un peu étroites et creusées en gouttière. Ses fleurs sont grandes, pédonculées, terminales, et d'un jaune rougeâtre, sur-tout intérieurement : elles forment à sa base un tube étroit, au fond duquel se trouve l'ovaire qui est bien certainement libre. Cette plante croît en Provence, aux environs de Pourrière (Gar.); près de Tarbes (Ram.) ♃.

1920. Hémérocalle jaune.　*Hemerocallis flava.*

Hemerocallis flava. Linn. spec. 2. p. 462. Jacq. Hort. Vind. t. 139. Liliac. 1. n. 15. t. 15. — *Hemerocallis lilio-asphodelus.* Linn. spec. 1. ed. p. 324.

Elle diffère de l'hémerocalle fauve, parce qu'elle est moins grande

dans toutes ses parties , que les segmens de sa fleur sont planes
et non ondulés , un peu pointus , et marqués de nervures
peu ou point ramifiées ; qu'enfin ses fleurs sont d'un jaune clair
et nullement orangées, ni fauves, ni ,rougeâtres. On la cultive
dans les jardins , sous les noms de *lys asphodèle* et de *belle
de jour*. Elle croît naturellement dans les bois humides du
Piémont, entre Bra et Cherasco , et aux environs de la Trapola (All.). Elle a été trouvée en Suisse , près du Léman , entre
Rida et Massongez , par M. Schleicher. ♃.

1921. Hémérocalle fleur   *Hemerocallis liliastrum.*
    de lys.

> *Hemerocallis liliastrum.* Linn. spec. 1. ed. p. 324. All. Ped.
> n. 1858. — *Anthericum liliastrum.* Linn. spec. 445. — *Orni-
> thogalum liliforme.* Lam. Fl. fr. 3. p. 278.

Sa racine offre un faisceau de plusieurs fibres simples , épaisses
et cylindriques ; sa tige est haute de 5 déc. , nue et cylindrique ;
ses feuilles sont radicales , planes , presque aussi longues que la
tige , et larges d'un centim. : ses fleurs sont blanches , grandes ,
fort belles , et la plupart tournées d'un même côté. Les segmens
rapprochés au sommet, leur donnent l'aspect de celle du lys ordinaire. Les bractées inférieures sont fort longues. Cette plante
croît dans les pâturages des montagnes de la Provence , du
Dauphiné , du Piémont, de la Savoie , etc. ♃.

CCXXXVII. JACINTHE.   *HYACINTHUS.*

> *Hyacinthus.* Tourn. Desf. — *Hyacinthus et Dipcadi.* Med. —
> *Hyacinthi sp.* Linn. Juss. Lam.

Car. Le périgone est en forme de tube , à six divisions qui
n'atteignent pas le milieu de la longueur, et qui sont étalées
vers le sommet : les étamines sont insérées vers le milieu de
la longueur du périgone ; la capsule est à trois angles peu saillans.

1922. Jacinthe amé-   *Hyacinthus amethystinus.*
    thyste.

> *Hyacinthus amethystinus.* Linn. spec. 454. Liliac. 1. n. 14. t. 14.
> *Hyacinthus hispanicus.* Lam. Dict. 3. p. 191.

Sa bulbe , qui est de la grosseur d'une prune , pousse 3-4
feuilles droites , linéaires , longues d'un décim. environ , et une
hampe nue , grèle , cylindrique , qui porte à son sommet une
grappe d'abord penchée , puis redressée , composée de 4-7
fleurs d'un beau bleu ; ces fleurs sont en cloche alongée , et à

six lobes qui n'atteignent que le quart de la longueur. Les brac-
tées sont solitaires , au moins égales à la longueur des pédicelles.
Elle croît dans les Pyrénées , et m'a été communiquée par
M. Ramond. ♃.

1923. Jacinthe d'Orient. *Hyacinthus Orientalis.*

Hyacinthus Orientalis. Linn. spec. 454. Lam. Dict. 3. p. 191.

C'est cette jacinthe qu'on cultive dans les jardins , et dont la
culture a produit une foule de variétés ; on la distingue à ses
fleurs en entonnoir, dont les lobes atteignent le milieu de la
longueur, et qui sont ventrues à leur base ; à ses pédicelles
munis à leur base de deux bractées plus courtes qu'eux : elle
est originaire d'Orient. Les Languedociens lui donnent le nom
impropre de *muguet.* ♃.

1924. Jacinthe tardive. *Hyacinthus serotinus.*

Hyacinthus serotinus. Linn. spec. 453. Cav. Ic. t. 30. — *Lache-
nalia serotina.* Wild. spec. 2. p. 175. — *Dipcadi serotinum.*
Mœnch. Meth. 633.

Une bulbe ovoïde et de la grosseur d'une noix pousse cinq à
six feuilles droites , linéaires , courbées en gouttière, et une
hampe deux fois plus longue que les feuilles ; les fleurs sont disposées en grappe , portées sur de courts pédicelles , et souvent
déjetées d'un seul côté; leur couleur est d'un jaune verdâtre
pâle ; elles sont en cloche alongée, à six segmens dont trois extérieurs plus profondément séparés , et trois intérieurs divisés
jusqu'au-delà du milieu de la longueur. Les bractées sont en forme
de fer de lance, très-acérées, et plus longues que les pédicelles.
Cette plante croît dans les Pyrénées , près Barèges , aux buttes
de Sers , où M. Ramond l'a cueillie en fleur au printemps. ♃.

CCXXXVIII. MUSCARI. *MUSCARI.*

Muscari. Tourn. Mill. Desf. — *Hyacinthi sp.* Linn. Juss. Lam.

Car. Le périgone est ovoïde , renflé dans le milieu, resserré
en grelot , à six dents ; la capsule est à trois angles saillans.

1925. Muscari odorant. *Muscari ambrosiaceum.*

Muscari ambrosiaceum. Mœnch. Meth. 633. — *Hyacinthus
muscari.* Linn. spec. 454. Gou. Hort. 178. Lam. Dict. 3. p.
193.—Lob. Ic. t. 109. f. 2.

Cette espèce est remarquable par l'odeur agréable de ses
fleurs ; sa bulbe est très-grosse, ovoïde; ses feuilles sont un

peu concaves, presque linéaires, radicales, un peu plus longues que la hampe : celle-ci porte un épi conique, serré, d'un
brun rougeâtre; les fleurs sont ovoïdes, toutes semblables,
presque sessiles; on trouve deux petites bractées à la base de
chaque pédicelle. ♃. Cette plante croit aux environs de Nîmes
et de Montpellier (Gou.).

1926. Muscari à grappe. *Muscari racemosum.*

Muscari racemosum. Mill. Dict. n. 3. — *Hyacinthus racemosus.*
Linn. spec. 455. Jacq. Austr. t. 187. —*Hyacinthus juncifolius.*
Lam. Dict. 3. p. 194. — Lob. Ic. t. 107. f. 2.

Sa tige est grèle, nue, cylindrique, et haute de 1-2 décim.;
ses feuilles sont menues, plus longues que la tige, linéaires,
assez semblables à celles de quelques espèces de jonc, mais
plus foible, et chargée d'une cannelure en gouttière : les fleurs
sont petites, nombreuses, et disposées en un épi court, ovale
et serré; elles sont bleues, mais leur limbe forme un petit
rebord blanc qui se colore par la suite. On trouve cette plante
dans les lieux cultivés. ♃.

1927. Muscari botride. *Muscari botryoides.*

Muscari botryoides. Mill. Dict. n. 1. — *Hyacinthus botryoides.*
Linn. spec. 455. Lam. Dict. 3. p. 193. — Lob. Ic. t. 108. f. 1.

Cette espèce a beaucoup de rapport avec la précédente, mais
sa tige s'élève un peu plus, et ses feuilles sont plus larges, plus
fermes et plus redressées; ses fleurs sont inodores; leur périgone est globuleux, bleu, et terminé par un très-petit rebord blanc. On trouve cette plante dans les provinces méridionales. ♃.

1928. Muscari à toupet. *Muscari comosum.*

Muscari comosum. Mill. Dict. n. 2. Desf. Atl. 1. p. 309. — *Hyacinthus comosus.* Linn. spec. 455. Lam. Dict. 3. p. 192. Jacq.
Austr. t. 126. — Lob. Ic. t. 106. f. 2.

Sa tige est nue, cylindrique, lisse et haute de 2-3 décim. ou
quelquefois davantage; ses feuilles sont radicales, longues,
larges d'un centim., un peu épaisses, et planes au moins supérieurement : ses fleurs sont d'un bleu rougeâtre, disposées
en un épi fort long et lâche dans sa partie inférieure; les pédoncules inférieurs sont très-ouverts, et de même couleur que
celle de la tige; les supérieurs sont redressés, colorés, fort
longs,

longs, et soutiennent de petites fleurs ordinairement stériles. On trouve cette plante dans les champs, les lieux cultivés, et sur le bord des bois. ♃.

CCXXXIX. PHALANGÈRE. *PHALANGIUM.*

Phalangium. Tourn. Juss. Lam. —*Antherici sp.* Linn.

CAR. Le périgone est plus ou moins ouvert, à six divisions profondes; les filamens des étamines sont ordinairement glabres, filiformes, insérés à la base des divisions.

OBS. Ce genre est un démembrement du genre anthericum de Linné, dont nous avons déjà retiré l'abama, genre de la famille des joncs, et le tofieldia, genre de la famille des colchicacées. Les phalangères diffèrent des vrais anthérics par leurs fleurs blanches, leurs étamines ordinairement glabres, par leur embryon placé dans le périsperme de manière à couper l'axe de la graine à angle droit, parce que, enfin, dans leur germination, le lobe de la graine reste pendu au sommet de la première feuille. Dans les vrais anthérics, qui sont tous originaires du Cap, la fleur est jaune, les étamines barbues, l'embryon placé dans l'axe même de la graine, et à l'époque de la germination, le lobe de la semence pend au moyen d'un filet au côté de la première gaine. Au reste, ces genres doivent encore être étudiés pour déterminer la structure de la graine dans plusieurs espèces.

1929. Phalangère bicolore. *Phalangium bicolor.*

Anthericum bicolor. Desf. Atl. 1. p. 304. t. 90. Lam. Dict. 5. p. 251.—*Anthericum planifolium.* Linn. Mant. 442. —*Anthericum Mattiazi.* Rœm. Pl. Hisp. et Lus. p. 57.
β. *Foliis subcanaliculatis tortilibus.* Thore. Chlor. Land. p. 128.

Sa racine est composée de fibres épaisses, simples et cylindriques; elle émet plusieurs feuilles alongées, planes et étalées dans la variété α, courtes et tortillées dans la variété β; sa tige est droite, presque nue, rameuse au sommet; les fleurs forment une panicule lâche, plus ou moins fournie; elles sont pédicellées et munies de bractées caduques; le périgone est étalé, caduc, blanc à l'intérieur, d'un pourpre clair en-dehors, à six lanières profondes; les étamines ont les filamens velus; l'ovaire est globuleux : elle croit dans les haies et les sables, au bois de Pannelière près du Mans; aux environs de Sorrèze, de Saumur, de Tarbes, de Bayonne : elle est commune dans les

Tome III. O

Landes, où les habitans se servent de la décoction de ses racines pour se purger, et donnent à la plante le nom de *courniaou*.

1930. Phalangère rameuse. *Phalangium ramosum.*

Phalangium ramosum. Lam. Dict. 5. p. 350. — *Anthericum ramosum.* Linn. spec. 445. Jacq. Austr. t. 161. — *Ornithogalum ramosum.* Lam. Fl. fr. 3. p. 279. — Lob. Ic. t. 47. f. 2.

Sa tige est haute de six décim., droite, nue et rameuse vers son sommet, où elle forme une panicule lâche; ses feuilles sont radicales, longues, linéaires, étroites, et assez semblables à celles des plantes graminées : les fleurs sont blanches et moins grandes que celles de l'espèce suivante, avec lesquelles celle-ci a beaucoup de rapport : le pistil n'est point incliné ; la bractée inférieure est longue de six centim., linéaire et aiguë. On trouve cette plante dans les lieux montagneux et incultes. ♃.

1931. Phalangère fleur-de-lys. *Phalangium liliago.*

Phalangium liliago. Schreb. Spic. 36. Lam. illustr. t. 240. f. 2. — *Anthericum liliago.* Linn. spec. 445. Fl. dan. t. 616. — *Ornithogalum gramineum.* Lam. Fl. fr. 3. p. 278.

Sa tige est cylindrique, nue, ferme, et haute de 4-5 décimètres; ses feuilles sont radicales, longues de trois décim., larges d'environ quatre millim., planes, légèrement en gouttière, et ressemblent un peu à celles des graminées : les fleurs sont blanches, larges de quatre centim. dans leur épanouissement, fort écartées les unes des autres à la base de l'épi, et très-rapprochées à son sommet. Les bractées des fleurs inférieures sont longues, linéaires et pointues; les segmens des fleurs sont très-minces, et chargés de trois raies sur leur dos; le pistil est sensiblement incliné. On trouve cette plante dans les bois montagneux et herbeux, aux environs de Paris et dans presque toute la France. ♃.

1932. Phalangère tardive. *Phalangium serotinum.*

Phalangium serotinum. Lam. Dict. 5. p. 241. — *Anthericum serotinum.* Linn. spec. 2. p. 444. — *Bulbocodium serotinum.* Linn. spec. 1. p. 294. — Ray. Angl. t. 17. f. 1.

Les fibres radicales sont très-menues, et partent d'une souche alongée, couverte d'une tunique cylindrique; cette souche me paroît une bulbe alongée; elle émet deux feuilles linéaires, légèrement charnues, longues de 10-12 centim., et une hampe grêle, garnie de trois écailles foliacées, et un peu plus courtes que les feuilles; la fleur est terminale, solitaire, nue, à six

lanières profondes , distinctes , étalées, oblongues–ovales, blanches , avec l'onglet jaune et quelques veines rousses ou purpurines. Les filamens des étamines sont glabres , en forme d'alène ,
deux fois plus courts que les lanières du périgone ; l'ovaire est
oblong, et le stigmate en tête. Cette plante croît dans les
Hautes–Alpes du Dauphiné , du Piémont, etc. ♃.

CCXL. SCILLE.   *SCILLA*.

Scilla. Sm. — *Scillæ et Hyacinthi sp.* Linn. — *Ornithogali sp.*
Lam. — *Antherici sp.* Scop.

CAR. Les scilles diffèrent des jacinthes , par leur périgone
ouvert , ordinairement caduc , et dont les lanières sont toujours
très-profondes ; des ornithogales, par les filets des étamines filiformes et non dilatés ; des phalangères, par leurs graines
arrondies et leur racine bulbeuse ; la phalangère tardive paroît
réunir ces deux genres.

§. Ier. *Deux bractées sous chaque pédicelle.*

1933. Scille penchée.   *Scilla nutans.*

Hyacinthus non-scriptus. Linn. spec. 453. — *Hyacinthus pratensis.* Lam. Dict. 3. p. 190. Bull. Herb. t. 353. — *Hyacinthus
cernuus.* Thuil. Fl. par. II. 1. p. 174. — *Scilla nutans.* Smith.
Fl. brit. 1. p. 367. — *Scilla festalis.* Salisb. Prod. 242.
β. *Flore albo.*

Une bulbe arrondie pousse huit à dix feuilles linéaires, droites , un peu plus courtes que la hampe , et dont la largeur n'atteint pas un centim. : du milieu de ces feuilles s'élève une
hampe longue de trois décimètres, terminée par une grappe
de fleurs penchée de côté avant l'entier épanouissement ; ces
fleurs sont bleues , en forme de cloche , à six lanières qui atteignent presque la base du périgone ; à la base de chaque pédicelle , se trouvent deux bractées. ♃. Cette plante est commune
dans les prés et les bois , aux environs de Paris et dans presque
toute la France ; sa fleur est odorante et quelquefois de couleur blanche , mais jamais incarnate comme dans l'*hyacinthus
cernuus* de Linné.

1934. Scille à feuilles étalées.   *Scilla patula.*

Hyacinthus patulus. Desf. Cat. Hort. Paris. Ined. — *Hyacinthus
amethystinus.* Lam. Dict. 3. p. 190. non Linn. — *Hyacinthus
non scriptus.* Thuil. Fl. par. II. 1. p. 173 ? — *Hyacinthus spicatus.* Mœnch. Meth. 632.

Une bulbe ovoïde donne naissance à quatre ou cinq feuilles lancéolées , larges de deux centim. , de la longueur de la hampe ,

mais absolument étalées sur le terrein ; sa hampe est droite , longue de trois décim. , terminée par une grappe de fleurs , droite dès sa naissance ; les fleurs sont semblables à celles de l'espèce précédente , mais un peu plus grandes et inodores. ♃. Cette jacinthe est cultivée depuis long-temps en pleine terre au jardin des plantes ; on la dit originaire du midi de la France ; elle se trouve dans les bois des environs de Paris ('l'huil.) ?

§. II. *Une bractée sous chaque pédicelle.*

1935. Scille d'automne.   *Scilla autumnalis.*

Scilla autumnalis. Linn. spec. 443. Cav. Ic. t. 274. f. 2. — *Anthericum autumnale.* Scop. Carn. n. 415. — *Ornithogalum autumnale.* Lam. Fl. fr. 3. p. 274. — Lob. Ic. t. 102. f. 1.

Sa hampe est grèle, haute de 1-2 décim. ; ses feuilles sont radicales , très-menues , filiformes , foibles , vertes , moins longues que la tige , et se fanent très-souvent avant le développement des fleurs. Les fleurs sont petites, bleues ou purpurines et un peu disposées en corymbe. On trouve cette plante dans les environs de Paris ; de Sorrèze ; d'Orléans (Dub.) ; à Gramont et à Montferrier près Montpellier (Gouan) ; à Pilleul et Piriac près Nantes (Bon.). ♃.

1936. Scille à deux feuilles.   *Scilla bifolia.*

Scilla bifolia. Linn. spec. 443. Jacq. Austr. t. 117. — *Ornithogalum bifolium.* Lam. Fl. fr. 3. p. 274. — *Anthericum bifolium.* Scop. Carn. 414.

Sa hampe est haute de 1-2 décim. , lisse et cylindrique ; ses feuilles sont radicales , communément au nombre de deux , larges d'un centim. , un peu courbées en gouttière , obtuses à leur sommet, et à peine plus longues que la tige : les fleurs sont d'un beau bleu , au nombre de quatre à dix , disposées en grappe lâche , dépourvues de bractées et composées de six segmens ouverts en étoile. On trouve cette plante dans les bois, les lieux couverts et les pâturages , dans presque toute la France ; ♃ ; elle fleurit au commencement du printemps.

1937. Scille agréable.   *Scilla amœna.*

Scilla amœna. Linn. spec. 443. Jacq. Austr. t. 218.

Cette espèce est voisine de la scille à deux feuilles, et de la scille fausse-jacinthe ; sa racine est une bulbe non écailleuse qui pousse quatre à six feuilles plus longues que la hampe , étalées , larges de 1-2 centim. , rétrécies à la base, planes, presque obtuses ; d'entre ces feuilles sort une hampe anguleuse qui porte quelques fleurs écartées, un peu penchées : les pédicelles sont courts ; les bractées obtuses, très-courtes ; les fleurs d'un bleu foncé, marquées de quelques raies blanchâtres : elle croît dans les lieux secs et sablonneux, en Marencin dans les Landes (Thore) ; elle s'est naturalisée dans les bosquets du jardin des plantes de Paris. ♃.

1938. Scille en ombelle. *Scilla umbellata.*

Scilla umbellata. Ram. Bull. Philom. n. 41. p. 130. t. 8. f. 6. — *Scilla verna.* Huds. Angl. 142. Wild. spec. 2. p. 129? — Kudb. Camp. Elys. p. 36. f. 16.

Sa bulbe, qui est ovoïde, pousse trois à cinq feuilles étroites, un peu épaisses, droites, légèrement courbées en gouttière, et plus courtes que la hampe ; celle-ci est cylindrique, ferme, grêle, terminée par une grappe de quatre à huit fleurs presque disposées en ombelle ; ces fleurs sont d'un bleu pâle ; l'ovaire, les étamines et la nervure longitudinale des segmens floraux sont d'un bleu foncé ; les bractées sont solitaires, pointues, de la longueur des pédicelles : elle a été trouvée à l'entrée des Hautes - Pyrénées, par M. Ramond ; et dans les Landes (Thore). ♃.

1939. Scille fausse-jacinthe. *Scilla lilio-hyacinthus.*

Scilla lilio-hyacinthus. Linn. spec. 442. — *Ornithogalum squammosum.* Lam. Fl. fr. 3. p. 274. — Moris. s. 4. t. 12. f. 21.

Sa racine est écailleuse, oblongue et jaunâtre ; elle pousse une hampe, longue de 1-2 décim. , et chargée à son sommet de plusieurs fleurs bleues ouvertes en étoile ; ses feuilles sont radicales, au nombre de six ou sept, lisses, planes, disposées en rond au bas de la plante, et ordinairement moins longues que la tige. Cette plante est originaire des provinces méridionales ; elle a été trouvée dans les Pyrénées, au mont Larhune ; dans les Landes près Saint-Sever (Thore) ; dans le bois de Villevode, commune de Fleury, près Orléans (Dub.). ♃.

1940. Scille d'Italie. *Scilla Italica.*

Scilla Italica. Linn. spec. 442. Syst. 328. — Besl. Eynst. vern. 42. f. 1.

Cette espèce est l'une des plus grandes de ce genre ; ses feuilles sont planes, longues de 3-4 décim. sur 3-4 centim. de largeur ; sa hampe est nue, ferme, un peu anguleuse, droite, aussi longue que les feuilles ; la grappe des fleurs est conique, tantôt oblongue, tantôt hémisphérique : les pédicelles sont grêles, simples, d'abord égaux à la longueur des bractées, puis s'alongeant beaucoup au-delà ; les fleurs sont bleues, étalées, à six lanières pétaloïdes, obtuses, un peu réfléchies sur les bords ; les bractées sont membraneuses, blanchâtres, lancéolées-linéaires, et atteignent jusqu'à 3 et 4 centim. de longueur. Elle croît dans les lieux pierreux et ombragés, aux environs de Nice (All.) ⚴.

1941. Scille maritime. *Scilla maritima.*

Scilla maritima. Linn. spec. 442. Biakw. t. 591. All. Ped. n. 1894. — *Ornithogalum maritimum.* Lam. Fl. fr. 3. p. 276.
α. *Radice rubrâ.* — *Scilla fæmina.* Plin.
β. *Radice albâ.* — *Scilla mascula.* Plin.

Sa racine est une bulbe plus grosse que le poing, formée de plusieurs tuniques épaisses, charnues, rougeâtres ou blanchâtres selon les variétés ; elle pousse une hampe longue de 6 décimètres, droite, et terminée par une grappe conique, composée de beaucoup de fleurs blanches, ouvertes en étoile : les feuilles sont larges, radicales, longues presque de trois décim., et couchées sur la terre. Les bractées sont réfléchies et comme articulées dans le milieu, et se prolongent par-dessous en forme d'éperon. Cette plante croît dans les sables et sur les rochers maritimes en Bretagne, en Normandie, dans les environs de Nice. ⚴. Sa bulbe végète et pousse des fleurs même lorsqu'elle est suspendue en l'air ; cette bulbe est un puissant diurétique qu'on emploie fréquemment dans les asthmes, dans certaines hydropisies, etc. ; on le connoît sous le nom d'*oignon de scille* ou *squille.*

CCXLI. ORNITHOGALE. *ORNITHOGALUM.*

Ornithogalum. Linn. — *Ornithogalum et Phalangii sp.* Hall.

Car. Le périgone est persistant, resserré à sa base, étalé dans la partie supérieure ; les étamines ont les trois filamens placés devant les segmens extérieurs du périgone, plus larges à leur base, et quelquefois prolongés en deux pointes au sommet.

§. Ier. *Fleurs jaunes ; filamens des étamines non dilatés à la base.*

1942. Ornithogale jaune. *Ornithogalum luteum.*

Ornithogalum luteum. Linn. spec. 440. Wild. spec. 2. p. 113.
— *Ornithogalum luteum,* α. Lam. Dict. 3. p. 612. — *Ornithogalum pratense.* Pers. Ust. Ann. 5. p. 8. t. 2. f. 1. — *Fritillaria,* n°. 1. Ger. Gallopr. 128.
β. *Ornithogalum sylvaticum.* Pers. loc. cit. p. 7. t. 1. f. 1.

Une petite bulbe émet une feuille radicale, grèle, linéaire, et

une tige anguleuse, qui s'élève à 8-9 cent. ; elle produit au sommet une à trois bractées ou spathes larges, concaves, lancéolées, pointues et calleuses à l'extrémité ; d'entre ces bractées,
sortent un à cinq pédicelles glabres, nus, cylindriques, disposés à-
peu-près en ombelle, et qui portent chacun une fleur jaune dont
les segmens sont persistans et lancéolés, et dont les étamines
n'ont point les filamens dilatés. Elle croît dans les lieux cultivés,
les prés, les jardins, les champs, etc. ♃. Seroit-ce une variété
bulbifère de cette espèce dont Villars parle sous le nom d'*ornithogalum fragiferum*, vol. **2**, pages 269 et 270.

1943. Ornithogale nain. *Ornithogalum minimum.*

Ornithogalum minimum. Linn. spec. 440. Wild. spec. 2. p. 114.
Ornithogalum luteum, β. Lam. Dict. 4. p. 612. — *Ornithogalum arvense.* Pers. Ust. Ann. st. 5. p 8. t. 1. f. 2.
β. *Bulbiferum.* —Hall. 1314, β. — Col. Ecphr. 323, 324.
γ. *Acaule.*

Cette espèce ressemble beaucoup à la précédente, mais elle
en diffère 1°. par ses segmens floraux plus pointus, souvent
pubescens en-dehors ; 2°. par ses pédoncules toujours pubescens, souvent rameux à leur base. Dans la variété β, il ne développe à l'aisselle des folioles de la spathe, de petites bulbes
agglomerées ; dans la variété γ, on retrouve ces mêmes bulbes ;
mais, en outre, la tige est si courte, que l'ombelle des fleurs
paroît sortir de terre, et que les bulbes axillaires se distinguent à peine de la bulbe radicale. Cette plante croît dans les
champs et les lieux cultivés. La variété γ m'a été envoyée d'Abbeville, par M. Boucher. ♃. Cette espèce est connue à Orléans,
sous le nom de *rocambole jaune*.

1944. Ornithogale fistuleux. *Ornithogalum fistulosum.*

Ornithogalum fistulosum. Ram. Pyren. Ined. — *Ornithogalum
bohemicum.* Zeuschn. Act. Boh. 2. p. 121. Ic. ex. Wild. spec.
2. p. 113. Balbi. Misc. 18.

Cette plante se distingue facilement des deux précédentes,
parce que ses feuilles radicales, selon l'observation de M. Ramond, sont filiformes et fistuleuses ; elle ressemble à l'ornithogale jaune, mais elle est presque toujours plus petite ; sa tige
ne porte qu'une fleur, et très-rarement deux ou trois ; ses segmens floraux sont plus courts et plus obtus ; sur-tout enfin ses
pédoncules sont hérissés de poils épars : elle diffère de l'orni-

thogale nain par ses segmens floraux, glabres et obtus, par ses
pédicelles simples et presque toujours solitaires. Elle croît dans
les prairies humides des hautes montagnes ; M. Ramond l'a découverte dans les Pyrénées ; je l'ai recueillie en été dans les Alpes
à l'Allée-Blanche : elle a été retrouvée à la val. d'Aost (Balbi),
et dans les montagnes de Seine en Provence, par M. Clarion. ♃.

§. II. *Fleurs jaunâtres , blanches ou verdâtres ;*
filamens des étamines dilatés à la base.

1945. Ornithogale des   *Ornithogalum Pyrenaicum.*
    Pyrénées.

> *a.* Ornithogalum Pyrenaicum. Jacq. Austr. 2. t. 103. Ait. Kew.
> 1. p. 441. — Ornithogalum flavescens. Lam. Fl. fr. 3. p. 277.
> Illustr. t. 242. f. 2.
> β. Ornithogalum Pyrenaicum. Linn. spec. 440. Gou. Illustr. p.
> 26. — Ornithogalum stachyoides. Ait. Kew. 1. p. 441. —
> Ren. spec. t. 90.

Sa hampe est simple , très-droite , et haute de six décimètres ou quelquefois davantage ; elle se termine par un épi
fort long, pointu et composé de beaucoup de fleurs ; les pédoncules de celles qui sont épanouies sont très-ouverts , mais
tous les autres sont redressés et serrés contre l'axe de l'épi ; les
segmens de la fleur sont oblongs , verdâtres dans leur milieu , et
d'un blanc sale et jaunâtre en leur bord : les bractées sont membraneuses , élargies à leur base et très-aiguës. La variété *α* a les
fleurs un peu écartées , plus petites, les bractées de moitié plus
courtes que les pédicelles , et les étamines égales entre elles : elle
se trouve aux environs de Paris , de Genève , etc. ; la variété *β*
a les fleurs plus serrées , plus grandes, les bractées égales à la
longueur des pédicelles , et les étamines inégales entre elles.
Elle croît aux environs d'Orléans (Dub.), d'Abbeville (Bouch.);
de Nantes (Bon.); de Montpellier ; dans les Pyrénées. ♃.

1946. Ornithogale de   *Ornithogalum Nar-*
    Narbonne.   *bonense.*

> Ornithogalum Narbonense. Linn. spec. 440. Lam. Dict. 4. p.
> 614. — Ornithogalum lacteum. Vill. Dauph. 2. p. 272 ?

Cette espèce, que quelques auteurs ont regardée comme variété
de la précédente, en diffère par sa stature plus petite , par ses
feuilles plus larges, par ses fleurs blanches au moins sur les
bords et nullement jaunâtres : on la trouve dans les provinces

méridionales, près Narbonne ; Montpellier ; Claix (Vill.)? en Provence (Ger.) ; près Turin (All.), etc. ♃.

1947. Ornithogale d'Arabie. — *Ornithogalum Arabicum.*

Ornithogalum Arabicum. Linn. spec. 441. Desf. Atl. 1. p. 296. Lil. 2. n. 63. t. 63. — Clus. Hist. 186. Ic. — Besl. Hort. Eynst. vern. 5. t. 12. f. 1.

Cette belle liliacée pousse des feuilles qui ressemblent à celles de la jacinthe d'Orient, et une hampe qui s'élève à 3–4 décimètres, et qui porte une grappe de fleurs nombreuses à-peu-près disposées en corymbe par l'alongement des pédicelles inférieurs ; les bractées sont presque aussi longues que les pédicelles ; les fleurs sont blanches, en forme de cloche, et remarquables par leur ovaire d'un verd noirâtre ; les filamens des étamines sont en forme d'alène, de moitié plus courts que les segmens floraux et alternativement inégaux en largeur. Elle a été trouvée en Corse, dans les prés près Ajaccio, par M. Noisette. ♃.

1948. Ornithogale en ombelle. — *Ornithogalum umbellatum.*

Ornithogalum umbellatum. Linn. spec. 441. Lam. Dict. 4. p. 615. Jacq. Austr. t. 343. — *Ornithogalum heliocharmos.* Ren. spec. t. 87.

Ses feuilles sont radicales, linéaires, étalées, souvent contournées ; la hampe est droite, ferme, haute de deux décim., terminée par une grappe de fleurs qui semble une véritable ombelle, parce que les pédicelles sont d'autant plus longs qu'ils partent de plus bas : les bractées sont membraneuses, assez grandes, cependant plus courtes que le pédicelle à l'époque de la fleuraison ; les fleurs sont en petit nombre, blanches, avec une large raie verte sur le dos de chaque segment ; les filamens sont en alène, élargis à leur base : l'ovaire est d'un jaune verdâtre. Elle croît dans les champs, les lieux cultivés ; on la connoît sous le nom de *dame d'onze heures*, parce qu'elle s'épanouit à-peu-près à onze heures du matin : elle ne s'ouvre point à l'obscurité ; et lorsqu'on l'y a tenue quelque temps, elle s'épanouit dès qu'on l'apporte au soleil. ♃.

1949. Ornithogale penché.   *Ornithogalum nutans.*

Ornithogalum nutans. Linn. spec. 441. Jacq. Austr. t. 301.
Lam. Dict. 4. p. 617. — Clus. App. 2. p. 9. t. 9.

Sa bulbe, qui est grêle et conique, donne naissance à quelques feuilles étroites, planes, molles, presque aussi longues que la hampe : celle-ci s'élève à 3-4 décim., et porte une grappe de cinq à six fleurs d'abord étalées, puis pendantes, portées sur des pédicelles épais, de moitié plus courts que les bractées; ces fleurs sont grandes, blanches, avec de larges raies d'un verd jaunâtre sur chaque segment; les filets des étamines sont un peu soudés à leur base; trois d'entre eux sont petits et en forme d'alène; trois autres sont larges et terminés par deux cornes entre lesquelles l'anthère est placée. ♃. Elle se trouve dans les prés, aux environs de Genève près Conche et Frontenay; aux environs de Grenoble (Vill.); d'Abbeville (Bouch.); à Fleury, près Orléans (Dub.);.

CCXLII. AIL.   *ALLIUM.*

Allium. Hall. Linn. — *Allium*, *Cepa*, *Porrum.* Tourn. Adans.

Car. Les fleurs sont terminales, disposées en ombelle, et sortent d'une spathe à deux valves : le périgone est ouvert, à six divisions profondes; le stigmate est simple; le fruit est une capsule à trois valves, à trois angles et à trois loges si profondément divisées en deux parties, qu'on croit quelquefois compter six loges; les valves, en se séparant, laissent l'axe du fruit isolé au centre, et surmonté par le style qui persiste.

Obs. Les étamines sont toutes en alène, ou quelquefois alternativement simples et à trois lobes : la bulbe est tantôt sphérique, tantôt oblongue, quelquefois si alongée, qu'elle devient une véritable tige; dans plusieurs espèces, il se développe entre les fleurs des bulbes qui reproduisent la plante, et le plus souvent alors les fruits avortent; la germination des unes est la même que celle de l'asphodèle; presque toutes les espèces de ce genre exhalent, sur-tout lorsqu'on les froisse, une odeur désagréable, connue sous le nom d'odeur *alliacée*; les fleurs de quelques-unes ont un parfum agréable.

§. Ier. *Feuilles planes ; étamines alternativement
simples et à trois pointes.*

1950. Ail poireau.   *Allium porrum.*

Allium porrum. Linn. spec. 423. Lam. Dict. 1. p. 64. — Hall.
Helv. n. 1217. — Blakw. t. 421. — Lob. Ic. t. 154. f. 2.

Sa bulbe est oblongue , simple , émet à sa base des fibrilles
menues , et est recouverte par les gaînes minces et blanches des
feuilles inférieures ; ces feuilles sont alongées , courbées en
gouttière , vertes et un peu épaisses ; l'ombelle est disposée en
tête arrondie , serrée , composée d'un grand nombre de fleurs
blanches ou rouges ; les filets des étamines sont alternativement
simples et à trois pointes : ces derniers sont très-larges. Cette
plante passe pour être indigène des vignes de la Suisse. Elle est
cultivée pour l'usage de la cuisine ; on l'emploie comme aliment ;
son suc est regardé comme diurétique ; ses racines et ses graines
passent pour vermifuges. ☉ ou ♂.

1951. Ail faux-poireau.   *Allium ampeloprasum.*

Allium ampeloprasum. Linn. spec. 423. Lam. Dict. 1. p. 64. —
Porrum ampeloprasum. Mill. Dict. n. 2. — *Allium porrum ; β.*
Lam. Fl. fr. 3. p. 256.

Cette plante paroît une simple variété du poireau ; elle en
diffère par ses feuilles plus étroites , son ombelle moins serrée ,
et sur-tout parce que sa bulbe n'est pas simple , mais pousse tout
à l'entour de petites bulbes à-peu-près comme dans l'ail cultivé.
Elle croit dans les provinces méridionales (Lam.)? Le nom
d'*ampeloprasum* que Pline et Dioscoride donnent à cette plante ,
signifie *qui sert à lier la vigne.*

1952. Ail cultivé.   *Allium sativum.*

Allium sativum. Linn. spec. 425. Lam. Dict. 1. p. 66. — Lob.
Ic. t. 158. f. 1.
β. *Bulbo simplici.* Ger. Gallopr. 151.

Sa tige est droite , simple , garnie de feuilles planes , linéaires
et pointues ; l'ombelle est arrondie , chargée de bulbes et composée de fleurs blanches ou rougeâtres ; les étamines sont alternativement simples et à trois pointes ; la racine est une bulbe
arrondie recouverte de plusieurs tuniques minces , blanches ou
rougeâtres , sous lesquelles on trouve plusieurs petites bulbes
oblongues ou pointues : ce sont ces bulbes qu'on connoît sous
le nom de *gousses d'ail* , et que l'on emploie sur-tout dans les

provinces méridionales comme assaissonnement dans un grand
nombre de mets. La variété β, qui a la bulbe simple, a été
découverte par Gérard sur les bords de la mer près des isles
d'Hières, et paroît la souche primitive; la variété α est cultivée dans les jardins potagers. ♃.

1953. Ail rocambole.   *Allium scorodoprasum.*

Allium scorodoprasum. Linn. spec. 425. Lam. Dict. 1. p. 66.

Cette espèce ressemble beaucoup à l'ail cultivé; mais elle
s'élève un peu davantage; ses feuilles sont un peu crénelées ou
ondulées sur les bords, et la partie supérieure de sa tige est
ordinairement repliée en spirale avant la floraison, et se dé-
roule peu-à-peu. Elle se trouve dans les provinces méridionales; on la cultive pour l'usage de la cuisine, où ses bulbes
sont employées sous les noms de *rocamboles* ou *échalottes
d'Espagne.* ♃. *L'allium arenarium* diffère-t-il de cette espèce?

§. II. *Feuilles planes ; toutes les étamines simples.*

1954. Ail en carène.   *Allium carinatum.*

Allium carinatum. Linn. spec. 426. Lam. Dict. 1. p. 66.—
Hall. All. n. 27. t. 2. f. 2.—Lob. Ic. t. 156. f. 1.

Sa tige est haute de 5-6 décim., cylindrique et chargée de
deux ou trois feuilles étroites, planes, un peu en gouttière, et
ordinairement torses ou contournées; la spathe forme deux
cornes écartées, dont l'une est beaucoup plus longue que l'autre,
les fleurs sont en petit nombre, lâches et disposées sur la tête
formée par les bulbes; les pédoncules sont d'un pourpre violet;
les fleurs ont pendant leur vie une teinte rougeâtre ou verdâtre, mais deviennent toujours un peu purpurines par la dessication; les étamines sont simples, plus longues que la fleur
et dépassées par le style. ♃. On trouve cette plante dans les
champs, les vignes des provinces méridionales, près Narbonne.

1955. Ail douteux.   *Allium ambiguum.*

Allium suaveolens. Jacq. Coll. 2. p. 305. Ic. rar. 2. t. 364?
α. *Allium ericetorum.* Thore. Chl. Land. 123.
β. *Allium appendiculatum.* Ram. Pyren. Ined.

Sa bulbe est oblongue, entourée d'écailles brunâtres et caduques; elle pousse une tige grêle, cylindrique, qui s'élève
rarement au-delà de 2-3 décim., et qui, dans sa partie inférieure, porte quelques feuilles linéaires, alongées, engaînantes
à leur base, larges de 2-5 millim. et plus courtes que la tige;

les valves de la spathe sont moins longues que l'ombelle ; celle-ci
est sphérique, composée de quinze à vingt fleurs ; à la base des
pédicelles sont de petites bractées membraneuses ; les fleurs sont
blanches, quelquefois un peu violettes ou rougeâtres ; les étamines sont simples, en forme d'alène, et toutes saillantes hors
de la fleur. La variété *α* m'a été communiquée par M. Thore
qui l'a trouvée dans les Landes, aux environs de Dax, où elle
fleurit en été ; la variété *β* a été trouvée par M. Ramond, sur
les rochers des Pyrénées, vers le sommet de l'Hérins au voisinage de Bagnères, entre Luz et Lavédan, dans la vallée. Elle
ressemble absolument à la précédente, excepté que les lanières
intérieures de la fleur s'élargissent assez brusquement à la base,
de manière à former deux appendices arrondis. Ces deux plantes
me paroissent de simples variétés de l'*allium suaveolens* ; mais
la plante de Jacquin est plus grande dans toutes ses parties, ce
qui est peut-être dû à la culture ; et elle est odorante, circons-
tance dont les botanistes françois ne font pas mention. ♃.

1956. Ail velu.   *Allium subhirsutum.*

Allium subhirsutum. Linn. spec. 424. Lam. Dict. 1. p. 65. —
    Allium hirsutum. Lam. Fl. fr. 3. p. 262. —Lob. Ic. t. 160. f. 1.

Sa hampe est longue de 1-2 décim., lisse, creuse, cylindrique
et feuillée dans le bas ; ses feuilles sont longues, planes, un peu
velues en leur bord, sur-tout dans leur partie inférieure, et larges
d'un centimètre au plus ; les fleurs sont d'un blanc de lait et forment
une ombelle applatie. On trouve cette plante dans les provinces
méridionales, au bord de la mer, près Montpellier et Narbonne ;
en Corse (Valle) ; aux environs de Nantes (Bon). ♃.

1957. Ail rose.   *Allium roseum.*

Allium roseum. Linn. spec. 432. Lam. Dict. 1. p. 65. —Magn.
    Bot. Monsp. p. 10. Ic.

    β. Bulbiferum. Desf. Cat. Hort. Paris.

Sa tige est cylindrique, haute de 2-4 décim., garnie dans le
bas de feuilles engaînantes, planes, larges de 6-8 millim. et
plus courtes que la tige ; la spathe est membraneuse, d'une seule
pièce, fendue jusqu'au milieu en deux ou trois lobes ; l'ombelle
est presque plane, composée de quinze à vingt fleurs assez
grandes et d'un rose vif ; les segmens floraux sont obtus, ovales-
oblongs ; les étamines simples, élargies à leur base, de moitié
plus courtes que la fleur. Elle croît dans les champs et les vignes
près Montpellier (Gou.) ; Frontignan (Magn.) en Provence

(Gér.); aux environs de Nice et d'Oneille (All.), au Buys en Dauphiné (Vill.); à Narbonne, etc. M. Desfontaines en a observé une variété bulbifère.

1958. Ail anguleux.   *Allium angulosum.*

> *Allium angulosum.* Lam. Dict. 1. p. 68. — *Allium narcissifo-*
> *lium.* Scop. Carn. n. 400. Vill. Dauph. 2. p. 258. —Hall. Helv.
> n. 1227.
> α. *Petræum.* — *Allium angulosum.* Linn. spec. 430. Jacq.
> Austr. t. 423.
> β. *Pratense.* — *Allium senescens.* Linn. spec. 430. — Gmel.
> Sib. t. 11. f. 2.

Sa racine, en vieillissant, devient ligneuse, horizontale et garnie de beaucoup de fibres; elle pousse une hampe droite, lisse, haute de 5 décim., et remarquable par deux angles opposés plus ou moins tranchans; ses feuilles sont radicales, au nombre de six ou huit, longues de 2-3 décim., larges de 6-8 millim., convexes en dessous, presque planes en dessus, et torses ou un peu contournées; ses fleurs sont légèrement rougeâtres et disposées en ombelle hémisphérique; leurs segmens sont demi-ouverts, et les étamines sont un peu plus longues que le périgone. On trouve cette plante dans les montagnes du Dauphiné et de la Provence, aux environs de Genève, de Chamrosay, etc. ♃.

1959. Ail triangulaire.   *Allium triquetrum.*

> *Allium triquetrum.* Linn. spec. 431. Gou. Ill. 24. Desf. Atl. 1.
> p. 287. Lam. Dict. 1. p. 69. — Rudb. Elys. 2. p. 159. f. 16.

Sa bulbe, qui est revêtue de tuniques blanches, émet une tige haute de 3-5 décim., remarquable par trois angles saillans; les feuilles sont radicales, presque aussi longues que la tige, pliées en carène et presque triangulaires comme celles des rubaniers; la spathe est à deux valves étroites et caduques; l'ombelle est plane, peu garnie, dépourvue de bulbes; les fleurs sont grandes, blanches, à six segmens droits, oblongs, lancéolées; les filets des étamines sont simples, élargis à leur base, deux fois plus courts que la fleur. Cette plante croît aux environs de Narbonne (Gou.), et dans les Alpes près Vinadi en Piémont (All.). ♃.

1960. Ail à grande fleur.   *Allium grandiflorum.*

> *Allium grandiflorum.* Lam. Dict. 1. p. 68. — *Allium narcissi-*
> *florum.* Vill. Dauph. 2. p. 258. t. 6.

Sa racine offre une souche horizontale et marquée d'anneaux transversaux, qui émet des fibres simples et qui pousse une à deux

tiges un peu renflées à leur base en manière de bulbe, droites, à-
peu-près cylindriques, hautes de 2-5 décim. , garnies dans le bas
de feuilles engaînantes, planes, droites, peu aiguës, et dont la
largeur est de 4-5 mill.; l'ombelle est penchée avant la fleuraison,
composée de huit ou dix fleurs d'un blanc tirant sur le rose ou le
violet, souvent plus longues que leurs pédicelles, en forme de
cloche et plus grandes que dans toutes les autres espèces ; les
segmens sont lancéolés, acérés au sommet, deux fois plus longs
que les étamines. Elle croît parmi les pierres et les rochers dans
les Hautes-Alpes du Champsaur, de la Moucherolle (Vill.); et
de la Provence. ♃.

1961. Ail de Piémont.   *Allium Pedemontanum.*

Allium Pedemontanum. Wild. spec. 2. p. 77.— *Allium nigrum.*
All. Ped. n. 1881. t. 25. f. 1. non. Linn. — *Allium narcissifo-
lium.* Lam. Dict. 1. p. 68. non Scop.

Cette espèce est intermédiaire entre l'ail noir et l'ail à grande
fleur ; elle diffère de la première par ses feuilles dont la largeur
atteint rarement 2 centim. ; par son ombelle qui ne renferme
que dix à quinze fleurs ; par les segmens de son périgone qui
sont étroits et alongés : elle se distingue de la seconde par ses
feuilles deux fois plus larges ; par ses segmens floraux plus étroits
et dont la nervure ne se prolonge pas en pointe ; par ses fleurs
plus petites. Elle a été trouvée dans les montagnes de l'Auvergne, par M. Lamarck, et dans celles du Piémont (All.). ♃.

1962. Ail noir.   *Allium nigrum.*

Allium nigrum. Linn. spec. 430. Wild. spec. 2. p. 78. — *Allium
Monspessulanum.* Gou. Ill. 24. t. 16. Lam. Dict. 1. p. 68. —
Allium multibulbosum. Jacq. Austr. t. 10.

Sa bulbe est blanche, arrondie, assez grosse, remarquable
par la multitude de petites bulbes qui naissent soit entre ses tuniques, soit de l'extrémité de ses radicules ; elle pousse quelques feuilles planes, lancéolées, larges de 3-4 centimètres
et plus courtes que la hampe ; celle-ci est droite, ferme, cylindrique, épaisse, terminée par une grande ombelle hémisphérique de cinquante à soixante fleurs pédicellées, blanches,
avec une raie verte sur chaque segment ; la spathe est à deux
à trois valves membraneuses et pointues ; les segmens floraux
sont très-ouverts, de manière à laisser voir les six étamines
qui sont en forme d'alène et réunies par la base ; l'ovaire est
globuleux, déprimé, d'un brun noir et luisant. Elle croît à

Montpellier, dans les champs, près la fontaine de Lattes (Gou.); en Provence (Linn.). ♃.

1963. Ail victoriale.   *Allium victorialis.*

Allium victorialis. Linn. spec. 424. Jacq. Aust. t. 216. — *Allium victoriale.* All. Ped. n. 1868. — *Allium plantagineum.* Lam. Dict. 1. p. 65.

Cette espèce se distingue facilement à ses étamines saillantes hors de la corolle; sa tige est haute de 2-3 décim., quelquefois tachée et feuillée dans sa partie inférieure; ses feuilles, au nombre de deux ou trois, sont ovales-oblongues, sessiles, nerveuses et assez semblables à celles du plantain à grandes feuilles; ses fleurs forment une tête arrondie, et sont d'un blanc jaunâtre ou verdâtre. On trouve cette plante dans les montagnes des provinces méridionales, au Puy-de-Dôme (Lam.); dans le Jura au Chasseral et au Creux-du-Vent (Hall.); en Savoie sur les montagnes de la Tournette et de Melano (All.); à la grande Chartreuse (Vill.); à Lamalou et l'Esperou près Montpellier (Gou.); dans les montagnes du Forêt (Latourr.). On emploie sa racine en pharmacie, sous le nom de *victoriale longue.* ♃.

1964. Ail moly.   *Allium moly.*

Allium moly. Linn. spec. 432. — *Allium aureum.* Lam. Dict. 1. p. 69. — Swert. Flor. 1. t. 60. f. 2.

Sa hampe est haute de 2-3 décim., nue et presque entièrement cylindrique; ses feuilles sont longues, lancéolées, pointues, sessiles, et embrassent la partie inférieure de la tige; ses fleurs sont assez grandes, d'un beau jaune, et disposées en ombelle applatie ou très-ouverte. On trouve cette plante dans les environs de Paris près Saint-Denis; au bois de Pecquigny près Abbeville (Bouch.); aux environs de Nantes (Bon.). ♃.

1965. Ail faux-moly.   *Allium chamæ-moly.*

Allium chamæ-moly. Linn. spec. 433. Cav. Ic. 3. t. 207. f. 1. Lam. Dict. 1. p. 71. — Col. Ecphr. t. 326.

La plante entière n'a pas plus de 3-4 centim. de longueur, et ressemble fort peu à la précédente; une souche courte, droite et cylindrique, émet en dessous plusieurs radicules simples et fibreuses; elle est entièrement couverte par les gaines des feuilles; celles-ci sont au nombre de trois à quatre : leur limbe est étalé, plane ou plié en long, linéaire, hérissé çà et là de poils épars et un peu soyeux; les fleurs sont en petit nombre,

de

de couleur blanche, ramassées en une tête sessile au haut des graines; leurs segmens sont étroits, pointus, traversés par une nervure longitudinale roussâtre; les filamens des étamines sont tous simples et plus courts que le périgone. ♃. Cette plante croît dans l'isle de Corse; elle m'a été communiquée par M. Clarion.

1966. Ail des ours.   *Allium ursinum.*

Allium ursinum. Linn. spec. 431. Fl. dan. t. 757. — *Allium petiolatum.* Lam. Dict. 1. p. 69. — Lob. Ic. t. 159. f. 1.

Sa bulbe est oblongue, entourée de filets redressés; elle pousse deux à trois feuilles radicales, planes, larges, lancéolées, portées sur un long pétiole qui dégénère à sa base en une gaîne cylindrique; la hampe est droite, nue, presque triangulaire, haute de 2-5 décim., et porte une ombelle de fleurs d'un blanc de lait; ces fleurs sont assez grandes, ont des étamines en forme d'alène, et se changent en capsules dont les trois valves s'ouvrent sans tomber et laissent l'axe du fruit isolé dans le centre. Cette plante a une forte odeur d'ail qui infecte le lait des animaux qui la mangent. Elle est commune dans les bois et les prés couverts. ♃.

§. III. *Feuilles cylindriques ; toutes les étamines simples.*

1967. Ail oignon.   *Allium cepa.*

Allium cepa. Linn. spec. 431. Lam. Dict. 1. p. 69.
α. *Bulbo rotundo purpurascente.* — Lob. Ic. t. 150. f. 1.
β. *Bulbo rotundo candido.*
γ. *Bulbo oblongo.* — Lob. Ic. t. 150. f. 2.

Sa tige est haute d'environ un mètre, nue, cylindrique, fistuleuse et renflée dans sa partie inférieure; ses feuilles sont longues, cylindriques, fistuleuses et pointues, et ses fleurs forment au sommet de la tige une tête arrondie ou un peu ovale; les lanières du périgone sont droites, presque réunies à leur sommet, et laissent saillir les étamines par les côtés des fleurs. Cette plante est cultivée dans les jardins potagers pour l'usage de la cuisine. ♂. La variété α ou *l'oignon rouge*, a la bulbe sphérique, couverte de tuniques rouges; la variété β ou *l'oignon blanc*, a les tuniques blanches; la variété γ ou *l'oignon d'Espagne*, a la bulbe oblongue. Ces deux dernières variétés sont moins âcres que la première : la racine d'oignon est diurétique et alexitère. ♃.

1968. **Ail des lieux cultivés.** *Allium oleraceum.*

Allium oleraceum. Linn. spec. 129. — *Allium virens.* Lam.
Dict. 1. p. 67. — *Allium virescens.* Lam. Fl. fr. 3. p. 259. —
Allium parviflorum. Thuil. Fl. par. II. 1. p. 166. — Hall. All.
n. 26. f. 2.

Cette espèce se reconnoît à ses étamines simples et aux bulbes
que porte son ombelle ; le premier de ces caractères la distingue
de l'ail des vignes, le second de l'ail pâle : sa tige est haute de
5 décim., cylindrique et chargée de deux ou trois feuilles très-
menues, fistuleuses et sillonnées ; ses fleurs forment une ombelle lâche et médiocrement garnie ; elles sont verdâtres ou
d'une couleur brune presque point purpurine : la spathe est
divisée en deux cornes écartées, dont une est fort longue. On
trouve cette plante dans les haies, les lieux cultivés, les vignes,
aux environs de Paris ; de Genève ; d'Orléans (Dub.) ; en Bourgogne (Dur.), etc. ♃.

1969. **Ail musqué.** *Allium moschatum.*

Allium moschatum. Linn. spec. 427. Lam. Dict. 1. p. 67. —
C. Bauh. Prodr. p. 28. Ic. — *Moly zybethinum.* Richer de Bell.
Opusc. ed. Brouss. tab. 2. Ic.

Sa bulbe est petite, ovale-oblongue ; sa tige est grêle, droite,
cylindrique, haute d'un décim., garnie de feuilles cylindriques,
en forme de fil ou d'alène ; l'ombelle est terminale, composée d'environ six fleurs et munie d'une spathe à deux valves
inégales, plus courtes que les pédicelles ; les fleurs sont d'un
blanc tirant sur le rose ; leurs segmens sont pointus et leurs
étamines en forme d'alène. Elle croît sur les lieux secs et élevés
des Cévennes, à Monferrier et la Colombierre près Montpellier (Gou.) ; en Provence (Ger.) ; dans les champs autour de
Toulon. ♃.

1970. **Ail jaune.** *Allium flavum.*

Allium flavum. Linn. spec. 428. Jacq. Austr. t. 181. Lam. Dict.
1. p. 67. — *Allium flavum,* α. Lam. Fl. fr. 3. p. 258.

Sa tige est haute de 4-5 décim., cylindrique, feuillée et d'un
verd un peu glauque, sur-tout vers son sommet ; ses feuilles
sont menues, fort étroites, demi-cylindriques et un peu fistuleuses ; ses fleurs sont jaunes et disposées en ombelle lâche,
presque paniculée ; les étamines sont plus longues que le périgone, et leurs segmens sont ovales et émoussés à leur sommet.
Elle se trouve dans les champs, les haies, les taillis, aux
environs de Montpellier, de Sorrèze, de Dye. ♃.

1971. Ail pâle.   *Allium pallens.*

Allium pallens. Linn. spec. 427. Gou. Illustr. p. 24. Lam. Dict. 1.
p. 67. — *Allium flavum*, β. Lam. Fl. fr. 3. p. 258.

Cette espèce se distingue de la précédente par ses feuilles
plus grèles, moins cylindriques; par ses fleurs d'un blanc jaunâtre et comme tronquées au sommet; par ses étamines nullement saillantes hors de la fleur; par son style très-court. Elle
se trouve sur les collines et les lieux cultivés sur-tout dans les
provinces méridionales près Sorrèze; Montpellier; Nuits (Dur.);
Villers-Cotteret, etc. ♃.

1972. Ail en panicule.   *Allium paniculatum.*

Allium paniculatum. Linn. spec. 428. Lam. Dict. 1. p. 67. —
Hall. All. n. 25. ic. Helv. n. 1223.

Sa tige est lisse, cylindrique et haute de 5-6 décim.; ses
feuilles sont longues, très-menues et demi-cylindriques; ses
fleurs sont disposées en une ombelle très-lâche et comme paniculée; les extérieures ont leurs pédoncules un peu pendans;
les périgones sont purpurins ou violets; leurs segmens sont
émoussés à leur sommet, et les étamines sont un peu plus
longues que le périgone. On trouve cette plante dans les lieux
montagneux et incultes. ♃.

1973. Ail civette.   *Allium schœnoprasum.*

Allium schœnoprasum. Linn. spec. 432. Lam. Dict. 1. p. 70.
— Lob. Ic. t. 154. f. 1.
β. *Alpinum.*

Ses tiges sont grèles, cylindriques et hautes de 2 décim.;
ses feuilles sont aussi longues que les tiges, cylindriques, un
peu fistuleuses, mais très-menues, filiformes et pointues; ses
fleurs sont purpurines, et forment une ombelle serrée et ramassée
en tête; les deux valves de la spathe sont plus courtes que l'ombelle; les fleurs sont presque cylindriques, d'un violet pâle,
avec une nervure longitudinale très-foncée sur chaque segment;
ceux-ci sont pointus : les filets des étamines sont simples. Cette
plante est cultivée dans les jardins pour l'usage de la cuisine,
sous les noms de *civette*, de *grande ciboule* et de *fausses échalottes*. La variété β, qui paroît la souche primitive, se trouve
dans les Alpes de la Provence (Gér.), du Dauphiné; dans l'Oysans, le Champsaur, le Mont-Genèvre (Vill.). Je l'ai trouvée
aux Chalets-de-Vully près le Buet et je l'ai reçue des Pyrénées. ♃.

§. IV. *Feuilles cylindriques ; étamines alternati-*
vement simples et à trois pointes.

1974. Ail échalotte.   *Allium ascalonicum.*

Allium ascalonicum. Linn. spec. 429. Lam. Dict. 1. p. 70. —
Moris. s. 4. t. 14. f. 3.
β. *Cepa fissilis.* C. B. Pin. 72.

Cette espèce semble stérile parce qu'il est rare de la voir en
fleur ; ses racines poussent un grand nombre de petites bulbes
qui reproduisent la plante : elle ressemble beaucoup à l'ail civette,
mais elle en diffère par ses étamines qui sont alternativement
simples et à trois pointes, et par ses fleurs plus petites et plus
foncées. La variété α est cultivée sous le nom d'*échalotte*; la
variété β, qui est un peu plus grande, porte le nom de *ciboule*,
ainsi que l'ail civette : l'une et l'autre sont cultivées pour l'u-
sage de la cuisine, et sont employées comme assaisonnement :
elles sont originaires du Levant. ♃.

1975. Ail à tête ronde.   *Allium sphœrocephalum.*

Allium sphœrocephalum. Linn. spec. 426. Lam. Dict. 1. p. 66.
— Moris. s. 4. t. 14. f. 4. — Clus. Hist. 1. p. 195. f. 1.

Sa tige est droite, cylindrique, feuillée dans sa partie inférieure, et haute de 5 décim.; ses feuilles sont un peu fistuleuses, demi-cylindriques, menues, assez longues, et se fanent
de bonne heure ; ses fleurs forment au sommet de la tige une
tête arrondie et d'un pourpre foncé : les étamines sont saillantes
hors du périgone. On trouve cette plante dans les lieux montagneux, les champs stériles. ♃.

1976. Ail des vignes.   *Allium vineale.*

Allium vineale. Linn. spec. 428. Lam. Dict. 1. p. 67. — Lob.
Ic. t. 155. f. 2. et t. 156. f. 2.

Sa tige est droite, cylindrique, garnie de deux ou trois
feuilles, et s'élève de 5-6 décim.; ses feuilles sont menues,
cylindriques et fistuleuses ; ses fleurs sont rougeâtres et leur
ombelle porte des bulbes qui souvent commencent à pousser
de nouvelles plantes avant d'être détachées, ce qui la fait paroître alors comme chevelue ; trois d'entre les étamines se terminent par trois pointes qui saillent légèrement hors de la fleur
On trouve cette plante dans les vignes, parmi les haies. ♃.

TROISIÈME ORDRE.

Narcisses. (Juss.).

Ovaire adhérent.

CCXLIII. AMARYLLIS.   *AMARYLLIS.*

Amaryllis. Linn. Juss. Lam. — *Lilio narcissus*. Tourn.

Car. Le périgone est en forme d'entonnoir, à six divisions profondes, muni de six petites écailles à l'entrée du tube ; le stigmate est à trois divisions.

Obs. Les fleurs sortent une ou plusieurs ensemble d'une spathe unique et qui se fend latéralement ; presque toutes les espèces (excepté la seule indigène de nos climats) ont les étamines déjetées de côté.

1977. Amaryllis jaune.   *Amaryllis lutea.*

Amaryllis lutea. Linn. spec. 420. Lam. Dict. 1. p. 121. — Lob. Ic. t. 147. f. 2.

Une bulbe ovoïde et couverte de tuniques brunes , émet une gaîne cylindrique et tronquée , de laquelle sortent sept à huit feuilles disposées sur deux rangs opposés , planes , alongées , obtuses , et de 8-10 millim. de largeur ; à côté des feuilles et de la même gaîne, sort un pédoncule plus court que les feuilles , et qui porte une fleur jaune , sessile dans une spathe entière et obtuse : cette fleur est droite , en forme de cloche ; son tube est court ; ses étamines sont droites , et trois d'entre elles placées devant les lanières externes du périgone , sont deux fois plus longues que les autres. Elle croît dans les prés autour de Turin et de Sinsano (All.), et se retrouve dans l'isle de Noirmoutiers près l'ancienne abbaye des Bernardins de la Blanche (Bon.). ♃.

CCXLIV. PANCRACE.   *PANCRATIUM.*

Pancratium. Linn. Juss. Lam. — *Narcissi sp*. Tourn.

Car. Le périgone est en forme d'entonnoir, à six lanières étroites et étalées ; les six étamines partent du sommet du tube , et leurs filamens sont réunis par une membrane qui forme au-dessus de la fleur une espèce de couronne à-peu-près cylindrique , munie d'une ou deux dents entre chaque couple d'étamines ; le stigmate est simple.

1978. **Pancrace maritime.** *Pancratium maritimum.*

Pancratium maritimum. Linn. spec. 418. Lam. Fl. fr. 3. p. 389.
Liliac. 1. n. 8. t. 8. Cav. Ic. t. 56. excl. syn. Mill.

Sa bulbe émet par deux places différentes, 1°. sept à huit feuilles planes, larges et disposées sur deux rangs opposés ; 2°. une hampe droite, nue, un peu anguleuse d'un côté, haute de 2-3 décim. , couronnée par trois à six fleurs blanches assez grandes, disposées en ombelle et qui sortent d'une spathe à deux valves ; le limbe interne ou la membrane qui réunit les étamines, porte douze dentelures, c'est-à-dire deux entre chaque couple d'étamines. On trouve cette plante dans les rochers, sur les bords de la Méditerranée. ♃.

CCXLV. NARCISSE.   *NARCISSUS.*

Narcissus. Linn. Juss. Lam. — *Narcissi sp.* Tourn.

CAR. Le périgone est en forme d'entonnoir ; son limbe est étalé, à six divisions profondes ; l'entrée du tube est couronnée par un godet pétaloïde, cylindrique (nectaire Linn.), ou en forme de cloche, entier ou divisé sur les bords ; les étamines sont insérées sur le tube, cachées dans le godet.

OBS. Les fleurs naissent une ou plusieurs ensemble, d'une spathe simple qui se fend de côté.

1979. **Narcisse des poètes.** *Narcissus poeticus.*

Narcissus poeticus. Linn. spec. 414. Bull. Herb. t. 306. Lam.
Dict. 4. p. 422. — *Narcissus angustifolius.* Curt. Mag. 193.
β. *Multiplex.* C. B. Pin. 61.

Sa tige s'élève à 3-4 décim. , et soutient à son sommet une belle fleur blanche, dont le limbe extérieur est composé de six pièces assez grandes, ovales, presque obtuses et d'un blanc de lait, et l'intérieur forme un anneau très-court, crénelé et d'une couleur purpurine en son bord ; les feuilles sont radicales, en forme de glaive, vertes, lisses, presque aussi longues que la tige, et larges de 5-6 millim. On trouve cette plante dans les prés des provinces méridionales, jusques dans l'Auvergne, la Bourgogne et la Franche-Comté. ♃. On en cultive une variété à fleurs doubles et blanches. On la connoît sous les noms de *genette*, près Genève ; de *jannette*, en Franche-Comté.

1980. Narcisse faux-narcisse. *Narcissus pseudo-narcissus.*

Narcissus pseudo-narcissus. Lam. Dict. 4. p. 423. — *Narcissus silvestris.* Lam. Fl. fr. 3. p. 390.

α. *Totus luteus.*—*Narcissus pseudo-narcissus.* Linn. spec. 415.

β. *Tubo luteo, radio albo.*—*Narcissus bicolor.* Linn. spec. 415. Bull. Herb. t. 389.

Sa tige est haute de 3 décim., et porte à son sommet une fleur fort grande et remarquable par le limbe intérieur de son périgone, qui est aussi grand que l'extérieur, campanulé, légèrement frangé en son bord et de couleur jaunâtre; le limbe extérieur est composé de six pièces lancéolées, d'un jaune pâle dans la variété α, et de couleur blanche dans la variété β; ses feuilles sont radicales, en forme de glaive, lisses et un peu moins longues que la tige : l'une et l'autre variété présente deux sous-variétés principales qui proviennent : 1°. de l'avortement des segmens floraux; 2°. de la naissance monstrueuse d'un ou plusieurs tubes pétaloïdes dans l'intérieur du tube principal. On trouve cette plante dans les bois, ♃; elle fleurit de très-bonne heure.

1981. Narcisse bulbocode. *Narcissus bulbocodium.*

Narcissus bulbocodium. Linn. spec. 650. Liliac. 1. n. 24. t. 24.—Lob. Ic. t. 118. f. 1. 2.

Une bulbe arrondie pousse plusieurs feuilles linéaires, droites, glabres, et une hampe cylindrique un peu plus courte que les feuilles; cette hampe porte une seule fleur jaune très-grande et remarquable en ce que le godet ou nectaire est plus long que les divisions de la fleur : le style et les étamines sont un peu déjetés du côté inférieur de la fleur. Cette plante, qu'on regardoit jusqu'ici comme originaire du Portugal, a été trouvée abondamment aux environs de Tarbes dans les Pyrénées, par M. Ramond. J'en possède un échantillon que je crois originaire des environs de Sorrèze. ♃.

1982. Narcisse tazette. *Narcissus tazetta.*

Narcissus tazetta. Linn. spec. 416. Lam. Illustr. t. 229. f. 2. — *Narcissus multiflorus.* Lam. Fl. fr. 3. p. 391.

α. *Luteus.* — Liliac. 1. n. 17. t. 17.

β. *Bicolor.* — Lob. Ic. t. 114. f. 3.

γ. *Albus.* — Clus. Hist. 1. p. 155. f. 1. 2.

Cette espèce se distingue facilement à sa hampe qui porte

à son sommet quatre à six fleurs pédicellées, et à ses feuilles planes et larges d'un centimètre au moins; ses fleurs sont d'un jaune presque jonquille dans la variété *α*, qui porte le nom vulgaire de *narcisse de Constantinople*; le centre est jaune et les segmens sont blancs dans la variété *β*, qu'on connoît sous le nom de *narcisse d'hiver*; enfin, la fleur est entièrement blanche dans la variété *γ*, qui est plus rare que la précédente. Cette plante croît dans les lieux humides et maritimes des provinces méridionales, et on la cultive pour orner les salons pendant l'hiver, époque ordinaire de sa fleuraison. ♃. Elle porte à Montpellier le nom de *pissauliech*.

1983. Narcisse jonquille. *Narcissus jonquilla.*

Narcissus jonquilla. Linn. spec. 417. Lam. Dict. 4. p. 427. Bull. Herb. t. 334.

β. Flore majore.

γ. Flore multiplici.

δ. Scapo uni aut bifloro. — *Narcissus pallidus.* Lam. Dict. 4. p. 424.

Sa tige est lisse et s'élève jusqu'à 5 décim.; elle soutient à son sommet trois à six fleurs jaunes, dont le tube est grêle et fort long, et le limbe intérieur un peu campanulé et très-court; ces fleurs sont petites et odorantes; celles de la variété *β* ont le limbe intérieur de leur corolle un peu moins court et d'un jaune rougeâtre; les feuilles sont radicales, menues, en alène, presque cylindriques, avec une gouttière, et ressemblent en quelque manière à celles de plusieurs espèces de jonc. Cette espèce, qu'on dit originaire d'Orient, se trouve indigène dans le bas Languedoc, au Capouladou et à St.-Guillen-le-Désert (Gou.); en Provence sur les collines aux environs d'Aix (Gér.); à Villers-sur-Mareuil près Abbeville (Bouch.). ♃. La variété *δ* ne porte qu'une ou deux fleurs très-odorantes; elle avoit été communiquée à M. Lamarck par dom Fourmeault, et a été retrouvée sur les Pyrénées dans les prairies de Gèdres, par M. Ramond.

CCXLVI. NIVÉOLE. *LEUCOIUM.*

Leucoium. Linn. Juss. Lam. — *Galanthi sp.* Hall.

CAR. Le périgone a un tube très-court, un limbe en cloche, à six divisions profondes, égales entre elles, épaisses et calleuses à leur sommet; le stigmate est simple.

OBS. Les fleurs sortent d'une spathe comprimée; les étamines sont insérées sur une glande du périgone, et leurs anthères

s'ouvrent par le sommet. Le nom de nivéole (Lam.) rappelle
à la fois que les plantes de ce genre ont la fleur blanche, et que
l'une d'elles croît dans la neige ; il se trouve ainsi la traduction
du mot de *leucojum*, et l'équivalent de celui de *perce-neige ;* il
est préférable à ce dernier, car on ne peut pas dire *perce-neige*
d'été.

1984. Nivéole printannière.   *Leucoium vernum.*

Leucoium vernum. Linn. spec. 414. Jacq. Austr. t. 312. Lam.
Illustr. t. 230. f. 1. — *Galanthus vernus.* All. Ped. n. 1865.

Sa tige est haute de 1-2 décim., lisse, nue et ordinairement
uniflore ; ses feuilles sont radicales et ressemblent un peu à celles
de la plupart des narcisses, mais elles sont plus courtes ; la fleur
est terminale, penchée et sort d'une spathe alongée, étroite,
blanchâtre en ses bords ; elle a six étamines dont les anthères
sont jaunâtres, et un style en massue. On trouve cette plante
dans les prés humides et couverts des montagnes. ♃. Cette
plante, connue sous le nom de *perce-neige*, fleurit en effet à la
fin de l'hiver et sort quelquefois de la neige. J'ai trouvé au
Mont-Salève des groupes de perce-neige en fleur sous des mas-
sifs de glace.

1985. Nivéole d'été.   *Leucoium œstivum.*

Leucoium œstivum. Linn. spec. 414. Lam. Illustr. t. 230. f. 2.
Jacq. Austr. t. 202.

Cette espèce ressemble beaucoup à la précédente, mais sa
tige s'élève jusqu'à 5 décim., et soutient à son sommet cinq
ou six fleurs pendantes, et qui sortent d'une spathe commune ;
ses feuilles sont radicales, longues, lisses, planes, un peu convexes en dessous et émoussées à leur extrémité. On trouve
cette plante dans les prés couverts des provinces méridionales, ♃ ;
elle fleurit à la fin du printemps.

1986. Nivéole d'automne.   *Leucoium autumnale.*

Leucoium autumnale Linn. spec. 414. Lam. Dict. 4. p. 495. —
Galanthus autumnalis. All. Auct. p. 33. — Ren. spec. t. 100.

Sa bulbe pousse trois à quatre feuilles grèles, filiformes, un
peu épaisses, et de 1-2 décimètres de hauteur ; la hampe est
droite, menue, et porte deux à trois fleurs pédicellées et qui
sortent d'une spathe oblongue et entière ; ces fleurs sont blanches,
penchées, en forme de cloches, plus petites que dans la nivéole
printannière ; les étamines sont courtes et le style filiforme.

Elle croît dans les rochers aux environs de Villefranche près Nice (All.); à Chiguelana sous les sapins; aux environs de Montpellier (Gou.); près Ajaccio dans l'isle de Corse.

CCXLVII. GALANTINE. *GALANTHUS.*

Galanthus. Linn. Juss. Lam. — *Galanthi sp.* Hall.

CAR. Ce genre diffère des nivéoles, parce que les trois segmens internes de son périgone, sont deux fois plus courts que les autres et échancrés au sommet.

1987. Galantine perceneige. *Galanthus nivalis.*

Galanthus nivalis. Linn. spec. 413. Lam. Illustr. t. 230. Jacq. Austr. t. 330.

Sa tige est une hampe grêle, lisse et haute de 1-2 décim.; elle porte à son sommet une seule fleur pendante, composée de trois segmens extérieurs oblongs, presque obtus, blancs et légèrement rayés, et de trois autres intérieurs plus épais, plus courts, verdâtres et échancrés en cœur, de six étamines courtes, dont les anthères sont jaunes, réunies et pointues, et d'un style terminé par un stigmate simple; les feuilles sont radicales, planes, lisses et étroites. Cette plante croît dans les prés couverts et montagneux; on la trouve aux environs d'Orléans (Dub.); d'Abbeville (Bouch.); de Novare (All.); de Clermont (Delarb.); au Mont-Afrique, à Lantenay, Sombernon, etc.; en Bourgogne (Dur.); aux Pyrénées. Elle fleurit en février. On en cultive une variété à fleur double qui s'épanouit un peu plus tard. ♃.

CCXLVIII. POLYANTHE. *POLYANTHES.*

Polyanthes. Linn. Juss. Lam. — *Hyacinthi sp.* Tourn.

CAR. Le périgone a la forme d'un long entonnoir, divisé au sommet en six lobes ouverts et peu profonds; les étamines sont insérées à l'entrée du tube; l'ovaire est libre, mais paroît adhérent parce qu'il est couvert par le périgone; le stigmate a trois loges.

1988. Polyanthe tubéreuse. *Polyanthes tuberosa.*

Polyanthes tuberosa. Linn. spec. 453. Lam. Illustr. t. 243.

Cette plante, originaire de Ceylan et de Java, est cultivée dans les jardins à cause de l'odeur suave que ses fleurs exhalent sur-tout à l'entrée de la nuit; on la distingue à ses feuilles étroites, plus courtes que la tige; à ses fleurs blanches, disposées en épi simple et lâche. ♃.

CCXLIX. AGAVÉ. *AGAVE.*

Agave. Linn. Juss. Lam. — *Aloes sp.* Tourn.

Car. Le périgone est tubuleux, en forme d'entonnoir, adhérent à l'ovaire, à six divisions profondes; les étamines sont saillantes hors de la fleur, et ont des anthères oscillantes; la capsule est ovoïde, amincie aux deux extrémités, à trois angles obtus, à trois loges polyspermes.

1989. Agavé d'Amérique. *Agave Americana.*

Agave Americana. Linn. spec. 461. Lam. Illustr. t. 235. f. 1.

Ses feuilles sont radicales, nombreuses, fort grandes, épaisses, charnues, lancéolées, terminées par une pointe alongée et très-dure, concaves en dessus, convexes en dessous, et bordées de dents épineuses; sa tige est une hampe cylindrique, épaisse, rameuse à son sommet, chargée d'un grand nombre de fleurs, et qui s'élève jusqu'à 5-7 mètres; ses fleurs sont d'un jaune verdâtre, composées d'un périgone cylindrique, à six divisions profondes et point ouvertes, de six étamines saillantes, et d'un style terminé par un stigmate simple. Cette plante, originaire de l'Amérique méridionale, est maintenant naturalisée dans le Roussillon et la Provence; ou la connoît sous le nom d'*aloës pitte;* les fibres de ses feuilles servent à faire des fils grossiers et des cordes : on forme avec cette plante des haies, que ses épines rendent impénétrables.

VINGT ET UNIÈME FAMILLE.

IRIDÉES. *IRIDEÆ.*

Irides. Juss. — *Irideœ.* Vent. — *Ensatœ.* Linn. — *Liliacearum gen.* Adans.

Les iridées sont voisines des liliacées par la structure de leurs fruits, et leur ressemblent souvent par le port et l'apparence de leurs fleurs; mais elles en diffèrent par des caractères qui leur sont entièrement propres; savoir le nombre de leurs étamines, la disposition de leurs anthères et la forme de leurs feuilles.

La racine des iridées offre un tubercule tantôt alongé, cylindrique, nu et semblable à une souche; tantôt court, arrondi, recouvert d'écailles et semblable à une bulbe : la tige est souvent comprimée; les feuilles, soit radicales, soit caulinaires, sont simples, entières, engaînantes à leur base par un de leurs angles, et disposées de manière que le plan de leur face est perpendiculaire sur la tige au lieu de lui être parallèle (excepté dans le safran): les fleurs naissent renfermées dans des spathes membraneuses qui ont presque toujours deux valves; le périgone est simple, pétaloïde, adhérent avec l'ovaire, à six divisions plus ou moins profondes, souvent irrégulières et disposées sur deux rangs; les étamines sont constamment au nombre de trois, attachées à la base des trois divisions externes du périgone; les anthères sont droites et s'ouvrent du côté extérieur (excepté dans le safran). Le fruit est souvent couronné par les débris du périgone et enveloppé dans la spathe, semblable pour la structure à celui des liliacées; l'embryon est droit, placé dans un périsperme presque cartilagineux.

C C L. I R I S.   *I R I S.*

Iris. Linn. Juss. Lam. — *Iris, Xyphion, Hermodactylus et Sisyrinchium.* Tourn.

Car. Le périgone est à six divisions profondes, dont trois extérieures, grandes et étalées, trois intérieures petites et droites; le style est court et porte trois lanières pétaloïdes très-grandes, souvent échancrées.

Obs. A la face inférieure des lanières pétaloïdes qui couronnent le style, on observe une petite duplicature transversale qui me paroît être le véritable stigmate. Ce genre diffère des vieusseuxies, par ses étamines distinctes, et des morées, par les segmens de sa fleur, dont trois sont redressés. La racine des iris est charnue, tubéreuse, souvent recouverte par les gaines inférieures, qui lui donnent l'apparence d'une bulbe.

§. Ier. *Divisions externes de la fleur, barbues à la base de leur face interne.*

1990. Iris Germanique.   *Iris Germanica.*

Iris Germanica. Linn. spec. 55. Lam. Dict. 3. p. 291. Blakw. t. 69. Bull. Herb. t. 141.

Sa tige est haute d'environ 6 décim., droite, souvent un peu rameuse, et feuillée dans sa partie inférieure; ses feuilles sont ensiformes, pointues, planes, un peu épaisses, moins longues que la tige, embrassantes, et disposées sur deux côtés opposés; les fleurs sont grandes, d'une couleur violette ou bleuâtre, et peu nombreuses. On trouve cette plante dans les lieux racultes, sur les vieux murs et les toits de chaume ; sa racine est purgative, diurétique, anti-hydropique et errhine. C'est avec la fleur de cette plante écrasée et mélangée avec de la chaux, qu'on prépare le verd d'iris employé par les peintres de mignature : elle est connue sous le nom de *flambe*. ♃.

1991. Iris naine. *Iris pumila.*

Iris pumila. Linn. spec. 56. Lam. Dict. 3. p. 298. Jacq. Austr.
t. 1. — Lob. Ic. t. 63. f. 1.
β. *Flore rubello.* — Lob. Ic. t. 65. f. 1.
γ. *Flore pallido.* — Clus. Hist. 1. p. 226.
δ. *Caule brevissimo.* — Lob. Ic. t. 64. f. 1.

Sa racine offre une souche horizontale d'où partent des fibres cylindriques, et d'où s'élèvent des tiges simples, hautes d'un décimètre au plus, et dont la longueur ne dépasse jamais celle des feuilles et ne l'atteint pas même dans la variété δ; la fleur est solitaire, grande, terminale, de couleur ordinairement violette, quelquefois rougeâtre ou blanchâtre; le tube de cette fleur est grêle, toujours saillant hors de la spathe. Cette iris croît dans les lieux stériles et montueux des provinces méridionales; on la trouve sur les murs des villages près Fontaine-bleau; ♃ : elle fleurit au commencement du printemps.

1992. Iris jaunâtre. *Iris lutescens.*

Iris lutescens. Lam. Dict. 3. p. 297. Wild. spec. 1. p. 225.

Cette espèce ressemble à l'iris naine, mais elle en diffère par ses feuilles un peu glauques, longues de 1-2 décim.; par sa hampe toujours plus longue que les feuilles; par ses fleurs d'un jaune blanchâtre, dont les lanières extérieures sont réfléchies, ondulées et échancrées, et dont le tube est court, entièrement caché dans la spathe. Elle croît dans les lieux montagneux et pierreux, au pied des Alpes, etc.; elle fleurit à la fin du printemps. ♃.

§. II. *Divisions externes de la fleur dépourvues de barbe.*

1993. Iris faux-acore. *Iris pseudacorus.*

Iris pseudacorus. Linn. spec. 56. Lam. Dict. 3. p. 299. Bull.
Herb. t. 137. — *Iris lutea.* Lam. Fl. fr. 3. p. 496.
β. *Longifolia.*

Sa tige est haute de 8-15 décim., un peu fléchie en zig-zag vers son sommet, et chargée d'un petit nombre de fleurs jaunes;

ses feuilles sont longues , ensiformes , pointues, et excèdent quelquefois la hauteur de la tige ; ses fleurs sont remarquables par
les trois segmens intérieurs de leur périgone , qui sont extrêmement petits. On trouve cette plante sur le bord des étangs et des
fossés aquatiques , ♃ ; sa racine est astringente et dessicative. On
la connoît sous les noms d'*iris jaune* , *iris des marais* , *faux-
acore* , *flambe bâtarde* , *glayeul des marais*. La variété β a la
hampe plus courte que les feuilles , et ne porte qu'une seule
fleur.

1994. Iris fétide.   *Iris fœtidissima.*

Iris fœtidissima Linn. spec. 57. Lam. Dict. 3. p. 299. — Blakw.
t. 158. — Lob. Ic. t. 70. f. 1.

Cette plante est un peu plus petite que la précédente , à
laquelle elle ressemble par son port; ses feuilles sont plus
étroites, d'un verd noirâtre ou moins clair , et rendent une
mauvaise odeur lorsqu'on les presse entre les doigts ; ses fleurs
sont assez petites, et d'un bleu triste tirant sur le pourpre.
On trouve cette espèce dans les bois taillis et sur les bords des
chemins, aux environs de Paris, de Montpellier, d'Orléans
(Dub.); dans la Bresse et le Dauphiné (Latourr.) , etc. On
la nomme vulgairement *glayeul puant* , *iris à odeur de gigot
de mouton.*

1995. Iris faux-xyphium.   *Iris xyphioides.*

Iris xyphioides. Ehrh. Beitr. 7. p. 140. ex. Wild. spec. 1. p.
231. — *Iris xyphium.* Jacq. Coll. 3. p. 320. — *Xyphium latifolium.* Mill. Dict. n. 3.

Cette espèce d'iris s'élève à 4-6 décim. , et porte deux fleurs
à son sommet ; ses feuilles naissent le long de la tige et dépassent un peu sa hauteur; elles sont pliées en gouttières , engaînées par leur angle interne , très-étroites si on les compare
à la plupart des iris , mais plus larges que celles de l'iris xyphium avec lequel on l'avoit confondue : les fleurs sont grandes ,
purpurines , dépourvues de barbes; les segmens externes sont
étalés , quelquefois plus larges que les stigmates et échancrés
au sommet. Cette iris est assez commune dans les Pyrénées aux
environs de Barrèges , où elle a été découverte par M. Ramond. ♃.

1996. Iris graminée.   *Iris graminea.*

Iris graminea. Linn. spec. 58. Jacq. Austr. t. 2. Lam. Dict. 3.
p. 301. — Lob. Ic. t. 69. f. 1.

Ses feuilles sont étroites, linéaires, droites, deux fois plus
longues que la tige et assez semblables à celles des graminées ;
la tige est comprimée, droite ou inclinée avant la fleuraison,
longue d'un décimètre au plus, chargée de deux fleurs ; la
spathe est verte, à trois valves, dont les deux externes opposées ; l'ovaire est court, à six angles ; la fleur est d'un bleu
violet ; ses trois segmens externes sont panachés, et ont un
onglet élargi dans le milieu, traversé par une raie jaune et terminé par un limbe ovoïde très-petit. Cette iris croît au bord
des bois, dans les collines des environs de Turin (All.), et se
retrouve en grande abondance sur le chemin de la Rochelle à
Rochefort, au bord de la mer vis-à-vis le rocher (Bon.). ♃.

1997. Iris des prés.   *Iris pratensis.*

Iris pratensis. Lam. Dict. 3. p. 300. — *Iris sibirica.* Linn. spec.
57. Jacq. Austr. t. 3. — Moris. s. 4. t. 6. f. 13.

Sa tige est haute d'un mètre, droite, cylindrique, grêle,
et presque nue dans sa partie supérieure ; ses feuilles sont
longues, linéaires, pointues et très-étroites ; ses fleurs sont
d'un beau bleu ; leurs segmens extérieurs sont panachés de
blanc et de jaune à leur base, et vont en s'élargissant graduel-
lement de leur base à leur sommet ; les spathes sont scarieux et
desséchés ; les ovaires triangulaires ; la tige est fistuleuse, plus
longue que les feuilles. On trouve cette plante dans les prés
humides en Dauphiné, en Alsace, dans le Jura près le lac de
Joux, etc. ♃.

1998. Iris bâtarde.   *Iris spuria.*

Iris spuria. Linn. spec. 59. Jacq. Austr. t. 4. — *Iris spatulata.*
Lam. Dict. 3. p. 300. — *Iris maritima.* Lam. Fl. fr. 3. p. 497.
— Lob. Ic. t. 68. f. 2.

Cette espèce a quelques rapports avec la précédente ; mais
elle s'en distingue facilement par ses spathes vertes et non scarieuses, par ses tiges plus garnies de feuilles, par ses fleurs plus
grandes, veinées de bleu et de violet sur un fond d'un blanc
jaunâtre ; par ses ovaires à six angles, et sur-tout parce que les
segmens externes et étalés ressemblent à une spatule, c'est-à-
dire, qu'ils ont un onglet long, étroit et légèrement creusé, qui
s'élargit subitement en un limbe arrondi et échancré. Cette belle

espèce croît dans les prés des provinces méridionales (Lam.),
près Narbonne (Lob.). ♃.

CCLI. GLAYEUL. *GLADIOLUS.*

Gladiolus. Tourn. Linn. Juss. Lam. Gœrtn.

CAR. Le périgone est en forme d'entonnoir; son limbe
est à six divisions inégales, presque disposées comme deux
lèvres, et plus profondément échancrées à la lèvre inférieure :
le stigmate est à trois lobes étalés ; les graines sont enveloppées
d'une tunique propre.

1999. **Glayeul commun.** *Gladiolus communis.*

Gladiolus communis. Linn. spec. 52. Bull. Herb. t. 9. Lam. Dict.
2. p. 723.
β. *Utrinque floridus.* — Lob. Ic. t. 99. f. 1.

Sa tige est haute de 3–6 décim. , lisse , feuillée, très-simple,
et terminée par un épi communément unilatéral; ses feuilles sont
ensiformes, pointues , nerveuses et embrassantes. Ses fleurs
sont ordinairement purpurines , sessiles , un peu distantes entre
elles , tournées souvent d'un seul côté, et garnies chacune à leur
base d'une spathe assez longue, lancéolée et de deux pièces :
leur périgone est partagé en 6 découpures profondes et inégales ,
et forme à sa base un tube court et un peu courbé. On trouve
cette plante dans les champs des provinces méridionales. ♃.

CCLII. IXIA.   *IXIA.*

Ixia. Linn. Juss. Lam. Gœrtn. — *Croci sp.* Linn.

CAR. Le périgone a son tube plus ou moins alongé et le limbe
en cloche à six divisions égales et régulières. Le stigmate est à
trois lobes étalés , filiformes , souvent divisés en deux parties.

OBS. Ce genre, qui est très-commun au Cap-de-Bonne-Es-
pérance, n'offre qu'une seule espèce européenne, et peut-être
même doit-on la réunir au safran. Le nom d'*Ixia*, qui fait
allusion à la roue d'Ixion, indique une fleur sans tube; et en
effet, les deux espèces (*Ixia chinensis* et *Ixia africana*) auxquelles Linné avoit originairement donné ce nom , sont dépourvues de tube; bientôt lui-même leur adjoignit un grand nombre
d'espèces tubuleuses : dans la suite on a séparé de ce genre les
espèces sans tube, en plaçant l'une parmi les morées et l'autre
dans les aristées; d'où résulte que le nom d'*Ixia* est maintenant appliqué à une foule de plantes dont aucune n'a la fleur en
roue, et dont aucune ne devoit le porter d'après le premier
caractère générique.

2000. Ixia bulbocode.   *Ixia bulbocodium.*

Ixia bulbocodium. Linn. spec. 51. Lam. Dict. 3. p. 334. Illustr.
t. 31. f. 1. Jacq. Ic. rar. 2. t. 271. — *Crocus bulbocodium.*
Linn. spec. 1. p. 36. — Lob. Ic. t. 141 et t. 142.
α. *Flore parvo albo.*
β. *Flore parvo cæruleo seu violaceo.*
γ. *Flore magno albo.*
δ. *Flore magno purpureo.*

Il est peu de plantes qui offrent plus de variétés, et qui soient
cependant plus faciles à reconnoître : sa racine est une bulbe
ovoïde, d'un roux brun, de la grosseur d'une noisette; elle émet
quatre à cinq feuilles linéaires, courbées en gouttière, glabres,
longues d'un et quelquefois 2 décim., et qui sortent d'une gaîne
radicale : de la même gaîne sortent un ou plusieurs pédicelles
grèles, plus courts que les feuilles, terminés par une seule fleur;
la spathe est à deux valves foliacées, exactement appliquées sur
la fleur; celle-ci est en forme de cloche, à tube court, de 1-3
centim. de diamètre, de couleur blanche, bleue, pourpre ou
violette, presque toujours jaune à la base : le stigmate est à
trois lobes profondément bifurqués. Cette plante a le port d'un
safran, et on doit peut-être la réunir à ce genre, comme Linné
l'avoit fait dans sa première édition. Elle a été trouvée sur les
bords de la mer, près Narbonne, par M. Pourret; en Corse,
par MM. Miot et Noisette. ♃.

CCLIII. SAFRAN.   *CROCUS.*

Crocus. Tourn. Linn. Juss. Lam.

Car. Le périgone est muni d'un tube grêle et deux fois plus
long que le limbe; celui-ci est droit, à six divisions égales : le
style porte trois stigmates épais, colorés, roulés en cornet,
souvent découpés en forme de crête.

Obs. La bulbe des safrans est un double tubercule recouvert
de tuniques sèches et brunâtres; la fleur naît immédiatement
du tubercule supérieur.

2001. Safran cultivé.   *Crocus sativus.*

Crocus sativus. All. Ped. n. 310. Wild. spec. 1. p. 194. —
Crocus sativus, α. Linn. spec. 50. Lam. Fl. fr. 3. p. 493. Illustr.
t. 30. f. 1.

La bulbe du safran émet une gaîne membraneuse d'où sortent
des feuilles nombreuses, très-étroites, courbées en gouttière,
et une fleur qui ressemble à celle du colchique d'automne; le

Tome III.

tube de cette fleur est très-long, et s'évase en un limbe à six
divisions et en forme de cloche : le style porte un stigmate d'un
rouge orangé, d'une odeur aromatique, plus long que les étamines, ordinairement penché ou pendant, profondément divisé
en trois lobes épaissis vers le sommet. ♃. Elle se trouve naturellement à S.-Martin-de-Maurienne, selon Aliioni, et est originaire
du Levant, selon la plupart des auteurs. Cette plante est cultivée
dans le Gâtinois et dans quelques autres provinces : ses stigmates
sont connus dans le commerce sous le nom de safran ; on l'emploie à l'extérieur pour résoudre les tumeurs et appaiser les
douleurs locales : à l'intérieur, il est fortement emménagogue,
un peu narcotique et stomachique ; mais son usage, à trop forte
dose, est quelquefois dangereux. On l'emploie encore dans la
cuisine, comme aromate.

2002. Safran découpé. *Crocus multifidus.*

Crocus multifidus. Ram. Bull. Philom. n. 41. t. 8. f. 1. — *Crocus
medius.* Balbi. Add. Fl. ped. p. 83.—*Crocus nudiflorus.* Smith.
Fl. brit. 1. p. 41. — *Crocus speciosus.* Bieberst. ex Schrad.
Journ. 1. p. 455.

Sa bulbe est petite, arrondie, et produit constamment une
seule fleur, qui, par sa forme, sa grandeur et sa couleur,
ressemble à celle du colchique d'automne. Cette fleur sort d'une
gaîne membraneuse et étiolée ; le stigmate est droit, inodore,
d'un jaune orangé, plus long que les étamines, et découpé en
lanières fines et nombreuses : cette fleur paroit en automne ; au
printemps suivant, naissent trois feuilles linéaires, étalées, et
semblables à celles du safran cultivé. Cette espèce a été découverte
dans les Pyrénées, par M. Ramond ; elle n'y croit pas au-delà de
2000 mètres d'élévation absolue ; elle se retrouve dans les bois,
aux environs de Dax (Thor.) ; et dans le Piémont (Balb.). J'en
ai des échantillons recueillis aux environs de Sorrèze. ♃.

2003. Safran printannier. *Crocus vernus.*

Crocus vernus. All. Ped. n. 309. Wild. spec. 1. p. 195. — *Crocus
sativus, β.* Linn. spec. 50. Lam. Fl. fr. 3. p. 495.
α. *Flore albo.*
β. *Flore violaceo.* Bull. Herb. t. 351.
γ. *Flore aureo.*

Une bulbe arrondie et d'un roux brun, donne naissance à une
gaîne membraneuse, d'où sortent quelques feuilles droites,
planes, linéaires, remarquables par une nervure longitudinale

blanchâtre ; de la même gaîne sortent une à trois fleurs placées immédiatement sur la racine, un peu plus courtes que les feuilles, et dont le tube est grêle, cylindrique, long de 6-9 centim. Le stigmate est droit, plus long que le tube, mais plus court que les étamines, épais, orangé, divisé en trois lobes quelquefois un peu découpés. Cette plante croît dans les prairies des Alpes, du Jura, des Pyrénées, etc. Elle fleurit au printemps, et ses feuilles se développent avec sa fleur. Celle-ci est blanche dans la variété α ; violette, ou purpurine, ou lilas dans la variété β ; d'un jaune doré dans la variété γ, qui probablement est une espèce distincte. ♃.

2004. Safran nain. *Crocus minimus.*

Crocus minimus. Liliac. 2. n. 81. t. 81.

Cette plante ressemble beaucoup au safran printannier, et n'en est peut-être qu'une variété ; elle en diffère cependant par ses feuilles plus longues, plus étroites, courbées en gouttière, presque filiformes et dépourvues de nervure longitudinale ; par sa fleur dont le tube n'atteint pas au-delà de 5 centim., et dont le limbe est divisé en segmens plus étroits et presque pointus ; par son stigmate, moins gros et plus divisé : sa fleur est d'un violet foncé, bigarré de blanc. Elle a été recueillie en Corse, sur les bords de la mer, par M. Noisette. ♃.

IV. MONOCOTYLÉDONES PHANÉROGAMES

A étamines épigynes.

VINGT-DEUXIÈME FAMILLE.

ORCHIDÉES. *ORCHIDEÆ.*

Orchideæ. Juss. Linn. Adans. Hall. Swartz.

LES orchidées constituent une famille tellement naturelle, qu'il n'est presque aucun de leurs organes qui ne puisse leur servir de caractère distinctif : leurs racines ne sont point bulbeuses, mais composées tantôt de fibres épaisses, cylindriques, simples ou rameuses, tantôt de tubercules arrondis ou lobés ; souvent ces deux organes existent à-la-fois, et alors les fibres naissent toujours au-dessus des tubercules. La tige est ordinairement simple, cylindrique et herbacée (du moins dans nos

climats); elle porte des feuilles engaînantes à leur base, entières, marquées de nervures parallèles : quelquefois le limbe
des feuilles avorte, et on ne trouve sur la tige que des gaînes
écailleuses. Les fleurs sont disposées en épis ou quelquefois en
grappes terminales ; elles naissent chacune à l'aisselle d'une
bractée, et sont disposées en quinconce ou en spirale autour de
l'axe : le périgone est adhérent avec l'ovaire, partagé en six
lanières pétaloïdes, irrégulières, dont trois extérieures et trois
intérieures ; cinq de ces lanières, qui sont ordinairement les cinq
supérieures, se ressemblent un peu entre elles, et semblent
constituer la véritable enveloppe florale ; la sixième, qui est ordinairement inférieure, et qui a reçu les noms de *nectaire* et
de *labellum*, se distingue toujours des autres par une forme
qui lui est particulière. Du milieu de la fleur s'élève une colonne qu'on regarde comme le style, et qui porte à-la-fois les
organes mâles et femelles : on ne compte ordinairement qu'une
seule anthère (deux dans le sabot), à une, deux ou quatre
loges ; elle est insérée sur le style, tantôt au sommet, tantôt
sur le côté, et renferme un pollen composé d'une masse de
petites plaques ou de petits globules pédicellés ou sessiles, qui
se crèvent à leur maturité sur le stigmate ; celui-ci est une tache
arrondie et visqueuse, placée à la base, sur le côté ou au sommet du style. Le fruit est une capsule à une loge, à trois valves,
à six nervures longitudinales, dont trois, placées à la jointure
des valves, persistent à l'époque de la maturité, et les trois
autres se détruisent avec les valves, et laissent échapper les
graines ; celles-ci sont nombreuses, très-petites, souvent munies d'un appendice membraneux, attachées à trois placentas
longitudinaux : l'embryon est à la base d'un périsperme charnu.

On n'a pas encore vu germer les graines d'orchidées, et on
ne les multiplie que très-difficilement par le moyen de leurs
racines ; celles qui ont deux tubercules, en perdent un chaque
année, et en repoussent un nouveau du côté opposé ; de sorte
qu'au bout de quelques années, la plante a réellement un peu
changé de place : les tubercules de plusieurs orchidées donnent
la fécule connue sous le nom de *salep*. Plusieurs espèces étran-
gères vivent sur les arbres, et sont regardées comme parasites,
quoiqu'il ne paroisse pas qu'elles tirent de nourriture de l'arbre
qui les porte.

CCLIV. ORCHIS.   *ORCHIS.*

Orchis. Sw. — *Orchidis et Satyrii sp.* Linn. — *Orchidis sp.*
Hall.

CAR. Le périgone est en forme de gueule : sa division supérieure est voûtée ; l'inférieure se prolonge à la base en éperon.
L'ovaire est presque toujours tordu ; le stigmate est convexe,
placé en devant du style : l'anthère a deux loges ; elle est placée
au sommet du style ; le pollen forme deux masses oblongues ;
la capsule s'ouvre par trois fentes longitudinales.

§. Ier. *Racine munie de deux tubercules entiers.*

2005. Orchis à deux feuilles.   *Orchis bifolia.*

> *Orchis bifolia.* Linn. spec. 1331. Lam. Dict. 4. p. 588. — *Or-*
> *chis alba.* Lam. Fl. fr. 3. p. 502. — Hall. Helv. n. 1285. t. 35.
> f. 2.
> β. *Trifolia.*

Sa racine offre quelques fibres cylindriques, et deux tubercules ovales et entiers ; elle pousse deux, ou quelquefois trois
feuilles ovales ou oblongues, assez larges, lisses et glabres. La
tige s'élève à 3-4 décim., et porte une longue grappe de fleurs
blanches, odorantes, un peu écartées ; l'éperon est grêle, très-
alongé : la division inférieure de la fleur est linéaire, obtuse,
droite, plus courte que l'éperon, et un peu verdâtre. On trouve
cette plante dans les bois humides et les prés couverts. ♃

2006. Orchis globuleux.   *Orchis globosa.*

> *Orchis globosa.* Linn. spec. 1332. Jacq. Austr. t. 265. Lam.
> Dict. 4. p. 589. — Hall. Helv. n. 1272. t. 27. f. 1.

Les tubercules de la racine sont oblongs, entiers ; la tige est
droite, haute de 2-3 décim., garnie de feuilles oblongues :
l'épi est serré, court, presque globuleux, composé de fleurs
nombreuses, d'un pourpre clair, avec quelques taches plus
foncées sur la division inférieure ; celle-ci est courte, à trois
lobes, dont celui du milieu a trois dents : l'éperon est de moitié
plus court que l'ovaire ; les cinq autres divisions de la fleur se
terminent par un appendice un peu resserré, au-dessous du
sommet, et en forme de petite massue à l'extrémité. Cet orchis croit dans les prés des montagnes, dans les Alpes de Savoie, de Piémont, de Dauphiné, et dans le Jura. ♃

2007. Orchis pyramidal. *Orchis pyramidalis.*

Orchis pyramidalis. Linn. spec. 1332. Jacq. Austr. t. 266. Lam.
Dict. 4. p. 589. — Hall. Helv. n. 1286. t. 35. f. 1.
β. *Flore albo.* Mapp. Als. p. 215. n. 2.

Les tubercules radicaux sont entiers, presque sphériques; la
tige s'élève à 3-4 décim., et porte des feuilles oblongues-lancéolées, dont la largeur ne dépasse guère 2 centim. : elle se
termine par un épi serré, pyramidal dans sa jeunesse, composé de fleurs d'un pourpre clair, remarquables par leur éperon
grêle, au moins égal à la longueur de l'ovaire, par leur division
inférieure à trois lobes entiers, et par leurs cinq autres divisions
presque ovales. Il croît dans les pâturages secs du Jura, aux environs de Fontainebleau, etc. ♃. La variété β observée par
Mappi en Alsace, a la fleur blanche.

2008. Orchis punais. *Orchis coriophora.*

Orchis coriophora. Linn. spec. 1332. Jacq. Austr. t. 122. Lam.
Dict. 4. p. 589. — *Orchis cimicina.* Crantz. Austr. 2. p. 498.
— Hall. Helv. n. 1284. t. 34. f. 2. — Vaill. Bot. t. 31. f. 30.
31. 32.

Les tubercules de sa racine sont sphériques. Sa tige, haute
de 2-3 décim., porte quelques feuilles lancéolées-linéaires : ses
fleurs sont petites, d'un rouge sale mêlé de verd, disposées en épi
un peu serré, et exhalent une forte odeur de punaise; les divisions supérieures sont rapprochées, rougeâtres; l'inférieure est
verdâtre, recourbée vers la tige, à trois lobes, dont les deux
latéraux sont dentés sur les bords : l'éperon est courbé, et regarde en bas. ♃. Il croît dans les prés humides, aux environs
de Paris; de Sorrèze; de Genève (Ray.); de Gap et de Grenoble (Vill.); de Montpellier (Gou.); de Caen (Rouss.).

2009. Orchis bouffon. *Orchis morio.*

Orchis morio. Linn. spec. 1333. Fl. dan. t. 253. Lam. Dict. 4.
p. 590. — Vaill. Bot. t. 31. f. 13. 14. — Hall. Helv. n. 1282.
t. 33.
β. *Flore roseo.*
γ. *Flore albo.*

Ses tubercules sont entiers, arrondis : sa tige est haute de
15-20 centim., lisse et garnie de quelques feuilles étroites; ses
feuilles radicales sont lancéolées, et n'ont que 12 ou 15 millim.
de largeur. Ses fleurs sont purpurines et forment un épi assez
lâche ou peu garni; leur division inférieure a quatre lobes, dont

deux latéraux crénelés, et communément réfléchis sur les côtés ou en arrière : l'éperon est obtus ou quelquefois échancré à son extrémité, et va en montant. On trouve cette plante sur les pelouses et les collines sèches. ♃.

2010. Orchis mâle. *Orchis mascula.*

Orchis mascula. Linn. spec. 1333. Fl. dan. t. 457. Lam. Dict. 4. p. 590. — Hall. Helv. n. 1283. t. 33.
β. *Foliis immaculatis.* — Vaill. Bot. t. 31. f. 12.
γ. *Flore albo.* — Vill. Dauph. 2. p. 28.

Ses racines sont des tubercules entiers et arrondis. Il diffère du précédent, parce que deux des divisions supérieures de la fleur sont très-ouvertes et redressées. Sa tige s'élève depuis 3 jusqu'à 5 décimètres ; ses feuilles sont oblongues-lancéolées, planes, pointues, et souvent tachées : ses fleurs sont grandes, purpurines, et forment un bel épi, long d'un décim. et un peu lâche ; leur division inférieure est large, crénelée, à quatre lobes, et remarquable parce que les deux du milieu sont plus avancés ou plus prolongés que les deux latéraux : l'éperon est obtus et presque droit. On trouve cette plante dans les prés. ♃.

2011. Orchis à fleurs lâches. *Orchis laxiflora.*

Orchis laxiflora. Lam. Fl. fr. 3. p. 504. — *Orchis ensifolia.* Vill. Dauph. 2. p. 29. — Vaill. Bot. t. 31. f. 33, 34. — Tab. Ic. 667. — J. B. Hist. 2. p. 765. Ic.

Sa tige s'élève à 4 décimètres ; ses feuilles sont assez étroites, pointues, et ordinairement pliées en gouttière : ses fleurs sont grandes, d'un pourpre foncé ou presque violet, et disposées en épi très-lâche ; leur division inférieure est large et à trois lobes, dont les deux latéraux sont grands, crénelés, et s'avancent davantage que celui du milieu qui est fort petit, court et légèrement échancré. Les divisions supérieures ne sont pas rapprochées par leurs sommets, ce qui suffit pour distinguer cette espèce des précédentes. Son éperon est souvent échancré à l'extrémité. On la trouve dans les prés humides, aux environs de Paris; de Grenoble (Vill.); de Caen (Rouss.). ♃.

2012. Orchis brûlé. *Orchis ustulata.*

Orchis ustulata. Linn. spec. 1333. Fl. dan. t. 103. Lam. Dict. 4. p. 591. — Hall. Helv. n. 1273. t. 28. — Vaill. Bot. t. 31. f. 35. 36.

Sa tige est haute de 2 décim., lisse et garnie de quelques feuilles oblongues-lancéolées et un peu étroites ; ses fleurs forment un épi un peu dense, long de 4-5 centimètres, d'un pourpre foncé ou noirâtre à son sommet, et panaché de rouge et de blanc dans sa partie inférieure ; elles sont petites : leurs divisions supérieures sont un peu rapprochées par leurs sommets, et l'inférieure est pendante, blanchâtre et chargée de points rouges ; cette division est partagée en trois lobes principaux, dont celui du milieu est plus alongé et divisé en deux lobes ; les éperons sont de moitié au moins plus courts que les ovaires. On trouve cette plante dans les prés. ♃.

2013. Orchis militaire. *Orchis militaris.*

> α. *Orchis militaris.* Jacq. Ic. rar. 3. t. 598. Lam. Dict. 4. p. 592.
> — *Orchis militaris,* var. Linn. spec. 1333.
> β. *Orchis fusca.* Jacq. Austr. 4. t. 307. Lam. Dict. 4. p. 592.
> — *Orchis militaris,* β. Linn. spec. 1333. —Hall. Helv. n. 1276.
> t. 31.

Cette espèce est l'une des plus grandes et des plus belles de ce genre ; ses feuilles sont oblongues et atteignent jusqu'à 5 centim. de largeur ; son épi est cylindrique, peu serré ; chaque fleur est placée à l'aisselle d'une bractée à demi avortée, et qui n'atteint pas le tiers de la longueur de l'ovaire ; ses fleurs sont d'un rouge pâle dans la variété α, et d'un violet brun dans la variété β ; leurs divisions supérieures sont droites, aiguës ; l'inférieure se divise en quatre lanières opposées deux à deux ; les deux inférieures sont linéaires entières ; les deux supérieures sont larges, arrondies, entières dans la variété α, dentelées dans la variété β, souvent séparées par une petite pointe placée dans leur échancrure à l'extrémité de la division. Cet orchis croît dans les bois et les prés couverts. ♃.

2014. Orchis panaché. *Orchis variegata.*

> *Orchis variegata.* Lam. Dict. 4. p. 592. — *Orchis militaris.*
> Reich. Syst. 4. p. 10. —Hall. Helv. n. 1275. t. 30.

Cette espèce ressemble à l'orchis militaire par la forme des lanières de la division inférieure de sa fleur, mais elle s'en distingue à ses feuilles dont la largeur ne dépasse guère 1 centimètre, à son épi court et serré, à ses bractées lancéolées presque égales à la longueur des ovaires, à ses fleurs d'un pourpre pâle, tachetées de points plus foncés. Elle croît dans les prés. ♃.

2015. Orchis en casque.   *Orchis galeata.*

Orchis galeata. Lam. Dict. 4. p. 593. *Orchis mimusops.* Thuil.
Fl. par. II. 1. p. 458. — Hall. Helv. n. 1277. t. 28.

Cette espèce ressemble beaucoup à l'orchis militaire, et n'en
diffère que par son épi conique et serré, sur-tout avant l'épanouissement des fleurs, et par la forme de sa division inférieure; dans l'orchis militaire, les deux lanières de l'extrémité
sont parallèles aux deux de la base, conséquemment obliques sur
l'axe de la division, et forment entre elles un angle aigu; dans
l'orchis en casque, les deux lanières extrêmes divergent de
l'axe, beaucoup plus que les deux de la base, et laissent
entre elles un angle arrondi très-évasé; au fond de cette échancrure se trouve une petite pointe terminale. Cette orchidée
croît dans les prés un peu montueux aux environs de Paris,
de Montpellier, etc. ♃.

2016. Orchis singe.   *Orchis simia.*

Orchis simia. Lam. Fl. fr. 3. p. 507. — *Orchis zoophora.* Thuil.
Fl. par. II. 1. p. 450. — *Orchis militaris,* var. ε. Linn. spec.
1333.

α. *Orchis simia.* Lam. Dict. 4. p. 593. — *Orchis tephrosanthos.*
Vill. Dauph. 2. p. 32. — *Orchis cinerea.* Schrank. Bav. ex
Schleich. Cat. p. 35. — Vaill. Bot. t. 31. f. 25. 26.

β. *Orchis cercopitheca.* Lam. Dict. 4. p. 593. — *Orchis simia.*
Vill. Dauph. 2. p. 33. — Hall. Helv. n. 1275. t. 30.

Cet orchis a des rapports avec les trois précédens, mais il
s'en distingue facilement, parce que la division inférieure de sa
fleur est partagée en quatre lanières grêles, linéaires, profondes, qui semblent les quatre membres d'un singe; entre
les deux lanières extrêmes, se trouve souvent dans la variété α
un prolongement grêle et linéaire, qu'on a comparé à la queue
du singe; les deux lanières extrêmes sont un peu dentelées:
dans la variété β, les fleurs sont blanchâtres, avec des taches
purpurines; les bractées sont courtes, obtuses, souvent colorées; le feuillage est d'un verd cendré. On trouve cette plante
dans les prés et les bois secs. ♃.

2017. Orchis papillon.   *Orchis papilionacea.*

Orchis papilionacea. Linn. spec. 1331. Lam. Dict. 4. p. 594.
— *Orchis rubra.* Jacq. Coll. 1. p. 60. All. Auct. p. 31.

Ses tubercules sont ovoïdes, petits, entiers; sa tige, haute de 2 décim., porte quelques feuilles étroites, lancéolées, un peu étalées ; ses fleurs sont peu nombreuses, d'un beau rouge pourpre et remarquables par leur division inférieure, qui est très-grande, arrondie, plus large que longue, crénelée sur les bords et marquée de veines qui aboutissent à l'angle rentrant de chaque crénelure ; les divisions supérieures sont oblongues, lancéolées, droites ou un peu étalées ; l'éperon est plus court que l'ovaire ; les bractées sont grandes, lancéolées, colorées en rouge et plus longues que l'ovaire. Il croît au pied des montagnes du Piémont, entre Caselette et Aimèse (All.); en Corse. ♃.

2018. Orchis pâle.   *Orchis pallens.*

Orchis pallens. Linn. Mant. 292. Lam. Dict. 4. p. 594. — Hall. Helv. n. 1281. t. 30. — Seg. Ver. 3. t. 8. f. 3.

Les tubercules de sa racine sont arrondis, ovoïdes ou oblongs, inégaux ; sa tige s'élève à 2 décim., et porte des feuilles larges et un peu pointues ; l'épi est ovale, peu serré, composé de fleurs jaunâtres marquées de veines un peu foncées ; les divisions supérieures sont oblongues, ouvertes ; l'inférieure est large, à trois lobes arrondis, entiers ou légèrement sinueux, et d'un jaune plus décidé ; ces fleurs ont une odeur désagréable qui ressemble à celle des fleurs de sureau, et qui affecte les nerfs délicats. Cette orchidée se trouve dans les bois, dans les Pyrénées voisines de l'Espagne ; dans les Alpes près du Valais ; en Provence ; en Dauphiné près Gap et Die (Vill.); au Mont-Cénis (All.); à Montmorency (Thuil.); à Folleville près Orléans (Dub.), etc. ♃.

2019. Orchis à odeur de bouc.   *Orchis hircina.*

Orchis hircina. Crantz. Fasc. 6. p. 484. Scop. Carn. n. 1113. — *Satyrium hircinum.* Linn. spec. 1337. Lam. Fl. fr. 3. p. 510. — Vaill. Bot. t. 30. f. 6. — Hall. Helv. n. 1268.

Sa tige est haute de 6 décim., cylindrique, ferme, feuillée et terminée supérieurement par un long épi de fleurs blanchâtres et d'une odeur de bouc très-désagréable ; ses feuilles sont larges, lancéolées, pointues et très-lisses ; ses fleurs sont nombreuses, et naissent chacune de l'aisselle d'une bractée étroite, presque linéaire et aiguë ; les cinq divisions supérieures sont ramassées en casque, et la sixième ou l'inférieure est fort grande, tachée de pourpre à sa base, et partagée en trois lanières, dont les deux latérales sont petites, ondulées,

et en forme d'alène; celle du milieu est longue de 4-5 centim.,
linéaire et comme rongée ou déchirée à son extrémité; cette
lanière est roulée sur elle-même avant l'épanouissement de la
fleur. On trouve cette plante dans les prés montueux et sur le
bord des bois : elle se rencontre dans presque toute la France,
mais elle est rare partout. ♃.

§. II. *Racine à tubercules palmés ou composée de fibres cylindriques.*

2020. Orchis sureau.   *Orchis sambucina.*

Orchis sambucina. Lam. Dict. 4. p. 596. — *Orchis incarnata.*
Vill. Dauph. 2. p. 36. — *Orchis latifolia.* Scop. Carn. n. 1118.
— Hall. Helv. n. 1280.
α. *Floribus pallidis.* — *Orchis sambucina.* Linn. spec. 1334.
β. *Floribus rubescentibus.* — *Orchis incarnata.* Linn. spec.
1335.

Cette espèce est remarquable par les variations de sa racine;
elle a deux tubercules, tantôt entiers, ovoïdes ou alongés,
tantôt divisés en deux, trois ou plusieurs lobes divergens. Sa
tige ne s'élève pas à deux décim., et porte deux feuilles dont
les inférieures sont obtuses et les supérieures un peu pointues :
l'épi est court, de couleur pâle, jaunâtre dans la variété α,
rougeâtre dans la variété β. Les bractées sont lancéolées, un
peu colorées, au moins aussi longues que les fleurs : les divisions supérieures de la fleur sont courtes et ouvertes; l'inférieure
est presque plane, et se divise en trois lobes arrondis et peu
prononcés : l'éperon est épais, obtus, plus court que l'ovaire.
On trouve cette plante dans les montagnes de l'Auvergne; du
Dauphiné; aux bois de Caux et de Monflière, près Abbeville
(Bouch.).

2021. Orchis à larges feuilles.   *Orchis latifolia.*

Orchis latifolia. Linn. spec. 1334. Fl. dan. t. 266. Lam. Dict. 4.
p. 596. — *Orchis comosa.* Scop. Carn. n. 1120. — Hall. Helv.
n. 1279. t. 32. — Vaill. Bot. t. 31. f. 1-5.
β. *Foliis maculatis.*
γ. *Flore pallido.*

Sa racine offre deux tubercules, quelquefois alongés et pointus, le plus souvent divisés à l'extrémité. Sa tige est haute de
3-4 décim., creuse, lisse et garnie dans toute sa longueur de
feuilles oblongues-lancéolées et pointues; ses feuilles inférieures
sont larges de 5 centim., et souvent tachées. Les fleurs sont

purpurines, et forment un épi dense et cylindrique : leur division inférieure est large, ponctuée et légèrement divisée en trois lobes, dont les deux latéraux sont réfléchis en arrière et dentés en leur contour. L'éperon est conique, et les bractées sont plus longues que les fleurs ; cette plante est commune dans les prés humides. ♃.

2022. Orchis taché. *Orchis maculata.*

Orchis maculata. Linn. spec. 1335. Lam. Dict. 4. p. 596. —
Hall. Helv. n. 1278. t. 32. — Vaill. Bot. t. 31. f. 9. 10.
β. *Flore albo.*
γ. *Foliis immaculatis.*

Sa tige est pleine, feuillée, et s'élève jusqu'à 5 décim. ; ses feuilles sont ordinairement chargées de taches noirâtres, et n'ont pas plus de 3 centim. de largeur. Ses fleurs forment un épi conique, pointu et médiocre : leur division inférieure est presque plane et partagée en trois lobes, dont les deux latéraux seulement sont dentés, et celui du milieu petit, entier et pointu : les bractées ne sont pas plus longues que les fleurs. On trouve cette plante dans les prés montagneux et les bois. ♃.

2023. Orchis odorant. *Orchis odoratissima.*

Orchis odoratissima. Linn. spec. 1335. Lam. Dict. 4. p. 597.
—Hall. Helv. n. 1274. t. 29.—Seg. Ver. 3. t. 8. f. 6.

Ses tubercules sont palmés, et prolongés irrégulièrement ; sa tige est haute de 3-4 décim., grêle, feuillée et un peu dure ; ses feuilles sont très-étroites, linéaires, pointues, et les inférieures ont au moins 15 centim. de longueur. Ses fleurs sont d'une couleur uniforme, d'une odeur très-agréable, et disposées en un épi long de 6 centim., et assez grêle : leur éperon est court ; les bractées sont aiguës et plus longues que les ovaires. On trouve cette plante dans les prés des provinces méridionales ; aux environs de Grenoble (Vill.) ; de Montpellier (Gou.). ♃.

2024. Orchis à long éperon. *Orchis conopsea.*

Orchis conopsea. Linn. spec. 1335. Fl. dan. t. 224. Lam. Dict.
4 p. 598. —Hall. Helv. n. 1287. t. 29. — Vaill. Bot. t. 30. f. 8.

Ses racines sont épaisses et palmées, sa tige est grêle, feuillée et haute de 5 décim. ; ses feuilles sont étroites et pointues : les inférieures sont longues de 15 ou 18 centim., et les supérieures sont fort petites. Ses fleurs sont purpurines, non panachées,

odorantes et disposées en un épi long de 9 centim., les trois
divisions supérieures sont ramassées, les deux latérales sont très-
ouvertes, et l'inférieure est à trois lobes égaux : l'éperon est
fort long, en forme de soie, et a été comparé à l'aiguillon d'un
insecte (1). On trouve cette plante dans les prés montueux. ♃

2025. Orchis verdâtre.   *Orchis viridis.*

Orchis viridis. All. Ped. n. 1846. — *Satyrium viride*. Linn. spec.
1337. Lam. Illustr. t. 726. f. 2. — Hall. Helv. n. 1269. t. 26.

Les tubercules de sa racine sont divisés en lobes très-profonds ; sa tige est haute de 15 à 20 centim. ; ses feuilles inférieures sont assez larges, presque ovales, et les supérieures
sont lancéolées et en petit nombre. Ses fleurs sont d'un verd
pâle ou quelquefois un peu jaunâtre ; les divisions supérieures sont
ramassées en casque : l'inférieure est étroite, pendante, et ses
lobes latéraux sont presque linéaires, pointus et plus longs que
ceux du milieu ; les bractées sont plus longues que les ovaires.
Cette plante croît dans les prés humides. ♃. On en trouve, dans
les Pyrénées, une variété à fleur rougeâtre.

2026. Orchis noir.   *Orchis nigra.*

Orchis nigra. All. Ped. n. 1845. — *Orchis miniata*. Crantz. Fasc.
6. p. 487. — *Satyrium nigrum*. Linn. spec. 1338. Lam. Illustr.
t. 726. f. 3. — Hall. Helv. n. 1271. t. 27.

Ses tubercules radicaux sont palmés ; sa tige est grêle, feuillée,
et haute de 1-2 décimètres. Ses feuilles sont étroites et linéaires ;
ses fleurs sont petites, très-odorantes, d'un pourpre foncé ou
noirâtre, et disposées en un épi court, dense et ovale-conique :
ces fleurs sont souvent dans une situation renversée : leur division inférieure est ovale et entière. On trouve cette plante dans
les prés des montagnes. Elle y fleurit au commencement de
l'été ; ses fleurs ont une odeur agréable. ♃.

2027. Orchis blanchâtre.   *Orchis albida.*

Orchis albida. All. Ped. n. 1838. — *Satyrium albidum*. Linn. spec.
1338. Lam. Fl. fr. 3. p. 512. — *Orchis parviflora*. Lam. Dict.
4. p. 599. — Hall. Helv. n. 1270. t. 26.

Sa racine est divisée jusqu'à son collet, en six ou huit portions cylindriques et ramassées ; elle pousse une tige haute de
3 décim., garnie de feuilles lancéolées, et terminée par un épi

____

(1) Le nom de *conopsea* signifie *qui ressemble à un cousin.*

alongé et un peu dense. Ses fleurs sont petites, d'un verd blanchâtre, ou quelquefois légèrement purpurines ; les trois divisions supérieures sont ramassées , les deux latérales sont ouvertes, et la division inférieure est courte, à trois lobes, dont celui du milieu dépasse les deux latéraux. On trouve cette plante dans les prés humides des Alpes de Provence , de Dauphiné , de Savoie, dans le Jura , etc. Elle fleurit à l'entrée de l'été. ♃.

CCLV. OPHRYS. *OPHRYS.*

Ophrys. Sw. — *Orchidis sp.* Hall. — *Ophrydis sp.* Linn.

Car. Les ophrys diffèrent des orchis, parce que la division inférieure de leur fleur ne se prolonge point en éperon à sa base.

2028. **Ophrys à un tubercule.** *Ophrys monorchis.*

Ophrys monorchis. Linn. spec. 1342. Fl. dan. t. 102. Lam. Dict. 4. p. 571. — *Orchis monorchis.* All. Ped. n. 1832. — Hall. Helv. n. 1262. t. 22.

Sa racine est composée d'un seul tubercule arrondi , et de quelques fibres cylindriques ; sa tige est haute de 10–15 centim. , grêle, nue ou chargée d'une petite feuille linéaire, et se termine par un épi très-menu , quelquefois un peu en spirale ; ses feuilles radicales sont ovales–lancéolées , et au nombre de deux ou trois : ses fleurs sont petites et d'un verd jaunâtre ; leurs divisions sont pointues , et l'inférieure est à trois lobes disposés en forme de croix. On trouve cette plante dans les prés montagneux. ♃.

2029. **Ophrys des Alpes.** *Ophrys Alpina.*

Ophrys Alpina. Linn. spec. 1342. Jacq. Vind. t. 9. Lam. Dict. 4. p. 57. — *Orchis Alpina.* All. Ped. n. 1837. — *Ophrys graminea.* Crantz. Austr. 2. p. 489. — Hall. Helv. n. 1263. t. 22. f. 1.

Sa racine forme deux tubercules ovoïdes , plus minces vers le haut qu'à leur extrémité : sa tige est haute de 9–12 centim. , nue et terminée par un épi de cinq à dix fleurs ; ses feuilles sont radicales , étroites, linéaires, graminées, et presque aussi longues que la tige : ses fleurs sont verdâtres ou un peu jaunâtres ; leurs divisions sont ramassées, et l'inférieure est entière. Cette plante croit dans les pâturages des montagnes des provinces méridionales, où elle a été observée par dom Fourmeault ; dans les Alpes du Dauphiné (Vill.) ? au-dessus du Valais, dans la Tarentaise (Bell.) ; aux monts Cénis, Safau et Grassoney (All.) ; au mont Gemmy. ♃.

2030. Ophrys homme-pendu. *Ophrys antropophora.*

Ophrys antropophora. Linn. spec. 1343. Lam. Dict. 4. p. 572.
Fl. dan. t. 103. — *Orchis antropophora.* All. Ped. n. 1835. —
Hall. Helv. n. 1264. t. 23. — Vaill. Bot. t. 31. f. 19. 20.

Sa racine a deux tubercules arrondis ; sa tige est haute de 5
décim., et terminée par un épi assez long; ses feuilles radicales
sont longues-lancéolées et un peu étroites : celles de la tige sont
petites et peu nombreuses. Ses fleurs représentent en quelque
sorte un homme pendu par la tête : cette partie est formée par
les divisions supérieures, qui sont d'un blanc jaunâtre; la division inférieure forme le corps et les quatre membres : sa couleur
tire sur le soufre doré, mais celle de ses lobes ou des membres
est d'un rouge ferrugineux. On trouve cette plante dans les
prés. ♃.

2031. Ophrys mouche. *Ophrys myodes.*

Ophrys myodes. Jacq. Ic. rar. t. 71. Lam. Dict. 4. p. 572. —
Ophrys muscaria. Lam. Fl. fr. 3. p. 515. — *Orchis muscaria.*
All. Ped. n. 1830. — *Ophrys insectifera myodes.* Linn. spec.
1343. — Hall. Helv. n. 1265. t. 24.
β. *Ophrys major.* Gou. Fl. monsp. 299.
γ. *Ophrys lutea.* Gou. Fl. monsp. 299.

Sa tige est haute d'environ 3 décim.; ses feuilles sont lisses,
étroites-lancéolées, et ont à peine 5 centim. de largeur; ses fleurs
sont disposées en épi lâche, peu garni, et ressemblent à des
mouches bleuâtres : les trois divisions supérieures sont d'un blanc
verdâtre; les deux intérieures sont très-petites, extrêmement
grêles et rougeâtres; l'inférieure est pendante, forme le corps de
la mouche, et est chargée d'une tache bleue, remarquable : elle
se termine par une fourche formée par deux lobes pointus, qui
laissent entre eux un vuide ou une échancrure dans lequel on
ne trouve ni lobe ni appendice quelconque. Cette plante croit
dans les pâturages montueux. ♃.

2032. Ophrys araignée. *Ophrys arachnites.*

Ophrys arachnites. Lam. Fl. fr. 3. p. 515. — *Ophrys insectifera arachnites.* Linn. spec. 1343. — *Orchis arachnites.* All.
Ped. n. 1831. — Hall. Helv. n. 1266. t. 24. — Vaill. Bot. t. 30.
10. 11. 12. 13.
β. *Ophrys fuciflora.* Sw. Mem. p. 223. — Vaill. t. 31. f. 15. 16.

Sa tige s'élève depuis 2 jusqu'à 5 décim., ou quelquefois un
peu davantage; ses feuilles sont lisses, lancéolées et pointues,

ses fleurs sont grandes, distantes, en petit nombre, et forment
à peine l'épi : les trois divisions supérieures et extérieures sont lancéolées et rougeâtres ; les deux intérieures sont très-petites et herbacées ; l'inférieure est pendante, large, convexe, velue, d'un
rouge brun, marquée vers sa base de quelques lignes jaunâtres,
et terminée par un lobe pointu, placé en forme de saillie, ou dans
une échancrure : la pointe de ce lobe est repliée vers la partie
postérieure et concave de la division, de sorte qu'on ne l'apperçoit qu'en la redressant ; le corps membraneux qui soutient
ou reçoit les étamines, se termine en avant par un bec très-
remarquable. On trouve cette plante dans les prés et les pâturages montagneux. ♃.

CCLVI. SÉRAPIAS.　　　*SERAPIAS.*

Serapias. Sw. — *Serapiadis sp.* Linn.

Car. Les cinq divisions supérieures du périgone sont réunies
en capuchon ; l'inférieure est grande, concave, aiguë, pendante
et sans éperon : le stigmate est concave, placé à la face antérieure du style, immédiatement sous l'anthère. Les autres caractères ne diffèrent pas de l'orchis.

2033. Sérapias à languette.　　*Serapias lingua.*

Serapias lingua. Linn. spec. 1344. Lam. Fl. fr. 3. p. 521. —
Orchis lingua. All. Ped. 1833. — Seg. Ver. 3. t. 8. f. 4.

Sa tige est haute de 5 décim., creuse, et garnie de feuilles
un peu étroites et pointues ; ses fleurs sont d'une couleur ferrugineuse, et disposées, au nombre de cinq ou sept, en un épi
lâche et assez long : elles sont remarquables par leur division inférieure, garnie à sa base de deux lobes latéraux, courts et obtus, et terminée par une languette étroite, pendante, et longue
d'environ 2 centim. ; cette languette est glabre, terminée en
pointe acérée. ♃. Cette plante croît dans les lieux montagneux,
aux environs de Turin (All.) ; sur les bords de la Doire (Bell.) ;
dans les bois et les prairies maritimes de Provence ; à Gramont (Gou.) ; dans les Pyrénées ; aux environs de Tours, de
Narbonne, de Bordeaux, etc.

2034. Sérapias en cœur.　　*Serapias cordigera.*

Serapias cordigera. Linn. spec. 1345. Desf. Atl. 2. p. 321. —
Rudb. Elys. 2. p. 340. f. 20.

Elle ressemble beaucoup à la précédente ; mais on la distingue
à ses fleurs deux fois plus grandes, et dont la division inférieure

est

est presque toujours hérissée de poils à la partie supérieure : cette division se partage en trois lobes; celui du milieu est large, en forme de cœur. Cette plante croît en Provence, d'où elle a été envoyée à M. Lamarck; dans les Pyrénées, et en Corse, d'après l'herbier de M. Clarion. ♃.

CCLVII. NÉOTTIE.   *NEOTTIA.*

Neottia, Sw. — *Epipactidis sp.* Hall. — *Satyrii et orchidis sp.* Linn.

CAR. Les cinq divisions supérieures du périgone sont rapprochées à leur base, distinctes à leur sommet; la sixième est renflée à sa base, recouverte par deux divisions latérales prolongées en poche sur l'ovaire : le style est surmonté d'un appendice aigu; le stigmate est oblique en avant du sommet; l'anthère est à deux loges, placée derrière le stigmate : les masses de pollen sont grenues, linéaires, reçues dans deux sillons du style correspondans aux loges.

2035. Néottie spirale.   *Neottia spiralis.*

Neottia spiralis. Sw. l. c. p. 226. — *Ophrys spiralis.* Linn. spec. 1340. Lam. Dict. 4. p. 567. — *Epipactis spiralis.* All. Ped. n. 1852. — *Serapias spiralis.* Scop. Carn. 2. n. 1125. — *Ophrys autumnalis.* Balbi. Misc. p. 40. — Hall. Helv. n. 1294. — Lob. Ic. t. 186. f. 1.

Sa racine est composée d'une à trois bulbes alongées et presque cylindriques; elle pousse une tige grêle, garnie de quelques feuilles courtes et étroites, et qui s'élève de 2-3 décimètres : ses feuilles radicales sont au nombre de trois ou quatre, ovales ou lancéolées, lisses et un peu succulentes. Ses fleurs sont petites, pubescentes, blanchâtres, et disposées en une série imparfaitement unilatérale, formant sensiblement la spirale autour de l'axe de l'épi. On trouve cette plante sur les pelouses et les collines sèches : elle fleurit en automne; et à cette époque les feuilles inférieures sont tombées, et on voit naître à côté les feuilles de la hampe qui doit fleurir l'année suivante. Cette disposition est bien représentée dans la figure de Lobel. Sa fleur exhale une odeur agréable. ♃.

2036. Néottie d'été.　　　*Neottia æstivalis.*

Ophrys æstivalis. Lam. Dict. 4. p. 567. — *Ophrys æstiva.*
Balbi. Add. p. 96. — Hall. Helv. n. 1294. var. 3. 4. 5. t. 38.
— Mich. Gen. t. 26. f. 2.

Cette espèce, que la plupart des auteurs ont confondue avec
la précédente, en diffère, 1°. par ses racines alongées et presque
cylindriques; 2°. par sa hampe garnie de feuilles à l'époque de
la fleuraison, et ne croissant pas à côté d'une touffe de feuilles
radicales; 3°. par ses feuilles alongées, presque linéaires; 4°. par
ses fleurs inodores; 5°. parce qu'elle fleurit en été. On la trouve
dans les prés humides, à S.-Gratien et aux Planets, près Paris;
aux marais de Mautort, près Abbeville (Bouch.) : elle se retrouve dans le Piémont, et probablement dans plusieurs lieux
où l'on a indiqué la néottie spirale. ♃.

2037. Néottie rampante.　　　*Neottia repens.*

Neottia repens. Sw. l. c. p. 226. — *Satyrium repens.* Linn. sp.
1339. — *Epipactis repens.* All. Ped. n. 1853. — Hall. Helv.
n. 1295. t. 22. f. 3.

Sa racine est longue, traçante, cylindrique, et comme articulée; sa tige est ascendante, longue de 1-2 décim., garnie à
sa base de feuilles rétrécies en un pétiole engaînant, ovales, un
peu lancéolées, marquées de nervures disposées en réseau assez
visible : le haut de la tige est presque nu, et porte un épi disposé
en spirale imparfaite, hérissé de petits poils courts et serrés, très-
semblable à celui de l'espèce précédente. On trouve cette plante
dans les forêts des montagnes; dans le Jura près le Doubs;
dans les Alpes du Dauphiné à Saint-Nigier; en Provence à
Brouis et Lachen; en Piémont à Lanebourg, Modane et Oulx
(All.). ♃.

CCLVIII. ÉPIPACTIS.　　　*EPIPACTIS.*

Epipactis. Sw. — *Epipactidis sp.* Hall. — *Serapiadis et Ophrydis
sp.* Linn.

Car. La division inférieure du périgone est entière ou lobée,
toujours dépourvue d'éperon; le stigmate est oblique, terminal,
placé en avant de l'anthère : celle-ci, qui le recouvre presque
en entier, est ovale, à deux loges, attachée au bord postérieur
du style, et ne tombe point après l'émission du pollen; celui-ci
est grénu.

§. Ier. *Division inférieure entière au sommet.*

2058. Épipactis des marais.   *Epipactis palustris.*

Scrapias longifolia. Linn. Mant. 490. — *Scrapias palustris.*
Scop. Carn. n. 1129. Lam. Fl. fr. 3. p. 520. — *Epipactis lon-*
gifolia. All. Ped. n. 1854. — *Epipactis palustris.* Crantz.
Austr. 6. p. 462. t. 1. f. 5. — Hall. Helv. n. 1296. t. 39.

Sa tige est haute de 5-6 décim., feuillée et légèrement pubescente ; ses feuilles sont étroites - lancéolées , ensiformes,
glabres et nerveuses : les inférieures sont engaînées, et les supérieures sessiles. Les fleurs sont d'un verd blanchâtre un peu
mêlé de pourpre, et disposées au nombre de dix à quinze, en
un épi assez lâche ; leur ovaire est un peu cotonneux; leur di-
sion inférieure est grande, plus saillante que les autres , marquée
de lignes pourpres à sa base, et terminée par un appendice obtus, presque en cœur, et plissé ou ondulé en ses bords. Cette
plante est commune dans les prés marécageux. ♃.

2059. Épipactis à large   *Epipactis latifolia.*
    feuille.

Scrapias latifolia. Linn. Mant. 490. Lam. Fl. fr. 3. p. 521. —
Epipactis latifolia. All. n. 1855. — Hall. Helv. n. 1297. t. 40.

Sa tige est haute de 5 décim., feuillée et terminée par un épi
long de 12-18 centim.; ses feuilles sont ovales-lancéolées , nerveuses et engaînantes ou embrassantes : les inférieures ont près
de 6 centim. de largeur , et sont terminées par une pointe émoussée ou obtuse ; les supérieures sont plus étroites et aiguës. Les
fleurs sont d'un verd blanchâtre dans leur jeunesse, et deviennent rougeâtres ou purpurines en vieillissant : elles sont plus
petites que celles de l'espèce précédente ; leur division inférieure
n'est pas plus grande ni plus saillante que les autres , et son appendice ou son sommet est sensiblement pointu. On trouve cette
plante dans les lieux couverts et les bois. ♃.

2040. Épipactis en glaive.   *Epipactis ensifolia.*

Scrapias grandiflora , var. Linn. Mant. 491. — *Scrapias ensi-*
folia. Murr. Syst. 670. — *Scrapias nivea.* Vill. Dauph. 2.
p. 52. — *Epipactis ensifolia.* Sw. l. c. p. 232. — *Epipactis*
grandiflora , var. All. Ped. n. 1856. — Hall. Helv. n. 1298. var.

Sa tige est droite, entièrement glabre, haute de 3-4 décim.,
garnie de feuilles alongées, en forme de glaive, pointues,

disposées sur deux rangs , marquées de nervures longitudinales
assez prononcées ; les deux bractées inférieures sont plus longues
que la fleur : toutes les autres sont beaucoup plus courtes que
l'ovaire. Les fleurs sont droites , blanches ; leur division inférieure est plus courte que les autres , obtuse au sommet , et
rayée de pourpre à la face supérieure. On trouve cette plante
dans les bois et les pâturages des montagnes , aux environs du
Léman ; dans le Champsaur et le Gapençois (Vill.). ♃

2041. Épipactis en lance.   *Epipactis lancifolia.*

Serapias lancifolia. Murr. Syst. 670. — *Serapias grandiflora ,
var.* Linn. Mant. 4𝟷1. — *Epipactis pallens.* Sw. l. c. p. 232.

Cette espèce ressemble beaucoup à la précédente , avec laquelle Linné et Haller l'avoient réunie ; elle en diffère par ses
feuilles ovales-lancéolées , par ses bractées toutes au moins aussi
longues que l'ovaire , par ses fleurs plus grandes , moins nombreuses et d'un blanc jaunâtre. Elle croit dans les bois , aux
environs d'Abbeville , d'Agen , de Genève , etc.

2042. Épipactis rouge.   *Epipactis rubra.*

Serapias rubra. Linn. Mant. 490. Lam. Fl. fr. 3. p. 520. Fl.
dan. t. 345. — *Epipactis rubra.* All. Ped. n. 1857. — Hall. Helv.
n. 1299. t. 42.

Sa tige s'élève jusqu'à 5 décim. , et est garnie de feuilles
étroites – lancéolées , pointues et plus longues que celles de
l'espèce précédente ; ses fleurs sont assez grandes , purpurines ,
et au nombre de huit ou dix seulement ; elles sont peu ouvertes ,
et leur division inférieure est chargée de lignes ondulées très-remarquables. Cette plante croit dans les lieux couverts des
montagnes et des collines , à Fontainebleau , Sorrèze , Narbonne , Genève , etc. ♃

§. II. *Division inférieure lobée.*

2043. Épipactis nid-d'oiseau. *Epipactis nidus-avis.*

Ophrys nidus-avis. Linn. spec. 1339. Lam. Dict. 4. p. 566. —
Epipactis nidus-avis. All. Ped. n. 1849. — Hall. Helv. n. 1299.
t. 37. — Lob. Ic. t. 195. f. 1.

Sa racine est composée de fibres charnues , cylindriques ,
nombreuses et ramassées presque en forme de nid d'oiseau ; sa
tige est haute de 3 décim. , dépourvue de feuilles et garnie seulement de quelques écailles pointues , embrassantes , desséchées
et d'un blanc sale ou roussâtre ; ses fleurs sont assez nombreuses ,

disposées en épi cylindrique, et d'une couleur semblable à celle
de la tige, c'est-à-dire, jaunâtre ou roussâtre; les cinq divisions
supérieures sont courtes et un peu ramassées en casque; l'inférieure est pendante et se termine par deux lobes divergents. On
trouve cette plante dans les lieux couverts et les bois, aux environs de Paris, de Genève; dans les montagnes du Bugey
(Latourr.). ♃.

2044. Épipactis ovale.   *Epipactis ovata.*

Ophrys ovata. Linn. spec. 1340. Lam. Dict. 4. p. 568. — *Epipactis ovata.* All. Ped. n. 1850. — *Ophrys bifolia.* Lam. Fl.
fr. 3. p. 516. — Hall. Helv. n. 1291. t. 37.

Sa tige est pubescente et s'élève jusqu'à 5 décim.; elle est
garnie dans sa partie inférieure de deux feuilles larges, ovales,
un peu nerveuses et qui paroissent entièrement opposées; ses
fleurs sont d'un verd pâle et jaunâtre, nombreuses et disposées en
un épi grêle, lâche et assez long; les divisions supérieures sont
courtes et à demi ouvertes; l'inférieure est longue, pendante,
étroite et à deux lobes. On trouve cette plante dans les bois et
les prés couverts; sa racine ressemble un peu à celle du nid
d'oiseau. ♃.

2045. Épipactis en cœur.   *Epipactis cordata.*

Ophrys cordata. Linn. spec. 1340. Lam. Dict. 4. p. 568. —
Epipactis cordata. All. Ped. n. 1851. — Hall. Helv. n. 1292.
t. 22. f. 4.

Cette espèce ressemble à la précédente, mais elle n'atteint
jamais 1 décim. de hauteur; sa tige est absolument glabre; ses
feuilles, au lieu d'être ovales, sont élargies à leur base et
presque en forme de cœur; leur longueur n'atteint jamais 2
centim. : les fleurs sont très-petites, d'abord jaunâtres, puis
un peu purpurines. Cette plante croit parmi la mousse, dans
les bois couverts des pays de montagnes : je l'ai recueillie dans
les bois de pins du Jura; M. Richard l'a trouvée en Auvergne :
elle croît aux environs de Courmayeur et dans la vallée Ursina
(All.); au Saint-Bernard (Hall.); à la montagne des Voirons
près Genève.

CCLIX. MALAXIS.   *MALAXIS.*

Malaxis. Sw. — *Ophrydis sp.* Linn.

Car. Le périgone est renversé de sorte que la division irrégulière est supérieure; elle est concave et embrasse le style par
sa base; le style est bossu, creusé en avant; le stigmate est

concave, placé du côté de la division irrégulière; l'anthère est caduque, terminale, hémisphérique, à deux loges qui renferment un pollen grenu disposé en masses oblongues.

2046. Malaxis de Lœsel.   *Malaxis Lœselii.*

Ophrys Lœselii. Linn. spec. 1341. — *Malaxis Lœselii.* Sw. l. c. p. 235. — *Ophrys liliifolia.* Lam. Dict. 4. p. 569. — Lœs. Pruss. 180. t. 58.

La racine de cette plante est blanche, composée de fibres grèles, au-dessus desquelles se trouve une espèce de bulbe ovoïde, spongieuse, formée par les débris des anciennes feuilles, et comparable non aux tubercules des orchidées, mais aux bulbes des graminées : de cette gaîne spongieuse sort une tige droite, grèle, triangulaire, sur-tout vers le sommet, haute de 2 décim., munie vers sa base de deux feuilles engaînantes, presque opposées, oblongues ou ovales-lancéolées, lisses et entières sur les bords; les fleurs sont un peu pédicellées, jaunâtres, renversées, à six divisions, dont cinq linéaires, alongées, grèles, et une sixième (qui par le renversement de la fleur se trouve placée du côté supérieur) plus grande, ovale, obtuse, marquée vers la base d'une crénelure de chaque côté, recourbée en bas à son sommet. Cette plante croît dans les marais de Saint-Gratien près Paris; de Béthune; des dunes de Dunkerque et de Saint-Quentin; aux environs de Grenoble (Vill.)?; dans les fossés de Lille et au marais d'Emmerin (Lest.). Cette plante diffère, par sa hauteur trois fois plus grande et par sa tige trigone et non pentagone, de la *malaxis paludosa*, que quelques auteurs ont faussement indiquée comme indigène des environs de Paris; elle ne se distingue qu'avec peine de la *malaxis liliifolia*, qui est peut-être aussi originaire de France : celle-ci a la tige triangulaire comme celle de Lœsel, mais ses feuilles sont deux fois plus larges; sa fleur a quelques-unes de ses divisions rougeâtres, et les autres verdâtres; sa division supérieure est pointue, nullement réfléchie, et sa racine n'offre pas la bulbe spongieuse qu'on observe dans la malaxis de Lœsel.

CCLX. CYMBIDIE.   *CYMBIDIUM.*

Cymbidium. Sw. — *Ophrydis sp.* Linn. — *Corallorhiza.* Hall.

Car. La division inférieure du périgone est concave à sa base, non adhérente avec le style, dépourvue d'éperon; le stigmate est placé à la partie antérieure du style; l'anthère est

caduque, terminale, hémisphérique, à deux ou quatre loges ;
les masses de pollen sont globuleuses, attachées à un pédicelle
fixé en avant ; la capsule est ovale, trigone ou hexagone.

2047. Cymbidie corail. *Cymbidium corallorhiza.*

Ophrys corallorhiza. Linn. spec. 1339. Fl. dan. t. 451. Lam.
Dict. 4. p. 566. — *Cymbidium corallorhiza.* Sw. loc. cit. p.
238. — *Corallorhiza neottia.* Scop. Carn. n. 1134. — Hall.
Helv. n. 1301. t. 44.

Les fibres de sa racine sont très-rameuses, tortueuses, et
ressemblent par leur forme à des morceaux de corail ; sa tige
est haute de 3 décim., nue et garnie de quelques écailles engaînantes qui tiennent lieu de feuilles ; ses fleurs sont petites, d'une
couleur herbacée ou blanchâtre, peu nombreuses, et ont une
anthère à quatre loges. On trouve cette plante dans les bois
en Languedoc ; dans les montagnes du Jura près le comté de
Neuchâtel ; dans les Alpes près du Léman (Hall.) ; dans les
bois de hêtres près Entrague (All.) ; dans les montagnes de
Seyne en Provence. ♃.

CCLXI. LIMODORE. *LIMODORUM.*

Limodorum. Tourn. Sw. — *Satirii et Orchidis sp.* Linn. —
Epipactidis sp. Hall.

Car. La division inférieure du périgone est prolongée en
éperon, comme dans l'orchis ; mais la structure du style, de
l'anthère et de la capsule, est semblable à celle des cymbidies ;
le périgone est quelquefois renversé.

Obs. Les limodores d'Europe sont dépourvus de feuilles et
ont l'aspect des épidendrum.

2048. Limodore avorté. *Limodorum abortivum.*

Limodorum abortivum. Sw. l. c. p. 243. — *Orchis abortiva.*
Linn. spec. 1336. Lam. Dict. 3. p. 599. — *Serapias abortiva.*
Scop. Carn. 1130. — *Epipactis abortiva.* All. Ped. n. 1848.
— Hall. Helv. n. 1288. t. 36.

Sa tige est haute de 4 décim. et garnie d'écailles courtes,
lancéolées et engaînantes ; elle est, ainsi que ses écailles et ses
fleurs, d'une couleur violette plus ou moins foncée, et se termine par un épi lâche ; ses fleurs sont grandes et ont un éperon
presque aussi long que l'ovaire ; leur division inférieure est ovale,
un peu concave et pointue ; les racines sont des fibres fasciculées,
longues, grêles et presque filiformes. On trouve cette plante
dans les lieux couverts et montagneux ; dans le Jura ; dans les

montagnes de Seyne, au Brusquet et au défant du Faut en Provence (Clar.); aux environs de Narbonne; de Sorrèze; d'Abbeville (Bouch.); de Fontainebleau. ♃.

2049. Limodore fibreuse. *Limodorum epipogium.*

Limodorum epipogium. Sw. l. c. p. 243. — *Satyrium epipogium.*
Linn. spec. 1338. — *Epipactis epipogium.* All. Auct. p. 32. —
Gmel. Sib. 1. t. 2. f. 2.

Cette plante a l'aspect étranger et donne l'idée des *epiden-
drum*; sa racine est composée de fibres nombreuses et entrelacées, sa tige est grèle, un peu rousse, foible, dépourvue de
feuilles, munie de 2 à 3 écailles embrassantes; l'épi est ordinairement composé de trois fleurs placées chacune à l'aisselle d'une
large bractée; l'ovaire est gros, arrondi; la fleur est jaunâtre,
renversée de manière que la division inférieure devient supérieure; elle est ovale-lancéolée, tachetée de poupre en dessus,
prolongée à sa base en un éperon court, épais et obtus. Elle croit
dans les bois de hêtres près Entrague (All.); dans le Jura au
mont Sucheron; aux environs du lac Léman; dans le Dauphiné;
près Montpellier. ♃.

CCLXII. SABOT.   *CYPRIPEDIUM.*

Cypripedium. Linn. Sw. — *Calceolus.* Hall.

CAR. La division inférieure est très-grande, obtuse et renflée
en forme de sabot; le style porte un appendice qui recouvre
le stigmate; on compte deux anthères distinctes latérales,
ayant à leur base deux appendices lancéolés; la capsule est
ovale, à trois angles obtus.

2050. Sabot des Alpes.   *Cypripedium calceolus.*

Cypripedium calceolus. Linn. spec. 1346. Lam. Fl. fr. 3. p.522.
Liliac. 1. n. 19. t. 19. — Hall. Helv. n. 1300. t. 43.

Sa tige est haute de 4 décim., feuillée et chargée d'une ou
deux fleurs d'une grandeur remarquable, et jaunâtres ou un
peu purpurines; elles sont composées de quatre divisions lancéolées, pointues et très-ouvertes, et d'une cinquième inférieure,
très-ventrue, concave, rétrécie à son ouverture et ressemblant en
quelque manière à un sabot; ses feuilles sont larges, ovales-
lancéolées, pointues, nerveuses et engainées à leur base. On
trouve cette plante dans les prés couverts des provinces méridionales; au Mont-Salève près Genève; dans le Jura; aux montagnes de Seyssins près Grenoble; à la forêt d'Eu près Abbeville
(Bouch.); à la Peissine près Montpellier (Gou.). ♃.

VINGT-TROISIÈME FAMILLE.

HYDROCHARIDÉES. *HYDROCHARIDEÆ.*

Hydrocharidum gen. Juss. — *Hydrocharidearum gen.* Vent. —
Aristolochiarum gen. Adans.

Les plantes qui composent cette famille, sont toutes herbacées et aquatiques; leurs racines sont fibreuses, et émettent des
rejets traçans, qui, d'espace en espace, poussent des paquets
de feuilles : celles-ci sont engainantes et sessiles, ou quelquefois munies de pétioles demi-engainans. Les fleurs naissent sur
des hampes qui les élèvent jusqu'à la surface de l'eau; elles
sortent ordinairement d'une spathe, et sont tantôt bisexuelles,
tantôt unisexuelles, peut-être par avortement. Leur périgone
est adhérent avec l'ovaire dans les fleurs femelles, divisé en six
lobes profonds, pétaloïdes, disposés sur deux rangs; les trois
lobes du rang interne sont plus grands et mieux colorés : les
étamines, dont le nombre est variable, sont insérées soit sur
l'ovaire, soit à la place où l'ovaire se seroit trouvé s'il n'avoit
pas avorté. L'ovaire est simple, adhérent, surmonté de trois ou
six stigmates bifurqués. Le fruit est à six loges (à une dans la
vallisnérie), à plusieurs graines dans chaque loge : l'embryon
est à la base d'un périsperme charnu ou farineux.

Cette famille est peu naturelle, et mérite de fixer de nouveau
l'attention des observateurs. L'hydrocharis est-il réellement
monocotylédone? le stratiote a-t-il les étamines épigynes ou
périgynes? la vallisnérie ne doit-elle point être rapprochée des
zostères?

* *Capsule à six loges.*

CCLXIII. HYDROCHARIS. *HYDROCHARIS.*

Hydrocharis. Linn. — *Morsus-ranæ.* Tourn.

Car. La plante est dioïque : les fleurs sortent trois ensemble
d'une spathe à deux feuilles; leur périgone est à six divisions
pétaloïdes, dont les trois intérieures plus grandes : les étamines
sont au nombre de neuf, portées sur un ovaire qui avorte, et
disposées sur trois rangs. Les fleurs femelles n'ont pas de spathe,
et leur périgone est semblable à celui des mâles, excepté qu'il
est adhérent avec l'ovaire; celui-ci porte six styles fendus en

deux stigmates aigus. La capsule est coriace, arrondie, à six loges, à plusieurs graines.

2051. Hydrocharis mor-   *Hydrocharis morsus-*
       rène.   *ranæ.*

Hydrocharis morsus-ranæ. Linn. spec. 1466. Lam. Illustr. t. 820. Dict. 4. p. 309. — Tourn. Act. Acad. 1705. t. 4.

Cette plante produit dans l'eau des rejets traçans, d'où naissent, de distance en distance, de petites souches qui portent des feuilles disposées comme par paquets ; ces feuilles sont pétiolées, orbiculaires, flottantes sur l'eau, semblables en petit à celles du nénuphar blanc. Les pédoncules sont axillaires, et portent chacun une fleur blanche. ♃. On trouve cette plante sur les eaux tranquilles , aux environs de Paris ; d'Orléans (Dub.) ; d'Abbeville (Bouch.) ; de Lyon (Latourr.).

CCLXIV. STRATIOTE.   *STRATIOTES.*

Stratiotes. Linn. Juss. Lam. Gœrtn.

Car. La spathe est comprimée, persistante, à deux divisions profondes et courbées en carène, à une seule fleur : le périgone est adhérent avec l'ovaire, forme un tube plus ou moins alongé ; son limbe est à six divisions profondes, dont trois extérieures petites et verdâtres, trois intérieures grandes et colorées. Les étamines, au nombre de vingt environ, sont insérées sur le sommet du tube ; et lorsque le tube est très-court, sur le bord de l'ovaire : leurs filamens sont courts, les anthères droites, alongées : les styles sont au nombre de six, et se fendent en deux lobes profonds et aigus. Le fruit est une baie charnue, amincie aux deux extrémités, à six angles, à six loges ; les graines sont nombreuses, un peu anguleuses, attachées aux parois des valves. L'embryon est à la base d'un périsperme charnu.

Obs. L'analogie de ce genre avec le précédent devient sensible, lorsqu'on compare le *stratiotes alismoides* avec l'hydrocharis. Les étamines ne me semblent pas réellement épigynes.

2052. Stratiote aloès.   *Stratiotes aloides.*

Stratiotes aloides. Linn. spec. 754. Lam. Illustr. t. 489. Fl. dan. t. 337.

Cette plante flotte dans les eaux stagnantes : ses racines sont des fibres alongées, cylindriques, nullement adhérentes. La

souche est très-courte , et pousse des feuilles nombreuses, alongées , étroites, pointues, bordées de dents épineuses, d'un
verd foncé, d'une consistance ferme, et disposées en une large
rosette enfoncée dans l'eau en grande partie : du centre de la
rosette sort une hampe droite , comprimée, qui porte à son
sommet une fleur blanche, droite; le tube de la fleur varie de
longueur, et s'alonge probablement lorsque cet alongement devient nécessaire pour atteindre la surface de l'eau. Le fruit se
déjette de côté, un peu avant sa maturité. Cette plante croît
dans les fossés et les canaux de la Belgique et de la Flandre; elle
fleurit à la fin du printemps. ♃.

** *Capsule à une loge.*

CCLXV. VALLISNÉRIE.   *VALLISNERIA.*

Vallisneria. Linn. — *Vallisneria et Vallisnerioides.* Mich.

Car. La vallisnérie est dioïque , peut-être par avortement : les
individus mâles ont un petit spadix conique, placé au sommet
d'une hampe courte , entouré d'une spathe à deux, trois ou
quatre lobes profonds , couvert de petites fleurs sessiles , dont
le périgone est à trois parties, et qui renferment deux étamines
(placées sur l'ovaire avorté?). Les femelles ont une hampe très-
longue , roulée en spirale; la spathe est tubuleuse, à deux lobes ,
à une fleur : le périgone est alongé, adhérent avec l'ovaire, divisé en six lanières, dont trois alternes linéaires; il n'y a point
de style. L'ovaire porte trois stigmates ovales, bifurqués,
munis d'un appendice dans leur partie moyenne; la capsule est
alongée, cylindrique, terminée par trois dents , à une loge , à
plusieurs graines insérées sur les parois.

Obs. Ce genre a peu de rapports avec les deux précédens,
et doit peut-être trouver sa place auprès des zostères. Les petites
dentelures de ses feuilles rappellent cependant les dents épineuses
du stratiote aloès.

2053. Vallisnérie spirale.   *Vallisneria spiralis.*

Vallisneria spiralis. Linn. spec. 1441. Lam. Illustr. t. 799. —
Mich. Gen. 12. t. 10. f. 1, 2.

Cette plante croit au fond des fleuves, et est fixée dans la
vase par ses racines , qui sont fibreuses, et émettent des drageons traçans à-peu-près comme les fraisiers. De chaque touffe
de racines, sortent des feuilles planes, alongées, linéaires ,
obtuses, larges de 7-10 mill. , légèrement ciliées ou dentelées

vers le sommet, d'un beau verd, et d'une substance presque
transparente; les hampes des mâles et des femelles sortent de
l'aisselle des feuilles : à l'époque de la fleuraison, les hampes des
fleurs femelles se déroulent de manière à ce que la fleur vienne
flotter à la surface; les hampes mâles ne peuvent point s'alon-
ger, mais leur spathe s'ouvre, les fleurs se détachent du spadix,
s'élèvent à la surface de l'eau, et viennent voguer autour de la
femelle : après la fécondation, la hampe de la fleur femelle se
resserre sur elle-même, et la graine mûrit au fond de l'eau.
Cette singulière plante a été trouvée dans le canal du Midi, par
M. Lapeyrouse; dans le Rhône, près Orange, par M. Villars;
près Arles par M. Desmarets ; dans la Seine, près Paris, par
Bernard de Jussieu, Dalibard et Lhéritier (?); dans l'Aisne,
près Soissons, par M. Poiret; aux environs de Donfront, par
M. Roussel. ♃.

TROISIÈME CLASSE.
PLANTES DICOTYLÉDONES.

Les dicotyledones forment la classe la plus nombreuse et la plus importante du règne végétal. Elles se distinguent par la structure de leur graine, et sur-tout par la disposition de leurs vaisseaux et le mode de leur accroissement. Leur embryon est composé d'une radicule, d'une plumule et de deux cotylédons opposés, ordinairement simples, quelquefois lobés comme dans les pins ; ces cotylédons se changent, à l'époque de la germination, en deux feuilles séminales qui sortent presque toujours de terre, excepté dans quelques légumineuses. La tige des dicotylédones est composée, 1°. d'un canal médullaire placé au centre, et qui ne se prolonge pas dans la racine ; 2°. du corps ligneux, lequel offre des couches concentriques annuelles, et qui se distingue dans les arbres en bois et en aubier ; 3°. de l'écorce, qui comprend le liber, les couches corticales et l'épiderme. Le corps ligneux s'accroît par la superposition annuelle d'une nouvelle couche placée à l'extérieur ; l'écorce s'accroît par la formation annuelle d'une nouvelle couche qui naît à l'intérieur : d'où résulte que les couches les plus anciennes se trouvent, dans le bois, placées au centre, et dans l'écorce, à la circonférence ; que la dureté du bois va en augmentant de la circonférence au centre, tandis que celle de l'écorce iroit en augmentant du centre à la circonférence, si l'influence de l'atmosphère, et sur-tout la distension produite par l'accroissement du corps ligneux, ne gerçoient et ne dénaturoient pas la face extérieure de l'arbre. Les feuilles des dicotylédones sont souvent articulées sur la tige, ou composées d'articles distincts ; ce qui n'arrive presque jamais dans les monocotylédones : elles offrent des nervures anastomosées, et non pas parallèles comme celles des monocotylédones. Leurs fleurs sont le plus souvent munies d'un périgone double, dont l'extérieur, analogue aux feuilles, porte le nom de calice, et l'intérieur, analogue aux étamines, reçoit celui de corolle. Dans la première division, les deux périgones soudés ensemble forment un périgone simple, analogue à celui des monocotylédones. Les étamines sont rarement en nombre ternair dans les dicotylédones, tandis qu'elles le sont fréquemment dans les monocotylédones.

I. DICOTYLÉDONES INCOMPLETTES,

C'est-à-dire dont les deux périgones sont soudés en un seul.

VINGT-QUATRIÈME FAMILLE.

CONIFÈRES   *CONIFERÆ.*

Coniferæ. Juss. Linn. — *Pini.* Adans.

LES conifères sont des arbres ou des arbrisseaux qui conservent leurs feuilles pendant l'hiver, dont le suc propre est presque toujours résineux, et suinte souvent naturellement hors de l'écorce; quelques-unes, comme l'*ephedra*, sont dépourvues de véritables feuilles, et alors l'écorce des branches, munie de pores corticaux, remplit la fonction de feuilles : dans d'autres genres, les feuilles existent diversement disposées sur la tige, mais toujours assez petites, sèches, fermes, d'un verd foncé, et dépourvues de poils. Les cotylédons des pins et des sapins se divisent en plusieurs lanières; ce qui les avoit fait mal-à-propos regarder comme polycotylédones.

Les fleurs des conifères sont monoïques ou dioïques : les mâles sont disposées en chaton, munies chacune d'une écaille et souvent d'un périgone; les étamines sont distinctes ou monadelphes, en nombre fixe ou variable, placées sur le périgone ou sur l'écaille qui le remplace. Les fleurs femelles sont quelquefois solitaires, quelquefois rapprochées en tête ou disposées en un cône, recouvertes d'écailles serrées et embriquées qui séparent les fleurs; le périgone est d'une seule pièce, souvent réduit à une simple écaille : l'ovaire est simple, double ou multiple; les stigmates sont simples, en nombre égal à celui des ovaires, sessiles, ou ordinairement portés sur un style. Chaque ovaire se change en un cariopse membraneux ou osseux;

ces cariopses sont recouverts par les écailles, qui prennent de l'accroissement, et deviennent ligneuses et distinctes dans les pins, charnues et soudées dans les genévriers. L'embryon est cylindrique, situé au centre d'un périsperme charnu.

CCLXVI. PIN. *PINUS.*

Pinus. Tourn. Juss. — *Pini sp.* Linn.

CAR. Les fleurs sont monoïques : les chatons mâles sont disposés en grappes compactes et terminales, composés d'écailles embriquées en spirale, dilatées au sommet, où elles portent deux anthères à une loge. Les chatons femelles sont simples, composés d'écailles embriquées, pointues, colorées, qui couvrent deux ovaires à stigmates glanduleux. Après la fleuraison, les écailles intérieures deviennent grandes, oblongues, en forme de massue, ligneuses et anguleuses à leur sommet qui est ombiliqué sur le dos : à leur base sont deux cariopses osseux ou membraneux, monospermes, recouverts d'une membrane qui se prolonge sous forme d'appendice; les lobes de l'embryon sont divisés en lobes linéaires disposés comme les doigts de la main.

OBS. Les feuilles des pins naissent deux ou plusieurs ensemble, d'une gaîne membraneuse, courte et cylindrique.

2054. Pin sauvage. *Pinus sylvestris.*

Pinus sylvestris. Mill. Dict. n. 1. Poir. Dict. Enc. 5. p. 335. —
Pinus sylvestris, α. Linn. spec. 1418. Vill. Dauph. 4. p. 805.
— Duh. Arb. 2. p. 125. — Blakw. t. 180.
β. *Conis erectis.* Tourn. Inst. 586.

Cet arbre pousse un tronc droit, nu et très-élevé, lorsqu'il croît en forêts, et se divise au contraire en rameaux dès sa base, lorsqu'il croît isolé ; ses jeunes pousses sont verdâtres; ses feuilles sont dures, longues de 6 centim., étroites, courbées en gouttière, pointues, d'un verd un peu bleuâtre, et sortent deux à deux d'une gaîne courte : à leur base se trouve une écaille rousse; leurs impressions rendent les rameaux raboteux. Les cônes sont courts, coniques, pointus, pendans vers la terre; les écailles sont épaisses, obtuses, ligneuses, d'un gris cendré, amincies à leur base, terminées en massue, quadrangulaires, ombiliquées au sommet, et s'ouvrent facilement à leur maturité. Les cônes sont redressés dans la variété β, indiquée par divers botanistes. Ce pin est nommé *pin vulgaire*, *pin de Russie*, *pin de Genève*, *pinéastre*, etc. Il est assez commun dans la plus grande partie de la France, et forme de vastes forêts, surtout dans les pays de montagnes : son bois est employé, soit pour le chauffage, soit pour la charpente et la menuiserie. Son liber et ses jeunes pousses sont regardées comme diurétiques et antiscorbutiques. ♭.

2055. Pin rouge.   *Pinus rubra.*

Pinus rubra. Mill. Dict. n. 3. Poir. Dict. Enc. 5. p. 335.—*Pinus sylvestris*, β. Linn. Syst. 4. p. 172. Vill. Dauph. 4. p. 805. — Duham. Arb. 2. p. 133. t. 30.

Le pin rouge, aussi nommé *pin d'Écosse*, est assez voisin du précédent, dont il diffère principalement par ses jeunes pousses rouges, par ses feuilles plus courtes et plus glauques : c'est un arbre qui s'élève très-haut, et dont le bois est un peu rougeâtre; ses jeunes branches sont pliantes, inclinées; ses cônes sont pendans, assez petits, presque coniques, pointus, réunis par bouquets, deux, trois ou quatre ensemble, composés d'écailles terminées à leur sommet par des éminences saillantes et formant des pyramides relevées de quatre arêtes très-sensibles : la base de ces écailles forme un lozange dont la grande diagonale est presque parallèle à l'axe du cône. Ce pin croît dans les Alpes et les pays du Nord; il est commun en Écosse et en Russie : c'est de cet arbre qu'on tire, selon Duhamel, les belles mâtures de Riga. Quoiqu'il vienne naturellement en France, il n'y prend pas une aussi grande croissance que dans le Nord. ♭.

2056. Pin mugho.   *Pinus mugho.*

Pinus mugho. Mill. Dict. n. 5. Poir. Dict. Enc. 5. p. 336. — *Pinus sylvestris*, γ. Vill. Dauph. 4. p. 805. — Duh. Arb. 2. p. 134. t. 31. n. 6.

γ. *Conis longioribus et acuminatis*. Duh. Arb. 2. p. 125. n. 7.

Son tronc est fort élevé, divisé en branches très-étalées, écailleuses et couleur de canelle dans leur jeunesse, d'un pourpre noirâtre dans un âge plus avancé; son bois est roussâtre et très-résineux, lorsqu'il est frais; ses feuilles sortent deux ou trois ensemble de chaque gaîne : elles sont étroites, pointues, longues de 6 centim., et d'un beau verd. Le chaton mâle est composé d'une cinquantaine de petites grappes serrées; les cônes naissent ordinairement deux à trois ensemble, et toujours sur des branches différentes des chatons : ils sont ovales, très-pointus, d'un

rouge

rouge canelle vif, longs de 6 centim., sur 20-25 millim. de diamètre; l'extrémité des écailles est saillante, et a d'ordinaire la
forme d'une pyramide à quatre pans réguliers. Ce pin croît dans
les hautes montagnes du Dauphiné (Vill.). On le nomme vulgairement *mugho*, *torchepin*, *pin crin*, *pin suffis*, *pin du
Briançonnois*, etc. Les paysans font avec son bois des torches
qui brûlent très-bien. La variété *β*, que Duhamel a reçue des
environs de Haguenau, ne paroît différer de la précédente que
par ses cônes plus longs et plus pointus. ♄.

2057. Pin maritime. *Pinus maritima.*

> *Pinus maritima.* Lam. Fl. fr. 2. p. 201. Poir. Dict. Enc. 5. p.
> 337. — *Pinus pinaster.* Ait. Kew. 3. p. 367. — Duham. Arb.
> 2. p. 133. t. 29. n. 4.
> β. *Major.* — Duham. Arb. 2. p. 133. t. 28. n. 2.

Cet arbre s'élève moins que le pin sauvage, et a les branches
un peu plus étalées : son tronc est droit; son écorce lisse, grisâtre, un peu rouge sur les jeunes pousses; ses feuilles sont
lisses, d'un verd foncé, sortent deux ensemble de la même
gaine, atteignent un décim. et plus de longueur, et ont à leur
base une écaille réfléchie en dehors à son sommet. Les cônes
sont d'une grosseur médiocre, d'un jaune luisant, étroits, alongés, élargis à leur base, rétrécis insensiblement en pyramide,
portés sur des pédoncules courts, ligneux, qui tiennent fortement aux branches et sont recourbés en dehors, souvent opposés deux à deux : les écailles ont le sommet conique, terminé
en pointe et en mamelon. La variété *β* a le cône deux fois plus
gros que la variété *α*. Cet arbre croît dans les sables maritimes
des provinces méridionales, dans les landes de Bordeaux, à
Bayonne, dans le Languedoc et la Provence; on le retrouve
même dans les montagnes du Dauphiné et des Pyrénées. ♄. C'est
de cette espèce de pin qu'on tire particulièrement le gaudron
et plusieurs autres produits résineux utiles dans les arts. Voyez
les détails de leur culture et de leurs usages, dans le Traité des
arbres et arbustes de Duhamel, vol. II, p. 128, et le Dictionnaire de Rozier, vol. VII, p. 705.

2058. Pin pinier. *Pinus pinea.*

> *Pinus pinea.* Linn. spec. 1419. Poir. Dict. 5. p. 338. — *Pinus
> sativa.* Lam. Fl. fr. 2. p. 200. — Duham. Arb. 2. p. 127.
> t. 27. n. 1.

Le pin pinier, aussi nommé *pin de pierre*, *pin pignon*, *pin cultivé*, est un arbre touffu. Son tronc est droit, élevé, et se divise supérieurement en beaucoup de branches étalées, qui forment une belle tête; son écorce est un peu rougeâtre et raboteuse : ses feuilles sont fort longues, étroites, pointues, épaisses et d'un verd blanchâtre; ses cônes sont gros, arrondis ou pyramidaux et rougeâtres, et ses fruits renferment une amande blanche et douce au goût. Cet arbre est commun dans les montagnes des provinces méridionales. On le cultive, soit pour la beauté de son feuillage, soit pour ses fruits, qui passent pour adoucissans et pectoraux, et qu'on mange dans le Midi comme des amandes. Il fournit peu de résine; son bois résiste à l'humidité, et s'emploie pour les pompes et les conduits d'eau.

2059. Pin d'Alep.   *Pinus Alepensis.*

Pinus Alepensis. Mill. Dict. n. 8. Desf. Atl. 2. p. 352. Poir. Dict. Enc. 5. p. 338. — Duham. Arb. 2. p. 126. n. 14.

Ce pin s'élève à 10–15 mètres de hauteur; il se divise en branches étalées, garnies de feuilles roides, lisses, presque filiformes, d'un verd clair, longues de 10–12 centim., et qui sortent deux ensemble d'une gaîne commune : les cônes sont recourbés sur leur pédoncule, ovales – oblongs, presque aigus au sommet, arrondis à leur base, longs de 7–9 centim. sur 3 centim. de largeur à leur base; les écailles sont lisses, obtuses, deux ou trois fois plus larges que celles du pin sauvage. Il se trouve sur les bords de la mer, aux environs de Fréjus (Poir.).

2060. Pin laricio.   *Pinus laricio.*

Pinus laricio. Poir. Dict. Enc. 5. p. 339.

Il a les jeunes pousses vertes comme le pin sauvage, et les feuilles aussi longues que le pin maritime; mais ces feuilles, au lieu d'être droites et régulières, et un peu roides comme dans cette dernière espèce, sont très-lisses et courbées ou chiffonnées en divers sens. Les cônes sont courts, pendans, coniques et pointus, composés d'écailles brunes, amincies et étroites à leur base, et dont le sommet est d'un jaune pâle, luisant, convexe, épais, nullement anguleux, un peu irrégulier, à peine ombiliqué; les graines sont garnies d'une aile membraneuse diaphane. Il croît dans les montagnes de l'isle de Corse. ♄.

2061. Pin cembro.   *Pinus cembra.*

Pinus cembra. Linn. spec. 1419. Poir. Dict. Enc. 5. p. 341. — *Pinus montana.* Lam. Fl. fr. 3. p. 651. — Duham. Arb. 1. p. 127. t. 32.

Arbre médiocre, un peu difforme, dont les branches sont étalées et recouvertes d'une écorce grisâtre, et qui se distingue sans peine de tous les pins d'Europe, à ce que ses feuilles sont au nombre de cinq dans chaque faisceau : ses cônes sont assez gros, courts, obtus, droits, formés d'écailles ovales, concaves, épaisses vers leur sommet; les graines sont dures, dépourvues d'ailes membraneuses, et d'une saveur douce. Ce pin, connu sous les noms vulgaires de *cembra, ceinbrot, alvier, eouve, tinier,* etc., se trouve dans les montagnes de la Provence (Lam.); du Dauphiné (Vill.); du Piémont et de la Maurienne (All.); en Savoie au mont Anvers, etc. Il habite les lieux les plus élevés, et constitue rarement des forêts : les oiseaux mangent ses graines; il fournit une térébenthine abondante et d'une odeur agréable. ♄.

CCLXVII. SAPIN.   *ABIES.*

Abies. Tourn. — *Abietis sp.* Juss. Lam. — *Pini sp.* Linn.

Car. Les sapins diffèrent des pins par leurs chatons mâles solitaires, et non réunis en grappe; par les écailles de leur cône minces, arrondies au sommet, nullement épaissies, ni angu- leuses, ni ombiliquées sur le dos; par leurs feuilles solitaires, et qui ne sortent pas d'une gaîne commune.

§. Ier. Epicea. — *Pointe des cônes dirigée vers la terre; feuilles éparses en tous sens.*

2062. Sapin élevé.   *Abies excelsa.*

Pinus abies. Linn. spec. 1421. — *Pinus excelsus.* Lam. Fl. fr. 2. p. 202. — *Picea.* Cam. Epit. 47. Ic. — *Abies.* Dod. Pempt. 866.

β. *Picea pumila.* Clus. Hist. 1. p. 33. f. 2.

Cet arbre, connu sous les noms de *pesse,* de *serente* ou *serento,* de *picea,* de *faux-sapin,* etc., s'élève à plus de 40 mètres de hauteur; son tronc est nu, et se termine par une tête pyramidale formée par des rameaux ouverts et même un peu pendans; ses feuilles sont d'un verd très-foncé, courtes, pointues, à quatre angles obtus, éparses en tout sens autour des branches : la pointe des cônes se dirige vers la terre; leurs

écailles, selon Gœrtner, portent sur le dos un appendice membraneux en forme de stipule, et leurs cotylédons se divisent
chacun en deux à trois lobes. Cet arbre croît dans les montagnes
des Vosges; du Dauphiné; de la Provence; des Pyrénées, etc.
♃. *Voyez* l'article suivant quant à ses usages.

§. II. Sapin. — *Pointe des cônes dirigée vers le ciel; feuilles déjetées sur deux rangs.*

2063. Sapin en peigne.   *Abies pectinata.*

Pinus picea. Linn. spec. 1420. — *Pinus pectinatus*. Lam. Fl.
fr. 2. p. 202. — *Abies*. Cam. Epit. 48 et 49. Ic.

Cet arbre, connu dans toute la France sous le nom de *sapin*,
est presque aussi élevé que le précédent, auquel il ressemble
beaucoup par son port; mais ses feuilles sont planes, blanchâtres en dessous, obtuses ou échancrées au sommet, et déjetées de côté et d'autre sur deux rangées, ce qui donne aux
branches l'aspect d'une feuille pennée : la pointe des cônes est
dirigée vers le ciel; leurs écailles sont, d'après Gœrtner, dépourvues de l'appendice membraneux qu'on trouve sur celles
du sapin élevé, et leurs cotylédons se divisent ordinairement
chacun en quatre lobes. ♃. Cet arbre croît dans toutes les montagnes élevées; il aime, ainsi que le précédent, les lieux pierreux, froids et découverts : le tronc de ces deux arbres fournit
des poutres et des planches que leur longueur et leur rectitude
rendent précieuses. Leur suc résineux, qui suinte entre le bois
et l'écorce, est récolté sous les noms de *poix de Bourgogne*,
de *poix-résine*, de *galipot*, de *térébenthine de Strasbourg*,
etc. On l'emploie comme gaudron; il entre dans la fabrication des vernis, produit la *colophane*, passe pour vulnéraire,
balsamique, diurétique et purgatif : les jeunes pousses de ces
deux arbres, connues en pharmacie sous le nom de *bourgeons
de sapin*, sont vantées dans les affections scorbutiques, les
maux de poitrine, etc.

CCLXVIII. MÉLÉZE.   *L A R I X.*

Larix. Tourn. — *Abietis sp*. Juss. Lam. — *Pini sp*. Linn.

CAR. Les mélezes different des pins et des sapins, par leurs
cotylédons simples et non lobés, par leurs cônes latéraux et
non terminaux, par leurs feuilles caduques, réunies en touffe
à leur naissance, puis solitaires après l'alongement des jeunes
pousses : ils se distinguent en particulier des pins par leurs chatous

mâles solitaires, et les écailles de leur cône minces et non
épaissies au sommet; des sapins, parce qu'à l'époque de la
fleuraison les écailles du chaton femelle se terminent par une
pointe due au prolongement de la nervure longitudinale.

Obs. Tandis que dans tous les arbres connus, les bourgeons
supérieurs de chaque branche sont les premiers qui se développent au printemps; dans le mélèze, au contraire, les bourgeons inférieurs sont les premiers à se développer. Cette ano-
malie tient probablement à ce que leur écorce étant dépourvue
de pores corticaux sur les jeunes pousses, et ne pouvant par
conséquent absorber l'humidité de l'atmosphère, les bourgeons
doivent se développer, selon le cours de la sève, de bas en
haut; tandis que dans les arbres dont la jeune écorce, munie
de pores, absorbe l'humidité de l'air, la première nourriture
et le premier développement vont de haut en bas.

2064. Mélèze d'Europe. *Larix Europœa.*

Abies larix. Lam. Illustr. t. 785. f. 2. — *Pinus larix.* Linn.
spec. 1420. — *Larix Europœa.* Hort. Paris. — Tourn. Inst.
t. 37. — Blakw. t. 457.

Le mélèze est un arbre droit, haut de 15-20 mètres et plus,
à rameaux courts, à bois rouge et compact; seul de tous les
arbres conifères, il perd ses feuilles pendant l'hiver : celles-ci
sont linéaires, pointues, molles, d'un verd clair; elles sortent
des bourgeons écailleux en faisceaux très-fournis, et semblent
par là se rapprocher du feuillage des pins; mais bientôt le jeune
rameau s'alonge, et les feuilles paroissent solitaires, disposées en
double spirale. Les fleurs mâles naissent de bourgeons dépourvus
de feuilles, et les fleurs femelles sortent de bourgeons qui portent en même temps des feuilles : les premières forment un
chaton ovoïde et jaunâtre; les secondes sont disposées en un
cône ovoïde, d'un beau rouge à l'époque de la fleuraison, composé d'écailles obtuses, et dont la nervure se prolonge en
pointe acérée et caduque. ♃. Cet arbre croît dans les Hautes-
Alpes, auprès des glaciers, et ordinairement au-dessus de la
région des autres arbres. Son bois rouge et presque incorruptible, est employé pour construire des vaisseaux et pour fabriquer des canaux et des digues : il en découle une térébenthine
plus âcre que celle du sapin. On en voit suinter, de temps en
temps, des gouttelettes d'une espèce de manne, connue sous
le nom de *manne de Briançon.*

                    FAMILLE

CCLXIX. GÉNEVRIER.   *JUNIPERUS.*

Juniperus. Linn. — *Juniperus et Cedrus.* Tourn.

Car. Les fleurs sont dioïques ou rarement monoïques ; les mâles sont disposées en petits chatons ovoïdes, munies d'é-cailles verticillées, pédicellées en bouclier, et de quatre à huit anthères à une loge ; les femelles sont des chatons globuleux, formées de trois écailles concaves, rapprochées ; à la base de chacune d'elles est un ovaire dont le stigmate est béant : le fruit est composé de trois cariopses osseux, monospermes, enveloppés par les écailles qui sont soudées et charnues, et semblent former une véritable baie.

Obs. Les génevriers exhalent une odeur résineuse souvent agréable.

2065. Génevrier commun.   *Juniperus communis.*

Juniperus communis. Linn. spec. 1470. Lam. Dict. 2. p. 625.
α. *Frutex.* — Duh. Arb. 1. p. 321. t. 127.
β. *Arbor.* — C. B. Pin. 488.
γ. *Alpina.* — J. B. Hist. 1. p. 301. Ic. p. 302.

Cet arbrisseau reste ordinairement en buisson, ou s'élève quelquefois en arbre comme dans la variété β ; sa tige est branchue, tortue ou difforme ; son écorce est d'un brun rou-geâtre ; ses feuilles sont étroites, aiguës, roides, piquantes, concaves d'un côté, et souvent un peu glauques à leur base ; les individus femelles produisent de petites baies sphériques, vertes d'abord, mais qui acquièrent une couleur noirâtre en mûrissant. Cet arbrisseau croît sur les collines sèches et arides. ♄. Ses fruits sont stomachiques odorans ; son bois est sudori-fique et diurétique.

2066. Génevrier oxycèdre.   *Juniperus oxycedrus.*

Juniperus oxycedrus. Linn. spec. 1470. Lam. Dict. 2. p. 625. —
Duh. Arb. 1. t. 128. — Lob. Ic. 2. p. 223. f. 2.

Ce génevrier, connu sous le nom de *cade*, ressemble beau-coup au précédent, mais il est ordinairement plus grand ; ses feuilles sont plus longues, marquées en dessus de deux raies glauques qui sont plus distinctes et ne se confondent pas en une seule ; ses fruits sont, à leur maturité, gros comme les baies du groseillier épineux, marqués au sommet de trois raies diver-gentes ; la couleur de ces fruits est roussâtre, et ils sont cou-verts d'une poussière glauque. Il croît dans les provinces méri-

dionales; son bois distillé donne l'*huile de cade*, que les maré-
chaux emploient pour les ulcères des chevaux. ♄.

2067. Génevrier sabine.   *Juniperus sabina.*

Juniperus sabina. Linn. spec. 1472. Lam. Dict. 2. p. 628. Bull.
  Herb. t. 139.
β. *Foliis longioribus semipatulis.* Duh. Arb. 2. p. 242. t. 62.

Arbrisseau de 7-10 centim., très-branchu, et dont l'écorce
est un peu rougeâtre ; ses feuilles sont beaucoup plus petites que
celles des deux précédens ; elles sont tout-à-fait appliquées sur
les rameaux, ce qui les fait paroître embriquées, mais celles
de l'extrémité des rameaux supérieurs sont un peu lâches, sur-
tout dans la variété β qui les a plus longues : les baies sont
petites et bleuâtres. Il croît dans les provinces méridionales. ♄.
Son odeur est forte et pénétrante : ses feuilles sont un puissant
et un dangereux emménagogue ; elles sont aussi diurétiques,
vermifuges, anti-septiques et détersives. La variété α porte le
nom impropre de *sabine mâle* ; la variété β, qui a reçu ceux
de *sabine commune*, *sabine femelle*, *sabine stérile*, fructifie
très-rarement et doit peut-être être regardée comme une
espèce distincte.

2068. Génevrier de Phœnicie. *Juniperus Phœnicea.*

Juniperus Phœnicea. Linn. spec. 1471. Lam. Dict. 2. p. 628. —
  Duh. Arb. t. 52.
β. *Juniperus lycia.* Linn. spec. 1471. —Lob. Ic. 2. p. 221.

Arbrisseau dont la tige est branchue et tortueuse, l'écorce
rude et roussâtre, et les feuilles extrêmement petites, ovales,
convexes, obtuses, appliquées sur les rameaux, presque embriquées ; les baies sont sphériques et d'un jaune rougeâtre :
celles de la variété β sont un peu plus grosses. Il croît dans les
provinces méridionales. ♄.

CCLXX. IF.   *TAXUS.*

Taxus. Tourn. Linn. Juss. Lam.

C𝐀𝐑. Les fleurs sont dioïques ou monoïques, entourées de
plusieurs écailles rousses qui sont celles du bourgeon et tiennent
lieu de périgone ; les mâles ont huit ou dix étamines, dont les
filets sont réunis en cylindre, et dont les anthères sont en bouclier, orbiculaires, à six ou huit loges qui s'ouvrent en dessous ;
les femelles ont un ovaire dont le stigmate est concave, et qui,

par le renflement du réceptacle, se change en un drupe charnu ouvert au sommet; le noyau renferme une seule graine.

2069. If commun.   *Taxus baccata.*

Taxus baccata. Linn. spec. 1472. Lam. Dict. 3. p. 228. —
Duh. Arb. 2. p. 302. t. 86. — Cam. Epit. 840. Ic.

L'if est un arbre de 10-20 mètres, dont l'écorce est raboteuse, et dont le feuillage est d'un verd presque noir, à l'exception des jeunes pousses; les feuilles sont persistantes, linéaires, pointues, disposées en ordre quinconce, déjetées de
côté et d'autre, de manière à donner au rameau un aspect ailé;
les fleurs sont axillaires, sessiles, peu apparentes; le fruit est
ovale, rouge, perforé au sommet de manière à laisser voir le
noyau. ♄. Cet arbre est assez commun dans les montagnes de
la Savoie et du Piémont (All.); au bois de la Sainte-Beaume en
Provence (Ger.); dans le Jura près du Doubs (Hall.) : on le
cultive dans les jardins symmétriques, à cause de la facilité avec
laquelle il supporte le ciseau; lorsqu'on ne le taille pas, il peut
décorer les bosquets; son ombre est fatale aux autres plantes;
son fruit passe pour vénéneux (*Voy.* Vill. Dauph. 4. p. 815.);
son bois est rouge, compact, presque incorruptible. Cet arbre
aime les lieux froids et ombragés.

CCLXXI. ÉPHÈDRA.   *EPHEDRA.*

Ephedra. Tourn. Linn. Juss. Lam.

CAR. Les fleurs sont dioïques, disposées en chaton court; les
mâles ont un périgone à deux lobes, six à huit étamines dont
les filamens sont réunis en une colonne saillante, et dont les
anthères disposées en couronne oblique, sont à une loge et
s'ouvrent en dehors; les femelles sont composées de quatre à
cinq écailles persistantes, concaves, tronquées, qui se recouvrent les unes les autres, deviennent charnues après la fleuraison, et constituent enfin une baie ovale; les ovaires sont au
nombre de deux, portent chacun un style et un stigmate, et se
changent en deux graines planes d'un côté et convexes de l'autre.

OBS. Ce genre ressemble aux prêles par son port, ses articles
munis de gaines et ses filamens réunis en colonne; mais il en
diffère par la structure interne des fleurs, et parce qu'il est di-
cotylédone.

2070. Ephédra double-épi. *Ephedra distachya.*

Ephedra distachya. Linn. spec. 1472. Lam. Illustr. t. 830. f. 1.
— Barr. Ic. 731.

Cette plante, connue sous le nom de *raisin de mer*, est un arbrisseau d'un mètre au plus de hauteur, dont les rameaux nombreux, grèles, cylindriques, verds, articulés, opposés ou verticillés, ressemblent à des feuilles; à chaque articulation se trouve une gaîne très-petite, membraneuse, à deux dents qui semblent être les rudimens des feuilles avortées; c'est de l'aisselle de ces gaînes que sortent les fleurs : les pédoncules sont opposés et chargés de deux chatons dans les mâles; les chatons femelles sont sessiles, ordinairement géminés. Cette plante croît dans les lieux sablonneux et maritimes des provinces méridionales, depuis Nice à la Rochelle, et jusques en Bretagne. ♄.

VINGT-CINQUIÈME FAMILLE.

AMENTACÉES. *AMENTACEÆ.*

Amentaceæ. Juss. — *Juliferæ.* Lam. — *Castanearum gen.* Adans. — *Amentaceæ pleræq.* Linn.

Les amentacées ou les julifères, sont des arbres dont le suc propre n'est point résineux, et dont les feuilles tombent tous les hivers et ne renaissent ordinairement qu'après la fleuraison; leur écorce est remarquable par son épaisseur, sa rugosité et la quantité de tannin ou de principe astringent qu'elle renferme; leurs feuilles sont alternes, planes, ordinairement pétiolées, toujours traversées par une nervure longitudinale et munies à leur naissance de deux stipules axillaires, caduques ou persistantes.

Les fleurs des amentacées sont dioïques, monoïques ou quelquefois hermaphrodites; les mâles sont disposées en un chaton composé tantôt seulement d'écailles qui portent les étamines, tantôt de périgones monophylles qui portent les écailles et les étamines; celles-ci sont en nombre fixe ou variable, presque jamais réunies ensemble, chargées d'anthères à deux loges : les fleurs femelles sont ou solitaires, ou en faisceau, ou en chatons, munies tantôt simplement d'une écaille, tantôt d'un vrai périgone;

l'ovaire est libre, presque toujours simple ou multiple, ordinairement chargé de plusieurs stigmates : à cette fleur succèdent des péricarpes osseux ou membraneux, à une ou plusieurs loges, à une ou plusieurs graines, et en nombre égal à celui des ovaires ; la graine ne renferme point de périsperme; son embryon est droit, ordinairement plane ; la radicule est presque toujours supérieure.

* *Fleurs dioïques.*

CCLXXII. SAULE.   *S A L I X.*

Salix. Tourn. Linn. Juss. Lam. Hoffm.

CAR. Les fleurs sont dioïques ou très-rarement monoïques, disposées en chatons ovoïdes ou cylindriques, composés d'écailles entières, uniflores, embriquées; à la base de ces écailles se trouve un corpuscule glanduleux, simple ou bifurqué, qui entoure les organes générateurs; dans les mâles on trouve une à cinq étamines (ordinairement deux); dans les femelles l'ovaire est simple, chargé d'un style bifurqué, à deux ou quatre stigmates : la capsule est à une loge, à deux valves, à plusieurs graines garnies d'aigrette ; la radicule est inférieure.

OBS. Les saules sont des plantes ligneuses et vivaces, dont la grandeur varie depuis 5 centim. à 10 mètres, qui toutes reprennent facilement de boutures et ont des feuilles entières ou légèrement dentelées; les chatons sont terminaux ou latéraux, et naissent avant, après ou avec les feuilles; les bourgeons floraux sont composés d'une grande écaille coriace et concave : les feuilles des saules, ainsi que celles de toutes les amentacées, sont accompagnées à leur naissance de deux stipules axillaires, foliacées, qui tombent quelquefois très-promptement, et alors on dit les feuilles nues, et dans d'autres espèces persistent plus ou moins long-temps, et alors les feuilles sont dites *oreillées* ou *appendiculées.* Le genre des saules est l'un des plus mal connus, parce qu'il réunit toutes les difficultés que la distinction des plantes peut présenter : 1°. ses espèces sont des arbres, ensorte qu'on ne peut les juger qu'imparfaitement d'après les figures ou les herbiers; 2°. ces arbres sont dioïques, de sorte que la connoissance d'un seul individu ne complette pas celle de l'espèce; 3°. les fleurs naissent souvent à des époques différentes des feuilles ; 4°. les feuilles offrent peu de variétés dans leur forme et leur division ; 5°. les graines sont le plus souvent infécondes, ensorte que la germination ne peut servir à fixer les espèces ; 6°. ces arbres naissent facilement de bouture, cause fréquente de variétés ; 7°. la culture dans les jardins change entièrement leur port. D'après ces motifs et plusieurs autres que j'omets , on doit engager les botanistes à étudier de nouveau ce genre difficile et important. Je me suis sur-tout attaché , dans la description des espèces , aux caractères qu'offrent les chatons femelles , comme étant sujets à moins de variations que toutes les autres parties.

§. Ier. *Capsules glabres.*

2071. Saule blanc.   *Salix alba.*

Salix alba. Linn. spec. 1449. Lam. Fl. fr. 2. p. 231. Hoffm.
Sal. n. 6. p. 41. t. 7. f. 1. t. 8. f. 2. et t. 24. f. 3.
β. *Amentis monoicis.*

Cet arbre , dans son état naturel , s'élève jusqu'à 10 mètres et se divise en rameaux nombreux et élancés ; lorsqu'on le taille il forme une souche épaisse souvent creusée à l'intérieur et couronnée par quinze ou vingt branches longues et comme disposées en ombelle ; l'écorce est grise , gercée , un peu rude ; celle des rameaux est lisse , verdâtre : les feuilles sont lancéolées , alongées , dentées en scie sur les bords , glabres en dessus , couvertes en dessous , sur-tout dans les pieds mâles , de poils soyeux et couchés ; les chatons naissent un peu après les feuilles ; leur axe porte à sa base quatre à cinq petites feuilles entières ; cet axe est cotonneux , sur-tout dans les mâles , long de sept à huit centim. : les fleurs des deux sexes naissent d'ordinaire sur des chatons distincts : dans la variété β les mêmes chatons portent à leur base des fleurs femelles , et à leur sommet des fleurs mâles ; les mâles ont deux étamines et une écaille velue ; les femelles ont l'écaille velue , la capsule glabre , ovale-oblongue , portée sur un court pédicelle , un peu ventrue à sa base , terminée par quatre stigmates courts. Le saule blanc est commun dans les bois , au bord des routes et près des villages ; il est cultivé soit comme bois de chauffage , soit sur-tout pour employer ses branches longues et flexibles à faire des cercles de tonneaux , etc. Son écorce est astringente et fébrifuge comme celle de la plupart des espèces de ce genre.

2072. Saule jaune.   *Salix vitellina.*

Salix vitellina. Linn. spec. 1442. Lam. Fl. fr. 2. p. 227. Hoffm.
Sal. n. 8. p. 57. t. 11. f. 1. t. 12. f. 2. 3. et t. 24. f. 1.
β. *Salix hippophæfolia.* Thuil. Fl. par. II. 1. p. 514.

Cette espèce de saule , connue sous les noms d'*ozier* , d'*ozier*

jaune, de *bois jaune* et d'*amarinier*, est remarquable par la
belle couleur jaune de ses jeunes branches, des pétioles et des
nervures de ses feuilles, et même des écailles de ses chatons.
on la voit rarement fleurir, parce qu'on coupe chaque année
ses branches, et qu'on l'empêche de grandir; elle ressemble
beaucoup au saule blanc; mais indépendamment de sa couleur
et de son port, elle semble en différer, parce que les feuilles
ont des dentelures moins nombreuses, un peu cartilagineuses,
et parce que celles qui naissent à la base des chatons sont plus
grandes dans les chatons femelles que dans les mâles : ce qui,
comme l'observe Hoffmann, est l'inverse du saule blanc. Cet
arbrisseau croît de préférence dans les terreins humides et dans
les fossés; on le cultive, parce que ses branches souples et
menues sont propres à faire des liens, des paniers, etc.

2073. Saule drapé.   *Salix incana.*

Salix incana. Schrank. ex Hop. Herb. Viv. cent. 4. Hoffm.
Germ. 4. p. 265. — *Salix oleæfolia.* Vill. Dauph. 4. p. 784.
t. 51. f. 28? — *Salix eleagnos.* Scop. Carn. n. 1210?
β. *Foliis angustissimis.* — *Salix lavenduæfolia.* Lapeyr. ex
Herb. Lamarck.

Ce saule est un arbrisseau de 2-3 mètres au plus, dont l'écorce
est d'un verd brun, lisse ou légèrement ponctuée, ordinairement
glabre, quelquefois légèrement cotonneuse à l'extrémité des
jeunes branches stériles; les feuilles sont très-longues, presque
linéaires, pointues, assez fermes, glabres et d'un verd foncé
en dessus, chargées en dessous d'un duvet blanc et cotonneux,
à peine denticulées sur les bords qui sont légèrement roulés en
dessous : les fleurs naissent avant les feuilles, et sont disposées
en chatons cylindriques de 3-4 centim. de longueur; l'axe est
pubescent, chargé de fleurs presque dès son origine, où il
porte trois ou quatre petites feuilles pubescentes : les fleurs
mâles ont une étamine dont le filet se bifurque au milieu, et
porte deux anthères ou plutôt deux étamines soudées jusqu'au
milieu; les femelles ont une capsule glabre, d'abord verte,
puis jaunâtre, alongée, pédicellée; les écailles florales sont
glabres, arrondies, obtuses, jaunes dans les mâles, brunes dans
les femelles. Cette belle espèce croît le long des eaux, sur les
graviers des rivières. Je la décris d'après des échantillons originaires de l'Allemagne, et communiqués par M. Hoppe; mais
j'en ai vu des échantillons recueillis en Provence par M. Clarion:

la description de Villars me fait penser que son *salix oleo-folia*, originaire du Dauphiné, est le même que celui de Schrank. La variété β est originaire des Pyrénées, où elle a été découverte par MM. Gilet-Laumont et Picot Lapeyrouse : elle se distingue par ses feuilles extrêmement étroites ; mais elle a d'ailleurs tous les caractères décrits plus haut. Ce saule a été souvent confondu avec le *salix rosmarinifolia* Lin., dont il diffère par sa stature plus élevée, par ses feuilles pétiolées, ses chatons garnis de feuilles florales à leur base, ses filamens bifurqués, etc.

2074. Saule à trois étamines.   *Salix triandra.*

Salix triandra. Linn. spec. 1442. Lam. Fl. fr. 2. p. 225. Hoffm. Sal. n. 7. p. 45. t. 9. f. 1. 2. t. 10. f. 3. 4. et t. 23. f. 2. b-d.

Arbrisseau qui surpasse la hauteur d'un homme, dont l'écorce est glabre, d'un verd gris ou jaunâtre, quelquefois tachetée sur les jeunes branches. Les feuilles sont ovales-lancéolées, pointues, glabres, dentées en scie, marquées de veines disposées en réseau, portées sur un court pétiole à la base duquel sont deux stipules arrondies, dentelées et persistantes ; les chatons paroissent après les feuilles, portent trois à cinq feuilles à leur base, et ne dépassent pas 4 centim. de longueur : les mâles ont des fleurs à trois étamines, et l'axe cotonneux ; dans les femelles, l'axe est pubescent, les écailles légèrement velues, les capsules glabres, pédicellées, assez semblables à celles du saule blanc : on observe à la base des jeunes pousses florales, une touffe de poils blancs qui manque dans le saule blanc et dans le saule jaune. Cette espèce croît au bord des fleuves, dans les lieux sablonneux, en Dauphiné (Vil.) ; en Alsace (Mapp.) ; sur la rive gauche du Rhin (Poll.) ; en Belgique (Neck.)

2075. Saule amandier.   *Salix amygdalina.*

Salix amygdalina. Linn. spec. 443. Lam. Fl. fr. 2. p. 225. Vill. Dauph. 4. p. 763.

Cet arbre est médiocre et beaucoup moins élevé que le précédent : ses rameaux sont très-flexibles et revêtus d'une écorce noirâtre ou purpurine ; ses feuilles sont longues, lancéolées, dentées et très-glabres, et celles de l'extrémité des rameaux sont garnies de stipules embrassantes, dentées et en forme de trapèze. Il croît dans les lieux humides ; sa fructification ne m'est pas connue ; d'après Smith, il paroît qu'elle ne diffère presque pas de celle du saule à trois étamines ; Hoffmann paroît même disposé à réunir ces deux espèces. ♄

2076. Saule du levant.   *Salix babylonica.*

Salix babylonica. Linn. spec. 1441.

Cet arbre est très-facile à reconnoître à ses rameaux longs,
grèles, flexibles et pendans, qui lui ont fait donner le nom de
saule pleureur. Ses feuilles sont glabres, linéaires, lancéolées,
très-finement dentelées, presque entières : les chatons naissent
peu après les feuilles, et sont grèles, cylindriques; leur axe est
velu; les bractées et les capsules sont glabres. Il est originaire
du Levant; on le cultive dans les bosquets, au bord des eaux,
et dans les sols humides. Il croît promptement, et s'élève de 6-10
mètres de hauteur.

2077. Saule phylica.   *Salix phylicifolia.*

Salix phylicifolia. Linn. spec. 1442. Fl. lapp. 351. t. 8. f. D.
non Vill. Thuil.

Arbrisseau dont l'écorce est unie, brune et glabre; ses feuilles
sont pétiolées, ovales-lancéolées, fermes, absolument glabres,
d'un glauque blanchâtre en dessous, d'un verd assez foncé en
dessus, marquées de dentelures en scie, écartées, obtuses et
un peu ondulées; les chatons naissent peu après les feuilles : ils
sont cylindriques, longs de 3-5 centim., composés d'un axe
pubescent sur-tout vers sa base, garni de trois à cinq folioles
oblongues, crénelées, légèrement ciliées et presque sessiles;
les écailles sont brunes, obtuses, garnies de cils blancs rares
dans les chatons mâles, assez nombreux dans les femelles; les
étamines sont au nombre de deux (quelquefois trois ou quatre,
Lin.), dans chaque fleur mâle, et ont les filamens jaunes de
8-10 millim. de longueur; les ovaires sont entièrement glabres,
d'un verd foncé, lancéolés, deux fois plus longs que les écailles
à l'époque de la fleuraison, et se changent en capsules pédicellées
peu serrées et brunâtres. Je décris ce saule d'après des échantillons recueillis dans les Alpes de Saltzbourg et de Carinthie,
et je l'indique d'après Allioni, qui le dit indigène des Alpes du
Piémont près Fenestrelle. L'espèce indiquée sous le même nom
par Villars et Thuillier, diffère du vrai saule phylica, par ses
feuilles et ses capsules velues : au reste, ni l'une ni l'autre ne
ressemblent aux phylica. ♄.

2078. Saule daphné.   *Salix daphnoides.*

Salix daphnoides. Vill. Dauph. 4. p. 765. t. 50. f. 7. Sut. Fl.
helv. 2. p. 281. ex Schleich. cent. n. 96. — *Salix cinerea.*
Linn. spec. 1449? ex Smith. Fl. brit. 3. p. 1063.

L'écorce de ses rameaux est glabre, brune, souvent couverte

inégalement d'une fine poussière glauque ou cendrée ; les feuilles, qui ne naissent qu'après les fleurs, sont grandes, oblongues-lancéolées, pointues, fermes, luisantes en dessus, pâles ou glauques en dessous, bordées de dentelures en scie un peu calleuses, pétiolées et munies à leur base de deux stipules obliques, dentelées et caduques : les chatons sont courts, ovales-cylindriques, serrés, épais, sessiles, munis à leur base de quelques écailles demi-foliacées ; les écailles des fleurs sont brunes, couvertes de poils nombreux qui dépassent en longueur les étamines et les pistils ; les étamines sont au nombre de deux, et ont des anthères jaunes : les ovaires et les capsules sont glabres, alongés ; le stigmate est épais, à peine divisé en deux lobes. Ce saule croît dans le Champsaur, le Devoluy, le Valgaudemar, où il est nommé *saule noir* (Vill.) ; dans le bas Valais (Schl.). On le cultive dans quelques pépinières, sous le nom de *saule à bois glauque*. Ses jeunes pousses et ses feuilles sont, à leur naissance, revêtues d'un duvet qui tombe très-promptement. ♃.

2079. Saule à cinq étamines. *Salix pentandra.*

Salix pentandra. Linn. spec. 1442. Fl. lapp. 370. t. 8. f. 3. Lam. Fl. fr. 2. p. 227. Vill. Dauph. 4. p. 764.—Gmel. Sib. 1. t. 34. f. 1.

Ce saule, ainsi que l'observe Villars, abonde en caractères distinctifs, tandis que les autres en manquent : c'est un grand arbrisseau, entièrement glabre et visqueux sur les feuilles et les jeunes pousses ; ses feuilles sont ovales, pointues, bordées de dentelures en scie, calleuses et assez rapprochées, presque toujours dépourvues de stipules ; les chatons naissent après les feuilles : ils sont cylindriques, longs de 4-5 centim., portés sur un long pédoncule qui est glabre, chargé de quelques folioles à sa base, et qui devient velu lorsqu'il forme l'axe de l'épi ; les écailles sont ovales, brunes, velues à leur base : dans les chatons mâles, chacune d'elles porte cinq à sept étamines ; dans les femelles, les capsules sont glabres, un peu visqueuses, ovales à leur base, terminées en un bec alongé et comprimé. Il croît le long des ruisseaux, dans les montagnes des Alpes, des Pyrénées, de l'Auvergne, etc.

2080. Saule fragile.   *Salix fragilis.*

Salix decipiens. Hoffm. Sal. n. 15. p. 9. t. 31. — *Salix fragilis.*
Vill. Dauph. 4. p. 761. Wood. Med. Bot. 3. t. 198. — *Salix*
fragilis, var. Linn. spec. 1443.

Ce petit arbre ressemble assez au saule à cinq étamines,
mais ses feuilles et ses jeunes pousses n'ont aucune viscosité;
ses rameaux sont nombreux, assez étalés, fragiles à leur articulation; ses feuilles sont oblongues-lancéolées, dentelées en
scie, glabres à l'exception de quelques poils qu'elles portent à
leur naissance, d'un verd à-peu-près égal sur les deux surfaces:
les inférieures de chaque pousse sont plus petites et plus obtuses. Les fleurs naissent après les feuilles, en chatons cylindriques, longs de 5-7 centim.; le pédoncule est glabre ou
pubescent, égal à la longueur du chaton, et porte trois à cinq
feuilles, dont la supérieure est presque deux fois plus longue que
les autres; l'axe du chaton est velu; les écailles sont oblongues,
glabres ou pubescentes; les étamines sont au nombre de deux,
ou rarement trois; les capsules sont alongées, pédicellées, absolument glabres. Ce saule croît au bord des fleuves et des ruisseaux, aux environs de Paris; d'Abbeville; dans le Jura; les
Alpes du Dauphiné, etc.

2081. Saule en herbe.   *Salix herbacea.*

Salix herbacea. Linn. Fl. lapp. t. 7. f. 3. 4. et t. 8. f. H. Hoffm.
Sal. n. 12. p. 74. t. 20. f. 1-4. — *Salix retusa,* β. Lam. Fl. fr.
2. p. 229.

Ce sous-arbrisseau est le plus petit de toutes les plantes ligneuses, si l'on ne considère que la portion visible hors de
terre; mais la partie la plus considérable est souvent cachée
sous le sol: une souche souterraine, ligneuse, longue de 1-2
décim., et peut-être davantage, couverte d'une écorce brune,
émet des rameaux grèles, nombreux, qui tendent tous à s'é-
lever à la surface du sol; chacun d'eux ne laisse sortir de terre
que la jeune pousse de l'année: celle-ci porte deux feuilles
glabres, arrondies, dentelées, et semble être la plante toute
entière. Dans les lieux pierreux et où le sol ne s'élève pas
chaque année, la souche primitive rampe à la surface du sol,
et pousse des rameaux courts et tortueux; d'entre les deux
feuilles qui terminent chaque rameau, on voit sortir un petit
chaton de trois à huit fleurs; les écailles sont légèrement pubescentes dans les mâles, et glabres dans les femelles; les capsules sont grandes, ovoïdes, pointues, souvent rougeâtres,
                                                          absolument

absolument glabres. Cette plante croît sur les Hautes-Alpes , et se plaît sur-tout dans les pelouses les plus élevées ; elle peut servir à mesurer l'exhaussement local , produit par le terreau que forment les débris des végétaux. ♄.

2082. Saule émoussé.   *Salix retusa.*

Salix retusa. Linn. spec. 1445. Vill. Dauph. 4. p. 772. — *Salix serpillifolia.* Scop. Carn. n. 1207. t. 61. — *Salix retusa , α.* Lam. Fl. fr. 2. p. 229.

Ce saule a une souche épaisse , ligneuse , tortue , rampante , tantôt divisée en jets courts et rapprochés , tantôt alongée en jets couchés , garnie d'une écorce rougeâtre ou brune , toujours glabre ; ses feuilles sont absolument glabres , entières sur les bords , marquées de veines qui s'écartent de la nervure du milieu sous un angle très-aigu , ordinairement obtuses et comme tronquées , quelquefois échancrées au sommet , quelquefois pointues : le même individu réunit par fois ces trois formes de feuilles. Les chatons sont nombreux , naissent après les feuilles , et renferment de six à douze fleurs ; les écailles des mâles sont ciliées , celles des femelles absolument glabres , ainsi que la capsule , laquelle est plus petite que dans le saule en herbe. ♄. Il croît dans les montagnes des Alpes , du Jura , des Pyrénées , de l'Auvergne , etc. On le trouve quelquefois mêlé avec le saule en herbe ; mais il descend plus bas que lui dans les vallées.

§. II. *Capsules velues.*

2083. Saule réticulé.   *Salix reticulata.*

Salix reticulata. Linn. spec. 1446. Hoffm. Sal. n. 13. t. 25. 26. et 27. — Linn. Fl. lapp. t. 7. f. 1. 2. t. 8. f. 1.
β. *Foliis utrinque lanatis.*

Cette espèce ressemble un peu , par son port , au saule émoussé : une souche ligneuse , épaisse , brune , tortueuse , rampe à la surface du sol , et pousse des rameaux courts et rabougris ; les feuilles sont placées à l'extrémité des branches , portées sur des pétioles longs et rougeâtres , ovales-arrondies , obtuses ou même échancrées au sommet , d'une consistance coriace , glabres et d'un verd foncé en dessus ; leur surface inférieure porte à sa naissance un duvet long et soyeux qui tombe bientôt , et alors cette surface est glabre , blanche et marquée de nervures en réseau. Dans la variété β , que j'ai observée dans les Alpes , à l'Allée-blanche , le duvet couvre les deux surfaces de la feuille ,

Tome III.   T

et persiste après la fleuraison ; les chatons sont grêles, cylindriques, terminaux, et naissent après les feuilles ; les écailles
sont brunes, arrondies, un peu velues : dans les mâles, on
compte deux étamines, d'abord droites, puis étalées et presque
pendantes ; dans les femelles, l'ovaire est ovale, chargé d'un
duvet soyeux qui tombe en partie, en sorte qu'à la maturité
complette, la capsule est brune pubescente. Ce saule croît dans
les Hautes-Alpes de la Provence, du Dauphiné, du Piémont
et de la Savoie. ♃.

2084. Saule marceau. *Salix capræa.*

Salix capræa. Linn. spec. 1448. Hoffm. Sal. p. 25. n. 3. t. 3.
f. 1. 2. et t. 21. f. a. b. c. Lam. Fl. fr. 2. p. 241.
β. *Salix sphacelata.* Smith. Fl. brit. 3. p. 1066. — Hoffm. Sal.
t. 5. f. 4. et t. 21. f. d.

Le marceau est un arbuste de 2-6 mètres de hauteur, dont
le tronc est cendré, légèrement fendillé, et dont les rameaux
sont alongés, nombreux, d'un verd jaunâtre ou cendré ; ses
feuilles, qui naissent après les fleurs, sont arrondies ou ovales,
remarquables par leur épaisseur et leurs nervures qui forment
un réseau saillant à la surface inférieure ; elles sont pétiolées,
un peu pointues, pubescentes, sur-tout en dessous, crénelées
ou plutôt ondulées sur les bords, et les supérieures seules conservent des stipules : les chatons mâles sont ovoïdes, épais,
longs de 5-6 centim., portés sur un court pédicelle garni d'é-
cailles arides et soyeuses ; les écailles des fleurs sont oblongues,
élargies au sommet, garnies de soies touffues, et protégent
deux étamines distinctes ; les chatons femelles sont oblongs,
portés sur un pédicelle un peu plus long et garni de quelques
folioles soyeuses : la capsule est pubescente, pédicellée, lancéolée, un peu ventrue à la base ; la variété β qui est probablement une espèce distincte, a les feuilles entières non ondulées,
les chatons plus alongés et les capsules non ventrues à la base :
l'une et l'autre offrent une sous-variété à feuilles panachées. Cet
arbrisseau croît sur les collines sèches ; ses fleurs mâles sont
recherchées par les abeilles, et exhalent une odeur agréable aux
approches de la pluie ; ses jeunes branches servent à faire des
paniers ; son écorce est employée par les tanneurs, en Suède.

2085. Saule à oreillettes.   *Salix aurita.*

Salix aurita. Linn. spec. 1446. Hoffm. Sal. p. 3o. n. 4. t. 4. f. 1.
2. t. 5. f. 3. et t. 22. f. 1. — *Salix ulmifolia.* Vill. Dauph. 4.
p. 776.

Le saule à oreillettes ressemble au marceau par la consistance
de ses feuilles et ses chatons ovoïdes et serrés; mais il en diffère
parce qu'il forme un arbuste plus bas et plus étalé, que les feuilles
sont munies à leur base de stipules persistantes, que les filets
de ses étamines sont plus longs et réunis à leur base, que les
écailles des chatons sont lancéolées, garnies de poils qui ne dépassent pas leur longueur, qu'enfin la capsule est ovale-oblongue.
Il croît dans les mêmes lieux que le marceau, et se trouve souvent mêlangé avec lui. ♃.

2086. Saule pointu.   *Salix acuminata.*

Salix acuminata. Mill. Dict. n. 14. Hoffm. Sal. t. 6. f. 1. 2. t.
22. f. 2.
β. *Foliis variegatis.*

Il ressemble au saule marceau par la consistance de ses feuilles
et ses chatons ovoïdes et serrés, et s'élève de même à la hauteur d'un petit arbre; mais on le distingue à ses feuilles alongées, ovales-lancéolées, dont les supérieures sont entières et
les inférieures crénelées, à ses capsules portées sur un pédicelle
aussi long que l'écaille. Il diffère du saule à oreillettes, par ses
étamines distinctes et les écailles de ses chatons femelles, ovales,
chargées de poils plus courts qu'elles-mêmes. Cette espèce, intermédiaire entre les deux précédentes, croît dans les mêmes
terreins. ♃.

2087. Saule de Suisse.   *Salix Helvetica.*

Salix Helvetica. Vill. Dauph. 4. p. 783. — *Salix arenaria.*
Gou. Illustr. 78. Sut. Fl. helv. 2. p. 285. — Hall. Helv. n. 1642.
t. 14. f. 2.

Ce saule forme un arbrisseau peu étalé, haut de 6-8 décimètres, dont l'écorce est unie, d'un verd rougeâtre, pubescente sur les jeunes pousses; ses feuilles sont oblongues, lancéolées, pointues, entières, un peu coriaces, couvertes à leur
naissance d'un duvet blanc très-abondant; bientôt la surface
supérieure devient glabre et d'un verd foncé, tandis que l'inférieure reste velue, blanche et soyeuse; les chatons naissent
avec les feuilles, sont cylindriques, longs de 3-4 centim. et
plus grêles que dans le saule soyeux, portés sur un pédoncule

court très-velu, chargé de quelques feuilles plus développées dans les femelles ; les écailles sont noirâtres, abondamment velues ; les mâles ont deux étamines qui dépassent la longueur du duvet ; les femelles ont une capsule blanche, cotonneuse, lancéolée. Cet arbuste croît dans les Alpes entre la Savoie et le Valais ; au Col de Balme du côté de Trient, et sur le grand Saint-Bernard (Vill.), au-dessus de Bex (Schl.).

2088. Saule soyeux. *Salix sericea.*

Salix sericea. Vill. Dauph. 4. p. 782. t. 51. f. 27. Hoffm. Germ. 4. p. 264. — *Salix Lapponum.* Linn. spec. 1447 ? Gou. Illustr. 78. — *Salix lanata.* Delarb. Fl. auv. 172.

Arbrisseau couché de 5-6 décim. de hauteur, à écorce brune à la base, pubescente sur les branches et velue sur les jeunes pousses ; ses feuilles sont ovales oblongues, pointues, entières, un peu coriaces, garnies sur l'une et l'autre surface de poils soyeux, blancs, abondans, et qui ne tombent pas comme dans le saule de Suisse ; les chatons naissent un peu après les feuilles, sont cylindriques, épais, longs de 5 centim., portés sur un pédoncule velu aussi long que le chaton et chargé de quatre à cinq feuilles semblables à celles de la tige ; les écailles sont rousses, très-velues ; les étamines dépassent la longueur du duvet ; les capsules sont blanches, cotonneuses, oblongues, sessiles. Cette espèce de saule croît sur les rochers humides, aux Monts-d'Or ; dans les Alpes du Dauphiné au Lautaret, à Orcière au Mont-Vizo, en Queyras, etc. (Vill.). ♭

2089. Saule des Pyrénées. *Salix Pyrenaica.*

Salix Pyrenaica. Gou. Illustr. 77. — Camer. Epit. 108. Ic. — Clus. Hist. 1. p. 85. Ic.

Cette espèce est intermédiaire entre le saule arbrisseau et le saule cilié ; elle ne s'élève pas au-delà de 2-5 décim., et paroît former un très-petit arbrisseau un peu rampant, touffu et rameux ; ses feuilles sont ovoïdes, un peu rétrécies à leur base, presque obtuses, quelquefois lancéolées ou cunéiformes selon Gouan, pubescentes sur les deux surfaces dans leur jeunesse, puis glabres, légèrement glauques en dessous, entières sur les bords, d'une consistance mince et diaphane. Je n'ai point vu les fleurs mâles : les chatons femelles sont oblongs, se développent après les feuilles et sont portés sur un pédoncule très-long, pubescent, garni de cinq feuilles semblables à celles de la tige ; les écailles sont d'abord jaunes, puis brunes, garnies de quelques poils blancs ; la capsule est sessile, du moins dans sa jeunesse, couverte d'un duvet blanc et épais ; le style est très-long, divisé en deux stigmates grèles et bifurqués. Cette espèce croît abondamment dans les Pyrénées auprès des neiges, sur le Mont-Laurenti et dans la vallée d'Eynes (Gou.). ♄.

2090. Saule cilié.   *Salix ciliata.*

Salix Lapponum. Linn. spec. 1447. Fl. lapp. t. 8. f. T ? excl. syn. Hall.

Ce saule forme un petit arbrisseau d'un mètre environ de hauteur, rameux, tortu, à écorce brune ridée sur les vieux troncs, lisse sur les branches, pubescente sur les jeunes pousses ; les feuilles sont entières, lancéolées ou ovales-oblongues, pointues, hérissées dans leur jeunesse de poils blancs et épars qui tombent, à l'exception de ceux du bord de la feuille, glabres, ciliées et glauques en dessous dans un âge avancé ; les chatons naissent après les feuilles ; ils sont oblongs, portés sur un pédoncule plus long qu'eux, et garni de cinq feuilles semblables. à celles de la tige : les écailles sont d'un brun roux, presque glabres sur les deux faces, garnies sur les bords de longs cils blancs ; les étamines sont courtes et au nombre de deux sous chaque écaille ; les capsules sont portées sur un court pédicelle, lancéolées, d'un roux brun, hérissées de poils un peu laineux. et qui tombent en partie à la maturité. Cette espèce croît dans. les Pyrénées orientales. ♄.

2091. Saule nicheur.   *Salix incubacea.*

Salix incubacea. Linn. spec. 1447. Dalib. Par. 299. Lam. Fl. fr. 2. p. 233.

Ce saule ressemble extrêmement au saule des sables, mais on l'en distingue à cause de ses rameaux plus effilés, de son écorce plus jaunâtre, de ses chatons mâles plus longs, et surtout à cause de ses feuilles plus coriaces, entières, pubescentes en dessus et couvertes en dessous d'un duvet couché et soyeux qui les rendent blanches et luisantes. Cette espèce croît dans les prés humides à Saint-Léger près Paris, etc. ♄.

2092. Saule des sables.   *Salix arenaria.*

Salix arenaria. Linn. spec. 1447. excl. syn. Hall. Gort. Fl. belg. 263. non Gou.

L'espèce que je décris ici ressemble beaucoup au saule déprimé, mais elle s'élève davantage et forme un arbrisseau droit haut de 8-10 décim. ; les chatons, soit mâles soit femelles.

naissent avant les feuilles, sont presque entièrement sessiles, courts, ovales et munis à leur base de deux à trois bractées foliacées; les écailles sont brunes, obtuses, velues; dans les mâles chacune d'elles protège deux étamines glabres et de couleur jaune; dans les femelles les capsules sont serrées, presque sessiles, couvertes entièrement d'un coton blanc et soyeux: les feuilles sont éparses, oblongues ou ovales, très-velues à leur naissance, puis glabres en dessus, glauques et pubescentes en dessous, entières ou légèrement dentelées. Cette espèce croît abondamment dans les vallons humides des dunes de la Belgique et de la Hollande, où je l'ai trouvée en fleur au milieu du printemps; on la retrouve aux marais de Saint-Léger près Paris (Thuil.); sur le Mont-Vizo et le Queyras (Vill.)?

2093. Saule déprimé. *Salix depressa.*

Salix depressa. Hoffm. Sal. n. 10. p. 63. t. 15 et 16. — *Salix repens.* Vill. Dauph. 4. p. 763. t. 50. f. 10.

Cette espèce forme un petit arbrisseau couché, rameux, à écorce brune dans le bas, pubescente vers le sommet; les feuilles sont entières sur les bords, ovales-oblongues, glabres en dessus au moins à leur développement complet, recouvertes en dessous de poils blancs, soyeux, couchés et luisans; les chatons mâles naissent un peu avant les feuilles et ne portent à leur base que deux à trois écailles foliacées, peu développées; ils sont presque sessiles, ovales-oblongs; leurs écailles sont brunes, un peu velues et protègent deux étamines glabres à leur base; les chatons femelles naissent en même temps que les feuilles; ils sont portés sur un pédicelle pubescent long de 2 centim. et garni de trois à cinq feuilles semblables à celles de la tige : les capsules sont dès leur jeunesse portées sur un pédicelle de la longueur de l'écaille; elles sont un peu lâches, pubescentes sur-tout dans leur jeunesse, mais jamais cotonneuses comme celles des espèces voisines. Cette espèce fleurit au printemps et fructifie à l'entrée de l'été; on la trouve à Saint-Léger près le marais des Planets; dans les vallées des dunes de la Belgique; sur la montagne de Bayard près Gap (Vill.). ♄.

2094. Saule bleuâtre. *Salix cœsia.*

Salix cœsia. Vill. Dauph. 4. p. 768. t. 50. f. 11. Schl. Cent. cxs. n. 99.

Ce saule s'élève peu au-delà d'un mètre; sa tige est divisée

en rameaux courts et nombreux, revêtue d'une écorce lisse, glabre, d'un gris rougeâtre sur le tronc, verte sur les jeunes pousses ;
ses feuilles sont glabres, ovales-lancéolées, absolument entières,
d'un verd glauque ou bleuâtre en dessous ; les chatons naissent
après les feuilles ; ils sont petits, elliptiques, portés sur des pédicelles pubescens sur lesquels naissent quatre à cinq feuilles
étroites et quelquefois légèrement pubescentes. Je n'ai point vu
les fleurs mâles ; dans les femelles on observe des écailles ovales-
obtuses, jaunes et presque glabres : les capsules, avant leur maturité, sont trois fois plus longues que les écailles, elliptiques,
pointues, couvertes de poils couchés et soyeux. Cet arbrisseau
croît le long des ruisseaux dans les Alpes sur le Lautaret (Vill.) ;
au Mont-Enzeindaz (Schl.) : il ressemble beaucoup au saule
arbuste, dont il diffère par ses feuilles entières et glabres, son
écorce plus grise, ses écailles jaunâtres peu velues et sa tige plus
rameuse.

2095. Saule arbuste.   *Salix arbuscula.*

Salix arbuscula. Linn. spec. 1445. Fl. lapp. t. 8. f. E. Lam. Fl.
fr. 2. p. 222. non Vill. All.

Ce saule forme un très-petit arbrisseau peu rameux, à écorce
glabre, brune, un peu lisse, à feuilles ovales, très-légèrement
dentées en scie, glabres en dessus, garnies en dessous de quelques
poils couchés qui les font paroître glauques, remarquables par
leur consistance mince et demi-transparente ; les chatons naissent
peu après les feuilles et sont portés sur un pedoncule velu, garni
de quelques feuilles florales semblables à celles de la tige ; ces
chatons sont ovales ou oblongs, de 1-3 centim. de longueur :
les écailles sont brunes ou rousses, garnies de longs poils soyeux,
sur-tout dans les chatons mâles ; les étamines sont très-longues,
de couleur jaune et au nombre de deux sous chaque écaille ;
les capsules sont blanches, lancéolées, pointues, couvertes d'un
duvet couché, blanc et soyeux ; le style est long et se divise
vers le sommet en deux stigmates souvent eux-mêmes bifurqués. Je décris cette espèce d'après des échantillons recueillis
dans les Alpes de Saltzbourg, et je l'indique en France d'après
l'autorité de Gérard, qui dit l'avoir trouvée dans les vallées humides des Alpes provençales. La plante indiquée par Villars,
Allioni et Haller, ne peut appartenir à notre espèce, puisqu'elle
a des capsules glabres, tandis que l'espèce de Linné et la nôtre
a les capsules velues.

T 4

2096. Saule mirte.   *Salix myrsinites.*

Salix myrsinites. Linn. spec. 1445. Vill. Dauph. 4. p. 769. Sut.
Fl. helv. 2. p. 281. non Hoffm. — Hall. Helv. n. 1645.

Ce saule est un petit arbrisseau rameux qui ne dépasse guère
6–7 décim. de hauteur; Villars dit l'avoir vu atteindre la hauteur d'un homme : son écorce est roussâtre, pubescente sur les
jeunes pousses ; les feuilles sont ovales-oblongues, un peu pointues, glabres et marquées de nervures blanches et réticulaires,
dentées en scie sur les bords ; à leur naissance elles paroissent
presque entières et sont couvertes sur l'une et l'autre face de
poils soyeux et couchés : les chatons naissent en même temps
que les feuilles ; ils sont cylindriques, portés sur un pédoncule
velu aussi long que l'épi, garni de cinq à six petites feuilles
dentelées et égales entre elles : les bractées sont oblongues,
noirâtres, garnies de poils blancs qui atteignent presque la
longueur des organes générateurs : dans les chatons mâles (qui
dans mes échantillons sont de moitié plus courts que les femelles) on trouve deux étamines sous chaque écaille ; les femelles sont remarquables par leur style alongé, bifurqué, obtus
et d'un pourpre noir; l'ovaire est fortement velu. Ce saule
croît dans les Hautes-Alpes du Dauphiné, de la Savoie, etc.

2097. Saule fétide.   *Salix fœtida.*

Salix fœtida. Schleich. Cent. exs. 1. n. 95. — *Salix Alpina.*
Sut. Fl. helv. 2. p. 283.

Ce petit arbrisseau couché, rameux et souvent tortueux,
ressemble, par son port, au saule déprimé et au saule bleuâtre :
son écorce est brune, un peu luisante, glabre sur les troncs ligneux, pubescente sur les jeunes pousses ; ses feuilles qui naissent
un peu avant les fleurs sont ovales-oblongues, bordées de dentelures en scie un peu calleuses, garnies sur-tout dans leur jeunesse de poils soyeux et couchés, qui, dans les feuilles, ne sont
visibles qu'à la loupe ; leur surface inférieure est d'un glauque
cendré dont la teinte varie de feuille à feuille. Je ne connois
point les fleurs mâles; les chatons femelles sont étalés, cylindriques, longs de 1–2 centim., portés sur un pédicule court,
cotonneux, garni de deux ou trois folioles presque entières ; les
écailles sont arrondies, brunes, couvertes de soies courtes; les
ovaires sont alongés, blanchâtres, cotonneux, chargés de deux
stigmates jaunâtres; la capsule est jaunâtre, pubescente à-peu-
près comme celle du saule réticulé. Cette espèce croît dans les
Hautes-Alpes voisines du Mont-Blanc. M. Schleicher m'en a

communiqué des échantillons trouvés au-dessus de Servan. Je l'ai récolté moi-même dans l'Allée-blanche.

2098. Saule à longues feuilles. *Salix viminalis.*

Salix viminalis. Linn. spec. 1448. Hoffm. Sal. n. 2. p. 22. t. 2.
f. 1. 2. et t. 5. f. 2. — *Salix longifolia.* Lam. Fl. fr. 2. p. 232.
β. *Salix virescens.* Vill. Dauph. 4. p. 785. t. 51. n. 30.

Les rameaux de cet arbrisseau sont longs, droits, assez flexibles, fragiles aux articulations, recouverts d'une écorce brune dans la variété *α*, verte dans la variété *β*; les feuilles sont lancéolées - linéaires, très-longues, pointues, presque entières, glabres en dessus, couvertes en dessous de poils courts, soyeux et couchés, remarquables parce que leurs bords sont roulés en dessous, sur-tout dans leur jeunesse; les chatons naissent avant les feuilles; ils sont sessiles, rapprochés, ovales-oblongs; leurs écailles sont un peu velues; les mâles ont deux étamines un peu soudées à la base, et munies, à leur origine, d'un nectaire grêle, droit et plus long que dans toutes les autres espèces; les femelles ont un ovaire très-velu qui se termine par un style assez long, divisé profondément en deux stigmates simples. Ce saule offre diverses variétés quant à la couleur de son bois, aussi porte-t-il les noms d'*ozier blanc*, d'*ozier noir*, d'*ozier verd*; il croît dans les lieux humides, et ses branches servent à faire des liens. ♄.

2099. Saule à une étamine. *Salix monandra.*

Salix monandra. Ard. Mem. 1. t. 11. Hoffm. Sal. n. 1. p. 18. t.
1. f. 1. 2. et t. 5. f. 1.
α. Salix purpurea. Linn. spec. 1444. Lam. Fl. fr. 2. p. 226.
β. *Salix helix.* Linn. spec. 1444. Lam. Fl. fr. 2. p. 226.
γ. *Foliis subtùs pubescentibus.* — *Salix monandra*, β. Vill.
Dauph. 4. p. 767.
δ? *Salix olivacea.* Thuil. Fl. paris. II. 1. p. 514.

Cet arbrisseau ne s'élève pas au-delà de 2-3 mètres; ses rameaux sont droits, tenaces, glabres, quelquefois opposés, toujours luisans, d'abord rouges, puis jaunes; ses feuilles sont lancéolées, presque linéaires, un peu dentées en scie vers le sommet, à-peu-près sessiles, glabres et glauques en dessous dans les variétés *α* et *β*, pubescentes en dessous dans la variété *γ*, opposées au bas des rameaux dans la variété *α*, et au contraire opposées vers le haut dans la variété *β*; les chatons sont souvent opposés, sessiles, ovales-cylindriques, courts, cotonneux, et naissent avant les feuilles; les fleurs mâles n'ont qu'une seule

étamine, dont l'anthère est très-grosse et à quatre loges ; les
femelles ont un ovaire qui porte deux stigmates sessiles, une
capsule ovale, garnie de poils soyeux et très-courts, à peine
double de la bractée, laquelle est noire, obtuse et velue. Cette
espèce croît au bord des eaux et dans les terres humides ; ses
racines s'entrelacent et fixent les rivages mobiles ; ses rameaux
servent à faire des paniers. ♃.

CCLXXIII. PEUPLIER.   *POPULUS.*

Populus. Tourn. Linn. Juss. Lam.

CAR. Les fleurs sont dioïques ; les chatons sont cylindriques,
composés d'écailles déchirées au sommet ; dans les chatons
mâles, sous chaque écaille, on trouve huit à trente étamines qui
sortent d'un petit godet tronqué obliquement ; dans les fleurs
femelles, l'ovaire porte quatre stigmates et se change en une
capsule à deux valves, dont les bords rentrans semblent former
deux loges : les graines sont nombreuses, chargées d'une houppe
soyeuse ; leur radicule est supérieure.

OBS. Les peupliers sont de grands arbres qui reprennent
facilement de boutures et aiment les terreins humides ; leurs
bourgeons sont revêtus d'une matière visqueuse et odorante ;
leurs feuilles sont arrondies ou triangulaires, inégalement dentées, toujours vacillantes, parce que leur pétiole, au lieu d'être
déprimé comme à l'ordinaire, est comprimé latéralement, sur-
tout vers le sommet ; ces pétioles portent souvent des glandes :
les fleurs naissent toujours avant les feuilles et sortent de bourgeons écailleux.

§. Ier. *Peupliers blancs ; jeunes pousses coton-
neuses ; huit étamines.*

2100. Peuplier blanc.   *Populus alba.*

Populus alba. Linn. spec. 1463. — *Populus alba,* α. Lam. Fl. fr.
2. p. 235. — *Populus nivea.* Wild. Arb. 237. — *Populus alba
nivea.* Ait. Kew. 3. p. 405. — *Populus major.* Mill. Dict. n. 4.
— Cam. Epit. 65. Ic. — Lob. Ic. 2. p. 193. f. 1.

Le peuplier blanc, ou *peuplier ypréaux*, est un arbre très-
élevé dont le tronc a l'écorce grise et crevassée, dont les rameaux sont nombreux, divergens, rouges ou bruns, recouverts
d'un duvet blanc ; les feuilles sont à-peu-près triangulaires, fortement dentées, un peu lobées, presque glabres et d'un verd sombre
en dessus, entièrement blanches et cotonneuses à la surface inférieure : les fleurs naissent avant les feuilles, en chatons oblongs qui

sortent de bourgeons bruns écailleux; les fleurs mâles ne contiennent que huit étamines : le duvet des graines est très-abondant; les oiseaux l'emploient dans la confection de leurs nids. Le peuplier croît facilement partout et pousse au loin des racines traçantes; son bois doux et liant sert à faire des meubles; les chèvres et les moutons recherchent les feuilles de cet arbre. ♄.

2101. **Peuplier grisâtre.** *Populus canescens.*

Populus canescens. Smith. Fl. brit. 3. p. 1080. — *Populus alba.* Vild. Arb. 227. — *Populus alba*, β. Lam. Fl. fr. 2. p. 235. — *Populus nigra.* Mill. Illustr. t. 90. — Lob. Ic. 2. p. 193. f. 2.

Cet arbre, connu par plusieurs cultivateurs sous le nom de *grisaille*, diffère du précédent par ses feuilles plus petites, moins dentées, nullement lobées, chargées en dessous d'un duvet cotonneux un peu grisâtre et moins abondant; par ses chatons deux fois plus longs, cylindriques, un peu lâches, composés d'écailles très-velues, brunes et non jaunâtres. Il porte ses rameaux plus redressés et s'élève moins que le précédent. On le trouve dans les bois et dans les lieux humides ♄.

2102. **Peuplier tremble.** *Populus tremula.*

Populus tremula. Linn. spec. 1464. Poir. Dict. Enc. 5. p. 233. Lam. Fl. fr. 2. p. 235. — Duh. Arb. 2. p. 178.

Le tremble est un arbre de 8-12 mètres, dont l'écorce est lisse, blanchâtre, et qui se divise en rameaux souples, rougeâtres, disposés en tête arrondie et peu serrée; les feuilles sont arrondies, dentées, un peu plus larges que longues, légèrement cotonneuses dans leur jeunesse, glabres et lisses dans un âge avancé, portées sur un pétiole si long et si comprimé, qu'elles sont facilement agitées par le moindre vent; les fleurs sont semblables à celles du peuplier blanc. Le tremble aime les expositions froides et les terreins un peu humides; son bois est blanc, tendre, presque inutile; il fleurit de très-bonne heure. ♄.

§. II. *Peupliers noirs; jeunes pousses lisses et glabres; douze étamines ou plus.*

2103. **Peuplier noir.** *Populus nigra.*

Populus nigra. Linn. spec. 1464. Poir. Dict. Enc. 5. p. 234. — Duh. Arb. 2. p. 178. — Blakw. t. 248.

β. *Nana.* Duh. l. c. n. 5. — *Populus flexililis.* Roz. Dict. 7. p. 618.

Cet arbre s'élève très-haut lorsqu'il végète dans les terreins humides; il se divise en rameaux nombreux, étalés, dont l'écorce est jaunâtre, glabre, ridée; les bourgeons et les jeunes

feuilles sont revêtus d'une matière visqueuse et odorante ; les
feuilles sont presque triangulaires, élargies et tronquées à la
base, pointues au sommet, inégalement crénelées, glabres et
vernissées sur leurs faces ; les chatons mâles sont grêles et chaque
fleur contient seize à vingt-deux étamines à anthères purpurines ;
les chatons femelles sont plus longs et ont les fleurs un peu écartées. Le peuplier noir fleurit à l'entrée du printemps ; son bois
sert à faire des poutres, des échalas, des planches : ses bourgeons
sont émolliens et calmans, et entrent dans la composition de l'on-
guent *populeum* ; le duvet des graines a été employé pour faire
du papier. La variété β se cultive dans les vignes ; on tient sa
tige naine et on coupe ses branches pour s'en servir comme de
liens, ce qui lui a fait donner le nom impropre d'*ozier blanc* .♄.

2104. **Peuplier pyramidal.** *Populus fastigiata.*

Populus fastigiata. Poir. Dict. Enc. 5. p. 235. — *Populus pyra-*
midalis. Rozier. Dict. Agr. 7. p. 619.

Cet arbre long-temps confondu avec le peuplier noir, lui
ressemble en effet par la fleuraison et même par le feuillage ;
mais il s'en distingue constamment et facilement par ses rameaux effilés, droits, très-serrés contre la tige, ce qui donne
à l'arbre l'aspect d'une longue pyramide ; ses fleurs mâles n'ont
que douze à dix-huit étamines. Cet arbre, connu sous les noms
de *peuplier d'Italie* ou *de Lombardie*, est cultivé abondamment depuis quelques années ; on le plante le long des avenues
en ligne droite ; on le place aussi dans certains bosquets, à
cause de son port qui contraste avec celui des autres arbres. On
s'en sert encore pour aider à la dessication des marais ; comme
il croit promptement, il tire beaucoup d'humidité du sol sans
cependant lui intercepter l'air ni le soleil. La patrie de cet arbre
n'est pas encore bien connue ; le nom de *peuplier turc* qu'on
lui donne en Hongrie, pourroit faire présumer qu'il provient
de l'Orient.

CCLXXIV. MYRICA.   *MYRICA.*

Myrica. Linn. Juss. Lam. — *Gale.* Tourn.

Car. Les fleurs sont dioïques, disposées en chatons ovales
composés d'écailles en forme de croissant ; les mâles ont de
quatre à six étamines sous chaque écaille ; les anthères sont
grosses, à quatre valves ; les femelles ont un ovaire à deux
styles ; le fruit est un petit drupe uniloculaire et monosperme.

Obs. Les fruits de ces plantes transsudent une matière cireuse

et odorante qui est si abondante dans le *myrica cerifera* d'Amérique, qu'on la récolte pour en fabriquer des bougies. Ce genre a
quelques rapports, par la qualité de ses sucs, avec la famille
des Térébinthacées.

2105. Myrica galé. *Myrica gale.*

Myrica gale. Linn. spec. 1453. Fl. dan. t. 327. Lam. Dict. 2.
p. 592. — *Myrica palustris.* Lam. Fl. fr. 2. p. 236.

Petit arbrisseau branchu et odorant, dont les feuilles sont
dures, oblongues, plus larges vers leur extrémité supérieure,
dentées et portées sur de très-courts pétioles; les fleurs sont
disposées sur des chatons dont les écailles sont un peu luisantes;
les fruits sont un peu charnus et d'une odeur assez forte. Il
croît dans les lieux aquatiques et marécageux. On le trouve
abondamment à Saint-Léger près Paris, dans les dunes de la
Belgique, etc. Il fleurit au printemps et ses fleurs s'épanouissent
avant la naissance des feuilles; le nombre des pieds mâles surpasse ordinairement de beaucoup celui des pieds femelles. On
met cette plante dans les armoires pour écarter les teignes. ♄.

*** * *Fleurs monoïques.***

CCLXXV. BOULEAU. *BETULA.*

Betula. Tourn. Hall. Gærtn. — *Betulæ sp.* Linn.

Car. Les fleurs sont monoïques, disposées en chatons alongés
et cylindriques; les mâles ont des écailles rapprochées trois à
trois, et douze étamines placées sous l'écaille intermédiaire; les
femelles ont des écailles à trois lobes : leur ovaire est comprimé,
chargé de deux styles et divisé en deux loges, dont une avorte
avant la maturité; l'enveloppe de la graine est membraneuse
sur les bords, comme celle de l'orme.

Obs. Les fleurs naissent avant les feuilles, et les écailles des
chatons femelles tombent assez facilement; les pédoncules des
chatons sont toujours simples.

2106. Bouleau blanc. *Betula alba.*

Betula alba. Linn. spec. 1393. Lam. Dict. 1. p. 453. — Duh.
Arb. 1. p. 100. t. 39.

α. *Ramis pendulis.* — *Betula pendula.* Hoffm. Germ. 4. p. 246.

β. *Ramis verrucosis.* — *Betula verrucosa.* Ehrh. Arb. n. 96.

γ. *Caule semiorgyali.* — Smel. Sib. 1. t. 36. f. 2.

Le bouleau blanc est un arbre qui, dans les bons terreins, s'é-
lève jusqu'à 20 et 25 mètres, et qu'on distingue à son tronc blanc,
à ses rameaux grêles souvent pendans, formant une cime lâche
et peu serrée; les couches de l'épiderme du tronc sont très-nom-

breuses et se séparent facilement ; ses jeunes pousses sont entièrement glabres, un peu rougeâtres, unies ou couvertes de petites verrues blanches ; les feuilles sont pétiolées, écartées, glabres au moins dans leur développement complet, ovales, terminées en pointe alongée, dentées en scie ; elles naissent de bourgeons bruns et écailleux : les chatons mâles sont terminaux, géminés ; les chatons femelles sont solitaires, latéraux, et leurs écailles ont la forme d'un trefle. Cet arbre croît dans les terreins les plus stériles, les plus sablonneux et les plus froids ; il préfère les lieux humides. On le trouve dans les Alpes au-dessus de la région de tous les arbres ; mais il ne s'y élève guère au-delà d'un mètre de hauteur : son bois est employé pour faire des roues, des cerceaux, des sabots, etc. ; son écorce sert de flambeau aux paysans des Alpes ; ses feuilles sont amères, résolutives et détersives ; la liqueur qu'on tire de son tronc par incision, est acidule et vanté contre le calcul des reins et de la vessie.

2107. Bouleau pubescent. *Betula pubescens.*

Betula pubescens. Ehrh. Arb. n. 67. Hoffm. Germ. 4. p. 246.

Cet arbre ressemble au précédent par son port et la blancheur de son tronc, et n'en est peut-être qu'une variété ; il s'en distingue à ses jeunes pousses velues et à ses feuilles qui ne se terminent pas en pointe aussi acérées et qui sont pubescentes même à leur parfait développement. Il a été trouvée dans les marais des montagnes du Jura, par M. Chaillet : sa fructification ne m'est pas connue.

2108. Bouleau nain. *Betula ? nana.*

Betula nana. Linn. Fl. lapp. t. 6. f. 4. Lam. Dict. 1. p. 454. Fl. dan. t. 91.

Arbrisseau rameux, tortu, dont l'écorce est brune, glabre, et dont la hauteur n'atteint jamais un mètre ; ses feuilles sont orbiculaires, crénelées, glabres, fermes, presque lisses, d'un centimètre environ de diamètre ; les fleurs naissent après les feuilles et sortent avec elles de bourgeons écailleux, bruns et ciliés. Je n'y ai vu que quatre étamines, quoique Haller en compte six. Les écailles des chatons femelles sont divisées dès leur base en trois lanières étroites et linéaires ; l'ovaire est orbiculaire, comprimé, et a ses appendices membraneux très-courts. Ce sous-arbrisseau croît dans les lieux humides des montagnes du Jura (Hall.). N'ayant pas occasion d'examiner actuellement cette plante fraiche, je n'ose déterminer si elle appartient au genre des bouleaux ou à celui des aulnes, ou si elle doit les réunir, ou enfin se placer entre eux : elle s'approche des bouleaux par ses pédoncules simples, les écailles des chatons femelles à trois lobes, et ses ovaires un peu bordés ; elle ressemble aux aulnes parce que ses fleurs mâles n'ont que quatre étamines, que son fruit paroît biloculaire, et que ses fleurs naissent après les feuilles.

CCLXXVI. AULNE.   *ALNUS.*

Alnus. Tourn. Hall. Gœrtn. — *Betulæ sp.* Linn.

Car. Les fleurs sont monoïques, disposées en chatons, dont les mâles sont alongés, cylindriques, et les femelles ovoïdes, globuleux, portés sur des pédoncules rameux ; les écailles des mâles sont pédicellées en forme de cœur, et portent en dessous trois petites écailles : les fleurs sont placées à la base de chacune d'elles, et sont composées d'un godet à quatre lobes et de quatre étamines ; les écailles des chatons femelles sont en forme de coin, dures et persistantes ; l'ovaire est comprimé et porte deux longs stigmates ; l'enveloppe des graines est dure, non bordée d'aile membraneuse, à deux loges et à deux graines.

2109. Aulne glutineux.   *Alnus glutinosa.*

> *Alnus glutinosa.* Gœrtn. Fruct. 2. p. 54. t. 90. f. 2. — *Betula glutinosa.* Vill. Dauph. 4. p. 789. — *Betula alnus.* Linn. spec. 1394. Lam. Dict. 1. p. 454.
> α. *Betula emarginata.* Ehrh. Arb. n. 9.
> β. *Betula laciniata.* Ehrh. ex Hoffm. Germ. 4. p. 247.

Cet arbre s'élève à 15 mètres au plus ; il croît fort vite et pousse dès le pied des rameaux nombreux ; son écorce est épaisse, gercée ; son bois dur, jaunâtre, devient rouge lorsque étant encore frais il se trouve exposé à l'air ; ses feuilles sont ovales, obtuses et comme tronquées ou sommet, crénelées sur les bords, gluantes et pubescentes dans leur jeunesse, ensuite glabres, à l'exception de quelques touffes de poils placées sur la surface inférieure à l'aisselle des nervures ; les fleurs naissent peu après les feuilles ; les chatons mâles sont alongés et pendans ; les chatons femelles courts, serrés, droits, rougeâtres : les fruits persistent d'une année à l'autre. L'aulne croît le long des ruisseaux et dans les lieux humides ; ses feuilles poussent de bonne heure ; son bois est estimé soit pour le chauffage, soit pour l'ébénisterie ; on en fait des conduits d'eau très-durables. La variété β a les feuilles profondément découpées ; ses graines semées ont reproduit l'aulne à feuilles entières (Duroi.).

2110. Aulne blanchâtre.　　　*Alnus incana.*

Betula incana. Reich. Syst. 4. p. 127. Vill. Dauph. 4. p. 790.—
Betula incana, α. Lam. Dict. 1. p. 455. — *Betula alnus,* β.
Linn. spec. 1394.

Cet arbre diffère du précédent par son bois plus tendre, son
écorce d'un gris pâle, ses feuilles plus alongées, pointues, dentées en scie, blanchâtres, pubescentes ou cotonneuses en dessous, quelquefois même velues en dessus, presque jamais
gluantes; ses chatons mâles sont plus droits et plus serrés. Il
croît aussi communément dans les montagnes, que l'aulne
glutineux dans les plaines. ♭.

2111. Aulne verd.　　　*Alnus viridis.*

Betula viridis. Vill. Dauph. 4. p. 789. — *Betula ovata.* Schrank.
Salisb. p. 55. ex Hopp. Cent. 1.—*Betula incana,* β. Lam. Dict.
1. p. 455.

Cette espèce est intermédiaire entre l'aulne glutineux dont elle
se rapproche par ses feuilles glabres, et l'aulne blanchâtre auquel elle ressemble par ses feuilles garnies de dents pointues et
disposées en scie : elle diffère de l'une et de l'autre parce qu'elle
s'élève beaucoup moins ; que ses rameaux sont anguleux ; que
ses feuilles sont ovales-arrondies, ni pointues, ni tronquées au
sommet; que ses chatons sont plus longs, plus fournis et composés d'écailles portées sur un pédicelle plus long. On trouve
cet arbrisseau sur les hautes montagnes du Champsaur, de
l'Oysans, etc. (Vill.); sur le Mole près Genève, etc. Villars dit
que les pédoncules sont quelquefois simples. ♭.

CCLXXVII. CHARME.　　　*CARPINUS.*

Carpinus. Mich. Scop. — *Carpini sp.* Linn.

CAR. Les fleurs sont monoïques, disposées en chatons; les
chatons mâles sont alongés, cylindriques, composés d'écailles
concaves, ciliées à la base, d'où sortent 8 – 14 étamines un
peu barbues au sommet, et qui s'ouvrent obliquement; les chatons femelles sont lâches, composés de grandes écailles foliacées, à trois lobes; à leur base est un ovaire dentelé au sommet, surmonté de deux styles, divisé en deux loges, dont une
avorte à la maturité : le fruit est une capsule osseuse qui ne
s'ouvre point.

OBS. On doit probablement séparer de ce genre les *ostrya*,
qui ont les chatons femelles ovales, serrés, composés non d'é-
cailles, mais de follicules renflées, entières, fermées de toutes
parts, à la base desquelles se trouve une coque à une ou deux loges.

2112. Charme commun.   *Carpinus betulus.*

Carpinus betulus. Linn. spec. 1416. Lam. Dict. 1. p. 707. Gœrtn.
Fruct. 2. p. 52. t. 89. f. 2. — *Carpinus sepium.* Lam. Fl. fr. 2.
p. 212. — Duh. Arb. 1. p. 130. t. 49.
β. *Carpinus quercifolia.* Hort. Par.

Arbre médiocre dont l'écorce est unie, grisâtre et tachée de
blanc ; ses feuilles sont pétiolées, ovales, glabres, nerveuses,
ridées et dentées ; les anthères des étamines sont terminées
chacune par un poil ; les chatons des fleurs femelles sont lâches
et composés d'écailles planes, coriaces et à trois lobes. Cet arbre
croît dans les bois, ♄ ; on en forme des haies que l'on taille avec
soin pour orner les promenades ; il porte alors le nom particulier de *charmille :* son bois est dur et d'un usage fréquent dans les
arts qui concernent l'ameublement. La variété β qu'on cultive au
jardin des plantes, est très-remarquable en ce qu'elle porte à-
la-fois des feuilles dentées en scie et d'autres profondément
lobées comme des feuilles de chêne ; chaque bourgeon ne produit qu'une sorte de feuilles ; lorsqu'une même branche porte les
deux espèces de feuilles, ce sont les bourgeons inférieurs qui
produisent les feuilles simplement dentées.

CCLXXVIII. HÊTRE.   *FAGUS.*

Fagus. Tourn. Lam. Gœrtn. — *Fagi sp.* Linn.

Car. Les fleurs sont monoïques ; le chaton mâle est pendant,
globuleux, composé de fleurs serrées dont le périgone est à six
lobes peu profonds et renferme huit étamines ; les fleurs femelles
sont réunies deux ensemble dans un involucre à quatre lobes,
hérissé en dehors d'épines molles et simples ; le périgone est
adhérent, cotonneux, à six lobes ; le style se divise en trois
stigmates ; l'ovaire est triangulaire, à trois loges, dont chacune
renferme deux graines : deux de ces loges avortent, et le fruit
est une noix triangulaire, uniloculaire, à une ou deux graines
anguleuses ; la radicule est supérieure, les cotylédons épais et
charnus.

Obs. Les fleurs paroissent peu après les feuilles.

2113. Hêtre des forêts.   *Fagus sylvatica.*

Fagus sylvatica. Linn. spec. 1416. Lam. Dict. 3. p. 125. — *Fagus sylvestris.* Gœrtn. Fruct. 1. p. 182. t. 37. f. 2. — Duh.
Arb. 1. p. 231. t. 98.
β. *Foliis purpureo-fuscis.*

Le hêtre, aussi nommé *fayard, fau* ou *foyard*, est un bel

arbre de 20 à 5o mètres, dont le tronc est droit, couronné par
une cîme assez régulière; dont l'écorce est cendrée, unie; dont
les rameaux sont grèles, un peu pendans et légèrement pubescens dans leur jeunesse : les feuilles sont ovales, un peu dentelées, légèrement pointues, d'un verd gai en dessus, garnies
en dessous de poils couchés sur les bords et sur les nervures;
ces feuilles deviennent ordinairement d'un rouge vif à l'automne, et sont purpurines dès leur naissance dans la variété β
qu'on cultive dans les jardins sous le nom de *hêtre pourpre*, et
qu'on propage par greffe et par marcottes. Le hêtre compose
une grande partie de nos forêts; il se plaît sur-tout sur le penchant des montagnes calcaires : son bois est employé dans le
charronage et pour fabriquer des caisses, des sabots, etc.; mais
sur-tout il est utile comme bois de chauffage : ses graines, qu'on
nomme *faînes*, produisent par expression l'huile de faines, qui
est employée pour la lampe lorsqu'elle est fraîche, et qui, en
veillissant, devient douce et propre à entrer dans nos alimens.

CCLXXIX. CHATAIGNIER.   *CASTANEA.*

Castanea. Tourn. Lam. Gœrtn. — *Fagi sp.* Linn.

CAR. Les mêmes pieds portent des fleurs mâles et des fleurs
hermaphrodites; les chatons mâles sont cylindriques, très-
longs, composés de fleurs agglomérées çà et là, dont le périgone
est à six divisions profondes et renferme cinq à vingt étamines;
les fleurs hermaphrodites sont réunies deux à trois ensemble
dans un involucre à quatre lobes, hérissé en dehors d'épines
dures et rameuses; le périgone est adhérent, à cinq ou six
lobes; il renferme un duvet roide dans lequel sont cachées douze
étamines rouges et avortées : l'ovaire est à six loges dispermes
et porte six styles cartilagineux; cinq des loges de l'ovaire
avortent, et le fruit est une noix uniloculaire qui renferme une
à trois graines ridées.

OBS. Outre les caractères nombreux qui distinguent ce genre
de celui du hêtre, il faut ajouter que la substance des graines
est farineuse dans le châtaignier, tandis qu'elle est huileuse dans
le hêtre.

2114. **Châtaignier ordinaire.**   *Castanea vulgaris.*

Castanea vulgaris. Lam. Dict. 1. p. 7o8. — Duh. ed. sec. 3. p
65. t. 19. — *Castanea vesca.* Gœrtn. Fruct. 1. p. 181. t. 37.
f. 1. — *Fagus castanea.* Linn. spec. 1416. Lam. Fl. fr. 3.
p. 211.

β. *Sativa.*

γ. *Variegata.*

Le châtaignier est un grand arbre dont les rameaux sont longs et très-étalés, dont l'écorce est unie et grisâtre, et dont le tronc acquiert un diamètre considérable (1) et se creuse ordinairement à l'intérieur dans sa vieillesse; ses feuilles sont oblongues, pointues, fermes, glabres, bordées de dentelures en scie écartées et assez saillantes; les chatons mâles ont une odeur pénétrante. Cet arbre croît sur le penchant des coteaux et des montagnes, dans les terreins légers. La variété γ a les feuilles panachées; la variété β, qu'on désigne sous le nom impropre de *maronnier*, se distingue par la grosseur et la douceur de ses fruits qu'on nomme *marrons*, et qu'on mange soit bouillis, soit rôtis, soit confis. Le nombre naturel des graines est de trois dans chaque coque, mais il en avorte souvent une ou deux, et la nourriture destinée à ces trois graines se jetant sur une ou sur deux, les rend plus grosses et plus savoureuses. La châtaigne, soit fraiche, soit desséchée au moyen du feu, soit réduite en farine, sert d'aliment habituel aux habitans des Cévennes, du Périgord, du Limousin et de l'isle de Corse; elle est aussi d'un grand usage dans les Alpes et les montagnes voisines de Lyon. On en distingue plusieurs variétés de grosseur et de saveur; telles sont la *corive*, qui est petite et qu'on préfère pour dessécher; la *ganiaude* et l'*égalade*, remarquables par leur grosseur; le *marron* proprement dit, qui n'a ordinairement qu'une graine dans chaque coque, etc. Voyez pour les détails, la nouvelle édition des Arbres et Arbustes de Duhamel, vol. 3, p. 65; le Traité de la Châtaigne, de Parmentier; les Mémoires de Desmarets, dans le Journal de Physique de 1771 et 1772, etc.

CCLXXX. COUDRIER. *CORYLUS.*

Corylus. Tourn. Linn. Juss. Lam. Gœrtn.

Car. Les fleurs sont monoïques; les chatons mâles sont cylindriques, pendans, composés d'écailles rhomboïdales à trois lobes, dont celui du milieu couvre les deux autres, de huit étamines insérées à la base des écailles, et dont l'anthère n'a qu'une loge; les fleurs femelles naissent plusieurs ensemble dans un

____

(1) On cite le châtaignier du Mont-Etna, connu sous nom de châtaignier des *cent chevaux*, qui a 160 pieds de circonférence, mais qui paroît composé de plusieurs arbres greffés ensemble par approche.

bourgeon écailleux ; leur ovaire est surmonté de deux styles , et paroît dénué de calice à l'époque de la fleuraison ; bientôt se développe un involucre coriace , découpé sur ses bords , qui enveloppe une noix ovale , lisse , monosperme , marquée à sa base d'une cicatricule large et arrondie.

2115. Coudrier noisettier.   *Corylus avellana.*

Corylus avellana. Linn. spec. 1417. Lam. Dict. 4. p. 496.
Illustr. t. 780. Gœrtn. Fruct. 2. p. 52. t. 89. f. 3.
α. Silvestris. — Lob. Ic. 2. t. 192.
β. Alba. — *Sativa , fructu albo minore.*
γ. Grandis. — *Sativa , fructu rotundo maximo.*
ϑ. Rubra. — *Sativa , fructu oblongo rubente.* — *Corylus maxima.* Mill. Dict. n. 2.
ε. Glomerata. — *Nucibus in racemum congestis.*

Le coudrier ou noisettier est un arbrisseau assez commun dans les haies et dans les taillis ; ses tiges sont droites , rameuses , flexibles , son écorce tachetée , pubescente sur les jeunes pousses ; ses feuilles sont en forme de cœur , arrondies à la base , dentelées , pubescentes en dessous ; les stipules sont ovales-lancéolées ; les chatons mâles naissent trois à quatre ensemble et s'épanouissent à la fin de l'hiver , avant la naissance des feuilles. La variété *α* , qui est sauvage , a le fruit petit , blanc et de saveur agréable. Parmi les variétés cultivées , plus spécialement nommées *avelines* , on distingue la variété *β* qui a le fruit blanc , oblong , assez petit ; la variété *γ* , dont le fruit est arrondi , très-gros ; la variété *ϑ* , dont le fruit est rouge , très-alongé ; et enfin la variété *ε* , où l'on trouve plusieurs fruits agglomérés. Le noisettier croît de préférence dans les terreins humides et légers , et se propage facilement , sur-tout par marcottes. ♄.

CCLXXXI. CHÊNE.   *QUERCUS.*

Quercus. Tourn. Linn. Juss. Lam. Gœrtn. Michx.

CAR. Les fleurs sont monoïques ; les mâles disposées en chaton lâche et pendant , ont chacune un périgone découpé et cinq à dix étamines ; les femelles ont chacune un involucre composé de plusieurs écailles embriquées soudées en une cupule hémisphérique et coriace , qui s'accroît après la fleuraison ; le périgone est adhérent avec l'ovaire et à six lobes ; l'ovaire est à trois loges , à six graines et à trois stigmates ; il se change en une noix uniloculaire , monosperme , oblongue ou arrondie , enchassée dans la cupule , et connue sous le nom particulier de *gland* (Gœrtn.).

Obs. Michaux a divisé les chênes en deux sections déduites de la longueur du temps qui s'écoule entre l'apparition des fleurs et la maturité du fruit ; dans les uns, tel que le chêne sessile, l'ovaire commence à grossir dès le moment de son apparition et mûrit à l'automne suivant ; dans d'autres, tels que le cerris, l'égilops, le chêne au kermès, la fleur femelle se développe d'abord, l'ovaire ne commence à prendre d'accroissement que le printemps suivant, et le fruit ne mûrit conséquemment que dix-huit mois après son apparition. Dans les chênes à fructification annuelle, les fruits sont toujours axillaires ; dans ceux à fructification bisannuelle, les fruits restent isolés après la chûte des feuilles, et ne demeurent axillaires que dans les espèces à feuilles persistantes. — Guettard a observé que les feuilles du chêne sessile, portent, sur-tout dans leur jeunesse, de petites houppes de deux, trois, quatre, cinq ou six poils qui partent d'un point commun ; cette même structure se retrouve dans le cerris, l'égilops, l'yeuse, etc.

§. Ier. *Chénes qui perdent leurs feuilles chaque année.*

2116. Chêne à grappes. *Quercus racemosa.*

Quercus racemosa. Lam. Dict. 1. p. 715. — *Quercus pedunculata.* Homff. Germ. 2. p. 254. — *Quercus longæva.* Salisb. Prodr. 392. — *Quercus fœmina.* Fl. dan. t. 1180. — *Quercus robur.* Linn. spec. 1414. Smith. Fl. brit. 3. p. 1026. — *Quercus robur,* β. Lam. Fl. fr. 2. p. 208. — Duham. Arb. 2. p. 202. t. 47.

Ce chêne est un arbre élevé dont le bois est plus dur que celui de l'espèce suivante, dont les feuilles sont presque sessiles, toujours glabres, plus larges au sommet qu'à la base, découpées en lobes obtus et un peu irréguliers ; ses glands sont portés sur un long pédicelle et disposés en épi lâche et peu garni ; leur cupule est lisse et non hérissée, c'est-à-dire composée d'écailles appliquées et non divergentes au sommet. Ce bel arbre est spécialement connu des agriculteurs sous les noms de *gravelin*, de *roure* et de *chéne à grappes* ; il fait la base principale de nos forêts, et entre avec l'espèce suivante dans toutes les constructions. ♄.

2117. Chêne sessile.   *Quercus sessiliflora.*

Quercus sessiliflora. Smith. Fl. brit. 3. p. 1026.— *Quercus robur.*
  Lam. Dict. 1. p. 717. — *Quercus robur, var. α.* Lam. Fl. fr.
  2. p. 208.
α. *Quercus glomerata.* — *Quercus robur, var. ε.* Lam. Dict. 1.
  p. 717.
β. *Quercus platyphylla.* — *Quercus robur. var. α.* Lam. Dict.
  1. p. 717.
γ. *Quercus laciniata.* — *Quercus robur, var. β.* Lam. Dict. 1.
  p. 717.
δ. *Quercus nigra.* — *Quercus robur, var. γ.* Lam. Dict. 1.
  p. 717.
ε. *Quercus lanuginosa.* Thuil. Par. II. 1. p. 502. — *Quercus
  collina.* Schleich. Cent. 1. n. 97. — *Quercus robur, δ.* Lam.
  Dict. 1. p. 717.
ζ. *Quercus fastigiata.* Lam. Dict. 1. p. 725.

Le chêne sessile, long-temps confondu avec le précédent
sous le nom de *roure* (robur), en diffère par sa stature moins
élevée; par son bois moins dur; par ses glands presque sessiles;
par ses feuilles pétiolées, souvent velues, non élargies au sommet et divisées en lobes moins obtus et plus régulièrement opposés. Sous ce nom nous comprenons encore plusieurs arbres,
dont quelques-uns sont peut-être des espèces distinctes; mais en
attendant qu'elles aient été mieux étudiées et qu'on ait vu leurs
caractères distinctifs se conserver par les graines, je les décrirai
encore comme de simples variétés.

La variété α, qu'on nomme *chéne à trochets*, *chéne à petits
glands*, a les feuilles velues en dessous, des glands assez petits
et ramassés par bouquets; il semble réunir le chêne pédonculé
avec les suivans, vu qu'il porte ses bouquets de glands tantôt
sessiles, tantôt pédonculés : il est plus rare que le précédent et
a été observé à Fontainebleau, à Godonvilliers, etc.

La variété β est très-commune dans les forêts; on la nomme
durelin, *chéne à larges feuilles*; elle a les glands presque sessiles, les feuilles glabres, larges, à lobes peu profonds et
arrondis.

La variété γ ou le *chéne découpé*, ne diffère de la précédente
que par sa feuille plus découpée et plus petite. Ce chêne croit
dans les lieux pierreux et montueux, à Malesherbes.

La variété δ, que Lamarck nomme *chéne noirâtre*, est commune dans les bois à Fontainebleau et ailleurs. Cet arbre

ressemble au durelin, mais il a les feuilles pubescentes en dessous et les glands très-gros et presque solitaires.

La variété ε ou *chêne laineux*, *chêne des collines*, croît dans les lieux secs et pierreux; il a les glands sessiles, les feuilles assez découpées, très-velues en dessous et un peu pubescentes en dessus, sur-tout dans leur jeunesse : il forme un arbre tortueux.

La variété ζ, connue sous les noms de *chêne pyramidal*, *chêne cyprès*, se distingue à son port élancé et pyramidal, à ses feuilles presque sessiles et qui tombent à l'entrée de l'hiver, tandis que dans tous les arbres précédens les feuilles sèches persistent sur l'arbre jusqu'au printemps. On ignore si son fruit est sessile ou pédonculé : ses feuilles sont pubescentes dans leur jeunesse et deviennent ensuite glabres. Ce chêne croît dans les Pyrénées, la Basse-Navarre, les environs de Bordeaux.

2118. Chêne cerris.   *Quercus cerris.*

Quercus cerris. Linn. spec. 1415. — *Quercus lanuginosa.* Lam. Fl. fr. 3. n. 299. — *Quercus crinita.* Lam. Dict. 1. p. 718.
α. *Quercus cerris.* All. Ped. n. 1986. — *Quercus crinita*, var. γ. Lam. Dict. 1. p. 718. — Lob. Ic. 2. t. 156. f. 2.
β. *Quercus haliphlæos*, — *Quercus crinita.* Lam. Dict. 1. p. 718.
γ. *Quercus tomentosa.* — *Quercus crinita*, var. ε. Lam. Dict. 1. p. 718. — *Quercus nigra.* Thore. Land. 381.

Ce chêne perd ses feuilles en hiver, comme les précédens, dont il diffère par sa cupule hérissée, c'est-à-dire composée d'écailles non appliquées mais redressés à leur sommet; la petitesse de cette cupule le fait distinguer de l'égilops. Cette espèce comprend trois variétés ou races distinctes.

La variété α, qui est le véritable cerris des anciens, est assez rare en France; on l'indique aux environs de Paris (?) et dans le Piémont : son tronc est tortueux; ses feuilles sont découpées en forme de lyre, à lobes anguleux et pointus, un peu pubescentes. Il croît dans les lieux pierreux et montueux.

La variété β, qu'on nomme *chêne de Bourgogne*, est un grand et bel arbre qui diffère du précédent, soit par son port, soit par ses fruits plus gros et ses glands moins enfoncés dans la cupule. Il a été observé entre Salins et Besançon, près Quingey.

La variété γ, qu'on désigne sous les noms de *chêne angoumois*, *chêne d'Angoulême*, *chêne tauzin*, est abondante dans les Landes, les Pyrénées, et probablement aussi dans les environs d'Angoulême : elle se distingue à ses feuilles plus fermes, très-cotonneuses en dessous, pubescentes en dessus, et dont les lobes sont obtus ; à ses glands pédonculés et en grappe comme ceux du chêne à grappes. Son écorce est recherchée des tanneurs, et son gland plus estimé que celui des deux précédens, pour la nourriture des cochons.

2119. Chêne égilops.　　　*Quercus ægilops.*

Quercus ægilops. Linn. spec. 1414. Lam. Dict. 1. p. 719. — Lob. Ic. 2. p. 156. f. 1.

Ce chêne a le port du chêne sessile, et ressemble au cerris par ses caractères ; ses fruits sont sessiles ; le gland est oblong, de la grosseur du gland ordinaire, un peu ombiliqué au sommet, enfoncé dans une cupule très-grosse, plus large que longue, hérissée en dehors d'écailles oblongues, grisâtres, dejetées vers la base : les feuilles de cet arbre sont ovales ou oblongues, pubescentes en dessous dans leur jeunesse, bordées de lobes peu profonds, obtus, traversés par une nervure qui se prolonge en une petite pointe au sommet de chacun d'eux, ce qui distingue le chêne égilops du cerris. Ce bel arbre est fort rare en France, et ne se trouve que dans les forêts les plus chaudes du Piémont (All.); à Fontainebleau (Lam.)? aux environs de Nantes, au Plessis-Tison près Saint-Donatien, et à la Potherie près la rivière d'Erdre (Bon.).

2120. Chêne nain.　　　*Quercus humilis.*

Quercus humilis. Lam. Dict. 1. p. 719. — *Quercus pedem vix superans.* C. Bauh. Pin. 420. Bon. Nann. 101. — *Robur.* VII. Clus. Hist. p. 19. Ic. — Lob. Ic. 2. t. 157. f. 2.

Ce chêne ne s'élève pas à plus de 4-6 décim. dans son sol natal, et ne dépasse jamais 2 mètres lorsqu'on le cultive ; ses feuilles ressemblent à celles de l'yeuse, mais tombent chaque hiver ; elles sont ovales-oblongues, fortement dentées en scie, portées sur de très-courts pétioles, lisses en dessus, un peu cotonneuses et munies en dessous de nervures saillantes et colorées ; les jeunes pousses sont velues ; les glands sont sessiles, oblongs, et ont une cupule courte et assez plane ; leur saveur est très-amère. ♃. Ce chêne couvre la plus grande partie des Landes qui se trouvent entre le Temple et le Moire, sur le chemin de Nantes à Pontchâteaux, et aux environs d'Orvaux. Les habitans du Temple le nomment *des broffes* (Bon.).

§. II. *Chénes à feuilles persistantes.*

2121. Chêne yeuse. *Quercus ilex.*

Quercus ilex. Linn. spec. 1412. Lam. Dict. 1. p. 722.
α. *Oblongifolia.* — Duh. Arb. 1. p. 3i4. t. 123.
β. *Angustifolia.* — C. Bauh. Pin. 424. — *Quercus smilax.* Roy.
Lugd.-b. 81 ?
γ. *Latifolia.* — Pluk. t. 197. f. 1.

Le chêne vert est un arbre médiocre, tortueux et très-branchu, qui croît lentement, dont le bois est lourd, très-dur, le feuillage coriace, sombre, persistant, et l'écorce mince, unie ou très-légèrement crevassée; ses feuilles offrent beaucoup de variétés; elles sont ovales-oblongues ou lancéolées, entières ou le plus souvent bordées de dents épineuses, glabres et lisses en dessus, souvent pubescentes ou cotonneuses en dessous, toujours pétiolées, ce qui, selon Gouan, le distingue du chêne de Gramont. Cet arbre croît abondamment dans le midi de la France, où il est connu sous les noms d'*yeuse*, de *chéne verd*, d'*éousé*, etc. Il se retrouve à Noirmoutier au bois de la Chaise, à 47° de latitude (Bon.).

2122. Chêne liége. *Quercus suber.*

Quercus suber. Linn. spec. 1413. Lam. Dict. 1. p. 723.
α. *Latifolium.* Duh. Arb. 2. p. 291. t. 80.
β. *Angustifolium.* Duh. Arb. 2. p. 291. t. 81.

Cet arbre ressemble beaucoup au chêne yeuse, mais au lieu d'avoir le tronc lisse, il porte une écorce fort épaisse, spongieuse, crevassée et connue sous le nom de *liége;* l'épaisseur de cette écorce est due principalement au développement énorme du tissu cellulaire; elle tombe tous les sept ou huit ans lorsqu'on n'a pas soin de l'enlever : on sait qu'on l'emploie à faire des bouchons, des semelles de souliers, des chapelets pour soutenir les filets des pêcheurs, des corcets pour les nageurs, etc. La variété α qui se trouve dans le midi de la France, en Provence, en Languedoc, en Roussillon et dans la Guyenne, a les feuilles ovales et dentées; la variété β qu'on dit originaire d'Italie, a les feuilles lancéolées et entières.

2123. Chêne au kermès. *Quercus coccifera.*

Quercus coccifera. Linn. spec. 1413. Lam. Dict. 1. p. 724. — Duham. Arb. 1. p. 3i4. t. 125. — Garid. Aix. t. 53.

Le chêne au kermès est un petit arbrisseau rameux et tortueux, dont les feuilles sont petites, nombreuses, glabres, luisantes, ovales, bordées de dents alongées et épineuses qui ressemblent un peu à celles du houx; les glands sont ovales, petits, enfoncés assez avant dans une cupule hérissée en dehors de pointes courtes, roides, ouvertes et ligneuses. Cet arbrisseau croît dans tout le midi de la France, et se retrouve à Noirmoutier au bois de la Chaise, à 47°. de latitude (Bon.). C'est sur ses branches et ses feuilles que vit le kermès (*coccus ilicis*, L.), insecte utile dans la teinture pour fournir la couleur écarlate, et employé autrefois en médecine comme cardiaque et astringent.

CCLXXXII. PLATANE.   *PLATANUS.*

Platanus. Tourn. Linn. Juss. Lam. Gœrtn.

CAR. Les fleurs sont monoïques, réunies en chatons globuleux ; les chatons mâles sont composés d'étamines nombreuses entremêlées d'écailles linéaires ; les femelles offrent des écailles en spatule et des ovaires filiformes un peu épaissis vers le sommet et terminés en un stigmate crochu ; la graine est nue, en forme de massue, garnie de poils à sa base (Gœrtn.).

2124. Platane d'Orient.   *Platanus Orientalis.*

Platanus Orientalis. Linn. spec. 1417. Lam. Illustr. t. 783. — Tourn. Inst. t. 363.

Grand et bel arbre remarquable par son écorce qui tombe chaque année en lambeaux ligneux, et par ses feuilles grandes, coriaces et à cinq ou sept lobes. Il est originaire de l'Orient et de l'Archipel, et est maintenant cultivé dans la plupart des bosquets et des jardins : il préfère les terreins humides. ♃. On cultive aussi dans plusieurs jardins le plantane d'Amérique (*pl. occidentalis* L.), qui ne diffère du précédent que par ses feuilles simplement découpées en trois grands lobes.

✶ ✶ ✶ *Fleurs hermaphrodites.*

CCLXXXIII. MICOCOULIER.   *CELTIS.*

Celtis. Tourn. Linn. Juss. Lam. Gœrtn.

CAR. Les fleurs sont hermaphrodites ou polygames; le périgone est à cinq lobes; les étamines, au nombre de cinq, sont presque sessiles; l'ovaire porte deux styles; le fruit est un drupe globuleux, monosperme; l'embryon est replié sur lui-même, a la radicule redressée et les cotylédons plissés.

OBS. Les fleurs ne sont nullement disposées en chatons, mais presque solitaires ou agglomérées aux aisselles des feuilles; les espèces de ce genre ressemblent à certaines malvacées (Grewia) par le feuillage, et à quelques nerpruns par la disposition des fleurs; dans la plupart la nervure longitudinale divise la feuille en deux parties inégales.

2125. **Micocoulier du midi.**   *Celtis australis.*

Celtis australis. Linn. spec. 1478. Lam. Illustr. t. 844. f. 1. — Duh. Arb. 1. p. 143. t. 53. ed. sec. 2. p. 34. t. 8.

Arbre de 10-15 mètres, dont l'écorce est unie, grisâtre, et les rameaux nombreux, alongés, flexibles, pubescens vers le sommet; les feuilles sont alternes, pétiolées, ovales-lancéolées, d'un verd foncé, un peu velues, sur-tout dans leur jeunesse et sur les nervures, accompagnées de stipules linéaires; les fleurs sont petites, verdâtres, placées en petit nombre à l'aisselle de chaque feuille, les unes mâles, les autres hermaphrodites; le fruit est noirâtre, ressemble à une petite cerise et renferme un noyau sphérique; les fleurs naissent en même temps que les feuilles, et les fruits ne sont parfaitement mûrs qu'après la gelée. Cet arbre croît en Languedoc, en Provence, etc. Il est connu des provençaux sous les noms de *fabrecoulier*, *falabri-quier et fabreguier*. On cite un micocoulier d'une grosseur extraordinaire qui se trouve à Aix sur la place des Prêcheurs. On cultive cet arbre dans les bosquets, même dans le nord de la France; son bois compact, presque incorruptible, est employé par les ébénistes.

CCLXXXIV. ORME.   *ULMUS.*

Ulmus. Tourn. Linn. Juss. Lam. Gœrtn.

C**ar**. L'orme se distingue de toutes les amentacées, par ses fleurs hermaphrodites dont l'ovaire est comprimé, et auxquelles succèdent des fruits (samares) arrondis, comprimés, foliacés et membraneux sur les bords, un peu renflés au milieu où se trouve une graine solitaire en forme de lentille.

O**bs**. Le nombre des étamines varie de trois à huit.

2126. **Orme des champs.**   *Ulmus campestris.*

Ulmus campestris. Linn. spec. 327. Lam. Dict. 4. p. 609. Illustr. t. 185.

β. *Foliis minimis.* — *Ulmus suberosa pumila.* Wild. spec. 1. p. 1325.

γ. *Cortice fungoso.* — *Ulmus suberosa.* Wild. spec. 1. p. 1324. — *Ulmus tetrandra.* Schk. Bot. Handb. t. 57.

L'orme ou ormeau est un grand arbre à tronc droit, à bois dur et d'un rouge jaunâtre, à écorce grise ou brunâtre, souvent

crevassée et fort épaisse ; ses racines latérales s'étendent à une
grande distance ; ses feuilles sont un peu rudes, ovales, pointues au sommet, inégalement prolongées à leur base, doublement dentées en scie sur les bords ; les fleurs naissent avant les
feuilles, en paquets serrés presque sessiles, épars le long des
branches ; elles sont rougeâtres, à quatre ou cinq étamines ; il
leur succède des fruits ovales ou orbiculaires, comprimés, foliacés, échancrés au sommet et entièrement glabres. Cet arbre
est commun le long des routes, dans les villages, les bois montagneux, etc. Il présente diverses variétés ; tantôt ses feuilles
sont très-petites et fortement incisées, comme dans la variété
β ; tantôt son écorce se boursoufle et se gerce à-peu-près comme
celle du liége, comme dans la variété γ, laquelle n'a que quatre
étamines selon Wildenow et Schkuhr, et doit peut-être former une espèce distincte. Le bois de l'orme est employé utile-
ment dans le charronnage, et l'on préfère pour cet usage l'*orme
tortillard*, dont les fibres sont serrées et entrelacées : le suc
de cet arbre passe pour vulnéraire et astringent. ♄.

2127. Orme à fleurs éparses.　　　　*Ulmus effusa.*

Ulmus effusa. Wild. spec. 1. p. 1325. — *Ulmus ciliata.* Ehrh.
Beitr. 6 p. 88. — *Ulmus montana.* Smith. Fl. brit. 1. p. 282.
— *Ulmus pedunculata.* Poir. Dict. Enc. 4. p. 610. — *Ulmus
octandra.* Schk. Bot. Handb. 178. t. 57. — Foug. Acad. 1734.
t. 2.

Cet arbre a le port du précédent, mais il en diffère par ses
fleurs éparses et non serrées, portées sur de longs pédicelles et
munies de huit étamines ; par ses fruits plus petits et ciliés sur
les bords. Il croît à Paris dans le jardin de l'Arsenal ; sur les
remparts de Soissons (Poir.), et probablement se trouvera dans
la plus grande partie de la France, lorsqu'on le distinguera de
l'orme des champs, avec lequel il avoit été confondu. ♄.

VINGT-SIXIÈME FAMILLE.

URTICÉES. *URTICEÆ.*

Urticeæ. Juss. — *Scabridæ.* Linn. — *Fici.* Lam. — *Castanea-rum gen.* Adans.

LES urticées comprennent des arbres et des herbes à feuilles alternes ou opposées, souvent hérissées de poils rudes ou piquans; à suc propre quelquefois laiteux; à fleurs petites, verdâtres, monoïques ou dioïques, tantôt solitaires, tantôt disposées en chaton, tantôt renfermées dans un involucre charnu et d'une seule pièce : leur périgone est toujours simple et divisé en lobes; dans les fleurs mâles les étamines sont en nombre déterminé et insérées à la base du périgone; dans les fleurs femelles on trouve un ovaire simple, libre, surmonté de deux stigmates ou d'un style bifurqué.

Dans la première section, les fleurs sont placées sur un réceptacle commun presque fermé dans le figuier, ouvert dans l'ambora, étalé dans le dorstenia, réfléchi dans le perebea, appliqué sur le pédicelle dans l'arbre à pain et le mûrier; l'ovaire se change en une espèce de drupe recouvert, soit par une enveloppe propre, soit par le périgone persistant et devenu pulpeux; ces drupes, par leur aggrégation, forment souvent un fruit composé; leur graine est formée d'un périsperme charnu et d'un embryon crochu à radicule supérieure et à cotylédons étroits et arqués. Je désigne cette section sous le nom d'*artocarpées*, qui indique à la fois le nom de l'arbre le plus important de ce grouppe (arbre à pain, *artocarpus*), et le caractère d'avoir le fruit charnu.

Les vraies urticées qui forment la seconde section, se distinguent par l'absence du périsperme, leur embryon droit, leurs cotylédons planes et élargis, leurs fleurs solitaires ou disposées en épis ou en chatons, leurs fruits nullement charnus et leur suc propre jamais laiteux.

Ces deux sections formeront sans doute un jour deux familles distinctes.

PREMIER ORDRE.

ARTOCARPÉES.   *ARTOCARPEÆ.*

Fleurs posées sur un réceptacle commun ; fruits charnus ; graine munie de périsperme ; embryon courbé.

CCLXXXV. FIGUIER.   *FICUS.*

Ficus. Tourn. Linn. Desf. etc.

Car. Un receptacle commun, charnu, ombiliqué au sommet, creux à l'intérieur, renferme un grand nombre de petites fleurs pédicellées ; les unes mâles, voisines de l'ombilic, ont un périgone à trois ou cinq lobes pointus, et trois à cinq étamines ; les autres femelles, ont un périgone semblable aux mâles, un ovaire libre (Desf.), (demi-adhérent Gœrtn.), surmonté d'un style à deux stigmates ; cet ovaire se change en un drupe ou utricule monosperme, souvent enchassé dans la pulpe du réceptacle ; l'écorce du noyau est fragile, crustacée ; la graine offre, selon Gœrtner, un périsperme charnu et un embryon crochu à lobes arqués demi-cylindriques, et à radicule supérieure.

Obs. Les figuiers, dont les espèces exotiques sont très-nombreuses, se reconnoissent à leurs rameaux terminés par un bourgeon pointu, à leur suc-propre âcre et laiteux, à leur réceptacle presque entièrement fermé.

2128. Figuier commun.   *Ficus carica.*

Ficus carica. Linn. spec. 1513. Lam. Dict. 2. p. 489.
α. *Silvestris.* — *Ficus humilis et ficus sylvestris.* Tourn. Inst. 663.
β. *Sativa.* — Duham. Arb. 1. p. 236. t. 99. — Gœrtn. Fruct. 2. p. 66. t. 91. f. 7.

Le figuier est un arbre médiocre, tortueux, très-branchu, à écorce grise et unie, à suc propre laiteux, à bois blanc et spongieux, à jeunes pousses rudes et pubescentes, à feuilles alternes, pétiolées, rudes et palmées. Le figuier sauvage est plus petit que celui de nos jardins, et ses réceptacles renferment un grand nombre de fleurs mâles. Il croit dans le midi de la France, dans les lieux secs et pierreux. La variété β, qui est cultivée depuis long-temps, a produit un grand nombre de races distinctes, dont nous allons énumérer les principales d'après Duhamel, Rozier, Lamarck et Garidel. Le fruit de ces arbres, connu sous le nom de *figue*, fournit, comme on sait, un aliment sain et agréable. En Provence on les sèche au soleil et elles font dans cet état un objet de commerce.

† *Fruits blancs, verdâtres ou jaunâtres.*

a. La *figue blanche* (Duh. Arb. Fruit. 1. p. 506. t. 1) ou *grosse blanche ronde* (Lam. Dict. 1. p. 490.) a le fruit d'un verd clair, en toupie arrondie, se cultive jusqu'aux environs de Paris.

b. L'*angélique* ou *melette ;* fruit alongé à peau jaune tiquetée de verd, à chair blanchâtre, rougeâtre ou fauve sous la peau ; se cultive aussi près Paris.

c. La *cordelière* ou *servantine ;* fruit arrondi, blanchâtre, marqué de nervures longitudinales, pulpe rose ; commune en Provence.

d. La *grosse blanche longue ;* fruit plus alongé mais d'ailleurs semblable à la première ; très-commune dans le midi, sur-tout en Provence.

e. La *marseilloise ;* fruit petit, blanchâtre en dehors, rouge en dedans, très-parfumé ; à Marseille.

f. La *petite blanche ronde,* ou *figue de lipari ;* fruit blanc, globuleux, très-petit, sucré ; en Provence.

g. La *verte,* ou *trompe cassaire ;* fruit verd en dehors, rouge en dedans, porté sur un long pédoncule.

h. La *grosse jaune ;* fruit oblong, jaune en dehors, rougeâtre en dedans, et dont le poids atteint jusqu'à 15 décagrammes.

i. La *graissanne ;* fruit blanc, fade, applati par dessus, précoce, peu estimée ; en Provence.

†† *Fruits rouges ou violets.*

k. La *violette,* ou *pourpre commune* (Duh. Arb. Fruit. 1. p. 508. t. 2. f. 1.) ; fruits arrondis d'un violet foncé, pulpe pâle vers la peau, foncée au centre ; se cultive jusqu'aux environs de Paris.

l. La *figue poire,* ou *figue de Bordeaux* (Duh. Arb. Fr. 1. p. 508. t. 2. f. 2.) ; se distingue de la précédente à son fruit plus long, parsemé de taches oblongues.

m. La *grosse violette longue,* ou l'*aulique,* qui a la forme d'une aubergine et se fend en long à la maturité ; en Provence.

n. La *petite violette*, plus petite que la précédente.

o. La *grosse bourjassote*, *barnissote* ou *bourjansotte*; fruit sphérique d'un rouge foncé, couvert de poussière glauque, à écorce dure; en Provence.

p. La *petite bourjassotte*, est plus petite, est plus applatie vers l'œil.

q. La *mouissone*, ne diffère de la précédente que par la peau mince; rare même en Provence.

r. La *negronne*; fruit petit, brun en dehors, rouge en dedans; commune et peu estimée en Provence.

s. La *rousse*; fruit gros, rond, applati, d'un rouge brun; commune près d'Aix.

t. Le *cul-de-mulet*, fruit oblong, mielleux, d'un rouge noir en dehors, blanchâtre en dedans; en Provence.

v. La *verte brune*; fruit exquis, petit, aminci à la base, d'un verd brun en dehors, rouge en dedans.

u. La *figue du Saint-Esprit*; fruit gros, oblong, fade, d'un violet obscur.

CCLXXXVI. MURIER.   *MORUS.*

Morus. Lam. L'her. — *Mori sp.* Linn.

Car. Les fleurs sont monoïques, disposées en chatons unisexuels; chaque fleur mâle offre un périgone à quatre lobes concaves et quatre étamines alternes avec les parties du périgone; chaque fleur femelle est composé d'un périgone à quatre lobes persistans, d'un ovaire libre qui porte deux stigmates alongés et hérissés; cet ovaire se change en une capsule ou baie molle à une ou deux graines et recouverte par le périgone qui devient pulpeux: la graine renferme un périsperme charnu et un embryon crochu à radicule supérieure et à cotylédons planes et étroits: la réunion de plusieurs petites baies sur un réceptacle commun, forme ce qu'on nomme la *mûre*.

2129. Mûrier noir.   *Morus nigra.*

Morus nigra. Linn. spec. 1398. Lam. Dict. 4. p. 377. — Duham. Arb. Fruit. 2. p. 161. t. 1.

Cet arbre ne s'élève qu'à une hauteur moyenne; son tronc est fort gros, son écorce est rude et épaisse, et ses branches longues et très-ouvertes, sont entrelacées et forment une grosse tête; ses feuilles sont pétiolées, cordiformes, dentées, pointues, un peu épaisses et rudes au toucher; son fruit est d'un

pourpre

pourpre noir, plus gros et plus pulpeux que celui du mûrier blanc, d'une saveur agréable et rafraîchissante. On cultive cet arbre soit en espalier dans les jardins, soit en plein vent dans les cours abritées. On croit que cet arbre nous est venu de la Perse, qui peut-être elle-même l'a reçu de la Chine. ♄.

2130. Mûrier blanc.   *Morus alba.*

Morus alba. Linn. spec. 1398. Lam. Dict. 4. p. 373. Gœrtn. Fruct. 2. p. 199. t. 126. f. 6.

Cet arbre ne vient pas tout-à-fait aussi gros que le précédent, mais il lui ressemble beaucoup par le port; son écorce est moins épaisse; ses feuilles sont pétiolées, un peu en cœur, dentées, minces et très-lisses : elles sont quelquefois découpées en lobes profonds et irréguliers, et ses fruits sont petits, glabres, blanchâtres ou légèrement rougeâtres. Il croît le long des ruisseaux dans les provinces méridionales. ♄. On le cultive pour la nourriture des vers à soie. Le mûrier sauvageon ou provenu de graines, se divise en deux races, dont l'une a les feuilles minces et découpées, et l'autre a des feuilles épaisses et presque entières : il offre aussi des fruits de diverses teintes, depuis le blanc sale au violet pâle. Le mûrier greffé offre aussi un grand nombre de variétés pour ses feuilles qui sont en général plus grandes, et ses fruits qui sont de couleur plus foncée.

SECOND ORDRE.

URTICÉES.   *URTICEÆ.*

Fleurs solitaires en chatons ou en épis ; fruits jamais charnus ; périsperme nul ; embryon droit (excepté dans le houblon).

CCLXXXVII. HOUBLON.   *HUMULUS.*

Humulus. Linn. Juss. Lam. — *Lupulus.* Tourn. Gœrtn.

Car. Le houblon est dioïque; ses fleurs mâles ont un périgone à cinq parties, cinq étamines à filets courts; les fleurs femelles naissent en cônes composés de grandes écailles colorées, persistantes, concaves, dont chacune porte une fleur; celle-ci a un ovaire surmonté de deux styles, qui se change en une graine revêtue d'une arille et protegée par l'écaille qui lui sert de bractée; l'embryon est tordu en spirale et a sa radicule supérieure.

Tome III.   X

2131. Houblon grimpant.   *Humulus lupulus.*

Humulus lupulus. Linn. spec. 1457. Lam. Illustr. t. 815. Bull.
Herb. t. 234. — *Lupulus scandens.* Lam. Fl. fr. 2. p. 217. —
Lupulus communis. Gœrtn. Fruct. 1. p. 358. t. 75. f. 2.

Ses tiges sont grèles, anguleuses, dures et grimpantes ; ses
feuilles sont rudes au toucher ; elles sont pétiolées, en forme de
cœur, dentées en scie, et à trois lobes ou quelquefois simples ; les
fleurs femelles sont ramassées et forment des espèces de cônes
écailleux, portés sur des pédoncules axillaires et opposés ; les
fleurs mâles, placées sur d'autres individus, forment de petites grappes remarquables par la couleur dorée et brillante des
étamines. ♃. On trouve cette plante dans les haies, au bas des
coteaux de vignes et près des vieux murs. On la cultive sur-tout
dans la Belgique et la Flandre, dans des champs composés de
petites monticules, au milieu desquelles on établit des perches
qui servent à soutenir les tiges grimpantes du houblon : ses
cônes foliacés recueillis à la fin de l'été et desséchés au four,
entrent dans la composition de la bierre qui leur doit son amer-
tume : les jeunes pousses du houblon se mangent assaisonnées
comme des asperges ; elles passent, ainsi que les feuilles, pour
diurétiques et anti-scorbutiques.

CCLXXXVIII. ORTIE.   *URTICA.*

Urtica. Tourn. Linn. Juss. Lam. Gœrtn.

CAR. Les orties sont monoïques, rarement dioïques ; les fleurs
mâles naissent en grappes ; elles ont un périgone à quatre parties et quatre étamines dont les filets sont courbés avant la fleuraison ; les fleurs femelles sont en grappes ou en têtes sphériques ; elles sont composées d'un périgone à deux valves, d'un
ovaire surmonté d'un stigmate velu : le fruit est une graine
entourée par le périgone ; la radicule est supérieure.

OBS. Toutes les orties sont hérissées de poils dont la piqûre
est très-cuisante ; la base de ces poils est un tubercule glanduleux qui suinte une liqueur caustique ; lorsque le poil pénètre
sous la peau, il sert de canal pour y déposer cette liqueur filtrée
à sa base. Quand les orties sont sèches ou qu'elles sont fortement mouillées, leur piqûre n'est pas cuisante. On trouve déjà
ces poils sur les feuilles séminales de la plante. Outre ces organes
spéciaux, les espèces de ce genre portent quelquefois d'autres
poils qui ne secrètent point de liqueur caustique.

2152. Ortie dioïque.   *Urtica dioica.*

Urtica dioica. Linn. spec. 1396. Lam. Illustr. t. 761. f. 1. Fl.
dan. t. 746.

Ses tiges sont hautes de 7-10 décim. , carrées et rameuses ;
ses feuilles sont pétiolées , en forme de cœur, pointues et dentées
en scie; les sexes , dans cette espèce , sont séparés sur des pieds
différens, de sorte que chaque individu ne porte que des fleurs
mâles ou des fleurs toutes femelles; elles forment des grappes
linéaires un peu pendantes , et souvent géminées dans chaque
aisselle. Cette plante est très-chargée de poils cuisans ; elle croît
dans les jardins et sur le bord des haies et des champs. ♃. Cette
herbe apprêtée comme l'épinard , fournit un aliment agréable ;
ses tiges produisent du fil qui pourroit être utile quoique fort
inférieur au chanvre. Les bœufs et les vaches mangent l'ortie
avec avidité ; son suc sert comme astringent dans les hémor-
ragies et les hœmophthisies ; sa graine regardée autrefois comme
un poison , a été employée ensuite comme aphrodisiaque , emménagogue et purgative : enfin , l'urtication sert quelquefois
de moyen pour ranimer l'action vitale dans les rhumatismes
et les paralysies.

2153. Ortie brûlante.   *Urtica urens.*

Urtica urens. Linn. spec. 1396. Fl. dan. t. 739. — *Urtica minor.*
Lam. Fl. fr. 2. p. 194.

Cette espèce s'élève moins que la précédente et est garnie
de poils dont la piqûre est plus brûlante ; ses feuilles sont ovales
ou arrondies, obtuses, fortement dentées; les fleurs forment
des grappes oblongues, serrées, presque sessiles , les unes mâles ,
les autres femelles , sur le même individu. Cette plante est très-
commune dans les lieux cultivés , les cours et les villages. ☉.

2154. Ortie à pilules.   *Urtica pilulifera.*

Urtica pilulifera. Linn. spec. 194. Lam. Illustr. t. 761. f. 2.

Une tige foible , simple ou rameuse , haute de 3-4 décim. ,
presque cylindrique , porte des feuilles opposées , pétiolées ,
ovales-pointues , fortement dentées; les chatons mâles et femelles
sont pédicellés , entremêlés ensemble vers le sommet de la
plante ; les chatons femelles sont serrés , globuleux après l'é-
poque de la fleuraison , et garnis , ainsi que les feuilles et la
tige , de poils dont la piqûre est cuisante. ☉. Cette plante croît
dans les champs des provinces méridionales et de l'isle de Corse :

on la retrouve aux environs de Nantes au Croisic , où elle est
fort commune (Bon.) : on la désigne quelquefois sous le nom
d'*ortie romaine*.

CCLXXXIX. PARIÉTAIRE.   *PARIETARIA.*

Parietaria. Tourn. Linn. Juss. Lam. Gœrtn.

Car. Les pariétaires diffèrent des orties parce qu'elles ont
des fleurs hermaphrodites mélangées avec les fleurs femelles ,
et réunies dans une espèce d'involucre à plusieurs folioles.

Obs. Elles ont la plupart les feuilles alternes et toujours dépourvues des poils glanduleux et piquans qu'on observe sur les
orties ; les filamens des étamines de la pariétaire officinale se
déplient avec une élasticité singulière, soit à l'époque naturelle
de la fécondation , soit lorsque avec une épingle on écarte le
périgone qui les entoure : cette espèce d'explosion tend à fa-
ciliter la dispersion du pollen sur les fleurs femelles avoisinantes.

2135. Pariétaire officinale.   *Parietaria officinalis.*

Parietaria officinalis. Linn. spec. 1492. Bull. Herb. t. 199. Lam.
Illustr. t. 853. f. 1.

Sa tige est droite, cylindrique , rougeâtre , légèrement velue , feuillée dans toute sa longueur , rameuse inférieurement,
et s'élève jusqu'à 6 décim. ; ses feuilles sont alternes , pétiolées ,
ovales-lancéolées , pointues , un peu luisantes en dessus , velues
et nerveuses en dessous ; ses fleurs sont petites , axillaires , et
ramassées plusieurs ensemble par pelotons presque sessiles ; les
unes sont femelles , et les autres hermaphrodites. Cette plante
est commune dans les fentes des vieux murs et quelquefois le
long des haies. ♃. On la nomme vulgairement *paritoire, vitriole,
casse-pierre, panatage, perce-muraille , herbe de Notre-Dame,*
etc. Elle passe pour émolliente et sur-tout pour diurétique : elle
fournit à l'analyse du nitrate de potasse. On assure que mêlée
dans le bled , elle en écarte les charansons.

2136. Pariétaire de Judée.   *Parietaria Judaica.*

Parietaria Judaica. Linn. spec. 1492. Lam. Illustr. t. 853. f. 2.
— Hall. Helv. n. 1613.

Cette espèce ressemble beaucoup à la précédente , mais elle
s'élève moins ; sa tige est droite ; ses feuilles sont ovales, un peu
lancéolées , pubescentes ; ses fleurs sessiles , axillaires , et remarquables en ce que les fleurs mâles sont alongées en un tube

cylindrique et saillant. Cette plante se trouve dans les provinces méridionales (Poir.); en Provence (Gér. Gar.)? ; aux environs de Gap (Vill.); d'Orléans (Dub.).

CCXC. CHANVRE.   *CANNABIS.*

Cannabis. Tourn. Linn. Juss. Lam. Gœrtn.

Car. Les fleurs sont dioïques ; les mâles ont un périgone à cinq parties et cinq étamines à filets courts ; les femelles ont un périgone oblong fendu de côté, et un ovaire chargé de deux styles : la capsule est crustacée, à deux valves presque globuleuses, cachée sous le périgone; l'embryon est courbé et la graine elle-même est huileuse.

2137. Chanvre cultivé.   *Cannabis sativa.*

Cannabis sativa. Linn. spec. 1457. Lam. Dict. 1. p. 695. — — Lob. Ic. t. 526. f. 1. 2.

Sa tige est haute de 1-2 mètres, droite, ordinairement simple et un peu velue ; les feuilles sont pétiolées, à 5 ou 7 folioles disposées comme les doigts de la main ; toutes les folioles sont dentées dans l'individu femelle, mais dans l'individu mâle, les deux folioles antérieures sont quelquefois très entières : le peuple transporte mal-à-propos le nom de chanvre mâle aux pieds qui portent les graines, et celui de chanvre femelle à ceux qui sont stériles et qui ne portent que des fleurs à étamines. Cette plante est étrangère ; mais comme on la cultive beaucoup à raison de sa grande utilité, on en trouve souvent autour des villages et dans les champs, des pieds isolés qui se resèment eux-mêmes tous les ans. ⊙. Toute la plante est très-odorante; elle est narcotique, adoucissante, apéritive et résolutive; ses semences fournissent, par l'expression, une huile bonne à brûler et résolutive ; son usage pour les toiles et les cordages est suffisamment connu.

CCXCI. AMBROSIE.   *AMBROSIA.*

Ambrosia. Tourn. Linn. Juss. Lam. Gœrtn.

Car. Les fleurs sont monoïques ; les mâles sont réunies dans des involucres d'une seule feuille, et placées sur des réceptacles nus ; elles ont un périgone tubuleux à cinq lobes, cinq étamines à anthères droites, un style et un stigmate; les fleurs femelles sont en petit nombre, placées au bas des grappes, munies de trois bractées; elles ont un périgone entier, muni de cinq tubercules vers le milieu de sa surface externe, un ovaire libre, deux styles un peu réunis à leur base; la graine est solitaire, recouverte par le périgone, mais non adhérente.

X 3

Obs. Ce genre, ainsi que le suivant, ressemblent, par *leur*
port, à plusieurs Composées, mais ni l'un, ni l'autre n'ont les caractères de cette famille, puisque leur ovaire est libre, que leurs
anthères sont distinctes, et que leurs fleurs mâles et femelles
sont dans des involucres différens. (Vent.).

2158. Ambrosie maritime. *Ambrosia maritima.*

Ambrosia maritima. Linn. spec. 1401. Lam. Dict. 1. p. 127. —
Barr. Ic. t. 1144.

Toute cette plante est couverte d'un duvet fin, mou et
blanchâtre; ses tiges sont très-rameuses et s'élèvent jusqu'à
4-5 décim.; les feuilles sont profondément découpées en lanières qui sont elles-mêmes lobées, et dont les sinus sont arrondis; les fleurs forment aux sommets des tiges et des rameaux,
des épis jaunes, cylindriques, longs de 5-8 centim.; les mâles
sont ramassées et presque sessiles. ⊙. Cette plante croît dans
les sables maritimes, aux environs de Nice (All.).

CCXCII. LAMPOURDE.   *XANTHIUM.*

Xanthium. Tourn. Linn. Juss. Lam. Gœrtn.

Car. Les fleurs sont monoïques; les mâles sont entourées
d'un involucre à plusieurs feuilles, placées sur un réceptacle
hérissé de paillettes et d'ailleurs semblables à celles du genre
précédent; les femelles sont entourées d'involucres d'une seule
pièce, hérissés en dehors de pointes crochues, divisés intérieurement en deux loges uniflores; le périgone propre est nul;
l'ovaire porte deux styles; les graines sont recouvertes par
l'involucre endurci.

2159. Lampourde glout-   *Xanthium strumarium.* teron.

Xanthium strumarium. Linn. spec. 1400. Lam. Illustr. t. 765.
f. 1. — *Xanthium vulgare.* Lam. Fl. fr. 2. p. 56. — Lob. Ic.
t. 588. f. 2.

Sa tige est haute de 7 décim., anguleuse et branchue; ses
feuilles sont pétiolées, en forme de cœur, arrondies, dentées
dans leur contour, et formant trois angles ou trois lobes vers
leur sommet : ses fleurs sont axillaires; les mâles sont en petit
nombre, et les femelles sont beaucoup plus nombreuses; elles
produisent des fruits grouppés, ovoïdes, hérissés de pointes
crochues et terminés par deux becs droits. Cette plante, connue
sous les noms de *gloutteron* et de *petite bardanne*, est commune

le long des haies et sur le bord des chemins. ⊙. Ses fruits servent
à teindre en jaune, d'où provient le nom de *xanthium* (ξανθος,
jaune).

2140. **Lampourde épineuse.**   *Xanthium spinosum.*

> *Xanthium spinosum.* Linn. spec. 1400. Lam. Illustr. t. 765. f. 4.
> —Pluk. t. 239. f. 1.

Ses tiges sont hautes de 5 décim. , cannelées, pubescentes
et très-rameuses; ses feuilles sont oblongues, découpées en trois
lobes pointus, dont celui du milieu dépasse beaucoup les
autres, vertes en dessus, blanchâtres en dessous, et se rétrécissant en pétiole : on trouve à leur base de longues épines ternées;
ces épines naissent sur la tige et non sur les feuilles; les fruits
sont petits, latéraux, sessiles, hérissés de pointes crochues,
dépourvus à leur sommet du double bec qu'on observe dans
l'espèce précédente. Elle croît au bord des champs et des chemins,
dans les environs de Montpellier (Gou.); entre Tarascon et
Saint-Remy (Gér.); à Nice sur les bords de la mer (All.). ⊙.

VINGT-SEPTIÈME FAMILLE.

EUPHORBIACÉES.   *EUPHORBIACEÆ.*

> *Euphorbiæ.* Juss. —*Tithymali.* Adans. —*Tithymaloideæ.* Vent.
> *Tricoccæ.* Linn.

CETTE famille, très-naturelle, est remarquable par le suc
propre, âcre et laiteux que contient la tige de la plupart des
espèces qui la composent, et sur-tout par la structure de son
fruit : elle renferme des arbres, des herbes et des arbrisseaux
charnus; les feuilles sont très-variables pour leur forme et leur
position; les fleurs sont monoïques ou dioïques, disposées souvent en épi ou réunies dans un involucre, ou plus rarement solitaires; les fleurs mâles ont un périgone à plusieurs parties, et
des étamines en nombre fixe ou variable, insérées sur le réceptacle; leurs filamens sont souvent articulés dans le milieu : les
fleurs femelles ont un ovaire libre, sessile ou pédicellé, tantôt
surmonté de plusieurs styles (ordinairement trois), et devenant
une capsule composée d'autant de coques qu'il y a de styles;
tantôt chargé d'un seul style et se changeant en un fruit charnu
dans certains genres exotiques : les coques du fruit s'ouvrent
avec élasticité en deux valves, et ne contiennent qu'une ou

X 4

quelquefois deux graines ; celles-ci sont munies d'un arille plus
ou moins visible , et sont insérées au sommet d'un axe central
persistant : le périsperme est charnu et entoure l'embryon, lequel est ordinairement droit, plane, quelquefois arqué ou tordu
au sommet; la radicule est supérieure.

Le périsperme des Euphorbiacées est doux et salubre ; l'embryon est âcre, très-purgatif. — Cette famille a de l'analogie
avec celle des Rhamniées, par son périsperme charnu , son fruit
à plusieurs loges, et quelquefois par son port; mais elle en
diffère par ses étamines hypogynes, ses fleurs monoïques ou
dioïques, et la réunion des deux périgones en un seul. Elle n'a
que de foibles rapports avec les familles voisines.

CCXCIII. MERCURIALE.　　*MERCURIALIS.*

Mercurialis. Tourn. Linn. Juss. Lam. Gœrtn.

CAR. Les fleurs sont dioïques , très-rarement monoïques, et
ont un périgone à trois parties ; les mâles portent neuf à douze
étamines distinctes ; les femelles ont un ovaire à deux bosses,
à deux sillons , entouré par deux filamens stériles, courts, qui
naissent au bas de chaque sillon et s'appliquent sur l'ovaire ; celui-ci est surmonté de deux styles bifurqués ; la capsule est à
deux coques, à deux graines.

2141. Mercuriale vivace.　　*Mercurialis perennis.*

Mercurialis perennis. Linn. spec. 1465. Lam. Dict. 4. p. 118.
Fl. dan. t. 400.

Cette herbe , connue sous les noms de *chou de chien*, de
mercuriale sauvage, *mercuriale de montagne*, a une racine
longue et traçante ; sa tige est à peine haute de 3 décim. ; elle
est rude au toucher et chargée, ainsi que ses feuilles, de poils
courts et serrés : ses feuilles sont grandes, ovales-lancéolées,
pointues, dentées, d'un verd obscur et portées sur de courts
pétioles; les fleurs, même les femelles, sont portées sur des
pédoncules assez longs. On trouve cette plante dans les bois. ♃.

2142. Mercuriale annuelle.　　*Mercurialis annua.*

Mercurialis annua. Linn. spec. 1465. Lam. Dict. 4. p. 117.
Illustr. t. 820. — Blakw. t. 163.

β. *Foliis laciniatis.* — Marchant. Act. Acad. 1719. p. 59. t. 6
et 7.

Sa racine est fibreuse ; sa tige est haute de 3-5 décim. , lisse,
glabre et branchue ; ses feuilles sont ovales-lancéolées , pointues ,

dentées, d'un verd clair et très-glabres ; les individus mâles
ont les fleurs ramassées par petits paquets sur des épis grêles,
longs et redressés, et les fleurs des individus femelles sont axillaires, presque géminées et sessiles. Cette plante est commune
dans tous les lieux cultivés. ⊙. Elle est émolliente et laxative :
elle est connue sous les noms de *mercuriale*, *foirole*, *vignoble*,
vignette, etc. La variété ß a des feuilles alternes, sessiles, déchiquetées irrégulièrement, et un port absolument différent.
Cette monstruosité a été observée par Marchant, et a été attribuée à une fécondation hybride.

2143. Mercuriale co-   *Mercurialis tomentosa.*
tonneuse.

Mercurialis tomentosa. Linn. spec. 1465. Lam. Dict. 4. p. 120.
— Clus. Hist. 2. p. 48. f. 1-2.

Sa tige est haute de 3-5 décim. , branchue, quadrangulaire,
cotonneuse, dure, mais ne subsiste pas plusieurs années comme
les tiges vraiment ligneuses ; ses feuilles sont ovales, cotonneuses,
blanchâtres, portées sur de courts pétioles, un peu obtuses et à
peine dentées dans leur partie supérieure : les fleurs des individus
mâles sont ramassées à l'extrémité des pédoncules qui sont plus
longs que les feuilles ; les coques sont assez grosses, cotonneuses. ♃.
Cette plante croit dans les provinces méridionales , à Gramont et
Castelnau près Montpellier (Gou.); à Narbonne. Les échantillons
desséchés deviennent quelquefois un peu rougeâtres au sommet.

CCXCIV. EUPHORBE.   *EUPHORBIA.*

Euphorbia. Linn. Juss. Lam. — *Tithymalus.* Tourn. Gœrtn.

CAR. Les fleurs sont monoïques, renfermées dans un involucre (corolle, Tourn. ; calice, Sm.) en forme de cloche d'une
seule pièce, à huit ou dix lobes, dont quatre à cinq extérieurs
un peu colorés, étalés et charnus (pétales, Linn.; nectaires,
Smith.), et quatre à cinq intérieurs alternes avec les précédens,
droits, membraneux ; les fleurs mâles, au nombre de huit ou
quinze, ont un périgone caché dans l'involucre, composé de
lanières fines et laciniées sur les côtés (filamens stériles, Linn.);
elles n'ont chacune qu'une seule étamine, dont le filament est
articulé dans le milieu ; la fleur femelle est solitaire au centre
de l'involucre, et manque même quelquefois ; elle paroît dépourvue de périgone : l'ovaire porte trois styles ordinairement

bifurqués ; la capsule est pédicellée, saillante hors de l'involucre, à trois coques, à trois graines.

Obs. Le caractère générique que nous venons de tracer d'après Jussieu, Lamarck et Richard, s'éloigne beaucoup de celui de Linné et de l'idée qu'on prend des euphorbes à leur première inspection ; mais il s'accorde mieux avec la structure des fleurs des autres euphorbiacées. — Les euphorbes ou tithymales ont presque toutes les fleurs disposées en ombelles à plusieurs rayons branchus ; mais le nombre de ces rayons et de leurs ramifications n'est point constant, ce qui nous a engagé à diviser ce genre d'après la capsule lisse, velue ou tuberculeuse, comme Gœrtner l'a indiqué, et à tirer les principaux caractères spécifiques de la forme des graines, d'après l'exemple de Desfontaines. —Toutes les espèces de ce genre ont le suc propre laiteux et plus ou moins âcre.

§. Ier. *Capsule glabre et unie.*

2144. Euphorbe monnoyer. *Euphorbia chamæsyce.*

Euphorbia chamæsyce. Linn. spec. 652. Lam. Dict. 2. p. 424.
— *Tithymalus nummularius.* Lam. Fl. fr. 3. p. 101. — Lob.
Ic. t. 363. f. 2.

Petite plante fort jolie, dont les tiges sont menues, presque filiformes, rougeâtres, glabres, longues de 1-2 décim., très-rameuses et étalées en rond sur la terre ; ses feuilles sont petites, opposées, pétiolées, arrondies, lenticulaires, un peu irrégulières, à peine denticulées, quelquefois échancrées à leur sommet et très-souvent rougeâtres ; les fleurs sont axillaires ; la plupart solitaires et presque sessiles ; les capsules sont glabres, et les graines tuberculeuses. Cette plante croît dans les lieux sablonneux des provinces méridionales. ☉

2145. Euphorbe péplis. *Euphorbia peplis.*

Euphorbia peplis. Linn. spec. 652. Lam. Dict. 2. p. 424. —
Euphorbia dichotoma. Forsk. Alg. 93. — *Tithymalus peplis.*
Scop. Carn. II. n. 583. — *Tithymalus auriculatus.* Lam. Fl.
fr. 3. p. 102.—Lob. Ic. t. 363. f. 1.

Cette espèce est extrêmement glabre, couchée, annuelle, plusieurs fois bifurquée comme la précédente ; mais elle en diffère par ses feuilles ovales-oblongues, prolongées à leur base du côté inférieur en une oreillette obtuse ; par ses stipules grèles, filiformes et assez visibles ; par ses capsules trois ou

quatre fois plus grosses, et sur-tout par ses graines lisses, nullement tuberculeuses, irrégulièrement ovoïdes, beaucoup plus
grosses que dans l'euphorbe monnoyer. Elle croît dans les lieux
sablonneux et maritimes des provinces méridionales, en Provence; à Narbonne; à Montpellier (Magn. Gou.).

2146. Euphorbe peplus.   *Euphorbia peplus.*

> *Euphorbia peplus.* Linn. spec. 653. Bull. Herb. t. 79. — *Tithy-*
> *malus peplus.* Gœrtn. Fruct. 2. p. 115. t. 107. f. 2. — *Tithy-*
> *malus rotundifolius.* Lam. Fl. fr. 3. p. 100.
>
> β. *Minima.* — Wild. spec. 2. p. 903.

Sa tige est haute de 2-5 décim., glabre ainsi que le reste de
la plante, cylindrique, rameuse; ses feuilles sont ovales-arrondies, très-entières, éparses, rétrécies en pétiole; l'ombelle se
divise en trois rayons une ou plusieurs fois bifurqués; les
feuilles florales sont plus arrondies, plus sessiles que les autres
et en nombre égal aux rayons de l'ombelle; les quatre lobes
extérieurs de l'involucre sont d'un verd jaunâtre et à deux cornes
pointues; les capsules sont glabres, obtuses, marquées sur
chacun de leurs angles d'une petite crête longitudinale et sillonnée; les graines sont petites, blanchâtres, courtes, cylindriques, marquées de petites cavités grisâtres disposées sur six
séries longitudinales. Cette plante est commune dans les vignes,
les jardins et le long des haies. ☉. La variété β ne s'élève pas
au-delà de 5-6 centim., mais d'ailleurs ne diffère pas de la précédente.

2147. Euphorbe en faulx.   *Euphorbia falcata.*

> *Euphorbia falcata.* Linn. spec. 654. Jacq. Austr. t. 121. — *Eu-*
> *phorbia mucronata.* Lam. Dict. 2. p. 426.
>
> β. *Euphorbia acuminata.* Lam. Dict. 2. p. 426. — *Euphorbia*
> *arvensis.* Schleich. Cent. exsic. n. 50.

Sa tige est haute de 1-2 décim., simple ou rameuse, à rameaux étalés ou resserrés, glabre ainsi que le reste de la plante;
les feuilles sont de forme variable, linéaires, oblongues ou en
spatule, toujours terminées par une pointe acérée; celles qui
entourent les fleurs et les pédicelles sont ovales-arrondies ou
en forme de rein, quelquefois un peu obliques, terminées de
même par une pointe très-visible : l'ombelle se divise en deux
à cinq rayons (ordinairement trois) bifurqués; les quatre lobes
extérieurs de l'involucre sont rougeâtres et à deux cornes; la capsule est lisse, dépourvue de crête sur les angles, un peu conique

dans la variété β; les graines sont blanchâtres, comprimées,
à quatre faces peu prononcées, marquées sur chaque face de
cinq à huit sillons parallèles et transversaux. ☉. Cette plante croît
dans les champs, les vignes, les lieux cultivés, à Sorrèze,
Montpellier, au pays de Gex près Genève, etc.

2148. Euphorbe fluet.   *Euphorbia exigua.*

Euphorbia exigua. Linn. spec. 654. Lam. Dict. 2. p. 427. — Lob.
Ic. t. 357. f. 2.

β. *Minima.* — Magn. Monsp. p. 259. Ic. 258.

Cette espèce varie beaucoup pour le port et la grandeur ; sa
tige est simple ou rameuse, droite ou étalée, et ne dépasse
guère 1 décim. de longueur ; ses feuilles sont linéaires, éparses,
pointues, quelquefois les inférieures sont un peu obtuses ; l'ombelle est formée de deux à quatre rayons (ordinairement trois)
une ou plusieurs fois fourchus ; les bractées sont lancéolées,
aiguës ; l'involucre se divise en huit lobes, dont quatre extérieurs purpurins et en forme de croissant ; la capsule est lisse ;
les graines sont petites, presque tétragones, brunes ou blanchâtres, tuberculeuses de toutes parts. Elle croît dans les champs
et fleurit à la fin de l'été. ☉. Notre variété β est plus petite
dans toutes ses parties, mais elle ne doit point être confondue
avec l'*euphorbia rubra* (Cav. Ic. t. 55), qui, à ma connoissance,
n'a pas encore été trouvée en France.

2149. Euphorbe à feuille   *Euphorbia tenuifolia.*
menue.

Euphorbia tenuifolia. Lam. Dict. 2. p. 428. — *Euphorbia lep-
tophylla.* Vill. Dauph. 4. p. 825. — *Euphorbia graminifolia.*
Vill. Fl. delph. 47.

Sa tige est droite, grêle, haute de 3-4 déc., garnie de feuilles
petites, étroites, linéaires, glabres et peu nombreuses ; elle se
divise au sommet en trois rayons simples, outre quelques rameaux qui partent des aisselles supérieures : les feuilles qui
naissent à l'origine des rayons ne diffèrent pas de celles de la
tige, mais celles qui se trouvent à la base de leurs ramifications sont opposées, arrondies, un peu pointues, presque
rhomboïdales : les divisions externes de l'involucre sont d'un
pourpre foncé et à deux lobes pointus ; le fruit est lisse : selon
Villars, l'ombelle se divise en trois, quatre ou cinq rameaux
bifurqués. ♃. Cette plante est originaire du Dauphiné ; on la

trouve dans les montagnes voisines du Mont-Ventoux (Lam.) ;
à Blueis près du Buis (Vill.).

2150. Euphorbe épurge.   *Euphorbia lathyris.*

Euphorbia lathyris. Linn. spec. 655. Lam. Dict. 2. p. 429. Bull.
Herb. t. 103. — *Tithymalus lathyris.* Lam. Fl. fr. 3. p. 99.

Sa tige est haute de 6 décim., quelquefois beaucoup plus,
ferme, cylindrique, lisse, d'un verd rougeâtre ou bleuâtre, et
rameuse à son sommet ; ses feuilles sont sessiles, lancéolées, d'un
verd foncé, très-lisses, opposées et placées sur quatre rangs ;
l'ombelle est à quatre rayons ; les bractées sont ovales et pointues ;
les divisions externes de l'involucre sont à deux cornes, terminées
chacune par un petit appendice arrondi et lenticulaire ; les capsules sont très-glabres, d'une grosseur remarquable ; les graines sont
grosses, ovoïdes, tronquées au sommet, brunâtres, marquées
de très-petites rides disposées en réseau irrégulier. ♂. On trouve
cette plante dans les lieux cultivés et sur le bord des chemins ;
son suc est très-caustique et sert à ronger les verrues ; sa graine
est un émétique et un purgatif drastique dont l'usage est dangereux, à moins qu'on ne l'emploie à très-foible dose.

2151. Euphorbe de   *Euphorbia Terracina.*
Terracine.

Euphorbia Terracina. Linn. spec. 654. Lam. Dict. 2. p. 429. —
Euphorbia Taurinensis. All. Ped. n. 1046. t. 83. f. 2 ? — All.
Cors. 209. t. 3 ?

Sa tige est herbacée, glabre ainsi que le reste de la plante,
ramifiée dès la base et haute de 3-4 décim. ; ses feuilles sont
alternes, linéaires, lancéolées, tantôt pointues, tantôt obtuses
ou échancrées avec une petite pointe due au prolongement de
la nervure, quelquefois obtuses ou échancrées sans pointe ; l'ombelle se divise en trois à cinq rayons droits, bifurqués, entourés à leur origine de folioles oblongues ; celles qui naissent à
la base des rameaux ou des fleurs sont élargies, presque rhomboïdales : les lobes externes de l'involucre sont à deux lanières
longues et acérées ; la capsule est glabre, unie (un peu rude
sur les angles, All.) ; les graines sont lisses, ovoïdes, presque
arrondies, d'abord jaunâtres, puis grises. ☉. Elle croît aux environs de Lusengo près Turin (All.)? en Corse (All.)? aux
environs de Guillestre en Dauphiné (Vill.)?

2152. **Euphorbe sapinette.** *Euphorbia pityusa.*

Euphorbia pithyusa. Linn. spec. 656. Lam. Dict. 2. p. 432. — *Tithymalus acutifolius.* Lam. Fl. fr. 2. p. 90.—Matth. Comm. 867. Ic.

Une souche presque ligneuse émet plusieurs tiges droites ou étalées, rougeâtres, glabres, longues de 1-3 décim.; les feuilles sont nombreuses, linéaires, lancéolées, très-pointues, d'un verd glauque; les inférieures se déjettent vers le sol de manière à paroître embriquées en sens inverse des supérieures : les feuilles florales sont larges, ovales ou en cœur; l'ombelle est à cinq rayons tantôt courts et simples, tantôt alongés et bifurqués : les divisions externes de l'involucre sont un peu rougeâtres et échancrées au sommet; la capsule est lisse, de moitié plus petite que dans l'euphorbe maritime; les graines sont d'un roux brun, unies, ovoïdes. ♃ ou ♄. Cette plante croît dans les lieux sablonneux des provinces méridionales, en Provence près Marseille; aux îles d'Hyères (Gar.); dans le territoire de Bagnolo près la chapelle de Sainte-Anne (All.); en Savoie (J. Bauh.). Son nom ne doit point s'écrire *pithyusa;* il vient du grec πιτυς, qui signifie *pin* ou *picea*, et il est écrit *pityusa* par Dalechamp et Matthiole.

2153. **Euphorbe maritime.** *Euphorbia paralias.*

Euphorbia paralias. Linn. spec. 657. Jacq. Hort. Vind. t. 188. Lam. Dict. 2. p. 432. — *Tithymalus maritimus.* Lam. Fl. fr. 3. p. 90. — *Euphorbia paralia.* Smith. Fl. brit. 2. p. 516.

Sa tige est haute de 5 décim., cylindrique, quelquefois rougeâtre, rameuse dans sa partie inférieure et feuillée dans toute son étendue; ses feuilles sont blanchâtres, nombreuses, éparses, presque embriquées, toutes redressées, lancéolées et terminées par une pointe fort courte : les folioles de la collerette sont lancéolées, et les bractées sont en cœur; les lobes externes de l'involucre ne sont pas entiers, comme le dit Linné, mais échancrés et terminés par deux dents très-courtes; la capsule est lisse, un peu ridée ou chagrinée sur les angles; les graines sont ovoïdes, blanchâtres, marquées de quelques taches rousses. ♃. Cette plante croît dans les sables du bord de la mer en Belgique (Lest.); à Crotey et Saint-Quentin (Bouch.); à Dive près d'Honfleur; à Vannes; à Nantes (Bon.); dans les Landes (Thore) aux environs de Narbonne, de Montpellier; en Provence (Ger.); près Nice (All.); aux bords du Rhône à Avignon.

2154. Euphorbe des blés.   *Euphorbia segetalis.*

Euphorbia segetalis. Linn. spec. 657. Lam. Dict. 2. p. 433. —
Moris. s. 10. t. 2. f. 3.

β. *Euphorbia provincialis*. Wild. spec. 2. p. 914. excl. syn.
Poir. (1).

γ. *Euphorbia biumbellata*. Poir. Voy. Barb. 2. p. 174. ic. Desf.
Atl. 1. p. 387.

Aucune espèce d'euphorbe n'offre à-la-fois des variations aussi
frappantes dans le port, et des ressemblances aussi marquées
dans les caractères essentiels; on la reconnoit toujours à sa tige
droite, à ses feuilles glabres et linéaires, à ses bractées larges,
demi-orbiculaires ou en forme de cœur; aux rayons de son
ombelle une ou plusieurs fois bifurqués; aux divisions externes
de son involucre qui sont jaunâtres, au nombre de quatre, et
terminées chacune par deux cornes aiguës; à ses capsules glabres,
unies, très-légèrement tuberculeuses sur les angles; sur-tout à
ses graines ovoïdes, d'abord rousses, puis blanchâtres, marquées
de nervures saillantes disposées en réseau assez régulier. La
variété α a la tige rameuse, les rayons de l'ombelle jusqu'à huit
ou dix fois bifurqués, l'ombelle est ordinairement à cinq rayons,
outre quelques rameaux qui partent au-dessous d'elle : la variété
β a la tige presque simple, les rayons de l'ombelle seulement
une ou deux fois bifurqués, et porte de même plusieurs rameaux
chargés de fleurs au-dessous de l'ombelle; dans la variété γ,
ces rameaux naissent presque tous d'un même point et forment
une seconde ombelle au-dessous de la première. Toutes ces
plantes naissent dans les champs parmi les blés, dans les provinces méridionales. ⊙

2155. Euphorbe réveil-   *Euphorbia helioscopia.*
matin.

Euphorbia helioscopia. Linn. spec. 658. Fl. dan. t. 725. — *Tithy-*
malus helioscopius. Lam. Fl. fr. 3. p. 93. — Matth. Comm.
864. Ic.

Sa tige est haute de 2-4 décim., droite, presque glabre et
souvent simple; ses feuilles sont alternes, glabres, élargies vers

---

(1) L'*euphorbia seticornis* de Poiret, rapportée par Willdenow à cette
espèce, en est très-distincte par ces involucelles fortement dentés et par ses
feuilles plus larges munies de quelques dentelures, elle se rapporte à l'*Eu-*
phorbia italica de Lamarck, et n'a pas encore été trouvée en France.

leur sommet et terminées par un bord arrondi , chargé de dentelures ; les bractées sont plus grandes que les feuilles et pareillement en forme de spatule ; l'ombelle est fort considérable
et composée de cinq rayons très-ouverts ; les divisions externes
de l'involucre sont jaunâtres et entières , et les capsules sont
lisses et glabres ; les graines sont ovoïdes , brunes , réticulées.
Cette plante est commune dans les jardins et les lieux cultivés. ☉.

2156. Euphorbe denté en scie. *Euphorbia serrata.*

Euphorbia serrata. Linn. spec. 658. Jacq. Ic. rar. 3. p. 384. —
Tithymalus serratus. Lam. Fl. fr. 3. p. 91.

Ses tiges sont cylindriques , glabres , quelquefois simples ,
et s'élèvent jusqu'à 5 décim. ; ses feuilles sont sessiles , ovales ,
lancéolées ou linéaires , pointues , remarquables par les dentelures
de leur bord , et souvent rougeâtres dans la jeunesse de la plante :
celles des rameaux stériles sont étroites et presque linéaires ;
les bractées sont fort larges et en forme de cœur ; les divisions
externes de l'involucre sont roussâtres et terminées chacune par
deux dents courtes et épaisses ; les capsules sont glabres ; les
graines sont ovoïdes , grises , légèrement tachetées et remarquables par la grosseur de l'ombilic charnu , tétragone et pyramidal qui les couronne. On trouve cette plante sur le bord des
champs et des chemins sablonneux, dans les provinces méridionales. ♃.

2157. Euphorbe à feuilles   *Euphorbia pinifolia.*
de pin.

Euphorbia pinifolia. Lam. Dict. 2. p. 357. n. 92.

Cette plante est ligneuse à la base et s'élève jusqu'à 3 décim.
de hauteur ; sa tige est droite , rameuse par la base , glabre ainsi
que le reste de la plante , garnie de feuilles linéaires longues de
6-7 centim. , sur 4-5 millim. de largeur ; l'ombelle est à cinq
ou sept rayons une ou deux fois bifurqués ; les feuilles qui naissent
à l'origine des rayons sont lancéolées , assez courtes ; celles qui
se trouvent à la division de leurs rameaux sont arrondies , obtuses , terminées par une petite pointe ; les divisions externes
de l'involucre sont d'un jaune roussâtre , larges , échancrées au
sommet et à deux cornes peu alongées ; la capsule est lisse. ♃
ou ♄. On trouve cette plante dans les provinces méridionales
(Lam.).

2158. Euphorbe cyprès. *Euphorbia cyparissias.*

Euphorbia cyparissias. Linn. spec. 660. Lam. Dict. 2. p. 438.
Jacq. Austr. 5. t. 435.

Une tige herbacée, simple et droite, porte une ombelle terminale composée d'un grand nombre de rayons; pendant la
fleuraison il naît au-dessous de l'ombelle des rameaux stériles et
feuillés qui s'alongent autour d'elle et quelquefois la dépassent;
les feuilles sont étroites, linéaires, longues de 3-4 centim., sur
1 millim. de largeur; les feuilles florales sont presque en forme de
cœur, un peu pointues, d'un verd pâle à peine jaunâtre; les rayons
de l'ombelle atteignent 4 centim. de longueur; les divisions
externes de l'involucre sont en forme de croissant; la capsule est
glabre, presque lisse, légèrement chagrinée sur les angles;
les graines sont ovoïdes, lisses, grises à leur maturité. ⅔. Cette
espèce est commune dans les lieux secs et stériles, le bord des
chemins, etc. Cette plante attaquée par l'écidium de l'euphorbe
cyprès, a été décrite comme espèce sous le nom d'*euphorbia
degener.* Voyez n°. 647.

2159. Euphorbe ésule. *Euphorbia esula.*

Euphorbia esula. Linn. spec. 660? Smith. Fl. brit. 2. p. 518. —
Hall. Helv. n. 1046.

Cette espèce est très-voisine de l'euphorbe cyprès, ainsi que
l'observe Linné, mais elle m'en paroît distincte; sa racine qui
est dure et presque ligneuse, pousse plusieurs tiges simples ou
rameuses par le bas, longues de 2 décim., garnies de feuilles
linéaires dont la longueur va en augmentant depuis le bas de la
plante jusqu'à son sommet; les fleurs forment une ombelle serrée presque en tête, composée de cinq à dix rayons courts, terminaux, et de quinze à vingt autres qui partent de l'aisselle des
feuilles supérieures; les feuilles florales sont jaunes, ovales-
arrondies, obtuses et dépourvues de pointe; les divisions externes de l'involucre sont jaunes, échancrées au sommet. ⅔.
Cette plante croît dans les lieux secs au bord des chemins.

2160. Euphorbe de Gérard. *Euphorbia Gerardiana.*

Euphorbia Gerardiana. Jacq. Austr. 5. t. 436. — *Euphorbia
cajogala.* Ehrh. Beitr. 2. p. 102. — *Euphorbia linariæfolia.*
Lam. Dict. 2. p. 437. — *Tithymalus rupestris.* Lam. Fl. fr. 3.
p. 97. — *Euphorbia esula.* Thuil. Fl. par. II. 1. p. 238.

Cette espèce, long-temps confondue avec l'ésule, approche

davantage de l'euphorbe de Nice par la consistance de ses feuilles ; sa racine est vivace ; ses tiges herbacées, toujours simples, droites, garnies de feuilles alternes, glauques, lancéolées-linéaires, très-pointues, longues de 2 centim., sur 5 millim. de largeur ; son ombelle est à plusieurs rayons bifurqués ; les feuilles florales sont jaunes, larges, arrondies, obtuses avec une petite pointe ; les divisions externes de l'involucre sont entières ; la capsule est glabre, absolument lisse ; la graine est lisse, ovoïde. ♃. Elle croit dans les prés stériles et sur le bord des ruisseaux et des lacs, aux environs de Paris ; de Rouen (Lam.) ; du lac Léman ; dans les Alpes au pied du Cramont ; en Provence (Gér.), près de Nîmes, etc.

2161. Euphorbe de Nice.   *Euphorbia Nicœensis.*

Euphorbia Nicœensis. All. Ped. n. 1039. t. 69. f. 1. Jacq. Ic. rar. 3. t. 485. — *Euphorbia amygdaloides.* Lam. Dict. p. 439. non Linn. — *Euphorbia multicaulis.* Thuil. Fl. par. II. 1. p. 238. — *Euphorbia oleœfolia.* Gou. ex herb. Desf.

Une souche ligneuse pousse plusieurs tiges hautes de 2-4 décimètres, un peu rougeâtres, glabres ainsi que le reste de la plante, droites ou un peu couchées à la base ; les feuilles sont écartées, glauques, coriaces, un peu charnues, ovales ou le plus souvent oblongues, terminées par une petite pointe ; les rayons de l'ombelle varient de cinq à dix ; les feuilles de la collerette générale sont ovales ; celles des collerettes partielles sont demi-orbiculaires, très-entières : les divisions externes de l'involucre sont quelquefois entières (Jacq.), plus souvent terminées par deux dents très-courtes, et jamais prolongées comme dans l'euphorbe à feuille de myrte ; la capsule est glabre, lisse ; les graines blanchâtres, à quatre faces peu prononcées et absolument unies. ♃ ou ♄. Cette espèce a été découverte aux environs de Nice, entre Cimie et la Trinita (All.). Elle a été retrouvée en Provence par M. Clarion ; aux environs de Montpellier par M. Broussonet ; à Orsay près Paris, par M. Thuilier ; sur le coteau de Saint-Loup près Orléans (Dub.).

2162. Euphorbe à feuille   *Euphorbia myrsinites.*
de myrte.

Euphorbia myrsinites. Linn. spec. 661. Lam. Dict. 2. p. 438. — *Tithymalus myrsinites.* Lam. Fl. fr. 3. p. 96. — Lob. Ic. t. 355. f. 1.

Ses tiges sont longues de 3 décim., cylindriques, feuillées

et un peu couchées à leur base ; elles sont marquées dans leur partie inférieure par les cicatrices ou empreintes des feuilles qui sont tombées : les feuilles sont nombreuses, éparses, larges, charnues, d'un verd glauque et presque blanchâtres ; les folioles de la collerette sont ovales avec une petite pointe à leur sommet : les divisions externes de l'involucre sont rougeâtres, terminées par deux appendices blancs, cylindriques et épais à leur sommet ; les capsules sont glabres, presque lisses ; les graines sont à quatre faces, rousses, marquées de sillons tortueux, à-peu-près comme un noyau de pêche ; l'ombelle est à sept à huit rayons. ♃. Cette plante croît aux environs de Montpellier, à Mauguio, Lattes et Villeneuve (Gouan); aux environs de Nice (All.).

2163. Euphorbe des bois.   *Euphorbia sylvatica.*

Euphorbia sylvatica. Linn. spec. 663. Bull. Herb. t. 95. — *Tithymalus sylvaticus.* Lam. Fl. fr. 3. p. 97.

β. *Euphorbia amygdaloides.* Linn. spec. 662? excl. syn. Bauh.— *Euphorbia sylvatica.* Jacq. Austr. t. 275.

Sa tige est droite, cylindrique, velue, assez simple, nue dans sa partie inférieure qui conserve les empreintes des feuilles tombées, et s'élève jusqu'à six décimètres ; ses feuilles sont ovales-lancéolées, légèrement velues, et d'une consistance un peu coriace ; celles des tiges fleuries, sont obtuses et d'une longueur médiocre ; mais celles qui occupent le sommet des souches stériles, sont très-longues, très-ramassées, et forment un toupet ou une espèce de rosette large et bien garnie : chaque fleur est accompagnée à sa base, par deux bractées réunies en une seule, dont la forme est orbiculaire, échancrée de chaque côté, et perfoliée ou traversée par le pédoncule : les capsules sont glabres et lisses ; les semences grises, lisses, ovoïdes. La variété β que je connois par les échantillons qui m'ont été envoyés par M. Hoppe, ne me paroît différer nullement de l'espèce commune en France : elle a, dit-on, la tige moins ligneuse et les feuilles plus minces. Smith dit que l'*euphorbia sylvatica* de Linné, diffère de l'*euphorbia amygdaloides*, par ses feuilles glabres, terminées par une petite pointe, et par les divisions externes de son involucre à deux cornes et non en croissant : nos deux variétés ont les feuilles velues, sur-tout dans leur jeunesse, souvent terminées par une petite pointe, et les divisions de l'involucre à deux cornes. On trouve cette plante sur le bord des bois. ♄.

2164. Euphorbe arbrisseau. *Euphorbia dendroides.*

Euphorbia dendroides. Linn. spec. 662. Lam. Dict. 2. 418. —
Tithymalus arboreus. Lam. Fl. fr. 3. p. 94. — Moris. s. 10.
t. 1. f. 11 et 12.

Sa tige est haute de 12-15 décim., et recouverte d'une
écorce brune un peu gercée ; ses rameaux sont rougeâtres, feuillés, nombreux, et forment une large tête ; ses feuilles sont
lisses, étroites, lancéolées, éparses et ramassées aux extrémités
des rameaux ; les folioles de la collerette sont étroites, pointues
et nombreuses : les bractées sont en cœur, et les capsules sont
glabres, très-légèrement chagrinées sur les angles ; les graines
sont arrondies, lisses, d'abord de couleur pâle, puis grises. On
trouve cet arbrisseau dans les isles d'Hyères (Gér.); aux environs de Nice, d'Oneille et d'Alaxia (All.); en Corse près
S.-Fiorenzo (Valle). ♄.

§. II. *Capsule hérissée de poils.*

2165. Euphorbe des vallons. *Euphorbia characias.*

Euphorbia characias. Linn. spec. 662. Lam. Dict. 2. p. 439. Jacq.
Ic. rar. 1. t. 89. — *Tithymalus purpureus.* Lam. Fl. fr. 3.
p. 98.

Ses tiges sont hautes de 8-12 décim., cylindriques, velues,
vivaces, feuillées et assez simples ; ses feuilles sont éparses,
nombreuses, longues, lancéolées, étroites, molles, un peu coriaces et couvertes d'un duvet fin ; l'ombelle est terminale, sessile
et ramassée ; au-dessous de cette ombelle, on observe beaucoup
de fleurs pédonculées, solitaires et axillaires, qui font paroître
les tiges terminées chacune par un épi : les deux bractées sont
soudées en une seule ; les lobes externes de l'involucre sont de
couleur pourpre, larges, obtus et comme tronqués au sommet ; dans un âge avancé, leur bord se réfléchit, et on les croiroit
en forme de croissant : la capsule est hérissée de poils cotonneux ; la graine est ovoïde, grosse, d'abord jaunâtre puis d'un
gris blanc, luisante et assez semblable à celle des grenils.
Cette plante croît dans les lieux pierreux, montagneux et
ombragés, aux environs de Nice (All.); en Provence (Gér.);
en Dauphiné (Vill.)? près Montpellier à Sembrez et Salason
(Gou.).

2166. Euphorbe poilu.   *Euphorbia pilosa.*

Euphorbia pilosa. Linn. spec. 659. — *Tithymalus hirsutus.*
Lam. Fl. fr. 3. p. 98. — Gmel. Sib. 2. t. 93. — Magn. Monsp.
255.

Sa racine est épaisse (Magn.) ; sa tige simple , droite , presque
glabre , haute de 3-4 décim. ; ses feuilles sont oblongues-lancéolées, garnies de quelques poils blancs, sur-tout vers les
bords , très-légèrement dentelées vers le sommet ; l'ombelle
générale se divise en cinq rayons , outre quelques pédicelles qui
partent de l'aisselle des feuilles supérieures ; ces rayons sont à
trois branches bifurquées : les feuilles florales sont ovales , jaunâtres ainsi que les fleurs ; celles-ci ont leurs lobes entiers et
leurs capsules hérissées de poils longs et épars ; les graines m'ont
paru lisses. Cette espèce croît dans les prés en Provence (Lam.) ;
aux environs de Lattes (Magn.), à la gauche du pont de Salason et à la source du Lès près Montpellier (Gou.) : elle fleurit
à l'entrée de l'été. ♃.

2167. Euphorbe doux.   *Euphorbia dulcis.*

Euphorbia dulcis. Linn. spec. 656. Wild. spec. 2. p. 909. Jacq.
Austr. t. 213. non Vahl. Lam. — *Euphorbia lanuginosa.* Lam.
Dict. 2. p. 436. — Lob. Ic. t. 358. f. 1.

Sa tige est simple , pubescente vers le haut , divisée au sommet en cinq rayons deux fois bifurqués ; ses feuilles sont oblongues , un peu rétrécies à la base , obtuses au sommet , glabres
ou pubescentes ; celles qui entourent les fleurs sont pointues ,
dentelées , presque triangulaires : les lobes extérieurs de l'involucre sont entiers (ce qui la distingue de l'*euphorbia dulcis* de
Vahl) et d'un pourpre foncé ; les capsules sont , dans leur jeunesse , hérissées de poils blancs (ce qui l'éloigne de l'*euphorbia
dulcis* de Lamarck), et dans un âge avancé de verrues proéminentes. ♃. Cette espèce croît dans les lieux ombragés. Les
échantillons que je décris sont originaires , les uns d'Italie , les
autres de l'Allemagne méridionale , et quoique indiquée dans
toutes les Flores de la France , je doute encore si cette espèce
y croît réellement , à cause de la confusion qui existe au sujet de
cette plante dans les ouvrages des botanistes.

§. III. *Capsule tuberculeuse.*

2168. Euphorbe pourpré. *Euphorbia purpurata.*

Euphorbia purpurata. Thuil. Fl. par. II. 1. p. 235. — *Euphorbia dulcis.* Lam. Dict. 2. p. 431.

Cette plante ressemble tellement à l'euphorbe doux, qu'elle ne peut en être distinguée que par des caractères en apparence minutieux, mais constans; sa capsule est tuberculeuse, mais nullement velue; son involucre a ses quatre divisions extérieures purpurines et non jaunâtres; ses feuilles sont absolument entières, et ses bractées n'offrent qu'à une forte loupe de très-légères dentelures; la plante entière prend souvent, à l'époque de la fleuraison, une teinte rougeâtre. Elle croît dans les bois et fleurit en été. ♃. Elle a été trouvée aux environs de Paris, à Denain-Villiers, par M. Desfontaines; à Palaiseau (Thuil.). Je l'ai reçue de Sorrèze, des Pyrénées, et on la trouvera sans doute dans toute la France, lorsqu'on la distinguera de l'euphorbe doux.

2169. Euphorbe piquant. *Euphorbia spinosa.*

Euphorbia spinosa. Linn. spec. 655. — *Euphorbia pungens.* Lam. Dict. 2. p. 431. — *Tithymalus diffusus, α.* Lam. Fl. fr. 3. p. 101.

Sous-arbrisseau de 6-9 décim., dont les tiges sont nombreuses, rameuses, diffuses et forment un petit buisson touffu: ses rameaux sont grèles, durs; les plus âgés sont presque piquans, et font paroître le buisson hérissé de pointes; les feuilles sont assez petites, alternes, oblongues, entières, ordinairement glabres et d'un verd clair; l'ombelle est médiocre, à trois ou quatre et rarement cinq rayons; les bractées sont ovales ou jaunâtres; les divisions de l'involucre sont entières et d'un jaune rougeâtre; les capsules sont hérissées de tubercules pointus; les graines sont ovoïdes, lisses, de couleur pâle. ♄. On trouve cette espèce parmi les rochers, aux environs de Nice (All.); à Thorames et dans presque toute la Provence (Gér.); en Corse (Valle).

2170. Euphorbe de Carniole. *Euphorbia Carniolica.*

Euphorbia Carniolica. Jacq. Fl. austr. app. t. 14. — *Tithymalus pilosus.* Scop. Carn. n. 576. t. 21. — *Euphorbia pilosa.* Vill. Dauph. 4. p. 832. non Linn.

Cette plante a une souche épaisse, ligneuse, d'où partent

plusieurs tiges grêles, pubescentes, simples, longues de 1-5 décimètres et souvent penchées au sommet avant la fleuraison; les
feuilles sont petites, oblongues, aiguës, entières, velues sur-
tout en dessous; celles de la collerette sont plus larges et glabres
à la surface supérieure : l'ombelle est à cinq rayons courts et
qui portent deux ou trois fleurs entourées de bractées glabres et
entières ; les divisions externes de l'involucre sont jaunâtres,
arrondies; la capsule est glabre, tuberculeuse. ♃ ou ♄. Elle croît
dans les prés et au bord des champs dans le Piémont (All.) et
dans la Provence, où elle a été trouvée par MM. Chaix et Clarion.

2171. **Euphorbe à verrues.**   *Euphorbia verrucosa.*

> *Euphorbia verrucosa.* Linn. spec. 658. Lam. Dict. 2. p. 434.—
> *Tithymalus verrucosus.* Scop. Carn. n. 336. — Moris. s. 10.
> t. 3. f. 3.
> β. *Euphorbia peploides.* Thuil. Fl. paris. II. 1. p. 237. non
> Gouan.

Ses tiges sont nombreuses, un peu étalées à la base, hautes
de 2-4 décim., ordinairement simples et glabres ; ses feuilles
sont étroites, lancéolées, légèrement dentelées, un peu velues
sur-tout en dessous dans la variété α, glabres dans la variété
β : les ombelles sont à cinq rayons souvent divisés en trois
rameaux chargés chacun de deux fleurs ; les bractées sont ovales,
glabres ; l'involucre a ses lobes extérieurs arrondis et jaunâtres ;
la capsule est glabre, hérissée de tubercules saillans, redressés
et d'un verd foncé ; les graines sont lisses, d'un roux tirant sur
le gris. ♃. Cette plante croît dans les bois un peu humides et
au bord des chemins.

2172. **Euphorbe à large   *Euphorbia platyphyllos.***
          feuille.

> *Euphorbia platyphyllos.* Linn. spec. 660. Jacq. Austr. t. 376.
> Lam. Dict. 2. p. 434.— *Tithymalus platyphyllos.* Scop. Carn.
> n. 337.
> β. *Euphorbia lanuginosa.* Thuil. Fl. paris. II. 1. p. 238.
> γ. *Euphorbia serrulata.* Thuil. Fl. paris. II. 1. p. 237.

Cette espèce ressemble beaucoup à l'euphorbe à verrues ; on
la distingue à sa tige droite et ordinairement simple et solitaire; à ses capsules hérissées de tubercules beaucoup moins
saillans; à ses bractées garnis en dessous de poils placés sur
la nervure : les feuilles sont lancéolées, un peu dentées en scie,
souvent déjetées en bas ; l'ombelle est à cinq rayons plus ou

moins rameux , et en outre il part d'ordinaire plusieurs pédoncules de l'aisselle des feuilles supérieures; l'involucre a ses divisions externes jaunâtres et arrondies. ☉. Cette plante croît
dans les champs secs et montueux , et le long des fossés qui
bordent les chemins.

2173. **Euphorbe pubescent.** *Euphorbia pubescens.*

Euphorbia pubescens. Vahl. Symb. 2. p. 55. Desf. Atl. 1.p.386.

Cette espèce ressemble extrêmement à l'euphorbe à large
feuille , mais elle s'en distingue par les poils assez nombreux qui
se trouvent sur sa tige, ses feuilles et ses bractées , et sur-tout
parce que ses graines , au lieu d'être parfaitement lisses et d'un
roux tirant sur le gris , sont rousses et marquées de petits points
plus foncés visibles à la loupe. ♃. Elle croît aux environs de
Narbonne , d'où je l'ai reçue sous le nom d'*euphorbia pilosa.*

2174. **Euphorbe d'Irlande.** *Euphorbia Hyberna.*

Euphorbia Hyberna. Linn. spec. 662. excl. syn. Bauh. Lam.
Dict. 2. p. 436. — Dill. Elth. 287. t. 290. f. 374.
ß. *Foliis subtùs villosis.*

Sa tige est simple, lisse , haute de 3 décim.; ses feuilles sont
sessiles, entières, presque absolument glabres , oblongues , obtuses , larges de près de 3 centim. sur 6-8 de longueur ; l'ombelle se divise en cinq ou six rayons courts et bifurqués ; à
l'aisselle des rayons et de leurs rameaux , naît une fleur solitaire
et pédicellée; les feuilles florales sont ovales ; les cinq divisions
externes de l'involucre larges et très-obtuses ; la capsule est grosse,
hérissée de forts tubercules écailleux , remplie de graines lisses
d'un roux tirant sur le gris. ♃. Cette plante a été trouvée au
Mont-d'Or et au Puy-de-Dôme , par M. Lamarck. Je l'ai reçue
des environs de Sorrèze , sous le nom d'*euphorbia dulcis :*
M. Ramond l'a trouvée dans les Pyrénées. La variété ß , qui
est originaire des Alpes , a les feuilles velues en dessous , et se
distingue à sa tige plus base , à sa racine ligneuse , à sa consistance plus ferme.

2175. **Euphorbe des marais.** *Euphorbia palustris.*

Euphorbia palustris. Linn. spec. 662. Lam. Dict. 2. p. 439.
Bull. Herb. t. 87. — *Tithymalus palustris , var. α.* Lam. Fl.
fr. 3. p. 94.

Sa tige est haute de 6-9 décim. , cylindrique , glabre , un
peu épaisse , ferme , feuillée , et pousse latéralement beaucoup

de rameaux rougeâtres ordinairement stériles; ses feuilles sont éparses, ovales-oblongues, lancéolées, légèrement obtuses à leur sommet, glabres des deux côtés, rougeâtres en leur bord dans leur jeunesse, et partagées par une nervure blanche et longitudinale; les lobes du périgone sont entiers et d'un jaune roussâtre; les folioles de la collerette sont ovales; les bractées sont obtuses, presque arrondies et de couleur jaune; les capsules sont tuberculeuses. Cette plante croît dans les marais, sur le bord des ruisseaux, des rivières, etc. ♃.

CCXCV. BUIS. *BUXUS.*

Buxus. Tourn. Linn. Juss. Lam. Gœrtn.

Car. Les fleurs sont monoïques et ont un périgone à quatre parties; les mâles sont entourées à leur base d'une écaille à deux lobes, et ont quatre étamines insérées sous le rudiment de l'ovaire; les femelles ont trois petites écailles à leur base, un ovaire terminé par trois styles persistans, et trois stigmates obtus et hérissés : la capsule est à trois cornes, à trois loges, à six graines.

2176. Buis toujours-verd. *Buxus sempervirens.*

Buxus sempervirens. Linn. spec. 1394.
α. *Buxus arborescens.* Lam. Fl. fr. 2. p. 203. Dict. 1. p. 511.
β. *Buxus suffruticosa.* Lam. Dict. 1. p. 511.
γ. *Foliis variegatis.*

Le buis est un arbrisseau à rameaux opposés, tétragones, à bois dur et jaune, à feuilles simples, entières, oblongues-ovales ou un peu arrondies, fermes, persistantes, luisantes et d'un verd foncé; les fleurs sont jaunâtres, disposées par petit paquets aux aisselles des feuilles; les filamens de leurs étamines n'ont pas plus de 5-6 millim. de longueur, ce qui le distingue du buis de Mahon. La grandeur et le port de cet arbrisseau est très-variable; il s'élève quelquefois à 5 ou 7 mètres, quelquefois, dans les terreins rocailleux, il ne dépasse pas 1 mètre de hauteur : son tronc, dans l'un et l'autre cas, est très-tortueux. La variété β est cultivée pour bordure dans les jardins où elle est connue sous les noms de *buis nain, buis d'Artois, buis à bordure :* la culture hâte sa multiplication par bouture, et en le taillant très-souvent on l'empéche de s'élever au-delà de 2-3 décim. et de porter aucune fleur. La variété γ est une monstruosité à feuilles panachées, qu'on multiplie de bouture. Le bois du buis

en arbre est fort recherché des tourneurs, des tabletiers, etc.,
pour sa couleur et sa dureté; ses feuilles passent pour sudorifiques, et sa sciure pour astringente. ♄.

CCXCVI. RICIN.   *RICINUS.*

Ricinus. Tourn. Linn. Juss. Lam. Gœrtn.

CAR. Les fleurs sont monoïques; les mâles ont un périgone
à cinq parties et un grand nombre d'étamines dont les filamens
diversement soudés paroissent rameux; les femelles ont un
périgone à trois parties, un ovaire à trois styles bifurqués : la
capsule est hérissée de tubercules épineux, divisée en trois loges
monospermes.

OBS. Les ricins ont les feuilles alternes palmées, le pétiole
glanduleux vers le sommet, les fleurs en épi un peu rameux,
et ce qui est digne de remarque, les fleurs femelles placées au-
dessus des mâles.

2177. Ricin commun.   *Ricinus communis.*

Ricinus communis. Linn. spec. 1430. Lam. Illustr. t. 792.

Le ricin est originaire de la Barbarie et de l'Orient; dans
son pays natal c'est un arbre qui, selon l'observation de Desfontaines, s'élève jusqu'à 6 ou 7 mètres, tandis que cultivé dans
nos jardins, il ne forme qu'une herbe annuelle de 1 mètre de
hauteur. Cette singularité tient à une autre; c'est que cet arbre
fleurit et fructifie dès la première année de sa naissance; il sert
ainsi, avec une foule d'autres exemples, à montrer l'inexactitude
de la division des plantes en annuelles et vivaces. On le cultive
comme plante d'ornement, sous le nom de *Palma-Christi;* sa
graine fournit l'huile de ricin employée en médecine; son suc,
quoiqu'il ne soit pas laiteux, a, dit-on, servi à fabriquer du
caoutchouc.

CCXCVII. TOURNESOL.   *CROTON.*

Croton. Linn. Juss. Lam. Gœrtn. — *Ricinoides.* Tourn.

CAR. Les fleurs sont monoïques; leur périgone est à cinq
parties ou à dix, dont cinq alternes plus petites et analogues à
des pétales; les mâles ont huit à quinze étamines dont les filamens sont réunis par la base, et cinq petites glandes adhérentes au
réceptacle; les femelles ont un ovaire à trois styles, à six ou
plusieurs stigmates : la capsule est à trois coques et à trois
graines.

Obs. La plupart des espèces de ce genre sont couvertes de poils rameux ou d'écailles rayonnantes.

2178. **Tournesol des teinturiers.** *Croton tinctorium.*

Croton tinctorium. Linn. spec. 1425. Lam. Fl. fr. 2. p. 198.
Illustr. t. 790. f. 4. — Niss. Act. Acad. 1712. p. 337. f. 17.

La plante entière est cotonneuse, blanchâtre; sa racine est dure, pivotante, simple; sa tige est haute de 5 décim., droite, cylindrique et branchue; ses feuilles sont alternes, pétiolées, molles, blanchâtres, rhomboïdales et un peu sinuées; les fleurs sont petites et composées d'un involucre à dix parties, dont cinq plus petites; les fleurs mâles forment de petites grappes terminales, et les femelles sont axillaires et pédonculées : les fruits sont pendans, composés de trois coques noirâtres, chargées de petites aspérités. Cette plante croit dans les environs de Montpellier; de Sorrèze; de Nice (All.); dans l'isle de Corse : son suc donne une couleur bleue fort altérable et qui ne sert qu'à colorer les papiers et les toiles communes. On la fabrique particulièrement au Graud-Gallargues en Languedon. ☉.

VINGT-HUITIÈME FAMILLE.

ARISTOLOCHES. *ARISTOLOCHIÆ.*

Aristolochiæ. Juss. — *Asaroideæ.* Vent.

La famille des aristoloches offre des caractères tellement prononcés, qu'elle constitue une division particulière et isolée dans la vaste série des dicotylédones; son périgone est simple, adhérent avec l'ovaire, entier ou divisé, un peu coloré à la face interne; les étamines sont en nombre déterminé, insérées sur le pistil et presque toujours dépourvues de filamens; le style est court; le stigmate divisé; le fruit est une capsule ou une baie coriace à plusieurs loges, à plusieurs graines; l'embryon est situé à l'ombilic ou à la base d'un périsperme cartilagineux.

Les plantes qui composent cette famille sont peu nombreuses et se ressemblent peu par le port; les unes sont parasites et sans racines; la plupart ont, au contraire, une racine tubéreuse : les fleurs sont peu apparentes, presque toujours placées aux aisselles des feuilles.

CCXCVIII. ARISTOLOCHE.   *ARISTOLOCHIA.*

Aristolochia. Tourn. Linn. Juss. Lam.

Car. Le périgone est tubuleux , ventru à sa base , dilaté au sommet et prolongé en languette d'un côté ; les anthères, au nombre de six , sont presque sessiles sous le stigmate , lequel est à six divisions ; la capsule est à six angles , à six loges.

Obs. Le nom d'*aristoloche* a été donné à ces plantes, à cause des propriétés toniques et emménagogues qu'on attribue à leurs racines.

2179. Aristoloche ronde. *Aristolochia rotunda.*

Aristolochia rotunda. Linn. spec. 1364. Lam. Dict. 1. p. 257.— Blakw. t. 256. — Lob. Ic. t. 606. f. 2.

Sa racine est un tubercule charnu et arrondi ; ses tiges sont foibles , anguleuses , feuillées , et s'élèvent jusqu'à 5 décim. ; ses feuilles sont alternes , presque sessiles , cordiformes et un peu obtuses à leur sommet ; ses fleurs sont axillaires , solitaires , fort grandes , et leur languette est ordinairement d'un rouge noirâtre. Cette plante croît dans les champs et les vignes des provinces méridionales. ⚥

2180. Aristoloche longue.   *Aristolochia longa.*

Aristolochia longa. Linn. spec. 1364. Lam. Dict. 1. p. 258. Mill. Ic. t. 51. f. 2. — Cam. Epit. 420. Ic.

Sa racine est un tubercule alongé presque cylindrique ; ses tiges sont grèles , anguleuses , foibles , feuillées et longues de 5-6 décim. ; ses feuilles sont en cœur , un peu obtuses , pétiolées et alternes ; ses fleurs sont axillaires , solitaires , longues , et ont leur languette d'une couleur moins foncée que celles de l'espèce précédente. On trouve cette plante dans les provinces méridionales , dans les champs , les haies et les vignes , près Nice (All.). ⚥

2181. Aristoloche   *Aristolochia pistolochia.* crénelée.

Aristolochia pistolochia. Linn. spec. 1364. Lam. Dict. 1. p. 257. — *Aristolochia fasciculata.* Lam. Fl. fr. 3. p. 387. — Moris. s. 12. t. 17. f. 12.

Sa racine est divisée en portions nombreuses , cylindriques , et disposées en faisceaux ; elle pousse plusieurs tiges grèles , foibles, anguleuses, feuillées, et hautes de 3-4 décim.; ses feuilles sont petites, pétiolées, cordiformes, crénelées ou denticulées en leur bord, et d'un verd pâle; ses fleurs sont solitaires, jaunâtres en leur tube, et un peu noirâtres en leur languette; les pédoncules sont presque aussi longs que la corolle. On trouve cette plante en Provence et en Languedoc, dans les lieux incultes. ♃.

2182. Aristoloche clématite. *Aristolochia clematitis.*

Aristolochia clematitis. Linn. spec. 1364. Lam. Dict. 1. p. 258. Bull. Herb. t. 39.

Sa tige est haute de 6 décim., assez droite, moins foible que celle des espèces précédentes, simple, feuillée et anguleuse; ses feuilles sont alternes, pétiolées, cordiformes, glabres, et remarquables par des nervures très-ramifiées et réticulées dans leur surface inférieure; ses fleurs sont d'un jaune pâle, pédonculées et ramassées trois à cinq ensemble dans les aisselles des feuilles. On trouve cette plante dans les lieux pierreux, stériles, et dans les décombres. ♃. Elle exhale une odeur désagréable.

CCXCIX. ASARET.   *A S A R U M.*

Asarum. Tourn. Linn. Juss. Lam. Gœrtn.

Car. Le périgone est une cloche à trois lobes; les étamines sont au nombre de douze, placées sur l'ovaire; les anthères sont adhérentes aux filets dans le milieu de leur longueur; le style est court; le stigmate à six lobes rayonnans; la capsule à six loges.

2183. Asaret d'Europe.   *Asarum Europœum.*

Asarum Europœum. Linn. spec. 633. Lam. Illustr. t. 394. f. 1. Bull. Herb. t. 69.

Sa racine est une souche rampante longue de 6-15 centim., qui se divise et pousse à différens intervalles des tiges courtes terminées par deux feuilles opposées, réniformes, un peu coriaces, vertes et lisses en dessus, légèrement velues en dessous et en leur bord, et portées sur des pétioles longs de 9 centimètres; les fleurs sont petites, campanulées, trifides, un peu velues en dehors, d'un rouge noirâtre intérieurement, soutenues par de courts pédoncules, solitaires et situés à la bifurcation des pétioles. Cette plante est connue sous les noms de *cabaret*, de *rondelle* et *d'oreille-d'homme*; ses racines sont émétiques; ses feuilles séchées et réduites en poudre, forment un violent sternutatoire : la plante en infusion est purgative, emménagogue. On la trouve dans les bois et les lieux couverts et rocailleux. ♃.

CCC. CYTINET.   *CYTINUS.*

Cytinus. Linn. — *Hypocistis.* Tourn. — *Thyrsine.* Gled.

Car. Le périgone est en cloche alongée, à quatre ou cinq lobes, persistant, muni de deux écailles à sa base; les anthères, au nombre de huit (ou seize) sont sessiles sur le style, un peu au-dessous du stigmate; le style est oblong; le stigmate à huit lobes obtus; le fruit est une baie coriace à huit loges, couronnée par les débris du périgone (Juss.).

Obs. Selon M. Link (Journ. Schrad. 1800. p. 51.), les fleurs sont constamment monoïques; les filamens des étamines naissent du fond de la fleur, et se prolongent en corne au-delà des anthères. Si cette observation est exacte, ce genre ne pourra plus demeurer parmi les aristoloches, avec lesquelles il n'a d'ailleurs qu'un rapport éloigné; mais quelle sera sa véritable place?

2184. Cytinet parasite.   *Cytinus hypocistis.*

Cytinus hypocistis. Linn. gen. p. 566. Lam. Illustr. t. 737. —
Asarum hypocistis. Linn. spec. 633.

Cette plante ressemble, par son port, à la monotrope et aux orobanches; sa tige est haute de 7-8 centim., épaisse, succulente, rougeâtre ou jaunâtre, couverte de petites feuilles ou d'écailles charnues, ovales, à-peu-près embriquées, plus nombreuses vers le sommet; les fleurs, au nombre de cinq à dix, sont terminales, presque sessiles, peu apparentes, à-peu-près de la couleur de la plante. L'hypociste est parasite sur les racines de diverses espèces de cistes arbrisseaux, tels que le ciste de Montpellier, le ciste au ladanum, etc. Son suc est employé comme astringent.

VINGT-NEUVIÈME FAMILLE.

ÉLÉAGNÉES.   *ELÆAGNEÆ.*

Eléagni. Juss. — *Elæagnoideæ.* Vent. — *Calycifloræ.* Linn.
— *Eleagnorum gen.* Adans.

Lrs plantes éléagnées sont rarement des herbes, presque
toujours des arbres ou des arbrisseaux à bourgeons coniques,
nus, sans écailles ; à feuilles disposées en quinconce, toujours
simples et entières, souvent couvertes d'écailles blanches ou roussâtres; leurs fleurs, qui sont ordinairement hermaphrodites et
quelquefois dioïques, affectent des dispositions diverses; le périgone est tubuleux, d'une seule pièce, adhérent avec l'ovaire, divisé en deux à cinq lobes peu profonds, un peu coloré à l'intérieur,
revêtu en dehors d'écailles lorsque les feuilles en sont elles-mêmes
garnies; les étamines, dont le nombre est égal ou double de
celui des lobes du périgone, sont insérées vers le haut du tube ;
l'ovaire est adhérent, chargé d'un style et d'un stigmate ordinairement simple; le fruit est un drupe, une noix ou une capsule, mais ne renferme jamais qu'une seule graine ; l'embryon
est droit, a sa radicule tantôt supérieure, tantôt inférieure, et
se retrouve au centre d'un périsperme charnu quelquefois si
mince, qu'il mérite à peine d'être noté.

Cette famille se rapproche, par la structure de son périgone
et par son port, des aristoloches et sur-tout des thymelées ;
elle diffère des premières par ses étamines insérées non sur
l'ovaire, mais sur le périgone, et des secondes par son ovaire
adhérent au périgone.

CCCI. THÉSION.   *THESIUM.*

Thesium. Linn. Juss. Lam. —*Alchimillæ sp.* Tourn.

Car. Le périgone est à quatre ou cinq divisions, et porte une
étamine placée devant chacune des divisions; le fruit est une
capsule monosperme qui ne s'ouvre point d'elle-même, et qui
est couronnée par le périgone persistant.

Obs. Les thésions d'Europe sont des herbes à racine demi-
ligneuse; leur périsperme est charnu, très-apparent.

2185. Thésion à feuilles *Thesium linophyllum.*
de lin.

Thesium linophyllum. Linn. spec. 301. Wild. spec. 1. p. 1211.
α. *Thesium pratense.* Hoffm. Germ. 82.
β. *Thesium intermedium.* Schrad. Spic. 1. p. 27.
γ. *Thesium montanum.* Hoffm. Germ. 82.—*Thesium Bavarum.*
Schrank. Bav. n. 420.

Ses tiges sont menues, glabres, anguleuses, feuillées, plus
ou moins droites et longues de 2-5 décim.; ses feuilles sont
alternes, étroites-linéaires, et quelquefois lancéolées-linéaires;
ses fleurs sont pédonculées et communément à cinq lobes. La
variété α a ses bractées légèrement crénelées; la variété β se
distingue à ses tiges grèles, roides et droites; la variété γ a
la tige foible, les feuilles lancéolées et à trois nervures. On
trouve cette plante sur les collines et dans les prés secs et
montagneux. ♃.

2186. Thésion des Alpes. *Thesium Alpinum.*

Thesium Alpinum. Linn. spec. 301. Jacq. Vind. t. 400. Ger.
Gallopr. 422. t. 17. f. 1.
β. *Thesium ramosum.* Hayne. Journ. Schrad. 1801. p. 31. t. 7.
f. 1.

Ses tiges sont nombreuses, très-menues, simples, feuillées
et hautes de 2-5 décim.; ses feuilles sont toutes étroites, linéaires, et les supérieures sont aussi longues ou quelquefois
plus longues que les autres; ses fleurs sont fort petites, la plupart à quatre lobes et presque sessiles ou portées sur des pédoncules longs de 3 millim.; ces pédoncules sont chargés d'une
longue feuille et souvent de deux autres beaucoup plus petites.
On trouve cette plante dans les montagnes de la Provence, du
Dauphiné, du Piémont, de la Savoie, du Jura, de l'Auvergne,
des Pyrénées. ♃.

CCCII. OSYRIS. *OSYRIS.*

Osyris. Linn. Juss. Lam. — *Casia.* Tourn.

Car. Les fleurs sont dioïques par avortement; le périgone
est à trois divisions; les mâles ont trois étamines courtes et le
rudiment de l'ovaire; les femelles ont trois stigmates : le fruit
est une baie sèche, globuleuse, ombiliquée, qui renferme un
noyau monosperme.

Obs. Les fleurs sont quelquefois hermaphrodites.

2187. Osyris blanc.   *Osyris alba.*

Osyris alba. Linn. spec. 1450. Lam. Illustr. t. 802. — Cam.
Epit. 26. Ic.

L'osyris blanc ou le *rouvet*, est un arbrisseau de 7-8 décim.,
dont la tige est très-branchue, et dont les rameaux sont relevés
de côtes saillantes qui sont les prolongemens des nervures longitudinales des feuilles; celles-ci sont presque sessiles, oblongues,
étroites, pointues et entières : les fleurs sont petites, pédicellées, ramassées vers le sommet des rameaux, entremêlées avec
les feuilles, d'une couleur verdâtre ou jaunâtre et d'une odeur
agréable; les baies sont rouges à leur maturité. On trouve cette
plante dans les environs de Sorrèze, de Montpellier, à Castelnau et la Vallette (Gou.); en Provence (Gér.). ♄. .

CCCIII. ARGOUSSIER.   *HIPPOPHAË.*

Hippophaë. Linn. Juss. Lam. — *Rhamnoides.* Tourn.

CAR. Les fleurs sont dioïques; les mâles ont un périgone à
deux divisions profondes, et quatre anthères dont les filamens
sont presque nuls; les femelles ont le périgone à deux divisions
moins profondes que dans les mâles : le stigmate est épais; le
fruit est une baie globuleuse à une loge, à une graine.

2188. Argoussier faux-   *Hippophaë rhamnoides.*
     nerprun.

Hippophaë rhamnoides. Linn. spec. 1452. Lam. Illustr. t. 808.
— Duh. Arb. 2. t. 49.

Arbrisseau très-rameux, ordinairement tortu, dont les
branches sont épineuses à l'extrémité, et dont l'écorce est d'un
gris tirant sur le brun: les fleurs, soit mâles, soit femelles,
naissent par grouppes, entremêlées avec les feuilles naissantes,
et s'épanouissent avant le développement des feuilles; celles-ci
sont oblongues, étroites, presque obtuses, d'un verd grisâtre
en dessus, d'un gris argenté et parsemées d'écailles rousses et
rayonnantes en dessous; les pieds femelles produisent des baies
d'un jaune un peu orangé. Cet arbrisseau croît dans les sables
humides, dans les dunes du bord de la Méditerranée, dans les
Alpes le long des fleuves et des torrens. Il est commun à Genève sur les bords de l'Arve; on le cultive dans les bosquets à
cause de sa teinte grise qui contraste avec le verd des autres
feuillages. ♄.

Tome III.   Z

CCCIV. CHALEF.   *ELÆAGNUS.*

Elæagnus. Tourn. Linn. Juss. Lam.

Car. Le périgone est en cloche à quatre lobes, coloré à l'intérieur, revêtu d'écailles en dehors, chargé de quatre étamines presque sessiles, placées entre les lobes du périgone; le fruit est un drupe dont la noix est monosperme.

Obs. Les écailles qui couvrent les jeunes pousses, les feuilles et les fleurs des chalefs, sont planes, orbiculaires, insérées par le centre; lorsqu'on les examine au microscope, elles semblent formées par des poils rayonnans soudés ensemble dans presque toute leur longueur.

2189. Chalef à feuille   *Elæagnus angustifolia.*
      étroite.

> *Elæagnus angustifolia.* Linn. spec. 176. Lam. Illustr. t. 73. f. 1.
> — *Elæagnus incanus.* Lam. Fl. fr. 3. p. 476. — *Elæagnus argenteus.* Mœnch. Meth. 628. — Duh. Arb. 1. t. 89.
> α. *Elæagnus inermis.* Mill. Dict. n. 2.
> β. *Spinosa.* — Lam. Dict. 1. p. 589.

Grand arbrisseau dont les feuilles et les jeunes rameaux sont couverts d'écailles blanches et argentées : les feuilles sont alternes, ovales ou oblongues, blanches, sur-tout en dessous, portées sur de courts pétioles ; les fleurs naissent deux à trois ensemble à l'aisselle des feuilles; elles sont presque sessiles, revêtues en dehors d'écailles argentées, jaunes à la surface interne, et exhalent, sur-tout le soir, une odeur pénétrante mais agréable : le fruit a la forme d'une petite olive. Ce bel arbrisseau croît naturellement en Provence, près de Gardane, dans les lieux humides (Gér.); en Piémont dans la vallée d'Aost et autour d'Avise (All.). On le cultive pour l'ornement des bosquets, sous le nom d'*olivier de Bohéme.*

TRENTIÈME FAMILLE.

THYMELÉES. *THYMELÆÆ.*

Thymelææ. Juss. — *Daphnoideæ.* Vent. — *Chamelææ.* Ger. —
Thymelæarumgen. Adans. — *Vepreculæ.* Linn.

LES thymelées sont des arbustes ou des sous-arbrisseaux
dont les feuilles toujours simples et entières, ordinairement
disposées en quinconce, sortent de bourgeons coniques et écailleux, et dont les fleurs souvent colorées, naturellement hermaphrodites, quelquefois dioïques par avortement, naissent solitaires ou aggrégées, ou disposées en épi, à l'aisselle des feuilles
ou au sommet des branches ; le périgone est libre, coloré, d'une
seule pièce, à quatre à cinq lobes peu profonds, chargé dans
quelques genres étrangers d'écailles pétaloïdes à l'entrée du
tube ; les étamines sont placées à l'orifice du périgone, et leur
nombre est double de celui des lobes ; l'ovaire est libre ; le style
unique souvent latéral ; le stigmate ordinairement simple ; le
fruit, qui est recouvert par le périgone, consiste en une seule
graine dont l'enveloppe propre est membraneuse ou charnue ;
le périsperme manque ; l'embryon est droit et a la radicule
supérieure.

Les graines de plusieurs thymelées sont en général des pur-
gatifs violens et souvent émétiques ; l'écorce de la plupart étant
appliquée sur la peau, y produit l'effet d'un vésicatoire plus ou
moins violent.

CCCV. DAPHNÉ. *DAPHNE.*

Daphne. Linn. Juss. Lam. — *Thymelæa.* Tourn. All.

CAR. Le périgone est un peu tubuleux, à quatre lobes, pubescent en dehors, coloré sur-tout en dedans ; les étamines sont
au nombre de huit renfermées dans le tube ; le style est court ;
le fruit est une baie à une loge, à une graine.

OBS. Le périgone du daphné bois-gentil est double, c'est-à-
dire formé de deux tubes, l'un intérieur, l'autre extérieur. Cet
exemple seul, indépendamment des raisons que j'ai exposées
dans le premier volume, suffiroit pour montrer que le périgone
simple nommé *calice* par Jussieu, et *corolle* par Linné, est

réellement composé d'un calice et d'une corolle soudés naturellement ensemble. — Plusieurs espèces de ce genre dont le fruit
n'a pas été suffisamment observé, seront peut-être rejetées
parmi les passerines.

2190. Daphné bois-gentil. *Daphne mezereum.*

Daphne mezereum. Linn. spec. 509. Lam. Illustr. t. 290. f. 1.
Bull. Herb. t. 1. Duh. Arb. sec. ed. 1. t. 8. — *Thymelœa meze-*
reum. All. Ped. n. 482.

β. *Flore albo, fructu flavescente.* Tourn. Inst. 595.

Sa tige est haute de 8-12 décim., rameuse et recouverte
d'une écorce brune ou un peu grisâtre; ses feuilles sont ovales-
lancéolées, d'un verd pâle ou jaunâtre, d'une couleur un peu
glauque en dessous, alternes, et ne persistent point pendant
l'hiver; ses fleurs sont sessiles, odorantes, d'un rouge gai dans
la variété α, blanches dans la variété β, disposées par paquets
le long des branches; elles s'épanouissent à la fin de l'hiver
avant la naissance des feuilles; les fruits sont rouges dans la
variété α, jaunâtres dans la variété β. On trouve cet arbrisseau
dans les bois montagneux; son écorce est caustique et sert à
faire des sétons : lorsqu'on la mâche elle excite une violente
inflammation dans la bouche et l'œsophage; l'odeur des fleurs
donne souvent des maux de têtes. Toutes les espècesde ce genre
participent aux mêmes propriétés.

2191. Daphné thymelée. *Daphne thymelœa.*

Daphne thymelœa. Linn. spec. 509. Lam. Dict. 3. p. 434. Ger.
Gallopr. t. 17. f. 2. — *Thymelœa sanamunda.* All. Ped. n.
485. — *Daphne thymelœa,* α. Lam. Fl. fr. 3. p. 220.

Ses tiges sont droites, cylindriques, ordinairement simples,
et s'élèvent jusqu'à 3 décim.; ses feuilles sont sessiles, éparses,
nombreuses, fort rapprochées les unes des autres, assez petites,
lancéolées et très-glabres; ses fleurs sont d'un blanc jaunâtre,
et naissent dans les aisselles supérieures des feuilles; les fleurs
inférieures sont solitaires, celles du haut naissent deux à cinq
ensemble et atteignent presque la longueur des feuilles; ces
fleurs sont souvent dioïques par avortement. Ce sous-arbrisseau
est originaire des provinces méridionales; on le trouve aux
environs de Nice (All.); en Provence au bois de Meyrargue
(Gar.); près Cotignac (Gér.), à l'Hort-de-Dieu près Montpellier (Gou.); aux environs de Narbonne.

2192. Daphné lauréole. *Daphne laureola.*

Daphne laureola. Linn. spec. 510. Lam. Dict. 3. p. 434. Duh. Arb. sec. ed. 1. t. 9. Bull. Herb. t. 37. — *Daphne major.* Lam. Fl. fr. 3. p. 221. — *Thymelæa laureola.* All. Ped. n. 484.

Sa tige est cylindrique, rameuse dans sa partie supérieure, et s'élève à peine jusqu'à un mètre; ses rameaux sont flexibles et garnis vers leur sommet de beaucoup de feuilles ramassées, lancéolées, sessiles, épaisses, coriaces, très-glabres, lisses et persistantes; ses fleurs sont d'un jaune verdâtre et disposées en grappes courtes dans les aisselles des feuilles. Cet arbrisseau fleurit à la fin de l'hiver; il se trouve dans les bois montagneux de la Savoie, du Lyonnois, du Dauphiné, du Piémont, des provinces méridionales, de l'Auvergne, des Pyrénées, etc. ♄.

2193. Daphné des Alpes. *Daphne Alpina.*

Daphne Alpina. Linn. spec. 510. Lam. Dict. 3. p. 421. — *Thymelæa Alpina.* All. Ped. n. 483. — *Thymelæa candida.* Scop. Carn. 2. n. 465. — Lob. Ic. t. 370. f. 1.

Sa tige est haute de 5-10 décim., rameuse et recouverte d'une écorce cendrée; ses feuilles sont ovales-oblongues, un peu obtuses, d'un verd pâle ou jaunâtre, pubescentes en dessous, sur-tout dans leur jeunesse, et la plupart ramassées au sommet des rameaux; ses fleurs sont blanchâtres et disposées dans les aisselles des feuilles. Ce sous-arbrisseau croît dans les montagnes aux lieux pierreux et dans les fentes des rochers, en Languedoc près Campestre (Gou.); en Dauphiné près Grenoble et dans le Champsaur (Vill.); aux environs de Fenestrelle, de Tende, d'Ormea (All.); au mont Saint-Salève près Genève. Je n'ai jamais vu la variété à fleur rouge dont parlent quelques auteurs. ♄.

2194. Daphné tarton-raire. *Daphne tarton-raira.*

Daphne tarton-raira. Linn. spec. 536. Lam. Illustr. t. 290. f. 2. — *Daphne candicans.* Lam. Fl. fr. 3. p. 221. — *Thymelæa tarton-raira.* All. Ped. n. 486. — Lob. Ic. t. 371. f. 2.

Sa tige est haute de 2-3 décim. et divisée en plusieurs rameaux droits, velus et feuillés dans toute leur longueur; ses feuilles sont éparses, ovales, et couvertes des deux côtés d'un duvet blanchâtre et presque soyeux; ses fleurs sont fort petites, axillaires, sessiles, blanches ou d'une couleur pâle; elles sont souvent dioïques par avortement. Ce sous-arbrisseau croît en

Provence, à Montredon près Marseille, entre Marignane et
Châteauneuf (Gar.); aux environs de Nice (All.). Il a été trouvé
en Corse par M. Noisette. Il est connu en Provence sous les
noms de *tarton-raire*, *gros retombet*, *trintanelle malherbe*.

2195. Daphné camelée.   *Daphne cneorum.*

Daphne cneorum. Linn. spec. 511. Lam. Dict. 3. p. 439. Bull.
Herb. t. 121. Duh Arb. sec. ed. 1. t. 10.—*Thymelæa cneorum.*
All. Ped. n. 487. — *Daphne odorata.* Lam. Fl. fr. 3. p. 222.
β. *Floribus albis.* Clus. Hist. 89.

Sa tige est haute de 2 décim., quelquefois simple, mais plus
ordinairement rameuse; l'écorce de ses rameaux est grisâtre
et pubescente; ses feuilles sont linéaires, glabres, éparses et
un peu ramassées vers le sommet des rameaux; ses fleurs sont
purpurines ou de couleur rose, blanches dans la variété β, et
ont une odeur très-agréable; elles sont sessiles, réunies en une
tête qui ressemble à une ombelle. Ce très-petit arbrisseau fleurit
au premier printemps, et quelquefois refleurit à l'automne. Il
croît dans les montagnes de l'Alsace (Mapp.); au mont l'Achen
en Provence (Gér.); dans le Champsaur (Vill.); en Languedoc
près Campestre (Gou.); dans les Landes (Thor.); en Piémont
(All.); au mont Salève près Genève. ♄.

2196. Daphné garou.   *Daphne gnidium.*

Daphne gnidium. Linn. spec. 511. Lam. Dict. 3. p. 439. —
Daphne paniculata. Lam. Fl. fr. 3. p. 222. — *Thymelæa
gnidium.* All. Ped. n. 488. — Lob. Ic. t. 369. f. 1.

Sa tige se divise dès sa base en plusieurs rameaux plus ou
moins droits, feuillés et longs de 5 décim. à-peu-près; ses feuilles
sont lancéolées, linéaires, très-glabres, terminées par une pointe
aiguë, éparses, nombreuses, très-rapprochées les unes des
autres, et presque embriquées vers le sommet des rameaux;
ses fleurs sont petites, blanchâtres ou rougeâtres, pédonculées,
et disposées en une panicule médiocre et peu étalée; leurs
pédoncules et leur périgone sont couverts d'un duvet presque
cotonneux. Le *garou* ou *saint-bois* croît dans les lieux arides
et montueux des provinces méridionales. Il se retrouve à la
Rochelle et jusque dans l'isle de Noirmoutier (Bon.), ♄; son
écorce macérée dans le vinaigre, est employée comme vésicatoire
lorsqu'il s'agit de détourner quelque humeur, et particulièrement
celles qui se jettent sur les yeux. Son fruit me paroit peu ou
point charnu, ce qui doit peut-être engager à le placer parmi
les passerines.

CCCVI. PASSERINE.   *PASSERINA.*

Passerina. Linn. Juss. Lam. — *Thymelϼœæ spec*. Tourn. All.
— *Sanumunda*. Clus. Adans.

Car. Les passerines diffèrent des daphnés par leur style filiforme et latéral, et sur-tout par leur fruit qui n'est point une
baie, mais une simple coque sèche membraneuse et monosperme.

2197. Passerine dioïque.   *Passerina dioica.*

Passerina dioica. Ram. Bull. Philom. n. 41. — *Daphne dioica*,
Gou. Illustr. 27. t. 17. f. 1. Lam. Dict. 3. p. 419. — *Thymelæa
dioica*. All. Auct. 9.

Cette passerine est un sous-arbrisseau rameux, tortu, haut
de 2-3 décim. au plus, dont l'écorce est subéreuse et marquée
çà et là par les cicatrices proéminentes des anciennes feuilles;
l'extrémité des rameaux porte des feuilles nombreuses, embriquées, linéaires, élargies au sommet, glabres, un peu rétrécies
à la base; les fleurs naissent ordinairement géminées, sessiles,
à l'aisselle des feuilles de l'année précédente; elles sont d'abord
jaunâtres, puis purpurines pendant la maturation du fruit, dioïques
par avortement, à quatre lobes pointus, et munies d'un tube
ventru dans le milieu : le style part latéralement vers le sommet de l'ovaire; le fruit est une coque sèche, recouverte par le
périgone, en forme de poire renversée, un peu crochue au sommet. Cette plante croît dans les Pyrénées et les Corbières, aux
lieux exposés au soleil; elle a été aussi trouvée dans les montagnes du Piémont, au-dessus de Tende (All.).

2198. Passerine des neiges.   *Passerina nivalis.*

Passerina nivalis. Ram. Bull. Philom. n. 41. t. 9. f. 4. — *Daphne
calycina*. Lam. Dict. 3. p. 420. t. 290. f. 3.

Cette espèce est exactement intermédiaire entre la précédente
et la suivante; elle s'approche de la passerine dioïque par son
port et ses fleurs dioïques, de la passerine à calice par ses jeunes
rameaux pubescens, ses fleurs solitaires munies de deux petites
bractées à leur base. On la distingue de la première par ses rameaux peu ou point tuberculeux; par ses feuilles linéaires, oblongues, nullement élargies au sommet, souvent hérissées de
poils épars; par ses fleurs solitaires munies de bractées : elle
diffère de la seconde par ses ramifications plus ouvertes; ses
feuilles plus courtes et moins glabres, ses fleurs dioïques, glabres
en dehors. Seroit-elle une simple variété de cette dernière?

Z 4

Elle a été trouvée par M. Ramond, dans les régions alpines des Hautes-Pyrénées, au port de Gavarnie et aux environs du mont Perdu. ♄.

2199. Passerine à calice.   *Passerina calycina.*

Daphne calycina. Lapeyr. Act. Toul. 1. p. 209. t. 15.

Ses tiges sont couchées principalement à leur base, divisées en rameaux peu nombreux, peu ouverts et pubescens sur-tout à leur extrémité; les feuilles sont linéaires, pointues aux deux extrémités, glabres, d'un verd foncé, embriquées sur-tout dans leur jeunesse, souvent luisantes en dessous, courbées sur leurs bords de manière à être concaves en dessus; les fleurs sont hermaphrodites, jaunâtres, pubescentes en dehors, solitaires, de moitié plus courtes que les feuilles, presque sessiles, entremêlées parmi les feuilles de l'année précédente, munies à leur base de deux petites bractées concaves, opposées et persistantes; les lobes du périgone sont arrondis, obtus; le style est latéral et crochu, l'ovaire pubescent. Cette passerine a été trouvée par M. Picot-Lapeyrouse, dans les Pyrénées orientales, à la montagne de Bernadouze, et à la vallée de Vicdessos. ♄.

2200. Passerine cotonneuse.   *Passerina hirsuta.*

Passerina hirsuta. Linn. spec. 513. excl. Breyn. syn. Desf. Fl. atl. 1. p. 33o. — Lob. Ic. 2. p. 217. f. 1.

Sa tige est haute de 3 décim. et divisée en beaucoup de rameaux grèles, feuillés et chargés d'un duvet blanchâtre assez abondant; ses feuilles sont très-petites, nombreuses, fort rapprochées les unes des autres, un peu charnues, vertes, glabres et convexes en dessous, concaves, blanches et cotonneuses en dessus; les fleurs sont axillaires, fort petites, d'une couleur herbacée ou blanchâtre. Ce sous-arbrisseau croît dans les lieux sablonneux, stériles ou rocailleux des bords de la Méditerranée, en Corse, en Provence. ♄.

CCCVII. STELLÈRE.   *STELLERA.*

Stellera. Linn. — *Thymelæa.* Lam. — *Thymelææ sp.* Tourn.

CAR. Ce genre ne se distingue du précédent que par son fruit qui est une coque dure, luisante, terminée en bec crochu.

OBS. Les stellères ont le port du thésion, dont elles diffèrent par l'ovaire libre et le nombre des étamines.

2201. Stellère passerine. *Stellera passerina.*

Stellera passerina. Linn. spec. 512. Lam. Illustr. t. 293. Gou.
Fl. monsp. p. 44. t. 3. — *Thymelœa arvensis.* Lam. Fl. fr. 3.
p. 218. —*Passerina stellera.* Ram. Pyren. Ined.

Sa tige est herbacée, haute de 3 déc., cylindrique, glabre et
un peu rameuse; ses feuilles sont éparses, linéaires, pointues,
courtes et très-glabres; ses fleurs sont petites, axillaires, sessiles
et ramassées deux ou trois ensemble dans chaque aisselle, sur-
tout les inférieures; leur périgone est à quatre lobes peu profonds, d'un blanc jaunâtre et pubescent en dehors; il est
rempli presque entièrement par l'ovaire qui se change en une
semence lisse, noirâtre et qui a la forme d'une petite poire. ⊙.
Cette plante, appelée vulgairement l'*herbe à l'hirondelle*, croît
dans les champs; on la trouve dans presque toute la France :
elle fleurit en été.

TRENTE ET UNIÈME FAMILLE.

LAURINÉES.   *LAURINEÆ.*

Lauri. Juss. — *Laurinæ.* Vent. — *Holoracearum gen.* Linn. —
Papaverum gen. Adans.

Les laurinées sont des arbres ou des arbustes dont toutes les
parties sont sensiblement aromatiques, comme on le voit dans
le laurier, le cannelier, le cassia, le sassafras, le camphrier,
le muscadier, etc. : leurs feuilles toujours simples et dépourvues de stipules, sont ordinairement persistantes et en ordre
quinconce; les fleurs sont hermaphrodites ou dioïques par avortement; le périgone est persistant, d'une seule pièce, à six
divisions plus ou moins profondes; les étamines sont tantôt au
nombre de six insérées à la base des divisions du périgone, tantôt
au nombre de douze, dont six forment un rang intérieur; les
anthères adhèrent au filament dans toute leur longueur et s'ouvrent de la base au sommet; l'ovaire est libre; le style unique;
le stigmate simple ou divisé; le fruit est un drupe ou une baie
à une loge et à une graine; le périsperme manque; l'embryon
est droit, a des cotylédons très-grands et la radicule supérieure.

CCCVIII. LAURIER. *LAURUS.*

Laurus. Tourn. Linn. Juss. Lam. Gœrtn.

Car. Les fleurs sont souvent dioïques (toujours dans la seule espèce d'Europe) ; leur périgone est à quatre, cinq ou six lobes égaux et plus ou moins profonds ; les étamines sont au nombre de huit à douze, disposées sur deux rangs ; les extérieures sont toutes fertiles ; les intérieures sont alternativement stériles et fertiles ; ces dernières ont à leur base deux appendices ou deux glandes : le fruit est un drupe charnu.

2202. Laurier d'Apollon. *Laurus nobilis.*

Laurus nobilis. Linn. spec. 529. Lam. Dict. 3. p. 447. All. Ped. n. 2124. — Duh. Arb. 2. t. 134 et 135.

Cette espèce, la seule de toute la famille des laurinées qui soit indigène de l'Europe, et qu'on connoît sous les noms de *laurier franc*, *laurier commun*, *laurier à jambon*, est un arbre de 8-10 mètres dans les pays chauds comme l'Italie, et s'élève à une hauteur beaucoup moindre dans les pays plus septentrionaux. Il peut vivre en pleine terre, dans nos provinces maritimes jusques dans la Bretagne, mais il périt pendant l'hiver dans les parties de la France plus éloignées de la mer, et où par conséquent l'hiver est plus rude. Il est comme naturel en Piémont, mais il croît de préférence près des habitations et paroît y avoir été naturalisé : ses feuilles toujours vertes servoient autrefois à couronner les vainqueurs et les poètes ; dans les temps plus modernes on couronnoit les bacheliers de laurier chargé de ses baies : ses feuilles sont aromatiques et employées dans la cuisine ; les baies fournissent une huile essentielle qu'on emploie comme stomachique et carminative.

TRENTE-DEUXIÈME FAMILLE.

POLYGONÉES. *POLYGONEÆ.*

Polygoneæ. Juss. — *Vaginales.* Ger. — *Persicariæ.* Adans. —
Holeracearum gen. Linn.

LES plantes de cette famille sont des herbes ordinairement
grimpantes et se distinguent particulièrement à leurs feuilles
qui sont disposées en ordre quinconce, dont les bords sont à
leur naissance roulés en dehors jusqu'à la nervure longitudinale, et dont le pétiole engaîne la tige au moyen d'une membrane qui se prolonge d'ordinaire entre la tige et le pétiole ;
les fleurs sont presque toujours hermaphrodites, souvent colorées, diversement disposées sur la plante, composées d'un périgone d'une seule pièce et à plusieurs lobes ; les étamines sont
attachées en nombre déterminé à la base du périgone, et ont
des anthères marquées de quatre sillons longitudinaux s'ouvrant
en deux loges par les sillons latéraux ; l'ovaire est libre et
porte plusieurs styles ou plusieurs stigmates sessiles ; le fruit
est un cariopse nu ou recouvert par le périgone ; l'embryon est
latéral ou central, souvent courbé ; le périsperme est farineux ;
la radicule inférieure ou supérieure.

CCCIX. RENOUÉE. *POLYGONUM.*

Polygonum. Linn. Juss. Lam. —*Bistorta, Persicaria , Polygo-*
num et Fagopyrum. Tourn.—*Bistorta, Persicaria et Helxine.*
Linn. cliff. — *Polygonum et Fagopyrum.* Gœrtn.

CAR. Le périgone est coloré, à quatre, cinq ou six parties,
et persiste autour de la graine ; les étamines sont au nombre de
cinq à neuf, ordinairement huit; l'ovaire porte deux ou trois
styles et autant de stigmates ; le fruit est un cariopse ovoïde ou
triangulaire; l'embryon est latéral ou central, et la radicule
toujours supérieure.

OBS. Les trois premières sections entrent dans le genre
polygonum de Gœrtner , qui est caractérisé par l'embryon latéral ; la quatrième forme le *fagopyrum* du même auteur, et
a l'embryon central et les cotylédons plissés.

Première section. Bistorte.   *Bistorta.* Tourn.

Fleurs en épis solitaires et terminaux ; neuf étamines ; trois stigmates ; graine triangulaire ; embryon latéral.

2203. Renouée bistorte.   *Polygonum bistorta.*

Polygonum bistorta. Linn. spec. 516. Fl. dan. t. 421. Bull. Herb. t. 314.

β. *Radice minus intortâ.* — Lob. Ic. t. 292. f. 2.

Sa racine est oblongue, grosse, fibreuse et repliée plusieurs fois sur elle-même ; elle pousse plusieurs tiges droites, simples, glabres et hautes de 5 décim. ou un peu davantage ; ses feuilles radicales sont fort grandes, ovales-lancéolées, un peu ondulées, courantes dans la partie supérieure de leur pétiole, glabres, vertes en dessus et d'une couleur glauque en dessous ; celles de la tige sont plus petites et embrassantes : les fleurs sont rougeâtres, terminales et disposées en un épi dense, barbu et embriqué d'écailles luisantes. On trouve cette plante dans les prés, les pâturages montagneux. ♃. Elle est vulnéraire et astringente.

2204. Renouée vivipare.   *Polygonum viviparum.*

Polygonum viviparum. Linn. spec. 516. Fl. dan. t. 13. — Pluk. t. 151. f. 2.

Cette espèce est beaucoup plus petite que la précédente ; ses tiges sont droites, simples, feuillées et hautes de 1-2 décimètres tout au plus ; ses feuilles inférieures sont pétiolées, étroites, lancéolées, pointues, et remarquables par des stries ou espèces de nervures courtes disposées en leur bord, et qui les font paroître presque dentées ; les feuilles supérieures sont linéaires et sessiles : les fleurs sont blanches et forment un épi alongé ; celles du bas de l'épi portent souvent des tubercules feuilletés qui reproduisent la plante. On trouve cette renouée dans les pâturages des Hautes-Alpes de la Savoie, du Dauphiné, de la Provence, du Piémont, etc. ♃.

Seconde section. PERSICAIRE.   *PERSICARIA.* Tourn.

Fleurs en épis ou en panicule, axillaires ou terminales ; cinq à huit étamines ; deux ou quelquefois trois stigmates ; graine ovoïde ; embryon latéral.

2205. Renouée amphibie. *Polygonum amphibium.*

Polygonum amphibium. Linn. spec. 517. Lam. Fl. fr. 3. p. 233.
α. *Aquaticum.* — Mœnch. Meth. 629. Fl. dan. t. 282.
β. *Terrestre.* — Mœnch. l. c.

Sa tige est longue, cylindrique, lisse, articulée, souvent rougeâtre, flottante lorsqu'elle croît dans l'eau, rampante dans la vase, droite dans les lieux plus secs; ses feuilles sont longues, pointues, portées sur un pétiole court, glabres et légèrement ciliées dans la variété aquatique, munies d'un pétiole alongé, et chargées de poils rudes dans la variété terrestre ; les fleurs sont disposées en épis serrés, terminaux, ovoïdes dans la variété α, alongés dans la variété β; elles sont rouges : leurs étamines sont ordinairement au nombre de cinq, souvent plus longues que le périgone dans la variété β ; l'ovaire porte deux stigmates. Cette plante est commune dans les marais, les fossés aquatiques. La variété β se trouve dans les lieux qui ont été inondés et dont l'eau s'est retirée en partie.

2206. Renouée poivre-d'eau.   *Polygonum hydropiper.*

Polygonum hydropiper. Linn. spec. 517. Bull. Herb. t. 127. —
Polygonum acre. Lam. Fl. fr. 3. p. 234.

Sa tige est haute de 5 décim., cylindrique, lisse, articulée, un peu rameuse, et souvent tout-à-fait droite; ses feuilles sont lancéolées, pointues, glabres, non tachées et portées sur des pétioles très-courts; les stipules sont presque nues; ses fleurs sont la plupart à quatre lobes, médiocrement colorées, disposées en épis lâches et grèles; chacune d'elles a six étamines et deux stigmates. On trouve cette plante sur le bord de l'eau et dans les fossés humides. ☉. Elle est diurétique et extérieurement résolutive, détersive et anti-œdémateuse. On la nomme vulgairement *poivre d'eau, curage, renouée âcre.*

2207. Renouée fluette.   *Polygonum pusillum.*

Polygonum persicaria, β. Linn. spec. 518. — *Polygonum pusil-*
lum. Lam. Fl. fr. 3. p. 235. — *Polygonum strictum.* All. Ped.
n. 2051. t. 68. f. 2. — *Polygonum intermedium.* Ehrh. herb.
94. — *Polygonum mite.* Schrank. Bav. 1. p. 668. — *Polygo-*
num minus. Ait. Kew. 2. p. 31. —*Polygonum angustifolium.*
Roth. Germ. II. 453. — Lob. Ic. t. 316. f. 1.

Cette espèce est intermédiaire entre la renouée poivre d'eau
et la renouée persicaire ; on la distingue de la première à sa
saveur qui n'est ni âcre, ni brûlante, mais simplement herbacée ; à ses graines et ses bractées qui sont garnies de cils
alongés : elle diffère de la seconde par ses épis très-grêles dont
les fleurs sont écartées et peu colorées; par ses feuilles lancéolées, linéaires, deux fois plus étroites, absolument glabres et
jamais tachées à la face supérieure. La plante se distingue,
enfin, par son port grêle et fluet. Elle croît dans les lieux humides et sablonneux. ⊙.

2208. Renouée persicaire.   *Polygonum persicaria.*

Polygonum persicaria. Schrank. Bav. 1. p. 669. — *Polygonum*
persicaria, α. Linn. spec. 518. Fl. dan. t. 702.
β. *Maculosa.* —Tourn. Inst. 509.

Ses tiges sont cylindriques, articulées, feuillées, couchées
dans leur partie inférieure, et hautes de 3 décim. ou un peu
davantage; ses feuilles sont ovales-lancéolées, glabres en dessus, et légèrement velues en dessous et en leur bord; les stipules sont ciliées; les fleurs sont la plupart à cinq lobes et disposées en épis denses et rougeâtres. La variété β ne diffère de
la plante que je viens de décrire, que par ses feuilles chargées
d'une tache brune dans le milieu. On trouve cette plante dans
les lieux humides, sur le bord des fossés et des chemins. ⊙. Elle
est vulnéraire, détersive, un peu astringente. On la nomme
vulgairement *persicaire*, *pilingre*.

2209. Renouée blanchâtre.   *Polygonum incanum.*

Polygonum incanum. Wild. spec. 2. p. 446. — *Polygonum to-*
mentosum. Schrank. Bav. 1. p. 669. — *Polygonum turgidum.*
Thuil. Fl. par. II. 1. p. 199. — *Polygonum scabrum.* Mœnch.
Meth. 629. — *Polygonum persicaria*, γ. Linn. spec. 518.
Lam. Fl. fr. 3. p. 235.

Sa tige est ascendante, rameuse, épaisse, glabre, un peu
rude vers le sommet, longue de 2-3 décim., garnie de feuilles

oblongues-lancéolées, d'un verd foncé, le plus souvent rougeâtres en dessus, blanchâtres et cotonneuses en dessous; les stipules sont roussâtres et dépourvues de cils; les fleurs sont blanches, assez grosses, disposées en épis courts, épais, souvent interrompus et portés sur un pédoncule assez court; les graines sont grandes, comprimées, de couleur brune. Cette espèce, long-temps confondue avec la précédente, doit certainement en être distinguée. On trouve quelquefois sur le même pied des feuilles cotonneuses en dessous, et d'autres qui sont glabres, à l'exception de leur nervure qui est pubescente. Elle croît dans les moissons et au bord des bois. ☉.

2210. Renouée à feuille de patience.   *Polygonum lapathifolium.*

Polygonum lapathifolium. Linn. spec. 517. — *Polygonum pensylvatinum.* Curt. Lond. 1. n. 12. non Linn. — Lob. Ic. t. 315. f. 1.

Sa tige est droite, ferme, lisse, rameuse, haute de 2-4 déc.; les gaines de la base des feuilles sont pubescentes, nerveuses, un peu tronquées; les pétioles sont courts, hérissés de petits poils roides et épars; les feuilles sont grandes, ovales-lancéolées, glabres, marquées en dessous de petits points roux visibles à la loupe; les fleurs sont rouges ou quelquefois blanches, disposées en épis nombreux, courts, opposés aux feuilles supérieures qui sont étroites et peu développées; chaque fleur a six étamines et deux stigmates. Cette espèce croît dans les lieux marécageux aux environs de Paris. Elle fleurit en été. ♃

2211. Renouée d'Orient.   *Polygonum Orientale.*

Polygonum Orientale. Linn. spec. 519. Mill. Ic. t. 201. — *Polygonum altissimum.* Mœnch. Meth. 630.
β. *Flore albo.*

Cette renouée, originaire de l'Orient et de l'Inde, est cultivée dans tous les jardins comme plante d'ornement, sous les noms de *monte-au-ciel*, *bâton de Saint-Jean*, *cordon de cardinal*, etc. Elle s'élève à la hauteur d'un homme; sa tige est simple, droite, velue; ses feuilles ovoïdes, pétiolées, pubescentes en dessous; ses fleurs sont rouges ou blanches, à sept étamines, à deux stigmates; elles sortent trois ou quatre ensemble de stipules engainantes, et sont disposées en épis cylindriques et pendans. ☉.

Troisième section. CENTINODE. *POLYGONUM.* Tourn.

Fleurs axillaires ; huit étamines ; trois stigmates ; graine arrondie ; embryon latéral.

2212. Renouée maritime. *Polygonum maritimum.*

> *Polygonum maritimum.* Linn. spec. 519. Wild. spec. 2. p. 449. — Cam. Epit. 691. Ic.

Ses tiges sont longues de 2 décim., vivaces, sous-ligneuses, feuillées, presque entièrement couchées et un peu rameuses ; ses feuilles sont ovales-lancéolées, blanchâtres, coriaces, presque pétiolées et persistantes ; les stipules sont colorées à leur base, transparentes et bifides à leur sommet, presque aussi longues que les entre-nœuds ; les fleurs sont ramassées deux à cinq par paquets dans les aisselles des feuilles. On trouve cette plante dans les sables au bord de la mer, sur toutes les côtes de la Méditerranée, et sur celles de l'Océan depuis Bayonne jusqu'à l'entrée de la Manche. ♄.

2213. Renouée des petits oiseaux. *Polygonum aviculare.*

> *Polygonum aviculare.* Linn. spec. 519. Vill. Dauph. 3. p. 522. — *Polygonum centinodium.* Lam. Fl. fr. 3. p. 237. — Blakw. t. 315.
>
> β. *Latifolium.* Tourn. Inst. 510.

Ses tiges sont herbacées, vertes, glabres, articulées, rameuses, feuillées, couchées, étalées sur la terre, et longues depuis 2 jusqu'à 5 décim. ; ses feuilles sont lancéolées, plus ou moins étroites, vertes et presque sessiles ; les stipules sont blanches, transparentes, un peu déchirées à leur sommet, et beaucoup plus courtes que les entre-nœuds ; les fleurs sont solitaires ou ramassées deux à quatre par paquets dans les aisselles des feuilles ; leur périgone est vert à sa base et blanc ou rougeâtre en ses bords. La variété β a les feuilles ovales-lancéolées et larges de 1-2 centim. ; ses tiges ne sont qu'à demi-couchées. Cette plante, connue sous le nom de *trainasse, centinode, tirasse, achée, renouée,* est commune dans les champs, les lieux incultes et le bord des chemins. ⊙.

2214. Renouée de Bellardi. *Polygonum Bellardii.*

Polygonum Bellardii. All. Ped. n. 2052. t. 90. f. 2. Wild. spec.
2. p. 450. — *Polygonum aviculare*, γ. Lam. Fl. fr. 3. p. 237.
— Ger. Gallopr. 374.

Cette plante n'est peut-être qu'une variété de la précédente ;
elle en diffère parce que sa tige est droite, ferme, très-striée
et haute de 3-5 décim. ; ses stipules sont grandes, membraneuses, blanches, lacérées à l'extrémité ; les feuilles inférieures
sont oblongues ; les supérieures linéaires, acérées au sommet. ⊙.
Elle a été observée dans les champs, en Piémont, entre Bussolino
et Bardassan (All.) ; dans la partie méridionale du Dauphiné ?
(Vill.) ; et se trouve fréquemment en Provence au Tholonet, à
Meyran, au Malvalat, etc. (Gar. Gér.). J'en possède un échantillon qui est originaire d'Arragon ; d'où je présume qu'elle se
trouvera dans toutes les provinces méridionales. D'après des
échantillons rapportés par Michaux, je la crois originaire de la
Perse, et c'est à tort, ce me semble, que Garidel blâme Morison
d'avoir décrit cette plante comme indigène d'Asie.

Quatrième section. Sarrazin.   *Fagopyrum.* Tourn.

*Fleurs en corymbe ou en panicule ; huit étamines, trois
styles ; graine triangulaire ; embryon central ; cotylédons
plissés.*

2215. Renouée des Alpes.   *Polygonum Alpinum.*

Polygonum Alpinum. All. Ped. n. 2049. t. 68. f. 1. — *Polygonum
divaricatum.* Vill. Dauph. 3. p. 522. non. Linn. — Hall. Helv.
n. 1564.

Cette espèce, l'une des plus grandes de ce genre, a une tige
droite, ferme, glabre, haute de 6-8 décim., divisée en rameaux
alternes garnis de feuilles ovales-lancéolées, alongées, pointues,
presque sessiles, toujours ciliées sur les bords, glabres sur leurs
surfaces ou légèrement pubescentes ; les gaînes sont membraneuses, hérissées de poils serrés dans le haut de la plante, pubescentes dans le bas ; les fleurs forment une grappe ou une
panicule terminale ; elles sont d'un blanc qui tire un peu sur
le rose, et se divisent en quatre, cinq ou six segmens ; sa graine
est triangulaire. Elle croît dans les prairies des Alpes ; elle est
commune dans les Alpes du Piémont où Allioni l'a découverte,
rare dans celles du Dauphiné, excepté dans les montagnes du
Queyras (Vill.) : on la trouve dans celles qui avoisinent le Léman ;

Tome III.   A a

dans les montagnes voisines de Narbonne ? dans celles de l'isle de Corse (Vild.). ♃. Je soupçonne , avec Murray, que cette plante est la même que son *polygonum undulatum ;* Wildenow n'indique entre ces deux espèces d'autre différence , sinon que celle des Alpes a les feuilles glabres sur les deux surfaces , tandis que celle de Sibérie a les feuilles pubescentes ; tous les échantillons récoltés dans les Alpes , ont les feuilles pubescentes , et je ne vois de feuilles glabres que dans des échantillons de jardins. — A quelle section cette espèce appartient-elle ?

2216. Renouée sarrazin. *Polygonum fagopyrum.*

Polygonum fagopyrum. Linn. spec. 522. Lam. Fl. fr. 3. p. 239. — Hall. Helv. n. 1503. — Knorr. Del. 2. t. F.

Sa tige est droite , lisse , striée , souvent rougeâtre , un peu rameuse , et s'élève jusqu'à 5 décim. ; ses feuilles sont la plupart pétiolées , échancrées à la base en forme de flèche , pointues et un peu distantes ; les supérieures sont sessiles ou embrassantes : les fleurs sont blanches ou rougeâtres , et disposées par bouquets au sommet de la tige et des rameaux : on trouve au fond du périgone huit glandes jaunâtres , placées à la base des étamines ; les semences sont brunes et triangulaires. Cette plante se trouve dans les champs et les lieux cultivés. ☉. Elle paroît originaire d'Asie ; on la cultive sous les noms de *blé noir* , *blé sarrazin* , *carabin* ; dans les provinces tempérées on la sème après la moisson dans les terres maigres qu'elle préfère ; elle a besoin de peu d'humidité ; sa graine sert à la nourriture de la volaille , et réduite en farine est souvent mélangée dans le pain. On cultive dans quelques provinces le sarrazin de Sibérie (*polygonum Tartaricum*) , qui diffère du précédent parce que les angles de ses fruits sont dentés. On l'avoit conseillé comme plus propre à supporter la température des départemens septentrionaux ; mais sa farine est plus amère : ses graines plaisent peu à la volaille , et on en perd beaucoup en les récoltant , parce qu'elles mûrissent les unes après les autres.

2217. Renouée liseron. *Polygonum convolvulus.*

Polygonum convolvulus. Linn. spec. 522. Fl. dan. t. 744. — *Polygonum convolvulaceum.* Lam. Fl. fr. 3. p. 239.

Cette espèce ressemble beaucoup à la suivante , mais ses tiges sont très-striées , presque anguleuses ; et s'élèvent beaucoup moins ; ses feuilles sont pétiolées , glabres , triangulaires , en forme de flèche, et acquièrent dans les lieux secs une couleur rouge très-remarquable ; les fleurs sont la plupart axillaires ; leur périgone est composé de cinq parties, dont deux plus petites tombent assez de bonne heure, et les trois autres plus grandes, persistent et enveloppent la semence sans former aucune aile bien sensible. Cette plante est commune dans les champs. Elle est connue vulgairement sous le nom de *vrillée bâtarde*. ☉.

2218. Renouée des buissons.   *Polygonum dumetorum.*

Polygonum dumetorum. Linn. spec. 522. Fl. dan. t. 756. Lam. Fl. fr. 3. p. 238. — Lob. Ic. t. 624. f. 1.

Ses tiges sont légèrement striées, feuillées, grimpantes, et s'élèvent quelquefois fort haut ; ses feuilles sont pétiolées, glabres, triangulaires et en forme de flèche ; ses fleurs sont ramassées par petits bouquets, les uns axillaires, et les autres disposés en épis lâches ou en grappes menues et terminales ; les pans de sa graine sont prolongés en trois ailes membraneuses très-saillantes. On trouve cette plante dans les haies et les lieux couverts. Elle est connue sous le nom de *grande vrillée bâtarde*. ☉.

CCCX. RUMEX.   *RUMEX.*

Rumex. Linn. Juss. Lam. Gœrtn. — *Lapathum*. Lam. — *Lapathum et Acetosa*. Tourn.

Car. Le périgone est à six parties (quatre dans la troisième section), dont trois intérieures persistent et enveloppent le fruit, et trois extérieures plus petites se rejettent sur le pédicelle ; les étamines sont au nombre de six ; l'ovaire porte trois styles (deux dans la troisième section), chargés de stigmates déchiquetés ; le cariopse est triangulaire ; l'embryon est latéral et contourné autour du périsperme dans la première et la deuxième section, droit et central dans la troisième, ayant toujours la radicule supérieure.

Obs. Quelques espèces sont dioïques ; les trois sections de ce genre doivent, ce me semble, former trois genres distincts.

Première section. PATIENCE.　　*LAPATHUM.* Tourn.

Valves intérieures du périgone munies d'un tubercule à leur base ; saveur non acide.

§. Ier. *Valves intérieures du périgone entières.*

2219. Rumex patience.　　*Rumex patientia.*

Rumex patientia. Linn. spec. 476. Gœrtn. Fruct. 2. p. 178. t. 119. — *Lapathum hortense.* Lam. Fl. fr. 3. p. 3. — Blakw. t. 489.

Ses racines sont longues, fibreuses, épaisses, jaunes à l'intérieur ; sa tige est assez grosse, cannelée, médiocrement rameuse, et s'élève au-delà d'un mètre ; elle est garnie de grandes feuilles pétiolées, alongées, ovales-lancéolées, planes ou ondulées sur les bords ; la gaîne de leur base est très-grande ; les fleurs sont verdâtres, disposées en épis rameux ; les valves du périgone sont entières, et l'une d'elles porte un tubercule à sa base ; les feuilles séminales, selon Linné, sont en fer de flèche comme celles des oseilles. Cette plante croît naturellement au bord des ruisseaux dans les Alpes de Viu en Piémont (All.). Elle est cultivée dans les jardins ; on mange ses feuilles en certains pays, sous le nom d'*épinards immortels ;* sa racine est employée en médecine comme amer, astringent et stomachique : elle contient, selon Deyeux, du soufre libre. ♃.

2220. Rumex des Alpes.　　*Rumex Alpinus.*

Rumex Alpinus. Linn. spec. 480. — *Lapathum Alpinum.* Lam. Fl. fr. 3. p. 7. — *Acetosa Alpina.* Mœnch. Meth. 357. — Blakw. t. 262.

Sa tige est épaisse, striée, rameuse, haute de 8-10 décim. ; ses feuilles radicales sont grandes, portées sur de longs pétioles, ovales-arrondies, ordinairement obtuses, souvent ondulées ; celles de la tige sont plus alongées, plus pointues, et ont toutes des pétioles : les fleurs sont polygames, et forment une grappe serrée, alongée, un peu rameuse ; les valves du périgone sont entières, et deux d'entre elles au moins sont tuberculeuses à leur base. ♃. Cette plante se trouve dans les Alpes ; les Pyrénées (Ram.) ; et les montagnes d'Auvergne. Elle croit de préférence dans les terreins gras, tels que les environs des étables et des lieux où le bétail passe la nuit. Sa racine est amère, purgative, souvent employée à la place de rhubarbe, et quelquefois vendue pour le vrai rhapontic. On la nomme vulgairement *rhubarbe des moines, rhapontic commun,* etc.

2221. Rumex aquatique.   *Rumex aquaticus.*

Rumex aquaticus. Linn. spec. 479. Lam. Fl. fr. 3. p. 5.—*Rumex
hydrolapathum.* Huds. Angl. 154.—*Rumex britannica.* Willd.
Prod. n. 402.—Hall. Helv. n. 1588.—Lob. Ic. 285. f. 2.

Sa racine est grande, jaunâtre intérieurement, et pousse
une tige droite, épaisse, cannelée, qui s'élève jusqu'à 1-2
mètres; ses feuilles radicales sont fort amples, lancéolées, pétiolées, non échancrées en cœur à leur base et ordinairement assez
droites; elles ont quelquefois 5 décim. de longueur; celles de la
tige sont longues, pointues et ondulées en leur bord : les fleurs
sont verticillées et disposées en épis longs et rameux ; les valves
du périgone sont ordinairement chargées de tubercules oblongs
et colorés, qui sont quelquefois très-gros et quelquefois peu
visibles : cette variation a donné lieu à la formation des deux
espèces que j'ai réunies ici d'après l'autorité de M. Smith qui,
étant possesseur de l'herbier de Linné, pouvoit seul lever cette
difficulté. Cette plante croît sur le bord des étangs, des fossés
aquatiques et des rivières. ♃. Sa racine est purgative, tonique
et bonne dans les maladies cutanées.

2222. Rumex crépu.   *Rumex crispus.*

Rumex crispus. Linn. spec. 476. Curt. Lond. t. 104. Lam. Illustr.
t. 271. f. H. — *Lapathum crispum.* Lam. Fl. fr. 3. p. 3. —
Hall. Helv. n. 1589.—Munt. Brit. 104. t. 190.

On distingue facilement cette espèce à ses feuilles étroites,
lancéolées, très-ondulées et comme frisées en leurs bords, et
aux valves intérieures de son périgone qui sont entières et
toutes tuberculeuses; sa tige est droite, cannelée, un peu rameuse, haute d'un mètre au plus; ses feuilles inférieures sont
légèrement émoussées; les fleurs sont disposées en épis rameux,
placées par verticilles aux aisselles des feuilles et vers le sommet de la tige. On trouve cette plante dans les fossés le long des
chemins et dans les terreins humides. ♃. Elle porte les noms de
patience ou *parelle.*

2223. Rumex des bois.   *Rumex nemolapathum.*

Rumex nemolapathum. Linn. Suppl. 212. — *Rumex crispus,* β.
Poll. Pal. n. 356. — *Rumex conglomeratus.* Roth. Germ. 1.
160. Poir. Dict. 5. p. 60. excl. var. B. — *Rumex paludosus.*
Ait. Kew. 1. p. 482. — *Lapathum virgatum.* Mœnch. Meth.
355. —*Rumex divaricatus.* Thud. Fl. par. II. 1. p. 182. excl.
syn.

Cette espèce ressemble au rumex crépu, mais ses feuilles

sont presque planes ou très-légèrement ondulées ; ses rameaux sont divergens et étalés ; ses feuilles sont lancéolées, et les inférieures sont échancrées en cœur à leur base ; les valves intérieures de son périgone sont étroites, oblongues, obtuses, très-entières et munies d'un petit tubercule. Elle croît dans les bois humides et marécageux. ♃.

2224. Rumex sanguin.   *Rumex sanguineus.*

Rumex sanguineus. Linn. spec. 476. — *Lapathum sanguineum.*
Lam. Fl. fr. 3. p. 2. —Cam. Epit. 229. — Lob. Ic. t. 290. f. 1.

Sa tige est haute de 5 décim., droite, d'un rouge noirâtre et légèrement rameuse vers son sommet ; ses feuilles sont alternes, lancéolées, pointues, et remarquables par la couleur purpurine de leur pétiole et de leurs nervures qui sont très-ramifiées ; les fleurs sont petites et disposées par verticilles en épis fort grèles. ♃. Cette plante croît dans les marais et au bord des ruisseaux aux environs du lac Léman ; en Alsace (Mapp.) ; en Auvergne (Delarb.) ; aux environs de Paris (Thuil.) ; de Nantes (Bon.). On la nomme *patience rouge* ou *sang-de-dragon ;* ses feuilles sont laxatives, ses semences astringentes.

§. II. *Valves intérieures du périgone dentées.*

2225. Rumex violon.   *Rumex pulcher.*

Rumex pulcher. Linn. spec. 477. — *Lapathum sinuatum.* Lam.
Fl. fr. 3. p. 5. —Moris. s. 5 t. 27. f. 13.
β. *Rumex divaricatus.* Linn. spec. 477. —Till. Pis. t. 37. f. 2.

Sa tige est très-rameuse, presque paniculée, et s'élève un peu au-delà de 3 décim. ; ses feuilles radicales, sur-tout celles qui naissent lorsque la tige n'est pas encore développée, sont pétiolées, ovales, très-obtuses à leur sommet, et remarquables par une échancrure de chaque côté, qui leur donne la forme d'un violon ; ces feuilles disparoissent la plupart dans la plante adulte ; celles de la tige sont entières, lancéolées et pointues. Les valves du périgone sont entières, et l'une d'elles porte un tubercule saillant à sa base. La variété β a les feuilles radicales presque entières ; dans l'une et l'autre variété les nervures sont légèrement pubescentes en dessous. ♃. On trouve cette espèce le long des haies et sur le bord des chemins, aux environs de Paris (Thuil.) ; d'Etampes (Guett.) ; de Clermont (Delarb.) ; d'Orléans (Dub.) ; de Nantes (Bon.) ; de Montpellier (Gou.), etc.

2226. **Rumex à feuilles aiguës.** *Rumex acutus.*

Rumex acutus. Linn. spec. 478. Poir. Dict. 5. p. 62. — *Lapathum sylvestre*, β. Lam. Fl. fr. 3. p. 4. — Mont. Brit. t. 189.

Sa racine est pivotante, presque simple; sa tige est striée, un peu rameuse, haute de 3-4 décim , garnie de feuilles pétiolées, lancéolées, non échancrées en cœur à leur base, un peu prolongées sur le pétiole, très-aiguës même dans le bas de la plante; les fleurs naissent en verticilles le long des rameaux supérieurs; elles sont pendantes, verdâtres, et ont les valves intérieures de leur périgone dentées sur les bords et tuberculeuses à leur base. Elle croît dans les fossés et les terreins humides. ♃.

2227. **Rumex à feuilles obtuses.** *Rumex obtusifolius.*

Rumex obtusifolius. Linn. spec. 478. Poir. Dict. Enc. 5. p. 62. Gœrtn. Fruct. 2. p. 179. t. 119. — *Lapathum sylvestre*, α. Lam. Fl. fr. 3. p. 4. — *Lapathum obtusifolium.* Mœnch. Meth. 356. — Cam. Epit. 228. Ic.

Les feuilles de cette plante ne peuvent être appelées obtuses , que lorsqu'on les compare à celles de la précédente, et qu'on n'examine que celles du bas de la plante; elles sont portées sur de longs pétioles, lancéolées, échancrées en cœur à leur base , marquées de nervures quelquefois rougeâtres; la racine est jaune à l'intérieur; la tige droite, peu rameuse; les fleurs forment une panicule serrée; les valves intérieures de leur périgone sont dentées et tuberculeuses. Ce rumex croît dans les lieux stériles et humides. ♃.

2228. **Rumex maritime.**   *Rumex maritimus.*

Rumex maritimus. Linn. spec. 478. — *Lapathum minus.* Lam. Fl. fr. 3. p. 4. — *Rumex anthoxanthum.* Murr. Prod. p. 52.
α. *Rumex aureus.* Hoffm. Germ. 3. p. 172. — *Rumex maritimus.* Thuil. Fl. par. II. 1. p. 182.
β. *Rumex limosus.* Thuil. Fl. par. II. 1. p. 182. — *Rumex maritimus.* Hoffm. Fl. germ. II. 1. p. 172.

Sa racine est rouge , branchue, presque ligneuse; sa tige est haute de 5 décim., et se divise dès sa base en rameaux nombreux; ses feuilles sont lancéolées-linéaires, planes, très-entières et à peine pétiolées; les fleurs sont verdâtres, axillaires , et occupent la plus grande partie de la longueur de la tige; les valves séminales ont des dents longues et en forme de soie qui font paroître les verticilles hérissés. On trouve cette plante sur le bord des étangs et des fossés aquatiques. ♃.

Seconde section. OSEILLE. *ACETOSA.* Tourn.

Valves intérieures du périgone dépourvues de tubercule à leur base externe ; saveur acide.

§. Ier. *Valves intérieures du périgone dentées.*

2229. Rumex tête de   *Rumex bucephalophorus.*
    bœuf.

> *Rumex bucephalophorus.* Linn. spec. 479. Gœrtn. Fruct. 2. p. 180. t. 119. f. 2. — *Lapathum bucephalophorum.* Lam. Fl. fr. 3. p. 7.

Sa tige est le plus souvent simple et de la hauteur de 7–10 centim. ; elle est quelquefois rameuse à sa base, et s'élève à 2 et 3 décim. ; ses feuilles sont ovales, entières, rétrécies en un pétiole alongé, munies à leur base d'une gaîne scarieuse qui se divise ordinairement en deux lobes aigus semblables à des stipules ; les fleurs sont presque sessiles, très-petites, disposées trois à trois le long de la tige, de manière à former un épi simple ; après la fleuraison leur pédicelle s'alonge, se renfle vers le sommet, et se courbe de sorte que la fleur est renversée ; les valves intérieures du périgone persistent, grandissent, se hérissent sur les bords de dents épineuses, et protègent une graine lisse et triangulaire : on apperçoit alors à la base de ces trois valves, un tubercule glanduleux. Cette espèce, qui tend à réunir les oseilles avec les patiences, doit peut-être trouver sa place parmi ces dernières. ☉. Elle croît abondamment sur les bords de la mer en Provence (Gér.) ; dans les champs sablonneux de Nice et de la vallée d'Aost (All.) ; à la Vérune près Montpellier (Gou.).

§. II. *Valves intérieures du périgone entières.*

2230. Rumex tubéreux.   *Rumex tuberosus.*

> *Rumex tuberosus.* Linn. spec. 481. — Dod. Pempt. 649.

Cette espèce a quelques rapports avec le rumex oseille, mais sa racine est tubéreuse, et ressemble, dit Linné, à celle de la spirée filipendule ; ses feuilles sont échancrées à l'insertion du pétiole, munies d'oreillettes pointues, alongées et obliquement divergentes, de manière que le limbe entier paroît un triangle à angles pointus et à bords sinueux ; les fleurs sont dioïques ; la

panicule des fruits a ses rameaux très-étalés et presque pendans ; les valves persistantes du perigone sont orbiculaires , entières , rougeâtres , ornées d'un réseau de nervures proéminentes.
Ce rumex croît dans les prés aux environs de Nice (All·). ♃.

2231. Rumex oseille. *Rumex acetosa.*

Rumex acetosa. Linn. spec. 481. — *Lapathum pratense.* Lam.
Fl. fr. 3. p. 8. — *Lapathum acetosa.* Scop. Carn. II. n. 438.
Acetosa pratensis. Mill. Dict. n. 1.
β. *Flore albo.* Tourn. Inst. 502.
γ. *Folio crispo.* Tab. Ic. 440.
δ. *Maxima.* Scheuchz. It. Alp. 129.

Ses racines sont longues , fibreuses ; sa tige droite , cannelée ,
haute de 4-5 décim. , garnie de feuilles peu nombreuses , oblongues , en forme de flèche dont les oreillettes ne sont point
divergentes , mais parallèles à la nervure longitudinale ; le pétiole est très-long dans les feuilles inférieures , presque nul
dans les supérieures ; les gaînes , sur-tout dans les feuilles pétiolées , sont acérées , divisées au sommet et atteignent 3 centim. ;
les fleurs forment des grappes rameuses ; elles sont ordinairement rougeâtres , quelquefois blanches , toujours dioïques. ♃.
Cette plante est commune dans les prés et on la cultive dans
les jardins pour l'usage de la cuisine ; sa saveur est agréablement
acide : elle est rafraîchissante , stiptique et éminemment anti-
scorbutique.

2232. Rumex à feuille de Gouet. *Rumex arifolius.*

Rumex arifolius. All. Ped. n. 2040. non Ait. Lin. f. (1).—Bocc.
Mus. t. 125. Hall. Helv. n. 1598.—*Rumex acetosa, var.* ι. Wild.
spec. 2. p. 260. — *Rumex arifolia.* Delarb. Auv. 170.

Cette espèce ressemble à la précédente par son port et sa
fleuraison, mais elle en est certainement distincte par son feuillage : les gaînes de la base des pétioles sont tronquées et atteignent à peine 1 centim. de longueur ; les oreillettes de la base
des feuilles sont divergentes ; les pétioles sont plus courts dans
la partie moyenne de la tige ; enfin , les nervures partent en
rayonnant du sommet du pétiole, avec une régularité qu'on ne remarque pas dans le rumex oseille. ♃. Elle croît dans les prairies des

---

(1) Cette espèce doit conserver le nom de *rumex arifolius* , et la plante à
laquelle Linné fils a donné ce nom , gardera celui de *rumex abyssinicus* de
Jacquin.

Alpes de la Savoie ; du Piémont (All.) ; au Mont-d'Or (Delarb.) ;
dans les Hautes-Pyrénées (Ram.).

2233. Rumex petite-oseille.　　*Rumex acetosella.*

Rumex acetosella. Linn. spec. 481. — *Lapathum arvense.* Lam.
Fl. fr. 3. p. 8. — *Acetosa hastata.* Mœnch. Meth. 357. —
Blakw. t. 306.

β. *Repens.* — Tab. Ic. 441. f. 1. 2.

γ. *Multifida.* — Bocc. Mus. t. 26. — *Rumex multifidus.* Thuil.
Fl. par. II. 1. p. 184.

Sa racine est ligneuse, horizontale, rameuse, de couleur
brune, et pousse plusieurs tiges extrêmement grêles qui s'élèvent
rarement au-delà de 2-3 décim.; les feuilles sont pétiolées,
lancéolées, pointues et en forme de fer de flèche ; les épis de
fleurs sont très-menus, quelquefois ramassés et assez courts,
d'autres fois très-lâches et presque filiformes. On trouve cette
plante dans les terreins sablonneux sur le bord des champs. ♃.

2234. Rumex à écussons.　　*Rumex scutatus.*

Rumex scutatus. Linn. spec 480. — *Acetosa scutata.* Mill. Dict.
n. 3. — *Lapathum scutatum.* Lam. Fl. fr. 3. p. 6. — Blakw.
t. 306.

β. *Hortensis.* — Tourn. Inst. 503.

γ. *Rumex glaucus.* — Jacq. Ic. rar. 1. t. 67. Coll 1. p. 63.

Sa racine est vivace, presque ligneuse, sur-tout dans la variété γ ; elle émet des tiges couchées, cylindriques, herbacées ;
longues de 2-3 décim.; les feuilles varient beaucoup pour leur
forme ; elles sont tantôt en forme de cœur ou de lance, obtuses
ou pointues, munies d'oreillettes plus ou moins divergentes,
portées sur un long pétiole, d'une saveur acide et d'un verd
un peu glauque, sur-tout dans les variétés β et γ : les fleurs sont
hermaphrodites, disposées en épis grêles et rameux ; les valves
séminales sont entières, arrondies. La variété β est cultivée
dans les jardins, sous le nom d'*oseille ronde*, de *petite oseille :*
elle est rafraîchissante, apéritive, diurétique et d'une saveur
agréable. La variété γ, qui a le bas des tiges presque ligneux,
croît dans les marais salés de Dieuze. La variété α se trouve dans
les montagnes des provinces méridionales. On la retrouve sur
les murs de Domfront en Normandie (Rouss.), et dans les environs de Nantes (Bon.). ♃.

Troisième section. OXYRIE.   *OXYRIA.* Hill.

Périgone à quatre parties ; deux stigmates ; valves inté-
rieures du périgone dépourvues de glandes ; embryon
central ; saveur acide.

2235. Rumex à deux stigmates.   *Rumex digynus.*

Rumex digynus. Linn. spec. 480. Fl. dan. t. 14. Gœrtn. Fruct. 2.
p. 180. t. 119. f. 2. —*Lapathum digynum.* Lam. Fl. fr. 3. p. 6.
— *Acetosa digyna.* Mill. Dict. n. 4. — *Oxyria.* Hill. Veg.
Syst. 10. p. 24.

Cette plante offre une souche courte, rameuse, épaisse, d'où
sortent des feuilles qui semblent radicales ; ces feuilles sont en
forme de rein, arrondies, un peu échancrées au sommet, glabres, d'un verd clair, d'une saveur aigrelette, et portées sur
de longs pétioles ; les fleurs forment une grappe lâche, simple
et alongée au haut d'une hampe nue qui s'alonge pendant la
maturation, et s'élève à 1 décim. : les fruits ont une teinte rougeâtre avant leur maturité, et deviennent ensuite bruns. On
trouve ce rumex dans les hautes montagnes des Alpes, des Pyrénées et de l'Auvergne, parmi les rocailles auprès des glaces
éternelles. ☉.

CCCXI. RHUBARBE.   *RHEUM.*

Rheum. Linn. Juss. Lam. Gœrtn. —*Rhabarbarum.* Tourn.

Car. Le périgone est persistant, à six divisions ; les étamines
sont au nombre de neuf ; l'ovaire porte trois stigmates sessiles et
se change en un cariopse à trois angles membraneux ; l'embryon
est droit au centre du périsperme, et a sa radicule inférieure.

Obs. Les racines de la plupart des espèces de ce genre, sont
épaisses, charnues, et jouissent d'une propriété purgative plus
ou moins prononcée. Le *rheum compactum* est cultivé dans
quelques villes, et sa racine fournit aux pharmaciens un médicament qui peut remplacer la rhubarbe du commerce.

2236. Rhubarbe rhapontic.   *Rheum rhaponticum.*

Rheum rhaponticum. Linn. spec. 531. Ait. Kew. 2. p. 41. —
Knorr. Del. 2. t. R.

Une racine épaisse et charnue émet plusieurs grandes feuilles,
à-peu-près en forme de cœur, obtuses, un peu sinueuses, presque
planes, glabres en dessus, légèrement pubescentes en dessous

sur leurs nervures, portées sur des pétioles épais, cylindriques,
sillonnés à la face supérieure; les fleurs sont petites, d'un blanc
jaunâtre, disposées en grappe paniculée et obtuse. Cette plante
croît dans les montagnes d'Auvergne, au Mont-d'Or (Linn.);
au Cantal (Delarb.). ♃.

TRENTE-TROISIÈME FAMILLE.

CHÉNOPODÉES.   *CHENOPODEÆ.*

Atriplices. Juss. — *Chenopodœ.* Vent. — *Holoracearum gen.*
Linn. — *Blita.* Adans.

Les chénopodées sont presque toutes des herbes rameuses à
racines fibreuses et alongées, à feuilles simples, disposées en quinconce, sans stipules ni gaîne à leur base, entières ou incisées; leurs
fleurs sont petites, verdâtres, communément hermaphrodites
et diversement placées sur la plante : le périgone est d'une
seule pièce profondément divisé; les étamines sont en nombre
ordinairement égal à celui des divisions du périgone, toujours insérées à sa base; l'ovaire est libre, simple, chargé
d'un ou plusieurs styles terminés chacun par un stigmate; le
fruit est quelquefois une baie à plusieurs loges et à plusieurs
graines, quelquefois une fausse baie produite par le périgone
persistant et devenu succulent, ordinairement un cariopse monosperme, nu ou recouvert par le calice; le périsperme est farineux, central, entouré par l'embryon, lequel est circulaire ou
roulé en spirale, et a sa radicule inférieure.

Les plantes de cette famille sont en général émollientes, d'une
saveur douce, et propres à la nourriture des hommes et des animaux. — Cette famille diffère de celle des urticées par la présence d'un périsperme et la réunion plus ordinaire des deux
sexes dans une même fleur.

§. Ier. *Chénopodées dont le fruit est une baie et le
périsperme farineux.*

CCCXII. PHYTOLACCA.   *PHYTOLACCA.*

Phytolacca. Tourn. Linn. Juss. Lam. Gœrtn.

Car. Le périgone est à cinq parties; les étamines au nombre
de huit à vingt; l'ovaire est à huit ou dix stries rayonnantes,

porte un égal nombre de stigmates, et se change en une baie divisée en autant de loges monospermes.

2237. Phytolacca à dix étamines.   *Phytolacca decandra.*

Phytolacca decandra. Linn. spec. 631. Lam. Illustr. t. 393. f. 1. — Dill. Elth. p. 318. t. 339. f. 309.

Cette plante est l'une des plus grandes herbes que nous connoissions; elle s'élève à deux, trois ou quatre mètres; sa tige est branchue, assez ferme, rougeâtre, garnie de feuilles ovales-lancéolées, entières, terminées par une petite pointe calleuse; les fleurs forment des grappes simples pédonculées, opposées aux feuilles; elles sont verdâtres, à dix étamines et à dix styles, et se changent en baie déprimée, striée, d'un pourpre violet : le suc de ces baies donne une couleur de lacque employée dans certaines injections. Le phytolacca est originaire de la partie de la Suisse voisine d'Italie (Hall.). Il est tellement commun en Piémont (All.); dans les Pyrénées (Ram.) et les Landes (Thore.), qu'on peut le regarder comme indigène. On le cultive dans plusieurs jardins, soit comme ornement, soit pour préserver du soleil les jeunes semis. ♃.

§. II. *Semence recouverte par le calice; périsperme farineux.*

CCCXIII. BLITE.   *BLITUM.*

Blitum. Linn. Juss. Lam. Gœrtn. — *Morocarpus.* Scop.

CAR. Le périgone est à trois parties et renferme une étamine, un ovaire chargé de deux styles; le fruit est une graine recouverte par le calice qui devient succulent comme une baie.

2238. Blite effilée.   *Blitum virgatum.*

Blitum virgatum. Linn. spec. 7. Lam. Dict. 1. p. 431. Illustr. t. 5. — Moris. s. 5. t. 32. f. 10. 11.

Ses tiges sont hautes de 3 décim. ou un peu plus, foibles, glabres, anguleuses, rameuses et feuillées dans toute leur longueur; ses feuilles sont alternes, lisses, vertes, lancéolées, un peu triangulaires, pointues, dentées, et vont en diminuant de grandeur vers le sommet des tiges; les fleurs sont très-petites, herbacées, ramassées par pelotons sessiles, axillaires et disposées dans toute la longueur de la plante; ces pelotons, dans la maturation du fruit, deviennent succulens, et acquièrent une

couleur rouge qui leur donne l'aspect de mûres ou de fraises. ☉.
Elle croît dans les lieux humides et cultivés aux environs de
Paris ; Genève ; Abbeville (Bouch.); Lanebourg (All.); Saint-
Sever et Montpellier (Thore); Orléans (Dub.).

2239. Blite en tête.   *Blitum capitatum.*

> *Blitum capitatum.* Linn. spec. 7. Lam. Dict. 1. p. 431. Gœrtn.
> Fruct. 2. p. 200. t. 126. f. 7. — *Morocarpus capitata.* Scop.
> Carn. ed. 2. n. 3. — Moris. s. 5. t. 32. f. 9.

Cette espèce diffère de la précédente par sa tige plus droite,
ses feuilles plus grandes, moins dentées, ses têtes de fleurs
moins nombreuses, plus grosses, plus sphériques, dont les supérieures sont dépourvues de feuilles à leur base, et les inférieures seulement sont axillaires. On cultive cette plante dans
quelques jardins, sous le nom d'*épinard-fraise*. Elle croît dans
les lieux humides ou cultivés près Sorrèze ; Paris (Thuil.); Abbeville (Bouch.); Nice et Turin (All.). ☉.

CCCXIV. BETTE.   *BETA.*

> *Beta.* Tourn. Linn. Juss. Lam. Gœrtn.

Car. Les fleurs sont hermaphrodites ; le calice est à cinq
parties, un peu adhérent par sa base avec l'ovaire; celui-ci
porte deux styles, et se change en une graine en forme de
rein, couverte par le calice qui s'endurcit et prend l'apparence
d'une capsule.

2240. Bette maritime.   *Beta maritima.*

> *Beta maritima.* Linn. spec. 322. Lam. Dict. 1. p. 413.

Sa tige est haute de 5 décim., un peu couchée à sa base,
glabre, cannelée, feuillée et rameuse dans sa partie supérieure ;
ses feuilles sont alternes, ovales, pointues, un peu décurrentes
sur leur pétiole, lisses et légèrement succulentes ; les fleurs sont
petites, sessiles, solitaires ou disposées deux ou trois ensemble
dans les aisselles supérieures de la tige et des rameaux ; les
feuilles qui les accompagnent sont fort petites et font paroître
les fleurs disposées en épis longs et très-grêles; le fruit est une
semence réniforme, renfermée dans la base du périgone. On
trouve cette plante dans les lieux maritimes, en Provence, en
Belgique, etc. ♂.

2241. Bette commune.   *Beta vulgaris.*

Beta vulgaris. Linn. spec. 322. Lam. Dict. 1. p. 412.
  A. *Radice durâ cylindricâ.* (Poirée).
    α. *Alba.* — *Beta cycla.* Linn. Syst. 217. — *Beta hortensis.*
      Mill. Dict. n. 2.
    β. *Flavescens.*
    γ. *Rubra.* — Dod. Pempt. 620.
  B. *Radice crassâ rapaceâ.* (Betterave).
    δ. *Rubra.* — Bauh. Pin. 118.
    ε. *Lutea.* — Tourn. Inst. 502.
    ζ. *Alba.*

Cette plante, cultivée dans tous les jardins sous les noms de
poirée et de *betterave*, est trop connue pour qu'il soit nécessaire de la décrire; elle diffère de la précédente par sa tige
droite, ses fleurs réunies trois ou quatre ensemble, et ses feuilles
inférieures ovales. La poirée a la racine dure et cylindrique; on
se sert de ses feuilles soit comme aliment, soit pour l'usage de
la médecine, et on mange de préférence leur côte longitudinale
sous le nom de *carde*. On en distingue trois sous-variétés de
couleur, l'une blanche, la seconde blonde ou jaunâtre, la troisième rouge. La betterave a la racine charnue, épaisse, et semblable à une rave blanche, jaune ou rouge à l'intérieur. Cette
racine sert à la nourriture de l'homme et produit une quantité
de sucre considérable; on le retire sur-tout d'une sous-variété
qui est blanche en dedans et rouge en dehors : les feuilles
servent à la nourriture des bestiaux. La betterave et la poirée
ne sont-elles pas des espèces distinctes? ♂. La betterave rouge
porte dans quelques provinces le nom impropre de *carotte
rouge*.

CCCXV. ÉPINARD.   *SPINACIA.*

Spinacia. Tourn. Linn. Juss. Lam. Gœrtn. — *Spinachia.* Moris.
  Hall.

OBS. Les fleurs sont dioïques; dans les mâles le périgone est
à cinq parties, et à deux, trois ou quatre dans les femelles;
celles-ci ont quatre styles et produisent une graine solitaire recouverte par le périgone qui persiste et grandit après la fleuraison.

2242. Épinard cornu.   *Spinacia spinosa.*

Spinacia spinosa. Mœnch. Meth. 318. Mill. Dict. n. 1. — *Spinacia oleracea,* α. Linn. spec. 1456. Lam. Dict. 2. p. 377.
  Illustr. t. 814. Gœrtn. Fruct. t. 126. f. 4.

Ses tiges sont droites, rameuses, glabres, cannelées, et

s'élèvent jnsqu'à 3 et 5 décim. ; ses feuilles ont la forme d'un fer de flêche et sont souvent incisées vers la base; elles sont molles , d'un beau verd, glabres et pétiolées : les fleurs ont une couleur herbacée et sont ramassées en paquets sessiles aux aisselles des feuilles; leur périgone persiste autour de la graine et se prolonge en deux, trois ou quatre cornes aiguës ou divergentes. Cette plante est cultivée dans tous les jardins potagers; mais on ignore son pays natal : elle supporte facilement l'hiver et fournit un aliment sain et agréable. ☉ ou ♂ .

2243. Épinard sans cornes.　　*Spinacia inermis.*

Spinacia inermis. Mœnch. Meth. 318. — *Spinacia glabra.* Mill. Dict. n. 2. — *Spinacia oleracea* , β. Linn. spec. 1456. Lam. Dict. 2. p. 377. — Moris. s. 5. t. 30. f. 2.

Cette espèce n'est considérée par Linné que comme une variété de la précédente; mais Miller, Morison, Mœnch , etc., la regardent comme une espèce distincte : elle en diffère par ses feuilles plus grandes et un peu plus ovales, et sur-tout par ses fruits ovoïdes entièrement dépourvus de cornes , disposés par paquets axillaires tantôt sessiles , tantôt pédicellés. On la cultive dans tous les jardins, sous les noms de *gros épinards* , *d'épinards de Hollande :* elle se perpétue constamment de graine et supporte moins bien le froid que l'épinard cornu. ☉ ou ♂ .

CCCXVI. ARROCHE.　　*A T R I P L E X.*

Atriplex. Tourn. Linn. Juss. Lam. Gœrtn

Cᴀʀ. Les arroches portent des fleurs de deux sortes ; les unes hermaphrodites à cinq divisions; les autres femelles à deux divisions appliquées l'une contre l'autre; celles-ci grandissent après la fleuraison et forment autour du fruit une enveloppe bivalve et comprimée.

2244. Arroche halime.　　*Atriplex halimus.*

Atriplex halimus. Linn. spec. 1492. Lam. Dict. 1. p. 274. — Duh. Arb. 1. p. 85. t. 32.

C'est un arbrisseau qui s'élève à la hauteur d'un homme et se fait remarquer par sa couleur d'un glauque blanchâtre; ses rameaux sont grêles, garnis de feuilles alternes , pétiolées , rhomboïdales ou deltoïdes, à angles arrondis, un peu charnues, d'un blanc argenté et persistantes pendant l'hiver; les fleurs naissent en grappes nues et terminales. Il croît naturellement dans les
sables

sables maritimes aux environs de Nice.(All.). On le retrouve dans les haies et les fossés aux environs de Guerrande près Nantes , où il porte le nom vulgaire de *plescu* (Bon.). On confit ses feuilles dans la saumure pour les manger en salade. ♄

2245. Arroche pourpier.   *Atriplex portulacoides.*

Atriplex portulacoides. Linn. spec. 1493. Lam. Dict. 1. p. 274.
— Clus. Hist. 1. p. 54. ic. — Dalech. Hist. 552. ic.

Sous-arbrisseau de 5 décim. environ, dont la tige est grisâtre et se divise dans sa partie inférieure en beaucoup de rameaux grèles, assez droits, feuillés et blanchâtres ; ses feuilles sont opposées, oblongues, assez étroites, d'une couleur glauque ou blanchâtre , et d'une consistance un peu charnue ; ses fleurs sont terminales , disposées en épis grèles et rameux. Ce sous-arbrisseau croît naturellement dans les lieux fangeux sur les bords de la mer : on le trouve aux environs du Hàvre, de Nantes , de la Rochelle , de Montpellier , de Nice, etc. ♄. Ses feuilles et ses jeunes pousses confites dans du vinaigre, se mangent en guise de câpres.

2246. Arroche glauque.   *Atriplex glauca.*

Atriplex glauca. Linn. spec. 1493. Lam. Dict. 1. p. 274.—Dill. Elth. 46. t. 40. f. 46.

Ce sous-arbrisseau a beaucoup de rapport avec les deux précédens , mais il constitue une espèce distincte à cause de ses feuilles sessiles, ovales-arrondies, d'une couleur glauque tirant sur le blanc roux ; les inférieures ont une ou deux dentelures vers la base ; les supérieures sont presque orbiculaires , légèrement sinuées : les rameaux supérieurs sont garnis d'un duvet court et roussàtre ; les fleurs ressemblent à celles de l'espèce précédente. On trouve cette plante en Languedoc dans les lieux maritimes (Lam.); à Saint-Hourens près Toulouse, où on la nomme *herbe du masclou* (J. Bauh. Dill.). Ses feuilles infusées dans du vin , appaisent , dit-on , les douleurs de colique. ♄

2247. Arroche pédonculée. *Atriplex pedunculata.*

Atriplex pedunculata. Linn. spec. 1675. Fl. dan. t. 304. Lam. Dict. 1. p. 275. — Pluk. t. 36. f. 1.

Sa tige est haute de 2 décim. , tantôt simple et droite, tantôt divisée en rameaux divergens ; ses feuilles sont ovales ou oblongues, entières, obtuses, blanchâtres comme celles de l'arroche pourpier et rétrécies à leur base; les fleurs forment de petites grappes au sommet de la tige ou à l'aisselle des feuilles supérieures ; les femelles sont pédicellées , remarquables par leur grandeur et leur division en trois lobes , dont les deux latéraux sont grands et divergens. Elle croît sur les bords de la mer aux environs d'Abbeville. ☉.

2248. Arroche à rosette.   *Atriplex rosea.*

Atriplex rosea. Linn. spec. 1493. — *Atriplex rosea* , *a.* Lam. Dict. 1. p. 274.

Sa tige est ligneuse à sa base, longue de 3 décim. , cylindrique , assez étalée , divisée en rameaux divergens ; ses feuilles sont d'un verd glauque , presque blanchâtres , éparses , portées sur un court pétiole , ovales ou rhomboïdales , inégalement dentées ou incisées ; les fleurs naissent en petits paquets aux aisselles des feuilles supérieures ; il leur succède une rosette de cinq à six fruits blanchâtres , à-peu-près rhomboïdaux , comprimés , un peu tuberculeux sur les deux faces , composés de deux valves persistantes et dentées qui renferment une graine orbiculaire et comprimée. ☉. Cette plante a été trouvée sur les bords de la mer , à Nice (All.) ; aux environs de la Rochelle , par M. Bonpland ; près de Clermont et de Riom , par M. Lamarck.

2249. Arroche découpée.   *Atriplex laciniata.*

Atriplex laciniata. Linn. spec. 1494. — *Atriplex laciniata* , *a.* Lam. Dict. 1. p. 275. — Dod. Pempt. 615.

Sa tige est longue de 2-3 décim. , droite , quelquefois un peu couchée , jaunâtre ou rougeâtre dans sa partie inférieure , blanchâtre et presque cotonneuse vers son sommet ; ses feuilles sont pétiolées , blanchâtres et comme farineuses des deux côtés ; les inférieures sont opposées , ovales et légèrement anguleuses ; les supérieures sont alternes , deltoïdes , très-dentées et comme déchirées en leur bord ; les valves séminales sont un peu tétragones et leurs angles latéraux sont obtus. Cette plante croît en Provence , sur le bord de la mer. ☉.

2250. Arroche en fer de lance.   *Atriplex hastata.*

Atriplex hastata. Linn. spec. 1494. Lam. Dict. 1. p. 275. — Moris. s. 5. t. 32. f. 14.

β. *Atriplex laciniata* , β. Lam. Dict. 1. p. 275.

Sa tige est droite , anguleuse , très-rameuse , diffuse , et s'élève jusqu'à 5 décim. ; ses rameaux inférieurs sont grands , très-ouverts et couchés sur la terre ; ses feuilles sont pétiolées , larges , triangulaires , en forme de fer de lance , dentées et très-

glabres ; les valves séminales sont grandes , deltoïdes , et chargées sur le dos de dents épineuses. On trouve cette plante dans
les lieux incultes , le long des murs et des haies. ☉.

2251. Arroche couchée.   *Atriplex prostrata.*

Atriplex prostrata. Bouch. Fl. abb. 76.

Cette espèce ressemble à la précédente avec laquelle on l'a
long-temps confondue ; mais elle en diffère par ses tiges couchées , par ses feuilles plus petites et munies d'oreillettes plus
prononcées , et sur-tout parce que les valves séminales ne portent
ni dents épineuses , ni tubercules sur le dos. Elle a été découverte par M. Boucher le long du canal de Saint-Valery. Je l'ai
moi-même recueillie aux environs du Hâvre. ☉.

2252. Arroche étalée.   *Atriplex patula.*

Atriplex patula. Linn. spec. 1494 ? Lam. Dict. 1. p. 275. —Lob.
Ic. t. 257. f. 2.

Ses tiges sont longues de 5 décim. , rameuses , striées ,
glabres , quelquefois un peu droites , mais plus ordinairement
couchées et étalées sur la terre ; ses feuilles inférieures sont un
peu en forme de fer de lance , ou garnies à leur base d'un ou deux
angles oblongs et courbés ; toutes les autres sont étroites , lancéolées , linéaires , avec quelques dentelures vagues ou quelquefois
très-entières : les fleurs sont petites , et forment des épis fort grêles
au sommet de la tige et des rameaux ; les valves séminales sont
dentées sur leur dos. On trouve cette plante dans les lieux incultes , le long des chemins , sur le bord des champs. ☉.

2253. Arroche des rives.   *Atriplex littoralis.*

Atriplex littoralis. Linn. spec. 1494. Lam. Dict. 1. p. 275. —
Bocc. Sic. t. 15. f. 1.

Sa tige est haute de 5-6 décim. , droite , striée et très-rameuse ; ses feuilles sont alternes , d'un verd clair , longues de 6
centim. et larges de 5 millim. tout au plus , un peu rétrécies à
leur base ; celles des rameaux supérieurs sont très-entières , et
celles qui naissent sur la tige sont garnies de dentelures souvent
très-prononcées : ses fleurs forment au sommet de la tige et des
rameaux , des épis grêles et cylindriques ; les étamines ont leurs
anthères jaunâtres. ☉. Cette plante croit sur les bords de la mer ,
à Ostende (Roug.) ; en Flandre (Lest.) ; en Picardie (Bouch.) ;
en Normandie (Rouss.) : elle se retrouve dans l'intérieur de la
France en Alsace (Mapp.) ; aux environs de Paris (Vaill.) ; dans
les champs de Cassines près Orléans (Dub.).

2254. Arroche de jardin.   *Atriplex hortensis.*

Atriplex hortensis. Linn. spec. 1493. Lam. Dict. 1. p. 276. —
Blakw. t. 99 et 552.

β. *Rubra.* Tourn. Inst. 505.

Cette plante est originaire d'Asie, mais on la cultive dans
les jardins potagers pour l'usage de la cuisine, et elle s'y resème et se renouvelle d'elle-même avec facilité ; sa tige est
herbacée, droite, glabre, cannelée, un peu rameuse et haute
de 10-12 décim. ; ses feuilles sont alternes, molles, lisses,
pétiolées, en forme de triangle alongé et pointu ; les fleurs
forment une panicule terminale composée de plusieurs épis
simples. La variété α est d'un verd pâle ; la variété β est rouge
dans toutes ses parties. ☉. Cette plante est connue sous les noms
de *bonne-dame*, *arroche* ou *arrousse* ; sa saveur est fade ; on la
regarde comme laxative et rafraîchissante.—La variété à feuilles
rouges exposée sous l'eau de source au soleil, fournit, selon
M. Th. Desaussure, du gaz oxigène très-pur et en grande quantité, tandis que ce gaz n'est fourni d'ordinaire que par les parties vertes des plantes.

CCCXVII. ANSÉRINE.   *CHENOPODIUM.*

Chenopodium. Bieb. Kœl. — *Chenopodium et Salsolæ sp.* Linn.

Car. Les ansérines ou *pattes d'oie* ont un périgone à cinq
parties qui persiste autour de la graine sans prendre de l'accroissement, ni se charger d'excroissances après la fleuraison ;
un style à deux ou trois stigmates, et une graine nue orbiculaire
et qui n'est pas sensiblement roulée en escargot.

§. Ier. *Feuilles ovales ou rhomboïdales, souvent*
dentées ou lobées.

2255. Ansérine bon   *Chenopodium bonus*
Henri.   *Henricus.*

Chenopodium bonus Henricus. Linn. spec. 318. Bull. Herb. t.
317. Fl. dan. t. 579. Lam. Dict. 1. p. 193. — *Chenopodium
sagittatum.* Lam. Fl. fr. 3. p. 244.

β. *Alpinum.*

Ses tiges sont droites, un peu épaisses, cannelées, légèrement
farineuses, et s'élèvent jusqu'à 5 déc. ; ses feuilles sont pétiolées,
triangulaires, en fer de flèche, un peu ondulées, lisses, ridées
et d'un gros verd en dessus, nerveuses et chargées de points
farineux en dessous ; ses fleurs sont terminales, quelquefois

dioïques et disposées en grappe droite, nue et pyramidale. Cette plante est commune dans les lieux incultes, les masures, le long des chemins. ♃. Elle est vulnéraire et très-détersive. On mange en certains pays ses jeunes pousses comme des asperges, et ses feuilles en guise d'épinards. Elle est connue sous les noms de *bon-Henry*, *toute-bonne*. La variété β que j'ai trouvée sur les hautes Alpes voisines du Mont-Blanc, se distingue par son extrême petitesse : toute la plante atteint à peine 1 décimètre; la grappe terminale ne se ramifie point.

2256. Ansérine des villages.   *Chenopodium urbicum.*

Chenopodium urbicum. Linn. spec. 318. Lam. Dict. 1. p. 193.
— *Chenopodium deltoideum.* Lam. Fl. fr. 3. p. 249.

Sa tige est haute de 5 décim., droite, glabre, striée, feuillée et souvent simple; ses feuilles sont pétiolées, deltoïdes, dentées, un peu charnues, vertes et glabres des deux côtés; ses fleurs sont petites, herbacées et disposées en grappes menues, droites, axillaires et terminales, ordinairement dégarnies de feuilles et toujours exactement redressées le long de la tige. On trouve cette plante aux environs des villes, des villages et des habitations. ☉.

2257. Ansérine rougeâtre.   *Chenopodium rubrum.*

Chenopodium rubrum. Linn. spec. 318. Lam. Dict. 1. p. 193. —
Tab. Ic. 427.

Cette espèce est plus commune que la précédente dont elle se rapproche par la structure et la végétation; elle s'en distingue à ses feuilles plutôt rhomboïdales que triangulaires, plus profondément dentées et plus souvent rougeâtres, sur-tout en leurs bords; à sa tige plus rameuse et sur-tout à ses grappes plus alongées, plus branchues, toujours entremêlées de feuilles, et qui au lieu de s'élever perpendiculairement, s'écartent de la tige, sur-tout dans le bas de la plante. Elle croît dans les décombres, les fumiers, et au bord des murs. ☉.

2258. Ansérine des murs.   *Chenopodium murale.*

Chenopodium murale. Linn. spec. 318. Lam. Dict. 1. p. 193. —
Tab. Ic. 428.

Cette espèce a beaucoup de rapport avec la précédente, mais elle est ordinairement verte dans toutes ses parties; sa

tige est plus rameuse, plus foible, et ne s'élève que jusqu'à
5 décim.; ses feuilles sont un peu plus grandes, très-luisantes
en dessus, ovales-rhomboïdales, dentées et légèrement farineuses en dessous, sur-tout dans leur jeunesse; ses fleurs sont
disposées en grappes presque toutes terminales, rameuses,
assez grandes et nullement entremêlées de feuilles. On trouve
cette plante le long des murs et sur le bord des chemins. ⊙.

2259. Ansérine à graine   *Chenopodium leiosper-*
lisse.   *mum.*

> *Chenopodium album.* Linn. spec. 319. Sm. Fl. brit. 1. p. 275.
> Curt. Fl. lond. t. 15. — *Chenopodium viride.* Bouch. Fl.
> abb. 18.
> β. *Chenopodium viride.* Linn. spec. 319.
> γ. *Chenopodium concatenatum.* Thuil. Fl. par. II. 1. p. 125.

Cette espèce est l'une des plus communes dans les champs,
le bord des chemins et les terreins cultivés, où on la trouve en
fleur depuis le printemps à l'automne; elle offre un nombre
infini de variétés, soit pour sa grandeur qui ne s'élève pas
cependant au-delà de 5 décim., soit pour sa couleur qui est
d'un verd plus ou moins pâle selon la quantité de poudre
glauque répandue sous les feuilles, soit enfin pour la forme et
les dimensions de ses feuilles; mais on la reconnoît toujours à ses
feuilles presque ovoïdes, tronquées à la base, quelquefois entières, quelquefois sinuées, mais jamais divisées en trois lobes,
et sur-tout à ses graines absolument lisses et nullement chagrinées. ⊙. Les noms spécifiques d'*album* et de *viride* ayant été
appliqués au hasard entre cette espèce et la suivante, j'ai cru
devoir les supprimer, donner à la suivante le nom proposé par
Smith, et créer pour celle-ci un nom qui exprimât le caractère
au moyen duquel on la distingue de la précédente et de la suivante.

2260. Ansérine à feuille   *Chenopodium ficifolium.*
de figuier.

> *Chenopodium ficifolium.* Sm. Fl. brit. 1. p. 276. — *Chenopo-*
> *dium viride.* Curt. Fl. lond. t. 16. — *Chenopodium seroti-*
> *num.* Huds. Angl. 106. — *Chenopodium album.* Bouch. Fl.
> abb. 18.

Cette ansérine ressemble beaucoup à la précédente; elle s'en
distingue cependant, 1°. à ses feuilles plus profondément lobées,
souvent divisées en trois segmens, et dont la forme approche

davantage d'un fer de lance ; 2°. à ses graines qui, au lieu d'être lisses, sont chagrinées ou ponctuées. On la trouve de même dans les terres cultivées. ☉.

2261. Ansérine bâtarde. *Chenopodium hybridum.*

Chenopodium hybridum. Linn. spec. 319. — *Chenopodium an-gulosum.* Lam. Dict. 1. p. 194. — Vaill. Par. t. 7. f. 2.

Sa tige est haute de 6 décim., droite, glabre, cannelée, feuillée et ordinairement simple; ses feuilles sont pétiolées, vertes des deux côtés et très-anguleuses ; leur angle terminal est fort grand, alongé et aigu : les fleurs sont presque toutes terminales, et forment au sommet de la tige une espèce de panicule composée de grappes nues et très-rameuses. On trouve cette plante dans les champs, les lieux cultivés. ☉. Elle a une odeur fétide.

2262. Ansérine botride. *Chenopodium botrys.*

Chenopodium botrys. Linn. spec. 320. Lam. Dict. 1. p. 194. — Blakw. t. 314.

Cette plante est odorante et légèrement visqueuse dans toutes ses parties; sa tige est droite, un peu rameuse, sur-tout vers sa base, et velue ou pubescente dans toute sa longueur; ses feuilles sont pétiolées, oblongues, sinuées, demi-pinnatifides, à lobes émoussés et anguleux, légèrement velues et verdâtres des deux côtés; ses fleurs forment de petites grappes axillaires et terminales. On trouve cette espèce dans les lieux sablonneux des provinces méridionales. ☉. Elle est stomachique, résolutive, expectorante et incisive.

2263. Ansérine ambroisie. *Chenopodium ambro-sioides.*

Chenopodium ambrosioides. Linn. spec. 320. Lam. Dict. 1. p. 195. — Moris. s. 5. t. 35. f. 8.

Sa tige est droite, cannelée, verdâtre, rameuse, haute de 7-8 décim., garnie de feuilles lancéolées, amincies aux deux extrémités, vertes, marquées sur leurs bords de quelques dents grandes et écartées; les fleurs sont disposées par paquets sessiles à l'aisselle de toutes les feuilles des rameaux et du haut de la tige. Toute la plante exhale une odeur forte et agréable. On la connoît sous les noms d'*ambroisie*, de *thé du Mexique :* elle passe pour originaire d'Amérique, et se trouve, soit indigène, soit naturalisée, en Portugal, en Espagne, aux environs

de Toulouse près de l'Arriège et du Tarn (Gardeil. Mém.
Acad. Toul. 1. p. 81.); aux environs de Nantes sur les déles-
tages , au port Launay , près de Coueron (Bon.).

2264. Ansérine glauque.　*Chenopodium glaucum.*

Chenopodium glaucum. Linn. spec. 320. Lam. Dict. 1. p. 195.
— Tab. Ic. 247.

Ses tiges sont longues de 3 décim. , un peu couchées , médiocrement rameuses , cannelées et rayées de verd et de blanc ;
ses feuilles sont pétiolées , oblongues , légèrement sinuées ou
garnies de quelques angles émoussés , vertes en dessus et d'une
couleur glauque en dessous ; les fleurs sont petites; les unes
latérales , formant de petites grappes rameuses plus courtes
que les feuilles , et les autres terminales , disposées de la
même manière. On trouve cette plante dans les champs et les
lieux cultivés. ⊙.

2265. Ansérine fétide.　*Chenopodium vulvaria.*

Chenopodium vulvaria. Linn. spec. 321. Fl. dan. t. 1152. —
Chenopodium fœtidum. Lam. Fl. fr. 3. p. 244. — *Chenopodium olidum.* Curt. Lond. 5. n. 60. — Blakw. t. 100.

Ses tiges sont rameuses , couchées sur la terre , blanchâtres ,
et longues de 2 décim. , ou quelquefois davantage ; ses feuilles
sont pétiolées , ovales-rhomboïdales , et chargées particuliè-
ment en dessous d'une poussière farineuse qui leur donne un
aspect blanchâtre et un peu glauque : les fleurs sont petites , et
forment des grappes courtes au sommet et dans les aisselles
supérieures des tiges. On trouve cette plante sur le bord des
chemins , le long des murs et dans les jardins. ⊙. Elle a une
odeur extrêmement fétide ; elle passe pour anti-histérique et emménagogue. Elle porte les noms de *vulvaire* , *d'arroche puante.*

2266. Ansérine polys-　*Chenopodium polys-*
　　　　perme.　　　　　　*permum.*

Chenopodium polyspermum. Linn. spec. 321. Lam. Dict. 1. p.
196. — Lob. Ic. t. 256. f. 1.

Sa tige est longue de 5 décim. ou un peu plus , rameuse ,
glabre , feuillée , assez souvent couchée et étalée sur la terre ,
mais quelquefois entièrement droite ; ses feuilles sont pétiolées ,
ovales , entières , vertes et souvent rougeâtres en leur bord ; ses
fleurs forment de petites grappes rameuses , grêles , axillaires et
terminales. On trouve cette plante dans les lieux cultivés. ⊙.

§. II. *Feuilles entières et linéaires (fausses soudes).*

2267. Ansérine à balais. *Chenopodium scoparia.*

Chenopodium scoparia. Linn. spec. 321. — *Chenopodium sco-parium.* Lam. Dict. 1. p. 196. — Dod. Pempt. 151.

Sa tige est blanche, presque cylindrique, garnie de quelques poils, divisée dès la base en rameaux droits, grèles et nombreux ; les feuilles sont lancéolées-linéaires, planes, entières, velues sur les bords, d'un beau vert, longues de 3-6 centim. sur 8-10 millim. de largeur ; les fleurs naissent aux aisselles des feuilles en petites grappes hérissées de poils soyeux et entremêlées de bractées foliacées ; les feuilles du bas de la plante ont trois nervures longitudinales. Cette plante est commune dans les environs de Nice ; on la cultive sous le nom de *belvédère* dans les provinces voisines de l'Italie ; elle sert à faire des balais. ☉.

2268. Ansérine maritime. *Chenopodium maritimum.*

Chenopodium maritimum. Linn. spec. 321. Lam. Dict. 1. p. 197. Fl. dan. t. 489. — Lob. Ic. t. 394. f. 2.

Cette plante, connue sous le nom de *blanchette*, se distingue en effet de l'ansérine ligneuse par sa couleur d'un verd blanchâtre, indépendamment de sa durée et de sa consistance herbacée ; ses tiges sont menues, glabres, rameuses dans leur partie inférieure, souvent étalées, longues de 2-5 décim. ; ses feuilles sont charnues, linéaires, demi-cylindriques ; les supérieures portent à leur aisselle 2-3 petites fleurs verdâtres ; les graines sont noires, lisses, un peu contournées. On trouve cette plante dans les lieux fangeux, aux bords de l'Océan et de la Méditerranée. ☉.

2269. Ansérine ligneuse. *Chenopodium fruticosum.*

Chenopodium fruticosum. Linn. spec. ed. 1. p. 221. All. Ped. n. 2019. — *Salsola fruticosa.* Linn. spec. 324. Lam. Fl. fr. 3. p. 242. — Lob. Ic. t. 381. f. 2.

Sa tige est haute de 5-6 décim., droite, ligneuse, et pousse beaucoup de rameaux grèles, feuillés, flexibles et assez droits ; ses feuilles sont petites, nombreuses, charnues, glabres, linéaires et un peu pointues ; elles ont rarement 9 millim. de longueur : ses fleurs sont sessiles, axillaires et solitaires ou ramassées deux ou trois ensemble ; leurs étamines sont plus longues que le périgone, et ont des anthères jaunâtres. Ce sous-arbrisseau croît sur les bords de l'Océan au bassin d'Arcachon (Thore), et se trouve sur-tout le long des côtes de la Méditerranée, à Narbonne, Montpellier, Nice, etc. ♄.

2270. Ansérine hérissée. *Chenopodium hirsutum.*

Salsola hirsuta. Linn. spec. 323. Lam. Fl. fr. 3. p. 242. Fl. dan. t. 187. — *Chenopodium hirsutum.* Linn. spec. ed. 1. p. 221.

Sa tige est haute de 1-2 décim., grêle, velue et rameuse ; ses rameaux inférieurs sont fort grands, très-ouverts et presque couchés ; ses feuilles sont étroites, linéaires, longue de 6-12 millim., molles, blanchâtres, velues et un peu cotonneuses ; ses fleurs sont très-petites et axillaires. On trouve cette plante en Languedoc, dans les lieux maritimes ; aux environs de Nantes (Bon.) ☉. Cette plante m'est imparfaitement connue ; appartient-elle aux soudes ou aux ansérines ?

CCCXVIII. SOUDE.   *SALSOLA.*

Salsola. Bieb. Kœl. — *Salsolæ sp.* Linn. — *Kali.* Tourn.

Car. Le périgone des soudes est à cinq parties comme celui des ansérines, mais après la fleuraison il pousse sur le dos de chaque division une excroissance scarieuse et de forme diverse ; les stigmates sont au nombre de deux à trois ; la graine est solitaire, recouverte par le périgone persistant ; l'embryon est circulaire ou spiral autour du périsperme, lequel est central et très-petit.

Obs. Les excroissances du périgone, nommées *peraphylles* par Kœler, constituent la différence essentielle des soudes et des ansérines ; le périsperme est nul dans la soude kali, selon Gœrtner. — Toutes les espèces de ce genre habitent le bord des mers ou des salines, et donnent par l'incinération l'alkali connu sous le nom de *soude.* On préfère pour cette opération le *salsola sativa* (barilla des espagnols), qui croît sur les côtes de l'Espagne, et qu'on pourroit facilement naturaliser dans nos provinces méridionales ; à son défaut on emploie le *salsola soda* et plusieurs autres.

2271. Soude couchée.   *Salsola prostrata.*

Salsola prostrata. Linn. spec. 318. Jacq. Austr. t. 294. — *Chenopodium Augustanum.* All. Ped. n. 2020. t. 38. f. 4. — *Chenopodium camphoratæfolium.* Pour. Act. Toul. 3. p. 311.

Une racine ligneuse et vivace, donne naissance à une tige ligneuse qui, dès sa base, émet plusieurs rameaux grêles, alongés, cylindriques, couchés, ou ascendans et redressés, pubescens ou cotonneux vers le sommet; les feuilles sont linéaires, pointues, molles, chargées d'un duvet à peine visible; les fleurs sont polygames, et selon Jacquin les hermaphrodites avortent tandis que les femelles sont fertiles; elles naissent toutes à l'aisselle des feuilles, disposées en paquets ou en petits épis; leur périgone est velu, et après la fleuraison se charge de cinq excroissances étalées, foliacées, rhomboïdales et rougeâtres; les anthères sont purpurines. Cette plante croît dans les champs un peu salés, aux environs de Narbonne et sur les collines exposées au soleil dans la vallée d'Aost en Piémont. ♄.

2272. Soude des sables.   *Salsola arenaria.*

Salsola arenaria. Kœl. Diss. Ined. Ic. — *Chenopodium arenarium.* Gœrtn. Fl. wett. 1. 356. — *Camphorosma Monspeliaca.* Poll. Pal. 1. p. 166. — *Kochia arenaria.* Roth. Journ. Schrad. 1800. 1. p. 307. — *Willemetia arenaria.* Mœrcklin. Journ. Schrad. 1800. 1. p. 329.

Cette espèce ressemble beaucoup à la précédente, mais elle est annuelle, entièrement herbacée; ses rameaux inférieurs sont plus souvent étalés sur la terre, plus glabres, souvent rougeâtres; ses feuilles sont plus glabres et ses fleurs plus velues; ses anthères sont jaunes et non purpurines; ses fleurs hermaphrodites sont fertiles, ainsi que les fleurs femelles; enfin, les appendices que son périgone porte à la maturité, sont plus oblongs que ceux de la soude couchée. On la trouve dans les terres sablonneuses dont le fond est argilleux, aux environs de Mayence, près de Mombach, Brezenheim, Heidesheim, Algesheim, au mont Harteberg, etc. (Kœl.).

2273. Soude vulgaire.   *Salsola soda.*

Salsola soda. Linn. spec. 323. Jacq. Hort. Vind. t. 68. — *Salsola longifolia.* Lam. Fl. fr. 3. p. 241. — *Kali inermis.* Mœnch. Meth. 331. — Lob. Ic. t. 394. f. 1.

Sa tige est haute de 5 décim., droite, ascendante ou étalée, branchue, lisse, très-glabre et quelquefois un peu rougeâtre; ses feuilles sont étroites, linéaires, charnues et longues de 9 cent. ou même davantage; ses fleurs sont axillaires, solitaires, et sont remplacées par des fruits arrondis, contenant chacun une semence noirâtre, contournée en spirale. On trouve cette plante dans les lieux maritimes des provinces méridionales, sur tous les bords

de la Méditerranée et sur ceux de l'Océan, près des Landes
et de la Rochelle. ☉.

2274. Soude épineuse.   *Salsola tragus.*

Salsola tragus. Linn. spec. 322. — *Salsola spinosa.* Lam. Fl. fr.
3. p. 240. — *Kali tragus.* Scop. Carn. 2. n. 284.

Sa tige est haute de 3-6 décim., rameuse, ferme, cannelée
et un peu velue vers son sommet; ses feuilles sont longues,
étroites, linéaires, vertes, glabres et terminées par une pointe
épineuse; ses fleurs sont axillaires, solitaires et garnies de
bractées courtes et épineuses. On trouve cette plante sur les
bords de la mer, dans les provinces méridionales; elle se retrouve aux environs de Nantes (Bon.). ☉.

2275. Soude kali.   *Salsola kali.*

Salsola kali. Linn. spec. 322. Gœrtn. Fruct. 1. p. 359. t. 75. f. 4.
— *Salsola decumbens.* Lam. Fl. fr. 3. p. 241. Illustr. t. 181.
f. 2. — *Kali soda.* Scop. Carn. ed. 2. n. 285.

Cette espèce ressemble beaucoup à la précédente, et pourroit
en être regardée comme une variété; cependant ses tiges sont
plus rudes et entièrement couchées : les feuilles sont plus courtes
et un peu plus épaisses, et ses fleurs ont les divisions de leur
périgone scarieuses en leur bord. On trouve cette plante sur le
bord de la mer Méditerranée et sur ceux de l'Océan, près des
Landes et aux environs de Nantes. ☉.

CCCXIX. SALICORNE.   *SALICORNIA.*

Salicornia. Tourn. Linn. Juss. Lam. Gœrtn.

Car. Le périgone est entier, ventru, tétragone; il renferme
une à deux étamines, un ovaire chargé d'un style et de deux
stigmates; le fruit est une graine recouverte par le périgone
renflé.

Obs. Ce genre, ainsi que l'observe Jussieu, a quelque analogie dans la disposition de ses fleurs, avec le *gnetum* et le
thoa, genres exotiques voisins du poivre et réunis avec lui dans
la famille des Urticées.

2276. Salicorne herbacée.   *Salicornia herbacea.*

Salicornia herbacea. Linn. spec. 5. Lam. Illustr. t. 4. f. 1. —
Salicornia Europæa, a. Gou. Hort. Monsp. 2. — *Salicornia
annua.* Sauv. Monsp. 7.

Sa tige est herbacée, charnue, verte dans toute sa longueur,
haute de 2 décim. au plus, rameuse, divisée en articulations

un peu comprimées, échancrées au sommet, plus longues que larges ; les fleurs naissent à l'aisselle des articulations supérieures ; elles sont sessiles, serrées, toujours rapprochées trois ensemble, à une étamine selon Baster, à deux étamines selon Mœhring. ☉. Elle croît sur toutes les côtes de la Méditerranée et de l'Océan, dans les terreins fangeux : je l'ai trouvée en abondance dans les marais salés de Lorraine entre Dieuze et Moyenvic. Ses cendres fournissent de la soude ; les jeunes rameaux se mangent en salade. Elle est connue en Normandie sous le nom de *criste marine* ; à Dieuze sous celui de *passe-pierre*, etc.

2277. Salicorne ligneuse.   *Salicornia fruticosa.*

Salicornia fruticosa. Linn. spec. 5. Lam. Fl. fr. 3. p. 217. — *Salicornia Europæa*, ß. Gou. Hort. Monsp. 2. — *Salicornia sempervirens.* Sauv. Monsp. 7.

Cette espèce diffère de la précédente par sa tige grise et décidément ligneuse dans sa partie inférieure, haute de 2-4 décimètres ; par ses articulations plus courtes et dont la longueur dépasse peu ou n'atteint pas même la largeur ; par ses écailles florales membraneuses et tronquées. Elle habite tous les bords de la Méditerranée : on la retrouve sur les côtes de l'Océan, aux environs des Landes, de la Rochelle et de Nantes (Bon.). ♄.

CCCXX. CORISPERME.   *CORISPERMUM.*

Corispermum. Linn. Juss. Lam. Gœrtn. —*Rhagrostis.* Buxb.

Car. Le périgone est divisé en deux parties et porte de une à cinq étamines ; la graine est ovale, comprimée, plane d'un côté, convexe de l'autre, entourée d'un rebord membraneux, non recouverte par le périgone.

2278. Corisperme à feuille   *Corispermum hysso-*
   d'hyssope.   *pifolium.*

Corispermum hyssopifolium. Linn. spec. 6. Lam. Illustr. t. 5. Gœrtn. Fruct. 1. p. 361. t. 75. f. 7.

Ses tiges sont longues de 2-3 décim., dures à leur base, rameuses, pubescentes, un peu rougeâtres, marquées de quelques raies ou cannelures verdâtres, et feuillées dans toute leur longueur ; ses feuilles sont alternes, éparses, linéaires, longues de 6 centim. à-peu-près, larges à peine de 3 millim., et distinguées par une nervure blanche ; les fleurs sont axillaires et sessiles ; il leur succède des semences nues, comprimées, elliptiques et entourées d'un rebord mince, échancré à son sommet. On trouve cette plante en Languedoc, dans les environs d'Agde (Lam.); de Montpellier.   .

§. III. *Fruit capsulaire ; périsperme charnu.*

CCCXXI. CAMPHRÉE.   *CAMPHOROSMA.*

Camphorosma. Linn. Juss. Lam. — *Camphorata.* Tourn. — *Selaginis sp.* Adans.

CAR. Le périgone est en godet, à quatre parties, dont deux alternes plus grandes ; les étamines sont au nombre de quatre, saillantes hors de la fleur ; le style se divise en deux stigmates ; le fruit est une capsule monosperme.

OBS. Les caractères génériques et sur-tout ceux qui tiennent à la graine, méritent d'être étudiés de nouveau pour fixer la véritable place de ce genre dans l'ordre naturel.

2279. Camphrée de Mont-   *Camphorosma Mons-*
    pellier.   *peliaca.*

Camphorosma Monspeliaca. Linn. spec. 178. Lam. Illustr. t. 86. non Poll.

Sa tige est ligneuse, rameuse, velue et blanchâtre vers son sommet, et s'élève jusqu'à 3 décim. ; ses feuilles sont petites, nombreuses, étroites, linéaires, courtes, un peu rudes et légèrement velues ; les nouvelles pousses forment dans leurs aisselles de petits paquets de feuilles fort courtes et disposées en faisceau : les fleurs sont petites, blanchâtres ; le fruit est une capsule ovale qui renferme une semence noire et luisante. On trouve cette plante dans les lieux sablonneux et sur le bord des chemins, en Provence et en Languedoc. ♄. La plante entière exhale une odeur de camphre ; elle a été vantée comme vulnéraire, céphalique, et sur-tout comme anti-hydropique, mais elle est hors d'usage.

CCCXXII. POLYCNÈME.   *POLYCNEMUM.*

Polycnemum. Linn. Juss. Lam. Gœrtn. — *Selaginis sp.* Adans.

CAR. Le périgone est à cinq parties ; les étamines au nombre de trois ; le style se divise en deux stigmates ; le fruit est une capsule membraneuse qui ne s'ouvre point.

2280. Polycnème des champs. *Polycnemum arvense.*

Polycnemum arvense. Linn. spec. 50. Lam. Illustr. t. 23. Jacq. Austr. t. 365.

Ses tiges sont très-rameuses, couchées et étalées sur la terre, abondamment garnies de feuilles, sur-tout en leurs rameaux, et longue de 3 décim. à-peu-près; ses feuilles sont vertes, glabres, étroites, linéaires et pointues; ses fleurs sont très-petites, axillaires, solitaires et sessiles; leur périgone est enfermé entre deux stipules sétacées et blanchâtres: les étamines sont au nombre de trois, plus courtes que le périgone, et ont leurs anthères purpurines. On trouve cette plante dans les champs. ☉.

CCCXXIII. THÉLIGONE.   *THELIGONUM.*

Theligonum. Linn. Juss. Lam. — *Cynocrambe.* Tourn. Gœrtn.

Car. Les fleurs sont monoïques; les mâles ont un périgone en toupie, à deux lobes roulés en dehors, et de douze à dix-neuf étamines; dans les femelles le périgone est plus petit, persistant: l'ovaire porte un seul style et se change en une capsule monosperme, globuleuse, coriace; la graine porte un tubercule à sa base; le périsperme est globuleux, bifide, charnu (Gœrtn.); l'embryon est filiforme, courbé, et a sa radicule inférieure.

Obs. Ce genre a été placé par Jussieu dans les urticées, dont il s'approche en effet par le nombre indéfini des étamines et la séparation des sexes; mais d'après les observations de Gœrtner et de Ventenat, il semble plus voisin des chénopodées, à cause de l'existence du périsperme, de la structure de l'embryon et de l'unité du style: son port même me paroît ressembler moins aux pariétaires dont les anciens botanistes l'avoient rapproché, qu'aux bettes et aux autres chénopodées qui ont, comme le théligone, des feuilles glabres entières et charnues.

2281. Théligone charnu. *Theligonum cynocrambe.*

Theligonum cynocrambe. Linn. spec. 1411. Lam. Illustr. t. 777. — *Theligonum alsinoideum.* Lam. Fl. fr. 3. p. 198. — *Cynocrambe prostrata.* Gœrtn. Fruct. 1. p. 362. t. 75. f. 9. — C. Bauh. Prodr. p. 59. ic.

Ses tiges sont étalées, tortues, rameuses, cylindriques, succulentes, longues de 2-3 décim., garnies de feuilles ovales un peu obtuses, lisses, charnues, pétiolées, opposées dans le bas de la plante, alternes dans le haut; le pétiole se dilate de chaque côté à la base en un appendice court et dentelé; les fleurs sont petites et verdâtres; les mâles sont géminées, pédicellées, opposées aux feuilles; les femelles sessiles et axillaires. ☉.

On trouve cette plante dans les fentes des rochers ombragés , aux environs de Montpellier (Bauh. Sauv. Gou.); aux isles d'Hières (Gér.); près Nice et Croveja (All.); dans l'isle de Corse.

~~~~~~

TRENTE-QUATRIÈME FAMILLE.

AMARANTHACÉES.　　*AMARANTHACEÆ.*

Amaranthaceæ. Juss. — *Amaranthoideæ.* Vent. — *Amaranthi.* Juss. — *Amaranthorum gen.* Adans. — *Holoracearum gen.* Linn.

La famille des Amaranthacées a quelque ressemblance dans le port avec celle des Chénopodées, et des rapports dans la structure du fruit avec celle des Nyctaginées; mais elle est, selon l'observation de Jussieu, particulièrement voisine de la famille des Cariophyllées, dont elle ne diffère que par l'absence de la corolle, et près de laquelle on doit peut-être la placer si on considère cette absence comme un simple avortement.

Les plantes de cette famille sont pour la plupart des herbes à feuilles simples, entières, alternes ou opposées, souvent accompagnées de deux stipules membraneuses; à fleurs petites, nombreuses, souvent colorées et entourées d'écailles scarieuses, colorées et persistantes; ces fleurs sont ordinairement hermaphrodites; leur enveloppe propre, qu'on peut considérer comme un périgone ou comme un vrai calice, est persistante, divisée ou découpée plus ou moins profondément; les étamines, qui sont ordinairement au nombre de cinq, sont insérées sous l'ovaire, tantôt libres, tantôt réunies en cylindre à leur base, quelquefois munies d'écailles alternes avec les filets; l'ovaire est simple, libre; le style ou le stigmate est simple, double ou triple; le fruit est une capsule à une loge qui renferme une ou plusieurs graines attachées à un réceptacle central; le périsperme est farineux, entouré par l'embryon courbé en forme d'anneau.
~~~~~~

CCCXXIV. AMARANTHE. *AMARANTHUS.*

Amaranthus. Linn. Juss. Lam. Gœrtn. Wild. — *Blitum et
Amaranthus.* Tourn. Mœnch.

Car. Les fleurs sont monoïques, à trois ou cinq folioles ; les
mâles ont trois ou cinq étamines ; les femelles trois styles, trois
stigmates, une capsule monosperme, à trois becs, qui s'ouvre
comme une boîte à savonette.

Obs. Les espèces de France ont toutes trois étamines et appartiennent au genre *blitum* de Tournefort. Les amaranthes
se distinguent des genres suivans, par leurs feuilles alternes.

2282. Amaranthe blette. *Amaranthus blitum.*

Amaranthus blitum. Linn. spec. 1405. Lam. Dict. 1. p. 117. —
Cam. Epit. 236. ic.

Cette espèce est facile à reconnoître parce qu'elle a souvent
les feuilles échancrées au sommet ; sa tige s'élève peu au-delà
de 3 décim., mais elle se divise dès sa base en rameaux très-
étalés et presque couchés ; ses feuilles sont ovales, un peu obtuses et d'un verd blanchâtre, avec quelques nervures en dessous ; les fleurs sont latérales et axillaires. On trouve cette plante
au bas des murs dans les rues des villages. ⊙.

2283. Amaranthe à épi. *Amaranthus spicatus.*

Amaranthus spicatus. Lam. Fl. fr. 2. p. 192. excl. syn. Dict. 1.
p. 117. — *Amaranthus viridis.* All. n. 2093. non Linn.

Sa tige est droite, peu branchue, striée, rougeâtre et haute
de 6-9 décim. ; ses feuilles sont ovales, oblongues, rougeâtres
en leur bord et nerveuses en dessous ; ses fleurs sont terminales
et forment des épis serrés, épais, blancs ou un peu verdâtres.
Haller regarde cette plante comme une variété de la précédente, mais elle en diffère trop pour ne point l'en séparer. On la
trouve dans les champs secs, pierreux, et parmi les décombres.
Elle est commune à la Garre près Paris (Lam.) ; en Piémont
aux bords de la Doire (All.). ⊙.

CCCXXV. PARONYQUE. *PARONYCHIA.*

Paronychia. Tourn. Juss. Lam. — *Illecebri sp.* Linn.

Car. Le périgone est à cinq folioles acérées un peu cartilagineuses et colorées ; les étamines sont au nombre de cinq, et
on compte entre chacune d'elles une écaille linéaire ; l'ovaire
porte deux styles ; la capsule est monosperme, à cinq valves,
recouverte par le calice.

Tome III.

Obs. Le genre *illecebrum* de Linné, se trouve maintenant divisé en trois genres : les espèces à feuilles alternes entrent dans le genre *ærua* de Forskalh; celles à feuilles opposées et sans stipules composent le genre *illecebrum* de Jussieu, et le même naturaliste classe sous le nom de *paronychia*, celles dont les feuilles sont opposées et entremêlées de stipules.

2284. Paronyque en cyme. *Paronychia cymosa.*

Paronychia cymosa. Dict. Enc. 5. p. 26. — *Illecebrum cymo-sum*. Linn. spec. 299. excl. syn. Gou. Hort. 118. Vill. Schrad. Journ. 1801. p. 408. st. 2. t. 4.

Cette petite plante qui a un peu l'aspect d'un sedum, ne s'élève pas au-delà de 8-9 centim.; sa tige est droite, cylin-drique, pubescente, divisée en rameaux opposés ou verticillés, très-divergens; les feuilles sont linéaires, épaisses, acérées, disposées en verticilles peu nombreux sous l'origine des branches et munies de stipules très-petites; les rameaux se divisent au som-met en trois pédoncules courts, chargés chacun d'une petite tête de fleurs blanchâtres : les divisions du périgone se prolongent en pointes acérées et divergentes qui donnent aux cymes un aspect hérissé. ☉. Cette paronyque croît dans les Cévennes au Vigan, à l'Esperou, à la source du Lez derrière la montagne (Gou.); aux environs d'Orange (Vill.).

2285. Paronique hérissée. *Paronychia echinata.*

Paronychia echinata. Lam. Fl. fr. 3. p. 232. excl. syn. Linn. — *Illecebrum echinatum*. Desf. Atl. 1. p. 204. Vill. Journ. Schrad. 1801. p. 409. t. 4. — Ger. Gallopr. 337. n. 3. — Bocc. Sic. t. 21. f. 3.

Ses tiges sont longues de 1-2 décimètres, grêles, articu-lées, légèrement pubescentes, feuillées et couchées sur la terre; ses feuilles sont petites, ovales, pointues, opposées et souvent garnies dans leurs aisselles d'autres feuilles produites par les jeunes pousses, ce qui les fait paroître quaternées ou fascicu-lées; les fleurs sont ramassées par petits bouquets courts, ses-siles, axillaires et communément tournés d'un seul côté. Les folioles du périgone se terminent par une pointe fort aiguë, un peu roide, et qui rend les paquets de fleurs très-hérissés. On trouve cette plante en Provence, dans les lieux maritimes. ☉.

2286. Paronyque ver-
ticillée.

Paronychia verticillata.

Paronychia verticillata. Lam. Fl. fr. 3. p. 231. Illustr. t. 180. —
Illecebrum verticillatum. Linn. spec. 298. Vill. Schrad. Journ.
1801. p. 409. t. 4. — Vaill. Par. t. 15. f. 1.

Ses tiges sont nombreuses, longues d'environ 1 décim., grêles,
un peu rameuses, feuillées et couchées sur la terre; ses feuilles sont
petites, opposées, sessiles, glabres, ovales et terminées par une
petite pointe; les fleurs sont blanchâtres, fort petites et verticillées dans les aisselles des feuilles; les folioles de leur périgone
sont pointues et concaves intérieurement ou un peu creusées en
capuchon. On trouve cette plante dans les lieux humides, aux
environs de Paris, sur le bord des mares de Fontainebleau; aux
environs de Sorrèze, de Montpellier, etc. ♃.

2287. Paronyque à feuilles
de renouée.

*Paronychia polygo-
nifolia.*

Illecebrum polygonifolium. Vill. Dauph. 2. p. 557. t. 16. Schrad.
Journ. 1801. p. 410. t. 4. — *Illecebrum alpinum.* Vill. Dauph.
1. p. 296. 324 et 379.

Cette espèce est intermédiaire entre la paronyque verticillée
dont elle diffère parce que les segmens de son périgone ne se
terminent pas en barbe acérée, et la paronique à feuilles de
serpollet, dont elle diffère par ses fleurs latérales et terminales, jamais cachées sous de larges bractées; ses tiges sont
longues, couchées; ses feuilles glabres, ovales-lancéolées; les
bractées sont argentées, luisantes, lancéolées, pointues, à peine
plus courtes que les feuilles. Elle croît dans les montagnes du
Dauphiné à Allemont; dans le Champsaur au-dessus des côtes,
à Sept-Laus et Allevard (Vill.). ♃.

2288. Paronyque pubes-
cente.

Paronychia pubescens.

α. *Illecebrum maritimum.* Vill. Journ. Schrad. 1801. p. 412.
β. *Illecebrum Lugdunense.* Vill. Journ. Schrad. 1801. p. 412?

Cette espèce se distingue de toutes les autres paronyques par
sa tige, ses feuilles et sur-tout ses fleurs hérissées de poils
courts; ses tiges sont couchées, rameuses; ses feuilles sont ovales
ou oblongues, munies à leur base de stipules courtes, obtuses et
peu argentées; les fleurs sont petites, axillaires, nullement
cachées par les bractées, et ressemblent beaucoup aux fleurs

des herniaires. Cette plante croît dans les Pyrénées ; elle a été
aussi indiquée aux environs d'Aix et de Lyon (Vill.)? ♃.

2289. Paronyque serpollet. *Paronychia serpillifolia.*

Paronychia serpillifolia. Dict. Enc. 5. p. 24. — *Illecebrum ser-*
pillifolium. Vill. Dauph. 2. p. 558. excl. syn. Schrad. Journ.
1801. p. 413. t. 4. opt.

Cette paronyque pousse plusieurs tiges couchées par terre,
rameuses, presque glabres, garnies de feuilles opposées, ovales-
lancéolées, un peu charnues, presque sessiles, fortement ciliées ; les stipules sont courtes, larges, argentées, souvent ciliées ; les fleurs naissent au sommet des tiges et des rameaux,
et forment des paquets blancs et feuilletés, à cause de la grandeur et du nombre des bractées argentées qui les entourent.
Elle vient communément sur les graviers, le long du Drac et
des autres torrens du Dauphiné (Vill.), et dans les Pyrénées. ♃.

2290. Paronyque argentée. *Paronychia argentea.*

Paronychia argentea. Lam. Fl. fr. 3. p. 230. — *Illecebrum pa-*
ronychia. Linn. spec. 299. — *Paronychia glomerata.* Mœnch.
Meth. 315. — Barr. Ic. 726.
α. *Paronychia Hispanica.* Dict. Enc. 5. p. 24.
β. *Paronychia argentea.* Dict. Enc. 5. p. 24.

Ses tiges sont longues d'environ 2 décim., articulées, feuillées, légèrement velues, garnies de rameaux courts, couchées
et étalées sur la terre ; ses feuilles sont opposées, ovales-oblongues, terminées par une petite pointe, presque glabres et
d'un verd clair ; elles sont accompagnées de deux stipules
ovales, pointues, blanches et transparentes : les fleurs terminent les tiges et les rameaux ; elles sont disposées par bouquets abondamment garnis de bractées luisantes, argentées, et
qui donnent aux bouquets de fleurs un aspect charmant : les
ovaires sont chargés d'un style à trois lobes. La variété β a les tiges
presque glabres et les feuilles à-peu-près obtuses. On trouve
cette plante dans les lieux secs des provinces méridionales. ♃.

2291. Paronyque en tête. *Paronychia capitata.*

Paronychia capitata. Lam. Fl. fr. 3. p. 229. — *Illecebrum capi-*
tatum. Linn. spec. 299. — *Paronychia rigida.* Mœnch. Meth.
315. — Lob. Ic. 430.

Ses tiges sont hautes de 6 centim., nombreuses, un peu
dures, feuillées et la plupart assez droites ; elles sont garnies

de feuilles très-petites, étroites, pointues, courbées en carène, ciliées et un peu velues en dessous ; les stipules sont linéaires, aussi longues que les feuilles ; les fleurs sont terminales, ramassées en tête et cachées par des bractées argentées et luisantes. On trouve cette plante sur les collines des provinces méridionales ; sur le Mont-d'Or en Auvergne ; dans les vallées des Alpes du Piémont (All.), et du Dauphiné (Vill.). ☉

CCCXXVI. HERNIAIRE. *HERNIARIA.*

Herniaria. Tourn. Linn. Juss. Lam.

Car. Les herniaires ou *hernioles* diffèrent des paronyques par leur périgone à cinq divisions profondes, et par leur capsule qui ne s'ouvre point d'elle-même.

Obs. Le port des herniaires est assez différent de celui des paroniques, parce que leurs stipules et leurs bractées prennent peu d'accroissement.

2292. Herniaire glabre. *Herniaria glabra.*

Herniaria glabra. Linn. spec. 317. Lam. Dict. 3. p. 124. Fl. dan. t. 719.

Ses tiges sont grèles, très-rameuses, feuillées, longues de 15-18 centim., quelquefois davantage, couchées et étalées sur la terre ; ses feuilles sont petites, ovales-oblongues, vertes, glabres, opposées dans la jeunesse de la plante, mais deviennent alternes par la chûte de celles qui se trouvoient du côté de chaque rameau fleuri, les autres persistant beaucoup plus long-temps : les fleurs sont petites, verdâtres, sessiles et ramassées par pelotons axillaires, qui se développent et s'alongent en rameaux par la suite ; les périgones sont glabres, et les anthères de couleur jaune. On trouve cette plante dans les lieux sablonneux ☉. Elle passe pour astringente, anti-herniaire, diurétique et anti-calculeuse.

2293. Herniaire velue. *Herniaria hirsuta.*

Herniaria hirsuta. Linn. spec. 317. Lam. Dict. 3. p. 124. — Zanich. Ic. 284.

Cette plante ressemble beaucoup à la précédente, et n'en est peut-être qu'une variété, mais elle est velue dans toutes ses parties ; ses tiges acquièrent une dureté plus sensible pendant la maturation des graines, et ses pelotons de fleurs sont un peu moins garnis. On la trouve dans les champs.

2294. Herniaire des Alpes.　　*Herniaria Alpina.*

Herniaria Alpina. Vill. Dauph. 2. p. 556. — *Herniaria lenticu-*
lata. All. Ped. n. 2058. — *Herniaria fruticosa.* Lam. Fl. fr. 3.
p. 227. — *Herniaria, var.* 2. Ger. Gallopr. p. 336.
α. *Herniaria incana.* Lam. Dict. 3. p. 124.
β. *Herniaria Alpestris.* Lam. Dict. 3. p. 125. —Lob. Ic. 2. t. 85.
f. 1.

Cette espèce est intermédiaire entre l'herniaire velue dont elle
a le feuillage, et l'herniaire fausse-renouée dont elle se rapproche
par la consistance; sa racine est ligneuse, épaisse, marquée de
cicatrices circulaires, divisée au sommet en plusieurs jets rameux, ligneux à leur base, herbacés et pubescens vers le haut,
étalés et alongés dans la variété α, courts et resserrés dans la
variété β; les feuilles sont ovales ou oblongues, hérissées de
poils blanchâtres, très-petites dans la variété β; les fleurs naissent
deux ou trois ensemble, soit au sommet des tiges, soit dans leur
partie supérieure; elles sont à quatre ou cinq divisions et hérissées de poils en dehors. Cette plante croît dans les montagnes
de l'Oysans et du Briançonnois (Vill.); de la Provence (Gér.);
du Piémont (All.); du Languedoc, des environs du Léman.
La variété β, qui est plus petite et plus rabougrie dans toutes
ses parties, croît avec la renoncule glaciale, sur les rochers
élevés. ♃

2295. Herniaire fausse-　*Herniaria polygonoides.*
renouée.

Herniaria polygonoides. Cav. Ic. 2. t. 137. — *Herniaria erecta.*
Desf. Atl. 1. p. 214. — *Paronychia suffruticosa.* Dict. Enc. 5.
p. 25. —*Paronychia fruticosa.* Lam. Fl. fr. 3. p. 230. —*Illece-*
brum suffruticosum. Linn. spec. 298. — Moris. s. 5. t. 29. f. 5.

Sa tige est ligneuse et se divise dès sa base en beaucoup de
rameaux grêles, redressés, feuillés, articulés, pubescens et
longs de 15-18 centim.; ses feuilles sont opposées, ovales, terminées par une petite pointe particulière, presque glabres et
d'un verd gai : on trouve à leur base deux stipules fort petites,
pointues, luisantes et transparentes; les pelotons sont composés
de deux à cinq fleurs sessiles, très-petites et d'une couleur herbacée; elles ont toutes cinq étamines dont les anthères sont de
couleur jaune. On trouve cette plante sur les côteaux maritimes
de la Provence (Lam. Dalech?). ♄.

TRENTE-CINQUIÈME FAMILLE.

PLANTAGINÉES.   *PLANTAGINEÆ.*

Plantagines. Juss. — *Plantagineæ.* Vent. — *Jasminum gen.*
Adans. — *Incertæ sedis.* Linn.

Les plantaginées forment un groupe tellement prononcé et
tellement distinct des autres familles, qu'on ne peut encore
déterminer leur véritable place dans l'ordre naturel : leur fleur
paroît composée d'une double enveloppe ; l'extérieure , qui paroît un vrai calice, est à quatre divisions profondes ; l'intérieure
est un tube hypogyne , saillant, d'une seule pièce , à quatre lobes ,
portant les étamines à sa base, semblable à une corolle, mais
scarieux et persistant après la fleuraison ; les étamines, au nombre
de quatre, ont des filamens saillans ; l'ovaire est libre, simple
aussi bien que le style et le stigmate ; la capsule s'ouvre horizontalement comme une boîte à savonette et renferme un réceptacle tantôt plane, et alors elle paroît divisée en deux loges ,
tantôt à quatre faces, et alors elle paroît à quatre loges ; les
graines sont solitaires ou nombreuses , attachées aux parois
du réceptacle ; leur embryon est droit, situé dans l'axe d'un
périsperme charnu, dur, presque corné ; la radicule est inférieure.

Les fleurs des plantaginées sont quelquefois dioïques , presque
toujours hermaphrodites , ordinairement disposées en têtes ou
épis pédonculés et axillaires ; la tige est presque toujours herbacée, quelquefois si courte que les feuilles et les pédoncules
paroissent radicaux , quelquefois prolongée en une souche simple
et peu apparente, quelquefois , enfin , rameuse et complettement développée.

CCCXXVII. PLANTAIN.   *PLANTAGO.*

Plantago. Linn. Lam. Gœrtn. — *Plantago , Psyllium et Coro-*
nopus. Tourn. — *Plantago et Psyllium.* Juss.

Car. Les fleurs sont hermaphrodites , disposées en tête ou en
épis ; la capsule est à deux ou quatre loges , à deux ou plusieurs
graines.

Obs. Les plantains doivent être divisés en trois genres d'après
la structure du fruit ; je les ai indiqués ici comme sections.

Première section. PLANTAIN. PLANTAGO. (1).

*Cloison longitudinale de la capsule simple et portant
plusieurs graines sur chaque face.*

2296. Plantain à grandes feuilles. *Plantago major.*

Plantago major. Linn. spec. 163. Lam. Illustr. t. 85. Gœrtn.
Fruct. 1. p. 236. t. 51. f. 3.
β. *Bracteis foliaceis.* Lam. Illustr. n. 1650. β.

Une souche épaisse et ligneuse pousse en dessous des radicules cylindriques, et en dessus des feuilles radicales, grandes,
coriaces, presque glabres, ovales, rétrécies en pétiole, marquées de sept nervures saillantes, souvent sinuées sur les bords;
la hampe dépasse la longueur des feuilles; elle est cylindrique,
un peu pubescente, longue de 2-4 décim., et porte un épi
droit, cylindrique, composé de fleurs verdâtres et serrées
excepté vers le bas de l'épi. Dans la variété β, les bractées se
prolongent en folioles oblongues. Cette plante est commune
dans les lieux secs, le long des chemins, etc.

2297. Plantain à petites feuilles. *Plantago minima.*

Plantago major, β. Poir. Dict. Enc. 5. p. 368.

Cette plante semble être la miniature du plantain à grandes
feuilles; sa hauteur totale ne dépasse pas 3 centim.; ses feuilles
sont ovales, entières, chargées sur leurs deux faces de poils épars
et glanduleux à leur base, et marquées de trois nervures seulement; sa hampe est pubescente, dépasse à peine la longueur
des feuilles, et porte un épi ovale, court, composé de trois à
six fleurs peu serrées; la capsule est plus arrondie que dans le
plantain à larges feuilles, et renferme huit à neuf graines anguleuses et d'un noir mat. Elle croît dans les terreins fangeux,
à Fontainebleau et dans les Alpes. Si l'espèce précédente crois-
soit dans les lieux humides, et celle-ci dans les lieux secs, on
pourroit croire qu'elle en est une variété rabougrie; mais il est
contraire aux loix générales de la végétation, que la même
plante soit dix fois plus grande dans un lieu sec que dans un
lieu humide. Cette considération, jointe aux différences ci-dessus

---

(1) Il faut encore rapporter à cette section les *plantago sinuata*, Lam.;
cucullata, Lam., ou *maxima*, Jacq.; *asiatica*, Linn.; *crispa*, Jacq., ou
crassifolia, Roth.

indiquées, me fait penser que ces deux plantes sont réellement
distinctes.

Seconde section. PSYLLION.   *PSYLLIUM.*

*Cloison longitudinale de la capsule simple et portant une
seule graine sur chaque face.*

† *Tiges presque nulles ; feuilles et pédoncules
naissant de la racine.*

2298. Plantain moyen.   *Plantago media.*

Plantago media. Linn. spec. 163. Gœrtn. Fruct. 1. p. 237. t. 51.
Poir. Dict. Enc. 5. p. 371.

Cette espèce a le port du grand plantain, dont elle diffère
par sa racine vivace et sa capsule à deux graines seulement ;
elle est très-voisine, par ses caractères, du plantain lancéolé ;
on l'en distingue à ses feuilles plus larges et plus velues, souvent ovales et ordinairement étalées ; à sa hampe rarement
anguleuse, et à son épi alongé et cylindrique. Elle est commune
dans les terreins secs. ♃.

2299. Plantain lancéolé.   *Plantago lanceolata.*

Plantago lanceolata. Linn. spec. 164. Poir. Dict. Enc. 5. p.
372. — *Plantago lanceolata*, α. Lam. Fl. fr. 2. p. 311. —
Blakw. t. 14.
β. *Angustifolia.* Poir. l. c.
γ. *Spicâ apice foliosâ.* Poll. Pal. n. 161.
δ. *Spicis digitatis ternis seu quinis.* Leers. Herborn. n. 108.

Sa racine est presque ligneuse, divisée au sommet en souches
courtes, garnie de feuilles radicales lancéolées, amincies aux
deux extrémités, entières ou un peu dentées, glabres ou le plus
souvent hérissées, à trois ou ordinairement cinq nervures longitudinales ; d'entre les feuilles s'élèvent des hampes anguleuses,
droites, un peu pubescentes, longues de 1-3 décim., et qui
portent un épi ovale, brun, serré, à peine deux fois aussi long
que large. Cette plante, qui est commune dans les prés secs,
offre plusieurs variétés. La variété β se distingue à ses feuilles
très-étroites et très-hérissées ; la variété γ offre une touffe de
feuilles au sommet de l'épi ; dans la variété δ que j'ai trouvée
dans les Alpes sur le bord de l'Arve, chaque épi se ramifie à sa
base en trois ou cinq lobes, dont les latéraux sont courts et
divergens. ♃.

2300. **Plantain pied de lièvre.** *Plantago lagopus.*

Plantago lagopus. Linn. spec. 165. Lam. Illustr. n. 1661. Poir.
Dict. Enc. 5. p. 372. — Moris. s. 8. t. 16. f. 13.

Ses hampes sont cylindriques, hautes d'environ 2 décim., et
soutiennent chacune un épi ovale, blanchâtre et très-hérissé de
poils, comme dans l'espèce de trefle qu'on nomme vulgairement
pied de lièvre; ses feuilles sont étroites, pointues, un peu dentées
en leur bord et legèrement velues en dessous. Cette plante croît
dans les provinces méridionales. ♃.

2301. **Plantain de montagne.** *Plantago montana.*

Plantago montana. Lam. Illustr. n. 1670. Poir. Dict. Enc. 5. p.
381. — *Plantago atrata.* Hop. Herb. viv. Hoffm. Fl. germ. 5. p.
76. — *Plantago quinquenervia.* Schleich. Cat. 38. — *Plantago
Alpina.* Vill. Dauph. 2. p. 302.

Cette espèce, qu'on a confondue tantôt avec le plantain lancéolé, tantôt avec celui des Alpes, me semble distincte de l'un
et de l'autre; sa racine est noirâtre, épaisse, fibreuse à la
base, souvent divisée au sommet; les feuilles sont radicales,
lancéolées, pointues, marquées de cinq nervures longitudinales,
presque entièrement glabres, entières ou ordinairement un peu
dentées, et d'un verd foncé; la hampe varie de la longueur de 5-15
centim.; elle est toujours chargée vers son sommet et quelquefois dans toute son étendue, de poils blancs nombreux, d'abord
couchés, puis hérissés : l'épi est ovoïde, presque globuleux,
d'un brun qui devient presque noir à la maturité des graines.
Ce plantain croît dans les Alpes, aux environs du Mont-Blanc
et au-dessus du Valais; dans le Dauphiné; dans les montagnes
voisines de Montpellier; dans les Pyrénées. ♃.

2302. **Plantain du mont** *Plantago Victorialis.*
Victoire.

Plantago victorialis. Poir. Dict. Enc. 5. p. 377. — *Plantago
argentea.* Vill. Dauph. 2. p. 302. non Lam. Desf. — Ger.
Gallopr. 333. t. 12.

Une souche noirâtre, ligneuse, horizontale, émet en dessous
des fibrilles simples, et en dessus donne naissance à sept à huit
feuilles radicales, linéaires, lancéolées, rétrécies aux deux extrémités, entières sur les bords, garnies sur leurs deux faces de
poils épars, et entourées à leur base d'une touffe de poils soyeux
et roussâtres; la hampe est plus longue que les feuilles, cylin-

drique et pubescente; l'épi est globuleux, noirâtre, un peu velu à sa base. Cette plante croît en Provence au haut de la montagne Sainte-Victoire (Tourn. Gar. Gér.), aux environs de Gap (Vill.), et dans la vallée de Pise en Piémont (Bell.). ♃. Cette espèce diffère du plantain de montagne par la touffe de poils qui garnit son collet, et du plantain argenté par ses feuilles munies de poils épars et nullement argentées.

2303. Plantain argenté.   *Plantago argentea.*

Plantago argentea. Lam. Illustr. n. 1660. excl. syn. Ger. Poir. Dict. Enc. 5. p. 377. Desf. Atl. 1. p. 136. — *Plantago monosperma.* Pourr. Act. Toul. 3. p. 325.

Cette espèce a le feuillage du plantain blanchâtre, et la fleuraison du plantain du mont Victoire : une souche ligneuse donne naissance à quelques feuilles radicales oblongues, amincies aux deux bouts, nullement entourées de poils au collet, garnies sur leurs deux faces de poils serrés qui leur donnent un aspect argenté; la hampe est pubescente, plus longue que les feuilles, et porte un épi serré, ovoïde ou sphérique, dont les écailles sont brunes, quelquefois un peu pubescentes à leur base, et dont les filamens des étamines sont très-saillans et de couleur rousse; la capsule n'est point monosperme, mais renferme deux graines adhérentes à une cloison, comme je m'en suis assuré sur un échantillon communiqué par M. Pourret à M. Lamarck. Ce plantain croît en Provence; aux environs de Narbonne; dans les Pyrénées. ♃.

2304. Plantain blanchâtre.   *Plantago albicans.*

Plantago albicans. Linn. spec. 165. Poir. Dict. Enc. 5. p. 377. Desf. Atl. 1. p. 126. — Clus. Hist. 2. p. 110. ic.

Sa racine est ligneuse, blanchâtre, souvent divisée au sommet; ses feuilles naissent du collet; elles sont dressées, obliques, linéaires, lancéolées, très-pointues, rétrécies en pétioles, couvertes de poils argentés, nombreux et couchés; les hampes s'élèvent au-delà des feuilles et sont cylindriques, couvertes de poils qui ont un aspect un peu laineux au-dessous de l'épi; celui-ci est cylindrique, peu serré, souvent interrompu, un peu velu; les bractées sont larges, presque obtuses, plus courtes que les fleurs. Cette plante croît dans les lieux stériles de la Provence, du Languedoc, de la partie méridionale du Dauphiné. ♃.

2305. Plantain hérissé. *Plantago pilosa.*

Plantago pilosa. Pourr. Act. Toul. 3. p. 324. Lam. Illustr. n.
1665. Roth. Cat. 2. p. 10. t. 1.

β. *Plantago holostea.* Lam. Illustr. n. 1667. Desf. Atl. 1. p.
137. — *Plantago Bellardii.* All. Ped. n. 300. t. 85. f. 3. —
Plantago lanata. Poir. Voy. 2. p. 115.

Cette espèce varie beaucoup pour sa grandeur et son port,
et dans plusieurs cas ressemble beaucoup au plantain blanchâtre;
on la reconnoît sans difficultés à sa racine annuelle, à son épi
plus court et plus serré, à ses bractées alongées en forme d'a-
lène, et sur-tout à son aspect roussâtre et à ses poils qui, au
lieu d'être couchés, sont écartés de la surface qui les porte,
et donnent aux feuilles, aux hampes et aux épis, un aspect
hérissé. On la trouve dans les lieux stériles des provinces méridionales; à Villefranche près Nice (All.); à Narbonne dans les
lieux sablonneux (Pour.).

2306. Plantain maritime. *Plantago maritima.*

Plantago maritima. Linn. spec. 165. Poir. Dict. 5. p. 382. Fl.
dan. t. 243. — *Plantago graminiformis,* β. Lam. Fl. fr. 2.
p. 311.

β. *Pubescens.*

La racine est épaisse, ligneuse; son collet est hérissé de poils
laineux, roussâtres, qui entourent la base des feuilles; celles-ci
sont linéaires, charnues, demi-cylindriques, très-entières,
glabres, longues de 5-10 centim.; la hampe s'élève au-delà
des feuilles; elle est cylindrique, pubescente, droite ou ascendante à sa base, terminée par un épi cylindrique serré: les
bractées sont concaves, obtuses, glabres; une forte loupe fait
appercevoir quelques poils sur la fleur. Cette espèce croît sur
les bords de la mer, le long des côtes de la Méditerranée: on
la retrouve sur celles de l'Océan près des Landes (Thore); à
Saint-Vallery (Bouch.), et à la grève du mont Saint-Michel
en Normandie (Poir.). La variété β, qui est originaire des Cévennes, se distingue à ses feuilles et à ses bractées pubescentes,
et à ce que les poils du collet sont blancs et disposés plutôt à la
base des hampes, qu'à celle des feuilles. Seroit-ce une espèce
distincte?

2307. Plantain gramen.   *Plantago graminea.*

Plantago graminea. Lam. Illustr. n. 1685. Poir. Dict. 5. p. 380.
— *Plantago graminiformis*, γ. Lam. Fl. fr. 2. p. 311. —
Plantago dentata. Roth. Germ. 1. p. 61. 2. p. 173 ? — Dod.
Pempt. 108. ic.

Cette plante ressemble beaucoup au plantain maritime, mais
en diffère par des caractères qui me paroissent importans : 1°. le
collet de sa racine est ordinairement dépourvu de poils et s'a-
longe quelquefois de manière à former une petite tige ; 2°. les
feuilles sont planes et jamais demi-cylindriques, presque toujours un peu dentées, larges de 6-10 millim. et longues de
2-5 décim. ; 3°. sa hampe dépasse peu la longueur des feuilles.
Elle croît sur les bords de la mer, dans les terreins fangeux. Je
l'ai trouvée aux environs du Hâvre, près l'embouchure de la
Seine. Elle croît aussi dans les provinces méridionales, et a
été trouvée aux environs de Clermont par M. Lamarck. ♃

2308. Plantain des Alpes.   *Plantago Alpina.*

Plantago Alpina. Linn. spec. 165. Poir. Dict. Enc. 5. p. 383.
Jacq. Hort. Vind. t. 106. — *Plantago alpina.* Vill. Prosp. 19.
Hist. 2. p. 304. — Hall. Helv. n. 657.

Cette espèce, qu'on a souvent confondue avec le plantain de
montagne, me paroît beaucoup plus voisine du plantain serpentin ; mais diffère ce me semble de l'un et de l'autre : sa racine,
qui est épaisse et un peu ligneuse, pousse de son collet huit à
dix feuilles glabres ou à peine pubescentes, linéaires, lancéolées, pointues, entières, planes, de consistance molle et herbacée ; les hampes sont cylindriques, deux fois plus longues
que les feuilles, légèrement pubescentes ; l'épi est cylindrique,
souvent rougeâtre au sommet, long de 2-5 centim. ; les bractées sont foliacées, un peu obtuses, souvent purpurines, plus
courtes que la fleur ; les anthères sont d'un beau jaune ; les
capsules lisses, ovales et blanchâtres. ♃ Ce plantain est commun dans les pâturages des Alpes ; il se retrouve aussi dans les
Pyrénées, près le Pic du Midi. On voit qu'il diffère du plantain noirâtre par son épi cylindrique, et du plantain serpentin par
la consistance molle de ses feuilles ; aussi Villars observe-t-il que
celui-ci est recherché par les moutons, tandis que le plantain
serpentin est rejeté par les bestiaux.

2309. Plantain grisâtre.   *Plantago incana.*

Plantago incana. Ramond. Pyren. Ined.

Cette petite plante a le port du plantain des Alpes, mais elle
est entièrement couverte de poils courts, serrés et couchés
qui lui donnent une teinte blanche ou grisâtre; sa racine est
épaisse, presque ligneuse (ce qui la distingue du *plantago villosa*, Mœnch.); ses feuilles sont linéaires, radicales, de moitié
plus courtes que la hampe, larges de 5 millim.; les hampes sont
cylindriques, longues de 6-12 centim.; l'épi est oblong ou cylindrique; sa longueur varie de 1-3 centim. : les bractées sont
droites, pubescentes, lancéolées, presque en forme d'alène
à leur extrémité, et aussi longues que la fleur; le style et les
étamines sont saillans hors de la fleur; celle-ci est glabre sur les
bords (ce qui distingue notre espèce du plantain cilié). ♃. Cette
plante m'a été communiquée par M. Ramond qui l'a observée
dans les Pyrénées, aux lieux humides près des sources, et au
bord des lacs. Elle a été aussi trouvée dans les Cévennes, par
mon frère.

2310. Plantain à petite tête. *Plantago capitellata.*

Plantago capitella. Ram. Pyren. Ined.

Cette espèce ressemble tellement aux variétés naines du plantain des Alpes et du plantain en alène, qu'on peut le soupçonner
de n'être qu'une variété de l'un ou de l'autre; la plante entière
n'a que 3-6 centim. de grandeur; sa racine est une souche épaisse
et ligneuse; ses feuilles sont linéaires, glabres, d'un verd pâle,
entourées à leur base d'un duvet cotonneux, longues de 2 centim.
sur 1 millim. de largeur; leur consistance est beaucoup moins
dure que celle du plantain en alène : la hampe est grêle, garnie
de poils courts et couchés visibles à la loupe; ses fleurs, qui
sont au nombre de trois à cinq, forment une petite tête courte,
terminale et arrondie; les bractées sont concaves, glabres, peu
pointues et à peine plus courtes que les fleurs. ♃. Il a été trouvé
sur les hautes Pyrénées, par M. Ramond.

2311. Plantain serpentin.   *Plantago serpentina.*

Plantago serpentina. Lam. Illustr. n. 1686. Poir. Dict. Enc. 5.
      p. 383. Vill. Dauph. 2. p. 304? — *Plantago recurvata.* Linn.
      Mant. 2. p. 198? — *Plantago incurvata.* Murr. Gœtt. Comm.
      1780. p. 19. f. 6?

Cette espèce ressemble, par son port, au plantain maritime

et aux individus cultivés du plantain en alène ; mais elle diffère de l'un et de l'autre par ses bractées linéaires, pointues, un peu en forme d'alène, et plus longues que la fleur ; sa racine est un peu ligneuse et pousse des feuilles linéaires, pointues, glabres, nues à leur base, longues de 10-15 centim., larges de 6-8 millim., entières sur les bords, marquées de trois ou cinq nervures ; la hampe est droite ou flexueuse, un peu pubescente, terminée par un épi cylindrique souvent courbé. Elle croit dans les provinces méridionales. ♃.

2312. Plantain en alène.   *Plantago subulata.*

Plantago subulata. Linn. spec. 166. Lam. Illustr. n. 1687. Poir. Dict. Enc. 5. p. 384. — Lob. Ic. t. 439. f. 2.
β. *Foliis lœvibus substrictis.* — Lob. Ic. t. 438. f. 2.

Ce plantain a une racine épaisse, dure, ligneuse, divisée au sommet en plusieurs souches d'où partent des feuilles radicales, nombreuses, glabres ou pubescentes, droites ou étalées, très-étroites, dures, pointues, en forme d'alène, d'un verd foncé, longues de 3-6 centim., quelquefois entourées de duvet à leur base ; les hampes sont droites ou flexueuses, cylindriques, pubescentes, de longueur très-variable, terminées par un épi cylindrique dont les fleurs sont peu écartées ; les bractées sont vertes, ovales, un peu pointues, plus courtes que la fleur. Cette espèce croit dans les provinces méridionales, aux lieux pierreux ou sablonneux. ♃.

† † *Tige alongée et feuillée ; pédoncules axillaires.*

2313. Plantain des chiens.   *Plantago cynops.*

Plantago cynops. Linn. spec. 167. Poir. Dict. Enc. 5. p. 390. excl. syn. Hall. — *Plantago suffruticosa.* Lam. Fl. fr. 2. p. 313. — Lob. Ic. t. 437. f. 1.

Ce plantain a la racine et le bas de la tige ligneux ; de cette souche partent des jets alongés, rameux, rougeâtres, pubescens, ascendans, garnis de feuilles opposées, linéaires, un peu courbées en gouttière, sur-tout vers leur base où elles sont ciliées et demi-embrassantes ; les pédicelles sont axillaires, droits, plus longs que les feuilles, un peu hérissés vers le sommet, terminés par une tête de fleurs arrondie, simple ou multiple ; les bractées sont pubescentes, un peu foliacées ; les inférieures se prolongent quelquefois de manière à former une espèce d'involucre au-dessous des fleurs ; la capsule renferme deux graines

brunes, alongées, concaves du côté intérieur, séparées par une
cloison étroite et un peu épaisse; quelquefois l'une des graines
avorte. Il croît dans les lieux incultes des provinces méridionales. ♄.

2314. Plantain de Genève.   *Plantago Genevensis.*

Plantago Genevensis. Poir. Dict. Enc. 5. p. 390. — *Plantago*
cynops. Sut. Helv. 1. p. 85. — Hall. Helv. n. 662.

Ce plantain n'est peut-être qu'une variété du précédent; il
en diffère par son port plus serré et plus rabougri, parce que la
plante est entièrement ligneuse jusqu'à l'origine des pédicelles
floraux; que ses feuilles sont plus courtes, ses bractées presque
entièrement glabres et jamais prolongées sous forme d'involucre.
Il se trouve aux environs de Genève, aux bords de l'Arve,
au bois de la Batie, au Pas de l'Echelle et au Château de Monti
sur le mont Salève. Peut-être, par la culture, il se rappro-
cheroit encore davantage de l'espèce précédente, et finiroit par
se confondre avec elle.   .

2315. Plantain des sables.   *Plantago arenaria.*

Plantago arenaria. Waldst. Hung. t. 51. ex Hop. Herb. viv.
Poir. Dict. Enc. 5. p. 392. — *Plantago psyllium.* Bull. Herb.
t. 363. non Linn. — *Psyllium annuum.* Thuil. Fl. par. II. 1.
p. 81. — Hall. Helv. n. 661.

Une racine pivotante et ligneuse, pousse plusieurs tiges droites,
herbacées, hautes de 3-5 décim., hérissées ainsi que les feuilles,
les pédicelles et les bractées, de poils blancs un peu visqueux;
les feuilles sont opposées, linéaires, étroites, pointues, presque
toujours entières; les pédicelles sont axillaires, redressés, à-
peu-près de la longueur des feuilles, terminés chacun par un épi
ovoïde, serré, entouré d'un involucre foliacé dû au développement des bractées inférieures : la quantité de duvet qui couvre
cette plante est assez variable. Elle croît dans les terreins sablonneux et stériles, presque dans toute la France. ☉. On a long-
temps confondu cette espèce avec le *plantago psyllium* de
Linné, lequel n'a point les bractées inférieures développées en
manière d'involucre, et dont les poils sont peu nombreux et
nullement visqueux. La graine de cette espèce et des deux précédentes, étoit employée en décoction par les anciens médecins,
comme lubréfiante et calmante.

Troisième section. CORONOPE.   *CORONOPUS.* Tourn.

Cloison longitudinale de la capsule à quatre faces, et portant une graine sur chacune de ses faces.

2316. Plantain corne de cerf. *Plantago coronopus.*

> *Plantago coronopus.* Linn. spec. 166. Lam. Illustr. n. 1678. Fl.
> dan. t. 272.
> β. *Brevifolia.* — Gouan. Illustr. p. 6. — Pluk. t. 203. f. 5.
> γ. *Latifolia.* — *Plantago columnæ.* Gouan. Illustr. p. 6.

La racine de cette plante pousse beaucoup de feuilles couchées en rond sur la terre; ces feuilles sont presque pinnatifides, et leurs découpures sont linéaires et distantes : du milieu de ces feuilles naissent plusieurs hampes longues de 12-18 cent., cylindriques, nues, pubescentes et quelquefois un peu couchées; elles sont terminées chacune par un épi grêle, long de 5 cent. et d'un verd blanchâtre. La variété β a la feuille large, courte et garnie de découpures peu profondes; la variété γ a la feuille très-grande et un peu différemment découpée. Au milieu des variétés nombreuses que le feuillage présente, on reconnoît toujours cette espèce à la structure de sa capsule et au nombre de ses graines : ce caractère la distingue des *plantago lœflingii, serraria, macrorhiza* (1), etc., avec lesquels elle a quelque analogie. Les anthères du plantain corne de cerf sont surmontées d'une membrane lancéolée, selon Withering. Il croît sur les pelouses et dans les terreins secs. ☉.

CCCXXVIII. LITTORELLE.   *LITTORELLA.*

> *Littorella.* Linn. Juss. Lam. — *Plantaginis sp.* Tourn. Hall.

CAR. Les fleurs sont monoïques; les mâles pédicellées et à quatre divisions; les femelles sessiles, cachées entre les feuilles et à trois divisions; la capsule est monosperme ?

2317. Littorelle des étangs. *Littorella lacustris.*

> *Littorella lacustris.* Linn. Mant. 160 et 295. Lam. Illustr. t.
> 258. — *Plantago uniflora.* Linn. spec. 167. — Juss. Acad.
> 1742. p. 131. t. 7.

Cette petite plante est fixée au sol par une touffe de fibres blanchâtres, et pousse latéralement des drageons rampans; ses feuilles

---

(1) Cette espèce semble établir un passage entre la seconde et la troisième section; la cloison de sa capsule est à trois faces, dont deux portent chacune une graine, et la troisième en est privée, soit naturellement, soit par avortement.

Tome III.   D d

sont radicales, nombreuses, glabres, étroites, linéaires et pointues; de leur aisselle part une hampe grèle, plus courte que la feuille, munie d'une bractée vers le milieu de la longueur et terminée par une fleur mâle à quatre étamines très-longues; à la base de cette hampe se trouve la fleur femelle, laquelle est sessile et surmontée d'un style très-alongé. ♃. Cette plante croît dans les lieux herbeux, au bord des étangs, des mares et des lacs, et particulièrement dans les places qui ont été quelque temps sous l'eau. On la trouve aux environs de Paris, à Saint-Gratien et à Saint-Léger; au bord du lac de Genève; dans les Landes (Thor.); aux bords du Loiret (Dub.); à l'étang du Moulin Desloges près Caën (Rouss.); à Nantes sur les bords de la rivière d'Erdre, devant le bois de la Trémissinière (Bon.).

TRENTE-SIXIÈME FAMILLE.

PLUMBAGINÉES.   *PLUMBAGINEÆ.*

Plumbagines. Juss. —*Plumbagineæ.* Vent.

LES plantes qui composent cette famille offrent des anomalies singulières; mais elles sont cependant liées par des caractères importans tirés de la structure du fruit, et aucune d'elles n'est plus voisine d'aucune autre que des végétaux réunis dans ce groupe. Ce sont des herbes ou quelquefois des arbustes à feuilles simples, ordinairement entières, souvent alternes, quelquefois réunies au collet de la racine; les fleurs sont hermaphrodites, en têtes ou en épis paniculés; leur périgone est double, ordinairement persistant; l'extérieur, qui peut être regardé comme un involucre, est d'une seule pièce, tubuleux, entier ou denté; l'intérieur est d'une substance analogue aux corolles, inséré sous l'ovaire, à une ou à plusieurs pièces : le nombre des étamines est déterminé; mais elles sont insérées sous le pistil lorque le périgone intérieur est d'une seule pièce, et à la base de chaque lanière lorsqu'il est à plusieurs pièces; double exception qui rompt les deux loix les plus générales de l'insertion des étamines : l'ovaire est simple, libre, surmonté de plusieurs styles ou d'un style à plusieurs stigmates; la capsule est monosperme; l'embryon est oblong, comprimé, entouré par

un périsperme farineux. Ce dernier caractère distingue cette famille de celle des Nyctaginées, et la consistance pétaloïde de
son périgone intérieur, la sépare de celle des Plantaginées.

CCCXXIX. STATICE. *STATICE.*

> *Statice.* Linn. Juss. Lam. Gœrtn. — *Statice et Limonium.* Tour.
> Mill. Mœnch.

CAR. Le périgone extérieur est scarieux, plissé, entier; l'intérieur est à cinq pièces ou à cinq lobes profonds, colorés, persistans;
les étamines, au nombre de cinq, sont adhérentes à la base des
lobes; l'ovaire porte cinq styles; la capsule ne s'ouvre point
d'elle-même et se trouve recouverte par le double périgone,
dont l'intérieur se fend par le bas en cinq lanières; un placenta
filiforme naissant du sommet de la capsule, atteint la base de la
graine et la soutient dans une situation droite.

§. Ier. ARMERIA. *Feuilles radicales; plusieurs
hampes nues; fleurs terminales réunies en tête
dans un involucre commun, embriqué, scarieux
et qui se prolonge sur la hampe en forme de gaîne.*

2318. Statice armeria.   *Statice armeria.*

> *Statice armeria.* Linn. spec. 394. — *Statice capitata.* Lam. Fl.
> fr. 3. p. 63.
> α. *Pubescens.* — Sow. Engl. Bot. t. 226. ex Hoffm. Germ. 3. p. 150.
> β. *Elongata.* — Fl. dan. t. 1092.
> γ. *Alpina.* — *Statice montana.* Mill. Dict. n. 2.

Une racine épaisse, ligneuse, divisée au sommet, donne naissance à une touffe de feuilles nombreuses, linéaires, glabres,
presque obtuses, du milieu desquelles s'élève une hampe cylindrique; à son sommet se trouve une tête de fleurs serrées, blanches
ou le plus souvent d'un rouge très-pâle, renfermées dans un involucre écailleux et à plusieurs rangs; de la base de l'involucre
part une gaîne rousse et déchirée qui descend autour de la
hampe et embrasse son sommet. La variété α a la hampe pubescente et se trouve dans les lieux maritimes; la variété β,
qui a la hampe très-longue, parfaitement glabre, croît naturellement sur les côteaux secs et sablonneux; la variété γ, qui
a une hampe ordinairement glabre, quelquefois pubescente à
sa base, et des feuilles un peu plus larges, croît dans les hautes
Alpes. Toutes ces variétés sont cultivées pour bordure dans les
jardins, sous le nom de *gazon d'olympe.* Peut-être sont-elles
des espèces distinctes? Si elles appartiennent réellement à la

même espèce, cette plante prouveroit combien la densité de l'air a peu d'influence sur la végétation. J'ai trouvé la variété *α* dans les plaines du Helder, au-dessous du niveau de la mer, et la variété *γ* dans les Alpes, à 3,200 mètres d'élévation. ♃.

2319. **Statice à feuilles de plantain.**　　*Statice plantaginea.*

> *Statice plantaginea.* All. Ped. n. 1606. — *Statice pseudarmeria.* Murr. Syst. 300. — *Statice cephalotes.* Ait. Kew. 1. p. 383. — *Statice armeria major.* Jacq. Hort. Vind. t. 42.

Cette espèce ressemble absolument à la précédente par son port et sa fleuraison ; mais elle est communément plus grande, toujours glabre, et ses feuilles, au lieu d'être linéaires et obtuses, sont oblongues, lancéolées, pointues au sommet, rétrécies à la base et marquées de trois à cinq nervures longitudinales peu saillantes. ♃. Elle a été trouvée dans les Pyrénées par M. Pourret ; dans les Alpes du Piémont entre Lance et Viù (All.) ; dans les montagnes d'Auvergne par M. Lamarck.

2320. **Statice en faisceau.**　　*Statice fasciculata.*

> *Statice fasciculata.* Vent. Hort. Cels. n. 28. t. 38.

Cette statice ressemble à l'arméria, mais sa racine est très-grosse, absolument ligneuse, brune, pivotante, presque simple ; de son collet s'élèvent trois à quatre tiges qui s'alongent jusqu'à 1 décim., et qui sont entièrement couvertes de feuilles droites, linéaires, fermes, un peu courbées en gouttière et entièrement glabres, ainsi que les pédicelles ; ceux-ci naissent d'entre les feuilles vers le sommet des tiges, et portent une tête de fleurs semblable à celle de la statice arméria. Cette belle plante a été trouvée par M. Labillardière dans l'isle de Corse, aux environs d'Ajaccio. ♄.

§. II. Limonium. *Feuilles éparses sur les tiges ; fleurs disposées en file le long des branches et entourées chacune d'écailles scarieuses (*Taxanthema.* Neck.).*

2321. **Statice limonium.**　　*Statice limonium.*

> *Statice limonium.* Linn. spec. 394. Fl. dan. t. 315. — *Statice maritima,* 2. Lam. Fl. fr. 3. p. 64. — *Limonium vulgare.* Mill. Dict. n. 1.

Ses tiges sont nues, dures, rameuses, paniculées supérieu-

rement, hautes de 2-3 décim. : on observe à la base de chaque
rameau une écaille courte, pointue et embrassante ; les fleurs
sont petites, nombreuses, de couleur violette ou blanchâtre,
et disposées par séries unilatérales ; elles sont ordinairement
tournées vers le ciel : les feuilles sont radicales, couchées en
rond sur la terre, longues, un peu élargies vers leur sommet,
plus ou moins pointues, lisses et assez épaisses. Cette plante
croît au bord de la mer, dans la vase sablonneuse. Elle est assez
commune le long de la Méditerranée ; on la retrouve sur les
côtes de l'Océan à la Rochelle, près Saint-Valery, et jusqu'en
Belgique. Sa racine étoit autrefois employée, sous le nom de
behen rouge, comme corroborante et propre à arrêter les hé-
morrhagies. ♃.

2322. Statice à feuille   *Statice auriculæfolia.*
      d'auricule.

     Statice auriculæfolia. Vahl. Symb. 1. p. 25.—*Statice auriculæ-
        ursifolia.* Pourret. Act. Acad. Toul. 3. p. 330.

Cette espèce ressemble beaucoup à la précédente par son
port et la teinte glauque de ses feuilles ; mais elle est communément plus petite ; ses fleurs sont plus serrées et souvent tellement rapprochées, qu'elles forment une espèce de tête ; ses
feuilles, ses bractées et sur-tout ses calices, sont obtus au sommet et nullement pointus : la base de ses feuilles est quelquefois gluante. Elle se trouve dans la vase sablonneuse sur les
bords de la mer, à Narbonne et à la Rochelle. ♃.

2323. Statice à feuilles de   *Statice bellidifolia.*
      paquerette.

     Statice bellidifolia. Gou. Fl. monsp. 231.—Bocc. Mus. t. 103.

Cette statice pousse d'une même souche plusieurs tiges
droites, grèles, plusieurs fois bifurquées, tuberculeuses et cylindriques ; les feuilles qui naissent à leur base sont oblongues,
élargies en spatule, obtuses au sommet ; les fleurs sont petites,
réunies vers le sommet des rameaux de manière à former une
espèce de corimbe ; leurs bractées sont courtes, scarieuses,
lisses, obtuses ; le périgone extérieur est scarieux, à cinq dents, et
ne dépasse pas 3-4 mill. de longueur. Cette plante paroît assez
commune sur les côtes méridionales de l'Océan et sur celles de la
Méditerranée. Je l'ai reçue des diverses villes maritimes, sous
les noms de *statice oleæfolia, bellidifolia, cordata* et *reti-*

culata. La petitesse de ses fleurs, leur disposition en corimbe et la consistance scarieuse de ses bractées, la font facilement distinguer des espèces voisines. ♃.

2324. Statice vipérine. *Statice echioides.*

Statice echioides. Linn. spec. 394. Gou. Illustr. p. 22. t. 2. f. 4. Desf. Atl. 1. p. 274. — *Statice aspera.* Lam. Fl. fr. 3. p. 64. — Magn. Monsp. 157. ic.

Cette espèce a été, avec raison, comparée à la vipérine à cause des petits tubercules saillans qu'on observe quelquefois sur sa tige, plus souvent sur ses feuilles et toujours sur la bractée qui entoure immédiatement sa fleur; ses feuilles radicales sont étalées en rosette, ovales ou en forme de spatule; les tiges sont droites, hautes de 2 décim., plusieurs fois bifurquées; les fleurs sont écartées, solitaires, cylindriques, purpurines, peu saillantes hors des bractées. ⊙ (Gou. Linn. Magn.); ♂ (Wild.). Elle se trouve aux environs de Montpellier, parmi les oliviers, près le pont de Celleneuve, et au bord de la mer près le mont de Cette (Magn. Gou.); en Provence sur les bords de la mer (Gér.); au mont Victoire (Tourn.); à Montredon, à Marseille et dans les isles voisines (Gar.).

2325. Statice réticulée. *Statice reticulata.*

Statice reticulata. Linn. spec. 394. — Pluk. t. 42. f. 4.

On distingue cette espèce à ses tiges nombreuses plusieurs fois bifurquées et dont les extérieures sont plus ou moins étalées: elle diffère de la statice vipérine, par ses bractées nullement tuberculeuses; de la statice à feuilles de paquerette, par ses fleurs plus écartées, plus longues, et par ses bractées peu ou point scarieuses; de la statice à feuilles d'olivier, par ses tiges et ses rameaux absolument cylindriques: la surface de ses tiges est d'abord lisse, ensuite marquée de petits tubercules qui la font paroître réticulée. Elle croît sur les bords de la mer dans le sable fangeux, à Pérauls près Montpellier (Gou.).

2326. Statice à feuilles d'olivier. *Statice oleœfolia.*

Statice oleœfolia. Scop. Carn. 1. t. 10. Wild. sp. 1. p. 1525.

La plante que je possède sous ce nom, et qui provient de l'herbier de M. Pourret, ressemble à la statice réticulée et à la statice vipérine; elle diffère de la première par ses tiges droites, ses feuilles terminées par une pointe courte et acérée; on la distingue de la seconde par ses bractées non tuberculeuses;

ses rameaux inférieurs sont sensiblement anguleux. Elle croit sur les bords de la mer, près Narbonne. ♃.

2327. Statice étalée.   *Statice diffusa.*

Statice diffusa. Pourret. Act. Acad. Toul. 3. p. 330. — Pluk. t. 42. f. 5.

Cette espèce ne s'élève guère au-delà de 1 ou 2 décim.; sa racine pousse plusieurs tiges grèles, droites, garnies à leur base de feuilles glabres, linéaires et caduques; ces tiges se divisent en rameaux nombreux, alternes, branchus et très-étalés, ce qui distingue cette plante de la statice férule; les bractées sont nombreuses, membraneuses, blanchâtres, embriquées vers le haut des rameaux, larges et embrassantes à leur base, terminées par une pointe acérée comme celles de la statice férule. Cette espèce croit sur le bord de la mer, aux environs de Narbonne. ♃.

2328. Statice naine.   *Statice minuta.*

Statice minuta. Linn. Mant. 59. Lam. Fl. fr. 3. p. 65. — Bocc. Sic. t. 13. f. 3. — Pluk. t. 200. f. 3. — *Statice limonium*, var. 3. Ger. Gallopr. 340.

Cette espèce est la plus petite de toutes; elle forme, par le rapprochement des rosettes de feuilles qui sont à sa partie inférieure, un gazon fort dense et serré; ses feuilles sont petites, courtes, spatulées, arrondies à leur sommet, un peu dures, entassées et ramassées au sommet des souches produites par les divisions du collet de la racine; les tiges sont nues, grèles, rameuses, hautes de 6-9 centim., et naissent chacune du milieu d'une rosette de feuilles; les fleurs sont d'un rouge pâle, peu nombreuses, disposées en panicule lâche et fort petite. On trouve cette plante dans les lieux maritimes de la Provence, aux environs de Marseille, etc.

2329. Statice monopétale.   *Statice monopetala.*

Statice monopetala. Linn. spec. 396. Lam. Fl. fr. 3. p. 65. — *Limonium siculum.* Mill. Dict. n. 7. — *Limoniastrum articulatum.* Mœnch. Meth. 423. — Bocc. Sic. t. 17.

Petit arbrisseau dont la tige est rameuse, rougeâtre, feuillée, ordinairement un peu couchée, quelquefois tout-à-fait droite, sur-tout lorsqu'il est cultivé, et qui s'élève jusqu'à 9-12 décim.; ses feuilles sont alongées, un peu étroites, obtuses à leur extrémité, ponctuées, chagrinées, d'un verd blanchâtre, un peu dures et engaînantes à leur base; ses fleurs sont d'un rouge violet, sessiles et disposées en épis rameux et paniculés; elles naissent chacune de l'aisselle d'une écaille vaginale; leur périgone intérieur est d'une seule pièce, à cinq lobes. Cet arbrisseau croît dans les environs de Narbonne, où il a été observé par M. Pourret. ♭.

CCCXXX. DENTELAIRE. *PLUMBAGO.*

Plumbago. Tourn. Linn. Juss. Lam. Gœrtn.

Car. Le périgone extérieur est hérissé, tubuleux, à cinq dents; l'intérieur est pétaloïde, en entonnoir, d'une seule pièce, à cinq lobes : les étamines sont au nombre de cinq, insérées sous l'ovaire et élargies à leur base; le style porte cinq stigmates; la capsule s'ouvre au sommet en cinq valves; la graine est suspendue dans la capsule par un placenta filiforme qui naît de la base, s'élève verticalement, se recourbe au sommet et s'insère à l'extrémité supérieure de la semence.

2330. Dentelaire Européenne. *Plumbago Europœa.*

Plumbago Europœa. Linn. spec. 215. Lam. Dict. 2. p. 269. — Sabb. Hort. Rom. t. 39 et 40.

Sa tige est haute de 6 décim., cylindrique, cannelée et branchue; ses feuilles sont simples, entières, ovales-oblongues, embrassantes et légèrement bordées de poils; les fleurs sont purpurines ou bleuâtres, et ramassées en bouquet au sommet de la tige et des rameaux; le périgone extérieur est chargé de tubercules glanduleux et visqueux, et les étamines sont insérées sur des écailles qui remplissent le fond de la fleur. Cette plante croît dans les provinces méridionales. ♃. Elle est âcre, corrosive, vulnéraire et détersive : elle est, dit-on, bonne pour guérir la galle. On la connoît sous le nom de *malherbe*.

TRENTE-SEPTIÈME FAMILLE.

NYCTAGINÉES.   *NYCTAGINEÆ.*

Nyctagineæ. Juss. — *Jalaparum gen.* Adans. — *Incertæ sedis.*
Linn.

LES Nyctaginées, ainsi nommées parce que les fleurs des
espèces les plus connues s'épanouissent pendant la nuit, sont
des plantes toutes exotiques; les unes herbacées, les autres ligneuses, munies de feuilles simples, alternes ou le plus souvent
opposées ou inégales; la structure de leurs fleurs offre des caractères très-singuliers qui ont été méconnus pendant long-
temps : ces fleurs sont placées une ou plusieurs ensemble dans
un involucre à une ou plusieurs feuilles, très-semblable à un
véritable calice dans les genres où il ne renferme qu'une fleur;
le périgone est tantôt vivement coloré, tantôt herbacé, persistant, muni de pores corticaux à la surface extérieure et non à
l'intérieure, non adhérent avec l'ovaire, mais fortement étranglé
au-dessus de cet ovaire, ensorte qu'au premier aspect il semble
réellement adhérent : les étamines sont insérées sur un disque
écailleux qui entoure l'ovaire et traverse l'étranglement du
périgone; le fruit est une seule semence recouverte par le
disque écailleux et par la base persistante du périgone; cette
graine a un périsperme farineux entouré par l'embryon.

CCCXXXI. NYCTAGE.   *NYCTAGO.*

Nyctago. Roy. Juss. — *Mirabilis.* Linn.

CAR. L'involucre est d'une seule pièce, en forme de cloche, à
cinq lobes; il renferme une seule fleur quatre fois au moins plus
longue que lui : le périgone est en forme d'entonnoir; son
limbe est évasé, à cinq angles, à cinq lobes : on compte cinq
étamines; la graine est recouverte par la base épaissie et coriace du périgone, dont la partie supérieure se flétrit et tombe
après la fleuraison.

2331. Nyctage faux-jalap. 　*Nyctago jalapæ.*

Mirabilis jalapa. Linn. spec. 252. Poir. Dict. Enc. 4. p. 481.
Lam. Illustr. t. 105. — *Mirabilis dichotoma.* Gater. Fl.
montaub. 46. — *Jalapa congesta.* Mœnch. Meth. 508.

α. *Lutea.* Ren. Fl. orne. 66.
β. *Rubra.* — Ren. loc. cit.
γ. *Alba.* — Ren. loc. cit.
δ. *Variegata.* — Ren. loc. cit.

Ses feuilles sont glabres ; ses fleurs sont pédonculées, réunies plusieurs ensemble aux sommets des branches ; elles sont
ordinairement rouges, quelquefois jaunes, blanches ou panachées dans les variétés que la culture a développées. ♃. Cette
plante, originaire du Pérou, est cultivée sous le nom de *belle
de nuit*, comme ornement dans tous les jardins ; elle ouvre
ses fleurs à l'entrée de la nuit et les referme le matin, à moins
que le ciel ne soit très-couvert : chaque fleur ne s'ouvre qu'une
fois. On a cru long-temps que sa racine fournissoit le jalap,
mais on sait maintenant que ce médicament est produit par le
convolvulus jalapa (*Voy.* Desf. Ann. Mus. 2. p. 120.). ♃ dans
son pays natal, et ☉ dans les pays où il gèle pendant l'hiver.

2332. Nyctage à longue fleur. 　*Nyctago longiflora.*

Mirabilis longiflora. Linn. spec. 252. Poir. Dict. 4. p. 483. —
Jalapa longiflora. Mœnch. Meth. 508.

Ses feuilles sont pubescentes ; ses fleurs blanches, sessiles,
pubescentes à la base, réunies plusieurs ensemble et remarquables par la longueur extrême de leur tube ; elles s'ouvrent
à l'entrée de la nuit et répandent une odeur suave. On cultive
cette plante dans les parterres, sous le nom de *merveille du
Pérou :* elle est originaire des hautes montagnes du Mexique. ♃.

II. DICOTYLÉDONES MONOPÉTALES,

Ou à périgone double, l'intérieur d'une seule pièce.

TRENTE-HUITIÈME FAMILLE.

GLOBULAIRES. *GLOBULARIÆ.*

Globulariæ. Lam. — *Aggregatæ.* Ger. — *Lysimachiarum gen.* Juss. — *Thymelæarum gen.* Adans. — *Aggregatarum gen.* Linn. — *Dipsacearum gen.* Guett.

Cette famille ne renferme qu'un seul genre tellement distinct par sa structure, qu'on ne peut le réunir avec aucune des plantes auxquelles il ressemble par son port : les Globulaires ont les fleurs réunies en tête, entourées d'un involucre à plusieurs feuilles, et placées sur un réceptacle garni de paillettes comme les Dipsacées, dont elles diffèrent par leur calice simple, par leur corolle insérée sous l'ovaire et non sur le calice ; elles s'éloignent plus encore des Primulacées, puisque leur fruit est une graine solitaire recouverte par le calice, et que leurs étamines sont alternes avec les divisions de la corolle ; la présence d'une véritable corolle les éloigne des Plumbaginées, des Nyctaginées et des Protées.

CCCXXXII. GLOBULAIRE. *GLOBULARIA.*

Globularia. Tourn. Linn. Juss. Lam. Gœrtn.

Car. Les fleurs ont chacune un calice tubuleux, persistant, à cinq lobes ; une corolle hypogyne, tubuleuse, à cinq lobes inégaux ; quatre étamines insérées au fond de la corolle ; un ovaire libre surmonté d'un style et d'un stigmate simple ; la graine est solitaire, recouverte par le calice, formée d'un embryon droit, à radicule supérieure, et d'un périsperme charnu.

2333. Globulaire turbith. *Globularia alypum.*

Globularia alypum. Linn. spec. 139. Lam. Dict. 2. p. 724.
α. *Foliis integris.* — Lob. Ic. t. 370. f. 2.
β. *Foliis tridentatis.* —Garid. Aix. 210. t. 42.

Sous-arbrisseau dont la tige s'élève jusqu'à 6 décimètres,

produit plusieurs rameaux déliés, cassans, et conserve ses feuilles pendant l'hiver; son écorce est brune ou rougeâtre; ses feuilles sont dures, petites, lancéolées, imitant celles du mirte, entières ou garnies quelquefois, vers leur sommet, d'une petite dent de chaque côté; les fleurs sont bleuâtres et forment de petites têtes solitaires aux extrémités des rameaux. Il croît dans les lieux pierreux des provinces méridionales, le long du Rhône près Orange (Vill.); près Montpellier au mont de Cette (Gou.); aux environs d'Aix (Gar.); de Nice et d'Oneille (All.); à Montredon près Marseille. ♄. C'est un violent purgatif.

2334. Globulaire à tige nue. *Globularia nudicaulis.*

Globularia nudicaulis. Linn. spec. 140. Jacq. Austr. t. 230. Lam. Dict. 2. p. 732.

Du collet de la racine de cette plante, naissent immédiatement deux ou trois tiges nues, ou chargées quelquefois d'une ou deux écailles oblongues; ces tiges ou hampes s'élèvent rarement au-delà de 15-18 centim. : les feuilles sont toutes radicales, nombreuses, couchées sur la terre et disposées en rond au bas de la plante; elles sont fermes, coriaces, spatulées, rétrécies en pétiole, quelquefois très-entières, mais plus souvent garnies à leur sommet de trois petites dents aiguës : les têtes de fleurs sont terminales, solitaires et de couleur bleue. On trouve cette plante dans les Pyrénées; dans les Alpes de la Provence (Gér.); sur les montagnes ombragées de pins en Dauphiné (Vill.); dans les vallées des Vaudois, aux environs de Tende, de Saint-Martin et de Piossasco (All.). ♃.

2335. Globulaire commune. *Globularia vulgaris.*

Globularia vulgaris. Linn. spec. 139. Gœrtn. Fruct. 1. p. 211. t. 44. Lam. Dict. 2. p. 722. — Lob. Ic. t. 478. f. 2.
β. *Flore albo.* Latourr. Chl. Lugd. 4.

Sa tige est haute d'environ 2 décimètres, droite, simple, feuillée et terminée par une seule tête de fleurs; ses feuilles radicales sont nombreuses, couchées sur la terre, ovales, spatulées, pétiolées et remarquables par deux ou trois petites dents à leur sommet; celles de la tige sont lancéolées et très-entières : les fleurs forment une petite tête globuleuse, ordinairement de couleur bleue. Cette plante croît dans les lieux arides et dans les prés secs. ♃. Elle passe pour vulnéraire et détersive.

2336. Globulaire à feuilles   *Globularia cordifolia.*
      en cœur.

Globularia cordifolia. Linn. spec. 139. Jacq. Austr. t. 245. Lam.
  Dict. 2. p. 723. Illustr. t. 56. f. 2. — *Globularia minima.* Vill.
  Dauph. 2. p. 298.

Sa tige est une souche ligneuse, rameuse, couchée, rampante et très-garnie de feuilles, qui forment sur la terre des
espèces de rosettes ou des petits gazons peu serrés ; ces feuilles
sont petites, assez longues, et vont en s'élargissant vers leur
sommet qui est très-obtus et échancré en cœur ; elles sont d'une
consistance coriace et d'un verd noirâtre ; on remarque souvent
une très-petite pointe au milieu de leur échancrure : chaque
petit gazon pousse ordinairement une hampe nue, haute de
6-9 centim., qui soutient à son extrémité une tête de fleurs un
peu plus applatie que dans les autres espèces ; ces fleurs sont
d'un bleu rougeâtre. Cette plante croît parmi les rochers, dans
les lieux exposés au soleil, en Provence, en Dauphiné, en Savoie : elle est abondante au pied du mont Salève du côté de
Genève. ⟨

2337. Globulaire naine.   *Globularia nana.*

Globularia nana. Lam. Dict. 2. p. 723. — *Globularia repens.*
  Lam. Fl. fr. 2. p. 325.

Sa tige est ligneuse, rameuse, diffuse, étalée et tout-à-
fait couchée sur la terre ; elle n'a guère que 12-15 centimètres
d'étendue ; les feuilles sont extrêmement petites, très-entières,
élargies vers leur sommet, rétrécies en pétioles à leur base ;
elles n'ont qu'environ 1 centim. de longueur et 2 millim. de
largeur vers leur extrémité ; elles sont nombreuses, d'un verd
noirâtre et disposées par petites rosettes très-garnies : du milieu
de chaque rosette naît une petite hampe ou un pédoncule long
d'un centim. tout au plus, chargé d'une tête de fleurs beaucoup
plus petite que celle de l'espèce précédente. On trouve cette
plante en Languedoc, dans les environs de Narbonne, où elle
a été observée par M. Pourret ; dans les Pyrénées, où elle a
été trouvée par M. Ramond. ♃.

TRENTE-NEUVIÈME FAMILLE.

PRIMULACÉES.　　*PRIMULACEÆ.*

Lysimachiæ. Juss. — *Primulaceæ.* Vent. — *Anagallides.* Adans.
Preciæ et Rotacearum gen. Linn.

Les Primulacées sont des herbes en général vivaces par leurs
racines, et dont les fleurs se développent ordinairement dans
les premiers jours du printemps; leur tige est quelquefois si
courte que les feuilles paroissent toutes radicales, quelquefois
alongée et garnie de feuilles alternes, opposées ou verticillées; ces feuilles sont toujours simples et ordinairement entières; les fleurs sont portées tantôt sur des pédicelles axillaires,
tantôt disposées en ombelle sur un pédoncule radical.

Le calice est persistant, d'une seule pièce, divisé en quatre
à cinq lobes plus ou moins profonds; la corolle est monopétale,
presque toujours régulière, munie d'un tube plus ou moins
alongé et d'un limbe étalé, divisé en autant de lobes que le
calice; les étamines sont en nombre égal à celui des lobes de
la corolle et placées devant chacun d'eux, caractère qui distingue les Primulacées de toutes les Dicotylédones monopétales;
l'ovaire est simple, libre, surmonté d'un style et d'un stigmate
simple; le fruit est une capsule à une loge qui s'ouvre par le
sommet en plusieurs valves; les graines sont attachées autour
d'un placenta libre et central; elles ont un périsperme charnu
dans lequel est placé un embryon droit dont la radicule est
inférieure.

CCCXXXIII. CENTENILLE.　　*CENTUNCULUS.*

Centunculus. Linn. Juss. Lam. — *Anagallidastrum.* Mich.
Adans.

Car. Le calice est à quatre lobes; la corolle en roue à quatre
lobes; les étamines au nombre de quatre; le stigmate simple;
la capsule globuleuse, s'ouvrant en travers comme une boîte à
savonette.

Obs. Ce genre ne diffère du mouron que par le nombre des
parties de la fleur; il a quelquefois cinq étamines et les tégu-
mens à cinq lobes, et ne diffère alors nullement du genre suivant.

2338. Centenille naine. *Centunculus minimus.*

Centunculus minimus. Linn. spec. 169. Lam. Dict. 1. p. 677.
Illustr. t. 83. f. 1. — Vaill. Bot. t. 4. f. 2.

Cette plante s'élève à peine à la hauteur de 3 centim. ; sa
tige est droite, cylindrique et branchue; ses feuilles sont petites, ovales et très-glabres, et ses fleurs sont axillaires et sessiles ; leur corolle est petite, d'une couleur blanche ou verdâtre, et le fruit est une capsule qui s'ouvre en travers. On
trouve cette plante dans les marais et dans les allées des bois
humides, aux environs de Paris, à Ville-d'Avray, Montmorency, Fontainebleau, Jouy (Guett.); près d'Orléans (Dub.); de
Lauteren (Poll.); d'Ornières (Ren.); de Royac (Delarb.); en
Bresse (Latourr.); en Provence (Gér.); près Vienne (Vill.);
à Chalanches, Ivrée, et Frosasche (All.). Il fleurit en été. ☉

CCCXXXIV. MOURON. *ANAGALLIS.*

Anagallis. Tourn. Linn. Juss. Lam. Gœrtn.

Car. Le calice est à cinq lobes; la corolle en roue à cinq
lobes ; les étamines au nombre de cinq, presque toujours barbues ; le stigmate simple; la capsule globuleuse, s'ouvrant en
travers comme une boîte à savonette.

Obs. Les feuilles et les calices de plusieurs espèces de mourons, sont bordés en dessous de points noirs et glanduleux;
ces points existent déjà sur leurs feuilles séminales : les fleurs
sont solitaires et pédicellées aux aisselles des feuilles.

2339. Mouron bleu. *Anagallis cærulea.*

Anagallis cærulea. Lam. Fl. fr. 2. p. 285. Dict. 4. p. 336. —
Anagallis fæmina. Vill. Dauph. 2. p. 461. — *Anagallis ar-*
vensis, var. a. Linn. spec. 211. — *Anagallis Monelli.* Rouss.
Calv. 91. — Cam. Epit. 395. ic.

Ses tiges sont foibles, un peu couchées, quadrangulaires
et rameuses; ses feuilles sont sessiles, opposées ou ternées,
ovales, pointues, lisses et très-glabres; ses fleurs sont d'une
belle couleur bleue qui ne se change point en rouge, comme
l'ont avancé plusieurs botanistes, mais seulement quelquefois
en blanc; les divisions de la corolle sont un peu dentées à
leur sommet. Cette plante croît dans les champs et les lieux
cultivés. ☉

2340. **Mouron rouge.**   *Anagallis phœnicea.*

Anagallis phœnicea. Lam. Fl. fr. 2. p. 285. Dict. 4. p. 335.
Illustr. t. 101. — *Anagallis mas.* Vill. Dauph. 2. p. 461. —
Anagallis arvensis, var. β. Linn. spec. 211. — Cam. Epit.
394. ic.

A l'exemple de Haller, Schreber, Lamarck et de tous les
anciens botanistes, je sépare cette espèce de la précédente; elle
en diffère par ses feuilles plus obtuses, souvent ternées; par
ses pédicelles plus longs que les feuilles (Lam.); par ses pétales
plus élargis au sommet, ordinairement plus grands et dont les
crénelures sont un peu glanduleuses (Hoffm.); par les lanières de
son calice plutôt lancéolées que subulées (Hall.), jamais tachetées
sur les bords de petits points bruns, et sur-tout par sa fleur
rouge : ce dernier caractère se conserve par les graines (Wild.).
On en trouve une variété à fleur blanche, avec le centre seulement
rouge. Elle croît dans les champs, les vignes, les lieux cultivés. ⊙.

2341. **Mouron de Monelli.**   *Anagallis Monelli.*

Anagallis Monelli. Linn. spec. 211. Lam. Dict. 4. p. 336.
β. *Anagallis verticillata.* All. Ped. n. 318. t. 85. f. 4. Lam.
Dict. 4. p. 337.

Une tige herbacée, quadrangulaire, droite ou un peu couchée à la base, se divise en quelques rameaux droits et porte
des feuilles écartées, lancéolées, étroites, pointues, opposées
dans la variété *α*, verticillées dans la variété *β*, quelquefois
opposées et verticillées sur le même individu; les pédicelles sont
axillaires, filiformes, alongés et opposés ou verticillés, selon
la disposition des feuilles; la fleur est bleue, plus grande que
dans le mouron bleu; les divisions du calice sont linéaires,
très-acérées; les étamines ont les filets barbus. ♃. Cette plante
est très-rare et mérite à peine une place dans la Flore française.
La variété β a été découverte aux environs de Nice (All.); la
variété *α* est indiquée par Renault comme indigène du département de l'Orne; mais je crois qu'il a donné ce nom à la variété blanche du mouron bleu.

2342. **Mouron délicat.**   *Anagallis tenella.*

Anagallis tenella. Linn. Mant. 335. Lam. Dict. 4. p. 337. —
Lysimachia tenella. Linn. spec. 211. — *Jiraseckia Alpina.*
Schmidt. ex Hoffm. Germ. 3. p. 98. — C. B. Prod. 136. ic.

Ses tiges sont filiformes, longues d'environ 1 décimètre et
exactement couchées sur la terre; elles sont garnies dans toute
leur

leur longueur de feuilles extrêmement petites, opposées, arrondies et portées sur de courts pétioles ; les fleurs sont soutenues par des pédoncules plus longs que les feuilles ; elles sont couleur de rose, et les découpures de leur corolle sont un peu alongées. Cette plante croît dans les lieux humides, les marais. ♃. Ses étamines velues et sa capsule qui s'ouvre en travers, prouvent que cette espèce appartient au genre des mourons et non à celui des lysimaques.

2343. **Mouron à feuille épaisse.**   *Anagallis crassifolia.*

Anagallis crassifolia. Thore Chl. Land. p. 62.

Cette espèce pousse plusieurs tiges simples, longues de 1 décimètre, rampantes à la surface du sol auquel elles adhèrent dans toute leur longueur par de nombreuses radicules ; ses feuilles sont alternes, épaisses, glabres, arrondies, nombreuses, assez semblables à celles de la nummulaire ; les fleurs sont blanches, portées sur des pédicelles grèles, axillaires, plus courts que les feuilles ; le calice est à cinq lanières étroites marquées de points noirâtres ; la corolle est deux fois plus longue que le calice et ressemble à celle du mouron délicat ; les filamens des étamines sont hérissés de poils ; la capsule est globuleuse, mince, surmontée par le style qui persiste, remplie de graines brunes et anguleuses. Ce mouron m'a été communiqué par M. Thore qui l'a trouvé dans les marais et les tourbières des environs de Dax. Il y fleurit en été et se trouve souvent à côté du mouron délicat, dont il diffère sur-tout par ses pédicelles plus courts que les feuilles. ♃?

CCCXXXV. LYSIMAQUE.   *LYSIMACHIA.*

Lysimachia. Tourn. Linn. Juss. Lam. Gœrtn.

Car. Le calice est à cinq parties profondes ; la corolle en roue à cinq divisions ; les étamines au nombre de cinq, souvent réunies par la base ; le stigmate ordinairement simple ; la capsule est globuleuse et s'ouvre au sommet en plusieurs valves (cinq valv. Gœrtn. ; dix valv. Linn.).

Obs. Ce genre est encore mal déterminé : doit-on laisser réunies les espèces à étamines distinctes, avec celles dont les étamines sont soudées ; les plantes dont la capsule est à cinq valves, avec celles où elle en a dix ?

Tome III.   E e

§. Ier. *Pédoncules multiflores.*

2344. Lysimaque commune. *Lysimachia vulgaris.*

Lysimachia vulgaris. Linn. spec. 209. Lam. Dict. 3. p. 570. — Blakw. t. 278.

β. *Foliis verticillatis.* — Lam. Illustr. t. 101. f. 1. — Bull. Herb. t. 347.

Ses tiges droites, fermes, simples et pubescentes, s'élèvent jusqu'à 1 mètre de hauteur, et portent des feuilles lancéolées, pointues, presque sessiles, opposées, ternées ou quaternées ; la sommité de la tige porte une panicule de fleurs jaunes dont les pédicelles sont pubescens, opposés et multiflores ; les lobes du calice sont bordés d'une ligne pourpre, et leur pointe se tortille avant et après la fleuraison ; les étamines sont réunies par leur base ; les lobes de la corolle sont ovales et profonds. ♃. Elle se trouve dans toute la France, au bord des ruisseaux et dans les prés humides, souvent mêlée avec la salicaire. On la connoît sous les noms de *corneille*, de *chasse-bosse*. Elle fleurit à l'entrée de l'été. M. Léman m'a fait observer que cette plante pousse quelquefois du collet de sa racine des jets cylindriques semblables à de petites ficelles, qui atteignent un mètre de longueur, et dont l'extrémité porte un bourgeon qui, l'année suivante, donne naissance à une tige.

2345. Lysimaque en bouquets.   *Lysimachia thyrsiflora.*

Lysimachia thyrsiflora. Linn. spec. 209. Lam. Dict. 3. p. 571. Fl. dan. t. 517.

Sa tige est simple, droite, haute de 3-4 décim., garnie de feuilles opposées, sessiles, oblongues, pointues, un peu velues en dessous à leur base et tachetées sur leur face inférieure de petits points noirs ; les feuilles du milieu de la tige émettent à leur aisselle des pédicules opposés plus courts que la feuille, et qui soutiennent une grappe ovoïde de fleurs jaunes ; leur calice et leur corolle sont tachetés de quelques points noirs ; la corolle se divise presque jusqu'à la base en cinq à sept lobes linéaires ; les étamines sont plus longues que la corolle et distinctes à leur base. ♃. Elle croît dans les lieux humides de la France septentrionale, en Picardie, dans les fossés d'Abbeville (Bouch.) ; à Lauteren (Poll.) ; dans les environs d'Alost (Lest.) ; de Beerlaer, d'Uytbergen et de Calkem, pays de

Termonde (Rouc.); aux environs de Lyon (Latourr.). Elle fleurit à l'entrée de l'été.

§. II. *Pédoncules uniflores.*

2346. Lysimaque ponctuée. *Lysimachia punctata.*

> *Lysimachia punctata.* Linn. spec. 210. Jacq. Austr. t. 366. non Lam.

Cette espèce a la tige et le feuillage de la lysimaque commune, avec la fleuraison de la lysimaque nummulaire; sa tige est droite, pubescente, souvent rameuse; ses feuilles ordinairement ternées, lancéolées, presque sessiles, pubescentes, tachetées en dessous de petits points roussâtres et arrondis; les pédicelles sont axillaires, verticillés, de moitié plus courts que la feuille, pubescens et chargés d'une seule fleur jaune, assez grande, souvent tachetée; le calice est pubescent; les lanières de la corolle larges, ovales et pointues; les étamines élargies et réunies à leur base. ♃. Elle croît dans les lieux humides, parmi les roseaux, dans la province d'Aix (All.); à Gand (Lest.); dans le pays de Waes le long de de la Durme (Rouc.).

2347. Lysimaque num-   *Lysimachia nummularia.*
  mulaire.

> *Lysimachia nummularia.* Linn. spec. 211. Lam. Dict. 3. p. 572. Fl. dan. t. 493.

Ses tiges sont un peu quadrangulaires, rampantes et tout-à-fait couchées; ses feuilles sont ovales, presque rondes, sans pointe, un peu en cœur à leur base et légèrement pétiolées; les fleurs sont grandes, de couleur jaune, et portées sur des pédoncules axillaires, solitaires et de longueur variable. On trouve cette plante dans les lieux humides et les prés. ♃. Elle est un peu astringente, vulnéraire et détersive. On la connoît sous les noms d'*herbe aux écus*, de *monnoyère*, etc.

2348. Lysimaque des bois. *Lysimachia nemorum.*

> *Lysimachia nemorum.* Linn. spec. 211. Lam. Dict. 3. p. 572. Fl. dan. t. 174.

Ses tiges sont couchées, cylindriques et longues d'environ 2 décim.; ses feuilles sont ovales, pointues, un peu pétiolées et très-glabres; elles forment des entre-nœuds plus grands que ceux de la précédente : les fleurs sont jaunes, fort petites et portées sur des pédoncules plus longs que les feuilles. Cette plante croît dans les lieux couverts un peu humides et montagneux, aux environs de Paris; de Sorrèze; dans les montagnes

du Jura; dans les Ardennes sur les bords de la Meuse (Hauy);
en Belgique (Lest.); en Dauphiné (Vill.); dans les Landes
(Thor.); à Nantes (Bon.); etc. Elle fleurit en été.

2349. Lysimaque lin-étoilé.   *Lysimachia linum-stellatum.*

Lysimachia linum-stellatum. Linn. spec. 211. Lam. Dict. 3. p.
572. Gœrtn. Fruct. 1. p. 229. t. 50. f. 4.—Mang. Monsp. 163. ic.

Ses tiges sont droites, hautes de 5-15 centim., très-branchues, entièrement glabres, garnies de feuilles opposées, sessiles, étroites et pointues; les pédicelles sont axillaires, uniflores,
ordinairement plus courts que les feuilles; la fleur est très-
petite, d'un blanc verdâtre (Magn.), composée de pétales
étroits moins grands que le calice (Lam.); la capsule est globuleuse, s'ouvre en cinq valves et renferme des graines profondément striées en travers et fortement ombiliquées sur une
de leurs faces. ☉. Cette petite plante croît dans les lieux secs
et herbeux du midi de la France, aux environs de Montpellier
à Gramont (Magn.); à Castelnau et Selleneuve (Gou.); en
Provence (Gér.); aux environs de Nice, de Suze (All.); de
Sorrèze, etc. Son port, la couleur de sa fleur et la structure de
sa graine, semblent l'éloigner de ce genre; sa fleur n'est pas
encore bien connue.

CCCXXXVI. HOTTONE.   *HOTTONIA.*

Hottonia. Linn. Juss. Lam. — *Stratiotes.* Vaill. non Linn.

Car. Le calice est à cinq parties; la corolle a un tube court,
un limbe plane à cinq divisions; les étamines sont au nombre de
cinq, presque sessiles vers le haut du tube; le stigmate est globuleux; la capsule globuleuse, un peu pointue.

2350. Hottone aquatique.   *Hottonia palustris.*

Hottonia palustris. Linn. spec. 208. Lam. Dict. 3. p. 137.
Illustr. t. 100.

Cette plante rampe dans l'eau, où elle s'étend par des drageons
garnis de feuilles verticillées, pinnatifides et à lobes linéaires;
sa tige est nue, fistuleuse, simple, et s'élève au-dessus de l'eau
à la hauteur d'environ 2 décim.; elle porte à son sommet trois
ou quatre verticilles de fleurs blanches ou quelquefois rougeâtres;
chaque fleur est portée sur un pédoncule long de 1-2 centim.;
les divisions du calice sont courtes et linéaires; celles de la
corolle sont profondes et un peu jaunâtres à leur base intérieure,

et les verticilles sont garnis de bractées linéaires moins longues
que les fleurs. On trouve cette plante dans les étangs et les fossés
aquatiques. Elle porte le nom de *plumeau*. ♃.

CCCXXXVII. CORIS.   *CORIS.*

Coris. Linn. Juss. Lam.

Car. Le calice est ventru, à cinq dents, de la base desquelles
naissent des pointes épineuses et divergentes; la corolle est
tubuleuse, irrégulière, déjetée d'un côté, à cinq divisions courtes
et échancrées; les étamines sont au nombre de cinq, déjetées
du côté opposé au limbe de la corolle, insérées sur le tube; le
stigmate est simple; la capsule globuleuse, cachée dans le
calice, à cinq valves.

2551. Coris de Montpellier. *Coris Monspeliensis.*

Coris Monspeliensis. Linn. spec. 252. Lam. Illustr. t. 102. Desf.
Atl. 1. p. 185. — Cam. Epit. 699. ic.

Ses tiges sont hautes de 1-2 décim., rameuses à la base, à-
peu-près droites, cylindriques, cendrées ou un peu rougeâtres,
presque ligneuses dans le bas; elles sont garnies dans toute leur
longueur de feuilles éparses, petites, linéaires, un peu ciliées;
les fleurs sont rouges ou d'un pourpre bleuâtre, presque sessiles,
disposées en grappes serrées au sommet des tiges; les dents du
calice sont marquées chacune d'une tache purpurine. Cette
plante croît dans les lieux maritimes sur les collines incultes
des provinces méridionales, près Nice (All.); en Provence
(Gér.); près Montelimar et Crest (Vill.); aux environs de
Montpellier, etc. ☉ (Linn. Desf.), ♃ (Lam. Vill.).

CCCXXXVIII. ANDROSACE.   *ANDROSACE.*

Androsace. Tourn. Lam. Vill. — *Aretia et Androsace*. Linn.
Hall. — *Aretia et Amadea*. Adans.

Car. Le calice est persistant, fendu au moins jusqu'au milieu
en cinq divisions pointues; la corolle a son tube un peu resserré à
son orifice et muni de cinq protubérances glanduleuses; les étamines sont courtes, au nombre de cinq; la capsule s'ouvre en
cinq valves.

Obs. Ce genre comprend les Androsaces de Linné, dont les
fleurs sont disposées en ombelle au sommet d'une hampe et munies d'un involucre à plusieurs feuilles, et les Aréties du même
auteur, qui ont les fleurs solitaires et sans involucre. A l'exemple de Tournefort, de Lamarck, etc., je n'ai pu me résoudre
à séparer en deux genres des plantes aussi voisines, d'après un

caractère tellement fugace, qu'il peut à peine distinguer les espèces : les androsaces lactée, carnée, trompeuse, ont leurs fleurs
tantôt solitaires, tantôt en ombelle ; et d'ailleurs, si l'on admettoit
cette division des androsaces, on devroit aussi diviser les primevères d'après le même caractère. Toutes nos androsaces sont
de petites plantes de montagnes qui diffèrent des primevères
par l'orifice de leur tube muni de glandes saillantes ; elles n'ont
jamais la fleur jaune ; leurs poils sont souvent rameux et étoilés,
caractère qui se retrouve dans plusieurs espèces des deux sections, et qui autorise encore leur réunion.

§. Ier. *Fleurs solitaires ; pédicelles ne sortant pas
d'un involucre (Aretia, Linn.).*

2352. Androsace pubescente. *Androsace pubescens.*

Androsace aretia, var. c. Vill. Dauph. 2. p. 474?

Cette plante a été jusqu'ici confondue avec l'androsace des
Alpes, dont elle a en effet le port ; mais elle en diffère parce
qu'elle est pubescente et non cotonneuse, et par ses poils simples
et nullement rameux : on peut la confondre, lorsqu'elle n'est
pas en fleur, avec l'androsace trompeuse ; mais celle-ci pousse
de longs pédoncules garnis de poils rameux, tandis que la nôtre
a des pédicelles très-courts et garnis de poils simples : sa racine,
qui est brunâtre et demi-ligneuse, pousse plusieurs tiges rameuses, dénudées dans le bas, garnies de feuilles sèches et étalées
dans le milieu, terminées par une rosette de feuilles étalées, jamais serrées ni embriquées comme dans l'androsace hérissée et
l'androsace faux-bry ; les feuilles sont oblongues, planes, pubescentes ; les fleurs sont solitaires, latérales ou terminales, portées
sur un pédicelle plus court que les feuilles ; le calice est à cinq
lobes pointus et pubescens ; la corolle est blanche, avec la gorge
jaune et glanduleuse ; la capsule s'ouvre en cinq valves qui se
renversent en dehors et dépassent la longueur des lobes du calice ; elle contient quatre à cinq graines. ♃. Cette espèce croît
parmi les rocailles dans les Alpes ; elle a été trouvée par mon
frère, au mont Saxonet et au grand Bornan près Genève : on la
retrouve probablement dans les Alpes du Dauphiné (Vill.)? etc.

2353. Androsace des   *Androsace Pyrenaica.*
Pyrénées.

*Androsace Pyrenaica. Lam. Illustr. n. 1933. — Androsace dia-
pensioides. Lapeyr. Fl. pyren. 1. n. 3. t. 3.*

Cette plante ressemble à la précédente par son port et ses

feuilles légèrement hérissées de poils simples ; mais elle en
diffère par ses feuilles en carène , ciliées , plus longues que dans
l'androsace pubescente , ouvertes et presque recourbées vers le bas
de la plante , à-peu-près comme dans la diapensie de Lapponie ;
par ses pédicelles plus longs, courbés vers le sol, du moins à
l'époque de la maturité ; par son calice à lobes glabres et obtus ;
par sa capsule dont les valves en s'ouvrant ne dépassent pas
la longueur du calice : sa corolle est blanche. ♃. Cette plante
croît dans les Pyrénées , sur les rochers couverts de mousses
et exposés au nord , à la montagne de Laveran (Lapeyr.).

2354. Androsace cylindrique. *Androsace cylindrica.*

Cette espèce est remarquable par ses feuilles oblongues et
non linéaires , hérissées de poils simples , étalées en rosette
horizontale ; ces feuilles sont persistantes après leur dessication ,
et comme la tige s'alonge chaque année sans se ramifier , elles
forment une colonne serrée et cylindrique ; les fleurs naissent
vers le sommet ; elles sont portées sur des pédicelles grèles ,
hérissées, longs de 2 lignes environ ; le calice est pubescent ,
à cinq lobes pointus ; la corolle est blanche , peu saillante hors
du calice ; la capsule s'ouvre en cinq valves égales aux lobes du
calice. ♃. On trouve cette plante dans les Pyrénées.

2355. Androsace embriquée. *Androsace imbricata.*

Androsace imbricata. Lam. Dict. 1. p. 162. Illustr. t. 98. f. 4.
— *Androsace diapensia.* Vill. Dauph. 2. p. 473. — *Androsace
Helvetica.* All. Ped. n. 327. — *Diapensia Helvetica.* Linn.
spec. 203. — *Aretia Helvetica.* Linn. Syst. 162. — Hall. Helv.
n. 617. t. 11.
β. *Aretia tomentosa.* Schleich. Cent. exs. n. 22.

Sa racine , qui est ligneuse et noirâtre , pousse quelques tiges
droites , courtes , entièrement couvertes de feuilles serrées , embriquées , coriaces , assez petites , oblongues , tapissées d'un
duvet court , blanc et serré , composé de poils rameux et rayonnans ; les fleurs sont solitaires , presque absolument sessiles ,
terminales dans la plupart des individus , latérales et terminales
dans la variété β ; le calice est couvert de poils rameux ; la corolle est blanche , avec cinq glandes jaunes à la gorge ; la capsule s'ouvre en cinq valves qui s'appliquent sur les cinq lobes
du calice : je n'y ai trouvé que trois graines oblongues et un
peu applaties. ♃. Cette petite plante qui , par son port , ressemble

à certaines saxifrages, croît sur les rochers arides des hautes sommités des Alpes et des Pyrénées.

2356. Androsace faux-bry. *Androsace bryoides.*

Aretia Helvetica. Hoffm. Germ. 3. p. 91. excl. syn ?

Cette plante a le port et presque tous les caractères de l'androsace embriquée, avec laquelle on l'a sans doute confondue ; mais elle en diffère parce qu'elle est hérissée et non cotonneuse, et que tous ses poils sont simples et nullement rameux, caractère constant mais qu'on ne peut bien voir qu'à la loupe : sa racine est une souche brune et ligneuse qui se ramifie par le collet en une foule de tiges garnies de feuilles mortes, de manière à former une colonne cylindrique ; ces tiges sont serrées les unes contre les autres de manière à former un coussinet compact comme certaines mousses ; les feuilles sont oblongues, petites, toutes embriquées et serrées ; celles du sommet sont d'un verd clair ; toutes les autres sont brunes et persistantes : la fleur est terminale, absolument sessile ; le fruit devient latéral par l'alongement de la tige, comme dans les mousses ; le calice est à cinq dents, garni de poils simples ; la capsule est globuleuse. ♃, ♄. Cette plante croît parmi les rochers, dans les Alpes : je l'ai reçue de mon frère qui l'a trouvée au mont Saxonet, au grand Bornand et à la Dent-d'Oche près Genève ; et de M. Clarion qui l'a ramassée dans les montagnes de Seine en Provence. Il est probable qu'elle existe dans toutes les Alpes.

2357. Androsace des Alpes. *Androsace Alpina.*

Androsace Alpina. Lam. Dict. 1. p. 162. Illustr. t. 98. f. 3. —
Androsace aretia, var. α et β. Vill. Dauph. 2. p. 473. —
Aretia Alpina. Linn. spec. 203. Jacq. Austr. 5. t. 18. —
Hall. Helv. n. 618. t. 11.

β. *Flore albo.*

Cette espèce se rapproche des deux précédentes par les poils rameux qui se trouvent sur les feuilles et les calices ; mais elle en diffère par ses tiges plus rameuses, plus étalées ; par ses feuilles qui tombent ou se détruisent après la première année, de sorte que le bas des rameaux est dénudé ; ces feuilles sont étalées en petite rosette au sommet des branches, et au lieu d'être cotonneuses comme dans l'androsace embriquée, elles sont pubescentes, sur-tout vers le sommet ; les fleurs sont solitaires, portées sur un pédicelle axillaire ou ordinairement terminal, de longueur variable, mais que je n'ai jamais vu aussi long que

le représente la figure de Haller : la fleur est d'un bleu lilas dans
la variété *α*, et blanche dans la variété *β*; dans l'une et l'autre
la gorge est bordée d'un cercle jaune, et les lobes de la corolle
sont souvent échancrés au sommet : la capsule porte dix à douze
graines, selon Villars. ♃. Cette plante naît en gazons touffus sur
les rochers, parmi les rocailles et les graviers, dans les lieux
secs et aérés, sur les plus hautes sommités des Alpes, depuis
2,400 à 5,600 mètres d'élévation.

2358. Androsace ciliée. *Androsace ciliata.*

Cette espèce a échappé jusqu'ici aux recherches des natura-
listes, parce qu'on l'aura probablement confondue avec l'androsace des Alpes et l'androsace pubescente; mais il me paroît hors
de doute qu'elle diffère de l'une et de l'autre : sa souche se divise
en trois à quatre rameaux terminés par des feuilles peu ou
point étalées, oblongues, planes, longues de 1 centim. sur 5
millim. de largeur, bordées de petits cils simples ou bifurqués
vers le sommet; les fleurs naissent solitaires sur un pédicelle
plus long que les feuilles; leur calice est à cinq lobes oblongs,
profonds, garnis de poils courts et légèrement rameux; la corolle est d'un violet pâle, plus grande que dans la plupart des
androsaces uniflores; son tube ne dépasse pas la longueur du
calice; son limbe est à cinq lobes entiers; la capsule est à cinq
valves de la longueur des lobes du calice. ♃. Cette plante croit
dans les Pyrénées; elle m'a été communiquée par M. Mirbel.

§. II. *Fleurs en ombelle; pédicelles sortant d'un
involucre (Androsace, Linn.).*

2359. Androsace velue. *Androsace villosa.*

Androsace villosa. Linn. spec. 203. Jacq. Coll. 1. p. 193. t. 12.
f. 3. Lam. Dict. 1. p. 161. excl. syn. Jacq. — *Primula villosa.*
Lam. Fl. fr. 2. p. 250.

Cette espéce est facile à reconnoître aux poils longs,
simples, blancs et soyeux qui se trouvent en quantité plus ou
moins considérable sur le bord de ses feuilles, sur ses pédoncules, et sur-tout sur ses calices; ses feuilles sont courtes, oblongues, obtuses, persistantes, souvent embriquées; le pédoncule est de 2-4 centim. de hauteur; il porte une à cinq fleurs
blanches, avec le centre jaunâtre ou rougeâtre, disposées en
une ombelle serrée dont les pédicelles sont toujours plus courts

que l'involucre. ♃. Elle se trouve sur les rochers des montagnes, dans les Pyrénées, les Alpes et les sommités du Jura.

2360. Androsace carnée.   *Androsace carnea.*

Androsace carnea. Linn. spec. 204. Lam. Dict. 1. p. 162.
β. *Foliis ciliatis.* — *Aretia Halleri.* Linn. spec. 1. p. 142. — Hall. Helv. n. 619. t. 17.
γ. *Scapis unifloris.*

Cette petite plante a une racine presque ligneuse qui émet une ou deux tiges très-courtes, chargées de feuilles presque disposées en rosette, linéaires, à-peu-près en forme d'alène, pointues, glabres dans la variété *α*, bordées de petits cils dans les variétés β et γ ; du milieu des feuilles s'élèvent 1-2 pédoncules grèles, garnis de poils courts et rameux ; la longueur de ces pédicelles ne dépasse pas 6 centim., même dans les jardins ; ils portent une ombelle de deux à douze fleurs de couleur rose ou couleur de chair, soutenue sur des pédicelles longs de 5-6 millim. au plus : l'entrée de la gorge est marquée de cinq glandes jaunes. La variété γ que j'ai trouvée dans les Alpes, au sommet du Col-Saint-Remi, à environ 3,500 mètres de hauteur, est remarquable par l'absence totale de la hampe et de l'involucre, de sorte que ses fleurs sont pédicellées, nombreuses et entremêlées avec les feuilles ; à mesure qu'on s'élève dans les montagnes, on voit la hampe diminuer de longueur, et on arrive ainsi à réunir dans la même espèce des plantes que quelques botanistes ont placées dans des genres différens. ♃. L'androsace carnée croît sur les rochers dans les Alpes, les Pyrénées et les montagnes d'Auvergne.

2361. Androsace lactée.   *Androsace lactea.*

Androsace lactea. Linn. spec. 204. excl. All. syn. Jacq. Austr. t. 333. Lam. Dict. 1. p. 161. — *Androsace pauciflora.* Vill. Dauph. 2. p. 477. t. 15. — *Primula lactea.* Lam. Fl. fr. 2. p. 250.
β. *Scapis unifloris.*

Cette espèce est entièrement glabre, à l'exception de quelques aspérités qu'on observe, à la loupe, sur le bord des feuilles, sur-tout vers leur sommet ; sa tige est rouge, cylindrique, couchée ? ; elle émet çà et là des rosettes de feuilles linéaires, pointues, un peu roides, longues de 2 centim. ; de la rosette s'élève une hampe grèle, droite, longue de 5-10 décim., terminée par une ombelle de deux à cinq fleurs blanches comme du lait,

avec l'entrée du tube jaune ; ces fleurs sont portées sur des
pédicelles de 1-4 centim. de longueur ; la capsule est presque
globuleuse et assez grosse. La variété β a les fleurs portées sur
des pédicelles dépourvus d'involucre, et qui naissent immédiatement de la racine. ♃. Cette plante croît sur les sommités
des montagnes calcaires de la Provence (Gér.) ; dans le Vercors
et sur le Glandas près de Die (Vill.) ; en Savoie à la Vanovesa
(Bell.) ; à Lamalou et à Villemagne près Montpellier(Gou.) ;
dans le Jura , au Creux du Vent et au Chasseron.

2562. Androsace trom- *Androsace chamæjasme.*
peuse.

> *Androsace chamæjasme.* Wild. spec. 1. p. 799. — *Androsace*
> *villosa.* Jacq. Austr. t. 332.
> β. *Androsace brevifolia.* Vill. Dauph. 2. p. 480. t. 15.
> γ. *Androsace obtusifolia.* All. Ped. n. 326. t. 46. f. 1. — Hall.
> Helv. n. 621. — *Androsace lactea.* Vill. Dauph. 2. p. 476.
> excl. syn. Linn.

Une racine presque ligneuse, donne naissance à une ou deux
rosettes de feuilles vertes, dont les supérieures droites, les inférieures étalées ou réfléchies, oblongues, presque obtuses, rétrécies
à la base , entières et bordées de petits cils simples : chaque rosette pousse un à deux pédoncules longs de 5-10 centimètres ,
garnis de très-petits poils rameux , chargés de une à quatre
fleurs blanches (quelquefois roses , All.), disposées en ombelle ;
les feuilles de l'involucre sont oblongues , très-aiguës ; les pédicelles sont quelquefois égaux à ces folioles , ordinairement de
deux à quatre fois plus longs ; le calice est légèrement pubescent, de moitié plus court que la corolle. ♃ (All. Jacq.), ♂
(Vill.). Cette espèce croît sur les rochers dans les hautes Alpes
du Piémont , du Dauphiné et de la Savoie ; je l'ai trouvée sur
le col de Saint-Remi , élevé d'environ 3,500 mètres. Je possède
un échantillon de cette plante dont la rosette pousse trois pédoncules ; l'un chargé de trois fleurs sortant d'un involucre ; le
second ne porte qu'une fleur qui naît aussi d'un involucre ; le
troisième ne porte qu'une fleur sans involucre , et appartiendroit
ainsi au genre *aretia* des auteurs. — Le nom de *chamæjasme*
indique sa ressemblance avec l'androsace velue , nommée *jasme
montana* par Dalechamp.

2363. Androsace sep-   *Androsace septentrionalis.*
tentrionale.

Androsace septentrionalis. Linn. spec. 203. Lam. Illustr. t. 95.
f. 3. — *Androsace multiflora.* Lam. Fl. fr. 2. p. 252.

Ses feuilles sont lancéolées, un peu étroites, dentées, couchées sur la terre, et ramassées en grand nombre au bas de la
plante où elles forment une rosette bien garnie : de leur milieu
s'élève souvent une seule hampe à la hauteur de 15–18 centim. ;
elle est grêle, nue et très-droite ; elle porte à son sommet une
ombelle composée d'une trentaine de fleurs, portées chacune
sur des pédicelles longs presque de 3 centim. ; la collerette
est extrêmement petite. ☉. Cette plante croît dans les bois
montagneux et les lieux les plus froids des provinces méridionales ; en Provence au mont Lachen (Gér.); en Dauphiné près
des Baux et de Die? (Vill.); près Montpellier à l'Esperou et
l'Espinousse (Gou.).

2364.Androsace à grand calice. *Androsace maxima.*

Androsace maxima. Linn. spec. 203. Lam. Dict. 1. p. 160.
Illustr. t. 98. f. 1. Jacq. Austr. t. 331.

Ses feuilles sont ovales, pointues, dentées, glabres et couchées sur la terre où elles forment une assez grande rosette à
la base de la plante : de leur milieu s'élèvent à la hauteur de 9–15
centim. , trois ou quatre hampes grêles, nues, rougeâtres, chargées chacune d'une ombelle composée de cinq à six fleurs
blanches et fort petites ; ces fleurs sont enfoncées dans un calice
fort grand , dont les découpures profondes sont souvent un peu
dentées en leur bord : la collerette de l'ombelle est remarquable
par sa grandeur ; elle est composée de quatre ou cinq folioles
ovales , garnies de quelques dents écartées : les pédicelles et
les calices sont garnis de poils rares et simples ; la capsule renferme une vingtaine de graines. ☉. Cette plante croît dans les
champs cultivés des provinces méridionales, aux environs de
Montpellier (Gou.); de Gap , de Die (Vill.); d'Aix et de Barcelonne (Gér.); sur les rochers des Vosges (Buch.); dans les
environs de Thouars en Anjou (Petit-Th.).

CCCXXXIX. PRIMEVÈRE.   *PRIMULA.*

Primula-veris et auricula. Tourn. Adans. — *Primula.* Linn.
Juss. Lam. Gœrtn.

CAR. Ce genre diffère du précédent parce que l'entrée du tube de la corolle est dépourvu de glandes ; la capsule s'ouvre au sommet en cinq ou dix valves peu profondes.

Obs. Les corolles des primevères sont naturellement d'un jaune pâle, et ont ceci de remarquable qu'elles verdissent ordinairement par la dessication, phénomène qui se retrouve dans quelques plantes d'ordres fort différens, telles que l'épervière à feuilles de statice et quelques lotiers.

2365. **Primevère à grande fleur.**   *Primula grandiflora.*

> *Primula grandiflora.* Lam. Fl. fr. 2. p. 248. — *Primula vulgaris.* Smith. Fl. brit. 1. p. 222. — *Primula acaulis.* Fl. dan. t. 194. — *Primula sylvestris.* Scop. Carn. n. 204. — *Primula veris acaulis.* Linn. spec. 204. — *Primula elatior,* β. Wild. spec. 1. p. 801.
>
> β. *Scapo umbellifero.*
>
> γ. *Floribus purpureis aut albo variegatis.*

Sa racine pousse une touffe de feuilles ridées, dentées, ovales-oblongues, rétrécies en pétiole, du milieu desquelles sortent plusieurs pédicelles grêles, pubescens, plus courts que les feuilles, terminés chacun par une grande fleur inodore et d'un jaune pâle ; leur calice se divise en cinq lanières aiguës, alongées et qui atteignent presque l'extrémité du tube ; le limbe est plane et d'un diamètre plus grand que la longueur du tube. La variété β a ses fleurs portées sur une hampe, comme dans les deux espèces suivantes ; mais elle en diffère par son calice et la grandeur de sa fleur : la variété γ est un produit de la culture et a des fleurs rouges ou bigarrées de blanc. ♃. Cette plante, connue sous les noms de *primevère*, d'*olive*, est commune dans les prés et les bois humides, et fleurit au premier printemps. On trouve quelquefois sur le même pied des hampes multiflores et des pédicelles uniflores. J'ai trouvé plusieurs fois aux environs de Genève, des individus de cette plante en apparence bien conformés, mais dont l'ovaire, au lieu de graines, renfermoit des étamines et un pistil très-bien développés.

2366. **Primevère élevée.**   *Primula elatior.*

> *Primula elatior.* Jacq. Misc. 1. p. 158. Fl. dan. t. 434. — *Primula officinalis,* β. Lam. Illustr. n. 1928. — *Primula inodora.* Hoffm. Germ. 1. p. 67. — *Primula elatior,* α. Wild. spec. 1. p. 801. — *Primula veris elatior.* Linn. spec. 204.

Cette espèce, confondue par divers auteurs tantôt avec la

suivante dont elle a le port, tantôt avec la précédente dont elle
a les caractères, me semble réellement distincte de l'une et de
l'autre; ses feuilles sont ovales, ridées, un peu dentées, rétrécies en pétiole et plus courtes que la hampe; celle-ci porte plusieurs fleurs droites ou irrégulièrement penchées, inodores et
d'un jaune pâle : le calice est à cinq dents acérées et pointues,
comme dans la primevère à grande fleur; mais au lieu d'atteindre
la sommité du tube de la corolle, elles en dépassent à peine le
milieu : la corolle est aussi longue que dans la primevère à
longue fleur, mais le diamètre de son limbe n'atteint pas la
longueur du tube de la corolle. ♃. Elle croît dans les prés et les
bois humides, et fleurit au premier printemps.

2367. **Primevère officinale.** *Primula officinalis.*

> *Primula officinalis.* Jacq. Misc. 1. p. 159. Bull. Herb. t. 171. —
> *Primula officinalis,* α. Lam. Illustr. n. 1928. t. 98. f. 2. —
> *Primula veris.* Wild. spec. 1. p. 800. — *Primula veris offici-*
> *nalis.* Linn. spec. 204.

Une racine composée de longues fibres presque simples,
pousse plusieurs feuilles ridées, un peu dentées, ovales-oblongues, rétrécies en pétiole : du milieu de ces feuilles s'élèvent
une ou deux hampes droites, cylindriques, longues de 1-3 décimètres, terminées par une ombelle de fleurs odorantes, pédicellées, penchées ou pendantes du même côté; leur calice
est tubuleux, à cinq dents courtes et obtuses; leur limbe est
concave, d'un jaune pâle, marqué de cinq taches orangées, et
il dépasse à peine la longueur du calice. ♃. Cette plante croît
par-tout dans les prés et les bois un peu humides; elle fleurit au
premier printems : ses racines sont employées comme sternutatoires; l'infusion de ses fleurs comme cordiale, et ses feuilles
se mangent en salade. Elle est connue sous les noms de *prime-*
vère, *primerolle*, *brayette*, *coucou*, etc.

2368. **Primevère farineuse.** *Primula farinosa.*

> *Primula farinosa.* Linn. spec. 205. Lam. Illustr. n. 1930. t. 98.
> f. 4. Fl. dan. t. 125. — *Aretia.* Hall. Helv. n. 623.
> β. *Scapo paucifloro aut unifloro.*
> γ. *Floribus albis.* Hall. loc. cit.

Sa racine qui est fibreuse, pousse une touffe de feuilles oblongues, obtuses, rétrécies en pétiole, légèrement crénelées ou
presque entières, un peu ridées, glabres, et couvertes en dessous
d'une poussière blanche très-abondante; la hampe est droite,

glabre; elle s'élève jusqu'à 5 décim. et porte une ombelle de vingt-cinq à trente fleurs lorsqu'elle croît dans les pays de plaine ou dans les jardins; elle ne s'élève qu'à 4-5 centim. et ne porte que une à quatre fleurs lorsqu'elle croît dans les hautes Alpes : à mesure qu'on s'élève dans la montagne, on voit le nombre des fleurs diminuer : le calice est un peu farineux et à cinq dents qui atteignent le tiers de sa longueur; la corolle est d'un bleu pourpre; son tube dépasse peu le calice; sa gorge porte cinq glandes jaunes; son limbe est à cinq lobes profondément échancrés; la capsule est cylindrique, à cinq ou quelquefois six valves. ♃. Cette plante croît dans les prairies humides des Alpes, du Jura, des Cévennes, des Pyrénées; elle a les glandes et la capsule des androsaces, le calice et le port des primevères. On la trouve souvent auprès des neiges qui se fondent, mélangée avec la soldanelle.

2369. Primevère à longue   *Primula longiflora.*
      fleur.

Primula longiflora. All. Ped. n. 335. t. 39. f. 3. Jacq. Fl. austr. 5. app. t. 46. — *Primula farinosa,* var. Scop. Carn. 1. p. 133. — Hall. Helv. n. 611.

Cette espèce a le feuillage et le port de la primevère farineuse; mais ses feuilles et sur-tout ses calices, sont moins pulvérulens; sa hampe s'élève à 10-15 centim.; elle porte presque toujours trois fleurs droites, dont les pédicelles sont plus courts que les folioles de l'involucre; celles-ci sont lancéolées et un peu prolongées à la base, à la manière des feuilles de sédum : le calice est divisé presque jusqu'au milieu; la corolle est d'un pourpre vif et assez foncé, avec la gorge blanchâtre; son tube est quatre fois plus long que le calice, et atteint presque 5 centimètres de longueur; le limbe est à cinq lobes échancrés, comme dans la primevère farineuse : je n'ai pas vu le fruit. ♃. Cette plante est fort rare; elle se trouve dans les Alpes du Piémont, à la vallée de Macre près la Brusà; aux montagnes de Vraita et de Garrexio-le-Carenze (All.). Je l'ai reçue de MM. Necker et Schleicher qui l'ont cueillie dans le Valais, à la vallée de Saint-Nicolas et à la montagne de Montemor (Hall.). On assure qu'elle se retrouve dans les tourbières de Saint-Germain près Alençon (Ren.)?

2370. Primevère auricule. *Primula auricula.*

Primula auricula. Linn. spec. 205. Lam. Illustr. n. 1934. Jacq.
  Austr. t. 415.
  α. *Lutea.* — *Primula lutea.* Vill. Dauph. 2. p. 469.
  β. *Purpurea.* — Bauh. Pin. 242.
  γ. *Variegata.* — Bauh. Pin. 243.

Ses feuilles sont radicales, glabres, ovales, légèrement sinuées ou crénelées, un peu charnues et assez larges ; la hampe
est droite, longue de 1-2 décim., un peu farineuse à la naissance de l'ombelle ; celle-ci est droite, composée de 8-15 fleurs ;
l'involucre est farineux et a ses folioles courtes, larges et obtuses ;
les pédicelles sont farineux, beaucoup plus longs que l'involucre ; le calice est farineux, très-court, à cinq lobes obtus ;
la corolle est jaune dans la variété α, qui paroît la souche ori-
ginelle, pourpre dans la variété β, panachée de rouge et de blanc
dans la variété γ, qui se trouve sauvage comme les précédentes ;
la culture a beaucoup varié les couleurs et a fait doubler les fleurs
de cette plante ; le tube de sa corolle ne passe pas 1 centim. de
longueur ; sa capsule est à six valves (Hall.). ♃. L'auricule ou
oreille d'ours est originaire des Alpes du Dauphiné, du Piémont, de la Savoie, etc. On la cultive dans les jardins comme
fleur d'ornement.

2371. Primevère crénelée. *Primula crenata.*

Primula crenata. Lam. Illustr. n. 1936. t. 98. f. 3. — *Primula*
  marginata. Curt. Mag. t. 191.

Cette espèce a des feuilles planes, glabres et charnues comme
l'auricule ; mais elles sont plus oblongues, bordées de fortes
crénelures sur les deux côtés, et entourées d'une bordure blanche
pulvérulente, visible principalement dans les sinus des crénelures ; la hampe dépasse la longueur des feuilles ; elle est droite,
glabre et porte une ombelle de cinq à six fleurs d'une belle
couleur purpurine : le calice est divisé en cinq lobes larges et
profonds ; la capsule s'ouvre en cinq valves qui dépassent à peine
le calice, et qui se terminent par une pointe très-acérée. ♃.
Cette singulière plante croît dans les montagnes, aux environs
de Grenoble et dans le Piémont.

2372. Primevère visqueuse. *Primula viscosa.*

Primula viscosa. Vill. Dauph. 2. p. 467. non All. — *Primula hirsuta.* All. Ped. n. 337. non Vill. — *Primula villosa.* Jacq. Austr. 5. app. t. 27. — *Primula villosa, var. α.* Wild. spec. 1. p. 803.

Une racine cylindrique, presque noirâtre, pousse par le bas des fibres simples et blanchâtres, vers le haut des feuilles ovales, rétrécies en pétiole, légèrement pubescentes et un peu visqueuses, marquées sur-tout vers le sommet de larges crénelures peu régulières ; la hampe est cylindrique, pubescente, longue de 4-6 centim. ; elle porte une ombelle de trois à cinq fleurs violettes ou d'un pourpre pâle, de la grandeur des fleurs de l'auricule : leur calice est pubescent, court, à cinq lobes obtus ; leur tube est un peu pubescent, assez large, long de 8-9 millimètres, et va en s'élargissant vers le haut ; le limbe est à cinq divisions presque aussi longues que le tube et profondément échancrées en deux lobes obtus ; les étamines sont sessiles au fond du tube dans la partie cachée par le calice ; le style dépasse le milieu de la longueur du tube et se termine par un stigmate globuleux ; la capsule est plus courte que le calice, s'ouvre en cinq valves et renferme un grand nombre de graines. ♃. Cette espèce croît dans les prairies humides des hautes Alpes du Piémont, du Dauphiné, de la Savoie, et dans les Pyrénées.

2373. Primevère hérissée. *Primula hirsuta.*

Primula hirsuta. Vill. Dauph. 2. p. 469. non All. — *Primula villosa.* Ait. Kew. 1. p. 194. non Jacq. — *Primula pubescens.* Jacq. Misc. 1. p. 157. t. 18. f. 2. — *Primula villosa, var. β.* Wild. spec. 1. p. 803.

Cette espèce, confondue avec la précédente par le plus grand nombre des auteurs, et méconnue au point que leurs descriptions s'appliquent à-la-fois à l'une et l'autre plantes, en est certainement distincte ; elle est plus petite, un peu plus visqueuse, pubescente dans toutes ses parties, excepté sur sa corolle ; sa hampe porte de une à cinq fleurs violettes ou d'un pourpre pâle ; le tube est grêle, long de 12-13 millim., évasé en un limbe à cinq divisions échancrées et plus courtes que le tube ; les étamines sont insérées sur le milieu du tube et très-visibles lorsqu'on regarde la fleur par transparence ; le style, au contraire, est si court qu'il ne dépasse point la hauteur du calice et n'est pas visible par transparence ; la capsule est plus

courte que le calice et s'ouvre en cinq valves. ♃. Elle croît dans
les prairies humides des hautes Alpes du Dauphiné , du Piémont ,
de la Savoie ; je l'ai trouvée assez abondamment aux environs
de Pormenaz et des chalets de Villy près le mont Buet.

2374. Primevère à feuille *Primula integrifolia.*
   entière.

 Primula integrifolia. Linn. spec. 205. Jacq. Fl. austr. t. 327.
  Lam. Illustr. n. 1941. — *Primula incisa,* Lam. Fl. fr. 2. p. 250.
  — Hall. Helv. n. 615.

Ses feuilles sont charnues, ciliées, elliptiques, un peu en
pointe , lisses et disposées à la base de la tige qui est une hampe
haute de 6 centim. ; cette tige est chargée de une à trois fleurs
violettes ou couleur de chair ; le limbe de la corolle est fort
grand et partagé en cinq découpures échancrées jusqu'au milieu
de leur longueur; le calice est de moitié plus court que le tube
de la corolle et a ses lobes très-obtus. ♃. Cette petite plante
croît dans les prairies des hautes montagnes ; dans les Pyrénées,
les Cévennes , les Corbières , les Alpes du Piémont.

2375. Primevère fausse- *Primula vitaliana* (1).
   joubarbe.

 Primula vitaliana. Linn. spec. 2. p. 206. — *Aretia vitaliana.*
  Linn. Syst. 162. — *Androsace lutea.* Lam. Fl. fr. 1. p. 253.—
  Sesl. Epist. t. 10. f. 1.

Sa racine pousse plusieurs tiges grèles, presque ligneuses ,
tombantes , rameuses, terminées par des rosettes de feuilles
linéaires , d'abord étalées , puis recourbées , et qui tombent
irrégulièrement après la première année; chaque rosette donne
naissance à une ou deux fleurs presque sessiles, tubuleuses ,
d'un beau jaune , et qui verdissent ordinairement par la dessication ; le tube est cylindrique , dépourvu de glandes à la gorge ;
ses feuilles et son calice portent des poils rameux; sa capsule
s'ouvre en cinq valves. ♃. Cette plante croît dans les rochers
et les graviers humides et cependant exposés au soleil , sur les
hautes sommités des Pyrénées , des Alpes du Dauphiné , de
la Provence , du Piémont et de la Savoie.

____

(1) Le nom de *vitaliana* lui a été donné par Sesler , parce que ses feuilles
sont disposées en rosette comme celles de la joubarbe commune , appelée
vitalis par les anciens auteurs.

CCCXL. CORTUSE.   *CORTUSA.*

Cortusa. Linn. Juss. Lam. Gœrtn.

CAR. Le calice est à cinq parties ; le tube de la corolle s'élargit insensiblement en un limbe à cinq lobes ; les étamines sont au nombre de cinq et ont des anthères linéaires ; la capsule s'ouvre en deux valves (Gœrtn.).

2376. Cortuse de Matthiole.   *Cortusa Matthioli.*

Cortusa Matthioli. Linn. spec. 206. Lam. Illustr. n. 1954. t. 99. f. 1. Gœrtn. Fruct. 1. p. 231. t. 50. f. 7. Clus. Hist. 1. p. 307.

Une racine fibreuse pousse trois ou quatre feuilles radicales, pétiolées, arrondies, hérissées de poils épars, divisées en plusieurs lobes peu profonds et assez fortement dentés ; la hampe s'élève ordinairement un peu au-delà des feuilles et atteint de 1-2 décim. ; elle est cylindrique, hérissée de poils, terminée par une petite ombelle de quatre à huit fleurs violettes ; les pédicelles sont courts ; la corolle dépasse la longueur du calice ; le style est saillant hors de la fleur. ♃ (Linn.), ♂ (All.). Cette plante est fort rare ; on la trouve dans les lieux montagnés des vallées des Alpes Piémontaises ; dans la vallée d'Exiles près le mont Assiète ; dans la vallée de Chison entre les Traverses et Sestriers, entre Tignes et Laval (All.).

CCCXLI. SOLDANELLE.   *SOLDANELLA.*

Soldanella. Linn. Juss. Lam. — *Golia.* Adans.

CAR. La corolle est campanulée et se divise au sommet en douze à quinze lobes linéaires ; les étamines sont au nombre de cinq et leurs filets se prolongent au-dessus des anthères ; la capsule s'ouvre en plusieurs valves et est marquée d'autant de stries presque spirales.

2377. Soldanelle des Alpes.   *Soldanella Alpina.*

Soldanella Alpina. Linn. spec. 206. Lam. Illustr. n. 1956. t. 99.
β. *Flore albo.*
γ. *Scapo trifloro.*
δ. *Petiolis pubescentibus.*

Sa racine, qui est fibreuse, émet quelques feuilles pétiolées, arrondies, échancrées à la base, fermes, glabres, entières, d'un verd foncé ; la hampe dépasse les feuilles et s'élève à 1 décim. au plus ; elle porte ordinairement deux et quelquefois trois fleurs pédicellées, penchées, bleues et rarement blanches. ♃. Cette plante est assez commune dans les lieux frais et humides

des hautes Alpes ; on la trouve presque toujours sur le bord des
neiges éternelles, où elle fleurit peu de temps après la fonte de
la neige qui la couvroit.

CCCXLII. GIROSELLE.　*DODECATHEON.*

Dodecatheon. Linn. Juss. Lam. Gœrtn. — *Meadia.* Cat. Mill.

Car. La corolle est en roue, à cinq lobes profonds et réfléchis ; les étamines sont au nombre de cinq, à filets courts, à
anthères rapprochées, pointues et très-longues ; la capsule est
oblongue et s'ouvre en cinq valves courtes.

2378. Giroselle de Mead.　*Dodecatheon Meadia.*

Dodecatheon Meadia. Linn. spec. 207. Lam. Illustr. n. 1957.
t. 99.

Cette plante, originaire de Virginie, est cultivée dans plusieurs jardins comme fleur d'ornement, et mérite en effet de
décorer nos parterres à cause de l'élégance de sa hampe élancée,
chargée de douze fleurs d'un pourpre rose, dont les étamines
pendent vers la terre, et dont la corolle se redresse en l'air.
Seroit-elle naturalisée dans les environs d'Alençon, comme on
peut le présumer par le nom de *dodecatheon silvestris* inséré
par Renault dans la Flore du département de l'Orne ?

CCCXLIII. CYCLAMEN.　*CYCLAMEN.*

Cyclamen. Linn. Juss. Lam. — *Cyclaminus.* Scop.

Car. La corolle est presque en forme de roue, à cinq lanières
rejetées en arrière ; les étamines sont au nombre de cinq et ont
les anthères rapprochées ; le fruit est une capsule charnue,
globuleuse, à cinq valves.

Obs. Les cyclamens, appellés aussi *cyclames* ou *pains de
pourceaux*, ont tous des feuilles radicales, des hampes uniflores
et des fleurs pendantes.

2379. Cyclamen d'Europe.　*Cyclamen Europœum.*

Cyclamen Europœum. Linn. spec. 207. Jacq. Austr. t. 401. Lam.
Illustr. n. 1958. t. 100.

La racine de cette plante est grosse, arrondie, charnue,
noirâtre et garnie de fibres très-menues ; elle produit plusieurs
hampes grêles, nues, uniflores et hautes d'un centim. ; les fleurs
un peu pendantes, ont leur disque tourné vers la terre, mais
les cinq divisions du limbe de la corolle sont repliées et redressées
vers le ciel : les feuilles sont arrondies, cordiformes, dentées ou

lobées, tachées de blanc, rougeâtres en dessous, et portées sur
de longs pétioles qui naissent de la racine. Cette plante croît
dans les bois et les lieux pierreux des montagnes : elle a été
trouvée à la forêt de Château-Briant près Nantes (Bon.); à
Bordeaux et à la tête de Busch (Thor.); à Montpellier dans
les murailles du château Bon; à Saint-Guillin-le-Désert; au
Capouladoux (Gou.); près Viù, Annecy, Bugelle (All.); au
mont Salève près Very; à Reynier et Ribiers (Vill.); dans le
Bugey (Latourr.). Il paroît qu'elle étoit commune autrefois dans
la forêt d'Orléans; mais on ne l'y trouve plus maintenant
(Dub.). ⚥.

2380. **Cyclamen à feuille   *Cyclamen lineari-*
          linéaire.   *folium.***

Cette belle plante diffère extrêmement de toutes les espèces
connues, par ses feuilles linéaires, longues de près de 2 décim.,
larges de 3-4 millim. dans toute leur étendue, entières, obtuses;
ces feuilles naissent d'une souche radicale, noirâtre et écailleuse, qui donne aussi naissance à une ou deux hampes uniflores,
un peu plus longues que les feuilles; la fleur ressemble presque
entièrement à celle du cyclamen d'Europe. ⚥. Cette plante a été
découverte par M. Olivier dans les bois un peu humides, nommés les Séouves, entre les Arcs et Draguignan en Provence;
elle fleurit à l'entrée de l'automne.

CCCXLIV. SAMOLE.   *SAMOLUS.*

Samolus. Linn. Juss. Lam. Gœrtn. — *Anagallidis* sp. Bauh.

Car. Le calice est persistant, adhérent à sa base, à cinq
lobes courts; la corolle est en forme de soucoupe, à cinq lobes,
et munie de cinq appendices placés à la base des sinus du limbe
et qui recouvrent les organes sexuels; les étamines sont insérées
au bas du tube de la corolle et opposées à ses lobes; l'ovaire est
adhérent à sa base, surmonté d'un style et d'un stigmate simples;
la capsule est couverte par le calice, à une loge, à cinq valves,
à plusieurs graines placées sur un réceptacle libre et central;
l'embryon est logé dans un périsperme charnu et a sa radicule
inférieure.

Obs. Ce genre diffère de la famille des Primulacées par son
ovaire un peu adhérent à la base, mais s'en rapproche par tous
les autres caractères, et en particulier par la structure de la
graine.

2381. Samole de Va-   *Samolus Valerandi* (1).
lerandus.

Samolus Valerandi. Linn. spec. 243. Lam. Illustr. t. 101.
Tourn. Inst. t. 60. — *Samolus aquaticus.* Lam. Fl. fr. 3.
p. 329.
β. *Nanus.*

Sa tige est haute de 3 décim. ou environ, droite, cylindrique,
glabre, feuillée et un peu rameuse; ses feuilles sont ovales-
obtuses, spatulées et très-lisses; ses fleurs sont blanches et disposées en grappes droites et terminales; elles ont une corolle en
soucoupe, partagée en cinq découpures ovales-obtuses. ♂. Cette
plante croît dans presque toute la France, sur le bord des ruisseaux et dans les lieux aquatiques; elle se retrouve dans l'A-
frique et l'Amérique septentrionale. La variété β qui n'a pas 3
centim. de hauteur, a été trouvée dans les pâturages maritimes, aux environs de Bayonne, par M. Brongniard.

QUARANTIÈME FAMILLE.

RHINANTHACÉES.   *RHINANTHACEÆ.*

Pediculares. Juss. — *Orobanchoideæ et Rhinanthoideæ.* Vent.
— *Personatarum gen.* Linn. Adans.

LES Rhinanthacées sont presque toutes herbacées et remarquables dans leur état de siccité, par la couleur noire qu'elles
acquièrent en desséchant (2); leurs feuilles sont alternes ou
ordinairement opposées, toujours simples, quelquefois profondément pinnatifides; les supérieures tiennent lieu de bractées et
portent chacune une fleur à leur aisselle; selon que ces feuilles
sont plus ou moins écartées, les fleurs paroissent ou axillaires ou
disposées en épis; quelques-unes offrent de vrais épis pédonculés

---

(1) Le nom spécifique de cette plante lui a été donné d'après Vale-
randus Dourez, botaniste du seizième siècle, mentionné quelquefois par
J. Bauhin.

(2) On peut éviter cette altération de couleur, soit en comprimant peu
les plantes, soit en leur enlevant subitement toute leur humidité au moyen
d'un fer chaud, soit en les exposant au soleil après les avoir un peu pres-
sées, et avant la fin de leur dessication.

et axillaires : le calice est persistant, souvent tubulé, divisé en un
nombre variable de lobes ; la corolle est presque toujours irrégulière, souvent à deux lèvres ; les étamines sont en nombre
déterminé (deux, quatre ou huit), insérées sur la corolle ; deux
d'entre elles sont plus courtes dans tous les genres où leur
nombre est de quatre : les anthères sont, dans un grand nombre
de rhinanthacées, munies de soies épineuses à leur base ; l'o-
vaire et le style sont simples ; le fruit est une capsule à deux
valves tantôt réunies par leur nervure longitudinale de manière
à former une cloison centrale et qui sert de réceptacle des deux
côtés, tantôt séparées et portant les graines sur leur côte longitudinale ; les graines sont nombreuses ; chacune a un périsperme
charnu, un embryon droit et des cotylédons demi-cylindriques.

PREMIER ORDRE.

RHINANTHACÉES.   *RHINANTHACEÆ.*

*Capsule à deux loges, à deux valves soudées par
leur nervure longitudinale, et portant leurs
graines de l'un et l'autre côté de la jonction.*

CCCXLV. POLYGALA.   *POLYGALA.*

Polygala. Linn. Juss. — *Polygala et Chamæbuxus.* Tourn. —
Polygala et Polygaloides. Hall.

Car. La corolle est irrégulière, divisée en deux lèvres et
imitant un peu la fleur des papilionacées ; les étamines sont au
nombre de huit réunies en deux faisceaux ; les anthères sont
à une loge ; le fruit est une capsule comprimée, ovale ou en
forme de cœur renversé.

Obs. Le genre des Polygalas ou *laitiers*, comprend un grand
nombre d'espèces exotiques très-diverses par le port, et doit
être divisé en plusieurs grouppes ; outre les deux sous-genres
indiqués ci-après, on doit séparer les espèces dont le fruit est
une baie, comme le *polygala spinosa;* celles dont la capsule
se termine par quatre cornes et dont le calice est à cinq divisions égales, comme le *polygala heisteria.* — Plusieurs espèces
de ce genre ont le suc propre laiteux, ce qui avoit engagé
Adanson à le réunir à sa famille des Tithymales.

Première section. P̲ol̲y̲gala. *Polygala.* Tourn. Hall.

Calice à cinq divisions profondes, colorées, dont deux latérales très-grandes; lobe inférieur de la corolle terminé par une houppe colorée.

2582. Polygala commun. *Polygala vulgaris.*

Polygala vulgaris. Linn. spec. 986. Bull. Herb. t. 177. Gœrtn. Fruct. 1. p. 294. t. 62. f. 1. — *Polygala vulgaris,* a. Lam. Fl. fr. 2. p. 453. Illustr. t. 598. f. 1.

Cette jolie plante a une racine presque ligneuse d'où sortent plusieurs tiges grêles, étalées ou un peu dressées, glabres et longues de 1-3 décim.; ses feuilles sont lancéolées-linéaires, pointues, glabres. éparses; celles du bas de la plante sont un peu plus larges que les autres, mais ne sont pas arrondies au sommet comme dans le Polygala amer : les fleurs forment une grappe terminale, ordinairement unilatérale; elles sont penchées, d'un bleu tirant sur le violet : le limbe inférieur de la fleur se termine par une houppe ou barbe colorée; les deux grandes divisions du calice sont de forme ovoïde, colorées pendant la fleuraison, blanches et réticulées pendant la maturation, quelquefois légèrement ciliées, un peu plus longues que la capsule qui est échancrée au sommet et longue de 6 millim. ⁒. Cette plante est commune sur le bord des bois, dans les prairies incultes : sa fleur est quelquefois rose ou blanche; elle fleurit en été.

2583. Polygala amer. *Polygala amara.*

Polygala amara. Linn. spec. 987. Jacq. Vind. t. 262. — *Polygala vulgaris,* β. Lam. Fl. fr. 2. p. 453. — Vaill. Paris. t. 32. f. 2.

β. *Polygala austriaca.* Crantz. Austr. p. 439. t. 2. n. 4. Poir. Encycl. 5. p. 488.

γ. *Alpina.* — Poir. l. c.

Cette espèce est extrêmement voisine de la précédente et en est regardée par plusieurs auteurs comme une simple variété; elle en diffère cependant parce qu'elle est de moitié plus petite dans toutes ses parties, même dans la grandeur de la fleur et de la capsule, et parce que ses feuilles radicales sont beaucoup plus grandes que les autres, arrondies à leur sommet et rétrécies à leur base; les grandes divisions du calice ne m'ont jamais paru ciliées, même avec la loupe. La variété γ, que j'ai recueillie

sur les hautes Alpes, est remarquable par son excessive petitesse. La saveur de cette plante est un peu amère. Elle se trouve
dans les bois herbeux un peu humides, et les prairies montueuses,
à Fontainebleau, Villers-Cotteret, en Dauphiné, etc. ♃

2384. Polygala de Mont-   *Polygala Monspeliaca.*
pellier.

> *Polygala Monspeliaca.* Linn. spec. 987. Desf. Atl. 2. p. 129. —
> Magn. Monsp. 208. — *Polygala vulgaris*, γ. Lam. Fl. fr. 2.
> p. 453.

Cette plante, que quelques auteurs ont regardée comme une
variété du polygala commun, en est certainement distincte par
ses feuilles plus linéaires et plus pointues; par sa racine non ligneuse et annuelle; par ses tiges droites, et sur-tout parce que
les grandes divisions de son calice sont oblongues et non ovoïdes,
et dépassent la capsule du quart de leur longueur. ☉. Elle croît
dans les collines sèches des environs de Montpellier, au Terrail, à la Vérune, à l'Engarran (Gou.); à Sorrèze; aux environs
de Gap, de Die et de Crest (Vill.); près Nice (All.).

2385. Polygala des rochers.   *Polygala saxatilis.*

> *Polygala saxatilis.* Desf. Atl. 2. p. 128. t. 175. Wild. spec. 3.
> p. 883. — *Polygala rupestris.* Pourr. Act. Toul. 3. p. 325.

Une souche ligneuse et rabougrie émet plusieurs branches
grèles, demi-ligneuses, étalées, pubescentes vers le sommet;
les feuilles sont oblongues ou linéaires-lancéolées, toujours pointues, et ont souvent leurs bords un peu roulés en dessous; les
fleurs sont en petit nombre, latérales ou terminales, et ressemblent, par la forme et la couleur, à celles du polygala de
Montpellier; les grandes divisions du calice sont oblongues, de
la longueur de la capsule, nullement réticulées, mais traversées
par une bande verte longitudinale; la capsule est ovale-oblongue,
non échancrée au sommet et surmontée d'une petite pointe. ♄.
Cette espèce a été découverte par M. Pourret, sur les rochers
arides aux environs de Narbonne; à la Clape et au Pech de
l'Agnele.

Seconde section. CHAMÉBUIS. *CHAMÆBUXUS.* Tourn. *Po-lygaloides.* Dill. Hall.

Calice à trois divisions profondes (trois folioles, Hall.), dont la supérieure est la plus grande ; lobe inférieur de la corolle dépourvu de houppe colorée.

2386. Polygala faux-buis.　*Polygala chamœbuxus.*

Polygala chamæbuxus. Linn. spec. 989. Jacq. Austr. t. 233. Lam. Fl. fr. 2. p. 453. — Hall. Helv. n. 345.

Sa tige s'élève jusqu'à 5 décim., et quelquefois beaucoup moins ; elle est rameuse, un peu couchée à sa base, et recouverte d'une écorce brune tirant sur le jaune : ses feuilles sont ovales-oblongues, un peu obtuses, sèches, d'un verd jaunâtre, portées sur de courts pétioles, et disposées sur les rameaux où elles sont éparses et assez nombreuses : les fleurs sont jaunâtres, tachées de pourpre à leur extrémité et ramassées deux ou trois ensemble au sommet des rameaux où elles paroissent entre les feuilles, et ressemblent de loin à celles d'un citise ou d'un baguenaudier : leur lobe inférieur est dentelé, mais non prolongé en houppe ; le calice est beaucoup plus court que la corolle. ♄. Ce petit arbrisseau croît dans les montagnes, en Alsace (Mapp.) ; dans les Alpes du Valais ; du Piémont ; du Dauphiné (All.).

CCCXLVI. VÉRONIQUE.　*VERONICA.*

Veronica. Tourn. Linn. Juss. Lam. Gœrtn.

CAR. Le calice est à quatre ou cinq parties ; la corolle en roue, à quatre lobes un peu inégaux ; les étamines au nombre de deux ; la capsule comprimée, ovale ou en forme de cœur renversé.

OBS. Les véroniques sont des herbes à feuilles opposées, quelquefois alternes ou verticillées ; à fleurs ordinairement bleues, quelquefois blanches ou roses ; ces fleurs naissent toujours de l'aisselle des feuilles supérieures : tantôt le pédoncule axillaire porte plusieurs fleurs, et alors on dit qu'elles sont en grappe ; tantôt le pédoncule qui part de l'aisselle ne porte qu'une seule fleur, et alors si les feuilles supérieures sont petites et rapprochées, on dit que les fleurs sont en épi ; si elles sont grandes et écartées, on dit que les fleurs sont solitaires. Ces deux dernières sections n'offrent pas, comme on voit, de différences réelles dans la disposition des fleurs ; mais toutes les espèces appelées en épi, sont vivaces; toutes celles dites à pédicelles uniflores sont annuelles.

§. Ier. *Fleurs en grappes qui naissent de l'aisselle des feuilles supérieures.*

2387. Véronique de montagne. *Veronica montana.*

Veronica montana. Linn. spec. 17. Jacq. Austr. t. 109. Lam. Illustr. n. 159. — *Veronica biscutata.* Crantz. Austr. 343.

Ses tiges sont longues de 5 décim., velues et tout-à-fait couchées; ses feuilles sont opposées, pétiolées, ovales, un peu obtuses, dentées en leur bord, velues et rougeâtres en dessous; les fleurs forment des grappes lâches, peu garnies, et sont portées chacune sur des pédoncules propres, plus grands que le diamètre de leur corolle; le fruit est large, applati et échancré comme celui des biscutelles. ♃. Cette espèce croît dans les lieux ombragés et montueux, aux environs de Narbonne; dans le Bugey (Latourr.); en Dauphiné près la grande Chartreuse et le mont Bovinant (Vill.); près Lauteren (Poll.); à la forêt de Cressy près Abbeville (Bouch.); au mont d'Or et au Cantal (Delarb.).

2388. Véronique à feuilles   *Veronica urticæfolia.*
       d'ortie.

Veronica urticæfolia. Linn. f. suppl. 83. Jacq. Austr. t. 59. — *Veronica latifolia.* Lam. Fl. fr. 2. p. 441. excl. syn. Vill. Dauph. 2. p. 16. — *Veronica maxima.* Dalech. Hist. 1165. f. 1.

Ses tiges sont droites, un peu velues, et s'élèvent ordinairement au-delà de 5 décim.; ses feuilles sont opposées, sessiles, fort grandes, en cœur, pointues, fortement dentées en scie, plus longues que les entre-nœuds et chargées de nervures d'un rouge noirâtre; ces feuilles ont quelque ressemblance avec celles de l'ortie : les fleurs sont petites, rougeâtres, et forment des grappes lâches et assez longues. Cette plante croît dans les montagnes parmi les buissons et les bois : je l'ai trouvée dans le Jura au Creux-du-Vent; dans les Alpes de Savoie : elle croît en Dauphiné, à Sassenage et à la grande Chartreuse (Vill.); dans le Bugey (Latour.); près Colmars en Provence (Gér.); au mont d'Or (Delarb.); en Piémont (All.). ♃.

2389. Véronique petit-chêne. *Veronica chamædrys.*

Veronica chamædrys. Linn. spec. 17. Lam. Illustr. n. 157. t. 13. f. 1. — Fuchs. 872. ic.

Cette espèce est très-facile à reconnoître à ses poils constamment rangés sur la tige en deux lignes opposées, qui vont de l'aisselle de chaque feuille d'une paire, aux intervalles qui séparent les deux feuilles de la paire supérieure : sa tige est droite, cylindrique, quelquefois branchue et haute de 2 décim. ; ses feuilles sont opposées, ovales, cordiformes, dentées, ridées, velues et plus courtes que les entre-nœuds ; ses fleurs sont assez grandes, disposées en grappes axillaires, et les folioles de leur calice sont pubescentes, lancéolées et presque égales entre elles. Cette plante est commune dans les prés et autour des haies des villages. ♃.

2390. Véronique teucriette. *Veronica teucrium.*

Veronica teucrium. Linn. spec. 16? Lam. Illustr. 160. Vahl. spec. ined. 1. p. 76. — Dalech. Hist. 1165. f. 2. ic.
β. *Angustifolia.*

Ses tiges sont dures, un peu couchées, souvent rameuses, légèrement velues, et ne s'élèvent pas tout-à-fait jusqu'à 3 décimètres ; ses feuilles sont opposées, ovales, pointues, très-dentées, un peu dures, d'un verd foncé en dessus, et légèrement blanchâtres en dessous ; elles sont plus étroites, avec des dentelures moins profondes dans la variété β ; les fleurs forment des espèces d'épis ou de grappes plus longues et moins lâches que celles de l'espèce précédente ; elles sont assez grandes, d'une belle couleur bleue, mais un peu rayées ou marquées de lignes rouges : les calices sont velus ou pubescens, à quatre divisions inégales (cinq selon Vahl.). Cette plante croît dans les pelouses sèches et sur le bord des bois ; elle est indiquée dans presque toute la France par divers auteurs ; mais il n'est pas sûr que tous aient parlé de la même espèce. Je l'ai trouvée abondamment près Genève et le long de la chaine du Jura ; elle croît aux environs de Paris, de Sorrèze, etc.

2391. Véronique couchée. *Veronica prostrata.*

Veronica prostrata. Linn. spec. 22. Lam. Illustr. n. 164. Poll. Pal. n. 15.

Cette espèce a beaucoup de rapports avec la précédente ; mais elle en diffère parce qu'elle est plus petite, plus couchée et plus

rameuse, que ses feuilles sont moins velues, presque linéaires ;
les unes absolument entières, les autres marquées de quelques
dentelures sur le milieu de chacun de leurs bords : les bractées
sont glabres, au moins égales à la longueur du pédicelle ; les calices
sont à quatre divisions linéaires, inégales et absolument glabres.
♃. Elle croît sur les collines pierreuses, les pelouses sèches et le
bord des routes : je l'ai trouvée à Fontainebleau. Elle croît près
Mayence, Bingen, Durckheim et Odernheim (Poll.); dans le
Champsaur (Vill.); aux environs de Lyon (Latourr.); en Piémont (All.). M. Lamarck en possède des échantillons envoyés
de Saint-Maurice dans le Valais.

2592. Véronique à écusson.   *Veronica scutellata.*

> *Veronica scutellata.* Linn. spec. 16. Fl. dan. t. 209. Lam. Illustr.
> n. 165.

Sa tige est branchue, foible, extrêmement grêle et presque
rampante ; ses feuilles sont opposées, étroites, linéaires, pointues et garnies en leur bord de quelques dents écartées à
peine sensibles ; ses fleurs forment des grappes très-lâches ;
elles sont presque pendantes, n'étant soutenues que par des
pédoncules capillair's ; et ses fruits sont des capsules planes,
arrondies, avec une échancrure considérable à leur sommet.
Cette plante est commune dans les marais, sur le bord des
étangs. ♃.

2593. Véronique mouron.   *Veronica anagallis.*

> *Veronica anagallis.* Linn. spec. 16. Fl. dan. t. 903. Lam. Illustr.
> n. 166.
> β. *Nodis inferioribus radicantibus.*
> γ. *Foliis caulinis ternatis.*

Cette espèce est intermédiaire entre la précédente et la suivante ; sa tige est droite, herbacée, haute de 2-6 décim., garnie
de feuilles opposées, lancéolées, un peu dentées en scie, demi-
embrassantes à la base, glabres ainsi que le reste de la plante ;
les grappes sont axillaires, opposées, plus longues que les
feuilles ; les fleurs sont bleues ; les capsules ovales, non échancrées. La variété β pousse des racines de tous les nœuds inférieurs de sa tige ; la variété γ, recueillie par mon frère au Pont-
Saint-Esprit, a les feuilles verticillées trois à trois. ♃. Cette
plante croît dans les fossés aquatiques ; on la substitue à la
suivante.

2394. Véronique beccabunga. *Veronica beccabunga.*

Veronica beccabunga. Linn. spec. 16. Lam. Illustr. n. 167. Fl.
dan. t. 511.—Riv. t. 100.—Blakw. t. 48.

Ses tiges sont couchées dans leur partie inférieure ; elles sont
cylindriques, rougeâtres, tendres et branchues ; les feuilles sont
opposées, ovales, arrondies, un peu épaisses, d'un verd foncé
et très-lisses ; les fleurs sont bleues et disposées en grappes latérales et axillaires ; la capsule est ovale-oblongue. La grandeur
de cette plante varie beaucoup ; on en trouve des individus qui
n'ont guère plus de 1 décim. de longueur ; le plus souvent elle
atteint 3-4 décim., et j'en ai observés qui égaloient presque la
hauteur d'un homme, et qui poussoient des branches nombreuses en tous sens. On trouve cette véronique sur le bord des
ruisseaux et des fontaines. ♃. Elle est détersive, diurétique et
très-anti-scorbutique.

2395. Véronique douteuse.   *Veronica dubia.*

Veronica Tournefortii. Vill. Dauph. 2. p. 9 ? ex Herb. Desf.

Sa tige est couchée, longue de 1-2 décim., légèrement rampante à sa base, redressée au sommet, rameuse vers le collet,
garnie de poils peu nombreux tantôt épars, tantôt et sur les mêmes
individus, disposés sur deux rangées opposées comme dans la
véronique petit-chêne ; les feuilles sont ovales, rétrécies à la
base, dentées en scie depuis le quart de leur longueur jusqu'à
leur sommet, entières à la base, glabres sur leurs faces, à peine
ciliées vers la base ; l'antépénultième paire de feuilles, pousse
deux grappes redressées, opposées, alongées, pubescentes sur
le pédoncule et les calices ; ceux-ci sont à quatre lobes oblongs,
un peu pointus, presque égaux ; les bractées sont linéaires, pubescentes, un peu plus courtes que les calices ; les fleurs sont
portées sur un court pédicelle et paroissent avoir été de couleur
bleue. Cette espèce que je décris dans l'herbier de M. Desfontaines, s'approche de la véronique petit-chêne par la disposition de ses poils, mais en diffère par sa tige couchée ; elle
se distingue de la véronique officinale, par ses feuilles glabres
et ses calices plus longs ; de la véronique d'Allioni, par ses tiges
et ses pédoncules velus ; de la *veronica pilosa* Wild., par
ses feuilles entières à la base et ses calices à lobes égaux ; de la
veronica Tournefortii Vill., par ses feuilles glabres. C'est
sous ce dernier nom que M. Desfontaines l'a reçue ; elle est probablement originaire des Alpes?

2396. Véronique officinale.   *Veronica officinalis.*

Veronica officinalis, α. Linn. spec. 14. Lam. Illustr. t. 13. f. 2.
Bull. Herb. t. 293.
β. *Caule basi repente.*

Ses tiges sont longues de 15-18 centim. , couchées , dures et
velues; ses feuilles sont opposées , ovales , un peu obtuses , dentées , velues , rudes et comme chagrinées ; les fleurs sont petites ,
d'un bleu pâle , quelquefois blanchâtres avec des veines rouges ,
et ne forment ordinairement qu'une couple de grappes qui paroissent souvent terminer les tiges lorsque les feuilles du sommet
de ces tiges ne sont pas tout-à-fait développées , mais qui sont
réellement latérales et axillaires. On trouve cette plante dans les
bois montueux et sur les côteaux secs et arides. ♃. Elle est un
peu amère , stomachique , tonique , astringente , vulnéraire ,
diurétique et particulièrement détersive. Cette plante est nommée vulgairement *thé d'Europe* ou *véronique mâle.* La variété
β ne diffère de la précédente que par ses tiges rampantes.

2397. Véronique d'Allioni.   *Veronica Allionii.*

Veronica Allionii. Vill. Dauph. 2. p. 8. — *Veronica Pyrenaica.*
All. Ped. n. 265. t. 46. f. 3. — *Veronica officinalis* , β. Linn.
spec. 14.

Cette espèce a le port de la véronique officinale , mais elle en
diffère parce qu'elle est entièrement glabre , d'une consistance
plus ferme , et que ses fleurs sont rapprochées en une grappe
courte , serrée et presque ovale; la corolle est toujours bleue ;
sa tige est tantôt rampante , tantôt couchée comme dans la précédente. ♃. Elle croît dans les gazons un peu humides des Alpes
du Piémont , de la Provence et du Dauphiné.

2398. Véronique à feuilles.   *Veronica aphylla.*
radicales.

Veronica aphylla. Linn. spec. 14. — *Veronica subacaulis.* Lam.
Illustr. n. 171. — Pluk. t. 114. f. 3.
β. *Veronica nudicaulis.* Lam. Illustr. n. 186.

Cette plante est fort petite; sa racine pousse des espèces de
souches rampantes , rameuses , articulées , qui produisent par
intervalles plusieurs rosettes de feuilles tout-à-fait couchées
sur la terre : de chaque rosette s'élève un petit pédoncule nu ,
grêle , cylindrique , en apparence terminal et réellement axillaire; ce pédoncule s'élève à 6 centimètres et est chargé à
son sommet de six à sept fleurs bleues , disposées en un corymbe serré; les feuilles sont ovales-obtuses , d'un verd noirâtre ,

glabres en leur superficie , mais un peu ciliées à leur base. La
variété *α* a la capsule échancrée en cœur au sommet ; dans la
variété *β* , la capsule est très-obtuse , mais non échancrée ; son
pédicelle est de même réellement axillaire, quoique en apparence terminal ; elle est d'ailleurs si parfaitement semblable ,
que je n'ose la séparer. ♃. Cette espèce croît dans les lieux froids
et couverts des Alpes de la Provence , du Dauphiné , du Piémont , de la Savoie ; dans les Pyrénées.

§. II. *Fleurs solitaires à l'aisselle des feuilles su-*
périeures ; espèces annuelles.

2399. Véronique voyageuse. *Veronica peregrina.*

> *Veronica peregrina.* Linn. spec. 20. Vahl. spec. ined. 1. p. 85.
> Fl. dan. t. 407. — *Veronica lævis.* Lam. Fl. fr. 2. p. 444. —
> *Veronica carnosula.* Lam. Illustr. n. 196. — *Veronica palles-*
> *cens.* Gater. Fl. montaub. p. 27.
> β. *Veronica marylandica.* Linn. spec. 20. — *Veronica caroli-*
> *niana.* Walt. Fl. car. 61.

Cette espèce se distingue de toutes les véroniques annuelles ,
à ce qu'elle est glabre dans toutes ses parties ; sa tige est très-
rameuse , longue de 1-2 décim. , droite dans la variété *α* , étalée
ou presque couchée dans la variété *β* ; les feuilles sont oblongues-
linéaires , entières ou légèrement dentées , un peu charnues ; les
fleurs sont axillaires , presque sessiles ; les divisions du calice sont
linéaires , égales entre elles , plus longues que la capsule qui est
comprimée , en cœur renversé. ☉. Cette plante croît dans les jardins , les champs , les lieux cultivés : l'une et l'autre variété se
trouve dans l'Europe et l'Amérique septentrionale , où peut-être
elle a été transportée avec les graines potagères (Mich.).

2400. Véronique à feuilles   *Veronica acinifolia.*
    de thym.

> *Veronica acinifolia.* Linn. spec. 19. Lam. Illustr. n. 197. Vaill.
> Bot. t. 33. f. 3.
> β. *Veronica romana.* All Ped. n. 289. t. 85. f. 2. Linn. Mant.
> 317 ? — Vill. Dauph. 2. p. 19.

Cette plante a une tige légèrement pubescente , droite , rameuse et haute de 8-10 centim. dans la variété *α* , simple et
longue de 4-5 centim. dans la variété *β* ; ses feuilles sont sessiles , ovales-oblongues , obtuses , glabres ou à peine pubescentes ,
munies de une à deux crénelures sur chaque bord ; les supérieures
                                                              sont

sont oblongues, entières et tiennent lieu de bractées : le pédicelle les dépasse peu ; le calice est à quatre lanières ovales-
oblongues, égales entre elles ; la capsule est comprimée, profondément divisée en deux lobes arrondis : tous les poils de la
plante sont terminés par une petite glande opaque. ☉. Elle croît
dans les champs bourbeux, dans les près, les lieux cultivés,
aux environs de Paris, du Mans ; à Bray et Limeux (Bouch.) ;
à Saran, au val de Loire et à l'Orme-Grenier près Orléans
(Dub.) ; en Dauphiné (Vill.) ; en Piémont (All.), et dans tout
le midi de la France. La variété β a été observée dans les lieux
stériles près Cigliani (All.) ; près Gap et aux Baux (Vill.).

2401. Véronique printannière.   *Veronica verna.*

> *Veronica verna.* Linn. spec. 19. Vahl. spec. ined. 1. p. 83.
> α. *Veronica pinnatifida.* Lam. Illustr. n. 194. — *Veronica Dil-
> lenii.* Crantz. Austr. 352. — *Veronica succulenta.* All. Ped.
> n. 283. t. 22. f. 4. — *Veronica verna.* Wild. spec. 1. p. 75.
> β. *Veronica Bellardi.* All. Ped. n. 282. t. 85. f. 1. Wild. spec.
> 1. p. 76. — *Veronica polygonoides.* Lam. Illustr. n. 195.

Cette petite plante a une tige droite, simple ou peu rameuse, pubescente, haute de 3-10 centim. ; les feuilles inférieures sont ovales-oblongues, pinnatifides dans la variété α,
entières dans la variété β ; les supérieures sont linéaires, toujours
entières, et chacune d'elles porte à son aisselle une fleur presque
sessile ; quelquefois les fleurs commencent à naître dès le bas
de la plante ; leur calice est plus long que le pédicelle, à quatre
lobes linéaires et pubescens ; la capsule est en forme de cœur
renversé, pubescente sur les bords. ☉. Elle croît dans les
champs, les bois, les prairies sèches, aux environs de Paris,
de Turin (All.) ; de Gap et de Die (Vill.). Mon frère a trouvé
dans les Alpes, au col Ferret, une variété de cette plante remarquable par l'abondance des poils dont elle est recouverte.

2402. Véronique précoce.   *Veronica præcox.*

> *Veronica præcox.* All. Auct. 5. t. 1. f. 1. Vahl. spec. ined. 1.
> p. 80.
> β. *Veronica ocymifolia.* Thuil. Fl. par. II. 1. p. 10. — Vaill.
> Bot. p. 202.

La plante entière est pubescente et d'un verd foncé ou rougeâtre ; sa tige est droite, haute de 5-30 centim., simple ou
ordinairement rameuse ; les feuilles inférieures sont opposées,
pétiolées, en forme de cœur, à dentelures larges et obtuses ; les

supérieures, qui servent de bractées, sont sessiles, oblongues, entières ou un peu incisées à leur base ; les pédicelles dépassent à peine les feuilles dans la variété *β*, et sont plus courts qu'elles dans la variété *α* ; le calice est à quatre divisions oblongues, inégales ; la capsule est ventrue, un peu échancrée au sommet ; le style se prolonge beaucoup au-delà des lobes de la capsule. ⊙. Cette plante croît dans les champs et les lieux cultivés, en Piémont ; en Provence près Cisteron, sur la montagne de Gaches ; dans le bas Vallais ; aux environs d'Amiens (Bouch.) ; de Paris ; à Choisy, Saint-Hubert, Ormesson, Labriche, etc. Elle fleurit à l'entrée du printemps.

2403. Véronique digitée. *Veronica digitata.*

Veronica digitata. Vahl. Symb. 1. p. 2. Wild. spec. 1. p. 75.
— *Veronica chamæpithyoides.* Lam. Illustr. n. 195. — *Veronica succulenta.* Schmidt. Bohem. 1. n. 43. ex Wild.

Le port de cette espèce ressemble à celui de l'ivette, à laquelle Lamarck l'avoit comparée avec raison ; elle diffère de la véronique à trois lobes, par ses fleurs sessiles, ses feuilles divisées en lobes linéaires et digités, ses capsules en forme de cœur renversé ; on la distingue de la véronique printannière, parce que les feuilles supérieures ne sont pas entières, et que toutes dépassent la longueur de la fleur : la tige est simple, droite ; le calice est à quatre divisions linéaires, ciliées à la base, plus longues que la capsule. ⊙. Cette plante croît aux environs de Montpellier (Vahl.).

2404. Véronique des champs. *Veronica arvensis.*

Veronica arvensis. Linn. spec. 18. Fl. dan. t. 515.
β. Nana. Lam. Illustr. n. 190. var. *β*.
γ. Veronica polyanthos. Thuil. Fl. par. II. 1. p. 9.

Ses tiges sont hautes de 2 décimètres, droites, velues et un peu rougeâtres à leur base ; ses feuilles sont petites, ovales, cordiformes, obtuses et crénelées ; elles sont opposées par paires un peu distantes, et celles qui tiennent lieu de bractées sont étroites, entières et alternes : les fleurs sont solitaires dans les aisselles supérieures, et forment par leur rapprochement une espèce d'épi terminal ; elles sont petites, d'un bleu pâle, et presque sessiles : les divisions du calice sont inégales ; chaque loge de la capsule renferme 4-7 graines planes et elliptiques ; le style est court et ne se prolonge pas au-delà des lobes de la capsule. La variété *γ* se distingue par sa grandeur qui atteint

5 décim. ; la variété β est au contraire remarquable par sa petitesse ; elle ne passe pas 4-5 centim. Cette plante est commune
dans les champs et les lieux cultivés. ☉.

2405. Véronique à trois lobes. *Veronica triphyllos.*

Veronica triphyllos. Linn. spec. 19. Lam. Illustr. n. 192. — *Veronica digitata.* Lam. Fl. fr. 2. p. 445. non Vahl. — Lob. ic.
464. f. 1.

Ses tiges sont longues de 9–12 centim. , quelquefois tout-àfait couchées et quelquefois simplement étalées à leur base ;
elles sont garnies de feuilles un peu distantes, presque toutes
alternes , sessiles ; les inférieures dentées et en forme de cœur ;
les supérieures découpées en trois ou cinq digitations profondes ,
étroites et obtuses : les fleurs sont solitaires , axillaires, portées
chacune par un pédoncule un peu plus long que les feuilles ;
elles sont petites , de couleur bleue, mais leur calice est fort
grand, sur-tout dans la maturité du fruit avec lequel il se développe : la capsule est pubescente ainsi que le reste de la plante ;
les graines sont concaves d'un côté, convexes de l'autre. Cette
plante croît dans les champs incultes ou parmi les blés.

2406. Véronique rustique.   *Veronica agrestis.*

Veronica agrestis. Linn. spec. 18. Lam. Illustr. n. 189.. Fl. dan.
t. 449. — Fuchs. p. 22. ic.

Ses tiges sont longues de 18-24 centim. , grèles , un peu velues , rameuses , couchées et étalées sur la terre ; ses feuilles
sont ovales , légèrement cordiformes , alternes ou opposées , et
portées par de courts pétioles ; elles sont presque glabres , et
leurs crénelures sont bien marquées : ses fleurs sont axillaires,
solitaires et soutenues par des pédoncules plus longs que les
feuilles ; les folioles de leur calice sont ovales ; chaque loge de
la capsule renferme six à sept graines concaves d'un côté et
ridées de l'autre. Cette plante est commune dans les champs ,
les jardins de toute la France : elle se retrouve jusque dans le
Japon , et c'est elle, d'après l'herbier de Kleinhof, que Thunberg
a indiquée sous le nom de *veronica arvensis* (Fl. jap. 20.).

2407. Véronique à feuilles   *Veronica hederæfolia.*
de lierre.

Veronica hederæfolia. Linn. spec. 19. Fl. dan. t. 428. Lam.
Illustr. n. 191. — *Veronica Lappago.* Schrank. Bav. 1. p. 218.

Ses tiges sont foibles , tout-à-fait couchées sur la terre ,
velues et rameuses ; ses feuilles sont en cœur, pétiolées , la

plupart alternes et un peu velues seulement en leur bord , qui se divise en trois ou cinq crénelures , dont celle du sommet est fort grande et obtuse ; les fleurs sont solitaires, axillaires et portées chacune sur un pédoncule presque aussi long que la feuille qui l'accompagne; les divisions du calice sont larges , en forme de cœur pointu, fortement ciliées ; chaque loge de la capsule renferme deux graines très-grosses , ombiliquées d'un côté , convexes de l'autre. Cette plante est commune dans les lieux cultivés. ☉.

§. III. *Fleurs en grappes terminales ; espèces vivaces.*

2408. Véronique à épi.   *Veronica spicata.*

Veronica spicata. Linn. spec. 14. Lam. Illustr. n. 178. Schrad Ver. Spic. 20.

α. *Monostachya.* — *Veronica orchidea.* Crantz. Austr. 333. — Vaill. Bot. t. 33. f. 4.

β. *Polystachia.* — *Veronica hybrida.* Krock. Siles. n. 14.

Sa tige s'élève jusqu'à 5 décim.; elle est couchée à la base , puis dressée , très-simple , terminée dans la variété α par un seul épi de fleurs , et légèrement velue ; ses feuilles radicales sont ovales-oblongues , un peu coriaces , d'un verd blanchâtre et couchées sur la terre ; celles de la tige sont étroites , et d'autant moins grandes qu'elles sont plus voisines du sommet de la plante ; les unes et les autres sont dentées en leur bord : les fleurs sont bleues , et les découpures de leur corolle sont pointues. La variété β a les tiges ordinairement terminées par plusieurs épis. On trouve cette plante dans les lieux secs , les bois montueux. ♃.

2409. Véronique à longue   *Veronica longifolia.*
feuille.

Veronica longifolia. Linn. spec. 13. Schrad. Ver. Spic. 26. — *Veronica maritima.* Lam. Fl. fr. 2. p. 435.

α. *Foliis oppositis.* — *Veronica Schreberi.* Baumg. Lips. n. 12. — Schrad. l. c. t. 2. f. 1.

β. *Foliis ternis.* — *Veronica spuria.* Thuil. Par. II. 1. p. 6 — *Veronica elatior.* Erh. pl. exs. — *Veronica maritima.* Fl. dan. t. 374.

Sa tige s'élève jusqu'à 6 décim.; elle est droite , simple , cylindrique, un peu blanchâtre , feuillée dans toute sa longueur , et porte à son sommet cinq ou sept épis de fleurs d'un bleu céleste fort agréable : ces épis sont droits , grêles ,

pointus , et celui du milieu a près d'un décim. de longueur : les
feuilles sont opposées dans la variété α , disposées trois à trois
dans la variété β , un peu pétiolées, d'un verd tendre, blanchâtres en dessous, longues de 6-9 centim., élargies vers leur
base, se terminant insensiblement en une pointe aiguë, et dentées en scie en leur bord. Cette plante croît en Alsace (Mapp.);
à Fontainebleau (Thuil.).

2410. Véronique de Pona.   *Veronica Ponæ.*

> *Veronica Ponæ.* Gouan. Illustr. p. 1. t. 1. f. 1. excl. syn. Lam.
> Illustr. n. 181. Schrad. Ver. Spic. 34. — *Veronica semper-
> virens.* Lam. Fl. fr. 2. p. 436.

Sa racine pousse une ou plusieurs tiges très-simples et hautes
de 12-15 centim. à-peu-près; ses feuilles sont opposées, sessiles, ovales, un peu cordiformes, velues, vertes en dessus,
et blanchâtres en dessous; les inférieures sont obtuses; les autres
sont terminées en pointe, et celles qui sont dans le voisinage
des fleurs, sont étroites et alternes. Cette plante croît en Roussillon; dans les Pyrénées; aux environs de Montlouis près le
pont de la Lingonne (Gou.). ♃.

2411. Véronique à souche   *Veronica fruticulosa.*
    ligneuse.

> *Veronica fruticulosa.* Linn. spec. 15. Wulf. Coll. Jacq. 2. p.
> 229. t. 5. Lam. Illustr. n. 183. — *Veronica frutescens.* Scop.
> Carn. n. 20. Lam. Fl. fr. 2. p. 436. — Hall. n. 545. t. 16. f. 1.

Cette plante est glabre dans toutes ses parties ; ses tiges
sont droites, simples, grèles, un peu ligneuses et hautes de
1-2 décimètres; ses feuilles sont ovales-lancéolées, légèrement
dentées et pointues ; ses fleurs sont couleur de chair et disposées en bouquet lâche au sommet des tiges. Cette plante croît
dans les Alpes et les Pyrénées, parmi les rochers , dans les
lieux un peu couverts. ♃.

2412. Véronique des rochers.   *Veronica saxatilis.*

> *Veronica saxatilis.* Linn. F. suppl. 83. Lam. Illustr. n. 184. —
> *Veronica fruticulosa.* Fl. dan. t. 342. — Hall. Helv. n. 545.
> var. β.

Ses tiges sont longues de 2 décim. , couchées sur la terre ,
grèles, un peu ligneuses à leur base, qui paroît articulée par
les cicatrices nombreuses des premières feuilles qui sont tombées; les feuilles sont opposées, ovales, glabres, obtuses, entières, ou n'ayant que des crénelures peu sensibles; les inférieures

sont les plus petites et fort rapprochées les unes des autres ; les supérieures sont oblongues et plus distantes : les fleurs terminent les tiges, et sont disposées en bouquet un peu lâche ; elles sont assez grandes et d'une belle couleur bleue. On trouve cette plante dans les lieux pierreux et montueux en Languedoc ; dans les Pyrénées, les Alpes de Dauphiné, de Provence, de Savoie, de Piémont. Haller et Linné la regardoient, peut-être avec raison, comme une variété de la précédente.

2413. Véronique nummu- *Veronica nummu-*
laire. *laria.*

Veronica nummularia. Gouan. Illustr. 1. p. 1. f. 2. excl. syn.
Lam. Fl. fr. 2. p. 438. — *Veronica saxatilis,* β. Wild. spec.
1. p. 62.

Cette véronique me paroît très-distincte de la précédente, à laquelle elle ne ressemble que par ses tiges couchées et ses fleurs bleues ; mais les tiges sont ligneuses presque jusqu'au sommet ; les feuilles sont ovales ou orbiculaires, très-serrées : les fleurs sont presque sessiles, disposées en grappe courte, terminale, très-serrée et presque embriquée, sur-tout les feuilles supérieures, et les calices sont bordés particulièrement vers leur base, de longs cils blancs. ♃. Elle croît dans les endroits pierreux des Pyrénées ; au mont Laurenti (Gou.).

2414. Véronique paquerette. *Veronica bellidioides.*

Veronica bellidioides. Linn. spec. 15. Lam. Illustr. n. 187. —
Hall. Helv. n. 543. t. 15. f. 1.

Sa tige est couchée dans sa partie inférieure, simple, dure, velue et haute d'environ 2 décim. ; la plupart des feuilles sont ramassées, disposées à la base de la plante et étendues sur la terre ; elles sont ovales, spatulées, un peu dentées vers leur sommet, dures et velues ; la tige n'en pousse que deux ou trois paires qui sont fort distantes ; celles-ci sont beaucoup plus petites que les autres : les fleurs sont petites, de couleur bleue, disposées en une petite grappe terminale ; les calices et les capsules sont velus. ♃. Cette plante croît dans les prairies des hautes montagnes dans les Pyrénées, les Alpes ; à la grande Chartreuse, dans l'Oysans, le Briançonnois et le Champsaur (Vill.) ; en Piémont (All.) ; en Provence (Gér.) ; au Saint-Bernard, au Simplon, dans les Alpes voisines du Valais (Hall.).

24i5. Véronique des Alpes. *Veronica Alpina.*

Veronica Alpina. Linn. spec. 15. Fl. dan. t. 16. Lam. Illustr.
n. 185. — *Veronica teucrium-etscherianum.* Crantz. Austr.
3₇₇. — Hall. Helv. t. 15. f. 2.
β. *Veronica integrifolia.* Schrank. Salisb. n. 10. Wild. spec. 1.
p. 63. — *Veronica Alpina.* Krock. Siles. t. 3.

Sa tige est simple, droite, légèrement velue, de la hauteur
du doigt ; ses feuilles sont opposées, ovales, sessiles, pubescentes, fermes et un peu dentées dans la variété *α*, entières,
presque glabres et plus herbacées dans la variété *β* ; les fleurs
naissent au sommet de la tige, disposées en une petite tête
presque sessile ; leurs calices sont tout hérissés de poils ; les corolles sont bleues, rayées de blanc. ♃. Cette espèce croît dans
les lieux un peu humides des Pyrénées et des hautes Alpes du
Dauphiné, du Piémont, de la Savoie : je l'ai trouvée en abondance dans les montagnes voisines du Mont-Blanc.

24i6. Véronique serpollet. *Veronica serpillifolia.*

Veronica serpillifolia. Linn. spec. 15. Fl. dan. t. 492. Lam.
Illustr. n. 188.
β. *Veronica humifusa.* Dicks. Act. Soc. Linn. 2. p. 288. —
Veronica serpillifolia nummularifolia. Thuil. Fl. paris. II. 1.
p. 6.

Sa tige est couchée dans sa partie inférieure qui rampe en
manière de souche ; elle s'élève ensuite sans se ramifier jusqu'à
la hauteur d'environ 2 décim. : ses feuilles sont ovales, obtuses,
glabres, non ridées et à peine sensiblement crénelées ; celles
d'en bas sont opposées, et les supérieures sont alternes et plus
étroites : les fleurs sont blanches, rayées de bleu. La variété *β*
est plus petite, plus rampante, et a les feuilles plus arrondies.
On trouve cette plante sur le bord des champs. ♃. La *veronica
tenella* d'Allioni, qui a les fleurs pourprées et les feuilles un peu
pétiolées, diffère-t-elle réellement de la véronique serpollet ?

CCCXLVII. SIBTHORPIE. *SIBTHORPIA.*

Sibthorpia. Linn. Juss. Lam.

Car. Le calice est à cinq parties ; la corolle a un tube court et
un limbe à cinq lobes égaux et ouverts ; les étamines sont au
nombre de quatre, dont deux plus courtes ; le stigmate est
en tête ; la capsule est comprimée, orbiculaire et s'ouvre par le
sommet.

Gg 4

2417. Sibthorpie d'Europe. *Sibthorpia Europœa.*

Sibthorpia Europœa. Linn. spec. 880. Lam. Illustr. t. 535. —
Pluk. t. 7. f. 6. — *Sibthorpia prostrata.* Salisb. ic. 11. t. 6.

Ses tiges sont grèles, filiformes, étalées sur la terre et ordinairement rampantes; elles poussent des feuilles pétiolées, orbiculaires, un peu lobées sur les bords, et ressemblent à celles
des chrysosplènes ou des hydrocotyles; les tiges et les feuilles sont
hérissées de poils épars; les fleurs sont petites, d'un jaune un peu
rougeâtre (rougeâtres Linn., jaunes Juss.), axillaires, solitaires,
portées sur des pédicelles de moitié au moins plus courts que les
pétioles et hérissés ainsi que les calices. ☉ ou quelquefois ♃. Cette
petite plante croît dans les lieux humides et le long des ruisseaux;
elle a été trouvée à Saint-Léger et à Mantes près Paris (Thuil.);
à Saint-Bomer près Caën (Rouss.); aux environs de Nantes, à la
Raudière, le Guimoreau, le Tertre, l'abbaye de Prières (Bon.);
en Bretagne près Antrain, et entre Kimper et Brest; à Vire
en Normandie, etc.

CCCXLVIII. EUPHRAISE. *EUPHRASIA.*

Euphrasia. Linn. Juss. Lam. — *Euphrasia et Odontites.* Hall.

CAR. Le calice est à quatre lobes; la corolle à deux lèvres,
dont l'inférieure a trois lobes égaux; les deux anthères inférieures portent à leur base un petit appendice acéré et semblable à une épine ou à un poil; la capsule est ovoïde, comprimée.

2418. Euphraise officinale. *Euphrasia officinalis.*

Euphrasia officinalis. Linn. spec. 841. Lam. Illustr. t. 518. f. 1.
Bull. Herb. t. 233.

Sa tige est haute de 12-15 centimètres, droite, quelquefois
simple, plus ordinairement branchue, presque cylindrique et
noirâtre; ses feuilles sont petites, ovales, bordées de dents obtuses,
assez lisses, et la plupart opposées; ses fleurs naissent dans les
aisselles supérieures des feuilles; elles sont d'une couleur blanche
mêlée souvent de jaune et de violet ou de pourpre; les étamines
ne sont point saillantes hors de la corolle; la lèvre inférieure
est à trois lobes échancrés au sommet. On trouve cette plante
dans les prés, les pelouses et le bord des chemins; elle fleurit
en été. ☉. Son suc est un peu astringent et a été employé comme
ophthalmique.

2419. Euphraise naine.   *Euphrasia minima.*

Euphrasia minima. Jacq.   Schleich. Cat. p. 22. —
Euphrasia officinalis, β. Lam. Dict. 2. p. 400.

Cette plante n'est peut-être qu'une variété de la précédente ;
elle en diffère parce qu'elle est toujours plus petite , que sa fleur
est moins grande , constamment jaune, et que la lèvre inférieure
est proportionnellement plus courte ; ses feuilles supérieures ont
souvent leurs dentelures pointues comme l'euphraise des Alpes
dont elle diffère par la petitesse et la couleur de sa fleur. ☉. Cette
espèce est commune dans les prairies sèches des hautes Alpes ,
dans les montagnes d'Auvergne , etc.; et quoique souvent mê-
langée avec la précédente , elle se conserve bien distincte.

2420. Euphraise des Alpes.   *Euphrasia Alpina.*

Euphrasia Alpina. Lam. Dict. 2. p. 400. Illustr. t. 518. f. 2.—
Euphrasia salisburgensis. Hop. Tasch. 1794. p. 190. Wild.
spec. 3. p. 193. — *Euphrasia rubra.* Hoffm. Tasch. 1791.
p. 215?

Cette espèce , long-temps regardée comme une variété de
l'officinale , en diffère certainement par ses feuilles dont toutes
les dentelures se terminent en pointe ou arète acérée ; par ses
fleurs plus grandes , blanches ou d'un pourpre bleuâtre ; par sa
tige plus longue et ordinairement plus rameuse , garnie de feuilles
presque toujours alternes. Elle croît dans les prairies des Alpes
du Dauphiné (Lam.); de la Savoie.

2421. Euphraise à larges   *Euphrasia latifolia.*
feuilles.

Euphrasia latifolia. Linn. spec. 841. Lam. Dict. 2. p. 400. —
Magn. Monsp. p. 94. ic.

Sa racine pousse une tige droite , pubescente , longue d'un
décimètre environ , presque toujours simple ; elle est garnie, sur-
tout vers le bas , de feuilles opposées , ovales-oblongues , un peu
hérissées , fortement dentées et presque palmées à cause de la
divergence de leurs dents , ce qui est sur-tout remarquable
dans les feuilles florales ; les fleurs sont purpurines , tubuleuses,
sessiles , axillaires et disposées en épi serré , oblong , simple et
terminal ; leur lèvre supérieure est assez courte et voûtée en
casque ; l'inférieure est à trois lobes obtus. ☉. Cette plante croît
sur les collines et dans les prés montagneux des provinces méridionales , aux environs de Montpellier à Caunelles (Gou.);

aux Garrigues près Saint-Jorde (Magn.); en Provence (Gér.); aux environs de Nice, de Turin, de Montferrat (All.); en Dauphiné (Vill.); à Sorrèze; dans l'isle de Corse.

2422. Euphraise dentée.   *Euphrasia odontites.*

Euphrasia odontites. Linn. spec. 841. Wild. spec. 3. p. 194.
Fl. dan. t. 625. — *Euphrasia serotina.* Lam. Fl. fr. 2. p. 350.
— *Bartsia odontites.* Huds. Angl. 268.
β. *Euphrasia verna.* Bell. Act. Tur. 5. p. 398.
γ. *Flore albo.* — Lam. Dict. 2. p. 401.

Sa tige est haute de 5 décim., droite, très-branchue et à quatre angles arrondis; ses feuilles sont sessiles, opposées, lancéolées, toutes dentées et un peu velues; les fleurs terminent la tige et les branches; elles forment des épis feuillés, et sont ordinairement tournées d'un même côté sur chaque épi : les étamines sont un peu saillantes hors de la corolle; celle-ci est ordinairement rougeâtre; elle est blanche dans la variété γ indiquée par Lamarck. La variété β ne diffère de l'espèce ordinaire, selon Wildenow, que par ses feuilles moins dentées et ses bractées plus grandes; elle a été trouvée en Piémont. La variété α croit dans les lieux stériles et incultes dans toute la France; elle fleurit en automne. ☉.

2423. Euphraise jaune.   *Euphrasia lutea.*

Euphrasia lutea. Linn. spec. 842. Jacq. Austr. t. 398. Lam. Fl.
fr. 2. p. 349. — *Euphrasia coris.* Crantz. Austr. p. 298.

Cette plante s'élève jusqu'à 2 et 5 décim.; elle est rameuse, droite, pubescente ordinairement dans toutes ses parties; ses feuilles sont opposées, lancéolées et dentelées dans le bas de la tige, linéaires, éparses et le plus souvent entières vers le haut des branches où elles servent de bractées; les fleurs sont d'un beau jaune, disposées vers le haut de la tige et des rameaux, en épis alongés, serrés et entremêlés de feuilles; les étamines sont jaunes, très-saillantes hors de la corolle; les lobes latéraux de la lèvre inférieure sont denticulés, selon l'observation de Wildenow. ☉. Cette plante croît dans les lieux montueux et arides de la Provence; sur les collines de Mauret, Barret et Monteiguèz (Gar.); en Dauphiné parmi les blés (Vill.); en Piémont (All.); aux environs de Bex, de Basle, etc. (Hall.); à Castelnau et à Montferrier (Gou.); à Lyon et dans la Bresse (Latourr.); au Puy-de-Dôme et au mont d'Or (Vill.); à

Ingré et Saint-Ay près Orléans (Dub.); entre Mongeron et
Senart (Thuil.).

2424. Euphraise à feuilles   *Euphrasia linifolia.*
    de lin.

> *Euphrasia linifolia.* Linn. spec. 842. Ger. Gallopr. 285. —
> *Euphrasia lutea,* var. Lam. Dict. 2. p. 401. — *Euphrasia
> lœvis.* Gater. Fl. montaub. p. 111. — Col. Ecphr. 2. p. 68.
> t. 69.

Cette espèce, que plusieurs auteurs ont réunie tantôt avec
la précédente, tantôt avec la suivante, diffère de la première,
parce qu'elle est entièrement glabre, que ses feuilles inférieures sont entières, linéaires, éparses et beaucoup plus petites que dans l'euphraise jaune : elle se distingue de la seconde,
parce qu'elle n'est ni visqueuse ni odorante ; que ses calices
sont glabres et non pubescens, que ses étamines dépassent la
lèvre supérieure de la corolle. ☉. Elle croît dans les lieux
arides et montueux. Je l'ai recueillie à Courmayeur dans la vallée
d'Aost ; j'en ai reçu des échantillons trouvés en Corse par
M. Noisette ; à Montredon près Marseille, par mon frère ; aux
environs de Narbonne. Elle croît aux environs de Grenoble ,
de Mison, de Sisteron (Vill.); de Buttiliera, Montcrivelli, etc.
dans le Piémont (Bell.).

2425. Euphraise visqueuse.   *Euphrasia viscosa.*

> *Euphrasia viscosa.* Linn. Mant. 86. Lam. Dict. 2. p. 401. —
> Garid. Aix. p. 351. t. 80. — *Euphrasia linifolia.* Lam. Fl. fr.
> 2. p. 350.

Cette plante est très-facile à reconnoître parce qu'elle est
chargée de petits poils peu apparens qui exsudent une liqueur
visqueuse, dont l'odeur approche de celle du melon ou de la
pomme; elle diffère en outre de l'euphraise jaune, par ses
feuilles entières ; de l'euphraise dentée, par ses fleurs jaunes ;
de l'euphraise à feuilles de lin, par ses calices pubescens : les
lobes latéraux de la lèvre inférieure de la corolle sont échancrés (Wild.), et les étamines sont peu ou point saillantes
hors de la corolle. ☉. Elle croît dans les lieux secs et stériles
des provinces méridionales; à Campestre près Montpellier
(Gou.); aux Garriguos du Monteiguèz, de Barret, de la plaine
des Peirières et à Cuquo près Aix en Provence (Gar.); au Bacis,
à la Saulce, à Neffes dans le Dauphiné (Vill.); dans la forêt de

Salges près Leuch (Hall.); aux environs de Nice, Bussolino, Modane, Bramant, Berzès (All.).

CCCXLIX. BARTSIE. *BARTSIA.*

Bartsia. Linn. Sm. — *Rhinanthi sp.* Lam. — *Bartsia et Bellar-dia.* All.

Car. Le calice est à quatre lobes, plus ou moins coloré, non renflé; la corolle est à deux lèvres, dont la supérieure concave et l'inférieure à trois lobes; les anthères sont cotonneuses; la capsule est ovoïde, comprimée, les graines anguleuses.

2426. Bartsie des Alpes. *Bartsia Alpina.*

Bartsia Alpina. Linn. spec. 839. Fl. dan. t. 43. — *Rhinanthus Alpina.* Lam. Fl. fr. 2. p. 354. — *Stehelinia Alpina.* Crantz. Austr. p. 294.

Sa tige est haute de 2 décim., droite, simple et un peu velue; ses feuilles sont toutes opposées, sessiles, cordiformes ou ovales, et dentées en leur bord; les fleurs, disposées dans les aisselles supérieures des feuilles, forment un épi feuillé et très-coloré; elles sont d'un rouge violet, ainsi que leur calice et leurs bractées. ♃. Cette plante croît dans les pâturages humides des hautes montagnes des Pyrénées, des monts d'Or, des Alpes, du Jura.

2427. Bartsie en épi. *Bartsia spicata.*

Bartsia spicata. Ramond Bull. Philom. n. 42. p. 141. t. 10. f. 4.

Cette espèce diffère de la précédente par ses épis plus alongés et presque en forme de cône; par ses feuilles qui vont en diminuant de grandeur de la base au sommet, et dont les bords sont moins dentelés; par ses poils plus courts et jamais glanduleux au sommet; par ses fleurs plus petites et plus pâles. ♃. Elle a été observée par M. Ramond, dans les Pyrénées sur le Lhéris, au voisinage de Bagnères et près de Luz, sur les pentes des montagnes.

2428. Bartsie trixago. *Bartsia trixago.*

Bartsia trixago. Linn. spec. ed. 1. p. 602. — *Rhinanthus trixago.* Linn. spec. 840. Lam. Dict. 2. p. 59. — *Rhinanthus maritima.* Lam. Fl. fr. 2. p. 353. — Moris. 3. s. 11. t. 24. f. 8.

Cette espèce s'élève à 2-3 décimètres; sa tige est droite, hérissée, non divisée et garnie dans toute sa longueur de feuilles lancéolées, un peu étroites, dentées, pointues, fort rapprochées et disposées comme sur quatre rangs, par paires opposées en croix; les fleurs sont de couleur jaune ou blanchâtre; elles

sont presque sessiles et placées dans les aisselles supérieures des
feuilles où elles forment un épi terminal. Cette plante croît dans
les lieux humides et maritimes en Provence près Saint-Tropès,
Ramatuelle, Toulon (Gér.); à Cette et au-delà de Nazareth
près Montpellier (Gou.) ; aux environs de Narbonne. ☉.

2429. Bartsie bigarrée. *Bartsia versicolor.*

Rhinanthus versicolor. Wild. spec. 3. p. 190. — *Rhinanthus
versicolor, var. β.* Lam. Dict. 2. p. 62. Desf. Atl. 2. p. 33.—
Bellardia trixago. All. Pcd. n. 220. excl. syn. — Barr. ic. t.
666.

Cette plante diffère du vrai trixago par ses fleurs purpurines ;
par ses feuilles linéaires même dans le bas de la plante ; par sa
tige moins velue, et parce que ses feuilles supérieures ne sont
dentées que vers leur base et non dans toute leur longueur :
elle s'en rapproche par son port, sa tige simple, ses calices velus
et la structure de sa fleur. ☉. Je décris cette plante d'après des
échantillons recueillis, les uns en Barbarie, par M. Desfontaines ;
les autres entre Rome et Florence, par M. Vahl, et je l'indique
en France parce qu'elle me paroît s'accorder en tous points
avec la description d'Allioni, qui lui donne le nom impropre
de *trixago.* Selon ce naturaliste, elle croît sur le rivage de
Nice près Lanterna.

2430. Bartsie visqueuse. *Bartsia viscosa.*

Bartsia viscosa. Linn. spec. 839. — *Rhinanthus viscosa.* Lam.
Fl. fr. 2. p. 354.—*Rhinanthus maxima.* Lam. Dict. 2. p. 61.
Desf. Atl. 2. p. 34. non Wild. — Barr. Ic. t. 665.

Sa tige est haute de 3 décim., simple, cylindrique et un
peu velue ; elle est garnie dans toute sa longueur, de feuilles
sessiles, lancéolées, dentées, un peu ridées et terminées en
pointe : ses fleurs sont grandes, de couleur jaune, disposées
dans les aisselles des feuilles, et occupent presque la moitié
supérieure de la tige ; leur calice est oblong, strié et quadri-
fide. Cette plante croît en Provence dans les prairies maritimes
et les forêts des Maures (Gér.) ; aux environs de Nice (All.) ;
de Dax (Thore) ; à Villers près Caën (Rouss.) ; aux environs du
Mans ; dans l'Anjou ; au bourg de Brie près Rennes ; à Mache-
cou, Valet, la Regripierre, Guerrande, Saint-Colombain et
Villeneuve près Nantes (Bon.). ☉.

CCCL. RHINANTHE.   *RHINANTHUS.*

Rhinanthus. Sm.— *Rhinanthi sp.* Linn. — *Mimulus.* Adans. —
Alectorolophus. Hall.

Car. Ce genre diffère des bartsies par son calice non coloré,
renflé et à quatre dents ; par la lèvre supérieure de sa corolle
comprimée ; par ses graines presque planes.

2431. Rhinanthe glabre.   *Rhinanthus glabra.*

> *Rhinanthus glabra.* Lam. Fl. fr. 2. p. 352. Bull. Herb. t. 125.—
> *Rhinanthus crista-galli, α et β.* Linn. spec. 840. — *Rhinan-*
> *thus crista-galli.* Vill. Dauph. 2. p. 413. — *Mimulus crista-*
> *galli.* Scop. Carn. n. 751. — *Alectorolophus glaber.* All. Ped.
> n. 206. — Riv. t. 92.
> β. *Alpina.* —Hall. n. 383. β.

Sa tige est droite, quadrangulaire, simple ou rameuse, haute
de 3 décimètres ; ses feuilles sont glabres, sessiles, alongées,
plus larges à leur base, et se rétrécissant vers leur sommet ;
elles sont garnies de dents nombreuses et très-rapprochées : les
fleurs forment un épi terminal muni de bractées assez larges,
lancéolées, dentées ; les corolles sont jaunes, ont la lèvre supérieure courte et très-comprimée. La *crête de coq* ou *cocriste*,
est commune dans les prés et les pâturages humides. ☉. La
variété β, qui se trouve dans les Alpes, ne diffère de la précédente que par sa petitesse.

2432. Rhinanthe velue.   *Rhinanthus hirsuta.*

> *Rhinanthus hirsuta.* Lam. Fl. fr. 2. p. 353. — *Rhinanthus alec-*
> *torolophus.* Poll. Pall. n. 580. — *Rhinanthus crista-galli, γ.*
> Linn. spec. 840.—*Alectorolophorus hirsutus.* All. Ped. n. 205.
> — *Mimulus alectorolophorus.* Scop. Carn. n. 752.
> β. *Caule simplici.* —*Rhinanthus trixago.* Thuil. Fl. par. II. 1.
> p. 304. non. Linn.

Cette espèce ressemble entièrement à la précédente, mais
elle en diffère par ses calices constamment hérissés de poils ;
par ses fleurs d'un jaune moins foncé et souvent tachées sur
leur lèvre inférieure. La variété α est un peu rameuse ; la variété β est absolument simple comme la bartsie trixago, dont elle
diffère d'ailleurs par la forme des fleurs et des feuilles. Plusieurs
auteurs ont regardé cette espèce comme une variété de la précédente ; mais elle s'en conserve distincte quoique croissant dans
les mêmes lieux. Elle se trouve en général dans les prairies
sèches. ☉.

CCCLI. PÉDICULAIRE. *PEDICULARIS.*

Pedicularis. Linn. Hall. Juss. Lam.

Car. Le calice est un peu ventru, à cinq divisions simples ou découpées ; la corolle est tubuleuse, à deux lèvres ; la supérieure comprimée, souvent échancrée et en forme de casque ; l'inférieure plane, étalée, à trois lobes ; la capsule est comprimée, arrondie, pointue et souvent oblique au sommet.

Obs. Les feuilles de toutes les espèces sont découpées en lobes ordinairement dentés, disposées comme les folioles d'une feuille pennée, et qui atteignent souvent la côte principale.

§. Ier. *Tige rameuse ; fleurs rouges.*

2433. Pédiculaire des marais. *Pedicularis palustris.*

Pedicularis palustris. Linn. spec. 845. Lam. Illustr. t. 517. f. 1.
— Riv. t. 92. — Hall. Helv. n. 320.
β. *Flore albo.* — Wild. spec. 3. p. 203.

Sa tige est droite, glabre, rameuse, haute de 3–5 décim. ; ses feuilles sont divisées en lobes opposés, linéaires, fortement dentés, disposés comme les folioles des feuilles pennées, et séparés les uns des autres jusqu'à la côte principale ; les fleurs sont purpurines, presque sessiles, axillaires et solitaires à chaque aisselle ; les inférieures sont écartées ; les supérieures rapprochées en épi feuillé : leur calice est ovoïde, renflé, hérissé de quelques poils, presque à deux lèvres découpées en forme de crête ; la lèvre supérieure de la corolle est obtuse, tronquée, munie de deux dents un peu au-dessous du sommet ; l'inférieure est oblique. Cette plante croît dans les marais découverts et herbeux : elle fleurit à la fin du printemps. ☉

2434. Pédiculaire des bois. *Pedicularis sylvatica.*

Pedicularis sylvatica. Linn. spec. 845. Lam. Fl. fr. 2. p. 359.
— Lob. ic. t. 748. f. 2. — Hall. Helv. n. 321.

Cette espèce s'élève moins que la précédente ; sa tige est quelquefois couchée, et fournit dès sa base des rameaux très-ouverts ; ses feuilles sont pinnatifides, et leurs divisions sont presque ovales, bordées de dents aiguës ; les fleurs sont sessiles, ramassées la plupart au sommet de la tige et des rameaux, quelques-unes seulement sont isolées et inférieures aux autres ; leur corolle est d'un rouge pâle, tachée en sa gorge, alongée et fort grêle ; le calice est oblong, à cinq lobes découpés irrégulièrement ; la lèvre supérieure diffère de celle de la précédente en ce qu'elle porte deux dents beaucoup plus aiguës. Cette plante croît dans toute la France, dans les bois marécageux, sur-tout dans les montagnes.

§. II. *Tige simple ; fleurs rouges.*

2435. Pédiculaire tronquée.   *Pedicularis recutita.*

Pedicularis recutita. Linn. spec. 846. Jacq. Austr. t. 258. — Hall. Helv. n. 316. t. 8. f. 2.

Sa tige est simple, droite, glabre, haute de 2-4 décim.; ses feuilles sont profondément pinnatifides, à lobes rapprochés, nombreux, lancéolés, incisés ou dentés et un peu réunis à leur base; les fleurs sont purpurines, serrées en un épi oblong garni de feuilles à sa base; leur calice est glabre, à cinq dents entières et inégales; les bractées sont linéaires, un peu laineuses à leur base sur les bords; la lèvre supérieure de la corolle est longue, très-obtuse, tronquée sur le bord et dépourvue des dents qu'on observe dans les deux espèces précédentes. ♃. Cette belle plante croît dans les lieux humides des hautes Alpes; je l'ai trouvée en été sur le penchant du mont Saint-Bernard, du côté de la vallée d'Aost : elle croît dans les prés du mont Echallier, entre Fraissen et Peyran (All.); à la source du Rhône (Hall.).

2436. Pédiculaire incarnate. *Pedicularis incarnata.*

Pedicularis incarnata. Jacq. Austr. t. 140. All. Ped. n. 128. t. 3. f. 2. non Linn. ex Wild. spec. 3. p. 212. — *Pedicularis rostrato-spicata.* Crantz. Austr. p. 317.

Cette espèce a le port de la précédente, mais elle en diffère par ses feuilles dont les lobes sont beaucoup plus étroits; par son épi dépourvu de feuilles; par ses calices fortement hérissés de poils blancs, et parce que la lèvre supérieure de sa corolle se prolonge en un bec alongé, courbé en faucille, tronqué au sommet : sa fleur est d'un rouge incarnat plus clair que dans la pédiculaire tronquée. ♃. Elle croît dans les lieux humides des hautes montagnes, où elle fleurit en été; je l'ai recueillie dans les Alpes, au pied du mont Saint-Bernard, du côté de la vallée d'Aost : elle se trouve en Dauphiné, en Oysans, dans le Queyras, à Orcière, etc. (Vill.); elle est commune sur les hautes Alpes du Piémont près des neiges (All.).

2437.Pédiculaire ver-   *Pedicularis verticillata.*
ticillée.

Pedicularis verticillata. Linn. spec 846. Lam. Fl. fr. 2. p. 361.
Jacq. Austr. t. 206. — Hall. Helv. n. 318. t. 9. f. 1.

Sa racine pousse plusieurs tiges hautes de 12-15 centim.,
droites et très-simples; ses feuilles sont pinnatifides; leurs
lobes sont oblongs, dentés et un peu moins serrés que dans
l'espèce précédente : les feuilles radicales sont nombreuses et
couchées sur la terre; celles de la tige sont ternées et quaternées;
les unes et les autres sont un peu étroites et assez molles : les
fleurs sont disposées en épi terminal; la lèvre supérieure de
leur corolle est très-obtuse à son extrémité; le calice est un peu
hérissé et à cinq dents très-courtes; la capsule est comprimée,
deux fois plus longue que le calice, pointue et un peu arquée. ♃.
Elle fleurit à l'entrée de l'été. On la trouve dans les lieux humides des hautes montagnes; elle est assez abondante dans les
Alpes de la Savoie, à Pormenaz, Villy, etc.; dans celles du
Dauphiné (Vill.); du Piémont (All.); de la Provence (Gér.);
à l'Esperou et à l'Espinouse près Montpellier (Gou.); dans les
Pyrénées.

2438. Pédiculaire à long bec. *Pedicularis rostrata.*

Pedicularis rostrata. Linn. spec. 845. Jacq. Austr. t. 205. Lam.
Fl. fr. 2. p. 358. — Hall. Helv. n. 322. t. 8. f. 1.
β? *Pedicularis giroflexa.* Vill. Dauph. 2. p. 426. t. 9.

Sa tige est glabre, droite ou le plus souvent couchée à la
base, longue de 2 décim. : je ne l'ai jamais vu se ramifier comme
le dit Linné, mais souvent une même racine pousse plusieurs
tiges : les lobes des feuilles sont oblongs, pinnatifides, dentés,
souvent crépus; les fleurs sont purpurines, disposées en épi
peu serré, sur-tout vers le bas; chacune d'elles est portée sur
un court pédicelle : le calice est hérissé de poils blancs, divisé
en cinq lobes dentés; la lèvre supérieure de la corolle se prolonge en un long bec un peu courbé, étroit et tronqué au sommet. ♃. Elle croît dans les prairies un peu humides des hautes
montagnes; dans les Pyrénées et les Alpes.

2439. Pédiculaire arquée.   *Pedicularis giroflexa.*

Pedicularis giroflexa. Wild. spec. 3. p. 218. — *Pedicularis tuberosa.* All. Ped. n. 231. — Hall. Helv. n. 324. t. 11.

Cette espèce, que j'ai reçue tantôt sous le nom de *giroflexa*,

Tome III.   H h

tantôt sous celui de *rostrata*, ne me paroît distinguée de la précédente que par ses calices glabres et non hérissés de poils. Elle croît de même dans les prairies un peu humides des Alpes et des Pyrénées. ♃. Je n'ai point cité le synonyme de Villars, quoique la figure donnée par ce botaniste convienne assez bien à notre plante ; mais il dit le calice hérissé dans sa *pedicularis giroflexa*, et velu dans sa *pedicularis rostrata*, ce qui me fait croire qu'il n'a pas connu notre plante, et qu'il a décrit comme espèces deux variétés de la *pedicularis rostrata*. Notre *pedicularis giroflexa* convient bien avec les descriptions d'Allioni, de Wildenow et de Haller, qui disent le calice glabre.

2440. Pédiculaire en faisceau.   *Pedicularis fasciculata.*

> *Pedicularis fasciculata.* Bell. ex Wild. spec. 3. p. 218. — *Pedicularis Alpina asphodeli radice purpurascente flore.* Tourn. Inst. 173. Vill. Dauph. 2. p. 427. not. 1.

Cette espèce, que je décris d'après l'échantillon conservé dans l'herbier de Tournefort, se distingue à sa racine composée de fibres fasciculées, simples, un peu renflées vers le milieu, amincies aux deux extrémités et assez semblables à celles des asphodèles ; sa tige est simple, haute de 3 décimètres ; ses feuilles sont dénudées dans leur moitié inférieure, excepté celles qui entourent l'épi, divisées jusqu'à la côte moyenne en lobes écartés, pinnatifides, grèles, à dents linéaires et acérées ; ces feuilles ressemblent en grand à celles de la pédiculaire rose, dont je trouve un échantillon mêlangé dans l'herbier de Tournefort avec l'espèce que je décris : les fleurs sont purpurines, en épi ; leur lèvre supérieure se prolonge en bec court, un peu arqué, pointu et à trois dents. ♃. Elle croît dans les Alpes du Piémont.

2441. Pédiculaire rose.   *Pedicularis rosea.*

> *Pedicularis rosea.* Jacq. ic. rar. 1. t. 115. Wild. spec. 3. p. 216. — *Pedicularis hirsuta.* All. Pedem. n. 227. t. 3. f. 1. spec. 1. 12. f. 1.

Sa tige est simple, presque nue, droite, un peu cotonneuse vers le haut, longue de 1 décim. au plus ; ses feuilles, la plupart radicales, se distinguent à leurs lobes linéaires, très-pointus, entiers ou munis d'une dent aiguë sur chaque côté ; les calices sont hérissés, à cinq lobes peu profonds ; leurs fleurs sont d'un pourpre rose, disposées en épi court et serré ; leur

lèvre supérieure est obtuse, nullement dentée au sommet. ♃.
Elle croît parmi les rochers voisins des neiges qui se fondent
dans les hautes Alpes; au Col-Vieux dans le Queyras (Vill.);
au mont Cenis, au Jaillione, au Vallon; dans les vallées de
Viù, de Pont, de Groscaval et de Ceresole (All.).

§. III. *Tige simple; fleurs jaunâtres.*

2442. Pédiculaire tachée   *Pedicularis flammea.*
    de feu.

Pedicularis flammea. Linn. spec. 846. Lam. Fl. fr. 2. p. 360.—
    Hall. Helv. n. 315. t. 8. f. 3.

Cette espèce est l'une des plus petites de ce genre; sa tige,
qui est droite, simple et glabre, ne dépasse guère 5-7 centim.
de hauteur; ses feuilles sont profondément pinnatifides et remarquables par leurs lobes embriqués, ovales, deux fois dentés;
les fleurs sont en petit nombre, disposées en épi peu serré;
leur couleur est d'un jaune pâle, mais elles portent vers leur
sommet deux taches d'un rouge cramoisi, placées sur chaque
côté de la lèvre supérieure : leur calice est glabre, à cinq dents;
la lèvre supérieure de leur corolle est très-obtuse. ♃. Elle croît
dans les lieux humides des montagnes, au mont Cenis et au
sommet du mont Savine (All.); dans les montagnes de Bar-
celonnette (Gér.).

2443. Pédiculaire tubéreuse. *Pedicularis tuberosa.*

Pedicularis tuberosa. Linn. spec. 847. Vill. Dauph. 2. p. 430.
    Lam. Fl. fr. 2. p. 361. excl. syn. Bauh. — Hall. Helv. n. 323.
    t. 10.

  α. Stylo incluso, calyce glabro.—*Pedicularis incarnata,* β. All.
    Ped. n. 228. t. 4. f. 2.—*Pedicularis uncinata.* Poir. Dict. Enc.
    5. p. 133. excl. syn.

  β. Stylo exserto, calyce glabro. — *Pedicularis giroflexa,* β.
    Vill. Dauph. 2. p. 427.

  γ. Calyce tomentoso, stylo exserto.

Sa racine est noire, grosse, divisée en plusieurs portions
cylindriques et épaisses; elle pousse deux ou trois tiges droites,
velues, peu garnies de feuilles et hautes de 3 décim. à-peu-
près : ses feuilles radicales sont longues, pétiolées, pinnatifides,
à lobes découpés; elles ont quelque ressemblance avec celles
de la mille-feuille : ses fleurs sont disposées en épi terminal,
embriqué de bractées fort courtes; la lèvre supérieure de leur
corolle forme un bec très-pointu et échancré. Dans la variété

α, le calice est glabre, la tige droite, le style renfermé dans la fleur ; la variété *β* a le calice glabre, les tiges ascendantes, le style saillant; dans la variété *γ*, le calice est hérissé de poils, les tiges ascendantes, le style saillant. Ces plantes croissent dans les montagnes parmi les gazons ; dans les Alpes de la Savoie, du Dauphiné (Vill.); de Provence (Gér.); au mont Cenis, aux Alpes de Vinadi et de Fenestrelles (All.); à l'Esperou et à l'Espinouse (Gou.); dans les montagnes d'Auvergne (Delarb.); dans les Pyrénées.

2444. **Pédiculaire à toupet.** *Pedicularis comosa.*

Pedicularis comosa. Linn. spec. 847. All. Pedem. n. 229. t. 4. f. 1. spec. t. 11. f. 1. Wild. spec. 3. p. 220.

Cette espèce ressemble beaucoup à la variété *α* de la pédiculaire tubéreuse, mais elle est certainement distincte de cette espèce par sa tige toujours droite, par son épi garni de feuilles à la base, par son calice à cinq dents entières, et sur-tout parce que la lèvre supérieure de sa corolle est voutée en forme de crosse, échancrée à l'extrémité et munie de deux dents aiguës et descendantes. ♃. Cette plante croît dans les prairies des montagnes ; dans les Alpes de la Provence, du Champsaur (Vill.), du Piémont (All.); dans les Pyrénées à la vallée d'Eynès au mont Saint-Guiral (Gou.); au mont d'Or et au Puy-de-Dôme.

2445. **Pédiculaire à épi feuillé.** *Pedicularis foliosa.*

Pedicularis foliosa. Linn. Mant. 86. Gouan. Illustr. 37. Jacq. Austr. 2. t. 139. — Hall. Helv. n. 317. t. 9. f. 3.

Cette pédiculaire est très-facile à reconnoître parce qu'elle a la lèvre supérieure de la corolle velue en dessus comme les phlomis; sa tige est droite, simple, haute de 2-3 décim., garnie, sur-tout près de l'épi, de grandes feuilles déchiquetées, à lobes pointus et dentés, assez semblables à celles de l'anémone pulsatille; l'épi est entremêlé de feuilles plus petites; les calices sont pubescens sur les bords, à cinq dents, dont la supérieure est la plus grande; la lèvre supérieure de la corolle est très-obtuse. ♂. Cette plante croît dans les prairies des montagnes; dans les Alpes de la Savoie; sur les montagnes de la grande Chartreuse; aux environs de Grenoble, d'Uriage, d'Allevard (Vill.); au mont Colisé, au petit mont Cenis, au Saint-Bernard, à Pralugnan (All.); sur les Alpes de Provence (Gér.); dans les Pyrénées à la vallée d'Eynès (Gou.), et au chemin du

Tourmalet (Ram.); au Puy-de-Dôme , au mont d'Or et au Cantal (Delarb.).

CCCLII. MÉLAMPYRE.   *MELAMPYRUM.*

Melampyrum. Linn. Juss. Lam.

Car. Le calice est tubuleux , à quatre lobes pointus ; la corolle est comprimée , tubuleuse , à deux lèvres ; la supérieure est en casque et a le bord replié ; l'inférieure est sillonnée , à trois lobes égaux : la capsule est oblongue , pointue , oblique , à deux loges monospermes (Juss.); l'embryon est placé au côté opposé de l'ombilic (Gœrtn.).

Obs. Les mélampyres sont la plupart remarquables par leurs feuilles florales , colorées et fortement dentées vers la base ; leurs feuilles sont opposées.

2446. Mélampyre des champs.   *Melampyrum arvense.*

Melampyrum arvense. Linn. spec. 842. Lam. Dict. 4. p. 20. Fl. dan. t. 911.

Sa tige est droite, simple ou branchue , quarrée , rougeâtre et s'élève jusqu'à 3 décim. ; ses feuilles sont longues, lancéolées ,. pointues et sessiles ; les inférieures sont très-entières , et les supérieures sont divisées à leur base en lanières sétacées : les fleurs forment un épi conique, très-coloré ; les bractées sont planes , bordées de dents sétacées , purpurines ainsi que les corolles , mais la gorge de ces dernières est de couleur jaune ; les dents du calice sont rudes. ⊙. Cette plante croît dans les champs parmi les blés. Ses semences , mêlées avec celles du blé , donnent une couleur bleue au pain et rendent son goût désagréable. Elle est connue sous les noms de *blé de vacke*, de *rougeole*, de *queue de renard.*

2447. Mélampyre à crêtes. *Melampyrum cristatum.*

Melampyrum cristatum. Linn. spec. 842. Lam. Dict. 4. p. 19. Fl. dau. t. 1104.

Cette espèce s'élève un peu plus que la précédente ; ses branches sont plus longues et plus étalées ; ses feuilles sont lancéolées , étroites , lisses et très-entières ; ses épis de fleurs sont serrés et embriqués de bractées d'un verd pâle ou jaunâtre ; elles sont dentées et comme ciliées , et enveloppent chacune une fleur dans le pli qu'elles forment : les corolles sont rouges , mais leur limbe , et particulièrement leur lèvre inférieure, est d'une couleur blanche ou jaunâtre. On trouve cette plante dans les prés couverts et dans les bois. ⊙.

2448. Mélampyre des forêts. *Melampyrum nemorosum.*

Melampyrum nemorosum. Linn. spec. 843. Lam. Dict. 4. p. 21. Fl. dan. t. 305. — *Melampyrum violaceum.* Lam. Fl. fr. 2. p. 356.

Sa tige est haute de 5 décim., branchue, étalée et chargée de quelques poils; ses feuilles sont larges et dentées à leur base; elles sont un peu velues et vont en diminuant vers leur sommet, en formant une pointe alongée: ses fleurs sont de couleur jaune, disposées par paires et soutenues par des bractées purpurines ou violettes, profondément dentées ou incisées à leur base; leurs calices sont hérissés de poils blancs. ⊙. Cette plante croît dans les bois montagneux, sur-tout dans ceux de hêtre, aux environs de Grenoble, à la grande Chartreuse, à Saint-Eynard, au Sapey (Vill.); dans les montagnes du Jura.

2449. Mélampyre des prés. *Melampyrum pratense.*

Melampyrum pratense. Linn. spec. 843. Lam. Dict. 4. p. 21.

Sa tige est foible, quarrée, rougeâtre vers le haut, et s'élève jusqu'à 5 décim.; ses branches sont grêles, longues et étalées; ses feuilles sont opposées, sessiles, lisses, lancéolées et distantes; elles sont quelquefois très-entières, mais souvent les supérieures sont garnies de quelques dents à leur base : les fleurs sont grêles, alongées, blanches en leur limbe qui forme deux lèvres à peine ouvertes, assez semblables à la bouche d'un poisson et qui est constamment taché de jaune. ⊙. On trouve cette plante dans les prés couverts et dans les bois. Elle est nommée vulgairement *rougeole.*

2450. Mélampyre des bois. *Melampyrum sylvaticum.*

Melampyrum sylvaticum. Linn. spec. 843. Lam. Dict. 4. p. 22. —Fl. dan. t. 145.

Cette espèce ne diffère de la précédente que par ses fleurs qui sont de moitié plus petites, qui n'ont point le tube de la corolle blanc, et dont le limbe est plus ouvert. ⊙. Elle croît dans les prés et les bois montagneux.

CCCLIII. TOZZIA.   *TOZZIA.*

Tozzia. Mich. Linn. Juss. Lam.

Car. Le calice est tubuleux, court, à cinq dents; la corolle
est tubuleuse, à deux lèvres, à cinq lobes presque égaux; les
étamines sont au nombre de quatre, dont deux plus courtes,
et l'un des lobes de leurs anthères est terminé par une petite
soie comme dans les euphraises; la capsule est sphérique, à
deux valves, à une loge monosperme recouverte par le calice.

Obs. Ce genre rangé parmi les primulacées par Jussieu, en
diffère par sa fleur irrégulière, à quatre étamines; par sa capsule monosperme, etc. Son port et son fruit monosperme et bivalve, le distinguent des pyrénacées, avec lesquelles Adanson l'a-
voit réuni. La structure de ses anthères, observée par Ramond,
le nombre de ses étamines, sa fleur labiée, ses feuilles opposées, m'engagent à le placer à la suite des rhinanthacées, dont
il diffère par sa capsule uniloculaire et monosperme.

2451. Tozzia des Alpes.   *Tozzia Alpina.*

Tozzia Alpina, Linn. spec. 844. Lam. Illustr. t. 522. Jacq.
Austr. t. 165. — Mich. Gen. t. 16.

Une racine tubéreuse et écailleuse à son collet, pousse une
tige foible, glabre, herbacée, tendre, garnie de feuilles opposées, demi-embrassantes, ovales-arrondies, un peu dentées à
la base, marquées de trois à cinq nervures; les rameaux sont
axillaires et opposés; les fleurs jaunes, à-peu-près en forme
d'entonnoir irrégulier, placées aux aisselles des feuilles supérieures, et presque disposées en épis interrompus et feuillés. ♃.
Cette plante est rare; on la trouve dans les bois ombragés des
Alpes; à la grande Chartreuse; au mont Brezon; dans le Jura
au Creux du Vent; au Chasseral (Hall.); à Allevard, à l'Aut-
du-Pont, au Colet, à la Grande-Vache (Vill.); au vallon de
Sainte-Anne, à Pralugnan et au-dessus de Giavenno (All.).

SECOND ORDRE.

OROBANCHÉES.　　　*OROBANCHEÆ.*

Capsule à une loge, à deux valves libres et portant les graines sur leur nervure longitudinale (1).

CCCLIV. OROBANCHE.　　*OROBANCHE.*

Orobanche. Linn. Juss. Lam.

Car. Le calice est fendu en deux parties très-profondes divisées elles-mêmes en deux lobes plus ou moins profonds ; la corolle est à quatre ou cinq lobes disposés en deux lèvres ; les étamines sont au nombre de quatre, épineuses à leur base ; le stigmate est à deux lobes ; on observe une glande en forme de croissant à la base de l'ovaire.

Obs. Toutes les espèces de ce genre ont des écailles scarieuses au lieu de feuilles, et leurs tiges, aussi bien que leurs fleurs, sont jaunâtres ou violettes, souvent pubescentes et d'un aspect de bois mort : elles ont souvent leurs racines adhérentes aux racines des autres plantes, telles que le genêt, le thym, le chanvre ; mais sont-elles réellement parasites ? On peut en douter en voyant que les mêmes espèces sont tantôt libres, tantôt adhérentes, et n'ont jamais qu'une radicule adhérente et huit à dix libres. J'ai tenté de faire pénétrer de l'eau colorée dans les orobanches en la faisant sucer par le genêt, et je n'y ai jamais réussi, tandis que les racines libres de l'orobanche la pompoient sans difficulté. Je soupçonne donc que l'orobanche se fixe aux autres végétaux simplement pour s'y cramponner, non pour en tirer de la nourriture.

§. Ier. *Une bractée sous chaque fleur ; corolle à quatre lobes.*

2452. Orobanche majeure.　　*Orobanche major.*

Orobanche major. Linn. spec. 882. — Lam. Dict. 4. p. 621. Illustr. t. 551. f. 1. non Poll. Lœff. Thuil. — *Orobanche rapum genistæ.* Thuil. Fl. paris. II. 1. p. 317.

Cette espèce se distingue de toutes les autres orobanches d'Eu-

---

rope, à ses étamines absolument glabres même à leur base ; elle a
une tige simple, d'un jaune roux, longue de 5-10 décim., ordinairement renflée et écailleuse à la base ; ses fleurs sont assez
grandes, renflées, pubescentes en dehors, de la couleur de la
tige, à deux lèvres, dont l'inférieure a trois divisions ; celle
du milieu est plus arrondie que les autres : les bractées sont solitaires, à-peu-près de la longueur des fleurs ; le calice est à
deux parties divisées elles-mêmes au-delà du milieu, en deux
lobes pointus et égaux ; le style est pubescent. ♃. Cette plante
croît dans les lieux sablonneux ; elle adhère aux racines des légumineuses ligneuses, et particulièrement du genêt à balai. On
la trouve aux environs de Paris.

2453. Orobanche vulgaire.   *Orobanche vulgaris.*

Orobanche vulgaris. Lam. Dict. 4. p. 621. — *Orobanche major.*
Poll. Pal. n. 600. non Linn. — *Orobanche cariophyllacea.*
Smith. Act. Soc. Linn. 4. p. 169.

Cette espèce ressemble beaucoup à l'orobanche majeure,
avec laquelle plusieurs auteurs l'ont confondue ; elle en diffère
par sa tige plus courte ; par ses fleurs un peu plus grandes,
plus rougeâtres et un peu plus crépues ; par son style glabre ;
par ses étamines cotonneuses à leur base, du côté intérieur ;
par son calice à deux lanières divisées jusqu'au milieu seulement en deux lobes souvent inégaux. ♃. Elle croît dans les
prés secs et sablonneux, aux environs de Paris, etc. Elle fleurit
à l'entrée de l'été.

2454. Orobanche à petite fleur.   *Orobanche minor.*

Orobanche minor. Sutton. Soc. Linn. 4. p. 178. Sm. Fl. brit. 2.
p. 669. — *Orobanche major.* Lœfl. Itin. 151. n. 35. — *Orobanche barbata.* Lam. Dict. 2. p. 621.

Cette espèce ressemble, par son port, aux deux précédentes,
mais elle en diffère sur-tout par la petitesse de sa fleur ; par
son calice à deux parties ordinairement divisées en deux lobes
très-inégaux et acérés ; par sa corolle moins renflée : elle diffère en outre de l'orobanche majeure, par son style glabre et
ses étamines velues à leur base ; la corolle est jaunâtre, pubescente en dehors, et les lobes de sa corolle sont un peu échancrés ; les bractées sont linéaires-lancéolées, velues en dehors,
à-peu-près de la longueur de la fleur. ♃. Elle croît dans les

champs secs et sablonneux, à Fontainebleau près de la Seine. J'en ai des échantillons d'Espagne, du Valais et d'Égypte.

2455. Orobanche élancée.   *Orobanche elatior.*

Orobanche elatior. Sutt. Soc. Linn. 4. p. 178. t. 17. Smith. Fl. brit. 2. p. 669. — *Orobanche amethystea.* Thuil. Fl. paris. II. 1. p. 317.

Cette orobanche ne diffère de la précédente que par ses fleurs un peu plus grandes et de couleur rougeâtre ; par ses bractées moins velues; par ses corolles glabres en dehors, et dont les lobes ne sont point échancrés : elle a le stigmate jaune et non purpurin (Sm.). Elle se trouve dans les bois de Meudon, de Boulogne et de Vincennes près Paris; aux environs de Sorrèze. ♃.

2456. Orobanche du serpollet.   *Orobanche epithymum.*

Cette espèce est de moitié plus petite que les précédentes, d'un jaune roussâtre, et remarquable parce que sa tige, ses bractées et même ses corolles, sont couvertes de poils un peu rougeâtres et légèrement visqueux; son calice se divise en deux parties distinctes divisées elles-mêmes en deux lobes, dont l'un est lancéolé-linéaire, et l'autre trois fois plus court, presque avorté; sa fleur est tubuleuse, à quatre lobes obtus et crenelés; les étamines sont velues à la base; l'ovaire est glabre; le style glabre en dessus. ♃. Elle naît dans les lieux sablonneux et arides, et adhère toujours aux racines du thym serpollet. Elle fleurit au commencement de l'été; je l'ai trouvée à Fontainebleau.

§. II. *Trois bractées sous chaque fleur , dont une adhérente à la tige et deux au calice; corolles à cinq lobes* (1).

2457. Orobanche bleuâtre.   *Orobanche cœrulea.*

Orobanche cœrulea. Vill. Dauph. 2. p. 406. Smith. Engl. Bot. t. 423. — *Orobanche purpurea.* Jacq. Austr. t. 276. — *Orobanche lœvis.* Linn. spec. 881. Lam. Dict. 4. p. 622. — *Orobanche purpurascens.* Gmel. Syst. 954.

Une tige simple, droite, un peu violette, pubescente et haute de 2-3 décim., porte un épi de huit à dix fleurs d'un bleu violet,

---

(1) Ces deux espèces appartiennent probablement au genre phelipæa, Desf. Atl. 2. p. 260.

tubuleuses, plus étroites que dans l'orobanche améthyste, mais non resserrées au-dessus de l'ovaire comme dans l'orobanche rameuse; les bractées sont pubescentes; les calices sont un peu tubuleux, à quatre lobes, et portent à leur base externe deux petites lanières linéaires; les corolles sont pubescentes en dehors, tubuleuses, courbées, à cinq lobes entiers et presque égaux; les étamines sont glabres, le style légèrement pubescent. ♃ (Wild.), ☉ (Lam.). Cette espèce croît au bord des champs, des bois et des prés; on la trouve aux environs de Paris, au parc de Saint-Fargeau et au bois de Vincennes (Thuil.).

2458. Orobanche rameuse.   *Orobanche ramosa.*

Orobanche ramosa. Linn. spec. 882. Lam. Illustr. t. 551. f. 2.
Bull. Herb. t. 399.
β. *Caule simplici.*

Cette espèce est facile à reconnoitre à sa tige presque toujours rameuse, à sa fleur oblongue, petite, bleuâtre ou jaunâtre, resserrée au-dessus de l'ovaire à la fin de la fleuraison, et à cinq lobes; à son calice court, divisé en quatre lobes pointus et muni de deux lanières étroites qui partent de sa base externe. Elle croît dans les terres cultivées, presque toujours parmi le chanvre, aux racines duquel elle est souvent adhérente. Elle fleurit en été. ☉ (Vill.), ♃ (Wild.).

CCCLV. LATHRÉE.   *LATHRÆA.*

Lathræa. Linn. Juss. Lam. — *Clandestina.* Tourn. Lam. —
Squammaria. Riv. Hall.

Car. Le calice est en forme de cloche tubuleuse, à quatre lobes qui n'atteignent pas le milieu : le reste de la structure absolument semblable au genre précédent.

2459. Lathrée clandestine.   *Lathræa clandestina.*

Lathræa clandestina. Linn. spec. 843. Lam. Illustr. t. 551. f. 1.
Clandestina rectiflora. Lam. Fl. fr. 2. p. 328.

Sa tige, que l'on pourroit regarder comme une espèce de racine, se divise en deux ou trois rameaux courts, épais, noueux et embriqués d'écailles très-courtes, serrées et blanchâtres; les fleurs sont les seules parties qui paroissent à découvert, les autres se trouvant enfoncées dans la terre ou cachées sous la mousse qui est ordinairement abondante dans les lieux où se trouve cette plante : ces fleurs sont droites et d'une couleur

bleuâtre ; leur corolle se termine par deux lèvres, dont la supérieure est entière, pointue et rabattue en casque. On trouve
cette plante dans les lieux couverts exposés au froid. ♃.

2460. **Lathrée écailleuse.** *Lathræa squammaria.*

> *Lathræa squammaria.* Linn. spec. 844. Fl. dan. t. 136. Lam.
> Dict. 2. p. 28. — *Clandestina penduliflora.* Lam. Fl. fr. 2. p.
> 329. — *Squammaria orobanche.* Scop. Carn. n. 760.

Sa racine est rameuse, et par-tout couverte d'écailles charnues, serrées et compactes : elle pousse une tige simple, garnie
de quelques écailles distantes, courbée vers son sommet, et souvent terminée par un épi de fleurs blanches ou purpurines qui sont
ordinairement pendantes et de moitié plus petites que dans l'espèce précédente ; leur lèvre inférieure est à trois lobes. ♃. Cette
plante croît dans les lieux froids, humides et couverts.

QUARANTE ET UNIÈME FAMILLE.

ACANTHACÉES. *ACANTHACEÆ.*

> *Acanthi.* Juss. — *Acanthoideæ.* Vent. — *Personatarum gen.*
> Linn. Adans.

LES Acanthacées ont de grands rapports avec la famille
précédente, mais elles en diffèrent parce qu'elles sont en général
plus grandes et plus ligneuses, et sur-tout par la structure de
leur fruit : ce fruit est une capsule à deux loges, qui s'ouvre
élastiquement en deux valves ; la cloison qui porte les graines
est opposée aux valves, adhérente avec elles par leur milieu,
et se fend du sommet à la base en deux parties continues aux
valves et munies de quelques filamens crochus, dans les aisselles desquels les semences sont placées ; ces graines n'ont
point de périsperme ; leur radicule est inférieure et leurs cotylédons foliacés.

CCCLVI. ACANTHE. *ACANTHUS.*

> *Acanthus.* Tourn. Linn. Juss. Lam.

CAR. Le calice est à quatre parties inégales presque en forme
de lèvre ; la corolle n'a que la lèvre inférieure qui est grande et
à trois lobes, la supérieure est remplacée par le calice : l'entrée

du tube est garnie de poils; les étamines sont au nombre de quatre, dont deux plus courtes; les anthères sont velues en devant.

2461. Acanthe sans épines.   *Acanthus mollis.*

Acanthus mollis. Linn. spec. 891. Lam. Dict. 1. p. 23. Illustr. t. 55o. f. 2. Sabb. Hort. Rom. t. 13.

Sa tige est droite, simple, ferme, épaisse, haute de 7 décimètres, et garnie, depuis son milieu jusqu'à son sommet, de fleurs blanches un peu jaunâtres; ses feuilles sont amples, molles, sinuées, pinnatifides, lisses, et embrassent la partie inférieure de la tige qui les soutient. ♃. Cette plante croît dans les lieux ombragés et humides des provinces méridionales, aux environs de Draguignan (Gér.); de Nismes, à Salason à gauche près Montpellier (Gou.); à l'isle et aux prés Saint-Germain près Alençon (Ren.)? Elle est connue sous le nom spécial d'*Acanthe* ou de *Brancursine.*

2462. Acanthe épineuse.   *Acanthus spinosus.*

Acanthus spinosus. Linn. spec. 891. Lam. Dict. 1. p. 23. Illustr. t. 55o. f. 1. Sabb. Hort. Rom. 3. t. 14.

Sa tige est haute de 5 décimètres, simple, droite, ferme et terminée par un épi de fleurs blanches ou un peu rougeâtres; ses feuilles sont presque toutes radicales ou occupent seulement la partie inférieure de la tige; elles sont larges, profondément pinnatifides, lisses, luisantes, d'un verd un peu noirâtre et épineuses en leur bord. ♃. Cette plante croît en Provence (Gér.); aux environs de Montpellier (Gou.); de Sorrèze; au bois de la Trappe près Alençon (Ren.)?

QUARANTE-DEUXIÈME FAMILLE.

JASMINÉES. *JASMINEÆ.*

Jasmineæ. Juss. — *Lilaceæ et Jasmineæ.* Vent. — *Sepiariæ.*
Linn. — *Jasminorum gen.* Adans.

LES végétaux, qui composent la famille des Jasminées, sont
des arbres ou des arbrisseaux d'un aspect agréable, à feuilles et
à rameaux ordinairement opposés, à fleurs en corimbe ou en
panicule presque toujours blanches et odorantes; leur calice est
court, tubuleux; leur corolle est tubuleuse, régulière, à quatre
ou cinq lobes (nulle ou polypétale dans le frêne); les étamines
sont le plus souvent au nombre de deux, insérées sur la corolle;
le fruit est tantôt une capsule analogue à celle des Acanthacées,
tantôt un drupe, tantôt une baie; il offre quelquefois deux loges
et deux graines, quelquefois une seule loge à une, deux ou
quatre graines; l'embryon est droit, plane, entouré dans presque
toutes par un périsperme charnu; la radicule est ordinairement
supérieure. Cette famille touche d'un côté aux Acanthacées par
le lilas, qui a une capsule semblable à celle de l'acanthe, de
l'autre aux Pyrénacées par le troëne qui a une baie à quatre
graines; elle a encore quelques rapports plus éloignés avec les
Solanées, les Érables et les Thymélées.

* *Jasminées dont le fruit est une capsule ou une samare*

(*Lilaceæ.* Vent.)

CCCLVII. LILAS. *LILAC.*

Lilac. Tourn. Lam. Juss. — *Syringa.* Linn. non Tourn.

CAR. La corolle est tubuleuse et son limbe a quatre parties;
les étamines sont cachées dans le tube, au nombre de deux
(rarement trois); la capsule est ovale, comprimée, à deux
loges, à deux valves, à deux graines attachées à la partie supérieure de la cloison qui se divise comme dans les acanthacées.

2463. **Lilas commun.** *Lilac vulgaris.*

Lilac vulgaris. Lam. Fl. fr. 2. p. 3o5. Illustr. t. 7. Bull. Herb. t.
265. — *Syringa vulgaris.* Linn. spec. 11. — Duh. Arb. 1. p.
36r. t. 138.
β. *Flore albo.* — *Liliacum alba.* Ren. Fl. orn. p. 100.
γ. *Flore majore, limbo planiusculo.* Lam. Dict. 1. p. 513. —
Liliacum rothomagensis. Ren. Fl. orn. p. 100.

Arbrisseau de 3–4 mètres, dont les feuilles sont opposées, pétiolées, cordiformes, pointues, lisses et très-glabres, et les fleurs
petites, nombreuses et disposées en grappes ; ces fleurs sont d'un
pourpre violet ; leur corolle est infundibuliforme et découpée en
quatre segmens un peu concaves. La variété β se distingue à sa
fleur blanche ; la variété γ, connue sous le nom de *lilas varin*,
a la fleur plus grande, d'un violet plus foncé, et ayant le limbe
un peu plus plane. Cet arbrisseau est originaire d'Orient, mais
il est très-commun et cultivé presque par-tout, à cause de la
beauté de ses fleurs, et sur-tout à cause de leur odeur agréable. ♄.

2464. **Lilas de Perse.** *Lilac Persica.*

Lilac Persica. Lam. Dict. 1. p. 513. — *Syringa Persica.* Linn.
spec. 11.
α. *Integrifolia.* — Mill. Dict. t. 164. f. 1.
β. *Laciniata.* — Mill. Dict. t. 164. f. 2.

Le lilas de Perse est cultivé dans plusieurs jardins ; il exige
plus de chaleur que le précédent, et ne s'élève guère au-delà
d'un mètre de hauteur ; ses feuilles sont lancéolées, entières
dans la variété α, pinnatifides dans la variété β. ♄.

CCCLVIII. **FRÊNE.** *FRAXINUS.*

Fraxinus. Linn. Juss. Lam. —*Fraxinus et Ornus.* Mich. Tourn.

CAR. Les frênes se distinguent à leur fruit qui est une capsule
(*samare*, Gœrtn.) plane, ovale-oblongue, terminée par un
appendice membraneux en forme de langue ; cette capsule ne
renferme qu'une graine, à cause de l'avortement de l'une des
loges.

OBS. Ce genre doit peut-être, selon Jussieu, être rapproché
des érables, quoique ceux-ci soient dépourvus de périsperme.
Ces arbres se ressemblent par leurs feuilles composées et opposées, la disposition de leurs fleurs, leurs fruits munis d'appendices, etc.

§. Ier. *Fleurs sans calice ni corolle, jamais hermaphrodites ; anthères sessiles (Fraxinus.* Tourn.
Ornus. Mich.).

2465. Frêne élevé.   *Fraxinus excelsior.*

> *Fraxinus excelsior.* Linn. spec. 1509. Lam. Dict. 2. p. 544. —
> *Fraxinus apetala.* Lam. Fl. fr. 2. p. 525. — *Ornus.* Mich.
> t. 103.
> β. *Heterophylla.* — *Fraxinus heterophylla.* Vahl. spec. ined.
> p. 53. .

Arbre fort élevé, dont l'écorce est unie et grisâtre, le bois
blanc et les branches opposées ; ses feuilles sont ailées et terminées par une foliole impaire plus grande que les autres ; elles
sont opposées et d'un vert un peu noirâtre en dessus ; les fleurs
sont unisexuelles, toujours dépourvues de pétales et remplacées
par des fruits alongés et très-pointus ; les fleurs mâles ont un petit
calice et trois étamines, selon Hoffman. Dans la var. β, les folioles
inférieures de chaque feuille avortent, et la foliole terminale qui
reste seule acquiert une grandeur considérable ; on le cultive sous
le nom de *frêne à une feuille.* Cet arbre croît dans les terreins
un peu humides. ♄. Son bois sert pour le tour et le charronage ;
son écorce est fébrifuge ; ses feuilles servent à la nourriture des
bestiaux. M. Dureau pense que c'est le frêne élevé, et non le
frêne à fleurs, que les latins désignoient sous le nom d'*Ornus*,
et les grecs sous celui de βυμελια.

§. II. *Fleurs presque toujours hermaphrodites, munies d'un calice et de quatre pétales ; anthères
pédicellées (Ornus.* Dalech. Tourn.).

2466. Frêne à fleurs.   *Fraxinus florifera.*

> *Fraxinus florifera.* Scop. Carn. n. 1250. — *Fraxinus ornus.*
> Linn. spec. 1510. Lam. Dict. 2. p. 547. — *Fraxinus panicu-
> lata.* Mill. Dict. n. 4.
> β. *Fraxinus Theophrasti.* Duh. arb. 1. p. 252. t. 101.

Arbre médiocrement élevé, dont les fleurs disposées en panicule sont très-rarement unisexuelles, toujours munies d'un calice
extrêmement court et d'une corolle à quatre pétales blancs,
linéaires et alongés : les fruits sont plus étroits et plus obtus que
dans le frêne élevé ; les feuilles sont composées de folioles plus
petites, lancéolées, dentées en scie, presque égales entre elles

et

et d'un verd un peu plus roux. La variété β, connue sous les noms de *fréne de Montpellier*, *fréne de Théophraste*, a les folioles plus étroites et les fruits plus larges à la base. ♄. Cet arbre croît dans les forêts sur les collines, en Alsace (Lam.); en Provence (Gér. Gar.); en Piémont (All.). On en tire la manne dans le midi de l'Italie, aussi bien que des *fraxinus rotundifolia* et *parvifolia*, Lam. M. Dureau pense que cette espèce est celle que les latins désignoient sous le nom spécial de *fraxinus*, et les grecs sous celui de μελια.

** *Jasminées dont le fruit est un drupe ou une baie* (*Jasmineæ*. Vent.).

CCCLIX. OLIVIER.   *O L E A*.

Olea. Tourn. Linn. Juss. Lam. Gœrtn.

Car. Le calice est à quatre dents; la corolle a le tube court et le limbe à quatre divisions ovales; les divisions du stigmate sont échancrées; le fruit est un drupe dont le noyau est naturellement à deux loges et à deux graines, quelquefois uniloculaire et monosperme par avortement, comme dans l'olivier d'Europe.

Obs. L'olivier est le seul végétal où l'huile fixe ne soit pas renfermée dans la graine et soit placée autour du noyau.

2467. Olivier d'Europe.   *Olea Europea*.

Olea Europea. Linn. spec. 11. Lam. Dict. 4. p. 537. Illustr. t. 8. f. 2.

α. Silvestris. — Mill. Dict. n. 3.

β. Culta. — *Olea gallica*. Mill. Dict. n. 1.

Arbre de moyenne grandeur, dont la tige est branchue, l'écorce lisse, les feuilles opposées, persistantes, dures, simples, entières, ovales ou lancéolées, vertes et lisses en dessus, blanches et soyeuses en dessous, et dont les fleurs sont disposées en petites grappes ou solitaires aux aisselles des feuilles. La variété *α*, qui est la souche primitive de l'olivier, a la tige basse, les feuilles courtes et obtuses; la variété β, qui est cultivée dans tout le midi de la France pour obtenir l'huile de ses fruits, a les feuilles plus longues et plus lancéolées. Elle présente un grand nombre de sous-variétés, que nous indiquerons succinctement d'après les botanistes habitans du midi.

a. *Olive d'Espagne* (*olea hispanica*, Mill. Dict. n. 2.); se distingue à la grosseur de son fruit qu'on emploie pour confire,

Tome III.   I i

et qui donne une huile amère. Elle est connue sous les noms de *olivier à gros fruit*, *espagnole*, *plan d'eiguières de la grosse espèce*; se cultive à Aix et Marseille. La *coïasse* de Nîmes ne paroît pas en différer.

b. *Olive picholine* ou *saurine* (*olea oblonga*, Gou. Fl. 6.); fruit alongé, ovale-oblong; noyau petit, bombé d'un côté; feuille large : le fruit se confit pour l'usage de la table. — Provence.

c. *Olive pointue* (*olea oblonga atrovirens*, Gar. 335.); fruit oblong, pointu aux deux bouts, d'un rouge foncé à sa maturité, donne une bonne huile. — Provence, Languedoc.

d. *Olive blanche*, ou *vierge* ou *blancane* (*olea alba*, Clus. Hist. 25.); fruit blanchâtre, ovoïde, tronqué, très-petit, presque inutile. —Nice, Provence.

e. *Olive caïanne* ou *aglandeau*; fruit petit, arrondi.

f. *Olive laurinne*; fruit oblong, un peu plus gros que le précédent.

g. *Olive royale* ou *triparde* (*olea regia*, Roz. Dict), ressemble au n°. *a* ; fruit moins gros, très-charnu. — Provence.

h. *Olive amandier* ou *amellon*, *amellingue* (*olea amygdalina*, Gou. Fl. 6.); fruit ovoïde, gros, noirâtre, piqueté, arrondi à la base, pointu au sommet. —Provence, Languedoc.

i. *Olive corniau* ou *cormau*, *courgnale*, *plan de salon* (*olea craniomorpha*, Gou. Fl. 6.); fruit petit, alongé, arqué, noir, pointu, marqué de deux sutures; rameaux pendans. — Provence, Languedoc. Huile fine.

k. *Olive ampoullau* ou *baralengue* (*olea sphærica*, Gou. Fl. 6.); fruit gros, arrondi, semblable d'ailleurs au n°. *n*.

l. *Olive précoce* ou *mourreau*, *mourette*, *négrette*, *mourescale* (*olea præcox*, Gou. Fl. 6.); fruit moyen, arrondi, d'un noir pourpre, porté sur de courts pédicelles. La *morellette* ou *more du Saint-Esprit*, et l'*amande de Castries*, diffèrent peu de cette sous-variété.

m. *Olive verdale*, ou *verdau* ou *pourridale* (*olea viridula*, Gou. Fl. 6.); fruit long-temps verd et jamais bien rouge, ovoïde, tronqué à la base. — Au pont Saint-Esprit, Montpellier, Pezenas.

n. *Olive en bouquets* ou *bouteillau*, *boutiniane*, *ribière*, *rapugete* (*olea racemosa.*, Gou. Fl. 6.); fruit en bouquets, arrondi, noir, à noyau court. — Provence, Languedoc.

o. *Olive marbrée* ou *tiquetée*, *pigale*, *pigan*, *pilage* (*olea variegata*, Gou. Fl. 7.) ; fruit d'abord verd, puis rouge, puis violet foncé, tiqueté de points blancs. — Languedoc.

p. Olive sayerne ou *sagerne*, *salierne* (*olea atro - rubens*, Gou. Fl. 7.) ; fruit d'un noir violet, à écorce glauque, arrondi par le bas, pointu au sommet. — Languedoc.

q. Olive odorante, ou *luquoise* ou *luques* (*olea odorata*, Roz. Dict.) ; fruit très-long, courbé en forme de bateau, rougeâtre, tiqueté de blanc.

On peut consulter, relativement aux diverses variétés et à la culture de cet arbre, Garidel, Gouan, Rozier, Lamarck, Bernard et Amoureux.

CCCLX. PHILARIA. *PHILLYREA.*

Phillyrea. Tourn. Linn. Juss. Lam. Gœrtn.

Car. Le calice est à quatre dents ; la corolle courte, à quatre lobes ; le fruit est une baie à une loge et à une graine (probablement par avortement).

2468. Philaria à large feuille. *Phillyrea latifolia.*

Phillyrea latifolia. Lam. Dict. 2. p. 502. — *Phillyrea latifolia et media.* Linn. spec. 10.

α. Lævis. Ait. Kew. 1. p. 11. — Dub. Arb. t. 125. — Lob. ic. 2. p. 132. f. 2.

β. Spinosa. Mill. Dict. n. 3. — Pluk. t. 310. f. 4.

γ. Obliqua. Ait. Kew. 1. p. 11. — Clus. His.. 1. p. 52.

δ. Ligustrifolia. Mill. Dict. n. 5. — Clus. Hist. 1. p. 52. n. 3. ic.

Arbre moyen, très-branchu, dont l'écorce est cendrée, et dont les feuilles se conservent pendant l'hiver ; ses fleurs sont petites, de couleur verdâtre, et sont ramassées par petits bouquets dans les aisselles des feuilles. On en distingue plusieurs variétés ; la première a les feuilles ovales, planes, ordinairement dentées en scie ; la seconde a des feuilles ovales-oblongues, pointues, planes et dentées en scie ; dans la troisième, elles sont lancéolées-oblongues, pointues, dentées en scie et tordues obliquement ; la quatrième porte des feuilles oblongues-lancéolées, tantôt entières, tantôt dentées en scie. Dans toutes ces variétés, les feuilles sont dures, assez luisantes et très-glabres. Cet arbre croît dans les provinces méridionales, et se retrouve aux environs de Nantes (Bon.). ♄.

2469. Philaria à feuille   *Phillyrea angustifolia.*
étroite.

Phillyrea angustifolia. Linn. spec. 10. Lam. Dict. 2. p. 502.
Illustr. t. 8. f. 3.

Cette espèce s'élève un peu moins que la précédente, avec
laquelle elle a beaucoup de rapport, mais elle en diffère fortement par la forme de ses feuilles qui sont longues de 5 centimètres, larges à peine de 9 millim., et dont les bords sont
toujours entiers et sans dentelures. On la trouve dans les provinces méridionales et dans l'Ouest, jusqu'aux environs de
Nantes (Bon.). ♄.

C C C L X I. JASMIN.   *J A S M I N U M.*

Jasminum. Tourn. Linn. Juss. Lam.

Car. Le calice est à cinq lobes ; la corolle est tubuleuse et a
le limbe plane, à cinq divisions obliques ; le fruit est une baie
à deux loges et à deux graines, ou quelquefois uniloculaire et
monosperme par avortement ; les semences sont revêtues d'une
arille.

2470. Jasmin commun.   *Jasminum officinale.*

Jasminum officinale. Linn. spec. 9. Lam. Dict. 3. p. 217. Illustr.
t. 7. f. 1. Bull. Herb. t. 231. — *Jasminum vulgatius.* Lam. Fl.
fr. 2. p. 306.

Arbrisseau sarmenteux, s'élevant à la hauteur de 2-3 mètres,
et produisant beaucoup de rameaux verds, longs, déliés et
flexibles ; ses feuilles sont opposées, profondément pinnatifides,
avec un lobe impair plus grand que les autres ; ses fleurs sont de
couleur blanche, disposées aux extrémités des rameaux, et garnies d'un calice court dont les divisions sont capillaires : ses fruits
ne mûrissent pas dans notre climat, quoiqu'il y végète fort bien.
Cet arbrisseau est originaire du Malabar, mais l'odeur suave de
ses fleurs le fait cultiver par-tout. ♄.

2471. Jasmin arbuste.   *Jasminum fruticans.*

Jasminum fruticans. Linn. spec. 9. Lam. Dict. 3. p. 218. — Lob.
ic. 2. p. 52. f. 1.

Sa tige s'élève jusqu'à deux mètres, et fournit beaucoup de
rameaux verds, anguleux et flexibles ; ses feuilles sont alternes,
assez petites, nombreuses, très-glabres, la plupart à trois lobes,
mais simples aux extrémités des rameaux ; ses fleurs sont jaunes,
presque inodores et terminales ; les baies sont d'un pourpre
noir. On trouve cette espèce dans les haies et sur le bord des

vignes, dans les provinces méridionales. ♄. Cet arbrisseau est
cultivé comme ornement dans la plupart des jardins, et supporte bien l'hiver du nord de la France.

CCCLXII. TROÈNE. *LIGUSTRUM.*

Ligustrum. Tourn. Linn. Juss. Lam. Gœrtn.

CAR. Le calice est à quatre dents; la corolle a un tube court,
un limbe à quatre lobes; la baie est à deux loges, à quatre
graines (quelquefois deux par avortement).

2472. Troène commun. *Ligustrum vulgare.*

Ligustrum vulgare. Linn. spec. 10. Lam. Illustr. t. 7. Bull. Herb.
t. 295.
β. *Latifolium.*

Arbrisseau d'environ 2 mètres, dont l'écorce est cendrée, les
rameaux flexibles et les feuilles simples, ovales-lancéolées, entières, très-glabres, lisses, opposées et portées sur de courts
pétioles; elles persistent dans les hivers doux : les fleurs disposées en grappes, sont de couleur blanche; il leur succède des
baies rondes, lisses, noires dans leur maturité. Il est commun
dans les haies et les bois. ♄. On le cultive en palissade dans
les jardins; ses feuilles et ses fleurs sont détersives et astringentes. Il est connu dans les environs de Genève, sous le nom de
frésillon..

QUARANTE-TROISIÈME FAMILLE.

PYRÉNACÉES. *PYRENACEÆ.*

Vitices. Juss. — *Pyrenaceæ.* Vent. — *Personatarum gen.* Linn.
— *Verbenæ.* Adans.

CETTE famille renferme un grand nombre de végétaux exotiques, mais n'offre qu'un petit nombre d'espèces d'Europe; elle
fait le passage naturel, soit par son port, soit par ses caractères,
entre les Jasminées et les Labiées; elle offre en effet des arbrisseaux et des herbes à tiges tantôt cylindrique, tantôt quadrangulaire, à feuilles opposées, à fleurs disposées en corimbe ou en
épi, munies d'un calice persistant, d'une corolle tubuleuse et
ordinairement irrégulière; les étamines sont le plus souvent au
nombre de quatre, dont deux plus courtes; le fruit est un

péricarpe charnu à un ou quatre osselets monospermes. Dans quelques genres, tel que la verveine, les graines sont presque nues et entourées d'un tissu utriculaire, ce qui les rapproche des Labiées ; l'embryon est droit, la radicule inférieure, le périsperme nul.

CCCLXIII. GATILIER. *VITEX.*

Vitex. Tourn. Linn. Juss. Lam. Gœrtn.

Car. Le calice est à cinq dents ; la corolle a un tube grêle, un limbe à cinq ou six lobes inégaux, à-peu-près disposés comme deux lèvres ; le fruit est un drupe mou contenant un osselet à quatre loges, à quatre graines.

Obs. Les gatiliers sont des arbrisseaux à feuilles digitées, à fleurs verticillées en panicule.

2473. Gatilier agneau-chaste. *Vitex agnus-castus.*

Vitex agnus-castus. Linn. spec. 890. Lam. Dict. 2. p. 611. Illustr. t. 541. f. 1. — *Vitex verticillata.* Lam. Fl. fr. 2. p. 363. — Duh. Arb. 2. p. 358. t. 105.

L'*agneau-chaste* ou l'*arbre au poivre*, est un arbrisseau dont le tronc droit, nu, s'élève à la hauteur d'un mètre et demi, et produit à son sommet beaucoup de rameaux foibles, plians et blanchâtres ; ses feuilles sont opposées, pétiolées, digitées et imitent en quelque façon celle du chanvre ; les folioles, ordinairement au nombre de cinq, sont lancéolées, pointues, très-entières ou dentées dans une variété, vertes en dessus, blanches et cotonneuses en dessous : les fleurs terminent les rameaux et sont disposées en épis verticillés ; elles sont d'une couleur violette ou purpurine, ou quelquefois blanche : leur calice est court et blanchâtre ; les étamines sont saillantes hors de la corolle. On trouve cet arbrisseau dans les lieux humides des provinces méridionales. ♭. Il est odorant dans toutes ses parties.

CCCLXIV. VERVEINE. *VERBENA.*

Verbena. Tourn. Linn. Juss. Lam. Gœrtn.

Car. Le calice est à cinq dents, dont une comme tronquée ; la corolle est courbée en forme d'entonnoir, à cinq lobes irréguliers ; les étamines sont renfermées dans le tube, au nombre de quatre, dont deux plus courtes ; les graines, au nombre de quatre, sont entourées, sur-tout avant la maturité, par un tissu un peu charnu.

Obs. Ce genre, placé par Lamarck dans les Labiées, et par

Jussieu dans les Pyrénacées , établit la liaison naturelle de ces
deux familles.

2474. Verveine officinale. *Verbena officinalis.*

> *Verbena officinalis.* Linn. spec. 29. Lam. Illustr. t. 17. f. 1. Fl.
> dan. t. 628. Bull. Herb. t. 215.

Sa tige est droite, haute de 6 déc. , dure, quadrangulaire , quelquefois simple , mais plus souvent branchue dans sa partie supérieure ; ses feuilles sont opposées, un peu ridées , profondément
découpées , sur-tout à leur base : les fleurs sont petites , d'un
blanc violet , et disposées sur des épis longs et filiformes. Cette
plante est commune sur les bords des chemins et contre les haies
des villages. ♂ selon Gérard , ☉ selon la plupart des auteurs.
Elle étoit appelée *herba sacra* par les anciens , parce qu'elle ser-
voit à nettoyer l'autel pour les sacrifices.

2475. Verveine couchée. *Verbena supina.*

> *Verbena supina.* Linn. spec. 29. Lam. Fl. fr. 2. p. 363. — Clus.
> Hist. 2. p. 46. f. 1.

Cette plante est plus petite que la précédente , avec laquelle
néanmoins elle a beaucoup de rapport ; ses tiges sont grèles ,
très-branchues , étalées sur la terre et presque diffuses ; ses
feuilles sont petites , d'un verd blanchâtre et découpées très-
menu , et ses fleurs sont bleuâtres , disposées sur des épis filiformes. On la trouve dans les lieux stériles de la Provence , le
long des chemins et des champs (Gar.). ☉.

QUARANTE-QUATRIÈME FAMILLE.

LABIÉES. *LABIATÆ.*

> *Labiatæ.* Tourn. Adans. Juss. — *Verticillatæ.* Linn. — *Gymno-
> tetraspermæ.* Herm.

LES Labiées constituent l'un des grouppes les plus naturels que
la nature nous présente parmi les végétaux ; elles nous offrent toutes
une saveur forte et amère , et une odeur aromatique qui , quoique
agréable dans les unes et fétide dans les autres , paroit cependant
tenir dans toutes au même principe ; leur surface est parsemée
de glandes vésiculaires qui suintent une huile essentielle ; cette
huile rassemblée en grande masse , laisse déposer des cristaux de

camphre; c'est elle qui s'élevant dans la distillation, aromatise les eaux distillées de Labiées, et qui diversement mêlée avec le principe amer, donne à ces plantes leurs qualités toniques et stimulantes.

Les Labiées sont des herbes ou des sous-arbrisseaux à racine fibreuse, à tige tétragone, à rameaux opposés, à feuilles toujours simples et opposées, ordinairement crénelées; les fleurs naissent toujours aux aisselles des feuilles, tantôt solitaires, et alors on les dit axillaires; tantôt en petites grappes lâches, et on les nomme paniculées; tantôt en touffes serrées, et on les appelle verticillées : quelquefois les feuilles florales conservent leur grandeur naturelle, quelquefois elles deviennent si petites que les verticilles paroissent nus, et alors on dit que les fleurs sont en épis ou en têtes terminales : ces fleurs sont souvent entourées de bractées particulières; mais on donne souvent, par abus, le nom de bractées à des feuilles florales dont la forme diffère des autres. Chaque fleur est composée d'un calice persistant, tubuleux, à cinq dents égales ou à deux lèvres; d'une corolle tubuleuse, irrégulière, à cinq divisions, dont deux forment la lèvre supérieure, et les trois autres la lèvre inférieure; de quatre étamines insérées sur la corolle, dont deux plus courtes ou quelquefois même avortées : l'ovaire est libre, simple, à quatre lobes, d'entre lesquels s'élève un style simple terminé par deux stigmates pointus ; le fruit est composé de quatre cariopses arrondis ou anguleux, situés au fond du calice, souvent protégés par des poils pendant la maturation, attachés par leur base à un placenta commun, ordinairement secs et semblables à des graines, rarement pulpeux à l'extérieur (*prasium*); chacun d'eux renferme une graine sans périsperme, à embryon droit, à radicule inférieure, à cotylédons planes.

Les Labiées se ressemblent tellement, que leurs genres sont établis sur des caractères de peu d'importance, et doivent la plupart subir une réforme; nous n'avons pas osé la tenter, et nous présentons ici ces plantes disposées dans l'ordre admis par la généralité des botanistes.

* Deux étamines fertiles.

CCCLXV. LYCOPE.   *LYCOPUS.*

Lycopus. Tourn. Linn. Juss. Lam.

Car. Le calice est tubuleux, nu pendant la maturation, à

cinq lobes; la corolle est tubuleuse, à quatre lobes égaux, dont le supérieur est échancré; les étamines fertiles sont au nombre de deux.

Obs. Les lycopes ne diffèrent des menthes que parce qu'ils ont deux étamines qui avortent.

2476. Lycope Européen. *Lycopus Europœus.*

Lycopus Europœus. Linn. spec. 30. — *Lycopus palustris.* Lam. Fl. fr. 2. p. 430. Illustr. t. 18.
β. *Incanus.* — C. Bauh. Prodr. p. 110. Tourn. Inst. 191.

Sa tige est droite, haute de 3-4 décim.; ses feuilles sont ovales-oblongues, pointues, fortement sinuées ou dentées, surtout vers la base, un peu rétrécies en pétiole, ponctuées en dessous. La var. α, qui est la plus commune, est entièrement glabre; la variété β, qu'on trouve dans les lieux moins humides, est un peu cotonneuse; les fleurs sont blanches, marquées de petits points rougâtres, disposées en verticilles serrés et axillaires. ♃. On trouve cette plante dans les marais et les lieux sujets aux inondations. Elle est astringente et peut servir dans la médecine pour arrêter la dysenterie, et dans les arts pour la teinture en noir. On la connoît sous les noms de *pied de loup*, de *marrube d'eau*.

2477. Lycope élevé. *Lycopus exaltatus.*

Lycopus exaltatus. Linn. f. suppl. 87. Bell. Act. Tur. 5. p. 211. — Pluk. t. 45. f. 1.
β. *Incanus.* — Barr. Ic. 154. n. 251.

Cette plante diffère de la précédente parce qu'elle s'élève jusqu'à 1-2 mètres, et que ses feuilles sont profondément divisées en lobes disposés comme les folioles des feuilles pennées; elle n'en est peut-être qu'une variété, comme le pensent la plupart des auteurs : Bellardi assure cependant qu'elle conserve ses caractères, soit lorsqu'elle est cultivée, soit lorsqu'elle est née de graines. ♃. Elle croît dans les lieux humides du midi de la France, à Sorrèze; à Alexandrie, à Asti, et ailleurs dans le Piémont (Bell.).

CCCLXVI. CUNILE. *CUNILA.*

Cunila. Linn. Juss. Lam.

Car. Le calice est cylindrique, à dix stries, à cinq dents, fermé par des poils pendant la maturation des graines; la corolle est à deux lèvres distinctes; les étamines fertiles sont au nombre de deux.

Obs. Ce genre paroît composé d'espèces hétérogènes, réunies seulement par un caractère de peu d'importance, savoir l'avortement de deux étamines.

2478. Cunile faux-thym. *Cunila thymoides.*

Cunila thymoides. Linn. spec. 31. Lam. Illustr. n. 272. — *Thymus pulegioides.* Linn. spec. ed. 1. p. 592. — Moris. 3. s. 11. t. 19. f. 6.

Sa tige est haute de 12-15 centim., droite, carrée et un peu branchue ; ses feuilles sont opposées, ovales, obtuses, glabres et striées en dessous ; ses fleurs sont petites, d'un blanc rougeâtre, portées sur de courts pédoncules et disposées par verticilles axillaires, qui occupent presque toute la longueur de la tige. Cette plante a beaucoup de rapport avec les mélisses, dont elle ne diffère que par ses étamines qui sont au nombre de deux ; les deux autres se trouvant avortées ou imparfaites. Elle croît dans les provinces méridionales, à Prades et à la source du Lez, près Montpellier (Gou.). ☉.

CCCLXVII. ROMARIN. *ROSMARINUS.*

Rosmarinus. Tourn. Linn. Juss. Lam.

Car. Le calice est comprimé au sommet, nu à son entrée pendant la maturation, à deux lèvres, dont la supérieure entière et l'inférieure à deux lobes ; les étamines fertiles sont au nombre de deux.

2479. Romarin officinal. *Rosmarinus officinalis.*

Rosmarinus officinalis. Linn. spec. 33. Lam. Illustr. n. 281. t. 19.
α. *Latifolia.* Mill. Dict. n. 2.
β. *Angustifolia.* Mill. Dict. n. 1.

Arbrisseau de 1-2 mètres, dont les rameaux sont longs, grêles et d'une couleur cendrée ; ses feuilles sont étroites, linéaires, un peu dures, vertes en dessus et aromatiques ; elles sont un peu larges, vertes en dessous et à peine repliées sur les bords dans la variété α, qui est la souche sauvage, plus étroites, blanches en dessous et repliées sur les bords dans la variété β, cultivée dans les jardins ; ses fleurs sont axillaires, disposées plusieurs ensemble sur le même pédicelle, d'un bleu pâle ou blanches avec des points bleuâtres. ♭. Il croît dans les provinces méridionales ; on le cultive dans les jardins à cause de son odeur. C'est cette plante qui fournit, par la distillation, la liqueur improprement nommée *eau de la reine d'Hongrie.*

CCCLXVIII. SAUGE.   *SALVIA.*

Salvia. Linn. Juss. Lam. — *Salvia, Sclarea et Horminum.*
Tourn. Mill. — *Salvia, Sclarea, Horminum, Schraderia et
Jungia.* Mœnch.

Car. Le calice est en cloche, nu pendant la maturation, à
deux lèvres, dont la supérieure a trois dents, et l'inférieure a
deux lobes; la corolle est à deux lèvres; les filamens des étamines sont portés en travers sur un pivot (1) qui naît du fond de la
corolle; ils portent à l'une de leurs extrémités une anthère fertile, à une loge, et à l'autre une seconde loge avortée; on
trouve au fond de la corolle deux rudimens d'étamines avortées.

§. 1ᵉʳ. *Filamens des étamines insérés sur leur pivot
par le milieu de leur longueur (Salvia, Tourn.).*

2480. Sauge officinale.   *Salvia officinalis.*

Salvia officinalis. Linn. spec. 34. Lam. Illustr. n. 285. t. 20. f. 1.
— Blakw. t. 10.
β. *Minor.* — Blackw. t. 71.

La tige de cette plante est une souche ligneuse, qui pousse
beaucoup de rameaux droits, velus, blanchâtres, un peu carrés
et hauts de 6 déc. à-peu-près; ces rameaux sont garnis de feuilles
légèrement crénelées, elliptiques, lancéolées, finement ridées ou
chagrinées, portées sur d'assez longs pétioles, et sèches ou peu
succulentes; elles sont quelquefois panachées de différentes
couleurs, ce qui forme des variétés très-agréables. La variété β
diffère par sa grandeur, qui est ordinairement moins considérable, et par ses feuilles qui sont un peu plus étroites, et qui
ont quelquefois une ou deux oreillettes à leur base : les fleurs
sont disposées en épi lâche et terminal; elles sont d'un bleu
rougeâtre; leur calice est souvent coloré et découpé en cinq
dents aiguës. ♃. On trouve cette plante dans les provinces méridionales, on la cultive dans les jardins pour ses bonnes qualités; elle est tonique, céphalique, cordiale, stomachique,
astringente.

---

(1) La partie que nous nommons ici *pivot*, avec la généralité des auteurs,
doit être regardée comme le véritable filet; l'organe auquel nous avons
donné ce nom est une partie de l'anthère, dont les deux loges sont très-
distinctes et séparées par une espèce de prolongement filiforme.

§. II. *Lèvre supérieure de la corolle comprimée*
(*Sclarea* , Tourn.).

2481. Sauge des prés. *Salvia pratensis.*

> *Salvia pratensis.* Linn. spec. 35. Lam. Fl. fr. 2. p. 426. Bull.
> Herb. t. 357. — *Sclarea pratensis*. Mill. Dict. n. 4. — Cam.
> Epit. 629. ic.
> β. *Foliis incisis*. Vaill. Bot. 180. — *Salvia agrestis*. Linn.
> Amœn. 3. p. 399.

Sa tige est haute de 3-6 décim. , velue, carrée , peu garnie
de feuilles et souvent simple ; ses feuilles radicales sont nombreuses, couchées sur la terre , pétiolées , ovales - oblongues ,
cordiformes à leur base , très-ridées et crénelées en leur bord ;
celles de la variété β sont sinuées et presque pinnatifides : les
feuilles de la tige sont sessiles ou embrassantes et pointues ;
les fleurs sont fort grandes , ordinairement de couleur bleue , au
nombre de cinq à six par verticille , et disposées en un bel épi
alongé et terminal : la lèvre supérieure de la corolle est en faucille et laisse paroître le style , qui forme à son extrémité une
grande saillie. On trouve cette plante dans les prés et dans les
lieux secs. ⚥.

2482. Sauge sauvage. *Salvia sylvestris.*

> *Salvia sylvestris*. Linn. spec. 34. Lam. Illustr. n. 290. Jacq.
> Austr. t. 212. — *Sclarea sylvestris*. Mill. Dict. n. 7.

Cette espèce s'élève un peu plus que la précédente ; sa tige
est branchue , pubescente et quadrangulaire ; ses feuilles inférieures sont grandes , pétiolées , un peu en cœur à leur base ,
lancéolées , pointues , crénelées , vertes , tachées de blanc en
dessus et pubescentes en dessous ; les fleurs forment des épis
grèles et assez longs ; elles sont au nombre de six par verticille ;
leurs pédoncules propres sont courts et chargés d'un coton très-
blanc : la lèvre supérieure de la corolle est velue. ⚥. Cette plante
croît dans les provinces méridionales , sur le bord des champs ,
dans les vignes. Elle est assez rare. On la distingue de la
salvia nemorosa, à ses poils épars et non cotonneux : cette dernière , originaire d'Allemagne , n'a pas encore , à ma connoissance , été trouvée en France.

2483. Sauge sclarée. *Salvia sclarea.*

> *Salvia sclarea*. Linn. spec. 38. Lam. Fl. fr. 2. p. 425. — *Sclarea
> vulgaris*. Mill. Dict. n. 1. — Lob. ic. 556. f. 2.

Sa tige est haute de 6-9 décim. , droite , épaisse , carrée , velue et rameuse; ses feuilles sont grandes, pétiolées, cordiformes, très-ridées et légèrement crénelées en leur bord : les fleurs sont bleuâtres, disposées en épi garni de bractées concaves, dont les supérieures ont une couleur violette; les divisions du calice sont terminées chacune par une pointe dure et acérée. Cette plante croît dans les provinces méridionales. ♂. Son odeur est forte et presque désagréable; son suc produit une espèce d'ivresse qui tient un peu du spasme. Elle est stimulante, résolutive, sternutatoire, stomachique, anti-hystérique, et sur-tout anti-ulcéreuse. On la nomme *orvale*, *sclarée*, *toute-bonne*.

2484. **Sauge glutineuse.** *Salvia glutinosa.*

Salvia glutinosa. Linn. spec. 37. Lam. Fl. fr. 2. p. 427. — *Sclarea glutinosa.* Mill. Dict. n. 11.—Lob. ic. 557. f. 1. 2.

Ses tiges sont droites, à quatre angles obtus, un peu velues et hautes de 3-6 déc.; ses feuilles sont grandes, toutes pétiolées, cordiformes, à-peu-près en fer de flèche, dentées, pointues, presque glabres et glutineuses; les fleurs sont grandes, d'un jaune sale et au nombre de six ou sept par verticille; elles sont couvertes d'une humeur visqueuse et collante : la lèvre supérieure de leur corolle est en faucille, fort écartée de l'inférieure; les étamines sont très-longues et saillantes. Cette plante est commune dans les pâturages montagneux de l'Alsace, du Piémont, de la Provence, du Dauphiné, de la Savoie; à l'Esperou près Montpellier (Gou.); au bois de la Batie près Genève. ♃.

2485. **Sauge éthiopienne.** *Salvia œthiopis.*

Salvia œthiopis. Linn. spec. 39. Lam. Fl. fr. 2. p. 427. Jacq. Austr. t. 211. — *Sclarea œthiopis.* Mill. Dict. n. 2. — *Sclarea lanata.* Mœnch. Meth. 374.
β. *Laciniata.* — Barr. Rar. 24. t. 188.

Sa tige est haute de 5 décim., cotonneuse, très-branchue et presque paniculée dans sa partie supérieure; ses feuilles sont très-grandes, pétiolées, ovales-oblongues, sinuées, dentées et cotonneuses, sur-tout dans leur jeunesse : celles de la variété β ont des sinuosités très-profondes; les fleurs sont ordinairement de couleur blanche; leurs verticilles sont un peu écartés et garnis chacun de deux bractées qui forment une espèce de collerette concave; les calices sont enveloppés d'un coton très-blanc, et leurs divisions sont épineuses; les pointes des bractées sont de même épineuses et recourbées vers la terre. ♂. Cette plante croît près des habitations, dans les lieux secs et exposés au soleil, des provinces méridionales; en Piémont près Fenestrelle

et Sospella , au mont Genèvre , dans les vallées de Bardonache
et de Maurienne (All.) ; en Provence (Gér.) , à Sambuc, Vau-
venargues , Jouques , Rians , Rougnes (Gar.) ; en Dauphiné à
Charance , Nions , Die , Briançon , Aurel , etc. (Vill.) ; près
Montpellier à Meyrueys et Campestre (Gou.) ; à Clermont et
Riom , au bord des vignes (Delarb.) ; à Semur (Dur.).

§. III. *Lèvre supérieure de la corolle concave non
comprimée (Horminum , Tourn. non Linn.).*

2486. Sauge hormin.   *Salvia horminum.*

> *Salvia horminum.* Linn. spec. 34. Lam. Illustr. n. 292. — Lob.
> ic. t. 555. f. 2. — *Horminum sativum.* Mill. Dict. n. 5. — *Hor-*
> *minum coloratum.* Mœnch. Meth. 376.
> α. *Comâ violaceâ.* — Buxb. Cent. 4. p. 24. t. 39. f. 2. — *Salvia*
> *colorata.* Thore. Chl. Land. 17.
> β. *Comâ rubrâ.* — Riv. Monop. t. 59. f. 2.

Cette espèce se distingue , dès le premier coup-d'œil , à ses
bractées supérieures qui sont foliacées , stériles , plus grandes
que les autres , toujours colorées en violet dans la variété α , en
rouge vif dans la variété β : on la reconnoît encore à son style
qui est plus long que la lèvre supérieure , mais qui se réfléchit
sur lui-même vers son sommet. Cette plante est légèrement
velue , droite , rameuse , munie de feuilles oblongues , obtuses , crénelées , et dont les inférieures sont pétiolées ; les
verticilles sont composés de cinq à six fleurs dont les calices se
penchent en bas après la fleuraison ; la fleur est blanchâtre ,
tachée de violet dans la variété α , de rouge dans la var. β. ☉.
Cette plante croit le long des champs , aux environs de Nice et
dans les vallées du Piémont (All.). On la nomme *Hormin ,*
prudhomme.

2487. Sauge verte.   *Salvia viridis.*

> *Salvia viridis.* Linn. spec. 34. Lam. Illustr. n. 293. Jacq. Icon.
> Rar. 1. t. 4. Desf. Atl. 1. p. 20. t. 1. — *Horminum viride.*
> Mœnch. Meth. 377.

Cette espèce diffère de la sauge hormin , par ses bractées
supérieures qui sont vertes , non réellement stériles , et qui ne
dépassent pas la grandeur des autres , et par son style plus court
que la lèvre supérieure de la corolle. ☉. Elle croit dans les
champs aux environs d'Oneille (All.) ; au bord des fossés du
château de Caën (Rous.) ?

2488. **Sauge verveine.**   *Salvia verbenaca.*

> *Salvia verbenaca.* Linn. spec. 35. Lam. Fl. fr. 2. p. 429. Berg.
> Phyton. 2. p. 99. ic. — *Salvia horminoides.* Pourr. Act. Ac.
> Toul. 3. p. 327. — *Horminum verbenaceum.* Mill. Dict. n. 1.
> α. *Angustifolia.* — Triumf. Obs. 66. ic.
> β. *Incisa.* — Barrel. ic. t. 208. — *Salvia clandestina.* Vill.
> Dauph. 2. p. 404 ?
> γ. *Subscabra.* — Barr. ic. t. 207.

Sa racine est longue, fibreuse, et pousse une ou deux tiges
grêles, un peu velues, presque simples, et hautes de 5 décim.;
les feuilles sont pétiolées, oblongues, assez glabres, veinées en
dessous, obtuses à leur sommet, fortement crénelées en leur
bord, et même un peu sinuées à leur base; elles sont presque
pinnatifides dans la variété β : les fleurs sont fort petites, à peine
pédonculées, et forment un épi très-menu; elles sont d'une
couleur bleue, et leurs verticilles sont un peu écartés. Cette
plante croît dans les prés secs et montagneux. ♃. M. Lamarck
possède un échantillon de la variété β, recueilli à Nions en Dauphiné, et envoyé par Liottard sous le nom de *salvia clandestina.* Cette plante diffère de la vraie sauge clandestine par ses
feuilles et sa tige presque glabres.

2489. **Sauge verticillée.**   *Salvia verticillata.*

> *Salvia verticillata.* Linn. spec. 37. Lam. Fl. fr. 2. p. 425. —
> *Horminum verticillatum.* Mill. Dict. n. 3. — Riv. Monop.
> t. 60.
> β. *Salvia napifolia.* Jacq. Hort. Vind. t. 152.

Ses tiges sont hautes de 5 décim., quadrangulaires, velues et
branchues; ses feuilles sont pétiolées, cordiformes, pointues,
un peu sagittées, dentées, molles et chargées de poils blancs;
les inférieures ont leur pétiole garni d'une couple d'oreillettes
très-voisines de la feuille : les fleurs sont petites, de couleur
bleue, pédonculées et très-nombreuses à chaque verticille; elles
ont leur style alongé, bifurqué et incliné vers la lèvre inférieure de la corolle. La variété β ne diffère de la précédente
que parce qu'elle est plus grande, et que ses feuilles inférieures
portent plusieurs oreillettes sur leur pétiole. ⊙. Elle croît dans
les lieux secs, sur le bord des champs et des chemins; à Semur
(Dur.); en Alsace (Map.); aux environs de Turin, d'Aix,
de Sospello (All.); de Sorrèze; de Nantes (Bon.); à Bernier
au-dessus d'Evian en Savoie : on la trouve à Gentilly et Arcueil
près Paris, mais elle y a été probablement semée.

2490. Sauge d'Espagne.   *Salvia Hispanica.*

Salvia Hispanica. Linn. spec. 37. Lam. Illustr. n. 310. t. 20.
f. 2. Ard. spec. 10. t. 2. — *Salvia tetragona.* Mœnch. Meth.
373.

Sa tige est droite, pubescente, à quatre angles obtus , à quatre
sillons , divisée en rameaux opposés ; les feuilles sont ovales ,
pointues , pétiolées , un peu dentées en scie , pubescentes en
dessous ; les fleurs sont disposées en épi tétragone et embriqué ;
les bractées sont ovales , ciliées , de la longueur du calice ; ceux-
ci sont pubescens , à trois dents pointues : les fleurs sont d'un
bleu vif , assez petites. ☉. Cette plante croît à Oneille parmi
les oliviers (All.).

** *Quatre étamines fertiles.*

CCCLXIX. BUGLE.   *AJUGA.*

Ajuga. Schreb. Sm. — *Ajuga et Teucrii sp.* Linn. — *Bugula,*
Scop. All. — *Bugula et Chamœpitys.* Tourn.

Car. Le calice est nu pendant la maturation , à cinq lobes
presque égaux ; la corolle est à deux lèvres ; la supérieure très-
petite , à deux dents ; l'inférieure très-grande , à trois lobes ,
dont celui du milieu est grand , en forme de cœur renversé : les
cariopses sont réticulés par des rides proéminentes.

§. Ier. *Plusieurs fleurs à l'aisselle de chaque feuille*
florale (Bugula , Tourn.).

2491. Bugle rampante.   *Ajuga reptans.*

Ajuga reptans. Linn. spec. 785. Bull. Herb. t. 345. Lam. Dict.
1. p. 501. Illustr. t. 501. f. 2. — *Bugula reptans.* Lam. Fl. fr.
2. p. 415.

Cette espèce se distingue de toutes les autres aux longs rejets
rampans qui partent du collet de sa racine ; sa tige est haute de
15-18 centim. , simple , carrée et ordinairement glabre ; ses
feuilles sont opposées , ovales-oblongues , spatulées , bordées de
quelques dents anguleuses , et rétrécies en pétiole à leur base ;
elles sont rarement velues : les fleurs sont bleues ou rougeâtres ,
ou quelquefois blanches ; elles sont presque sessiles , et leurs
verticilles sont disposés en épi terminal garni de bractées , dont
les supérieures sont souvent colorées en bleu. On trouve cette
plante dans les pâturages humides et dans les bois. ♃. Elle est
très-vulnéraire et un peu astringente.

2492.

2492. Bugle des Alpes. *Ajuga Alpina.*

Ajuga Alpina. Linn. Mant. 80? Lam. Dict. 1. p. 502. Vill.
Dauph. 2. p. 347. non Sm. All.

Cette plante me paroît beaucoup plus voisine de la bugle rampante, que des deux espèces suivantes, et sera peut-être considérée comme une simple variété de la précédente ; elle n'en diffère que par l'absence des rejets rampans : elle s'éloigne de la
bugle pyramidale, parce qu'elle est beaucoup moins velue, que
ses feuilles inférieures sont égales aux supérieures, et que celles-
ci sont entières : ce dernier caractère la distingue aussi de la bugle
de Genève. ♃. Cette espèce croît dans les bois montagneux ; elle
a été observée au Cantal par M. Lamarck ; en Dauphiné par
M. Villars, etc.

2493. Bugle pyramidale. *Ajuga pyramidalis.*

Ajuga pyramidalis. Linn. spec. 785. Vill. Dauph. 2. p. 348.
Lam. Dict. 1. p. 502. All. Ped. n. 156.

Sa racine ne pousse aucuns rejets rampans ; ses feuilles inférieures sont très-grandes, ovales, obtuses, peu velues ; l'épi commence
presque à la base de la plante, ce qui lui donne réellement un
aspect pyramidal ; les feuilles florales sont dentées ou anguleuses ;
les fleurs sont toujours bleues, leur tube est un peu plus long
que dans la bugle rampante ; les deux dents de la lèvre supérieure sont obtuses et non pointues comme dans la bugle
rampante ; la lèvre inférieure est beaucoup plus grande et plus
velue que dans toutes les autres espèces ; elle se divise en trois
lobes, dont deux latéraux, oblongs, et l'intermédiaire échancré
en cœur. ♂. Cette plante est commune dans les prairies et les bois
un peu montagneux.

2494. Bugle de Genève. *Ajuga Genevensis.*

Ajuga Genevensis. Linn. spec. 785. Vill. Dauph. 2. p. 348. —
Bugula Alpina. All. Ped. n. 157.

Cette espèce diffère de la bugle rampante par l'absence des
rejets rampans ; de la bugle des Alpes, par ses feuilles florales
fortement dentées et presque trilobées ; de la bugle pyramidale,
par ses feuilles inférieures qui ne dépassent point les autres en
grandeur : elle est plus cotonneuse que ces trois plantes ; sa fleur
est presque toujours rose ; le tube est plus long proportionnellement au calice ; la lèvre inférieure est à trois lobes, dont celui du
milieu est moins grand que dans la bugle pyramidale ; les deux

Tome III. Kk

dents de la lèvre supérieure sont très-obtuses, à peine visibles ; les graines sont plus ovoïdes que dans la bugle pyramidale. ♃. Cette espèce croît à Vincennes près Paris ; dans les Alpes de Provence et probablement dans les bois un peu montagneux de toute la France.

§. II. *Fleurs solitaires à l'aisselle des feuilles* (*Chamæpitys*, Tourn.).

2495. Bugle faux-pin.   *Ajuga chamæpitys.*

Ajuga chamæpitys. Schreb. unilab. 24. — *Teucrium chamæpitys.*
Linn. spec. 787. Lam. Dict. 2. p. 697. — *Bugula chamæpitys.*
Scop. Carn. n. 718. — Lob. ic. 382. f. 2.

Ses tiges sont hautes de 12–15 centim. , branchues à leur base, velues, rougeâtres, et garnies de feuilles dans toute leur longueur ; les feuilles inférieures sont longues, pétiolées, en forme de spatule, entières ou chargées de quelques dents peu profondes ; toutes les autres sont divisées jusqu'à leur moitié en trois lanières étroites et linéaires : les fleurs sont petites, solitaires dans chaque aisselle, et ont un calice court, un peu renflé à sa base. On trouve cette plante dans les lieux arides et sablonneux. ⊙. Elle a une odeur de résine ; elle passe pour apéritive, nervine, céphalique, très-emménagogue. Elle porte vulgairement le nom d'*ivette*, que je ne lui ai pas conservé afin d'éviter toute confusion avec l'espèce suivante ; elle porte aussi, en Provence, celui de *calapito*.

2496. Bugle musquée.   *Ajuga iva.*

Ajuga iva. Schreb. unilab. 25. — *Teucrium iva.* Linn. spec. 787.
Lam. Dict. 2. p. 698. — *Teucrium moschatum.* Lam. Fl. fr. 2.
p. 409. — *Moscharia asperifolia.* Forsk. AEgipt. 154.

Ses tiges sont longues de 9–12 centim. , velues, diffuses, et la plupart couchées sur la terre ; ses feuilles sont nombreuses, velues, alongées, étroites et terminées par deux ou trois dents ; celles du sommet sont un peu trifides : les fleurs sont assez semblables à celles de l'espèce précédente, par leur forme et leur situation, mais elles sont de couleur pourpre ou rougeâtre. ⊙. On trouve cette plante dans les provinces méridionales, au bord de la mer ; à Narbonne ; en Provence (Gér.), aux environs d'Aix (Gar.) ; à Sellenenve-Colombière (Gou.), et Castelnau près Montpellier (Magn.) ; aux environs de Nice et d'Oneille (All.). Elle a les mêmes vertus que celle qui précède. Elle porte aussi le nom d'*ivette*, d'*ivette musquée*.

CCCLXX. GERMANDRÉE. *TEUCRIUM.*

Teucrium. Schreb. — *Teucrii sp.* Linn. — *Teucrium, Chamœdrys et Polium.* Tourn. Mill. et *Scorodonia.* Mœnch.

CAR. Le calice est en tube ou rarement en cloche, à cinq
lobes; la corolle a un tube court et offre réellement deux lèvres;
la supérieure est très-petite, profondément fendue en deux
dents entre lesquelles sortent les étamines; l'inférieure est étalée, grande, à trois lobes, dont celui du milieu est très-grand;
la corolle semble, au premier coup-d'œil, n'avoir qu'une lèvre
à cinq lobes; les cariopses sont unis et non réticulés.

§. Ier. *Fleurs axillaires; calice en cloche (Teucrium,* Tourn.).

2497. Germandrée ligneuse. *Teucrium fruticans.*

Teucrium fruticans. Linn. spec. 787. Desf. Atl. 2. p. 3. Lam.
Dict. 2. p. 691. — *Teucrium tomentosum.* Mœnch. Meth. 382.
— Dill. Elth. 379. t. 284.
β. *Teucrium latifolium.* Linn. spec. 788.

Cet arbrisseau s'élève à la hauteur de 1-2 mètres; ses jeunes
rameaux sont étalés, couverts d'un duvet blanc, court et serré;
ses feuilles sont ovales, entières, cotonneuses en dessous, portées sur de courts pétioles; les fleurs sont grandes, d'un bleu
pâle et veiné, pédicellées, solitaires à l'aisselle des feuilles supérieures; leur calice est cotonneux, évasé en cloche, à cinq
divisions; le tube est renflé à la partie inférieure; le limbe déjeté de côté, à cinq lobes; les étamines très-saillantes. ♭. Il croît
sur les collines arides de l'isle de Corse.

§. II. *Fleurs axillaires ou en grappes terminales
(Chamœdrys,* Tourn.).

2498. Germandrée botride. *Teucrium botrys.*

Teucrium botrys. Linn. spec. 786. Lam. Dict. 2. p. 696. — *Chamœdrys botrys.* Mœnch. Meth. 383. — Lob. ic. 385. f. 2.

Ses tiges sont hautes d'environ 2 décim., très-branchues et
légèrement chargées de poils; ses feuilles sont pétiolées, pinnatifides et à lobes peu nombreux, découpés ou trifides; les
fleurs sont purpurines, portées sur de courts pédoncules, et
disposées trois ou quatre ensemble dans chaque aisselle. ☉. On
trouve cette plante dans les lieux arides et pierreux; elle est
commune sur le bord de la garenne de Saint-Remi, route

d'Amiens; elle se trouve à Fontainebleau sur le mail d'Henri IV ;
à Sorrèze et dans presque toute la France. On la nomme vulgairement *germandrée femelle*.

2499. Germandrée fausse-   *Teucrium pseudo-*
ivette.   *chamæpitys.*

Teucrium pseudo-chamæpitys. Linn. spec. 787. Lam. Dict. 2.
p. 698. — Lob. ic. 385. f. 1. — Dod. Pempt. 47. ic.
β. *Teucrium mauritanicum.* Linn. spec. 787. ex Desf. Atl. 2. p. 2.

Ses tiges sont hautes de 9-12 cent., velues et branchues à leur
base; ses feuilles sont velues, toutes profondément trifurquées ;
leurs découpures sont linéaires et remarquables par un sillon
longitudinal, comme dans celles de l'aconit napel; les fleurs sont
opposées, pédonculées, de couleur blanche ou rougeâtre, et disposées en grappe terminale; la lèvre inférieure de la corolle est
velue en dessous; les étamines font une saillie considérable; les
divisions du calice sont aiguës et presque épineuses. La variété β
ne diffère de la précédente que par sa tige simple. ♃. Cette espèce
croît dans les lieux stériles et maritimes, aux environs de Marseille (Gér.).

2500. Germandrée marum.   *Teucrium marum.*

Teucrium marum. Linn. spec. 788. Lam. Dict. 2. p. 693. — *Teu-*
crium maritimum. Lam. Fl. fr. 2. p. 414. — *Chamædrys ma-*
rum. Mœnch. Meth. 384. — Blackw. t. 47.

Ses tiges sont hautes de 3 décim., nombreuses, branchues,
très-grêles, presque cylindriques et fort blanches; ses feuilles
sont petites, petiolées, ovales, pointues, d'un verd blanchâtre
en dessus, cotonneuses et très-blanches en dessous; les fleurs
sont axillaires, purpurines, portées sur de courts pédoncules
et tournées ordinairement du même côté; elles sont solitaires
dans chaque aisselle, et forment des espèces de grappes alongées
et fort grêles; leur calice et même la surface externe de leur
corolle, est cotonneuse. ♃. On trouve cette plante dans les lieux
maritimes de la Provence, et particulièrement dans les isles
d'Hières, savoir dans celles de Pourqueyrolles et Portecroz (Gar.).
On la nomme vulgairement *marum* ou *herbe aux chats.*

2501. Germandrée sauge   *Teucrium scorodonia.*
des bois.

Teucrium scorodonia. Linn. spec. 789. Bull. Herb. t. 301. Lam.
Dict. 2. p. 695. — *Teucrium sylvestre.* Lam. Fl. fr. 2. p. 412.

— *Scorodonia heteromalla*. Mœnch. Meth. 384. — Lob. ic.
497. f. 2.

Sa tige est droite, ferme, dure, velue, souvent simple,
quelquefois rougeâtre, et s'élève jusqu'à 6 décim. ; ses feuilles
sont assez grandes, pétiolées, en forme de cœur, oblongues,
crénelées en leur bord, un peu ridées et légèrement velues ;
les fleurs sont d'un blanc jaunâtre, et disposées en épi nu et
terminal ; elles sont souvent tournées d'un seul côté, et leurs
étamines sont purpurines. On trouve cette plante dans les bois,
et dans les lieux montagneux et incultes. ♃. Ses feuilles sont
vulnéraires ; on les dit sudorifiques, diurétiques, et bonnes dans
l'hydropisie. Latourette en cite une variété à fleur pourpre.
Cette plante est connue sous les noms de *germandrée sauvage*,
sauge des bois, *baume sauvage*.

2502. Germandrée ren- *Teucrium resupinatum.*
versée.

Teucrium resupinatum. Desf. Atl. 2. p. 4. t. 117. Wild. spec.
3. p. 110. — *Teucrium cephalotes.* Lapeyr. in Herb. l'Hér.

Sa tige est droite, haute de 2-3 décim., divisée en branches
étalées et velues ; ses feuilles sont lancéolées, presque en forme
de coin, rétrécies en pétiole, fortement dentées en scie, un
peu velues, sur-tout en dessous, longues de 2-3 centim. ; les
fleurs sont pédicellées, solitaires aux aisselles des feuilles, très-
remarquables en ce que la lèvre de la corolle occupe le côté
supérieur, et que les étamines sont du côté inférieur ; cette corolle est blanchâtre, avec deux de ses divisions purpurines ; l'entrée de la gorge est velue, ainsi que les étamines ; le calice est
pubescent, à cinq divisions pointues. ☉. Cette plante croît dans
les montagnes des Corbières.

2503. Germandrée scordium. *Teucrium scordium.*

Teucrium scordium. Linn. spec. 790. Lam. Dict. 2. p. 695.
Bull. Herb. t. 205. — *Teucrium palustre.* Lam. Fl. fr. 2. p. 411.
— *Chamædrys scordium.* Mœnch. Meth. 384.

Ses tiges sont hautes d'environ 3 décimètres, un peu branchues, velues, foibles et souvent couchées sur la terre ; ses
feuilles sont molles, ovales-oblongues, dentées, obtuses et pubescentes ; ses fleurs sont axillaires, en petit nombre à chaque
nœud, portées sur de courts pédoncules, et de couleur rougeâtre,

bleuâtre ou blanchâtre. Cette plante a une odeur forte qui approche de celle de l'ail , mais qui est plus agréable. On la trouve dans les lieux aquatiques et quelquefois aussi dans les forêts de châtaigniers. On la nomme vulgairement *scordium*, *chamarsas*, *germandrée aquatique*. ♃.

2504. Germandrée petit chêne.   *Teucrium chamædrys.*

> *Teucrium chamædrys.* Linn. spec. 790. Lam. Dict 2. p. 695. — *Teucrium officinale.* Lam. Fl. fr. 2. p. 414. — *Chamædrys officinalis.* Mœnch. Meth. 383. — Lob. ic. 491.

Ses tiges sont hautes d'environ 2 décim. , nombreuses, un peu couchées, ligneuses à leur base , grèles , velues et presque cylindriques ; ses feuilles sont ovales , pétiolées, fortement crénelées , un peu dures, lisses et d'un verd gai en dessus, légèrement velues vers leur pétiole , et d'un verd pâle en dessous ; ses fleurs sont ordinairement purpurines , quelquefois blanches et disposées deux ou trois de chaque côté dans les aisselles supérieures des feuilles ; elles sont soutenues chacune par un pédoncule plus court que leur calice. On trouve cette plante dans les bois montagneux et sur les côteaux secs et arides. ♃. Elle est tonique , stomachique , fébrifuge.

2505. Germandrée luisante.   *Teucrium lucidum.*

> *Teucrium lucidum.* Linn. spec. 790. Lam. Dict. 2. p. 696. Ger. Gallopr. 278. n. 9. — Magn. Hort. t. 52.

Ses tiges sont nombreuses, assez simples, droites, glabres , rougeâtres et hautes de 3 décim. , ou même un peu plus ; ses feuilles sont ovales , pétiolées, dentées , d'un verd noirâtre , mais luisantes en dessus, et d'une couleur pâle en dessous ; les fleurs sont purpurines , portées sur de courts pédoncules , et disposées trois ou quatre ensemble dans chaque aisselle ; leurs calices sont glabres et d'une couleur brune. ♃. Cette plante croît dans les bois des basses Alpes en Provence (Gér.) ; au mont Lachen (Linn.) ; à Lucerame, Sospello, Conflans et Garrexia en Piémont (All.) ; sur les murs de Sée près Saint-Maurice et au grand Saint-Bernard (All.) ; dans la vallée de Barcelonette (Linn.).

2506. Germandrée jaune. *Teucrium flavum.*

Teucrium flavum. Linn. spec. 791..Lam. Dict. 2. p. 696. —
Chamædrys flava. Mœnch. Meth. 383. — Lob. ic. 490. f. 1.

Ses tiges sont hautes de 5 décimètres, ligneuses, grêles, branchues et pubescentes dans leur partie supérieure ; ses feuilles sont pétiolées, ovales - arrondies, crénelées en leur bord, un peu épaisses, vertes en dessus et blanchâtres en dessous ; les fleurs sont un peu pédonculées, d'un blanc jaunâtre, et disposées deux ou trois ensemble de chaque côté dans les aisselles supérieures des feuilles, formant presque un épi ; les bractées sont ovales et entières. On trouve cette plante dans les provinces méridionales aux environs de Narbonne ; en Provence (Gér.); sur les collines du Prigeon et du Monteiguez (Gar.) ; à Lavalette près Montpellier (Gou.) ; aux environs de Nice (All.); dans les montagnes de la Bourgogne (Dur.). ♃.

2507. Germandrée de Provence. *Teucrium massiliense.*

Teucrium massiliense. Linn. spec. 789. excl. Barr. syn. Lam. Dict. 2. p. 694. — *Teucrium odoratum.* Lam. Fl. fr. 2. p. 413. — Gér. Gallopr. 277. n. 6. t. 11. — *Scorodonia cordata.* Mœnch. Meth. 385.

Ses tiges s'élèvent jusqu'à 5 décimètres ; elles sont ligneuses inférieurement, blanchâtres, grêles, foibles, presque tombantes et légèrement branchues ; ses feuilles sont pétiolées, ovales-oblongues, dentées en leur bord, pubescentes, blanchâtres, et ressemblent un peu à celles de la chataire, mais elles sont beaucoup plus petites ; ses fleurs forment des espèces de grappes terminales ; elles sont rougeâtres, fort petites, portées sur de courts pédoncules, et ont leurs étamines moins longues que la corolle. Cette plante a une odeur suave qui ressemble à celle de la pomme de reinette. ♃. Elle est fort rare et ne se trouve point à Marseille, mais aux isles d'Hières (Tourn. Gér.), et en particulier à l'isle de Pourqueyroles (Gar.) ; à Villafranca (Wild.). ♃. Cette espèce, jointe avec le *teucrium spinosum* et quelques autres, doit former un genre particulier distinct par la grandeur de la division supérieure du calice.

§. III. *Fleurs en tête (Polium , Tourn.).*

2508. Germandrée des   *Teucrium Pyrenaicum.*
   Pyrénées. ·

> *Teucrium Pyrenaicum.* Linn. spec. 791. Lam. Dict. 2. p. 699.—
> *Polium Pyrenaicum.* Mill. Dict. n. 6.
> β. *Caulibus sterilibus reptantibus. — Teucrium reptans.* Pour.
> Act. Toul, 3. p. 330.

Ses tiges sont longues de 12-15 centim. , velues et tout-à-fait
couchées sur la terre ; ses feuilles sont opposées, presque pétiolées, larges, courtes, arrondies, un peu en forme de coin à leur
base, crénelées en leur contour, et velues des deux côtés, mais
plus fortement dans leur surface postérieure ; les fleurs sont
terminales, ramassées en tête applatie et orbiculaire ; les deux
lobes latéraux de la lèvre inférieure de leur corolle sont violets,
et le lobe du milieu est d'un blanc jaunâtre. Cette plante croît
dans les montagnes des Pyrénées ; elle a été retrouvée dans les
montagnes d'Auvergne, à la Cheire de Vilards (Delarb.). ♃

2509. Germandrée de   *Teucrium montanum.*
   montagne.

> *Teucrium montanum.* Schreb. unilab. 50. Lam. Dict. 699.—*Po-*
> *lium montanum.* Mill. Dict. n. 1.
> α. *Foliis latioribus. — Teucrium montanum.* Linn. spec. 791.—
> Lob. ic. 488. f. 2.
> β. *Foliis linearibus angustissimis. — Teucrium supinum.* Linn.
> spec. 791.— Lob. ic. 488. f. 1.

Ses tiges sont longues de 15-18 centim. , ligneuses, rameuses,
grèles, blanchâtres vers leur sommet et tout-à-fait couchées
sur la terre ; ses feuilles sont opposées , lancéolées, vertes en
dessus, blanchâtres en dessous et contractées en leur bord, comme
celles du romarin ; elles ressemblent beaucoup à celles de l'hé-
lianthême commun : les fleurs sont blanches et disposées aux
extrémités des tiges en tête applatie et semblable à un corymbe.
Cette plante croît sur les collines pierreuses exposées au soleil ; on
la trouve aux environs de Paris , à Saint-Germain dans le creux
du Val ; à Fontainebleau au mail d'Henri IV ; à Compiègne ,
Senlis (Thuil.) ; près Aumale au bois Robin (Bouch.) ; au bois
des Moines près Orléans (Dub.) ; et dans presque toutes les
parties de la France qui sont plus méridionales que les lieux
ci-dessus indiqués. ♃

2510. **Germandrée polium.** *Teucrium polium.*

Teucrium polium. Lam. Dict. 2. p. 699. Wild. spec. 3. p. 26. —
Teucrium teuthrion. Schreb. unilab. n. 47. — *Polium album*.
Mill. Dict. n. 4. — *Teucrium polium, var. β. et γ.* Linn.
spec. 792.
α. Latifolium. — Barr. ic. t. 1074.
β. Angustifolium. — Barr. ic. t. 1078.
γ. Flore purpureo.

Ses tiges sont ligneuses, rameuses, cylindriques, blanchâtres, cotonneuses vers leur sommet et ordinairement un
peu couchées à leur base; ses feuilles sont sessiles, oblongues,
un peu obtuses, crénelées en leur bord, blanchâtres et cotonneuses particulièrement en dessous. Dans les variétés à feuilles
étroites, les bords de ces feuilles sont contractés ou repliés
en dessous, et alors leurs crénelures sont peu sensibles. Les
fleurs sont petites, disposées en tête ovale ou oblongue, aux
extrémités des rameaux. La variété α se distingue à la largeur
de ses feuilles; la variété β a les feuilles étroites : l'une et
l'autre ont la fleur blanche, la variété γ, dont j'ai vu un échantillon recueilli à Montpellier par M. Degland, a les corolles
d'un pourpre foncé et les feuilles étroites. Cette plante croît sur
les montagnes et dans les lieux maritimes des provinces méridionales. ♄.

2511. **Germandrée à tête** *Teucrium flavicans.*
jaune.

Teucrium flavicans. Lam. Dict. 2. p. 700. — *Teucrium aureum*.
Schreb. unilab. n. 43. Cav. ic. 2. t. 117. — *Teucrium tomentosum*. Vill. Dauph. 2. p. 352. — *Teucrium polium, α.* Linn.
spec. 792.
β. Teucrium flavescens. Schreb. unilab. n. 44. — *Polium angustifolium*. Mill. Dict. n. 3? — Barr. ic. t. 1073.
γ. Flore purpureo.

Cette espèce, long-temps confondue avec le polium et connue
sous le nom vulgaire de *polium jaune* ou *polium doré*, s'en
distingue en effet dès le premier coup-d'œil, à la teinte jaune
du coton qui couvre ses feuilles et ses calices, sur-tout dans la
partie supérieure de la plante. La variété α a les feuilles larges,
ovales, et les sommités d'un jaune doré; la variété β a les feuilles
plus étroites, plus souvent colorées, et les sommités d'un jaune
pâle : l'une et l'autre ont la fleur blanche; la variété γ a la fleur

rouge. La germandrée à tête jaune croît dans le midi de la France, sur les rochers exposés au soleil. ♃ ou ♄.

2512. Germandrée en tête.   *Teucrium capitatum*.

Teucrium capitatum. Linn. spec. 792. Lam. Dict. 2. p. 700. — *Teucrium belion*. Schreb. unilab. n. 49. — *Polium capitatum*. Mill. Dict. n. 5.

α. *Polycephalum*. — *Teucrium capitatum*. Cav. ic. t. 119.

β. *Monocephalum*. — Barr. ic. t. 1047.

γ. *Flore purpureo*.

Cette espèce ressemble absolument au vrai polium, mais elle en diffère par sa tige toujours droite et nullement couchée à sa base; elle offre d'ailleurs des variations nombreuses et analogues à celles du polium. La variété α, qui a été trouvée en Corse par M. Labillardière, se distingue à ses feuilles très-étroites, à ses têtes de fleurs peu garnies, ternées au sommet de chaque tige et portées sur des pédicelles distincts : elle doit peut-être former une espèce séparée; la variété β a les feuilles un peu plus larges et ne porte qu'une tête serrée, ovale et compacte au sommet de chaque branche : l'une et l'autre ont la fleur blanche; la variété γ a la fleur rouge et la feuille large. Cette plante croît parmi les rochers, aux lieux exposés au soleil, dans le midi de la France. ♄.

CCCLXXI. SARRIETTE.   *SATUREIA*.

Satureia. Linn. Juss. Lam. — *Satureia et Sabattia*. Mœnch.

CAR. La corolle est à cinq lobes presque égaux ; les étamines sont écartées les unes des autres.

OBS. Ce genre en renferme deux bien distincts; le premier, appelé *satureia* par Mœnch, a le calice en cloche, non strié, à cinq dents, non fermé par des poils pendant la maturation ; le second, appelé *sabattia* par Mœnch, a le calice cylindrique, strié, à cinq lobes, et fermé par des poils pendant la maturation.

Section première. SARRIETTE.   *SATUREIA*. Mœnch.

Calice en cloche, non strié ni fermé par des poils.

2513. Sarriette en tête.   *Satureia capitata*.

Satureia capitata. Linn. spec. 795. Lam. Fl. fr. 2. p. 417. Desf. Atl. 2. p. 9. — Cam. Epit. 485. ic. — Dalech. Hist. 900. ic.

Sa tige est un peu ligneuse et s'élève presque jusqu'à 5 décimètres ; elle se divise en beaucoup de rameaux grêles et blanchâtres; ses feuilles sont petites, étroites, pointues, dures, blanchâtres, ponctuées, ciliées, opposées et disposées comme par paquets; ses fleurs sont purpurines et ramassées en tête au sommet des rameaux. Cette plante a une odeur suave. ♄. Elle est incisive, cordiale, céphalique, stomachique, carminative. Je décris cette plante d'après des échantillons de Barbarie et d'Orient. Garidel dit qu'elle croît en Provence, à la montagne de Sainte-Victoire et dans le Beaurecueil, au-delà de la *Cresto Doou Gau* et au Monteiguèz; mais Gérard n'a pu retrouver cette espèce dans les mêmes lieux.

2514. Sarriette des jardins. *Satureia hortensis.*

Satureia hortensis. Linn. spec. 795. Lam. Illustr. t. 504. f. 1. — Cam. Epit. 487. ic.

Sa tige est haute de 2 décim. et plus, un peu rougeâtre et très-branchue; ses feuilles sont lancéolées-linéaires et moins sensiblement ponctuées que celles de l'espèce suivante; les fleurs sont petites, rougeâtres, axillaires et disposées deux ensemble sur chaque pédoncule. On trouve cette plante dans les lieux arides des provinces méridionales. ☉. On la cultive dans les jardins: elle est stomachique, atténuante, diurétique et un peu stimulante.

2515. Sarriette thymbra. *Satureia thymbra.*

Satureia thymbra. Linn. spec. 794. — Blackw. t. 318. — Clus. Hist. 1. p. 358.

Sa racine est ligneuse; sa tige dure, herbacée, pubescente, rameuse, sur-tout dans le bas, simple vers le sommet où elle porte des fleurs nombreuses, disposées en cinq ou six verticilles serrés, hérissés, arrondis et un peu écartés les uns des autres; les feuilles sont ovales-oblongues, très-acérées, ponctuées et hérissées de petits poils courts et roides; les bractées et les calices sont encore plus acérés et hérissés que les feuilles; les corolles sont deux fois plus longues que le calice. Toute la plante est très-odorante. ♃. Je la décris d'après des échantillons originaires de l'isle de Crète; elle se trouve sur les collines pierreuses aux environs de Nice (All.).

2516. Sarriette de montagne. *Satureia montana.*

Satureia montana. Linn. spec. 794. Lam. Fl. fr. 2. p. 418. — *Satureia trifida.* Mœnch. Meth. 386. — Cam. Epit. 717. B.

Ses tiges sont dures, ligneuses, branchues, et s'élèvent jusqu'à 5 décim.; ses feuilles sont sessiles, étroites, très-aiguës, ponctuées et comme chagrinées ; les fleurs sont blanches, plus fortement labiées que celles des autres espèces et disposées dans les aisselles des feuilles deux ou trois ensemble sur le même pédoncule. On trouve cette plante dans les lieux montagneux et stériles des provinces méridionales. ♃.

Seconde section. SABATTIE.　　*SABATTIA.* Mœnch.

Calice cylindrique à dix stries, fermé par des poils après la fleuraison.

2517. Sarriette de Saint-Julien.　*Satureia Juliana.*

Satureia Juliana. Linn. spec. 793. — *Sabattia corymbosa.* Mœnch. Meth. 388. — Moris. 3. s. 11. t. 17. f. 4.

Cette espèce est grêle, rameuse, presque glabre, un peu ligneuse à la base ; ses feuilles sont linéaires-lancéolées, entières, un peu rétrécies en pétiole ; les supérieures émettent à leur aisselle un pédoncule qui porte un petit corymbe de trois à six fleurs : les bractées sont plus courtes que le calice, lequel est cylindrique, pubescent, marqué de dix stries longitudinales à cinq dents peu ouvertes, fermé de poils en dedans à l'époque de la maturation ; la corolle est rougeâtre ; son tube est de la longueur du calice, et son limbe le dépasse peu. ♃. Elle croît dans les lieux arides aux environs de Nice (All.). Cette espèce et la suivante constituent le genre *sabattia* de Mœnch, qui sera sans doute adopté lorsqu'un nouveau travail nécessaire à faire dans la famille des Labiées, fixera la circonscription des genres.

2518. Sarriette de Grèce.　*Satureia Græca.*

Satureia Græca. Linn. spec. 794. — Moris. 3. s. 11. t. 17. f. 2.

Cette espèce a le calice de la sarriette de Saint-Julien et le port de la sarriette de montagne ; sa tige est herbacée, rameuse, légèrement pubescente ; ses feuilles supérieures sont linéaires-lancéolées, pubescentes lorsqu'on les voit à la loupe, pointues, mais non acérées ; les inférieures sont ovales et rouges en dessous, selon Linné : les fleurs forment une espèce de grappe terminale ; elles naissent aux aisselles des feuilles, et chaque aisselle porte ordinairement deux pédoncules chargés de trois ou quatre fleurs ; les bractées sont plus courtes que le calice qui est cylindrique, pubescent, à dix stries et à cinq dents plus profondes que dans la précédente ; la fleur est aussi petite que dans la sarriette de Saint-Julien. ♃. Elle croît dans les lieux arides aux environs de Nice (All.).

CCCLXXII. THYMBRA.   *THYMBRA.*

Thymbra. Linn. Juss. Lam. Desf. non Tourn.

Car. Le calice est comprimé, bordé en dehors d'une rangée de poils sur les deux bords, nu en dedans pendant la maturation, à cinq dents; la corolle et le reste de la structure ne diffère pas des sarriettes, dont ce genre mérite à peine d'être distingué.

2519. Thymbra en épi.   *Thymbra spicata.*

Thymbra spicata. Linn. spec. 795. Lam. Illustr. t. 512. — Pluk. t. 116. f. 5.

Sa tige est ligneuse, branchue, haute de 2 décim.; les rameaux sont hérissés de poils un peu roides vers leur sommet; les feuilles sont linéaires, fortement ponctuées, ciliées vers leur base et quelquefois sur leur nervure dorsale, de 2 centim. de longueur sur 3 millim. de largeur; celles qui entourent les fleurs sont ciliées dans toute leur longueur: ces fleurs sont disposées au sommet de chaque branche, en un épi oblong et serré; leur calice est glanduleux; leur corolle purpurine. ♄. Elle croît dans les montagnes du Piémont, entre Garressio et Ormea (All.).

CCCLXXIII. HYSOPE.   *HYSSOPUS.*

Hyssopus. Tourn. Linn. Juss. Lam.

Car. Le calice est tubuleux, nu pendant la maturation, à cinq dents égales; la corolle est à deux lèvres; la supérieure petite et échancrée; l'inférieure à trois lobes, dont celui du milieu est grand, crénelé, en forme de cœur renversé.

2520. Hysope officinal.   *Hyssopus officinalis.*

Hyssopus officinalis. Linn. spec. 796. Lam. Illustr. t. 502. f. 1.
β. *Flore albo.*
γ. *Flore rubro.* — Bull. Herb. t. 322.

Sa racine pousse plusieurs tiges droites, assez simples, hautes de 5 décim. environ, et garnies de feuilles dans toute leur longueur; ces feuilles sont étroites, pointues, linéaires et souvent chargées de petits points noirâtres: les fleurs sont ordinairement bleues ou quelquefois de couleur blanche ou rouge; elles sont situées dans les aisselles supérieures des feuilles, tournées la plupart d'un même côté et disposées en manière d'épi terminal. ♃. Cette plante croît en Piémont à la vallée d'Aost près Ciambava, aux

environs de Nice , de Montferrat, de Garresio, de Moutiers ; dans
les vallées de Maurienne et de Bardonache (All.); en Provence
à Perricard et sur le chemin d'Aix à Saint - Canadet (Gar.):
elle a été retrouvée sur les côteaux aux environs de Mantes. On
la cultive dans les jardins; son odeur est aromatique et assez
agréable ; toute la plante est cordiale et céphalique.

CCCLXXIV. NÉPETA.   *NEPETA·*

Nepeta sp. Linn. — *Cataria.* Tourn. Mœnch.

CAR. Le calice est cylindrique, nu en dedans pendant la
maturation , à cinq dents ; la corolle a le tube long , la gorge
évasée, le limbe à deux lèvres; la supérieure est échancrée ,
l'inférieure est à trois lobes , dont deux latéraux sont petits et
renversés , et celui du milieu est grand , concave, crénelé.

OBS. Les espèces exotiques à feuilles découpées , ont le calice fermé de poils pendant la maturation , et composent le genre
saussuria de Mœnch.

2521. Népeta chataire.   *Nepeta cataria.*

Nepeta cataria. Linn. spec. 796.'Lam. Dict. 1. p. 709. Bull. Herb.
t. 287. — *Nepeta vulgaris.* Lam. Fl. fr. 2. p. 398. — *Cataria
vulgaris.* Gat. Fl. montaub. p. 105.

Sa tige est haute de 6–10 décimètres , carrée, branchue,
pubescente et un peu blanchâtre supérieurement; ses feuilles
sont pétiolées, cordiformes, dentées en scie, vertes en dessus et blanchâtres en dessous; les fleurs sont verticillées et disposées en épi au sommet de la tige et des rameaux ; elles sont
ordinairement de couleur purpurine, ou quelquefois blanche.
On trouve cette plante sur le bord des chemins dans les lieux
humides.♃. Elle passe pour emménagogue, anti-histérique et carminative. On la connoît sous le nom vulgaire de *chataire* ou
d'herbe aux chats , qui lui a été donné parce que ces animaux
aiment à se frotter sur cette plante à cause de son odeur.

2522. Népeta lancéolée.   *Nepeta lanceolata.*

Nepeta lanceolata. Lam. Fl. fr. 2. p. 399. — *Nepeta nepetella.*
All. Pedem. n. 134. t. 2. f. 1. — *Nepeta graveolens.* Vill.
Dauph. 2. p. 366. — Ger. Gallopr. p. 274. n. 2.

Cette espèce est intermédiaire entre la chataire dont elle a la
fleuraison, et la népeta à fleurs lâches dont elle a le feuillage ;
elle est presque toute légèrement cotonneuse ; sa tige s'élève
à 6–10 décim. et est ordinairement peu rameuse; ses feuilles
sont lancéolées , fortement dentées , pointues ; les inférieures

un peu échancrées en cœur à leur base ; les supérieures oblongues : les fleurs sont disposées en cîmes serrées ; les verticilles
du haut de la plante sont rapprochés en épi ; ceux du bas sont
écartés les uns des autres : le calice est cotonneux ; la corolle
blanche ou rougeâtre, cotonneuse sur la lèvre supérieure. ♃.
Cette plante croît dans les lieux arides ou sablonneux, le long
des torrens des montagnes, en Dauphiné, en Provence, en
Piémont.

2523. Népeta à fleurs lâches.   *Nepeta nepetella.*

Nepeta nepetella. Linn. spec. 797. Lam. Dict. 1. p. 710.
β. *Subglabra.* — *Nepeta nepetella.* Schleich. Cat. p. 34.

La plante que je décris ici est une herbe très-rameuse à tige
quarrée, légèrement cotonneuse, à rameaux opposés, à feuilles
tantôt légèrement cotonneuses et blanchâtres, tantôt glabres et
vertes, sur-tout en dessus, pétiolées, oblongues-lancéolées,
tronquées ou un peu échancrées à la base, crénelées, presque
pointues ; ses fleurs sont disposées en cîmes lâches, peu garnies ;
leurs bractées sont petites, linéaires, étalées ; les calices sont
pubescens, cylindriques ; la corolle est rose ou blanche, grêle,
presque deux fois plus longue que le calice, chargée de points
glanduleux et à peine pubescente sur la lèvre supérieure. ♃.
Cette plante croît dans le Valais et m'a été communiquée par
M. Schleicher. Il est probable qu'elle habite aussi le midi de la
France.

2524. Népeta nue.   *Nepeta nuda.*

Nepeta nuda. Linn. spec. 797. Jacq. Austr. t. 24. Lam. Dict. 1.
p. 710. — *Nepeta violacea.* Vill. Dauph. 2. p. 367 ? — Hall.
Helv. n. 248.

Sa tige est droite, glabre, haute de 6 décim., à quatre faces
un peu concaves ; ses feuilles sont à peine pétiolées dans le bas
de la plante, sessiles dans le haut, oblongues, un peu échancrées à la base, presque glabres, dentées sur les bords, longues
de 5-6 centim. sur 15-18 millim. de largeur ; les fleurs naissent
en petites cîmes axillaires comme dans les autres espèces, mais
les feuilles florales sont si petites, que les fleurs semblent former
une panicule nue et rameuse ; les bractées sont linéaires, petites, à peine pubescentes ; les fleurs sont blanches ou rougeâtres,
presque toujours portées trois ensemble sur le même pédicelle. ♃.
Cette plante croît dans les prairies, sur les côteaux, les collines

et le long des torrens ; en Piémont (All.); dans le Champsaur à Seuse et près de Gap (Vill.) ? aux environs de Roche (Hall.).

2525. Népeta à large feuille. *Nepeta latifolia.*

Cette plante a beaucoup de rapports avec la népeta nue , par ses feuilles sessiles et ses fleurs en panicule rameuse et presque nue; mais elle en diffère par ses feuilles longues de près de 1 décim. , sur 4 centim. de largeur , bordées de larges crénelures ; par les poils qui couvrent sa tige , ses feuilles et ses bractées ; par ses fleurs un peu plus grandes; par ses calices à cinq dents plus profondes , ciliées et souvent violettes à la fin de la fleuraison. Elle croît dans les Pyrénées orientales. J'en possède un échantillon recueilli par M. Pourret dans les environs de Narbonne , et j'en ai vu un second donné par M. Flügge à M. Desfontaines.

CCCLXXV. LAVANDE. *LAVANDULA.*

Lavandula. Linn. Juss. Lam.— *Lavandula et Stæchas.* Tourn. Mill.

CAR. Le calice est ovoïde , non garni de poils en dedans , à deux lèvres peu distinctes ; la supérieure entière; l'inférieure , divisée en deux lobes , se referme après la fleuraison : la corolle a le tube long , le limbe à deux lèvres , l'une à deux , l'autre à trois divisions , toutes à-peu-près égales entre elles.

2526. Lavande aspic. *Lavandula spica.*

Lavandula spica. Linn. spec. 800. Lam. Dict. 3. p. 427. — *Lavandula vulgaris.* Lam. Fl. fr. 2. p. 403.

α. *Angustifolia.* Lam. Illustr. t. 504. f. 1. Bull. Herb. t. 337. — *Lavandula officinalis.* Vill. Dauph. 2. p. 363. — *Lavandula angustifolia.* Mœnch. Meth. 389.

β. *Latifolia.* Blackw. t. 295. — *Lavandula latifolia.* Vill. Dauph. 2. p. 363.

Sa tige est une souche ligneuse qui se divise en rameaux nombreux , droits , grèles , feuillés dans leur partie inférieure , nus et carrés supérieurement , et qui s'élèvent presque jusqu'à 6 décim.; les feuilles sont étroites , lancéolées-linéaires , très-entières et blanchâtres ; celles de la variété β sont un peu larges : les fleurs sont purpurines , bleuâtres et disposées en épi grèle , nu , alongé et terminal. Cette plante croît dans les lieux secs des provinces méridionales. ♄. On la cultive dans les jardins ; elle est cordiale , céphalique , nervine et anti-histérique. On la dit un bon remède dans les pertes de voix. Cette plante est

connue

connue en Provence sous le nom d'*aspic*; on en tire une huile essentielle, qu'on désigne dans le commerce sous le nom d'*huile d'aspic*. Les deux variétés distinguées ci-dessus, sont très-probablement des espèces différentes.

2527. Lavande stæchas. *Lavandula stœchas.*

> *Lavandula stœchas*. Linn. spec. 800. Lam. Dict. 3. p. 428. Illustr. t. 504. f. 2.
>> *α. Stœchas officinarum*. Mill. Dict. n. 1. — Lob. ic. 429. f. 2.
>> *β. Stœchas pedunculata*. Mill. Dict. n. 2. — Lob. ic. 430. f. 1.

Ses tiges sont un peu ligneuses, droites, légèrement branchues, carrées vers leur sommet, et ne s'élèvent pas beaucoup au-delà de 5 décim.; ses feuilles sont sessiles, étroites, linéaires, très-entières et blanchâtres : les tiges sont feuillées dans toute leur longueur dans la première variété, et celles de la seconde sont nues dans leur moitié supérieure; les fleurs sont petites, d'un pourpre foncé, disposées en un épi surmonté d'une houppe de feuilles. Cette plante croît dans les provinces méridionales. ♄. Elle est cordiale et céphalique.

CCCLXXVI. CRAPAUDINE. *SIDERITIS.*

> *Sideritis*. Linn. Juss. Lam.— *Sideritis, Marrubiastrum, Hesiodia et Burgsdorfia*. Mœnch.

Car. Le calice est à cinq lobes; la corolle égale au calice ou plus longue que lui, à deux lèvres; la supérieure est droite, linéaire, entière ou échancrée au sommet, et l'inférieure à trois lobes, dont celui du milieu plus large, un peu crénelé; les étamines sont cachées dans le tube; le stigmate le plus court enveloppe le plus long.

Obs. Ce genre est composé de plantes hétérogènes, soit par leur port, soit par leur caractère, et sera sans doute un jour divisé en trois ou quatre genres à-peu-près semblables à ceux établis par Mœnch.

Première section. Burgsdorfie. *BURGSDORFIA.*

Calice fermé par des poils après la fleuraison, à deux lèvres, dont la supérieure est large et ovale, l'inférieure à quatre dents; point de bractées.

2528. Crapaudine de Rome. *Sideritis Romana.*

> *Sideritis Romana*. Linn. spec. 802. Lam. Dict. 2. p. 168. Cav. ic. 2. t. 187. — *Sideritis spathulata*. Lam. Fl. fr. 2. p. 377.— *Burgsdorfia rigida*. Mœnch. Meth. 392.

Cette espèce se distingue de toutes les autres à son calice dont

Tome III.

la division supérieure, large, ovale à sa base, semble former une lèvre supérieure; ses tiges sont hautes de 5 décim., carrées, velues, ordinairement simples, assez droites, mais un peu couchées dans leur jeunesse; elles sont garnies de feuilles dans toute leur longueur : les feuilles inférieures sont alongées, spatulées, rétrécies en pétiole à leur base, obtuses et dentées à leur sommet; les supérieures sont plus courtes, ovales, pareillement dentées et fort rapprochées les unes des autres : les fleurs sont sessiles, disposées par verticilles axillaires, garnies chacune d'un calice strié, dont les dents sont épineuses et de couleur blanche. Cette plante croît dans les lieux arides et montueux de la Provence (Gér.); à Marseille (Vill.); à Notre-Dame des Anges près Aix (Gar.); aux environs de Beaucaire; à Nice, Oneille, Tende et Sospello en Piémont (All.); à Valence, Montelimart, Avignon, (Vill.). ⊙.

Seconde section. HÉSIODIE.   *HESIODIA.* Mœnch.

Calice fermé par des poils après la fleuraison, à deux lèvres, dont la supérieure a trois dents, et l'inférieure a deux lobes ; point de bractées.

2529. Crapaudine de montagne. *Sideritis montana.*

Sideritis montana. Linn. spec. 802. Lam. Dict. 2. p. 167. Jacq. Austr. t. 434. — *Hesiodia bicolor.* Mœnch. Meth. 392.

Ses tiges sont longues presque de 5 décim., velues, simples et couchées sur la terre; elles sont garnies de feuilles et de fleurs dans toute leur étendue; les feuilles sont petites, ovales, terminées par une petite épine assez sensible, et marquées de trois ou cinq nervures longitudinales; les feuilles supérieures excèdent à peine la longueur des calices : les verticilles sont composés de six à sept fleurs dont les calices sont nerveux et épineux en leur bord; les corolles sont jaunes, tachées de roux ou de violet, et sont si petites, qu'elles ne paroissent presque pas hors de leur calice. Cette plante croît dans les montagnes des provinces méridionales. ⊙.

Troisième section. **CRAPAUDINE.** *SIDERITIS.*

*Calice nu pendant la maturation , à cinq lobes égaux ;
verticilles entourés de bractées entières ou découpées.*

2550. Crapaudine enfilée. *Sideritis perfoliata.*

Sideritis perfoliata. Linn. spec. 802. Lam. Dict. 2. p. 167.

Sa tige est haute de 6 décim. , herbacée, quadrangulaire,
branchue, très-velue et un peu blanchâtre ; ses feuilles radicales
sont ovales-oblongues, crénelées, molles et très-velues, sur-
tout sur leur pétiole qui a près de 1 décim. de longueur ; les
feuilles caulinaires sont sessiles, opposées, et tellement jointes
chacune avec celle qui lui est opposée , que chaque paire paroît
enfilée ou percée par la tige ; ces feuilles sont pointues, presque
entières , et à peine aussi larges que les bractées , quoiqu'elles
soient un peu plus longues que celles-ci : les fleurs sont blanches,
marquées de quelques veines roussâtres , et disposées cinq ou
six par verticilles : chacun de ces verticilles est accompagné de
deux bractées en forme de cœur, pointues, entières et réunies
par leurs bases. ♃. Cette plante croît aux environs de Montpellier , dans les sables maritimes , entre Perauls et Maugio (Magn.);
à Medason (Gou.). Elle fleurit en été.

2531. Crapaudine blanchâtre. *Sideritis incana.*

Sideritis incana. Linn. spec. 802. Lam. Dict. 2. p. 168. Cav. ic.
2. t. 186. — Bocc. Mus. t. 67. f. 2.

La partie inférieure de cette plante est une souche un peu
ligneuse, qui pousse plusieurs tiges ou espèces de rameaux droits,
très-grêles , cotonneux , feuillés inférieurement, presque nus vers
leur sommet , et hauts de 2-3 décim. ; ses feuilles sont blanches ,
cotonneuses , longues de 5 cent. , et n'ont pas 3 mill. de largeur.
M. Gouan dit que les inférieures sont dentées, mais les individus que j'ai observés les avoient toutes très-entières. Les
fleurs sont jaunes et remarquables par la lèvre supérieure de
leur corolle , qui est longue, étroite et redressée ; les bractées
sont plus courtes que les calices , ce qui distingue fortement
cette espèce de la suivante. Elle croît dans les Pyrénées , à la
vallée d'Eynes (Gou.). ♄.

2532. Crapaudine à feuilles *Sideritis hyssopifolia.*
d'hysope.

> *Sideritis hyssopifolia.* Linn. spec. 807. Lam. Dict. 2. p. 169. —
> *Sideritis hyssopifolia*, *var. α.* Lam. Fl. fr. 2. p. 376.
> α. *Spica oblonga.* — Clus. Hist. 2. p. 41. f. 2.
> β. *Spica ovata.* — *Sideritis Alpina.* Vill. Dauph. 2. p. 373. —
> Barr. ic. 171.

Ses tiges sont hautes de 5 décim. tout au plus, assez droites, peu branchues, dures, à quatre angles obtus, et légèrement velues; ses feuilles sont étroites, quelquefois toutes très-entières, et d'autres fois chargées de quelques dentelures écartées; elles sont presque glabres et un peu plus longues que les entre-nœuds : les fleurs sont d'un jaune pâle et disposées par verticilles assez serrés, garnis de bractées ovales ou en cœur, dont les dentelures sont épineuses; ces verticilles sont peu écartés, et forment un épi terminal long d'environ 2 décimètres. La variété β est un peu plus velue, longue de 1 décimètre au plus, et a un épi ovale, court et serré. Cette variété croît dans les montagnes des Alpes et des Pyrénées; la variété α croît dans les plaines, sur-tout dans les provinces méridionales.

2533. Crapaudine faux- *Sideritis scordioides.*
scordium.

> *Sideritis scordioides.* Linn. spec. 803. Lam. Dict. 2. p. 163. —
> *Sideritis hyssopifolia*, β. Lam. Fl. fr. 2. p. 376. — Lob. ic.
> 523. f. 1.
> β. *Sideritis hirta.* Roth. Cat. Bot. 1. p. 67. — *Sideritis tomentosa.* Pourr. Act. Toul. 3. p. 328. — Lob. ic. 523. f. 2. —
> Clus. Hist. 2. p. 40. f. 1.
> γ. *Sideritis fruticulosa.* Pourr. Act. Toul. 3. p. 328.
> δ. *Sideritis hirsuta.* Lam. Dict. 2. p. 169. Linn. spec. 803? —
> Clus. Hist. 2. p. 40. f. 2.

Cette espèce diffère de la précédente, parce qu'elle est toujours plus velue dans toutes ses parties; que les verticilles de fleurs sont presque toujours un peu écartés les uns des autres, et ont alors leurs bractées étalées ou réfléchies; que les corolles sont plus grêles, plus étroites et d'un jaune plus clair. La variété α est assez petite et a les feuilles presque entières; la variété β est plus grande, plus couchée, plus hérissée, et a les feuilles fortement dentées; la variété γ a la tige droite, un peu ligneuse; la variété δ a le haut de la tige extrêmement cotonneux, les verticilles assez écartés, et la lèvre supérieure de la corolle blanchâtre. ♃, ♄. Cette plante croît dans les provinces méridionales, sur les collines et les lieux exposés au soleil.

CCCLXXVII. MENTHE. *MENTHA.*

Mentha. Linn. Juss. Lam. Sm.— *Mentha et Pulegium.* Tourn. Mill.

Car. La corolle est un peu plus longue que le calice, à quatre lobes presque égaux, celui du milieu est un peu plus large et souvent échancré; les étamines sont écartées les unes des autres.

Première section. MENTHE. *MENTHA.* Tourn.

Calice nu pendant la maturation ; lobe supérieur de la corolle échancré.

2534. Menthe sauvage. *Mentha sylvestris.*

Mentha sylvestris. Linn. spec. 804. Lam. Dict. 4. p. 102. Smith. Fl. brit. 2. p. 609.

α. *Mentha sylvestris.* Wild. spec. 3. p. 74. — *Mentha spicata longifolia.* Linn. spec. ed. 1. p. 576. — *Mentha longifolia.* Huds. Angl. ed. 1. p. 221. — Lob. ic. 509. f. 2.

β. *Mentha nemorosa.* Wild. spec. 3. p. 75. — *Mentha villosa.* Huds. Angl. p. 250. — *Mentha sylvestris.* Fl. dan. t. 484. — Lob. ic. t. 508. f. 2.

γ. *Mentha gratissima.* Wild. spec. 3. p. 75. — *Mentha hybrida.* Schleich. pl. exs. cent. 1. n. 55.

Au milieu d'un grand nombre de variations, on reconnoît toujours cette espèce à ses fleurs disposées en épis alongés, continus et terminaux ; à ses feuilles dentées en scie et cotonneuses, sur-tout en dessous ; à ses bractées en forme d'alène, plus longues que les calices : sa racine est rampante; sa tige droite, velue, haute de 6-10 décim. ; ses fleurs sont d'un rose pourpre trèsclair, velues en dehors. La variété α a les feuilles lancéolées, pointues, inégalement dentées, et les étamines saillantes hors de la corolle ; la variéte β a les feuilles semblables à la précédente, mais à dentelures égales, et ses étamines ne sont point saillantes hors de la corolle ; la variété γ a les feuilles plus ovales, plus blanchâtres, même à la surface supérieure, et les étamines non saillantes. ♃. Cette plante croît dans les décombres un peu humides, près des murs, etc. Elle fleurit à la fin de l'été.

2535. Menthe à feuilles   *Mentha rotundifolia.*
rondes.

> *Mentha rotundifolia.* Linn. spec. 805. Smith. Fl. brit. 2. p. 611.
> Lam. Dict. 4. p. 105. — *Mentha rugosa.* Lam. Fl. fr. 2. p. 420.
> — Riv. t. 51. f. 2.
> β. *Mentha crispa.* Linn. spec. ed. 1. p. 576. Lam. Dict. 4. p.
> 105. —Lob. ic. t. 506. f. 2.

Cette espèce ressemble beaucoup à la précédente ; elle s'en
distingue par un aspect moins blanchâtre ; par des feuilles plus
crépues, toujours arrondies ; par ses bractées plus larges et
presque lancéolées. La variété α a les étamines saillantes hors
de la corolle, et les feuilles plutôt crénelées que dentées en scie ;
la variété β a les étamines renfermées dans la corolle, et les
feuilles fortement dentées en scie. Elle se trouve dans les mêmes
lieux et à la même époque que la précédente ; mais elle est
plus rare. ♃.

2536. Menthe verte.   *Mentha viridis.*

> *Mentha viridis.* Linn. spec. 804. Smith. Fl. brit. 612. Lam. Dict.
> 4. p. 103. Wood. Med. Bot. t. 170. — *Mentha spicata viri-*
> *dis.* Linn. spec. ed. 1. p. 576. —Lob. ic. t. 507. f. 2.
> β. *Brevifolia.*

Cette espèce se distingue à ses pédicelles toujours glabres,
même lorsque ses calices et ses bractées sont pubescens ; sa
tige est haute de 5-6 décim., droite, carrée, glabre et branchue ;
ses feuilles sont lancéolées, un peu étroites, glabres, pointues,
et garnies de dentelures un peu éloignées ; les fleurs sont petites,
rougeâtres, et forment des épis fort grêles et pointus. On
trouve des individus dont les feuilles sont un peu pétiolées ; la
variété β a les feuilles beaucoup plus courtes, ovales-lancéolées.
Cette plante croît dans les environs de Paris. ♃.

2537. Menthe poivrée.   *Mentha piperita.*

> *Mentha piperita.* Huds. Angl. 251. Lam. Dict. 4. p. 104. Roz.
> Dict. 6. t. 12. Wood. Bot. Med. t. 169. non Linn. ex Smith.
> Fl. brit. 2. p. 614.

La menthe poivrée est originaire d'Angleterre, mais on la
cultive dans plusieurs jardins pour l'usage de la pharmacie ;
elle ressemble à la menthe verte, mais s'en distingue à ses
feuilles pétiolées, arrondies à leur base, à ses étamines plus
courtes que la corolle, à ses épis plus obtus, à son calice strié
et glanduleux. Toute la plante est très-odorante. ♃.

2538. Menthe hérissée.   *Mentha hirsuta.*

Mentha hirsuta. Smith. Trans. Linn. Soc. 5. p. 193.—*Mentha aquatica.* Lam. Fl. fr. 2. p. 419.
α. *Mentha hirsuta.* Linn. Mant. 81. Lam. Dict. 4. p. 107.—*Origanum vulgare.* Fl. dan. t. 638.
β. *Mentha aquatica.* Linn. spec. 805. Lam. Dict. 4. p. 106.—Lob. ic. 509. f. 1.
γ. *Mentha piperita.* Linn. spec. 805. ex Smith. Fl. brit. 2. p. 617.

Cette espèce présente un grand nombre de variations dans son port, sa couleur, la quantité de poils qui couvrent ses feuilles ou sa tige, la grandeur de ses feuilles, etc.; mais on la reconnoît toujours à ses fleurs dont les verticilles supérieurs placés aux sommités des tiges et des rameaux, forment des têtes terminales, arrondies et un peu semblables à des épis; à ses feuilles pétiolées et ovales, jamais entièrement glabres, quelquefois très-velues; à ses calices cylindriques, striés et hérissés sur toute leur surface; à ses pédicelles hérissés de poils nombreux, très-étalés ou même dirigés en arrière; les étamines sont de longueur variable. Cette plante est assez commune sur le bord des eaux et même dans les lieux secs. ♃

2539. Menthe cultivée.   *Mentha sativa.*

Mentha sativa. Linn. spec. 805. Smith. Trans. Linn. Soc. 5. p. 199.
β. *Mentha gentilis.* Lam. Dict. 4. p. 108.
γ. *Mentha procumbens.* Thuil. Fl. Paris. II. 1. p. 288.

Cette espèce ressemble beaucoup à la précédente, avec laquelle Smith l'a réunie dans sa Flore britannique, et n'offre pas moins de variations dans son port; elle en diffère seulement parce que ses verticilles sont axillaires et nullement disposés en tête terminale: ce caractère la rapproche de la menthe des champs, dont elle diffère par son calice cylindrique et non en forme de cloche. Je ne vois les étamines saillantes dans aucun des individus que j'ai sous les yeux. Elle croît dans les lieux humides. ♃

2540. Menthe des champs.   *Mentha arvensis.*

Mentha arvensis. Linn. spec. 806. Smith. Fl. brit. 2. p. 623. Fl. dan. t. 512. Lam. Dict. 4. p. 109.
β. *Mentha verticillata.* Hoffm. Germ. 4. p. 6.
γ? *Mentha austriaca.* All. Ped. n. 73. t. 75. f. 2.

Cette espèce se distingue de toutes les autres à son calice qui est court, en forme de cloche et hérissé, ainsi que le pédicelle, de poils horizontaux ; sa tige est haute de 3 décim. ou un peu plus, grèle, velue, branchue, quelquefois droite, mais plus souvent un peu couchée dans sa partie inférieure ; ses feuilles sont ovales, dentées en scie, velues, d'un verd blanchâtre, et portées sur de courts pétioles ; ses fleurs sont petites et disposées par verticilles axillaires médiocrement garnis ; elles sont rougeâtres ou violettes, et leur calice est très-velu : la longueur de leurs étamines varie ; quelquefois elles sont renfermées dans la corolle, mais on les observe aussi quelquefois très-saillantes hors de cette enveloppe. On trouve cette plante dans les champs et les lieux humides. ♃. M. Regnier a observé qu'elle est souvent dioïque par avortement.

2541. Menthe apparentée. *Mentha gentilis.*

Mentha gentilis. Linn. spec. 805. Smith. Fl. brit. 2. p. 621. — Moris. s. 11. t. 7. f. 5.

Sa tige est droite, très-rameuse, légèrement pubescente ; ses feuilles sont pétiolées, ovales, un peu obtuses, dentées en scie, pubescentes ; les fleurs sont disposées en verticilles axillaires, moins garnis que dans la menthe rouge ; leurs pédicelles sont glabres, purpurins ; le calice est en cloche tubuleuse, glabre à sa base, garni vers l'extrémité de poils ascendans, couvert de points résineux ; la corolle est rougeâtre ; les étamines ne sont pas saillantes. ♃. Elle croît dans les lieux aqueux et sur le bord des murs ; dans le premier cas, ses rameaux sont très-longs et sa tige verdâtre ; dans le second, ses rameaux sont courts et sa tige rougeâtre. On la trouve aux environs de Paris.

2542. Menthe rouge. *Mentha rubra.*

Mentha rubra. Smith. Fl. brit. 2. p. 620. — *Mentha austriaca.* Thuil. Fl. par. II. 1. p. 288. — Lob. ic. t. 507.

Toute la plante a le plus souvent une teinte rougeâtre ; sa tige est droite, simple ou peu branchue, flexueuse, glabre, longue de 3-4 décim. Dans les échantillons que j'ai sous les yeux, les feuilles sont portées sur de courts pétioles, ovales, dentées en scie, glabres et luisantes en dessus, pubescentes en dessous, sur-tout vers le haut de la plante ; les fleurs sont disposées en verticilles serrés ; leurs pédicelles sont glabres, lisses, purpurins ; leur calice est glabre ou pubescent vers le haut, en forme de cloche tubuleuse ; la corolle est rougeâtre, glabre en dehors ; les étamines sont saillantes hors de la fleur. Elle croit dans les fossés et au bord des rivières, aux environs de Paris. ♃.

Seconde section. POULIOT.   *PULEGIUM.*

Calice fermé de poils pendant la maturation ; lobe supérieur de la corolle entier.

2543. Menthe pouliot.   *Mentha pulegium.*

Mentha pulegium. Linn. spec. 807. Lam. Dict. 4. p. 111. Sabb. Hort. 3. t. 49. — *Pulegium vulgare.* Mill. Dict. n. 1. — Lob. ic. 500. f. 2.

Ses tiges sont longues de 2 décim., grèles, rougeâtres, lisses, quelquefois un peu velues, légèrement tétragones, et ordinairement couchées sur la terre, mais un peu redressées lorsqu'elles fleurissent ; ses feuilles sont ovales, arrondies, nerveuses, portées sur de courts pétioles, et garnies de dentelures peu profondes ; les fleurs sont couleur de rose et disposées par verticilles très-garnis : ces verticilles vont en diminuant de grandeur, et paroissent former un peu l'épi, mais ils sont tous écartés les uns des autres, et occupent une grande partie de la longeur de la tige. Cette plante est commune dans les terreins humides. ♃. Elle est sudorifique, et utile dans la toux convulsive qui dépend de l'asthme.

2544. Menthe des cerfs.   *Mentha cervina.*

Mentha cervina. Linn. spec. 807. Lam. Dict. 4. p. 112. — *Pulegium cervinum.* Mill. Dict. n. 3. — Blackw. t. 304.
β. *Flore albo.*
γ. *Flore purpureo.*

Ses tiges sont hautes de 3 décim., menues, lisses, un peu branchues et d'un blanc rougeâtre ; ses feuilles sont glabres, ponctuées, étroites, linéaires et pointues ; celles qui sont placées sous les verticilles, sont comme palmées à leur base : les fleurs sont d'un blanc couleur de chair, et forment des verticilles très-garnis et écartés. On en trouve une variété à fleurs blanches, et une autre à fleurs purpurines. Cette plante croît dans les lieux aquatiques des provinces méridionales. ♃.

CCCLXXVIII. GLECHOME.   *GLECHOMA.*

Glechoma. Linn. Juss. Lam. — *Chamæclema.* Boerh. Hall.

CAR. Le calice est strié, cylindrique, nu après la fleuraison ;

la corolle est deux fois plus longue que le calice, à deux lèvres; la supérieure est bifide et l'inférieure à trois lobes, dont celui du milieu est grand et échancré; les anthères sont rapprochées deux à deux en forme de croix.

2545. Glechome lierre-terrestre.   *Glechoma hederacea.*

Glechoma hederacea. Linn. spec. 807. Bull. Herb. t. 241. Lam. Illustr. t. 505. — *Calamintha hederacea.* Scop. Carn. n. 730. — *Chamæclema hederacea.* Mœnch. Meth. 393.

Ses tiges sont longues de 5 décim., grèles, carrées, un peu velues, souvent simples, couchées sur la terre, mais un peu redressées dans leur partie supérieure lorsqu'elles fleurissent; ses feuilles sont petiolées, réniformes, un peu en cœur et crénelées en leur bord; les fleurs sont axillaires et de couleur violette ou purpurine; elles ont le tube de leur corolle étroit et plus long que le calice. Cette plante est commune le long des haies et dans les lieux couverts. ♃. Elle est astringente, vulnéraire et détersive. On l'emploie avec succès dans les maladies qui dépendent de quelque ulcère interne, et particulièrement de ceux du poumon.

2546. Glechomeà grande fleur.   *Glechoma grandiflora.*

Cette espèce est intermédiaire entre les glechomes dont elle a le port, et les sideritis dont elle a le calice; sa tige est herbacée, grèle, hérissée de poils blancs, divisée dès sa base en deux à trois rameaux grèles, redressés, longs de 1 décim.; ses feuilles sont pétiolées, pubescentes, ovales, chargées de cinq ou sept larges dentelures arrondies; les fleurs sont solitaires aux aisselles des feuilles supérieures, portées sur un court pédicelle; le calice est hérissé, cylindrique, divisé en cinq lanières oblongues qui se terminent par une épine aiguë et un peu cornée; la corolle est blanche, trois fois plus longue que le calice; la lèvre supérieure est échancrée au sommet, l'inférieure est à trois lobes; les anthères m'ont paru rapprochées par paires; le calice se déjette en bas à la maturité des graines. Cette plante a été trouvée en Corse par MM. Labillardière et Miot.

CCCLXXIX. ORVALE.   *ORVALA.*

Orvala. Linn. — *Papia.* Mich. — *Lamii sp.* Linn. Juss. Lam.

Car. L'orvale diffère des lamiers, 1°. par sa corolle dont la lèvre supérieure est dentelée au sommet, et dont la gorge est bordée de chaque côté d'un appendice à trois lobes ; 2°. par ses anthères glabres et non hérissées de poils.

Obs. Ce genre établi par Micheli, adopté par Linné dans ses premiers ouvrages, détruit ensuite par ce naturaliste, et négligé depuis par tous les auteurs, se distingue des lamiers par le port et par des caractères importans.

2547. Orvale faux-lamier.   *Orvala lamioides.*

> *Lamium orvala.* Linn. spec. 2. p. 808. Lam. Dict. 3. p. 409. —
> *Lamium pannonicum.* Scop. Carn. n. 699. t. 27.
> β. *Orvala garganica.* Linn. spec. 2. p. 807. — Mich. Gen. 20.
> t. 17.

Cette belle plante s'élève jusqu'à 5 décim. de hauteur ; sa tige est simple, presque glabre ; ses feuilles pétiolées, grandes, en forme de cœur tirant sur l'ovale, un peu pubescentes ; elles sont bordées de dentelures en scie, inégales, assez profondes, et qui, dans la var. β figurée par Micheli, dégénèrent en lanières irrégulières ; les fleurs sont grandes, disposées en verticilles axillaires ; le calice est coloré, à cinq dents fines et alongées ; la corolle est d'un rouge violet pâle, marquée sur la lèvre inférieure de raies plus foncées. ♃. Elle croît dans les lieux ombragés des montagnes en Piémont (All.); dans les champs de Saint-Julien de Concelles près Nantes (Bon.).

CCCLXXX. LAMIER.   *LAMIUM.*

Lamium. Linn. Juss. Lam.

Car. Le calice est nu pendant la maturation, ouvert au sommet, à cinq dents aiguës ; la corolle a la gorge renflée, le limbe à deux lèvres ; la supérieure est concave, entière ; l'inférieure est à trois lobes ; les deux latéraux sont très-petits, renversés, et ont été comparés à de simples dentelures ; celui du milieu est très-grand, échancré au sommet ; les anthères sont hérissées de poils en dehors.

2548. Lamier napolitain. *Lamium garganicum.*

> *Lamium garganicum.* Linn. spec. 808. Lam. Dict. 3. p. 410. —
> Till. Pis. t. 34. f. 2.

Cette espèce se distingue, dès le premier coup-d'œil, à ses

fleurs plus grandes que dans les autres lamiers, et dont la
gorge est renflée comme dans les dracocéphales ou dans l'orvale ; ces fleurs sont disposées six à dix ensemble, verticillées,
axillaires ; leur corolle est purpurine ; la lèvre supérieure est
découpée au sommet, velue en dehors ; la gorge porte une
longue dent de chaque côté (Linné en compte 2 de chaque
côté) ; les anthères sont noirâtres, fortement hérissées de poils
blancs ; la tige est un peu étalée, redressée, haute de 2-4 décimètres, quelquefois presque glabre, quelquefois hérissée de
poils nombreux ; les feuilles sont pétiolées, en forme de cœur,
à larges dentelures, pubescentes ou velues. ♃. Cette plante croit
en Maurienne près Lanebourg, au lieu appelé *Alpe rousse*, et
aux environs de Limon dans le Piémont (All.).

2549. Lamier blanc. *Lamium album.*

Lamium album. Linn. spec. 371. Lam. Dict. 3. p. 410. Bull.
Herb. t. 213. — *Lamium foliosum.* Crantz. Austr. 258. — Cam.
Epit. 865. ic.

Ses tiges sont hautes de 3 décim. , droites , carrées et légèrement velues ; ses feuilles sont pétiolées , cordiformes , pointues , fortement dentées en scie , et ressemblent beaucoup à celles
de la grande ortie , mais elles ne sont point piquantes ; les fleurs
sont blanches , presque sessiles , disposées dans les aisselles supérieures des feuilles , par verticilles très-garnis ; la lèvre supérieure de la corolle est velue , ainsi que les anthères qui sont
blanches et tachées de noir. Cette plante est commune dans
les haies et les lieux incultes. ♃. Elle est vulnéraire , détersive et
un peu astringente.

2550. Lamier taché. *Lamium maculatum.*

Lamium maculatum. Linn. spec. 809. Lam. Dict. 3. p. 410. —
Garid. Aix. t. 58.

Cette plante s'élève à-peu-près à la même hauteur que la
suivante ; mais elle est en général moins lisse et plus chargée
de poils ; ses feuilles sont en cœur , pointues et portées sur
d'assez longs pétioles , marquées en dessus d'une tache qui devient presque insensible dans la vieillesse de la plante , ou lorsque
les chaleurs de l'été se font sentir : les verticilles sont composés
de huit à dix fleurs. On trouve cette plante en Alsace et en
Provence. ♃.

2551. Lamier lisse. *Lamium lœvigatum.*

Lamium lœvigatum. Linn. spec. 808. Lam. Dict. 3. p. 411. — Bocc. Mus. 2. t. 23.

Ses tiges sont hautes de 5 décim., lisses ou ordinairement garnies de poils épars, et un peu rougeâtres; ses feuilles sont en cœur, dentées en scie, ridées et portées sur des pétioles une fois plus courts que les fleurs; les verticilles sont composés de six à huit fleurs dont la corolle est grande, velue en sa lèvre supérieure et d'un pourpre clair. On trouve cette plante sur le bord des haies, et dans les lieux incultes en Alsace (Map.); en Dauphiné (Vill.)? à Sorrèze? ♃.

2552. Lamier velu. *Lamium hirsutum.*

Lamium hirsutum. Lam. Dict. 3. p. 410.

Cette plante a quelque ressemblance avec le lamier pourpre et le lamier lisse, mais elle en diffère par les poils nombreux dont elle est hérissée sur toute sa surface; ses tiges sont simples, hautes de 2-3 décim.; ses feuilles sont pétiolées, en forme de cœur, pointues, bordées de dents inégales ou dentées elles mêmes; les fleurs sont disposées en verticilles quatre à huit ensemble; le calice est à cinq lanières pointues, dont la supérieure est un peu plus grande que les autres; la corolle est longue, ascendante, purpurine, pubescente en dehors. Cette espèce a été trouvée au mont d'Or en Auvergne, par M. Lamarck. ♃?

2553. Lamier pourpre. *Lamium purpureum.*

Lamium purpureum. Linn. spec. 809. — *Lamium purpureum.* var. α. Lam. Dict. 3. p. 411. — Blackw. t. 152. f. 1.
β. *Flore albo antheris purpureis.* Lam. Fl. fr. 2. p. 371.

Ses tiges sont presque glabres, ordinairement rougeâtres et rameuses, hautes de 2-3 décim., garnies de feuilles, sur-tout vers le sommet, presque nues à la base; ces feuilles sont pétiolées, pubescentes, en forme de cœur, bordées de larges crénelures obtuses et égales; les fleurs sont au nombre de huit à dix à chaque verticille; elles sont ordinairement purpurines, blanches dans la variété β, qui a les anthères purpurines. ☉. On trouve cette plante dans les lieux cultivés; son odeur est puante.

2554. Lamier bâtard. *Lamium hybridum.*

Lamium hybridum. Vill. Dauph. 1. p. 251. 2. p. 385. Thuil. Fl. paris. II. 1. p. 290. — *Lamium dissectum.* With. brit. 527. —

Lamium incisum. Wild. spec. 3. p. 89.— *Lamium purpureum*, β. Lam. Dict. 3. p. 410. — Pluk. t. 41. f. 3.

Cette espèce est intermédiaire entre le lamier pourpre et le lamier embrassant ; elle a le port de cette dernière et lui ressemble par la petitesse de ses fleurs, par la figure et la disposition de ses feuilles qui sont découpées ou incisées, presque sessiles et serrées vers le haut des tiges ; mais elle en diffère par ses feuilles pointues et en forme de cœur. On la distingue de la précédente par les découpures de ses feuilles, par leur disposition, la briéveté de leur pétiole et la petitesse des fleurs. Elle croît dans les lieux cultivés et est plus rare que les deux espèces ci-dessus mentionnées. ☉.

2555. Lamier embrassant. *Lamium amplexicaule.*

Lamium amplexicaule. Linn. spec. 809. Lam. Dict. 3. p. 411. Fl. dan. t. 752. — *Galeobdolon amplexicaule.* Mœnch. Meth. 394. — Lob. ic. t. 463. f. 2.

Ses tiges sont ordinairement simples, un peu couchées, et longues d'environ 2 décim. ; les feuilles radicales sont pétiolées et lobées ; celles de la tige sont sessiles, arrondies, profondément crénelées et presque incisées ; chacune d'elles se joint tellement avec celle qui lui est opposée, qu'elles paroissent ensemble embrasser la tige : les fleurs sont d'un rouge éclatant ; le tube de leur corolle est alongé et fort grêle ; les dents de la gorge de la corolle sont à peine visibles dans cette espèce, ce qui a engagé Mœnch à la réunir avec le galeobdolon ; mais ses anthères sont velues, et le bord de la gorge porte deux rudimens de dents visibles à la loupe, ensorte que cette espèce ne doit point être séparée des lamiers. Cette plante est commune dans tous les lieux cultivés. ☉.

CCCLXXXI. GALEOPSIS. *GALEOPSIS.*

Galeopsis. Huds. Lam. — *Galeopsidis sp.* Linn. Juss. — *Tetrahit.* Dill. Mœnch.

CAR. Le calice est nu pendant la maturation, en cloche, à cinq dents épineuses ; la corolle a le tube court, la gorge renflée, à deux dents ; le limbe a deux lèvres, dont la supérieure est en voûte un peu crénelée, et l'inférieure à trois lobes inégaux ; les anthères sont un peu hérissées en dedans.

2556. Galeopsis à fleur jaune. *Galeopsis ochroleuca.*

Galeopsis ochroleuca. Lam. Dict. 2. p. 600. — *Galeopsis villosa.* Smith. Fl. brit. 2. p. 629. — *Galeopsis grandiflora.* Gmel. Syst. 905. — *Galeopsis prostrata.* Vill. Dauph. 2. p. 388.

Cette espèce est très-facile à reconnoître à ses grandes corolles jaunes, quatre fois plus longues que le calice; sa tige s'élève jusqu'à 3-4 décim. et est garnie, ainsi que les feuilles et les calices, de poils assez nombreux, blanchâtres, souvent glanduleux au sommet, souvent aussi, et sur les mêmes individus, dépourvus de glandes à l'extrémité; les feuilles sont ovales-oblongues, régulièrement dentées de chaque côté; les verticilles de fleurs sont serrés et écartés; les rameaux ne sont pas renflés entre chaque paire de feuilles. ☉. Elle croit dans les champs et les lieux cultivés; je l'ai trouvée en fleur en automne, dans le pays de Vaud près Payerne. On la trouve à Saint-Hubert des Ardennes; dans les montagnes d'Auvergne; à la ferme de la Ronce près Paris (Thuil.); en Dauphiné le long du Rhône (Vill.); dans la Sologne et aux environs de la forêt d'Orléans (Dub.).

2557. Galeopsis ladane. *Galeopsis ladanum.*

Galeopsis ladanum. Vill. Dauph. 2. p. 386. Lam. Dict. 2. p. 600. Smith. Fl. Brit. 2. p. 628. var. *α.*

β. *Calyce profunde quinquefido.* — *Galeopsis angustifolia.* Hoffm. Germ. 4. p. 8.

Sa tige est très-rameuse, pubescente, haute de 2-3 décim.; ses feuilles sont linéaires et entières lorsqu'elle a crû dans un lieu sec, oblongues et ordinairement un peu dentelées lorsque la plante a crû dans un bon terrein; les rameaux ne sont pas sensiblement renflés au-dessous de la base des feuilles; les fleurs forment des verticilles un peu écartés les uns des autres; leurs calices sont garnis de poils un peu soyeux et non hérissés, à cinq divisions pointues, un peu épineuses au sommet, plus courtes que le tube; la corolle est rouge ou rose, ordinairement tachée de jaune à l'entrée de la gorge, et trois fois plus grande que le calice. La var. β, qui peut-être est une espèce distincte, a le calice presque glabre, à cinq divisions plus longues que le tube. Cette plante croit dans les champs, les lieux cultivés, et fleurit en été. ☉.

2558. Galeopsis à petite fleur. *Galeopsis parviflora.*

Galeopsis parviflora. Lam. Dict. 2. p. 600. — *Galeopsis ladanum.* Linn. spec. 810. — *Galeopsis ladanum ,* β. Smith.
Fl. brit. 2. p. 628. — *Galeopsis intermedia.* Vill. Dauph. 2.
p. 387. t. 9. — *Galeopsis latifolia.* Hoffm. Germ. 4. p. 8.

Cette espèce diffère de la précédente par ses feuilles plus
larges, plus régulièrement dentées ; par ses verticilles plus
écartés ; par ses calices hérissés et non velus ; par ses corolles
de moitié plus petites. On la trouve de même dans les champs
et les lieux cultivés, mais elle est plus rare que la précédente. ☉.

2559. Galeopsis tetrahit.   *Galeopsis tetrahit.*

Galeopsis tetrahit, var. α. Linn. spec. 810. Lam. Dict. 2. p. 601.
— *Galeopsis tetrahit.* Poll. Pal. n. 559. Smith. Fl. brit. 2. p.
629. — Riv. t. 31.
β. *Flore albo.*
γ. *Flore terminali quadrifido hypocrateriformi.*

Sa tige est herbacée, rameuse, toute hérissée de poils roides
ordinairement dirigés en en bas, renflée un peu au-dessus de
chaque nœud, et haute de 2-4 décim.; les feuilles sont ovales-
oblongues, pointues, dentées en scie et hérissées ; les verticilles
supérieurs des fleurs sont peu écartés; le calice est fortement
hérissé, à cinq divisions épineuses; la corolle est environ deux
fois plus longue que le calice, de couleur purpurine, avec la
lèvre inférieure un peu tachée de blanc; quelquefois la fleur
entière est blanche; quelquefois la fleur terminale est régulière, à quatre lobes ouverts, à quatre étamines égales. Cette
plante est commune dans les champs. ☉.

2560. Galeopsis bigarrée.   *Galeopsis versicolor.*

Galeopsis versicolor. Curt. Lond. 6. t. 38. — *Galeopsis canna-
bina.* Wild. spec. 3. p. 93. — *Galeopsis tetrahit,* β. Linn.
spec. 810. Lam. Dict. 2. p. 601. — Pluk. t. 41. f. 4.

Cette espèce ne diffère du tetrahit que par ses feuilles plus
larges, plus pâles, plus herbacées; par sa corolle trois ou quatre
fois plus longue que le calice, de couleur jaune, avec la lèvre
inférieure marquée de raies fauves sur le bord, et d'une tache
violette dans le milieu; l'entrée du tube est plus renflée que
dans le tetrahit. Elle croît dans les mêmes lieux et fleurit de
même en été. ☉.

CCCLXXXII.

CCCLXXXII. BÉTOINE. *BETONICA.*

Betonica. Tourn. Linn. Juss. Lam.

CAR. Le calice est à cinq dents aiguës, nu pendant la maturation; la corolle a le tube cylindrique, non renflé au sommet;
le limbe a deux lèvres; la supérieure droite, entière ou bifurquée; l'inférieure à trois lobes étalés.

2561. Bétoine officinale. *Betonica officinalis.*

Betonica officinalis. Linn. spec. 810. Ait. Kew. 2. p. 299. Bull.
   Herb. t. 41.
   β. *Flore albo.*

Cette espèce se distingue des deux suivantes, avec lesquelles
on l'a souvent confondue, par son calice qui est glabre et lisse
en dehors, garni à l'entrée du tube de poils qu'on apperçoit
entre les divisions; par ses bractées glabres et par la lèvre supérieure de sa corolle qui est entière et non bifurquée; ses fleurs
sont purpurines ou quelquefois blanches, disposées en épi serré
un peu interrompu à la base; la tige est droite, légèrement velue, haute de 3-4 décim.; les feuilles inférieures sont pétiolées,
ovales, en cœur à la base, à crénelures larges et arrondies; les
supérieures sont très-écartées, plus étroites, sessiles; les deux
du sommet sont toujours placées à la base de l'épi et presque
linéaires. Elle croît dans les bois, les buissons, et fleurit en
été. ♃.

2562. Bétoine roide. *Betonica stricta.*

Betonica stricta. Ait. Kew. 2. p. 299. —*Betonica hirsuta.* Thuil.
   Fl. par. II. 1. p. 293. non Linn. — *Betonica officinalis.* Poll.
   Pal. n. 562. non Linn. — *Betonica danica.* Mill. Dict. n. 2.—
   Fuchs. Hist. 350. ic.
   β. *Flore albo.*

Cette espèce, qui a été souvent confondue avec la bétoine
officinale, s'en distingue à son calice velu; à ses bractées ciliées;
à sa corolle dont le tube est plus court, et qui est pubescente en
dehors, même sur le limbe; à ses feuilles toutes plus larges et
plus velues; à sa tige plus ferme et plus velue. Elle a, de même
que la précédente, la lèvre supérieure de la corolle entière; ce
caractère la distingue de la *betonica incana*, Ait., qui a cette
lèvre divisée en deux lobes profonds. La bétoine roide croît dans
les bois secs et sablonneux, sur les collines; on la trouve à

Tome III.   M m

Marcoussis près de Paris ; à Lauteren (Poll.) , et probablement dans toute la France. ♃.

2563. Bétoine hérissée.   *Betonica hirsuta.*

Betonica hirsuta. Linn. Mant. 248. Lam. Dict. 1. p. 411.—*Betonica Monnieri.* Gou. Obs. 36. — Zanon. p. 46. t. 40.

Toute la plante est abondamment couverte de poils blancs, mous, hérissés et un peu laineux, à l'exception du calice qui est presque glabre ; elle s'élève à 2–3 décim. ; ses feuilles sont toutes pétiolées, mais la paire supérieure placée à la base de l'épi est presque sessile ; ces feuilles sont oblongues, un peu échancrées en cœur à la base, obtuses et bordées de larges crénelures ; l'épi est court, ovoïde, serré, très-obtus ; le calice est tubuleux, long de 10–12 millim. ; la corolle est purpurine, deux fois plus longue que lui, presque glabre en dehors ; la lèvre supérieure est concave, très-obtuse, tronquée ou même un peu échancrée au sommet ; l'inférieure est à trois lobes, dont deux latéraux, étroits et un peu pointus. ♃. Cette belle plante croît dans les prairies des montagnes, au mont d'Or ; dans les Pyrénées, aux environs de Bagnères et de Barrèges (Gou.) ; dans les Alpes du Dauphiné à l'Alp en Oysans, au mont de Lans, au Valjofrey, au Désert, aux Baux, à Gravasson (Vill.) ; en Piémont près Notre-Dame de Fenestrelle, Viù, et le mont Cenis (All.) ; aux montagnes de Culand et de Salanfe dans le Valais (Hall.) ; en Savoie à Chamouny.

2564. Bétoine d'Orient.   *Betonica Orientalis.*

Betonica Orientalis. Linn. spec. 811. Lam. Dict. 1. p. 411. Illustr. t. 507. f. 2. — *Betonica grandiflora.* Thuil. Fl. paris. II. 1. p. 293. non Wild.

Cette belle plante a quelques rapports avec la précédente, mais elle atteint 4-5 décim. de hauteur ; ses feuilles sont beaucoup plus longues ; ses calices sont pubescens et garnis de petits tubercules sur toute leur surface ; ses fleurs sont très-grandes, remarquables par leur lèvre supérieure qui est ample et arrondie au sommet, et par l'inférieure, dont les lobes latéraux sont larges et obtus. ♃. Cette plante m'a été communiquée par M. Thuilier, qui assure qu'elle est indigène dans les bois de Meaux en Brie. N'y a-t-elle point été semée ou ne s'est-elle pas échappée de quelque jardin ? Je n'indique cette plante qu'avec doute.

2565. Bétoine queue de   *Betonica alopecuros.*
renard.

Betonica alopecuros. Linn. spec. 811. Jacq. Austr. t. 78. — *Be-*
tonica lutea. Lam. Fl. fr. 2. p. 404. — *Sideritis alopecuros.*
Scop. Carn. ed. 2. n. 711. t. 28.

Sa tige est épaisse, à quatre angles obtus, simple, très-velue
et à peine haute de 5 décim. ; ses feuilles inférieures sont larges,
presque arrondies en cœur à leur base, bordées de grandes
crénelures épaisses, velues, d'un verd pâle ou jaunâtre et
portées sur de longs pétioles ; les feuilles du sommet sont presque
sessiles et un peu plus en pointe ; les fleurs sont d'un jaune pâle,
disposées en un épi ovale, serré et feuillé à sa base ; les feuilles
florales sont entières, et la lèvre supérieure de la corolle est
plus longue que l'inférieure. ♃. Cette plante croît dans les prairies
des montagnes ; dans les Pyrénées ; dans les Alpes du Dauphiné
à la grande Chartreuse, au Lautaret, à Lans (Vill.) ; dans les
montagnes de Provence (Gér.) ; de Savoie (Bocc. All.).

CCCLXXXIII. ÉPIAIRE.   *STACHYS.*

Stachys. Linn. Juss. Lam. — *Stachys et Tetrahit.* Ger. — *Sta-*
chys, Galeopsis et Trixago. Mœnch.

Car. Le calice est nu pendant la maturation, anguleux, à
cinq dents pointues ; la corolle a le tube court, le limbe à deux
lèvres ; la supérieure concave, échancrée ; l'inférieure a trois
lobes, dont deux latéraux renversés, et celui du milieu échancré : les étamines extérieures se déjettent sur les côtés de la corolle, après l'émission du pollen.

Obs. Les épiaires se ressemblent peu entre elles, et seront
sans doute un jour séparées par le monographe qui voudra
tenter de mettre quelque précision dans la classification des
labiées.

2566. Épiaire des bois.   *Stachys sylvatica.*

Stachys sylvatica. Linn. spec. 811. Lam. Fl. fr. 2. p. 387. —
Riv. t. 26. f. 2. — *Cardiaca.* Hall. Helv. n. 275.

Sa racine est un peu rampante ; sa tige est haute d'environ
1 mètre, velue, branchue et quadrangulaire ; ses feuilles sont
pétiolées, en forme de cœur, pointues, velues et dentées en scie ;
les fleurs, au nombre de six ou huit par verticilles, forment
un épi alongé et un peu lâche ; la lèvre supérieure de leur corolle est entière, d'un pourpre vif et foncé ; l'inférieure est

également purpurine, mais tachée de blanc. Cette plante a, dans toute ses parties, une odeur forte et très-puante. On la trouve dans les lieux couverts, les bois. ♃. Elle se nomme vulgairement *ortie puante*.

2567. Épiaire des marais.   *Stachys palustris.*

Stachys palustris. Linn. spec. 811. Lam. Fl. fr. 2. p. 385. — Riv. t. 26. f. 1. — Blackw. t. 273.

Sa tige s'élève jusqu'à 6 décim.; elle est ordinairement simple, toujours droite, un peu rougeâtre et légèrement velue; ses feuilles sont longues, un peu étroites, pointues, dentées en scie, à peine velues et d'un verd triste ou noirâtre; ses fleurs sont purpurines, un peu panachées de jaune et disposées par verticilles placés en épi terminal. ♃. Cette plante, nommée vulgairement *ortie morte*, croît dans les lieux humides et aquatiques. On en trouve, dans les lieux secs et montagneux, une variété dont la tige est très-velue et ne s'élève que jusqu'à 3 décim.; ses feuilles sont d'un verd jaunâtre, très-pâle, et son épi fort court n'est composé que de trois ou quatre verticilles tout au plus.

2568. Épiaire des Alpes.   *Stachys Alpina.*

Stachys Alpina. Linn. spec. 812. Lam. Fl. fr. 2. p. 386. Lapeyr. Pyren. 1. p. 14. t. 8.

Sa tige est haute de 5 décim., simple, velue, carrée et rougeâtre en ses angles; ses feuilles sont molles, velues, péliolées, ovales-oblongues, pointues et dentées en scie; celles de la racine sont en cœur à leur base, presque obtuses à leur sommet, et simplement crénelées en leur bord : les verticilles sont composés de six à huit fleurs, dont les calices sont grands et évasés; le tube de la corolle est tout-à-fait caché dans le calice; son limbe forme deux lèvres, dont la supérieure est horizontale, velue, d'un pourpre obscur, et l'inférieure pendante, un peu panachée à sa naissance, et d'un rouge ferrugineux à son extrémité. ♃. Cette plante est commune dans les lieux couverts. On la trouve abondamment à Saint-Remi proche Clermont en Beauvoisis (Lam.); à la forêt de Montmorency (Thuil.); à Boves et Foucarmont (Bouch.); dans les montagnes de l'Auvergne, des Pyrénées et des Alpes.

2569. Épiaire d'Allemagne. *Stachys Germanica.*

Stachys Germanica. Linn. spec. 812. Lam. Fl. fr. 2. p. 389.
Jacq. Austr. t. 319. — *Stachys tomentosa.* Gat. Fl. montaub.
107. — Riv. t. 27.
β. *Alba.* Latourr. Lugd. 16.

La tige de cette plante s'élève jusqu'à 6 décimètres ; elle est
droite, quelquefois branchue, carrée et abondamment chargée
d'un duvet soyeux et blanchâtre ; ses feuilles sont ovales, pointues, dentées en leur bord, épaisses, cotonneuses, soyeuses,
blanchâtres et comme ridées en dessous ; les verticilles sont
très-épais, composés de beaucoup de fleurs et disposés en épi
au sommet de la plante ; ils sont particulièrement remarquables
par le duvet soyeux et luisant dont ils sont abondamment garnis, ainsi que les feuilles florales : les fleurs sont purpurines
(quelquefois blanches, Latourr.), de moyenne grandeur, et ont
la lèvre supérieure de leur corolle très-velue. On trouve cette
plante dans les lieux secs et sur le bord des chemins. ♃.

2570. Épiaire visqueuse. *Stachys glutinosa.*

Stachys glutinosa. Linn. spec. 813. Vahl. Symb. 3. p. 76.

Cette espèce est entièrement glabre, à l'exception de quelques
poils épars sur ses feuilles inférieures ; sa tige est ligneuse, droite,
très-branchue ; ses sommités suintent une humeur visqueuse et
odorante ; ses rameaux deviennent épineux au sommet en
vieillissant ; les feuilles inférieures sont oblongues, légèrement
dentées ; les supérieures sont linéaires et entières : les fleurs
naissent solitaires, presque sessiles aux aisselles des feuilles ;
chacune d'elles porte à sa base deux bractées linéaires : le calice est à cinq divisions droites, un peu épineuses au sommet ; la corolle est blanchâtre ; son tube ne dépasse pas le calice ; la lèvre supérieure est concave, entière, velue en dessus ;
l'inférieure est trois fois plus longue, à trois lobes arrondis,
dont celui du milieu est le plus grand ; les anthères sont placées
à l'entrée du tube. ♄. Cette plante a été découverte en Corse,
par Valle (All.), et y a été retrouvée par M. Noisette.

2571. Épiaire maritime. *Stachys maritima.*

Stachys maritima. Linn. Mant. 82. Gou. Fl. monsp. 91. Lam.
Fl. fr. 2. p. 388. — Dill. Elth. t. 42. f. 50.

La tige est un peu ligneuse à sa base, pubescente ou laineuse,
longue de 2-4 décimètres ; les feuilles sont ovales, obtuses,

crénelées, un peu ridées ; les inférieures sont portées sur de longs pétioles ; les supérieures courtes, sessiles et entières ; à leur aisselle naissent des verticilles de deux à six fleurs ; le calice est laineux, assez évasé, à cinq divisions ; la corolle est jaunâtre, grande, velue en dehors, à deux lèvres divergentes et presque égales ; les étamines sont saillantes hors du tube. ♃. Cette plante croît au bord de la mer et des étangs, à Narbonne ? aux environs de Montpellier, à Mauguio, Perauls et Lattes ; à Marseille et à Saint-Tropez (Gou.).

2572. Épiaire hérissée. *Stachys hirta.*

Stachys hirta. Linn. spec. 2. p. 812. All. Ped. n. 113. t. 2. f. 3.
— *Galeopsis hirsuta.* Linn. spec. 1. p. 580. — *Sideritis ocymastrum.* Gou. Hort. 278.— Dalech. Hist. 684. ic.

Cette plante est tantôt droite, tantôt étalée, quelquefois même couchée, hérissée sur toute sa surface de poils épars nullement appliqués, plus nombreux vers le sommet ; la tige est rameuse ; les feuilles sont pétiolées, ovales, en forme de cœur, bordées de larges crénelures, obtuses au sommet, terminées (au moins les supérieures) par une petite épine qui fait le prolongement de la nervure du milieu ; les feuilles florales sont plus petites, presque sessiles ; les verticilles ont quatre à six fleurs ; le calice est à cinq lanières épineuses, très-acérées et égales à la lèvre supérieure de la corolle ; il est mal représenté dans la figure d'Allioni : la corolle est jaunâtre. ♃. Elle croît parmi les rochers sur les collines, à Pézenas et Gigean près Montpellier (Gou.); aux environs de Nice (All.).

2573. Épiaire crapaudine. *Stachys sideritis.*

Stachys sideritis. Vill. Dauph. 2. p. 375.—*Stachys recta.* Linn. Mant. 82. Jacq. Austr. t. 359. — *Stachys procumbens.* Lam. Fl. fr. 2. p. 385. — *Stachys bufonia.* Thuil. Fl. paris. II. 1. p. 295. — *Stachys betonica.* Crantz. Austr. p. 264. — *Sideritis hirsuta.* Gou. Fl. p. 85. — *Betonica hirta.* Gou. Hort. 276.— *Tetrahit herbariorum.* Ger. Gallopr. 272.— *Betonica decumbens.* Mœnch. Meth. 396.

Ses tiges sont longues de 3 décimètres, couchées seulement dans leur partie inférieure, velues, branchues et à quatre angles obtus ; ses feuilles sont ovales-oblongues, velues, un peu ridées, et légèrement dentées en leur bord ; les fleurs sont d'un jaune pâle avec des taches ou de petites veines rougeâtres ; leurs verticilles forment un épi terminal un peu interrompu à sa base; la lèvre supérieure de la corolle est étroite, redressée et fort écartée de l'inférieure ; les dents calicinales sont un peu épineuses ; les bractées sont lancéolées , terminées quelquefois par une épine presque insensible , mais leurs bords n'en portent aucune. Cette plante , connue sous le nom vulgaire de *crapaudine* , croît dans les terreins secs au bord des chemins. ♃.

2574. Épiaire annuelle.   *Stachys annua.*

Stachys annua. Linn. spec. 813. Jacq. Austr. t. 360.— *Betonica annua.* Linn. spec. ed. 1. p. 573. — *Stachys annua, var. a.* Lam. Fl. fr. 2. p. 388. — *Stachys nervosa.* Gat. Fl. montaub. 107. — *Betonica annua.* Mœnch. Meth. 396.

Sa tige est droite, branchue, quadrangulaire, presque glabre et haute de 2-5 décim. ou quelquefois beaucoup moins ; ses feuilles sont pétiolées , légèrement ridées et d'une couleur pâle un peu jaunâtre ; les inférieures sont ovales-oblongues, crénelées et un peu obtuses ; les supérieures sont plus étroites, pointues et dentées en scie : les fleurs sont assez grandes , d'un jaune pâle et chargées de points ou de raies rougeâtres a la naissance de la lèvre inférieure de leur corolle. Cette plante croît sur le bord des chemins et dans les lieux pierreux. ☉.

2575. Épiaire des champs.   *Stachys arvensis.*

Stachys arvensis. Linn. spec. 834. Fl. dan. t. 587. — *Cardiaca arvensis.* Lam. Fl. fr. 2. p. 383. — *Glechoma marrubiastrum.* Vill. Dauph. 2. p. 371. — *Marrubiastrum vulgare.* Tourn. t. 89. — *Trixago cordifolia.* Mœnch. Meth. 398.

Sa tige s'élève à-peu-près à la hauteur de 5 décimètres ; elle est un peu branchue, foible , velue et à quatre angles obtus ; ses feuilles sont pétiolées , en forme de cœur , obtuses , crénelées et moins velues que les autres parties de la plante ; elles sont plus courtes que les entre-nœuds : les fleurs sont fort petites , blanchâtres ou de couleur de chair , avec des taches en leur lèvre inférieure ; la corolle dépasse à peine la longueur du calice Cette espèce doit peut-être être réunie avec les glechomes ou les agripaumes. On trouve cette plante dans les champs. ☉.

CCCLXXXIV. BALLOTE.   *BALLOTA.*

Ballota. Linn. Juss. Lam. — *Ballote.* Tourn.

Car. Le calice est en cloche, à cinq angles, à dix stries, à cinq dents égales, nu pendant la maturation ; la corolle est à deux lèvres ; la supérieure concave, crenelée ; l'inférieure a trois lobes, dont celui du milieu est grand, échancré; les cariopses sont triangulaires.

2576. Ballote fétide.   *Ballota fœtida.*

Ballota fœtida. Lam. Fl. fr. 2. p. 381. Illustr. t. 508. f. 1. —
   Ballota nigra. Linn. spec. ed. 1. p. 582. non ed. 2. Smith.
   Fl. Brit. 2. p. 635. Bull. Herb. t. 397.
β. *Flore albo.* — *Ballota alba.* Linn. spec. ed. 2. p. 814. —
   Cam. Epit. 572. ic.

Ses tiges sont hautes de 6 décimètres, carrées, légèrement velues, souvent branchues et un peu rougeâtres ; ses feuilles sont pétiolées, ovales, presque en cœur, mais sans échancrure à leur base; elles sont d'un verd foncé, crénelées en leur bord et un peu nerveuses en dessous : les fleurs sont axillaires, portées sur des pédoncules rameux, et ne forment que des verticilles imparfaits, tournés souvent d'un même côté ; leur couleur est ordinairement rouge, ou quelquefois blanche, comme dans la variété β ; leur calice est un cornet strié, presque plissé, qui va en s'agrandissant vers son extrémité, et dont le bord est remarquable par cinq découpures peu profondes, obtuses, chargées chacune d'une très-petite pointe en leur sommet. Cette plante est commune le long des haies et sur le bord des chemins.♃. On la nomme vulgairement *marrube noir*, *marrubin*. La *ballota nigra* de la seconde édition de Linné, est une plante différente de celle-ci, particulière à la Suède, et qui est peut-être la fig. 1. de la pl. 65. de Rivin (Sm. Fl. br. 636.).

CCCLXXXV. MARRUBE.   *MARRUBIUM.*

Marrubium. Linn. Juss. Lam.

Car. Le calice est nu pendant la maturation, cylindrique, à dix stries, à cinq ou dix dents; la corolle est à deux lèvres; la supérieure linéaire, étroite, bifurquée; l'inférieure à trois lobes, dont celui du milieu grand et échancré.

2577. Marrube commun.   *Marrubium vulgare.*

Marrubium vulgare. Linn. spec. 816. Lam. Dict. 3. p. 771. Bull.
   Herb. t. 165.
β. *Album villosum.* C. Bauh. Prodr. 110.

Ses tiges sont hautes de 6 décim., droites, peu branchues, dures, carrées, velues et cotonneuses vers leur sommet; ses feuilles sont pétiolées, ovales, arrondies, bordées de dents inégales, blanchâtres et très-ridées : les fleurs sont petites, sessiles et ramassées en grand nombre à chaque verticille; elles sont de couleur blanche; leurs calices sont très-velus, à dix dents crochues. Cette plante est commune sur le bord des chemins, dans les lieux incultes, les décombres, etc. ♃.

2578. Marrube couché.   *Marrubium supinum.*

Marrubium supinum. Linn. spec. 816. Lam. Dict. 3. p. 716. — Bocc. Mus. t. 69.

Sa tige est ligneuse à sa base; elle se divise en rameaux opposés, nombreux, presque diffus, cotonneux vers leur sommet et la plupart un peu couchés, sur-tout avant la fleuraison de la plante; ces rameaux sont garnis de feuilles pétiolées, arrondies, presque en cœur, crénelées, ridées et soyeuses en dessus, fort blanches et comme réticulées en dessous; les dents du calice sont sétacées, velues, droites et au nombre de cinq. Cette plante croît en Languedoc (Sauv. Linn.). ♃ ou ♄.

CCCLXXXVI. AGRIPAUME.   *LEONURUS.*

Leonurus. Linn. non Tourn. — *Cardiaca et Chaiturus.* Mœnch.

Car. Le calice est cylindrique, à cinq angles, à cinq dents droites ou étalées; la corolle dépasse peu la longueur du calice; elle est à deux lèvres; la supérieure entière, concave, velue en dessus; l'inférieure réfléchie, à trois divisions égales : les anthères sont parsemées de points brillans.

Obs. Ce dernier caractère se retrouve dans plusieurs autres genres; les agripaumes se resemblent par le port, mais n'ont que des ressemblances légères dans les organes de la fructification, et seront probablement un jour divisés en plusieurs genres.

Première section. Cardiaque.   *Cardiaca.* T. Mœnch.

Etamines velues; ovaires surmontés d'une touffe de poils.

2579. Agripaume cardiaque.   *Leonurus cardiaca.*

Leonurus cardiaca. Linn. spec. 817. Bull. Herb. t. 273. Lam. Dict. 1. p. 55. — *Cardiaca trilobata.* Lam. Fl. fr. 2. p. 383.— *Cardiaca vulgaris.* Mœnch. Meth. 401. Tourn. Inst. t. 87.

Cette plante est haute de 6-9 décim., et s'élève même davantage lorsqu'on la cultive; sa tige est un peu dure, carrée et

branchue; ses feuilles sont pétiolées, ridées et d'un vert foncé
ou noirâtre en dessus; les inférieures sont larges, presque
arrondies ou palmées, et sont partagées en trois lobes principaux, dentés et même incisés; les supérieures sont étroites,
lancéolées, découpées en trois lobes simples et pointus; enfin,
celles de l'extrémité de la plante sont quelquefois très-entières : les fleurs sont d'un rouge clair, mêlé de blanc, et
forment des verticilles assez denses dans les aisselles des feuilles;
la lèvre supérieure de la corolle est velue. On trouve cette
plante dans les décombres, les lieux incultes, les haies. ♃. On
la croit bonne pour la cardialgie des enfans. Elle est tonique et
incisive.

Seconde section. CHAITURE.　*CHAITURUS.* Ehrh. Mœnch.

Étamines et ovaires glabres.

2580. Agripaume faux-　　*Leonurus marrubiastrum.*
marrube.

> *Leonurus marrubiastrum.* Linn. spec. 817. Jacq. Austr. t. 405.
> Lam. Dict. 1. p. 56. — *Chaiturus leonuroides.* Mœnch. Meth.
> 402.

Cette espèce a une tige droite, haute de 4-5 décim., divisée
en rameaux droits et peu nombreux; ses feuilles sont pétiolées,
bordées de larges dentelures en scie, ovales dans le bas de la
plante, oblongues ou lancéolées vers le haut; les fleurs forment
des verticilles serrés et fournis à leur aisselle; leur calice est
sans stries (ce qui l'éloigne des ballotes et des marrubes), à cinq
divisions droites, acérées et presque épineuses; la corolle est
blanchâtre et dépasse à peine le calice; la lèvre supérieure est
droite, concave, entière; l'inférieure est plus petite, à trois
lobes étalés : les étamines sont glabres et à peine de la longueur
du tube; les ovaires sont nus à leur sommet. ♃. Cette plante
croît dans les lieux secs, dans les champs cultivés; aux environs d'Étampes (Thuil.); de Nantes (Bon.); en Auvergne
(Delarb.); en Piémont près Vicinovi et Alexandrie (All.).

CCCLXXXVII. GALÉOBDOLON.　*GALEOBDOLON.*

> *Galeobdolon* Huds. — *Pollichia.* Roth. — *Galeopsidis sp.* Linn.
> *Lamii sp.* Crantz. — *Leonuri sp.* Scop. — *Cardiacæ sp.* Lam.

CAR. Le calice est en cloche, nu pendant la maturation, à

cinq dents inégales et aiguës ; la corolle est grande, à deux
lèvres ; la supérieure entière, voûtée ; l'inférieure a trois divisions pointues.

2581. Galéobdolon jaune.   *Galeobdolon luteum.*

> *Galeobdolon luteum.* Huds. Angl. 258. — *Galeopsis galeobdo-*
> *lon.* Linn. spec. 810. — *Pollichia galeobdolon.* Roth. Germ.
> I. 254. II. 26. — *Leonurus galeobdolon.* Scop. Carn. n. 705.
> — *Lamium galeobdolon.* Cranlz. Austr. 262. —*Galeobdolon*
> *galeopsis.* Curt. Lond. 4. t. 3o. — *Cardiaca sylvatica.* Lam.
> Fl. fr. 2, p. 384.
> α. *Pollichia vulgaris.* Pers. Ann. Bot. 14. p. 39.
> β. *Pollichia montana.* Pers. Ann. Bot. 14. p. 39.
> γ. *Foliis maculatis.* Tourn. Inst. 186.

Ses tiges sont hautes de 2 décim., simples, grèles, foibles
et un peu velues ; ses feuilles sont pétiolées, ovales, presque
en cœur, pointues, dentées en scie et d'un verd noirâtre ; les
supérieures sont plus étroites et un peu lancéolées : les fleurs
sont jaunes, sessiles et disposées par verticilles dans les aisselles
supérieures des feuilles ; la lèvre supérieure de leur corolle est velue, assez longue, redressée et très-écartée de l'inférieure. La variété α a des feuilles ovales et des fleurs solitaires ou géminées à
chaque aisselle ; la variété β a les feuilles supérieures lancéolées
et les verticilles à six fleurs ; la variété γ se distingue à ses
feuilles panachées. Cette plante croît dans les bois, les montagnes et le long des haies. ♃.

CCCLXXXVIII. PHLOMIDE.   *PHLOMIS.*

> *Phlomis.* Linn. Juss. Lam.

Car. Le calice est nu pendant la maturation, à cinq angles,
à cinq dents étalées ; la corolle est oblongue, à deux lèvres ; la
supérieure velue en dessus, voûtée, comprimée, échancrée ou
bifurquée, et se prolongeant en avant comme pour couvrir la
lèvre inférieure ; celle-ci est à trois lobes, dont celui du milieu
est grand, échancré : les anthères n'offrent pas de points
brillans.

2582. Phlomide lychnis.   *Phlomis lychnitis.*

> *Phlomis lychnitis.* Linn. spec. 819. Lam. Fl. fr. 2. p. 381. Mill.
> Ic. t. 203.—Lob. ic. t. 558. f. 1. 2.

Ses tiges sont carrées, velues, blanchâtres, et s'élèvent un
peu au-delà de 5 decim. ; ses feuilles sont étroites, lancéolées,
pointues, sessiles, blanchâtres et cotonneuses, sur-tout en leur

surface postérieure ; les verticilles sont très-velus et garnis d'une espèce de bourre ou de coton un peu pâle ; les bractées sont cordiformes et pointues ; le calice a les dents obtuses ; les fleurs sont grandes, d'un beau jaune. ♃. Cette plante croît aux environs de Narbonne, de Montpellier, dans les lieux appelés *Garrigues*, parmi les rochers (Magn.); sur le chemin de Frontignan (J. Bauh.); à Castelnau, Lavalette, Caunelles, au Terrail (Gou.); à Aix en Provence (Gér.); sur les collines de Saint-Eutrope, Barret, Monteiguèz, Mauret et du Prignon (Gar.); elle est nommée en Languedoc *sauvie sauvage*.

2583. Phlomide herbe au vent.   *Phlomis herba venti.*

> *Phlomis herba venti.* Linn. spec. 819. Lam. Fl. fr. 2. p. 381. — Lob. ic. 532. f. 1.

Ses tiges sont nombreuses, hautes de 5 décim., droites, carrées, velues et assez simples; ses feuilles sont sessiles, ovales-lancéolées, pointues, dentées, vertes en dessus et blanchâtres en dessous; les verticilles sont composés de huit à dix fleurs; les calices et les filets de la collerette sont hérissés de poils; les dents du calice sont droites, lancéolées, presque en forme d'alène; les fleurs sont grandes, rougeâtres. ♃. Cette plante croît dans les lieux stériles exposés au vent et au soleil, dans les provinces méridionales, depuis Narbonne jusqu'en Provence. Les Provençaux la nomment *herbo battudo*.

CCCLXXXIX. MOLUCELLE.   *MOLUCELLA.*

> *Molucella.* Linn. Juss. Lam. — *Molucca.* Tourn. Mœnch.

Car. Les Molucelles se distinguent à leur grand calice en forme de cloche évasée, réticulé et à cinq dents épineuses, dont la supérieure est un peu écartée des autres.

2584. Molucelle ligneuse.   *Molucella frutescens.*

> *Molucella frutescens.* Linn. spec. 821. All. Nic. 51. Ped. n. 122. t. 2. f. 2. Lam. Dict. 4. p. 133.

Petit arbrisseau à rameaux bifurqués, garnis d'épines axillaires, solitaires de chaque côté des feuilles; celles-ci sont ovales, obtuses, rétrécies en pétiole, pubescentes, bordées de deux ou trois fortes dentelures de chaque côté, quelquefois entières; les fleurs sont axillaires, solitaires, sessiles; le calice est en cloche alongée, à dix stries, à dix dents épineuses, dont trois alternes plus grandes ; la corolle a le tube de la longueur du calice, la lèvre supérieure fortement barbue en dessus, l'inférieure à trois lobes. ♄. Cette plante croît parmi les rochers, entre Saorgio et Brelio près Tende, et au-dessus de Sospello (All.). Elle m'a été communiquée par M. Rœmers. J'en possède une variété à feuilles presque entières, recueillie par Michaux dans son voyage de Perse.

CCCXC. CLINOPODE. *CLINOPODIUM.*

Clinopodium. Tourn. Linn. Juss. Lam.

Car. Le calice est nu pendant la maturation, cylindrique, à deux lèvres, dont la supérieure à trois lobes, et l'inférieure à deux divisions ; la corolle a un tube court, qui va en se renflant vers la gorge ; le limbe a deux lèvres ; la supérieure droite, échancrée, l'inférieure a trois lobes, dont celui du milieu grand et échancré.

2585. Clinopode commun. *Clinopodium vulgare.*

Clinopodium vulgare. Linn. spec. 821. Lam. Dict. 2. p. 49.
Illustr. t. 512. f. 1. Lob. Ic. t. 504. f. 1.
β. *Minus.* — Clus. Hist. 1. p. 354.

Cette plante s'élève jusqu'à 6 décim. ; sa tige est droite, carrée, velue et ordinairement simple ; ses feuilles sont pétiolées, ovales, légèrement dentées, velues et plus courtes que les entre-nœuds ; ses fleurs sont de couleur rouge, quelquefois blanche, et forment un ou deux verticilles assez denses au sommet de la tige ou dans les aisselles supérieures des feuilles. On trouve cette plante sur le bord des bois. ♃. Elle est céphalique et tonique. La variété β croît en Provence.

CCCXCI. ORIGAN. *ORIGANUM.*

Origanum. Linn. Juss. Lam. — *Origanum et Majorana.* Tourn. Mœnch.

Car. Le calice est variable ; la corolle a le tube comprimé, le limbe à deux lèvres, la supérieure échancrée, l'inférieure à trois lobes entiers, presque égaux ; les cariopses sont arrondis.

Obs. Les fleurs sont entourées de bractées souvent colorées, et disposées ordinairement en corymbes serrés ou en épis prismatiques. Ce dernier caractère a engagé Linné à réunir aux origans les marjolaines de Tournefort, qui en diffèrent par des caractères importans.

Section première. ORIGAN.　*ORIGANUM.* **Tourn. Mœnch.**

*Calice fermé de poils pendant la maturation , cylindrique ,
à cinq dents égales.*

2586. Origan commun.　*Origanum vulgare.*

Origanum vulgare. Linn. spec. 824. Bull. Herb. t. 193. Lam.
Dict. 4. p. 607. non Fl. dan. — Fuchs. Hist. 552. ic.

β. *Flore albo.* Tourn. Inst. 199.

Ses tiges sont hautes de 6 décim. , dures , carrées , velues
et un peu branchues supérieurement ; ses feuilles sont pétiolées , ovales , terminées par une pointe émoussée , velues particulièrement en leur bord et en leur surface postérieure , vertes
en dessus , et légèrement dentées ; les fleurs sont assez petites ,
d'un rouge clair ou de couleur blanche ; le sommet des calices
et les bractées sont d'un rouge violet , ce qui donne un aspect
agréable aux panicules de cette plante ; les étamines sont plus
longues que la corolle. Cette espèce est commune dans les bois ,
le long des haies et dans les lieux montagneux. ♃. Elle est
tonique et stomachique.

2587. Origan de crête.　*Origanum creticum.*

Origanum creticum. Linn. spec. 823. Lam. Fl. fr. 2. p. 390. —
Cam. Epit. 468. ic.

Sa tige est haute de 5-6 décim. , droite , un peu branchue
et rougeâtre ; ses feuilles sont pétiolées , ovales , arrondies ,
quelquefois un peu en pointe et très-entières en leur bord ;
les épis sont longs , grêles , colorés et ramassés en panicule
très-resserrée au sommet de la plante ; les bractées sont deux
fois plus longues que les calices. On trouve cette plante dans
les provinces méridionales , aux environs de Montpellier (Cam.) ;
à Salason , Castelnau , la source du Lez (Gou.). ♃.

Seconde section. MARJOLAINE. *MAJORANA.* **Tourn. Mœnch.**

*Calice nu pendant la maturation , divisé en deux lèvres :
la supérieure grande , à trois dents à peine visibles ; l'inférieure à deux lobes profonds.*

2588. Origan fausse-　*Origanum majoranoides.*
marjolaine.

Origanum majoranoides. Willd. spec. 3. p. 137. — *Origanum
majorana.* Desf. Atl. 2. p. 27. — *Majorana crassa.* Mœnch.

Meth. 406. — *Origanum onites.* Lam. Dict. 4. p. 608. — Lob. Ic. t. 498. f. 1.

La plante cultivée dans tous les jardins sous le nom de *marjolaine*, et décrite sous ce nom par presque tous les auteurs du midi de l'Europe, n'est point, selon Wildenow, celle que Linné a décrite sous le nom d'*origanum majorana*. Notre plante est vivace, un peu ligneuse à sa base; ses feuilles sont pétiolées, elliptiques, obtuses, entières, blanchâtres et un peu cotouneuses; les épis sont tétragones, arrondis au sommet, embriqués, cotonneux, disposés trois ou quatre ensemble au sommet de chaque pédoncule; les corolles sont blanches. Cette plante est originaire de Barbarie. ♃, ♄.

CCCXCII. THYM. *THYMUS.*

Thymus. Scop. — *Thymus et Melissæ sp.* Linn. — *Thymus, Serpillum et Calamintha.* Tourn. — *Thymus, Acinos et Calamintha.* Mœnch.

Car. Le calice est strié, fermé par des poils pendant la maturation, divisé en deux lèvres, dont la supérieure à trois dents et l'inférieure a deux lobes ou à deux pointes; la corolle est à deux lèvres; la supérieure échancrée, l'inférieure à trois lobes, dont celui du milieu est grand, entier ou échancré.

§. Ier. *Division moyenne de la lèvre inférieure entière (Thymus. Lam.).*

2589. Thym serpollet. *Thymus serpillum.*

Thymus serpillum. Linn. spec. 825. excl. var. δ. Lam. Fl. fr. 2. p. 392. excl. var. ε. Illustr. t. 512.

β. *Majus.* — Blackw. t. 418.

γ. *Citriodorum.* — C. Bauh. Pin. 220.

δ. *Glabrum.* — C. B. Pin. 220.

ε. *Flore albo.* — Poll. Pal. 2. p. 169.

Ses tiges sont nombreuses, diffuses, dures, ligneuses à leur base, et toujours couchées sur la terre; mais les rameaux grèles, rougeâtres et un peu velus qu'elles produisent, sont souvent redressés. sur-tout dans le temps de la fleuraison de la plante; ses feuilles sont petites, un peu dures, planes, souvent traversées par un pli ou une espèce de sillon longitudinal, ordinairement ciliées en leur bord ou au moins à leur base; tantôt ovales et assez larges; tantôt un peu ovales, mais fort petites;

tantôt, enfin, fort étroites et pointues ; les fleurs sont disposées
en épi court, ou en manière de tête aux extrémités des branches ;
elles sont d'un pourpre plus ou moins foncé, ou quelquefois
tout-à-fait blanches ; leur calice est ordinairement coloré d'un
pourpre presque violet, ce qui donne un aspect fort agréable
aux sommités fleuries de cette plante. La variété γ est particulièrement remarquable par son odeur de citron ou de mélisse des jardins. Quelquefois la piqûre d'un insecte produit
de petites têtes blanches très-veloutées ou cotonneuses, situées
au sommet des branches ; mais on ne doit pas mettre au nombre
des variété de cette espèce, les plantes qui ont éprouvé cette
sorte d'accident. On trouve cette plante sur le bord des chemins secs et sur les collines. ♃. Elle est tonique et céphalique.

2590. Thym laineux.　　　*Thymus lanuginosus.*

Thymus lanuginosus. Schk. Bot. 2. t. 164. Wild. spec. 3. p. 138.
— *Thymus serpyllum*, δ. Linn. spec. 825. — *Thymus serpillum*, ε. Lam. Fl. fr. 2. p. 392.
β. *Thymus pannonicus.* All. Ped. n. 77. Sut. Fl. helv. 2. p. 19.
— Hall. Helv. n. 236.

Cette espèce diffère de la précédente par ses tiges hérissées ;
par ses feuilles plus petites, plus arrondies, toutes hérissées sur
leurs deux faces de poils blancs et laineux. Ces caractères se
conservent par la culture, selon l'observation de Wildenow. Elle
croît dans les lieux secs du midi de la France. La variété β que
j'ai reçue du Valais ne diffère de la précédente que par un aspect un peu plus cotonneux. Elle ne peut appartenir au *thymus
montanus*, W., puisqu'elle n'a pas la tige droite, les feuilles
ni les calices glabres. ♃.

2591. Thym zygis.　　　*Thymus zygis.*

Thymus zygis. Linn. spec. 826. Mant. 413. non Pall. — *Thymus
ciliatus.* Lam. Fl. fr. 2. p. 392. — Clus. Hist. 1. p. 358. f. 2.

Cette espèce se distingue facilement à ses feuilles linéaires,
ciliées sur leurs bases et assez semblables à celles de la coris de
Montpellier ; ses tiges sont ligneuses, grêles, branchues et chargées, de distance en distance, de feuilles fort étroites, disposées
comme par paquets opposés ; les fleurs sont petites, verticillées
dans les nœuds supérieurs, et d'une couleur blanche un peu
purpurine. ♄. On trouve cette plante dans les provinces méridionales, dans les lieux secs, parmi les bruyères près Montpellier,

à

à Saint-Giles (Magn.) ; au Terrail et au-delà de Caunelles (Gou.).
♄. Elle a moins d'odeur que la suivante.

2592. Thym commun. *Thymus vulgaris.*

Thymus vulgaris. Linn. spec. 825. Lam. Fl. fr. 2. p. 392. —
Blackw. t. 211.
β. *Latifolius.* — Sabb. Hort. 3. t. 68.
γ. *Candicans.* — Tourn. Inst. 196.
ƌ. *Capitulis minoribus.* — Tourn. Inst. 196.

Ses tiges sont hautes de 15–18 centim., ligneuses, presque
cylindriques, d'un brun rougeâtre, et produisent beaucoup de
rameaux opposés, grêles et un peu velus ; ses feuilles sont petites, assez étroites, vertes en dessus et blanchâtres ou d'une
couleur cendrée en dessous ; les fleurs sont verticillées en épi
vers le sommet des branches ; elles sont petites et semblables à
celles de l'espèce précédente. Cette plante est commune sur les
collines sèches des provinces méridionales. ♄. On la cultive dans
les jardins pour son odeur qui est forte, aromatique et des plus
agréables : elle est tonique, cordiale, stomachique et incisive.
On la nomme vulgairement le *tin*, la *pote*, la *frigoule*.

§. II. *Division moyenne de la lèvre inférieure de la corolle échancrée (Calamintha, Lam.).*

2593. Thym des champs. *Thymus acinos.*

Thymus acinos. Linn. spec. 826. Bull. Herb. t. 318. — *Calamintha arvensis.* Lam. Fl. fr. 2. p. 394. — *Acinos thymoides.*
Mœnch. Meth. 407. — Lob. ic. t. 506. f. 1.

Ses tiges sont longues de 2 décimètres, grêles, branchues,
un peu dures, légèrement velues, quelquefois droites, mais
plus ordinairement un peu couchées sur la terre ; ses feuilles
sont ovales – oblongues, pointues, rétrécies en pétiole à leur
base, plus courtes que les entre-nœuds, velues en leur bord,
quelques-unes très–entières, mais la plupart chargées d'une ou
deux dents de chaque côté, dans leur partie supérieure : les
fleurs sont rougeâtres ou purpurines, tachées de blanc en leur
lèvre inférieure et cinq ou six à chaque verticille ; leur calice
est remarquable par les stries nombreuses et saillantes dont il est
chargé, et par le renflement qu'il acquiert à sa base pendant la
maturation des graines. On trouve cette plante dans les lieux
secs et pierreux, dans les champs. ☉.

2594. Thym des Alpes.   *Thymus Alpinus.*

Thymus Alpinus. Linn. spec. 826. Jacq. Austr. t. 97. — *Calamintha Alpina.* Lam. Fl. fr. 2. p. 394. — *Acinos Alpinus.*
Mœnch. Meth. 407. — *Thymus montanus.* Crantz. Austr. 278.

Ses tiges sont hautes d'environ 2 décim., quelquefois moins,
peu branchues et légèrement quadrangulaires ; elles sont garnies de feuilles dans toute leur longueur ; ces feuilles sont
un peu pétiolées, ovales, vertes, presque glabres et à peine
dentées en leur bord ; les inférieures sont un peu arrondies :
les fleurs sont deux fois plus grandes que celles de l'espèce
précédente ; elles sont d'une couleur violette ou bleuâtre, et
portées sur des pédoncules fort courts : leur calice est un peu
coloré. Cette plante croît dans les prairies pierreuses des Alpes
et du Jura ; on la retrouve à Fontainebleau, au rocher du Cuvier
près la belle croix (Thuil.) ; aux environs de Nantes (Bon.). ♃.
Le *thymus patavinus* de Jacquin, ne m'e paroît pas différer de
cette espèce.

2595. Thym poivré.   *Thymus piperella.*

Thymus piperella. Linn. Syst. 453. All. Ped. n. 81. t. 37. f. 3.—
Thymus imbricatus. Forsk. Æg. 108.—Barr. rar. t. 694.

Sa tige est ligneuse à la base, étalée, presque cylindrique,
longue de 1-2 décim. ; ses feuilles sont ovales, rétrécies à la
base, glabres, entières, marquées en dessous de nervures saillantes ; les fleurs naissent dans les aisselles supérieures, portées
sur un pédoncule qui se divise presque dès sa base en deux à
trois pédicelles chargés chacun d'une fleur ; quelquefois le pédoncule ne porte qu'une seule fleur, mais on trouve encore alors
deux petites bractées qui, placées dans le bas du pédoncule, indiquent sa tendance à se ramifier : le tube de la fleur est plus
long que le calice, et non renflé à son orifice ; le limbe est
purpurin, à deux lèvres, dont la supérieure en forme de cœur,
et l'inférieure à trois lobes ; celui du milieu est échancré. ♃.
Cette plante croît assez abondamment sur les rochers, dans les
Alpes maritimes du Piémont, et aux environs de Montregal,
Garressio, Carlin, la Briga (All.).

2596. Thym à grande fleur.   *Thymus grandiflorus.*

Thymus grandiflorus. Scop. Carn. ed. 2. n. 732. — *Melissa grandiflora.* Linn. spec. 827. Lam. Dict. 4. p. 77. — *Calamintha
grandiflora.* Mœnch. Meth. 408. — *Calamintha montana,* β.
Lam. Fl. fr. 2. p. 396.

Cette espèce a quelque ressemblance, dans le port, avec le

thym calament, mais elle en est certainement distincte par ses
feuilles plus pointues, à dentelures plus aiguës; par ses pédoncules qui ne portent que trois ou quatre fleurs ; par ses calices
presque glabres et deux fois plus longs , et sur-tout par ses corolles quatre fois plus grandes , renflées à la gorge et assez semblables à celles d'un dracocéphale. ⚥. Cette plante croît dans
les haies , les buissons, les lieux ombragés des pays de montagnes; dans le Piémont (All.); le Dauphiné (Vill.); la Provence (Gér.) ; le Lionnois (Latourr.) ; à l'Esperou près Montpellier (Gou.); sur les bords de la Sioule, sous Pont-Gibault
en Auvergne (Delarb.); aux environs de Nantes (Bon.).

2597. Thym calament. *Thymus calamintha.*

Thymus calamintha. Scop. Carn. ed. 2. n. 733. — *Melissa calamintha.* Linn. spec. 827. Bull. Herb. t. 251. — *Calamintha
montana ,* var. α. Lam. Fl. fr. 2. p. 396. — *Calamintha officinalis.* Mœnch. Meth. 409. — Lob. ic. t. 513. f. 1.

Ses tiges s'élèvent jusqu'à 6 décimètres; elles sont droites,
velues et à quatre angles obtus ; ses feuilles sont pétiolées,
ovales, dentées en scie, terminées par une pointe émoussée ,
nerveuses en dessous et légèrement velues ; les fleurs sont
grandes, portées sur des pédoncules très-rameux et disposées
dans les aisselles supérieures en manière de grappe ou de panicule alongée et terminale; elles sont purpurines ou blanchâtres , et souvent un peu tachées de violet : le style et les
deux étamines longues, sont saillans hors de la corolle ; les calices sont un peu violets en leur bord ; les deux dents inférieures
sont velues , fines , et deux fois plus longues que les supérieures.
Cette plante croît au bord des champs , le long des routes, sur
les collines et dans les terreins pierreux. ⚥.

2598. Thym népeta. *Thymus nepeta.*

Thymus nepeta. Smith. Fl. brit. 2. p. 642. — *Melissa nepeta.* Linn.
spec. 828. Lam. Dict. 4. p. 78. — *Calamintha parviflora.* Lam.
Fl. fr. 2. p. 396. — *Melissa trichotoma.* Mœnch. Meth. 409.

Cette espèce ressemble beaucoup au thym calament, mais
elle a une odeur plus forte ; sa tige est plus foible, moins droite ;
ses feuilles florales sont toujours plus courtes que les pédoncules, et sur-tout les cinq dents du calice sont sensiblement
égales entre elles, et les deux supérieures sont redressées ; les
poils de l'intérieur du calice sont un peu saillans; la corolle est

blanche, un peu tachetée de pourpre ; les anthères sont violettes.
♃. Elle croît sur les collines pierreuses.

2599. Thym de Crète.   *Thymus Creticus.*

Melissa Cretica. Linn. spec. 828. — *Calamintha cretica.* Lam.
Fl. fr. 2. p. 395. — Pluk. t. 163. f. 4.—Lob. ic. t. 514. f. 1.

Ses tiges sont droites, rameuses, hautes de 2-3 décim.,
couvertes, ainsi que les feuilles, d'un duvet blanchâtre exces-
sivement court; les feuilles sont ovales, petites, sur-tout vers
le haut de la plante, presque toujours entières et assez semblables à celles de la germandrée herbe aux chats ; les fleurs
sont aux aisselles des feuilles supérieures, portées sur un pédicelle simple ou trifurqué, solitaires ou le plus souvent ternées ;
les corolles sont petites, d'un blanc tirant sur le pourpre. ♄. Il
croît aux environs de Montpellier (Linn.); de Lucerame
(All.).

CCCXCIII. MÉLISSE.   *MELISSA.*

Melissa. Mœnch. —*Horminum et Melissæ sp.* Linn. Juss. Lam.

CAR. Le calice est à deux lèvres, évasé au sommet, nu pendant la maturation; la lèvre supérieure est plane, à trois dents ;
l'inférieure à deux lobes : la corolle est cylindrique, à deux
lèvres; la supérieure voûtée, échancrée ; l'inférieure à trois
lobes.

2600. Mélisse officinale.   *Melissa officinalis.*

Melissa officinalis. Linn. spec. 827. Lam. Dict. 2. p. 76. Illustr.
t. 812. f. 1. — Lob. ic. 514. f. 2.
β. *Major et hirsuta.* — *Melissa romana.* Mill. Dict. n. 2.

Ses tiges sont hautes de 6 décimètres, carrées, dures,
très-branchues et presque glabres; les feuilles sont pétiolées,
ovales, un peu en cœur, sur-tout celles du bas de la plante,
dentées en leur bord, d'un verd luisant, et couvertes de poils
courts; les fleurs sont petites, de couleur blanche ou incarnate,
assez nombreuses et ordinairement tournées toutes du même
côté. On trouve cette plante dans les environs de Paris, sur le
bord des haies, mais elle est plus commune dans les provinces
méridionales. ♃. On la cultive dans les jardins; son odeur est
fort agréable et a quelque rapport avec celle du citron. Toute
la plante est cordiale, stomachique et céphalique. On la connoît

sous les noms de *mélisse*, *citronade*, *citronelle*, *herbe de citron*, *poncirade*, *piment des mouches à miel*.

2601. Mélisse des Pyrénées. *Melissa Pyrenaica.*

Melissa Pyrenaica. Jacq. Hort. Vind. 2. t. 183. Wild. spec. 3.
p. 148. —*Horminum Pyrenaicum.* Linn. spec. 831. Lam. Dict.
3. p. 136. — Magn. Hort. t. 133.

Cette plante ne dépasse guère 2 décim. de hauteur ; ses feuilles sont presque radicales, ovales–oblongues, rétrécies en un pétiole laineux sur les bords, glabres et bordées de fortes crénelures ; la tige est simple, presque nue ; les feuilles florales sont ovales, sessiles, très-petites ; les fleurs sont verticillées à leur aisselle ; le calice est purpurin, à dix nervures, à cinq dents, dont trois redressées forment la lèvre supérieure ; la fleur est assez grande, tubuleuse, et a la lèvre supérieure un peu plus courte que l'inférieure. ♃. Elle croît dans les hautes Pyrénées, et a été retrouvée dans les Alpes voisines du Valais (Schl.).

CCCXCIV. MÉLITTE. *MELITTIS.*

Melittis. Linn. Juss. Lam. —*Melissæ sp.* Lam. —*Melissophyllum.* Hall.

Car. Le calice est nu pendant la maturation, à trois lobes, dont le supérieur est souvent échancré, grand et beaucoup plus large que le tube de la corolle ; celle-ci est grande, a son limbe ouvert et labié ; la lèvre supérieure est plane, entière ; l'inférieure est à trois lobes grands, inégaux, les cariopses sont arrondis, triangulaires, velus en dehors.

2602. Mélitte à feuilles *Melittis melissophyllum.*
de mélisse.

Melittis melissophyllum. Linn. spec. 832. Jacq. Austr. t. 26.
Lam. Illustr. t. 513. — *Melissa sylvestris.* Lam. Fl. fr. 2.
p. 401.
β. *Melittis grandiflora.* Smith. Fl. brit. 2. p. 644. — *Melittis melissophyllum.* Curt. Lond. 6. t. 39.

Ses tiges s'élèvent jusqu'à 5 décim. ; elles sont velues, carrées, très-garnies de feuilles dans toute leur longueur et presque toujours simples : les feuilles sont ovales, portées sur de courts pétioles, velues, crénelées ou dentées en leur bord et plus longues que les entre-nœuds ; les fleurs sont axillaires, pédonculées, fort grandes, quelquefois tout-à-fait rougeâtres, mais plus ordinairement de couleur blanche avec une tache incarnate ou purpurine en leur lèvre inférieure. La variété *α* est plus velue, a les fleurs plus petites, d'un blanc tirant sur le rougeâtre; le calice à trois lobes entiers, et la lèvre supérieure entière. La variété *β* est plus simple, moins velue, a la fleur un peu plus grande, d'un blanc un peu jaunâtre; la lèvre supérieure échancrée; le calice à trois lobes, dont le plus grand est échancré au sommet. Ces deux plantes sont-elles des espèces ou des variétés? On les trouve dans les bois et les lieux couverts. ♃.

CCCXCV. DRACOCÉPHALE.   *DRACOCEPHALUM.*

Dracocephalum. Linn. Juss. Lam.

C_{AR}. Le calice est nu pendant la maturation, de forme variable; la corolle est remarquable par le renflement de sa gorge; sa lèvre supérieure est voûtée, entière ou échancrée; l'inférieure à trois lobes, dont les deux latéraux sont plus petits et redressés.

2603. Dracocéphale d'Autriche.   *Dracocephalum Austriacum.*

Dracocephalum Austriacum. Linn. spec. 829. Jacq. ic. rar. t. 112. Lam. Dict. 2. p. 319. —*Ruyschiana laciniata.* Mill. Dict. n. 2.— Clus. Hist. 2. p. 185. f. 1.

Ses tiges sont rameuses, hautes de 2-4 décim., chargées d'un duvet court; ses feuilles sont découpées en cinq à sept lanières profondes, linéaires, presque palmées, un peu cotonneuses et terminées, ainsi que les dents du calice, par de petites épines molles; les feuilles des rameaux supérieurs sont simples; celles qui entourent les fleurs ont trois lanières : les fleurs sont grandes, verticillées; leur calice est velu; leur corolle d'un violet bleuâtre, remarquable par le grand évasement de la gorge. ♃ ou ♂. Cette belle plante, cultivée dans plusieurs jardins comme fleur d'ornement, croît en Dauphiné, dans une montagne du Noyer en Champsaur, appelée *Pré de l'Angle*, située près le col de Devoluy; en Provence à la montagne de Regnier (Vill.).

2604. Dracocéphale   *Dracocephalum Ruyschiana.*
de Ruysch.

> *Dracocephalum Ruyschiana.* Linn. spec. 830. Lam. Dict. 2. p.
> 319. — *Ruyschiana spicata.* Mill. Dict. n. 1. — Moris. s. 11.
> t. 5. f. 9.

Cette espèce a quelques rapports avec la précédente, mais
elle s'en distingue, dès le premier coup-d'œil, à ce qu'elle est
entièrement glabre; à ses fleurs rapprochées en épi oblong; à
ses feuilles linéaires, entières, sans épine au sommet, et disposées comme par faisceaux; enfin, à ses fleurs de moitié plus
petites. ♃, Lin.; ♂, Chaix. Elle croît en Dauphiné, sur le col
de Gap, appelé *mont Bayard* (Vill.), en Piémont, dans les
prés de Pralugnan, sur le col de la Roue près Bardonache, à la
combe d'Ambin près le petit mont Cenis (All.).

CCCXCVI. BRUNELLE.   *BRUNELLA.*

> *Brunella.* Bauh. Tourn. Juss. — *Prunella.* Linn. — *Brunellæ*
> *sp.* Lam.

Car. Le calice est nu pendant la maturation, à deux lèvres;
la supérieure grande, plane, à trois dents et presque tronquée
au sommet; l'inférieure à deux lobes : la corolle est à deux
lèvres; les filamens des étamines sont fourchus au sommet;
l'une de leurs pointes est nue, et l'autre porte une anthère : le
style est bifurqué au sommet.

2605. Brunelle commune.   *Brunella vulgaris.*

> *Brunella vulgaris.* Mœnch. Meth. 414. — *Brunella vulgaris,* α.
> Lam. Dict. 1. p. 472. — *Prunella vulgaris.* Poll. Pal. n. 577.
> Wild. spec. 3. p. 176. — *Prunella vulgaris,* α. Linn. spec.
> 837. — *Prunella officinalis.* Crantz. Aust. 279. — Blackw.
> t. 24.
> β. *Flore albo.* Tabern. ic. p. 553.
> γ. *Flore luteo.* Ponted. Comp. p. 90.
> δ. *Flore rubro.* Hall. Helv. n. 277. var. δ.
> ε. *Foliis laciniatis.*
> ζ. *Foliis hirsutis.*

Sa tige est velue, carrée, ordinairement couchée sur la terre
dans les terreins secs, et droite dans les lieux couverts où elle
s'élève quelquefois au-delà de 3 décimètres; ses feuilles sont
un peu velues; les supérieures sont légèrement dentées et portées sur de courts pétioles : les fleurs sont purpurines ou
bleuâtres; elles sont remarquables par la lèvre supérieure de

leur calice qui paroît tronqué, laissant à peine l'apparence
de trois arètes presque imperceptibles : les fleurs sont blanches dans la variété β, jaunâtres dans la variété γ, que je cite
d'après Pontedera, qui dit l'avoir récoltée au mont Salève ;
rouges dans la variété δ : les feuilles de la variété ε sont découpées comme dans la brunelle découpée, et j'ai en effet reçu
souvent cette variété sous ce nom, mais la structure de son
calice la ramène parmi les variétés de la brunelle commune;
la variété ζ, qui a les feuilles velues, croît dans les montagnes.
♃. Elle est commune dans les prés, les bois, le bord des chemins; elle est vulnéraire et un peu astringente.

2606. Brunelle découpée.   *Brunella laciniata.*

> *Brunella laciniata.* Lam. Fl. fr. 2. p. 366.—*Prunella laciniata.*
>   Linn. spec. 837. Jacq. Austr. t. 378. — *Prunella grandiflora,*
>   β. Wild. spec. 3. p. 177.
> α. *Flore albo.* Clus. Hist. 2. p. 43. f. 2.
> β. *Flore roseo.* C. Bauh. Pin. 181.
> γ. *Flore purpureo.* Hall. Helv. n. 279. var. α.
> δ. *Flore cœruleo.* Vaill. Bot. t. 5. f. 1.
> ε. *Flore minimo.* — *Prunella parviflora.* Poir. Itin. 2. p. 188.

Cette espèce a le port de la brunelle commune et le calice de
la brunelle à grande fleur; elle se distingue de l'une et de l'autre
parce que ses feuilles, et sur-tout les supérieures, sont plus ou
moins profondément pinnatifides; le calice a la lèvre supérieure
large, à trois lobes courts, arrondis, surmontés d'une petite
pointe; la corolle est deux fois plus longue que dans la brunelle
commune, mais plus courte, plus grêle et plus droite que dans la
brunelle à grande fleur; elle est blanche dans la variété α, qui
est la plus commune; rose dans la variété β, purpurine dans la
variété γ, bleue dans la variété δ. On trouve cette plante sur
les pelouses et dans les lieux secs. ♃. La var. ε, que l'Héritier a
trouvée à Montmorenci, est très-remarquable par ses feuilles
entières et ses fleurs plus petites que dans aucune autre espèce.
Ces caractères la rapprochent de la brunelle commune; mais elle
a le calice à trois lobes, comme la brunelle découpée. On doit
peut-être la considérer comme une espèce distincte.

2607. Brunelle à grande fleur. *Brunella grandiflora.*

> *Brunella grandiflora.* Mœnch. Meth. 414. — *Prunella grandi-*
>   *flora.* Jacq. Austr. t. 377. — *Prunella vulgaris.* β. Linn. spec.
>   837. — *Prunella grandiflora,* α. Wild. spec. 3. p. 177.

β. Flore albo. Clus. Hist. 2. p. 42.

γ. Flore roseo. Hall. Helv. n. 278. var. *γ.*

Cette espèce se distingue facilement à ses fleurs dont la longueur atteint 3 centim. , même dans les individus rabougris : cette corolle est encore remarquable par un renflement placé au-dessous de la lèvre inférieure , et parce que la lèvre supérieure , au lieu d'être droite , se coude vers le milieu et devient alors parallèle à la lèvre inférieure ; les feuilles sont pétiolées , peu ou point découpées , quelquefois munies d'oreillettes à leur base ; la lèvre supérieure du calice est à trois lobes ; la corolle est ordinairement purpurine ; elle est blanche dans la variété *β* citée par divers auteurs, et rose dans la variété *γ* indiquée par Haller. ♃. Elle croît dans les près des collines et des montagnes.

2608. Brunelle à feuilles d'hysope.   *Brunella hyssopifolia.*

Brunella hyssopifolia. Lam. Fl. fr. 2. p. 366. — *Prunella hyssopifolia.* Linn. spec. 837. — Moris. s. 11. t. 5. f. 7.

Sa tige est haute de 3 déc. , un peu velue, branchue et quadrangulaire ; ses feuilles sont sessiles , entières , ciliées , un peu dures , assez étroites et longues de 5 centim. ou quelquefois davantage ; ses fleurs sont grandes , d'un pourpre bleuâtre , et le limbe de leur corolle est chargé de poils blancs , ainsi que le dos de la lèvre supérieure. On trouve cette plante dans les provinces méridionales , dans les pâturages humides et argilleux, aux environs de Narbonne, de Montpellier, à Gramont, Caunelles (Gou.); au pont de Selleneuve (Magn.); en Provence (Gér.); aux environs de Nice (All.); en Dauphiné à l'Epine-Nesse , Montmaur , Rosans, Sisteron (Vill.). ♃.

CCCXCVII. CLÉONIE.   *CLEONIA.*

Cleonia. Linn. Desf. — *Brunellæ sp.* Lam. Juss.

Car. Ce genre se rapproche des brunelles par la forme du calice et des étamines; mais il en diffère par son stigmate à quatre lobes , et sur-tout parce que l'entrée du calice est fermée par une touffe de poils pendant la maturation des graines.

2609. Cléonie de Portugal.   *Cleonia Lusitanica.*

Cleonia Lusitanica. Linn. spec. 837. Mill. ic. t. 70. — *Brunella odorata.* Lam. Fl. fr. 2. p. 367. — Barr. ic. t. 561.

Ses tiges sont hautes à-peu-près de 2 décim. , très-velues et un peu branchues vers leur sommet; ses feuilles sont alongées ,

rétrécies en pétiole à leur base, obtuses à leur extrémité et
fortement dentées en leur bord ; celles du sommet de la plante
sont pinnatifides, et les bractées sur-tout sont remarquables
par leurs pinnules étroites, aiguës et très-ciliées ; les fleurs sont
grandes, de couleur violette ou bleuâtre, un peu tachées de
blanc et disposées en épi terminal. ⊙. Elle croît en Languedoc,
entre Carcassonne et Sorrèze, où elle a été observée par dom
Fourmeault.

CCCXCVIII. BASILIC.   *OCYMUM.*

Ocymum. Tourn. Linn. Juss. Lam.

CAR. Le calice est à deux lèvres, dont la supérieure est
arrondie, entière, et l'inférieure à quatre lobes ; la corolle est
à deux lèvres, dont l'une est entière et l'autre à quatre lobes ;
les étamines sont couchées du côté inférieur, parce que la corolle
est renversée ; les deux filamens extérieurs émettent un petit
appendice à leur base.

OBS. Les basilics sont tous exotiques ; ils trouvent place dans
cet ouvrage, parce que plusieurs sont généralement cultivés à
cause de leur parfum aromatique.

2610. Basilic commum.   *Ocymum basilicum.*

Ocymum basilicum. Linn. spec. 833. excl. var. δ. Lam. Dict. 1.
p. 383. — Cam. Epit. 3o8. ic.
β. *Maximum.* — Lob. ic. t. 5o3. f. 2.

Cette espèce s'élève jusqu'à 5 décim. de hauteur ; elle est
glabre dans presque toute sa surface, à l'exception de la partie
supérieure de la tige qui est un peu hérissée, des bractées et des
calices qui sont ciliés ; sa couleur est d'un verd foncé et quelquefois entièrement violette ; les feuilles sont ovales, planes,
entières, de 3-4 cent. de longueur. ⊙. Cette plante est originaire
de l'Inde, mais on la cultive depuis long-temps dans la plupart
des jardins, à cause de son odeur aromatique. La variété β porte
le nom vulgaire de *basilic romain* ou *basilic à large feuille.*

2611. Basilic crépu.   *Ocymum bullatum.*

Ocymum bullatum. Lam. Dict. 1.p. 384. — *Ocymum basilicum,*
δ. Linn. spec. 833. — Barr. t. 1072.
β. *Maculatum.* — Barr. t. 1053.
γ. *Fimbriatum.* — Barr. t. 1054.

Cette espèce se distingue du basilic commun, par ses feuilles larges , concaves , bosselées ou crépues , tachées de violet dans la variété β , découpées sur les bords dans la variété γ; ses épis sont plus serrés et un peu plus courts; ses corolles crénelées sur les bords. Elle croît naturellement dans l'Inde , et est cultivée dans les jardins à cause de l'agrément de son parfum. ☉. La variété α est connue sous le nom de *basilic à feuilles de laitue* , et la variété γ sous celui de *basilic à feuilles de chicorée* , ou *basilic frisé*.

2612. Basilic nain.   *Ocymum minimum.*

Ocymum minimum. Linn. spec. 833. Lam. Dict. 1. p. 384. —
   Barr. ic. t. 1077.
β. *Rotundifolium.* Barr. ic. t. 1075.
γ. *Violaceum.* Barr. ic. t. 1068.

Il est entièrement glabre et ne s'élève guère au-delà de 1-2 déc. On le distingue des précédens à ses feuilles planes , entières , trois fois plus petites , assez semblables à celles du serpollet ou du thym des champs ; ces feuilles sont ovales dans la variété α , connue sous le nom de *petit basilic* ; arrondies dans la variété β , qui porte le nom de *petit basilic à feuilles rondes* ; et colorées en violet dans la variété γ , qu'on nomme *petit basilic violet*. ☉. Cette plante est originaire de l'Inde : on la cultive en pots sur les fenêtres , pour jouir de son parfum.

CCCXCIX. TOQUE.   *SCUTELLARIA.*

Scutellaria. Linn. Juss. Lam. — *Cassida.* Tourn.

Car. Les toques , appelées aussi *cassides* ou *scutellaires* , se distinguent de toutes les Labiées par leur calice qui est à deux lèvres entières , et qui porte sur sa lèvre supérieure une écaille saillante et concave; la corolle est courbée à sa base , comprimée au sommet; la lèvre supérieure est voûtée et porte deux dents à son origine ; l'inférieure est large , échancrée : le calice se ferme après la fleuraison.

2613. Toque de Columna. *Scutellaria Columnæ.*

Scutellaria Columnæ. All. Ped. n. 145. t. 84. f. 2. Wild. spec.
   3. p. 175. —Col. Ecphr. 1. p. 187. t. 189.

Cette plante est rameuse , pubescente , presque hérissée vers le sommet , d'un verd sombre et de 2-3 décim. de hauteur; ses feuilles sont pétiolées , à larges dentelures en scie , oblongues. dans le haut de la plante , et presque en cœur dans le bas; les

fleurs forment un épi alongé, terminal, presque nu ; elles naissent solitaires à l'aisselle de bractées pétiolées, pointues, plus
courtes que les calices ; ceux-ci sont très-velus ; la corolle est
longue de 3 centim. , bleue, avec la lèvre inférieure pourpre ,
tachée de blanc. ♃. Cette plante croît en Piémont , le long du
torrent qui descend du bourg de Grognard (All.).

2614. Toque des Alpes.   *Scutellaria Alpina.*

Scutellaria Alpina. Linn. spec. 834. Lam. Fl. fr. 2. p. 368. All.
Pedem. n. 142. t. 26. f. 3.

Ses tiges sont longues de 2 décimètres , un peu couchées
dans leur partie inférieure, rameuses et légèrement carrées
vers leur sommet ; les feuilles sont pétiolées , ovales , crénelées , terminées par une pointe émoussée ou obtuse , et un peu
velues ; les fleurs sont disposées en épi terminal , garni de bractées ovales et entières ; les corolles sont grandes ; leur lèvre supérieure est velue , de couleur bleue , et l'inférieure blanchâtre.
Elle croît parmi les pierres et les rochers arides, dans les Alpes
du Piémont , de la Provence , du Dauphiné , de la Savoie , des
environs du Valais , dans les Pyrénées. ♃.

2615. Toque tertianaire.   *Scutellaria galericulata.*

Scutellaria galericulata. Linn. spec. 835. Lam. Fl. fr. 2. p. 368.
Bull. Herb. t. 275. — *Cassida galericulata.* Scop. Carn. 2. n.
741. — Lob. ic. t. 344. f. 2.
β. *Caule simplici.*

Sa racine pousse plusieurs tiges droites, quadrangulaires ,
rameuses , et qui s'élèvent jusqu'à 5 décim. ; ses feuilles sont
échancrées en cœur à leur base, étroites, lancéolées, dentées, pointues, glabres, portées sur de courts pétioles , et plus
longues que les entre-nœuds ; les fleurs sont bleues ou violettes ,
trois ou quatre fois plus longues que leur calice , disposées deux
à deux et souvent tournées d'un même côté. On trouve cette
plante sur le bord des eaux. ♃. Elle passe pour stomachique et
fébrifuge , d'où lui vient son nom trivial de *tertianaire.*

2616. Toque naine.   *Scutellaria minor.*

Scutellaria minor. Linn. spec. 835. Lam. Fl. fr. 2. p. 369. —
Scutellaria hastifolia. Thore. Chl. Land. 260.
β. *Caule simplici.*

Sa tige est haute de 12-15 centim. , grèle et très-branchue
dès sa base ; ses feuilles inférieures sont ovales , cordiformes et

obtuses ; les supérieures sont beaucoup plus étroites ; les unes et les
autres ne sont pas sensiblement dentées : les fleurs ressemblent
à celles de la précédente par leur forme et leur disposition,
mais elles sont plus petites et simplement rougeâtres ; la lèvre
inférieure de leur corolle est d'une couleur pâle et chargée com‑
munément de petits points bruns. ♃. Cette plante croît sur
le bord des étangs, dans les environs de Paris, d'Orléans, de Sor‑
rèze, de Dax, etc. Elle est moins commune que la précédente.

QUARANTE-CINQUIÈME FAMILLE.

PERSONÉES.   *PERSONATÆ.*

Scrophulariæ. Juss. — *Personatæ.* Veut. Lam. — *Personata‑
rum gen.* Tourn. Linn. Adans.

Les Personées, aussi appelées *fleurs en gueule* et *fleurs en
masque* (*persona*), ont reçu ce nom parce que plusieurs d'entre
elles ont une corolle à deux lèvres qui, par leur renflement,
imitent un peu la gueule d'un animal ou la bouche d'un masque ;
elles se rapprochent, soit par le port, soit par les caractères,
des Rhinanthacées et des Solanées ; leur tige est presque tou‑
jours herbacée ; leurs feuilles varient beaucoup quant à la forme
et à l'insertion, mais elles ont en général une saveur et une odeur
un peu nauséabondes ; leurs fleurs sont toujours placées à l'aisselle
des feuilles supérieures, qui sont très-petites et jouent le rôle de
bractées ; ces fleurs sont disposées en épi, en panicule ou en co‑
rimbe.

Le calice est divisé, ordinairement persistant ; la corolle est
irrégulière ; les étamines sont le plus souvent au nombre de
quatre, dont deux plus courtes ; quelquefois ou n'en compte
que deux ; ailleurs on trouve le rudiment d'une cinquième éta‑
mine : l'ovaire est simple, libre ; le style unique ; le stigmate
simple ou à deux lobes ; le fruit est une capsule à deux loges,
qui s'ouvre en deux valves concaves, plus ou moins séparées,
quelquefois elles-mêmes bifurquées ; la cloison du milieu de la
capsule est toujours parallèle aux valves, tantôt simple, et alors
elle est formée par l'axe dilaté sur ses bords ; tantôt double,
parce que l'axe est contigu avec les bords rentrans des valves :
dans le premier cas, la capsule ne s'ouvre pas complettement,
et paroît quelquefois uniloculaire par la contraction de la cloison ;

dans le second , elle se divise en deux parties profondes : les
graines sont nombreuses , petites , attachées de l'un et de l'autre
côté au milieu de la cloison ; leur périsperme est charnu ; leur
embryon droit et leurs cotylédons demi-cylindriques.

** Deux étamines ; capsule à une seule loge , du moins à sa
maturité.*

CD. UTRICULAIRE.   *UTRICULARIA.*

Utricularia. Linn. Juss. Lam.— *Lentibularia.* Tourn. Vaill.

Car. Le calice est caduc , divisé en deux parties égales ; la
corolle est à deux lèvres entières ; la supérieure droite , porte
les étamines ; l'inférieure est munie , à l'entrée de la gorge , d'un
palais saillant , et porte un éperon à sa base : le stigmate est
simple ; la capsule est globuleuse.

Obs. Les utriculaires sont de petites herbes qui naissent dans
les eaux douces ; la partie submergée émet des feuilles divisées
en filamens rameux très-menus , chargés çà et là de petites
vessies dont on ignore encore la nature et l'usage.

2617. Utriculaire commune. *Utricularia vulgaris.*

Utricularia vulgaris. Linn. spec. 26. Lam. Illustr. n. 207. t. 14.
f. 1. Hayn. Journ. Schrad. 3. p. 17. t. 6. A.—*Lentibularia vulgaris.* Tourn. Paris. 2. p. 414. Mœnch. Meth. 520.

La partie de cette plante qui est enfoncée dans l'eau , est
divisée en rameaux longs , flottans et garnis de beaucoup de
feuilles découpées très-menu ; elle pousse plusieurs hampes grêles , nues et chargées de cinq à huit fleurs écartées , disposées
en un épi fort lâche ; ces fleurs ont un éperon conique , et l'entrée de leur corolle est fermée par le palais ; les hampes s'élèvent
hors de l'eau à la hauteur de 2 decim. à-peu-près : les fleurs
sont jaunes et portées chacune sur un pédoncule qui sort de
l'aisselle d'une écaille oblongue. On trouve cette plante dans les
fossés aquatiques , les étangs. ♃.

2618. Utriculaire naine.   *Utricularia minor.*

Utricularia minor. Linn. spec. 26. Lam. Illustr. n. 208. t. 14. f. 2.
— *Lentibularia minor.* Petiv. Herb. t. 36. f. 12.

Cette espèce est plus petite que la précédente dans toutes
ses parties ; ses fleurs sont d'un jaune pâle ; leur palais est presque
plane , et leur éperon , extrêmement court , forme un peu la nacelle. On la trouve dans les étangs. Elle est plus rare que la
précédente.

CDI. GRASSÈTE.   *PINGUICULA.*

Pinguicula. Tourn. Linn. Juss. Lam. Gœrtn.

Car. Le calice est en cloche, à cinq divisions; la corolle est
à deux lèvres; la supérieure à deux lobes; l'inférieure plus
grande, à trois lobes, prolongée en éperon à sa base: la capsule
est uniloculaire à sa maturité, peut-être par la contraction de
la cloison; les graines sont attachées à un placenta central.

Obs. Ce genre et le précédent se rapprochent par le fruit
des Primulacées, et par la fleur des Personées.

2619. Grassète vulgaire.   *Pinguicula vulgaris.*

> *Pinguicula vulgaris.* Linn. spec. 25. Lam. Illustr. t. 14. f. 1.
> Fl. dan. t. 93. Gœrtn. Fruct. 2. p. 140. t. 111. f. 2. excl. syn.
> Clus.

Cette plante est fort petite; ses feuilles sont au nombre de
cinq ou six, radicales, couchées sur la terre, ovales-oblongues,
épaisses, luisantes comme si elles étoient ointes d'huile, et
d'un verd pâle ou jaunâtre: de leur milieu, s'élève une ou
plusieurs hampes grêles, hautes de 16-18 centim., et terminées chacune par une fleur ordinairement un peu inclinée et
d'une couleur bleuâtre ou d'un violet pâle; la lèvre supérieure
de la corolle est divisée en deux lobes étroits et pointus; la
capsule est ovoïde, obtuse. On trouve cette plante dans les
prés humides. ♃. Elle passe pour vulnéraire et très-consoli-
dante. On la dit aussi purgative.

2620. Grassète à grande   *Pinguicula grandiflora.*
fleur.

> *Pinguicula grandiflora.* Lam. Dict. 3. p. 22. Illustr. t. 14. f. 2.
> Wild. spec. 1. p. 110. — *Pinguicula,* var. α. Ger. Gallopr.
> 292. excl. syn?

Cette espèce ressemble à la grassète vulgaire par son port,
la proportion et la forme de son éperon, et à la grassète des
Alpes, par la grandeur de sa fleur; elle diffère de la première
par sa fleur trois fois plus grande, d'un pourpre violet; par sa
lèvre supérieure échancrée en deux lobes larges et arrondis au
sommet: elle se distingue de la seconde, par son éperon conique, grêle, aussi long que la fleur, et par la couleur purpurine de sa corolle. Elle a été observée dans les montagnes du
Dauphiné, au Villars de Lans, par M. Liottard; dans le
Rouergue, par M. Bonaterre; dans les Pyrénées Occidentales,

à la vallée de Laruns près Pau, par M. Brongniart ; dans les
Alpes de Vesoul, à la vallée de Varaite et à Saint-Peure en
Piémont (Balb.). C'est, je crois, cette espèce que Gérard indique dans les montagnes de Provence, car il observe que la
grassète des Alpes n'en diffère que par l'épéron plus court et la
fleur blanche ; ce qui convient à notre plante et non à la grassète
vulgaire.

2621. Grassète des Alpes.   *Pinguicula Alpina.*

Pinguicula Alpina. Linn. spec. 25. Fl. lapp. t. 12. f. 3. Lam.
Dict. 3. p. 22. Fl. dan. t. 453. — Clus. Hist. 1. p. 310. f. 2.

Cette plante a le même port que les deux précédentes, mais
ses hampes portent des fleurs d'un blanc tirant un peu sur la
couleur de chair, et de la même grandeur que dans l'espèce
précédente ; l'éperon est courbé, plus court que la corolle,
élargi à la base, un peu obtus au sommet ; la lèvre supérieure
se divise en deux lobes arrondis ; l'entrée de la gorge est tachée
de jaune ; la capsule est terminée par un bec. Cette plante croît
dans les Alpes, dans les terreins continuellement humectés par
la fonte des neiges éternelles ; on la retrouve en Bretagne (Lam.).
La figure de l'Ecluse, rapportée par tous les auteurs à la grassète
vulgaire, doit être rapportée à l'espèce des Alpes à cause de son
éperon courbé, de sa capsule surmontée d'un bec, de la grandeur de sa fleur ; elle a l'éperon trop pointu.

** *Quatre étamines, dont deux plus courtes; capsule à une*
seule loge, du moins à sa maturité.

CDII. LIMOSELLE.   *LIMOSELLA.*

Limosella. Linn. Juss. Lam. Gœrtn. — *Plantaginella*. Bauh.
Vaill. Hall.

CAR. Le calice est à cinq lobes ; la corolle est campanulée,
à cinq lobes presque égaux ; les étamines sont au nombre de
quatre, dont deux plus courtes, ou quelquefois seulement au nombre de deux ; le stigmate est globuleux ; la capsule ovoïde, à deux
loges.

2622. Limoselle aquatique.   *Limosella aquatica.*

Limosella aquatica. Linn. spec. 881. Lam. Dict. 3. p. 518.
Illustr. t. 533. — *Limosella annua*. Lind. Als. 156. t. 5. —
Plantaginella. Hall. Jen. t. 6. f. 2. — *Plantaginella aqua-*
tica. Mœnch. Meth. 427.

Plante fort petite, qui produit des rejets déliés et rampans ;

ses

ses feuilles naissent toutes de la racine ; elles sont ovales,
elliptiques, glabres et portées sur de fort longs pétioles ; les
tiges sont des hampes fort grèles, uniflores et beaucoup plus
courtes que les feuilles ; les fleurs sont petites, blanchâtres,
campaniformes, découpées en cinq segmens pointus, dont un
plus petit que les autres ; elles ont quatre étamines ; le fruit
est une capsule uniloculaire et polysperme. Cette plante croît
dans les lieux humides , aux environs d'Alost en Flandre (Lest.) ;
en Alsace (Linn.) ; aux bords de l'Orne à Venoix en basse
Normandie (Rouss.) ; aux environs de Nantes (Bon.) ; à Vincennes, Saint-Maur, Villebois, Bondy, Porchefontaine, Villacon-
bleuy près Paris (Vaill.) ; à Brière-le-Château, Châteauneuf-sur-
Loire, et Saint-Laurent des Eaux (Guett.) ; sur les bords de
la Loire, à Saint-Loup près Orléans (Dub.) ; à Cîteaux (Dur.) ;
sur les bords de l'Allier et de la Sioule (Delarb.) ; dans la Bresse
et le Lionnois (Latourr.) ; le long du Rhône à Vienne (Vill.) ;
en Provence (Gér.) ; à la forêt de Montech près Montauban
(Gat.). ♃

CDIII. LINDERNIE.   *LINDERNIA.*

Lindernia. All. Linn. Juss. Lam. — *Pyxidaria.* Lind. — *Anagalloides.* Krock.

Car. Le calice est à cinq parties ; la corolle en gueule , à
lèvre supérieure courte et échancrée , à lèvre inférieure divisée en trois lobes : les étamines sont au nombre de quatre, dont
les deux plus courtes sont terminées par deux dents, l'une nue,
l'autre chargée d'anthères ; la capsule est à deux valves entières.

2623. Lindernie pyxidaire.   *Lindernia pyxidaria.*

Lindernia pyxidaria. All. Misc. 3. p. 178. Linn. Mant. 252.
Lam. Illustr. t. 522. — *Capraria gratioloides.* Linn. spec. 876.
— *Anagalloides procumbens.* Krock. Siles. 2. n. 1001. t. 26.—
Lind. Als. 1. p. 152. t. 1.

Cette petite plante a l'aspect d'un mouron ; sa racine fibreuse
et menue, pousse plusieurs tiges droites ou étalées, simples,
longues de 5-10 centim. , glabres, ainsi que le reste de la plante :
ses feuilles sont opposées, sessiles, ovales, entières, marquées
de trois nervures peu saillantes ; les fleurs sont petites , d'un
rouge clair, solitaires, portées sur des pédicelles axillaires ordinairement plus courts que les feuilles. ⊙. Elle fleurit en été ;
on la trouve dans les marais spongieux et souvent inondés, aux

environs de Nantes; sur les bords des rivières de Sèvres et de Loire, à l'isle de Trentemoux, près des villages de Sèvre, la Morinière, Beautour et le port aux Meules (Bon.); sur les bords de la Loire près Orléans, vis-à-vis Saint-Privé (Dub.); près Quincey en Bourgogne (Dur.); en Alsace (Lind.); en Bresse (Latourr.); le long du Pò près Turin, de la Sesia près Vercelles, entre Frosasco et la Marsaja, Bollengo et Azelio, Gayani et Candeil, autour des lacs de Majon, Candia et Vivrone (All.).

*** *Quatre étamines, dont deux plus courtes ou stériles; capsule à deux loges.*

CDIV. ÉRINE. *ERINUS.*

Erinus. Linn. Juss. Lam. — *Ageratum.* Tourn. Adans.

CAR. Le calice est à cinq parties; la corolle tubuleuse, à cinq lobes presque égaux et échancrés en cœur; la capsule est ovoïde, à deux valves qui, à la maturité du fruit, sont fendues en deux jusqu'à leur partie moyenne.

2624. Érine des Alpes. *Erinus Alpinus.*

Erinus Alpinus. Linn. spec. 878. Lam. Illustr. t. 521.
β. *Flore Albo.* — Barr. ic. t. 1123.

Ses tiges sont hautes de 15-18 centim., très-simples, cylindriques, pubescentes, feuillées dans toute leur longueur et assez droites ou quelquefois un peu penchées; ses feuilles sont oblongues, en spatule et dentées vers leur sommet; celles de la racine sont nombreuses et ramassées en rond au bas des plantes: celles de la tige sont alternes et écartées; les fleurs sont ramassées au sommet de la plante; elles sont purpurines, rarement blanches, d'une forme et d'une odeur agréables. On trouve cette plante sur les rochers en Dauphiné, en Provence, en Piémont, en Savoie, dans le Jura, les Cévennes, au mont d'Or et au Cantal, dans les Pyrénées, etc. ♃.

CDV. SCROPHULAIRE. *SCROPHULARIA.*

Scrophularia. Tourn. Linn. Juss. Lam. Gœrtn.

CAR. Le calice est persistant, à cinq lobes arrondis, souvent membraneux sur les bords; la corolle est presque globuleuse, ouverte, à cinq lobes inégaux à-peu-près disposés en deux lèvres; la lèvre supérieure porte souvent une écaille sur le milieu; l'inférieure est à trois lobes, dont celui du milieu est réfléchi:

les étamines sont penchées sur la lèvre inférieure, ce qui fait
regarder la corolle comme retournée sens dessus dessous; la
capsule est arrondie à la base, pointue au sommet, à deux valves
entières, séparées par une double cloison.

Obs. Les scrophulaires sont des herbes ordinairement fé-
tides, à tige tétragone, à feuilles opposées, dentées ou découpées, à pédoncules multiflores une ou plusieurs fois bifurqués.

2625. Scrophulaire noueuse. *Scrophularia nodosa.*

> *Scrophularia nodosa.* Linn. spec. 863. Lam. Fl. fr. 2. p. 335.—
> Cam. Epit. 866. ic.

Sa racine est noueuse et pousse une tige carrée, dure,
noirâtre et haute de 6-9 décim.; ses feuilles sont pétiolées,
opposées ou quelquefois ternées, un peu cordiformes, lancéolées, pointues, dentées et d'un verd obscur; les fleurs sont d'une
couleur purpurine-noirâtre, disposées en une espèce de grappe
rameuse et terminale. On trouve cette plante dans les lieux
couverts, les bois et les haies. ♃. Elle est résolutive, atténuante
et vulnéraire.

2626. Scrophulaire prin-   *Scrophularia vernalis.*
    tannière.

> *Scrophularia vernalis.* Linn. spec. 864. Lam. Fl. fr. 2. p. 335.
> — Bauh. Prod. 112. ic.— Barr. ic. t. 273.

Sa tige est haute de 6 décim., assez grosse, carrée, creuse
et chargée de poils; ses feuilles sont grandes, cordiformes,
presque aussi larges que longues, doublement dentées, marquées de veines noires, et portées sur des pétioles très-velus;
ses fleurs sont jaunes, globuleuses, très-resserrées à leur ouverture, et disposées par bouquets soutenus par des pédoncules axillaires, longs et rameux. On trouve cette plante en
Languedoc. ♂.

2627. Scrophulaire aqua-   *Scrophularia aquatica.*
    tique.

> *Scrophularia aquatica.* Linn. spec. 864. Lam. Fl. fr. 2. p. 334.
> Fl. dan. t. 507.

Sa racine est fibreuse et pousse une tige droite, carrée, ailée
en ses angles, rameuse et haute de 6-9 décim. ou même quelquefois beaucoup davantage; ses feuilles sont opposées, pétiolées, cordiformes, un peu obtuses à leur extrémité et

simplement crénelées ; ses fleurs sont rougeâtres et de couleur
ferrugineuse ; elles forment une grappe interrompue et terminale. Cette plante est très-glabre dans toutes ses parties, et son
odeur est forte et désagréable. On la trouve sur le bord des
eaux vives. ♂. Elle passe pour vulnéraire. On la nomme vulgairement *herbe du siége*, *bétoine aquatique*; on l'emploie
pour corriger l'odeur nauséabonde du séné.

2628. Scrophulaire à feuilles *Scrophularia scoro-*
     de sauge. *donia.*

Scrophularia scorodonia. Linn. spec. 864. Mant. 418. — Moris.
s. 5. t. 35. f. 6.

Sa tige est tétragone, hérissée de poils, haute de 4-5 décim. ;
les feuilles sont en forme de cœur, oblongues, pointues, très-
échancrées à la base, un peu cotonneuses en dessous, bordées
de dentelures qui sont elles-mêmes dentées en scie ; les feuilles
supérieures émettent à leurs aisselles des pédoncules rameux et
multiflores, ce qui forme une longue grappe feuillée et terminale; les fleurs sont de couleur pâle. ♃. Cette plante croît dans
les lieux humides, aux environs de Nice (All.).

2629. Scrophulaire *Scrophularia peregrina.*
voyageuse.

Scrophularia peregrina. Linn. spec. 866. — *Scrophularia gemi-*
niflora. Lam. Fl. fr. 2. p. 336. — Cam. Hort. t. 43.

Ses tiges sont hautes de 5 décim., droites, lisses et très-
simples; ses feuilles sont pétiolées, glabres, en forme de cœur,
pointues et bordées de dents courtes et presque obtuses; elles
sont la plupart opposées, mais les supérieures sont alternes ;
les pédoncules sont axillaires, fourchus et chargés chacun de deux
ou quatre fleurs purpurines. ☉. Elle croît le long des chemins,
parmi les rochers, dans les lieux ombragés; aux environs de Nice
(All.); dans la Provence méridionale (Gér.); au mont de Cette
près de la mer (Magn.); dans l'isle de Corse près Saint-Fio-
renzo (Valle. All.).

2630. Scrophulaire à *Scrophularia auriculata.*
oreillettes.

Scrophularia auriculata. Linn. spec. 864. Desf. Atl. 2. p. 56.
Wild. spec. 3. p. 271. — Lob. ic. t. 533. f. 1.

Cette espèce a quelques rapports avec la scrophulaire noueuse ;

sa tige est droite, simple ou peu rameuse, glabre , haute de
5 décim.; ses feuilles sont pétiolées, ridées, oblongues , un
peu en cœur à la base , garnies en dessous de poils courts ,
nombreux sur le bord des nervures; les inférieures ont souvent leur limbe lobé à la base, et leur pétiole est chargé de deux
à quatre appendices foliacés; les fleurs forment une grappe terminale , composée de verticilles presque nus, peu étalés et distincts les uns des autres; les pédoncules sont opposés et portent
trois à six fleurs purpurines ; les bractées sont petites, linéaires.
♃. Cette plante croît dans les environs de Nice (All.). Elle
diffère de l'espèce décrite sous le même nom par Scopoli , et
sous celui de *scrophularia Scopolii* , par Hoppe; celle-ci a la
tige pubescente , les fleurs jaunes, les pédoncules alternes ,
lâches et divergens; les feuilles florales du bas de la grappe
fortement dentées en scie dans leur moitié inférieure. C'est
d'après l'autorité de Wildenow que je rapporte le synonyme
d'Allioni à la plante de Linné , plutôt qu'à celle de Scopoli.

2631. Scrophulaire à trois   *Scrophularia trifoliata.*
lobes.

> *Scrophularia trifoliata.* Linn. spec. 865. Desf. Atl. 2. p. 54. —
> *Scrophularia lævigata.* Vahl. Symb. 2. p. 67. — *Scrophularia
> appendiculata.* Jacq. Hort. Schœnbr. 3. p. 19. t. 286. — Pluk.
> t. 313. f. 6.

Cette plante est entièrement glabre et presque luisante dans
toutes ses parties; sa tige est simple ou peu rameuse, droite ,
tétragone et haute de 3-6 décim.; ses feuilles pétiolées, en forme
de cœur , obtuses, bordées de dentelures inégales; les inférieures
portent souvent sur leurs pétioles deux appendices de forme et
de grandeur peu régulières, d'où on a tiré son nom spécifique;
quelquefois le limbe est seulement échancré près de la base :
ces variations nombreuses ont souvent empêché les botanistes
de reconnoître cette plante, aussi est-elle répétée plusieurs fois
sous divers noms dans quelques ouvrages ; les fleurs forment une grappe longue, nue, interrompue; les bractées sont
linéaires; les pédoncules portent trois à quatre fleurs; la corolle est purpurine, tachée de jaune, et ressemble à celle de la
scrophulaire aquatique. Cette plante croit dans l'isle de Corse
(Linn.). ♂.

2632. Scrophulaire canine. *Scrophularia canina.*

Scrophularia canina. Linn. spec. 865. — *Scrophularia multifida.* Lam. Fl. fr. 2. p. 336. — Clus. Hist. 2. p. 209. f. 1.
β. *Nana.* — *Scrophularia juratensis.* Schleich. Cent. exs. n. 67.
γ. *Caule undique pubescente.* — *Scrophularia canina.* Hop.
Cent. exs. 4.

Ses tiges s'élèvent à peine jusqu'à 5 décim. ; ses feuilles inférieures sont alongées, incisées et légèrement pinnatifides ; toutes
les autres sont ailées, et leurs folioles finement découpées : les
fleurs sont terminales, de couleur purpurine et noirâtre ; elles
forment une espèce de grappe ou de panicule nue et étroite : ces
fleurs sont petites, portées deux ou trois sur chaque pédoncule, et
remarquables par leur pistil et deux de leurs étamines qui font
une saillie hors de la corolle. On trouve cette plante dans les terreins secs ou graveleux, et au bord des torrens ; dans les Pyrénées ;
à Narbonne ; Montpellier ; en Provence ; en Piémont ; dans le Dauphiné ; aux environs de Genève ; en Bourgogne ; en Alsace. La
var. β, qui croît sur la sommité du mont Thoiri, dans le Jura,
ne s'élève pas au-delà de 1 déc., et a une grappe plus courte et
plus serrée que la précédente ; la variété γ a la tige et les pédoncules pubescens. ⊙, Linn. ; ♃, Vill. Mœnch. Ger.

2633. Scrophulaire luisante. *Scrophularia lucida.*

Scrophularia lucida. Linn. spec. 865. — Bocc. Mus. 2. p. 166.
t. 117. — Tourn. Itin. 1. t. 85.

Cette espèce a tout le port de la précédente ; elle en diffère par
ses feuilles plus charnues, plus luisantes, à découpures plus
larges ; par sa grappe plus droite et plus ferme, et par sa fleur
pâle, un peu rougeâtre à la lèvre supérieure, mais jamais d'un
pourpre noir ; par ses bractées oblongues et non linéaires ; par
la présence d'une petite lame orbiculaire sur le palais de la corolle. Elle croît dans les lieux sablonneux, aux environs de Nice
(All.). ♂, All. ; ♃, Linn.

CDVI. LINAIRE. *LINARIA.*

Linaria. Tourn. Juss. Desf. — *Antirrhini sp.* Linn. Lam. —
Linaria et Elatine. Mœnch.

CAR. Le calice est persistant, à cinq lanières profondes,
dont deux inférieures écartées ; la corolle est en forme de gueule
fermée, à palais proéminent ; la lèvre supérieure est à deux
lobes, l'inférieure à trois ; le tube se prolonge par la base en un

éperon qui sort du calice entre les deux lanières inférieures ; la capsule est ovoïde ou globuleuse, à deux loges, à deux trous terminaux, et s'ouvre au sommet en plusieurs valves ; les graines sont nombreuses, anguleuses ou planes, et entourées d'une membrane.

Obs. Ce genre diffère des vrais mufliers par la présence d'un éperon ; par sa capsule nullement oblique à la base et munie de deux trous à son sommet (Desf.). On observe dans plusieurs li-naires une monstruosité singulière, qui change entièrement l'apparence de leurs fleurs, et qu'on a décorée du nom de *peloria*, parce qu'on l'a prise d'abord pour une plante distincte ; dans ces fleurs monstrueuses, le calice est à cinq divisions courtes et égales; la corolle est cylindrique, divisée au sommet en cinq lobes égaux, amincie à sa base qui se prolonge en cinq éperons pointus et réguliers ; les étamines sont au nombre de cinq, non insérées sur la corolle. En général les fleurs changées en *peloria*, ne donnent pas de graines ; Wildenow en a cependant obtenu, et ces graines semées dans un sol fertile, ont reproduit la même monstruo-sité. On le multiplie aussi de boutures ; mais si on place ces bou-tures dans un terrein maigre, les fleurs reprennent leur forme naturelle, d'où l'on conclut que cette monstruosité est due à une surabondance de sucs. On s'est assuré que le *peloria* n'est qu'un accident, en voyant plusieurs plantes dont une partie des fleurs avoit conservé sa forme ordinaire, tandis que l'autre étoit changée en *peloria*. On l'a d'abord observé sur la linaire commune, ensuite sur la linaire bâtarde, sur la linaire ternée, la linaire pourpre (*antirrhinum purpureum*, L.), et la linaire rouillée (*antirrhinum ærugineum*, Gou.). Leers dit avoir ob-servé un fait analogue sur la violette de Mars ; Coquebert sur le *rhinanthus crista galli;* Trattinick sur le dracocéphale d'Au-triche ; et les fleurs terminales des galeopsis et de quelques autres labiées, semblent offrir un phénomène semblable : d'où l'on peut présumer que cette monstruosité est commune à toutes les fleurs irrégulières.

§. Ier. *Feuilles anguleuses.*

2634. Linaire cymbalaire. *Linaria cymbalaria.*

Linaria cymbalaria. Mill. Dict. n. 17. — *Antirrhinum cymba-laria.* Linn. spec. 851. Bull. Herb. t. 395. — *Elatine cymba-laria.* Mœnch. Meth. 525. — *Antirrhinum hederaceum.* Lam. Fl. fr. 2. p. 338. — Cam. Epit. 860. ic.

β. *Flore albo.*

Ses tiges sont grêles, rampantes, assez longues et très-glabres; elles sont garnies de feuilles alternes, pétiolées, très-lisses, arrondies, cordiformes à leur base, et découpées en cinq lobes ou cinq grandes crénelures; ses fleurs sont axillaires, solitaires et portées sur de longs pédoncules; leur couleur est bleue et leur palais jaunâtre : il leur succède une capsule arrondie, remplie de semences ridées. On trouve cette plante dans les fentes des vieux murs. On la dit astringente et vulnéraire. On en trouve une variété à fleur blanche. ⊙ , Lam. ; ♃ , Linn.

2635. Linaire poilue. *Linaria pilosa.*

Antirrhinum pilosum. Linn. Mant. 29. Jacq. Obs. 2. p. 29. t. 48.

Elle ressemble absolument à la cymbalaire ; mais elle est toute hérissée de poils mous et rapprochés ; ses feuilles ont ordinairement neuf à onze lobes dans leur circonférence. ♃. Elle croît dans les Alpes (Tourn.)? dans les Pyrénées ? (Linn.); elle est commune au jardin des plantes, où elle est presque naturalisée. J'ai sous les yeux des échantillons de cette plante, recueillis aux marais Pontins, par M. Vahl.

2636. Linaire élatine. *Linaria elatine.*

Linaria elatine. Desf. Atl. 2. p. 37. — *Antirrhinum elatine.* Linn. spec. 851. Bull. Herb. t. 245. — *Antirrhinum auriculatum.* Lam. Fl. fr. 2. p. 339. —*Elatine hastata.* Mœnch. Meth. 524. — Cam. Epit. 754. ic.

Cette plante est intermédiaire entre la précédente et la suivante, et leur ressemble au point qu'il est quelquefois assez difficile de l'en distinguer ; cependant ses tiges sont plus foibles, tout-à-fait couchées et rampantes : ses rameaux sont ouverts, à angles droits; elle n'a ordinairement à sa base qu'une ou deux paires de feuilles opposées et ovales ; toutes les autres sont alternes, auriculées et comme tronquées dans leur partie inférieure; les fleurs sont solitaires, axillaires et soutenues par des pédoncules plus longs que les feuilles. Cette plante croît dans les champs. ⊙.

2637. Linaire bâtarde. *Linaria spuria.*

Linaria spuria. Mill. Dict. n. 15. —*Antirrhinum spurium.* Linn. spec. 851. Fl. Dan. t. 913. Lam. Fl. fr. 2. p. 339. — Fuchs. Hist. 167. ic.

β. *Peloria.* — Stœhel. Act. Helv. 2. p. 25. t. 4.

Ses tiges sont foibles, un peu couchées, velues et rameuses;

ses feuilles sont pétiolées, ovales, molles, velues, un peu blanchâtres, et ordinairement très-entières ; les inférieures sont
opposées, et les supérieures sont alternes : les fleurs sont axillaires, solitaires, portées sur des pédoncules longs et filiformes ;
elles sont jaunes, et leur lèvre supérieure est d'un violet noirâtre. La variété β a été trouvée aux environs de Saint-Pierre-
le-Moutier, par M. Simonnet. Cette plante est commune dans
les champs. ☉. Elle est émolliente et résolutive. On la connoît sous le nom vulgaire de *velvote*.

§. II. *Feuilles entières, les inférieures verticillées.*

2638. Linaire réfléchie.   *Linaria reflexa.*

> *Linaria reflexa.* Desf. Atl. 2. p. 42. — *Antirrhinum reflexum.*
> Linn. spec. 85... Vahl. Symb. 2. p. 67. — All. Misc. Taur. 1.
> p. 88. 2. p. 205. t. 1.

Sa racine, qui est petite et fibreuse, pousse plusieurs tiges
grèles, étalées, glabres, simples, longues de 1–2 décim. ; les
feuilles sont ovales, sessiles, entières, glabres, toutes verticillées trois à trois, excepté les feuilles florales ; leurs fleurs
naissent solitaires et pédonculées à l'aisselle des feuilles supérieures ; les pédoncules dépassent la longueur des feuilles et
se courbent en bas après la fleuraison ; le calice est à cinq
lanières pointues ; la corolle est d'un bleu pâle, blanche ou
jaunâtre, son éperon est droit, pointu, deux fois plus long que
le reste de la fleur ; la capsule est globuleuse ; les graines petites, ridées, non bordées de membranes. ☉. Elle croît dans les
champs de l'isle de Corse, près S. Fiorenzo (Valle. All.).

2639. Linaire ternée.   *Linaria triphylla.*

> *Linaria triphylla.* Mill. Dict. n. 2. Desf. Atl. 2. p. 40. — *An-*
> *tirrhinum triphyllum.* Linn. spec. 852. Lam. Dict. 4. p. 350. —
> Bocc. Sic. p. 45. t. 22.
> β. *Peloria.* — Rœm. Arch. Bot. 1. st. 1. p. 125.

Ses tiges sont droites, simples, glabres et hautes d'environ
2 décim. ; ses feuilles sont ovales, lisses, un peu charnues et
disposées trois ensemble à chaque nœud, excepté celles qui
sont dans le voisinage des fleurs ; ces dernières sont plus petites et pointues : les fleurs sont disposées en épi terminal et
ressemblent beaucoup à celles de la linaire ou du muflier commun : leur corolle est blanchâtre, avec un palais jaune, et se
termine par un éperon assez long, droit et pointu. Cette plante

a été observée par dom Fourmeault, dans les environs d'Arvert, auprès de la Tremblade en Saintonge. ⊙.

2640. Linaire bigarrée.   *Linaria versicolor.*

Linaria versicolor. Mœnch. Meth. 523. — *Antirrhinum versicolor.* Jacq. Misc. 2. p. 336. Icon. rar. 1. t. 116. Lam. Dict. 4. p. 352. Will. spec. 3. p. 239.

Sa racine pousse ordinairement plusieurs tiges droites, glabres, un peu rameuses, longues de 2-3 décim.; ses feuilles inférieures sont opposées ou verticillées trois ou quatre ensemble; les supérieures sont éparses; toutes sont linéaires-lancéolées, planes, glabres, plus larges dans le bas de la plante; les fleurs forment des épis terminaux au sommet de la tige et des branches principales; l'axe de l'épi, les pédicelles et les calices, sont garnis de poils courts, serrés et visqueux; la corolle est d'un jaune pâle, avec le palais d'un jaune doré, et l'éperon violet; cette corolle est à-peu-près de la grandeur de celle de la linaire commune; son éperon est droit, plus long que le pédicelle. ⊙. Cette plante se trouve dans le midi de la France, au mont d'Or, selon l'herbier de M. Thouin. J'en possède un échantillon que je crois originaire de Narbonne.

2641. Linaire rayée.   *Linaria striata.*

Antirrhinum striatum. Lam. Fl. fr. 2. p. 343. — *Antirrhinum repens.* Smith. Fl. brit. 2. p. 658.—*Antirrhinum monspessulanum.* Vill. Dauph. 2. p. 436.—*Linaria decumbens.* Mœnch. Meth. 523.

α. *Foliis sparsis caule ramoso.* — *Antirrhinum striatum.* Lam. Dict. 4. p. 351. — *Antirrhinum monspessulanum.* Linn. spec. 854. — Dill. Elth. t. 163. f. 197.

β. *Foliis imis verticillatis, caule ramoso.* — *Antirrhinum gallioides,* var. β. Lam. Dict. 4. p. 352.

γ. *Foliis confertis, caule simplici.*—*Antirrhinum repens.* Linn. spec. 854. —*Antirrhinum gallioides,* var. α. Lam. Dict. 2. p. 351.

δ. *Foliis verticillatis distantibus, caule simplici.*

Cette espèce se distingue de toutes les autres, à sa fleur blanchâtre, marquée de raies bleues ou violettes, et tachée de jaune sur le palais; à son éperon très-court; à sa racine qui rampe sous terre; ses tiges sont droites ou à peine étalées, simples ou rameuses, hautes de 2-4 décim., glabres et un peu glauques, ainsi que le reste de la plante; ses feuilles sont toujours linéaires, tantôt éparses, tantôt verticillées, tantôt serrées, tantôt écartées : le port de cette plante est extrêmement variable. ♃. Elle croît dans les lieux pierreux , et sur-tout dans les sols calcaires ou crayeux. Elle fleurit en été ; sa fleur est souvent odorante , mais l'intensité de cette odeur varie , d'après Smith , selon l'heure de la journée.

2642. Linaire à feuilles de thym. *Linaria thymifolia.*

Antirrhinum thymifolium. Vahl. Symb. 2. p. 67. Wild. spec. 3. p. 243.

Cette plante est entièrement glabre et d'un verd un peu glauque ; sa racine pousse plusieurs tiges grèles, couchées , simples ou rameuses , longues de 2 décim.; ses feuilles sont opposées ou ternées , ovales , rétrécies aux deux extrémités; celles du bas sont petites et arrondies ; celles du haut alongées et oblongues : les fleurs sont en petit nombre , pédicellées, terminales, réunies en tête serrée ; les bractées , quoique fort petites , sont plus longues que les pédicelles ; la corolle est jaune et ressemble à celle de la linaire couchée ; l'éperon est un peu courbé , d'un jaune citrin ; le palais est d'un jaune orangé , hérissé de poils. Cette jolie espèce m'a été communiquée par M. Brongniart, qui l'a trouvée dans les dunes sablonneuses voisines du bord de la mer, à l'embouchure de l'Adour près Bayonne.

2643. Linaire des Pyrénées. *Linaria Pyrenaica.*

Antirrhinum Pyrenaicum. Ramond. Pyr. ined.

Cette espèce a le port de la linaire couchée , et ressemble beaucoup à la linaire bigarrée , et sur-tout à la linaire triste (*antirrhinum triste* , Linn.); sa racine pousse plusieurs tiges longues de 1-2 décim. , couchées à la base , ascendantes , cylindriques , glabres et garnies de feuilles jusqu'au-delà du milieu de leur longueur , nues et hérissées de poils articulés dans la partie qui soutient l'épi; les feuilles sont linéaires-lancéolées , planes, glauques, un peu charnues , verticillées quatre à cinq ensemble dans le bas , ternées ou opposées dans le milieu , alternes vers le haut; les fleurs forment un épi court et serré ; les bractées sont linéaires , hérissées ; le calice est à cinq divisions , dont la supérieure est deux fois plus longue que les autres; la corolle est grande , d'un jaune pâle , avec le palais d'un jaune orangé , et l'éperon citrin marqué de raies d'un verd noirâtre ; le tube de la corolle est d'un diamètre à peine plus grand que l'éperon , tandis que la linaire triste a le bas du tube très-renflé et d'un diamètre triple de celui de l'éperon ; l'ovaire est arrondi ,

couronné au sommet de poils glanduleux , et placé sur un bourrelet charnu. Cette espèce diffère de la linaire bigarrée , par ses
feuilles plus courtes , ses tiges couchées et son éperon jaune ; de
la linaire couchée , par ses feuilles plus larges , par ses fleurs
deux fois plus grandes et disposées en épi plus serré , par son
éperon rayé et par sa tige bien plus hérissée vers le sommet.
Elle croît dans les champs et les terreins remués , et a été découverte par M. Ramond , dans les vallées moyennes des Pyrénées , aux environs de Barrèges ; elle se trouve depuis la plaine
jusqu'à 1800 mètres de hauteur.

2644. Linaire couchée.　　　*Linaria supina.*

Linaria supina. Desf. Atl. 2. p. 44. — *Antirrhinum supinum*,
　　Linn. spec. 856. Lam. Dict. 4. p. 355. — *Linaria filiformis.*
　　Mœnch. Meth. 523. — Clus. Hist. 1. p. 321. ic.
　　β. *Antirrhinum dubium.* Vill. Dauph. 2. p. 437.

Les tiges de cette plante sont nombreuses , diffuses , hautes
de 12-15 centim. , d'un verd glauque , et glabres dans leur partie
inférieure ; elles sont garnies de feuilles linéaires , presque filiformes , d'une couleur semblable à celle des tiges , verticillées
quatre à quatre dans le bas de la plante et éparses dans la partie
supérieure : les fleurs sont terminales , disposées en épi lâche ,
d'un jaune pâle , et munies chacune d'un éperon presque droit ,
assez long et pointu. On trouve cette plante sur les collines arides
et sablonneuses , parmi les cailloux , le long des torrens. ⊙.

2645. Linaire des champs.　　　*Linaria arvensis.*

Linaria arvensis , α. Desf. Atl. 2. p. 45. — *Antirrhinum arvense.*
　　Wild. spec. 3. p. 244. — *Antirrhinum arvense* , α. Linn. spec.
　　855. Lam. Dict. 4. p. 355. — *Linaria carnosa.* Mœnch. Meth.
　　523. — Dill. Elth. t. 163. f. 198.

Sa tige est rameuse , droite , haute de 1-2 décim. , glabre ,
garnie de feuilles linéaires , dont les inférieures sont verticillées
et les supérieures éparses ; le haut de la tige et les calices sont
couverts de poils courts et un peu visqueux ; les fleurs sont
disposées en épi vers le sommet des branches , munies de bractées réfléchies ; elles sont très-petites , de couleur bleuâtre ; leur
éperon est recourbé. ⊙. Cette plante croît dans les champs cultivés , sur-tout dans les provinces méridionales.

2646. Linaire simple.　　　*Linaria simplex.*

Antirrhinum simplex. Wild. spec. 3. p. 243. — *Antirrhinum*
　　parviflorum. Jacq. ic. rar. 3. t. 499. non Desf. — *Antirrhinum*

arvense, β. Linn. spec. 855. — *Linaria arvensis*, β. Desf. Atl.
2. p. 45.

Cette espèce est remarquable, ainsi que la précédente, par
l'extrême petitesse de ses fleurs ; elle se distingue de la linaire
des champs, par sa tige simple, plus droite et plus élevée ; par
sa fleur constamment jaune ; par son éperon droit et non recourbé : ses calices et la sommité de la plante sont couverts de
poils visqueux plus ou moins nombreux. ☉. Elle croît dans les
champs cultivés des provinces méridionales, aux environs de
Montpellier, de Sorrèze, etc.

2647. **Linaire de Chalep.**   *Linaria Chalepensis.*

Linaria Chalepensis. Mill. Dict. n. 12. — *Antirrhinum Chale-*
pense. Linn. spec. 859. Lam. Dict. 4. p. 355. — *Antirrhinum*
album. Lam. Fl. fr. 2. p. 345.— *Linaria alba.* Mœnch. Meth.
524. — Triumf. Obs. t. 87. f. 2.

Sa tige est haute de 3 décim., cylindrique, presque simple
ou chargée de quelques rameaux courts dans sa partie supérieure ;
ses feuilles sont assez longues, étroites, linéaires, pointues et
d'un verd un peu glauque ; celles des nœuds inférieurs sont
verticillées quatre ou cinq ensemble, mais les verticilles ne sont
point serrés ; les fleurs sont blanches, portées sur des pédoncules très-courts, et disposées en épi terminal ; leur éperon est
fort long et très-grêle ; le calice est divisé en folioles linéaires,
plus longues que la corolle et irrégulièrement ouvertes. Cette
plante croît dans les lieux cultivés, aux environs de Montpellier. ☉.

2648. **Linaire de Pélissier.**   *Linaria Pelisseriana.*

Antirrhinum Pelisserianum. Linn. spec. 855. Lam. Dict. 2. p.
356. — Barr. ic. t. 1162. — Magn. Bot. p. 158. ic.

Sa tige est haute de 15–18 centim., droite, cylindrique,
très-glabre, et presque simple ; ses feuilles sont étroites, linéaires, alternes, moins rapprochées que celles de la linaire
rayée, et ternées ou quaternées inférieurement : les fleurs sont
petites, de couleur violette, avec un palais blanc rayé ; elles
ont un éperon droit et un peu plus long que leur corolle. On
trouve cette plante dans les lieux pierreux, aux environs de
Paris, d'Étampes (Guett.); d'Orléans (Dub.); de Nantes
(Bon.); en Bourgogne (Dur.); en Provence dans les bois
(Gér.); aux environs de Nice (All.); de Sorrèze; à Gramont
près Montpellier, etc. ☉.

2649. **Linaire des rochers.** *Linaria saxatilis.*

Antirrhinum saxatile. Linn. Mant. 416. Lam. Dict. 4. p. 356.

Sa racine est dure, épaisse au collet, fibreuse à l'extrémité ; elle pousse plusieurs tiges droites ou un peu étalées, hautes de 1 décim., garnies, ainsi que les calices, de poils courts, serrés et visqueux : les feuilles sont linéaires, verticillées dans le bas, éparses dans le haut de la plante ; les fleurs naissent en épis au sommet des tiges et des branches ; ces épis sont d'abord serrés et s'alongent pendant la maturation ; les corolles sont jaunes, tachées, selon Linné, de point fauves sur la gorge et le palais ; les capsules sont arrondies, de la longueur des lobes du calice. Cette espèce croît sur les côtes de Bretagne (Mor.), à Piriac près Nantes, et à l'isle de Noirmoutier (Bon.). Elle m'a été communiquée par M. du Petit-Thouars.

2650. **Linaire des Alpes.** *Linaria Alpina.*

Antirrhinum Alpinum. Linn. spec. 856. Jacq. Austr. t. 58. Lam. Dict. 4. p. 358. — Clus. Hist. 1. p. 222. f. 2.
β. *Caule erecto.*

Ses tiges sont longues de 15–18 centimètres, très-glabres et couchées sur la terre ; ses feuilles sont verticillées, un peu charnues et d'un verd glauque ; les inférieures sont obtuses et presque ovales ou elliptiques ; celles du milieu des tiges sont lancéolées, et les supérieures sont linéaires ; elles ont rarement plus de 2 centimètres de longueur. Les fleurs sont terminales, disposées en un épi court et serré, et d'une belle couleur bleue, avec le palais d'un jaune orangé. Cette jolie plante croît dans les Alpes, les Pyrénées, parmi les rochers humides, et sur-tout dans le sable quartzeux qui entoure les glaciers et les torrens ; ses graines entraînées par les eaux, amènent de temps en temps la plante dans les plaines du pied des Alpes ; ainsi on la trouve quelquefois le long de l'Arve, aux environs de Genève. La variété β croît dans le Jura, au fond du Creux du Vent, et près du lac de Joux ; elle se distingue à sa tige droite et à ses feuilles plus étroites. Dans l'une et l'autre variété, la couleur de la fleur offre trois nuances : elle est ordinairement bleue, avec le palais jaune ; quelquefois toute bleue, et rarement bleue, avec le palais blanc. ♂.

2651. Linaire à feuilles   *Linaria origanifolia.*
   d'origan.

Antirrhinum origanifolium. Linn. spec. 852. Lam. Dict. 4. p.
   359. — Barr. ic. 598. 1102. 1103 et 1113. malè. — Magn. Bot.
   25. ic. mal.

Sa tige est haute de 12-15 centim., grèle, cylindrique,
foible, un peu branchue et chargée, dans sa partie supérieure,
de poils courts et très-fins; ses feuilles sont lancéolées, élargies
et presque ovales vers leur sommet, sur-tout les inférieures
qui ont assez de ressemblance avec celles de l'origan ou du
serpollet; elles sont légèrement velues en leur bord : les fleurs
sont une fois plus grandes que celles de la précédente; elles
sont bleuâtres, et leur éperon, qui est d'un rouge violet, n'égale
pas en longueur la moitié de la corolle. Cette plante croît sur
les murs et les rochers des provinces méridionales en Piémont;
dans les Pyrénées; à Narbonne; aux environs de Montpellier
dans les lieux appelés *Garrigues*, entre Laverune et Pignan,
au Capouladou (Magn.); aux rochers de Mijoulan (Gou.); dans
le midi de la Provence (Gér.); à Sainte-Victoire, Roquefeuil,
Pourrières et Vaumare (Gar.); à Grenoble, le long de l'Isère,
au Pont en Royans (Vill.); au mont d'Or (Linn.); au Cantal
(Delarb.). ⊙ ?

2652. Linaire naine.   *Linaria minor.*

Antirrhinum minus. Linn. spec. 852. Lam. Dict. 4. p. 360. Fl.
   dan. t. 502. — *Linaria minor.* Desf. Atl. 2. p. 46. — *Linaria
   viscida.* Mœnch. Meth. 524. — Lob. ic. t. 406. f. 1.

Toute la plante est chargée de poils courts, un peu visqueux;
sa tige est haute de 12-18 centim., droite et très-rameuse; ses
feuilles sont petites, lancéolées, obtuses, et quelquefois un peu
elliptiques; les inférieures sont opposées, et toutes les autres
sont alternes : les fleurs sont petites, d'un rouge un peu violet,
blanchâtres en leur lèvre inférieure, solitaires, pédonculées, et
disposées dans les aisselles des feuilles; leur éperon égale en
longueur la moitié de la corolle. Cette plante croît dans les
lieux secs et sablonneux, les champs cultivés et les décombres. ⊙

§. III. *Feuilles entières toutes alternes.*

2653. Linaire à feuilles de   *Linaria genistifolia.*
   genèt.

Linaria genistifolia. Mill. Dict. n. 14. — *Antirrhinum genisti-
   folium.* Linn. spec. 858. Jacq. Austr. t. 244. — *Antirrhinum*

pallidiflorum. Lam. Fl. fr. 2. p. 341. — Clus. Hist. 1. p. 322,
f. 1.

Ses tiges partent plusieurs d'une même racine et s'élèvent
jusqu'à 6 décim.; les feuilles sont lancéolées, pointues, plus
larges, plus fermes et plus grandes que dans la linaire commune, mais d'ailleurs assez semblables à celles de cette plante;
la tige se divise vers le haut en plusieurs rameaux courts et grêles,
ce qui forme une panicule irrégulière et effilée; les fleurs sont
d'un beau jaune, à-peu-près de la grandeur de celles de la linaire
commune; leur palais est hérissé de poils; les divisions du calice
couvrent presque la capsule. ♃. Elle croît dans les lieux montueux, en Alsace (Mapp.); au pied du mont Saint-Bernard (C.
Bauh.); à la vallée de Saint-Nicolas près Praborgne (Hall.); en
Valgaudemar et à la vallée de Cervières près Briançon (Vill.);
aux environs de Suze (All.).

2654. Linaire commune.   *Linaria vulgaris.*

Linaria vulgaris. Mœnch. Meth. 524. — *Antirrhinum linaria.*
Linn. spec. 858. Lam. Dict. 4. p. 362. Bull. Herb. t. 261. —
Antirrhinum commune. Lam. Fl. fr. 2. p. 340. — Cam. Epit.
930. ic.

β. *Peloria.* Linn. Amœn. Acad. 1. p. 55. t. 3.

Ses tiges sont hautes de 5 décim., droites, ordinairement
simples, et garnies dans toute leur longueur de feuilles nombreuses, éparses, étroites, linéaires et pointues; ces feuilles
sont un peu redressées, et ont une couleur glauque : les fleurs
sont grandes, droites, ramassées, et forment un bel épi au sommet de la plante; leur corolle est d'un jaune pâle, mais le palais
qui se trouve à leur entrée, est d'une jaune rougeâtre ou de la
couleur du safran. On trouve cette plante dans les terreins incultes. ♃.

CDVII. MUFLIER.   *ANTIRRHINUM.*

Antirrhinum. Tourn. Juss. Desf. — *Antirrhini sp.* Linn.
Lam.

Car. Ce genre diffère de la linaire parce que la corolle est
seulement bossue à la base, mais ne se prolonge pas en éperon; que sa capsule est oblique à sa base et s'ouvre au sommet
en trois trous peu réguliers.

2655. Muflier à grande fleur. *Antirrhinum majus.*

Antirrhinum majus. Linn. spec. 859. Lam. Illustr. t. 531. f. 1.
α. *Folio rotundiore.* — *Antirrhinum latifolium.* Mill. Dict. n. 4.
— Bocc. Mus. t. 41.
β. *Folio longiore.* — *Antirrhinum majus.* Mill. Dict. n. 3. —
Lob. ic. t. 404. f. 2.

Sa tige est haute de 6-9 décim., lisse et rameuse; ses feuilles sont lancéolées, un peu obtuses, d'un verd foncé, très-lisses, alternes sur la tige et opposées sur les rameaux ou sur les jeunes pousses; ses fleurs sont grandes, fort belles, de couleur blanche, rose ou purpurine, avec un palais jaune, et sont disposées au sommet de la plante; elles ont un calice court, dont les folioles sont ovales : leur fruit est une capsule oblongue qui a quelque ressemblance avec la tête d'un veau ou d'un cochon; les lobes du calice sont courts et obtus. Cette plante croît sur les vieux murs et dans les lieux pierreux. ♂. On la cultive dans les parterres pour la beauté de ses fleurs; elle est vulnéraire et résolutive. On la connoît sous le nom de *mufle de veau.*

2656. Muflier rubicond. *Antirrhinum orontium.*

Antirrhinum orontium. Linn. spec. 860. Lam. Illustr. t. 531. f.
2. — Cam. Epit. 923. ic.

Sa tige est lisse, peu rameuse, et s'élève à peine jusqu'à 5 décim.; ses feuilles sont glabres, assez longues, plus étroites que celles de l'espèce précédente, un peu distantes et la plupart opposées; celles qui tiennent lieu de bractées sont alternes : les fleurs sont presque sessiles, solitaires, d'un rouge assez vif, et sont à-peu-près sessiles dans les aisselles supérieures des feuilles; les lobes du calice sont longs et linéaires. Cette plante croît dans les champs. ☉.

2657. Muflier toujours verd. *Antirrhinum sempervirens.*

Antirrhinum sempervirens. Lapeyr. Fl. pyr. 1. p. 7. t. 4.

Une souche ligneuse et tortueuse, émet plusieurs rameaux diffus, longs de 4-12 centim., couverts, ainsi que les feuilles, les pédoncules et les calices, de poils courts, serrés, qui leur donnent une teinte un peu grisâtre; les feuilles sont opposées, ovales, entières, persistantes, un peu rétrécies en pétioles; les fleurs sont solitaires aux aisselles des feuilles, pétiolées, assez grandes, d'un blanc tirant sur le rouge, pubescentes en dehors; la capsule est arrondie. ♃, ♄. Cette plante croît dans les

Pyrénées , et en particulier sur les murs de l'église de Gerdre , dans la vallée de Lavedan.

2658. Muflier velouté.   *Antirrhinum molle.*

Antirrhinum molle. Linn. spec. 860. Lam. Dict. 4. p. 366.

Cette espèce ressemble beaucoup au muflier toujours-verd , mais elle s'en distingue parce qu'elle est entièrement couverte d'un duvet mou , blanchâtre et presque laineux ; que ses feuilles sont plus petites , très-obtuses, de forme ovale , peu rétrécies à leur base ; que les lobes du calice sont ovales et deux fois plus grands ; que ses fleurs sont plus grandes , plus velues en dehors et d'une couleur rouge plus décidée. Cette plante a été trouvée par M. Brongniart , dans les Alpes. ♃.

2659. Muflier faux-asaret.   *Antirrhinum asarina.*

Antirrhinum asarina. Linn. spec. 860. — *Antirrhinum asari-
num.* Lam. Fl. fr. 2. p. 348. — *Asarina procumbens.* Mill.
Dict. n. 1. — Lob. ic. t. 601. f. 2.

Ses tiges sont très-velues, rameuses et diffuses ; ses feuilles sont opposées, pétiolées, arrondies , échancrées en cœur à leur base, et crénelées ou lobées en leur contour ; les fleurs sont axillaires , solitaires, pédonculées, assez grandes , de couleur blanche et un peu rougeâtres ; le pistil est d'une couleur pourpre foncée. ♃. On trouve cette plante dans les rochers des provinces méridionales, à l'Esperou près Montpellier ; dans les Cévennes près Narbonne. Linné et, d'après lui, tous les auteurs l'indiquent aux environs de Genève ; mais cette plante n'y croît point, et on aura sans doute mis par erreur de typographie, *Genevæ* pour *Sebennæ*.

CDVIII. ANARRHINE.   *ANARRHINUM.*

Anarrhinum. Desf. — *Antirrhini sp.* Linn. — *Dodartiæ sp.*
Mill.

Car. Le calice est persistant, à cinq lanières profondes ; la corolle est tubuleuse, munie ou dépourvue d'éperon à sa base , toujours ouverte à l'entrée et sans palais proéminent ; la capsule est arrondie , munie de deux trous au sommet, et s'ouvre en plusieurs valves , comme dans les linaires.

Obs. Outre la structure de la corolle qui distingue ce genre des linaires et des mufliers , il s'en éloigne encore par le port : toutes les espèces ont des feuilles radicales , grandes , étalées , dentées ou lobées ; des feuilles caulinaires , nombreuses , étroites et redressées ; des fleurs petites et nombreuses.

2660. Anarrhine paque-   *Anarrhinum bellidi-*
rette.   *folium.*

Anarrhinum bellidifolium. Desf. Atl. 2. p. 51. Wild. spec. 3.
p. 260. — *Antirrhinum bellidifolium.* Linn. Mant. 417. Lam.
Dict. 4. p. 363. — Bauh. Prod. 106. ic.

Sa tige s'élève un peu au-delà de 3 décim. ; elle est droite,
grèle, cylindrique et rameuse dans sa partie supérieure ; les
feuilles radicales sont ovales, spatulées, dentées, glabres et
nerveuses ; celles de la tige sont divisées, dès leur base, en
trois ou quatre découpures linéaires, terminées chacune par
une petite pointe aiguë : les fleurs forment des épis très-grèles,
au sommet de la tige et des rameaux ; elles sont fort petites,
presque sessiles, blanchâtres inférieurement et d'un bleu violet
à leur extrémité : leur éperon est recourbé et très-petit. ♂.
Cette plante croît dans les terres un peu stériles, le long des
chemins ; à Vernier et Satigny près Genève ; aux environs
de Sorrèze ; à Valence, le long du Rhône et entre Grenoble
et Lyon ; dans la Provence septentrionale (Gér.), au Pas-de-
Truy (Uai.), dans les Cévennes et à l'Esperou, au Capouladou et à Saint-Guillin-le-Désert près Montpellier (Gou.) ;
près Oneille, Grognard, Cossan, Borgmassin, et le long du
Tesin (All.) ; dans les Pyrénées (Ram.). On la trouve actuellement assez abondamment au bois de Boulogne près Paris,
mais elle y a été semée.

CDIX. DIGITALE.   *DIGITALIS.*

Digitalis. Linn. Juss. Lam. Gœrtn. — *Digitalis sp.* Tourn.

Car. Le calice est à cinq parties inégales ; la corolle est en
cloche ; son limbe est à quatre lobes obliques et inégaux ; les
étamines sont au nombre de quatre, dont deux plus courtes, et
on trouve au fond de la corolle le rudiment d'une cinquième étamine ; la capsule est ovale, pointue, séparée en deux loges par
une double cloison.

Obs. Les feuilles sont toujours alternes ; les fleurs en grappes
ou en épis terminaux.

2661. Digitale pourpre.   *Digitalis purpurea.*

Digitalis purpurea. Linn. spec. 866. Lam. Dict. 2. p. 268.
Illustr. t. 525. f. 1. Bull. Herb. t. 21.

β. *Flore albo.* Vaill. Bot. p. 80.

Sa tige est haute de 6–9 décim., droite, velue et ordinairement simple ; ses feuilles sont ovales, pointues, blanchâtres et

cotonneuses en dessous, presque ridées, dentées en leur bord
et rétrécies en pétiole à leur base ; les inférieures sur-tout sont
molles et sensiblement pétiolées : ses fleurs sont grandes, de
couleur purpurine, agréablement tachées ou tigrées dans leur
intérieur et un peu pendantes, formant un épi fort long et
terminal ; les lobes du calice sont ovales, et la lèvre supérieure
de la corolle est entière. La variété β a la fleur blanche. Cette
plante croît dans les bois montagneux et les terreins pierreux ;
elle est assez fréquente aux environs de Paris.

2662. Digitale à feuilles   *Digitalis thapsi.*
     de molène.

    Digitalis thapsi. Linn. spec. 867. — Bocc. Mus. 2. p. 107. t. 85.

Cette plante semble réunir le feuillage de la molène bouillon-
blanc, avec la fleuraison de la digitale pourpre ; elle est entièrement couverte de poils cotonneux, plus abondans à la surface
inférieure des feuilles ; sa tige est droite, simple ; ses feuilles
lancéolées, décurrentes sur la tige en deux appendices réfléchis, presque entières sur les bords ; les fleurs forment une
grappe simple ; le calice est cotonneux, à cinq lobes ovales-
lancéolés ; la corolle est purpurine, tachée en dedans, un peu
pubescente en dehors. Je décris cette plante d'après un échantillon originaire d'Espagne, conservé dans l'herbier de M. Desfontaines. ♃. Elle se trouve en Savoie, dans les lieux froids
(Bocc.)?

2663. Digitale à grande fleur. *Digitalis grandiflora.*

    Digitalis grandiflora. Lam. Fl. fr. 2. p. 332. All. Ped. n. 258.
    Digitalis ambigua. Murr. Syst. 470. Linn. f. suppl. 280. —
    Digitalis ochroleuca. Jacq. Hort. Vind. 1. t. 57. — *Digitalis
    lutea.* Poll. Pall. n. 599. non Linn.

Sa tige est haute de 6 décim., droite, simple et un peu
velue, sur-tout dans sa partie supérieure ; ses feuilles sont
lancéolées, pointues, embrassantes, glabres en dessus, mais
velues en leur bord et en leurs nervures postérieures ; les
feuilles du sommet de la plante sont larges et presque ovales ;
les fleurs forment un épi ordinairement plus court que dans
les autres espèces ; leur corolle est grande, ventrue et évasée
à son ouverture, d'une couleur jaunâtre assez sale et veinée ou
même tachée de pourpre dans son intérieur. ♃. On trouve cette
plante dans les lieux montagneux et couverts en Alsace ; dans
les basses Alpes ; dans les Vosges, à Remiremont (Buch.), etc.

Elle est assez distinguée des autres espèces pour n'être point appelée *ambiguë.*

2664. Digitale à petite fleur. *Digitalis parviflora.*

Digitalis lutea. Linn. spec. 867. Jacq. Hort. Vind. t. 105. non Poll. — *Digitalis parviflora.* Lam. Fl. fr. 2. p. 335. All. Ped. n. 257. — Lob. ic. t. 573. f. 2.

Cette espèce diffère, on ne sauroit davantage, de la précédente ; ses feuilles sont étroites, beaucoup plus dures et très-glabres ; ses fleurs sont petites, peu ventrues, nullement tachées dans leur intérieur, et partagées en cinq découpures pointues ; elles sont d'une couleur pâle, nombreuses, et forment un épi long très-garni ; leurs pédoncules ni leurs calices ne sont point velus comme dans les autres espèces. On trouve cette plante dans les terreins pierreux et montagneux, dans les Pyrénées, les Alpes, le Jura. ♃.

2665. Digitale rouillée. *Digitalis ferruginea.*

Digitalis ferruginea. Linn. spec. 867. Sabb. Hort. 2. t. 86. — *Digitalis ferruginea,* [illegible] Lam. Dict. [illegible] p. [illegible] — Mœris. t. 5. t. 8. f. 2. 3.

Toute cette plante est glabre, lisse, ferme ; elle s'élève jusqu'à 1 et 2 mètres de hauteur ; ses feuilles sont sessiles, lancéolées, marquées en dessous de nervures proéminentes ; les fleurs forment de longues grappes terminales, simples ou rameuses ; elles sont presque sessiles, de couleur de rouille et un peu plus grandes que celles de l'espèce précédente ; leurs bractées sont lancéolées, aiguës ; les lobes du calice sont, au contraire, ovales et très-obtus ; la lèvre inférieure de la corolle est à trois lobes, dont deux latéraux et le troisième grand, concave et fortement hérissé de poils en dessus. ♃. Cette plante croît en Piémont, sur les collines de Robbio, et entre Grognardo et Cavatore (All.).

CDX. GRATIOLE. *GRATIOLA.*

Gratiola. Linn. Juss. Lam. Gœrtn. — *Digitalis sp.* Tourn.

Car. Le calice est à cinq parties, muni de deux bractées à sa base ; la corolle est tubuleuse, à deux lèvres peu distinctes ; la supérieure échancrée ; l'inférieure à trois lobes égaux ; les étamines ont quatre filamens, dont deux seulement portent des anthères ; le fond de la corolle présente le rudiment d'une ciuquième étamine; la capsule est ovoïde, divisée en deux loges par une cloison simple.

O᷍ʙs. Les feuilles sont opposées; les fleurs solitaires aux aisselles des feuilles.

2666. Gratiole officinale. *Gratiola officinalis.*

> *Gratiola officinalis.* Linn. spec. 24. Bull. Herb. t. 130. Lam. Dict. 3. p. 26. — Lob. ic. t. 435. f. 2.
> β. *Alpina.* J. Bauh. Hist. 3. p. 435.

Sa tige est haute de 3 décim., droite, cylindrique, garnie de feuilles dans toute sa longueur et ordinairement simple; ses feuilles sont opposées, sessiles, ovales-lancéolées, dentées vers leur sommet, lisses, glabres et marquées de trois nervures longitudinales; ses fleurs sont axillaires, solitaires, pédonculées et d'un blanc jaunâtre. On trouve cette plante dans les lieux aquatiques, sur le bord des étangs. ♃. Elle est émétique, fortement purgative et hydragogue. Elle porte le nom vulgaire d'*herbe au pauvre homme.*

QUARANTE-SIXIÈME FAMILLE.

SOLANÉES.   *SOLANEÆ.*

Solaneæ. Juss. — *Solana.* Adans. — *Luridæ.* Linn.

Lᴀ structure des Solanées, considérée en détail, présente d'assez grandes diversités; mais son ensemble offre une telle uniformité, qu'aucun naturaliste n'a pensé à désunir les plantes de cette famille; elles ont toutes un aspect sombre et une odeur désagréable; leurs fruits sont presque tous de violens narcotiques, et causent souvent un délire maniaque; leur tige est ordinairement herbacée; quelques-unes s'élèvent en arbrisseaux : leurs feuilles sortent de bourgeons dépourvus d'écailles, et sont toujours alternes; leurs fleurs affectent différentes dispositions, mais elles ont dans plusieurs genres un caractère remarquable et propre à cette famille, savoir de naître hors des aisselles des feuilles.

Les parties de la fructification sont presque toujours au nombre de cinq : quelques genres n'en ont que quatre; le calice est persistant, divisé plus ou moins profondément; la corolle est ordinairement régulière, en roue, en cloche ou en

entonnoir, et son limbe est souvent plissé sur les angles dans
le bouton ; les étamines sont insérées à la base de la corolle ,
et ont souvent les filamens barbus ou les anthères accolées ;
l'ovaire est libre, simple ; le style unique ; le stigmate simple
ou à deux lobes ; le fruit est tantôt une capsule bivalve , semblable à celle de la dernière section des Personées, dont elles
diffèrent par le nombre des étamines ; tantôt une baie à deux
ou plusieurs loges : les graines sont petites, nombreuses ; leur
périsperme est charnu ; leur embryon est ordinairement courbé
en demi-cercle, en anneau ou en spirale ; leurs cotylédons sont
demi-cylindriques.

* *Solanées dont le fruit est une capsule comme dans les*
Personées.

CDXI. CELSIE.   *CELSIA.*

Celsia. Linn. Juss. Lam. Gœrtn. — *Verbasci sp.* Tourn. All.

CAR. Les Celsies diffèrent des molènes , parce qu'au lieu de
cinq étamines elles n'en ont que quatre , dont deux plus
courtes.

OBS. Ce genre a le port des molènes et tous les caractères
de la famille des Personées ; sa graine a un embryon droit,
ce qui le rapproche encore de la famille précédente.

2667. Celsie d'Orient.   *Celsia Orientalis.*

Celsia Orientalis. Linn. spec. 866. Lam. Dict. 1. p. 662.
Illustr. t. 532. — *Verbascum Orientale.* All. Ped. n. 387.
— *Celsia caduca.* Mœnch. Meth. 447.—Buxb. Cent. 1. t.
20.

Sa tige est herbacée, droite, peu rameuse, haute de 5 décimètres, garnie de feuilles éparses, glabres, profondément
pinnatifides , et dont les lobes sont eux-mêmes découpés ; les
feuilles du haut de la plante sont divisées en lobes entiers et
linéaires ; les fleurs sont sessiles aux aisselles des feuilles supérieures, et disposées en longs épis terminaux ; les lobes du calice sont étroits, souvent divisés en lanières pointues ; la corolle
est d'un jaune pâle, tachetée de rouge et barbue près de l'insertion des étamines. ⊙. Cette plante , regardée jusqu'ici comme
originaire de l'Orient, croît dans le Piémont, aux environs
d'Aouste, d'après le témoignage d'Allioni.

CDXII. MOLÈNE. *VERBASCUM.*

Verbasci sp. Linn. Juss. Lam. Gœrtn. — *Verbascum et Blat-taria.* Tourn.

CAR. Le calice est à cinq parties ; la corolle en roue, ou-verte, à cinq lobes un peu inégaux ; les étamines sont au nombre de cinq, inégales entre elles, et ont presque toutes les filamens barbus ; les anthères sont en forme de rein ou de fer à cheval, et s'ouvrent par une fente presque horizontale ; la capsule est ovale ou globuleuse, à deux valves souvent bifur-quées au sommet, à deux loges séparées par une double cloison ; l'embryon est droit dans l'axe du périsperme.

OBS. La plupart des molènes sont garnies sur toute leur surface, de poils cotonneux, rameux ou rayonnans.

§. Ier. *Feuilles décurrentes.*

2668. Molène bouillon-blanc. *Verbascum thapsus.*

Verbascum thapsus. Linn. spec. 252. Lam. Dict. 4. p. 215. — *Verbascum alatum.* Lam. Fl. fr. 2. p. 259. — Lob. ic. t. 561. f. 2. — Fuchs. t. 846. ic.

Sa tige est haute de 9-12 décim., très-droite, cylindrique, ferme et un peu velue ; ses feuilles sont grandes, molles, ovales, pointues et cotonneuses des deux côtés ; elles forment par les prolongemens de leur base, des ailes courantes sur la tige : les fleurs sont jaunes, presque sessiles, ramassées trois ou quatre ensemble par petits paquets, et disposées en un épi cylindrique et fort long. On trouve cette plante sur le bord des chemins. ♃. Ses fleurs sont émollientes, calmantes et bé-chiques. Cette plante est connue sous les noms de *bon-homme, molène, bouillon-blanc.*

2669. Molène faux-bouil-lon-blanc. *Verbascum thapsoides.*

Verbascum thapsoides. Linn. spec. 1669 ? Lam. Dict. 4. p. 216.

Cette espèce se rapproche en effet de la précédente, par ses feuilles décurrentes, mais elle est néanmoins bien distinguée par sa tige rameuse ; par ses feuilles plus longues et plus étroites ; par ses fleurs en panicule, plus petites et moins sessiles que dans le bouillon blanc : elle ne diffère de la description donnée par Linné, que par ses étamines garnies de poils jaunes et non purpurins. ♂. Elle croit dans les lieux secs et graveleux, sur les collines, au bord des bois en Piémont (All.) ; dans les champs en Dauphiné (Vill.).

2670. Molène à feuille   *Verbascum crassifolium.*
épaisse.

α. Caule simplici. — Verbascum phlomoides. Schleich. Cent.
exs. n. 27. — Dalech. Hist. 1301. ic. — Dod. Pempt. 143. ic.—
J. Bauh. Hist. 3. p. 872. ic.

β. Caule ramoso. — J. Bauh. Hist. 3. p. 872. descr.

Cette plante se distingue de presque toutes les molènes,
parce que ses étamines ont toutes les filamens glabres ; elle
se rapproche des deux précédentes, parce que ses feuilles se
prolongent en appendices le long de la tige, caractère qui
la distingue essentiellement de la molène phlomide : sa surface entière est abondamment couverte de poils cotonneux et
rayonnans; sa tige est simple dans la variété *α*, très-rameuse
dans la variété *β*; ses feuilles sont ovales-oblongues, pointues,
souvent rétrécies vers le sommet, épaisses, décurrentes moins
fortement que dans les deux précédentes; les fleurs forment
une grappe simple et serrée dans la variété *α*, composée de
rameaux courts dans la variété *β*; ces fleurs sont grandes, de
couleur jaune, un peu cotonneuses en dehors; les étamines ont
les filets glabres. La var. *α* m'a été communiquée par M. Schleicher, qui l'a trouvée à Morole et à Sion, dans le Valais. Je l'ai
aussi reçue de Sorrèze. La variété *β* a été trouvée par M. Poiret,
aux environs de Soissons.

§. II. *Feuilles non décurrentes.*

2671. Molène phlomide.   *Verbascum phlomoides.*

Verbascum phlomoides. Linn. spec. 253. Lam. Dict. 4. p. 217.
— *Verbascum tomentosum.* Lam. Fl. fr. 2. p. 260. — Lob. ic.
t. 561. f. 1.

β. Flore albo Lob. ic. t. 560. f. 2.

Cette espèce n'a point les feuilles décurrentes, ce qui la distingue des trois précédentes, et en particulier de la molène à
feuille épaisse, avec laquelle on l'a souvent confondue ; ses
étamines sont garnies de poils jaunâtres et non purpurins,
comme dans la molène noire : la plante est entièrement couverte d'un duvet mou, court et blanchâtre; sa tige s'élève jusqu'à 1 et 2 mètres; ses feuilles inférieures sont rétrécies en
un large pétiole ailé; les supérieures sont embrassantes, échancrées en cœur, non décurrentes; toutes sont ovales, pointues,
grandes et bordées de larges crénelures : les fleurs sont jaunes
ou blanches, agglomérées trois à quatre ensemble à l'aisselle de

chaque bractée, disposées en une panicule simple ou **rameuse.**
♂. Cette plante croit dans les lieux secs le long des chemins;
à Saint-Remi près Saint-Just, route d'Amiens (Lam.); aux
environs de Paris (Thuil.); de Nantes (Bou.); en Auvergne
(Delarb.), et dans presque tout le midi de la France.

2672. Molène lychnis. *Verbascum lychnitis.*

Verbascum lychnitis. Linn. spec. 253. Vill. Dauph. 2. p. 490.
Smith. Fl. brit. 1. p. 250. Fl. dan. t. 586. Lam. Dict. 4. p. 218.
— *Verbascum album.* Mill. Dict. n. 3.
β. *Flore luteo.* — *Verbascum lychnitis.* Mill. Dict. n. 2.

Sa tige est haute de 6-9 décim., droite et un peu branchue; ses feuilles inférieures sont pétiolées et légèrement cotonneuses en dessous; mais les supérieures sont sessiles, presque glabres et ont quelque rapport avec les feuilles de la cynoglosse : les
fleurs sont petites, pédonculées, disposées en panicule rameuse,
d'un jaune pâle ou de couleur blanche; elles sont peu serrées
entre elles, et la partie de la tige qui les soutient, est chargée
d'une poussière farineuse; les étamines sont chargées de poils
jaunâtres et ont leurs anthères de couleur orangée. Cette plante
croit dans les terreins pierreux et montueux. ♃.

2673. Molène poudreuse. *Verbascum pulveru-*
lentum.

Verbascum pulverulentum. Vill. Dauph. 2. p. 490. Smith. Fl.
brit. 1. p. 251. — *Verbascum pulvinatum.* Thuil. Fl. Paris. II.
1. p. 109. — J. Bauh. Hist. 3 p. 872.

Cette espèce diffère certainement de la précédente, avec laquelle on l'a souvent confondue; elle est entièrement couverte
d'un duvet pulvérulent, floconneux, et qui s'enlève facilement;
ses feuilles sont cotonneuses sur leurs deux surfaces, rétrécies
vers le sommet en une longue pointe qui leur donne une grande
ressemblance avec celles du *verbascum mucronatum*, Lam.;
la panicule est plus rameuse que dans l'espèce précédente; les
corolles sont plus grandes, constamment jaunes, et les étamines
ont leurs filamens garnis de poils blancs, et leurs anthères couleur de minium. ♂. Cette plante croît dans les terreins graveleux, au bord des chemins et des murs; je l'ai souvent rencon-
trée aux environs de Genève; je l'ai reçue de Sorrèze. On la
trouve en Dauphiné, au pont de Beauvoisin et à Morretel
(Vill.); aux environs de Paris (Thuil.).

2674. Molène mélangée.   *Verbascum mixtum.*

Verbascum mixtum. Ramond. Pyr. ined. — *Verbascum nigro
pulverulentum.* Smith. Fl. brit. 1. p. 251 ?

Cette plante a le feuillage de la molène lychnis, la panicule
de la molène poudreuse, et la fleur de la molène noire; on doit
peut-être la regarder comme une hybride ou comme une variété notable de l'une des espèces que je viens d'indiquer. La
plante s'élève jusqu'à un mètre; sa tige est à-peu-près cylindrique, couverte, ainsi que les feuilles, d'un duvet blanchâtre,
court, plus lâche que dans la molène lychnis, plus serré que
dans la molène poudreuse; les feuilles sont oblongues, pointues,
légèrement crénelées; les inférieures sont un peu pétiolées, et
les supérieures sessiles : les fleurs forment une panicule rameuse
dont les branches sont velues, tandis qu'elles sont glabres dans
la molène poudreuse; le calice est velu, à cinq lobes égaux; la
corolle est jaune; les filets des étamines sont garnis de poils
violets. Cette molène a été observée par M. Ramond, sur le
bord d'un chemin près Maubourguet, dans le département des
Hautes-Pyrénées.

2675. Molène noire.   *Verbascum nigrum.*

Verbascum nigrum. Linn. spec. 253. Lam. Dict. 4. p. 219. —
Fuchs. Hist. p. 849. ic.

β. *Verbascum parisiense.* Thuil. Fl. paris. II. 1. p. 110.

Sa tige est haute de 6 décim., droite, cylindrique, et terminée par un long épi de fleurs jaunes dont les étamines sont
garnies de poils rouges ou de couleur purpurine; les feuilles inférieures sont pétiolées, crénelées et un peu cotonneuses, particulièrement en dessous; les supérieures sont sessiles et presque
glabres en dessus; elles sont d'un verd obscur, et leurs nervures
sont un peu noirâtres. La variété β a les fleurs disposées en
grappe un peu rameuse par le bas, et les poils des étamines rouges
comme dans l'espèce primitive. On trouve cette plante sur le
bord des chemins. ♃.

2676. Molène queue de   *Verbascum alopecurus.*
      renard.

Verbascum alopecurus. Thuil. Fl. paris. II. 1. p. 110.

Sa tige est simple, anguleuse, droite, longue de 5-6 décim.,
couverte çà et là de flocons de poils blanchâtres et cotonneux;
les feuilles sont pétiolées dans le bas de la plante, sessiles dans

le haut, ovales-oblongues, pointues, crénelées, d'une consistance ferme, couvertes d'un duvet cotonneux, abondant et floconeux à la surface inférieure, et même à la surface supérieure dans les feuilles du haut de la plante ; ses fleurs forment un épi long, simple et terminal ; elles sont jaunes, et les filamens des étamines sont hérissés de poils purpurins. Elle croît dans les lieux secs et arides aux environs de Paris. Je la décris d'après un échantillon qui m'a été communiqué par M. Thuillier.

2677. Molène purpurine. *Verbascum phœniceum.*

Verbascum phœniceum. Linn. spec. 254. Jacq. Austr. t. 125. Lam. Dict. 4. p. 224. Illustr. t. 117. f. 2.

Elle se distingue de toutes les espèces à la couleur d'un pourpre foncé de ses corolles, et ressemble d'ailleurs beaucoup à la blattaire ; sa tige est droite, garnie de poils rares, courts et un peu visqueux, simple ou peu rameuse, haute de 5-6 décimètres ; ses feuilles sont pétiolées et ovales dans le bas de la plante, sessiles, oblongues et un peu en cœur dans le haut, sinuées sur les bords, presque entièrement glabres ; les fleurs forment de longues grappes simples et terminales ; chacune d'elles naît sur un pédicelle grêle qui sort de l'aisselle d'une bractée foliacée. ♂. Elle croît sur les collines arides, aux environs de Turin, d'Ast, de Monferrat, de Suze, de la Morra, etc., en Piémont (All.).

2678. Molène blattaire. *Verbascum blattaria.*

Verbascum blattaria. Linn. spec. 254. Lam. Dict. 4. p. 224. — Lob. ic. t. 564. f. 2.

β. *Flore albo.* — Lob. ic. t. 563. f. 1.

Cette plante est entièrement glabre dans toutes ses parties, à l'exception de quelques poils qui naissent sur ses pédicelles et ses calices ; sa tige est droite, rameuse vers le sommet, haute de 6-8 décim. ; ses feuilles inférieures sont pétiolées, ridées, oblongues, sinuées ou presque pinnatifides ; les supérieures sont petites, aiguës, embrassantes ou dentées ; les fleurs forment une panicule lâche, à rameaux effilés ; elles sont solitaires sur des pédicelles grêles qui sortent de l'aisselle des feuilles florales. La variété β a la fleur blanche. ☉ , Linn. Lam. ; ♂ , All. Wild. La blattaire est appelée aussi *herbe aux mites* et *bouillon mitiers ;* selon les uns, parce qu'elle attire ; selon d'autres, parce qu'elle écarte les mites. Elle croît dans presque

toute la France, dans les lieux secs, les terreins glaiseux, le
long des haies et des chemins.

2679. Molène fausse-blattaire. *Verbascum blattarioides.*

Verbascum blattarioides. Lam. Dict. 4. p. 225. — *Verbascum
virgatum.* Smith. Fl. brit. 1. p. 252? — Lob. ic. 564. f. 1.

Cette plante diffère de la vraie blattaire, parce qu'elle porte
sur toute sa surface de petits poils rares et peu apparens ; que
ses fleurs sont plus grandes, naissent presque toujours deux à
deux, tantôt portées sur un seul pédicelle, tantôt sur deux pédicelles courts et géminés ; que ses feuilles florales sont entières
ou très-légèrement dentées, et que les radicales sont seulement
sinuées. ♂. Elle se trouve aux environs de Paris, dans les isles de
la Seine et de la Marne, où elle a été observée par M. Thuilier.

2680. Molène de Chaix.   *Verbascum Chaixi.*

Verbascum Chaixi. Vill. Dauph. 2. p. 491. t. 13. Lam. Dict. 4.
p. 220. — *Verbascum gallicum.* Wild. spec. 1. p. 1005.

Sa tige est droite, rameuse, rougeâtre, couverte de petites
houppes de poils rameux ; ses feuilles sont presque glabres,
d'un verd foncé, pétiolées, échancrées en cœur, ovales-oblongues, bordées de fortes crénelures, lobées et presque lyrées
à la base dans la partie inférieure de la plante ; les fleurs sont
jaunes, disposées en panicule, un peu plus petites que dans la
blattaire, agglomérées deux à quatre ensemble ; leur calice
est cotonneux ; leurs filamens sont plus courts que la corolle
et garnis de poils purpurins. ♂. Cette plante a été découverte
par M. Villars, dans le Dauphiné. On la retrouve en Piémont
(All.).

2681. Molène sinuée.   *Verbascum sinuatum.*

Verbascum sinuatum. Linn. spec. 254. excl. Tourn. syn. Lam.
Dict. 4. p. 221. — Cam. Epit. p. 882. ic.

Sa tige est droite, velue et rameuse ; ses feuilles radicales
sont oblongues, sinuées, pinnatifides et garnies de poils
blanchâtres ; celles de la tige sont ondulées et un peu décurrentes, et celles des rameaux sont petites et cordiformes ;
leurs fleurs forment des épis lâches et très-grêles ; elles ressemblent à celles de la molène noire par leur corolle jaune et
leurs étamines hérissées de poils violets. ♃. Cette plante croît dans
les lieux secs, sur le bord des chemins ; elle est commune aux

environs de Montpellier (Magn.); à la tête de Busch , aux Sables
et au Verdon près Dax (Thor.); dans la Provence méridionale
(Gér.); à Valence , Montélimart, à la Saulce près Gap (Vill.);
aux environs de Nice, de Savone, et quelquefois sur les cailloux au bord du Pô (All.).

CDXIII. RAMONDIE.　　*RAMONDIA.*

Ramonda. Rich. non Mirb. — *Verbasci sp.* Linn. Juss. Lam. —
Cortusæ sp. Linn.

CAR. Le calice est à cinq parties oblongues , obtuses ; la corolle
est en roue, régulière ou un peu irrégulière, marquée de cinq taches
jaunes, hérissées , placées derrière les étamines vers le sinus de
chaque lobe ; les trois taches supérieures sont les plus grandes
et en forme de ∞ ; les étamines sont au nombre de cinq , alternes avec les lobes de la corolle ; leurs filamens sont courts et
leurs anthères s'ouvrent par deux fentes longitudinales réunies
vers le sommet ; la capsule est oblongue , à deux valves roulées
en dedans par leurs bords et chargées de graines sur toute leur
surface ; les graines sont oblongues , hérissées de papilles (Ramond).

OBS. La ramondie a le port des primevères, la fleur des
solanées et presque le fruit des gentianées. Nous avons adopté
avec empressement le nom de ce genre , qui rappelle celui du
naturaliste célèbre dont les travaux ont fait connoître avec tant
de précision la chaîne des Pyrénées, et qui a bien voulu nous
communiquer non seulement son herbier , mais les observations qu'il a faites sur les plantes de ces montagnes.

2682. Ramondie des Py-　　*Ramondia Pyrenaica.*
　　　　rénées.

Verbascum myconi. Linn. spec. 255. Lam. Dict. 4. p. 226. Mill.
　　Dict. n. 13. Icon. t. 277. — *Ramonda Pyrenaica.* Rich. in
　　Pers. spec. p. 216. — Trew. Ehret. t. 57. — Dalech. Hist.
　　837.

Sa racine a une souche dure d'où partent des fibres nombreuses et brunâtres ; elle pousse à son collet une rosette de
feuilles étalées , ovales , rétrécies en pétiole, bordées de larges
et profondes crénelures qui sont souvent elles-mêmes dentées ,
garnies en dessous et sur les bords de leur pétiole, de longs
poils roux et soyeux, hérissées en dessus de poils blancs et un
peu roides : du centre de la rosette s'élève une hampe nue,
pubescente, longue de 5-10 centim., terminée ordinairement

par une seule fleur; quelquefois elle porte deux fleurs pédicellées, et même on trouve des pieds qui ont quatre à cinq
fleurs disposées en corimbe; ces fleurs sont d'un pourpre violet
et deviennent bleues par la dessication. M. Ramond en a observé
une variété dont toutes les fleurs sont à quatre divisions ♃.
Cette jolie plante croît dans les lieux ombragés des Pyrénées;
elle a été retrouvée dans les Alpes en Piémont, au-dessus du
bourg de Pralles (All.).

CDXIV. JUSQUIAME. *HYOSCIAMUS.*

Hyosciamus. Tourn. Linn. Juss. Lam. Gœrtn.

CAR. Le calice est tubuleux, à cinq lobes; la corolle tubuleuse, à cinq lobes inégaux peu ouverts; les étamines sont au
nombre de cinq; la capsule est oblongue, obtuse, ventrue à
sa base, un peu comprimée, creusée d'un sillon sur chaque côté
et s'ouvrant horizontalement vers le sommet; l'embryon de la
graine est demi-circulaire, placé sur le bord du périsperme.

2683. Jusquiame noire. *Hyosciamus niger.*

Hyosciamus niger. Linn. spec 257. Lam. Dict. 3. p. 327. Bull.
Herb. t. 93. — Lob. ic. t. 268. f. 2.

Sa tige est haute de 5 décim., épaisse, cylindrique, rameuse et couverte d'un duvet épais; ses feuilles sont alternes,
molles, cotonneuses, fort amples, sinuées et découpées profondément en leur bord; les fleurs sont presque sessiles, disposées sur les rameaux en longs épis; elles sont d'un jaune
pâle en leur bord, et d'un pourpre noirâtre dans leur milieu;
il leur succède des capsules qui sont toutes tournées du même
côté sur chaque épi. Cette plante croît sur le bord des chemins
et dans les cours. ☉. Son odeur est désagréable : elle est narcotique, anodine et résolutive. Elle porte les noms vulgaires de
jusquiame commune, hanebane potelée, careïllade.

2684. Jusquiame blanche. *Hyosciamus albus.*

Hyosciamus albus. Linn. spec. 257. Lam. Dict. 3. p. 328. Illustr.
t. 117. f. 2. Bull. Herb. t. 99.
β. *Minor.* — Clus. Hist. 2. p. 84. f. 1.

Cette espèce ne s'élève pas tout-à-fait autant que la précédente; sa tige est un peu moins rameuse; ses feuilles sont
ovales-oblongues, molles, légèrement anguleuses, les inférieures sont obtuses, un peu sinuées et portées sur d'assez longs

péñoles ; les fleurs sont axillaires, solitaires et presque sessiles.
☉. On trouve cette plante dans les provinces méridionales , aux
environs de Montpellier , où elle porte particulièrement le nom
vulgaire de *careillade* (Gou.) ; à Sorrèze ; en Provence (Gér.);
aux environs de Nice (All.); en Lorraine (Buch.)?

2685. Jusquiame dorée.   *Hyosciamus aureus.*

> *Hyosciamus aureus.* Linn. spec. 257. Lam. Dict. 3. p. 328. Bull.
> Herb. t. 20. — C. Bauh. Prod. p. 92. ic.
> β. *Minor.* — Alp. exot. t. 98.

Sa tige est haute de 5 décim. , grèle, cylindrique et velue;
ses feuilles sont arrondies, un peu en cœur , très-anguleuses
en leur bord et portées sur des pétioles assez longs; les fleurs
sont terminales, un peu pédonculées; elles ont la corolle d'un
beau jaune en son limbe, mais sa gorge est d'un noir pourpre
ainsi que les étamines. ♂. Cette plante croît sur les murs de Nice
et d'Oneille (All.), aux environs de Montpellier, au-delà de
Boutounet et de Castelnau (Gou.)? Gérard observe que la plante
indiquée par Magnol , n'est qu'une variété de la Jusquiame
blanche , et ne croit pas que la jusquiame dorée croisse en
Languedoc.

CDXV. NICOTIANE.   *NICOTIANA.*

> *Nicotiana.* Tourn. Linn. Juss. Lam. Gœrtn.

Car. Le calice est en godet à cinq divisions; la corolle est
en entonnoir, à tube très-long, à limbe ouvert divisé en cinq
lobes égaux; la capsule est ovoïde, conique, creusée de quatre
stries, s'ouvrant au sommet en quatre parties; l'embryon des
graines est courbé, placé dans l'axe du périsperme.

2686. Nicotiane tabac.   *Nicotiana tabacum.*

> *Nicotiana tabacum.* Linn. spec. 258. Lam. Dict. 4. p. 477.
> Illustr. t 113. Bull. Herb. t. 285. — Lob. ic. t. 584. f. 2.

Cette espèce se distingue à ses grandes feuilles ovales-lancéolées, sessiles et même prolongées sur la tige de l'un et
l'autre côté de leur insertion, et à ses corolles roses et à cinq
divisions courtes et pointues. ☉. Elle est originaire de l'Amérique, et a été introduite en France l'an 1559, par Jean
Nicot, ambassadeur de France en Portugal, lequel la reçut
d'un flamand qui arrivoit de la Floride. On la cultive en grand
dans quelques provinces du midi, et notamment dans les environs de Dax (Thor.). Elle est connue sous les noms de *petun*,

que

que lui donnent les Américains ; de *tabac*, parce qu'on l'a trouvée dans l'isle de Tabago ; de *nicotiane*, du nom de son introducteur ; d'*herbe du grand prieur*, parce que Nicot la présenta, à Lisbonne, au grand prieur ; d'*herbe à la reine*, parce qu'à son retour en France, il la présenta à la reine Marie de Médicis ; de *buglose*, à cause de la ressemblance de ses feuilles avec la vraie buglose ; de *panacée antarctique*, d'*herbe sainte ou sacrée*, de *tabac à large feuille*, etc.

2687. Nicotiane rustique. *Nicotiana rustica.*

Nicotiana rustica. Linn. spec. 258. Lam. Dict. 4. p. 479. Bull. Herb. t. 289.

Sa tige est droite, cylindrique, velue et haute de 6 décim. ; ses feuilles sont épaisses, ovales, obtuses, un peu glutineuses, couvertes d'un duvet fin et portées par de courts pétioles ; la corolle des fleurs est d'un jaune pâle, et ses divisions sont obtuses. Cette plante, originaire d'Amérique, se resème si facilement d'elle-même dans les lieux où on l'a une fois apportée, qu'elle est maintenant commune et presque naturalisée dans nos climats. ☉. Elle est détersive, anodine, purgative et émétique. On la cultive en grand dans plusieurs provinces du midi de la France. On la nomme *priapée* à Montpellier.

CDXVI. DATURA. *DATURA.*

Datura. Linn. Juss. Lam. — *Stramonium.* Tourn. Gœrtn. All.

Car. Le calice est grand, tubuleux, ventru, à cinq angles, à cinq divisions ; la corolle est très-grande, en forme d'entonnoir ; son tube dépasse le calice et s'évase insensiblement ; son limbe est à cinq angles, à cinq plis, à cinq dents ; les étamines sont au nombre de cinq ; le stigmate est à deux lames ; la capsule est hérissée ou lisse, à quatre loges divisées par des cloisons, dont deux seulement atteignent le sommet ; l'embryon des graines est presque circulaire, placé dans le milieu du périsperme.

2688. Datura stramoine. *Datura stramonium.*

Datura stramonium. Linn. spec. 255. Lam. Illustr. t. 113. — *Stramonium spinosum.* Lam. Fl. fr. 2. p. 256. — *Stramonium fœtidum.* Scop. Carn. 2. n. 252. — *Stramonium vulgatum.* Gœrtn. Fruct. 2. p. 243. t. 132. f. 4. — Garid. Aix. t. 88. p. 449. excl. syn.

Sa tige est haute de 9-12 décim., ronde, creuse et très-

branchue ; ses feuilles sont pétiolées, glabres, larges, anguleuses et pointues ; la corolle des fleurs est fort grande, en forme
d'entonnoir, plissée et d'une couleur blanche ou violette ; le fruit
est une capsule à quatre valves, arrondie et hérissée de pointes
courbes, droites et épaisses. On trouve cette plante sur le bord
des chemins et dans les lieux cultivés, dans presque toute la
France, et sur-tout dans le midi ; mais on pense qu'elle est
originaire d'Amérique, et s'est naturalisée en Europe après y
avoir été cultivée. Ses feuilles et ses fruits sont très-narcotiques
et dangereux. ☉.

** *Solanées dont le fruit est une baie.*

CDXVII. MANDRAGORE.   *MANDRAGORA.*

Mandragora. Tourn. Juss. Gærtn. — *Atropæ sp.* Linn.

Car. Le calice est en toupie, à cinq divisions ; la corolle en
cloche, à cinq lobes, environ deux fois plus longue que le calice ; les filamens des étamines sont rapprochés et élargis à leur
base ; l'ovaire porte deux glandes à sa base ; la baie est globuleuse ; les placenta sont saillans intérieurement ; l'embryon est
en spirale, situé sur les bords du périsperme.

2689. Mandragore offi-   *Mandragora officinalis.*
      cinale.

> *Mandragora officinalis.* Mill. Dict. n. 1. Icon. t. 173. — *Atropa
> mandragora.* Linn. spec. 259. Lam. Dict. 1. p. 396. — *Man-
> dragora acaulis.* Gærtn. Fruct. 2. p. 236. t. 131. f. 1.
> α. *Foliis latioribus et undulatis.* — *Mandragora mas.* Lob. ic.
> t. 267. f. 2. — Bull. Herb. t. 145.
> β. *Foliis angustioribus et magis undulatis.* — *Mandragora fœ-
> mina.* Lob. l. c. — Bull. Herb. t. 146.

La mandragore a une racine épaisse, charnue, souvent divisée en deux branches, que le peuple a souvent comparées aux
deux cuisses d'un homme ; cette racine pousse quelques feuilles
grandes, étalées, ovales, entières, obtuses, un peu rétrécies
à la base, ondulées, sur-tout dans la variété β ; les fleurs
naissent solitaires sur des pédoncules radicaux, beaucoup plus
courts que les feuilles ; elles sont de couleur blanche, légèrement violettes. La variété β a la racine brune en dehors, les
feuilles plus étroites et plus ondulées. Toute la plante a une
odeur fétide. ♃. Elle croît dans les montagnes de la vallée
d'Aost en Piémont (All.). Prise à l'intérieur, elle cause le
sommeil et excite un délire furieux.

CDXVIII. ATROPA. *ATROPA.*

Atropa. Gœrtn. — *Belladona.* Tourn. Scop. — *Atropæ sp.*
Linn. Lam.

CAR. Le calice est en cloche, persistant, à cinq divisions; la
corolle en cloche deux fois plus longue que le calice, à cinq lobes
égaux; les filamens des étamines sont filiformes; la baie est
presque globuleuse, portée sur le calice, à deux loges; les
placenta adhèrent à la cloison par le moyen d'une lame membraneuse; l'embryon des graines est presque circulaire, situé
vers le milieu du périsperme.

OBS. Le genre atropa de Linné, doit être réduit à la seule
atropa belladona; l'*atropa mandragora*, Linn., forme le genre
mandragora; l'*atropa physaloides*, Linn., ou *atropa daturæ-
folia*, Thor. Ch. Land. 74, constitue le genre nicandra; l'*a-
tropa procumbens*, Cav., et l'*atropa solanacea*, Linn., appartiennent aux morelles; l'*atropa frutescens*, Linn., aux physalis; et l'*atropa arborescens*, Linn., ou *cestrum campanula-
tum*, Lam., doit être placé parmi les cestreaux.

2690. Atropa belladone. *Atropa belladona.*

Atropa belladona. Linn. spec. 260. Lam. Dict. 1. p. 396. Bull.
Herb. t. 29. — *Belladona baccifera.* Lam. Fl. fr. 2. p. 255. —
Belladona trichotoma. Scop. Carn. 2. n. 255. — Lob. ic. t.
263. f. 1.

Sa tige est haute de 6-9 décim., velue et très-rameuse; ses
feuilles sont ovales, très-entières, souvent géminées et d'inégale grandeur; les fleurs sont axillaires, portées sur de courts
pédoncules; leur corolle est d'un rouge sale ou ferrugineux, et
les fruits sont des baies presque rondes qui acquièrent une couleur noirâtre en mûrissant. On trouve cette plante dans les
grands fossés et sur le bord des bois montueux. ♃. Ses baies sont
un violent narcotique très-dangereux.

CDXIX. COQUERET. *PHYSALIS.*

Physalis. Linn. Juss. Lam. Gœrtn. — *Alkekengi.* Tourn. —
Alkekengi et Physaloides. Mœnch.

CAR. Le calice est à cinq lobes, se renfle pendant la maturation et renferme le fruit comme dans une vessie; la corolle
est en roue, à cinq lobes; les anthères sont droites, rapprochées; la baie est globuleuse, à deux loges; les placenta adhèrent à la cloison; l'embryon est presque en spirale, placé vers
le milieu du périsperme.

2691. Coqueret alkekenge. *Physalis alkekengi.*

Physalis alkekengi. Linn. spec. 262. Lam. Dict. 2. p. 100. —
Physalis halicacabum. Scop. Carn. 2. n. 286. — Lob. ic. t.
262. f. 2.

Cette plante s'étend beaucoup, mais s'élève à peine au-delà
de 5 décim.; ses feuilles sont entières, ovales, pointues, géminées et portées sur d'assez longs pétioles; ses fleurs sont solitaires, axillaires et soutenues par des pédoncules plus courts
que les pétioles; les calices ne se renflent que pendant la maturité du fruit, et renferment la baie, laquelle est globuleuse,
de couleur rouge. On trouve cette plante dans les lieux ombragés et humides. ♃. Son fruit est un diurétique rafraîchissant et
légèrement anodin.

CDXX. MORELLE.   *SOLANUM.*

Solanum. Linn. Juss. Lam. Gœrtn. — *Solanum*, *Lycopersicum*
et *Melongena.* Tourn. Mill.

Car. Le calice est à cinq divisions; la corolle en roue, à tube
court, à limbe ouvert, plissé, divisé en cinq lobes; les anthères
sont oblongues, rapprochées et s'ouvrent au sommet par deux
pores; la baie est succulente, ordinairement arrondie, à deux
ou plusieurs loges; le périsperme est peu sensible; l'embryon
est roulé en spirale.

2692. Morelle douce-amère. *Solanum dulcamara.*

Solanum dulcamara. Bull. Herb. t. 23. Lam. Dict. 4. p. 284. —
Solanum dulcamara, *var. α.* Linn. spec. 264. — *Solanum*
scandens. Lam. Fl. fr. 2. p. 257. Neck. Gallob. 119. non Linn. f.
nec. Sw. — Duham. Arb. 2. t. 72. — Lob. ic. t. 266. f. 1.

β. *Flore albo.* — Hort. Eynst. æst. ord. 2. t. 16. f. 2.

Sa tige est grêle, longue de 1-2 mètres; elle grimpe sur
les arbrisseaux qui sont dans son voisinage; ses feuilles sont
ovales, pointues, glabres, entières ou ayant quelquefois une
ou deux découpures en manière de lobe vers leur base; les
fleurs sont disposées en grappes vers le sommet des tiges, et les
baies sont rouges dans leur maturité. On en trouve une variété
à fleur blanche, et une monstruosité à feuilles panachées. Cette
plante est commune dans les haies. ♄. Les tiges et les feuilles
sont douces, amères, apéritives, détersives, sudorifiques, résolutives et expectorantes. Elle est connue sous les noms de *douce-*
amère, vigne vierge, vigne de Judée, loque.

2693. **Morelle noire.** *Solanum nigrum.*

Solanum nigrum. Lam. Dict. 4. p. 188. Bull. Herb. t. 67.—
Solanum nigrum, a. Linn. spec. 266. Lam. Fl. fr. 2. p. 258.

Cette plante est entièrement glabre; sa tige est herbacée, branchue, étalée, haute de 2-3 décim. ; ses feuilles sont molles, pétiolées, entières, pointues, ovoïdes, élargies et un peu anguleuses vers la base; les fleurs naissent en petits corimbes pendans; elles sont petites, de couleur blanche; il leur succède des baies d'abord rouges, puis noires à leur maturité, de la grosseur d'un grain de cassis. ☉. Elle croît le long des murs des villages et dans les lieux cultivés. Dans quelques provinces, cette herbe bouillie sert de nourriture aux hommes. Elle est employée en médecine comme anodine et narcotique; elle porte le nom spécial de *morelle, mourelle, mourela, créve-chien.*

2694. **Morelle velue.** *Solanum villosum.*

Solanum villosum. Lam. Dict. 4. p. 289. — *Solanum nigrum, γ.*
Linn. spec. 266. — *Solanum nigrum, β.* Lam. Fl. fr. 2. p. 258.
— Dill. Elth. t. 274. f. 353.

Elle se distingue de la précédente parce qu'elle est velue sur sa tige, ses pédoncules et les nervures de ses feuilles; que ses feuilles sont anguleuses et bordées çà et là de grandes dentelures; que ses baies sont de couleur jaune ou un peu rougeâtre à leur maturité. Elle croît sur le bord des champs cultivés, et fleurit en été. ☉.

2695. **Morelle tubéreuse.** *Solanum tuberosum.*

Solanum tuberosum. Linn. spec. 265. Lam. Dict. 4. p. 285.—*Lycopersicum tuberosum.* Mill. Dict. n. 7. — *Solanum esculentum.* Neck. Gallob. 119. — C. Bauh. Prod. 89. ic.

Ses racines sont longues, fibreuses, chargées çà et là de gros tubercules oblongs ou arrondis; sa tige est herbacée, creuse, branchue, haute de 5 décim. ; ses feuilles sont irrégulièrement pinnatifides, à lobes séparés jusques à la côte principale, disposés comme les folioles d'une feuille pennée, de grandeur fort inégale, ovales et souvent même un peu pétiolés; les fleurs forment des corimbes droits; elles sont blanches ou de couleur un peu violette. ♃. Cette plante, connue sous le nom de *pomme de terre*, et sous les dénominations impropres de *patate, truffe, tufelle, topinambour*, etc., est originaire de l'Amérique méridionale ; elle a été connue en Europe en 1590, et décrite pour la première fois par Gaspard Bauhin. C'est l'amiral Walther Raleigh qui a introduit cette plante en Angleterre, d'où elle s'est répandue dans le reste de l'Europe. La généralisation de sa culture en France, est principalement due à M. Parmentier. On en distingue un grand nombre de variétés, que je vais énumérer d'après Parmentier (Rozier. Dict. 8. p. 184.).

a. Grosse blanche tachée de rouge ou *pomme de terre à vaches*, *pomme de terre d'Howard ;* c'est la variété la plus commune ; fleur d'abord rouge, panachée, puis gris de lin.

b. Rouge longue ou *pomme de terre rouge*, est la plus répandue après la précédente.

c. Blanche longue ou *blanche irlandaise ;* fleur petite, blanche ; feuillage foncé.

d. Violette ; corolle violette ; calice taché de violet ; tubercules ronds dans leur jeunesse, puis alongés, tachés en dehors de points violets et jaunes.

e. Rouge souris ou *corne de vache ;* tige roide, presque triangulaire ; tubercules unis, pointus par un bout ; chair blanche.

f. Blanche ronde ou *pomme de terre de New-Yorck ;* feuilles crépues ; fleurs panachées ; tubercules applatis, écartés, à peau fine, à chair un peu panachée.

g. Rouge oblongue ou *pomme de terre de l'isle Longue ;* tubercules d'un rouge foncé, presque ronds, blancs en dedans.

h. Pelures d'oignon ou *pomme de terre précoce ;* tiges grêles, rouges çà et là ; feuilles petites ; tubercules longs, applatis, précoces.

i. Longue rouge en dehors et en dedans ; la plante ressemble à la première variété, mais les tubercules sont longs, rouges en dehors et en dedans.

k. Rouge ronde ; ressemble à la rouge oblongue, mais plus précoce et plus arrondie ;

l. Petite blanche ou *petite chinoise ;* tiges et feuilles grêles multipliées et d'un verd clair ; fleurs bleues ; tubercules petits, arrondis.

2696. Morelle pomme   *Solanum lycopersicum.* d'amour.

Solanum lycopersicum. Linn. spec. 265. Lam. Dict. 4. p. 287. — Cam. Epit. 821. ic.

La *pomme d'amour* ou *tomate*, est originaire de l'Amérique méridionale, mais on la cultive dans plusieurs jardins, sur-tout dans les provinces du midi de la France. La plante ressemble un peu à la pomme de terre, mais les lobes de ses feuilles sont fortement dentés; les fleurs sont jaunes; les fruits sont beaucoup plus gros, de couleur orangée, de forme irrégulière, souvent sillonnés et ordinairement plus larges que longs; le suc de ces baies est employé dans les sauces et les ragoûts. ☉.

2697. Morelle mélongène. *Solanum melongena.*

Solanum melongena. Linn. spec. 266. Lam. Dict. 4. p. 194.
a. *Melongena teres.* Mill. Dict. n. 1. — Plnk. t. 226. f. 2.
β. *Melongera ovigera.* Mill. Dict. n. 2. — Tourn. Inst. t. 65.

Cette plante, connue sous les noms de *mélongène*, *aubergine*, *mayenne*, *méringeanne*, *mélanzane*, *plante à œuf*, etc., est originaire des Indes. On la cultive assez abondamment dans les potagers du midi de la France; elle se distingue à ses feuilles ovales, cotonneuses, souvent sinuées; à sa tige herbacée; à ses pédoncules pendans et renflés au sommet; à ses calices souvent hérissés d'épines qui se perdent par la culture: son fruit est charnu, cylindrique dans la variété a, ovoïde dans la variété β, toujours lisse à la surface; l'une et l'autre variété a le fruit tantôt blanc, tantôt violet. Ce fruit sert de nourriture dans les provinces méridionales, et ne doit être mangé qu'à sa maturité parfaite. ☉.

CDXXI. PIMENT.   *CAPSICUM.*

Capsicum. Tourn. Linn. Juss. Lam. Gœrtn.

Car. Ce genre diffère de la morelle par ses anthères qui s'ouvrent longitudinalement; par sa baie qui, au lieu d'être pulpeuse, est sèche à sa maturité, et qui est ordinairement à trois loges; par ses graines, dont l'embryon demi-circulaire est placé sur les bords du périsperme.

2698. Piment annuel.   *Capsicum annuum.*

Capsicum annuum. Linn. spec. 270. Lam. Dict. 5. p. 324. Illustr.
t. 116. f. 1. — Blackw. t. 129.

Le *piment*, aussi nommé *poivron*, *poivre long*, *corail des jardins*, *poivre de Guinée*, *corals*, est une herbe annuelle originaire de l'Amérique méridionale, qui se distingue à ses pédoncules solitaires; à ses fruits oblongs, pendans et d'un rouge vif, et qu'on cultive dans les jardins, sur-tout dans le midi de la France. Son fruit est extrêmement poivré et sert d'assaisonnement. ☉.

CDXXII. LYCIET. *LYCIUM.*

Lycium. Linn. Juss. Lam. Gœrtn. — *Jasminoides.* Tourn. Mœnch.

Cɐʀ. Le calice est court, tubuleux ; la corolle est en entonnoir, à tube court, à limbe divisé en cinq lobes ; les filamens des étamines sont velus à leur base ; le stigmate est sillonné ou à deux lobes ; la baie est arrondie, à deux loges ; les graines sont insérées sur la cloison ; l'embryon est courbé, crochu, situé presque sur le milieu du périsperme.

Oʙs. Les lyciets ou jasminoïdes, sont des arbrisseaux dont les rameaux sont naturellement épineux au sommet, et qui cessent souvent de l'être lorsqu'on les cultive dans un bon terrein.

2699. Lyciet d'Europe. *Lycium Europœum.*

Lycium Europœum. Linn. Mant. 47. Lam. Dict. 3. p. 510. — *Lycium salicifolium.* Mill. Dict. n. 3. — *Lycium spinosum* Hass. Itin. 76. — Mich. Gen. t. 105. f. 1.
β. *Lycium lanceolatum.* Duh. sec. edit. 1. p. 123. t. 32.

Arbrisseau dont la tige est droite, branchue, garnie de fortes épines, et produit beaucoup de rameaux déliés et flexibles ; ses feuilles sont oblongues, un peu étroites, spatulées, entières, molles ; elles naissent par paquets de trois ou quatre, excepté vers le sommet des rameaux où elles sont solitaires et alternes : les fleurs sont blanches ou un peu rougeâtres ; leur corolle est tubulée et découpée en ses bords en cinq parties ovales ; le calice est très-court, à cinq dents ; les filamens des étamines sont velus à leur base, et les fruits sont de petites baies ovoïdes ou sphériques, rougeâtres ou jaunâtres. Il croît dans les provinces méridionales. ♄.

2700. Lyciet de Barbarie. *Lycium Barbarum.*

Lycium Barbarum. Linn. spec. 192. Lam. Dict. 3. p. 509. — *Lycium Barbarum vulgare.* Ait. Kew. 1. p. 257. — *Jasminoides flaccida.* Mœnch. Meth. 470.
β *Lycium turbinatum.* Duh. sec. ed. 1. p. 119. t. 31.

Cet arbrisseau diffère du précédent par ses rameaux plus longs et plus pendans ; par ses feuilles plus étroites ; par ses fleurs d'un rouge plus foncé ; par ses calices à deux lèvres entières ou divisées en deux dents à leur extrémité. Il est cultivé sous le nom de *jasminoïde*, dans un grand nombre de jardins, pour couvrir les palissades et les tonnelles, et pour faire des haies. On le trouve sauvage dans les environs de Paris et dans diverses parties de la France, mais il s'y est probablement naturalisé : on le croit originaire d'Asie. ♃.

QUARANTE-SEPTIÈME FAMILLE.

BORRAGINÉES. *BORRAGINEÆ.*

Borragineæ. Juss. — *Asperifoliæ.* Linn. — *Borragines.* Adans. — *Gymnotetraspermæ.* Ray.

Les Borraginées de nos climats sont presque toutes des herbes à feuilles alternes, le plus souvent entières et ordinairement hérissées de poils roides ; ces poils prennent naissance sur un mammelon plus ou moins conique et formé d'utricules gonflées ; dans la vieillesse de la plante ces mammelons persistent, se dessèchent, blanchissent et font sur les feuilles de petites taches faïencées : ce caractère singulier fait facilement reconnoître dans l'herbier, les Borraginées étrangeres ; dans quelques espèces les mammelons existent quoique dépourvus de filets ; les fleurs des Borraginées présentent diverses dispositions ; elles sont souvent disposées en grappes unilatérales, roulées en queue de scorpion avant l'épanouissement ; chacune d'elles a une bractée foliacée à sa base.

Le calice est persistant, à cinq divisions plus ou moins profondes ; la corolle est à cinq lobes ordinairement réguliers ; l'entrée du tube est tantôt nue, tantôt fermée par cinq appendices ; les étamines sont au nombre de cinq, attachées un peu au-dessus de la base du tube ; les anthères sont marquées de quatre sillons longitudinaux, et s'ouvrent en deux loges latérales ; l'ovaire est à quatre lobes distincts, du milieu desquels s'élève un style simple, persistant, terminé par un stigmate entier ou à deux lobes ; le fruit, qui étoit regardé autrefois comme composé de quatre graines nues, est réellement formé de quatre noix ou cariopses uniloculaires, monospermes ; ces noix adhèrent par le côté intérieur, à la base du style, et sont protégées par le calice persistant ; elles sont quelquefois hérissées de poils et de crochets : les graines sont attachées aux parois ou à la base de la noix ; elles sont dépourvues de périsperme : leur embryon est droit ; sa radicule est supérieure et ses cotylédons foliacés :

dans quelques genres les noix sont fortement soudées deux à
deux, de sorte qu'on trouve deux noix à deux loges : le fruit est
charnu ou capsulaire, toujours polysperme dans l'une des sections de cette famille, qui ne comprend que des espèces exotiques, et que quelques auteurs regardent comme une famille
distincte.

Les racines de la plupart des Borraginées sont brunes à l'extérieur, et donnent une teinture rouge ; leurs feuilles sont mu-
cilagineuses, et quelques-unes ont offert du nitre tout formé.

** Entrée du tube de la corolle nue.*

CDXXIII. MÉLINET.   *CERINTHE.*

Cerinthe. Linn. Juss. Lam. Gœrtn.

Car. Le calice est à cinq parties ; la corolle tubuleuse, nue à
l'entrée ; les anthères droites, cachées dans le tube ou à peine
saillantes ; le fruit est composé de deux noix osseuses, à deux
loges et à deux graines.

Obs. Les mélinets ont la fleur jaune et les feuilles moins
hérissées que dans la plupart des Borraginées.

2701. Mélinet rude.   *Cerinthe aspera.*

Cerinthe aspera. Roth. Cat. 1. p. 33. — *Cerinthe major.* Mill.
Dict. n. 1. Lam. Dict. 4. p. 67. non Roth. Wild. — *Cerinthe
major, var.* β. Linn. spec. 195.

Ses tiges sont herbacées, succulentes, cylindriques, rameuses
et s'élèvent jusqu'à 5 décim. ; ses feuilles sont larges, un peu
alongées, obtuses, d'un verd bleuâtre, un peu ciliées sur les
bords, parsemées de petites aspérités blanches, cornées, qui
se prolongent souvent en poils rudes et presque épineux ; la
corolle est tubuleuse, resserrée à la base, plus longue que le
calice, atteignant 25 millim. de longueur, terminée par cinq
dents courtes, obtuses et réfléchies ; sa couleur est jaune, souvent purpurine vers le milieu ; les étamines sont souvent saillantes hors de la corolle. ☉. Cette plante croît dans les champs
des provinces méridionales, aux environs de Montpellier, à
Pezenas (Gou.) ; en Provence au champ du Luc (Ger.) ; à Sorrèze ; dans les Alpes près Genève, à la Dent d'Oche.

2702. Mélinet glabre. *Cerinthe glabra.*

Cerinthe glabra. Mill. Dict. n. 2. Ic. t. 91. — *Cerinthe major.* Roth. Cat. 1. p. 32. non Mill. Lam. — *Cerinthe major , α.* Linn. spec. 195. — Hall. Helv. n. 602.

Cette espèce est tellement distincte de la précédente , qu'on a peine à concevoir comment elles ont jamais pu être réunies ; sa tige est simple, longue de 2-3 décim. ; ses feuilles ne sont jamais ni ciliées , ni velues , et à peine , dans leur vieillesse, garnies de quelques taches blanches et cornées ; ses fleurs sont de moitié au moins plus petites que celles du mélinet rude , et sont plus courtes que leur calice ; elles se divisent au sommet en cinq dents courtes et obtuses ; leur couleur est d'un jaune pâle , avec une bande purpurine dans le milieu de leur longueur. Je décris cette espèce d'après un échantillon recueilli dans les Alpes de la Suisse. Elle croît dans les Alpes, au-dessus d'Aigle , dans le Jura , près la Chaux de Fond et Valanvron (Hall.) ; dans les Alpes des Vaudois en Piémont , près Rodoret (All.) ? ♃ (Hall.) ; ☉ (All.) ?

2703. Mélinet à petites fleurs. *Cerinthe minor.*

Cerinthe minor. Linn. spec. 196. Jacq. Austr. t. 124. Lam. Dict. 4. p. 68.

β. *Cerinthe maculata.* Linn. spec. 1. p. 137. All. Ped. n. 178.

Cette espèce diffère des deux précédentes , parce que sa corolle est divisée jusqu'au tiers de sa longueur , en cinq lobes droits , linéaires et pointus ; elle se distingue en outre du mélinet rude , par ses fleurs deux fois plus petites, par ses feuilles ni ciliées , ni hérissées ; du mélinet glabre , par ses corolles plus longues que le calice. La variété α a la tige couchée et les feuilles entières ; la variété β a la tige droite et les feuilles échancrées au sommet ; la première est ☉, et la seconde ♃ , selon Allioni ; l'une et l'autre sont ♂, selon d'autres auteurs. Seroient-ce deux espèces distinctes ? Cette plante croît dans les champs et les prés stériles, dans le Montferrat, aux environs de Turin , de Suze (All.) ; en Provence (Gér.) ; à la grande Chartreuse et dans le Champsaur (Vill.).

CDXXIV. HÉLIOTROPE. *HELIOTROPIUM.*

Heliotropium. Tourn. Linn. Juss. Lam.

Car. Le calice est tubuleux , à cinq dents ; la corolle en

forme de soucoupe, à cinq lobes entremêlés de cinq petites
dents ; l'entrée du tube est nue.

Obs. Les fleurs sont petites, blanches, disposées en épis unilatéraux souvent courbés en queue de scorpion ; les feuilles sont
ordinairement ridées et velues.

2704. Héliotrope du   *Heliotropium Peruvianum.*
     Pérou.

Heliotropium Peruvianum. Linn. spec. 187. Mill. ic. t. 143.

Cet héliotrope se distingue à sa tige ligneuse, à l'odeur suave
de ses fleurs, et à ses épis rameux. Il a été rapporté du Pérou
par M. Joseph de Jussieu, et est maintenant cultivé comme
plante d'ornement. ♄.

2705. Héliotrope Eu-   *Heliotropium Europœum.*
     ropéen.

Heliotropium Europœum. Linn. spec. 187. Lam. Dict. 3. p. 93.
    Jacq. Austr. 3. t. 207. — *Heliotropium erectum.* Lam. Fl. fr.
    2. p. 281.

Sa tige est droite, herbacée, haute de 3 décim., un peu velue
et rameuse ; ses feuilles sont pétiolées, ovales, obtuses, un peu
ridées, pubescentes et d'un verd blanchâtre ; les fleurs sont
blanches, petites, nombreuses et disposées sur des épis géminés, et les fruits imitent de petites verrues à quatre lobes.
On trouve cette plante dans les terreins sablonneux, secs et découverts. ☉. On la nomme vulgairement *tournesol*, et sur-tout
herbe aux verrues, soit parce qu'on a cru long-temps que son
suc étoit assez âcre pour enlever les verrues, soit plutôt à cause
de la forme de ses graines.

2706. Héliotrope couché.   *Heliotropium supinum.*

Heliotropium supinum. Linn. spec. 187. Lam. Dict. 3. p. 93.
    Gouan. Fl. monsp. p. 17. t. 1.

Sa racine produit des tiges nombreuses, branchues, chargées
de poils et couchées sur la terre ; ses feuilles sont pétiolées,
ovales, ridées, cotonneuses et blanchâtres ; ses fleurs sont petites, disposées sur des épis non solitaires, mais géminés comme
dans l'espèce précédente, et ses fruits imitent de petites verrues
qui n'ont souvent qu'un ou deux lobes. Cette plante croit dans
les provinces méridionales, dans les prés humides le long du
fleuve, au Capouladou, et à Valène près Montpellier (Gou.) ;
aux environs d'Aix (Gar.). ☉.

CDXXV. VIPÉRINE.   *ECHIUM.*

Echium. Tourn. Linn. Juss. Gœrtn. Lam.

Car. La corolle est en forme de tube évasé vers le haut, divisée en cinq lobes inégaux entre eux et tronquée obliquement au sommet.

Obs. Les fleurs sont grandes, presque toujours bleues ou violettes, disposées en grappes nombreuses; les feuilles de la plupart des espèces sont fortement hérissées.

2707. **Vipérine commune.**   *Echium vulgare.*

> *Echium vulgare.* Linn. spec. 200. Lam. Illustr. t. 94. f. 1.
> *α. Flore cœruleo.*
> *β. Flore albo.*
> *γ. Flore carneo.*

Sa tige est haute presque de 6 décim., dure, cylindrique, velue et chargée de points ou de tubercules rudes, d'un rouge noirâtre; elle est d'abord simple, mais elle se ramifie souvent à mesure que la fructification se développe; ses feuilles sont longues, un peu étroites, velues et fort rudes au toucher; les inférieures sont couchées sur la terre, et celles de la tige sont nombreuses et éparses; les fleurs sont disposées en épis latéraux, peu distans, qui forment tous ensemble un long épi terminal; ces fleurs sont ordinairement bleues, quelquefois blanches ou couleur de chair. Cette plante croît sur le bord des chemins, dans les champs. ♂.

2708. **Vipérine des Pyrénées.** *Echium Pyrenaicum.*

> *Echium Pyrenaicum.* Linn. Mant. 334. Desf. Atl. 1. p. 165. —
> *Echium asperrimum.* Lam. Illustr. n. 1854. — *Echium Italicum.* Lam. Fl. fr. 2. p. 451.
> *β. Flore albo.* — Cam. Epit. 738. ic.
> *γ. Caule nano.* — *Echium Italicum.* Linn. spec. 200.

Cette plante a quelques rapports avec la vipérine commune, mais elle est dans toutes ses parties si abondamment hérissée de poils roides, qu'on la distingue dès le premier coup d'œil; sa racine est ligneuse, brune, pivotante; ses feuilles longues, étroites, entières; celles de la tige portent chacune à leur aisselle un pédoncule chargé d'une petite tête de fleurs entremêlées de bractées; la tige est simple, herbacée, haute de 5-4 décim.; les fleurs sont bleues ou violettes dans la variété *α*, blanches dans la variété *β*; leur corolle est deux fois plus longue

que le calice, hérissée de poils à l'extérieur et surmontée par les
étamines qui saillent au dehors ; les filamens sont glabres ; le
style velu. ♃, Lam. ; ♂, Linn. Cette plante croît dans les lieux
incultes des provinces méridionales. La variété γ, que mon
frère a recueillie en Provence, se distingue à sa stature naine ,
à ses tiges nombreuses, à ses fleurs d'un tiers plus longues. Elle
est peut-être une espèce distincte.

2709. Vipérine violette.   *Echium violaceum.*

Echium violaceum. Linn. Mant. 42 ? Vill. Dauph. 449.—*Echium
creticum.* Lam. Illustr. n. 1857.

Cette espèce est toute couverte de poils épars, moins roides
que dans la vipérine commune, mais bien plus hérissés et plus
fermes que dans la vipérine à feuilles de plantain ; ses tiges
sont herbacées, couchées à sa base, rameuses, longues de 4-5
décim. ; ses feuilles sont oblongues , souvent demi-embrassantes ou du moins élargies à la base; les fleurs sont disposées
en longs épis unilatéraux, d'abord serrées, puis écartées les
unes des autres à la maturité; les corolles sont violettes, hérissées en dehors, deux fois plus longues que le calice; les
étamines sont glabres, égales à la plus longue lèvre de la
corolle. ⊙. Cette plante croît dans le midi de la France,
aux environs de Vienne, de Montélimar, de Bolène (Vill.) ;
de Montpellier (Gou.)? de Narbonne.

2710. Vipérine méridionale. *Echium australe.*

Echium australe. Lam. Illustr. n. 1860. — *Echium lusitanicum.*
Linn. spec 200 ? All. Ped. n. 181.

Elle diffère de la précédente par sa tige plus droite, moins
velue; par ses feuilles ovales, rétrécies aux deux extrémités;
par ses fleurs plus grandes; par ses étamines un peu velues vers
le haut. Elle croît aux environs de Nice (All.). ⊙ , Lam. All.;
♃, Linn.

2711. Vipérine à feuille   *Echium plantagineum.*
de plantain.

Echium plantagineum. Linn. Mant. 202. Jacq. Hort. Vind. 1.
t. 45. Lam. Illustr. n. 1858.

Cette espèce est l'une des moins élevées de ce genre , et se
distingue de toutes les espèces voisines, parce qu'elle est couverte de poils mous, couchés et presque soyeux dans toute
la partie supérieure de la plante; ses feuilles radicales sont

très-grandes, ovales, pétiolées et semblables à celles du plantain; les tiges sont simples, longues de 1-2 décimètres, très-velues; les feuilles florales sont un peu en cœur à la base; les fleurs sont grandes, violettes, deux fois au moins plus longues que le calice; les étamines sont glabres, un peu plus longues que la corolle. ⊙, Linn.; ♂, All. Elle est commune le long des routes et dans les terreins secs, aux environs de Nice (All.).

CDXXVI. GREMIL.   *LITHOSPERMUM.*

Lithospermum. Tourn. Linn. Juss. Lam. Gœrtn.

C A R. Le calice est à cinq parties; la corolle en entonnoir, à cinq lobes; le stigmate est bifurqué; les noix sont tantôt lisses et osseuses, tantôt un peu ridées.

O B S. Ce genre sera sans doute divisé; il offre des plantes très-rudes et d'autres qui le sont à peine, des fleurs rouges et blanches, des noix ridées ou lisses, etc.

2712. Gremil officinal.   *Lithospermum officinale.*

Lithospermum officinale. Linn. spec. 189. Lam. Illustr. t. 91.—
Blackw. t. 436.

Ses tiges sont hautes de 5 décim., droites, rudes, cylindriques et branchues; ses feuilles sont lancéolées, sessiles et assez fermes; les fleurs naissent le long et vers l'extrémité des rameaux; elles sont blanches ou d'une couleur pâle, placées dans les aisselles des feuilles et portées sur de très-courts pédoncules; ses noix blanches, lisses et ovoïdes, lui ont fait donner le nom d'*herbe aux perles.* On trouve cette plante dans les terreins incultes. ♃.

2713. Gremil des champs.   *Lithospermum arvense.*

Lithospermum arvense. Linn. spec. 190. Lam. Dict. 3. p. 29.—
Fl. dan. t. 456.
β. *Flore purpurascente.*

Il se distingue facilement du précédent, par ses noix ridées et nullement luisantes; sa tige s'élève à peine jusqu'à 3 décim.; ses feuilles sont molles, d'un verd moins foncé et beaucoup plus étroites que celles de l'espèce précédente; ses feuilles supérieures sont aussi grandes et même plus grandes que les autres; les fleurs sont petites, blanches et terminales. On trouve cette plante dans les champs cultivés. ⊙.

2714. Gremil de la Pouille. *Lithospermum Apulum.*

Lithospermum apulum. Vahl. Symb. 2. p. 33.— *Myosotis apula.*
Linn. spec. 189. — *Myosotis lutea.* Lam. Fl. fr. 2. p. 282. —
Lob. ic. 578. f. 1.

Cette petite plante a une tige droite, un peu ligneuse à la
base, simple ou peu rameuse, longue de 1 décim.; ses feuilles
sont linéaires-lancéolées, pointues, hérissées de poils roides;
les fleurs naissent à l'aisselle des feuilles supérieures, et leur réunion forme des épis terminaux, feuillés, serrés, unilatéraux; les
corolles sont jaunes, assez petites, un peu plus longues que le
calice et nues à l'entrée du tube; les noix sont dures, triangulaires, un peu tuberculeuses. ⊙. Elle croît dans les lieux
arides et sablonneux des provinces méridionales, aux environs
de Narbonne; près Montpellier, à Selleneuve et Castelnau
(Gou.); à la Garrigue du Terrail et à la Colombiere (Magn.);
elle est fréquente dans le midi de la Provence (Gér.); à Rougnes
(Gar.); à Nice et Oneille (All.).

2715. Gremil violet. *Lithospermum purpuro-*
cœruleum.

Lithospermum purpuro-cœruleum. Linn. spec. 190. Jacq. Austr.
t. 14 Lam. Dict. 3. p. 29. — *Lithospermum violaceum.* Lam.
Fl. fr. 2. p. 271.

Ses tiges sont herbacées; celles qui n'ont pas de fleurs sont
couchées et rampantes; celles qui portent les fleurs sont ordinairement droites, et s'élèvent jusqu'à 5-6 décim.; les feuilles
sont lancéolées, pointues, un peu rudes, pubescentes et d'un
verd foncé; les fleurs sont axillaires, et leur réunion forme
un long épi terminal; le calice est à cinq lobes linéaires; la
corolle est d'un violet pourpre, plus longue que le calice; les
noix sont blanchâtres, ridées. ♃. Cette plante croît le long
des chemins, dans les bois et les champs. Elle fleurit au commencement de l'été.

2716. Gremil des teintu-   *Lithospermum tincto-*
riers.   *rium.*

Lithospermum tinctorium. Linn. spec. 1. p. 132. Ger. Gallopr.
299. — *Anchusa tinctoria.* Lam. Dict. 1. p. 503. Desf. Atl. 1.
p. 156. non Linn. (1). — *Buglossum tinctorium.* Lam. Fl. fr.
2. p. 278. — J. Bauh. Hist. 3. p. 584. ic.

Sa racine est longue, tortueuse, ligneuse, d'un rouge brun

___

(1) Je trouve dans l'herbier de l'Héritier, un échantillon de cette plante

à

à l'extérieur ; elle pousse plusieurs tiges étalées, longues de
1-2 décim., hérissées de poils ainsi que le reste de la plante ;
les feuilles sont oblongues, sessiles, un peu obtuses ; la tige se
bifurque presque toujours, et chaque branche porte des fleurs
en épi, sessiles à l'aisselle des feuilles florales, d'abord très-
rapprochées, ensuite écartées ; le calice est à cinq lanières
profondes et linéaires ; la corolle est bleue ou violette, en forme
d'entonnoir ; les étamines sont cachées dans le tube, lequel est
nu à sa gorge et s'évase en un limbe peu ouvert, à cinq divisions arrondies ; ses calices sont recourbés après la fleuraison ;
la graine est bossue, un peu tuberculeuse, mais non sillonnée. ♃.
Cette espèce, connue sous le nom d'*orcanette*, croît dans les
lieux sablonneux ou stériles des provinces méridionales ; sa racine fournit une couleur rouge employée comme teinture.

2717. **Gremil ligneux.**   *Lithospermum fruticosum.*

Lithospermum fruticosum. Linn. spec. 190. Lam. Dict. 3. p. 30.
— Garid. Aix. t. 15.

β. *Flore albo.* Magn. Bot. p. 19.

Sa racine est ligneuse, noirâtre en dehors, et pousse une
tige ligneuse, rameuse, haute de 2-3 décim., garnie, sur-tout
vers l'extrémité des branches, de feuilles petites, linéaires,
roulées en dessous par les bords et hérissées en dessus de petits poils roides ; les fleurs sont d'un violet pourpre, deux fois
plus longues que le calice ; les étamines sont de la longueur de la
corolle. ♄. Ce petit sous-arbrisseau croît dans le sud de la France,
aux lieux secs et stériles ; dans le midi de la Provence (Gér.) ;
aux environs d'Aix, sur les collines du Tholonet, de Monteiguez et de la Keirie (Gar.) ; aux environs de Montpellier ; à
Montferrier et Lavalette (Gou.) ; à Selleneuve, Foncaude,
la Colombière, Ferran, entre Frontignan et les Thermes
(Magn.) ; à Bayonne.

<hr>

qu'il dit avoir comparé avec l'herbier de Linné, et n'être point l'*anchusa
tinctoria* de cet auteur ; en effet Linné dit que sa plante est cotonneuse,
qu'elle ressemble beaucoup à l'*anchusa lanata*, ce qui ne convient point
à notre plante, et il la place dans le genre *anchusa*, dont elle n'a pas le
caractère, puisque son tube est nu à l'entrée ; au contraire notre plante
est bien indiquée dans la première édition de Linné ; il la place, avec
raison, dans les *lithospermum*, et il la décrit en disant qu'elle est velue
et non cotonneuse.

<table><tr><td>*Tome III.*</td><td align="right">Rr</td></tr></table>

CDXXVII. NONÉE. *NONEA.*

Nonea. Med. Mœnch. — *Echioides*. Desf. non Mœnch. —
Lycopsidis sp. Linn.

Car. Le calice est à cinq lobes, persiste et se renfle après
la fleuraison ; la corolle a un tube droit, cylindrique, une gorge
nue, un limbe régulier à cinq lobes ; les étamines sont cachées
dans le tube et insérées vers le sommet ; le fruit est composé
de quatre noix ovoïdes, sillonnées sur les bords par des stries parallèles.

Obs. Ce genre diffère des lycopsides, par le tube droit et la
gorge sans écailles ; des vipérines, par le limbe régulier ; des
gremils et des pulmonaires, par le calice renflé en vessie après
la fleuraison. On doit y rapporter, 1°. *nonea violacea*, décrite
ci-dessous ; 2°. *nonea pulla* ou *lycopsis pulla*, Linn.; 3°. *nonea
nigricans*, qui est *echioides nigricans*, Desf. ; *lycopsis nigricans*, Lam.; *nonea decumbens*, Mœnch. excl. syn. : 4°. *nonea
ciliata* ou *lycopsis ciliata*, Wild. ; 5°. *nonea obtusifolia* ou *lycopsis obtusifolia*, Wild. ; 6°. *nonea lutea* ou *lycopsis lutea*,
Lam.

2718. Nonée violette. *Nonea violacea.*

Echioides violacea. Desf. Atl. 1. p. 164. — *Lycopsis vesicaria*.
Linn. spec. 198. Lam. Dict. 3. p. 655. — Cam. Epit. 916.
ic. B.

Cette plante est presque droite dans sa jeunesse et devient
couchée à l'époque de la fleuraison et de la maturité ; elle est
herbacée, anguleuse, branchue, hérissée de poils, longue de
3 décim.; ses feuilles sont oblongues ou lancéolées-linéaires,
demi-embrassantes, pointues, un peu hérissées ; celles du haut
sont ovales-aiguës, et portent les fleurs à leurs aisselles ; ces
fleurs sont violettes, plus longues que le calice ; celui-ci est à
dix angles ; il s'enfle et se penche après la fleuraison. ☉. Cette
plante croît aux environs de Montpellier, à la Taillade de Gi-
gnac, et à Salason, à droite (Gou.).

CDXXVIII. PULMONAIRE. *PULMONARIA.*

Pulmonaria. Tourn. Linn. Juss. Lam.

Car. Le calice est à cinq angles, à cinq lobes qui ne dépassent pas le milieu de la longueur ; la corolle est en entonnoir,
à cinq lobes peu étalés ; le stigmate est échancré.

Obs. Les corolles sont bleues ou rougeâtres.

2719. Pulmonaire officinale. *Pulmonaria officinalis.*

> *Pulmonaria officinalis.* Linn. spec. 194. Lam. Illustr. n. 1831.
> t. 93.
> β. *Flore albo.* Tourn. Inst. 136.
> γ. *Folio non maculoso.* Clus. Hist. 2, p. 168.

Ses tiges sont velues, un peu anguleuses et s'élèvent à-peu-près à la hauteur de 3 décim.; les feuilles radicales sont ovales-oblongues, terminées en pointe, traversées dans leur longueur par une nervure simple, couvertes de poils courts et assez rudes, et remarquables par leur superficie parsemée de taches blanches; elles sont pétiolées, couchées sur la terre, et les supérieures sont sessiles ou un peu décurrentes : les fleurs sont disposées en bouquet terminal. On trouve cette plante dans les bois. ♃. Elle est pectorale, vulnéraire et astringente.

2720. Pulmonaire à feuille étroite.   *Pulmonaria angustifolia.*

> *Pulmonaria angustifolia.* Linn. spec. 194. Fl. dan. t. 483.
> β. *Flore albo.*

Cette espèce s'élève un peu plus que la précédente, à laquelle elle ressemble beaucoup; mais ses feuilles sont plus alongées, plus étroites et moins rudes; ses fleurs sont bleues ou rougeâtres, et forment des bouquets assez lâches. On la trouve dans les bois montagneux. ♃.

CDXXIX. ORCANETTE.   *ONOSMA.*

> *Onosma.* Tourn. Linn. Juss. Lam. Gœrtn.

Car. Le calice est à cinq lobes qui ne dépassent pas le milieu de sa longueur; la corolle est tubuleuse, à cinq lobes courts, droits; le stigmate est simple.

Obs. Les fleurs sont jaunes.

2721. Orcanette vipérine.   *Onosma echioides.*

> *Onosma echioides.* Linn. spec. 196. Jacq. Austr. t. 295. Lam.
> Illustr. n. 1838. t. 93.
> β. *Flore exalbido.* Tourn. Inst. 138.

Sa tige est droite, cylindrique, quelquefois branchue, plus ordinairement simple, couverte de poils blancs un peu écartés, et haute de 3 décim. à-peu-près; ses feuilles sont longues, étroites et également hérissées de poils blancs; les fleurs sont jaunâtres, terminales, et forment deux ou trois épis inclinés ou un peu contournés en queue de scorpion; leur corolle est

formée d'un tube fort long qui va en s'élargissant sans renflement particulier; le calice est divisé presque jusqu'à sa base. ♃.
Cette plante croît dans les lieux arides des provinces méridionales. Elle a été trouvée, par mon frère , sur le mont Cramont
près Genève. Sa racine, qui est ligneuse et de couleur rouge ,
est employée dans la teinture , à la place du gremil des teinturiers.

**** *Entrée du tube de la corolle munie de cinq écailles.***

CDXXX. CONSOUDE.　　　*SYMPHYTUM.*

Symphytum. Tourn. Linn. Juss. Lam. Gœrtn.

CAR. Le calice est à cinq parties ; la corolle en cloche , tubuleuse , à cinq lobes courts , droits et presque fermés ; les
écailles sont oblongues , en alène , rapprochées en cône ; le stigmate est simple.

2722. Consoude officinale.　*Symphytum officinale.*

Symphytum officinale. Linn. spec. 195. Lam. Illustr. t. 93. Fl.
dan. t. 664.
β. *Flore purpureo.* — Tabern. p. 559.

Sa tige est haute de 6 décim. , très-branchue, velue et succulente ; ses feuilles sont grandes , ovales-lancéolées , d'un verd
foncé et un peu rudes au toucher; les fleurs sont au sommet
de la tige pédonculées, en épi lâche et tournées d'un même côté ;
l'extrémité de cet épi est un peu courbée en crosse avant le développement des fleurs ; celles-ci sont d'un blanc jaunâtre dans la
variété α qui est la plus commune , rouges ou purpurines dans
la variété β. On trouve cette plante dans les prés humides , le
long des fossés. ♃. Elle est employée dans l'hémoptysie et la
dyssenterie, comme mucilagineuse et un peu astringente.

2723. Consoude tubéreuse. *Symphytum tuberosum.*

Symphytum tuberosum. Linn. spec. 195. Jacq. Austr. t. 225. Lam.
Dict. 2. p. 97.

Cette espèce ressemble beaucoup à la précédente , dont elle
diffère par sa stature plus petite; par sa racine ordinairement
renflée en tubercule au collet , toujours blanche en dehors ; par
ses feuilles peu ou point décurrentes ; par ses fleurs toujours jaunâtres : les feuilles supérieures sont quelquefois opposées. Cette
plante croît dans les prés humides , le long des ruisseaux , dans le
midi de la France ; en Languedoc ; en Provence ; aux environs
de Nice et de Monréal (All.).

CDXXXI. MYOSOTE.   *MYOSOTIS.*

Myosotis. Linn. Jnss. Lam. — *Echioides et Lappula.* Mœnch.
— *Scorpiurus.* Hall.

Car. Le calice est à cinq lobes; la corolle a un tube court,
un limbe à cinq lobes échancrés au sommet; les écailles sont
convexes, rapprochées; le stigmate simple; les noix lisses ou
bordées sur les angles d'appendices dentés.

2724. Myosote annuelle.   *Myosotis annua.*

Myosotis annua. Mœnch. Hass. n. 153. — *Echioides annua.*
Mœnch. Meth. 416. — *Myosotis arvensis.* Roth. Germ. I. 87.
II. 222. Lam. Dict. 4. p. 399. Bull. Herb. t. 355. — *Myosotis
scorpioides,* var. α. Linn. spec. 188.
α. *Arvensis.* Hoffm. Germ. 3. p. 85.
β. *Collina.* Ehrh. Herb. 31.

Sa racine est fibreuse, annuelle; sa tige droite, plus ou
moins rameuse, toujours hérissée, ainsi que les feuilles et
les calices, de poils blancs et un peu mous; les feuilles sont
oblongues, lancéolées, rétrécies à la base; les fleurs sont très
petites, bleues, avec le bord de la gorge jaune; leur tube est plus
court que les divisions du calice; celles-ci sont droites et nullement étalées; les graines sont lisses, non dentelées sur les
bords. La variété α, qui croît dans les champs, s'élève jusqu'à
2-3 décim.; la variété β, qu'on trouve sur les collines sèches,
ne dépasse guère 1 décim. et se ramifie moins que la précédente. ☉.

2725. Myosote vivace.   *Myosotis perennis.*

Myosotis perennis. Mœnch. Hass. n. 154. — *Echioides palustris.* Mœnch. Meth. 416. — *Myosotis palustris.* Roth. Germ. I.
87. II. 221. Lam. Dict. 4. p. 398. — *Myosotis scorpioides,* β.
Linn. spec. 188. — *Myosotis scorpioides.* Wild. spec. 1. p.
746.
α. *Palustris.* Hoffm. Germ. 2. p. 61.
β. *Sylvatica.* Ehrh. Herb. 31.
γ. *Alpestris.* Schmith. Fl. Bohem. 3. p. 26. — *Myosotis pyrenaica.* Pourr. Act. Toul. 3. p. 323.
δ. *Exscapa.*

Cette espèce diffère de la précédente par sa racine vivace,
plus dure et plus longue; par sa tige presque toujours simple;
par sa fleur plus grande et dont le tube est égal à la longueur
des divisions du calice ou même un peu plus long; par ses
feuilles plus obtuses. La variété α, qui croît dans les marais et

les prés humides, est presque entièrement glabre et s'élève jusqu'à 4 décim.; la variété β, qu'on trouve dans les forêts, est
hérissée de poils comme l'espèce précédente, mais ces poils
sont plus épars et moins couchés; la variété γ, qui se trouve
dans les Pyrénées et dans les Alpes du Mont-Blanc, se distingue
à sa basse stature, à ses feuilles inférieures pétiolées, et approche, par son port, de l'espèce suivante. J'ai trouvé dans les
Alpes, au sommet du col de Saint-Remi, des individus de
cette espèce dont les fleurs sont sessiles entre les feuilles, ce
qui constitue ma variété δ, très-facile à confondre avec la
myosote naine, si on ne fait pas attention à la forme des fruits
et à la consistance soyeuse des poils de l'espèce suivante.

2726. Myosote naine.   *Myosotis nana.*

> *Myosotis nana.* Vill. Dauph. 2. p. 459. t. 13. Lam. Dict. 4. p.
> 402. — *Myosotis terglovensis.* Hacq. pl. alp. p. 12. t. 2. f. 6.
> — Hall. Helv. n. 592.

Il est difficile de ne pas confondre cette espèce avec la variété γ de la précédente; elle a de même une souche vivace,
noirâtre, peu fibreuse, ligneuse vers le collet, d'où sortent des
feuillles oblongues, velues, presque soyeuses; les fleurs sont
tantôt sessiles entre les feuilles, tantôt portées sur une courte
hampe; elles sont d'un bleu très-vif; le tube de leur corolle est
égal à la longueur du calice; ses noix sont triangulaires,
lisses et applaties sur le dos, bordées d'une languette dentelée
qui s'engraine dans la languette de la noix voisine. ♃. Cette
plante croît dans les sommets des hautes Alpes du Dauphiné,
à Brande, Allemont, Molines, au Champsaur et dans l'Oysans
(Vill.); au mont Cenis (All.). Je l'ai reçue de M. Necker,
qui l'a recueillie dans le Valais, à la vallée de Saint-Nicolas, et
de mon frère qui l'a trouvée dans la vallée d'Enzeindaz.

2727. Myosote à fruits de   *Myosotis lappula.*
        bardane.

> *Myosotis lappula.* Linn. spec. 189. Lam. Dict. 4. p. 400. Illustr.
> t. 91. — *Cynoglossum lappula.* Scop. Carn. n. 192. — *Lap-*
> *pula myosotis.* Mœnch. Meth. 417.

* Sa tige est herbacée, droite, haute de 2-4 décim.; elle porte
des feuilles oblongues-lancéolées, un peu hérissées de poils, et
se divise vers le haut en rameaux simples, divergens; les
fleurs sont alternes le long des rameaux, sessiles à l'époque de

la fleuraison , puis portées sur de courts pédicelles ; leur corolle
est bleue , fort petite ; leur fruit est composé de quatre noix
rapprochées , triangulaires , légèrement chagrinées , et dont
les angles se prolongent en deux languettes divisées jusqu'à
la base en lanières roides et semblables à des épines ; le calice est étalé à l'époque de la maturité. ☉. Cette plante croît
dans les décombres près des murs , et dans les lieux découverts
et stériles.

CDXXXII. BUGLOSSE.　　*ANCHUSA.*

Anchusa. Linn. Juss. Lam. — *Buglossum.* Tourn. Gœrtn.

Car. Le calice est à cinq lobes plus ou moins profonds ; la corolle est en entonnoir , à cinq lobes entiers ; les écailles sont
ovales , proéminentes , rapprochées ; les capsules sont adhérentes par leur base qui est comme tronquée.

2728. Buglosse à fleurs lâches.　*Anchusa laxiflora.*

Cette plante , que je décris d'après des échantillons rapportés
de l'isle de Corse par M. Labillardière , et conservés dans
l'herbier de M. Desfontaines , se distingue à son poil grêle et
alongé ; aux poils roides qui hérissent ses feuilles , le haut de
sa tige , ses pédicelles et ses calices ; à ses feuilles demi–embrassantes , oblongues , pointues , un peu sinuées , ondulées et
ciliées sur les bords ; à ses fleurs rougeâtres , écartées les unes
des autres , presque toutes déjetées d'un seul côté , portées sur
des pédicelles grêles , nus , lâches , étalés ; la base de ces pédicelles offre des feuilles extrêmement petites ; les lanières du
calice sont profondes , longues , presque linéaires , aiguës , égales
au tube de la corolle ; les lobes de la corolle sont oblongs , pointus ; les noix sont ovoïdes , ridées , tronquées à la base par
laquelle elles adhèrent au fond du calice. Elle est voisine , par ses
caractères , de l'*anchusa paniculata* , Ait. , dont elle diffère parce
qu'elle n'a ni les feuilles entières , ni la panicule bifurquée.

2729. Buglosse d'Italie.　*Anchusa Italica.*

Anchusa Italica. Retz. Obs. 1. p. 12. Trew. Dec. 2. p. 14. t. 13.
Anchusa officinalis. Gou. Hort. 81. Lam. Dict. 1. p. 502.
Dalib. Par. 59. non Linn. — *Buglossum angustifolium.* All.
Ped. n. 163? — *Buglossum officinale.* Lam. Fl. fr. 2. p. 278.

Cette espèce est commune dans toute la France , et a été
long-temps confondue avec la buglosse du nord de l'Europe , à
laquelle Linnæus a donné le nom d'officinale , et a rapporté les

anciens noms de notre plante; elle s'élève jusqu'à 5-6 décim.;
ses feuilles sont roides, oblongues, rétrécies en pointe aux
deux extrémités; les fleurs sont disposées en grappes serrées,
unilatérales, courbées en queue de scorpion, accolées deux à
deux; les calices sont à cinq divisions linéaires et profondes;
toute la plante est hérissée de poils roides; les corolles sont
violettes, un peu irrégulières; leur limbe est à cinq divisions
arrondies; l'entrée du tube porte cinq écailles très-barbues et
semblables à de petits pinceaux; le stigmate est à deux lobes. ♂.
Cette plante croît le long des chemins, et dans les lieux secs et
les décombres. Elle porte les noms vulgaires de *buglosse*,
langue de bœuf; elle est employée aux mêmes usages que la
bourrache: elle diffère de la vraie buglosse officinale, qui, selon Retzius, a les fleurs régulières, en entonnoir, plus embriquées; les divisions du limbe ovales; les écailles de la gorge seulement cotonneuses et presque en capuchon, et les divisions
du calice plus larges et plus courtes.

2730. Buglosse à feuille étroite.   *Anchusa angustifolia.*

Anchusa angustifolia. Linn. spec. 191. Lam. Dict. 1. p. 503. —
Lob. ic. 576. f. 2.
β. *Flore albo.* Boerh. Lugd-b. 1. p. 189.

Cette espèce ressemble extrêmement à la précédente; elle en
diffère cependant par ses feuilles plus étroites, moins fortement
hérissées; par son calice qui n'est fendu que jusqu'au milieu de
sa longueur, au lieu d'être divisé presque jusqu'à la base; par
ses fleurs disposées en épis plus alongés et munies chacune d'une
bractée à leur base; par ses corolles dont le tube est fermé par
des écailles obtuses et non barbues. ♃. Elle croît dans les lieux
secs et arides, dans le midi de la France, à Briançon (Vill.);
aux environs de Nantes (Bon.). Elle m'a été envoyée par mon
frère, qui l'a trouvée dans les Alpes sur le mont Cramont.

2731. Buglosse de Barrelier.   *Anchusa Barrelieri.*

Buglossum Barrelieri. All. Ped. n. 164. — Barr. ic. 333.

Elle a quelques rapports avec la buglosse à feuille étroite,
mais elle s'en distingue facilement à ses fleurs plus petites, d'un
bleu d'azur, disposées en panicule plutôt qu'en épis; à ses calices fendus en cinq lanières jusqu'à la base; à ses corolles
dont le tube est très-court, évasé au sommet. Cette plante a une

tige droite, simple, longue de 4-5 décim.; hérissée de poils
ainsi que les feuilles; celles-ci sont oblongues, rétrécies aux
deux extrémités, entières ou légèrement sinueuses; de l'aisselle
des feuilles supérieures partent les pédoncules qui sont tous
divisés en trois rameaux, dont celui du milieu ne porte qu'une
ou deux fleurs; la gorge de la corolle porte cinq écailles ovales,
un peu crochues au sommet, légèrement hérissées. ♃. Elle croît
en Piémont, sur la route entre Rocavion et Robilant, et dans la
vallée de la Stura près Demont (All.).

2732. Buglosse ondulée.   *Anchusa undulata.*

Anchusa undulata. Linn. spec. 191. Mill. Dict. t. 59.

Cette plante est remarquable par ses feuilles oblongues ou
presque linéaires, toujours sinuées et ondulées sur les bords;
les feuilles, et sur-tout les tiges et les pédicelles, sont hérissés
de poils roides et nombreux; les fleurs sont disposées en une
tête serrée et terminale; leurs pédicelles sont plus courts que
les feuilles florales; le calice est divisé jusqu'au milieu de sa
longueur; la corolle est d'un violet foncé; son tube est garni
à l'entrée de cinq écailles un peu hérissées; son limbe est à cinq
lobes courts et ovales. ♃. Elle croît dans les environs de Montpellier, où elle a été trouvée par M. Degland.

2733. Buglosse toujours-   *Anchusa sempervirens.*
        verte.

Anchusa sempervirens. Linn. spec. 192. Lam. Dict. 1. p. 504.
— *Buglossum sempervirens.* All. Ped. n. 166. — Lob. ic. 755.
f. 2.

Cette espèce est très-facile à reconnoître à ses feuilles dont
les inférieures sont pétiolées, ovales, très-larges, un peu semblables par leur forme à celles du plantain, hérissées de poils
et un peu sinueuses sur les bords; les supérieures sont plus
étroites et plus sessiles; de leur aisselle partent des pédoncules
de moitié plus courts que la feuille, fortement hérissés, munis
à leur sommet de deux feuilles opposées, entre lesquelles naît
une touffe de fleurs serrées et presque sessiles; le calice est à
cinq divisions profondes, ovales et hérissées; la corolle est
bleue; son tube est égal au calice, fermé au sommet par cinq
écailles droites, presque glabres. ♃. Elle croît au bord des
champs, dans les les terres substantielles, aux environs d'Asti
et de Montferrat, dans les vignes près Turin (All.); aux Crottes

près Embrun (Vill.); aux environs de Saint-Julien près Dax (Thor.); au Four au Diable et au bois de Launay près Nantes (Bon.); à Saint-Malo (Petit. Th.); en Lorraine (Buch.).

CDXXXIII. LYCOPSIDE. *LYCOPSIS*.

Lycopsis. Desf. — *Lycopsidis sp.* Linn. — *Echioides sp.* Tourn.

Car. Les lycopsides se distinguent de toutes les borraginées, parce que le tube de leur corolle est courbé; les autres caractères sont comme dans les buglosses auxquelles peut-être les lycopsides doivent être réunies.

2734. Lycopside des champs. *Lycopsis arvensis.*

Lycopsis arvensis. Linn. spec. 199. Lam. Illustr. n. 1826. t. 92. Fl. dan. t. 435.

Sa tige est rameuse et ne s'élève guère au-delà de 5 décim.; ses feuilles sont très-rudes, alongées, étroites, entières, ondulées ou quelquefois légèrement sinuées; le limbe de la corolle est bleu, mais le tube et ses écailles sont ordinairement blanchâtres. On trouve cette plante sur le bord des chemins, dans les terreins secs et pierreux. ☉.

CDXXXIV. RAPETTE. *ASPERUGO.*

Asperugo. Tourn. Linn. Juss. Lam.

Car. Le calice est à cinq lobes inégaux, entremêlés de dents; la corolle a le tube court, le limbe à cinq lobes, les écailles convexes, rapprochées; le stigmate est simple; les noix sont couvertes par le calice, qui est refermé après la fleuraison et comme comprimé.

2735. Rapette couchée. *Asperugo procumbens.*

Asperugo procumbens. Linn. spec. 198. Fl. dan. t. 552. Lam. Illustr. n. 1852. t. 54.

Ses tiges sont foibles, un peu couchées, branchues, anguleuses et garnies de poils rudes; les fleurs sont petites, de couleur violette, axillaires et presque solitaires; leurs calices accrûs et plus développés dans la maturité des fruits, sont comprimés et très-rudes; les feuilles sont un peu étroites, velues et alternes ou quelquefois presque opposées vers le sommet des tiges. Cette plante croît dans les champs sur le bord des chemins ou proche les haies des villages. ☉. On la dit vulnéraire, détersive et incisive.

CDXXXV. CYNOGLOSSE. *CYNOGLOSSUM.*

Cynoglossum. Linn. Juss. Lam. — *Cynoglossum et Omphalodes.* Tourn. Mœnch.

C**ar**. Le calice est à cinq parties ; la corolle en entonnoir, à
cinq lobes courts ; les écailles convexes, rapprochées ; le stigmate échancré ; les noix sont déprimées, attachées latéralement au style.

O**bs**. Les noix sont planes et ordinairement rudes dans
les vraies cynoglosses ; en forme de corbeille, dentées ou sinuées sur les bords dans les omphalodes, que Tournefort et
Mœnch en séparent peut-être avec raison ; les premières ont les
feuilles ordinairement cotonneuses ; les secondes sont presque
toutes glabres et ont le tube de la corolle court et le limbe
plane.

§. 1er. *Noix planes et rudes (Cynoglossum,* Tourn.)

2736. Cynoglosse officinale. *Cynoglossum officinale.*

Cynoglossum officinale. Linn. spec. 192. Lam. Illustr. t. 92. f. 1.
   Cynoglossum officinale, var. *α.* Wild. spec. 1. p. 760.
β. *Cynoglossum hybridum.* Thuil. Fl. Paris. II. 1. p. 94.
γ. *Flore albo.* Tourn. Inst. 139.

Sa tige est haute de 5 décim., velue et rameuse ; ses feuilles
sont ovales, elliptiques, lancéolées, molles, d'un vert blanchâtre, et couvertes de poils courts et fort souples ; les fleurs
sont petites, d'un rouge sale, blanches dans une variété, portées sur de courts pédoncules, et disposées au sommet de la
plante sur des espèces d'épis assez lâches. La variété β est un
peu plus petite dans toutes ses parties. On trouve cette plante
dans les bois, dans les lieux incultes et pierreux. ⊙. Elle est
pectorale, légèrement narcotique et calmante ; ses feuilles appliquées extérieurement sont émollientes.

2737. Cynoglosse de mon-   *Cynoglossum mon-*
tagne.   *tanum.*

Cynoglossum montanum. Lam. Fl. fr. 2. p. 277. Dict. 2. p. 237.
   — *Cynoglossum sylvaticum.* Jacq. Coll. 2. p. 77. — *Cynoglossum dioscoridis.* Vill. Dauph. 2. p. 457. — *Cynoglossum
officinale,* β. Wild. spec. 1. p. 760. — Hall. Helv. n. 588.

Cette espèce ressemble, par sa forme, à la précédente, mais

elle en est bien distincte en ce qu'au lieu d'être chargée d'un duvet cotonneux , elle est presque glabre et chargée seulement de poils épars, longs, flexibles et nullement couchés; ses feuilles sont plus pointues; les inférieures sont pétiolées : les fleurs sont bleues; les calices un peu plus grands et plus obtus que dans la cynoglosse officinale. Cette espèce croît dans les bois des montagnes; elle a été trouvée en Provence, dans les montagnes de Seyne, par M. Clarion; en Piémont près Pogetto et à Briançon, par M. Balbis; dans le Champsaur (Vill.); dans le Jura , au Creux du Vent, par M. Chaillet; dans les Vosges près Saint-Maurice (Buch.). ☉ , Lam. ; ♂ , Vill.

2738. Cynoglosse à fleur   *Cynoglossum pictum.*
       rayée.

Cynoglossum pictum. Ait. Kew. 1. p. 179. Wild. spec. 1. p. 761. — *Cynoglossum creticum.* Vill. Dauph. 2. p. 457. — *Cynoglossum cheirifolium.* Jacq. Coll. 3. p. 30. — Clus. Hist. 2. p. 162. f. 2.

Cette plante est très-voisine de la cynoglosse officinale et de la cynoglosse de montagne; elle diffère de l'une et de l'autre par ses corolles très-ouvertes qui dépassent à peine la longueur du calice , et dont la couleur est d'un bleu clair rayé de blanc ou de rouge; par son calice dont les lobes sont plus arrondis à la base; par ses feuilles lancéolées , dont les supérieures sont évasées vers la base, de sorte qu'elles sont presque en forme de cœur. ♂. Elle croît dans les lieux secs , sur les collines aux environs de Turin, d'où elle m'a été envoyée par M. Balbis; à Vienne , à Valence et le long du Rhône en Dauphiné (Vill.); dans le Languedoc, où elle a été observée par M. Broussonet.

2739. Cynoglosse à feuilles   *Cynoglossum cheiri-*
       de giroflée.   *folium.*

Cynoglossum cheirifolium. Linn. spec. 193. Lam. Dict. 2. p. 238. — *Cynoglossum argenteum.* Lam. Fl. fr. 2. p. 277.

Cette plante s'élève jusqu'à 3-4 décimètres; sa tige est branchue , un peu anguleuse et chargée d'un duvet blanc extrêmement court; ses feuilles sont alongées , étroites , spatulées , blanchâtres , argentées et presque soyeuses; les corolles sont blanches et tachées de rouge ; leurs pédoncules et les bords de leurs calices sont cotonneux; les corolles sont deux fois plus longues que le calice. On trouve cette plante dans les lieux stériles en Provence. ☉.

2740. Cynoglosse de   *Cynoglossum Apenninum.*
l'Apennin.

Cynoglossum Apenninum. Linn. spec. 134. Lam. Dict. 2. p.
237. — Col. Ecphr. 1. p. 178 t. 175.

Cette espèce est la plus grande de ce genre ; sa tige droite ,
presque entièrement couverte de feuilles et terminée par un
épi de fleur, a un a pect pyramidal ; ses feuilles sont couvertes
d'un duvet mol et court , comme dans la cynoglosse officinale ;
les inférieures ressemblent à celles du grand plantain ; les supérieures sont oblongues , rétrécies aux deux extrémités ; celles
qui naissent à la base des fleurs sont très-longues : les fleurs
sont d'un rouge pâle , puis bleuâtres , et leurs étamines sont saillantes hors de la corolle. ☉ , Lam. ; ♂ , Linn. Elle croît aux
environs de Montpellier , à la source du Lèz et au Puit de Saint-
Loup (Gou.) ; dans les montagnes au-dessus de Bex en Valais
(Neck.-Saus.).

§. II. *Noix lisses en forme de corbeille (Ompha-*
lodes , Tourn.).

2741. Cynoglosse om-   *Cynoglossum omphalodes.*
biliquée.

Cynoglossum omphalodes. Linn. spec. 193. Lam. Dict. 2. p.
239. Bull. Herb. t. 309. — *Omphalodes verna.* Mœnch. Meth.
420.

Sa racine est rampante ; ses tiges ne s'élèvent pas au-delà de
1 décim. ; ses feuilles sont presque glabres ; les inférieures sont
à-peu-près en forme de cœur et portées sur de longs pétioles ;
les supérieures sont ovales et ont un pétiole beaucoup plus court ;
les fleurs sont d'un bleu vif, avec quelques raies blanches à
l'intérieur ; l'entrée de leur tube est moins exactement fermée
et le limbe est plus étalé que dans les autres espèces ; les capsules ne sont pas hérissées de pointes. ♃. Cette plante , connue
sous le nom de *petite bourrache* , est cultivée dans plusieurs
jardins ; elle les décore à l'entrée du printemps , par l'élégance
de sa fleur. Elle se trouve en Piémont , dans les bois autour du
bourg de la Cà di Prà (All.).

2742. Cynoglosse à feuilles *Cynoglossum linifolium.*
de lin.

Cynoglossum linifolium. Linn. spec. 193 Lam. Dict. 2. p. 239.
Omphalodes linifolia. Mœnch. Meth. 419. — Barr. t. 1234.

Cette espèce est remarquable par la couleur glauque de son
feuillage et par le grand nombre de fleurs blanches dont elle est
chargée; elle est glabre, excepté sur le bord et la surface inférieure des feuilles, où on trouve quelques cils rudes ; sa tige
est droite, haute de 2-3 décim., simple ou peu rameuse; ses
feuilles sont sessiles, oblongues ou lancéolées, molles, obtuses;
les inférieures sont un peu rétrécies en pétiole : les fleurs sont
écartées, pédicellées, disposées en longues grappes droites,
terminales ou axillaires ; le calice a les bords hérissés; la corolle
ne diffère que par la couleur de celle de la précédente ; le fruit
est semblable. ☉. Cette plante croît en assez grande quantité
dans l'isle de Noirmoutier (Bon.); dans les vignes à Gasseras
et Vignarnau près Montauban (Gat.)? à l'Avant garde sur la
hauteur près Nancy (Buch.)?

CDXXXVI. BOURRACHE.　　*BORRAGO.*

Borrago. Tourn. Juss. Lam. — *Borago.* Linn.

CAR. Le calice est à cinq parties; la corolle en roue, à cinq
lobes planes et ordinairement pointus ; les écailles sont obtuses,
échancrées; le stigmate simple ; les graines ridées, couvertes
par le calice.

2743. Bourrache officinale.　　*Borrago officinalis.*

Borrago officinalis. Linn. spec. 197. Lam. Dict. 1. p. 455. —
Blackw. t. 36.
α. *Floribus cœruleis.* Tourn. Inst. 133.
β. *Floribus albis.* Tourn. loc. cit.
γ. *Floribus carneis.* Tourn. loc. cit.

Sa tige est haute de 5 décim., très-branchue, cylindrique,
creuse, succulente et hérissée de poils courts et piquans; ses
feuilles sont larges, obtuses, d'un verd foncé, rudes et hérissées de poils semblables à ceux de la tige; les feuilles inférieures sont pétiolées et couchées sur la terre, et les supérieures
sont sessiles : les fleurs naissent au sommet de la tige et des
branches, portées sur des pédoncules rameux et assez longs ;
elles sont d'une belle couleur bleue, et forment une étoile ou
imitent une molette d'éperon. On en trouve des individus à
fleur blanche ou à fleur couleur de chair. ☉. Cette plante croît

dans les lieux cultivés. On mange ses feuilles en friture : elle
est mucilagineuse, adoucissante et légèrement diurétique.

QUARANTE-HUITIÈME FAMILLE.

CONVOLVULACÉES. *CONVOLVULACEÆ.*

Convolvuli. Juss. — *Convolvulaceæ.* Vent. — *Campanacearum gen.* Linn. — *Personatarum gen.* Adans.

La plupart des Convolvulacées ont une tige grimpante, un
suc propre laiteux, des feuilles simples et alternes, des fleurs
en forme de cloche, diversement disposées; leur calice est
persistant, à cinq lobes; leur corolle est régulière, à cinq divisions, souvent plissée sur ses angles avant l'épanouissement; les
étamines sont au nombre de cinq, insérées à la base de la corolle et alternes avec ses divisions; l'ovaire est simple, libre,
surmonté de un ou plusieurs styles; le stigmate est simple ou
divisé; la capsule est protégée par le calice, ordinairement à
trois loges et à trois valves (quelquefois deux ou quatre); au
centre de la capsule se trouve un placenta triangulaire dont les
angles, prolongés en cloisons, correspondent aux sutures des
valves sans y adhérer; les graines sont nombreuses, presque
osseuses, ombiliquées à leur base, attachées au bas du placenta; elles ont une radicule inférieure, un périsperme muci-
lagineux et des cotylédons contournés dans le périsperme.

CDXXXVII. LISERON.   *CONVOLVULUS.*

Convolvulus. Tourn. Linn. Juss. Lam. Gœrtn.

Car. Le calice est à cinq parties; la corolle en cloche, plissée
sur ses cinq angles; les étamines sont inégales en longueur;
l'ovaire est à moitié enfoncé dans une glande circulaire; le stigmate est à deux lobes; la capsule à deux, trois ou quatre loges
qui renferment chacune une à deux graines.

Obs. Les feuilles séminales des liserons sont toutes plus ou
moins échancrées au sommet. Toutes les espèces de ce genre
ont des pédicelles axillaires et uniflores, mais elles paroissent
avoir des fleurs en tête, lorsque les pédicelles sont courts et
les feuilles rapprochées; la plupart ont la tige grimpante ou
couchée; quelques-unes sont des arbrisseaux.

2744. Liseron des haies. *Convolvulus sepium.*

Convolvulus sepium. Linn. spec. 218. Lam. Dict. 3. p. 539.
Illust. t. 104. f. 1. Fl. dan. t. 458.

Ses tiges sont longues, grêles, cannelées, sarmenteuses et
grimpantes; elles s'entortillent aux plantes voisines : les fleurs
sont grandes, de couleur blanche, portées sur des pédoncules
tétragones, solitaires et garnies à peu de distance de leur calice,
de deux bractées opposées, ovales ou cordiformes, et plus
grandes que le calice ; les feuilles sont pétiolées, à-peu-près en
forme de cœur, et ayant les deux lobes de la base tronqués à
l'extrémité. ♃. Cette plante est commune dans les haies; sa
racine est purgative.

2745. Liseron des champs. *Convolvulus arvensis.*

Convolvulus arvensis. Linn. spec. 218. Lam. Dict. 3. p. 540. Fl.
dan. t. 459. Bull. Herb. t. 269.

Cette plante est beaucoup plus petite que la précédente ; ses
tiges foibles et menues grimpent et s'entortillent comme elle
autour des plantes de son voisinage. Ses feuilles sont portées
sur de courts pétioles; les fleurs, soutenues par des pédoncules
plus longs que les feuilles, sont solitaires, de couleur rose ou
blanche, ou quelquefois panachées : à quelque distance de leur
calice, on trouve sur le pédoncule deux bractées opposées,
très-courtes et linéaires. Cette espèce croît dans les champs et
les lieux cultivés. ♃. Elle est très-vulnéraire.

2746. Liseron de Sicile. *Convolvulus Siculus.*

Convolvulus Siculus. Linn. spec. 223. Lam. Dict. 3. p. 540. —
Convolvulus ovatus. Mœnch. Meth. 450. — Bocc. Sic. 89.
t. 48.

Sa racine pousse plusieurs tiges grêles, ordinairement couchées, quelquefois entortillées les unes avec les autres et un peu
grimpantes ; ses feuilles sont alternes, pétiolées, ovales, un
peu en cœur à la base; les fleurs sont petites, de couleur bleue,
portées sur des pédicelles courts, grêles et axillaires : elles ont
à la base de leur calice deux bractées opposées et linéaires. ☉.
Cette plante croît dans les terreins sablonneux et les expositions
chaudes des provinces méridionales. Elle a été trouvée par
M. Thore, dans les Landes aux environs de la Tête de Buch.
J'en possède un échantillon que je crois originaire des environs
de Sorrèze. M. Desfontaines en a trouvé à Alger une variété à
fleur blanche.

2747.

2747. Liseron à feuilles   *Convolvulus althœoides.*
d'althéa.

Convolvulus althœoides. Linn. spec. 222. Lam. Dict. 3. p. 564.
α. *Pedunculis bifloris.* — Barr. ic. t. 312.
β. *Pedunculis unifloris.* — Lob. ic. 623. f. 2.

Sa tige grimpe et s'entortille autour des plantes qui sont près
d'elle ; ses feuilles inférieures sont cordiformes, un peu triangulaires, dentées en leur bord, et portées par d'assez longs pétioles : les supérieures sont plus découpées et presque digitées
ou palmées, mais le lobe du milieu est plus alongé que les
autres. Dans la variété α, les pédoncules portent toujours deux
boutons, dont un avorte quelquefois ; les fleurs sont rougeâtres,
de la grandeur de celles du liseron des haies ; les tiges atteignent
5 décim., et sont très-velues ainsi que les feuilles. ♃. Cette
plante croît dans les provinces méridionales, sur les collines,
les rochers, les murs des vignes ; à Mèze et au Nazareth près
Montpellier (Gou.) ; au mont de Cette (Magn.) ; à Nice (All.) ;
entre Fréjus et le cap Roux, etc. La variété β, que j'ai reçue
de Provence, est plus petite et plus glabre dans toutes ses parties ; ses pédoncules ne portent qu'une seule fleur ; ses feuilles
inférieures sont moins entières ; ses fleurs sont à peine plus
grandes que celles du liseron des champs : elle est peut-être
une espèce distincte.

2748. Liseron soldanelle.   *Convolvulus soldanella.*

Convolvulus soldanella. Linn. spec. 226. Lam. Dict. 3. p. 549.
— *Convolvulus maritimus.* Lam. Fl. fr. 2. p. 265. — Lob. ic.
602. f. 2.

Sa tige est grèle, couchée sur la terre, garnie de feuilles
pétiolées, arrondies, glabres, un peu échancrées au sommet
et assez semblables à celles de la soldanelle des Alpes, quoiqu'un peu plus grandes ; les pédicelles sont axillaires, uniflores,
un peu plus longs que les pétioles ; le calice est entouré par deux
bractées ovales ; la corolle est grande, évasée, purpurine. ♃.
Elle croît dans les lieux sablonneux, au bord de la mer, depuis
Nice jusqu'en Belgique ; son suc est amer et sert de purgatif
hydragogue.

2749. Liseron tricolor.   *Convolvulus tricolor.*

Convolvulus tricolor. Linn. spec. 225. Lam. Dict. 3. p. 548. —
Moris. s. 1. t. 4. f. 4.

Cette plante, originaire d'Espagne et de Barbarie, est cul-

Tome III.   *S s*

tivée, pour la beauté de sa fleur, dans la plupart des jardins, où elle est connue sous les noms de *belle de jour*, *de liseron de Portugal*. Elle se distingue à ses pédicelles uniflores, à ses fleurs d'un beau bleu, blanches sur le bord et jaunes dans le fond; à sa tige couchée, non grimpante; à son stigmate ordinairement à trois lobes.

2750. Liseron rayé.   *Convolvulus lineatus.*

Convolvulus lineatus. Linn. spec. 224. Lam. Dict. 3. p. 553. — Triumf. Obs. 91. ic.

Sa racine est longue, rampante sous terre et produit deux ou trois tiges droites, à peine hautes de 9-12 centim. ; ses feuilles sont longues, presque spatulées, rétrécies en pétiole à leur base, élargies vers leur sommet, soyeuses, blanchâtres et chargées de beaucoup de nervures latérales, parallèles, qui naissent de la nervure du milieu; les fleurs sont purpurines et ramassées au sommet des tiges. Cette plante croît sur les côtes stériles en Provence (Gér.); à Nice (All.). ♃.

2751. Liseron de Biscaye. *Convolvulus Cantabrica.*

Convolvulus Cantabrica. Linn. spec. 225. Jacq. Austr. t. 296. Lam. Dict. 3. p. 551. — *Convolvulus linearis.* Lam. Fl. fr. 2. p. 267.

Sa tige est rameuse, un peu redressée et longue à peine de 2-3 décim.; ses feuilles sont linéaires, étroites, pointues et écartées les unes des autres ; les fleurs , quelquefois solitaires, plus souvent au nombre de deux ou trois sur chaque pédoncule, sont couleur de rose ou blanches, et disposées aux extrémités de la tige et des rameaux : toute la plante est velue et d'un verd blanchâtre, et sur-tout les calices qui sont velus et soyeux. ♃. On la trouve dans les lieux secs et pierreux des provinces méridionales ; en Provence; sur les rochers de Beaucaire; aux environs de Montpellier; de Narbonne; de Sorrèze; de Nice (All.); de Grenoble, d'Orange, de Gap et de Montélimart (Vill.).

2752. Liseron argenté.   *Convolvulus argenteus.*

Convolvulus argenteus. Lam. Fl. fr. 2. p. 266. Dict. 3. p. 551. — *Convolvulus cneorum.* Linn. spec. 224. excl. Barr. et Bocc. syn. Wild. spec. 1. p. 868. — Moris. s. 1. t. 3. f. 1.

Sa tige est ligneuse, droite, branchue et haute d'un mètre; ses feuilles sont longues de 5 centimètres, larges de 6 millimètres, argentées, satinées et assez rapprochées les unes des

autres ; les fleurs sont terminales, disposées presque en ombelle, portées chacune sur des pédoncules qui ont à peine 2
centim. de longueur ; leur calice est quatre fois plus court que
la corolle. Cette plante croît dans les provinces méridionales,
dans les lieux stériles près Montpellier, à Selleneuve, Montferrier, Castelnau (Gou.); aux environs de Nice (All.). ♄.

CDXXXVIII. CRESSE. *CRESSA.*

Cressa. Linn. Juss. Lam. — *Quamoclitis sp.* Tourn.

Car. Le calice est à cinq parties et entouré de 2 petites
bractées ; la corolle est tubuleuse, à cinq lobes, et dépasse un
peu le calice ; l'ovaire porte deux styles ; la capsule est à une
loge, à une graine, à deux valves qui se séparent par la base
à la maturité.

2753. Cresse de Crête. *Cressa Cretica.*

Cressa Cretica. Linn. spec. 325. Lam. Illustr. t. 182. — *Cressa
humifusa.* Lam. Fl. fr. 2. p. 268. — Pluk. t. 43. f. 6.

Cette plante est fort petite ; sa tige est herbacée, très-
rameuse, couchée et étalée sur la terre ; ses feuilles sont alternes, sessiles, ovales, entières, très-petites et blanchâtres ;
ses fleurs sont jaunes et ramassées en bouquets serrés aux
extrémités des rameaux ; le fruit est une capsule bivalve et monosperme. On trouve cette plante dans les lieux humides des
provinces méridionales ; aux environs de Narbonne ; à Perols
près Montpellier (Gou.); entre Montpellier et le mont de Cette
(Magn.); près Arles (Gér.); aux environs de Nice près l'hos-
pice de Villefranche (All.).

CDXXXIX. CUSCUTE. *CUSCUTA.*

Cuscuta. Tourn. Linn. Juss. Lam.

Car. Le calice est à quatre ou cinq lobes ; la corolle est persistante, à-peu-près globuleuse, à quatre ou cinq lobes ; les étamines sont insérées sur la corolle, alternes avec ses lobes, tantôt nues, tantôt munies d'appendices à leur base ; l'ovaire porte
deux stigmates ; la capsule est à deux loges et se coupe en travers vers la base ; chaque loge renferme deux graines attachées
au bas de la cloison sur la partie persistante de la capsule ; l'embryon est filiforme, roulé en spirale autour d'un périsperme
charnu : il n'offre à son sommet aucune trace de division, et
la plante lève sans cotylédons.

Obs. Les cuscutes sont des herbes filiformes, jaunâtres, dépourvues de feuilles; elles germent en terre, s'élèvent perpendiculairement et s'accrochent aux plantes qu'elles rencontrent;
elles s'y fixent et en tirent leur nourriture au moyen de suçoirs qui ont la forme de mammelons; alors leur racine se
dessèche, s'oblitère, et la cuscute cesse d'affecter la direction
perpendiculaire. Ce genre se rapproche des liserons par sa tige
grimpante : si sa graine n'offre pas la structure commune à
toutes les Convolvulacées, c'est que les cotylédons, qui ne sont
que des feuilles particulières, sont avortés dans ces plantes aussi
bien que toutes les feuilles ordinaires.

2754. Cuscute à grande fleur.   *Cuscuta major.*

> *Cuscuta major.* Bauh. Pin. 219. — *Cuscuta Europæa.* Smith.
> Fl. brit. 1. p. 282. non Huds. Lam. — *Cuscuta Europæa*, *α.*
> Linn. spec. 180. — *Cuscuta epithymum.* Thuil. Fl. paris. II.
> 1. p. 85. — *Cuscuta filiformis*, *α.* Lam. Fl. fr. 2. p. 307.

Ses tiges sont grêles, d'un jaune pâle ou un peu rougeâtres,
dépourvues de feuilles; elles s'accrochent et s'entortillent autour des plantes herbacées, et y enfoncent de petits suçoirs; ses
fleurs sont blanches, un peu teintes de rose, disposées en faisceaux latéraux, portées sur de très-courts pédicelles; leur calice et leur corolle sont à quatre ou le plus souvent cinq lobes;
les étamines sont alternes avec les divisions de la corolle, insérées vers son entrée; selon M. Smith, elles sont dépourvues
d'appendices écailleux à leur base; selon M. Ramond, elles ont
de chaque côté un appendice assez long et ordinairement bifurqué au sommet; les stigmates sont pointus, ce qui distingue cette
espèce de la cuscute d'Amérique, qui a aussi les fleurs pédicellées. ☉. Cette plante est parasite sur les orties, les chardons
(Sm.); la carline, la vesce cultivée (Th.); le chanvre (Vill.), etc.
Elle fleurit en été.

2755. Cuscute à petite fleur.   *Cuscuta minor.*

> *Cuscuta minor.* Bauh. Pin. 219. — *Cuscuta epithymum.* Smith.
> Fl. brit. 1. p. 283. — *Cuscuta Europæa.* Lam. Dict. 2. p.
> 229. Illustr. t. 88. — *Cuscuta Europæa*, *β.* Linn. spec. 180.
> — *Cuscuta filiformis*, *β.* Lam. Fl. fr. 2. p. 307.

Cette espèce ressemble beaucoup à la précédente, avec laquelle on l'a souvent confondue; elle en diffère par ses fleurs
un peu plus petites, absolument sessiles, plus ordinairement

à quatre divisions; les étamines sont, selon MM. *Smith* et *Ramond*, munies à leur base d'un appendice arrondi, presque réniforme et crénelé sur les bords comme une crête de coq. ☉. Elle croît sur les sous-arbrisseaux et les herbes un peu dures, et est plus commune que la précédente. On la trouve sur la bruyère, les thyms, l'érigeron du Canada, la verge d'or, la lavande, la sarriète, les plantains ligneux, etc.

QUARANTE-NEUVIÈME FAMILLE.

POLÉMONIACÉES.   *POLEMONIACEÆ.*

Polemonia. Juss. — *Polemonaceæ.* Vent. — *Personatarum gen.* Adans. — *Campanacearum gen.* Linn.

La famille des Polémoniacées, qui n'offre qu'une seule espèce européenne, peut à peine trouver place dans cette Flore; la tige de ces plantes est ordinairement herbacée, garnie de feuilles alternes ou opposées; leurs fleurs sont souvent disposées en corimbes; le calice est divisé; la corolle monopétale, régulière, à cinq lobes; les étamines, qui sont au nombre de cinq, sont insérées vers le milieu du tube de la corolle; l'ovaire et le style sont simples; le fruit est une capsule à trois valves, à trois loges, recouverte par le calice persistant; les valves portent, sur le milieu de leur face interne, une crête saillante qui ressemble à une cloison avortée; l'axe de la capsule est à trois angles appliqués sur les crêtes des valves; les graines sont solitaires ou nombreuses dans chaque loge, insérées sur l'axe du fruit ou sur l'angle interne des loges; elles ont un embryon droit au centre d'un périsperme corné, une radicule inférieure et des cotylédons elliptiques et foliacés.

CDXL. POLÉMOINE.   *POLEMONIUM.*

Polemonium. Tourn. Linn. Juss. Lam. Gœrtn.

Car. Le calice est à cinq lobes; la corolle presque en roue, à tube court, à limbe divisé en cinq parties; les filamens des étamines élargis à leur base, ferment l'entrée de la corolle; les anthères sont ovales.

2756. Polémoine bleu.   *Polemonium cœruleum.*

Polemonium cœruleum. Linn. spec. 162. Lam. Illustr. t. 106.
f. 1.

β. *Flore albo.*

Sa tige est herbacée, droite, glabre ainsi que le reste de la
plante, haute de 4-6 décim.; ses feuilles sont alternes, droites,
pennées, à quinze ou vingt folioles lancéolées, pointues, d'un
beau verd et d'une consistance délicate; les fleurs naissent en
petites grappes portées sur des pédoncules assez courts qui
sortent de l'aisselle des feuilles supérieures; le calice est plus
long que le tube de la corolle; celle-ci est d'un bleu clair dans
la variété α, et blanche dans la variété β. ♃. Cette plante est
cultivée dans plusieurs jardins comme fleur d'ornement; elle
est connue sous les noms de *valeriane grecque*, *fleur de plume*.
Je l'ai trouvée dans les montagnes du Jura, entre la Brevine
et le Locle; elle se trouve aussi dans les isles du Rhin près
Basle (Hall.).

CINQUANTIÈME FAMILLE.

GENTIANÉES.   *GENTIANEÆ.*

Gentianæ. Juss. — *Gentianeæ.* Vent. — *Apocinorum gen.*
Adans. — *Rotacearum gen.* Linn.

Les Gentianées se rapprochent des Polémoniacées, par la
forme de leurs fleurs, et des Apocynées, par la structure de
leur fruit. Presque toutes ces plantes sont originaires des montagnes de l'Europe, dont elles font l'ornement; toutes sont glabres, un peu coriaces et luisantes; toutes ont une racine épaisse,
jaune, amère et douée de propriétés stomachiques et fébrifuges
plus ou moins prononcées dans les diverses espèces; leur tige
est herbacée; leurs feuilles simples, opposées et entières; leurs
fleurs sont souvent entourées de petites bractées foliacées.

Leur calice est d'une seule pièce, divisé et persistant; leur
corolle est de forme très-variable dans les diverses espèces,
mais toujours régulière et souvent persistante après la fleuraison; les étamines sont insérées sur le tube de la corolle, ordinairement au nombre de cinq (quelquefois quatre ou huit),

alternes avec les divisions de la corolle ; l'ovaire est simple ou
à deux bosses ; le style et le stigmate sont ordinairement simples ; le fruit est une capsule à deux valves, à une ou deux
loges ; ces loges sont formées par les bords des valves qui
rentrent dans l'intérieur du fruit et forment tantôt une cloison
dans le milieu, tantôt une duplicature latérale : les semences
sont très-petites, insérées non sur un placenta particulier,
comme dans presque toutes les monopétales régulières, mais
sur les valves elles-mêmes ; elles ont un périsperme charnu,
un embryon droit au centre de ce périsperme ; la radicule est
presque toujours inférieure et les cotylédons sont courts, demi-
cylindriques.

* Capsule à une loge.

CDXLI. MÉNYANTHE.   *MENYANTHES.*

Menyanthes. Tourn. Wig. Vent. — *Menyanthis sp.* Linn. Juss.
Lam.

Car. Le calice est à cinq lobes ; la corolle qui est en entonnoir,
a le tube plus long que le calice, le limbe ouvert, a cinq découpures ovales, barbues en dessus ; les étamines sont au nombre
de cinq ; le stigmate est en tête sillonnée ; la capsule est à une
loge ; les graines sont attachées le long du milieu des valves ;
la radicule est supérieure.

Obs. Ce genre et le suivant ont été rapportés par M. Ventenat à la famille des Gentianées, dont ils ont tous les caractères, et dont ils se rapprochent par les propriétés.

2757. Ményanthe trefle-   *Menyanthes trifoliata.*
      d'eau.

Menyanthes trifoliata. Linn. spec. 208. Lam. Dict. 4. p. 92.
Illustr. t. 100. f. 1. Tourn. Inst. t. 15. Bull. Herb. t. 131.
β. *Alpina.*

Sa tige est simple, haute de 3 décim., et se termine par
un épi de fleurs un peu serrées, pédonculées, qui naissent chacune de l'aisselle d'une bractée très-courte et pointue ; les corolles sont blanches, un peu rougeâtres, trois fois plus grandes
que leur calice, et leur limbe est barbu intérieurement ; les
feuilles sont radicales, droites, portées sur de longs pétioles
et composées de trois folioles très-glabres. ♃. On trouve cette
plante dans les lieux aquatiques. On la nomme vulgairement

trefle d'eau, *trefle aquatique*, *trefle de castor*, *trefle des marais*. La variété β, trouvée par mon frère dans les Alpes, au pied
du col de Ferret, est de moitié plus petite dans toutes ses parties,
que l'espèce ordinaire.

CDXLII. VILLARSIE.   *VILLARSIA.*

Villarsia. Gmel. Vent. —*Nymphoides*. Tourn. Vent. —*Wald-
schmidia*. Wig. — *Lymnanthemum*. Gmel. — *Menyanthis*
sp. Lin.

Car. Ce genre diffère du précédent par sa corolle en roue,
par son style très-court terminé par un stigmate à deux lobes
crénelés, et sur-tout par ses graines entourées d'une bordure
membraneuse, disposées sur une double série, non sur le milieu des valves, mais sur les sutures de la capsule.

Obs. Toutes les villarsies vivent dans les marais et les
étangs, et ont la corolle jaune souvent ciliée sur les bords;
leurs feuilles sont souvent flottantes sur l'eau, comme celles
des nénuphars, et portent alors leurs pores corticaux sur leur
surface supérieure.

2758. Villarsie faux-   *Villarsia nymphoides.*
nénuphar.

Villarsia nymphoides. Vent. Choix. n. 9. p. 2. — *Menyanthes
nymphoides*. Linn. spec. 207. Lam. Dict. 4. p. 90. Illustr. t. 100.
f. 2. — *Menyanthes natans*. Lam. Fl. fr. 2. p. 203. — *Wald-
schmidia nymphoides*. Wigg. Prim. p. 20. — *Limnanthemum
peltatum*. Gmel. Act. Petr. 1769. p. 527. t. 17. f. 2.

Les feuilles de cette plante sont arrondies, cordiformes,
très-entières, et flottent sur l'eau comme celles des nénuphars;
ses fleurs nagent également sur la superficie de l'eau; elles
sont attachées chacune à de courts pédoncules qui, par leur
réunion en un point commun, forment une espèce d'ombelle;
la corolle est jaune et ciliée en ses bords. Cette plante croît
dans les étangs et les fossés aquatiques. On la trouve dans
presque tout le nord de la France; elle est assez commune aux
environs de Paris. On la retrouve dans le bas Poitou (Guett.);
les rives de la Sarthe (Ren.); les bords de l'Erdre et la prairie
de Mauve près Nantes (Bon.); dans le canal d'Orléans près
Checy (Dub.); en Lorraine au-dessus de Frouard et de Cham-
pigneule (Buch.); en Alsace (Stoltz.); près Lauteren et Worms
(Poll.); aux environs de Citeaux (Dur.); de Lyon (Latour.);

dans le Morvand (Trouf.) ; à Lattes près Montpellier (Gou.) ;
dans les lacs de Candie, Vivrone et Saint-Michel en Piémont
(All.). Elle manque dans toute la chaîne des Alpes, en Suisse,
en Savoie, en Dauphiné, en Provence.

CDXLIII. CHLORE.　　*CHLORA.*

Chlora. Adans. Linn. Juss. Lam. — *Gentianæ sp.* Linn. —
Blackstonia. Huds.

CAR. Le calice est à huit parties ; la corolle a le tube court,
le limbe à huit parties ; les étamines sont au nombre de huit,
insérées à l'entrée du tube ; le stigmate est à quatre lobes ; la
capsule est à une loge, et les graines sont disposées sur deux
rangées longitudinales, insérées aux bords épaissis des valves.

2759. Chlore enfilée.　　*Chlora perfoliata.*

Chlora perfoliata. Linn. Mant. 10. Lam. Illustr. t. 296. f. 1.
— *Gentiana perfoliata.* Linn. spec. 335. — *Blackstonia per-*
foliata. Huds. Angl. 1. p. 146. — Cam. Epit. 427. ic.

β. *Minor.*

Cette plante a beaucoup de rapport avec les gentianes ; sa
tige est droite, cylindrique, rameuse vers son sommet, et
s'élève un peu au-delà de 3 décim. ; ses feuilles sont ovales,
pointues, embrassantes, opposées, réunies par leurs bases, très-
lisses, blanchâtres ou d'une couleur glauque ; les paires sont écartées les unes des autres ; ses fleurs sont jaunes et terminales ; leur
calice est découpé jusqu'à sa base en huit segmens linéaires presque aussi longs que le tube de la corolle ; la variété β s'élève
beaucoup moins ; sa tige est moins divisée, et ne porte quelquefois
qu'une ou deux fleurs. On trouve cette plante sur les collines
sèches et arides. Sa variété croît en Provence. ⊙.

CDXLIV. SWERTIE.　　*SWERTIA.*

Swertia. Linn. Juss. Lam. — *Gentianæ sp.* Tourn. Hall. Lam.
All.

CAR. La corolle est en roue, à cinq découpures lancéolées,
munies chacune à leur base intérieure, de deux glandes ciliées ; les étamines sont au nombre de cinq ; la capsule est à
une loge ; les graines sont disposées sur deux rangées longitudinales, insérées aux bords épaissis des valves.

2760. Swertie vivace.   *Swertia perennis.*

Swertia perennis. Linn. spec. 328. Jacq. Austr. t. 243. — Gentiana paniculata. Lam. Fl. fr. 2. p. 290. — *Gentiana palustris.* All. Ped. n. 367. — Clus. Hist. 1. p. 316. f. 2.

Sa tige est très-droite et s'élève de 3-5 décimètres; ses feuilles sont lisses, nerveuses et lancéolées; les inférieures sont un peu ovales, et se rétrécissent en pétiole à leur base; toutes les autres sont sessiles, plus étroites et pointues : les fleurs sont petites, pédonculées et disposées en une espèce d'épi terminal, rameux et paniculé à sa base; les divisions de la corolle sont lancéolées, chargées chacune vers leur naissance, de deux points noirâtres et un peu saillans. ♃. Cette plante croît dans les lieux tourbeux des montagnes; dans le Jura, près du lac de Joux; dans les Alpes à la vallée de Saanen; au Champsaur, au Lauteren, à Gondran et Huberno (Vill.); au mont Cenis, à Ormea et au lac de la Maddalène en Piémont (All.); à Notre-Dame de Charmée en Savoie (All.); dans la vallée de Barcelonette en Provence (Gér.); au marais de la Croix Morant sur le Mont-d'Or (Delarb.).

CDXLV. GENTIANE.   *GENTIANA.*

Gentiana. Frœl. Wild. — *Gentianæ sp.* Linn. Juss. Lam. — *Gentiana, Pneumonanthe et Hippion.* Schmidt. — *Asterias, Coilantha, Dasystephana, Ciminalis, Ericoila, Eyrythalia, Gentiana et Gentianella.* Borckh. — *Gentiana, Dasystephana, Sabatia, Tretorhiza et Ciminalis.* Adans.

Cᴀʀ. Le calice est ordinairement à cinq lobes; la corolle est persistante, en roue, en tube, en cloche ou en entonnoir, à quatre, cinq ou six divisions, entre chacune desquelles se trouve quelquefois un appendice simple ou divisé; les étamines sont insérées sur le tube de la corolle et ont des anthères libres ou soudées en tube; l'ovaire est surmonté de deux stigmates; la capsule est à une loge, à deux valves.

Première section. Cᴏᴇʟᴀɴᴛʜᴇ.   *COILANTHE* (Frœl.).

Corolle en roue ou en cloche, à quatre à neuf divisions, à gorge nue et à limbe non cilié.

2761. Gentiane jaune.   *Gentiana lutea.*

Gentiana lutea. Linn. spec. 329. Frœl. Gent. n. 1. Lam. Dict. 2. p. 635. Illustr. t. 109. f. 1. Mill. ic. t. 139. — *Asterias lutea.*

Borckh. Rœm. Arch. 1. p. 25.—*Gentiana asterias*. Reneaulm.
spec. t. 63. — Lob. ic. t. 308. f. 2.
ß. *Pallidiore et minore flore.* —Barr. ic. t. 63.
γ. *Uniflora.*

Cette espèce est une des plus grandes de son genre ; sa tige
est droite, cylindrique, simple, et s'élève jusqu'à 6-9 décim.;
ses feuilles sont ovales, larges, très-lisses et nerveuses presque
comme celles du vératre ; elles sont embrassantes ; mais les
inférieures sont un peu rétrécies en pétiole à leur base ; les fleurs
sont nombreuses et verticillées autour de la tige dans les aisselles
supérieures ; leur calice est membraneux , déjeté d'un seul
côté ; leur corolle est jaune, en forme de roue, profondément découpée en cinq à huit segmens alongés et pointus. ♃.
Cette plante croît dans les pâturages secs des montagnes ; elle ne
s'élève pas dans les Alpes au-dessus de 1800 mètres d'élévation
absolue ; on la trouve beaucoup plus fréquemment dans les montagnes calcaires que dans les sols granitiques : on la distingue
de loin dans les prairies, parce que les bestiaux ne la broutent
point ; sa racine est amère, tonique, stomachique et fébrifuge ;
ses feuilles servent dans les environs de Genève, à transpor-
ter des fromages appelés *ceracées*. La variété ß ne diffère
de la précédente que par sa fleur plus pâle et plus petite ; la
variété γ est une plante rabougrie qui ne porte qu'une seule fleur
terminale : j'en possède un échantillon recueilli sur le mont
Salève.

2762. Gentiane bâtarde. *Gentiana hybrida.*

Gentiana hybrida. Schleich. in herb. Desf.

Cette espèce offre le chaînon qui reunit la gentiane jaune avec
les autres espèces de ce genre : elle lui ressemble par la structure de son calice qui est membraneux, déjeté d'un seul côté ;
elle s'en approche encore par sa corolle, qui est fendue au-delà
du milieu de sa longueur ; mais elle se rapproche de la gentiane
de Hongrie, par ses corolles d'un jaune rougeâtre, par ses feuilles
plus étroites et plus pointues, et par ses fleurs disposées en verticilles sessiles et non pédicellés. Elle croît dans les Alpes voisines du Valais, où elle a été découverte par MM. Thomas et
Schleicher. ♃.

2763. Gentiane purpurine. *Gentiana purpurea.*

Gentiana purpurea. Linn. spec. 227. Frœl. Gent. n. 2. Lam.
 Dict. 2. p. 636. — *Gentiana punctata.* Vill. Dauph. 2. p. 522.
 — Cam. Epit. 416. malè.
β. *Corollis roseis.* — Hall. Helv. n. 639.
γ. *Corollis impunctatis.* — Frœl. Gent. n. 2.
δ. *Flore albo.*

Une racine épaisse, ligneuse, horizontale, pousse une tige
droite, qui s'élève à 3-4 décim.; les feuilles inférieures sont
ovales, pétiolées; celles du milieu sont sessiles, lancéolées;
celles qui entourent le verticille supérieur sont un peu plus
courtes que les fleurs; toutes ont cinq nervures assez prononcées:
les fleurs forment le plus souvent deux verticilles, dont celui du
sommet est le plus garni; elles sont grandes, en forme de
cloche, à six lobes arrondis, longues de 4-5 centim., jaunâtres
en dehors, d'un pourpre foncé à la partie intérieure du limbe,
souvent ponctuées en dedans. La variété β, indiquée par Haller,
a la fleur rose; la variété γ, que j'ai vue mélangée avec la
première, a la fleur pourpre, sans aucune ponctuation; la variété δ a la fleur blanche; dans toutes, le calice est en forme de
spathe membraneuse, fendu d'un côté, déjeté de l'autre, souvent échancré au sommet, égal à la moitié de la longueur de la
corolle. ♃. Cette belle plante croît dans les hautes montagnes des
Pyrénées; les Alpes du Dauphiné (Vill.); du Piémont (All.); de
la Savoie : je l'ai recueillie sur le mont Brevent, en allant de
Villy à Chamouny. La variété blanche a été trouvée par mon
frère dans les Alpes de Savoie, sur le col de Balme.

2764. Gentiane de Hongrie. *Gentiana Pannonica.*

Gentiana Pannonica. Jacq. Austr. t. 136. Frœl. Gent. n. 3. —
 Gentiana purpurea. Linn. Syst. p. 637. excl. syn. — *Pneumonanthe pannonica.* Schmidt. Rœm. Arch. 1. p. 10. — *Gentiana punctata.* Jacq. Obs. 2. t. 39. — Barr. t. 64.
β. *Foliis prælongis.* Frœl. Gent. n. 3. var. δ.

Cette espèce diffère de la précédente par sa fleur jaunâtre
même sur son limbe, et plus fréquemment tachée; par son
calice en forme de cloche, à six lobes droits, foliacés, grèles,
séparés par un sinus large et arrondi, et dont la longueur dépasse celle du tube du calice. La variété β se distingue à ses
feuilles longues et étroites, même dans le bas de la tige. ♃.
Cette gentiane croît dans les hautes montagnes des Pyrénées
(Frœl.); des Alpes voisines du Valais; à Chamouny et à Pra-
lognan, au-dessus de Moutiers (Bell.); près le lac Combat.

2765. Gentiane ponctuée.   *Gentiana punctata.*

Gentiana punctata. Linn. spec. 329. Frœl. Gent. n. 4. Lam.
Dict. 2. p. 636. Jacq. Austr. t. 28. — *Gentiana purpurea.* Vill.
Dauph. 2. p. 523. — Barr. t. 69.

Cette espèce touche de près à la précédente par son port,
par ses fleurs jaunâtres très-abondamment tachetées de points
noirs, et divisées en six lobes obtus ; mais elle en diffère par
sa corolle plus campanulée et dont la longueur ne dépasse guère
2 centim., et sur-tout par son calice très-court, à six lobes
inégaux, irréguliers, plus courts que le tube du calice ; les
ponctuations de sa corolle n'affectent aucun ordre déterminé ;
l'ovaire est sessile et non porté sur un court pédicelle comme
dans les deux espèces précédentes. ♃. Elle croît dans les Pyrénées (Ram.); dans les Alpes du Dauphiné (Vill.); du Piémont
(All.); de la Savoie; aux environs du Valais.

2766. Gentiane à deux lobes.   *Gentiana biloba.*

Cette plante ressemble absolument par son port aux trois
espèces précédentes ; elle se rapproche en particulier, par la
couleur, la grandeur de sa corolle, de la gentiane ponctuée ;
mais elle en diffère, 1°. par ses feuilles florales, deux fois plus
longues que les fleurs, même dans le verticille supérieur; 2°. sur-
tout par son calice membraneux, divisé en deux lobes obtus,
entiers et égaux : sa corolle est à six ou sept divisions. ♃. Cette
plante m'a été communiquée par M. Clarion, qui l'a découverte
dans les montagnes de Seyne en Provence.

2767. Gentiane croisette.   *Gentiana cruciata.*

Gentiana cruciata. Linn. spec. 334. Jacq. Austr. t. 372. Lam.
Dict. 2. p. 644. Frœl. Gent. n. 6. — *Hippion cruciatum.*
Schmidt. Rœm. Arch. 1. p. 11. — *Ericoila cruciata.* Borckh.
Rœm. Arch. 1. p. 27. — Clus. Hist. 1. p. 313. f. 1.

Sa tige est haute d'environ 2 décim., cylindrique, rougeâtre, très-garnie de feuilles, et ordinairement un peu couchée à sa base; ses feuilles sont lancéolées, vertes, glabres,
un peu nerveuses, et chaque paire forme, en se réunissant,
une gaine lâche qui enveloppe la tige de distance en distance ; les
fleurs sont bleues, tubulées, légèrement campanulées, à quatre
divisions, presque sessiles et disposées par verticilles au sommet
de la tige; le verticille terminal est le plus considérable, et
l'inférieur n'est souvent composé que de deux fleurs opposées.
Ou trouve cette plante dans les pâturages secs et montagneux. ♃.

2768. Gentiane asclépiade. *Gentiana asclepiadea.*

Gentiana asclepiadea. Linn. spec. 329. Lam. Illustr. t. 109.
f. 3. Frœl. Gent. n. 17. Jacq. Austr. t. 318. — *Pneumonanthe asclepiadea.* Schmidt. Rœm. Arch. 1. p. 10. — *Dasystephana asclepiadea.* Borckh. Rœm. Arch. 1. p. 26. — Clus.
Hist. 1. p. 312. f. 2.

Sa tige est simple et s'élève à 2-3 décim. ; ses feuilles sont
sessiles, légèrement embrassantes, lisses, nerveuses, assez larges,
lancéolées, et ne ressemblent pas mal à celles de l'asclépiade ;
les fleurs sont grandes, de couleur bleue, ordinairement solitaires dans les aisselles supérieures des feuilles, mais quelquefois elles sont portées deux ou trois de chaque côté sur un
pédoncule commun fort court ; leur calice est pentagone et un
peu plus court que le tube de la corolle. ♃. Cette plante croît
dans les montagnes du Piémont, de la Savoie, du Dauphiné,
de la Provence (Gér.) ; à Villemagne-Lamalou et l'Esperou,
près Montpellier (Gou.).

2769. Gentiane pneumo- *Gentiana pneumonanthe.*　　nanthe.

Gentiana pneumonanthe. Linn. spec. 330. Lam. Illustr. t. 109.
f. 2. Frœl. Gent. n. 15. Fl. dan. t. 269. — *Gentiana lineari-
folia.* Lam. Fl. fr. 2. p. 298. — *Pneumonanthe vulgaris.*
Schmidt. Rœm. Arch. 1. p. 10. — *Ciminalis pneumonanthe.*
Borckh. Rœm. Arch. 1. p. 26. — Clus. Hist. 1. p. 313. f. 2.

Sa tige est droite, grèle, rougeâtre, presque toujours
simple, et s'élève un peu au-delà de 3 décim.; ses feuilles
sont opposées, un peu réunies par la base, longues de plus de
5 centim., larges de 5 millim., légèrement obtuses à leur extrémité, et bien décidément linéaires ; les fleurs sont en petit
nombre au sommet de la tige et dans les aisselles supérieures
des feuilles ; elles sont en forme de cloche, d'une couleur bleue
superbe, et elles ont leurs étamines réunies en un faisceau autour de l'ovaire. On trouve cette plante dans les lieux humides
et marécageux. ♃.

2770. Gentiane à tige courte. *Gentiana acaulis.*

Gentiana acaulis. Linn. spec. 330. Jacq. Austr. t. 135. Frœl.
Gent. n. 22. — *Gentiana grandiflora.* Lam. Fl. fr. 2. p. 333.
— *Pneumonanthe acaulis.* Schmidt. Rœm. Arch. 1. p. 10. —
Ciminalis acaulis. Borckh. Rœm. Arch. 1. p. 26. — *Ciminalis
longiflora.* Mœnch. Meth. 514. — Barr. t. 47 et 105.

β. *Gentiana angustifolia.* Vill. Dauph. 2. p. 526. — *Pneumonanthe angustifolia.* Schmidt. Rœm. Arch. 1. p. 14. — Barr.
t. 110. f. 1. — Lob. ic. t. 310. f. 1.

γ. *Gentiana Alpina.* Vill. Dauph. 2. p. 526. t. 10.

δ. *Gentiana caulescens.* Lam. Dict. 2. p. 638. — Barr. t. 106.

ε. *Flore albo.*

ζ. *Flore pleno.*

La racine de cette plante est ligneuse et pousse une ou deux
tiges qui n'ont souvent pas 3 centimètres de hauteur ; les
feuilles de la base sont larges , ovales-lancéolées, lisses, marquées de trois nervures et couchées sur la terre où elles
forment une rosette; celles qui garnissent la tige sont plus
étroites et disposées par paires opposées en croix : la fleur est
fort grande , en forme de cloche , d'un très-beau bleu , ponctuée
intérieurement et solitaire sur sa tige. La variété β se distingue à ses feuilles plus longues, plus étroites et plus pointues;
la variété γ a les feuilles arrondies, assez courtes, et la fleur
plus petite; dans la variété δ, la tige s'alonge jusqu'à 8-9
centim., et porte trois à quatre paires de feuilles. M. Ramond
a observé une quatrième variété à fleur blanche , au Pic du
midi , et une cinquième à fleur double, dans les Pyrénées.
Cette gentiane est commune dans les prairies des Alpes du
Jura , des Pyrénées , à la hauteur de 1500 à 2400 mètres. ♃.
Lorsqu'elle croît dans des prairies fortement en pente, son
pédoncule se courbe du côté du bas de la pente , de manière
que la fleur est perpendiculaire au sol sur lequel elle a crû.

Seconde section. CALATHIE.   *CALATHIA* (Frœl.).

*Corolle en entonnoir, à gorge nue, à limbe non cilié, à
cinq ou dix divisions.*

2771. Gentiane printannière.   *Gentiana verna.*

Gentiana verna. Linn. spec. 331. Lam. Dict. 2. p. 639. Frœl.
Gent. n. 25. — *Gentiana serrata ,* ε. Lam. Fl. fr. 2. p. 294. —
Gentiana terglovensis. Hacq. Pl. Carn. p. 9. t. 2. f. 3. —
Barr. t. 98 et 109. f. 1.

β. *Gentiana Bavarica.* Jacq. Obs. 3. p. 19. t. 71. — Barr. t. 109.
f. 2

γ. *Gentiana elongata.* Jacq. Coll. 2. p. 88. t. 17. f. 3.

δ. *Gentiana pumila.* Jacq. Obs. 2. p. 29. t. 49.

La racine de cette plante produit deux ou trois tiges un peu couchées à leur base, hautes à peine de 6 centim., toujours simples et uniflores ; ses feuilles sont ovales, lancéolées, petites, assez ramassées à la base de la plante, mais formant deux ou trois paires un peu distantes sur chaque tige : la corolle des fleurs est remarquable par un tube grèle, cylindrique, et dont la longueur surpasse souvent celle de la tige ; son limbe est d'un beau bleu, découpé en cinq segmens étroits, pointus, dont les bords sont dentés, crénelés et comme rongés, et qui sont séparés par de petits appendices pointus et bifurqués. La var. *β* a les bords de la corolle fortement dentelés ; la variété *γ* a la tige simple, droite et alongée ; cette tige est courte, uniflore et munie de feuilles lancéolées-linéaires, dans la variété *δ* : on pourroit citer une foule de variétés de cette plante. Elle croît dans les montagnes des Alpes, du Jura, des monts d'Or, des Pyrénées, et orne leurs pâturages, au premier printemps, par l'éclatant azur de ses fleurs. ♃.

2772. Gentiane de Bavière.　*Gentiana Bavarica.*

Gentiana Bavarica. Linn. spec. 331. Frœl. Gent. n. 27. — *Gentiana serpillifolia.* Lam. Dict. 2. p. 640. — *Hippion Bavaricum.* Schmidt. Rœm. Arch. 1. p. 17. t. 5. f. 12. A. B. C. — Barr. ic. t. 101. f. sup.

β. Flore albo. Frœl. Gent. n. 27. var. 1.

Cette plante diffère de la précédente par ses feuilles plus ovales, toujours obtuses, dont les radicales sont serrées, embriquées, tandis que celles qui naissent sur les tiges sont écartées et plus petites : elle lui ressemble d'ailleurs par le port, la couleur et la structure de la fleur, et n'en est peut-être qu'une variété. Elle croît dans les hautes Alpes de la Savoie, du Piémont, du Dauphiné. ♃.

2773. Gentiane perce-neige.　*Gentiana nivalis.*

Gentiana nivalis. Linn. spec. 332. Frœl. Gent. n. 32. Lam. Dict. 2. p. 640. — *Ericoila nivalis.* Borckh. Rœm. Arch. 1. p. 27. — Hall. Helv. n. 647. t. 17. f. 5.

β. Caule unifloro. — *Hippion nivale.* Schmidt. Rœm. Arch. 1. p. 20. t. 3. f. 6. — Barr. t. 103. f. 2.

Cette plante ne s'élève jamais au-delà de 8-9 centim., et quelquefois n'en atteint pas trois ; sa tige est simple et uniflore dans la variété *β* ; divisée dès sa base, dans la variété *α*, en plusieurs rameaux grèles, alternes, terminés chacun par une

fleur ;

fleur; ses feuilles sont ovales dans le bas de la plante, lancéolées le long des rameaux, beaucoup plus courtes que les entre-
nœuds : les fleurs sont longues, en forme d'entonnoir, à tube
pâle, cylindrique ; à limbe d'un bleu vif, divisé en cinq lanières
pointues, longues de 4 millim. : le calice est tubuleux, à cinq
lobes droits et pointus, marqué de cinq lignes brunes longitudinales. ⊙. Elle croit sur les pentes de gazons, auprès des
neiges permanentes ; elle a été trouvée dans les Pyrénées ; dans
les Alpes, au col Ferret en Savoie par mon frère ; à Bure en
Dauphiné, par M. Villars ; au mont Cenis, à la Vanoise, aux
environs de Chaumont, etc. en Piémont (All.); au mont d'Or
près le lac de Paven (Delarb.); en Bourgogne (Dur.); à Fontainebleau (Thuil.).

2774. Gentiane à calice enflé. *Gentiana utriculosa.*

>*Gentiana utriculosa.* Linn. spec. 332. Frœl. Gent. n. 26. Lam.
>Dict. 2. p. 640. — *Hippion utriculosum.* Schmidt. Rœm. Arch.
>1. p. 11. — *Ericoila utriculosa.* Borchk. Rœm. Arch. 1. p. 27.
>— Barr. ic. t. 48 et 122. f. 2.
>β. *Flore albo.* Hall. Helv. n. 656.

Sa tige est haute de 12-15 centim., droite et un peu branchue ; ses feuilles sont ovales-lancéolées, assez petites ; les radicales, un peu ramassées, forment une rosette à la base de la
tige : les fleurs sont solitaires au sommet de chaque petit rameau ; leur corolle est longue, étroite, verdâtre en dehors,
d'un beau bleu en dedans, et son tube est enfermé en grande
partie dans un calice lâche, enflé, plissé et comme ailé. ⊙.
On trouve cette plante dans les prés humides et montueux ;
dans les Alpes du Piémont, au mont Cenis, près Notre-Dame
des Fenêtres, dans la vallée d'Exiles sur les crevasses, au
grand Saint-Bernard, au Col de Cognes, à Grassoney, Chamouny et la Vanoise (All.); dans le Jura à Valanvron et sur le
Chasseralle ; en Alsace près Colmar et Strasbourg. La variété
β, qui a la fleur blanche, a été trouvée dans le Jura, au-dessus
des Plans (Hall.).

2775. Gentiane des Pyrénées. *Gentiana Pyrenaica.*

>*Gentiana Pyrenaica.* Linn. Mant. 55. Gou. Illustr. 7. t. 2. f. 2.
>Lam. Dict. 2. p. 659. Frœl. Gent. n. 24.
>β. *Corollá duodecimfidá.*

Cette espèce a beaucoup de rapport avec la gentiane printannière, mais elle s'élève un peu plus et produit ordinairement

quelques rameaux non garnis de fleurs ; ses feuilles sont étroites et presque linéaires ; ses tiges un peu couchées inférieurement, hautes de 5 centim. à-peu-près, sont terminées chacune par une fleur bleue ou violette assez grande ; le limbe de la corolle est partagé en dix segmens alternativement grands et petits, dont les cinq plus courts sont très-obtus et crénelés, et les cinq autres un peu moins larges et entiers. Cette plante croît dans les Pyrénées ; au sommet du mont Laurenti près de l'étang (Gou.); près le château de Montlouis (Frœl.). La variété β a sa corolle à douze divisions, dont six plus petites.

Troisième section. ENDOTRICHE. *ENDOTRICHA* (Frœl.), *Eyrythalia* (Borckh.).

Entrée du tube de la corolle fermée par des appendices frangés et colorés.

2776. Gentiane d'Allemagne. *Gentiana Germanica.*

Gentiana amarella. Frœl. Gent. n. 36. Lam. Dict. 2. p. 643. non Linn. — *Gentiana amarella*, α. Lam. Fl. fr. 2. p. 292. — *Gentiana Germanica.* Wild. spec. 1. p. 1346. — *Gentiana campestris.* All. Ped. n. 354. — Barr. ic. t. 102 et 510. f. 2.

Sa tige est droite, très-rameuse, haute de 5-20 centim.; ses feuilles sont ovales-lancéolées, un peu pointues, sur-tout dans le haut de la plante, marquées par trois nervures longitudinales; les fleurs sont plus ou moins nombreuses, droites, assez grandes, terminales ou axillaires ; ces dernières sont portées sur des pédoncules plus longs que les entre-nœuds ; le calice est divisé jusqu'au milieu de sa longueur en cinq lobes lancéolés, pointus, sensiblement égaux entre eux ; la corolle est d'un bleu violet peu foncé, en forme d'entonnoir à large tube ; l'entrée de ce tube est garnie d'appendices colorés et barbus ; le limbe est à cinq lobes pointus, ovales-lancéolés. ⊙. Elle croît dans les prairies montueuses. On assure que sa corolle et son calice ont quelquefois quatre lobes, comme l'espèce suivante ; mais alors même elle se distingue à l'égalité des lobes du calice.

2777. Gentiane des champs. *Gentiana campestris.*

Gentiana campestris. Linn. spec. 334. Frœl. Gent. n. 36. Lam. Dict. 2. p. 644. Fl. dan. t. 367. — *Gentiana amarella*, β. Lam. Fl. fr. 2. p. 292. — *Gentiana amarella.* All. Ped. n. 353. — *Eyrythalia campestris.* Borckh. Rœm. Arch. 1. p. 25. — *Hippion campestre.* Schmidt. Rœm. Arch. 1. p. 11.

β. Flore albo. Vill. Dauph. 2. p. 530.

γ. Floribus quinquefidis. — *Gentiana Germanica.* Schleich. Cent. exs. n. 31.

Cette espèce ressemble à la précédente par son port et presque tous ses caractères; on la distingue à ce que ses fleurs ont presque toujours quatre divisions au lieu de cinq, et sur-tout à ce que deux des lobes de son calice sont beaucoup plus grands que les deux ou trois autres, et semblent, dans les individus desséchés, former comme un calice à deux valves; les lobes de la corolle sont toujours plus obtus dans cette espèce que dans la précédente. ☉. Elle croît de même dans les prés montueux. La variété *β* a la fleur blanche; la variété *γ* a la corolle à cinq lobes obtus, le calice à cinq lobes, dont deux plus grands.

2778. Gentiane des glaciers. *Gentiana glacialis.*

Gentiana glacialis. Vill. Dauph. 2. p. 532. Frœl. Gent. n. 38.
— *Hippion longèpedunculatum.* Schmidt. Rœm. Arch. 1. p. 21. t. 3. f. 5. — Hall. Helv. n. 652.

β. Caule unifloro. — *Gentiana nana.* All. Ped. n. 360. excl. syn.

Cette espèce se rapproche des deux précédentes par les appendices barbus qui se trouvent à l'entrée du tube de la corolle; mais elle en diffère beaucoup par le port; sa racine est très-grêle, jaunâtre; sa tige se ramifie dès sa base en plusieurs branches grêles, feuillées dans le bas, et terminées par un long pédicelle nu et uniflore; les pédicelles extérieurs sont souvent courbés du côté du pédicelle central; les feuilles sont ovales, obtuses; le calice est à quatre parties égales, lancéolées; la corolle est en entonnoir, à tube pâle, à limbe bleu, divisé en quatre segmens oblongs. ☉. Cette petite plante croît dans les hautes Alpes voisines du Valais, auprès des glaciers. La variété *β*, qui a la tige simple et uniflore, a été trouvée dans les hautes Alpes de la Savoie, au mont Rose, à la Vanoise, par M. Allioni; au mont Enzeindaz, par mon frère.

Quatrième sect. **CROSSOPETALE.** *CROSSOPETALUM* (Frœl.),
Gentianella (Borckh.).

Corolle en entonnoir à quatre lobes bordés de cils colorés.

2779. Gentiane ciliée. *Gentiana ciliata.*

Gentiana ciliata. Linn. spec. 334. Jacq. Austr. t. 113. Lam. Dict. 2. p. 644. Frœl. Gent. n. 43. — *Hippion ciliatum.* Schmidt

Rœm. Arch. 1. p. 11. — *Gentianella ciliata.* Borckh. Rœm.
Arch. 1. p. 29. — Barr. ic. t. 121.

Sa tige s'élève à la hauteur de 2 décim., plus ou moins
droite et un peu branchue ; ses feuilles sont lancéolées, étroites,
assez longues et fort redressées ; ses fleurs sont bleues; leur corolle est grande, en forme d'entonnoir, et son limbe est partagé
en quatre segmens longs, dentés et ciliés en leur bord ; le calice est presque aussi long que le tube de la corolle. ♃. On trouve
cette plante en Provence; en Alsace; aux environs de Langres ;
dans les montagnes du Jura, de l'Auvergne, des Pyrénées,
des Alpes; dans le Champsaur (Vill.); sur la Verola en Savoie,
au mont Cenis, au Saint-Bernard, à Usina, à Ussey au-
dessus de Magon, aux environs du Peré en Piémont (All.).

**** *Capsule à deux loges.***

CDXLVI. CHIRONIE.   *CHIRONIA.*

Chironia. Schmidt. Wild. — *Gentianæ sp.* Linn. Juss. Lam. —
Centaurium. Mœnch. non Borckh. — *Centaurium minus.*
Tourn. — *Erythræa.* Borckh.

Car. La corolle est en entonnoir, à cinq lobes; le pistil est
incliné ; les étamines (qui sont au nombre de cinq dans les espèces
d'Europe) sont insérées sur le tube; les anthères oblongues,
tortillées en spirale après la fécondation; la capsule est à deux
loges formées par les bords rentrans des valves.

Obs. Ce genre, qui n'est réellement distingué que par la
torsion des anthères, sera sans doute divisé ; parmi les espèces
exotiques, on en trouve qui ont dix à douze étamines, d'autres
qui ont la corolle en roue, d'autres enfin qui ont le fruit charnu ;
ces trois caractères indiquent la formation d'autant de genres
nouveaux.

2780. **Chironie centaurée.**   *Chironia centaurium.*

Chironia centaurium. Smith. Fl. brit. 1. p. 257. Woodw. Med.
Bot. t. 157. — *Chironia centaurium,* α. Wild. spec. 1. p. 1068.
— *Gentiana centaurium,* α. Linn. spec. 332.

β. *Flore albo.* Smith. loc. cit.

Cette espèce, dont tous les auteurs font mention, est beaucoup plus rare en France que la suivante; elle a une tige herbacée, droite, tétragone, rarement branchue à la base, haute
de 2-5 décim., divisée au sommet en rameaux opposés qui
forment un corimbe terminal; les feuilles sont ovales-oblongues,

marquées de trois nervures; les fleurs sont sessiles à l'aisselle des ramifications ou à leur sommet; leur calice est de moitié plus court que le tube, divisé jusqu'au milieu de sa longueur en cinq lanières étroites, pointues, droites, mais non exactement appliquées contre le tube; le limbe de la corolle est pâle en dehors, d'un rouge vif en dedans, ouvert, à cinq lobes oblongs un peu concaves. ☉. Cette plante croît dans les prés secs et pierreux. Je l'ai reçue de Montpellier, où elle a été trouvée par M. Broussonet.

2781. Chironie élégante.   *Chironia pulchella.*

> *Chironia pulchella.* Swartz. Act. Holm. 1783. p. 85. t. 3. f. 8. 9. Smith. Fl. brit. 1. p. 258.
>
> α. *Chironia centaurium.* Thuil. Fl. paris. II. 1. p. 116. — *Chironia pulchella.* Hoffm. Germ. 3. p. 111.
>
> β. *Chironia ramosissima.* Thuil. Fl. paris. II. 1. p. 116. — *Chironia Gerardi.* Schmidt. Fl. bohem. 1. n. 131. — *Chironia centaurium,* β. Wild. spec. 1. p. 1068. — *Gentiana centaurium,* β. Linn. spec. 333. — Vaill. Bot. t. 6. f. 1.
>
> γ. *Gentiana pulchella.* Linn. Illustr. n. 2221.

Cette plante offre un si grand nombre de variétés, qu'il est très-difficile de la reconnoître par le port, d'avec la précédente, mais elle s'en distingue facilement par la structure de son calice; celui-ci est presque égal à la longueur du tube de la corolle, très-exactement appliqué sur ce tube, divisé presque jusqu'à sa base en cinq lanières très-fines. La variété α a la tige presque simple, excepté au sommet où elle porte ses fleurs à-peu-près disposées en corimbe, comme la vraie chironie centaurée; elle s'élève jusqu'à 2–3 décim. : j'en ai vu une sous-variété à fleur blanche. La variété β est divisée dès sa base en un grand nombre de rameaux qui lui donnent un aspect touffu, très-différent de la précédente; elle ne s'élève guère au-delà de 1 décim. La variété γ a la tige simple ou peu rameuse, chargée de une à trois fleurs et haute de 2–5 centim. ☉. Cette plante est commune aux environs de Paris, et probablement dans toute la France; c'est elle qui, dans nos pharmacies, porte le nom de *petite centaurée.* Il est impossible de déterminer exactement la synonymie des anciens auteurs entre cette espèce et la précédente. La variété α croît dans les buissons et le bord des bois; les variétés β et γ dans les prés humides et dans les marais. Elle fleurit en été.

2782. Chironie maritime.   *Chironia maritima.*

Chironia maritima. Wild. spec. 1. p. 1069. — *Gentiana mari-*
tima. Linn. Mant. 55. Lam. Dict. 2. p. 642. Cav. ic. t. 269. f.
1. — *Gentiana pumila.* Gou. Fl. monsp. p. 35. — Barr. ic.
t. 468.
β. *Angustifolia.* — Barr. ic. t. 467.

Cette espèce a beaucoup de rapport avec la précédente,
mais sa tige ne s'élève que jusqu'à 15 ou 18 centim. ; elle est
un peu fourchue et paniculée vers son sommet, et soutient des
fleurs jaunes en petite quantité; ses feuilles n'ont qu'une seule
nervure; elles sont lisses, lancéolées et simplement opposées,
sans être réunies par leurs bases. La variété α a les feuilles presque ovales; dans la variété β, elles sont lancéolées, de moitié
plus étroites; les divisions de la corolle sont étroites et pointues; l'ovaire porte deux styles (Linn.). ☉. Cette plante croît dans
les prairies maritimes des provinces méridionales; en Provence
(Gér.); à Perauls près Montpellier, dans la forêt nommée
Lou bos de la Tour (Gou.); au pré salé sur les bords du bassin
d'Arcachon (Thor.); aux environs de Bayonne.

2783. Chironie en épi.   *Chironia spicata.*

Chironia spicata. Wild. spec. 1. p. 1069. — *Gentiana spicata.*
Linn. spec. 333. Lam. Dict. 2. p. 641. — Barr. ic. t. 1242.
β. *Flore albo.* — Matth. Comm. p. 488. f. 2. — C. Bauh. Prodr.
110. ic.

Sa tige est herbacée, peu rameuse, souvent bifurquée au
sommet, tétragone, haute de 2–3 décim.; ses feuilles sont
oblongues ou lancéolées, à trois nervures; les fleurs sont sessiles, alternes, disposées le long des rameaux, en longs épis
grêles et peu garnis; le calice est à cinq lobes très-profonds
et à-peu-près de la longueur du tube; la corolle est en entonnoir, de couleur rose ou blanche, à cinq lobes étroits et pointus. ☉. Cette plante croît dans les prairies humides, à Penairols
près Montauban (Gat.); à Perauls, l'Esperou et sur les bords
de la mer près Montpellier (Gou. Magn.); à la Garigue de
la Colombière (Sauv.); en Provence (Gér.); aux environs
de Nice (All.).

CDXLVII. EXACUM.   *EXACUM.*

Exacum. Wild. — *Gentianæ sp.* Linn. Lam.

CAR. Ce genre diffère des chironies parce qu'il a quatre
étamines, un calice à quatre divisions et une corolle à quatre
lobes, et que les anthères ne se tortillent pas en spirale après
la fécondation.

2784. Exacum filiforme.   *Exacum filiforme.*

Exacum filiforme. Wild. spec. 1. p. 638.— *Gentiana filiformis.*
Linn. spec. 335. Fl. dan. t. 324. Lam. Dict. 2. p. 645. —
Hippion filiforme. Schmidt. Rœm. Arch. 1. p. 11. — Vaill.
Bot. t. 6. f. 3.

Sa tige est haute de 6-9 centim., très-déliée, et surpasse à
peine l'épaisseur d'un fil ordinaire; elle est simple ou divisée
en rameaux capillaires et souvent fourchus : ses feuilles sont très-
petites, étroites, pointues, opposées et quelquefois quaternées
au nœud inférieur; les fleurs sont petites, d'un jaune pâle et
solitaires au sommet de chaque rameau. On trouve cette plante
dans les lieux humides et exposés au soleil, sur le bord des
étangs; aux environs d'Anvers, de Maldegem, entre Bruges et
Gand, à Cherscamp, à Tuschenbeck près Alost (Rouç.); à Va-
rengeville (Bouch.); à Meudon, Jouy, Fontainebleau; dans la
Sologne et la forêt d'Orléans (Dub.); en Auvergne sur le chemin de Gannata-Ebreuil, au-dessous des bois de la Chartreuse
et de la Fauconière (Delarb.); en Bresse (Latourr.); à Cap de
Ville et Belle-plaine près Montauban (Gat.); à Gramont et
Perauls près Montpellier (Gou.); aux environs de Dax (Thor.);
dans les Pyrénées; à l'étang des Rablais près Alençon (Ren.);
à Guerrande et Piriac près Nantes (Bon.).

2785. Exacum nain.   *Exacum pusillum.*

Gentiana pusilla. Lam. Dict. 2. p. 645. — *Chironia inaperta.*
Wild. spec. 1. p. 1069. — *Chironia Vaillantii.* Schmidt.
Bohem. 1. p. 132.— *Chironia minima.* Thuil. Fl. paris. II. 1.
p. 116.— Vaill. Bot. 32. t. 6. f. 2. — Guett. Etamp. 2. p. 304.
n. 6.

Cette petite plante ne s'élève pas au-delà de 8-9 centim.,
et se divise dès sa base en rameaux grêles plusieurs fois bifurqués; ses feuilles sont linéaires, oblongues, peu nombreuses;
ses fleurs sont petites, d'un blanc jaunâtre, placées soit à l'aisselle des bifurcations, soit au sommet des rameaux : dans le
premier cas, elles sont pédicellées et solitaires; dans le second,

elles sont sessiles, rapprochées deux ou trois ensemble ; leur calice est à quatre divisions profondes, étroites, un peu étalées ; leur corolle est en forme d'entonnoir, et le limbe ne s'ouvre point ; les anthères sont ovales, non tordues en spirale après la fécondation. Ce dernier caractère joint au nombre des parties, détermine la place de cette plante dans le genre exacum et non dans celui des chironies, auquel la plupart des auteurs l'ont rapportée. ☉. Elle croît dans les lieux où l'eau a séjourné pendant l'hiver ; à Fontainebleau et à Saint-Léger près Paris ; dans les Landes de Jouy (Guett.) ; sur le bord des étangs de Planquine près Orléans (Dub.) ; sur les bords du lac de Grandlieu et de la rivière d'Erdre près Nantes (Bon.).

CINQUANTE ET UNIÈME FAMILLE.

APOCYNÉES.   *APOCYNEÆ.*

Apocyneæ. Juss. — *Apocynorum gen.* Adans. — *Contortæ*, **4.** Linn.

Les Apocynées sont des arbrisseaux ou des herbes vivaces, dont le suc propre est presque toujours laiteux, âcre et stimulant ; leurs tiges sont souvent tortillées en sens inverse du mouvement diurne du soleil ; leurs feuilles sont presque toujours opposées et entières, dépourvues de stipules, persistantes, rarement velues, le plus souvent dures et coriaces ; les fleurs présentent des dispositions très-diverses.

Le calice est persistant, à cinq divisions ; la corolle est caduque, régulière, souvent munie à l'entrée du tube d'appendices particuliers, divisée en cinq lobes qui se recouvrent à moitié les uns les autres avant l'épanouissement ; les étamines sont au nombre de cinq, alternes avec les lobes de la corolle et insérées à la base du tube ; les anthères se terminent souvent par un appendice grèle et pétaloïde ; l'ovaire est libre, double, posé sur un réceptacle glanduleux, surmonté d'un ou deux styles ; le fruit est composé de deux follicules uniloculaires, alongés, un peu ventrus dans le milieu, s'ouvrant par une fente longitudinale placée du côté intérieur ; les graines sont nombreuses, ordinairement planes, souvent couronnées par une houppe de poils, embriquées sur plusieurs rangs, attachées à un placenta adhérent au follicule près de son ouverture; elles offrent un périsperme charnu, un embryon droit dont la radicule est supérieure.

** Graines non couronnées par une houppe de poils.*

CDXLVIII. PERVENCHE.   *VINCA.*

Vinca. Linn. Juss. Lam. Gœrtn. — *Pervinca.* Tourn. Lam. Scop. All.

CAR. Les pervenches se distinguent de toutes les Apocynées d'Europe, par leurs graines non couronnées de poils; leur calice est à cinq parties; leur corolle en soucoupe, a le tube dilaté au sommet et le limbe à cinq découpures obliquement tronquées; l'orifice est muni d'un rebord saillant; les cinq anthères sont rapprochées, droites, cachées dans le tube; le stigmate est en tête, garni à sa base d'un rebord annulaire.

2786. Pervenche couchée.   *Vinca minor.*

Vinca minor. Linn. spec. 304. Lam. Illustr. t. 172. f. 2. — *Pervinca minor.* Lam. Fl. fr. 2. p. 300. — Blackw. t. 70.

β. *Flore roseo.*

γ. *Flore albo.*

Ses tiges sont grêles, presque ligneuses, couchées, rampantes, mais un peu redressées lorsqu'elles fleurissent; ses feuilles sont ovales-oblongues, vertes, lisses, assez fermes, opposées et portées sur de courts pétioles; ses fleurs, solitaires, axillaires, soutenues par des pédoncules plus longs que les feuilles, sont d'une belle couleur bleue; on en trouve quelquefois de blanches, et très-rarement d'un rouge obscur. Cette plante est commune dans les bois et dans les haies, où elle fleurit de très-bonne heure. ♃. Elle est un peu vulnéraire, astringente et fébrifuge.

2787. Pervenche à grande fleur.   *Vinca major.*

Vinca major. Linn. spec. 304. Lam. Illustr. t. 172. f. 1. — *Pervinca major.* Lam. Fl. fr. 2. p. 300. — Lob. ic. t. 636. f. 1. — Gar. Aix. t. 79.

Cette espèce a beaucoup de rapport avec la précédente; mais ses tiges sont moins couchées et ses feuilles sont plus grandes, beaucoup plus larges, presque en forme de cœur et légèrement ciliées en leur bord : les fleurs sont grandes, portées sur des pédoncules redressés, souvent plus courts que les feuilles; le calice

est presque aussi long que le tube de la corolle, et ses découpures sont très-grêles, un peu velues. On trouve cette plante
dans les bois des provinces méridionales; à Grenoble, Montfleury, Melan, Corp et Crest (Vill.); sur les collines du Piémont,
sur-tout aux environs de Nice (All.); en Provence (Gér.);
aux environs de Sorrèze; de Montpellier; de Dax (Thor.): elle
se retrouve à l'Essongère en S.-Herblain près Nantes (Bon.):
on la cultive dans les jardins du nord de la France. ♃. Elle a les
mêmes vertus que la précédente.

**** *Graines couronnées par une houppe de poils.***

CDXLIX. NÉRION.   *NERIUM.*

Nerium. Tourn. Linn. Juss. Lam. Gœrtn.

Car. La corolle est en entonnoir; son tube se dilate insensiblement, et porte à son entrée cinq appendices pétaloïdes,
découpés en deux ou plusieurs lobes : le limbe est à cinq divisions obtuses, obliques; les anthères sont droites, rapprochées, terminées par un filet coloré; le style est simple; le
stigmate est tronqué, porté sur un rebord annulaire; les graines
sont couronnées de poils.

2788. Nérion laurier-rose.   *Nerium oleander.*

Nerium oleander. Linn. spec. 305. Lam. Dict. 3. p. 456. — *Nerium lauriforme.* Lam. Fl. fr. 2. p. 299.
α. *Roseum.* — Lob. ic. t. 364. f. 2.
β. *Album.* — Lob. ic. t. 365. f. 1.

Arbrisseau de 1-2 mètres, dont la tige est droite, l'écorce
grisâtre et les rameaux longs, grêles et redressés : ses feuilles
sont opposées et souvent ternées; elles sont lancéolées, un peu
étroites, pointues, entières, glabres, de la consistance de celles
du laurier, et chargées d'une forte nervure en dessous : les fleurs
sont terminales et disposées en bouquets lâches; elles sont fort
belles, de couleur de rose ou quelquefois blanches. ♄. Cet arbrisseau, connu sous le nom de *laurier-rose*, croit en Provence, dans
les montagnes appelées les Maures, entre Hyères et Bormes,
où il a été observé par M. de Malesherbes et par Dom Fourmault (Lam.); aux environs de Nice et de Sospello (All.);
dans l'isle de Corse (Roz.). On le cultive dans les jardins
comme arbrisseau d'ornement. Ses feuilles sont purgatives,
drastiques, sternutatoires et dangereuses; son suc n'est pas
laiteux.

CDL. CYNANQUE.   *CYNANCHUM.*

Cynanchum. Linn. Juss. Lam. Gœrtn. — *Periplocæ sp.* Tourn.

CAR. La corolle est presque en roue ; son limbe est plane , à cinq divisions longues et linéaires ; le centre de la fleur est occupé par un corps cylindrique , oblong, droit et denté ; le reste de la structure diffère peu de l'asclépiade.

2789. Cynanque de Mont-   *Cynanchum Monspe-*
      pellier.   *liacum.*

Cynanchum Monspeliacum. Linn. spec. 311. Lam. Fl. fr. 2. p. 302. — Cav. ic. 1. t. 60. — Clus. Hist. 1. p. 126.

Les tiges de cette plante sont sarmenteuses , grimpantes, longues et pleines d'un suc laiteux ; les feuilles sont pétiolées, arrondies, en forme de cœur, un peu pointues et veinées : les fleurs sont blanchâtres , axillaires, portées sur des pédoncules rameux , et remarquables par les divisions de leur corolle alongées , étroites et très-ouvertes. ♃. On trouve cette plante sur le bord de la mer , dans les lieux sablonneux , aux environs de Nice (All.); en Provence près du Languedoc (Gér.) ; aux environs de Montpellier (Magn.) : elle a été retrouvée sur les côtes de La Rochelle , par M. Giraud-Bonplan. Selon Sauvages , le *cynanchum acutum* croît aussi dans les environs de Montpellier : je n'ose l'insérer ici d'après cette seule autorité , d'autant plus qu'il est douteux que cette espèce diffère réellement du cynanque de Montpellier. Le suc de cette plante est âcre , résolutif , purgatif; il ressemble à la scammonée de Syrie qui est produite par un liseron , et est souvent donné à la place de cette drogue.

CDLI. ASCLÉPIADE.   *ASCLEPIAS.*

Asclepias. Tourn. Linn. Juss. Lam. Gœrtn. Desf.

CAR. Le calice est petit, à cinq dents ; la corolle est en roue , à cinq découpures ouvertes ou réfléchies : l'intérieur de cette corolle offre , 1°. cinq cornets, du fond de chacun desquels sort une petite corne qui s'incline vers le centre de la fleur ; 2°. cinq écailles droites , situées entre les cornets et le pistil , et divisées en deux loges à leur partie supérieure ; 3°. cinq corpuscules noirs , luisans , fendus en deux parties du côté intérieur , placés devant les fentes du pistil , et émettant à leur base deux filets qui aboutissent chacun dans l'une des loges des écailles. Le pistil est composé de deux ovaires libres , d'un style court, surmonté d'un couvercle pentagone muni d'une fente sur chacun de ses côtés.

Obs. Les botanistes ne sont point d'accord entre eux sur l'usage et conséquemment sur le nom de chacune des parties de cette fleur : Linné regarde les écailles comme les étamines ; Adanson prend les cornets pour les filamens des étamines, et les écailles pour les anthères ; Jacquin pense que les anthères sont enfermées dans les loges des écailles ; Desfontaines regarde les corpuscules noirs comme les vraies anthères, et se fonde sur ce que chacun d'eux est placé sur l'une des fentes du pistil, qui lui paroissent jouer le rôle de stigmate ; Richard regarde au contraire les corpuscules noirs comme des espèces de stigmates mobiles séparés du pistil ; Lamarck considérant que les étamines de toutes les Apocynées sont alternes avec les divisions de la corolle, regarde les écailles comme les étamines, et les deux loges de leur face interne comme les anthères.

2790. Asclépiade dompte- *Asclepias vincetoxicum.* venin.

Asclepias vincetoxicum. Linn. spec. 314. Lam. Dict. 1. p. 282. Bull. Herb. t. 51. — *Asclepias alba.* Mill. Icon. t. 53. Lam. Fl. fr. 2. p. 301. — Lob. ic. t. 630. f. 1.

Sa tige est droite, simple, cylindrique et haute de 5 décim. ou quelquefois davantage ; ses feuilles sont ovales-oblongues, pointues, un peu en cœur à leur base, portées sur de courts pétioles, et vont en diminuant de grandeur vers le sommet de la plante : les fleurs, disposées par petits bouquets pédonculés, naissent dans les aisselles supérieures des feuilles et au sommet de la tige ; leur corolle est blanchâtre, un peu dure, et leur calice est extrêmement petit. On trouve cette plante dans les bois et sur les côtes pierreuses. ♃.

2791. Asclépiade noire.   *Asclepias nigra.*

Asclepias nigra. Linn. spec. 315. Lam. Dict. 1. p. 283. — Lob. ic. t. 630. f. 2. — Cam. Épit. 560. ic.

Cette espèce ressemble beaucoup à la précédente, mais ses tiges sont un peu grimpantes, ses feuilles plus étroites, moins grandes, et ses bouquets de fleurs moins garnis, soutenus par de plus courts pédoncules ; leur corolle est d'un rouge obscur et noirâtre. ♃. Cette plante croît sur les collines pierreuses aux

environs de Nice et d'Oneille (All.); en Provence (Gér.); le long
de la Durance, à Jouques, S.-Lambert, Peymian (Gar.); aux
environs de Montpellier (Cam.); au bois de la Colombière
(Magn.); à Gramont, Castelnau, Montferrier, etc. (Gou.);
en Lorraine (Buch.)?

2792. Asclépiade de Syrie. *Asclepias Syriaca.*

Asclepias Syriaca. Linn. spec. 313. Lam. Dict. 1. p. 281.
Blackw. t. 521. — *Asclepias apocynum.* Gat. Fl. montaub. 58.

Cette plante, originaire de l'Orient, et connue sous le nom
d'*apocyn à la ouate*, se distingue à la grandeur de toutes ses
parties, à ses feuilles ovales, cotonneuses en dessous; à sa tige
droite, toujours simple; à ses ombelles penchées. ♃. On la
cultive dans plusieurs jardins comme plante d'ornement: elle se
multiplie si facilement de boutures, qu'elle s'est presque naturalisée dans le midi de la France, et notamment à Chambor,
près Montauban (Gat.). Ses fibres peuvent servir à faire des
cordes; les poils qui couronnent ses graines servent dans l'Orient
à faire de la ouate.

CINQUANTE-DEUXIÈME FAMILLE.

ÉBÉNACÉES. *EBENACEÆ.*

Guyacanæ. Juss. — *Ebenaceæ.* Vent. — *Vacciniorum gen.*
Adans. — *Bicorniumgen.* Linn.

Cette famille contient des arbres ou des arbrisseaux presque
tous exotiques, et parmi lesquels on compte le véritable ébène;
leurs feuilles sont toujours simples et alternes, et sortent de
bourgeons coniques et écailleux; leurs fleurs sont en général
axillaires, quelquefois monoïques ou dioïques par avortement;
le calice est persistant, d'une seule pièce; la corolle est insérée
à la base ou au sommet du calice, monopétale, régulière, à
quatre ou cinq lobes; les étamines sont insérées sur la corolle,
quelquefois réunies par leurs filets, et souvent en nombre indéterminé : l'ovaire est simple, ordinairement libre; le style
est toujours simple, le stigmate quelquefois divisé; le fruit est
une capsule ou une baie à plusieurs loges monospermes; les

graines ont un périsperme charnu , un embryon droit, des cotylédons planes.

CDLII. PLAQUEMINIER. *DIOSPYROS.*

Diospyros. Linn. Juss. Lam. Gœrtn. — *Guyacana.* Tourn.

CAR. Le calice est en forme de godet, à quatre ou six divisions ; la corolle est en godet, à quatre ou six divisions, insérée
au fond du calice ; les étamines sont au nombre de huit à seize,
insérées à la base de la corolle , et sont quelquefois stériles ;
l'ovaire est libre, surmonté d'un style à quatre stigmates ; il
avorte quelquefois : le fruit est une baie entourée à sa base par
le calice , divisée en huit à douze loges, et contenant autant de
graines comprimées.

2793. Plaqueminier faux-lotier. *Diospyros lotus.*

Diospyros lotus. Linn. spec. 1510. Poir. Dict. 5. p. 428. Mill. ic.
t. 116. — Cam. Epit. p. 156 et 157. ic.

Arbre élevé dont les feuilles sont alternes , pétiolées , ovales-
oblongues , un peu épaisses , vertes en dessus et blanchâtres en
dessous ; elles sont terminées en pointe , et ont quelque rapport
avec celles du poirier, mais elles sont deux ou trois fois plus
grandes et très-entières : ses fleurs sont axillaires , ramassées
trois ou quatre ensemble, sessiles le long des branches , d'une couleur pourpre foncée et divisées en quatre lobes; il leur succède des
baies arrondies , de la grosseur d'une cerise , à huit loges et à
huit graines. ♄. Cet arbre croît en Languedoc (Lam.) ; à Montpellier, au labyrinthe du jardin des plantes (Gou.); dans les
bois des collines qui entourent Turin (All.). J'en ai reçu un
échantillon de M. Schleicher, qui l'a trouvé au-dessus de Lo-
carno. Les anciens botanistes lui avoient donné le nom de *lotus* ,
croyant que c'étoit le fameux lotos des anciens, qui est le
rhamnus lotus , Linn. , et celui de *guyacana* , parce qu'on lui
attribuoit des vertus semblables à celles du gayac.

CDLIII. ALIBOUFIER. *STYRAX.*

Styrax. Tourn. Linn. Juss. Lam. Gœrtn.

CAR. Le calice est en forme de godet, entier ou à cinq
dents ; la corolle est en entonnoir ; son tube est court, et son
limbe divisé en trois à sept parties ; les étamines sont au nombre
de six à seize, et leurs filamens sont un peu réunis à la base ;
l'ovaire est libre (à trois loges , Adans.), surmonté d'un style

et d'un stigmate simples ; le fruit est une drupe coriace, renfermant un noyau sphérique monosperme.

2794. Aliboufier officinal.   *Styrax officinale.*

Styrax officinale. Linn. spec. 635. Lam. Dict. 1. p. 81. — Garid.
Aix. p. 450. t. 95. — Cam. Epit. 38. ic.

Arbre très-rameux, de médiocre grandeur, dont les feuilles sor t
alternes, pétiolées, ovales, molles, vertes en dessus, blanches et
cotonneuses en dessous; ses fleurs sont blanches, assez semblables
à celles de l'oranger, et disposées quatre ou cinq ensemble par
petits bouquets aux extrémités des rameaux : les découpures de
leur corolle sont droites et profondes, et leur calice est fort
court et presque entier. Cet arbre croît dans les bois de la
Provence méridionale (Gér.); dans la forêt de Sainte-Baume
et de la Chartreuse de Montrieux (Gar.); aux environs de Nice
et sur-tout parmi les rochers maritimes de Zoet (All.). Les
Provençaux le nomment *aligoufier*. ♄. Il en découle une espèce
de résine que l'on nomme *styrax* ou *storax*, et qui est cordiale,
vulnéraire et détersive.

CINQUANTE-TROISIÈME FAMILLE.

RHODORACÉES.   *RHODORACEÆ.*

Rhododendra. Juss. — *Rhodoraceæ.* Vent. — *Vacciniorum* gen.
Adans. — *Bicornium* gen. Linn.

Les Rhodoracées sont toutes des arbrisseaux remarquables
par la beauté de leur feuillage et de leurs fleurs; leurs feuilles,
qui sortent de bourgeons coniques et écailleux, sont presque
toujours alternes. de consistance assez ferme, et ont souvent
les bords roulés en dessous dans leur jeunesse; leurs fleurs,
qui sont le plus souvent rouges ou jaunes, sont disposées en
corimbes axillaires ou terminaux.

Le calice est libre, divisé, persistant; la corolle est insérée
à sa base, divisée en quatre ou cinq lobes très-profonds; les
étamines sont en nombre égal à celui des lobes de la corolle
ou double de ce nombre, insérées sur la corolle ou à la base
du calice lorsque la corolle est presque polypétale; les anthères
s'ouvrent au sommet par deux pores; l'ovaise est libre; le style

et le stigmate simples; le fruit est une capsule à plusieurs loges,
à plusieurs valves, dont chacune forme une loge au moyen de
ses deux bords qui rentrent en dedans et s'appliquent sur l'axe
central; les graines sont nombreuses, très-petites; elles ont
un périsperme charnu, un embryon droit à cotylédons demi-
cylindriques, et à radicule presque toujours inférieure.

Les Rhodoracées n'ont de ressemblance bien prononcée qu'a-
vec les Ericacées, dont elles diffèrent sur-tout par la structure
du fruit.

CDLIV. LÉDON.   *LEDUM.*

Ledum. Linn. Juss. Lam. Gœrtn.

CAR. Le calice est très-petit, à cinq dents; la corolle divisée
jusqu'à la base en cinq pétales; les étamines sont au nombre
de cinq à dix, insérées à la base du calice; la capsule est terminée par le style qui persiste, à cinq loges, à cinq valves qui
s'ouvrent de bas en haut; les graines adhèrent à cinq placenta
filiformes qui sont soudés au sommet de l'axe central et penchés chacun dans une loge.

2795. Lédon des marais.   *Ledum palustre.*

Ledum palustre. Linn. spec. 561. Lam. Dict. 3. p. 459. — Cam.
Epit. 546. ic.

Sa tige est haute de 5 décim. ou quelquefois un peu plus;
elle est rameuse et recouverte d'une écorce brune et un peu
cendrée : les jeunes rameaux sont velus, roussâtres et garnis
de feuilles alternes, presque sessiles, oblongues, repliées sur
les côtés comme celles du romarin, vertes en dessus et chargées, dans toute leur surface inférieure, d'une espèce de coton
roux et ferrugineux; les fleurs sont pédonculées, d'une couleur blanche et disposées en ombelles sessiles. Ce sous-arbrisseau croît dans les lieux ombragés, tourbeux et humides, en
Alsace, à Passberg près Bussweiler (Mapp.). ♄

CDLV. ROSAGE.   *RHODODENDRON.*

Rhododendron. Linn. Juss. Lam. Gœrtn. — *Chamærhododen-
dros.* Tourn.

CAR. Le calice est à cinq parties; la corolle est en entonnoir;
son limbe est à cinq lobes ouverts; les étamines sont au nombre
de dix, insérées à la base de la corolle; leurs filamens sont un
peu déjetés de côté, et leurs anthères droites et oblongues; la
                                                    capsule

capsule est à cinq loges ; les graines adhèrent à un placenta
central muni de cinq crêtes saillantes dans le milieu des loges.

2796. Rosage ferrugineux.   *Rhododendron ferrugineum.*

Rhododendron ferrugineum. Linn. spec. 562. Jacq. Austr. t.
255. Lam. Fl. fr. 2. p. 319. — Lob. ic. t. 366. f. 2.
ß. *Flore albo.* Hall. Helv. n. 1015. ß.

Arbrisseau de 6-9 décim., tortu, difforme et rameux, dont
les feuilles sont ovales-oblongues, légèrement pétiolées, un peu
dures, glabres, lisses, vertes, souvent repliées en leur bord comme
celles du romarin, et très-rousses ou de couleur ferrugineuse
en dessous ; ses fleurs sont d'un beau rouge et ramassées en bouquet
aux extrémités des rameaux : leur odeur est désagréable ; leur
corolle est en entonnoir, inclinée de côté, un peu inégale, tachetée vers sa base de points ferrugineux. La variété ß, qui a
la fleur blanche, est très-rare. ♄. Cet arbrisseau, qui fait l'ornement des Alpes, est connu sous les noms de *laurier* et de
laurier-rose des Alpes ; il aime les lieux secs, pierreux et découverts des montagnes. On le trouve sur les Pyrénées et sur
toute la chaîne des Alpes ; en Provence, en Piémont, en Dauphiné, en Savoie ; il se retrouve sur les hautes sommités du
Jura. Il croît ordinairement entre 1500 et 2500 mètres d'élévation au-dessus du niveau de la mer. Je l'ai trouvé dans le
Jura, au fond du Creux du Vent, dans un lieu qui n'a pas plus
de 1000 à 1100 mètres de hauteur.

2797. Rosage hérissé.   *Rhododendron hirsutum.*

Rhododendron hirsutum. Linn. spec. 562. Jacq. Austr. t. 98. —
Clus. Hist. 1. p. 82. f. 1. — Lob. ic. t. 468. f. 1.

Cette espèce est un peu plus petite que la précédente ; elle a
les feuilles plus ovales, moins ponctuées en dessous, toutes hérissées sur les bords de longs cils épars qui se retrouvent sur les
jeunes pousses ; les corolles sont un peu plus petites et d'un
rose un peu plus pâle. ♄. Elle croît de même dans les lieux secs
des hautes montagnes, mais elle est beaucoup plus rare que la
précédente ; on la trouve dans le Jura, au sommet du mont
Thoiry près Genève (Hall.) ; et dans le fond du Valgaudemar
en Dauphiné (Vill.).

CDLVI. AZALÉE.   *AZALEA.*

Azalea. Linn. Juss. Lam. Gærtn. — *Chamærhododendri sp.*
Tourn.

CAR. Ce genre diffère du précédent parce que les fleurs
n'ont que cinq étamines insérées sous le pistil, au lieu de dix
insérées sur le bas de la corolle.

OBS. Ce genre renferme des espèces dont le port est fort
disparate : on doit peut-être séparer les azalées exotiques qui
ont la corolle en entonnoir, d'avec celles où la fleur est en cloche.

2798. Azalée couchée.   *Azalea procumbens.*

Azalea procumbens. Linn. spec. 217. Fl. lapp. t. 6. f. 2. Lam.
Illustr. t. 110. f. 1. Fl. dan. t. 9. — Clus. Hist. 1. p. 75. f. 3.

Sous-arbrisseau fort petit, dont les tiges longues de 2–5
décim., sont rameuses, noirâtres et couchées sur la terre; ses
feuilles sont petites, dures, nombreuses, opposées, ovales-lancéolées, contractées en leur bord, vertes en dessus et blanchâtres en dessous; les fleurs sont petites, de couleur de rose et
ramassées quatre ou cinq ensemble aux extrémités des rameaux;
la corolle est en cloche. ♃. Cette plante croît dans les lieux secs et
rocailleux des hautes montagnes; dans les Alpes de Provence, de
Dauphiné, de Piémont, de Savoie. Elle se trouve aussi dans les
Pyrénées, mais elle y est plus rare que dans les Alpes. M. Ramond l'a trouvée au port de Nénasque.

CDLVII. MENZIÈSE.   *MENZIESIA.*

Menziesia. Smith. Juss. — *Ericæ sp.* Linn. Lam. — *Andromedæ
sp.* Linn. — *Vaccinii sp.* Huds.

CAR. Le calice est à quatre parties; la corolle est ovoïde;
son limbe est à quatre dents ouvertes ou réfléchies; les étamines
sont au nombre de huit, insérées sur la base de la corolle; la
capsule est à quatre valves, dont les bords rentrans forment les
cloisons qui constituent quatre loges.

2799. Menzièse dabéoci.   *Menziesia dabeoci.*

Erica dabeocii. Linn. spec. 509. Lam. Dict. 1. p. 489. — *Andromeda dabæcia.* Linn. Syst. Veg. ed. 13. p. 338. — *Vaccinium cantabricum,* Huds. Angl. ed. 1. p. 143. — *Menziesia
polyfolia.* Juss. Ann. Mus. 1. p. 55. t. 4. f. A.

Ce petit arbrisseau a des tiges grêles, rameuses, droites et
hérissées de poils peu nombreux; ses feuilles sont opposées ou
ternées dans le bas de la plante, alternes dans le haut, ovales,

entières, un peu roulées en dessous sur les bords, blanches et
cotonneuses à la surface inférieure, vertes et hérissées de poils
rares à la surface supérieure ; les fleurs sont purpurines, ovoïdes,
pédonculées, pendantes, alternes, disposées en grappes simples
entremêlées de feuilles ; ces fleurs ont beaucoup de ressemblance
avec celles de la bruyère ciliée ; le calice est hérissé de poils
glanduleux. ♄. Cet élégant arbrisseau croît dans les lieux humides et spongieux, aux environs de Bayonne (Lam.). M. Ramond l'a trouvé dans les hautes Pyrénées, au-dessus des Fer-
rières près de la vallée d'Asson. Il est assez commun en Irlande,
où on le connoît sous le nom de *dabeoci*.

CINQUANTE-QUATRIÈME FAMILLE.

ÉRICACÉES.   *ERICACEÆ.*

Ericæ, Juss. — *Ricaceæ,* Vent. — *Vaccin[i]orum gen.* Adans.
Bicornium gen. Linn.

Les Éricacées sont des arbrisseaux dont le port a beaucoup
d'analogie avec celui des Rhodoracées, mais qui ont leurs feuilles
ordinairement plus petites, souvent opposées ou verticillées ;
leurs fleurs sont souvent entourées de bractées et présentent des
dispositions diverses.

Le calice est persistant, d'une seule pièce, ordinairement
libre et profondément divisé ; la corolle est monopétale, à quatre
ou cinq lobes plus ou moins profonds, insérée sur le calice ordinairement près de sa base, et le plus souvent persistante ; les
étamines sont presque toujours en nombre double de celui des
divisions de la corolle, insérées avec elle sur la base du calice
et quelquefois adhérentes à la partie inférieure de la corolle ;
les anthères sont échancrées à la base, et leurs deux lobes se
prolongent souvent sous forme de cornes ou d'appendices ; l'o-
vaire est simple, libre ou rarement adhérent ; le style et le stigmate sont simples ; le fruit est à plusieurs loges, à plusieurs
graines, quelquefois charnu et ne s'ouvrant pas en valves distinctes, plus souvent capsulaire, à quatre ou cinq valves qui
portent une cloison longitudinale, et qui sont attachées par leur
base à l'axe central ; les graines sont petites, leur périsperme est

charnu, leur embryon droit, à cotylédons demi-cylindriques ou foliacés, à radicule ordinairement inférieure.

Cette famille termine la série des monopétales à ovaire libre, et le genre des airelles, qui a l'ovaire adhérent, s'approche par-là des Campanulacées et des autres familles monopétales à ovaire adhérent.

CDLVIII. BRUYÈRE.   *ERICA.*

Erica. Salisb. — *Ericæ sp.* Tourn. Linn. Juss. Lam. Gærtn.

CAR. La corolle est persistante, en cloche ou en godet, à quatre divisions; les étamines sont au nombre de huit, et ont les anthères légèrement soudées avant la fécondation; la capsule est à quatre ou quelquefois huit valves, à quatre ou huit loges formées par des cloisons opposées au milieu de chaque valve, et qui, à l'époque de la maturité, se détachent de l'axe et restent adhérentes aux valves; les graines sont nombreuses dans chaque loge.

2800. Bruyère cendrée.   *Erica cinerea.*

Erica cinerea. Linn. spec. 501. Lam. Dict. 1. p. 482. Bull. Herb.
t. 237. — *Erica humilis.* Neck. Gallob. 182. — *Erica muta-*
bilis. Salisb. Soc. Linn. 6. p. 369. — Clus. Hist. 1. p. 43. f. 2.
β. *Flore dilutiore.* Vaill. Par. 49.
γ. *Flore albo.* Lam. Dict. 1. p. 482.

Ce sous-arbrisseau ne s'élève pas tout-à-fait jusqu'à 5 décim.; ses rameaux sont nombreux, grêles et couverts d'une écorce blanchâtre ou cendrée. Ses feuilles sont longues, étroites, vertes, glabres, disposées comme par paquets, mais ternées sur les jeunes pousses; ses fleurs sont assez grandes, d'une couleur pourpre foncée, tirant souvent sur le bleu, et quelquefois tout-à-fait blanches : elles forment de belles grappes serrées et terminales; leur corolle est ovale-oblongue; le style est un peu saillant en dehors; les anthères sont toujours renfermées. ♃.
Cette espèce croît sur les côteaux arides et sablonneux.

2801. Bruyère à quatre faces.   *Erica tetralix.*

Erica tetralix. Linn. spec. 502. Lam. Dict. 1. p. 480. Fl. dan. t.
81. — *Erica botuliformis.* Salisb. Soc. Linn. 6. p. 369.
β. *Flore albo.*

Sa tige ne s'élève guère au-delà de 5 décim.; elle pousse des rameaux très-grêles, recouverts d'une écorce rougeâtre tirant sur le noir, et souvent opposés deux ou trois ensemble; ses

feuilles sont quaternées, disposées en croix, très-ouvertes et
ciliées en leur bord ; ses fleurs sont purpurines, quelquefois
blanches, ovoïdes et ramassées cinq ou six ensemble au sommet des rameaux : leur calice est fortement hérissé de poils
blancs ; leurs étamines sont toujours renfermées dans la corolle ; le stigmate en dépasse très-rarement l'entrée. ♄. Cette espèce fleurit au commencement de l'été ; quelquefois elle refleurit
en automne. On la trouve dans les lieux humides et un peu
tourbeux.

2802. Bruyère en arbre. *Erica arborea.*

Erica arborea. Linn. spec. 502. Lam. Dict. 1. p. 479. Rudolph.
Journ. Schrad. 4. p. 228. — *Erica* I. Clus. Hist. 1. p. 41.
ic. — Lob. t. 214. f. 1.
β. *Flore carneo.*

Sa tige s'élève jusqu'à 1 ou 2 mètres , et pousse des rameaux droits, couverts d'un coton blanc très-fin ; ses feuilles
sont petites, très-étroites, nombreuses, un peu redressées,
serrées, rapprochées et ternées ; ses fleurs sont blanches, campanulées et disposées par petites grappes latérales : chacune
d'elles est portée sur un pédicelle simple, muni de deux bractées vers sa base ; la corolle est en cloche, blanche dans la
plupart des individus, un peu rougeâtre dans la variété β , assez
semblable par sa forme et sa grandeur à celle du muguet de
mai : le style est un peu saillant hors de la fleur ; les étamines
sont plus courtes que la corolle , munies à leur base de deux
appendices obtus et ciliés. ♄. Cet arbrisseau croît dans les lieux
maritimes des provinces méridionales ; dans l'isle de Corse ; à
Narbonne, Montpellier ; en Provence (Gér.) ; en Piémont, du
côté de l'état de Gênes (All.) ; dans la forêt d'Arcachon près
Dax (Thor.) ; à Leojac, Capdeville et Vignargnau près Montauban (Gat.). M. Ramond l'a trouvée en abondance dans les
Pyrénées, à la gorge de Barrèges et à la vallée de Cauterets ;
elle y fleurit au printemps : sa fleur est très-odorante.

2803. Bruyère de Corse. *Erica Corsica.*

Parmi les bruyères d'Europe, cette espèce ne peut être rapprochée que de la bruyère en arbre, mais elle en est encore
très-éloignée : sa tige est droite, glabre, divisée en rameaux
droits, serrés contre l'axe de la plante, alternes ou opposés,
blanchâtres, non hérissés comme dans la bruyère en arbre ,

mais couverts d'un duvet cotonneux, serré et visible à la loupe;
les feuilles sont verticillées quatre ou cinq ensemble, d'abord
droites, puis étalées, glabres, linéaires, marquées en dessous
d'un sillon longitudinal, planes en dessus; les fleurs forment
au sommet de la tige une tête arrondie, serrée et composée de
trente à quarante fleurs; les pédicelles sont pubescens, de la
longueur de la corolle, disposés en quatre ou cinq ombelles
rapprochées, munis de deux bractées linéaires placées près de la
fleur; la corolle est d'un pourpre vif, tubuleuse, un peu ovoïde,
longue de 8-9 millim., à quatre dents roulées en dehors;
les étamines sont un peu plus courtes que le tube; leurs anthères portent deux appendices pointus et entiers; l'ovaire est
velu; le style atteint l'entrée de la corolle et la dépasse quelquefois un peu; le stigmate est arrondi. ♄. Cette belle plante
est originaire de l'isle de Corse, où elle a été découverte par
M. Labillardière.

2804. Bruyère ciliée.　　　*Erica ciliaris.*

Erica ciliaris. Linn. spec. 503. Lam. Dict. 1. p. 484. — Clus.
　　Hist. 1. p. 46. ic.
　β. *Flore albo.* Thore. Chl. Land. p. 150.

Sous-arbrisseau dont la tige est très-rameuse et s'élève
presque jusqu'à 6 décim.; ses rameaux sont grêles, cylindriques et velus; ses feuilles sont très-petites, ovales, pointues, sessiles, vertes en dessus, blanchâtres en dessous, contractées en leurs bords, garnies de cils remarquables et disposées trois à trois; ses fleurs sont grandes, purpurines ou
un peu violettes, presque sessiles et disposées en grappes unilatérales; leur corolle est ovale, enflée dans sa partie moyenne
et rétrécie à son entrée qui est légèrement inégale; le style
déborde et fait une saillie très-sensible. ♄. Cette plante a été
observée par M. Richard, à deux lieues au-delà du Mans, sur
le chemin de Tours, à gauche dans les Landes; aux environs
de Vannes en Bretagne; en Anjou, dans les Landes de Dax et
de Bordeaux. M. Thore en indique aussi une variété à fleur
blanche. J'en possède un échantillon où les feuilles sont ternées
sur les branches et quaternées sur les troncs principaux.

2805. Bruyère à balais.　　　*Erica scoparia.*

Erica scoparia. Linn. spec. 502. Lam. Dict. 1. p. 479. — *Erica*
　　IV. Clus. Hist. 1. p. 42. ic. — Lob. ic. 2. t. 215. f. 2.
Sa tige est haute d'environ un mètre, et produit des rameaux

assez droits , un peu blanchâtres , mais très-glabres ; ses feuilles sont longues , très-étroites , vertes et disposées trois à trois ; ses fleurs sont petites , d'un verd blanchâtre ou jaunâtre , et sont comme éparses ou légèrement verticillées ; leur corolle est en forme de cloche , dépassée par le style qui se termine par un large stigmate en forme de bouclier orbiculaire ; les étamines sont cachées dans la corolle ; les anthères sont fourchues au sommet , mais m'ont paru nues à la base et non prolongées en cornes dentelées , comme le disent tous les auteurs. Auroit-on confondu deux plantes sous le nom d'*erica scoparia ?* Je n'ai point vu le fruit qui , selon Salisbury , est une drupe à trois loges et à trois graines : ce caractère , joint à la forme du stigmate , a engagé cet auteur à séparer cette espèce des autres bruyères , sous le nom générique de *salaxis.* ♭. Cet arbrisseau croit dans presque toute la France , et sur-tout dans le midi ; il habite les lieux stériles et incultes. On l'emploie pour faire des balais : on le nomme *lou bruc* à Montpellier.

2806. Bruyère vagabonde.　　*Erica vagans.*

Erica vagans. Linn. Mant. 230. Desf. Atl. 1. p. 329. — *Erica vaga.* Sal. Soc. Linn. 6. p. 329. — *Erica purpurascens.* Lam. Dict. 1. p. 488.

Cette espèce a une tige tortue , rabougrie , et ne s'élève guère qu'à 6-8 décim. ; ses rameaux sont raboteux à cause des cicatrices proéminentes des feuilles et des pédoncules ; les feuilles sont verticillées quatre ou cinq ensemble , linéaires , obtuses , planes ou concaves en dessus , convexes et marquées en dessous par un sillon longitudinal ; les fleurs naissent aux aisselles des feuilles , portées sur des pédicelles grèles , simples , munis vers leur base de trois petites bractées verticillées ; la corolle est cylindrique , de couleur rose ; les anthères sont saillantes , longues de près de 2 millim. , et s'ouvrent au sommet par deux pores latéraux ; le style est plus long que les anthères. ♭. Elle croit aux environs de Toulouse (Linn.) ; de Narbonne ; d'Agen ; dans les Landes à la tête de Busch près Brangue-Couraou (Thor.) ; dans les Pyrénées.

2807. Bruyère à fleurs herbacées. *Erica herbacea.*

Erica herbacea. Linn. Syst. 301. Lam. Dict. 1. p. 488. — *Erica* VIII. Clus. Hist. 1. p. 44. ic. — Hall. Helv. n. 1013.

β. *Erica carnea.* Linn. spec. 504. Jacq. Austr. t. 32. — *Erica* IX. Clus. Hist. 1. p. 44. ic.

Sa tige est ligneuse , couchée ; elle pousse des rameaux

redressés , glabres , grisâtres , qui ne s'élèvent pas au-delà de
2 déc. ; ses feuilles sont glabres , linéaires , verticillées quatre à
quatre ; ses fleurs naissent pédicellées aux aisselles des feuilles
supérieures , et se dirigent ordinairement du côté extérieur de la
branche qui les porte ; elles paroissent en automne et n'offrent
alors qu'un calice à quatre folioles vertes et lancéolées. C'est à
cette époque que, la considérant comme une espèce particulière, on l'avoit nommée *bruyère herbacée*. Au printemps la
corolle s'alonge, dépasse le calice , se colore en rose , et alors
on l'avoit nommée *bruyère carnée*. Cette corolle est en forme
de cloche alongée ; les étamines et le style sont saillans. ♄.
Cette plante croît dans les lieux stériles des basses Alpes , en
Savoie (Lob.) ; en Piémont , au-dessus de Tende et dans la
vallée de Macre (All.).

CDLIX. CALLUNE.   *CALLUNA.*

Calluna. Salisb. — *Ericæ* sp. Tourn. Linn. Juss. Lam. Gærtn.

Car. Ce genre diffère des vraies bruyères parce que la fleur
est munie d'un double calice , et que la capsule a ses cloisons
adhérentes au réceptacle et opposées non au milieu des valves ,
mais à l'intervalle de deux valves.

2808. Callune bruyère.   *Calluna erica.*

Erica vulgaris. Linn. spec. 501. Lam. Dict. 1. p. 476. Bull.
  Herb. t. 341. — Cam. Epit. 75. ic.
β. *Flore albo*. — Tourn. Inst. p. 602.
γ. *Foliis hirsutis*. — *Erica ciliaris*. Huds. Angl. ed. 1. p. 144.
δ. *Foliis patulis*. — Wild. spec. 2. p. 374.

Cet arbrisseau s'élève à peine à la hauteur de 6-7 décim.; sa
tige est tortue , rameuse , recouverte d'une écorce rougeâtre ;
ses feuilles sont sessiles, très-petites , serrées contre les rameaux dans les trois premières variétés, étalées dans la variété
δ , linéaires , opposées, rapprochées et comme disposées sur
quatre rangs; leur base se prolonge en deux pointes appliquées
sur la tige; les fleurs sont petites , presque sessiles , disposées
en grappes terminales, très-remarquables par leur calice qui
est double; l'extérieur est à quatre folioles ovales, vertes, carénées ; l'intérieur est quatre fois plus grand , coloré et enveloppe la corolle ; celle-ci est à quatre divisions profondes,
droites, pointues; le stigmate est saillant , à quatre lobes ; la
capsule est à quatre valves qui ne portent pas de cloison , et à

quatre loges formées par quatre cloisons insérées sur le réceptacle et opposées à l'intervalle des quatre valves. ♄. Cette plante
est commune dans les bois, les taillis et les bruyères. La variété β se distingue à sa fleur blanche; la variété γ a la feuille
velue et croît dans les lieux découverts; la variété δ, qui a
les feuilles étalées et écartées, naît dans les lieux humides. Elle
fleurit en été.

CDLX. ANDROMÈDE.   *ANDROMEDA.*

Andromeda. Linn. Juss. Lam. Gœrtn. — *Ericæ sp.* Tourn.

Car. Les andromèdes ne diffèrent des bruyères que parce
qu'elles ont une cinquième partie de plus dans tous les organes de
la fructification, et que leur radicule est inférieure au lieu d'être
supérieure.

2809. Andromède à feuilles   *Andromeda polifolia.*
    de polium.

Andromeda polifolia. Linn. spec. 564. Lam. Dict. 1. p. 156. Fl.
    dan. t. 54. — *Rhododendron polifolium.* Scop. Carn. 2. n.
    10. — Pluk. t. 175. f. 1.

Sa tige est haute de 3 décim., droite et un peu branchue;
ses feuilles sont alternes, dures, lancéolées, quelquefois linéaires, vertes en dessus et blanchâtres en dessous; les fleurs,
au sommet de la tige et des rameaux, sont un peu inclinées,
portées chacune sur un pédoncule long de 1 centim., et ramassées plusieurs ensemble; leur corolle imite un petit grelot;
elle est un peu resserrée à son ouverture, légèrement découpée
en ses bords, et d'un pourpre vif mêlé de blanc. ♄. On trouve
ce sous-arbrisseau dans les lieux marécageux, aux environs de
Rouen; dans la Campine (Rouç.).

CDLXI. ARBOUSIER.   *ARBUTUS.*

Arbutus. Linn. Juss. Lam. Gœrtn. — *Arbutus et Uva ursi.*
    Tourn.

Car. La corolle est ovoïde ou globuleuse, à cinq dents roulées en dehors; les étamines sont au nombre de dix, cachées
dans le tube; la baie est à cinq loges.

Obs. Les deux sections de ce genre seront sans doute un
jour séparées en deux genres, comme Tournefort l'avoit déjà
senti; elles diffèrent autant par le port que par les caractères.
Les vrais arbousiers sont des arbrisseaux élevés, à fleurs en

grappe ; les busseroles sont des sous-arbrisseaux à fleurs solitaires.

Première section. ARBOUSIER. *ARBUTUS*, Tourn. Mœnch.

*Étamines velues à leur base ; anthères percées de deux
trous à leur sommet ; baie tuberculeuse à cinq loges polyspermes.*

2810. Arbousier unedo.　　*Arbutus unedo.*

Arbutus unedo. Linn. spec. 566. Lam. Dict. 1. p. 225. Illustr. t.
366. f. 1. Duham. Arb. ed. sec. 1. p. 73. t. 21.

α. *Fructu sphærico.* — Duh. 1. ed. t. 26.
β. *Fructu conico.* — Barr. ic. t. 673.
γ. *Fructu ovato.* — Mill. ic. t. 48. f. 1.
δ. *Fructu compresso.* Tourn. cor. 42.
ε. *Fructu turbinato.* Duh. 2. ed. p. 74.
ζ. *Folio variegato.* — Tourn. cor. 42.
θ. *Corolla rubra.* — Lam. Dict. 1. p. 225.
ι. *Flore pleno.* — Duh. 1. ed. n. 4.

Arbrisseau d'un mètre et demi, rameux , dont l'écorce est
rude, crevassée, et dont les jeunes pousses sont rougeâtres; ses
feuilles sont alternes , ovales-oblongues, élargies vers leur sommet , dentées en leur bord, vertes , dures comme celles du
laurier et portées sur de courts pétioles ; ses fleurs sont disposées sur des pédoncules rameux , garnis d'une écaille rougeâtre
à la base de chacune de leurs divisions; leur corolle est blanchâtre, resserrée à son ouverture et environnée par un calice
très-court; ses baies sont rondes, pendantes, polyspermes, un
peu hérissées par la saillie des semences, jaunâtres d'abord ,
mais d'un beau rouge dans leur maturité. ♄. Cet arbrisseau croît
dans les provinces méridionales, à Nice , en Provence, en Languedoc; au Cap de Buch à l'entrée du bassin d'Arcachon près
Bayonne et Bordeaux; dans la forêt d'Alleverd près la Rochelle ,
et jusqu'aux environs de Nantes (Bon.). Il est connu sous les
noms de *fraisier en arbre*, de *frole*, etc. Sa baie est bonne à
manger.

Seconde section. Busserole. *U va ursi*, Tourn. Mœnch.

*Étamines glabres ; anthères non percées au sommet ; baie
lisse à cinq loges monospermes.*

2811. Arbousier des Alpes.   *Arbutus Alpina.*

Arbutus Alpina. Linn. spec. 566. Lam. Dict. 1. p. 228. Fl. dan.
t. 83. — Clus. Hist. 1. p. 61. Ic.

Sa tige est rameuse, couchée sur la terre et longue de 3-6
décim.; ses feuilles sont ovales-oblongues, pétiolées, ridées,
veinées, dentées et un peu velues en dessous; les fleurs sont
petites, blanchâtres, ramassées aux extrémités des rameaux;
ses fruits sont des baies sphériques, ombiliquées et bleuâtres. ♄.
On trouve ce petit arbrisseau dans les lieux humides des montagnes du Dauphiné, de la Savoie, du Piémont, du Forêt : on
le retrouve dans les Pyrénées, mais il y est plus rare. Les échantillons recueillis au pic d'Eretslids par M. Ramond, sont remarquables par la grandeur de leurs feuilles.

2812. Arbousier busserole.   *Arbutus uva-ursi.*

Arbutus uva-ursi. Linn. spec. 566. Lam. Dict. 1. p. 229. Fl.
dan. t. 33. — *Uva-ursi.* Clus. Hist. 1. p. 63. — *Uva-ursi procumbens.* Mœnch. Meth. 470.

Ses tiges sont foibles, couchées, rameuses et longues de
6 décim.; ses feuilles sont assez petites, éparses, fermes,
un peu élargies vers leur sommet, et portées sur de courts
pétioles; les fleurs forment de petites grappes aux extrémités
des rameaux; elles sont d'une couleur blanche légèrement purpurine, et produisent des baies d'un beau rouge lorsqu'elles
sont mûres. ♄. Cet arbrisseau croît dans les montagnes des
Alpes, du Jura, des Vosges, des Cévennes, des Corbières,
des Pyrénées. Ses feuilles sont astringentes et diurétiques. On
le connoît vulgairement sous les noms de *busserole*, *bousse-
role*, *buxerole*, *raisin d'ours*, *arbousier traînant*, etc.

CDLXII. PYROLE.   *PYROLA.*

Pyrola. Tourn. Linn. Juss. Lam. Gœrtn.

Car. Le calice est très-petit, à cinq parties; la corolle est
à cinq parties presque distinctes; les étamines sont au nombre
de dix; le stigmate est en tête, à deux ou cinq lobes courts;
la capsule est à cinq loges, à cinq valves.

2813. Pyrole à feuilles rondes. *Pyrola rotundifolia.*

Pyrola rotundifolia. Linn. spec. 567. Lam. Dict. 5. p. 741.
Illustr. t. 367. f. 1. Fl. dan. t. 110. — *Pyrola major.* Lam. Fl.
fr. 2. p. 530. — Lob. ic. t. 294. f. 2.

Sa tige est simple, droite, presque nue, et s'élève à 3 décim.;
ses feuilles sont radicales, pétiolées, arrondies ou ovoïdes,
lisses, un peu épaisses et d'un verd clair; les fleurs sont blanches et disposées en grappe lâche et terminale : à la naissance
de chaque pédoncule on trouve une bractée étroite et fort courte;
le pistil est au moins aussi long que l'ovaire, et recourbé vers
le ciel en forme de trompe. Cette plante croit dans les lieux
couverts. ♃. Elle est vulnéraire et astringente.

2814. Pyrole à style court.   *Pyrola minor.*

Pyrola minor. Linn. spec. 567. Lam. Dict. 5. p. 742. Fl. dan.
t. 55.

Sa tige est haute de 12-15 centim., simple et presque nue;
ses feuilles sont pétiolées, arrondies, obtuses, un peu dures et
à peine sensiblement dentées; ses fleurs sont blanches et disposées en grappe terminale; leur style est droit, très-court, terminé
par un stigmate étoilé. ♃. Cette plante croit dans les lieux humides
et couverts; elle est plus rare que la précédente : on la trouve dans
les Pyrénées; à l'Esperou et à Lamalou près Montpellier (Gou.);
dans les Alpes de Chamouny, de Pralugnan, à Lucerame et Orcpa
(All.); à Laffrey, à la montagne des Haies près Briançon et
aux environs de la Roche (Vill.); dans les montagnes du Forez
et du Bugey (Latourr.); aux environs d'Alençon (Ren.); à
Sionne-la-Forge près Neuchâteau et à Moulainville près Verdun
(Buch.); à Lauteren (Poll.).

2815. Pyrole unilatérale.   *Pyrola secunda.*

Pyrola secunda. Linn. spec. 567. Lam. Dict. 5. p. 742. Fl. dan.
t. 402. — Dalech. Hist. p. 1148. f. 4.
β. *Pyrola hybrida.* Vill. Dauph. 4. p. 588.

Sa racine est traçante, ligneuse, noirâtre, et pousse quatre
ou cinq petites tiges fort grêles, droites, simples et feuillées
seulement à leur base; les feuilles sont ovales, pointues, dentées
en scie, veinées, un peu luisantes et pétiolées; les fleurs sont petites, de couleur blanche, et leur style est terminé par un stigmate
étoilé. La variété β n'a qu'une ou deux fleurs, et les feuilles un
peu plus petites : on pourroit la confondre avec la pyrole à une

fleur, si l'on n'observoit pas que ses feuilles sont pointues, dentées en scie et non obtuses et crénelées. ♃. Cette plante croît
dans les bois montagneux du Jura, des Alpes de Savoie, du
Dauphiné (Vill.); de la Provence orientale (Gér.); au mont
Cenis, dans les vallées des Vaudois, d'Ussey et de Locana (All.);
à l'Esperou et à Lamalou près Montpellier (Gou.); dans les
montagnes du Forez, du Bugey (Latourr.); de l'Auvergne
(Delarb.); de l'Alsace (Mapp.); des Pyrénées.

2816. Pyrole à une fleur.   *Pyrola uniflora.*

> *Pyrola uniflora.* Linn. spec. 568. Lam. Dict. 5. p. 743. Fl. dan.
> t. 8.

> β. *Flore octandro.* Vill. Dauph. 4. p. 588. n. 6.

Sa tige est haute de 9-12 centim., feuillée seulement à sa
base, et terminée à son sommet par une seule fleur; ses feuilles
sont arrondies, pétiolées, légèrement crénelées et disposées à
la partie inférieure de la plante; la fleur est blanche, assez
grande et un peu penchée; son stigmate est gros, divisé en cinq
rayons courts et disposés en étoile. La variété β, que M. Villars a trouvée dans le Queyras et au col de Roart en Dauphiné,
ne diffère de la précédente que par sa fleur à quatre divisions
et à huit étamines. ♃. Cette plante croît dans les bois frais et
un peu montagneux; elle a été observée dans les montagnes
des Corbières par M. Broussonet; dans les Pyrénées par M. Ramond; dans les bois du Noyer en Dauphiné (Vill.); à Chamouny, Lanebourg, Courmayeur, Locana, et au mont Cenis
(All.): on la retrouve dans les dunes de la Flandre (Lest.),
et de la Belgique (Rouç.).

CDLXIII. CAMARINE. *EMPETRUM.*

> *Empetrum.* Tourn. Linn. Juss. Lam. Gœrtn.

CAR. Les fleurs sont ordinairement dioïques, composées
d'un calice à trois parties, de trois pétales marcescens; les mâles
ont trois étamines saillantes; les femelles un ovaire libre, surmonté d'un stigmate à six ou neuf rayons : la baie est sphérique, déprimée, à une loge, à trois, six ou neuf graines osseuses; le périsperme est charnu, l'embryon droit, la radicule
inférieure.

OBS. La camarine à fruits noirs a les fleurs souvent hermaphrodites, quelquefois femelles avec trois étamines avortées,

jamais entièrement mâles. La camarine à fruits blancs est réellement dioïque (Juss.). Ce genre n'a qu'un rapport éloigné avec les autres Éricacées.

2817. Camarine à fruits noirs. *Empetrum nigrum.*

Empetrum nigrum. Linn. spec. 1450. Lam. Illustr. t. 803. f. 1. Dict. 1. p. 567. — Cam. Epit. 77. ic.

Sous-arbrisseau dont les tiges sont longues de 3 décim., très-rameuses, grèles, recouvertes d'une écorce brune ou rougeâtre, couchées et étalées sur la terre; ses feuilles sont petites, nombreuses, oblongues, vertes, très-rapprochées les unes des autres, et disposées trois ou quatre à chaque étage ou espèce de verticille; ses fleurs sont petites, d'une couleur herbacée, sessiles et situées dans les aisselles des feuilles; elles ont un pistil dont le stigmate est à neuf divisions; les fruits sont des baies noires, qui renferment communément neuf semences. ♄. Cette plante croît dans les lieux pierreux, sur le Mont-d'Or en Auvergne; sur les Alpes du Dauphiné, du Piémont, de la Savoie, et dans quelques parties du Jura.

CDLXIV. AIRELLE. *VACCINIUM.*

Vaccinium. Linn. Juss. Lam. Gœrtn. — *Vitis-idæa.* Mœnch. — *Vitis-idæa et Oxycoccos.* Tourn.

CAR. Le calice est adhérent, entier ou à quatre dents; la corolle en cloche, à quatre divisions; les étamines sont au nombre de huit, insérées sur le réceptacle; la baie est globuleuse, ombiliquée, à quatre loges qui ne se voyent facilement qu'avant la maturité.

OBS. Le nombre des organes de la fructification augmente quelquefois d'une cinquième partie. Ce genre se distingue des autres Éricacées par son ovaire adhérent : ce caractère le rapproche des Campanulacées; et M. de Jussieu regarde même les airelles comme le type d'une famille intermédiaire entre les Éricacées et les Campanulacées.

§. Ier. *Feuilles caduques.*

2818. Airelle myrtille.   *Vaccinium myrtillus.*

Vaccinium myrtillus. Linn. spec. 498. Lam. Dict. 1. p. 72. —
Vitis-idæa myrtillus. Mœnch. Meth. 47. Duham. Arb. 2. t.
107. — Lob. ic. 2. t. 109. f. 1.

Sa tige est glabre, verdâtre, anguleuse, rameuse, et s'élève
jusqu'à 5 décim.; ses feuilles sont alternes, ovales, glabres,
un peu nerveuses, légèrement dentées en leur bord, et portées
sur des pétioles très-courts; ses fleurs sont en grelot, d'un
blanc un peu rougeâtre, et sont remplacées par des baies d'un
bleu noirâtre dans leur maturité. On trouve ce sous-arbrisseau
dans les bois et les lieux couverts et montueux. ♄. Ses baies
sont bonnes à manger; on en fait des gâteaux et des confitures :
elles sont astringentes et anti-dysentériques; leur suc teint en
bleu ou en violet.

2819. Airelle fangeuse. *Vaccinium uliginosum.*

Vaccinium uliginosum. Linn. spec. 499. Lam. Dict. 1. p. 73. Fl.
dan. t. 231. — Clus. Hist. 1. p. 60. f. 1.

Sa tige est haute de 5-6 décim., rameuse et feuillée dans sa
partie supérieure; ses feuilles sont ovales, obtuses, lisses,
glabres dans leur parfait développement, veinées et un peu
blanchâtres en dessous; ses fleurs sont blanches, quelquefois
un peu couleur de rose, et ont leur corolle ovale, à quatre ou
cinq dents réfléchies en dehors : il leur succède des baies noirâtres dans leur maturité. On trouve ce sous-arbrisseau dans
les lieux fangeux et humides. ♄.

§. II. *Feuilles persistantes.*

2820. Airelle rouge.   *Vaccinium vitis-idæa.*

Vaccinium vitis-idæa. Linn. spec. 500. Fl. dan. t. 40. — *Vaccinium punctatum.* Lam. Fl. fr. 2. p. 396. — *Vitis-idæa punctata.*
Mœnch. Meth. 47. — Cam. Epit. 136. ic.

Ses tiges sont hautes de 5 décim., cylindriques et rameuses;
ses feuilles sont ovales, dures, lisses, ponctuées en dessous et
entières ou garnies de quelques dentelures peu sensibles : ses
fleurs sont rougeâtres, et disposées au sommet des tiges en
petites grappes penchées; il leur succède des baies rouges dans
leur maturité. On trouve cette espèce en Alsace et en Dauphiné
dans les bois. ♄. Ses baies sont acides et rafraîchissantes.

2821. **Airelle canneberge.** *Vaccinium oxycoccos.*

Vaccinium oxycoccos. Linn. spec. 500. Lam. Dict. 1. p. 74.
var. *α*. Blackw. t. 593. — Lob. ic. t. 109. f. 2.

Ses tiges sont très-menues, filiformes, rameuses, souvent
rougeâtres, feuillées, couchées et étalées sur la terre; ses
feuilles sont petites, ovales-oblongues, quelquefois pointues,
plus ou moins contractées en leur bord, vertes en dessus et
blanchâtres en dessous; ses fleurs sont portées sur de longs
pédoncules, rouges, à quatre parties profondes et pointues; il
leur succède des baies rouges, dans leur maturité. On trouve
cette espèce dans les lieux humides et marécageux. ♄. On la
connoît sous les noms de *coussinet, canneberge.*

CINQUANTE-CINQUIÈME FAMILLE.

CUCURBITACÉES. *CUCURBITACEÆ.*

Cucurbitaceæ. Juss. Linn. Lam. — *Bryoniæ.* Adans.

Les Cucurbitacées sont des herbes à racine tubéreuse, à tige
sarmenteuse, grimpante ou rampante; elles sont le plus souvent hérissées de poils roides; leurs feuilles sont alternes, pétiolées, plus ou moins lobées, arrondies et à nervures palmées:
de l'aisselle de chaque feuille part une vrille qui se roule autour
des corps voisins; les fleurs naissent aussi de l'aisselle des
feuilles; elles sont solitaires ou en grappes, portées sur un
pédoncule qui est articulé dans le milieu et qui se coupe à l'articulation, après la fleuraison dans les fleurs mâles, ou à la
maturité dans les fleurs femelles.

Les fleurs sont dioïques ou monoïques par avortement, hermaphrodites dans quelques genres qui peut-être n'appartiennent
pas à cette famille; leur calice est adhérent, resserré au-dessus
de l'ovaire, puis évasé en un limbe à cinq divisions; la corolle
est en forme de cloche, insérée sur le haut de l'ovaire, à cinq
lobes; elle se dessèche sans tomber d'elle-même après la fleuraison, ce qui l'a fait assimiler à un calice par plusieurs botanistes : dans les fleurs mâles, les étamines sont au nombre de
trois ou cinq, insérées au fond de la fleur sur la partie resserrée

du

du calice; leurs filamens sont distincts ou réunis; leurs anthères sont oblongues, soudées dans leur longueur avec les filamens, souvent jointes ensemble; deux ou quatre d'entre elles sont composées de quatre lignes qui serpentent côte à côte et s'ouvrent par un sillon longitudinal; l'anthère impaire n'offre que deux loges et deux lignes : dans les fleurs femelles, les filamens sont nuls ou stériles; l'ovaire porte un style à plusieurs stigmates; le fruit est une baie charnue, à écorce ferme, à une ou plusieurs loges polyspermes; les graines sont cartilagineuses ou crustacées, souvent munies d'une arille, attachées horizontalement par de longs filets dans l'angle que forment les cloisons; leur périsperme est nul; leur embryon droit et leurs cotylédons planes.

Cette famille n'a de rapports réels qu'avec celles des Campanulacées et des Grenadilles; son port s'approche quelquefois des Sarmentacées ou des Asparagées, dont sa structure l'écarte beaucoup.

CDLXV. BRYONE.   *BRYONIA.*

Bryonia. Tourn. Linn. Juss. Lam. Gœrtn.

Car. Les fleurs sont monoïques ou dioïques; le limbe de la corolle est à cinq divisions; les fleurs mâles ont trois étamines, dont deux soudées ensemble par les filets; les femelles ont un style à trois divisions; la baie est globuleuse, à une loge selon Jussieu, à trois loges selon Adanson, à quatre ou six loges selon Gœrtner; elle renferme un petit nombre de graines.

2822. **Bryone dioïque.**   *Bryonia dioica.*

Bryonia dioica. Jacq. Austr. t. 199. — *Bryonia alba.* Lam. Dict. 1. p. 496. var. α. Illustr. t. 796. f. 1. Bull. Herb. t. 55. — *Bryonia ruderalis.* Salisb. Prod. 158. — Mill. ic. t. 71.

La *couleuvrée* ou *brioine blanche*, quoique constamment dioïque, a été long-temps confondue, par les botanistes, avec la *bryonia alba*, Linn., qui est originaire du nord de l'Europe et qui est toujours monoïque; ses tiges sont longues d'environ 2 mètres, grêles, grimpantes, cannelées et un peu velues; ses feuilles sont alternes, pétiolées, anguleuses, palmées, cordiformes et rudes au toucher; à la base de chaque feuille, naît une longue vrille roulée en spirale; les fleurs sont petites, d'un blanc sale et marquées de lignes verdâtres; les baies sont rondes et d'un rouge vif dans leur maturité. Cette plante est commune dans les haies. ♃. Sa racine est purgative, hydragogue et diurétique.

CDLXVI. MOMORDIQUE.   *MOMORDICA.*

Momordica. Tourn. Linn. Juss. Lam. Gœrtn. — *Elaterium.*
Bœrh. non Jacq.

Car. Les fleurs sont monoïques; leur corolle est à cinq divisions, à cinq plis longitudinaux; les mâles ont trois étamines,
dont deux soudées par les filamens; les anthères sont réunies;
les femelles ont trois étamines avortées, un ovaire à trois loges,
un style à trois stigmates; la baie est ovale ou oblongue, s'ouvre
avec élasticité et n'a qu'une loge à sa maturité; les graines sont
comprimées, munies d'une arille.

2823. Momordique élas-   *Momordica elaterium.*
  tique.

Momordica elaterium. Linn. spec. 1434. Bull. Herb. t. 81. Lam.
  Dict. 4. p. 141. — *Momordica aspera.* Lam. Fl. fr. 2. p. 191.
  — Cam. Epit. 946. ic.

Ses tiges sont couchées sur la terre, rampantes, très-
branchues, épaisses et très-chargées d'aspérités qui les rendent
rudes et piquantes au toucher; les feuilles sont pétiolées, cordiformes, oreillées à leur base, épaisses, et leur pétiole sur-
tout est très-hérissé de poils piquans; la fleur est jaune, assez
petite, et le fruit, à peine de la grosseur du pouce et d'une
forme ovale-oblongue, est remarquable par la manière dont il
lance au loin ses semences dans sa maturité. ☉. Cette plante croit
en Provence et en Languedoc, dans les lieux stériles et pierreux. Elle est purgative, hydragogue et emménagogue. Son
suc épaissi se nomme *elaterium;* la plante elle-même porte
les noms vulgaires de *concombre d'âne,* de *concombre sauvage* (Roz. Agr. 3. p. 463. t. 12.), d'*elaterium,* etc.

CDLXVII. CONCOMBRE.   *CUCUMIS.*

Cucumis. Linn. Juss. Lam. Gœrtn. — *Cucumis et Melo.* Tourn.

Car. Les fleurs sont monoïques; la corolle est en cloche; les
divisions du calice sont en forme d'alène; les fleurs mâles ont
trois étamines, dont deux soudées ensemble par les filets et
toutes réunies par les anthères; les femelles ont trois étamines
avortées, un style à trois stigmates épais et bifurqués; la baie
est à trois loges, dont chacune est sous-divisée en deux et quelquefois davantage; les graines sont nombreuses, comprimées,
à bords aigus, nichées dans des cellules remplies de pulpe.

2824. **Concombre melon.** *Cucumis melo.*

Cucumis melo. Linn. spec. 1436. Lam. Dict. 2. p. 72. — Blackw.
t. 329.
β. *Saccharatus.* Lob. ic. 640. f. 1.

Le melon est originaire de l'Asie et est généralement répandu
en Europe, où on le cultive comme plante potagère ; ses tiges
sont sarmenteuses, hérissées ; ses feuilles sont pétiolées, arrondies, anguleuses, à angles très-obtus ; les fleurs sont jaunes,
axillaires, disposées en petit nombre sur des pédicelles courts ;
les fruits sont ovoïdes, pubescens dans leur jeunesse, glabres à
leur maturité, marqués d'environ dix côtes longitudinales ; leur
écorce est souvent marquée de rides blanchâtres, proéminentes
et disposées en forme de réseau ; la chair est tendre, blanchâtre,
jaune ou rougeâtre, d'un goût agréable, mais assez difficile à
digérer. On distingue dans la race des melons, un très-grand
nombre de variétés, quant à leur forme qui est ovoïde arrondie ou oblongue, quant à la manière dont leurs côtes ou
leurs rides sont saillantes, quant à la couleur de leur chair et à
sa saveur plus ou moins sucrée. Les caractères de ces variétés
sont si peu prononcés, que je n'ose les indiquer ici ; on en peut
lire le détail dans le Dictionnaire d'Agriculture de Rozier. ⊙.

2825. **Concombre cultivé.** *Cucumis sativus.*

Cucumis sativus. Linn. spec. 1437. Lam. Dict. 2. p. 72.—Blackw.
t. 4. — Lob. ic. t. 638. f. 2.

Cette plante, dont la patrie n'est pas connue, est cultivée
dans un grand nombre de jardins, à cause de ses fruits qui se
mangent cuits ou confits au vinaigre ; ses tiges sont sarmenteuses, hérissées, plus épaisses que celles du melon ; ses feuilles
ont des angles saillans et pointus ; les ovaires des fleurs femelles
sont tuberculeux ; les fruits sont alongés, presque cylindriques,
obtus à leurs extrémités ; ils ont la peau mince, verte, blanche
ou jaunâtre, selon les variétés, et un peu tuberculeuse ; la chair
est blanche, ferme, quoique succulente. ⊙.

CDLXVIII. C O U R G E. *C U C U R B I T A.*

Cucurbita. Linn. Juss. Lam. Gœrtn. — *Cucurbita, Pepo, Me-*
lopepo et Anguria. Tourn.

CAR. Les fleurs sont monoïques ; la corolle et le calice ne
diffèrent pas du genre précédent ; les fleurs mâles sont aussi
semblables ; les fleurs femelles ont des filamens stériles très-

courts, réunis en anneau à leur base; un style à trois stigmates dilatés; la baie ne diffère de celle des concombres, que parce que les cellules des graines ne sont pas remplies de pulpe; les graines sont nombreuses, renflées sur les bords, entières ou échancrées au sommet.

2826. Courge calebasse. *Cucurbita lagenaria.*

Cucurbita lagenaria. Linn. spec. 1434. — *Cucurbita leucantha.* Duch. in Lam. Dict. 2. p. 150.
α. *Cucurbita lagenaria.* J. Bauh. Hist. 2. p. 216. — Moris. s. 1. t. 5. f. 1.
β. *Cucurbita latior.* Dod. Pempt. 669. — Moris. s. 1. t. 5. f. 2.
γ. *Cucurbita longior.* Dod. Pempt. 669. — Moris. s. 1. t. 5. f. 3.

La calebasse ou courge à fleurs blanches, se distingue facilement des autres espèces, 1°. à sa feuille arrondie, molle, laineuse, un peu gluante et odorante, munie de deux petites glandes coniques près de l'insertion de son pétiole; 2°. à sa fleur blanche, très-ouverte en étoile, et qui n'est jamais solitaire à l'aisselle des feuilles; 3°. à sa graine dont le bourrelet s'évase sur les côtes en manière d'appendice, ce qui lui donne une forme carrée; le fruit a la pulpe blanche et la peau jaunâtre; sa forme fait distinguer trois variétés : la première nommée *courge bouteille*, *gourde des pélerins*, a le fruit évasé à l'extrémité et resserré du côté de la queue en forme de goulot de bouteille; la seconde, qu'on nomme *gourde* ou spécialement *calebasse*, a le fruit renflé, non étranglé vers le pédoncule; la troisième, connue sous le nom de *courge longue* ou *courge trompette*, se distingue au grand alongement de son fruit; la pulpe de ces fruits est bonne à manger; leur peau ferme sert à plusieurs usages lorsqu'elle est vidée. Cette plante paroit originaire de l'Inde; on la cultive sur-tout dans le midi de la France. ⊙.

2827. Courge potiron. *Cucurbita maxima.*

Cucurbita maxima. Duch. in Lam. Dict. 2. p. 151. — Tourn. Inst. p. 106. n. 2. t. 34. — Lob. ic. 641. f. 2.
α. *Fructu luteo.*
β. *Fructu viridi majore.*
γ. *Fructu viridi minore.*

Le potiron se distingue des autres espèce de courge, et en particulier du pépon, par ses fleurs plus évasées dans le fond et dont le limbe est rabattu en dehors d'une manière remarquable; ses feuilles sont très-amples, en forme de cœur

arrondi , et se soutiennent sur leur pétiole dans une position
horizontale ; leurs poils sont moins roides que dans l'espèce suivante ; le fruit est très-gros, de la forme d'une sphère applatie
et même enfoncée aux deux pôles , marqué de côtes régulières ;
la chair est assez ferme , quoique fondante. La var. *α* a le fruit
jaune , et c'est le *potiron commun ;* la var. *β* ou *gros potiron
vert* , a le fruit verdâtre ou ardoisé ; la var. *γ* ou le *petit potiron vert* , le *courgeron* , est plus estimée que la précédente ,
dont elle ne diffère que par la couleur. Cette plante alimentaire
est cultivée dans presque toute la France , sous le nom de *potiron* ou de *courge.* On ignore sa patrie. ☉.

2828. Courge pépon.   *Cucurbita pepo.*

Cucurbita pepo. Duch. in Lam. Dict. 2. p. 151.
α. Cucurbita moschata. — Dalech. Hist. 616 ?
β. Cucurbita colocintha. — *Pepo.* Tourn. Inst. p. 105. n. 3. 4. 5.
γ. Cucurbita pyxidaris. — *Cucurbita ovifera.* Linn. Mant. 126.
δ. Cucurbita verrucosa. Linn. spec. 1435.
ε. Cucurbita oblonga. — *Cucurbita pepo , β.* Linn. spec. 1435.
ζ. Cucurbita melopepo. Linn. spec. 1435.

Le pépon a , comme le potiron , des fleurs en cloche , de couleur jaune , mais sa corolle est rétrécie à la base comme un entonnoir , et le limbe n'est pas rabattu en dehors ; les graines
sont comme dans l'espèce précédente , pâles , elliptiques et noir
tronquées ni échancrées au sommet ; les feuilles sont peu découpées. Cette espèce offre un grand nombre de races très-dis-
tinctes.

α. La *melonnée* , connue des jardiniers sous le nom de *citrouille musquée* , se distingue de toutes les suivantes qui sont
les vrais pépons , et se rapproche des calebasses par le duvet
doux et serré qui couvre ses feuilles , l'étranglement de la partie
inférieure de ses corolles , le goût musqué de la pulpe de son
fruit. On en distingue plusieurs sous-variétés, qui tiennent à la
forme même du fruit ; il est applati, ou sphérique , ou ovoïde ,
ou cylindrique , ou en massue , ou en pilon. On la cultive en
Provence.

β. La *coloquinelle* ou l'*orangin,* les *fausses oranges,* les
fausses coloquintes , a le fruit sphérique , d'un diamètre double
de celui de la fleur, à trois loges, à graines nombreuses, à
pulpe jaunâtre un peu amère.

γ. La *cougourdette* , appelée aussi *fausse poire,* *coloquinte
lactée* , a des fleurs assez petites, des graines alongées , un fruit

en forme de poire ou d'œuf, d'un verd brun taché de blanc,
à coque dure et à pulpe blanche.

δ. La *barbarine* ou *barbaresque*, a les fruits plus gros, aussi
durs que les précédens, très-souvent bosselés à l'extérieur, de
couleur jaune ou panachés de verd.

ε. Le *giraumon* et la *citrouille* appartiennent, selon M. Du-
chêne, à la même race, quoique la grosseur de leurs fruits soit
très-différente. Cette race se distingue à la forme oblongue de
ses fruits; elle présente un grand nombre de sous-variétés pour
la couleur, verte, jaune ou blanche, et pour les dimensions de
ses fruits.

ζ. Le *pastisson*, appelé vulgairement *bonnet d'électeur*,
bonnet de prêtre, *couronne impériale*, *artichaut de Jérusa-
lem*, *artichaut d'Espagne*, *arboufle d'Astracan*, est une monstruosité qui se perpétue de graine; son fruit est à cinq loges et
le plus souvent marqué de dix côtes ou tubercules qui forment
une espèce de couronne; d'ailleurs sa forme est très-variable;
les vrilles se développent souvent au sommet et portent une
foliole dont l'extrémité émet une petite vrille.

Outre ces races bien distinctes, on observe un grand nombre
de métis entre ces diverses courges; la plupart sont cultivées
dans nos jardins. ☉.

2829. Courge pastèque.   *Cucurbita anguria.*

Cucurbita anguria. Duch. in Lam. Dict. 2. p. 158. — *Cucurbita
citrullus.* Linn. spec. 1435. — Lob. ic. 640. f. 2.

La *pastèque* ou *courge laciniée*, se distingue de toutes les
précédentes, par ses feuilles très-profondément découpées,
placées dans une direction verticale, et d'une consistance ferme
et cassante; par son fruit orbiculaire, lisse, moucheté de taches
étoilées; par leur chair souvent rougeâtre; par leurs graines
noires ou rouges, et non blanchâtres. On cultive cette espèce en
Provence. Le nom de *pastèque* est réservé aux variétés dont le
fruit plus ferme, ne se mange que confit ou fricassé, et l'on
donne celui de *melon d'eau*, aux variétés dont le fruit est très-
fondant. Au reste, le nom de *citrouille* n'est point donné à cette
espèce dans l'usage ordinaire. ☉.

CINQUANTE-SIXIÈME FAMILLE.

CAMPANULACÉES. *CAMPANULACEÆ.*

Campanulaceœ. Juss. — *Campanulæ.* Adans. — *Campanacearum gen.* Linn.

LES Campanulacées sont en général des herbes vivaces par
leurs racines, pleines d'un suc laiteux moins âcre que dans
les autres plantes laiteuses ; leurs feuilles sont simples , alternes et souvent bordées de dentelures calleuses ; les fleurs
sont tantôt distinctes, tantôt réunies dans un involucre commun ,
ordinairement bleues ou blanches.

Le calice est adhérent avec l'ovaire et a son limbe divisé ;
la corolle est insérée au sommet du calice , ordinairement régulière et à cinq lobes , souvent marcescente et munie en dehors du perue corticuum commu un vrui culicoj lou étamines
sont insérées un peu au-dessous de la corolle , en nombre égal
à ses divisions et alternes avec elles ; leurs filamens élargis à
leur base , semblent être autant d'écailles qui recouvrent l'o-
vaire ; les anthères sont libres ou soudées ; l'ovaire est simple ,
adhérent au calice ; le style est simple ; la capsule est le plus
souvent à trois loges , mais varie de deux à six dans les divers
genres ; elle est presque toujours polysperme et s'ouvre sur les
côtés : les graines sont attachées à l'angle intérieur des loges ;
elles ont un périsperme charnu , un embryon droit à radicule
inférieure et à cotylédons demi-cylindriques.

Les Campanulacées ont des rapports avec les Composées ,
par leurs feuilles alternes, leur ovaire adhérent, leurs fleurs
souvent réunies dans un involucre , leurs étamines au nombre
de cinq , leurs anthères quelquefois réunies , et se rapprochent
en particulier des Chicoracées par leur suc laiteux ; elles en
diffèrent par leur corolle qui ne porte pas les étamines , et sur-
tout par leur fruit à plusieurs loges et à plusieurs graines.

* *Anthères libres.*

CDLXIX. CAMPANULE. *CAMPANULA.*

Campanula. L'Her. — *Campanulæ sp.* Tourn. Linn. Juss. Lam.

CAR. Le calice est à cinq divisions dont les sinus sont quelquefois très-dilatés et réfléchis sur la capsule ; la corolle est en cloche ; les filamens des étamines sont élargis à leur base ; le stigmate est à trois parties ; la capsule est ovoïde, à trois ou rarement cinq loges.

OBS. Les fleurs sont tantôt axillaires et solitaires , tantôt réunies en faisceaux ou en épis terminaux.

Première section. CAMPANULE. *CAMPANULA.*

Sinus des lobes du calice non réfléchis sur la capsule.

2830. Campanule du mont *Campanula Cenisia.*
 Cenis.

> *Campanula Cenisia.* All. Fl. ped. n. 395. t. 6. f. 2. Linn. spec. 1669. Lam. Dict. 1. p. 577. — Hall. Helv. n. 696.

Sa racine est alongée, profonde, traçante ; elle pousse plusieurs tiges simples , feuillées, terminées par une seule fleur , et longues de 3-6 centim.; ses feuilles sont ovales , très-obtuses, un peu rétrécies à la base, entières , glabres sur leurs faces , un peu ciliées sur les bords ; celles du haut sont oblongues : le calice est hérissé , à cinq lobes qui dépassent le bas des divisions de la corolle ; celle-ci est bleue, assez grande relativement aux dimensions de la plante , et se divise jusqu'au milieu en cinq lobes ouverts et un peu pointus; la capsule est ovoïde , à trois loges. ♃. Cette plante croît sur les rochers schisteux des hautes Alpes , à la Grandvire dans le Valais ; au grand Saint-Bernard ; au mont Cenis dans le lieu nommé Ronche , à Safau , la Vanoise (All.); entre Vallouise et l'Argentière , dans le fond du Champoléon (Vill.).

2831. Campanule à feuilles *Campanula hederacea.*
 de lierre.

> *Campanula hederacea.* Linn. spec. 240. Lam. Dict. 1. p. 578. Fl. dan. t. 330. — Pluk. t. 23. f. 1.

Sa tige est très-menue , foible , rameuse et peu élevée ; ses feuilles sont glabres, pétiolées, en cœur et à cinq lobes un peu pointus; les fleurs sont petites , écartées, pédonculées, solitaires , penchées et d'un bleu pâle. Toute la plante est remarquable par sa délicatesse. ☉. On la trouve dans les lieux couverts et un peu humides ; dans les Pyrénées , les Landes (Thore) ; les montagnes de l'Auvergne (Delarb.) ; aux environs de Semur (Dur.) ; de Nantes (Bon.) ; dans les buissons de Verrières et à Saint-Léger près Paris (Thuil.) ; aux environs de Caën (Rouss.) ; en Belgique (Rouç.).

2832. Campanule à feuilles rondes. — *Campanula rotundifolia.*

> *Campanula rotundifolia.* Linn. spec. 232. Lam. Dict. 1. p. 578.
> — *Campanula minor.* Lam. Fl. fr. 3. p. 339. — Lob. ic. t. 328.
> f. 1.

Ses tiges sont hautes d'environ 2 décim. , très-grèles , plus ou moins glabres et feuillées , mais un peu nues vers leur sommet ; ses feuilles inférieures sont fort petites , pétiolées , arrondies et échancrées en cœur à leur base ; au-dessus d'elles , on en trouve quelques-unes qui sont lancéolées et entières en leur bord : toutes les autres sont linéaires , très-étroites et pointues : les fleurs sont en petit nombre , assez grandes , pédonculées et ordinairement de couleur bleue ; les divisions de leur calice sont fines et étroites ; son port est très-variable : on en trouve une variété à fleur blanche. Cette plante est commune dans les lieux pierreux , montueux , et sur le bord des bois. ♃.

2833. Campanule naine. — *Campanula pusilla.*

> *Campanula pusilla.* Jacq. Coll. 2. p. 79. Sut. Fl. Helv. 1. p.
> 123. — *Campanula cæspitosa.* Hop. cent. exsic. — *Campanula rotundifolia ,* β. Lam. Dict. 1. p. 578. — C. Bauh. Prod.
> p. 34. ic.

Cette campanule n'est peut-être qu'une variété de la précédente , dont elle a le port , et à laquelle elle ressemble par les nombreuses variations qu'elle subit ; on l'en distingue à ses feuilles radicales , ovales et non échancrées en cœur ; à ses feuilles supérieures plus ou moins dentées : on en trouve de très-glabres , d'autres dont la tige est garnie de poils ; la longueur de la plante varie de 2-20 centimètres ; sa fleur est bleue ou quelquefois blanche. ♃. Elle croît dans les bois et les rochers des montagnes.

2834. Campanule à feuilles de lin. *Campanula linifolia.*

Campanula linifolia. Lam. Dict. 1. p. 579. Hop. cent. exsic. —
Campanula Scheuchzeri. Vill. Dauph. 2. p. 503. t. 10. —
Campanula Schleicheri. Sut. Fl. helv. 1. p. 124.

Cette plante n'est peut-être encore qu'une variété des deux
précédentes, mais elle semble mériter d'en être séparée par sa
consistance plus ferme, par son port plus alongé, par son calice dont les lanières sont plus droites, et sur-tout parce que
toutes ses feuilles sont linéaires ou lancéolées, et que les radicales ne sont pas sensiblement différentes de celles de la tige;
elle ne porte ordinairement qu'une fleur bleue assez grande;
on en trouve dans certains individus deux, trois ou même cinq
ou six : elle est glabre dans toutes ses parties, ce qui la distingue
de l'espèce suivante. ♃. Elle naît dans les prairies exposées au
nord, sur les hautes montagnes des Alpes, des Pyrénées, de
l'Auvergne, etc.

2835. Campanule des Vau- dois. *Campanula Valdensis.*

Campanula valdensis. All. Ped. n. 400. t. 6. excl. syn. Vill. —
Campanula linifolia. Jacq. Coll. 2. p. 81. non Lam. — *Campanula uniflora.* Vill. Dauph. 1. p. 500. t. 10. non Linn.

Cette plante diffère de la campanule à feuilles de lin, parce
qu'elle est pubescente sur toute sa surface, même sur ses feuilles
et ses calices; sa tige ne porte ordinairement qu'une seule fleur
un peu penchée; on en trouve des individus à deux, trois et
jusqu'à cinq fleurs : les feuilles radicales sont oblongues-lancéolées, rétrécies à la base, légèrement dentées; les supérieures
sont lancéolées-linéaires, ordinairement entières; les lobes du
calice atteignent le milieu de la longueur de la corolle. ♃. Elle
croît dans les prairies des plus hautes Alpes; en Dauphiné sur le
Lautaret, à Gondran près le mont Genèvre, aux Haies près
Briançon, au Vizo en Queyras (Vill.); à Albergia près Fenestrelles, dans les vallées des Vaudois en Piémont (All.);
dans les Alpes de la Savoie et du Valais.

2836. Campanule étalée.   *Campanula patula.*

> *Campanula patula.* Linn. spec. 232. Lam. Dict. 1. p. 579.—
> Dill. Elth. t. 58. f. 68.
>
> β. *Campanula decurrens.* Linn. Fl. suec. 1. n. 178. Thor. Chl.
> Land. p. 64.

Cette espèce ressemble beaucoup à la raiponce; mais elle s'en distingue constamment parce qu'elle s'élève moins haut, que ses pédoncules sont divergens, étalés et écartés; que la tige est souvent un peu couchée à la base, et que les lanières du calice sont munies vers leur base de deux à trois dentelures petites et calleuses; ses feuilles inférieures sont étalées, ovales-lancéolées, dentées ou sinuées, un peu pubescentes; celles de la tige sont lancéolées-linéaires, glabres, entières ou à peine dentées : le calice est glabre dans tous les individus que j'ai observés; la figure de Dillenius, d'ailleurs très-exacte, le représente pubescent : la fleur est bleue ou blanche. ♂, Linn; ♃, All. Cette plante croît au pied des montagnes; dans les haies et au bord des champs; je l'ai trouvée sur le revers du Jura, au-dessus de Grandson près Vaugondry et Villars-Burquin, je l'ai reçue de Sorrbac, du Narbonne, de Dax; elle se rencontre encore à Vauchelles près Abbeville (Bouch.); en Bourgogne (Dur.); au mont d'Or (Delarb.); dans le Dauphiné, à Vaulnavey, entre Grenoble et Premol, dans le Champsaur à Poligny (Vill.); en Piémont à Viù, Cremolet, Saint-Mauri, entre la Stura et Borghe (All.).

2837. Campanule raiponce. *Campanula rapunculus.*

> *Campanula rapunculus.* Linn. spec. 232. Lam. Dict. 1. p. 572.
> — Fuchs. Hist. 214. ic.
>
> β. *Flore albo.* Hall. Helv. n. 699. β.
>
> γ. *Calice hispido.*

Sa tige est haute de 5 décim. ou quelquefois beaucoup davantage, cannelée, rameuse et médiocrement garnie de feuilles dans sa partie supérieure; ses feuilles radicales sont molles, un peu velues, ovales-oblongues et rétrécies en pétiole à leur base; celles de la tige sont lancéolées-linéaires, pointues, sessiles et un peu distantes : les fleurs sont bleues, pédonculées et disposées au sommet de la tige et des rameaux en manière d'épis grèles et très-lâches; leur calice a ses lanières grèles et presque en alène; la corolle est plus longue que le diamètre de son ouverture. On trouve cette plante dans les vignes, les lieux incultes et le long des haies. ♂. On mange sa racine en salade,

au printemps , avant qu'elle ait poussé la tige. On la connoît sous
les noms de *raiponce* , *rampon* La var. β ne diffère de la précedente que par ses fleurs blanches; la var. γ, qui est originaire de Sorrèze , et qui peut-être est une espèce distincte, se
reconnoît parce que la base de son calice est hérissée de longs
poils blancs ; sa tige est anguleuse et un peu velue sur les angles.

2838. Campanule à feuilles　　*Campanula persici-*
　　　　de pêcher.　　　　　　　*folia.*

> *Campanula persicifolia.* Linn. spec. 232. Bull. Herb. t. 367.
> Lam. Dict. 1. p. 579. — Clus. Hist. 2. p. 171. f. 3.
> β. *Grandiflora.* C. Bauh. Pin. 93.
> γ. *Calice hispido.*

Sa tige est droite , lisse , médiocrement garnie de feuilles , et
haute de 6-9 décim.; ses feuilles sont longues, étroites , glabres , et garnies de dentelures légères et glanduleuses; les radicales sont ovales-oblongues et rétrécies en pétiole ; celles de
la tige sont écartées et très-pointues : les fleurs sont bleues ou
quelquefois blanches, pédonculées et assez grandes. On trouve
cette plante dans les bois taillis. ♃. La variété β ne porte ordinairement que deux ou trois fleurs , mais elles sont presque deux
fois plus grandes que dans la première; la variété γ, que j'ai
reçue de Sorrèze , a le calice hérissé de poils blancs, roides
et nombreux ; chacune de ces trois plantes varie à fleur bleue
ou blanche. Seroient-ce trois espèces distinctes?

2839. Campanule pyra-　　*Campanula pyramidalis.*
　　　　midale.

> *Campanula pyramidalis.* Linn. spec. 233. Lam. Dict. 1. p. 580.

Cette belle plante est remarquable par sa grandeur et par
le nombre de ses fleurs disposées en une longue pyramide ;
elle est entièrement glabre et ses feuilles sont lisses, presque
luisantes ; sa tige est droite , simple; ses feuilles sont minces,
dentelées , oblongues dans le haut , ovoïdes ou en cœur dans le
bas; les fleurs naissent plusieurs ensemble sur des pédoncules
axillaires ; elles ressemblent , par la forme et la grandeur, à
celles de la campanule rhomboïdale , mais leur calice a ses
lanières plus courtes et moins étroites. ♂. Cette campanule
croît naturellement en Savoie (All.); on la cultive comme fleur
d'ornement dans plusieurs jardins , sous le nom de *pyramidale.*

2840. Campanule rhom-   *Campanula rhomboi-*
    boïdale.   *dalis.*

Campanula rhomboidalis. Linn. spec. 233. Lam. Dict. 1. p. 581.
— *Campanula rhomboidea.* Wild. spec. 1. p. 899. — Barr.
ic. t. 567.

β. *Flore albo.* Vill. Dauph. 2. p. 504.

Sa tige est simple, grèle, striée, presque glabre, feuillée, et s'élève jusqu'à 5 décim.; ses feuilles sont éparses, assez nombreuses, petites, ovales, pointues, glabres et dentées en leurs bords; elles ont 12-15 millim. de largeur, et sont longues de 2 centim.; les inférieures sont sessiles, ovales, pointues et longues d'environ 5 centim. : les fleurs forment, au sommet de la tige, un épi court et un peu lâche; elles sont de couleur bleue, pédonculées et souvent tournées d'un même côté : les divisions de leur calice sont fines et capillaires. ♃. Cette plante croit dans les prés des montagnes du Dauphiné, de la Provence, du Piémont, de la Savoie; elle est commune au mont Cenis (All.). Je l'ai trouvée assez abondamment au pied du Buet près les Chalets de Villy.

2841. Campanule à large   *Campanula latifolia.*
    feuille.

Campanula latifolia. Linn. spec. 233. Lam. Dict. 1. p. 582. Fl.
dan. t. 85. — Lob. ic. 2. t. 278. f. 2.

β. *Flore albo.* J. Bauh. Hist. 2. p. 807.

Sa racine pousse deux ou trois tiges droites, simples, cylindriques, presque entièrement glabres, et qui s'élèvent jusqu'à 4 décim.; les feuilles sont grandes, ovales-lancéolées, pointues, portées sur un pétiole bordé, un peu velues, munies de dentelures écartées qui sont elles-mêmes dentées; les pédoncules sont axillaires, courts, droits, chargés d'une seule fleur et parfaitement glabres, ainsi que les calices; les fleurs sont grandes, à cinq divisions pointues, un peu barbues sur les bords, de couleur bleue, blanches dans la variété β, deux fois plus longues que les lobes du calice : après la fleuraison le pédicelle se renverse, et la capsule est pendante à sa maturité. ♃. Cette plante croit dans les haies et les lieux montueux et couverts; elle a été observée en Piémont, aux environs d'Exiles, de Vinadio, et au pied du Lautaret (All.); à la grande Chartreuse en Dauphiné (Vill.); dans les montagnes du Jura (Gagn.)? sur le mont Balon dans les Vosges, et à la vallée de Munster (Buch.); au mont d'Or et au Cantal (Delarb.).

2842. Campanule à feuilles d'ortie.   *Campanula urticifolia.*

Campanula urticifolia. Schmidt. Bohem. n. 173. Wild. spec. 1. p. 900. non All.

Cette espèce tient le milieu entre la campanule à large feuille et la gantelée ; elle a le port de la première ; mais elle en diffère par sa tige anguleuse vers le bas, hérissée de poils épars ; par ses feuilles plus fortement dentées, et sur-tout par ses calices hérissés de poils roides et nombreux : ce dernier caractère la rapproche de la gantelée, dont elle s'éloigne par ses fleurs plus grandes, par ses pédicelles uniflores, par sa tige toujours simple, par ses feuilles nullement échancrées en cœur à leur base. ♃. Cette plante croît dans les forêts ombragées et montueuses ; je l'ai observée dans les montagnes du Jura, au Creux du Vent, au lac de Joux, etc.

2843. Campanule fausse-raiponce.   *Campanula rapunculoides.*

Campanula rapunculoides. Linn. spec. 234. Lam. Dict. 1. p.582. — *Campanula nutans.* Lam. Fl. fr. 3. p. 336. — Moris. s. 5. t. 3. f. 32.

Sa tige est haute de 6 décim., droite, cylindrique, rougeâtre, presque lisse, à peine velue et feuillée dans toute sa longueur ; ses feuilles inférieures sont en cœur, pointues, dentées et portées sur de longs pétioles ; les supérieures sont ovales-lancéolées et sessiles ou demi-embrassantes : les fleurs sont d'un bleu rougeâtre, pédonculées, toutes inclinées ou pendantes, et disposées dans les aisselles des feuilles supérieures, en un épi fort long et terminal ; les divisions de leur calice sont très-ouvertes, presque réfléchies, et celles de leur corolle sont légèrement velues en leurs bords intérieurs. ♃. On trouve cette plante dans les lieux secs et sur le bord des vignes ; en Belgique (Rouç.) ; aux environs de Paris (Thuil.) ; d'Orléans (Dub.) ; de Nantes (Bon.) ; en Bourgogne (Dur.) ; au Mont-d'Or (Delarb.) ; dans les montagnes du Bugey (Latourr.) ; en Dauphiné (Vill.) ; dans les moissons autour de Genève (Hall.) ; en Piémont (All.).

2844. Campanule gantelée. *Campanula trachelium.*

Campanula trachelium. Linn. spec. 235. Lam. Dict. 1. p. 582.
Fl. dan. t. 1026. — Lob. ic. t. 326. f. 1.

Sa tige est velue, anguleuse, rude, quelquefois rameuse,
feuillée dans toute sa longueur et s'élève jusqu'à 6-9 décim.;
ses feuilles sont en cœur, pointues, dentées en scie, larges,
rudes et pétiolées; ses fleurs sont bleues ou violettes, pédonculées et remarquables par leur calice hérissé de poils blancs,
et par ses divisons élargies. On trouve cette plante dans les
bois. ♃. Elle est connue sous le nom vulgaire de *gants de Notre-
Dame.*

2845. Campanule agglo-   *Campanula glomerata.*
mérée.

Campanula glomerata. Linn. spec. 235. Lam. Dict. 1. p. 583.—
Lob. ic. t. 326. f. 2.
β. *Floribus solitaris per caulem sparsis.* — C. Bauh. Pin. 94.
γ. *Foliis oblongis lucidis, floribus magnis capitatis.* — All.
Ped. t. 39. f. 1. — *Campanula petræa.* Delarb. Fl. Auv. 47?

Sa tige est haute de 3 décim., ordinairement simple, à peine
velue, feuillée et légèrement anguleuse; ses feuilles radicales
sont ovales-lancéolées, pointues, finement dentées en leur
bord, médiocrement velues, un peu blanchâtres en dessous
et portées sur de longs pétioles; celles de la tige sont petites
et demi-embrassantes : les fleurs sont bleues, sessiles, ramassées en une tête terminale, et quelques-unes disposées dans les
aisselles des feuilles supérieures. On trouve cette plante dans
les lieux secs et montueux. ♃. La variété β a les fleurs toutes
éparses aux aisselles des feuilles; dans la variété γ, au contraire,
les fleurs sont toutes réunies en une seule tête arrondie et terminale; ces fleurs sont en outre très-grandes : les feuilles sont
oblongues, pointues, un peu luisantes et d'un verd foncé. Cette
variété a été trouvée au Mont-d'Or, par M. Lamarck, et dans
les environs de Nice (All.); elle doit peut-être constituer une
espèce particulière : on la distingue de la *campanula petræa,*
parce que son style est plus court que la corolle.

2846. Campanule en tête.   *Campanula cervicaria.*

Campanula cervicaria. Linn. spec. 235. Lam. Dict. 1. p. 584.
— C. Bauh. Prodr. p. 36. f. 2. non pinac.

Sa tige est haute de 6 décimètres, hérissée de poils blancs, feuillée, simple ou quelquefois garnie dans sa partie supérieure de quelques rameaux médiocres; ses feuilles sont étroites; presque linéaires, dentées en leur bord, émoussées à leur sommet, d'un aspect blanchâtre et hérissées de poils qui les rendent très-rudes au toucher; les fleurs sont terminales, de couleur bleue, sessiles et ramassées en tête au sommet de la tige et des rameaux; leur corolle est velue en ses angles. On trouve cette plante dans les bois et les lieux pierreux des montagnes. ♂.

2847. **Campanule en thyrse.** *Campanula thyrsoidea.*

> *Campanula thyrsoidea.* Linn. spec. 235. Lam. Dict. 1. p. 584. Jacq. Obs. t. 21.

Sa tige est haute de 2-3 décim., droite, simple et hérissée de poils blancs; ses feuilles sont nombreuses, éparses autour de la tige, lancéolées-linéaires, un peu émoussées à leur sommet, et pareillement hérissées de poils; les fleurs sont d'un blanc sale, sessiles, velues, très-nombreuses, et disposées en un épi serré, cylindrique, terminal, feuillé dans sa partie inférieure, presque nu vers son sommet et long de 9-12 centimètres. Cette plante croît dans les montagnes de la Provence (Gér.); des environs de Grenoble (Vill.); de Genève (C. Bauh.); à la Dole dans le Jura (Hall.). ♃

2848. **Campanule fausse-**   *Campanula elatines.*
    élatiné.

> *Campanula elatines.* Linn. spec. 240. All. Pedem. n. 422. t. 7. f. 1. Lam. Dict. 1. p. 578. — Barr. ic. t. 453.

Une même racine pousse plusieurs tiges foibles, tombantes, simples ou peu rameuses, garnies de feuilles pétiolées, ovales, un peu échancrées, bordées de fortes dentelures très-pointues; les pédoncules partent de l'aisselle des feuilles, se divisent en trois ou quatre pédicelles capillaires, munis chacun à sa base d'une foliole oblongue, et terminés par une seule fleur; celle-ci est en cloche ouverte, un peu plus grande que dans la campanule à feuilles de lierre, et sa couleur est d'un pourpre clair : le calice se divise en cinq segmens linéaires, presque aussi longs que la corolle. La figure d'Allioni est trop grande; celle de Barrelier représente les dents des feuilles trop arrondies. J'ai sous les yeux deux échantillons de cette plante; l'un est presque entièrement glabre; le second est tout couvert de poils courts, blancs et cotonneux. ♃. Cette jolie plante croît dans les fentes des rochers ombragés ; elle a été trouvée en Piémont, dans les vallées vaudoises de Lanzo et de Viu, par M. Allioni.

2849. Campanule érine. *Campanula erinus.*

Campanula erinus. Linn. spec. 240. Lam. Dict. 1. p. 585. — Moris. s. 5. t. 3. f. 25.

Cette espèce est très-remarquable par sa tige plusieurs fois bifurquée ; elle est velue sur toute sa surface ; sa tige est grèle et s'élève jusqu'à 2 décim. au plus ; ses feuilles sont sessiles, ovales, garnies de quelques dentelures écartées et profondes, placées sous l'origine des bifurcations et conséquemment opposées dans le haut de la plante ; les fleurs naissent aux aisselles ou à l'extrémité des rameaux ; elles sont petites, presque sessiles, d'un bleu pâle ou blanchâtre, à cinq lobes droits et un peu inégaux : la corolle dépasse peu le calice à l'époque de la fleuraison, et les lobes du calice prennent de l'accroissement pendant la maturation ; le style se termine par un stigmate simple, et la capsule s'ouvre par le sommet (Juss.). ☉. Cette plante croît dans les lieux pierreux des provinces méridionales ; elle doit former un genre distinct.

2850. Campanule pygmée. *Campanula pygmœa.*

Cette espèce est si singulière que je ne puis me refuser à l'insérer ici, quoique je n'en aie encore vu qu'un seul individu desséché. La plante entière n'a pas plus de 4 centim. de hauteur ; elle est toute hérissée de poils blancs, roides, qui ressemblent à ceux de la campanule en tête ; sa tige porte deux à trois feuilles sessiles, ovales-oblongues, obtuses, dentelées et ciliées ; les fleurs sont au nombre de trois, portées chacune sur un pédicelle nu, long de 2 centimètres, et qui dépasse les feuilles ; l'ovaire est fort peu apparent ; le calice est à cinq lanières lancéolées ; la corolle est en forme de cloche, à cinq lobes obtus, d'un tiers plus longue que les lanières du calice ; les étamines et le style sont cachés dans la corolle ; le stigmate est simple. L'une des fleurs que j'ai sous les yeux est droite ; l'autre est penchée : l'une a son calice à quatre lanières ; l'autre en a cinq. Cette plante est conservée dans l'herbier de M. Lamarck, comme originaire de l'isle de Corse.

Seconde section. **MÉDIUM.** *MEDIUM.*

Sinus des lobes du calice réfléchis sur la capsule (1).

2851. Campanule d'Allioni. *Campanula Allionii.*

Campanula Allionii. Vill. Prosp. 22. Fl. dauph. 2. p. 512. t. 10.
— *Campanula nana.* Lam. Dict. 1. p. 585. — *Campanula
Alpestris.* All. Pedem. n. 418. t. 6. f. 3. — *Campanula trilo-
cularis.* Turr. Fl. ital. prod. p. 64. n. 10.
β. *Foliis radicalibus spatulatis, caulinis subdentatis.* Lam.
loc. cit.

Cette espèce a quelque ressemblance avec la campanule du
mont Cenis, mais elle s'en éloigne parce que les sinus de son
calice se renversent sur la base ; sa racine, qui est vivace et
traçante, pousse une tige simple haute de 4-10 centim., hérissée de poils roides, ainsi que le reste de la plante ; les feuilles
sont linéaires-lancéolées, un peu ondulées sur les bords ; la fleur
est terminale, solitaire, assez grande, droite ou un peu penchée, légèrement barbue et de couleur bleue ou blanche. Cette
plante croît parmi les débris de rochers, et sur les graviers au
bord des torrens, dans les Alpes du Dauphiné (Vill.); du
Piémont (All.); de la Provence. La variété β, qui peut-être
est une espèce distincte, diffère de la précédente par sa corolle
glabre, par ses feuilles dentelées çà et là sur les bords, et dont
les inférieures sont arrondies et pétiolées.

2852. Campanule barbue. *Campanula barbata.*

Campanula barbata. Linn. spec. 236. Lam. Dict. 1. p. 586. Jacq.
Obs. 2. t. 37. — C. Bauh. prod. p. 36. f. 1.
β. *Caule ramoso.* — Moris. s. 5. t. 3. f. 35.
γ. *Flore albo.*

Sa tige est velue, médiocrement feuillée, un peu rameuse
vers son sommet, et s'élève jusqu'à 5 décimètres; ses feuilles
sont ovales-oblongues, velues, un peu rudes au toucher et très-
entières; les fleurs sont bleues, pédonculées, la plupart inclinées
ou pendantes et disposées au nombre de huit à dix en une panicule très-lâche; elles sont beaucoup plus petites que celles de
l'espèce suivante, et leur corolle est remarquable par beaucoup

---

(1) Doit-on considérer le calice des plantes de cette section comme
étant à dix divisions, dont cinq réfléchies? Cette section doit-elle former
un genre distinct?

de poils blancs et tortueux qui rendent son entrée très-barbue. La variété β a la tige un peu rameuse et les fleurs en panicule; la variété γ a la fleur blanche. ♂. Cette plante croît dans les prairies des hautes montagnes de la Savoie, du Dauphiné, du Piémont; on la retrouve en Lorraine, dans les taillis des bois de Haie et de Pont-à-Mousson (Buch.).

2853. Campanule carillon.   *Campanula medium.*

Campanula medium. Linn. spec. 236. Lam. Dict. 1. p. 586. — *Campanula grandiflora.* Lam. Fl. fr. 3. p. 334.—Clus. Hist. 2. p. 172. f. 2.

β. *Flore albido.* Garid. Aix. p. 76. t. 18.

γ. *Flore lacteo.* C. Bauh. Pin. 94.

Sa tige est haute de 6 décim., droite, feuillée, rude, velue et un peu rameuse; ses feuilles sont ovales-lancéolées, sessiles, rudes au toucher, légèrement velues, et d'un verd quelquefois noirâtre; ses fleurs sont fort grandes, pédonculées et de couleur bleue ou blanchâtre; leur calice est remarquable par des replis et des sinuosités particulières dans sa moitié inférieure, et leur corolle est légèrement velue en ses angles; le style se divise en cinq stigmates, et la capsule est à cinq loges. ♂. Cette plante croît dans les bois et les lieux arides en Provence, à Monteiguez, Prignon, au bois de la Magdeleine et le long de la rivière d'Arc (Gar.). Elle porte le nom de *carillon;* on la cultive comme fleur d'ornement.

2854. Campanule spécieuse.   *Campanula speciosa.*

Campanula speciosa. Pourr. Act. Toul. 3. p. 309. Lam. Illustr. n. 2556. — *Campanula longifolia.* Lapeyr. Fl. Pyren. 1. u. 6. t. 6.

β. *Flore albo.*

γ. *Caule paniculato.*

Cette belle plante a beaucoup de rapports avec la campanule carillon, dont elle diffère par son style à trois stigmates et sa capsule à trois loges; avec la vraie campanule des Alpes, dont elle s'écarte par sa roideur et la grandeur de ses fleurs; sa racine pousse une rosette de feuilles longues, linéaires, un peu crénelées, d'où s'élèvent une ou plusieurs tiges simples, hérissées de poils roides, ainsi que les feuilles et les calices; les feuilles de la tige sont nombreuses et semblables à celles qui naissent de la racine; les fleurs sont grandes, de couleur bleue, en forme de cloche, glabres sur les angles, portées sur des pédoncules simples, uniflores, munis de deux feuilles linéaires dans le milieu de leur longueur. La variété β a la fleur blanche ; la var. γ se ramifie vers le haut, de sorte que ses fleurs forment une grande panicule. Cette plante croît dans les montagnes des Corbières à Saint-Victor, et dans les Pyrénées, sur les montagnes de Nœdes, de Magire, de Trancade, etc.

2855. Campanule en épi. *Campanula spicata.*

Campanula spicata. Linn. Mant. 33 . All. Ped. n. 414. t. 46. f. 2. Lam. Dict. 1. p. 587. — Pluk. t. 153. f. 3. pess.

β. *Spica interrupta.* All. Ped. t. 47. f. 1.

Sa racine est ligneuse, horizontale, épaisse et cylindrique; sa tige est droite, simple, haute de 3-4 décim., hérissée, ainsi que tout le reste de la plante, de poils roides et nombreux; ses feuilles sont longues, droites, linéaires ou un peu lancéolées, entières ou légèrement crénelées; elles couvrent toute la tige, et les supérieures servent de bractées : les fleurs forment un long épi cylindrique, assez serré; les corolles sont tubuleuses, de couleur bleue, à cinq lobes un peu pointus : le calice est fortement hérissé et a ses sinus un peu réfléchis. ♃ , Linn.; ♂ , Vill. Cette plante croît dans les lieux arides et pierreux des basses Alpes; dans la Provence près des montagnes de Seyne; aux environs de Nice, dans toute la vallée de Fenestrelle, et entre Pignerol et la Perosa (All.); dans le Queyras, sur les montagnes du Champsaur (Vill.); dans le Valais (Hall.); au mont Saint-Bernard.

CDLXX. PRISMATOCARPE. *PRISMATOCARPUS.*

Prismatocarpus. L'Her. — *Legouzia.* Dur. — *Apenula.* Neck. *Campanulæ sp.* Linn.

Car. Ce genre diffère du précédent parce qu'il a la corolle en roue, l'ovaire et la capsule grêles, alongés, prismatiques, à deux ou trois loges qui s'ouvrent non par le côté, mais par le sommet.

2856. Prismatocarpe miroir-de-Vénus. *Prismatocarpus speculum.*

Prismatocarpus speculum. L'Her. Sert. angl. — *Campanula speculum.* Linn. spec. 3 . Lam. Dict. 1. p. 589. — *Legousia arvensis.* Dur. Fl. bourg. 1. p. 37. — Lob. ic. t. 418.

β. *Pubescens.*

γ. *Flore albo.*

Sa tige est haute de 2-3 décimètres, anguleuse, feuillée,

rameuse et un peu étalée ; ses feuilles sont petites, ovales, un peu
en pointe, sessiles et légèrement dentées ; les fleurs sont d'un
violet rougeâtre, pédonculées et disposées au sommet et dans les
aisselles supérieures de la tige et des rameaux ; leur corolle est
plane et à cinq divisions ; les étamines n'ont pas d'écailles bien
sensibles à la base de leurs filamens ; le calice est à cinq segmens
linéaires, pointus, qui sont égaux à la longueur de la corolle
ou la dépassent peu. La variété β est pubescente sur toute sa
surface, sur-tout sur les rameaux et les calices. On trouve cette
plante dans les champs, parmi les blés. ☉. Elle porte les noms
de *doucette*, *miroir-de-Vénus*.

2857. Prismatocarpe bâtard.   *Prismatocarpus hybridus.*

Prismatocarpus hybridus. L'Her. Sert. angl. — *Prismatocarpus confertus*. Mœnch. Meth. 496. — *Campanula hybrida*.
Linn. spec. 239. Lam. Dict. 1. p. 589. — Moris. s. 5. t. 2. f. 22.
β. *Caule simplici.*

Cette espèce ressemble beaucoup à la précédente, mais elle
en diffère constamment par sa corolle qui est de moitié plus
courte que le calice, quoique le calice lui-même ait ses lanières
plus courtes et plus ovales que dans le miroir-de-Vénus ; l'o-
vaire porte souvent de petites folioles sur ses angles, caractère
qu'on ne trouve jamais dans l'espèce précédente, mais qui n'est
pas constant dans celle-ci : son port varie beaucoup ; elle est le
plus souvent très-rameuse, quelquefois elle l'est beaucoup moins,
et j'en possède des échantillons à tige simple ; elle est tantôt
glabre, tantôt pubescente, tantôt droite, tantôt un peu étalée.
Elle croît dans les champs, parmi les blés. ☉.

CDLXXI. RAIPONCE.   *PHYTEUMA.*

Phyteuma. Linn. Juss. Lam. — *Rapunculus*. Adans. Lam. —
Rapunculi sp. Tourn. Hall.

Car. La corolle est munie d'un tube court, divisée profondément en cinq lobes aigus, linéaires, qui se séparent les uns
des autres en commençant par la base ; les étamines sont peu
élargies à leur base ; le stigmate est à trois parties ; la capsule
a trois loges qui s'ouvrent par un trou latéral.

Obs. Les fleurs sont petites, rapprochées en têtes ou en épis
terminaux entourés de bractées.

2858. Raiponce à petite tête. *Phyteuma pauciflora.*

Phyteuma pauciflora. Linn. spec. 241. —*Phyteuma pauciflorum.*
Hoffm. Germ. 3. p. 104. — *Rapunculus pauciflorus.* Mill. Dict.
n. 4. — Hall. Helv. n. 680.
β. *Capitulo sessili.*
γ. *Flore albo.*

Sa racine est ligneuse, grisâtre; elle émet une ou deux
touffes de feuilles ovales ou oblongues, toujours obtuses, rétrécies en pétiole et parfaitement glabres; d'entre ces feuilles
sort une tige de 3–5 centim. de longueur, chargée d'une ou
deux feuilles légèrement ciliées, terminée par une tête de cinq
ou six fleurs; celles-ci sont entourées de larges bractées ciliées,
en forme de cœur et arrondies; les corolles sont d'un bleu
foncé; le style, qui est saillant et pubescent, se divise en deux
ou trois stigmates. La variété β, qui m'a été communiquée
par M. Necker-de-Saussure, a la tête de fleurs sessile entre
les feuilles et non portée sur une tige; la variété γ a la fleur
blanche. ♃. Cette plante croit dans les lieux un peu pierreux des hautes montagnes; à la vallée de Saint-Nicolas, dans
les Alpes du Valais; au mont Cenis, au Valon et dans les Alpes
de Viù (All.); près Briançon (Vill.); dans les Corbières?

2859. Raiponce hémisphé-   *Phyteuma hemisphœ-*
rique.   *rica.*

Phyteuma hemisphærica. Linn. spec. 241. Lam. Illustr. n.2584.
t. 124. f. 2. — *Phyteuma hemisphæricum.* Hoffm. Germ. 3.
p. 104. — *Rapunculus hemisphæricus.* Lam. Fl. fr. 3. p. 331.
β. *Flore albo.* Hall. Helv. n. 679. β.

Cette plante ne s'élève presque jamais au-delà de 1 décim.,
et quelquefois n'atteint pas 5 centim. de hauteur; elle est entièrement glabre, à l'exception des bractées qui sont ciliées;
ses feuilles sont toutes linéaires, pointues, très-rarement dentées; les inférieures sont un peu plus larges : la tige ne porte
que une ou deux feuilles et se termine par une tête arrondie
composée de vingt ou trente fleurs bleues ou blanches dans la
variété β; les bractées sont ovoïdes, acérées, plus courtes que
les fleurs; le style se divise en trois stigmates. ♃. Cette plante croit
dans presque toutes les montagnes un peu élevées des Alpes,
des Pyrénées, des Corbières, des Cévennes, des monts d'Or.

2860. Raiponce à collet.   *Phyteuma comosa.*

Phyteuma comosa. Linn. spec. 242. Lam. Illustr. n. 2590. Jacq.
Austr. app. t. 50. — *Rapunculus comosus.* Lam. Fl. fr. 3.
p. 331.

Sa racine pousse plusieurs tiges grèles, lisses, garnies de
quelques feuilles et hautes de 2 centim. ; ses feuilles sont pétiolées, un peu dures, nerveuses, d'un verd noirâtre et plus fortement dentées en leur bord que celles des espèces précédentes ;
les radicales sont en cœur et beaucoup plus courtes que leur
pétiole, et celles de la tige sont lancéolées : les fleurs sont bleuâtres
et ramassées en une tête terminale, remarquable par les bractées qui l'accompagnent. Cette plante a été observée dans les
montagnes des provinces méridionales ; aux environs de Narbonne ; à Villemagne et Fougère près Montpellier (Gou.) ; à
Loupière, dans le Champsaur et à la grande Chartreuse en
Dauphiné (Vill.).

2861. Raiponce orbiculaire. *Phyteuma orbicularis.*

Phyteuma orbicularis. Linn. spec. 242. Wild. spec. 1. p. 921.
— *Rapunculus orbicularis.* Lam. Fl. fr. 3. p. 330. — *Phyteuma orbiculare.* Hoffm. Germ. 3. p. 105. — Barr. ic. t. 525.
β. *Phyteuma lanceolata.* Vill. Dauph. 2. p. 517. t. 12. f 1.
γ. *Phyteuma elliptica.* Vill. Dauph. 2. p. 517. t. 11. f. 2.

Sa tige est grèle, très-simple et haute d'environ 2 décim. ;
ses feuilles sont un peu dures ; les inférieures sont en cœur et
plus courtes que leur pétiole ; les supérieures sont étroites,
pointues et presque sessiles : les fleurs sont bleuâtres et ramassées en une tête terminale, arrondie ou orbiculaire. La variété
β a toutes les feuilles oblongues-lancéolées ; la variété γ a des
feuilles oblongues, elliptiques et obtuses. Cette plante croît dans
les lieux montagneux de la France presque entière. ♃

2862. Raiponce de   *Phyteuma Scheuchzeri.*
Scheuchzer.

Phyteuma Scheuchzeri. All. Pedem. n. 428. t. 39. f. 2. Wild.
spec. 1. p. 919. — Hall. Helv. n. 682. — Scheuchz. Itin. 6.
p. 460.

Cette plante s'élève à la hauteur de 4 décim. ; elle est glabre
dans toutes ses parties ; sa tige est droite, feuillée dans toute

sa longueur ; ses feuilles sont pétiolées, oblongues et dentées dans le bas de la plante, presque sessiles, linéaires et entières dans le haut ; elles atteignent jusqu'à 2 décim. de longueur ; les fleurs forment, au sommet de la tige, une tête arrondie, entourée de trois ou quatre bractées linéaires, beaucoup plus longues que les fleurs ; les corolles sont d'un bleu foncé ; le style se divise en trois stigmates. ⅃. Cette espèce croît parmi les rochers ombragés, entre Ivrée et Giaveno, et autour de la chapelle de Notre-Dame d'Oropa en Piémont (All.). Je l'ai reçue de M. Balbis, qui l'a trouvée autour de Castellamonte, et de M. Schleicher, qui l'a recueillie dans la vallée de Saas en Suisse.

2863. Raiponce de Micheli. *Phyteuma Michelii.*

Phyteuma Michelii. All. Pedem. n. 427. t. 7. f. 3. Wild. spec. 1. p. 920. — *Rapunculus* n°. 2. Mich. Hort. Florent. p. 80.

Cette espèce est très-voisine de la raiponce de Scheuchzer, mais elle s'en distingue parce que son épi est muni, à sa base, de bractées très-courtes et qui ne dépassent jamais la longueur des fleurs ; elle diffère de la raiponce d'Haller, de la raiponce en épi et de la raiponce à feuilles de bétoine, par son épi plus court et ses feuilles inférieures oblongues, non échancrées en cœur ; la brièveté de son épi et la consistance de ses feuilles velues, sur-tout en dessous, la distinguent de la raiponce à feuilles de scorzonère ; son épi est d'abord orbiculaire et devient oblong pendant la maturation. ⅃. Cette plante croît dans les prés des Alpes, sur le mont Cenis (All.), et sur le Cramont. Peut-être le *phyteuma lanceolata* de Villars, doit-il être rapporté à cette espèce, et non à la raiponce orbiculaire.

2864. Raiponce de Charmeil. *Phyteuma Charmelii.*

Phyteuma Charmelii. Vill. Dauph. 2. p. 516. t. 11.

β. *Foliorum dentibus exsertis.* Vill. loc. cit. t. 11. f. B. C.

Cette raiponce a l'épi court et arrondi en forme de tête, comme toutes les précédentes, mais elle s'en distingue facilement parce que ses feuilles radicales sont pétiolées, échancrées en forme de cœur ; les supérieures sont entières, linéaires ou lancéolées ; les fleurs sont bleues ou rarement blanches, entremêlées de bractées ciliées plus courtes qu'elles. La varité α a les feuilles légèrement dentées ; la variété β est très-remarquable par les

dents saillantes, écartées, étroites et aiguës de ses feuilles inférieures. ♃. Elle croit parmi les rochers calcaires du Dauphiné,
à Mont-Dauphin, à Seuse près de Gap, au Noyer, dans le
Champsaur, au Prà du Pertuis, aux environs de Grenoble,
au col de Larc près de Claix (Vill.). M. Balbis l'a trouvée
aux environs de la citadelle de Queyras.

2865. Raiponce à feuilles   *Phyteuma betonicæ-*
      de bétoine.   *folia.*

Phyteuma betonicæfolia. Vill. Dauph. 2. p. 518. t. 12. f. 3. Lam.
Illustr. n. 2588. Wild. spec. 1. p. 922.

Cette espèce se distingue de toutes les précédentes par ses
fleurs disposées en épi oblong et non arrondi, mais cet épi est
beaucoup plus court et plus obtus que dans la raiponce en épi ;
sa tige s'élève à 2-3 décim. ; ses feuilles inférieures sont pétiolées,
lancéolées, fortement échancrées en cœur, simplement crénelées ; les supérieures sont lancéolées-linéaires, sessiles, entières et
redressées : les fleurs sont blanches ou d'un bleu peu foncé,
entourées de bractées plus courtes qu'elles et à peine visibles ;
le style est pubescent, divisé en trois stigmates. ♃. Cette plante
croît parmi les rochers, dans les montagnes du Dauphiné, depuis Allevard à Allemand, à Prémol, à l'est et au sud de Grenoble (Vill.). ; dans la Savoie, au col de Balme ; dans le Valais
et dans les Pyrénées.

2866. Raiponce à feuilles   *Phyteuma scorzoneræ-*
      de scorzonère.   *folia.*

Phyteuma scorzoneræfolia. Vill. Dauph. 2. p. 519. t. 12. f. 2.
    — *Phyteuma persicifolium.* Hop. Cent. exsic.
    β. *Flore albo.*

Cette élégante espèce est haute de 3-4 décim. ; sa tige est
droite, ferme, cannelée, glabre et presque lisse, ainsi que
le reste de la plante ; les feuilles inférieures sont oblongues,
pétiolées, nullement échancrées en cœur, simplement crénelées sur les bords ; les supérieures sont linéaires, sessiles,
presque entières et assez écartées : les fleurs forment un épi
oblong, obtus, muni de bractées linéaires, courtes et peu
apparentes ; les corolles sont d'un beau bleu ; le style est velu,
divisé en deux stigmates fortement roulés en dehors au-dessous

de l'épi ; on trouve quelquefois une ou deux fleurs isolées à l'aisselle de leurs bractées. ♃. Cette plante croît en Dauphiné, dans les prairies les plus élevées de l'Argentière, au col de l'Échauda dans le Briançonnois (Vill.). La variété β, que je crois originaire de Sorrèze, a la fleur blanche et l'épi plus alongé.

2867. Raiponce en épi.   *Phyteuma spicata.*

Phyteuma spicata. Linn. spec. 242. Lam. Illustr. n. 2589. t. 124. f. 1. — *Rapunculus spicatus.* Lam. Fl. fr. 3. p. 330. — C. Bauh. Prod. t. 32. f. 1.

β. *Flore albido.* — Dod. Pempt. 165. 166.

Sa racine est charnue, blanchâtre, fusiforme, perpendiculaire et bonne à manger ; sa tige est droite, simple, ordinairement glabre, haute de 3–4 déc. ; ses feuilles inférieures sont pétiolées, en forme de cœur, pointues, bordées de dentelures qui sont elles-mêmes dentées ; les supérieures sont lancéolées-linéaires, sessiles et simplement dentelées : les fleurs forment un épi cylindrique de 3–6 centim. de longueur ; les bractées sont lancéolées-linéaires, peu apparentes ; celles du bas de l'épi dépassent un peu les fleurs ; le style est pubescent et se divise presque toujours en deux stigmates ; la capsule est à deux loges ; les corolles sont de couleur bleue. La variété β, qui est plus commune que la souche primitive, a la fleur blanchâtre. Cette plante varie encore par ses feuilles, dont les inférieures sont quelquefois tachées de brun ; on en trouve des individus tout hérissés de poils. Cette espèce croît dans les pâturages montagneux, le long des haies. ♃.

2868. Raiponce de Haller.   *Phyteuma Halleri.*

Phyteuma Halleri. All. Ped. n. 430. — *Phyteuma ovata.* Wild. spec. 1. p. 923. — *Phyteuma ovatum.* Schmidt. Fl. bohem. 1. n. 199. — Hall. Helv. n. 683.

β. *Foliis radicalibus reniformibus.*

Cette raiponce ressemble beaucoup à la précédente ; elle paroît cependant en différer par son épi plus ovale, entouré à sa base de bractées plus grandes et plus apparentes ; par ses styles plus longs et plus velus ; par ses feuilles supérieures plus larges, lancéolées et non linéaires. La variété α a les feuilles inférieures en forme de cœur, pointues au sommet et bordées de fortes dentelures qui sont pointues et dentées elles-mêmes ; la variété β a les mêmes feuilles arrondies en forme de rein, bordées de crénelures légèrement dentelées. ♃. Cette plante croît dans les prairies ombragées et fertiles des montagnes du Valais et du Piémont ; à l'Echalier sur le mont Fraissen, à Vinadio, Valderio, Mont-Régal, au mont Cenis et dans les vallées Vaudoises (All.).

**** *Anthères réunies.***

CDLXXII. LOBÉLIE.   *LOBELIA.*

Lobelia. Linn. Juss. Lam. — *Rapuntium.* Tourn. Mœnch. — *Laurentia et Dortmanna.* Adans.

Car. La corolle est irrégulière ; elle a le tube plus long que le calice, fendu longitudinalement en dessus ; le limbe à deux lèvres, à cinq lobes ; les anthères sont réunies en cylindre ; le stigmate est ordinairement simple ; la capsule est ovoïde, à deux ou trois loges qui s'ouvrent par le sommet.

Obs. Les fleurs sont distinctes et non réunies en tête comme dans le genre suivant.

2869. Lobélie de Dortmann.   *Lobelia Dortmanna.*

Lobelia Dortmanna. Linn. spec. 1318. Lightf. Scot. p. 505. t. 21. Lam. Dict. 3. p. 582. Fl. dan. t. 39.

Sa racine est composée de fibres blanches, simples ; ses feuilles sont presque toutes radicales et submergées, linéaires, un peu recourbées au sommet et très-remarquables en ce qu'elles offrent à l'intérieur deux loges longitudinales, comme si elles étoient formées par deux tubes accolés ; la tige est haute de 4-5 décim., droite, simple, cylindrique, glabre, ainsi que le reste de la plante ; les fleurs sont disposées en grappe lâche ; chacune d'elles naît de l'aisselle d'une bractée plus courte que le pédicelle ; la corolle est bleuâtre ; la capsule est elliptique, à deux loges. ♃. Cette plante croît dans les étangs et les lacs ; elle a été envoyée des environs de Liège, au jardin des Plantes de Paris.

2870. Lobélie brûlante.   *Lobelia urens.*

Lobelia urens. Linn. spec. 1321. Lam. Dict. 3. p. 586. Bull. Herb. t. 9. — Moris. s. 5. t. 5. f. 56.

Sa tige est haute de 5 décim. ou un peu plus, droite,

feuillée, très-simple et anguleuse ; ses feuilles radicales sont ovales-oblongues, et celles de la tige sont ovales-lancéolées et un peu écartées les unes des autres ; toutes sont glabres et légèrement dentées en leur bord : les fleurs sont bleues, portées sur de courts pédoncules, et disposées en une espèce de grappe ou d'épi terminal ; leur corolle est comme labiée, et sa gorge est distinguée par deux taches pâles ou blanchâtres. ☉. Cette plante croît dans les prés et les buissons humides, aux environs de Paris, à Saint-Léger, Fontainebleau ; aux environs de Caën (Rouss.) ; à Blois, et entre Thouars et Bressuire près Saint-Porcher en Poitou (Guett.) ; dans la Sologne (Mor.) ; du côté de Vitry (Dub.) ; au bois Heslou près Alençon (Ren.) ; dans les Landes près Nantes (Bon.), et Dax (Thor.) ; dans la Gaule narbonnoise (C. Bauh.).

2871. Lobélie naine.   *Lobelia minuta.*

Lobelia minuta. Linn. Mant. 292 ? Lam. Dict. 3. p. 587. — *Lobelia laurentia,* β. Wild. spec. 1. p. 948. — Bocc. Mus. 2. p. 35. t. 27. fig. min.

Cette petite plante n'a pas 3 centim. de hauteur, ne ressemble nullement à la précédente, et se rapproche, par son port, du *bellium minutum ;* sa racine, qui est menue et fibreuse, pousse quelques drageons rampans et des touffes de feuilles glabres, ovales, rétrécies en pétiole, obtuses et un peu crénelées ; d'entre ces feuilles sort une hampe grêle, qui porte, vers le milieu de sa longueur, une petite foliole linéaire ; cette hampe se termine par une fleur solitaire, blanche ou bleuâtre, et dont le calice est de moitié plus court que la corolle. ☉. Cette plante a été trouvée dans l'isle de Corse, par M. Labillardière ; l'espèce de Linné, qui est vivace, qui est du Cap de Bonne-Espérance, qui a les feuilles entières et les hampes absolument nues, est-elle bien la même que la nôtre ?

CDLXXIII. JASIONE.   *JASIONE.*

Jasione. Linn. Juss. Lam. Gœrtn. — *Rapunculi sp.* Tourn. Hall. — *Ovilla.* Adans.

Car. La corolle a le tube court, le limbe a cinq divisions profondes et linéaires ; les anthères sont réunies en tube ; le stigmate est à deux lobes ; la capsule est pentagone, à deux loges, couronnée par le calice, s'ouvrant par un trou au sommet.

Obs. Ce genre indique l'affinité des Campanulacées avec les Composées; il a, comme dans la famille suivante, les fleurs réunies en tête dans un involucre à plusieurs feuilles, mais il en diffère par son fruit polysperme et par ses étamines non insérées sur la corolle.

2872. Jasione de montagne.   *Jasione montana.*

>*Jasione montana.* Linn. spec. 1317. Fl. dan. t. 319. — *Jasione undulata.* Lam. Fl. fr. 2. p. 3. Illustr. t. 724. f. 1. —Dalech. Lugd. 864. f. 1.
>β. *Flore albo.*
>γ. *Caule unifloro.* — *Phyteuma crispa.* Pourr. Act. Toul. 3. p. 324.
>δ. *Prolifera.* Bell. Act. Tur. 5. p. 247. Latourr. Chl. lugd. 25.

Sa racine est blanchâtre, fibreuse, et produit souvent plusieurs tiges grêles, un peu branchues, hautes de 5 décim., striées et hérissées, sur-tout inférieurement, de poils blancs très-nombreux qui les rendent rudes au toucher; ses feuilles sont étroites, linéaires, à peine longues de 5 centim., hérissées, très-ondulées et quelquefois dentées; les têtes des fleurs sont assez petites, terminales, d'une belle couleur bleue, et portées sur des pédoncules nus et fort longs. Cette plante croît sur les côteaux secs et sur les bords des bois. ⊙. La variété β a la fleur blanche; la variété γ est petite et ne porte qu'une seule fleur; la variété δ est prolifère, c'est-à-dire que de certaines têtes de fleurs sortent des pédoncules qui sont eux-mêmes terminés par une tête de fleurs.

2873. Jasione vivace.   *Jasione perennis.*

>*Jasione perennis.* Lam. Dict. 3. p. 216. Illustr. t. 724. f. 2. — *Jasione lævis.* Lam. Fl. fr. 2. p. 3. — *Jasione montana.* Vill. Dauph. 2. p. 670. — *Jasione montana perennis.* Linn. f. suppl. 394.

La tige de cette plante est droite, lisse, branchue à sa base, très-garnie de feuilles dans sa moitié inférieure; elle s'élève un peu au-delà de 5 décim.; ses feuilles sont nombreuses, éparses, linéaires, longues d'environ 5 centim., larges de 5 millim., obtuses, très-entières, point ondulées, et chargées à leur base de quelques poils écartés et peu sensibles; les fleurs sont disposées en têtes terminales, de couleur bleue, assez grandes et portées chacune sur un pédoncule nu et long de 15-18 centim. Cette espèce peu connue, diffère de la précédente par sa durée, par sa grandeur, par son aspect lisse, et par ses feuilles longues qui ne sont point ondulées ni dentées. ♃. Elle croît au Mont-d'Or en Auvergne, où elle a été observée par M. le Monnier; dans les montagnes aux environs de Lyon (Latourr.); près Grenoble et dans le Champsaur, entre Saint-Firmin et Saint-Maurice (Vill.); aux environs de Dax (Thor.). J'ai vu dans l'herbier de M. de Jussieu une monstruosité de cette plante, où la tige étoit élargie et comprimée, comme on l'observe fréquemment dans la chicorée sauvage. Ce fait tend encore à prouver l'analogie des Campanulacées avec les Chicoracées.

FIN DU TROISIÈME VOLUME.

ADDITIONS ET CORRECTIONS
DU TOME III.

1552*. Avoine de Seyne. *Avena Sedenensis.*

Avena Sedenensis. Clar. ined.

Cette plante s'élève jusqu'à 4 - 5 décim. ; sa tige est coudée
à sa base, à-peu-près droite, peu feuillée, simple, lisse; ses
feuilles naissent en touffe vers le bas de la plante; elles sont
étroites, planes, horizontales, la plupart glabres; la gaîne est
pubescente vers son orifice dans les feuilles inférieures; la panicule est droite, serrée, longue de 6-7 centim., composée
d'une vingtaine d'épillets oblongs, bigarrés de pourpre et de
blanc, les uns sessiles, les autres pédicellés et qui naissent toujours 2 à 2; les glumes sont à 2 valves oblongues, pointues,
concaves, un peu inégales; elles renferment 2 fleurs, et quelquefois le rudiment d'une troisième; ces fleurs sont velues à
leur base, et la valve interne de leur balle est bifide; l'arête
est insérée sur le dos de la balle, solitaire sur chaque fleur,
d'une longueur double de celle de la balle. ♃. Elle a été trouvée
dans les Alpes de Seyne en Provence, par M. Clarion.

1575. Ajoutez : Elle croît dans le sable sur le bord de la Méditerranée; en Provence; entre Albengà et Loano près
Nice, d'où elle m'a été envoyée par M. Balbis.

1582*. Fétuque jaunâtre. *Festuca flavescens.*

Festuca flavescens. Bell. act. Tur. 5. p. 217.

Sa racine est fibreuse, vivace; ses tiges sont droites, grêles,
lisses, hautes de 3 décim.; les feuilles naissent, soit de la racine,
soit du bas de la tige, et sont disposées en touffe dressée; elles
sont droites, parfaitement glabres, longues de 2 décim., fines
comme des cheveux, pliées ou roulées en long par leurs bords;
la panicule est droite, oblongue, de couleur jaunâtre, peu rameuse, longue de 5-6 centim.; les glumes sont à 2 valves obtuses, à-peu-près égales, et renferment 4-5 fleurs; les balles
ont la valve externe concave, membraneuse sur les bords,
prolongée au sommet en une petite arête avortée, qui ne

Tome III. Zz

dépasse pas un millim. de longueur. ♃. Elle se trouve assez fréquemment dans les bois et les buissons des Alpes du Piémont;
dans les vallées de Pisi, Viù et Limoni (Bell.); au mont Cenis ; au mont Mora.

1609*. Paturin du Rhin.   *Poa Rhenana.*

Poa Rhenana. Kœl. Gram. 196.

Sa racine offre une souche verticale qui, de chacun de ses
nœuds, émet des fibrilles verticillées, souvent renflées çà et là
en petits tubercules oblongs; sa tige est droite ou un peu genouillée à la base, haute de 2-3 décim., cylindrique, glabre,
lisse, nue vers le haut, munie à sa base de 2 – 3 feuilles peu
alongées; leur gaîne est lisse, glabre, striée; la *languette* est
remplacée par une bordure calleuse, légèrement ciliée; le
limbe est assez large, ferme, lisse en dessous, un peu rude
en dessus et sur les bords, souvent plié ou courbé en gouttière; la panicule est ouverte, à rameaux écartés, demi-verticillés, disposés 4 à 4 dans le bas; les épillets sont assez gros,
à 5-7 fleurs, bigarrés de violet, de jaune et de verdâtre; les
valves de la glume sont un peu rudes vers le haut; celles de
la balle ont le bord glabre et membraneux. ♃. Cette plante a été
découverte par M. Kœler dans un terrein sablonneux à l'entour d'un étang près de la tuilerie de Mombach, aux environs de
Mayence.

1612*. Paturin du mont Cenis.   *Poa Cenisia.*

Poa Cenisia. All. Auct. p. 40.

Cette espèce ressemble au paturin des Alpes par l'aspect de
sa panicule, et au paturin comprimé par sa tige comprimée
vers sa base; elle est toute glabre, haute de 3 décim.; sa
tige est droite ou genouillée à la base, lisse, nue dans sa moitié supérieure; les gaînes sont lisses, couronnées à leur entrée par une membrane entière, saillante; le limbe est plane,
un peu rude sur les bords; la panicule est ovale – oblongue,
à épillets pédicellés, demi-verticillés, disposés 2-4 ensemble,
bigarrés de violet et de blanc, composés de 6-7 fleurs remarquables par leurs balles couvertes de poils couchés; les glumes
sont glabres, courbées en carène, pointues, semblables aux
balles par leur forme et leur grandeur. ♃. Il croît sur les sables
laissés à sec le long des torrens sur le mont Cenis.

1616. **Paturin de Molineri.** *Poa Molinerii.*

α. *Glumis virescentibus laxis.* — *Poa Molinerii.* Balb. Add. p. 85. Misc. t. 5. f. 1.

β. *Glumis violaceis adpressis.* — *Poa Molinerii.* Schleich. cent. exs. 2. n. 12. Balb. Misc. p. 12.

La plante que j'ai décrite (vol. 3, p. 62) est la varité β, à glumes violettes, à épillets plus petits, plus serrés, et d'un aspect terne; depuis l'impression de cet article, j'ai reçu de M. Balbis la variété α, à laquelle il a primitivement donné le nom de *poa molinerii*; elle a les glumes d'un verd pâle, d'un aspect lisse, presque luisant, les épillets plus gros et plus lâches. Ces deux variétés seroient-elles deux espèces distinctes?

1636. **Brome rude,** *lisez* Brome âpre.

1655*. **Égilope roide.** *Ægilops squarrosa.*

Ægilops squarrosa. Linn. spec. 1489. Schreb. Gram. t. 72. f. 2. Balb. Misc. p. 45. — *Ægilops caudata.* Balb. Add. p. 98.

Sa tige est noueuse, haute de 5 décim., droite ou un peu couchée à sa base; ses feuilles sont légèrement velues, principalement sur les bords de la gaîne; l'épi a une longueur de 5-10 centim.; son axe est articulé, fortement creusé à la place des fleurs; celles-ci naissent 2 à 2, serrées et sessiles; leur glume est coriace, sillonnée, rude sur les nervures, convexe d'un côté, terminée par une à 3 barbes roides; ces barbes sont très-courtes dans les fleurs inférieures, plus longues dans les supérieures, mais jamais égales à la longueur de l'épi. ♃. Elle croit dans les vignes autour de la ville d'Aouste en Piémont; je l'ai reçue de M. Balbis.

1724*. **Carex bicolor.** *Carex bicolor.*

Carex bicolor. All. Ped. n. 2311. — *Carex androgyna.* Balb. Add. p. 97. Misc. p. 42.

Cette espèce ne dépasse pas la longueur du doigt; ses feuilles sont droites, radicales, plus courtes que la tige, étroites, pointues, un peu rudes sur les bords; la tige est grêle, striée, cylindrique, un peu feuillée, chargée de 3 épis assez courts, dont les 2 supérieurs sessiles, et l'inférieur pédicellé; ces épis ont quelques fleurs mâles à leur base, et le reste composé de fleurs femelles; les glumes sont ovales, d'un roux brun; les capsules sont ovales, comprimées, d'un verd blanchâtre, plus longues que les glumes, de sorte que l'épi paroît panaché de brun et de blanc; les stigmates sont au nombre de 2. ♃. Il croît dans les lieux humides des hautes Alpes du Piémont; il est fort rare, et n'a encore été trouvé qu'au mont Cenis, d'où M. Balbis me l'a envoyé.

1731*. Carex des ombrages. *Carex umbrosa.*

Carex umbrosa. Host. gram. Austr. p. 52. t. 69. ex. Balb. Misc. p. 69. Hoffm. Germ. 4. p. 222.

Cette espèce se distingue de toutes celles qui ont 3 stigmates, des épis unisexuels et des capsules hérissées, en ce que la carène ou la nervure longitudinale de ses glumes est hérissée en dehors de petites aspérités ou de petits poils roides; elle ressemble par son port au carex précoce; ses feuilles sont radicales, disposées en touffe, plus courtes que la hampe; celle-ci est grèle, longue de 3 décim., rude vers le haut, lisse dans le bas, chargée de 3 épis; le supérieur est mâle, droit, cylindrique; ses écailles sont brunes, avec une raie verte et lisse sur le dos; les 2 inférieurs sont femelles, plus courts, l'un sessile, l'autre porté sur un pédicelle égal à la gaîne de la bractée; leurs glumes sont brunes, pointues, avec une raie verte et hérissée sur le dos; la capsule est alongée, triangulaire, munie de poils courts, terminée par un bec à 2 pointes. ♃. Elle est commune dans les lieux ombragés des collines qui entourent Turin.

1787. Cette plante se trouve aussi aux Grangettes près le lac de Genève; c'est à elle qu'on doit, selon M. Chaillet, rapporter le n°. 1344 de Haller, que la plupart des botanistes croyoient une plante perdue.

1804*. Souchet en faisceau. *Cyperus fascicularis.*

Cyperus fascicularis. Rotth. Cyp. 39. t. 11. f. 1. Lam. Illustr. n. 708. t. 38. f. 2. Desf. Fl. atl. 1. p. 44. — *Cyperus globosus.* All. Auct. p. 49. — Pluk. t. 416. f. 6.

Ses racines sont menues, fibreuses; ses feuilles sont radicales, glabres, courbées en carène, étroites, pointues, longues de 1-2 décim. sur 2 millim. de largeur; sa tige est droite, simple, lisse, triangulaire, haute de 3 décim., terminée par un faisceau arrondi, composé de 20 à 30 épillets presque sessiles; ce faisceau est entouré à sa base de 4 à 5 feuilles étalées, inégales, beaucoup plus longues que les épillets; ceux-ci sont linéaires, pointus, comprimés; les glumes sont régulièrement embriquées sur 2 rangs, courbées en carène, verdâtres ou d'un brun rougeâtre ; les graines sont elliptiques, comprimées, brunes. ♃. Il croît dans les prés humides le long du Var, aux environs de Nice ; je le décris d'après un échantillon que M. Balbis m'a envoyé, et qui provient de l'herbier d'Allioni même ; et j'ai sous les yeux un individu de la même espèce, recueilli en Barbarie par M. Desfontaines.

SEIZIÈME (*bis*) FAMILLE.

PALMIERS.   *PALMÆ.*

Palmæ. Linn. Adans. Juss.

La famille presque toute exotique des Palmiers est néanmoins l'une des plus importantes du règne végétal ; elle est composée d'arbres élevés, dont la structure démontre, de la manière la plus évidente, tout ce que nous avons dit ci‑dessus sur l'accroissement et l'organisation des Monocotylédones ; les tiges de ces arbres sont simples, cylindriques, plus dures en dehors qu'en dedans, souvent marquées d'anneaux transversaux, terminées par une couronne d'un nombre indéterminé de feuilles ; celles-ci sont pétiolées, toujours divisées en lanières linéaires, lesquelles sont tantôt disposées comme les doigts de la main, tantôt comme les folioles des feuilles ailées ; leurs fleurs naissent sur un spadix qui sort d'entre les feuilles, et qui est entouré d'une spathe commune ; ces fleurs sont souvent monoïques ou dioïques par avortement, composées d'un périgone persistant à 6 parties, dont 3 extérieures et 3 intérieures ; de 6 étamines (quelquefois de 20 à 100) insérées à la base des divisions du périgone, et souvent monadelphes ; d'un ovaire simple, libre, chargé de 1-3 styles et de 8 stigmates ; le fruit est un drupe sec, dont l'enveloppe externe est formée de fibres serrées, dont le noyau est ligneux, à une loge, à 1-5 graines ; celles-ci sont osseuses, insérées à la base du noyau ; l'embryon est petit, situé dans une cavité du périsperme ; celui-ci est d'abord liquide ou mou, ensuite dur et corné.

CCIX*. CHAMÉROPS.   *CHAMÆROPS.*

Chamærops. Linn. Juss. Lam. — *Chamæriphes.* Gærtn.

Car. La spathe est d'une seule pièce, et renferme tantôt

des fleurs hermaphrodites, tantôt des fleurs mâles ; le périgone est à 6 divisions, dont 3 extérieures très-petites, semblables à des bractées, et 3 intérieures plus grandes ; les étamines sont au nombre de 6, et leurs filamens sont épais, courts, réunis ensemble dans presque toute leur longueur, de manière à former un godet évasé ; les fleurs hermaphrodites ont 3 styles, et produisent un fruit composé de 3 baies monospermes.

1852*. Chamérops humble.   *Chamærops humilis.*

Chamærops humilis. Linn. spec. 1657. Lam. Illustr. t. 900. — *Chamœriphes major.* Gœrtn. Fruct. 1. p. 26. t. 9. f. 4.

Dans son pays natal, ce palmier ne dépasse guère 1-2 mètres de hauteur ; mais au jardin des Plantes de Paris, on en cultive des individus qui ont atteint 6-7 mètres d'élévation ; ses feuilles sont fermes, portées sur un long pétiole dont les bords sont épineux, plissées dans le sens de leur longueur, divisées vers le sommet en plusieurs lobes linéaires dont la disposition imite les doigts de la main ; de l'aisselle des feuilles sortent les spadix des fleurs ; ils sont enveloppés d'une spathe comprimée, dont les 2 bords sont cotonneux, soudés ensemble, et dont l'un d'eux se fend vers le sommet pour donner passage aux fleurs ; celles-ci sont jaunâtres, peu apparentes. ♄. Ce palmier, le seul de toute cette belle famille qui soit indigène d'Europe, croît aux environs de Nice (All.).

1875*. Potamot des Alpes. *Potamogeton Alpinum.*

Potamogeton Alpinum. Balb. Misc. p. 13. — *Potamogeton annulatum.* Bell. act. Tur. 7. p. 445. t. 1. f. 2.

Cette espèce est intermédiaire entre le potamot luisant, dont elle a le port, et le potamot embrassant, auquel elle ressemble par sa fleuraison ; sa tige est longue, grêle, simple ; ses feuilles sont alternes dans le bas, opposées ou verticillées dans le haut, longues, étroites, pointues, écartées ; les stipules sont de moitié plus courtes que les entre-nœuds ; le pédoncule sort d'entre la paire de feuilles supérieures, et ne passe pas leur longueur ; il est épais, cylindrique, terminé par un épi d'un centim. de longueur. Ce potamot croît dans les Alpes du Piémont au lac de Chamollet et au lac de Biona près Aouste, et dans celles du Valais au petit lac de la vallée d'Ormond.

1886. La plante du Jura que j'ai rapportée au fluteau parnassie, est une simple variété du plantain d'eau; le vrai fluteau parnassie que j'ai reçu du Piémont, a les feuilles courtes, fortement échancrées en cœur, marquées de 9 nervures longitudinales.

1889. Les 2 variétés de la sagittaire sont très-bien distinguées dans Camérarius. La variété *α*, appelée *sagittaire mâle* par les anciens botanistes, est figurée dans son épitome, p. 875. La variété *β*, qui est la plus commune, est représentée p. 874.

1908. Fritillaire des Py-   *Fritillaria Pyrenaica.*
rénées.

β. Fritillaria involucrata. All. Auct. p. 34.

La plante décrite par Allioni ne diffère de la fritillaire des Pyrénées que par ses feuilles, dont les supérieures sont irrégulièrement verticillées, et forment une espèce d'involucre au-dessous de la fleur, qui est solitaire comme dans la fritillaire pintade. Elle croît dans les lieux pierreux des montagnes aux environs de Nice, à Breglio, Tende, il Rifredo, Ormea (All.); à Molinetto, d'où M. Balbis m'en a envoyé un échantillon; dans les montagnes de Seyne en Provence, où elle a été trouvée par M. Clarion.

1973*. Ail feuillé.   *Allium foliosum.*

Allium foliosum. Clar. ined. — *Allium schœnoprasum*, β. Fl. fr. 3. p. 227.

La plante que j'ai indiquée sous la désignation d'*allium schœnoprasum Alpinum*, constitue, selon M. Clarion, une espèce distincte qu'il nomme *allium foliosum.* Elle diffère de la vraie civette, parce que sa tige porte toujours une et quelquefois 2 feuilles, qu'elle ne forme pas de touffe, mais naît presque toujours isolée; que les parties de son périgone sont plus longues, plus étroites et plus pointues. ♃. Elle a été observée par M. Clarion dans les prairies des montagnes de Seyne en Provence, où se trouve aussi l'ail civette; je l'ai trouvée aux chalets de Vully près du Buet; je l'ai reçue des glaciers du Mont-Blanc, des Alpes du Dauphiné, et des Pyrénées.

2107. M. Ramond a retrouvé le bouleau pubescent aux environs de Barrèges, et dans les bois de Marly-la-Ville près Paris.

2055*. Pin à crochets.   *Pinus uncinata.*

Pinus uncinata. Ram. Pyr. ined.

Cette espèce est intermédiaire entre le pin rouge et le pin
mugho ; elle se distingue du premier par son bois grisâtre et non
pas rouge ; par ses feuilles plus droites , plus longues , moins
glauques ; par ses cônes bruns et non pas glauques , ovales-
oblongs et non coniques; par ses écailles , dont l'ombilic est
placé, non dans le centre, mais à l'extrémité inférieure, et
qui , lorsqu'elles se séparent à la maturité , forment une espèce
de crochet dirigé en arrière; enfin par ses graines, dont l'embryon est communément à 7 lobes , tandis que celui du pin
rouge est ordinairement à 5. Ce pin diffère du pin mugho par
sa grandeur plus considérable , et par la forme de ses écailles.
♃. Il croît dans les hautes Pyrénées entre 1800 et 2200 mètres ,
mélangé avec le pin rouge , dont il atteint et dépasse peut-être
la grandeur ; ses caractères ont été observés par M. Ramond.
Probablement une partie des synonymes rapportés jusqu'ici au
pin mugho , appartient à cette nouvelle espèce.

2200. Passerine cotonneuse.   *Passerina hirsuta.*

β. Foliis utrinque tomentosis.

La variété β , que M. Flugge a trouvée à Mont-Redon près
Marseille , et que je décris dans l'herbier de M. Clarion , est
très-remarquable par ses feuilles ovales - lancéolées , presque
planes, légèrement cotonneuses sur leurs 2 surfaces, au moins
dans leur jeunesse.

2282*. Amaranthe blanche.   *Amaranthus albus.*

Amaranthus albus. Linn. spec. 1404. Lam. Dict. 1. p. 115.

Sa tige est herbacée, droite, très-branchue, haute de 5-6 déc. ;
ses feuilles sont glabres, petites, ovales ou oblongues , rétrécies
en pétiole court, obtuses, terminées par une arête fine qui est
le prolongement de la nervure longitudinale; elles sont d'un
verd clair, marquées en dessous de nervures blanches ; les fleurs
naissent en petits paquets axillaires et ordinairement géminés ;
ces paquets sont garnis de petites écailles qui se prolongent en
arêtes acérées et semblables à des épines. ⊙. Cette plante a
été trouvée dans les environs de Montpellier par M. Loiseleur.
Elle se retrouve aussi en Italie; on la regarde comme indigène
de l'Amérique septentrionale , mais elle n'y a point été retrou-

vée par Michaux, et Linné ne dit point d'après quelle autorité il l'indique comme originaire de Philadelphie.

2283*. Amaranthe couchée. *Amaranthus prostratus.*

Amaranthus prostratus. Balb. Misc. p. 44. t. 10.

Ses tiges sont nombreuses, étalées sur la terre, ou à peine redressées, striées, branchues, sur-tout vers la base, longues de 2-3 décim.; ses feuilles sont alternes, pétiolées, ovales-lancéolées, presque rhomboïdales, pointues ou obtuses, d'un verd glauque, souvent ondulées; les fleurs sont disposées en épis serrés, latéraux ou terminaux, souvent rameux à la base, longs de un à 2, ou même 3 centim. Elle croît en Piémont le long des murs d'Aqui, sur-tout auprès de la source chaude nommée *la Boyenta;* elle est commune aux environs de Loano.

2285. Et dans l'isle de Corse.

2312. Il se retrouve aux environs d'Angers (Desp.).

2339. Mouron bleu.   *Anagallis cœrulea.*

β. Foliis verticillatis. — *Anagallis verticillata.* All. Ped. n. 318. t. 85. f. 4?

Cette variété est remarquable par sa grandeur et par ses feuilles souvent verticillées 3 ou 4 ensemble; elle diffère de la figure d'Allioni par ses feuilles plus larges; si cependant, comme le pense M. Balbis, cette plante est réellement l'*anagallis verticillata* d'Allioni, notre n°. 2341 devra être exclu de la Flore française.

2379. Lignes 6 et 7 de la description, au lieu de *dentées ou lobées*, lisez *crénélées.*

2407*. Véronique rampante.   *Veronica repens.*

Veronica repens. Clar. ined.

Cette petite plante se distingue facilement à ses tiges grèles, couchées, et qui adhèrent au sol dans la plus grande partie de leur longueur par des racines fibreuses; toute la plante est glabre, à l'exception du calice, qui porte quelques poils; les feuilles sont opposées, ovales ou arrondies, presque sessiles, entières sur les bords; les pédicelles sont axillaires, uniflores, de la longueur des feuilles; le calice est à 4 lobes profonds, ovales et égaux; la corolle est double en longueur du calice, et paroît avoir été de couleur rose. Elle a été observée sur les hautes montagnes de l'isle de Corse par M. Robert, et m'a été communiquée par M. Clarion.

2429*. Bartsie élevée. *Bartsia maxima.*

Rhinanthus maximus. Wild. spec. 3. p. 189. — *Rhinanthus versicolor*, α. Lam. Dict. 2. p. 61. — Barr. ic. t. 774. n. 2.

Cette espèce est intermédiaire entre la bartsie bigarrée, dont elle a les fleurs, et la bartsie visqueuse, à laquelle elle ressemble par son port : sa tige est droite, pubescente, rameuse, haute de 5-6 décim.; ses feuilles sont opposées dans le bas de la plante, alternes dans le haut, oblongues-lancéolées, obtuses, bordées de fortes dents saillantes, obtuses et écartées; les fleurs sont grandes, rougeâtres, disposées en épis serrés, terminaux, alongés; les bractées sont plus courtes que les fleurs; le calice est velu; la lèvre inférieure de la corolle est plus grande que la supérieure, divisée en 3 lobes égaux et très-obtus. ⊙. Cette plante croît dans les prairies maigres aux environs d'Antibes, d'où elle m'a été envoyée par M. Balbis. Seroit-ce à cette espèce qu'on doit rapporter le *bellardia trixago* d'Allioni? Si ce soupçon se réalise, mon n°. 2429 devra être exclu de la Flore Française.

2620*. Grassète à longues feuilles   *Pinguicula longifolia.*

Pinguicula longifolia. Ramond. Pyr. ined.

Cette belle espèce se distingue à ses feuilles longues de 5-7 centim. sur 2 de largeur, oblongues, traversées par une nervure longitudinale de couleur plus foncée, ondulées sur les bords, légèrement pubescentes en dessus ou presque glabres; sa hampe est d'un tiers plus longue que les feuilles, très-légèrement pubescente; la fleur est de la grandeur de celle de la grassète à grande fleur; son calice est à 5 parties, disposées en 2 lèvres; sa corolle est d'un violet pâle avec la gorge blanchâtre, marquée d'une raie jaune et velue; la lèvre supérieure est à 2 lobes arrondis; l'inférieure est 2 fois plus longue, à 3 lobes entiers; l'éperon est droit, très-pointu, de la longueur de la corolle. M. Ramond a découvert cette plante dans les hautes Pyrénées voisines de l'Espagne, au port de Pinède et dans la vallée d'Ordésa au sud du mont Perdu : elle sort des fentes de rochers; elle fleurit à la fin de l'été.

2628*. Scrophulaire ligneuse.   *Scrophularia frutescens.*

Scrophularia frutescens. Linn. Mant. 418. — Herm. Lugdb. 547. ic.

Sa tige est un peu ligneuse à sa base, droite, tétragone, haute de 3-4 décim., glabre, ainsi que le reste de la plante, divisée en rameaux nombreux et opposés ; ses feuilles sont rétrécies en pétiole, sur-tout dans le bas de la plante, presque sessiles dans le haut, ovales-oblongues, dentées, terminées par une pointe souvent réfléchie, lisses et un peu charnues ; les fleurs forment une grappe terminale, entremêlée de petites bractées ; les corolles sont petites, d'un pourpre foncé, avec les lanières latérales blanches. ♄. Elle croît sur les bords de la mer, aux environs d'Ajaccio en Corse, d'où M. Clarion en a reçu des échantillons.

2629. Elle se trouve aussi aux environs de Dax.

2644*. Linaire jaune.   *Linaria flava.*

Linaria flava. Desf. Atl. 2. p. 42. t. 130. — *Antirrhinum flavum.* Poir. voy. 2. p. 191. Lam. Dict. 4. p. 358.

Sa racine, qui est grèle et fibreuse, donne naissance à 4 ou 5 tiges longues de 1 décim., demi-étalées, quelquefois presque droites, simples, glabres, ainsi que les calices et les feuilles ; celles-ci sont ovales, opposées ou verticillées dans le bas de la plante, alternes, oblongues ou linéaires dans le haut ; les fleurs sont d'un beau jaune, presque sessiles, rapprochées en un épi court et terminal ; le calice a ses folioles oblongues, obtuses, un peu inégales ; l'éperon est droit, pointu, de la longueur de la corolle ; le palais est un peu hérissé, d'un jaune foncé. ☉. M. Noisette a trouvé cette plante dans l'isle de Corse.

2646*. Linaire à tige de jonc.   *Linaria juncea.*

Linaria juncea. Desf. Fl. atl. 2. p. 43. — *Antirrhinum junceum.* Lam. Dict. 4. p. 352. an Linn ? — *Antirrhinum sparteum.* Cav. ic. 1. t. 32. an Linn ?

Cette plante est glabre, droite, effilée, un peu branchue, grèle, longue de 2-4 décim. ; ses feuilles sont caduques, un peu charnues, linéaires, étroites, verticillées 3 ensemble dans le bas de la plante, alternes dans presque toute sa longueur ; les fleurs sont disposées en grappes au sommet des tiges et des rameaux, écartées les unes des autres, pédicellées, d'un jaune assez vif ; le calice est à 5 lobes linéaires, de moitié au moins plus courts que le pédicelle ; l'éperon est droit, pointu, plus long que le calice. ☉. Elle croît dans les champs aux environs de Dax, d'où M. Loiseleur en a envoyé des échantillons ι M. Clarion.

2843*. Campanule à tige simple.   *Campanula simplex.*

Campanula bononiensis. All. Ped. n. 409. excl. syn.

Sa tige est droite, simple, grêle, pubescente ; ses feuilles sont sessiles, ovales-lancéolées, crénelées, pointues, couvertes en dessous de poils courts et serrés ; elles vont en diminuant de grandeur vers le sommet de la tige, et celles qui naissent sous les fleurs sont des bractées oblongues, qui dépassent à peine la longueur des pédicelles ; les fleurs sont assez petites, bleues, disposées en grappe simple, droite, terminale ; les pédicelles sont courts, étalés ou recourbés, chargés chacun d'une seule fleur ; le calice est glabre, à 5 lanières étroites, qui ne dépassent pas la longueur du tube. Cette plante m'a été envoyée par M. Balbis, qui l'a recueillie dans les montagnes de Suze : elle se retrouve aux environs de Turin, dans les vallées d'Exilles et de Stafora, au-dessus de Garressio, de Bobbio et de Borgomasino (All.) ; elle diffère de la *campanula bononiensis* de Linné par sa tige simple, par ses fleurs non paniculées et solitaires sur leur pédicelle ; de celle de Scopoli, par ses feuilles non couvertes de laine rousse, et par ses calices, dont les lanières ne dépassent pas la longueur du tube ; enfin, quoiqu'elle croisse en Suisse, elle ne peut appartenir au n°. 689 de Haller, puisqu'elle a le calice glabre.

2845*. Campanule des pierres. *Campanula petræa.*

Campanula petræa. Linn. spec. 236. — Pluk. t. 152. f. 5. — J. Bauh. Hist. 2. p. 802. f. 1.

Cette plante ressemble beaucoup à la campanule agglomérée, et n'en est peut-être qu'une variété remarquable ; elle s'en distingue sur-tout à ce que sa tige et la surface inférieure de ses feuilles sont couvertes de poils courts, mols et serrés, qui leur donnent une teinte blanchâtre : la surface supérieure des feuilles est pubescente ; les fleurs forment une tête serrée, globuleuse et terminale ; le style est à peine saillant hors de la corolle. ♃. Elle croît sur les collines pierreuses du Piémont; dans les Alpes de Casotto (All.), et à la val d'Aost.

2846. Elle a été trouvée dans les bois de Livry près Melun.

2855*. Campanule de Sibérie. *Campanula Sibirica.*

Campanula Sibirica. Linn. spec. 236. Jacq. Fl. austr. t. 200.

Sa tige est droite, ferme, simple, rougeâtre, hérissée de poils blancs un peu roides, haute de 6 décim., terminée par une panicule lâche, effilée et peu garnie; ses feuilles sont oblongues, linéaires, demi-embrassantes à leur base, un peu sinuées ou ondulées, garnies de poils, à-peu-près obtuses; les radicales sont rétrécies en pétiole; les rameaux de la panicule portent de 2 à 5 fleurs pédicellées, bleues, oblongues, assez petites, comparativement à la plante; le calice a ses lanières bordées de poils roides et blanchâtres; les sinus de ces lanières se réfléchissent sur la capsule; celle-ci est à 3 loges, et le stigmate à 3 divisions. ♂. Elle croît sur les pentes exposées au soleil dans les vallées du Piémont; près St.-Raphaël, à Ridoiva entre Gassino et Castione; entre Suse et Bussolino, dans les montagnes de Borgomasino (All.); le long de la Doire près de Turin, d'où elle m'a été envoyée par M. Balbis.

2871*. Lobélie de Laurenti. *Lobelia Laurentia.*

Lobelia Laurentia. Linn. spec. 1321. Lam. Dict. 3. p. 587. — Mich. gen. t. 14. — Bocc. Mus. 2. t. 27. fig. maj.

Cette espèce ressemble beaucoup à la lobélie naine, qui a été, peut-être avec raison, réunie avec celle-ci par plusieurs auteurs: la lobélie de Laurenti en diffère, parce que ses feuilles sont souvent incisées ou çà et là fortement dentées, toujours dispersées le long de la tige, et non réunies à sa base; elle s'élève de 1 à 2 décim., et porte toujours plusieurs fleurs soutenues sur de longs pédicelles. ☉. Elle croît dans l'isle d'Elbe (Mich.) et dans l'isle de Corse, d'où M. Noisette en a rapporté des échantillons conservés dans l'herbier de M. Clarion.

FIN DES ADDITIONS DU TROISIÈME VOLUME.